ブルゴーニュワイン大全
Inside Burgundy
The vineyards, the wine & the people

ジャスパー・モリス MW

［訳］阿部秀司　立花峰夫　葉山考太郎　堀田朋行

白水社

ブルゴーニュワイン大全
Inside Burgundy
The vineyards, the wine & the people

Inside Burgundy by Jasper Morris MW
Copyright © Berry Bros & Rudd Press 2010
Text Copyright © Jasper Morris 2010
Original cartography Copyright © Collection Pierre Poupon 2009
Revised versions and new cartography for this book Copyright © Berry Bros & Rudd Press 2010
This book is published in Japan by arrangement with Berry Bros & Rudd Press
Copyright in Japanese edition Hakusuisha

装幀　　　　　柳川 貴代
本文レイアウト　小川 弓枝

序文
prologue

ベリー・ブラザーズ＆ラッドで一緒に働き始めるずっと前から、ジャスパー・モリスは私にとってあこがれの的でした。業界が、日増しに心のない弁舌で動くようになり、ビジネススクール的な手法が広がりつつあったなかで、彼は本物のワイン商だったのです。その頃、この業界ではもっぱらマネージメントについて語られていて、基本的なことがらは置き去りになってばかりでした。
しかし、ジャスパーは違っていたのです。
ジャスパーは、いつも自分の主義にのっとっていました。すなわち、情熱をもって扱えるワインを売り、お客様を知るということです。そのためには、お客様と話さなければいけません。それはまさに、我々ベリー・ブラザーズ＆ラッドの信念で、300年以上にわたって続けてきたことでもあるのです。こうしたお客様との対話は、ロンドンはセント・ジェームズ通り3番地にあるカウンター越しに繰り返され、今も続いています。現代になってようやく、海や大陸をまたいだ先にいらっしゃるお客様たちとも、同じぐらい簡単に話ができるようになりました。
ジャスパーは、ワインの世界について深く幅広い知識をもっていますが、いつも磁石に引きつけられるようにして、ブルゴーニュへと向かってきました。今では生涯のほぼ半分を、かの地で暮らしたことになります。情熱の対象で、専門としているのはピノ・ノワールです。これ以上ないほど高貴なこのブドウから偉大なワインを造る、オレゴンやセントラル・オタゴの生産者にも、ジャスパーは敬意を払っています。しかし、彼にとっての心のふるさとは、常にこの品種の生まれた場所、ブルゴーニュにありました。窓から外を眺めたときに、かなたに見える景色はいつもコート・ドールなのですから。
ワインを愛する人々は、ブルゴーニュについてとまどってしまうことがあるでしょう。お気に入りのブドウ畑が違った綴りで書かれていたり、ほとんど同じような人名なのに、ワイン造りの力では相当に差がある何人もの生産者によって、その畑が分割所有されていたりすることがあるからです。何かの陰謀でわざわざ混乱が招き入れられ、皆様を煙に巻こうとしているかのようにも見えるでしょう。しかし、そういったあれこれこそが、ブルゴーニュらしい精妙さ、独自性、尽きることのない魅力の源なのです。とまどいを避けるただひとつの方法は、ブルゴーニュワインに身を沈め、肌に浸みわたるようにすること、これに尽きます。
ジャスパーの場合は、ブルゴーニュに暮らすことでそれが可能になりました。私たちのほとんどは、そんな幸運には恵まれていません！ ですから可能な選択肢はというと、私たちを彼の地へと運んでくれる、完璧な書物を手にすることなのです。今日まで、そのような書物を見つけることはできませんでした。
ジャスパーからそんな本を書いているのだという話を聞いたとき、ベリー・ブラザーズ＆ラッドが出版しなければいけないと悟りました。ワインを愛する人々にとって、究極のブルゴーニュ・バイブルとなるその書物を。この本が今、他国の言語に翻訳されていること、白水社が日本語版を刊行してくれることを、誇りに感じています。
何はさておき、本書はたったひとつのシンプルな目的しかもっていません。すなわち、読者の皆様がブルゴーニュワインを楽しみ、鑑賞する助けとなることです。そして、ジャスパー・モリス以上に優れた導き手は、ほかのどこにも居はしないでしょう。

ベリー・ブラザーズ＆ラッド 会長
サイモン・ベリー

この本を、すべての伴侶にして最愛の妻アビゲイルに捧げる。
本書の完成をあやぶんでいたであろうから。

そして不滅の啓示を与えてくれたベッキーと、
数えきれないブルゴーニュの親友たちに。

地図について
本書に掲載した地図は、シルヴァン・ピティオと故ピエール・プポンが製図し出版した *Nouvel Atlas des Grands Vignobles de Bourgogne*（Collection Pierre Poupon, Beaune, 1992, 2nd edition）に基づいている。本書を著すにあたり、原著の図版には改訂と拡張をした。地図書と記述中心の本とでは、観点も手法も異なり、英語とフランス語という違いもあるからだ。したがって作業の大半はロンドンでおこなった。とはいえ、著者として私がピティオ、プポン両氏ならびにわが出版社に負ったところはきわめて大きい。彼らの寛大な協力に深く謝意を表し、あわせてこの地図をひもとくワイン愛好家たちの学ぶところ大であることを信ずる。

左頁写真：Château du Clos de Vougeot（Paul Williams／Alamy）

まえがき
foreword

ジャスパー・モリスと知り合ったのは1980年代もはじめの頃で、ブルゴーニュのブイヤン村に居を構えるベッキー・ワッサーマンのところだった。彼女はいわばジャスパーの師匠だが、今ではジャスパー自身がこの村で妻アビゲイル、そしていろいろなネコたちとともに暮らしている。コート・ドールでの30年間は彼がこの本を書く準備期間としては充分だったであろうが、それにもまして彼には、職業が必要とする領域をはるかに越えたところまで、仕事（と情熱）そのものとなったこの地方を、深く掘り下げてゆく天賦の才があった。彼は文字どおり、基盤層からこの土地を知っているのだ。
本書12頁の「はじめに」の冒頭からして、「まず私はワイン好きが昂じて、それからブルゴーニュにたどりついた（中略）、そして私はここに、ほかのどこにもない、特別なものを感じた」とある。ここには、彼の主題についての率直な喜びがある。知識欲にも飢えていたが、なによりも「ワインの真価を見きわめることには、単に製品を取引するのとは違う、はかり知れない意義がある」というベッキーの哲学が、この本の根柢にはある。
こうした熱意に燃えて、ジャスパーは1981年以来、ブルゴーニュを買い、売り、理解を深める人生を送ってきた。彼には、調査員、研究者、そして著者たるにふさわしい十全な裏付けがあるわけだ。あらゆるドアをノックし、あらゆる酒蔵を訪ねることができるのは、信頼厚く、博識で、腹蔵のないインサイダーなればこそだ。思うに彼は、この地方の生活をくまなく知り尽くし、地質学上のわずかな違いから、錯綜した親戚関係、相続財産、人となりまでを知り抜き、そうしてあるドメーヌがあるブドウ畑を持ち、そのワインを造っているわけを知っている。
ジャスパーは「はじめに」で自問する、「なぜブルゴーニュの本をまた出すのか」と。ブルゴーニュにとどまらず、たいていの特定のワイン地方に関する本は、事柄の総目録である。できるワイン、造る人、その良し悪し、比較するとどうか、といったことだ。参考書であれば不可欠な知識だが、そこには歴史的な視野を欠くことがままあり、かつてはどうだったのかということよりも、現在ばかりに目が向きがちである。
ブルゴーニュという比類のない土地で、造るワインのタイプを気にかけるなどということは、「すばらしき新世界のピノ」の先駆者たちならいざしらず、ブルゴーニュ人にはとるに足らないことだ、とジャスパーは率直に述べる。そして「彼らから、またブルゴーニュ風のワインができた、と聞かされたところで、私にはいささかどうでもよい。ともあれ、そんなものがありはしないことを本書でお伝えしたいと思う」と言う。
まぎれもなく存在し、何世紀にもわたって存在してきたのは、ブドウ畑にほかならない。個々の畑は、歴史的に、地政学的に、地質学的に、ブドウの植生上から、事実に即して詳細に解説される。この土地を文字どおり歩きまわっている人物の言葉であるがゆえに、その記述には血が通っている。あなたは彼のかたわらに立ち、左手を眺める。窪地が見えるだろう、あれは石切場の跡だ。斜面がこ

こで折れて、朝日の昇る方角を向いている……。

こうした深い眼差しは、栄えあるコート・ドールをはるかに越えたところにまで及ぶ。真剣な取り組みに興味尽きないコート・シャロネーズ、そしてプイィ=フュイッセの核心に迫ってゆき、思慮深く労苦を惜しまぬ栽培農家たちが日を追ってすぐれたワインを造りだすさまを見つめる。

個々の畑についていえば、ジャスパーは村名格から一級畑、特級畑まで独自の格付けをおこない、ジュール・ラヴァル博士が1855年に、カミーユ・ロディエが1920年におこなった格付けと対比させ（両者の格付けに対しては、同意と不同意とがみられる）、こうした注釈も読者と消費者の役に立てばよいが、と控えめに述べている。そして村ごとに、地所の所有者と彼らが造り出すワインとを詳述する。

そればかりか本書に収めた地図は、ブルゴーニュ人の製図技師シルヴァン・ピティオとピエール・プポンの作品を土台にし、拡張させたもので、これほど厳密周到な地図を私はかつて知らない。本文は厖大でありながら常に的確で有益きわまりないが、これをみごとに図解してくれた。

本書で得られる知識には百科事典風のものもあり、頁ごとにブルゴーニュについての理解を深めてくれる。ジュヴレ=シャンベルタンの住民のことを「ジブリャソワ」というとか、最初のバン・ド・ヴァンタンジュ〔収穫の一斉開始を告げる号砲〕は、1212年トネールあたりで鳴らされたなんて、ご存知だろうか。さらに、ある地域にはどうして一級畑ばかりが多いのか（戦時中ドイツ軍によるワイン徴発から守るため）、あるブドウ畑がどうして特級でないのか（当時の所有者が税金を納めたくなかったから）、といった核心を突く見解が示される。ジャスパー・モリスは、世の読者と彼の養い親たるブルゴーニュとが待ちこがれていた書物を送り出したのだ。

つまるところ、彼は、人々と土地、栽培農家とブドウ畑といった、複雑きわまりない諸々の関わり合い――これこそブルゴーニュの本質だが――を照らしだす道筋を示してくれたといえる。かつて同様の試みで、みごとな本が出たこともあるけれど、これほどまでに細部を提示しながら、法則性を明示しおおせた人は誰ひとりいない。そこには読者を惑わせる思わせぶりも、例外も、曖昧さもない。

2010年6月　ロンドンにて
スティーヴン・スパリュア

目次

序文	…………………	3
まえがき	…………………	6
地図目次	…………………	10
謝辞	…………………	11
はじめに	…………………	12
本書の使い方	…………………	16
用語解説	…………………	18

第1部　ブルゴーニュの背景

歴史的背景	…………………	20
ブルゴーニュワインの取引	…………………	29
地勢：テロワール、地質、土壌	…………………	36
気候：風、雨、雹、霜、そして日照	…………………	41
白ブドウ	…………………	45
赤ブドウ	…………………	49
ブドウ栽培	…………………	52
収穫	…………………	62
作風の追求	…………………	65
白ワインを造る	…………………	68
赤ワインを造る	…………………	74

第2部　畑と生産者

第2部の構成	…………………	82

コート・ド・ニュイ

コート・ド・ニュイ	…………………	91
コート・ド・ニュイ＝ヴィラージュ	…………………	95
マルサネ	…………………	103
フィサン	…………………	112
ジュヴレ＝シャンベルタン	…………………	119
モレ＝サン＝ドニ	…………………	159
シャンボール＝ミュジニ	…………………	179
ヴジョ	…………………	196
ヴォーヌ＝ロマネ、フラジェ＝エシェゾー	…………………	205
ニュイ＝サン＝ジョルジュ	…………………	238

コート・ド・ボーヌ 263
コルトン丘陵 267
ボーヌ 287
サヴィニ＝レ＝ボーヌ、ショレ＝レ＝ボーヌ 315
ポマール 328
ヴォルネ 342
オセ＝デュレス、モンテリ、サン＝ロマン 360
ムルソー、ブラニ 373
モンラシェと周辺の特級畑 398
ピュリニ＝モンラシェ 409
シャサーニュ＝モンラシェ 422
サン＝トーバン 449
サントネ 459
マランジュ 468

大ブルゴーニュ圏 475
ACブルゴーニュ 478
クレマン・ド・ブルゴーニュ 483
オート＝コート 485
シャブリ 494
オーセロワ 523
コート・シャロネーズ 535
マコネ 564
プイィ＝フュイッセ 581

資料　索引 597
ブルゴーニュを味わう 598
ヴィンテージの考察 599
ヴィンテージ 600
書誌 627
畑名索引 632
主要生産者索引 644

地図目次

1:1,500,000	**ブルゴーニュ**	……	85
1:92,600	**コート・ド・ニュイ**	……	92
1:20,000	コート・ド・ニュイ＝ヴィラージュ：コルゴロワン、コンブランシアン	……	96
1:20,000	マルサネ	……	104
1:20,000	フィサン	……	113
1:20,000	ジュヴレ＝シャンベルタン	……	120
1:20,000	モレ＝サン＝ドニ	……	161
1:20,000	シャンボール＝ミュジニ	……	186
1:4,000	ヴジョ	……	198
1:20,000	ヴォーヌ＝ロマネ、フラジェ＝エシェゾー	……	209
1:20,000	ニュイ＝サン＝ジョルジュ	……	244
1:92,600	**コート・ド・ボーヌ**	……	264
1:20,000	コルトン丘陵	……	268
1:20,000	ボーヌ	……	292
1:20,000	サヴィニ＝レ＝ボーヌ、ショレ＝レ＝ボーヌ	……	316
1:20,000	ポマール	……	332
1:20,000	ヴォルネ	……	345
1:20,000	オセ＝デュレス、モンテリ、サン＝ロマン	……	364
1:20,000	ムルソー	……	380
1:2,500	モンラシェ	……	402
1:20,000	ピュリニ＝モンラシェ	……	411
1:20,000	シャサーニュ＝モンラシェ	……	428
1:20,000	サン＝トーバン	……	453
1:20,000	サントネ	……	460
1:20,000	マランジュ	……	470
1:125,000	シャブリ	……	497
1:40,000	シャブリ中心部	……	500
1:355,000	オーセロワ	……	524
1:20,000	イランシー	……	528
1:28,000	ブズロン、リュリ	……	536
1:28,000	メルキュレ	……	548
1:28,000	ジヴリ	……	556
1:28,000	モンタニ	……	560
1:250,000	マコネ	……	569
1:25,000	ヴィレ＝クレッセ	……	576
1:25,000	プイィ＝フュイッセ	……	588

謝辞

私は、ブルゴーニュについて知り得たことのあまりに多くを、第一の師匠ベッキー・ワッサーマンに負っており、ここに満腔の謝意を述べるとともに、衷心からお礼を申しあげる。また、ブルゴーニュのすべての造り手たちには、その思想と知識とを30年間にわたり惜しみなく与えていただき、はかり知れないお世話になった。クライヴ・コーツ、ラッセル・ホーン、ロイ・リチャーズ、アレン・メドウズら諸賢からは、格別な情報と万事にわたる力添えをいただいた。

本書はこのほど設立されたベリー・ブラザーズ&ラッド出版による出版第一号であり、企画全体を通じ支援いただいたサイモン・ベリーに、深くお礼申しあげる。また出版チームのクリス・フォークスとキャリー・シグレイヴには、想像外の尽力をお願いするはめになったことに、マーガレット・ランドには卓抜な編集能力に、リジー・バランタインにはすばらしいデザインに、それぞれ篤くお礼申しあげる。ハンウェイ・プレスのロウリー・ウェラーには、本書の印刷について多大な尽力をいただいた。

地図はクリス・フォークスの指揮下で作成されたが、フランスではシルヴァン・ピティオと製図技師リュック・グロフィエの、イギリスではユージーン・フルーリイの助力なくして本書の成果を実らせることはできなかった。いくつかのグラン・クリュの地図は、Bourgogne Aujourd'hui誌のジャン=クロード・ワルランとクリストフ・テュピニエから貴重な情報をいただき作成した。また、地質学上の記述について、アンディ・ゲイル教授に目を通していただいた。シドニウス・アポリナリスのみごとな翻訳では、エミリー・ショウに深く感謝申しあげる。また本書の序文を快く寄せていただいたスティーヴン・スパリュアにあつくお礼申しあげる。

第1部「ブルゴーニュの背景」のいくつかの章は、すでにThe World of Fine Wine誌の記事として、ほぼ同じまま刊行したものであるが、本書での再掲載に快諾いただき、感謝にたえない。また、引用した文章について版権者の許可をいただいたことに感謝申しあげる。パトリック・オブライアン著『メダルの裏側』(1886年、未邦訳)、イーヴリン・ウォー著『ブライズヘッドふたたび』(1945年)、そしてエドワード・モーガン・フォースター著『ハワーズ・エンド』(1910年)の一節では、ケンブリッジ大学キングス・カレッジ大学院およびE.M.フォスター財団著作権代理人たる作家協会の許可をいただいた。著作権者への連絡には万全を期したが、不測の遺漏または誤りがあったときは、どうか原著出版元までお知らせいただきたい。

はじめに
introduction

ブルゴーニュであるわけ

私はべつにブルゴーニュを飲む家庭で育った者ではない。たった1本のブルゴーニュに驚倒したのが啓示となって、自分のゆくべき道を確信した、というのでもさらさらない。まず私はワイン好きが昂じて、それからブルゴーニュにたどりついたのだ。

ワイン商として独り立ちした当時、私はフランスのある特定の地方に好みが傾いていたわけではなかったが、それでも限られた元手では、若い会社がボルドーでやっていくのはどうかな、という疑念はあった。実をいえば、私はフランスを時計の反対回りにめぐって、ほぼ旅の終わり近くにブルゴーニュにやって来たのだ。1981年2月、ロワール流域を皮切りに、さまざまな折をみての旅だった。それでも初めて立ち寄っただけで、私はブルゴーニュに、ほかのどこにもない特別なものを感じた。ある人物がきっかけだった。私を最初にブルゴーニュに案内してくれたベッキー・ワッサーマン[1]は、樽の取引業者としてフランソワ・フレール社の樽をカリフォルニアに売る仕事をしていたが、近年は退いて、自家元詰めのブルゴーニュワインを輸出市場に送り出すことに専念している。当時はドメーヌ元詰めの隆盛期に向かうときで、私は幸運にもその初頭に居合わせ、熱意に燃えた代表的人物たちを紹介された。

現在のブルゴーニュが黄金時代を迎えたかげで、ベッキーのはたした役割は、はかり知れないほど大きい。若手栽培農家らを励まして盛業にさせただけでなく、この30年間にわたり彼女から情熱のありようを注がれたワインライターや輸出業者は数えきれない。そうして、ワインの真価を見きわめるのは単に製品を取引するのとは違う、はかりしれない意義のあることだ、というベッキーの哲学を伝えつづけた。夫のラッセル・ホーンは卓越した味覚と、試飲したワインについての比類ない記憶力とで、彼女を支えてきた。

1981年当時、ベッキーのもとで、実家のドメーヌを出てワインの取引業務の見習いをしていたのがドミニク・ラフォンだった。彼とはすぐに親しくなり、その縁はずっと変わらない。彼の仕事のひとつは有望な栽培農家を新たに見つけることで、その中には私の買付先になったところもあった。今ではおなじみの名前もまだ輸出されたことはなく、したがってイギリスでもアメリカでも無名であった。ラフォンのワインの割り当てをもらうことだってできたものだ。ドミニクはしかるべき敷居の高いセラーに私を同行することもあったが、それは当時の商道徳上の慣例で、彼がひとりで押しかけても試飲させてもらうのは至難だったからだ。

自分がいくら意気に燃えていようと、ワイン商としては23歳の若造ゆえ、判断基準の蓄積もなく、

---

[1] ベッキー・ワッサーマンについては *The World of Fine Wine* Magazine No.19, 2008, pp.168-170. にくわしい。

樽から試飲するサンプルを理解してこの先どうなるかを確信するなど、望むべくもなかった。そのかわり、造り手本人を判断することはできた。ブドウ栽培とワイン造りの全責任者であるこの栽培家は、自分の仕事に全情熱を注いでいるのだろうか。私の質問でも、まじめに耳を傾けて答えてくれるだろうか。作物の品質にこだわっているだろうか。私にワインを買わせたがっているだけではあるまいか。私はブルゴーニュで、彼らはどうすれば能（あた）うかぎり最高のワインを造れるかということしか眼中にないのだ、と繰り返し思い知らされた。試飲のたび、彼らは今自分がしていることを、あらん限りの熱意でまくしたてるので、私が数ケース買おうとしているだけだとしても、それを聞いたあとでなければ、売り物を分けてくれようとせず、ときには売り物が全然なかった。

私がブルゴーニュに惚れこんだわけをいっそ空想的にこじつけるならば、生まれ故郷ハンプシャーのチョークと粘土の土壌と、ブルゴーニュの名高い粘土石灰岩とのあいだには、絆があるように思えてならない。砂地は私にはどうも性に合わないのだ。ベージングストーク（ハンプシャー州北東の町）のテロワールについて小論文でも書くあてがあったら、私の愛してやまないワインとクリケットを、やはり両者を愛した高名な『ベージングストークの少年』[2]、ジョン・アーロットのそれと重ね合わせるのだが。

なぜこの本を？

ブルゴーニュに関する優れた本は世に何冊も出た。627頁以降の書誌と短文をご覧いただきたい。ではどうして、また書くのか。近年こうした作品の多くはブドウ畑でなく造り手のほうに焦点をあててきた。ドメーヌは変わってゆくが、ブドウ畑は本質的なところでは不変のままである。だから、その個性特徴の解説書をつけ加えるのは有益なことと思われる。30年以上にわたり私がブルゴーニュを訪ねてかき集めた情報は膨大な量にのぼる。そうした情報を、私はワインそのものと同じように渇望し、その収集と建設的な利用に努めた。

はじめ私は、この本でブドウ畑だけについて書こうと考えたのだが、それは主だったブルゴーニュの生産者らについては、人生やワインの細部にまで分け入った出版物が数多く出ていたからだ。しかし、ボーヌにある「ブドウ畑とワインの歴史研究所」の年次総会でオベール・ド・ヴィレーヌと会ったことで私の考えは変わった。

テロワールは人がいなければ意味をなさない。人とは、人間であり、人類のことだ、と彼は教えてくれたのだ。個々の人間はワインに自らの刻印をきざみ、テロワールをあらわそうとするのだが、何世紀もかけて決断をしながら今日あるようなさまざまなテロワールにたどりつき、ブドウ畑をかたちづくってきたのは人類である。人手が刻まれることさえもテロワールの一部と考えてよいのではないか、というのだ。話はそこで終わったが、人間の干渉と解釈によって果実からなにものかをつくり出すということがなければ、ただのテロワールだけでは何の意義もない、ということに私は同感だった。

栽培農家は英雄か

ワインが生み出されるとき、造り手の刻印は決定的に重要であるとはいえ（「作風の追求」の章で考察した点だ）、栽培家たちを台座に据え、英雄の地位を授けたくなる誘惑には抵抗しよう。彼らとて誰とも変わらぬ人間である。仕事においてほかより優れた人もいようが、長いあいだに誰しも過ちをしでかす可能性はあるし、すべての条件が望ましくそろったとき、比類ない成果を収めない人はいない。個々人の造り手を特別視し、なかば神のように崇め奉るのは危険だ。

わが造り手たちもまた、キャリアを重ねてゆくなかで変わることがあるし、ジャック・ダンジェルヴィル、ミシェル・ラファルジュ、ジャン・モンジャールらに至っては、キャリアは50年もの長き

---

[2] John Arlott, *Basingstoke Boy*, Boundary Books, 1990

にわたる。知見の具体的な発達とか長い経験に基づく熟練ということを別にすれば、造り手の人生にも、普通の人間並みに好不調の波がやってくる。夫婦の破綻とか、中年の危機というやつに見舞われればイバラの道もあろうし、新しいパートナーから影響を受けて技法を変えて、作風が変わることだってあるかもしれない[3]。

利益相反について

1990年代にイギリスで刊行された主要なブルゴーニュの本は3冊で、いずれもMW(マスター・オブ・ワイン)が書いたものである。アンソニー・ハンソンは現在もワイン販売会社と関係があり、クライヴ・コーツとレミントン・ノーマンはかつてそうだった。彼らとこの地方との密接なつながりは、さかのぼれば取引のうえで形成されたのだが、そうであるからこそ、ブルゴーニュについての豊かな見識を深め、本を書くに至らしめたともいえる。

私もまたワインの取引を第一の生業とするものだ。1981年から2003年まで、輸入会社モリス&ヴァーディンを経営し、かなり早くからブルゴーニュ専門でやってきた。2003年以降はベリー・ブラザース&ラッズ社のブルゴーニュ・バイヤーとして営業部門の職に就いている。

それゆえこうした商業活動と、これから私がとりかかる著作家としての仕事とのあいだには、潜在的に利益相反の問題が存在することを申しあげておく必要がある。きわめて重要な点だが、本書は個々のワインについてのガイドではないので、生産者の格付けもあえてしていない(私の意図は16頁に記した)。暗黙の判断が働くことは避けられないから、愛好家によっては本書を読み進むうちに、ある栽培農家とワインに私が関わっていることに気づかれる方もあるかもしれない。が、それは重要なことではなく、少なくとも私がこの本を書き上げたいと望んだ動機ではない。

この地方の専門家として、私は少なからぬ知識を身につけるに至ったと感じており、とりわけブルゴーニュについて深く理解しえたことを読者と分かち合いたいと思う。この本が、ブルゴーニュ地方のすべての銘酒に寄せる私の思い入れを伝えてくれることを、また、読者がより広範に探索する励みとなってくれることを切に願う。

ブルゴーニュを理解する

ワインの味わい方は人それぞれ異なる。私が決まって思い出すのは、エドワード・モーガン・フォースター『ハワーズ・エンド』第5章の冒頭で、登場人物たちが大勢でベートーヴェンのコンサートに行くくだりだ。

「マント夫人のように、旋律が鳴るとこっそり拍子をとったりしようが、ヘレンみたいに楽曲の奔流に英雄と難破を感じようが、マーガレットみたいにひたすら音楽だけを感じていられようが、あるいはティビーのように対位法に精通しすぎて膝のうえに総譜を開いていようが……」[4]

我らが魅力あふれるワイン評論家のなかには、ヘレンさながらに「魔物が宇宙の隅から隅まで静かに歩いてゆく」と唱えあげる者もいれば、ティビーが転調してゆく太鼓の楽節にこだわる様子とそっくりに醸造学の衣を借りる者もいて、彼らはワインの正確なpH値や新樽率や技法上の細部を知らないと気がすまず、それからでないと面前のグラスを口に運ぼうとしない。

しかし、言うまでもなくマーガレット・シュレーゲルの姿勢こそが理想なので、彼女ならワインそのものを感じとるだろう。ただしこれは理屈の話だ。実際は、ワインを味わって空想が飛翔するのも、たとえそれが翌朝の厳密な検分に堪えられはしないとしても、まちがいなくワインの味わいの重要な一面である。イーヴリン・ウォーは『ブライズヘッドふたたび』で、若者が生まれて初めて銘酒に酔った歓びを描いているが、チャールズ・ライダーとセバスチャン・フライトが、いつ果てるともな

---

[3] 私は実例を思い浮かべることができるが口外はしない。『ブルゴーニュの性生活』なる副題の本を考えたこともある。
[4] Edward Morgan Forster, *Howard's End,* Edward Arnold, 1910

く奇想天外な詩的表現を競うところは、今なおあざやかで、すばらしい。

イギリスの作家たちが20世紀前半に遺した名作の系譜は実に豊かである。私は幾度となくジョージ・セインツベリ、モーリス・ヒーリーらから好んで引用してきた。彼らはときとして事実誤認もしたし、ワイン造りのこみいったことに関心をもたなかったが、主題に命を吹き込んだことはまちがいない。今日彼らの作風を蒸し返せば物笑いの種となるだろうが、ワインにまつわる文学を多年にわたり豊穣にしてくれたのは彼らである。モーリス・ヒーリーが、いくつものリシュブールやほかの大看板をさしおいて、人生最高のブルゴーニュに1889年のヴォルネ゠カイユレを挙げたところを引こう。

「私がグラスを手にとってよい瞬間がやってきた。もう20年近く昔のことなのに、あの壮麗な香りをかいだ驚きをまざまざと思い出す。非の打ち所がない豊かな円熟味には、歳月によるやつれは微塵もない。ひと口すすった。目を閉じると、記憶にある限りの美しい事物があふれ出した……」[5]

私が人生で出会ったすばらしいものといえば、数本のみごとなブルゴーニュだ。別にグラン・クリュだったわけでもなく、偉大なヴィンテージだったわけでもない。だがそのワインは最初のひとかぎだけで、造り手が、その年のその畑にできたブドウで、あらん限りの仕事をしおせたことを如実に示していた。

ブルゴーニュを決まった型にはめてしまうと、いい声を聴くことはできない。ブルゴーニュを造るうえでも、愉しみ味わうのでも、これと決まったルールはない。それは人を誘い込み、魅了し、歓喜させ、激怒、落胆、恍惚、狂喜、煩悶させる、まさしく人間の生そのものであり、ホッブスの定義──「孤独で、貧しく、卑劣で、粗野で、ちっぽけな存在」[6]──の逆である。本書で目ざしたいのは、豊かな味わいと歓びにあふれ、洗練されていて、歳月に耐える、そんなワインへの道のりを照らしだすことだ。その数も、少なくはない。

2010年　ブルゴーニュにて
ジャスパー・モリス MW

---

5) Maurice Healy, *Stay me with Flagons*, Michael Joseph, London, 1940, p.167
6) Thomas Hobbes, *Leviathan*, 1660

本書の使い方
how to use this book

本書の第1部ではブルゴーニュの背景として、地勢、気候、ブドウ品種、ブドウ栽培、醸造法、取引の仕組みを紹介する。とはいえ人間的側面は同じくらい重要で、この地方に居住するブドウ栽培農家の文化を考察する。1本のすばらしいワインは、これを分かち合う人びとを喜ばせる。それを生んだブドウ畑を親しく知れば、喜びもひとしおだろう。同様に、造り手を深く知り、ワインにあらわされた人の気性にふれるとき、味わいは一段と深くなるにちがいない。

第2部ではブルゴーニュの全ワイン産出地を眺める。各アペラシオンの概観につづけて個々のブドウ畑の立地について解説する。ここに収めたブドウ畑は合計1200面ほどになる。コート・ドールでいえば、特級畑（グラン・クリュ）と一級畑（プルミエ・クリュ）のすべてと、小区画〔おもに土地の形状など自然条件により命名されてきた区画名称〕といわれる村名格の区画の大多数、そして広域ワインのブルゴーニュでは、個人の命名による畑もいくつかとりあげた。

これらすべてのもとになっている公式の格付の体系については、82~89頁で説明した。個々のブドウ畑については、2人の先駆者、ジュール・ラヴァル博士とカミーユ・ロディエによる格付けを記し、さらに「クリュ」方式に基づき、私自身の評価による格付けを併記した。やはり82頁を参照されたい。各アペラシオンでは特級畑（グラン・クリュ）が最上位で、一級畑（プルミエ・クリュ）、村名格（ヴィラージュ）の順になる。アルファベットの表記法も83頁に記した。

コート・ドールのほかに対象とした地域は、シャブリおよびヨンヌ県のその他のブドウ畑、コート・シャロネーズ、マコネである。とりわけ後者は、今まさに注目の生産地域で、高品位のワインを造り出そうという生産者が増えつつあり、個々の優れたテロワールを定義する動きが進んでいる。

私はボジョレの上級ワインがおもしろくてたまらないことを再認識しているが、この地域をブルゴーニュの一部とは考えない。ボーヌやディジョンに属するよりもリヨンに属する地域であり、ガメイというブドウ品種も別物だし、花崗岩と褐色砂岩の酸性土壌という土壌組成も、ブルゴーニュ特有の粘土性石灰岩とは異質のものだからである。

ブドウ畑の解説の次に、各アペラシオンに本拠をおく優れた生産者についての短評を載せ、特に重要な生産者については、広域畑以上のレベルの全ブドウ畑のリストを、その所有面積とともに掲載した。

また各生産者のもつ著名なブドウ畑について、いわば定型の試飲記録を付した。個々のワインを特定の収穫年で論評しても、たちどころに古くさくなってしまうが、たとえばミシェル・ラファルジュのクロ・デ・シェーヌやヴァンサン・ドーヴィサのシャブリ・レ・プルーズなどは、年をまたいで一貫した個性を見せてくれるので、これをくわしく知ることは有意義だろう。

ワインの探しかた

まず該当する村の章に進み、つぎにブドウ畑の見出しを探す（したがって「ボーヌ・グレーヴ」という一級畑の詳細は287頁からの「ボーヌ」の章。）各ブドウ畑のワインには複数の造り手が

いるから、作風、個性、畑の広さなどについては、各章末の生産者の項目を見ていただく。上述のボーヌ・グレーヴの項には主な生産者名を列挙し、生産者についての情報はボーヌの章の後半にまとめた。

ただし、複数の村にまたがって土地を所有する造り手は、その本拠地がある村の章に収めた。章末の付記によって、村外の有力な造り手を知ることができる。索引も参照してほしい。

地図について

ブルゴーニュワイン地図書の決定版を著したシルヴァン・ピティオと故ピエール・プポンの協力をいただいたおかげで、ブドウ畑とその周辺について、英語表記上前例のない水準の地図をまとめることができた。国籍を問わず読者がもっとも利用しやすい地図にすることを心がけ、本書の章立てに正確に対応させるとともに、配色に気を遣い、（場所によっては）対象地区を見やすくするため、縮尺を上げて地図を描き改めた。マルサネからマランジュに至るコート・ドールの縮尺率は2万分の1とし、地図上の1cmは実測の200mになる（1インチは556ヤード）。クロ・ド・ヴジョとモンラシェは所有区画まで地図で示した。コート・ド・ニュイとコート・ド・ボーヌの全体図は92〜93頁と264〜265頁に収めた。コートとよばれる丘陵地帯はおおむね北から南に走っているので、この地図では北を右上に配置し、頁を下から眺めれば、北西向きに斜面を見渡すことになる。これにより1頁または見開きで可能な限り最大の縮尺にとどめることができた。コート・ドール以外の地区についての地図は北向きに配置した。

コート・ドールの地図上の等高線は20m間隔、コート・シャロネーズ、プイイ・フュイッセ、シャブリ中心部は25m間隔である。これにより地図の見やすさはそのままに、地形や丘陵地の勾配をすっきりとあらわすことができた。ブドウ畑の名称と境界線は公式の土地台帳のままである。小さすぎるブドウ畑には名称を印字できないため数字を付すこととした（凡例を参照）。村境は必ずしもアペラシオンの境界と一致しないが、赤の破線で示した。

ブドウ畑の格付け——すなわち特級畑、一級畑、村名格、その下——は色別で表示し、それぞれの地図上に凡例を示した。

用語解説
glossary

※翻訳版では解説する用語を適宜変更した。

ウーヴレ（Ouvrée）　フランスで古くから用いられてきた面積の単位で、0.0428haに相当する。人が、馬の力を借りずに1日に耕作できる面積として定められた。

栽培農家、栽培醸造家、生産者、造り手（vigneron）　本書では、原書に登場する「vigneronヴィニュロン」の語を文脈に応じてさまざまに訳し分けている。もともと、vigneronの語はブドウ畑の小作人を指していたが、現在のブルゴーニュでは「ブドウ畑で働き、ワインを造る生産者」という意味で広く用いられる。ブドウ畑で作業せず、ワインのみを造る生産者にも、この語が使われることがある。

ジュルノー（Journaux）　フランスで古くから用いられてきた面積の単位ジュルナル（Journal）の複数形。8ウーヴレが1ジュルノーで、おおむね1haの三分の一に相当。人が、馬の力を借りて一日に耕作できる面積として定められた。

小区画（lieu-dit）　古くから用いられてきた特定の名前をもつ、ブドウ畑内の小さな区画。ブルゴーニュの特級畑や1級畑は、その中でさらに複数の小区画（リューディ）に分割されていることが多い。

デメテール（Demeter）　ビオディナミの創始者である思想家ルドルフ・シュタイナーの影響を受けた後継者たちによって、1928年に創設されたビオディナミの商標。国際的認証団体Demeter Internationalの認証を受けたワイン生産者は、「Demeter」の文字をラベルに表示する。ワイン用ブドウだけでなく、あらゆる農作物が対象。

ドゥミ゠ミュイ（demi-muid）　古くは容量600リットルの比較的大きめの木樽を指すが、現在は容量350〜800リットルまでの幅広い大きさの樽にこの語が用いられている。

ドメーヌ元詰め（domaine-bottling）　ドメーヌが所有、貸借契約、分益小作契約などで管理するブドウ畑の果実を用い、醸造から瓶詰めまでを行うこと。ラベルに、「mis(e) en bouteille au domaine」との表記があるワインは、ドメーヌ元詰めされたもの。

ビオディヴァン（Biodyvin）　1996年にフランスで設立された、国際ビオディナミ栽培家組合（SIVCBD : Syndicat International des Vignerons en Culture Biodynamique）が用いる商標で、認証を得ている生産者のワインラベルにマークが記載される。ワイン用ブドウ栽培のみを対象とする。

フィエット（feuillette）　シャブリ地区で伝統的に用いられてきた、容量132リットルの小さな樽。シャブリ地区以外のブルゴーニュ全土では、小樽（ピエス）の半分の容量である114リットルの樽を指す。

フードル（foudre）　フランスにおける大樽の一般的呼称で、容量は2,000リットル程度のものから、30,000リットル程度のものまで幅広く指す。発酵・熟成の両方の用途で用いられる。コート・ドール地区ではほとんど目にしないが、マコネ地区では一般的。

分益耕作（métayage, sharecropping）　ブルゴーニュで古くから今日までおこなわれている小作の一形態。小作人は畑の所有者から土地を借りてブドウを育て、小作料として収穫物（果実またはワイン）を納める。

マクロクリマ（macroclimate）　数十から数百キロの単位で観察される、地区や地方別の気象条件。

マスト（must）　ブドウ果汁がアルコール発酵によってワインへと変化する前、およびその途上の物質を広く指す用語。白ワインの場合は固体を含まない液体だが、赤ワインの場合は果皮、種子などの固体と液体の混合物。

ミクロクリマ（microclimate）　最大でも数メートルの単位で観察される、ブドウ樹の周囲のごく限定的な気象条件。

メゾクリマ（mesoclimat）　数十から数百メートルの単位で観察される、ブドウ畑別の気象条件。

BIVB　ブルゴーニュワイン事務局（Bureau Interprofessionel des Vins de Bourgogne）。ブルゴーニュ地方の公式ワイン生産者組織。

DIAM　合成コルクの一種。天然コルクの砕片に特殊な処理をして、コルク臭（ブショネ）の原因物質であるTCAを除去したのち、円筒状に成形したもの。コルク臭の問題が発生しない代替栓だとされる。

ECOCERT　有機栽培の公的認証団体のひとつで、欧州最大。EU各国に拠点をもつ。

INAO　国立原産地・品質研究所（Institut national de l'origine et de la qualité）。フランスのAOCワイン、ヴァン・ド・ペイ（AOCの下に位置するカテゴリーの地酒的ワイン）を管轄する公的機関。

SAFER　フランスの農地開発・売買を管理する政府機関（Société d'Aménagement Foncier et d'Etablissement Rural）。ブドウ畑の所有者変更に認可を与えるほか、この機関自体もブドウ畑の売買に携わる。

第1部
ブルゴーニュの背景
background to burgundy

歴史的背景
the historical background

ブルゴーニュの起源は、現在のこの地域のすがたと今なお関係がある。作家で郷土史家のアンリ・ヴァンスノは20世紀半ば、ブルゴーニュ人の生活のおもな部分は、2000年の長きにわたり進行中のガリア人とローマ人との抗争の一部と考えられる、という見方を示した。その長い年月をかけて、はじめゲルマン人がガリア人にとって代わり、その人口増加でローマをおびやかし威信を失墜させた。次いで中世になりブルゴーニュは権勢を伸ばして独自の王国を成すに至った。

ガリア人

ローマ人より前にブルゴーニュに居住していたのはガリア人だった。モン・ブーヴレのビブラクテを根城にするハエドゥイ一族、現在のフランシュ゠コンテであるソーヌ河対岸にはセクアニー族がいた。少数部族としてはアレシア近くにマンドゥーリ族、リンゴネース(ラングル)族、セノネース(サンス)族がいた。
ウェルキンゲトリクスはカエサルの足下に武器を放棄したことで知られるが、(たぶんカエサルの『ガリア戦記』ではなく漫画の『ガリア人アステリクス』のおかげで)アレシアの戦いで最後に敗れるまで、ガリア人でもっとも名高い人物だった。彼自身はブルゴーニュ人ではなくマッシフ・サントラル(中央山塊)のアルウェルニー族の出だったが、短期間でガリア人の各部族をまとめあげ、カエサルに立ち向かったのである。ディジョン行きの電車に乗ると、かつてのアレシアと目されるアリズ゠サント゠レーヌの丘(モンバールの真南)に、7mもの高さのウェルキンゲトリクスの像が、さらに立派な台座の上にそびえているのが見える。
ガリア人は頑固者でとおっている。「Ce sont des Gaulois.(ゴロワだね)」といって呆れて肩をすくめるのは、今なお、このあたりでおなじみの皮肉である。アンリ・ボワイヨに、どうしてみんな畑を鋤き返したり草を生やしたりせずに、まだ古くさい化学除草剤なんか使っているんだろう、と聞いたら、「てんでゴロワだからな」という返事だった。

ローマ人

ローマ人は紀元前1世紀のあいだを通じて天下にその存在を示していたが、おそらくワインはこのとき持ち込まれた。ブルゴーニュで最初にブドウを植えつけたのがいつかを突き止めようとする議論が続いているが、ローマによる占領時代であることには異論がない。310年、オータンでエウメニウスがおこなったコンスタンティヌス帝追悼演説のなかで、ブドウ畑の惨状を嘆き、古木の根っこが山積みだといっているのは、すでにそれが産業として根づいていたことを物語る。
2008年、ジュヴレ゠シャンベルタンのはずれで大発見があった。紀元1世紀にさかのぼる小さなブ

ドウ畑の跡である。ブドウの樹は明らかに穴に植え付けられ、穴はさらに石で2つに仕切られ、根っこ同士がからまりあわないようにしてあった。この平地では総計26畝、316の穴が発見された。すぐさま連想が浮かぶのは、ディジョンに駐留したローマ人の高官が、週末を過ごす別荘に手すさびの「ライフスタイル農園」をつくっていた図だ。ちょうどオーストラリア、ニュージーランド、カリフォルニアの医者や弁護士が、たとえばヤラ・ヴァレーやギブソン・ヴァレー、ナパ・ヴァレーで同じことをしているように。

ブルグンド族

一方、森林の別の場所では、スカンディナヴィアの人々が、故郷であるスウェーデン沿岸のブルグンダーホルム（Burgundarholm 現在のボルンホルム）という島を去った。彼らはゲルマン人の本拠地を横切って、首尾よくローマ帝国の辺境警備を務めながら、3世紀後半にはヴュルテンベルクに到達した。そして5世紀初頭、ラインラントのヴォルムス近くに定住した。

今日いうところのブルゴーニュまたはブルグンドは、大筋で彼らからもたらされた地名である。この部族が現実にブルグンドと称したかについては議論の余地があり、さまざまな説がある[1]。

オロシウスは417年に、『異教徒反駁史』で、ブルグンド族はローマ人によって辺境の土地すなわちブルグ（burg 町）の警備に任せられたという説を唱えた[2]。この説は6世紀、『聖シギスムンドの生涯』でも繰り返された。1840年、W.ヴァッカーナーゲルは中世のブル（Bur 農民）とグンディア（Gundja 兵士）から農兵を指すという説を唱えた[3]。

R.ド・ベロゲ『ブルゴーニュに関する考察』（1846）は、北風（Norse Bor）と子供（Kundur）から、嵐の子を意味するという[4]。A.ヤーンはブルグンド人について考えられるすべての参照を総合して、名称のBurgという語が重要で、ブルグンド人は家の堅固さと定住性とで自らを他部族と区別していたと結論づけた[5]。

T.E.カルステンは『古代ゲルマン』（1931）のなかで、この名称はボルンホルム島、かつてのブルグンダーホルムに由来するという[6]。高台のある島という意味で、そのとおりである。一方、島に定住した部族名が島の名称になったのだという異説にも説得力はある。1655年、ブケリウスは、ボルンホルムとブルグンド族とのつながりははるか昔にさかのぼると記し、9世紀にはウェセックスのアルフレッド大王がオロシウスを翻訳した際、ボルンホルムの住民をブルゲンダス（Burgendas）と書いた。

ニーベルング——巨人か小人か

初期のブルゴーニュ人を支配したのはニーベルング家で、ワグネリアンには喜ばしい。いくつかの典拠によれば、「指輪」そのものも含め（物語はさまざまな伝説の合成によりひどく混乱している）、ニーベルングは小人族で、ブルグンドは巨人族として登場する。シドニウス・アポリナリスは七歩格の詩でこれにふれ、デュボワ僧正は「ヴォルネについての覚書」で、（どうも信じ込んでいる様子で）1839年に教会の敷地から異常に大きな人骨が発掘された話を記している[7]。

シドニウス・アポリナリスは、快適なローマで安楽に過ごす友人カトゥッルスへの短い手紙で、詩

---

1) Odet Perrin, *Les Burgondes*, Editions de la Baconnière, Neuchâtel, 1968
2) Orosius, *Historiae adversum Paganos*
3) W. Wackernagel, *Glossar sur altdeutschen Lesebuch*, Basel, 1840
4) R. de Belloguet, *Questions Bourguignonnes*, Dijon, 1846
5) A. Jahn, *Geschichte der Burgundionen und Burgundiens bis zum Ende der I Dynastie*, Halle, 1874
6) T E Karsten, *Les Anciens Germains*, Paris, 1931
7) Abbé E. Bavard, *Histoire de Volnay*(1887), Editions Lafitte, Marseille, 1978

の体裁をとりつつ、いささか薄気味悪げに、脂くさく臭いのきつい巨大なブルグンド人に辟易すると、書き送っている[8]。

シドニウス・アポリナリス　第12書簡　ウァレリウス・カトゥッルス宛

　　よしんば書けるとしても、
　　婚礼の夜のための　しゃれた詩句をお望みとは
　　チュートン訛りの若造が　髪むさくるしく
　　取り囲む　座の中で、
　　バターもて髪くしけずる　ブルグンドの詩人をば
　　底意地悪いつぶやきで　誉めそやせとは。
　　日がな一日　蛮族の歌を聞かされれば
　　詩など要らぬようなもの！
　　わが拙き六脚韻詩も、
　　あるじ大男の払う勘定には間に合わぬ。
　　そなたの眼と耳と　いや何よりもその鼻は
　　遠慮なく大蒜くさき　息に見舞われ
　　十人の　ブルグンド人が朝餉にて　撒き散らす
　　その襲撃で　わが料理方は退散す。
　　アルシノウスの酒蔵も　かのティタン族の略奪に
　　耐えざりき
　　だが待てしばし、洗練と叙情の詩句が
　　誰ぞやに　皮肉の棘ととられぬように。

4世紀後半までにブルグンド人はキリスト教（カトリックではなくアリウス派のせいで）に改宗し、ローマ帝国とともにアレマニー族に対戦した。しかしフン族の侵入に圧迫されて西へと追いやられ、436年アッティラのおこなった大虐殺でニーベルング族／ブルグンド族の王ギュンター（グンダハール）は妻を失った。

ギュンターの子グンディオクは443年、部族をサヴォワ（サパウディア）に導き、ジュネーヴに都を築いた。ブルグンド族は牛飼いで、いつも家畜を引き連れていた。今日のモンベリアール牛は（世にあまねくシャロレ牛ほど著名でないが）これを始祖とする子孫たちであるらしい。

グンディオクは4人の息子に跡を継がせたが、やがて長子グンドバットは弟たちを殺害してしまう。弟キルペリックの娘たちは修道院に追いやられたが、そのひとりクロティルドは逃げてフランク王クローヴィスに嫁いだ。彼女の息子たちは523年、次のブルグンド王シギスムンドを殺して復讐を果たし、534年には最後のニーベルング王ゴドマールを破った。これをもってブルグンドの時代は終焉をむかえ、フランク王国の王家となるメロヴィング朝の支配が開始した。

これほどの乱世にもかかわらずブルグンド人は法による統治を知りぬいており、事実私たちは、彼らのおかげでもっとも初期のゲルマン部族法典のひとつ『グンドバッド法典』または『ブルグンド法典』[9]に接することができる。これは主としてグンドバッド王の治世下（474-516年）で徐々に編纂された明文法典だが、ブドウ栽培に言及する箇所がたいへん多く、明らかに農業全体に占める地位がきわめて重要だったことがうかがえる。

第31条には、他人の土地に不法にブドウを植えつけて訴えられたブルグンド人の規定がある。土地所有者がただちに不服を申し立てなければ、植えつけた農民は樹をわがものとすることができる

---

8) Sidonius, *Poems, Letters*, Loeb Classical Library, London & Harvard, 1936, p.212
9) A. Dubreucq, *La Vigne et la Viticulture dans la Loi des Burgondes*, in Annanles de Bourgogne, Tome 73, 2001

が、土地所有者に代替地を提供しなければならない。もしも土地所有者がはじめから植樹に反対したら、農民は新たなブドウ畑をつくらなければならない。

百姓がブドウ畑から豚を追い出すはめになったとき、1頭は屠殺してわがものとしてよい。ただし牛と馬は高価だったので、この条文の適用はない。その後の第89条にその科料がある。地主は動物が羊、山羊、イノシシであれば、殺してわがものとしてよい。雌牛であれば、持ち主に3度警告を発したあとにかぎり、そうしてよい。雄牛、ラバ、馬は、捕らえねばならないが、持ち主が対価を支払えば返してよかった。

人間が意図的な被害を与えたときの罪は厳しかった。自由民が日中ブドウ畑に入りブドウを荒らしたときは3スーの罰金。奴隷が同様のことをすると死刑。自由民が夜間にブドウ畑を荒らしたとき、地主はこれを攻撃して殺してもよい。

自由民がブドウ畑に侵入し盗みをはたらいたときは2スーの罰金だが、地主に損害を与えたときはさらに3スー、そして夜襲をはたらいたとき、地主はやはり殺してもよい。（日中）罪を犯した奴隷は笞打ち300回——どのみち死ぬようなものだが、夜間の犯罪であればまちがいなく死刑に処された。注意すべきは、穀物泥棒であれば、ブドウよりもずっと刑が軽かったことである。

フランク族

ブルグンド族の支配者たちは滅ぶべくして滅び、のちのフランス王国の名の由来となったフランク族が台頭した。彼らの政治的背景は複雑で、「宮宰」といういわば首相にあたる人物たちが、ときとともに王家を排除していったものである。カール・マルテル（金槌）のあとを「短軀王」の異名をもつピピン三世が継ぎ、そのあとをカール大帝が継いだ。シャルルマーニュとして今に名を残す彼は、スペイン北部からフランスをまたぎ、ヨーロッパ低地地方、ドイツの大半、スイス、オーストリア、イタリア北部に及ぶ帝国を統一した。800年、神聖ローマ帝国皇帝として戴冠し、その地位を堅固にした。やがてこれらの版図はシャルルマーニュの3人の孫に分割され、西にフランス、東にドイツ王国、そして両者の間のいささか曖昧な地域が誕生し、ブルゴーニュ地方はその中に含まれた。

教会

ブルグンド族はアリウス派のキリスト教徒だったが、フランク族はカトリックだった。いわゆる暗黒時代のあいだも教会は文明の遺風をとどめていた——ワイン造りもそうだ。早くも640年にはノートル・ダム・ド・ベーズ修道院がジュヴレ゠シャンベルタンの地にブドウ畑を拓いた。またサン゠ヴィヴァン大修道院は、ヴェルジ家〔フランス最古の貴族のひとつ〕とともに、現在のヴォーヌ゠ロマネ内外においてめざましい役割を演じた。当時つまり紀元1000年の前後、修道院は大きな影響力をもっていた。

ベネディクト会が910年クリュニーに設立した修道院はさまざまな分院を生んだ。1075年、はるか北のセーヌ川源流モレームの森で、その地名を受けた修道士モレームのロベールが、小さな修道院を興した。とはいえ新しい会派といえども大修道院特有の堕落や浪費をのがれることができず、手を尽くしてモレームを去ろうとしたすえ、ディジョン南方の平地に新しい修道院を興す許しを得た。そこは森林の湿地で、ソーヌ川を見下ろす丘陵の小川を水源としていた。水辺には葦が繁り、これをフランス古語でシストーといったことから、1098年3月21日、シトー大修道院が誕生した。

後任の共同創始者にして3代目院長、ドーセット生まれのスティーヴン（エティエンヌ）・ハーディングの任期中（1108-1133年）、分院はほうぼうにできた。シャロン゠スュル゠ソーヌ近くには1113年にラ・フェルテ、シャブリのすぐ北には1114年にポンティニの修道院が造られた。初期のシトー派修道士のひとり、のちに聖人となるクレルヴォーのベルナールも、すぐ教皇問題に巻き込まれ関与を余儀なくされた。彼を論駁した枢機卿アルメリクは、「やかましくて迷惑なカエルが沼から出てきて教皇庁と枢機卿を困らせようとは」と言った。

たしかに新参のシトー派修道士たちは沼から出てきたが、それはブドウ畑の植えつけのためだった。

彼らはヴジュの小川をたどってゆき、かたわらに修道院を建てた。その背後にあって断層崖からなる斜面こそは、のちのコート・ド・ニュイである。この丘陵の斜面下方、今でいうジュヴレ＝シャンベルタン、モレ＝サン＝ドニ、ヴォーヌ＝ロマネは好条件の土地で、すでにほとんど拓かれていたが、中腹にはまだ空き地があって、これがのちのクロ・ド・ヴジョである。

教会はさまざまな理由でブドウ畑を必要とした。ミサのためのワインは利用法のごく一部にすぎない。饗応の必要、そして上等なワインを供給できるという特権こそ、政治的な役割をも担うきわめて重要な事情であった。事実、ウルバヌス5世という厳しい教皇は、当時教皇庁のあったアヴィニョンに届く贈り物（というか賄賂）のブルゴーニュの樽をもてあまし、1364年の教皇勅書で、コート・ド・ボーヌあるいはヴジョから教皇や枢機卿にワインを送り届けた者は破門するといってこれを禁じた。それからわずか9年後、大修道院長ジャン・ド・ラ・ビュシエールは、次期教皇グレゴリオ11世に、30樽ものクロ・ド・ヴジョを送り届け、その2年後、枢機卿の帽子を授かった。贈り物のおかげであるのはまちがいなく、ということは、クロ・ド・ヴジョが良かったにちがいない。

ヴァロワ家の公たち

1361年、最後のカペー家の公であるフィリップ・ド・ルーヴルが早世した。公はまだ17歳、妻にいたっては11歳であったから、相続人はなかった。フランス王に復帰した公領に、王は末子フィリップをすえ、ブルゴーニュ公とした。彼はわずか14歳のときのポワティエ戦役でたてた武功で、その勇猛ぶりを認められ、以来フィリップ・ル・アルディすなわちフィリップ豪胆公と呼ばれるが、公領を手にしただけでなく、さきの公の寡婦マルグリット・ド・フランドルを娶ったことで、のちにブルゴーニュ公国領の版図をさらに拡張させた。

当初フィリップの領地はブルゴーニュ公領で、フランスの封臣としてこれを領有していただけであった。彼は妻マルグリットの父ルイ・ド・マレからフランドルを、義理の祖父からアルトワ伯領、ルテル伯領、ヌヴェール伯領を相続し、神聖ローマ帝国からはソーヌ川対岸のブルゴーニュ伯自由領（フランシュ＝コンテ）を授かった。

フィリップはブルゴーニュ公国の北部と南部の統治を再編した。彼とその世継ぎらは、ブラバント、シャロレ、ピカルディ地方の諸市、マコン、トネール、そしてホラント、エノー、ゼーラントを次々に公国に加えてゆき、1443年にはとうとうルクセンブルクをも獲得した。ただし、北部と南部のあいだには空白地帯があり、シャンパーニュ伯領とロレーヌ公領とは独立を保っていたが、これはおそらく王国がまだ建国の途上だったということで、それほど当時のフランスはまだ弱体だったのである。

フィリップ豪胆公は軍事上の英雄だっただけでなく、すぐれた統治者であった。ばらばらの領土をひとつの政治的統一体として統治できるしくみを発展させ、そのかたわらでブドウ畑にまで目を配った。1395年の有名な法令で「不忠なる」ガメ種のブドウを禁止したのは、ブドウに関する勅令のひとつにすぎない。ブルゴーニュ公国はペストの再流行にさいなまれた時期も、能う限りの繁栄をとげた。もっとも、最初の流行のときには、カペー系としては最後から2番目の公ウード4世が、その12年後には公フィリップ・ド・ルーヴルの命が奪われたのだが。

フィリップの後継者無畏公ジャンは、父公よりも人柄において見劣りがし、在位中、力をつけたオルレアン＝アルマニャック党との権力闘争に明け暮れた。ジャンは1407年、宿敵オルレアン公を暗殺させたが、公国のためにはさしたる成果ももたらすことなく、12年後に同じ運命をたどった。それでもこの時代、私たちの立場からすれば特筆すべき事柄が一つあった。1416年の政令で、サンスの町の橋から下、つまり南側で造られるすべてのワインをブルゴーニュワインと定めたことで、こうしてシャブリをはじめとするオセール周辺のブドウ畑がブルゴーニュに包含されることとなった。

フィリップ善良公の治下で公国は比較的安定と繁栄の時期を迎えたが、百年戦争は続いており、1435年アラスの和約を結ぶまで、イギリスを味方につけてフランスと敵対していた。1443年にはブルゴーニュの歴史を画する史実を認めることができる。ルクセンブルク公国を併合したことで領土と戦略上の利点が向上し、この年、公の大法官ニコラ・ロランがあのオテル・デュー（施療院）の建

立をはじめ、現在のオスピス・ド・ボーヌ（ボーヌ施療院）の礎石を置いたのである。

ブルゴーニュ公国はさらに騎士たちの栄誉を顕彰するため、1430年フィリップは金羊毛騎士団[10]を創設した。しかし公国の宮廷が富と学術の中心として栄えるあいだ、一般大衆の生活は過酷をきわめた。ときおりペストの再流行に見舞われただけでなく、農村部はしばしば山賊に襲撃された。それは、百年戦争の小休止で暇をだされた傭兵のなれの果てであった。

公国が崩壊したのは、4番目にして最後のヴァロワ家の公、シャルル突進公（シャルル・ル・テメレール）のときで、その軍事と王権における野望はいずれも徒労に終わった。神聖ローマ皇帝フリードリヒ3世をそそのかし、帝国領内のブルゴーニュ全土を統べるローマ王戴冠をもくろんで失敗。アルザスとサヴォワへの侵攻をおそれたスイス州同盟と戦って、2度とも敗れた。そして1477年、ロレーヌを制圧しようとしてナンシーの手前で戦死した。

シャルル突進公の世継ぎマリー・ド・ブルゴーニュはオーストリア大公マクシミリアンと結婚したので、ヴァロワ家領土のほとんどは神聖ローマ帝国の手に渡り、ブルゴーニュ公国そのものも、1477年ルイ11世の下でよみがえったフランスに併合されるところとなった。

旧体制（アンシャン・レジーム）

ブルボン王朝による君主体制が3世紀続くあいだフランスでは、そしてブルゴーニュでも、ブドウ畑におよぶ教会の影響力が徐々に衰えて、貴族の勢力が増してきた。その象徴が、1760年にコンティ公が買い入れてすぐにロマネ＝コンティと改名したブドウ畑であり、富裕な商人らもまた利権を拡大していった。

ディジョンの富裕な中間層は、教会が財政再建のために手放すはめになったブドウ畑を支配するようになった。クロ・ド・ベーズはクロード・ジョマールの手に落ち、クロ・サン＝ジャックはモリゾ家の所有となり、同時にソーリューのサン・タンドシュ教会は、775年以来所有したシャルルマーニュの畑をエスモナン家に譲渡した。

宗教関連の事件はブルゴーニュにさしたる影響を与えなくなっていたが、1685年ルイ14世によるナントの勅令廃止は、意図せずして国の内外に新興商人階級を生むこととなり、これらの人々はワインをも取引の対象にした（33頁参照）。

ルイ14世（太陽王）の長い治世のあいだ、ブルゴーニュはワインの名産地として声望を上げはじめた。わけてもシャンパーニュと優位争いをくりひろげたのは、かの地が当時、赤のスティルワインで名を馳せ、ヴェルサイユの宮廷で愛されていたからだ。だが王の侍医は、ブルゴーニュワインのほうがシャンパーニュのそれよりも太陽王のご健康にずっとよいと弁護につとめた——とはいいながら、飲むにはシャンパーニュのほうがずっと楽しいとも書いているが。

18世紀になると、技術の向上でガラス瓶の信頼性が増し、ワインを瓶詰めしてコルク栓をする手法がしだいに広まった。つまるところ、君主は「お薬」をたいそうお気に召したのである。1783年当時のルイ14世の蔵帳簿をみると、

クロ・ド・ヴジョ	1774年	655本
リシュブール	1778年	200本
ロマネ＝サン＝ヴィヴァン	1774年	195本
シャンベルタン	1774年	185本
シャンベルタン	1778年	100本
ラ・ターシュ	1778年	100本

---

[10] 金羊毛騎士団は1477年ブルゴーニュ公国崩壊後、ハプスブルク帝国に移行し、今日も存続している。現実にはスペインとオーストリアとの2系統があり、ベルギーのアルベール国王のみが両方から叙勲されている。トワゾン・ドール（金羊毛）というと、ついディジョンにある同名のうらぶれた商店街を思い出してしまうが。

本質的に保守的なアンシャン・レジームの体制下で、ものごとは比較的ゆっくりしたペースで進んだが、すべては1789年に劇的な変化をとげる。革命が本格化すると、貴族や修道院の保有する土地はひとしく解放つまり国有化されて、1791年公売に付されると、地方の農家でも事業家でも、誰もが手を挙げることができた。クロ・ド・タールはウーヴレ当たり415リーヴルで売られた。ロマネ・サン゠ヴィヴァンは583リーヴルで、クロ・ド・ヴジョ（616）、シャンベルタン（777）に負けている。とはいえこれらすべてを上回ったのはレ・サン゠ジョルジュのウーヴレ当たり892リーヴルである。ロマネ゠コンティとラ・ターシュは1794年まで売りに出されることはなく、クリスマス・イヴの日（革命暦第3年雪月4日）、前者はラ・ゴワイヨットをつけて112,000リーヴルで、ラ・ターシュは27,200リーヴルで売られた。

19世紀

革命で旧体制が崩壊して近代史が始まると、つづくナポレオン時代の再編がおこる（事実、若いナポレオンはシトー派僧侶らを追い立てる圧力としてはたらいた面がある）。
ナポレオンの軍事行動は民衆の心に鮮やかに記憶されたが、それより目だたない行政改革のほうこそ大きな遺産だった。フランスの国土は県（デパルトマン）に分割され、ブルゴーニュ地方の中心部は黄金の丘陵を意味するコート・ドール県となり、そのほかのブルゴーニュ地方には、それぞれを貫く川の名前がつけられ、たとえばヨンヌ県、ソーヌ・エ・ロワール県となった。
通行税と制限はほぼなくなり、旅行も商業もしやすくなった。ソーヌ川とヨンヌ川とを結ぶブルゴーニュ運河は、1775年に着工し、1832年完成した。やがてブルゴーニュではワインが産業と見なされるようになり、当地に関する初期の重要な書物が記され、さらにはさまざまなブドウ畑を格付けしようという試みがなされた（82～89頁参照）。
この世紀、主な政治上のできごとである1830年の7月革命と1848年の2月革命、そして1870年の普仏戦争は、いずれもブルゴーニュの農民たちにほとんど影響を及ぼすことがなかった。事実、19世紀の三分の二を過ぎた頃でも、ブドウ畑にはほとんど変化がなく、1860年当時の農民は100年前のご先祖とほぼ変わらぬことをしていたし、へたをすれば、はるか9世紀頃にさかのぼる昔、教会のためにブドウ栽培をしていた遠い親戚でさえ、似たようなものであった。だが、人々はより分析的な手法を用いるようになった。
1831年、モルロ博士は、早期の収穫と収穫開始時期に関する研究をおこなった。彼の結論は、10月の収穫ですぐれたワインはできない、というものだった。「ほとんど公理のように、10月におこなわれた収穫では、ことごとく劣るワインになると断言できる」
彼によれば1787年から1830年のあいだ、44回の収穫のうち10月におこなわれたのは21回あったが、質量ともに成功したのは1795年、1803年、1807年の3度だけだったという。いっぽう1716年から1787年のあいだ、10月開始の収穫は10回しかなく、三分の二は9月25日以前に収穫が開始した。彼はこのことが気象パターンの変化によるのか、収穫日を決める習慣が変わったためなのかと問いかけ、おそらく前者に違いないと結論した。
19世紀の収穫年として1864年に焦点を当ててみるが、それはこの年が私の試飲したことのある最古の年だからだ。この年は一見すると暑く乾燥していて、ジカキムシが猛威をふるったおかげで収量は落ちた。私が対面したのは、コント・アルマン家が変わらず所有してきた畑、ポマール・クロ・ド・ゼプノーのすばらしい状態の瓶で、2008年7月におこなわれた垂直試飲での白眉だった。私の手控えにはこうある。「ワックスキャプセルで液面は極上、輝くような赤褐色で、美しく澄んだ中心部は赤くすっきりしている。この瓶、1世紀古いものとは誰にも知らせずに、（19）62年と（19）59年のあとに出せばよかった！ 1886年よりはドライだが、はるかにすごい。急いでとらえようとはすまい。舌触りは繊細きわまりなく、果実の風味というより花のようだ。非の打ちどころがない本物だが、味わいもまったく歳月を感じさせない。抜栓後40分たってもよくなって、はりと濃さが増すようだ。最後のひと口のあと、バラの香りが長くただよう。まことに驚くほかない経験だ」

災禍とその対策

だが、その後19世紀後半になって、ブルゴーニュは重い厄災に見舞われた。ウドン粉病、ベト病、そして最後にフィロキセラである。これら3種は今なお存在する。このうちフィロキセラは無力化されたが。2008年9月、収穫直前にブドウ畑を歩き回ったときも、依然ウドン粉病とベト病の両方による歴然たる被害があることが、いたるところに見てとれた。

フィロキセラによってブドウ畑の改植を余儀なくされてまもない1880年代以降になると、ブドウ栽培には重大な変化が生じた。ギュイヨ博士はその名を冠した剪定法をひろめ、畝のあいだには馬が用いられるようになった。ただし、その全盛期はつかのまで、やがて機械化が興った。1930年代には畝をまたいで動き回ることのできるトラクターが登場した。

19世紀の歩みにつれて、醸造所ではたいへん洗練された手法が芽ばえた。シャプタル博士は1800年、醸造に関する考察をまとめた本を出版し、その中で砂糖の添加について述べた。またルイ・パストゥールは1862年、現在パストゥリザシオンと呼ばれる研究に着手し、1865年『ワインに関する研究』を発表した。

20世紀

20世紀前半はおおむね下降期で、特にはじめの10年、厳しい経済情勢のなか、ラングドックとシャンパーニュでは暴徒の出現を招き、ブルゴーニュも危うかった。ついで第一次世界大戦が起こり、ブドウ畑の就労人口も激減した。

20年代終わりから30年代初頭になると経済は惨状を呈し、ワイン生産者らはウォール街の窓から身投げこそしなかったけれど、もはやネゴシアンにワインを売ることもできなかった。そこで、有力なアペラシオンにあってはドメーヌ元詰めがはじまり、大半の広域アペラシオンにあっては協同組合が結成されるという二重の運動が生まれた。とびきりのブドウ畑にも売りに出されるものがあり、ドメーヌ・ド・ラ・ロマネ＝コンティが渇望していたラ・ターシュの畑を買うことができたのもこの時期だったし、アンリ・ラマルシュはラ・グランド・リュを手にし、モメサン家はクロ・ド・タールを買った。

こうした問題に直面して、原産地統制呼称（アペラシオン・コントローレ）の基本理念をまとめあげる取り組みが着々と進み、ついでアペラシオンごとの線引き、ことに特級畑の境界確定がおこなわれた。この作業の詳細については82～89頁を参照されたい。

第二次世界大戦でドイツに占領されたとき、ヴィシー政権と占領下フランスとの境界線はコート・シャロネーズを貫いていた。戦争の当初、にわか人気に沸いたヴィシー政権には、オスピス・ド・ボーヌ所有のボーヌ・トゥーロンの畑が転がり込んできたほどであった。フランスを救ったと思いこまれた元帥が、つかのまの感謝の印として受け取ったその畑は、「ヴィーニュ・ド・マレシャル・ペタン（ペタン元帥の畑）」と呼ばれた。

困難な時代は1950年代も続く。ミニ寒冷期のせいで多くの地区は10月の収穫を余儀なくされ、なかでもシャブリでは植えつけもまばらだった。戦後復興期、化学肥料と化学除草剤が大量に用いられたことで環境被害が生じ、やがてワインの質は低下したが、これは畑に手間ひまかけていなかったということだけではなく、肥料が土壌の酸とアルカリとのバランスを変えてしまったことにもよる。たくさんの有力ドメーヌが低酸に苦しみ、続く1970年代、微生物汚染を招いた。ジャック・セイスは、当時は今よりもはるかにワインの補酸が必要だったと語る。現代では、ものすごい熟度のヴィンテージが珍しくないのだが。

一方、1957年のローマ条約でECC（欧州経済共同体）が生まれると、共通農業政策が採用され、ついには決定権そのものもパリからブリュッセルへと移っていった。同じ頃、まずカリフォルニア、次にオーストラリア、そしてニュージーランド、南アフリカ、南米が、すぐれたワインの信頼に足る産地として頭角を現しはじめた。シャルドネは至るところに見られ、ピノ・ノワールはもっと場所が限られていたものの、国際的な評価は高かった。

外国との競争は、マコネのような低価格のブルゴーニュに試練となり、より優れたワインを目ざす契機となった。とはいえアメリカやオーストラリアを中心とする南洋州のワイン産業の最新技術が、ワインの製造方法に好ましい衝撃を与えたのも事実である。ブルゴーニュ人はもはや欠陥を頬被りして、たとえば野良臭いにおいをテロワールの一部だなどとごまかすこともできなくなった。ボーヌのワイン学校を出た若い世代も、海外での収穫に携わるといった経験を積んでいる。

来るべき時代

1985年のヴィンテージで、私がまっさきに耳にしたのは「この年に悪いワインを造ろうと思ったら、よほど念入りにやる必要がある」という言葉で、当時、造り手たちは仕事に熟達しているという自負をもっていた。1999年や2009年の収穫でも同様の熱気がみられたが、「そりゃあ10年前に比べれば、ずっとよくワインの造り方を知っているし」というコメントが耳をひいた。過ぎ去ったすべての世代は、それぞれの前代の誤りを見知って、特有の失敗に陥らないすべを知っている。だが彼らも、サンドバッグが今度は自分の頭めがけて戻ってくるのは見えない。だから将軍はいつも前回の戦争を闘うことになるのだ。

ブルゴーニュのワイン史は繰り返されてきたが、その谷間は、外的事象や、ときには慢心により生じた。1869年にアシェットから出版されたコート・ドールの案内書には「コート・ドールではブドウ農家が、無気力とか怠惰、不信の念をどうしても追い払えずにいる。そこには腹をきめて健全な思考をもち、合理的な農耕法と改良型の農機具を採用しようという様子がほとんど見られない。多くの人々は、ブドウ農家が品質よりも何よりも量ばかりを追い求め、製品の良さをないがしろにする風潮を非難している」[11]とある。つまり、ブドウ栽培農家のことを、無気力で、合理的思考に無関心で、質より量を追いかけるといって批判しているのだが、これは14世紀のフィリップ豪胆公の不平にも、1982年にアンソニー・ハンソンが最初のブルゴーニュ書でさまざまな悪習をあからさまに批判したことにも通じる。

今日、これからのテーマと考えられることは次のようなものだ。熟成前酸化現象の克服。有機農法とビオディナミへのとめどない趨勢。極上ワインの価格とその地価の高騰、そしてこれと関連する国際的な投資市場。地球温暖化の規模と影響。最後の問題については、もしも進行が速すぎた場合、造り手はこれに歩みをならべようとしても技術的に対応できないと私は見ており、そうなると次にワインがどこから来るかどころではない、たいへんな懸念材料を抱えるようになるだろう。

---

11) A. Joanne, *Département de la Côte d'Or*, Hachette, Paris, 1869, p.81

ブルゴーニュワインの取引
the burgundy wine trade

ブルゴーニュのワイン生産量はフランス全体の3％を占めるにすぎない。フランスワインのもう一方の銘醸地ボルドーと比べると、ブルゴーニュはブドウ畑の広さでは四分の一にもおよばないが、統制呼称の数では倍近くもある。

	ブルゴーニュ	ボルドー
作付面積	27,700 ha	120,215 ha
生産量	150万ヘクトリットル	570万ヘクトリットル
統制呼称	100	57
ドメーヌ数	4,000（うち自家元詰め1,300）	10,000
ネゴシアン数	250	400
協同組合数	23	44

市場への経路もまた異なる。ブルゴーニュの主たる方法は3通りあり、まず自家製品を瓶詰めして販売することで、協同組合を通すやりかた。あるいは、ブドウか果汁かワインそのもの（瓶入りも瓶なしも）を、ネゴシアンと呼ばれる取引業者に売ることで、ここにはクルティエと呼ばれる仲買人をあいだに立てる。

協同組合に加入するのはマコネでは一般的で、シャロネーズとシャブリでも組合は有力である。しかし最近、とりわけマコネでの情勢は厳しく、危機の年の収益性は、のちに2005年で得た利益が大きく上方修正してくれるまでは、生産原価をかろうじて上回るに過ぎなかった。この地域の栽培農家の中には、無理もないが土地を手放さざるをえなかった人もいた。

ネゴシアンはほとんど市場を支配していた。1980年以前、海外市場に輸出されるワインの圧倒的多数は、ボーヌとニュイ＝サン＝ジョルジュの有力取引会社を介していたからで、高名なドメーヌのワインで海を渡ったのはごく一部にすぎなかった（そうしたドメーヌが元詰めを始めたのも1930年代の経済危機のときだったが）。ただしこれはブドウ畑の所有権とは無関係で、むしろ今では当時より細分化が進んだ。

1980年代、ワインの自家元詰めをはじめるドメーヌは、着実に日を追って増えてゆき、ブルゴーニュの黄金時代である1990年代は成功に酔いしれた。今日、重要な村ごとに10軒以上のドメーヌが、たいへん優れたワインを造り出す力がある。そうした個人生産者の名声と世界的市場での重要度から、どうしてもブルゴーニュは小生産者の地域であるという観念が生まれた。

ネゴシアンとドメーヌとのあいだの線引きはしだいにぼやけてきて、ますます有名無実のものとなったのだが、それはことにビショ、ブシャール、ドルーアン、フェヴレ、ジャドといった大会社が、今やすべて大地主となって、これから買う畑を虎視眈々と狙っているからだ。

ドメーヌについて

典型的なブルゴーニュのイメージというと、点在する数区画のブドウ畑でかつがつ生計を立てている小さな栽培農家たちが、延々とパッチワークのように集まっている図である。コート・ドールではそれは本当らしく思われるが、すぐれた造り手には単なる零細農家の域を超えた勢いがある。エティエンヌ・グリヴォとベルナール・グロがヘリコプターを共同購入したとき、ある造り手がこう言ったものだ。「ヘリを一機買うのに二人がかりじゃあ、ヴォーヌ゠ロマネもたいへんなんだな」

フランス中の相続人は、すべての子が均等に相続分をもつと定めたナポレオン民法にしたがうから、子孫が大勢いる場合、ブドウ畑の所有権が細分化されていくことは明らかと思われ、現にその例はよく見られる。

ではブルゴーニュではどうしてこのような細分化が、他地方よりもずっと顕著なのだろうか。そのひとつにブドウ畑の成り立ちがある。ロワールのシャヴィニョールで、ある農家が12haの畑を持っていれば、3人の子に4haずつサンセールの畑を継がせることができる。ブルゴーニュの農家の子が相続で同じ4haずつを得たとしても、彼らの父が8つの異なるブドウ畑に所有していた区画が分割されたら、各自の取り分は、特級畑リシュブールをちょっぴり、一級畑マルコンソールは数畝、ACヴォーヌ゠ロマネ、オート゠コート・ド・ニュイと何かほかにもらえるもの、となる。うまくすれば、次世代の者がぬかりなく手を打って細分化を最低限に抑えることもできるが、これがうまくいく保証は決してない。

社会の成り立ちもまた重大な理由である。ブルゴーニュは一言でいって田舎であり、土着の農家(ただし紳士だが)の地方で、なかには伯爵(コント)、侯爵(マルキ)、公爵(デュック)、はては王子(プランス)といった称号をもつ、まことに貴族めいたドメーヌもある。その誰もが、ひとつの一般原理を遵守している。つまり、人は人生をかけて前代から受けついだブドウ畑を借り受けるのであり、これをそのまま、あるいはそれ以上のものを次の世代に引き継ぐことだけを考えているのだ。これをボルドーの商業的な雰囲気と比べれば、あちらではブドウ畑を所有することが大規模なビジネスになっている。所有権は法人の形態をとり、その株式が推定相続人のあいだで分割される、といった具合だ。

今ではブルゴーニュでも同様のことが起きているが、その固有の問題から逃れているわけではない。世代が三代目にもなると、伯父叔母から従弟、兄弟姉妹、甥姪らの数が多すぎて、だれがドメーヌを運営するにせよ、資金面、経営面で親類の人々とのやっかいな抗争が避けられないからだ。経営からもっとも遠ざかっている株主は、おそらく配当率に一番気をもむ人々なのであり、短期的利益はドメーヌの長期的安定にとってあまりいい薬ではない。

均等相続法によってドメーヌが細切れになったとしても、巧妙な結婚によってこれを再建することができる。隣家の娘がたまたま嫁資に一級畑を持っていたら、魅力もひとしおであろう。ブルゴーニュに二重姓のドメーヌ名が多いのはこういうわけで、結婚してブドウ畑を伴ってきた新妻が、約束の一部として、はれて結婚前の姓をとどめることができたのだろう。だが、女系の相続が一世代あっただけで家系がすぐに絶えてしまうとややこしい。ドメーヌ・ドラグランジュ゠バシュレはドメーヌ・ブラン゠ガニャールとフォンテーヌ゠ガニャールに分かれたが、それはエドモン・ドラグランジュの娘がジャック・ガニャールと結婚したからで、エドモンは畑を2人の娘とその夫に引き継がせたのである。

ブルゴーニュのこうした小地所には、つまり土地とそこから生まれるワインには、たいへんな価値があるというのも真実で、数ヘクタールも持っていれば生活の資を得ることは難しくはない——ただし、土地を買うのに有り金をはたくとか、土地の相続税を納めるといったことがない場合に限るが。

ところで地元で造り手と試飲するときなど、よそのドメーヌやワインの悪口を言うことは絶対に御法度である。彼らは従兄弟同士かもしれない。ムルソーのブーズロー一族はたくさんの名と連なる大家門だが、親類縁者もまた多く、バロ、バトー、ビュイソン、シャルルズ、ジェルマン、ラフージュ、ジョバール、ミロ、ミシュロ、モレらで、私が知らない親戚はさらに多かろう。

こうした相関関係はヴォルネのロシニョール一族にその縮図を見ることができる。ウジェーヌ・ロ

シニョール゠ドゥショームは一族における当代のスター、ニコラ・ロシニョールの祖父である。ウジェーヌには8人しか子がなかったが、弟フランソワには11人いて、その中の一人イヴは、娘のパスカルがクロード・サンソンに嫁いで現在のドメーヌ・サンソン゠ロシニョールができ、その子エマニュエルの代になった。レジはドメーヌ・ロシニョール゠シャンガルニエを営む。ジャックはジュヴレ゠シャンベルタンのニコラとダヴィッド・ロシニョール゠トラペの父。ミシェルとその息子マルクはヴォルネで別のドメーヌをもつ。

ウジェーヌの妹セリーヌはマリウス・ヴォワイヨに嫁ぎ、その子が始めたドメーヌ・ジョゼフ・ヴォワイヨは今、ジョゼフの義理の息子ジャン゠ピエール・シャルロの代。ウジェーヌのもう一人の弟ジャンには娘オディールがいて、彼女はブーレに嫁いだ。現在のドメーヌ・パスカル・ブーレである。パスカルのいとこジャン゠マルク・ブーレは息子トマと仕事をしている。

ウジェーヌのいとこフィリベールにはマルセル、ベルナールという2人の息子がいて、さらにその息子たちが今度はドメーヌ・ロシニョール゠フェヴリエとロシニョール・コルニュを立ち上げた。フィリベールにはちょっとのあいだ息子マルセルが弟子入りしたが、彼自身はポマールのドメーヌ・デュ・コント・アルマンで醸造長をしていた。こんな具合である。

栽培農家はいつも栽培農家同士で結婚する風潮があった。18世紀後半を調べたところ、ポマールとヴォーヌの村では、80%が栽培農家同士の結婚だった（婚礼は1月か2月の火曜日におこなわれるのがお決まりだった。のちの統計[1]によると、彼らは9月と10月に亡くなる傾向があり、明らかに体力消耗のためと思われる）。

1980年代、農家の地所の平均面積は4haに満たなかった。今日では6.5haに迫るが、それでもボルドーの平均の半分以下である。5ha以下の畑しか持たないドメーヌは半減したが、この間、10ha以上のドメーヌ数は3倍になった。末端の話をすれば、ブドウ畑の端で別の作物を育てるような人はほとんど姿を消した。一方、上を見れば、力をつけた造り手が、売りに出た細切れの耕作地を買い集めて、統合をすすめた例もある。

今日、力のある造り手はどうやって生産拡大に着手するのだろうか。しかも、畑と醸造所の両方にきちんと目を配りながら。

理想をいえば土地を買えばよいのだが、売り物はそうあるわけでなく、すぐれたブドウ畑にもなると値段は常軌を逸している。最近、村名格ムルソーの畑は、ウーヴレ〔約428㎡〕あたり4万ユーロ、これを書いている今、エーカーあたり150万ポンドである。ブドウ畑の売買はさまざまな点でSAFERの審査を経なければならず、この政府機関が売買を規制し、ときには売る相手さえも決めてしまう。これまでの事例から、SAFERは地元の40歳以下の造り手で、めぼしい地所を持たない人を優遇する。

自分で耕作する気のない所有者からブドウ畑を借りるという選択肢もある。こうした契約は定型になっていて、コート・ドールでの通例によれば、畑1haあたりの商業上の価値としてワイン4樽が賃料とされる。

代わりに栽培者が分益耕作の合意をするという道もある。造り手は土地所有者に対し、契約内容次第だが収穫の三分の一ないし半分を渡す。そして所有者にかかった経費を負担する。この契約にもやはり厳しい規制があり、自分で耕作をするために取り戻すという立場でないかぎり、所有者のほうから契約をうち切ることは困難だった。

ごく最近では、こうした杓子定規な契約に拘束されるのを嫌って、多くの栽培家は所有者と二重の協定を結ぶようになった。まず第一の協定で、栽培家は所有者から委託を受けてブドウ畑の耕作をし、所定の料金をもらうことをとり決める。第二の協定ではブドウの購入を定める。この方法だと、栽培農家は自分がやりたいように育てたブドウを手にすれば終了し、土地所有者は長期間にわたり解除できない契約にしばられることもない。

---

1) Benoit Garnot in *Vins, Vignes et Vignerons en Bourgogne du Moyen Age à l'Epoque Contemporaine*, Annales de Bourgogne, Dijon, 2001, p.24

とはいえ、ひどく狭い地所しか持っていなくても、ちゃんと暮らしを立てていくことはできる。ムルソーの名高いドメーヌの当主ドミニク・ラフォンが、13.8haの地所に加えて、1999年からマコネにもかなり広い土地を手に入れたのは興味深い。「2haしか土地がなくても、畑が村名格かその上だったら、何とかやっていける。ビオディナミでも、馬で耕作するのでも、なにひとつ手を抜かずに自分の思いどおりにやれるしね。持っている畑がモンラシェやミュジニであれば半ヘクタール、いやそんなになくてもいい。だから契約したのさ」

クルティエ（仲買人）

ブルゴーニュのビジネスで、骨格をつなぎあわせる靱帯のようなもの、それが「2%の男」、クルティエである。ワインがバルクで売買されるとき、その取引には必ずクルティエがからんでいる。クルティエは、売りたいワインを持っている人とそれを欲しがっている人を知っている。だから、ある会社がムルソーを必要として、なじみのクルティエにそれを伝えると、すぐにひととおりのサンプルを携えてきて選ばせてくれる。クルティエは当局に対するどんな事後報告でも詳細を記録にとどめているから、こうした取引すべてについて、有益かつ独自性のある監査記録が残るという利点も大きい。クルティエの仕事は古い家柄に属した。1375年という昔に、ギヨーム・ロレットとオデット・ベルビゾットという人物がそうした仕事をしていたという史料がある。彼らの職域は16世紀には公的に明確化され、1607年には一連の規制が条例で定められた。

条例は6名のクルティエに期間3年の免許を出し、すべてのボーヌのワインについての規制に従わせることとし、ヴォルネとポマールについても一定の条件を課したが、これで全員だった。ドミノ・ピエールというクルティエが1642年免許取り消しになって重い罰金を科せられたのは、マコネのワインがボーヌに運び込まれるのを放置したためであった[2]。彼らは外部の商人とワインの売り手とのあいだを取りもつ唯一の公認仲介人だったから、そのためには利き酒試験に合格して力量を示すことが求められた。クルティエ志望のクロード・ユゴーは1607年、最初の利き酒試験に落ちて能力に疑問が残った。そこで、さらに2杯のワインを並べて出され、どちらも同じ瓶からのワインであると正答したという[3]。オーストラリアのワインショー判定者の先駆けといったところである〔オーストラリアではワインショーという品評会の開催が盛んで、勝者は瓶に金賞シールを貼ることができる〕。クルティエはボーヌの城壁内にしか住めず、自前でワインを買うことができず、自分から仕事をもちかけてはならず、ひたすら外部の商人が声をかけてくるのを待っているほかなかった。

今日でもクルティエには仲介人の任務が受けつがれている。彼らの仕事は買い手と売り手とを引きあわせることにとどまらない。さまざまな村やブドウ畑について充分優れた知見をもっていてこそ、胸を張って出自の正しいサンプルを提供することができるからだ。

取引のしくみ

自分のものでないブドウ畑からワインを出荷したいワイン商は、どうやって、いつ買うかを任意に決めることができる。つまり、ブドウで、マスト（未発酵果汁）で、酒樽で、あるいは瓶入りの製品で。この瓶入りで買うというのを専門にしている者もごく少数いて、売れ筋ワインの好例だといって誰かが仕立てあげた瓶を、そつなく運んで売りに出すばかりである。

とはいえたいていの場合、ワイン商はできる限りワインに自分の手を加えたいから、収穫のかなり前に、ブドウ買い付けの契約を交わしておこうとする。こうした契約が何年も続くこともある。畑をどう耕作するかについて、栽培農家と取り決めをすることもあり、この場合、支払いは現実に届く収穫量に基づくのではなく、その畑から上がるヘクタール当たり最多の法定許容収量に基づいて

---

2) J. Delissey & L. Perriaux, *Les Courtier Gourmets de la Ville de Beaune*, Annales de Bourgogne, Dijon, 1962, 脚注XII
3) Delissey&Perriaux前掲書 p.3

定められるのが普通である。栽培農家はこれによってめいっぱいブドウをつくる必要がなくなり、ブドウの品質向上に専念することができる。

たいていは栽培農家が（望ましくは買付人が適熟と考える時期に）収穫し、それから買付人は畑の門口でブドウを買い集める。だが最近では、買付人が自前の摘みとりチームを送り込むことが主流になりつつある。白ワインについていえば、栽培農家の多くは、契約でマスト、つまり圧搾機から出たばかりの未発酵果汁を届けるのを好む。これは彼らに栽培農家としての自負があるからで、作物のまますぐ他人に売るときは、相手を知られないようにするという。だが仮にいかさまをやろうとすれば、ことはかえって簡単に運ぶ。この男はサン＝トーバンの一級アン・レミリに畑を持っているが、届けてくれた果汁はまちがいないだろうか、格下の畑の果汁だったりはしまいか、ということだ。赤はアルコール発酵を終えたのち、樽のまま取引されることは多いが、樽のワインは赤・白問わずいつでも取引され、あるときは仕入れの乏しいネゴシアンを満足させ、あるときはもとの造り手が過剰在庫（または品質不十分）を理由に棚卸し資産を軽くするのを手助けしてくれる。

ともかく取引の当事者双方は、この段階で商いの値段が十中八、九わかっている。だが、早い段階のブドウでの取引となるとこれは当てはまらない。

老舗ネゴシアン

アンリ4世は1598年にナントの勅令を下し信仰の自由を認めたが、1685年にルイ14世がこれを廃止すると、フランスの新教徒は、ドイツやイギリス、オランダといった新教が根づいた地へと脱出していった。ブルゴーニュにもかなり大きな新教徒のコミュニティがあったが、彼らは流浪の中で、故地に遺したワインの名声を広めていったのである。やがて18世紀初頭には、よその地方から商人たちが、上等なワインを目当てにブルゴーニュにやってきた。そんなワインを彼らに売っていたのは、クルティエ＝グルメと称する特殊な利き酒師の一族だった。世紀半ばを過ぎると、こうした誕生まもないネゴシアンたちは広く旅をして顧客の拡大につとめた。たいていの場合ワインは既存の取扱品目につけ加えられ、とりわけ織物と一緒によく取引された。

シャンピ社は1720年、ブシャール・ペール・エ・フィス社は1731年に創業した。今ある大手ネゴシアンの中でも、多くは先祖が開業した時期を18世紀か19世紀にさかのぼることができる。著名な会社も社名こそもとのままだが経営陣は変わる。ブシャール、ジャド、ドルーアンらはいずれも全部または一部が域外の会社に保有されている。

今日、多くのネゴシアン会社は、下の表のとおり所有するブドウ畑を大きく拡げた。数社が最大の土地所有者を名乗っている。いずれも尺度が違っていて、全ブドウ畑の面積、コート・ドールの畑、一級畑および特級畑といった具合である。

ネゴシアン名	創立	所有畑	年商[4]
シャンピ	1720	17ha	未詳
ブシャール・ペール・エ・フィス	1731	130ha	€35.0/m
シャンソン	1750	45ha	€8.0/m
ルイ・ラトゥール	1797	50ha	€54.1/m
ラブレ＝ロワ	1831	6ha	€35.7/m
アルベール・ビショ	1831	100ha	€33.6/m
ジョゼフ・フェヴレ	1825	120ha	€13.5/m
ルイ・ジャド	1859	154ha[5]	€59.8/m
ジョゼフ・ドルーアン	1880	45ha	€29.5/m

4) 数字は2009 *Enterprises & Performances* supplement of *Le Bien Public* による。
5) 全てがコート・ドール内ではない。

新興ネゴシアン

商業の世界はとどまるところを知らないから、新参者が決まった周期で登場してくるのも不思議ではない。当代こうしたなかでもっともダイナミックなのはジャン=クロード・ボワセ社で、パリ証券取引所に上場し、数多くの経営不振の老舗を、ブルゴーニュ地方の内外（そして国外でも）を問わず傘下におさめてきた。この企業体の総売上は上掲の老舗ネゴシアン全社の合計をも上回る。前からのブルゴーニュのネゴシアンでボワセ傘下に入ったものに、ボーヌではブシャール・エネ（1755年創業）、ジャフラン、ニュイ=サン=ジョルジュではルイ・ブイヨ、モメサン、モラン、ポネル、シャブリではJ.モロー、ボジョレではモメサンとトランがある。

いっぽうオリヴィエ・ルフレーヴは、アンヌ=クロード・ルフレーヴが伝来のドメーヌを継ぐことが明らかになるや、自分の白ワイン専門会社オリヴィエ・ルフレーヴ・フレール（ピュリニ=モンラシェ）の拡大にかかった。白ワインのもう一方の雄、ヴァンサン・ジラルダンは、もとのサントネの本拠地からムルソーでのネゴシアン業をはじめて成功させた。もっとも最近では自社畑の拡大を目ざして取引部門を縮小しているが。ジャン=マリ・ギュファンスはネゴシアンのヴェルジェをマコネで立ち上げ、いくつかのブドウを求めて北のシャブリまで手を伸ばしている。小規模ながらフランソワ・ダレーヌ、メゾン・ドゥー・モンティーユも白の名手である。

ニコラ・ポテルとドミニク・ローランはニュイ=サン=ジョルジュで創業し、赤ワインに特化している。アレックス・ガンバル、リュシアン・ルモワヌ、バンジャマン・ルルーらはいずれもボーヌで起業し、ガンバルとルモワーヌは、それぞれアメリカ東海岸とレバノンを旅した末にブルゴーニュにやってきた。オリヴィエ・バーンスタインは音楽の仕事をやめてルシヨンでワイン造りを始めたが、今ジュヴレ=シャンベルタンに零細ネゴシアンを興した。冒険心と能力のある者には道が開かれているのだ。

ドメーヌとネゴシアン

ネゴシアンが栽培農家に転じているとしたら、逆のことも起きている。1991年、ドメーヌ・エティエンヌ・ソゼのブドウ畑は、ジャン=マルク・ボワイヨが相続分を取得し、自らの名で仕事を始めたため、三分の一が減少してしまった。ソゼの当主ジェラール・ブドは生産高の減少分をまかなう必要から、ブドウを買い入れることでドメーヌの畑を補完した。こうして初のドメーヌ兼業ネゴシアンが生まれた。

以来、多くの栽培農家がこの手法を選んでビジネスを拡げるようになった。そうして設備規模に見合うよう採算性を上げたり、供給をはるかに上回る需要に応えるべく、顧客への安定供給を図ったりしている。

ドメーヌとネゴシアンの二枚看板を持つことには財務上の利点もある。栽培農家はよその農家のブドウを買うのと同時に自分が育てたブドウもネゴシアンの会社で買い取り、そのワインを同一のラベルで売りに出すのである。主に分益耕作者として働く栽培農家がネゴシアンの資格をとって、本来なら分益耕作契約に基づき土地所有者にまわす分のブドウを買い取るということもある。この例でいえば、栽培農家の取り分と所有者の取り分とのあいだには、文字どおり、まったく違いがない。自家元詰めのワインなのか購入ブドウのワインなのかを造り手がまったく区別をしなかったり、あるいは曖昧な方法でしか示さなかったりすると、顧客にはややこしい。私の経験でいえば、特に赤ワインで、ネゴシアン仕込みはどうしてもドメーヌ物と同等の品質レベルにならない。ブドウを売ってくれる栽培者の意識がいかに高くても、ドメーヌの主が自分の畑で日々細部にわたり下す決断を同じようにすることはできないからだ。そういうドメーヌには、冬期の枝打ち作業から瓶詰めしたワインの配送にいたるまで、行程にゆるぎない一貫性があるものだ。

ドメーヌとネゴシアンのワインが併存する造り手の（網羅していないが）リストを次に掲げる。

ステファヌ・アラダム	オリヴィエ・メルラン
アンリ・ボワイヨ	アラン・ジャニアール
ジャン=マルク・ボワイヨ	ティボー・リジェ=ベレール
アラン・ビュルゲ	シルヴァン・ロワシェ
ピエール=イヴ・コラン	ジャン・リケール
クリストフ・コルディエ	パトリス・リオン
ジャン=イヴ・ドゥヴヴェイ	エティエンヌ・ソゼ
メオ=カミュゼ	

たとえ同時進行であっても、業態の違いがごく明快になっている場合もある。パスカル・ラショーはネゴシアン作ワインに自らの名をつけ、一家の名であるロベール・アルヌーはドメーヌ作に用いる。同様にフレデリック・マニャンとドメーヌ・ミシェル・マニャン、デュジャック・ペール・エ・フィスとドメーヌ・デュジャックのワインとは別物である。

協同組合

コート・ドールでもっとも初期の協同組合は、1909年ヴォーヌ=ロマネに生まれた。すぐ続いて3年後にジュヴレ=シャンベルタンの組合が、現在のセシル・トランブレの敷地にできた。とはいえこの動きが真に本格化したのはコート・シャロネーズとマコネにおいてであり、それはミディとラングドックで社会主義者が作ったモデルに倣っていた。今日、協同組合はたいへん優れた小売りの実績をあげ、ネゴシアンにもしばしば大量のバルクワインを売っている。輸出市場も重視して販路をさがしているようである。

最後に、ブルゴーニュの主要な協同組合5団体、カーヴ・ド・ビュクシ (Cave de Buxy)、ラ・シャブリズィエンヌ (La Chablisienne)、カーヴ・デ・オート・コート (Cave des Hautes Côtes)、カーヴ・ド・バイイ (Cave de Bailly)、カーヴ・デ・テール・スクレテ (Cave des Terres Secrètes) がブラゾン・ド・ブルゴーニュ (Blason de Bourgogne：Blasonは紋章の意) の名称で、合同の営業戦略と輸出計画を展開し始めたことを記しておこう。

地勢：テロワール、地質、土壌
the geography: terroir, geology & soil

テロワールについて

はてしない議論がこのテーマについて交わされてきたが、決定打が出そうにないのは、言葉の意味とその有無をめぐる論争に終始している一方、存在するとしたら、ワインのスタイルと品質を左右する重大な役割を担うことになるからだ。ブルゴーニュがテロワール支持陣営の中核地と目されている以上、この議題について私も立場を表明するのが筋というものだ。

私はテロワールを強く信じている。これをかたちづくるのは土壌、基岩、排水性、日照の態様、地域の気象条件の影響度、ブドウ畑をとりまくミクロクリマなどである。人が特定の区画について、水はけを改善したり風よけや日陰をしたり、よそから資材を運び込むなどしてテロワールに手を加えないかぎり、そこに人的要素はない。

したがって、テロワールを解き明かすことは人間の役割に委ねられているのだが、造り手の技は、ワインが若いうち、テロワールのしるしよりも強くあらわれる。ただ、そうかといってテロワールという考え方が否定されるわけではないのだ。

同じ造り手の、異なるブドウ畑のワインを2、3本並べてみれば、造り手の違う同じ畑のワインを比較するよりも明白な違いがある、といってテロワールに反証をあげることもできよう。同じ（すぐれた）造り手のワインをいくつかの収穫年にわたり試してみれば、それぞれの畑に同一の個性が繰り返しあらわれてくるではないか、といってテロワールを実証することもできよう。

私が以前オレゴンで試飲に参加したとき、3列に3客ずつ、9客のグラスがブラインドで並べてあった。3つのワイナリーが3箇所の畑で造ったワインである。問題は、横列のワイナリーが同じで縦列の畑が同じなのか、あるいはその逆なのか、というものだった。実をいえば、グラスを眺めるだけで容易に区別できたのだが、それはブドウ畑の個性云々の前に、醸造のなかで下される決断が、色の濃度にはっきりあらわれていたからだ。

たいてい私は、造り手の署名とテロワールの指紋とがワインにこもごもあらわれてくるだろうと思い、そう期待もする。しかも前者が後者をかすませることがないようにと。

年月とともに、テロワールの個性は一段とあらわれてくる。最近リュショット＝シャンベルタンの試飲をしたときも、このことが確かめられた。3名の生産者による、ほぼ30年にわたるヴィンテージを1977年までさかのぼる試飲のなかで、最近のワインは違いが顕著であるのに対し、収穫後10年以上になると、造り手の技よりも、リュショットのテロワールのほうが明瞭になってくる。

テロワールの演じる役割はもっとも重い。が、その一方に、怠惰で腕の劣る造り手という最悪の敵がいて、テロワールという言葉をかくれみのに、造るワインのおかしな味や仕込みの失敗を糊塗しようとしている。

地質と地理

土壌はテロワールの中でもっとも把握に骨の折れる難所だが、ことにたいていの議論は基岩（母岩）と表土とを混同しているように見受けられる。むろん両者には密接なつながりがあるのだが、果たす役割は異なる。ブドウ畑を見ると、目に映るのは表土であり、その下の岩も点々としているかもしれない。だが、土壌は必ずしもその下層の道しるべとなるわけではない。ブドウの樹が深く根をおろしていれば、母岩はブルゴーニュの誕生に大きく寄与する。

その役割は何かということを厳密に定めるのは難しい。特定のタイプの石灰岩（あるいは組成を問わず別の岩）に育つブドウのワインには、特有の個性があらわれるが、土壌中のこれこれがそのまま翻訳されてワイン中のこれこれになったなどということはできない。とりわけ地質学者は、私たちがたとえばシャブリに火打ち石（フリント）のような風味があると言うと嫌な顔をする。火打ち石には水溶成分がないからワインに風味をもたらすはずがないというのだ。

厳密に言えばそのとおりだが、私は試飲記録をつけながら、現に「ミネラル」とか「ミネラルらしさ」という語を使うし、活性石灰岩に富む、粘土の少ない山すそから生まれるワインであればしょっちゅうである（活性石灰岩は石灰分の含有率が高いが、石灰岩土壌がたいへん古くなると石灰分は風化で失われている）。土壌中の鉱物質（ミネラル）そのものがワインにあらわれるわけでないことは認めるにせよ、さわやかな「石のような」特徴を、ワインの酸味とは別に感じとるからである。

ジュラシック・パーク

ブルゴーニュの基層はジュラ紀に形成された粘土質石灰岩の混合物に由来する。地質学者は、代（だい）、紀、世（せい）と使い分けるが、ここでは新生代が6700万年前であるとしよう。中生代は6700万年前から2億3000万年前、その前は古生代（2億3000万年前から5億7000万年前）、さらに昔が先カンブリア代で、ボジョレの一部はこの頃形成された。ブルゴーニュの地質はおおむね中生代に属する。

中生代は白亜紀（6700万年前～1億3700万年前）、ジュラ紀（1億3700万年前～1億9500万年前）、三畳紀（1億9500万年前～2億3000万年前）の3つの紀からなる。ブルゴーニュの岩石組成はおおむねジュラ紀に形成されたものだが、その名はソーヌ川の向こうに連なるジュラ山脈にちなんでいる。ジュラ紀中期にはバジョシアン階、バトニアン階、といった地層が形成され、続く上部ジュラ紀にはカロヴィアン階、オクスフォード階、キンメリッジアン階、ポートランディアン階が形成された。バジョシアン階とバトニアン階は、とりわけコート・ドールによく見られ、キンメリッジアン階とポートランディアン階は、シャブリとオーセロワにおいて顕著である。

ジュラ紀のあいだフランスのこの一帯は浅い内海で、亜熱帯性気候であったが（ジェームズ・ウィルソンによれば、現在のフロリダやバハマのようなものだという）[1]、やがて干上がってできあがった石灰岩層が、ブルゴーニュやシャンパーニュ地方の基層となった。ただし両者のタイプは今も昔もまったくの別物で、ブルゴーニュに特化して調べると次のようになる。

バジョシアン階(1億7100万年前～1億6700万年前)

ノルマンディの地名バユー（Bayeux）にちなむ名称。この紀の岩石組成はコート・ドールのあちこちにあらわれ、マコネにもかなり延伸している。バジョシアン階を分類すると次のようになる。

ウミユリ石灰岩：ウィルソンの記述には「水中でウミユリの広大な群生地に折れた茎などの細片が堆積し、石灰泥土にとりこまれていった」[2]とある。ル・シャンベルタン、クロ・ド・タールの一部、ヴォーヌ＝ロマネの下方に見られる。

貝殻堆積泥土：石灰質の泥が凝固して泥土となり、ジュラ紀の貝殻をとりこんでいってできた。貝

---

1) James Wilson, *Terroir*, Mitchell Beazley, London1998, p.117
2) Wilson前掲書 p.117

殻の堆積である。マルサネのシャン・ペルドリ、レ・エシェゾー、ニュイ＝サン＝ジョルジュのレ・ヴィーニュ・ロンドの畑に見られる。

バトニアン階(1億6700万年前～1億6400万年前)
イギリスの地名バス（Bath）に由来する地名で、ここに産する石は一帯の宏壮な建築物に広く用いられてきた。バトニアン階の岩はコルトン・クロ・デュ・ロワとマルサネのこれもクロ・デュ・ロワとで顕著に見られ、シャサーニュ＝モンラシェと、マコネの一部たとえばサン・ヴェランのル・グランド・ビュシエールなどに見られる。
白色魚卵岩：魚卵岩（oolite）は炭酸カルシウムが粒状化したもので、粒の揃った卵形を呈し、ギリシア語の「òoion（卵）」を語源にもつ。これらは寄り集まって固まり、魚卵状石灰岩となるのだが、構造上ひび割れが多いため、水はけがよく、植物の根が入りこむこともできる。
ただしバトニアン期には並はずれて硬い石灰岩も形成され、採石の好適地となったのだが、それはブドウの根が岩を貫くことができず往生する場所でもあった。プレモー石灰岩、シャサーニュの石、コンブランシアン大理石の3種類がこれにあたる。

カロヴィアン階
カロヴィアンという語はイギリスのチッペンハム近く、ケルウェイ橋についたローマ時代の古名で、時代はジュラ紀中期の終わる1億6500万年前から1億6100万年前にあたる。ブルゴーニュでこのタイプに属する岩石に、ダッレ・ナクレという光沢のある敷石がある。「これを形成したのは、牡蠣などの二枚貝の厖大な死骸が、炭素質の泥土に累々と重なって、海底によどんだ泥に取りこまれた結果である[3]」。蛎殻の内側の光沢成分はこの岩石になってもなお光をもち、きつく押し込められながら硬い石灰岩に変じたのである。ヴォーヌ＝ロマネのオー・レニョあるいはポマールのクロ・デ・ゼプノーといったブドウ畑の下にこの石が横たわっている。

オクスフォード階
オクスフォードは後期（つまり近い時代の）ジュラ紀の第一段階で、およそ1億6100万年前から1億5800万年前にあたる。この階層にはナントゥー（オート＝コート）、サン＝ロマンの硬い石灰岩と、ペルナン＝ヴェルジュレスとポマールの柔らかい泥灰岩が含まれる。後者は石灰質泥土が静かに泥漿化し沈積してできたものである。魚卵状鉄鉱石も見られ、これはバトニアン期の白色魚卵岩によく似るが、酸化鉄を含むせいで色は赤みを帯びる。

岩のゆくえ

地層は途方もない時間をかけた堆積と圧縮により形成される。コート・ドールの断層崖はこうした地層を断ち切って、丘陵のいたるところでさまざまな層を見せている。言うまでもないが、丘陵の上から下までをいつも同じ地層が走っているわけではなく、それにはいろいろなわけがある。
まず、地殻変動で押しこまれる地層がある。この層はジュヴレ＝シャンベルタンでは上向きに褶曲し（背斜）、ヴォルネでは下向きに褶曲して（向斜）、サントネに至ってようやく上向きに戻りはじめる。
次に、断層によってずれが生ずる。目だたない断層は素人の肉眼ではとらえることができないが、それは断層線を土が覆ってしまうからだ。判然とするほど岩が陥没していたら、それは石を切り出したせいだと思ったほうがいい。1本の大きな断層線は、D974号線にほぼ平行して走っている。断層の西側の村名畑を掘ってみれば、地表から2、3mで母岩にぶつかるし、もっと浅いこともある。しかし、これが広域ブルゴーニュの畑になると、地面はほんの少し平坦なばかりだが、断層線の側

---

[3] Wilson前掲書 p.118

では、母岩はおそらく地表から100m以上深いところにある。

土壌

日常会話の中でブルゴーニュのテロワールにふれると、土壌と基岩とを区別することなくまぜこぜにしがちだが、各自の働きはまったく異なる。地表で目にするのは言うまでもなく土壌だが、そこには保水性、熱吸収、生物由来の物質などとの関わりが強い。根が吸い上げるものはその下の岩石組成しだいである。

「土壌とは、腐朽した岩に生物由来の物質が混ざったものにすぎない」[4]。ジェームズ・ウィルソンはこう言って、さらに続ける。「ほとんど神聖視されるブルゴーニュ（何よりもコート・ドール）の土壌は、300ｍあたりから風化してきたジュラ紀の石灰岩と泥灰土によってもたらされたものである」[5]。石灰岩は風化し、こなごなになって粘土になる。昔からブルゴーニュの土壌を粘土石灰岩と言いあらわすのもそのせいだ。山すそ軽い土壌はすみやかに浸食されやすく、たとえばムルソーのテッソンのように雨が降ると造作なく谷間ができてしまう。重く粘土質の強い土壌はひどい雨が降ったあと泥沼と化し、トラクターを乗り入れて鋤入れや、薬剤散布、ブドウ樹の仕立てなどをするのがひどく難しくなる。

水はけはテロワールの急所であり、吸排水性という意味で土壌と、水の浸透性の多寡という意味で母岩と、ともに深い関係がある。地下水位から地表まで近いかどうかにも留意が必要である。

土地の起伏

もしもコート・ドール全体が連続する同じ基岩で、表土の厚さもタイプも同一だとしても、土地の起伏次第で、できるワインにはやはり相当な違いが生ずるだろう。それにはいたって明白な観点が3つある。斜面に畑が占める位置、斜面の勾配、畑の向く方角である。コート・ドールの断層崖は北北東から南南西にかけて走っている。したがってブドウ畑の大多数は、やや南寄りの東向きとなる。むろん丘陵が途切れているところもあるし、向きが変わるところもあって、コンブ（combe）と呼ばれる小さな谷間が断層崖を断ち切り、地相をがらりと変える。そのあたりの気温も変わるだろう。シャブリの一級畑の斜面はほぼ南を向き、フルショームなどいくつかがやや東を向く。特級畑についても同様である。

マコネでは、プイィ゠フュイッセの畑は全方向を向く。ただ南を向くばかりでは、気温の高い年にブドウは過熟してしまうが、ヴェルジソンのように北向きの斜面であれば、たいへん良い出来となる。ただし、冷涼な年には充分熟さないおそれもあるが。

斜面についていえば、こんな思いこみが見られる。つまり、斜面があるほうがいいのなら、勾配もきついほうがいいはずだ、というのだが（たぶんシャブリの特級畑だけは別として）、これはまったくあてはまらない。早い話、斜面の特に険しいところでは表土が乏しすぎるうえ、風当たりも冷たい。表土が少なければ、ひどく浸食されやすくなるだろう。

丘陵の中腹こそが偉大なブドウ畑の位置である。そもそも浸食で断層崖には凹みができるが、斜面中腹には流出土が溜まって表土層が形成されて盛り上がり、優れた日照と排水性がそなわる。斜面ふもとになると、土壌は厚く、重くなりがちで、水はけもかなり劣る。そこでは典型的な石灰岩の基岩は姿を消し、ソーヌ川流域から運ばれた、時代の下る沖積層がとって代わるところもある。

さらに細かい、微妙な話をすれば、ル・モンラシェとジュヴレ゠シャンベルタン・クロ・サン゠ジャックは、ともに東向きの丘が南に向きを転ずるところにあり、理想的な日照に恵まれる。ブドウ畑によっては、森や山の陰に入って夕暮れの日照がなくなるところもあるが、それでも隣地は大丈夫だ

---

[4] Wilson前掲書 p.22
[5] Wilson前掲書 p.116

ったりする。

人的介入が本来の立地に影響をおよぼすこともある。D974号線東側の広域畑には、プラタナスやポプラの樹で日をさえぎられてしまうところがある。吸水性のない舗装道路になると、土砂降りの水があふれ出してきて、昔のように砂利道に吸収してもらうことはできない。また、家々のあいだにブドウ畑がある村も多い。そうした畑でブドウ樹は、家の石壁からの反射熱を受けとる一方、家並みのせいで一日のうち決まった時間帯は日当たりがなくなってしまう。

気候：風、雨、雹、霜、そして日照
the weather:
wind, rain, hail, frost & sun

ブルゴーニュは中世の頃から交易の岐路だったが、気候についても同じことがいえる。夕方のテレビの天気予報では、ブルゴーニュはしばしば2つの異なる気象系の尖端にある。よく吹く風のパターンもいくつかあり、実際ここに住んでいると、ある方角へ抜けていったばかりの悪天候が、風向きが変わって戻ってくるという印象を覚えることが多い。

風
地元には「ラモー（パーム・サンデー）に吹く風がその年の風」という言い伝えがある。むろんその風が365日吹き続けるわけではないが、それでも来るべき夏にどんな風が吹くかを教えてくれる。私は体系的にこれを研究をしたことはないが、パーム・サンデーつまり復活祭の1週間前に、向きのはっきりした風が吹くと、それがこの1年を占う風になるという傾向はある。1996年の冷涼で乾燥した北東の風、1997年の暖かな南風、2003年の異例に暑く、乾燥した南東の風、2008年の湿った西風などは、いずれもこの例にもれない。
基調となる風が吹くと、たいてい以下のような気候がもたらされる。

南西風
イギリスでもそうだが、暖かい湿った風で、北大西洋上の低気圧にともなう風がその南端を吹きまくり、海からの湿気をはらむと、陸の山地を越える頃には凝結し、雨となる。ブルゴーニュではイギリス南部ほど強烈に降らないが、それは、豪雨が先に中央山塊に降ってしまうせいである。

南風
北アフリカと地中海から吹いてくる熱い風は、雹（ひょう）をもたらす恐れがある。それ自体はいつも湿った風なのではないが、西に回り込んだすえに嵐となってやってくる。1997年のパーム・サンデーは穏やかな南風が吹き、9月は暑く日照に恵まれた。

南東風
この風は存在しないし、理屈の上からもあり得ない。アルプスが立ちはだかっているからだ。だがある年、パーム・サンデーの風が南東から吹き、文字どおりその夏中の気候を恐ろしく暑い（南風）、乾燥した（東）風が支配した。いうまでもなく2003年のことで、8月初旬の気温は13日間ぶっ通しで40℃を超え、夜になってもめったに30℃以下にならなかった。

北風

おだやかな風であることが多く、「北のそよ風」と呼ばれる。ブルゴーニュ地方は北をラングル高原に守られて、北の寒風がブドウ畑に襲いかかるのを免れているからだ。テレビの天気予報でも、ラングルは（中央山塊のオーリヤックでもなければ）フランスで夜間気温が最低のことが多い。水気を帯びたブドウを乾燥させたいときなど、9月の北風はたいへん有益なものとなる。2002年、2004年、2006年、2008年がそうだった。

北東風

晴れ間に威勢よく吹く涼しい風で、めったに曇天では吹かないが、最初に吹いてから、過ぎたばかりの南西の嵐を連れもどしてくるようなときには曇る。1996年は典型的な北東風のヴィンテージで、オート・コートには9月中霜が降り、ワインは澄みきった純度と突きとおすような酸をもっていた。日照によってブドウは糖度面で成熟したが、酸度を下げるには気温が欲しかった。

北西風

北東風ほど冷たくはなく南西風ほどの湿気もないが、それでもこの風は北大西洋からやってくるだけあって、冷たい長雨が続く。望ましいとはいえないが、度を過ぎることもあまりない。

言うまでもなく一般化したパターンは、目前の地形次第で場所ごとに変化するし、風は特定の谷間を勢いよく通り抜ける。冷たい風は、よくオート・コートから谷間やコンブ（小さい谷間）を吹き下ろしてくる。栽培農家は、畑の立地によって、どのあたりが凶天にさらされやすいかを熟知しているのである。

雨

統計上、年間700mmの雨が160日間で降るが、そのうち5月と6月の降雨量がもっとも多い。充分な量だが多すぎるほどでもない。とはいえブルゴーニュでも際限なく雨が降るかとみえるときがあって、そんなときは車軸を流すようなことはないが、毎日繰り返し降る。1993年は9月の終わりから1994年初頭にかけて毎日雨が降った気がする。1994年も収穫期を通じてずっと、かなりの降雨をみた。2007年の夏は、サルコジが大統領に選ばれた5月半ばから8月の終わりまで、やはり同様に降った。

これとは逆に、1996年は9月はじめから10月半ば頃まで（2009年も同様）、雨は皆無同然で、2002年、2003年、そして2005年はとりわけそうだが、いずれの年も並はずれて乾燥していた。多湿と乾燥とは周期的にやってくる傾向があるが、それでもブルゴーニュは基本的に極端な気象に見舞われることはない。概して干魃が地方の大問題になることはめったにないが、たいへん乾燥した、並はずれて暑い年などは、若いブドウ樹や日照が良くて表土の浅い場所に被害が生ずることがある。

雹

雹は問題になることがある。1998年、2001年、2004年はいずれも1年を通じて繰り返し雹の嵐に襲われた。2004年はジュヴレ＝シャンベルタンが8月3日、16日、28日にやられた。こうしてみると、雹の嵐は周年同じパターンをふむようにみえ、それゆえ特定の畑がある季節に何度もやられるということが起きる。特に雹に見舞われやすいのはマルサネとヴォルネのようだ。

春の雹は収穫量を大きく損ないはするものの、ブドウの最終的な品質にはほとんど影響がないようだ。夏のあいだずっと栽培農家の仕事はきつくなるが。夏の雹も嫌なものだが、傷んだ果実はしなびて収穫前にだいぶ落ちてしまう。最悪なのは8月か9月の雹で、傷んだ果実が房の中に残ったままカビと萎縮とを蔓延させ、しかもすっかり落ちていないと、収穫の品質に影を落とす。1983年に多くの生産者がこの憂き目をみた。

雹にも性質の違いがあり、被害の度合いもまちまちである。雨を伴わない雹の嵐は特に壊滅的である。大雨のさなかで降る雹は、そこまでの害は及ぼさない。雹の嵐が特にひどい場合、ブドウ樹全体から葉がすっかりむしりとられてしまう。2004年、オリヴィエ・メルランのマコン・ラ・ロシュ・ヴィヌーズ・レ・クラの畑がそうだった。雹害は樹木本体にまで及んだせいで、翌年は剪定もままならず、ひどい低収量に終わった。

雹は果実ばかりか、葉を傷めつけ、光合成を妨げ、ブドウが成熟してゆくのを阻害する。2001年のヴォルネでブドウを完熟させるのは難しく、それはワインにもあらわれていた。だが奇妙なことに2004年はその影響が逆に出て、8月の雹に収穫の一部を襲われたことで、残ったブドウは予想以上の成熟をしたようだ。2004年のいくつかのヴォルネには、熱暑の2003年を超える糖分をもつものもあったほどだ。

雹が降るのを阻止する有効な手だてはない。今でも買うことのできる1900年代初頭のポストカードには、農家の人々が雹が降る前に蹴散らそうと、雲間めがけてロケットを打ち上げる様子が写っている。1900年頃から地元にはさまざまな互助組織が生まれ、雹害に備えようとした。1902年のコート・ドールには2団体だったのが、1904年には25団体に増えた。主な戦力は、住民がこぞって戸外に出て、一斉に猟銃をぶっ放すことである。実際、サン＝トーバン雹対策同盟の会長が村にこの導入を薦めたとき、一斉射撃をやれば必ず雨が降ってくると説いたそうだ[1]。

霜

地球温暖化が進行しているので、もはや極度の厳冬は来ないのかもしれないが、1956年、1985年の両年はいつにない低温でブドウ樹が死んだ。

理屈なんてその程度のものである。こう書いたすぐあと、2009年から2010年の冬は寒波が来て、ディジョンの街では12月の過去最低気温を更新した。

1956年はオリーヴの木が壊滅した有名な年で、南フランス、特にボルドーのブドウ畑の被害が甚大だったが、ブルゴーニュはさほどでもなかった。だが1985年では、ブルゴーニュの1月の気温は零下30℃まで下がり、重貨物輸送が封鎖され、吹きさらしの畑は壊滅した。被害が集中したのはコート・ド・ニュイでも街道に近い下側の畑であった（そして2009から2010年に再度やられたのも同じ畑だった）。クロ・ド・ヴジョの多くの区画が改植を要し、ジュヴレではロシニョール＝トラペのクロ・プリウールやプティット・シャペルなども同様だった。

春の霜も少なくなった。過去に比べてそう思える。シャブリでは10回の収穫のうち3回はこれに見舞われたものだが、1991年や1998年になってもコート・ドールでは収穫が激減した。1998年はピノ・ノワールよりも早く芽吹くシャルドネのほうに被害が大きく、復活祭の日曜の晩、凍結にやられてしまった。

日照あるいは日照りについて

ブドウの樹はお日さまが好きだ。日照のおかげで葉の光合成がはたらき、ブドウの糖分が上がる。たいていの年ブルゴーニュには年平均2,000時間と充分な日照があり、その四分の三は4月から9月にかけてのブドウの生育期にあたる。

近年では気温不足の年はめったにないが、2007年や2008年などは地面がしっかり温まらなかったようだ。それより問題なのは過熱のほうで、ことに果皮の弱いピノ・ノワールは、ほんの短時間でも熱射にあたると日焼けしてしまうことがある。果皮はしぼみ、タンニンはきつくなって、繊細な

---

[1] Olivier Jacquet, *Un siècle de construction du vignoble bourguignon*, Editions Universitaires de Dijon, Dijon, 2009, pp.38-39

果実風味が損なわれる。よく知られているのは1976年、1983年、2003年だが、1998年の8月下旬も気温が急上昇して、暑い年とは一般に思われていないにもかかわらず、作柄には同じ現象があらわれた。

異常な熱暑が続いたときの別の問題は、ブドウが、子孫も果実もかえりみず自らの成熟サイクルをぱたっと止めてしまうことだ。これは2003年にある地域でみられ、アルコール過剰と見なされている年にあって、驚くほど低いアルコールしかなかった。たいてい成熟のサイクルは気温が下がるか雨が少しでも降れば再始動するのだが、この年ばかりはそうとは限らなかった。

白ブドウ
white grapes

シャルドネ　Chardonnay

20世紀の終わる頃までに、この驚くべきブドウは、ほとんど白ワインの同義語となってしまい、その名声をひどく損なった。かなり控えめにみても、全部あるいは一部にシャルドネを用いた大量生産ワインは世界中にあふれ出て、過剰なオーク風味をまとって、本来の果実味がないことを覆い隠しているが、肝心の本家筋は、シャルドネに食傷気味の世間からは軽んじられていた。ランダール・グラムはT.S.エリオットの詩をもじった *The Love Song of J. Alfred Rootstock* で「俺はシャード（Chard）を育てる、シャードを。そして大きくのし上がってやる」[1]と、皮肉ったものだ。

しかし、多くの人にとってシャルドネは唯一最高の白ブドウであり、ブルゴーニュはその育成する場として別格の好適地である。長いあいだそれが現実でもあった。だが過去に名声は曇ったことがあり、後述の熟成前酸化の懸念によって決定的になった。もう1992年のことだが、サイモン・テイラー=ジルはスティーヴン・タンザーの「インターナショナル・ワイン・セラー」への寄稿記事で、造り手ではなく輸入業者に批判を向けて、すでに飲み頃のような白を欲しがりすぎる結果、ブルゴーニュはかつてのような熟成で生まれる深い味わいと風格をもたなくなってしまった、と書いた。

いま新たな千年紀(ミレニアム)が始まり、ブルゴーニュではワインのフィネスとミネラル風味とを追求するようになり、造り手は空気圧圧搾とデブルバージュ〔発酵前の果汁の不純物を沈殿させて上澄みをとる工程〕で得た澄んだ果汁を好んで使い、余計な重さや熟しすぎを避けるようになった。ただし、いつもそうだったわけではなく、19世紀後半とか20世紀初頭の偉大な白ワインを味わったことのある人は、その残糖に注目することだろう。タントゥリエ僧正はブルゴーニュの白を造るには、よく熟した味の濃いブドウが必要だと実感していた。彼の意見では、シャルドネは完熟したときこそすばらしい繊細さを見せるという[2]。

シャルドネのタイプ

どのブドウでも同じことだが、クローン選抜をするまでもなくシャルドネにもさまざまな型がある。マコネで主流の、そしてコート・ドールでも散見される香り高いタイプは、アロマの強いエキゾチックな香りをもち、ミュスカ種に通じるスタイルをもつ。ブリュノ・クレール、シルヴァン・パタイユが今使っているシャルドネ・ロゼは、白のマルサネの個性を格段に引き立てている。

---

1) *Been Doon So Long, a Randoll Grahm Vinthology*, University of California Press 2009, p.110
2) Abbé Tainturier, *Remarques sur la Cultures des Vignes de Beaune*（1763）, Editions de l'Armançon, Précy-sous-Thil, 2000, p.151「シャルドネまたはピノー・ブランは、完全に成熟したときにみごとな繊細さを見せる（原文はフランス語）」

シャルドネのクローンはおそらくピノ・ノワールよりもずっと広く普及しているだろうが、さほど議論されてはいない。

シャルドネの個性
新世界のシャルドネの記述をみると、よくトロピカルフルーツが引き合いに出されるが、やたらマンゴーやパパイヤ、完熟メロン、パイナップル、キンカンなどの香りがのしかかって、ワインは押しつぶされている。醸造家たちがなぜこんな注釈を裏ラベルに並べたくなるのか、どうにも理解できないが、こうした風味を欲しがる人を想定しているのだろう。ともあれ、ブルゴーニュのシャルドネにこういうものはめったに見つからない。

シャルドネは本質的に、品種そのものの強い匂いをもたず、ボディが強い。育てやすく、比較的ワインにしやすいブドウである。生来フルボディで、豊かな味わいながら、品種特有のきわだったアロマをもたないため、外からの影響を受けとる余地がある。そうした風味は、生育期や生育地の温かさ、土壌の性質といったものに由来し、また醸造や熟成の手法をも反映する。自前の培養酵母から、トースト、イースト、ヴァニラとさまざまなタイプの風味をもつ新樽に至るまでのありとあらゆるものが、ワインの個性、わけてもその芳香に影響を及ぼす。

シャルドネはピノ・ノワールのもつ優雅さには到底およばないのだが、これは今の世代のブルゴーニュの造り手が失念してきたことかもしれない。むろん、ブルゴーニュのシャルドネが力強いワインであってはならぬという法はないし、力がワインのフィネスと複雑さを無にするわけでもない。ともかく大切なのは、アルコール過剰だったり、妙に甘い、重く不細工なブルゴーニュを造らないことである。

シャルドネの起源
マコネにはローマ時代からシャルドネという名の村が存在するが、ブドウのシャルドネ種がブルゴーニュに到来したのはかなり最近のことらしい。DNA解析のおかげで私たちはシャルドネの先祖を知っているが、いつ頃ワイン用のブドウとして登場したのかはわからない。

近年カリフォルニア大学ディヴィス校のキャロル・メレディスらの研究で、シャルドネはピノ・ノワールとグエ・ブランとの後裔であることがわかった。両色〔果肉が赤・白2通りあるため〕のガメ、アリゴテ、ムロン・ド・ブルゴーニュ、サシなどもやはりその流れである。彼女はフランス北東部においてこうした交配が起こったと推測するが、時期についての言及はない。たしかにシャルドネという語が体系的に用いられるようになったのは19世紀後半にすぎず、事実、1896年シャロン＝スュル＝ソーヌで初めてシャルドネは現在のChardonnayと表記することで公式合意をみたのだが、それでも以前からこの名称にふれた事例はいくつかある。

1763年にタンテュリエ僧正の記したところによると、「ブルゴーニュで白ワインを造るために用いる白ブドウを、シャルドネ（Chardenet）またピノー・ブラン（Pineau Blanc）と称する」[3]とあり、これに先だつ1685年には「サン＝ソルランの村では最高のシャルドネ（chardonet）ができるが、量はわずかだ」という文献がある[4]。サン＝ソルランはフランス革命のときに現在のラ・ロシュ・ヴィヌーズ〔マコンの地区名〕と改名した。

ジュール・ラヴァル博士は1855年ブルゴーニュの白ワインにふれてピノ・ブランの語を用いているが、ムルソーでだけは「ピノ・ブランまたはル・シャルドネ（le chardenet）」と書き、さらにニュイ＝サン＝ジョルジュでは「ピノ・ブランはシャルドネまたはシャドネ（chadenet）のことである」と明言している。シトーのドニーズ僧正は18世紀に、ドニ・モルロ博士は1831年に、やはりこれらを特定して同一のものであるとしている。

アルフレッド・ド・ヴェルネット・ド・ラモットは19世紀半ばの著作でノワリアン・ブラン（Noirien

---

3) Tainturier前掲書.p.151.

4) Emmanuel Nonain, *Chardonnay*, Presses Universitaires de Lyon,Lyon, 2004, p.84

Blanc)にふれて「ムルソーでソーヌ=エ=ロワールのシャルドネとするブドウ品種と同一」だという[5]。

長いあいだ私は、19世紀前半でシャルドネに言及した史料を見つけられずにいた。ただ、現代の著述家は、ほかのブドウのことを言っていても、実はシャルドネと同義なのではないかと考えている。ジャン=フランソワ・バザンはモンラシェについての本で、1770年のベギエの著述に「ブルゴーニュのすべての偉大なブドウ畑で栽培されているのはノワリアン・ブランだけだ」とあるのを、ノワリアン・ブランと呼ぶのはまずい、「それは誤りで、このブドウは実はシャルドネなのだ」という見解を示したが、その挙証はない[6]。

農学者のオリヴィエ・ド・セルは、1600年に主要な白ブドウをボーノワ(Beaunois)であると書いたが[7]、現代でもオーセロワではボーノワはシャルドネと同義であるとして、歴史家のマルセル・ラシヴェは、シャルドネの起源がコート・ドールにあるという。だが、こう書く必要があるとは思えないし、ラシヴェにも自らの意見を支持する証拠の提示はない。ともあれシャルドネは明らかに19世紀後半までにブルゴーニュでの地位を確立した。1891年、ルイ・ラトゥールはコルトン=シャルルマーニュの畑を改植し、ピノ・ブランとアリゴテをシャルドネに植え替えた。

そのほかの白ブドウ

ピノ・ブラン　Pinot Blanc

ピノ・ブランはピノ・ノワールが退化してできた白ブドウである。ニュイ=サン=ジョルジュのドメーヌ・グージュの白ブドウはこれであり、コート・ド・ニュイで白ブドウを植えつけようとする栽培者は、公認ピノ・ブランの分枝種である「ピノ・グージュ」か、さもなくばシャルドネを用いる。

ピノ・グリ　Pinot Gris

ピノ・グリあるいはピノ・ブーロは、中世にフロマントーという名でよく知られていた。13世紀、法学者のフィリップ・ド・ボーマノワールはフロマントー1樽を12スー、モレイヨン(ピノ・ノワール)を9スー、グロ・ノワールまたはゴーを6スーと評価した。

16世紀頃にはピノ・グリとピノ・ノワールと混ぜて、明るい麦わら色のワインを造ることが好まれた。この流行は18世紀には廃れたが(ドニーズ僧正は明確にこれを非難している)、19世紀に復活し、1820年直前、クロ・ヴジョの約4割に白ブドウが植えつけられていた。モルロ博士は1831年の著述のなかで、シャンボール=ミュジニのワインが並はずれて洗練されているのは白ブドウを10～12%混ぜる習わしのせいであると書いた。それ以上では色とボディが弱くなるのだという。とはいえ、特定のレベルであれば「こうしてできたワインは、黒ブドウだけで造るよりも決まって色がよく、優れた品格をもち、味わいもいい」のであった[8]。今日でさえ、ピノ・ノワールの畑の中に、1、2%の白ブドウを植えて複雑な香気を得ようとする造り手はいる。ピノ・グリが使われている白ワインを今もちょくちょく見かけるが、ドメーヌ・スナールの白のアロス=コルトンは全部このブドウである。

モルロはまた、今日の状況とは逆に、白ブドウの収量が赤よりもずっと少ないことを述べ、量を狙ってブドウを引き抜いた農家を「得るよりも失うものの方が大きい」と非難している。

アレクサンダー・ヘンダーソン「古代および現代ワインの歴史」(1824年)によれば、19世紀初頭では、ニュイ=サン=ジョルジュで「ブラン・ド・ノワール」もいくらか造られていたという[9]。

---

5) Alfred de Vergnette de Lamotte, *Vignes et vinification en Côte d'Or*, C Lacour, Nîmes, 2006, p.55

6) Jean-François Bazin, *Montrachet*, Jacques Legrand, Paris, 1988, p.41

7) Olivier de Serres, *Le Théâtre d'Agriculture*(1600), Actes Sud, 1996, p.281

8) Denis Morelot, *Statistique de la Vigne dans le département de la Côte d'Or*, p.30

9) Alexsander Henderson, *History of Ancient & Modern Wines*, 1824

アリゴテ　Aligoté

アリゴテはカノン・フェリックス・キールの著名原因というべく、この伝説的な司祭にしてレジスタンスの英雄、長くディジョンの市長を務めた人物が、アリゴテで造る酸のきつい白ワインにクレーム・ド・カシスを混ぜた飲み物に、その名をとどめている。ブドウの名称の一部「ゴテ goté」は、中世からグエ（Gouais）またはゴー（Goet）として知られた古い品種に由来するのかもしれない。今日ではジェネリックのブルゴーニュ・アリゴテと、最近創設された統制呼称ブズロン（Bouzeron）専用のブドウだが、ドメーヌ・ポンソのモレ＝サン＝ドニ1級レ・モン・リュイザンは、アリゴテの古樹から造られる例外として興味深い。

たいていのアリゴテは、流通しているクローン3種ともども比較的多産で、緑色の果皮をもつブドウができる。ブズロンのピエール・ド・ブノワは古くからあるアリゴテ・ドレの重要性にこだわるが、確かに果実の熟しかたに満足すべきものがある。

アリゴテはなべてごく若いうちに飲むものだが、確かに熟成させることもできる。H．ワーナー・アレンは、1923年に1900年物を飲み、歓喜している。2009年5月に供されたドメーヌ・A&P・ド・ヴィレーヌの1995年物は、いびつなところのない、ミラベルの果実味豊かなものであった。ペルナン＝ヴェルジュレスあたりの古いアリゴテは、ときを経てコルトン＝シャルルマーニュによほど似るようだ。事実、幾世紀も昔、これらの畑で育っていたのは多くがアリゴテだった。

ムロン・ド・ブルゴーニュ　Melon de Bourgogne

ガメ種の白であり、ナント地方に移植される前は、かつてブルゴーニュでも広く知られていた。この品種だけが1709年と1710年の異常寒波に耐えることができたからである。最近ブルゴーニュにもいくらか植えつけられ、その中ではヴェズレの丘周辺が知られる。

サシ　Sacy

公的な統計では、サシは今でもオーセロワに存在するが、そのほとんどは発泡ワインの原料になっていると思われる。アリゴテ、ムロン・ド・ブルゴーニュ、そしてこのサシはいずれもピノ・ノワールとグエの子孫である。

赤ブドウ
red grapes

ピノ・ノワール　Pinot Noir

ピノ種のブドウが最初に言及されたのは14世紀もの昔で、ピノ・ヴェルメイユ（Pinot Vermeil　ヴェルメイユはガーネットのこと）がブルージュに輸送されたという。1394年にはピノにまつわるいたましい事件が起こった。サン＝ブリで収穫に雇われた15歳の少年が、ピノを格下の品種と混ぜるなという指示に従わなかったせいで、百姓に撲殺されてしまったのである。

ピノ・ノワールを理解する鍵は、その果皮の「たち」にある。主な高品位のワイン用ブドウは、どれもピノよりもずっと果皮が厚い。このことが、ブドウを育てる場所、その育て方、とりわけ醸造中に望まれること、いやそれ以上にどうしても避けたいことなどと深くつながっている。

果皮の薄いブドウは猛暑下で日射にやられやすい。だからピノ・ノワールは高い山を除けば南仏のどこにも育たないし、アメリカのナパ・ヴァレーやオーストラリアのハンター・ヴァレーでもやはりピノの出番はない。

果皮が薄いとブドウはカビの害にさらされやすく、またブドウを太るに任せたり、無理に大きく育てると、果皮が裂けるおそれがある。

果皮が薄いということはそのぶん色素とタンニンが少ないわけで、ピノの色素は常に乏しく、タンニンはたいてい弱い。これはピノ・ノワールの醸造法と、ブルゴーニュに期待されがちなワインの作風とを理解するうえで、きわめて重要なポイントである。

ピノ・ノワール全般について、ことにブルゴーニュに関する記述をみると、ラズベリー、苺、プラム、サクランボといった赤系統の果実への偏りがみられ、未熟だった年では赤スグリということもある一方、気温の高い場所や収穫年では、黒系統の果実にふれた記述が混在してくる。

ブルゴーニュのピノ・ノワールの味わいは、果実味と酸味とのバランスを基本としていて、タンニンには重きをおかない。収穫年によってはこれが支配的になり重要な役割を保つこともあるにせよ、ワインの長所とならないことが通例である。こうした構成要素の役割については、追ってヴィンテージの章で述べる。

ピノの種類について

アペラシオン法に定めるのはピノ・ノワール、ピノ・ブーロ、ピノ・リエボー（Pinot Liébault）である。リエボーはロランド・ガディーユによれば1840年頃モレ＝サン＝ドニで見つかったが、ひどく結実不良になりやすく、実用されなくなった[1]。耕作の現場ではピノ・ファン（Pinot Fin 優勢種）、ピノ・ドロワ

---

1) Roland Gadille, *Le Vignoble de la Côte Bourguignonne*, Paris, 1967, p.160

(Pinot Droit 劣勢種)という種名を耳にするが、後者は多産で新梢がまっすぐに伸びるクローンである。主要なクローンはこの数十年のあいだにディジョンで生まれ、113番、114番、115番（1970年代）、667番、777番（1980年代）などが新世界のピノ地域ではかなり人気がある。ブルゴーニュではどのクローンを使うかという議論は少なく、話はクローンを使うか、まったく使わないかだけである。ピノ・ブーロはピノ・グリの土着版で、育つと薄いピンク色の果皮になる。今も好んでこれを植える栽培農家がいて、ブーロのもつみずみずしさを加えるため赤ワインにわずかな割合で混ぜている。

時代の変遷

ピノはブルゴーニュの赤ワインを造るブドウとして、ここ7世紀（かそれ以上）主役でありつづけたが、この間、ワインの作風は数えきれないほどの変遷をみた。中世のころ赤ワインはアルコールがきつく、まず2割は水で割り増していたことが知られている。僧のサリンベーネ〔イタリア出身の僧と思われる〕はイギリス人に対してはその必要がないとしたが、アンリ5世は1420年、兵士らに布告して、瀕死の苦痛にある者にはワインを水で半々に割るよう命じた。

17、18世紀は低温期であったため、ワインは紅色というより薄いヤマウズラの瞳色になりがちであった。アルヌー僧正が1728年、この色はヴォルネ固有の色で、仕込み槽に留めるのをごく短期間にしないと危ないからだ、といったのもそのせいである。

「たとえば、どうしてヴォルネのワインはヤマウズラの瞳色になるのか？　このテロワールのブドウは仕込み槽にごく短いあいだしか留めおくことができないからで、もしもちょっとでも余計に入れておくと、ワインは繊細な味わいを失い、果房や若芽の臭いがついてしまう[2]」

アンソニー・ハンソンは1982年に「ブルゴーニュに育つピノ・ノワールの個性として、色もアルコールも軽いワインになる[3]」と書いた。だが、彼のブルゴーニュに関する主著の第2版では、なぜか見解を変えている。「私は最近ブルゴーニュの色を観ただけではたいしたことが言えない。色の濃さは品質の高さと同じではない。反対に、果皮から固形物を抽出しすぎていることがある。また色の薄さが劣っていることを意味しない。私は明るい輝きを捜す。若いブルゴーニュの赤の、若さならではの紫の気配を[4]」

当節、色が濃くて造りの重いブルゴーニュを好まぬ人は「アメリカ風の味」を批判し、とりわけ栽培農家、それもジュヴレ゠シャンベルタンの者が作風を変えて『ワイン・アドヴォケイト』『ワイン・スペクテイター』の生み出す市場に迎合する動きを感じとると手厳しくなる。しかし、これは少しも目新しいことではない。18世紀にはすでに海外のワイン買付人の圧力は存在した。タントゥリエ僧正が外国人の味覚はワインの作風を左右すると語るところを聞こう。

「ガーネット色は、微妙だが、多少なりとも樽ごとのワインの質と地勢とによってもたらされる。これは海外の客を喜ばせるだろう。濃い色を欲しがる客もいれば薄い色という客もいるから、その中間が一番安心だ。我らは外国人の味覚に合わせるためヴァン・ド・パイユの造り方を変えてしまった。今世紀の味覚は我らの方法も変えたのだ[5]」

別の作者、ペズロール・ド・モンジューは、あるテロワールがその本来のスタイルを圧殺されてはならないと書きながら、消費者は望むものを得ていいはずだと考える。

「ポマールやヴォルネで深い色のワインを造るのが、あるいはニュイやシャサーニュで繊細なワインを造るのがどれだけ無理に思えようとも、買う側がフィネスよりも色の濃さと堅さを好むなら、ブドウ畑の許す限りそういう味を得られてしかるべきだ[6]」

---

2) Abbé Arnoux, *Situation de Bourgogne*, London, 1728（facsimile edition 1978）, p.29

3) Anthony Hanson, *Burgundy*, Faber & Faber, London,1982（1st edition）, p.147

4) Anthony Hanson, 1995（2nd edition）, p.24

5) Abbé Tainturier, *Remarques sur la Culture des Vignes de Beaune*（1763）, Editions de l'Armançon, Précy-sous-Thil, 2000, p.104

6) Quoted in Rebourgeon, *Histoire et Chroniques du Village de Pommard*, Pommard 1995, p.170

18世紀には濃い色のワインを好む風潮が再び興った。まず白ブドウがブレンドされなくなった。次に仕込み期間が長くなった。当時ヴォルネの農家だったグロズリエ氏が1845年ディジョンでの栽培者会議に書き送った手紙にはこうある。

「1795年までは色をしっかり出そうとしていなかったことに私は気づきました。この年のワインは、無理をするまでもなく、もともと色づきがとてもよかったのです。海外ではまっさきに、とんでもない色だという批判を受けましたが、よく知れわたるにつれて、稀少なすばらしい品質のワインだといって称賛されました。以来、あの年のワインの色を真似ようと努めてきましたが、めったにうまくいきません[7]」

一方、タントゥリエ僧正が1743年の作柄について語るところによれば、また別の見解をもっていたことがわかる[8]。

「もし1743年にあれほど強く抽出していなければ、ワインは誰も味わったことがないほどおいしいワインになっていただろうに。畑から運んできたら、すぐブドウを圧搾すべきだった。そうすれば満足に赤い色も得られて、見どころも全部備わった、それはお奨めのワインになったはずだ。しかしそうはならなかったのは、あの堅さと粗さが10年経ってもやわらがなかったからだ」

ブルゴーニュは抽出過多を避けてフィネスを追求すべきだと結論するのはわかるが、率直にいえば、優美で微妙なところばかりに執着すると、ワインがあまりに軽い、弱々しいものになってしまい、ときにかばいきれなくなることもある。

ガメ　Gamay

ピノ・ノワールの初登場からまもない1395年、ピノ・ノワールの味方フィリップ豪胆公の名高い布告により、「悪しき不忠な」ガメ種のブドウは禁止された。この段落全体を引用する意味があると思うのは、公がボジョレのブドウのことを毛嫌いしていただけだったことがわかるからだ。現代語に訳せばこうなる。

「いくつかの当面の問題は……ガメと称する非常に悪い、不忠義なブドウの樹を植えてしまったことで、この樹からは悪い枝葉が生えて、山のようにどっさりワインができるが、こうした粗悪なワインがあらかた捨て置かれ、優れたワインを生むべき良き場所がだいなしになる。このガメのワインはそんな素性であるから人間の身体にも有害きわまりなく、深刻な病害を及ぼす恐れさえある。かかる性質をもった、かかる植物から生まれる、かかるワインには、ひどく恐ろしい苦みがあり、ひどい悪臭を放つようになるからだ」

今ブルゴーニュには、ボジョレを別としてガメのアペラシオンが2つある。ブルゴーニュ・グランド・オルディネール——最後の語（オルディネール＝凡庸）を強調しすぎているきらいはあるが——と、ブルゴーニュ・パストゥグランである。3番目もありそうだが、これは恥ずべきものと思われる。ガメから造るボジョレのクリュを格下げして、ブルゴーニュ・ルージュと名乗らせてもよいからだ。アペラシオン法の趣旨に添えば「公正・土着・恒常」であるべきところ、この用法では土着性も恒常性も申しわけ程度しかなく、確かに誉められたものではない。

セザール　César

トレソ　Tréssot

今日でもオーセロワにはセザール種が残り、トレソ種もあるようだが、これはジュラのトルソー（Trousseau）種と同じものである。セザールは、イランシー（Irancy）、クランジュ＝ラ＝ヴィヌーズ（Coulanges-la-Vineuse）といったアペラシオンで、補助品種として用いる栽培家がいる。

---

[7] Rebourgeon前掲書p.171

[8] Tainturier前掲書p.100

ブドウ栽培
viticulture

20世紀前半のブルゴーニュを写真でふりかえれば、今びっしりとブドウの樹が生える斜面で、昔は牛たちが草を食んでいたことがわかる。たとえばピュリニの村ではほとんどの一級畑がそんなありさまで、第一次世界大戦後になってもまだ植えつけはおこなわれていなかった。ブドウ畑のそこここには木が植わっていたが、それはブドウに日陰をつくりすぎるオークの大木とかブナやクルミではなく、サクランボやペシュ・ド・ヴィーニュ（ブドウ畑の桃）といった果実のなる低木である。実に魅力的な風景で、年に一度、農家の食卓に果物をもたらし、なにより地方の生物多様性にも寄与していた。

今日、こうした考え方への回帰がみられるようになり、先見性のある栽培農家は、ブドウ畑の切れ目に再び繁みをつくり、木を植えたりしている。なかにはミツバチの巣箱をおいて異花受粉をうながそうとする人もいる。生物の多様性を欠くと、農作物はよけい病害に冒されやすくなるからだ。

確かに前世代の人々は、適地とみればところかまわずブドウを植えたことが明白で、当時は順調な工業のように利益もざぶざぶ上がったのだが、これをひどく批判する前に、偉大なるフィリップ豪胆公がやったことにも目を向けておこう。公は1395年にガメ種の禁令を発布したことで名高いが、これより30年も早く、自らのシュノーヴ〔Chenôves コート・シャロネーズよりやや南西の村〕にあるクロ・デュ・ロワの畑からは、ブドウがうまく育つようにとクルミその他の邪魔な樹木が取り払われた。フランスの農学者オリヴィエ・ド・セルはブドウ畑の中にいかなる樹木も認めなかったからである[1]。

整地

ブルゴーニュで手つかずの土地にブドウを植えるなどということは、おおよそ考えられない。ふつうは古すぎたり衰えた樹を引き抜いて、その地面に植樹をする。フィロキセラ以来ということはないにせよ、かつてブドウが植わっていた荒れ地を再生することもある。

モルロ博士は19世紀初頭、数年は土地を休耕することが重要であると考えた。「私は繰り返し考察してきたが、充分な休耕をしていない土地にすぐブドウの木を植えようとする人々は、勘定というものがまったくわかっていないのだ[2]」

しかし栽培農家のなかには、秋に樹を引き抜いて、春にはもう植えているという性急な者もいる。ブドウ畑の回復まで、1年という人はいるが、2年以上かける人は今日めったにいない。誰しも採

---

1) Olivier de Serres, *Le Théâtre d'Agriculture*（1600）, Actes Sud, Arles, 2001, p.277
2) Denis Morelot, *Statistique de la Vigne en Départment de la Côte d'or*, Dijon, 1831（facsimile, Edition Cléa, Dijon, 2008）, p.187

算上の必要に迫られて、できる限り早く生産性を回復しなければならないからだ。これは先が見えていないやり方ではあるまいか。注目の土壌学者クロード・ブルギニョンは、抜いて1年以内に改植をすると確実にウィルスの問題が生ずると言った。

台木

植えつけの前にブドウの木はフィロキセラに耐性のある台木に接ぎ木する必要がある。ブルゴーニュで用いられる主な台木は次のとおりである。

5BB

コンサルタントらがルピカージュ〔repiquage 個別に木を改植すること〕用にと薦めたもので、頑強だから周囲の地中に張りめぐらされた現役のブドウの根ともわたりあえる、というのが理由だったが、この台木でつくられたブドウは質が悪く、使った意味がなかった。

41B

ヴィニフェラとベルランディエリとの交配種で、活性石灰に対する耐性が並はずれて強いため、シャブリで広く用いられている。

161/49

101/14もリパリアも育たないような強い石灰質土壌との相性がよい。ドミニク・ラフォンはこの台木が好きで、高収量でなく、風通しのよい枝葉が張りだすからだという。ただし、春の若い茎はとてももろく、針金にきちんと縛りつけておかないと強い風で折れてしまう。ウィルス耐性は比較的強い。

101/14

土壌中の活性石灰分が多すぎなければ、たいへん優れている。3309Bよりも幾分強壮である。

3309B

斜面下方の重い土壌で力を活躍するが、リパリアと同様、石灰質土壌になじめない。ムルソーで数人の造り手がこれを使っているが、斜面下方の畑に限られ、山すそでは用いられない。

SO4

1950年代に広く植えつけられ、今では広く後悔されている。繁茂するのに大量の肥料を要するうえブドウ樹の生育サイクルがかなり早いからである。もうひとつの問題は、まったく熟していなかったブドウがいきなり過熟してしまうことで、そうなるとワインは重く平板な味になり、酸も低い。「明日よりも前の晩に収穫するほうがいいんだよ」とミシェル・ブズローが意味深げに言う。フィリップ・ドルーアンによると、レイモン・ベルナール教授は今でもコルトン=シャルルマーニュで使うのはいいと擁護しているそうだ。

リパリア・グロワール

成熟が早く、すぐれた潜在力をもつが、土壌にかなりの活性石灰が存在しないと力を発揮しない。より石灰耐性の強いリパリア交配種の420Aが普及してきたのは興味深い。

接ぎ木

前世代を通じた標準的な接ぎ木のやり方は、種苗場の台木にヴィニフェラ種を接ぎ木するのに、オメガ型の接ぎ口を使っていたが、これはちょうどジグソーパズルの接ぎ目によく似ている。しかし

この接ぎかたは、エスカ〔esca ブドウ樹を枯死させる細菌性の病害〕のような病害の発生が増えたことの原因とも考えられている。最近復活しはじめたグレフェ・アングレーズすなわちイギリス式の接ぎ方は、木をW字型に接ぐもので、病害を招きにくい。

まず台木だけを畑に植えて、翌年ピノなりシャルドネなり好みのものを接ぎ木するというやり方もある。たいへん骨の折れる、また割高な方法だが、これによってブドウの樹はより自然な育ちかたをすることができる。

畑が比較的若く健康であることが条件だが、高接ぎ〔ブドウ樹の高い箇所で接ぎ木をすること〕によって栽培農家は、すでに育ち上がったブドウの果実を変えてしまうことができる。新たな所有者がピノをシャルドネにすげ替えることもでき、たとえばコルトンをコルトン=シャルルマーニュにしたり、全部赤だったニュイ=サン=ジョルジュのほんの一部だけを白にすることもできる。エティエンヌ・ド・モンティーユはその両方をやった。一般に、選択のまずかったピノ・ノワールも接ぎ替えることができる。できあがった樹根は健在だから、この方法であれば収穫が1回分失われるだけである。

最近は、死んだブドウの樹でもよみがえらせることができるという理論がある。栽培家たちは、死んだ樹を地面から引き抜いてもまだ根系が生きていることを知っている。そこで、マコネのダニエル・バローやロジェ・ソメズといった造り手は、樹幹に新しい接ぎ木をする実験をし、かつての古樹のもつ、貴重な深い根系を残そうとしている。

クローン

初期のピノのクローンは、その多くがモレ=サン=ドニのドメーヌ・ポンソによって選ばれ広まった。最初のクローンは1971年にボーヌを見おろすモン・バトワの研究所において選抜された。クローンというと旧弊あるいは超保守的な人にはおもしろくない選択肢と思われているが、ブドウ畑での選抜を、効率よく、極度に洗練させたものにほかならない。

クローンをめぐる議論は、新世界のワイン耕作地域では熱い話題になるが、それは年月をかけずに確立した手法で、畑において有効な選抜をおこなうことができなかったからだ。いっぽうブルゴーニュでは事情が異なり、栽培者は畑の改植に迫られたり、死んだ樹を点々と抜いた跡を埋める必要がある。もっともよくおこなわれるやり方として、畑の一部分を植え替えるのであれば何種類ものクローンを選定し植えつけ、もしも個別の樹を点々と植え替えるのであれば毎年異なるクローンを選んで植える。こうすることで多様性を保つことができるのである。20年前にクローンを使い始めた栽培家の多くは今、見直しの時期にきている。

マッサル選抜

改植にあたって、今生えている樹から取り木をする場合に用いる言葉で、クローンが普及する前はいうまでもなく唯一の方法であった。その管理をするのは楽でなく、しかもウィルス感染していない個体であるという保証がない。栽培者は健康そうで良いブドウのできる樹を1本1本特定しておき、そこから取り木をしてブドウの樹を増やそうとする。当然ながら、古くなっても立派に実をつけるような樹は、若いうちはありあまる活力をもっている。

オリヴィエ・メルランの考えでは、明らかに病害をもつ樹だけを選抜から除外すれば、あとはすべての樹から取り木をするほうがいいという。ちょうど人間の世界も、決まった階層、出自、美意識などで揃うよりも、みんなの背格好や身長、出身が異なるほうがいいから、それと同じさ、というわけだ。

オベール・ド・ヴィレーヌの発案で設立された「ブルゴーニュ地方ブドウ品種多様性保全協会」という団体がある。これは古いタイプのピノ・ファンを収集、保存することを目的としている。これとともにCRECEP (Coordination des Recherches sur Chardonnay et Pinot Noir en Bourgogne ブルゴー

ニュ地方シャルドネ/ピノ・ノワール研究機構）という公的資金に基づく団体があり、同様の目的で活動している。

畝の向きについて

畑の方角は、等高線を反映し、また日照を最大限利用できるものでなければならない。たいていの場合、ブドウの樹は斜面に対して上下方向で植えつけられ、ちょうどコート・ドールに対して東西の向きになる。これにより、北側よりも南側のほうがより多く日照を受けることになるが、ぬかりなく葉を摘むことでこの不均等は是正できる。おそろしくきちょうめんな造り手になると、ある日南側の葉を摘んだら、あとで北側に戻ってくる、というやり方をする。

ブドウの樹が南北に走っていると、畝の東側は朝日を受けやすく、西側は（山影にならない限り）午後と夕方の日をたっぷり浴びることができる。

一方、畑の区画が細い長方形をしている場合、ブドウの樹は、短い畝で数多く仕立てるのではなく、畝数は少なくても長くするのが好まれる。そうすることで本来支配的であった畝方向にそむくとしても、である。

畝といえば、単式ギュイヨ法〔長梢と短梢を1本ずつ伸ばし、張った針金に結びつける仕立て方〕の場合、どちらに向けて長梢を伸ばすかという鋭い質問があるが、これには双方の立場から支持者がいる。斜面上方に伸ばすほうがあまり屈まなくてよいぶん作業がしやすいというが、直観に反するようでも、ふもと側に伸ばすほうが明らかに樹にはいい。このほうが樹液が長梢の先端に集まらず、樹幹近くに留まるからだ。

植樹密度

フィロキセラ以前、ブドウ畑は樹を群生させているだけで、針金に沿って整列していたわけではない。繁殖はもっぱら取り木によっていた。すなわち、土中に埋めた樹茎が近くに再びあらわれ、土中の部分から自根が広がってきたら、親木から切り離すというものだ。フィロキセラ後、ブドウの樹は畑からすべて引き抜かねばならず、耐性をもつ根株で植え直すときは燻蒸する必要があった。そこで、ブドウの樹を改植するときに畝をつくるのがよいということになり、おかげで馬も畝のあいだをゆっくり通れるようになった。植樹の密度は通常1ha当たり約11,000本で、樹と樹の間隔は1m、畝と畝との間隔は90cmになる。

以来、植樹は1mおきにおこなわれてきたのだが、今は亡きフィリップ・アンジェルがおもしろい話をしてくれたことがある。彼の祖父ルネと父ピエールとが1955年にヴォーヌ゠ロマネ・レ・ブリュレの畑を改植していたときのこと、どういうわけか2人は両端から作業を始めたのだが、ルネは90cmおきに、ピエールは1mおきに植えていったせいで、畝はつながらなかったそうだ。

最近、改植にあたり極端な植樹密度で群生させるという興味深い試みがおこなわれているが、当局者はこれを阻止するため、規制の用法を変更した。これまでは1ha当たりの植樹密度に上限が定められていたのだが、この面積の中にはトラクターの折り返し場所といった非耕作地の数字までをひっくるめて上限をかわすことができた。今では規制によって、ブドウの樹の植樹間隔は50cm以上と定められている。

古樹について

正しい台木に接ぎ木してしっかりしたブドウを仕立て、そこから古い株を選り抜く。世話がゆきとどいて今も壮健であるような、そんな古樹はなにものにも代えがたい。もっとも、こうした諸条件が満たされていなければ、樹齢だけでは何の取り柄にもならない。優れた古樹は基岩まで根をおろすので、乾いた年でも水を得ることができ、雨の多い年には地表の水をとりすぎない。何をもって古樹というかという公式な定めはないが、私としては、ブルゴーニュの誰かが樹齢40年以下でラ

ベルに「古樹」を謳ったら、いささか失望する。

ジャン=マリ・ラヴノーは別の見解をもつが、それはオリヴィエ・メルランの取り木についての意見とそっくりである。「どの年代のブドウもおもしろいよ、人間だって世代ごとに違う魅力があるだろう。赤ちゃん、子供、青年、壮年、老年と、どの世代にも美点と弱点とがあるだろう。それぞれをいくらかずつミックスするのがいいんだ」と彼は言う。

トラクター、馬

トラクターが登場したことは、ブルゴーニュのブドウ栽培に重要な進歩をもたらした。ブドウの畝をまたぐように設計され、鋤入れから葉の刈り取り、薬剤散布といった盛りだくさんな機能を搭載した、素敵な耕作機械である。

それまでは、といってもブドウ畑が畝仕立てになったのはフィロキセラ以後のことだが、ともかく馬を使うのが普通だった。ただし、ブドウと同等の愛情をたっぷり注がねばならないという難点があった。ポマールの大物栽培家アンドレ・ミュスィ（1914-2000）の回想によると、父とともに3頭の馬を使っていたという。彼は13歳からドメーヌで働き出したが、週に6日、一日13時間というもので、しかも朝5時起きで馬にえさをやらねばならない。馬は、働き始める2時間前に朝のえさを食っておかないといけないからだ。夜もまた、えさをやってから寝かせていたという[3]。

土壌管理

第二次大戦後、化学全盛時代となり、古くさい土壌管理の手法はうち棄てられた。合成の農薬が雑草と害虫を処刑し、化学肥料は養分を供給した。現代の私たちは、これらが土壌中の微生物を殺すばかりでなく、肥料によって蓄積されたカリウムがワインのpHを下げすぎて、不安定にしてしまったことを知っている。

今日マントラのように繰り返し誰もが口にするのは「トラクターでも馬でもいい、鋤き返せ」ということだ。ドメーヌ・デュ・コント・アルマンのバンジャマン・ルルーは、「鋤き返すという簡単な決断の結果を、やらなかった隣人と比べれば、有機農法とビオディナミの違いなんてないようなものさ」と言った。鋤き返すことで土壌には空気が入り、土壌がほぐれる。表層の根が絶たれるので、雑草は枯れて堆肥の原料になるというわけだ。

もはや化学肥料は論外として、生産者は土壌に養分をもたらす有機農法の手法を研究してきた。1995年コート・ドールにGEST（Groupement d'Etude et Suivi des Terroirs テロワール保存研究会）が立ち上がり、2000年にはマコネに拡がった。GESTはブドウ畑の土壌組成を調査するばかりでなく、有機農法による堆肥を会員のあいだに広めて供給している。

雑草対策

戦後世代はよほど驚き、あきれたことだろう。ブドウ畑の雑草をなくすという重労働が、安全なトラクターから薬を散布するだけでよくなってしまったのだから。今日でも除草剤を用いる造り手は多いが、それでも昔よりは分別のある使い方をしている。ジュヴレ=シャンベルタンでは、村の水道に微量が検出されたため、2006年にこうした除草剤が禁止された。この年の収穫前に畑を見て回ったが、草がブドウの背丈より伸びている区画もあった。

今日これに代わるのが、先述の鋤き入れ、そして草地化だ。サントネのジャン=マルク・ヴァンサンは牧草を育て、畝という畝の草刈りもするが、ここまでやる人は少なく、逆にこの手法で窒素欠乏の問題が生じたという声もある（牧草はブドウよりも窒素の吸収が速い）。このため発酵が停止して

---

3) André Mussy, in *Histoire et Chroniques du Village de Pommard en Bourgogne*, Pommard, 1995, pp.173-177

しまい、のちに減産に陥ったというのだ。

もっとよくあるのが、ひと畝おき、いや6畝、8畝おきに草地化することで、こうすれば散布の時期になってもトラクターが乗り入れることができる。ある種の雑草対策と同様、草地化にはブドウの樹勢を抑制する目的があるが、しかるべき急斜面では、浸食を防止する役割もある。

害虫駆除

　大きい虫が、小さい虫を
　背に乗せて、えさにする。
　小さい虫は、ちっちゃい虫を
　背に乗せる。
　こうして終わりがありません。

子供の頃からおなじみの、ジョナサン・スウィフトの愉快な詩は、昆虫の世界では比喩的にも事実の上でも真実なのだろうが、ブドウ畑においてはほぼ正反対といってよい。最近では、無害の虫を導入して害虫を食わせてしまおうという考えがある。特に問題なのはアカハダニという小さな害虫だが、あまりに小さくて肉眼で見るのは難しい。これに葉の裏側を食い荒らされると、やがて葉は枯れる。ブドウには無害でアカハダニを捕食する虫であれば導入できる。

大きさにおいて最大の有害生物といえばむろん人間で、必ずしも損害を及ぼすだけではないものの、観光客であればついル・モンラシェやロマネ゠コンティを一房摘んでしまったり、栽培農家であればうっかり隣家の畝を収穫してしまったり（シャサーニュでは、改植で更地にするときに、まちがえて隣人の樹を抜いてしまう事件があった）、へたな運転でブドウ畑に車を転覆させてしまったり、まれではあるが手の込んだいたずらをする者もいる。ブルグンド公国の往時であればひどいおしおきを受けたところだが、もはやその心配がないのは幸いである。

ブドウ畑がへんぴなところ、とりわけ森の切れ目などにあると、春にはウサギに新芽をかじられ、秋にはイノシシが好物の熟したブドウを食いあさる。またイノシシは動物性タンパクを探して地面を掘りまくるが、これが畑の維持管理に役立つとは到底いいがたい。コルトンの名高い丘の頂は故プランス・ド・メロードの領有する美しい森であるが、ここからやってくるウサギのせいで、コルトンとコルトン゠シャルルマーニュ上部の畑は食害にさらされている。

ブルゴーニュでは、新世界ほど鳥類は問題にならない。というのも、たいていは仕留めて食べられてきたからだ。熟しはじめた頃、ブドウの樹に網をかける必要もさほどない。気をつけろよ、とフランソワ・ミクルスキが言うのは、彼が2009年にヴォルネ゠サントノに接する樹から初めてサクランボを収穫したとき、カラスが600羽以上も追ってきたことだ。ふだんはボーヌの南側のD974号線沿いに立つプラタナスに巣をかけているのだが。

毛虫はいつの年でも問題になるが、ノクチュエルという小型の毛虫の発生サイクルがブドウの発育開始時期に合致してしまったときだけは災禍になる。2003年はこの大問題が起きた。

害虫の大繁殖を性撹乱の方法で防ぐこともできる。ブドウの樹に渡した針金に吊した茶色いプラスチックの小片からフェロモンが漂って虫を撹乱させ、繁殖を妨げるのだ。

19世紀、問題になる害虫といえばエクリヴァン（écrivain 作家）つまりジカキムシで、この小昆虫は、危険を感じると6本脚をたたんで地面に落下してしまう。退治法はすべて失敗したが、唯一有効だったのは、樹の根元ごとに箱を置いて樹を揺さぶるという骨の折れる方法でだった。そうして落とした虫を潰したものだ。造り手の中には、現代のワインライターたちにもその手が使えないかと思っている人もいることだろう。

しかし、すべてを通じてもっとも著名な厄災は、フィロキセラによってもたらされた荒廃で、これによりヨーロッパ中の全ブドウ畑は壊滅した。1878年、フィロキセラはムルソー、ディジョン、ノルジュ゠ラ゠ヴィルでほぼ同時に見つかった。この虫は1870年代初頭、南から北上しており、ブルゴーニュに到達するずっと前から、人々は必死に退治法を探求していた。なかには完全にばかげた

方法もあり、たとえば根元ごとにヒキガエルを生き埋めにしていったりした（プリニウスは『博物誌』のなかで、嵐と疫病の対策としてこれを勧めている）。

不幸な農家はあらゆることをすべて試みた。煙草、ニンニク、生松脂、キニーネ、封蠟、人尿（これは硫黄と結合させると、きわめて有効だった）、下肥、アブラナ（これも硫黄との併用でやや有効）、タングルドー（ヒ素系の毒）、ニワトコの葉、樹に白ワインをかける、電流、タール、ナフタリン、といった具合に。

なかでも限定的な成功を収めた対処法で、規模面でも実用になったのが、冠水法（ただし樹にはよくなく、金がかかるため、負担が多かった）と二硫化炭素（一時的効果はあったが、有効成分が揮発すると、再び虫が戻ってきた）であった。

フィロキセラを殺すうえでそれなりに強い効果のあった処方は、同時にブドウの樹にもダメージを及ぼすものが大半だった。地元には零細農家の畑を潰す謀略だと思いこむ者もいたから、（ブーズ゠レ゠ボーヌでは）役人に樹をいじられるのに抵抗したり、シュノーヴでは役人を畑からたたき出したりした。

とうとう答えが見つかったのは、まさに問題が起こった場所からだった。フィロキセラは、アメリカから来る速い新型蒸気船に便乗してきたと思われたからだ。1876年、新世界の台木に旧世界のブドウを接ぎ木する実験が始まった。しかしながらブルゴーニュでは、こうした手法は1874年の通達で違法とされていて、これも見当違いの保護主義の例だが、1887年6月15日まで改まらなかった。フィロキセラは今も存在し、地中で根をかじっているが、アメリカ生まれの台木にはさしたる影響も及ぼすことができない。むしろ樹から樹へとウィルスを運ぶ働きをする線虫のほうが危険は高い（次の「病害対策」項を参照のこと）。

病害対策

病害には、ブドウの樹を襲い、やがて枯らすものと、その年の果実を襲うものとがある。後者の二悪はウドン粉病（オイディウム）とベト病（ミルデュー）である。オイディウム・トゥケリイ（Oïdium tuckerii）あるいはアンチヌラ・ネカトール（Uncinula necator）と呼ばれるウドン粉病は、1845年ケントの温室で発見され、それからまもなくフランスのブドウ畑で発見された。

ウドン粉病が発生、蔓延するおそれの高い条件とは、乾燥して、風が吹き、日変化がかなりみられる、つまり日較差の大きい気候である。葉に白い埃のようなものがつくのが初期兆候で、ブドウの果実にひろがり、やがて土のようにくすんだ灰色に変わる。1998年、2004年、2008年などのウドン粉病の害はひどかった。

ベト病は1878年にアメリカからフランスに渡ってきた病害で、温暖多湿な気候で発生する。葉にべたつく斑点ができ、やがて裏側に白い斑点を拡げてゆく。被害が浅ければ通常の措置で対処できるのだが、猛威をふるってブドウの房にまで拡がることがある。適切な処置をとらずにいると、やがて葉はもろくなり、枯れ落ちてしまうと、もはやブドウが熟すことはない。1993年と2008年の収穫ではこうした事象が特にひどかった。通常これらの両方から同時に見舞われることはないのだが、可能性はある。2008年などは、ベト病の発生条件が整ったあとにウドン粉病の条件が整った。以下の病害はブドウの樹本体を襲い、遅速のちがいはあれ、樹を枯らしてしまう。

クール゠ヌエ　Court-noué

ブドウの葉につくウィルスで、ブルゴーニュによく見られる。樹から樹へと拡がり、ついで樹を冒し、枯らす。対処法はなく、ある段階までくると栽培農家は冒された区画の樹を引き抜き、燻蒸し、休耕させてから改植する。ビオディナミ実践者は、彼らの処方がクール゠ヌエを弱らせ、ウィルスの働きを逆転させることもあると考えている。

カレンス　Carence

マグネシウム欠乏により下葉の葉脈に沿って変色が拡がり、やがて全体が赤くなる。ただし、秋に

なって樹全体が紅葉すると、ピノの偽品種タンテュリエが植わっていたかのように見える。コート・ドール中心部でこれを見ることはまれだが、オート゠コートではたまに区画全体がこうなることがある。

エスカ　Esca

アメリカではブラック・ミーザル（黒麻疹）、ニュージーランドの諸島のアンティポードではブラック・グー（黒ニカワ）と呼ばれる病気で、ブルゴーニュでおなじみの単式ギュイヨ法でない、コルドン・ド・ロワイヤ式の整枝法で剪定した樹がやられやすいようだ。菌類が樹に感染して黒斑が拡がり、最後には黒いニカワ状に化膿することで知られる。

エスカは近年のブルゴーニュでは深刻な問題になっている。最近まではヒ素系の薬剤が認められており、これがカビを抑えていたのだが、長い目で見れば環境に悪影響があるのは明らかだ。樹齢の高いブドウはめったにやられないが、10年から30年程度の樹はきわめて冒されやすい。健康そうに見えたブドウの樹が一晩でうなだれ、1週間もせずに枯死してしまう。

よく引き合いにされる原因は、拙劣な剪定にあるとされ、樹の幹についた傷からたやすく感染するうえ、かつて樹と台木とを接ぐのに広く用いられたオメガ型の接ぎ木法もまた一因であるという。

農法について

善良素朴農法

かつてブドウ畑は二重の体制で管理されていた。好ましくないものを何でも農薬で殺し、樹の養分を補給するのは肥料だった。労力を省くこうした考え方はほぼ世界中で採用されていたが、土壌中に毒素が蓄積すると同時にpHバランスも崩れるという有害な結果を残した。今でもこの手法の信奉者はいるが、彼らの区画だけは生気がなく、灰色で、畝と畝のあいだの土壌は押しつぶされている。

リュット・レゾネ（減農薬農法）

これはあまり漠然とした言葉なので、もし明確にしようとすると、ほとんど無意味になってしまう。訳せば「分別のある戦い」で、その思想によれば、合成物質も用いることはあるが、喫緊の病害リスクに対応する場合のみ限定的に適用するという。憲章のたぐいを特段定めていないので、明らかに栽培農家ごとに自分なりの手法にあわせた要件の解釈をしている。とはいえ大多数の栽培家がブドウ畑を管理してゆくうえで、よい判断をするよりどころとなっている。

有機農法

有機農法、またはフランス語のビオロジック運動は、化学あるいは合成物質の使用を排斥し、同時に作物の品質向上と環境保全を目ざしている。もっともよく耳にするのは、さまざまな生産者がラベルにオーガニックとかビオディナミを謳っているが、困難な年にはルールを破って、やりたいようにやっている、という苦情である。これはさておき、有機農法によるブドウ栽培は、生産者がルールを完全に遵守していたとしても、今なお問題含みである。明らかに注視されているのが銅の使用で、たいてい硫酸銅の状態で用いられる。硫黄分はすみやかに生物分解されるが、銅はそうではないからだ。

ほかにも毒となりうるものの使用が認められている。フレデリック・ミュニエに注意されたのだが、ある殺虫剤は有機農法で使うのに好適とされている一方、水生生物や蜂には強い毒性があり、適切な防御をしないと人間にも危険であるとして目をつけられているという。「きみは有機殺虫剤と普通のやつの区別がつくか？　私だってわかりやすくない。蜂だって、魚だってね。なにかがまちがっているはずだ」

こうした問題をさておいても、環境への負荷を減じ、毒物の使用を避けながらブドウ畑の耕作をすることには、明らかに大きな意義がある。今、エコセールの認証を得た栽培農家はどんどん増えているが、それには3年を要する。

ビオディナミ

ビオディナミの概念は、20世紀初頭にルドルフ・シュタイナーが著した作品と精神論をもとにしている。最低でも有機農法をしていることを要し、そこから哲学と実践の両面を追求する。星、月、惑星、太陽が地球に及ぼす影響を考察し、複雑な暦は、実の日、花の日、葉の日、根の日に分割され、それぞれに対応するさまざまなブドウ栽培上の作業が定められており、いつ、何をするかでワインの味わいに影響があると言われる。おおむね同毒療法（ホメオパシー）に基づくさまざまな処方が粉末の調合材となり、また薬草を煎じたものもつくり出されている。

ビオディナミ信奉者は、有機農法の生産者と同様、批判者からは営業上の具としてラベルに謳っているのだとやり玉に挙げられるが、確かに、こと細かな作業よりもビオディナミを宣伝する利益のほうを愛する者もいる。だが言っておかねばならないが、この新思想をただちに信奉したルロワ、ルフレーヴ、ラフォンといった造り手の大多数はすでに品質の頂点を極めていて、名声の点でいえば得るものより失うもののほうがよほど大きかったはずだ。

これら大物たち、および他の有力ドメーヌは、比較的早くからビオディナミにこだわってきたかもしれないが、まっさきに始めた人々ではなかった。最初に信奉したのは零細の造り手、それもときに68年組と呼ばれる、1968年革命の残党のヒッピーたちであった。初期からこれを採用した人といえば（ただし、その政治観とライフスタイルが上述の人々にもふさわしいかどうかまでお伝えするには及ぶまい）、知られているところでは、ジャン゠クロード・ラトー、ディディエ・モンショヴェ、ドミニク・ドランらの名が挙がる。この話題ははてしない長さになりかねず、そうしたいのもやまやまだが、ほかに譲ろう。

剪定

フィロキセラ後のブルゴーニュで、改植のために採用されてきたのは、単式ギュイヨ法が主流で、これは19世紀後半にこの手法を広めたジュール・ギュイヨ博士にちなんでいる。前年度から1本の長梢を残しておき、さらにもう1本の短梢を残して新年度の長梢をいずれかから選べるようにする。長梢（結果母枝）は十分な芽数が残る長さに剪定され、その新芽から、当年の新梢（結果枝）が伸びる。秋、重労働が落ち着いた頃、その年の不要なキャノピー〔樹の幹、枝ぶり、葉の繁り具合など、地表に出ている部分の総称〕を切り落とすことで、おおまかな剪定が始まる。新年早々の月は、これから到来する季節にむけて長梢を選び出し、決まった寸法に切るという、大切なときである。

古くからの格言に、剪定は1月22日のサン゠ヴァンサンの宴がすんで、冬の厳しさがやわらいでから始め、復活祭の前に終わらせるのがよいといわれる。作業は格下の畑から先に始める傾向があるのは、そうした畑では生育サイクルがもう開始していることと、万一、晩霜が降りたらとり返しがつかないからだ。

意識の高い栽培農家であれば、1本の樹に6～8個ぐらいしか新芽をつけさせない。一方、やや長めに剪定するのを好む人は、発芽後、幹に近いほうの新芽を、活力がありすぎるとして掻き落とす。このほかにも好んで長めに剪定する人がいて、新芽をひとつおきに掻き落とし、3本だけ残すのである。こうするとブドウのキャノピーは早い季節のうちは脆弱で、特に強風で折れやすいうえ、伸びてくる新梢を針金につなぎとめる作業が普通の3倍かかる。だがこの仕立て方だと、のちに通風性が向上する。

余分な新芽を掻き落とす芽掻きの作業はエブルジョナージュ（ébourgeonnage）と呼ばれるが、コート・ド・ニュイではエヴァジヴァージュ（évasivage）、コート・ド・ボーヌではエシュトナージュ（échetonage）ということが多い。

最近増えているのが、コルドン・ド・ロワイヤ式の仕立てで、これは樹勢を抑えることができるので、樹が若かったり、肥沃すぎる土壌に植わっていたり、生産力が——樹本体と台木との別なく——強すぎるような場合に、きわめて有効である。

キャノピー・マネジメント

新世界のブドウ栽培研究者たちは、樹ごとに理想的な房あたりの葉は何枚かという話に熱を上げている。ブルゴーニュでは学術がさほど数学的ではないものの、葉と果実とのバランスは重視されている。

昔のギュイヨ法は、標準で地上1.2mのところで垣根にしていたが、その後20cmほど高くなり、もっと高いこともある。ここから、ただちに糖分が上がり、色の濃いワインができるという好結果が得られたのだ。しかし、地球温暖化を考えあわせると、この手法は再考を要するかもしれない。趨勢はブドウの糖分を上げるよりも抑制するほうに向かっているからだ。

ブドウの樹は野放図に育つに任せてはならない。実際、葉と房の数には望ましい一定の割合があって、これを維持する必要がある。最初に新梢の最上部を切り落とす摘芯は、遅めのほうがよいとされる。この作業は枝葉のなかに葉むらが厚くなりすぎるのを防ぐからであり、また、2番成りのブドウ——収穫期に緑色のヴェルジュ〔未熟なブドウ〕になる——が増えるのも防ぐからだ。

少数の古式栽培家は今でも手作業で垣根最上部を切り揃えており、トラクターでなく馬を使う人々も、やむなくそうしている。そもそも馬で畑を鋤き返しても、摘芯の作業に重いトラクターを乗り入れて、土壌を押しつぶしてしまったら、元も子もない。

ラルー=ビーズ・ルロワは独自の仕立て方を考案したが、それは奇妙な外観で、見慣れないだけに不細工に見える。若い葉は光合成をおこなうが、老いた葉はそうではない。そこで垣に仕立てる代わりに、新梢を切らずに伸ばして螺旋状に巻き込んで、よくある樹の高さぐらいにしたものだから、まるで映画「スター・ウォーズ」でキャリー・フィッシャー演じたレイア姫の髪型みたいになってしまった。ブドウはふつう、先端を切られると幹に近いほうに新しい葉叢（はむら）を生むが、そこは果実のできる場所なので、いずれ手作業で取り除かねばならない。このやり方であればその面倒はない。

除葉

パトリス・リオンのような造り手、あるいはドメーヌ・ドゥジェニのチームは、6月下旬か7月上旬になると北側の葉を摘み、干上がることがないように、猛暑が収まる8月の終わり頃になってから、南側の葉を摘む。

エティエンヌ・ド・モンティーユやドミニク・ラフォンらはこうした仕事に猛反対で、とりわけ果房が直射日光にさらされると、果実が粗い味を帯びてしまうと感じている。本来、ブドウの樹勢がきちんと管理されていれば、除葉が必要とは限らない。ただしウドン粉病にやられた葉は、被害が広まらぬうちに除去しなければならないが。

摘房

原理は夏のさなかに果実を落とすことであり、早すぎれば樹は代わりの実を結んでしまうし、遅すぎれば樹の負荷を軽くするという見返りがなくなる。1990年代にたいへん流行った考え方だが、望ましいのは最初から結実過多にならぬようブドウの樹のバランスを保つことだという意見も根強かった。毎年たくさん子孫ができるようにけしかけておいて、あとになって切り落とすのでは、樹のためにならない。むしろ、剪定と摘芽をおこなって最初から現実的な作付けにし、果房を落とすのはやむを得ない場合に限るほうがよい。

季節の終盤に「トワレタージュ（toilettage）」をすることにはそれなりの意義がある。これは果房の色づきが遅いときに収穫を若干減らして、完熟しそうにないブドウを収穫時に摘みとらずにすませることである。

収穫
the harvest

収穫期がやってくると、ワインを造る村は魔法にでもかかったような感じがする。ふだんは閉じたままの巨大な木の扉が開き、道という道はきびきびした収穫人たちであふれかえり、しびれるような雰囲気である。

機械摘みか、手摘みか

私にはいつになっても手摘みの収穫に強いこだわりがあって、それは保守的な思いこみに過ぎないのかもしれないが、はたしてどうだろう。

機械摘みを擁護する人に言わせれば、好きなときに収穫でき、思いたったらすぐにできるから、きちんと働くかどうか定かでない摘み取り人のチームをやりくりするお金も時間も労力もかけずにすむという。それに近郊では摘み手を見つけるのもだんだんと難しくなり、ことに収穫時期が遅くずれこむと、学生たちが学校に戻ってしまうので、なおさらである。とはいえ、摘み手を寝泊まりさせて、必ず昼食を出し、何くれとなく面倒を見てあげていれば、そんな問題に悩むことはなく、いつの年でも変わらぬ実直な後継者に恵まれるものだ。

よい摘み手のチームは、定められたブドウの房をすべて摘み取りながら、目につくカビや木の葉などの付着物を除いてゆく。収穫期全般の雰囲気には、このときだけの不思議な力が吹き込まれているようだ。ことに最終日など、ドメーヌで最後の区画を摘み終えて、誰もが祝福しあうさまはすばらしい。今も手摘みをしている人々が、将来を見越して機械摘みに乗り換えたりはしそうにないが、シャブリなど他所ではわずかな変化が見られはする。

かつては摘み取ったブドウは、ベナトン（bénatons）と呼ばれる籃籠を両肩から一つずつ斜めがけにして、これに入れていた。今日ブドウは、バケツに摘んで運搬人の背負子に移され、運搬人がそれを待機するトレーラーに届ける、というやり方と、まず小さいプラスチックの容器に摘んで、ブドウが自重でつぶれないようにする方法とがある。

バン・ド・ヴァンダンジュ（収穫開始の号砲）

収穫の開始を公式にあらわすもので、起源をたどればアンシャン・レジームの頃にさかのぼる。その意図は、城館に住む領主が誰よりもまっさきに摘み取りを開始できるようにすることで、これにより領主は収穫の労働者をぐっと確保しやすくなり、実際、他人に先んじてワインを仕込ませ、売ることができたのである。私が目にした最古の史料は1212年トネール近郊で鳴らされたというものであった[1]。

革命が起き、ナポレオンの時代になってからも、バン・ド・ヴァンダンジュは続いたが、ただしそれ

はブドウが熟す前に生産者が収穫するのをとめておくためだった。これは近年までは意味のあるものだったが、地球温暖化で指標となる数字が変わってしまった。もともと一流のドメーヌは最高の熟度になるまで待ったもので、一方「善良素朴派」は雨降りを恐れて早くに収穫を終えたものだ。だが、意識の高い生産者であれば、熟度を入念に観察し、公式発表より早期の開始を検討するだろう。特例措置が適用されれば、収穫開始を早めることもできる。

2003年は号令を出さねばならないときになっても、役人が8月のヴァカンスで抜けたままだった。2006年は、公式の開始が宣言されないうちに、大多数の栽培農家が白のブドウを摘みたがっていた。それほどまでにこの制度は悪評で地に墜ちていたのである。2007年のバン・ド・ヴァンダンジュは、そんな問題を避けるためか現実味がないほど早くに設定された。もはやこの制度の有用性がなくなって久しいことが明白になり、以後中断したままである。

すべては熟したブドウから

今日、熟した健康なブドウこそが優れたワインを造る第一の要件であるということで衆目は一致している。とはいえ、何をもってブドウの成熟というかの議論は盛んである。赤であれば、黒系果実の香りが出ないうちは熟していないという説がある一方、ブルゴーニュは夏のやわらかい果実の風味が大事なんだという人もいる。シトー派僧侶の醸造長ドニーズ僧正は、小論文の中で繰り返し力説しているが、優れたワインを造るには、完熟したブドウ、熟したブドウ、未熟なブドウが混在することが重要であるという。もしもブドウが均一に熟成していると、ワインはアルコールの強いものになってしまうから、熟し過ぎないようにすることが不可欠だ、と。

「それゆえブルゴーニュでは、よい収穫とは三分の一が過熟、三分の一が適熟、三分の一が適熟の手前であるようなときをいう。もしも果実がすべて均一に熟してしまっていたら、ワインはアルコールと糖分が強いものになってしまう。だから過度の成熟は避けねばならない」[2]

タントゥリエ僧正はこれに全面的に同意しているが、最前みたとおり、白ワインについては完全に熟しきったあとの摘み取りを勧めている。ところが赤ワインに関しては「申し分なく熟したブドウに、緑がかったブドウが少々混ざるのが気になるかもしれないが、べつに問題になるようなことはない。経験が教えるところでは、完熟するとワインが重くなり、厚ぼったくてしつこいものになり、油のようにどろりとする[3]」

現代のアレン・メドウズは、こうした所感に好意的な反応を示す。「未熟なブドウ、ことにフェノール生成の未熟なブドウは、その出自を語るようなものをほとんど何も伝達してこない。だがそれは過熟したブドウでも同じことで、過熟は未熟なものより（飲みやすくなるので）総じて好ましいのかもしれないが、目ざすところがテロワールを余すところなく明瞭に表現することだとしたら、過熟はちっともよくなくて、おそらくもっと悪い[4]」

モルロ博士は1831年の著作のなかで、決まった法則があるわけではなく、早く摘もうとしすぎるのも極端な遅摘みを信奉するのも、まちがいだと書く[5]。彼は、最高に熟した瞬間をとらえられれば理想的なのだが、し損ずるとしても、果皮が崩れはじめる頃に摘むよりは、そこまでいかずにとどまるほうがよいはずだと感じていた[6]。続けて、ブドウの成熟を決定づける5箇条を挙げた。

　1. それまで緑色だった房の果梗が、日灼けのような茶色に変わる。
　2. ブドウの手触りがやわらかくなり、くまなく黒くなって、果皮は弱く、透明になる。

---

1) Henri Cannard, *LeTonnerrois*, EditionCanard, Cuiserey, 2000, p.7

2) *Memoire de Dom Denise*, 1779, reprint Terre en Vues, p.93

3) Abbé Tainturier, *Remarques sur la Culture des Vignes de Beaune*, 1763, Editions de l'Armançon (2000), p.92

4) *The World of Fine Wine*, No.3, p.69

5) Morelot, Dr. Denis, *Statistique de la Vigne dans le Département de la Côte d'Or*, 1831; facsimile: Editions Cléa, Dijon, 2008, p.208

3. 果実は果梗から落ちやすくなり、果梗についた葉は先が茶色がかってくる。
4. 果実は甘く、流れ出る果汁はべたつく。
5. 種は、黄緑色から濃緑色になり、ほとんど茶色になる。

19世紀にロマネ=コンティとクロ・ド・ラ・プス・ドールその他の高名な畑を所有していたジャック=マリ・デュヴォー・ブロシェは、常にブドウが完熟するのを待てといって譲らなかった。所有者時代の53回の収穫年を評価して、彼が遅詰みで失敗したのは4度だけで、あとの49回はすべて賭けに勝ったと考えていた[7]。そして、カビが発生して断念するのでない限り、潜在アルコール度数が13%になるまで待つべきだという結論に達した。そうなったら摘み取りを開始すべし——なぜなら13.5%以上になると、ワインは一見しただけでは極上品に見えかねないが、発酵し終えるのに骨が折れ、新鮮味をかなり失うからだ。

収量

収穫の量は気象条件によって決まる面があり、霜、雹、病害などによって減少し、雨によってふくれあがったりする。とはいえ栽培農家は収量をコントロールできるし、すべきである。植えつけをするときであればまず台木と穂木とを選ぶ。ブドウ畑では養分を管理する。なによりも左右するのが、剪定法の決断であり、摘芽の方針であり、適房ということもあろう。

妥当な収量とは何だろうか。「品質と量とは反比例する」という一般化は部分的真実にすぎない。大収穫が、夏に降りすぎた雨でブドウが膨張し、水増しになった結果という場合もあるが、1990年、1999年、2009年のように健全で問題皆無の収穫年でも多産になる傾向はあるからだ。とはいえ平均以下の収量に抑えている造り手が、収穫の多すぎる人よりもよい仕事をするのはいうまでもない。後者にしみついているのは、強欲一徹というよりも、古くさい姿勢である。もしも凶天や病害でだめになる房があっても、別のやつが残れば収穫量だけは安泰だからだ。

ブルゴーニュ人に厳密な数字を求めるのは無理がある。「俺は1ウーヴレあたり1フィエットもつくれなかった」（1ウーヴレは1haの1/24、フィエットは通常の樽の半分の大きさ）と、困難な年にある人がうめいた。私はこれを1haあたり27ヘクトリットルあるいは1エーカーあたり約1.5トンとはじいた。もしも教わった数字から計算する収量が疑わしかったら、さまざまな畑の耕作面積を突きとめて、提示された樽の数を慎重に計算することにしている。

収量がどんなときでも極端に低いというのは、ブドウの樹が過度のストレスを受けているか、畝の中にかなりの本数の死んだ樹があることを意味し、どちらも望ましいことではない。後者の場合、今では枯死率20%以上で違法とされる。定石をいえばピノ・ノワールは1haあたり約35ヘクトリットルで比類のない品質を産み出し、シャルドネはやや多産で1haあたり10〜15ヘクトリットル増しになる。

---

6) Morelot 前掲書 p.208

7) J-M Duvault Blochet, *De la vendange*, 1869, reprint 2007, Terre en vues, p.13

作風の追求
in serch of a style

ブルゴーニュ人にとって、どんなタイプのワインを造るかということは、新世界におけるピノの開拓者たちほどには意識されていない。誰かが私に、自分はブルゴーニュ風にワインを造っているんだ、と言ったとしても、私はその是非を答えることはできない。何はともあれ、そんなものはどこにもないことを本書が伝えてくれるだろう。

ブルゴーニュの造り手の多くは、跡を継いだことで今があるわけだし、とうに家伝の作風というものもある。ただ、外来者なら作風をいじりまわしたくもなろうし、劇的な変化をもたらす場合もあるかもしれない。しかし作風を追求することに念を入れすぎるのも考えものだろう。

造り手は栽培期間中、いや醸造工程ではもっと頻繁に、さまざま重要な決断を下すものだが、批評家も飲む側もそろって、ワインの味わいや作風が、こうした決断に由来すると考えがちである。はたしてそのとおりか、私にはきわめて疑わしいが、むろん、果梗を入れるか否か、というような選択が大きな意味をもつのも確かである。

だがもっと重要なのは、ある造り手のワインのできばえは、造り手その人が一日中、一年中不断に下してゆく数えきれない細かな決断によって左右されるということだ。そうした選択は、気質と技術とが合体したもので、できあがるワインをすみずみまで特徴づける。

ある造り手が同じワインをドメーヌとネゴシアンの両方の立場で造るとき、必ずといってよいほど前者が優れているのは、やはりこういう理由によるのではなかろうか。いかに周到な栽培農家から買いつけたブドウであっても、ワインを造る当の本人の思いを受けて育ったものではなく、逆に自らの畑でできたブドウこそがそういうものなのだから。

何をすべきかということが直観でわかるときもあれば、処方の決まった技術に頼る場合もあり、その両者の兼ね合いによるところもやはり大きい。ちょうど料理をするにも、料理本を使う人、インスピレーションでやる人とがいるのと同じである。

作柄に従うべきか

古くからある質問だが、造り手は作柄のスタイルに従うべきか、それとも作柄に固有の過不足を帳消しにする手を打つべきだろうか。

初めてそんな議論を耳にしたのは1980年代初頭だったが、わたしはとっさに——たぶん頭で考えたのではなく心情的に——作柄に従うほうがずっとよいと思った。日照の多い年、ブドウはよく熟したが酸は低い、というのであればそれでいい。冷涼だったためにワインがかなり細身になったとしても、そうでない年と違う仕上がりになるのを受け入れればよい、と。

大多数の造り手は、こう単純化した質問をつきつけられたら、やはり作柄に従うのがいいというのではあるまいか。だが次に、変わったところのある年に、その欠点を補うのがまずいことだろうか、

と考え込む。とうにタンニンが顕著にあるのなら、ほとんどの造り手は抽出を控えめにしようとするだろう。確かに、どんな年でもぶれのない製品を世に出そうとするならば、技法や科学技術の助けを借りる度合いは高まるだろう。

技法と科学技術

新しい技術が発見されるのはいつものことである。それが19世紀の文献を調べて再発見されるのも、よくあることである。次に、脚光を浴びている栽培農家や醸造学上の教祖的人物が、その技法を普及させる。たくさんの弟子筋があとを追い、評論家たちが成果を称賛する。

そこまではいいのだが、その他大勢の連中は、たまに使ってうまくいく技法なら、しょっちゅう使えばなおいいはずだと即断する。

やがてその効果は裏目に出て、技法の問題点が目につくようになってから、ようやく本来のあるべき姿に戻る。つまり、有用な道具だがふだんは農家の納屋にしまわれていて、ある年のあるワインに役立ちそうな状況が生じたとき、持ち出されてくるのである。

ちょうどよい実例が、赤ワインにおける低温浸漬と白ワインにおけるバトナージュ（澱攪拌）である。後者の技法を醸造学者ドニ・デュブルデューがボルドーの白に導入したのは、かつてブルゴーニュでおこなわれていたのを調べたことがあったからだ。ブルゴーニュ人はこれを見失っていたのだが、突如として地域全体が熱狂でわき返った。澱をかき回すことでワインに養分を与え、酸化を防ぐのである。ただし、折をみて少々かき回すうちは有益だが、しじゅう無理やりバトナージュをおこなうと、ワインの個性を歪め、酸化を進行させてしまう。近頃の有能な造り手は、作柄がバトナージュに向くと思えても、好んで軽い攪拌にとどめている。

何もしない勇気をもて

可能な限り介入を控えようとする人もいる。ルネ・ラフォンの格言「何もしない勇気をもて」は、今でもコート・ドールでよく引き合いにされる。

むろん誰しもどこかで介入しないわけにはいかない。「自然派」を標榜する極端に自然な造り手が、すべての工程で硫黄の使用をやめたとしても、ブドウは摘み取るし、破砕、圧搾といったかたちでの介入は避けられない。ルネ・ラフォンにしても、たとえば樽の中のワインを補填せずに放っておくのを擁護したわけではない。彼は不測の事態にはちゃんと介入する心構えがあって、1963年には白の発酵を励起するため、続く収穫年の澱を足したり、カビにやられた1975年の赤は、温めて色を抽出したりしたものだ。

とはいえ、尋常でない状況を別とすれば、彼はワインを自然のなりゆきにまかせることを好み、たえまなく世話をしたり、小言をいったり、ちょっかいを出したりすることはなかった。本当に勇気のいることだ。冒頭のたとえ話に戻れば、肉が焼けたかとしょっちゅうオーヴンから引っ張り出すような人は、経験を頼りにどんぴしゃりに焼き上げる料理人の域には達しまい、ということだ。

労苦の道に限りなし

ワイン造りには、決め手になるような秘密があると思われがちである。濾過をするか、しないか。新樽は100％か、皆無か。月明かりで澱引きをするか、まったくしないか……。むろん、これほど単純な話ではないし、だいたい私は、自分のほうが造り手たちよりも銘酒の造り方を知っていると思いこんでいる輸入業者に共感を覚えたことがない。彼らは遠くから、自分の仕入れ先に自分がやらせたい技法を処方しようとするのだが（輸入業者の役割とは、自分の仕事がわかっている仕入れ先を見抜くことではあるまいか。スタイルを異にするワインを輸入して、多彩な顧客の多様な味覚に応えることではあるまいか）。

有能な造り手を1シーズン、いや1週間、1日でもいいから追いかけてみれば、その人がどんなとき

でも細かな決断を下していることがすぐに了解される。こうしたことを分別と知性をもっておこない、さらに才能もあれば、できるワインは総じて優れた品質となりそうだ。しかしもっと重要なのは、そうした細かな決断を下す人の流儀がワインに刻み込まれているということだ。

クリストフ・ルミエとフレデリック・ミュニエとは隣人同士である。同じ畑に樹を植えているところが多く、ワイン造りの哲学もごくおおまかにいえば似たようなものだし、いくつも同じ技法を用いている。だが両者のワインの作風はまったく異なるうえ、必ずしも同じ収穫年に成功を収めてきたわけでもない。今では2人ともたいへん安定感があるが、昔でいえば1988年と1995年はクリストフの当たり年でフレデリックはおくれをとり、1989年と1993年はミュニエの勝ちと思われた。

人とは何か、どこから生まれたか

ワイン造りの才能がコート・ドールの主要な村落にばかり集中するはずはないのだが、オート゠コートや平地まで下ったあたりには、たとえコート・ドールの主要なアペラシオンで仕事をしているとしても、すぐれた造り手はめったにいない。

ジュヴレ゠シャンベルタンの空気や水には何かがあって、そのせいでジブリャソワ（ジュヴレの村民はこう呼ばれる）はシャンボール゠ミュジニのように優雅で繊細な、おだやかなワインをどうしても造ることができないのだろうか。確かにシャンボールのワインを並べてみると、ジュヴレで造られたものは濃い色調ときっぱりしたタンニンを湛えがちである。

これはさまざまな村落ではぐくまれてきた文化や伝統の違いによるのかもしれない。あるいは、カルチャーといっても培養物のほうで、つまり酵母細胞の株の違いのせいかもしれない。ブドウの表皮について醸造所にやってくる自然酵母はよく知られているが、こうした酵母の働きによるのか、あるいは歳月をかけて醸造所の中で繁殖し群生する酵母の働きによるのかは、すっかり解明されたわけではない。もし後者だったとしたら、今の例でいえばジュヴレ゠シャンベルタンで醸造されるシャンボールのブドウは、ジュヴレの酵母で発酵させていることになる。

白ワインを造る
making white wine

きわめて長いあいだ、白ワイン造りは深く顧みられずにいた。ブドウを潰して果汁を発酵させ、タンクか樽に寝かせてから瓶詰めすればいいのだ、と。
不幸にしてこのせいで1990年代半ば頃から、ブルゴーニュでは期待にそむく白ワインが次々にあらわれて、世間の失望を買った。酸化しているものもあれば、70年代のワインが見せてくれたような華々しさが欠落しているものもあった。
もしかするとワインを仕事とする者すべて——物書きから輸入業者に至るまで——にその責任があったのかもしれない。私たち皆が白のブルゴーニュに慢心する一方で、ピノ・ノワールの技法上の問題ばかりに明け暮れていたのかもしれない。

熟成前酸化の問題

この問題の背景にある原因はひととおりではない。ある原因に帰することができるほど単純なことであれば、問題はさっさと解決し、こうまで長引くはずはなかった。通底する要因はいくつも考えられ、それはワイン造りのこともあるが、最後にはコルクの問題もある。
あらゆる白ワインがこの問題に冒されるなかで、とりわけブルゴーニュに厳しい目が注がれたのは、この地方が多くの人にとって、世界最高峰の白ワイン産地と見なされているからで、そうしたワインは長期熟成させる甲斐があるとされているからにほかならない。ほとんどの白ワインは早飲み用に造られているが、長熟とされるほかの極上の白には、まったく異なる一面がある。リースリングとシュナン・ブランは酸の強いワインであり、甘口のソーテルヌはかなり高濃度の硫黄で守られている。こうしたスタイルの違いはあっても、さらにいえばローヌの白と世界中のシャルドネも、同じ問題にみまわれた。世評を一番裏切り、おそらくもっとも深刻だったのがブルゴーニュの白である。
問題が露呈したのは1996年のヴィンテージからだったが、1995年には注意をひいていたから、もっと前からかもしれない。これを書いている現在でもすっかり解明されたわけではないが、BIVB (Bureau Interprofessionnel des Vins de Bourgogneブルゴーニュワイン事務局) は相当の資金を投じて多重化した原因を解明しようとしている。
一般によく指摘されることがいくつかある。早飲みに向くようスタイルを変更したことと地球温暖化とがあいまって、熟成が早まったこと。今では輸入業者に限らず評論家や消費者までもが、できたてのワインを味わいたがるが、それは本来の飲み頃よりだいぶ早いから、そんな飲み方をされても見ばえがするようにワインを仕立てあげる必要があること。
目だたないことだが、ブドウ栽培上の習慣によるとも考えられる。アンヌ=クロード・ルフレーヴは、化学全盛期に畑の世話を怠ったことで長期的にブドウの品質と果汁の安定性が損なわれたのだとい

う見解を述べる。収量過多を理由に挙げる人もいるが、私にはこれが要因とは思えない。1970年代の大収量の年、1973年や1979年などでは、熟成前酸化の形跡はまったくなく、現在でも熟成前酸化した瓶に悩む造り手と収量の多い人とのあいだには、これといった因果関係が見られないからだ。

醸造所でおこなわれることにも原因があるのは疑いようがない。もともと果汁には酸化酵素が含まれ、これが酸化を促進する。もしも早期に酸化が始まるのを阻止しても、酸化する力はそのまま残る。純度を追求して抗酸化成分までも除去してしまい、かえって酸化を引き起こすリスクを高めているのだ。これらの点については後段の関連する箇所で詳述したい。

最後に、そしてもっとも重要なところが瓶詰めである。これまでは瓶詰め時に亜硫酸レベルを下げることが関心事だったが、生産者たちがその問題を認識するようになって、今はそれほどでもなくなった。BIVBの研究は、瓶詰め時点で瓶内に残る酸素量の数値——今日精確に測定できる——にとりわけ注目している。それがちょうど酸化を招かないだけの亜硫酸の量と同じくらい重要な数値だからだ。

コルクは依然として、重要な論争の対象である。よく聞くのは、ケース中の何本かは酸化しているが、残りはすべてぴんぴんしている以上、原因は瓶ごとの違いによる何かであろう、つまり中身のワインが同じなのだからコルクそのものに問題がある、という議論だ。コルクと亜硫酸については後述する。

ブドウが醸造所に届いて白ワインになり、瓶詰めされるまでのさまざまな工程は次のとおりである。

選果台

白ワインのために不完全なブドウを除去する作業は、赤ワインの場合ほどにはおこなわれていないものの、細心周到な造り手は確かにそうするだろうし、灰色カビなら誰もがとり除く。なかには貴腐菌のついたブドウでも構わず圧搾してしまう造り手もいて、彼らはそれがワインのスタイルには影響をもつが、最終的な品質を左右することはないと感じている。

破砕するか、しないか

近年の傾向として、全房圧搾がある。房のままのブドウは摘み取り容器から（普通は）空圧式プレス機へと直行し、圧搾にかけられる。だが、このせいでワインがどこか無表情になり、上述した酸化を招くことにもなってはいまいか。

ムルソーの一流生産者たちの中には、好んで最初に破砕をする人がいる。アルノー・アント、ジャン＝マルク・ルーロ（ドメーヌ・ギィ・ルーロ）、ジャン＝フランソワ・コシュ＝デュリである。安全にこれをおこなうには、ブドウが健全でなければならないが、そうでありさえすれば、良好な結果が得られる。ジャン＝マルク・ルーロによれば、ブドウの破砕はワインのpHは変えないが、酸の総量がリットル当たり1グラム増えるという。このおかげでより容易に発酵が開始し、果汁は全房圧搾したときのような褐色を帯びた黄色とは異なる、緑がかった色になるという。ジャン＝マルク・ピヨの考えでは、最上の風味は果皮のすぐ下から得られるので、それらを解き放つために優しく破砕してやるのだそうだ。ほかの連中がそうするのは、単に圧搾機内のスペース効率を上げたいからだ、とか。

圧搾

圧搾機の内部にはブドウの果皮、果汁、種がある。圧搾によって望みどおりの果汁を効率よく抽出しながら、異物から雑味をもらわないようにする。

空気圧式圧搾機がブルゴーニュで用いられるようになったのは1970年代からだが、今日ではたいがいの醸造所にある。昔ながらの水圧式圧搾機を用いるのはジャン＝フランソワ・コシュ＝デュリ、アルノー・アントら少数派で、プイィ＝フュイッセのフレデリック・ビュリエ（シャトー・ド・ボール

ガール）もそうだ。マランジュのドメーヌ・シュヴロは最近、ヴァスラン社の水圧式圧搾機に逆戻りした。ジャン＝マリ・ラヴノーはこれを使い続けられなかったのを惜しむが、最後は金属部品の錆とかメンテナンス上の問題が重かったという。

ワインのフィネスを追求するなかで、生産者たちは空気圧式圧搾機によって果房をまるごと、そっと優しく圧搾するようになった。こうして雑りけのないきれいな果汁を抽出したのだが、そのせいで、抗酸化成分を含むかもしれない物質も置き去りにしたのだろうか？ そして、この段階で果汁がいくばくか酸化することは、のちにワインの中で酸化をみるよりもまずいのではないか？ 第一世代の空気圧式圧搾機は酸化させる余地がなかった。最近のそれは穴だらけで、酸素がいくらか入る余地がある。

どれだけのあいだ圧搾するか？ どのくらいの圧力で？ ジャン＝イヴ・ドゥヴヴェイはきつい圧搾を好み、2007年には1サイクルを3時間かけて、最高1.9バール〔1バールは約1気圧〕の圧力でプレスした。普通はもっと穏やかな圧力が好まれる。ドメーヌ・ド・ラ・ヴジュレでは1バールから始め、2時間かけて1.6バールにもってゆく。出はじめの果汁は酸化から守られているが、あとのほうはそうではなく、搾り終わる頃は酸化促進酵素が増えてくる。ここには果皮からのポリフェノールが、搾りはじめの果汁よりもたくさん含まれている。

添加と補正

すぐれた造り手はいつでも、できる限りいいワインを、できる限り自然に造ろうと努めている。ブルゴーニュの慣例はアルコール換算で2%以下に相当する砂糖を添加してもよいとしてきた。シャプタリザシオンと呼ぶ手法である。その名の由来となったジャン＝ルイ＝クロード・シャプタルは、帝政期の大臣で、ブドウのマスト（未発酵果汁）に砂糖を添加することを普及させた化学者であった（クリュニー修道院は革命期に解散させられていたが、彼は内務大臣当時、その建物を取り壊してしまった張本人である）。

気候が変わり、栽培醸造の技術が向上した最近では、まじめな栽培者であれば、皆無とはいわないまでも、さほど補糖の必要に迫られない。とはいえ1987年には、ブルゴーニュのある大手ネゴシアン会社が、アルコール分3%に相当する補糖をしたかどで訴追された。2007年以降、上限は引き下げられ、アルコール1度分だけとなった。

酸度も補正の対象になる。とりわけ2003年のように異例な猛暑の年がそうだ。ブドウの糖度を上げるのは日照だが、酸度を下げるのは暑さだからだ。暑さで低酸の年、酒石酸を加えたいようなとき、どうせやるなら樽の中のワインにではなく、圧搾時のマストに入れるのがよい。ドメーヌ・デ・コント・ラフォンのドミニク・ラフォンは、2003年のワインに補酸をすることに慎重だったが、とうとう補酸をした2種類のワインが、この年の中ではどうにも彼の気に入らない。決断に踏み切るなかで試飲した、父の代の1976年産ムルソー・デジレは、かつて補酸の跡が顕著だったが、およそ27年後、実はたいへんおいしくなっていた。

デブルバージュ（果汁静置）

繊細でエレガントなワインを追求してやまない造り手は、固形物を極力取り除こうとする。果汁を一昼夜ほど静置させたあとでタンクの底にたまる、灰色の分厚い沈殿物だ。なかにはムルソーのフランソワ・ジョバールのように、固形物を全部樽の中に残して栄養分を高めようとする人もいるが、それはあとで澱引きのときに除去できるとわかっているからだ。たいていの造り手は両者の中間層あたりにいる。澄んだ果汁から抜き取った沈殿物（ブルブ）をワインの樽に入れるという手法もあり、残った澱を長くとどめておくことで、その中のきれいな成分をさらにワインに取りこんでゆくことができる。

カビやウドン粉病、ベト病などのせいでブドウに問題があったような年は、沈殿物を樽に入れるのは避けねばならず、細心の注意で澄んだ果汁を移しとる必要がある。しかし、多くの生産者が果汁

をきれいにしすぎた結果、表情の乏しいワインが生まれたといわれており、これも（全房圧搾のときと同じく）熟成前酸化の一因なのかもしれない。取り除かれてきた「固形物」には抗酸化成分がかなり含まれていたということだろうか。ミシェル・ベタ―ヌは、ジャン＝マリ・ギュファンとの対話を報告し、そのドメーヌ元詰めワイン（ドメーヌ・ギュファン＝エナン）にはまったく問題がないのに、ヴェルジェ作のワインは酸化していることがあるのは、後者のほうがドメーヌ物とちがって沈澱物がすっかり取り除かれているからだという。

樽熟成

ようやくワインは樽に入る仕度ができた。ただし大多数のマコンとシャブリのようなワインは、ステンレス製タンクもしくは不活性素材でできた槽で、発酵と熟成がおこなわれるが。

ブルゴーニュの優れた白ワインの造り手は、自分もしくは仲間が赤ワインを造るときと同じように樽の選別をする。新樽を何割使うか、誰のつくった樽にするか、どこの森の木にするか、焦がし具合はどのようにするか……。こうしたことは78～79頁に詳述する。

最近の目新しいこととして、白ワインに大きめの樽を使用するようになったことが挙げられる。シャブリ古来のフィエット（132リットル）を別とすれば、ブルゴーニュでは228リットル樽が標準的な大きさだった。しかし多くの栽培農家たちがドゥミ＝ミュイもしくは400～600リットル、ときには700リットルというさまざまな寸法の材木で組んだ樽を使いたがるようになった。清潔であることと、新樽特有の好気性をもちながらヴァニラ風味がつきすぎない点が優れていると考えられているのだ。

発酵

マスト（未発酵果汁）が無事に樽またはタンクに収まると、発酵の開始である。ほとんどの小生産者は自然酵母が働くにまかせるが、それがブドウの果皮についていたのか、醸造所にもとからどっさり住みついていたのかは定かでない（私は後者ではないかと思う。とりわけ白ワインでは果汁と果皮とが早い段階で分離され、その後で発酵が始まるからだ）。

造り手によっては、秋になると醸造所を暖めて、発酵が滞りなく始まるようにし、また着実に、無理なく速やかに進行させようとする。もっと楽に構えて「ときに至れば」となりゆきに任せる人もいる。いずれにせよ樽で発酵させると、低温での発酵――ステンレス製タンクで大量に仕込む人々が追求してやまない――をさせることはできない。

そのあとに続くのがマロラクティック発酵で、たいてい春に起こる。収穫年によってはアルコール発酵かマロラクティック発酵がずるずると続き、ときには夏じゅう続いてひどい心配の種になることがあるが、ちゃんと進行している限り、なんの実害も生ずることはない。

マロラクティック発酵（MLF）

ブルゴーニュでは通常のことだが、きついリンゴ酸は、自然に発生した乳酸菌の働きで分解され、まろやかな乳酸類になる。一次発酵における酵母と同様、培養の乳酸菌が野生のものよりも好まれることもある。

数は少ないが、果汁を清澄にし亜硫酸を加えて乳酸菌を殺すことで、MLFを中断させたり、ある種たいへん成熟した年にはまったくこれを生起させない造り手もいる。とはいえ2003年は文字どおりリンゴ酸が皆無だったため、そんなこともできなかった。じれったいことにMLFは、リンゴ酸がほとんどなくてこのままでいてほしいようなときに簡単に始まるかと思えば、1996年のようにどうしても必要なときに、どうにも始まらなくて骨の折れることがある。

バトナージュ

バトナージュの目的は、樽底に溜まった澱を撹拌してワイン全体にいきわたらせることで、澱には栄養分と抗酸化作用があることが注目されている。一方、撹拌しすぎると酸化が進んでしまうという批判もあり、ことに作業のあいだじゅう樽の栓が開いていることが問題だという。
樽栓の開閉は1、2週間に1度ほどだし、それほど時間がかからない作業だから、その影響は考慮に入れるまでもなく、そもそも試飲や補填といった目的で、しょっちゅう栓は開閉されている。とはいえ、頻繁かつ乱暴に澱を撹拌すれば、それはいじりすぎにほかならず、現代の不干渉主義(たとえば、重力だけによってワインを移動させる醸造所)という潮流への逆行だし、ワインの自然な骨組みを損ないかねない。撹拌の過ぎたワインを口にすると、私は首をかしげずにいられない。よくあることだが、本来は注目を集める可能性のある技法であっても、度を越した用法のせいで長所が消えてしまうのである。

澱引き

澱引きの目的は、酵母の死骸でできた沈澱物(リー)をワインから取り除くことである。これにより、問題になりそうな還元臭を除去し、同じワインの樽ごとのばらつきを均一にし、必要であれば新樽に入れる期間を変える。それゆえドメーヌ・デ・コント・ラフォンでは、澱引きをしたワインを古樽に移し、樽香がつきすぎないようにするのが作法である。なにしろこれから合計18ヵ月かそれ以上も樽で熟成をさせるのだから。
大多数の生産者は、次の収穫まぎわになるとワインを樽から抜き取り、新しいワインを入れるスペースをつくる。この時点で瓶詰めをする者もいれば、そのまま数ヵ月間タンクでの熟成を続けて、別々だった樽のワインをブレンドする者もいるし、2度目の冬に持ち越す者もいる。少数派はおおむねムルソーかボーヌにいて、深くて冷たい地下貯蔵庫で樽熟成を続けるが、その期間は18ヵ月かそれ以上に及ぶこともある。2度目の冬まで樽で寝かせたワインは不純物が降りきっているから、瓶詰めに際してワインに清澄も濾過もする必要がなくなる。

瓶詰め

生産者は瓶詰め直前のワインが、まちがいなく明るく澄んで、安定しているようにしなければならない。まず、ベントナイト〔珪藻土を原料とする濾過剤〕を用いて、ワインに含まれるタンパク質その他の不安定な物質を除去するという手法がある。軽い濾過を好む者もいれば、これを排斥する者もいる。
二酸化炭素は発酵後のワインが自然に含んでいるが、これを計測し、亜硫酸の含有率を調整する必要がある。極力自然なワイン造りを追求するため、多くの一流生産者は、1990年代を通じて亜硫酸の使用量を格段に少なくした。今日、ワインはごく早いうちに判定される。しかも、かつては業界内のプロだけがこれに関わっていたのが、今では消費者が先陣を切って味わおうとしている。もはや新酒のサンプルで(保存料としての)亜硫酸過多のワインを目にすることはまれで、造り手の多くは、瓶詰め段階での遊離亜硫酸量を1リットル当たり20ミリグラムにまで落とすといい、さらに少なくすることもあるという。およそ15ミリグラムの亜硫酸は、瓶詰め後の1週間で落ち着く頃にはワインと結合してしまい、あとには何も残らない。2002年の収穫の頃から、生産者たちはかつての考え——主として輸入業者とジャーナリズムとが称揚していたのだが——の誤りに気づき、もはやあまり気にしなくなった。
自前の瓶詰めラインをもつ生産者もいるが、移動式瓶詰め機の世話になる者もいる。「ブルゴーニュ風」と呼ばれる、なで肩の瓶がいろいろある中から、自分の使いたい瓶を選び、コルクも買いつけるのだが、これにはたいへん気を遣う。

打栓

かくて造り手は、どうやって瓶に栓をするか、という最後のジレンマに悩む。コルクはカビ臭によって何本かをだめにする。これを恐れて塩素主体の溶液で処理をしていたが、この処理はカビよりも害があって、TCA（2,4,6トリクロロアニソール）にやられた瓶は、むしろ多いくらいであった。TCAとは、カビと魚のエサと塩素が混ざったような臭いをワインにつける化合物である。そこで過酸化水素水による処理がおこなわれ、コルクを漂白したのだが、やはり遊離亜硫酸を吸収するようだ。

とともに、コルク生産地で植樹が過密だとか、よいものができるとは言いがたい土地でつくっているとか、収穫を急ぎすぎるとかいう問題が生じている。こうして生産されるコルクは本来よりもずっとへたりやすいからだ。

最後にコルクは、瓶に打ち込みやすくするための溶剤が塗布される。この原料は蠟（ろう）もしくはシリコン、あるいはその混合物だったりする。だがシリコンは滑りがよすぎて酸素を断つ密閉力がないことがわかった。信頼できる生産者は新しいコルクの造り手を求めて惜しみない試行を重ね、問題の極小化に努めている。信頼できるコルク生産者は、研究と進歩に投資して、満足できる解決法を目ざしていることだろう。

ワイン生産者はコルクを使うほかないのだろうか。ブルゴーニュ人はおおむね伝統主義者で、長年熟成させたわけでもない新技術の実験には前向きでない。それでも、あまり高くない白に金属製のスクリュー栓（ステルヴァン）を用いる少数派もあらわれた。成形コルク（DIAM）の導入も見られるようになり、その仕様書では、5年ないし10年の熟成が保証されている。

赤ワインを造る
making red wine

赤ワインについては、白ワインよりもはるかにたくさんのことが書かれてきた。赤のほうが本質的に複雑というのは、ひとえに果汁を果皮とともに発酵させるからであり、色素も風味の大半もタンニンも、みな果皮の中にあるからだ。

選果台

まずはじめに、好ましくないブドウを取り除く必要がある。理想をいえばこの仕事は、摘み取り人がカビのついた箇所を切り取ったり、未熟な房を摘まずに残したりすることで、あらかた済ませることができる。だが、摘み取り人がこの作業にかけられる時間には限りがあるうえ、難しい年では世話も注意もよけい払わなければならない。選果台という舞台が必要なのは、処分されなかったブドウからカビの菌糸がこぼれると、醸造所に運ばれる途中ですぐ健全なブドウに根づいてしまうからだ。

2000年頃から、有力ドメーヌのほぼすべてが選果台を使うようになったが、なかにはずっと前から持っていたところもある。ゆっくり動くベルトコンベヤーの両側に労働者が並び、カビがついたり、未熟や（年によっては）日灼けで切られ損なった果房を取り除いてゆく。振動型の選果台は不具合な粒も、ブドウに紛れこんでいた昆虫のたぐいも振り落として始末してくれる。

ドメーヌによっては選果台をブドウ畑の中に据えるところもある。そうすることでカビのついたブドウが、健全な房にまぎれて醸造所に届かないようにするためである。とはいえ、はねられたブドウを無神経に山積みにしてはならない。ミバエがやってきて、まだ収穫を始めていない隣人たちに、甚大な迷惑をかける恐れがあるからだ。

数少ないが、さらに厳しい選別をする生産者もいる。1台目のベルトではブドウは選別チームの手をへて除梗機に送られる。果梗の除かれたブドウはもう1台のベルトに戻され、さらに選別チームが好ましくない果実をすべて粒よりで除いてゆくのである。

破砕と除梗

かつてブドウは、たいてい「フロワール゠エグラッポワール（fouloir-égrappoir）」と呼ばれる破砕除梗機に送られる。ここで果汁は解き放たれ、ワインに青臭いタンニンをもたらす未熟な果梗はこまめに取り除かれた。最近のワイン造りでは、ブドウに極力傷をつけないことが好まれるから、手荒な扱いはされず、ブドウはコンベヤーのベルトからそっと発酵槽へ移される。だが、逆への動きも起きようとしているのか、パトリス・リオンが今やろうとしているのは、除梗後に軽く破砕して、

ブドウを開いてやる試みだ。こうすると発酵はより安定し、圧搾後の残糖分が減り、タンニンが質量ともに向上するようだという。除梗はさらに議論の分かれる問題である。現時点での議論はすべての果梗を取り除くほうが優勢である。全体的に果実が望ましい成熟度に達していても、果梗には青臭さの残る年が多いからだ。

アンリ・ジャイエは徹底した除梗主義者で、限りなく澄んだ果実味を表現しようとした。ドメーヌ・デュジャックとアルローは果梗使用派の先鋒だったが、ジャック・セイスは説明しづらそうに、自分が除梗したくなかったのは、なにもタンクに果梗を残したかったからではなく、ブドウの果実を傷めたくなかったからだ、と言う。

いわば究極の手法はドメーヌ・ド・ラ・ヴュジュレがミュジニでおこなう手作業の除梗で、村の女性たちが、いかなる傷もつけぬよう細心の注意で一粒ずつ果梗から離してゆくのである（ある年には、通りすがったバス1台分の韓国人ワイン旅行者たちが助っ人をしたという美談が残っている）。ダヴィッド・デュバンはその格上ワインについて、同じことをブドウ畑の中で実践している（490頁参照）。

この1、2年、相当数のドメーヌが果梗を用いる実験を始めている。年寄りに言わせれば、「今まで入れていなかったので入れることにした」といってすむほど簡単な話ではなく、果梗があるだけで、発酵における物理的条件が一変するという。ティボー・リジェ＝ベレールは、腕のいい摘み取り人を畑に出すとき、まずすっかり熟した房で、果梗までもが充分に熟しているものを選ばせる。トリ・オー・ポジティフ（tri au positif）すなわち選果台で強気に選別する、と説く者も出てきた。申し分なく健全な房を選んで、その熟した果梗を発酵工程に役だてる、というのである。

ティボーは果梗つきの果房を発酵槽の上から放り込み、発酵中の果汁のあいだをゆっくり沈ませてやる。こうした発酵槽では、除梗したブドウだけのときよりもしっかりとピジャージュをする必要がある。バンジャマン・ルルーは全房を発酵槽の底に沈めておくのを好むが、こうするとピジャージュで果梗が折れて粗いタンニンが出てくることはない。全房と除梗したブドウとを、ラザーニャのように交互に層にしてゆく人もいる。

ジャック・セイスは村名モレ＝サン＝ドニで、果梗入りと果梗なし、その半々、と仕込み分けたものを比べる実験を何度もやってきた。結論は、果梗とともに仕込むと、アルコール分と酸度、色素がごくわずかに減少したという。彼にとってこの知見で重要だったのは、果梗がワインに何らかの風味や粗さをもたらしたことではなく、果汁から成分を減じたことのほうだった。また果梗を加えると、発酵温度は危険なレベルにまでは上がりにくいようだ。

発酵

ようやくブドウは発酵槽に送り込まれるが、その素材はステンレス、木材、セメントのいずれかである。パスカル・マルシャンは、ドメーヌ・ド・ラ・ヴュジュレの醸造技師になったとき、それぞれのワインを最適な容量で発酵させるため、新品の木製発酵槽をいろんなサイズで揃えたものだ。この間、ドミニク・ラフォンをはじめとする多くの造り手は、取り扱い容易なステンレス槽を使いたくて、木製の発酵槽（確かに古かった）を処分していた。

木製槽には温度変化が遅いという利点がある。一方、ステンレス製は温度変化が早すぎるというものの、コンピュータ制御ではるかに容易に温度管理をおこなうことができる。もし木製槽にこだわるのなら、徹底的な衛生が不可欠になる。

発酵槽で過ごす時間には、発酵開始前、発酵中、発酵後の3つの重要な区切りがある。

ブルゴーニュで再発見された、発酵前の低温浸漬という技法がある。多くの収穫年で、ブドウははじめのうちひんやりしているものだが、外気温が高すぎるときは必ず冷やしてやる必要がある。10〜12℃で始める造り手が多いが、これは発酵槽でまだ4〜5日は発酵が始まりそうにないことを意味する。ここには利点が2つあり、まず発酵前浸漬というアルコールが未生成の期間中に、大量の色素と香味を果汁に定着させることができる。また、造り手は同時にいくつもの発酵槽に気をとられずにすみ、うまく調節をして残りの収穫を終えることができる。

コンサルタントのギィ・アッカはこれを強調し、ブドウを亜硫酸で保護しつつ、4℃という低温で長期間にわたるマセラシオンをおこなう手法を開発した。たしかにこのやり方は濃い色を抽出したが、ブドウの出自にかかわりなく、どこか香味の要素が均一化してしまうように思われた。全房のブドウを詰めた発酵槽は自然にゆっくりと発酵を始めるが、それは果汁がとても少ないからで、ブドウの自重でわずかににじみ出てくる果汁がじきに発酵を始め、二酸化炭素が発生すると、残るブドウの果皮が弱くなり、さらに果汁が解き放たれて、ようやく本格的に発酵が始まる。全房発酵という仕込み方には、ルモンタージュよりもピジャージュのほうがブドウの内部から果汁を取り出しやすく、適している。

わかりやすい関数だが、仕込み期間が長ければ長いほど、色素、風味、タンニンのいずれを問わず抽出物は多くなる。だが、この関数は直線にはならず、周期性をもっていて、さまざまな必須要素が調和のもとにあらわれてくるタイミングは何度もある。そんな瞬間を早いうちにとらえると、色も濃度も軽めの、待つよりは早飲みに向くワインができる。もし、たっぷり4週間ももちこたえると、本当の長期熟成ワイン（ヴァン・ド・ガルド）になるが、これには正しいタイミングもさることながら、そもそもそれに値する素材が不可欠である。

造り手によっては、発酵終了後も温度保持に努め、ときとして液温をさらに上げる人もいるが、これはタンニンをすっかり重合させようとしているのである。また、アルコールとともにマセラシオンをおこなうと、ワインの風味と舌触りが粗くなるという意見もある。

ピジャージュとルモンタージュ

果皮は果汁よりも軽いので、ふつう発酵槽の表面に浮いてくるものだが、円錐形ぎみの木製槽やある種のステンレス製発酵槽などでは、そうした果皮が液面の少し下あたりに集まり、動きがとれなくなる。それでも果汁と固形物とは互いに接触できる状態を保つのが望ましいから、果皮を押し沈めるピジャージュ（櫂入れ）、果汁を汲み上げるルモンタージュ（液循環）のいずれかの方法をとることになる。

ピジャージュには人間の身体を使うのが常だった。裸になった造り手が発酵槽によじ登り、身体でもって果皮層を繰り返し沈み込ませるのである（私はコント・ラフォンのドメーヌの、1986年産ヴォルネ＝サントノでこれをやったことがある。この槽のワインだけがバルク売りされた理由が私のへたなピジャージュのせいだったのか、もとから中味が水準に達していなかったのかは定かでない）。はじめのうち果汁は冷たく、発酵が起こっている果皮周辺からの熱は感じられない。充分身体を動かして、周辺温度がすっかり均一になれば、まずまずピジャージュの仕事をしおおせたことになるだろう。今日、この作業は長い木製の櫂を入れておこなうが、自動式ピジャージュ機を使う醸造所もある。

ルモンタージュは、果汁を空気圧で汲み上げてタンクの上から注ぎかけることで果汁を空気に触れさせる手法で、このほうがブドウの種子が潰れにくいぶん、負担がやや減少すると感じられている。この25年ルモンタージュの人気が高まってきたのにはそういう理由があるのだろう。造り手の多くは、ある手法で始めても、やがて別の手法に乗り換えるものだ。

このほかに、通常ピノ・ノワールよりも頑健なブドウ品種に用いられる手法としてデレスタージュ（液抜き）がある。タンクから果汁を抜き去って、しかる後、底に溜まった固形物に上から果汁を降り注いでゆくのである。

添加と補正

ブドウの成熟が足りない年、生産者は砂糖を添加することがあるが（2007年まではアルコール度換算で2％まで許可されたが、今は1％に下げられた）、最高峰のアペラシオンをもつ真剣な造り手たるもの、めったなことで何かを添加したりしないでほしいものだ。なかにはごく少量の砂糖——たぶん発酵終了までを通じ、アルコール度換算0.3％程度——を添加するのはきわめて有益だと考える

造り手もいる。発酵をあと少し引き延ばすことができ、そのぶん複雑さが増すのだという。

自然の酸度が低い年、酒石酸が添加されることがある。醸造技師らは2003年にこれを奨励したが、過度の補酸が目についた。添加された酸が青臭いタンニンと結合するというおそろしい結末もあった（この年の熱波は、それこそ生理的成熟をも終結させてしまう例があった）。補酸という手法につきものの後味の硬さのせいで、こうしたワインはどうしても軽く見られるという難点がある。

理論上、同一の生産物に補糖と補酸の両方してはならないとされるが、これは軽すぎるワインを両サイドから肉づけすることになってしまうからだ。ところがアンドレ・ポルシュレは1997年のオスピス・ド・ボーヌで、熟練の技をずばりと決めてみせ、補糖をしたのはマスト（未発酵果汁）という生産物、補酸をしたのは発酵後のワインという別の生産物だと言ってのけた。考え抜いた離れわざというほかない。

パック詰めのタンニンやペクチン分解酵素（いずれも1980年代後半に流行をみた）を足して、ワインの色素を安定させようとすることもある。こうした介入的手法には賛否両論があり、65～67頁の「作風の追求」の章で論じた。

圧搾

やがて新酒が発酵槽からポンプで汲み上げられ小樽に移されるとき、たいてい液温はすっかり冷めているが、なかにはまだ温かいうちに樽に移したり、少量だがまだ発酵できるほどの糖分を残したまま移す人さえいる。

発酵槽に残った固形物は圧搾され、得られた液体は、はじめの段階で新酒に加えられることが常である。この点、プレスワインを取りおいて、あとになってから加えるボルドーとは異なる。

ここ数年、垂直式の圧搾機が再導入されているのを目にする。古いのを修理したものもあれば新たに設計されたものもある。これにはワインが圧縮された果皮で濾過されながら出てくるとき、空気圧式圧搾機を用いるよりも澄んでいるという利点があるのだが、空気圧式には、種子が塊状になった果皮に閉じこめられているので、苦いタンニンが出てくる気遣いがない。

樽

ブルゴーニュで赤ワインに用いる樽は228リットル入る。これ以外の容量の樽を赤ワインで見かけることは白に比べてまれだが、ドゥミ＝ミュイと称する大型の樽を別とすれば、半分もしくは四分の一の容量の小樽を用いて、できたワインをきっちりと収めることはある。これは例外だが、ベルナール・デュガ＝ピィはわずかな地所からできるシャンベルタンのために、樽職人に頼んで、その年の生産量にちょうどよい大きさの樽を組み上げてもらう。

ワイン生産者は樽業者を1社にしぼってお得意様になるか、何社かに手を広げるかの決断に迫られる。後者のやり方は1社集中のリスクを避けることができる反面、仕上がったワインにややこしさがつきまとうという異論もある。木材の産地、自然乾燥の期間、焦がしの加減などにも選択の余地がある。あるドメーヌにいたっては、自前で材木を調達して乾燥させ、しかるのち樽を組み立てる業者を選んで引き渡している。

シプリアン・アルローは、はじめのうち樽材の産地の森にも、樽会社の焦がし加減にも、こうしたいという確固たるこだわりがあったという。だがその後、どの樽会社にも得意とする森があって、そのうえで樽材に適した焦がし方をほどこしているのだということがわかった。だから樽のことは彼らに任せるのがよく、その樽をキュヴェと収穫年にあわせて選別すればいいのだ、というのが彼の結論である。

樽業者

広く用いられている樽業者(トヌリエ)を下記リストに掲げる。フランソワ・フレール社は数十年の長きにわたる業界きっての老舗で、アルマン・ルソー、ドメーヌ・ド・ラ・ロマネ゠コンティ、ドメーヌ・ルロワ、オスピス・ド・ボーヌといったブルゴーニュを代表する造り手がここから樽を仕入れてきた。これを書いている現在、もっとも評判のいわば若獅子はステファヌ・シャサンで、彼はセガン゠モローで焼き入れを担当していたが、2005年にシャニーで独立開業した。彼の大切な顧客との仕事ぶりは並はずれて密接で、ときにはできたばかりの新酒を試飲して、最適なタイプの樽を決めようとする。樽業者にはそれぞれ独自のセールスポイントがある。ダミは白ワイン用の樽で名声が高く、ミニエは独りで何から何までやる。カデュはルイ・ジャドお抱えの樽職人である等々。造り手と誰の樽を使うかという話になるときりがない。ありとあらゆる意見があり、それぞれ強く支持されているのが常である。

有力樽製造業者(アルファベット順)

ベルトミュー(Berthomieu)	Gevrey-Chambertin
カデュ(Cadus)	Ladoix
シャサン(Chassin)	Chagny
ダミ(Damy)	Meursault
ダルゴー&ジェグル(Dargaud & Jaegle)	Romanèche-Thorins
フランソワ・フレール(François Frères)	St-Romain
クロード・ジレ(Claude Gillet)	St-Romain
トネルリー・ド・メルキュレ(Tonnellerie de Mercurey)	Mercurey
J.P.ミニエ(JP Minier)	Chagny
メイリュー(Meyrieux)	Villers-la-Faye
レモン(Rémond)	Ladoix
ルソー(Rousseau)	Couchey
セガン゠モロー(Séguin-Moreau)	Chagny
シリュグ(Sirugue)	Nuits-St-Georges
タランソー(Taransaud)	Beaune

森について

フランスでは広大なオーク(ナラカシの木)の森林が保護されていて、その状態もすばらしい。森の多くはルイ14世の宰相コルベールの指示で、英国海軍との戦争に備え造船用に植えられたのであった。彼の先見の明には感謝しないわけにはいかない。高級ワインの樽に最適のオーク材は、樹齢200年前後の樹から採れるからだ。

樹は成長が遅いほど年輪が緻密になるので、その結果、樽材を通じての酸化作用も、樽材のさまざまな含有物がワインに溶け出すのも、ともにおだやかになる。そうした含有物は、エラグ酸、タンニンの一種、ある種のラクトン(環状エステル)に由来するヴァニラあるいはココナッツ風味といった香味成分などからなる。

私はよく、森と樹を特定して樽をつくれたらと想像したものだが、樽職人は、板材固有の品質に応じてラベルを貼りわけるものだとわかった。たとえば木目が緻密であればあるほど、推定産地も格が上がるのである。今では規制が課されるようになり、森林を特定する場合は最低70%当該産地のものであることが要件となった。大手樽業者の中には、表示方法を変えて、森林名ではなく木目を反映させた表記をしているところもある。

それでもなお、幾多の有名な森林名はワイン愛好家にとって特別な響きをもっている。よく好まれる産地はフランス中央部にあり、その多くはアリエ県内だが、なかでもトロンセにつきる。ニエー

ヴル県のベルトランジュも人気が高いが、ここはワインではなく行政上はブルゴーニュ地方の一部である。ドメーヌ・ド・ラ・ヴジュレは地元産地シトーの森から、かなりの木を調達している。ヴォージュ産の木は木目がややゆるいのが特徴だが、価値あるオーク産地であり、赤よりも白ワイン用として好まれている。サルト県のジュピーユは最近評価が高く、ネゴシアンで熟成管理の名人リュシアン・ルモワーヌが好んでここの木を仕入れ、またステファヌ・シャサンのお気に入りでもある。比較的小さな森なのだが、ここの木は均一に木目が詰んでいるところが売りで、トロンセの上物を得ようとすると樽会社は相当選びぬかねばならないのとは大違いである。

新樽は重要か、不必要か

新樽を使うと決める理由は、少なくとも3つある。くたびれた、もはや雑菌なしとは言えなさそうな古樽を処分して、樽置き場を一新すること。新樽ならではの好気作用のおかげで古樽——ものによっては酒石酸がびっしり張りついてさえいる——よりも有効な呼吸ができること。そして、ワインに対する風味づけの効果である。

ジャン゠マリー・フーリエの論によれば、もはやちゃんとしたやり方で洗った樽などないそうだ。古いやり方では、110℃の蒸気洗浄機を使って酒石酸の結晶を砕き、雑菌も根絶できた。今日多くの造り手が使う水圧洗浄機は、自動車用に似ているが、（フーリエによると）湯温を85℃にまでしか上げられないため、役に立たず、効果もないのだという。

樽を焦がす

何百年もかかって育ったオークの板材は、2、3年間乾燥させるのだが、これが2時間もしないうちに樽になってしまうとは、にわかに想像がつかない。樽材を寄せ集め、曲げて鉄製の輪にはめてゆく熟練の技は、見ていて惚れ惚れとするものだ。樽材を曲げやすくするために熱も加えるのだが、何といっても焦がし具合こそは、樽の装いの質と洗練度を左右する要所である。焦がし方には強めから軽め、時間も短めから長めまである。

軽めよりも強く焦がした樽のほうがワインに強い風味がつくというのは思い違いである。強く焦がすと、樽からワインに溶け出すタンニンと香味要素はかえって減少するものだ。

樽の世話

ワインが詰まっているあいだ、樽には定期的に、蒸発や気温変化、利き酒などによって減った目減り分を補填してやる必要がある。蔵番は週に1、2度見回りをし、補填する。造り手によっては、試飲した樽の目印として、床の小石をいくつか拾って樽の上に載せておき、合間をみて継ぎ足しておく、という人もいる。

亜硫酸の度数にも注意を払い、補正をしなければならないが、必要に応じて液体に溶かした亜硫酸を添加するという方法をとる。

バトナージュはドディナージュとも呼ばれるが、赤ワインの場合、白ほど人々の議論にのぼることは少ない。赤におけるバトナージュとは、抗酸化というより栄養分をもらうことが念頭にあり、理論上、味わいの中心部にふくらみが出るとされる。だが、あらゆる場面でブドウを傷めぬよう細心の注意を払ってきたあげく、このようにいささか乱暴な扱いをするとは、筋の通らぬ話ではあるまいか。

澱引き

ひと昔前、澱引きはマロラクティック発酵ののちに一度おこない、次の収穫年の直前に再びやり、ワインが樽で二度目の冬を越してから、瓶詰め前に今一度おこなったものだ。還元臭が強く出てい

るようなときは、メルカプタンが生じたり、はては腐卵臭が出たりしないよう、そのキュヴェあるいは樽だけを澱引きをする。

なるべくワインをそっとしておくとの考えから、澱引きの回数はますます減る傾向にある。生産者によっては2つの貯蔵庫を持ち、ひとつは奇数の収穫年用、もうひとつは偶数の収穫年用としているところがあるが、過去の慣例にならって1年蔵と2年蔵とを分けているだけという者も多い。

澱引きは樽から樽へとおこなってもよいのだが、樽からタンクへと移してキュヴェを統一することのほうが多く、さらに熟成を要する場合は樽に戻してやる。空気に極力触れぬように澱引きすることもあれば、還元状態にあるようなときは、ワインを勢いよく落とすこともある。

清澄と濾過

ワイン愛好家なら誰もが知っていることだが、「清澄と濾過の工程を憎むべし」という世界共通のお題目が、1980年代から流行している。確かに大多数のブルゴーニュの一流生産者は、あからさまな介入的手法を避けはするが、ときに応じてそのどちらをも使うことがある。

もしもワインが自然に清澄にならなかったり、熟成期間を終えても収穫年の諸条件のせいでかなり激しいタンニンが感じられるようなとき、清澄作業は適切な手入れである。赤ワインは卵白で清澄にするのが常だが、ずいぶん昔はどの村にもこの作業の名人がいて、仕事にできるほどだった（その妻ならば、卵黄料理の名手に違いあるまい）。

濾過にはおそらくもっと議論の余地がある。だがこの言葉でくくられる範囲は広すぎて、仕上がりのワインへの害が皆無といってよいほど軽いものから、不純物はおろか果実味も味わいもはぎとってしまう侵奪行為までもがある。

瓶詰め

今ではコート・ドールの生産者の大多数が、性能の幅はあれ、自前の瓶詰め機を持っている。栽培農家が手作業で、樽ごとに瓶詰めしていた時代は（ほぼ）遠く去った。このやり方は瓶ごとのばらつきがひどく、樽と樽との違いによるばかりか、樽の上部と底部とで別物になってしまうからで、ちょうど1本のワインでも1杯目と（澱が混ざる寸前の）最後の1杯とでは違うようなものである。

最後の、そしてもっとも重大な決断は瓶詰めの時期である。まず、新しい収穫年の直前に瓶詰めするというのが大勢だが、さらにタンクでワインを均一化させればその年の2、3ヵ月後だし、樽で寝かせた場合は2度目の冬があけてからになる。そしてもっとくわしい日にちを決める。ビオディナミの信奉者に限らず、多くの生産者は好んで月の満ち欠けを重視する。理想的な条件が揃うのは下弦の月のときで、気圧が高く気候が安定しており、太陰暦に厳密に従う人であれば「果実の日」となる。

第2部
畑と生産者
vineyards & vignerons

第 2 部の構成
about part two

第2部では、コート・ド・ニュイ、コート・ド・ボーヌのアペラシオンと畑の詳細を述べる。また、周辺地区として、広域アペラシオン、および、シャブリ、オーセロワ、コート・シャロネーズ、マコネを取り上げた。各章では、畑を解説し、ドメーヌに焦点をあて、生産者やワインの特徴を述べる。

ラヴァルとロディエの格付け

コート・ドールとコート・ド・ボーヌの畑は、特級、1級、村名のアペラシオンに分かれる。特級畑と1級畑について、畑名、面積、アペラシオンを記し、以下を付記した。

　L：2級畑　　R：1級畑　　JM：1級畑

LとRは、現行アペラシオン制度以前の著名な個人研究家の格付けであり、Lはジュール・ラヴァル博士の1855年の評価、Rはカミーユ・ロディエ博士の1920年の評価を示す。どちらも、3段階評価（1級畑、2級畑、3級畑）で、特に優れた畑は、「準特級畑」、さらに上の「特級畑」に格付けしている。大部分の畑の評価が昔から変わらないのはさすがだが、現行格付けと評価の違う畑は非常に興味深い。なお、ラヴァルとロディエが格付けしていない畑は、当時、未植樹だったか、別の畑の一部の場合である。

筆者の最新の格付けをJMで記す。質の低い過大評価の畑に対し、厳しい姿勢で降格させたり、過小評価の畑を燃える正義感で昇格させてはいないが、1級畑や特級畑の中で、特に優れた畑は、「別格」をつけ、「別格1級畑」「別格特級畑」と記述した。筆者の格付けを載せたのは、読者や消費者へのわかりやすさからであり、公式格付けに反映させる意図ない。

　［本書における訳語について］
　原書では多くの格付け用語が用いられている。著者とも相談のうえ、本書では下記のように訳語を充てた。
　ジュール・ラヴァル（L:）およびカミーユ・ロディエ（R:）の格付け
　最上特級畑（Tête de Cuvée EXTRA）、特級畑（Tête de Cuvée）、準特級畑（Hors Ligne）、別格1級畑（1er cuvée 'extra'）、1級畑（1er cuvée）、2級畑（2ème cuvée）、3級畑（3ème cuvée）、上級（high-class）、並級（ordinaire）、格付け外（autre climat）、記載なし（not mentioned, not classfied）、〜と見なして格付け（not differentiated from...）
　ジャスパー・モリス（JM:）の格付け
　別格特級畑（exceptional grand cru, outstanding grand cru）、特級（grand cru）、別格1級畑（exceptional 1er cru, outstanding 1er cru）、上位1級畑（leading premier cru）、1級畑（1er cru）、格下1級畑（minor 1er cru, lesser 1er cru）

畑　名

各カテゴリーの畑は、アルファベット順に並べた。ただし、Le, La, Les, En, Auxなどの冠詞や前置詞は含まない。CharmesやEpenotのように、畑名にGrand, Petit, Haut, Basがつく場合、畑名に併記した（ブルゴーニュの畑名は、スペルが微妙に違ったり、別名をもつ畑も多い。登記簿上の畑名をラベルに記載しないこともあり、本書では生産者がどの畑名を選んだかわかるようにした。本書では、一般名をメイン・タイトルに記し、それ以外の畑名は本文中に記載する）。

ブルゴーニュの畑には、「分家」が多い。特級の「本家」に何かがつく畑名は、「本家」のうしろに載せた。したがって、モンラシェ（Montrachet）が最初にきて、ハイフンつきのモンラシェ（-Montrachet）はあとに続く。シャンベルタンとシャンベルタン=クロ・ド・ベーズは最初に載せた。

特級畑、1級畑、村名畑

現行の格付けについては、その格付けに至った歴史と格付けの内容を記した。特級畑は、詳細を述べ、所有者の一覧を載せた。ただし、畑は持っているがワインを造らない所有者もおり、全所有者を挙げるのは不可能である。エシェゾーは、可能な限り、小区画の単位で所有者を記した。シャルム=シャンベルタンは、所有地がシャルム=シャンベルタンかマゾワイエール=シャンベルタンかを示す。1級は、全畑名を記したが、コート・シャロネーズには名前がないので、この限りではない。村名畑の中で、重要な小区画は、同名でワインを出す生産者をいくつか列記した。

生産者

畑の解説に続き、主な生産者をアルファベット順に並べ、概要を記した。基本データとして、村名畑より格上の畑は、すべて所有者と面積を挙げた。重要な畑は試飲コメントを付記し、味や香りの一般的な特徴がわかるようにした。

本書の目的は、生産者の優劣をつけるのではなく、各生産者のスタイルを明らかにすることにある。たとえば、ビオディナミ、除梗せず房ごと発酵、新樽使用など、生産者の栽培方法や醸造法がわかれば、自分の好きなワインを選べる。

畑の解説　アペラシオンと格付け

ある書籍に「コート・ドールだけで500以上のアペラシオンがある」と書いてあった。それらしく聞こえるが、実際はブルゴーニュ全域でアペラシオンは100しかない（それでもフランスで最多）。誤解の原因は数百もの1級畑にある。1級畑は村名アペラシオンの中の格付けであり、アペラシオンには数えない。テロワールの話で表層土と基岩を混同するように、1級畑とアペラシオンはまぎらわしい。

格付けの考え方

畑名は、1000年前にはついていたが、畑の優劣を論じるようになったのは18世紀になってからである。18世紀のワイン研究家クロード・アルヌー僧正は、畑の格付けより、村ごとのスタイルの差を明らかにしようとした（1728年）[1]。ただし、ヴォルネ村から最上の畑としてシャンパンを選んでいるし、モンラシェは手放しで褒めている。

1720年にシャンピ社が設立されたことや、富裕層のあいだで畑を買う気運が高まったことなど、18

---

1) Abbé Claude Arnoux, *Situation de la Bourgogne*, London, 1728 (facsimile edition 1978)

世紀にワイン業界が徐々に活性化した。この頃、ネゴシアン（当時はクルティエ゠グルメ Courtiers-gourmets と呼んだ）が誕生し、外国から訪れた買い手のガイドをビジネスとしたが、やがてブドウを買ってワインを造り、自分で熟成させるようになった。仲買人が参入してワインが選べるようになると、ネゴシアンは顧客に優れたワインを薦めるようになる。

ドニ・モルロ博士は、1831年に著した書で、自分の評価基準で上級畑（Tête de Cuvée）を選び、畑を格付けした[2]。後年、この考え方はジュール・ラヴァルが踏襲し、コート・ドールのすべての主要な村を格付けするに至った（1855年）[3]。ラヴァルは、優れた畑を特級畑（Tête de Cuvée）、準特級畑（Hors Ligne）とし、以下、1級畑、2級畑、3級畑にランク付けした。博士のこの分類は1861年の公式格付けの基礎となる。ボーヌ地域農業委員会（Comité de l'Arrondisment de Beaune）は、ラヴァルの格付けに従って地図上に線を引き、1級畑をピンク、2級畑を黄色、3級畑を緑に塗った。この地図は、ヴージョ村から北には色がついていない。これは、ジュヴレ゠シャンベルタン村や近隣の農家が、「我々はボーヌ地域ではない」と反発し、ボーヌ主導による地図の作成や格付けに反対したためだ。後年、公的機関が1級、特級に格付けしたとき、この地図と格付けの大部分を流用した。

原産地統制呼称

フランスのワイン業界にとって、20世紀初頭は試練のときだった。畑は、広範囲に被ったフィロキセラの壊滅的な被害から回復していない上、ウドン粉病、ベト病が何度も畑を襲う。地道な努力を嫌う生産者は、高収量のブドウを植えて出費を抑え、安ワインをあわよくば高値が見込める名前で出そうとした。法の整備が急務となる。

動きは、生産者側と行政側の両方で起きる。呼び水になったのが、1884年のワルデック・ルソー法である。この法律により、地元の組合は地場産業を促進、保護する権限を与えられた。1900年には、コート・ドールに22の生産者組合と、ネゴシアンの組合が2つあった。その中で、最も熱心に活動したのは、コート・ドール医業ワイン組合（Union Viticole des Médecins Propriétaire de la Côte D'or）である。この組合は、畑を所有している6人の医師が立ち上げたもので、偽物があふれるワイン業界にあって、本物をきちんと保証したいと考えた。この組合は、ドメーヌで詰めたワインには、コルクとキャップシールに畑名を入れ、ラベルには、ヴィンテージ、所有者、住所を明記するよう提案した。

1900年、シャブリの79の生産者が組合をつくり、シャブリで造ったことを保証するため、ラベルに「Chablis」と記載した。各生産者のヴィンテージごとの生産量、セラーにあるワインの質と量を文書にして蠟印を押すことにした。

1905年、不正ワインから消費者を保護するための法律ができる。ヒュー・ジョンソンによると、この法律は、「詐欺的で不正な名称や記述に対する基本方針を示した声明」である[4]。これに続く法律は、第一次世界大戦が終わった直後の1919年5月6日に制定される。この法律は、地域の境界をきちんと定め、正当な生産者を詐欺的表示から保護することを明確に打ち出した。これにより、地元で長期間にわたり使ってきた格付けのコンセプトが初めて世に出て公となり、原産地呼称の中核となる。原産地呼称制度への本格的な取り組みが始まった。1923年、シャトー・フォルティアのル・ロワ・ド・ボースマリ男爵は、シャトーヌフ・デュ・パプの正統性を保護するため、ブドウ栽培地区、品種、栽培方法、最低アルコール度数を定める。この法律や、そのほかの農産物の規定（たとえば、ロックフォール・チーズの生産規定では、地域は定めているが、羊、牛などの動物は規定していない）を参考にして、ジョゼフ・カプ（農学部教授であり、ジロンド地区議員）が1927年7月、カプ法（Loi Capus）をつくった。この中で、地域だけでなく、原産地の概念が必要と記している。この考えは、

---

2) Dr Denis Morelot, *Statistique de la Vigne Dans le Département de la Côte-d'Or*, Dijon, 1831

3) Dr Jules Lavalle, *Histoire et Statistique de la Vigne et des Grands Vins de la Cote d'Or*, 1855

4) Hugh Johnson, *The Story of Wine*, Mitchell Beazley, London, 2002, p. 439

ブルゴーニュ
Vineyards of Burgundy

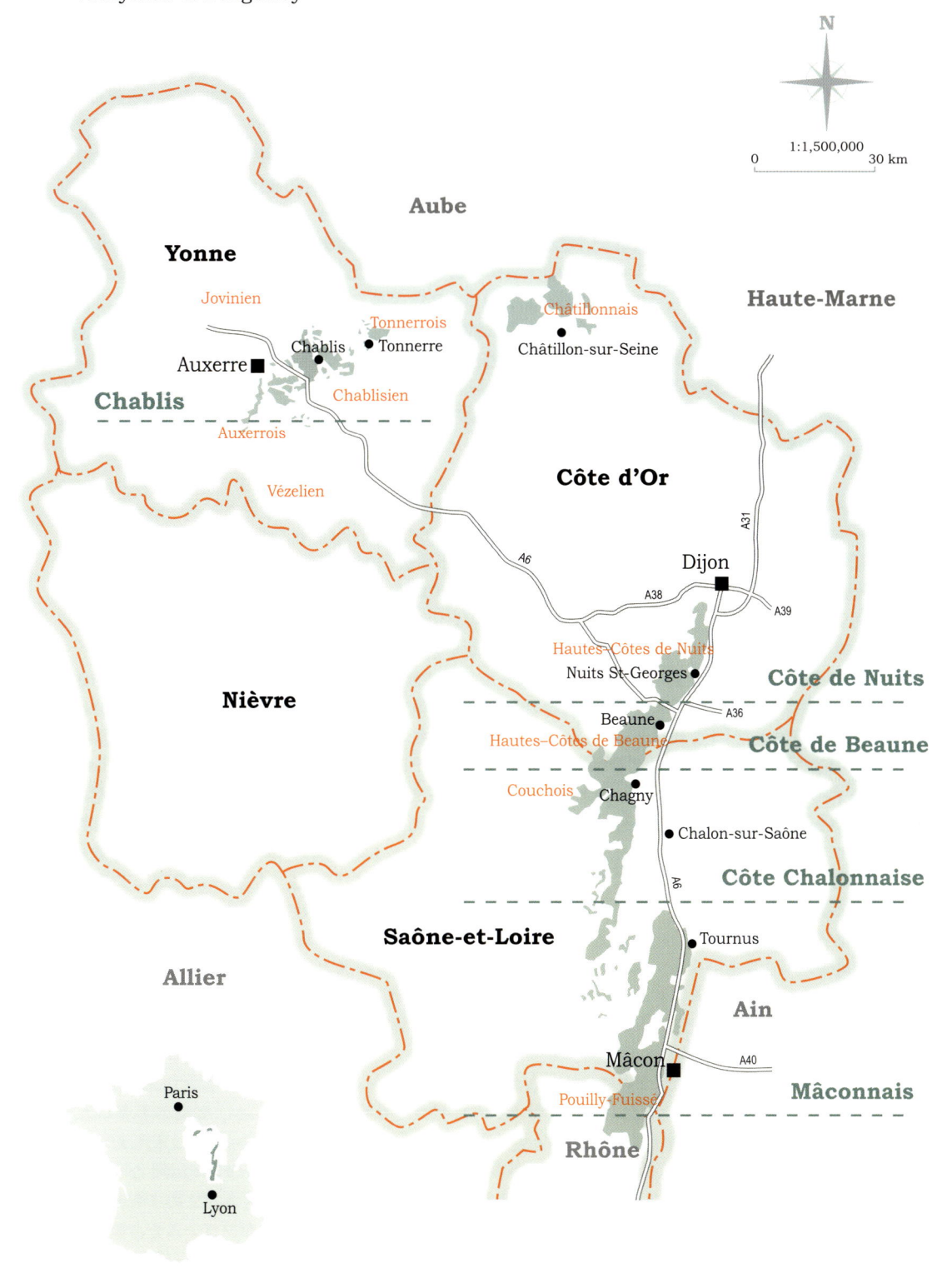

ブルゴーニュの規定

AC（原産地統制呼称）の規定は、単に地理上の線引きや格付けだけでなく、「競技のルール」的な側面があり、栽培や醸造まで定めている。

新世界の生産者は、フランスのAC法は制限が多すぎると考えており、大部分のワイン評論家も同じ意見である（筆者には断言できないが）。ACの規定では、通常、以下を定めている。

- ・当該ACの地理的な場所
- ・栽培してよいブドウ品種
- ・最低糖度と最低アルコール度数
- ・最大アルコール度数
- ・最大収量
- ・栽培法

ブドウ品種

ブルゴーニュの場合、栽培してよい品種はきわめて明快で、白はシャルドネ、赤はピノ・ノワールで作る。例外として、広域アペラシオンではこれ以外の品種も許される。コート・ドールでは、白にピノ・ブランを使用してもよく、赤ワイン用として、ピノ・ノワール、ピノ・ブーロ、ピノ・リエボーが使え、15%までは白ワイン用の品種を混ぜてもよい。

糖度とアルコール度数

典型的な例として、ACジュヴレ゠シャンベルタンを見ると、自然発酵させた場合の最低アルコール度数は10.5%、最低糖度は1リットルあたり171gであり、1級では11%、1リットルあたり180gに上がる。最大アルコール度数は、名目上は、村名アペラシオンで13.5%、1級は14%となっている。

最大収量

最大収量の規定は、最初、カスケード・システムをもとして決めていた（カスケード・システムとは、収量制限を超えた分を下位格付けに充当する方式）。当時、たとえば、特級は1haあたり30ヘクトリットル、1級と村名アペラシオンでは35ヘクトリットル、広域アペラシオンでは50ヘクトリットルのように、格付けごとに最大収量を決定した。格付けにふさわしいワインを造るには、最大収量を越えてはならないとの考えが背景にあるが、当初の規定には抜け道があり、大量収穫が可能だった。たとえば、リシュブールの所有者は、特級（リシュブール）として1haあたり30ヘクトリットルを収穫し、その後、5ヘクトリットルをヴォーヌ゠ロマネ1級、15ヘクトリットルをACブルゴーニュ・ルージュとし、以降はただの赤ワインとして収穫した。ブルゴーニュ・ルージュとしては、非常に質のよいワインだが、特級としては水準を大きく下回る。

1974年に法律が変わり、ACごとに最大収量を定めた。20%を越えない分は許容超過量制度（PLC: Platfond limite de classement）として認めることになったが、超過分は試飲して品質検査に合格せねばならない（実際に、不合格になることはまずないが）。新規定では、最大収量は少し増え、村名アペラシオンと1級赤で1haあたり40ヘクトリットル、1級白で45ヘクトリットル、特級は、大部分で赤が35ヘクトリットル、白が40ヘクトリットルとなった。年ごとの収穫量により、最大収量をある範囲内で調整する方式を検討し、コート・ドールの大部分の村では40%を上限とする改定案を1999年に施行した。

最新の改訂では、年による収穫高のばらつきを考慮し、10年間の平均収穫量が最大収量になる方式を採用できることになった。許容超過量制度を廃止し、替わって平均収穫高制度（RMD: Rendement moyen décennal）が施行され、ある範囲内で、年によって収穫量が少ない分を豊作年の

収穫高で相殺可能になった。この制度は、コート・ドールとメルキュレで採用している。

栽培法

初期のAC規定では、剪定法と植樹密度を細かく規定していた。ブーズロン、ジヴリー、マコン、モンタニー、プイィ=フュイッセ、リュリでは、最近改訂したAC法によると、最低植樹密度は1haあたり8,000本、畝の間隔は1.4m以下で、ブドウ樹間は80cm以上離れていなければならない。ブドウ樹の剪定法として、単式ギュイヨとコルドン・ド・ロワイヤが許されており、ひとつの樹に残してよい蕾は最大10個である。なお、キャノピーの体積は、畝のあいだの空間の0.6倍以上でなければならない。

EUワイン法でのアペラシオン

ワイン生産国には独自の格付け法がある。自然の流れとして、EU全体で統一したワイン法ができた。短期的には、名前はそのまま残すが、2つのカテゴリー（地理的表示付きと地理的表示なし）のどちらかでなければならない。地理的表示付きワインの中で、ACは原産地保護法で庇護されている。各アペラシオンでは、隣接地域との特徴を出すために苦労していると思われる。ムルソーとピュリニの場合、違いは明白だが、マイナーなアペラシオンでは簡単ではない。

コート・ド・ニュイ
côte de nuits

コート・ド・ニュイ=ヴィラージュ

マルサネ

フィサン

ジュヴレ=シャンベルタン

モレ=サン=ドニ

シャンボール=ミュジニ

ヴジョ

ヴォーヌ=ロマネ、フラジェ=エシェゾー

ニュイ=サン=ジョルジュ

コート・ド・ニュイ
Côte de Nuits

■ Côte de Nuits
■ Hautes-Côtes de Nuits

1‥Côte de Nuits-Village: Corgoloin & Comblanchien p.96
2‥Marsannay p.104
3‥Fixin p.113
4‥Gevrey-Chambertin p.120
5‥Morey-St-Denis p.161
6‥Chambolle-Musigny p.186
7‥Vougeot p.198
8‥Vosne-Romanée & Flagey-Echézeaux p.209
9‥Nuits-St-Georges p.244

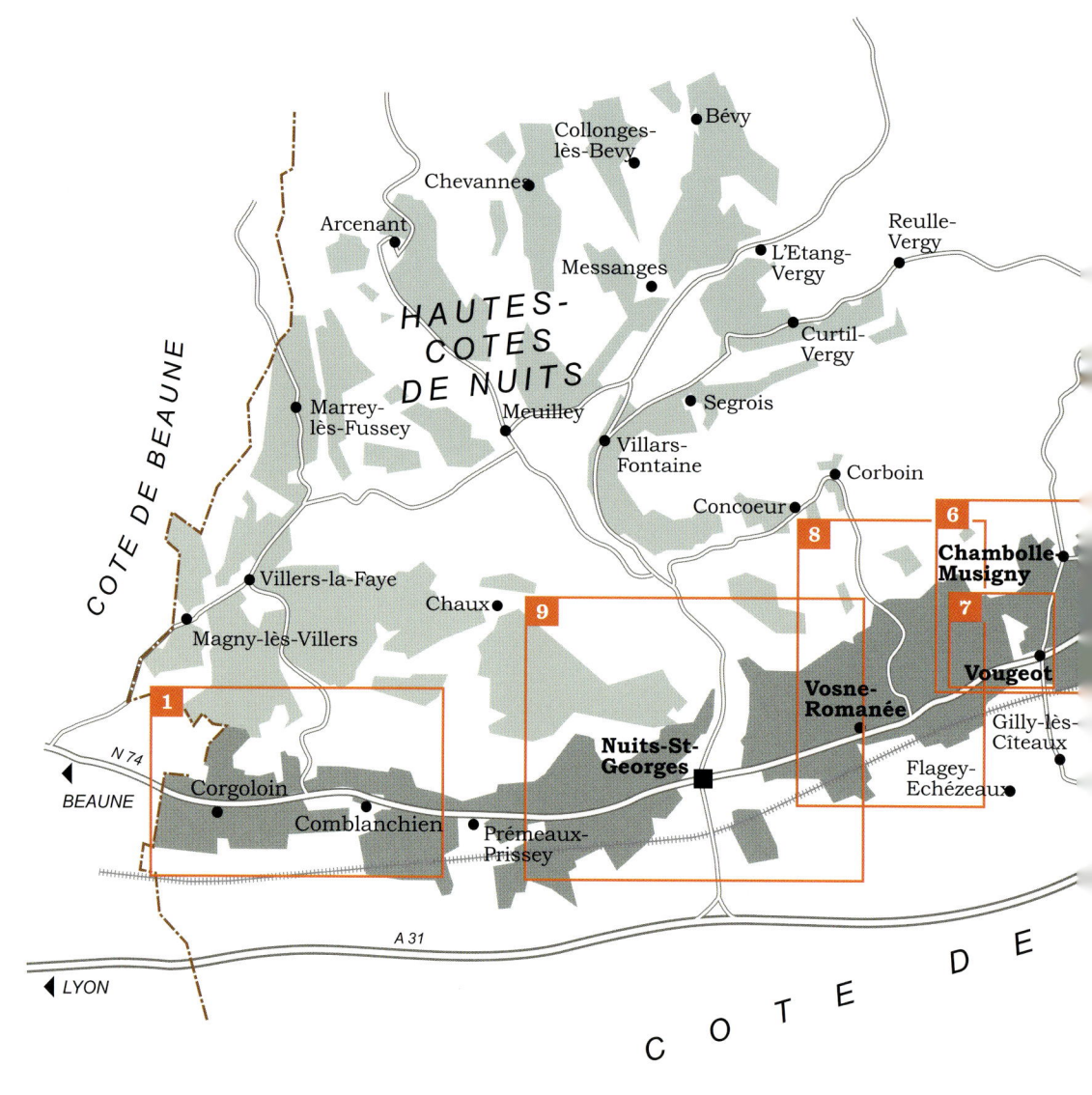

N
1:92,600
0
3 km
2
3
4
Chenôve
Dijon
Couchey
Marsannay
Fixin
Brochon
N 74
Gevrey-
Chambertin
Morey-
St-Denis
SNCF
A 31
NANCY
N U I T S

偉大なるブルゴーニュ地方の中心地には、コート・ドールという県名と同じ名前がつけられている。というより、「黄金丘陵」を意味する県名のほうが、ソーヌ川流域に広がる平原西側にある急斜面から名づけられているのである。斜面の麓には地質断層があり、斜面上部の石灰岩台地との境界線を成す。斜面はブドウ樹で埋め尽くされていて、夏は緑一色だが秋になると金色に染まる。

コート・ドールの北半分は、ブルゴーニュでもっとも輝かしい赤ワインと、ごく少量の白ワインを産する土地で、コート・ド・ニュイと呼ばれる。名前の由来は、ニュイ=サン=ジョルジュという小さな町で、そこには「ニュイトン」と地元で呼ばれる5,000人強の住民が暮らす。地元のワイン産業のまさに中心でありながらも、ニュイの町はボーヌと比べればかなり小さい。ネゴシアンの数も少なく、それもほとんどがジャン=クロード・ボワセに吸収されてしまった。ただ、ここには小さいながらもオスピス・ド・ニュイの施設がある。ボーヌのオテル=デューに見られるような、輝かしい雰囲気こそないのだが。

コート・ド・ニュイの北の境界線ははっきりしている。マルサネおよびシュノーヴの村にあるブドウ畑が、ディジョンの街郊外の住宅地にとって変わられるところである。昔は、当時「コート・ド・ディジョン」（ディジョン丘陵）と呼ばれていた地域にも、もっとブドウ畑があったのだが、今では平屋住宅やショッピングモールが広がっている。そのあたりから、細い帯状のブドウ畑が、ディジョンとボーヌを結ぶ国道D974号線（かつてのRN74号線）の上手にある丘の斜面へと連なっていく。マルサネ村を過ぎると、この幹線道路はフィサン村（独自の村名アペラシオンをもつ）とブロション村（独自の村名アペラシオンはもたない）を通り抜け、最初の重要な村であるジュヴレ=シャンベルタンに至る。ここにきて初めて、ブドウが道路の両側に植わるようになるのだが、そこには確固たる地質学的理由がある。そのあとブドウ樹の帯はせばまっていき、一群の「特級畑」を含むモレ=サン=ドニ村、シャンボール=ミュジニ村、ヴジョ村、ヴォーヌ=ロマネ村と続いてから、ニュイ=サン=ジョルジュ村へと着く。

コート・ド・ニュイの南端は、ブドウ畑にあまり向いていない土地である。表土にブドウを植えるよりも、その下にある硬い石灰岩を切り出して、建物などに使ったほうがいい。このあたりにある畑は、コート・ド・ニュイ=ヴィラージュの準広域アペラシオンしか名乗れない。

なぜこれほどまでに、コート・ド・ニュイには偉大な赤ワインが集中しているのか。答えの大半はその地質にある。だが、いらだたしいことに、特定の岩石構成がその上で育つブドウから生まれるワインの性質を決めるメカニズムについては、まだわかっていないのだ。ここコート・ド・ニュイの岩は、中期ジュラ紀に属するバトニアン階とバジョシアン階の時代に造られたもので、ブドウ栽培に役立つ多様なる地層が、畑のあちこちに見られる。具体的には、ウミユリ石灰岩、貝殻堆積泥土、そして 白色魚卵岩 である（さらなる詳細は37~39頁参照のこと）。

コート・ド・ニュイでは、コート・ド・ボーヌよりたいてい収穫が遅い。アメリカの樽ブローカーでブルゴーニュ狂のメル・ノックスは、これがワインのスタイルと質に寄与していると信じているが、はっきりしたことは何もわからない。ヴィンテージによっては（たとえば2000年や2006年）、ニュイは南のボーヌよりも雨が少ないように思われるが、長い期間の平均をとるとはっきりした傾向とは言えなくなる。しかしながら、コート・ド・ニュイの造り手たちが、ピノの畑に合わせて収穫日を選べるのに対し、コート・ド・ボーヌではピノとシャルドネについて、それぞれ異なる必要性とタイミングをにらみながら、パズルをしているとは言えるだろう。

côte de nuits -villages
コート・ド・ニュイ=ヴィラージュ

ACコート・ド・ニュイ=ヴィラージュを名乗れる村
フィサン	102.68ha （112頁「フィサン」の章参照）
ブロション	41.32ha
プレモー	12.30ha
コンブランシアン	58.76ha
コルゴロワン	84.41ha

コート・ド・ニュイ=ヴィラージュのアペラシオンを名乗れる畑は、コート・ド・ニュイ地区の北と南の端にある。ブロション村が北側の主力選手である。南側では、採石がブドウ栽培にとって代わって主要産業になってはいるものの、プレモー村、コンブランシアン村、コルゴロワン村に、コート・ド・ニュイ=ヴィラージュの畑が見られる。ブドウ畑は採石場と場所の取り合いをしている。というのも、採石場のかたわらには、石屑をためるボタ山と石工の展示場が必要だからだ。D974号線は、このあたりで埃っぽく淡褐色になっている。

フィサン　Fixin

フィサンのアペラシオンを名乗れる畑はすべて、造り手が望めばコート・ド・ニュイ=ヴィラージュとして売ることもできる。実際にそうしている者を私は知らないが、少量のワインが、ほかのコート・ド・ニュイ=ヴィラージュの畑でできたものにブレンドされていることはありえる。

コート・ド・ニュイ=ヴィラージュ：コルゴロワン、コンブランシアン
Côte de Nuits-Villages: Corgoloin & Comblanchien

Appellation Côte de Nuits-Villages

1 Les Grands Terreaux
2 La Robignotte
3 La Combe de la Damoda
4 La Toppe Citeau

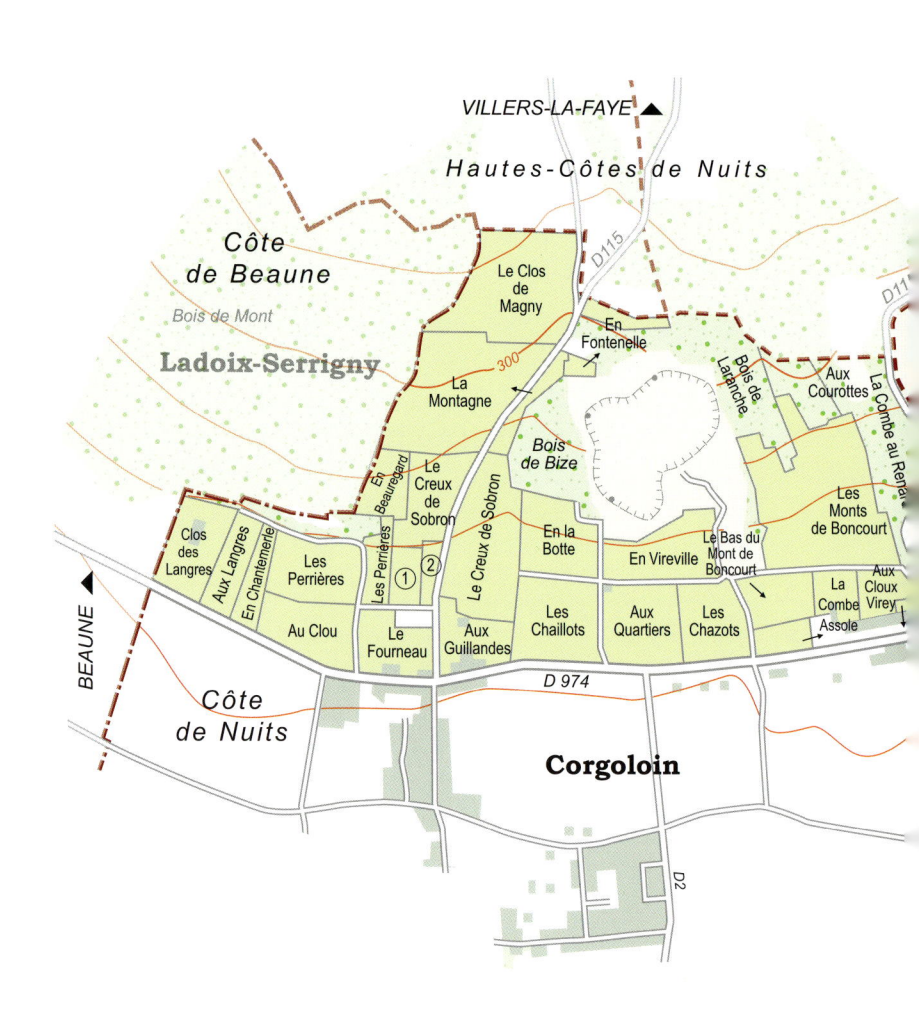

1:20,000
0   500 m

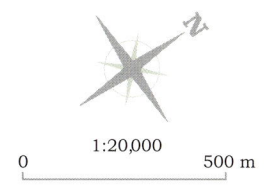

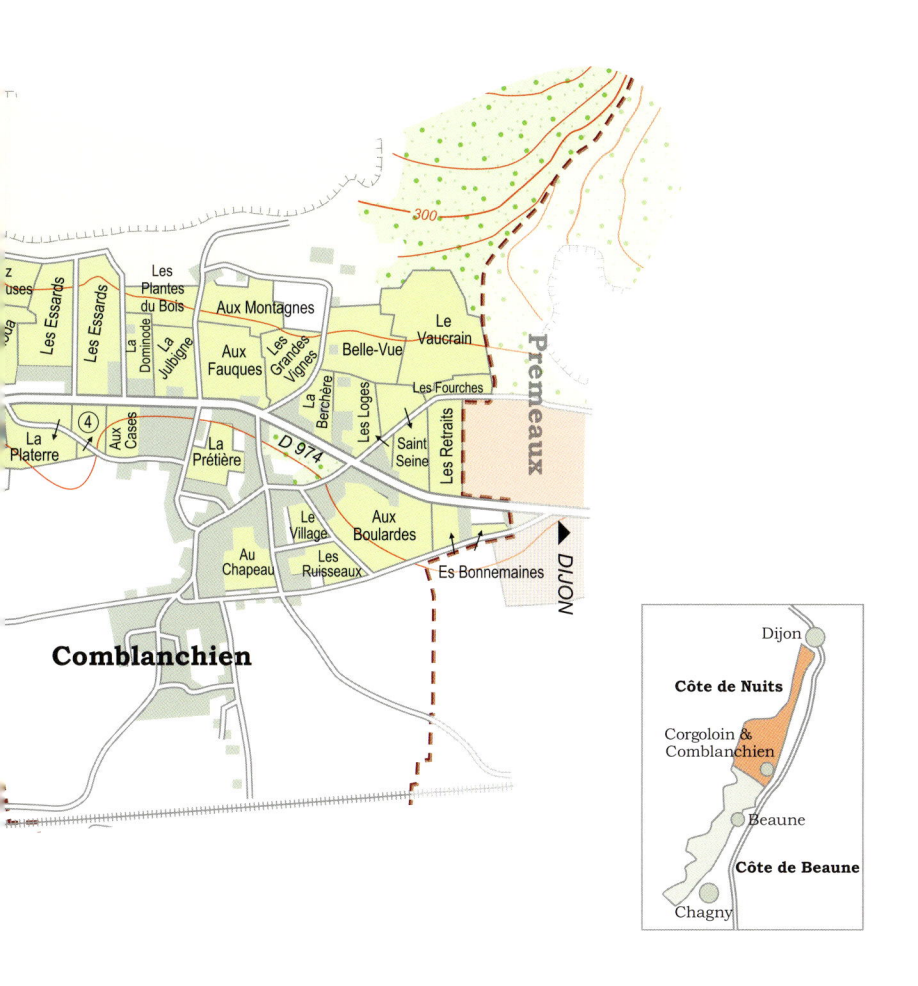

ブロション　Brochon

ジュヴレ゠シャンベルタン村の北にあるブロション村の地下は、植物の生育には向かないライアス統の頁岩によってほとんど占められているのだが、41haがコート・ド・ニュイ゠ヴィラージュの畑として認定されている。ブロション南部の畑はACジュヴレ゠シャンベルタンを名乗る資格があり、こちらは該当の章で地図も含めて詳述する。

ブロションにはまた、まったく場違いに立派な城がある。ロワール地方アゼ゠ル゠リドーにある有名な城の縮尺模型のよう。1895年にステファン・リエガールによって建てられたもので、この人物の何よりの自慢とは、英語でフレンチ・リヴィエラと呼ばれる海岸に、「コート・ダジュール（紺碧海岸）」の名前をつけたことである。

ラ・クロワ・ヴィオレット　La Croix Violette　　　　　　　　　　　　　　　　　　3.27ha

特級街道のすぐ下にある畑で、村落の隣にある。この畑について調べる際には注意が必要だ。というのも「ラ・クロワ・ヴィオレット」という名のオカルト魔術セクトがあるからだ。また、畑を見おろす位置には、同じ名前のついた老人ホームもある。フレデリック・マニャンが、コート・ド・ニュイ゠ヴィラージュ・ラ・クロワ・ヴィオレットのワインを瓶詰めしているのが知られている。

ク・ド・アラン　Queue de Hareng　　　　　　　　　　　　　　　　　　　　　　10.77ha

「ニシンの尾」という意味で、ブロション村では有名な畑である。非常に奇妙なことだが、この畑にはフィサンの1級畑を名乗れる区画がひとつだけある。村の端にある、この畑のほかの区画はすべて、コート・ド・ニュイ゠ヴィラージュしか名乗れないというのに。1級畑への昇格は1979年のことで、ジョリエ家が所有するクロ・ド・ラ・ペリエールに包含されるべきだという陳情が通ったことによる。

プレモー　Premeaux

プレモーのブドウ畑のほとんどは、ニュイ゠サン゠ジョルジュの1級畑に格付けされており、村名格の畑もいくつかはある。ただ2つの畑だけがコート・ド・ニュイ゠ヴィラージュを名乗るもので、村の南端、幹線道路の東側にあり、高台になっているので道路よりも少し標高が高い（244頁「ニュイ゠サン゠ジョルジュ」の地図を参照）。

オー・ルレ　Au Leurey　　　　　　　　　　　　　　　　　　　　　　　　　　6.16ha

この畑は、クロ・ド・ラルロの畑から道を挟んですぐのところにある。それで、ドメーヌ・ド・ラルロは、この畑に白ブドウを少し植えている。

レ・ヴィニョット　Les Vignottes　　　　　　　　　　　　　　　　　　　　　　5.84ha

ニュイ゠サン゠ジョルジュではなく、コート・ド・ニュイ゠ヴィラージュしか名乗れない畑はプレモー村に2つあるが、そのもう一方がここである。クロ・ド・ラ・マレシャルから道をはさんだところに位置する。ドメーヌ・JJ・コンフュロンとドメーヌ・プティがこの畑でワインを造っている。

コンブランシアン　Comblanchien

ここは「大理石の村」と呼んでいいだろう。採石産業のほうがブドウよりも幅を利かせているのだ。ブドウ畑は、村を縦断する幹線道路の両側にあり、北側の端はニュイ゠サン゠ジョルジュの1級畑、クロ・ド・ラ・マレシャルと接している。地下に横たわる固い石灰岩の存在を感じたければ、村の南端から出て埃っぽい道をヴィレール゠ラ゠ファイエに向かうとよい。左側にすぐ、採石場を目にする

ことができる。

オー・クロ・バルド　Au Clos Bardot　　　　　　　　　　　　　　　　0.67ha
コルゴロワンからコンブランシアンへとD973号線を進むと、道のすぐ下手にこの畑があり、小さな看板があるのでそれとわかる。パトリス・リオンがここでワインを造っている。

クロ・デュ・シャポー　Clos du Chapeau　　　　　　　　　　　　　　　1.56ha
ドメーヌ・ド・ラルロの単独所有で、メゾン・ジュール・ベランから引き継いだ。コンブランシアンの教会近く、かつては畑の隣にあった建物で、ベランは「ア・ラ・クロシェ」というマールを造っていた。

オー・フォーク　Aux Fauques　　　　　　　　　　　　　　　　　　　2.83ha
ドメーヌ・ジャン゠マルク・ミロが、ここで単独所有ワインのクロ・デ・フォルクを造っている。

オー・モンターニュ　Aux Montagnes　　　　　　　　　　　　　　　　3.87ha
オー・モンターニュは、たくさんの石と多くの鉄分を含む急斜面の畑で、大理石の採石場から出る石屑のボタ山の下手に位置する。シルヴァン・ロワシェが、ここに植えているブドウは株仕立てである。コルゴロワン村にも、ラ・モンターニュという畑がある。

ル・ヴォークラン　Le Vaucrain　　　　　　　　　　　　　　　　　　5.27ha
プレモーとの境にあるこの畑からは、ルイ・ジャドが赤白両方を造っている。クロ・ド・ラ・マレシャルのすぐ西で、わずかに丘を登ったところにある。ドメーヌ・ダニエル・リオンも、魅力的な赤を生産している。

コルゴロワン　Corgoloin

コルゴロワン村にあるコート・ド・ニュイ゠ヴィラージュの畑はすべて、幹線道路の上手にあり、南の端はクロ・デ・ラングルの畑から始まって、コンブランシアン村との境まで続く。ブドウ樹は村から斜面を登っていくように植わっており、ヴィレール゠ラ゠ファイェへと続く道の両側にある。

レ・シャイヨ　Les Chaillots　　　　　　　　　　　　　　　　　　　4.79ha
シャイヨの畑は、まさに村の真ん中にあり、幹線道路であるD974号線のすぐ西に位置する。畑名の中にchailles（石灰岩）の指小辞形が入っているのは、風化した石灰岩の一種と関連がある。
この畑のワインは、ドメーヌ・ガショ゠モノと、2007年からはエマニュエル・ルジェによって造られている。

アン・シャントメルル　En Chantemerle　　　　　　　　　　　　　　1.45ha
ここの土壌は、「ラドワの石（pierre de Ladoix）」と呼ばれる古い石灰岩の浸食によって生まれた。ラドワの石は、その昔に丘を登った場所ですべて切り出されたのだ。この畑の古木でワインを仕込むシルヴァン・ロワシェによれば、石は蛍光オレンジのような色らしい。アン・シャントメルルのワインは、エミール・パンシオも造っている。

クロ・デ・ラングル　Clos des Langres　　　　　　　　　　　　　　　3.01ha
ドメーヌ・ダルデュイの本拠地にして単独所有畑であり、有名な赤ワイン（3haからの生産量の大半を占める）のほかに、現在では白ワインも造っている（シャルドネをいくらか、ピノ・ノワールの若木の根の部分を残して接ぎかえたものである）。クロ・デ・ラングルは、11世紀にはラングルの司教が所有していたもので、ジュール・ラヴァルの1855年の格付けでは上級と評価されている。コート・

ド・ボーヌから北へと向かってきたときに、最初に出会う畑である。

ル・クロ・ド・マニ　Le Clos de Magny　　　　　　　　　　　　　　　　　　　　　7.44ha
「clos（石垣）」という言葉がついているにもかかわらず、かなりの広さのこの畑の周囲には石壁が見当たらない。ヴィレール゠ラ゠ファイェへと続く道の左側で、コート・ド・ニュイの斜面のさらに上の高台にほど近い場所である。主要生産者は、ドメーヌ・ジャン・フェリとノダン゠フェランである。

ル・クルー・ド・ソブロン　Le Creux de Sobron　　　　　　　　　　　　　　　　　　3.06ha
ドメーヌ・デゼルトー゠フェランが、この畑からうまい赤のコート・ド・ニュイ゠ヴィラージュを造っており、メゾン・ジャン゠クロード・ボワセには、珍しい白がある。コルゴロワン村の斜面中腹にある畑。

レ・モン・ド・ボンクール　Les Monts de Boncourt　　　　　　　　　　　　　　　　11.28ha
村の北端にあるかなり大きな畑で、コンブランシアン村の畑からは並木によって隔てられている。ドメーヌ・プティトは赤を、ラファエル・デュボワは白をここで造っている。

ラ・ロビニョット　La Robignotte　　　　　　　　　　　　　　　　　　　　　　0.60ha
この小さな畑は、墓地のすぐ上にある。ドメーヌ・ジル・ジュルダンの単独所有で、印象深い長寿のワインが造られている。

主要生産者

ドメーヌ・ダルデュイ　Domaine d'Ardhuy

42haの畑を所有するこの大ドメーヌは、コート・ド・ニュイの最南端にある畑、クロ・デ・ラングルに居を構えている。2003年初めからは、カレル・ヴォーリュイスがとりしきっており、この年にオーナーのミレイユ・ダルデュイ＝サンティアールが、ドメーヌをシャトー・ド・コルトン・アンドレから分離独立させた（コルトン・アンドレは、ミレイユの家族が運営している）。

白ワインは空気圧式圧搾機で圧搾されており、その後、果汁は静置される。カレルはエレガンスを求めて比較的清澄度の高い果汁を用いたがるからだ。赤は大半が除梗され、低温発酵前浸漬を経ずにできるだけ早く発酵を始める。そのため、色を抽出しようとピジャージュが頻繁におこなわれる。発酵が終わるとワインは樽に移されるが、新樽比率は高すぎないように抑えられている。特級ワインには最高で50％の新樽が使われるが、それ以外では6樽のうちの1樽という比率を上回ることはない。

コート・ド・ニュイ＝ヴィラージュ クロ・デ・ラングル

この畑が事実上の本拠地であり、ワインの造られるクロ・デ・ラングルの建物を取り囲むようにしてある。赤は骨格のしっかりした魅力的なワインで、よく熟成する。3ウーヴレ分が根だけを残してシャルドネに接ぎ変えされており、少量の白ワインが造られている。

コルトン・シャルルマーニュ　特級

4つの異なる小区画（プジェ、ランゲット、ロニェ・エ・コルトン、ごく少量のバス・ムロット）からのブドウをブレンドしたワイン。カレル・ヴォーリュイスはエレガントな白ワインを造ろうとしているが、力強さや凝縮感も備えている。

ドメーヌ・ダルデュイの所有畑

赤	ha
Clos de Vougeot Grand Cru	0.56
Corton Renardes Grand Cru	1.63
Corton Hautes Mourottes Grand Cru	0.63
Corton Clos du Roi Grand Cru	0.92
Corton Pougets Grand Cru	0.17
Beaune 1er Cru Les Champs Pimonts	0.50
Volnay 1er Cru Les Chanlins	0.08
Volnay 1er Cru Les Fremiets	0.08
Pommard 1er Cru Les Fremiers	0.13
Savigny-lès-Beaune 1er Cru Les Peuillets	1.17
Savigny-lès-Beaune 1er Cru Clos des Guettes	2.60
Savigny-lès-Beaune 1er Cru Aux Clous	6.55
Savigny-lès-Beaune 1er Cru Les Narbantons	0.13
Savigny-lès-Beaune 1er Cru Les Rouvrettes	0.13
Alox-Corton 1er Cru les Chaillots	0.87
Ladoix 1er Cru Basses Mourottes	0.25
Vosne-Romanée 1er Cru Les Chaumes	0.15
Volnay	0.08
Pommard	0.33
Pernand-Vergelesses	0.46
Aloxe-Corton	0.87
Nuits-St-Georges	0.08
Gevrey-Chambertin	0.87
Savigny Clos des Godeaux	1.54
Ladoix Rouge	7.50
Côtes de Nuits-Villages, Clos des Langres	3.00
白	
Corton-Charlemagne Grand Cru	1.28
Puligny-Montrachet 1er Cru Sous Le Puits	0.36
Beaune 1er Cru Petit Clos Blanc des Teurons	0.14
Ladoix 1er Cru Le Rognet	0.81
Puligny-Montrachet Le Trézin	0.21
Meursault Pellans	0.42
Savigny Clos des Godeaux	0.54
Ladoix Blanc	1.30
Côtes de Nuits-Villages, Clos des Langres	0.13

ドメーヌ・ジル　Domaine Gille

驚くほど真新しい外観の建物が、コンブランシアン村を通るD974号線沿いに建っており、大きな赤い字で「Domaine Gille, depuis 1570（ドメーヌ・ジル 1570年設立）」と書かれている。アンヌ＝マリー・ジルによって現在運営されているこのドメーヌは、広域ACワインのほか、コート・ド・ニュイ＝ヴィラージュ、ニュイ＝サン＝ジョルジュ、ニュイ＝サン＝ジョルジュの1級レ・カイユとブスロ、ヴォーヌ＝ロマネ、シャンボール＝ミュジニ1級、特級コルトン・レ・ルナルドを生産している。

ジル・ジュルダン　Gilles Jourdan

メゾン・アルベール・ビショの元醸造家であるジル・ジュルダンは、家業を継ぐために1997年にコルゴロワン村へと戻った。最上級品は、コート・ド・ニュイ＝ヴィラージュ・ラ・ロビニョットでこれは

すばらしい。

そのほかの生産者
ドメーヌ・ショパン、ガショ゠モノ、プティトなど。このほか、コート・ドールの著名な村に居を構える多くの造り手が、魅力的なコート・ド・ニュイ゠ヴィラージュを手がけている。

marsannay
マルサネ

ACマルサネおよびACマルサネ・ロゼを名乗れる村
　シュノーヴ　　　　　　ACマルサネ　24ha　ACマルサネ・ロゼ　16ha
　マルサネ・ラ・コート　ACマルサネ158ha　ACマルサネ・ロゼ117ha
　クシェ　　　　　　　　ACマルサネ119ha　ACマルサネ・ロゼ　77ha

上記数字は、ACマルサネとして植樹が可能な公式面積を示している。しかし実際のところ、その多くはブドウ畑として用いられておらず、ロゼのみが認められている区画は特にそうである。2008年時点で合計227ha分のブドウが赤・白・ロゼの合計で植わっており、6,455ヘクトリットルの赤（67%）、1,481ヘクトリットルのロゼ（15%）、1,714ヘクトリットルの白（18%）が生産された。5年前と比べて、ロゼが大幅に減っていることがこの数字からわかる。その代わりに、赤、白がともに増えている。
わずかな例外を除き、マルサネでほんものの個性と値打ちがあるのはもちろん赤である。白のマルサネは通常、快活ではあるもののどちらかというと個性のないワインなのだ。ブリュノ・クレールの「シャルドネ・ローズ」のキュヴェ、それからシルヴァン・パタイユの白、特に丸2年使用樽で熟成される「マルサネ・ブラン・ラ・シャルム・オー・プレートル」を見つけるまでは、特筆すべきものに出会った試しがなかった。
マルサネのロゼには白よりも個性があり、ピノの風味も幾分かは備わっているし、多くのロゼ・ワインよりはボディがしっかりしている。とはいうものの、少しばかりどっちつかずのところがある。概して、わざわざ探すほど氏素性が正しくおもしろいワインではないし、それでも南でできるヴァン・ド・ペイの美味なロゼより少なくとも2倍は高い。南のロゼは夏、さわやかに楽しむにはうってつけなのだ。
ジュール・ラヴァルの時代（1855年）になると、シュノーヴとマルサネのほとんどの畑で、以前植わっていたピノがガメ種にとって代わられていた。3つの村にある役場の大きさと立派さを見れば、当時街道沿いに植わっていたガメが、商業的には成功していたことがうかがえる。
ピノを再び植えるようにしたのは、ジョゼフ・クレール＝ダユで、1919年にロゼ・ワインを初めて仕込んだ。7樽か8樽あったそのワインの全量を、ディジョンの

マルサネ
Marsannay

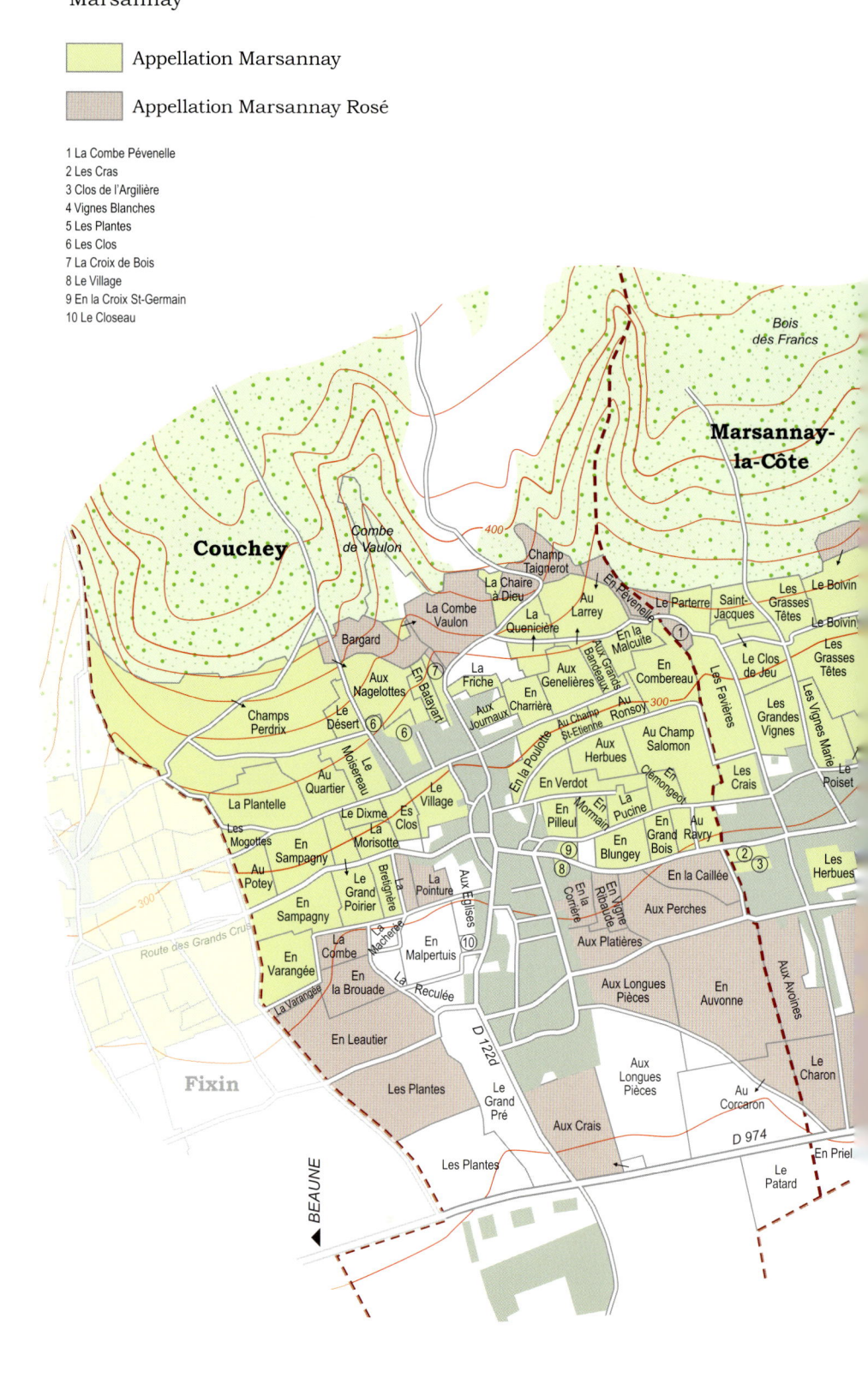

- Appellation Marsannay
- Appellation Marsannay Rosé

1 La Combe Pévenelle
2 Les Cras
3 Clos de l'Argilière
4 Vignes Blanches
5 Les Plantes
6 Les Clos
7 La Croix de Bois
8 Le Village
9 En la Croix St-Germain
10 Le Closeau

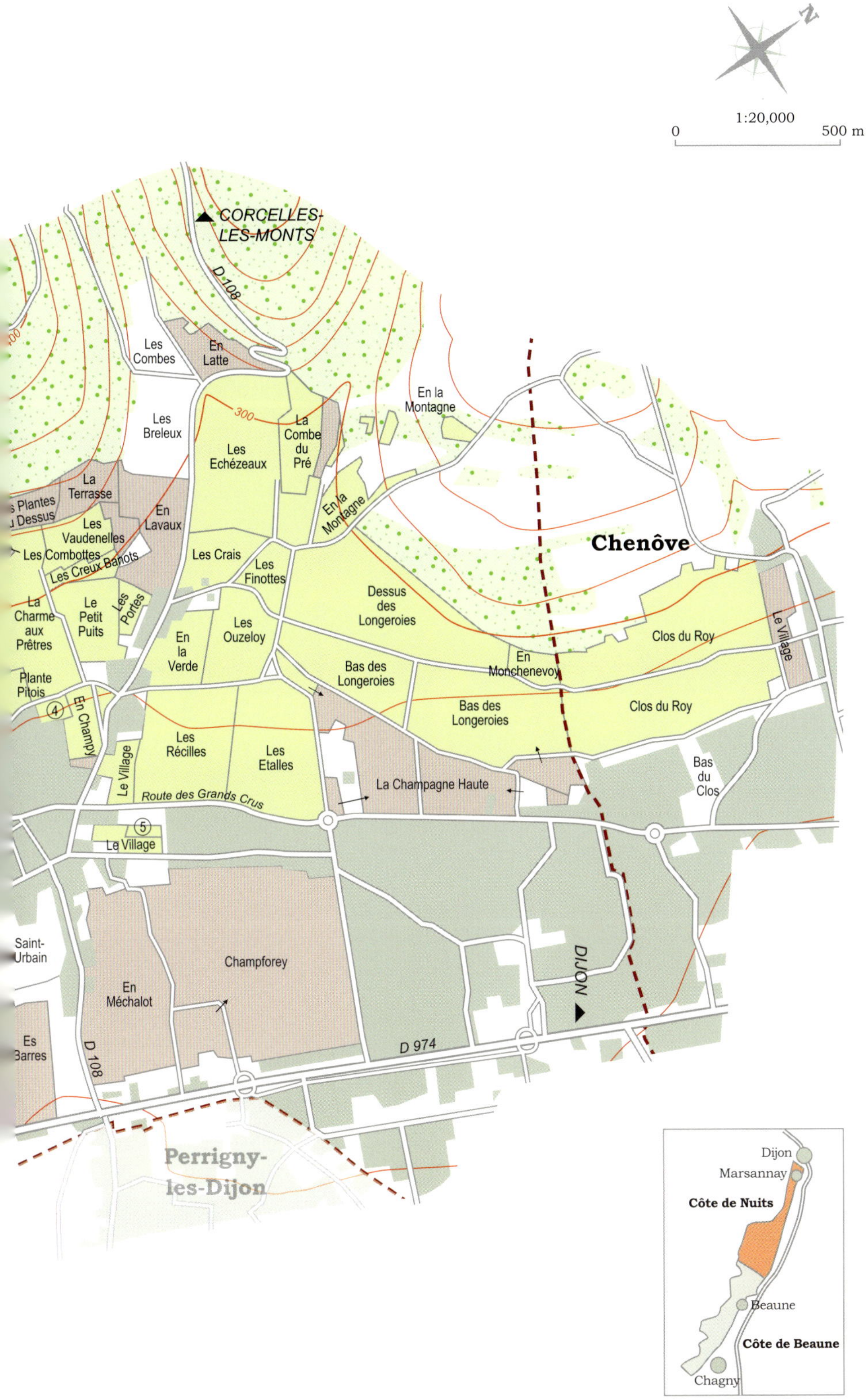
N
1:20,000
0
500 m
CORCELLES-LES-MONTS
D 108
Les Combes
En Latte
Les Breleux
300
Les Echézeaux
La Combe du Pré
En la Montagne
En la Montagne
La Terrasse
Les Plantes Dessus
En Lavaux
Les Vaudenelles
Les Combottes
Les Creux Banots
Les Crais
Les Finottes
Dessus des Longeroies
Chenôve
La Charme aux Prêtres
Le Petit Puits
Les Portes
En la Verde
Les Ouzeloy
Bas des Longeroies
En Monchenevoy
Clos du Roy
Le Village
Plante Pitois
4
En Champy
Bas des Longeroies
Clos du Roy
Les Récilles
Les Etalles
Le Village
Route des Grands Crus
La Champagne Haute
Bas du Clos
5
Le Village
Saint-Urbain
Champforey
DIJON
En Méchalot
Es Barres
D 108
D 974
Perrigny-les-Dijon
Dijon
Marsannay
Côte de Nuits
Beaune
Côte de Beaune
Chagny

レストラン、トロワ・フェザンが買い上げたので、ほかの造り手たちもまねを始めた。そんなわけでマルサネの名が知られ始めたのだが、その頃はまだ独自のアペラシオンにはなっていなかった。ブルゴーニュ・ルージュ・ド・マルサネ、ブルゴーニュ・ロゼ・ド・マルサネという呼称がようやく与えられたのは、1965年のことである。

地元の造り手たちは、ACコート・ド・ニュイ＝ヴィラージュへの昇格を申請したのだが、1970年にフィサンとコルゴロワンの生産者が協力してその手をはばんだ。しかしながら、1987年にはもっと良いニュースが舞い込んできて、マルサネは3つの色のワインを生産できる村名ACになれた。

おおまかに言うと、赤のマルサネを造ることが認められている畑は斜面中腹から上方に位置し、ロゼ用の畑はその下にある。斜面下部でも沖積土壌が多い部分は、ACブルゴーニュの赤を造る畑となる。斜面最上部にも少しだけロゼの畑があり、そこは傾斜があまりよくない場所である。

地下に横たわる岩は、ここも古代ブルゴーニュのジュラ紀の組成、すなわちバジョシアン階とバトニアン階が混ざっていて、かなり高い比率でウミユリ石灰岩を含むというものである。マルサネの知名度が比較的低いのは、表土に関係していて、ウシュ川によって堆積した沖積土のせいなのである。

マルサネには1級畑はない。多くの造り手が、お気に入りの畑からできたワインを単独で瓶詰めしているし、INAOに対して最大で30％の畑を1級として認めるようにという申請書類も提出している。しかしながら、地元の権力争いと、遅々として進まないお役所仕事があいまって、1級の文字をラベルに載せたがっている造り手たちは当分待たされることだろう。INAOは、昇格候補となっている数多い小区画を、たったひとつの名前にまとめてしまいたいと考えているようだ。これは、すべての畑は独自の個性をもつという原産地呼称の純粋なコンセプトに合致しないし、造り手の中には、すでに特定の畑名をラベルに記して世間にアピールしてきた者もいるのだ。そうした造り手たちのマーケティング上の望みは、1級畑名がひとまとめにされてしまうと無に帰してしまう。

シュノーヴ村にあるACマルサネの土地のうち、24haは、かつてその名を馳せたクロ・デュ・ロワという畑である。その昔、シュノーヴの畑は今よりもずっと広く、1900年には1,900haもあった。だが、ディジョンの町から郊外へと住宅地が広がったのと、鉄道の大きな操車場ができたために、畑は小さくなってしまっている。

ル・ボワヴァン　Le Boivin　　　　　　　　　　　　　　　　　　　　　　7.42ha

マルサネ村の中央に位置しているボワヴァンは、斜面頂上から麓に向けて広がる。畑の一部はロゼのみ生産が可能で、畑の最下部は村の古い家のすぐ上まで伸びている。ベルナール・コワイヨとジョゼフ・ロティはこの畑のワインを単独で瓶詰めしており、フィリップ・コロットもかつてはそうだった。

シャン・ペルドリ　Champs Perdrix　　　　　　　　　　　　　　　　　　24.89ha

ACの南端になる急斜面の畑で、上部は標高350mに達する。畑の最上部は小さな谷へと落ち込んでいる。畑の上部では、白亜まじりの泥灰岩の基岩の上には表土がほとんどなく、下部にいくと牡蠣殻の化石、貝殻堆積泥土が多く見られる。ミネラル風味に富み、香り高いこともある軽やかで、かつ興味深い赤が造られていて、なかなかの白ワインもある。手本となるワインには、ドレ・フレールや、ドメーヌ・ユグノ、ジャンテ＝パンシオのものがある。

オー・シャン・サロモン　Au Champ Salomon　　　　　　　　　　　　　　5.53ha

シャン・ペルドリとともに、クシェでもっとも有名な畑であり、マルサネとの境界線に接している。斜面中腹の良い場所にあり、ルネ・ブヴィエ、フィリップ・コロット、ドメーヌ・バール、ドメール・シャルル・オードワンはこの畑を選んで単独で瓶詰めしている。

ラ・シャルム・オー・プレートル　La Charme aux Prêtres　　　　　　　　　　7.85ha

この畑はピティオとプポンの地図には明示されていない。というのも、登記公図記載の名が20世紀初めにレ・ロゼイ（Les Rosey）に変更されたからである。しかしながら、もともとの名前をラベルに載せている造り手として、ベルナール・コワイヨ、シルヴァン・パタイユ（白ワインに）、アラン・ギヤールがいるので、この本の地図には掲載した。土壌に占める石灰質の比率が高く、立派に熟成することもある堅固な白が生まれる。

ル・クロ・ド・ジュー　Le Clos de Jeu　　　　　　　　　　3.63ha

クロ・ド・ジューから生まれるマルサネは比較的力強く、タンニンの骨格がなかなかしっかりしている。マルサネ村がクシェ村に隣接するあたり、300mの等高線に沿うようにしてある。フィリップ・コロット、シャトー・ド・マルサネがこの畑からワインを造っている。

クロ・デュ・ロワ　Clos du Roy / Clos du Roi　　　　　　　　　　24.34ha

「王の畑」なる意味の東向きの急斜面で、シュノーヴの村の上部に位置している。やや赤みを帯びた土壌はいくらか砂を含み、コンブランシアン石灰岩の基岩の上に載っている。斜面最上部は泥灰岩が多くなるので、白ワインに向いている。

1990年代末にオックスフォードのジーザス・カレッジで、この畑からできた1969年産ワインを飲んだときのことを覚えている。ラベルに書かれた呼称はまだシュノーヴだった（イギリスが欧州共同市場に加盟する前に瓶詰めされたボトルだったのだ）。色はほとんど抜けてしまっていて、瓶側面にこびりついた澱へと姿を変えていたが、ワインにはかすかに優しいピノの芳香が残っていた。シャルル・オードワン、レジ・ブヴィエ（赤、白の両方）、ルネ・ブヴィエ、ジャン・フルニエ、シルヴァン・パタイユがこの畑で造るワインは、いずれも優れている。

ラ・コンブ・デュ・プレ　La Combe du Pré　　　　　　　　　　3.55ha

マルサネ村の斜面上部にあり、畑の一部はロゼしか生産できないが、残りの部分はすべての色のワインを造れる。ジェローム・ガレイランが優れた赤を生産している。

レ・エシェゾー　Les Echézeaux / Echézots　　　　　　　　　　13.52ha

頼もしい名前をもつこの東向きの畑は、表土が薄く、海由来の化石（オストレア・アクミナータ）をほとんど含まない。ドメーヌ・バロラン、バール、シャルロパン、ジャン・フルニエがこの畑のワインを単独で瓶詰めしているが、「Les Echézots」のスペルを採用している。

レ・ファヴィエール　Les Favières　　　　　　　　　　4.78ha

クシェ村との境界線に接するマルサネの斜面の畑である。表土がほとんどなく、シリル・オードワンによれば、基岩からわずか30cmの厚みしかないという。レ・ファヴィエールの畑のブドウを瓶詰めする他の生産者には、バール、オリヴィエ・ギュイヨ、ドメーヌ・デュ・ヴュー・コレージュなどがいる。

レ・フィノット　Les Finottes　　　　　　　　　　1.89ha

ドメーヌ・バールの単独所有であるレ・フィノットは、マルサネの心臓部、レ・クレとロンジュロワのあいだに位置し、上にはエシェゾー、下にはズズロワがある。

オー・ジュヌリエール　Aux Genelières　　　　　　　　　　2.43ha

オー・ジュヌリエールは、クシェの村の斜面上部にあり、そのワインは斜面の畑に特有のさわやかなミネラル風味を見せてくれる。ドレ・フレールとフィリップ・ナデフが、この畑のブドウを別に瓶詰めしている。

レ・グランド・ヴィーニュ　Les Grandes Vignes　　　　　　　　　　　　　　　3.49ha

この畑はマルサネの南端に向けて広がっており、レ・ファヴィエールの隣、クロ・ド・ジューの下に位置する。非常によい場所である。ドメーヌ・バールが瓶詰めしている。

レ・グラス・テット　Les Grasses Têtes　　　　　　　　　　　　　　　　　　7.99ha

ブリュノ・クレールはこの畑名について、雨のあとに塊になりやすい、かなり分厚い粘土に由来する「grasses terres（ねっとりした土/粘土質の土地）」という言葉と、粘土の中に見られる岩の板「grosses têtes（大きな頭）」という言葉が組み合わさって生まれたものだろうと考えている。斜面上部にあるにもかかわらず、クレールが造る3つのマルサネのうち、この畑のものがもっとも豊潤である。ドメーヌ・ベルナール・コワイヨもこの畑からワインを造っている。

ロンジュロワ　Longeroies　　　　　　　　　　　　　　　　　　　　　　　34.12ha

大きな畑であり、実のところドゥス・デ・ロンジュロワとバ・デ・ロンジュロワという2つの畑に分けられる。斜面の上部は板状の石灰岩の上にあるが、下部の土壌は分厚い赤色の泥灰岩から成っており、寿命の長い、きわだって頑強なワインを生む。

1級畑への昇格候補の筆頭であり、たくさんの有能な生産者がこの畑のワインを産している。ブリュノ・クレール、ベルナール・コワイヨ、シャルル・オードワン、ルネ・ブヴィエ、レジ・ブヴィエ、ジャン・フルニエ、そしてドニ・モルテである。

アン・ラ・モンターニュ　En La Montagne　　　　　　　　　　　　　　　　4.73ha

アン・ラ・モンターニュの畑は斜面上部に位置し、ロンジュロワの上になる。畑の一部はそのまた上にある森と地続きであるため、日陰ができてしまうのだが、真南を向いていることで欠点が相殺されている。シルヴァン・パタイユによれば、冬には非常に冷え込むのだが、空気が循環しないため、夏の気温が非常に高くなる。ドメーヌ・ユグノ、オリヴィエ・ギュイヨも、ラ・モンターニュのワインを単独で瓶詰めしている。

アン・モンシュヌヴォワ　En Monchenevoy　　　　　　　　　　　　　　　1.58ha

モンシュヌヴォワは斜面上部、ロンジュロワとクロ・デュ・ロワにはさまれている畑で、石の多い土壌から力強い赤ワインが生まれる。ワインには、赤系果実だけでなく黒系果実の風味もたっぷり感じられる。とりわけ、フィリップ・シャルロパンの手によるものがそうだ。

レ・ズズロワ　Les Ouzeloy　　　　　　　　　　　　　　　　　　　　　　　5.28ha

ルネ・ブヴィエとジョゼフ・ロティがこの畑のワインを単独で詰めている。マルサネの村の中央にあり、ロンジュロワの隣に位置する。

レ・ヴォードネル　Les Vaudenelles　　　　　　　　　　　　　　　　　　　2.66ha

ブリュノ・クレールはこの斜面の畑から、とてもスタイリッシュで、きめの細かいキュヴェを造っている。ただし、もし植え替えをすることになったら、白い泥灰岩によく適合する白ブドウへと植え替えするかもしれないという。ほかのヴォードネルで私が味わったことのある唯一のワインは、エルヴェ・シャルロパンのものである。

レ・ヴィーニュ・マリー　Les Vignes Marie　　　　　　　　　　　　　　　2.67ha

レ・ヴィーニュ・マリーの畑はマルサネの村落からすぐのところから始まり、レ・グラス・テットへと続いている。ドレ・フレールとドメーヌ・デュ・ヴュー・コレージュがこの畑のワインを単独で詰めている。

主要生産者

ドメーヌ・シャルル・オードワン　Domaine Charles Audoin
このドメーヌは、シリル・オードワンが蔵の舵取りをするようになってから注目を浴び始めた。エレガントかつスタイリッシュなワインで、抽出しすぎのことがない。レ・クレとシャン・クロワの畑から造るACジュヴレ＝シャンベルタンや、フィサンの単一畑ル・ロジエの古木から造るワインもあるものの、所有畑の中心はマルサネにある。赤・白・ロゼのすべてを手がけており、単一畑産の赤にシャン・サロモン、シャルム・オー・プレートル、レ・ファヴィエール、クロ・デュ・ロワ、レ・ロンジュロワがある。ほかに、キュヴェ・マリー・ラゴノーというマルサネのワインがあり、これは草創期に蔵を盛りたてたシリルの曾祖母に捧げたものである。

ドメーヌ・バール　Domaine Bart
マルタン・バールは、父アンドレから蔵を引き継いで運営している。叔父のジャンは、歴史学の教授である。母方の祖母にクレール＝ダユのクレール家の人間がいるから、さまざまなマルサネのキュヴェのほかに、ボンヌ・マール、シャンベルタン＝クロ・ド・ベーズの特級畑も所有している。マルサネのキュヴェには、シャン・サロモン、レ・エシェゾー、レ・グランド・ヴィーニュ、ファヴィエール、そして単独所有しているレ・フィノットがある。おまけに、ACフィサン、フィサンの1級畑 レ・エルヴレ、村名シャンボール＝ミュジニ、そして少しばかりの村名サントネも所有している。サントネは、クレール家がもともとあった村である。

ドメーヌ・レジ・ブヴィエ　Domaine Régis Bouvier
ルネの息子レジ・ブヴィエは1981年に独立した。クロ・デュ・ロワに代表される多彩なマルサネのキュヴェのほかに、村名フィサン、村名ジュヴレ＝シャンベルタン、モレ＝サン＝ドニのアン・ラ・リュ・ド・ヴェルジの畑も保有する。ブヴィエはまた、ディジョン市内に位置するブルゴーニュ・モントルキュルのワインも造っており、これはラベルに畑名を表示することを公式に認められた数少ないACブルゴーニュのひとつである。

ドメーヌ・ブリュノ・クレール　Domaine Bruno Clair
ブリュノは、ジョゼフ・クレールの孫である。もともとはサントネにある家の出だったジョゼフは、マルサネ村の若い女性、マルゲリット・ダユと恋に落ちた。第一次世界大戦中、ディジョンの基地で軍務に就いていたときのことである。
ブリュノが栽培醸造家としての暮らしを始めようとしたとき、蔵では家庭争議が起きていたため、ブリュノは自身で新しい畑を拓かねばならなかった。マルサネの畑にはブドウを植え直し、モレ＝サン＝ドニの斜面最上部の休閑地を開墾した。しかしながら、1980年代なかばになると、一族の蔵が再建され、ブリュノが舵取りをすることになった（一部の畑は家族の一員によってルイ・ジャドに売却されていた）。ブリュノはすぐにかつての同僚のフィリップ・ブリュンを雇い入れ、一緒にセラーで働き始める。この2人によってドメーヌは発展を遂げ、24haの畑から24種のワインという現在の規模に育った。これは、メゾン・ルイ・ジャド（ヴォーヌ＝ロマネ、ジュヴレ＝シャンベルタン＝クロ・サン＝ジャック、シャンベルタン＝クロ・ド・ベーズ）、フジェレ・ド・ボークレール（ボンヌ・マール）への畑の貸借契約が2006年に終わったことで可能となった。
ブドウは畑で厳密に選果され、通常は除梗するが、2005年には梗の一部を取り除かなかった。ワインは力強いものの、抽出過剰とは思われない。フィリップ・ブリュンはピジャージュという技術の優越性を強く説く者なのだが。とはいえ、彼もヴィンテージによってやり方を柔軟に変える。たとえば、通常一日5回または6回おこなうピジャージュを、2007年には1回しかしなかった。新樽の比率は相当に高いのだが、村名ワインはかなりの部分を（少なくともその熟成期間の一部は）フードル（中程度の大きさの樽）で熟成させており、樽の影響があからさまに出ないようにしている。
シャンベルタン＝クロ・ド・ベーズ 特級　樹の三分の二は1912年までさかのぼるもので、残りは1972

年に植えられた。この偉大な畑の基準からしても別格のできばえのワインで、長期間の熟成で真価を発揮する。クレールの区画は畑の中ほどにあり、畝は斜面の上から下へと走っている。

ボンヌ・マール　特級　この所有地は、ボンヌ・マールのモレ＝サン＝ドニ側にあるテール・ブランシュ土壌の区画にあり、2006年にドメーヌ・フジュレ・ド・ボークレールとの長期貸借契約が終了したことで戻ってきた。樹は年を経て成熟期を迎えており、1946年と1980年に植えられたものがある。しかしながら、ブリュノ・クレールによるボンヌ・マールの個性を論じるには、もう少し年月が必要だろう。

ジュヴレ＝シャンベルタン1級　カズティエ　隣にあるクロ・サン＝ジャックの畑でこの蔵が造るワインとは、スタイルが大きく違う。ほとんどの樹が、同じ時期に同じ穂木・台木で植えられたのにもかかわらずである。とはいえ、大きな差がひとつある。ブリュノ・クレールのカズティエは、白い泥灰岩の上にある斜面最上部に位置するのに対し、クロ・サン＝ジャックの畑は斜面の上部から下部へと走っているのだ。標高の高さが、このワインに明らかなミネラル感を生んでいるのだが、酸が比較的少ないため、かなり早くからまろやかな味わいになる。とはいえ、ずば抜けてスタイリッシュなワインだ。

ドメーヌ・ブリュノ・クレールの所有畑	
赤	ha
Chambertin-Clos de Bèze Grand Cru	0.98
Bonnes Mares Grand Cru	0.41
Gevrey-Chambertin 1er Cru Cazetiers	0.87
Gevrey-Chambertin 1er Cru Clos St-Jacques	1.00
Gevrey-Chambertin 1er Cru Clos de Fonteny	0.68
Gevrey-Chambertin 1er Cru Petite Chapelle	0.51
Gevrey-Chambertin 1er Cru	0.28
Savigny-lès-Beaune 1er Cru La Dominode	1.10
Savigny-lès-Beaune 1er Cru	0.61
Gevrey-Chambertin	0.43
Morey-St-Denis En la Rue de Vergy	0.65
Chambolle-Musigny Les Véroilles	1.51
Vosne-Romanée Les Champs Perdrix	0.93
Pernand-Vergelesses	0.24
Aloxe-Corton	0.34
Marsannay Grasses Têtes	1.29
Marsannay Vaudenelles	1.58
Marsannay Longeroies	1.26
Marsannay rouge & rosé	3.13
白	
Corton-Charlemagne Grand Cru	0.34
Morey-St-Denis En la Rue de Vergy Blanc	0.51
Marsannay Blanc	2.68

ジュヴレ＝シャンベルタン1級　クロ・サン＝ジャック　1957年と1972年に樹が植えられている。ドメーヌ・ブリュノ・クレールのワインとして売られ始めたのは1999年以降でしかなく、それ以前は母の名前を冠したドメーヌ・G・バルテのワインだった（とはいえ、ラベルのデザインは同じであったが）。若いうちから赤系果実や黒系果実の香りが豪華に立ち上るが、このワインには熟成によって育つ力強さが、カズティエよりもうんとある。

サヴィニ・レ・ボーヌ1級　ラ・ドミノード　1902年までさかのぼる畑だが、枯死してしまった樹は植え替えられている。サヴィニのワインとしてはきわだってスタイリッシュで、コート・ド・ニュイの洗練を身につけているようにすら思われる。

マルサネ　レ・ロンジュロワ　クレールのグラス・テットはフルボディでかなりタンニンが強健、ヴォードネルは繊細でエレガントだが、3つの単一畑産ワインの中でもっとも完成度が高いのは、おそらくレ・ロンジュロワだろう。樹の大半は樹齢70年以上で、それが力強さとフィネスをひとつにしている。良いヴィンテージのものは非常に長持ちする。

モレ＝サン＝ドニ　アン・ラ・リュ・ド・ヴェルジ（白）　1981年に、ボンヌ・マールの斜面上方にあった低木地を開墾し、シャルドネが植えられた。ほとんど表土がなく、樹は岩から直接生えているように見える。しっかりした酸のある、爽快でバランスのいい白ワインである。

ドメーヌ・コワイヨ　Domaine Coillot

クリストフ・コワイヨは、父ベルナールから蔵の運営を引き継ぎ、力強く色の濃いワインを造っている。レ・ボワヴァン、グラース・テート、ロンジュロワといった畑のほかに、ACジュヴレ＝シャンベルタンも手がける。

ドメーヌ・フジェレ・ド・ボークレール　Domaine Fougeray de Beauclair
非常に広い畑を所有するドメーヌだが、クレール家から長期賃借していた畑は返さねばならなくなった。ボンヌ・マールはすでに持ち主に戻り、賃借期間が終われば返す畑がまだある。蔵の所有する畑は、はるか南のサヴィニ＝レ＝ボーヌまで至っており、ヴォーヌ＝ロマネのレ・ダモド、マルサネのレ・サン＝ジャック、フィサンのクロ・マリオンなどが含まれる。

ドメーヌ・ジャン・フルニエ　Domaine Jean Fournier
ローラン・フルニエによる将来を嘱望されるドメーヌで、2004年からは有機農法を開始、現在は認証を待っている状態である。350リットル入りの樽を使いはじめることで、新樽のあからさまな風味を避けつつも、樽板を通じてワインが呼吸できるようにしている。マルサネのワインとして、キュヴェ・サン＝テュルヴァン、レ・ロンジュロワ（赤・白）、クロ・デュ・ロワ、そして古木からのキュヴェであるレ・トロワ・テールがある。フルニエは、果梗をほとんど取り除かずに仕込む。ほかの畑に、ACジュヴレ＝シャンベルタンと、フィサンのレ・プティ・クレがある。

ドメーヌ・シルヴァン・パタイユ　Domaine Sylvain Pataille
シルヴァン・パタイユは、数代続く彼の一族の中で初めてワインに関わった人物である。1997年に醸造学士の資格を取ったあと（今も約15のドメーヌに対してコンサルティングをおこなっている）、1999年からは自分のワイン造りを始め、2001年からきちんとしたラベルを貼って売るようになった。ほとんどのブドウは、賃借契約の畑のものである。

ワインのほとんどは、まっとうな昔ながらの18ヵ月の熟成を経ているが、ロゼ、白、赤のそれぞれで1銘柄だけは樽で丸2年寝かせられる。ロゼのフルール・ド・ピノ、白のシャルム・オー・プレトル、赤のランセストラルで、3つともマルサネにはめったに見られないみずみずしさを備えている。もうひとつおもしろいのはマルサネの白で、成熟すると濃い黄色ではなくピンクに色づくタイプのシャルドネから造られているものである。これは「シャルドネ・ローズ」と呼ばれるもので、ブリュノ・クレールもまた自分のドメーヌで穂木を繁殖している。

マルサネ ラ・シャルム・オー・プレートル・ブラン　マルサネの白は単調で魂が見られないという考えを、改めさせてくれるワインである。樽熟成由来のかすかなヴァニラ風味があるが、果実のみずみずしさが前面に出たワインであり、熟成する力があるのは明らかだ。

マルサネ ランセストラル・ルージュ　ラベルには、1905年の収穫作業のまっただなかに撮られた写真があしらわれている。ブドウは樹齢60～80年、果実の半量は除梗せず、丸2年に及ぶ樽熟成に楽々と耐えられる果実味の凝縮がある。ブラインドで試飲すると、もっと格上の原産地呼称のワインと錯覚してしまうワインである。

村の外にいる造り手たち
ジュヴレ＝シャンベルタンでもさまざまな生産者が、マルサネの優れたワインを造っている。特筆すべきは、ドメーヌ・シャルロパン、ジャンテ＝パンシオ、ドニ・モルテ、ジョゼフ・ロティである。ネゴシアンでは、ルイ・ジャドのものが信頼できる。

fixin

フィサン

村名格フィサン	103ha
フィサン1級畑	21ha

フィサンの地質はジュヴレ=シャンベルタンに似ているが、斜面の上下の幅がせまく、マルサネと同じような沖積土壌の比率が高い。この村は、輸出市場では無視されがちである。ひとつには、ジュヴレ=シャンベルタンのやぼったい従兄妹だと見られていること、またひとつには、フィサンはディジョンに近いため、昔から生産者が地元でワインをよく売っていたことがその理由としてある。畑のほぼすべてにピノ・ノワールが植わっているが、クロ・ド・ラ・ペリエールの半ヘクタールなど、ごく少量だけは白のフィサンも造られている。ドニ・モルロは、ラ・ペリエール、ル・シャピトルの順で、ほかのフィサンの畑より抜きんでたものとしている。

フィサン1級畑　Fixin Premiers Crus

レ・ザルヴレ　Les Arvelets
AC：フィサン1級畑
L：1級畑　　R：1級畑　　JM：1級畑　　　　　　　　　　　3.36ha

エルヴレ（Hervelets）と呼ばれることもあり（115頁参照）、実際、筆者は「Arvelets」とラベルに書かれたフィサンを飲んだりテイスティングしたりした記憶がない。とはいえ、ドメーヌ・ヴァンサン＆ドニ・ベルトーのものがあるし、ドメーヌ・ピエール・ジュランはかつてザルヴレとエルヴレの両方を造っていた。いずれの名前も、「耕された地面」という意味の古い言葉からきている。2つはあわせてひとつの畑と考えるべきで、実際、常にそう考えられてきた。ただし、エルヴレがずっとフィサンの村にあったのに対し、レ・ザルヴレがある場所は、以前はフィシェという別の村だったのだが（1860年になってようやく、フィシェ村はフィサン村に統合され、後者の一部となった）。フィサンはクリュニーの司教座聖堂参事会の管轄だったが、フィシェはラングルの司教座聖堂参事会の管轄だったので、畑の分割が生じたのだ。

フィサン
Fixin

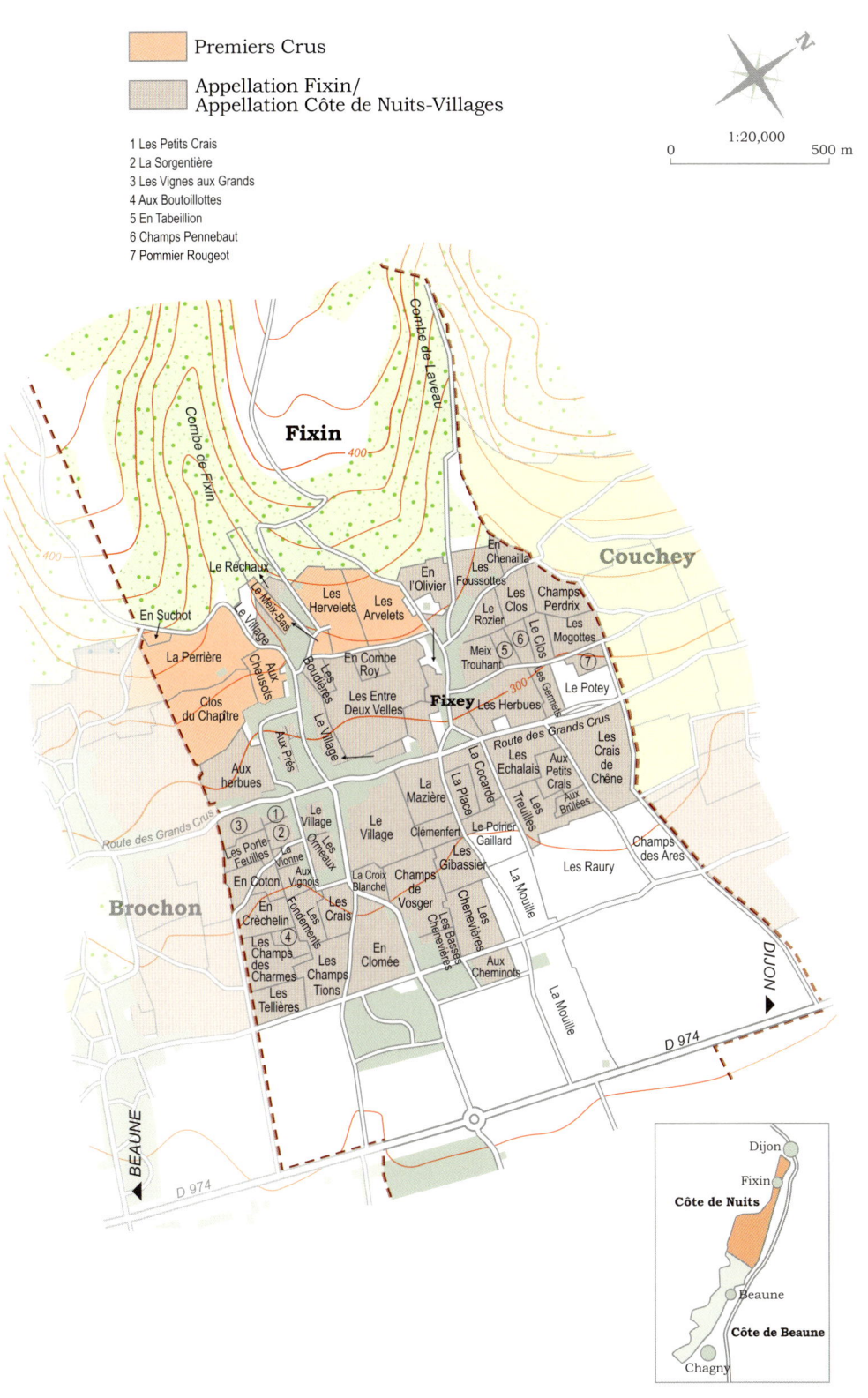

- Premiers Crus
- Appellation Fixin / Appellation Côte de Nuits-Villages

1 Les Petits Crais
2 La Sorgentière
3 Les Vignes aux Grands
4 Aux Boutoillottes
5 En Tabeillion
6 Champs Pennebaut
7 Pommier Rougeot

1:20,000　0　500 m

オー・シュソ　Aux Cheusots
「クロ・ナポレオン」の項目（本頁）を参照。

クロ・デュ・シャピトル　Clos du Chapître
AC：フィサン1級畑
L：1級畑　　R：1級畑　　JM：1級畑　　　　　　　　　　　　　　　　　4.79ha

石壁によってクロ・ド・ラ・ペリエールと隔てられており、数メートルと離れていない。クロ・デュ・シャピトルはかつて、ラングルの司教座聖堂参事会に属しており、そこから畑名がついた。ドメーヌ・ギ＆イヴァン・デュフルールの単独所有だが、面積がそこそこあるため収穫物の一部はさまざまなネゴシアンに売られている。モルロは19世紀前半に、この畑の白ワインを高く評価している。

クロ・ド・ラ・ペリエール　Clos de la Perrière
AC：フィサン1級畑
L：特級畑　　R：特級畑　　JM：1級畑　　　　　　　　　　　　　　　　6.70ha

クロ・ド・ラ・ペリエールはたいていの文献で6.8haあるとされている。しかし筆者は6.69haまでしか確認できていない。ラ・ペリエールの区画そのもの（4.90ha）と、アン・スショ（0.17ha）、そして隣接するブロションにあるク・ド・アランの畑の一部（1.62ha）である。ク・ド・アランの一部は、マノワール・ド・ラ・ペリエールとこの畑を1853年から所有するジョリエ一族の要請で、1979年に昇格した。ブドウが植わっているのは5.14haのみで、残りは庭園と、クロ・ド・ラ・ペリエールの名のもとになった採石場になっている。切り出された石で、ジョリエ家の邸宅であるマノワール・ド・ラ・ペリエールが建てられた。

過去数年の変化はすべて、ベニーニュ・ジョリエが舵取りをするようになってから起きている。まず一族のほかのメンバーから株を買い取り、次にフィリップ・シャルロパンをコンサルタントに迎えた。セラー、耕作方法、醸造技術を過激なまでに改革し、2005年産から大幅な値上げをした。また、畑のごく一部をシャルドネに植え替えもした。さらなる詳細は、フィサンの主要生産者の項目を参照されたい。

ベニーニュの野望は、この畑がかつて有していた名声を取り戻すというものだ。ジュリアンは1811年にシャンベルタンやコルトンと同格だと記しているし、ラヴァルは1855年に特級畑と称えている。とはいうものの、ラヴァルは『コート・ドールのブドウ畑と銘酒に関する歴史と統計』において、この畑を第2級の特級畑リストに含めており、そのリストにはサントネのクロ・タヴァンヌ、ボーヌ＝グレーヴ、半ダースほどのニュイ＝サン＝ジョルジュの畑、エシェゾーといったかなり雑多な畑が並んでいる。

ジュヴレ村で9つの特級畑が認定されたすぐあとに、ジェアン・ジョリエはク・ド・アランを含むクロ・ド・ラ・ペリエールを、ペリエール＝シャンベルタンという名の特級に格付けするようにとの申請を出している。

クロ・ナポレオン　Clos Napoléon
AC：フィサン1級畑
L：1級畑　　R：1級畑（オー・シュソとして）　　JM：1級畑　　　　　　1.83ha

この畑は、ル・ヴィラージュとオー・シュソという2つの小区画に分かれているのだが（オー・シュソの小区画内の東端にあるが、小さすぎて地図上には表示できない）、かの皇帝の大の信奉者であったクロード・ノワゾ（1787-1861）と関係があったおかげで、クロ・ナポレオンの名前を戴いている。ノワゾはナポレオンとともに戦い、エルバ島への追放にも同行した上で、百日天下の際に戻りワーテルローに参加した。その後、軍役を退いてからはフィサンにやってきて、余生を皇帝の思い出を称えることで過ごした。フランソワ・リュードにボナパルトの像を造るよう依頼し、その彫像はナポレオン公園で眺めることができる。

この畑からは、骨格のしっかりした堅牢でミネラル感の強いワインが生まれる。造り手は単独所有

するドメーヌ・ジュランのみで、同じ蔵が造る柔らかいエルヴレと好対照である。斜面上部は比較的平坦だが、南側と東側は急斜面になっている。

ジュラン家はそれぞれの区画を別々に醸造するが、瓶詰めの前にブレンドをする。

ピエール・ジュランが1955年にこの畑を買った際には、驚くべきことに休閑地であった。それで、1955年から1959年にかけて開墾がなされ、ブドウが植えられている。それ以来、植え替えはまったくなされておらず、今日では樹齢50年以上になっている。

レ・エルヴレ　　Les Hervelets
AC：フィサン1級畑
L：記載なし　R：1級畑　JM：1級畑　　　　　　　　　　　　　　　　　　　　　　　4.32ha

もっともよく目にするフィサンの1級である。レ・ザルヴレのワインがこの名前で売られることがあるためだが、ほかに3.83haのエルヴレと、0.49haのレ・メ・バ（この区画名は1級畑のものとしては認められていない）がある。レ・エルヴレは、たいへんに柔らかなタイプのフィサンを生む畑で、赤土の土壌には小さな石がたっぷりと、そして少量の砂も含まれている。ここのワインは、ほかの1級畑よりもずっと早くこなれてくる。たとえば、2006年産のドメーヌ・ピエール・ジュランのものは、2009年春にはすでに香りが美しく開いていた。ジェローム・ガレイランはいつも干草と押し花の香りを自分のエルヴレに感じとっている（実際には、レ・ザルヴレの畑のものである）。主要生産者として、ドレ・フレール、ピエール・ジュラン、エリック・ギヤール（ドメーヌ・デュ・ヴュー・コレージュ）、ドメーヌ・デュ・クロ・サン・ルイ、ドメーヌ・バール、ドメーヌ・モランがいる。

ラ・ペリエール　　La Perrière
「クロ・ド・ラ・ペリエール」の項目（114頁）を参照。

ル・ヴィラージュ　　Le Village
「クロ・ナポレオン」の項目（114頁）を参照。

村名格フィサン／村名格コート・ド・ニュイ＝ヴィラージュ
Village vineyards : appellation Fixin or Côte de Nuits-Villages

フィサンまたはコート・ド・ニュイ＝ヴィラージュとして売られる小区画(リュー＝ディ)は、数えきれないほどある。単一で瓶詰めするほどおもしろみのあるのはほんのわずかだが、たとえば以下がそうである。

レ・シャン・デ・シャルム　　Les Champs des Charmes　　　　　　　　　　　　2.31ha
村落からブロション村のほうに少し進んだところにある。ジェローム・ガレイランとエリック・ギヤール（ドメーヌ・デュ・ヴュー・コレージュ）がこの畑からワインを造っている。

レ・シュヌヴィエール　　Les Chenevières　　　　　　　　　　　　　　　　　　2.74ha
斜面の麓のほうにある畑で、ドメーヌ・モランが手がけている。曰く、柔らかいワインで、チーズとともに楽しむのがいいと。

レ・クロ　　Les Clos　　　　　　　　　　　　　　　　　　　　　　　　　　　1.50ha
斜面上部にあり、クシェ村にほど近い。最大所有者はドメーヌ・ベルトーである。斜面のすぐ下に、ル・クロというまた別の畑がある。

レ・クレ　Les Crais　　　　　　　　　　　　　　　　　　　　　　　　　　1.73ha

村落から斜面を下ってすぐのところにあり、クレという名を含むほかの2つの畑からは少し離れている。ヴァンサン&ドニ・ベルトーが仕込む。2つの小区画の名がついたフィサン（リュー=ディ）のうちのひとつ。

オー・プティ・クレ　Aux Petits Crais　　　　　　　　　　　　　　　　　1.54ha

「小さなチョーク」という意味の畑で、グラン・クリュ街道から見て斜面のすぐ下に位置する。ジャン・フルニエとドメーヌ・ユグノがこの畑でワインを造る。ややこしいことに、まったく別の場所にも「レ・プティ・クレ（Les Petits Crais）」という名の0.2haの畑があり、村落の中に位置している。

レ・クレ・ド・シェーヌ　Les Crais de Chêne　　　　　　　　　　　　　　5.70ha

オー・プティ・クレとクシェ村との村境にはさまれるようにしてある。ともにマルサネの造り手であるフィリップ・コロットとルネ・ブヴィエが、この畑からワインを造っている。

ル・ロジエ　Le Rozier　　　　　　　　　　　　　　　　　　　　　　　　1.54ha

レ・クロの隣にあって、フィシェの小村に隣接している。ドメーヌ・シャルル・オードワンが、1950年に植えられた樹から、優れたお手本的ワインを産している。

主要生産者

ドメーヌ・ベルトー　Domaine Berthaut
6代続くフィサンのドメーヌで、現在はヴァンサンとドニが運営している。ラベルは古風だがワインは美味で、単一畑名入りの村名フィサンがいろいろあって、1級畑のレ・ザルヴレもある。

ドメーヌ・デュ・クロ・サン・ルイ　Domaine du Clos St Louis
フィリップ・ベルナールがこの12haの蔵を切り盛りしている。コート・ド・ニュイ＝ヴィラージュ、マルサネ、フィサン、フィサン1級レ・エルヴレ、ジュヴレ＝シャンベルタンを造る。

ドメーヌ・ピエール・ジュラン　Domaine Pierre Gelin

この蔵はピエール・ジュランによって1926年に創設され、すぐに元詰めドメーヌのトップグループに入った。アメリカへの輸出は、1936年という早い時期に始めている。1966年にステファン・ジュランが父の跡を継ぎ、義理の兄であるアンドレ・モランが1994年に引退するまでは一緒に働いた。2000年からはステファン夫妻に、息子のピエール＝エマニュエルが加わった。

単独所有畑が2つあり、ジュヴレ＝シャンベルタンの村のクロ・ド・メヴェル（Clos de Meixvelle / 登記公図記載の正式な綴りはMévelle）の畑、そして名高いフィサンのクロ・ナポレオンである。

ドメーヌ・ピエール・ジュランの所有畑

	ha
Chambertin Clos de Bèze Grand Cru	0.60
Gevrey-Chambertin 1er Cru Clos Prieur	0.23
Fixin 1er Cru Clos Napoléon	1.83
Fixin 1er Cru Les Hervelets	0.45
Fixin 1er Cru Les Arvelets	0.13
Gevrey-Chambertin Clos de Meixvelle	1.83
Fixin	3.00

ブドウは除梗され、1週間の低温浸漬を経てから2週間のマセラシオンをおこなう。ルモンタージュよりもピジャージュをおこなうことが多い。ワインは18ヵ月間樽で熟成され、夏に澱引きがおこなわれる。柔らかく魅力的なワインで、華やかなブーケをもつ。あと少しばかりのエネルギーと、格別の緻密さがあれば、最上級に位置づけられるだろう。

妙なことに、ドメーヌ・ジュランでは生産するそれぞれのワインに異なるデザインのラベルを採用している。

フィサン1級　クロ・ナポレオン　ジュランによるほかのフィサンのワインと比べ、色がはっきりと濃い。香りにも力強さが感じられ、濃い色のプラムと、わずかだがブラックベリーのニュアンスもある。味わいにはたっぷりと果実味があり、まっすぐなタンニンを包んでいるが、若いうちは少し収斂味がある。クロ・ナポレオンは瓶詰めから丸5年は寝かせてやるべきで、そこから10年は熟成する。

ドメーヌ・ジョリエ（マノワール・ド・ラ・ペリエール）　Domaine Joliet（Manoir de la Perrière）
ベニーニュ・ジョリエはマノワール・ド・ラ・ペリエールの6代目で、この邸宅は一族によって1853年に購入された。所有している畑はわずかに5つだが、クロ・ド・ラ・ペリエールの畑からは3種類のワインを生産している。若木から造られるACフィサン、赤のクロ・ド・ラ・ペリエール、そして白ワインである。1994年から1995年の冬にかけてシャルドネが植えられた1区画のブドウが、白には使われている。

2004年までも、ベニーニュは一族が代々そうしてきたように、優れたワインを造ってきた。しかしながら彼には、さらに上を目指したいという野心があり、それは今もおとろえていない。一族のほかのメンバーから株を買い取り、フィリップ・シャルロパンをコンサルタントとして雇うと、畑とセラーでの作業の抜本的改革に着手した。今日では、クロ・ド・ラ・ペリエールの畑を区画に分けて管理しており（ク・ド・アラン、バ・ド・シュマン、ヴィエルジュ・ジューヌ、ヴィエルジュ・ヴィエイユ、パルク・オー、パルク・バ、キャトル・プープリエ）、ブドウはそれぞれが適熟のときに摘まれる。3種類のキュヴェのうち、どれに用いるかを選別した上で、瓶詰め直前になるまでブレンドはなさ

れない。

収量は大幅に引き下げられ、ブドウはできるだけ遅く摘まれている。2008年の収穫は10月だった。果実は選別され、除梗した上でアルコール発酵へと進むが、人為的介入は最小限に留められる。ピジャージュまたはルモンタージュについての判断は、それぞれの発酵タンクごとである。その後ワインはトロンセ産のオーク樽（半分は新樽で半分は一年樽）に入れられ、24~28ヵ月間澱引きをせずにブレンドと瓶詰めまで過ごす。

これらすべてが、力強く濃い色のワインを生み出している。若い段階では、果たしてどれぐらい先まで未来があるのか、見通すのは困難である。まちがいないのは、クロ・ド・ラ・ペリエールが修道院の時代に得ていた地位を取り戻すのが、ベニーニュの念願だということ。ただし彼は、特級畑への昇格を今望んでいるわけではない。

フィサン1級 クロ・ド・ラ・ペリエール　表ラベルには、単に「Clos de la Perrière Monopole」としか書かれていないので注意。深い赤系・黒系果実の風味を持つ濃い色のワインである。
スタイリッシュでエネルギッシュ、タンニンは豊富な果実味でくるまれている。若いうちは艶々とした趣で、熟したブドウの風味と若い樽風味が前に出ている。熟成によって個性と味わいの持続性が出てくれば、ベニーニュによるあらゆる努力と新しい値段が正当化されるだろう。

アルメル&ジャン=ミシェル・モラン　Armelle & Jean-Michel Molin

1987年に、アルメルとジャン=ミシェル・モランによって設立された6.3haの小ドメーヌで、マルサネ、フィサン（赤、白）、フィサン・シュヌヴィエール、フィサン1級レ・エルヴレ、特級マジ=シャンベルタンを造る。

ドメーヌ・フィリップ・ナデフ　Domaine Philippe Naddef

1983年、フィリップ・ナデフの祖父によってもともと設立されたこの蔵には、わずか2.5haの畑しかなかった。それ以来、フィリップはドメーヌを広げ、今やマルサネ、フィサン、ジュヴレ=シャンベルタンに6haの畑、12のACを数えるまでになった。

ドメーヌの王冠に燦然と輝く宝石は、1級畑のカズティエとシャンポー、そし0.42haのマジ=シャンベルタンである。赤ワインは完全に除梗され、発酵開始前に長い低温浸漬を経る。

gevrey-chambertin

ジュヴレ゠シャンベルタン

村名格ジュヴレ゠シャンベルタン	360ha
ジュヴレ゠シャンベルタン1級畑	86ha
特級畑	87ha

ジュヴレ゠アン゠モンターニュは、その村で一番有名な畑の名を村名のあとにつけ加えるという変更を、初めておこなうことにした村である。こうして、ジュヴレ゠シャンベルタンの村が、1847年10月17日に誕生した。村落は、ジブリアクムという名のローマ時代の集落が発展したもので、その名残りは地元民が「ジブリアソワ」と呼ばれていることに見られる。

ここはブルゴーニュ地方でもっとも古くからブドウ畑があった土地である。トゥールの聖グレゴリウスは、6世紀という昔にディジョン付近に抜群のワインがあったと記しているし、アマルゲール公爵は紀元640年、建立されたばかりのベーズ修道院に畑を寄進している。紀元1世紀までさかのぼるブドウ畑の遺跡（27畝のブドウ樹）が、2009年に発掘されたという最新ニュースもある（第1部「歴史的背景」の章を参照）。

ジュヴレ゠シャンベルタンという原産地呼称の誕生は、この優れた制度が、当初どのように発達していったかの典型例である。ジュヴレ村栽培者連合が1928年9月に結成され、その後の1929年4月18日、原産地呼称ジュヴレ゠シャンベルタンが生まれた。同じ年の後半には、原産地呼称シャンベルタン保護連合が、アンリ・ルブルソー将軍を頭として設立され、畑名の不正利用を食い止めようとした。ジュヴレの最終的な境界策定は、1930年5月に高等裁判所で認められている。この原産地呼称ではピノしか使ってはならず、ブロション村の一部とジュヴレ゠シャンベルタン村とが含められた。

ジュヴレは、土地としてもワインとしても、特有の個性をもっている。村の空気としては、ディジョンの影響が強く、ニュイの町（ディジョンより小さい）やボーヌの町とは縁がさほど深くない。あとの2つの町はディジョンより遠い

ジュヴレ=シャンベルタン
Gevrey-Chambertin

- Grands Crus
- Premiers Crus
- Appellation Gevrey-Chambertin
- Appellation Côte de Nuits-Villages

1 La Mazière
2 Le Meix Fringuet
3 Le Meix au Maire

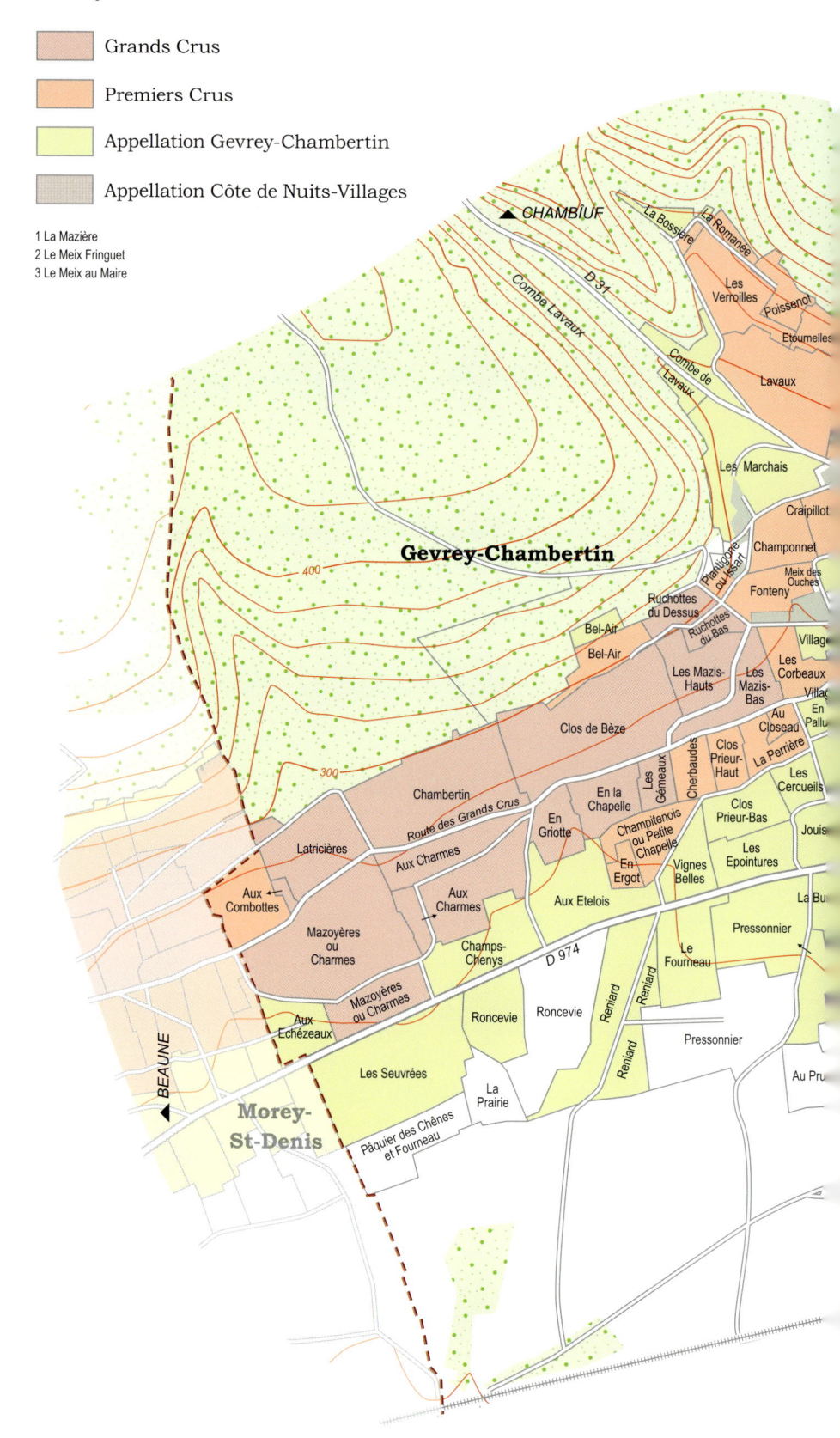

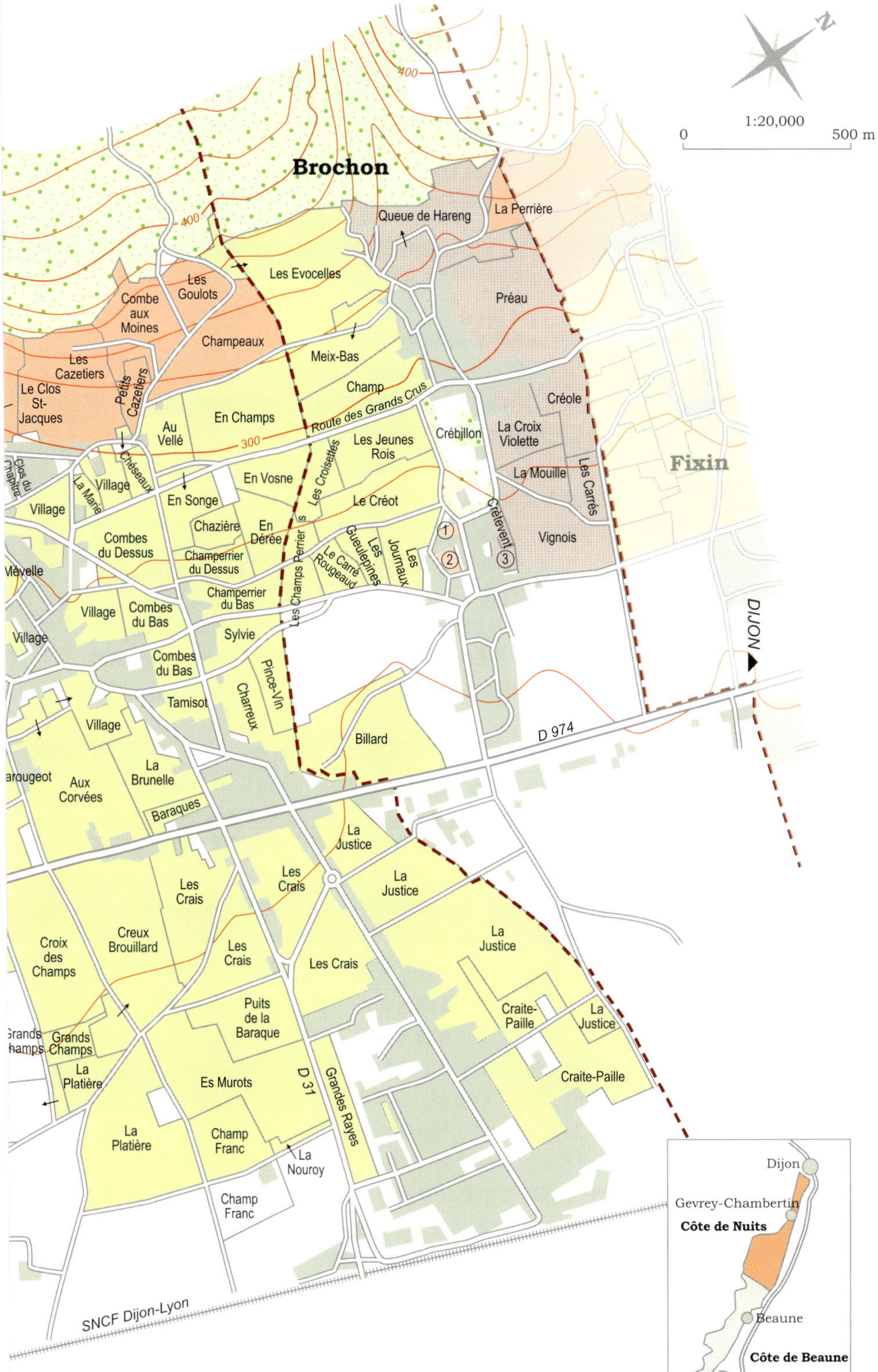
N
1:20,000
0
500 m
Brochon
Fixin
400
300
Queue de Hareng
La Perrière
Les Evocelles
Les Goulots
Combe aux Moines
Préau
Champeaux
Les Cazetiers
Meix-Bas
Le Clos St-Jacques
Petits Cazetiers
Champ
Créole
En Champs
Route des Grands Crus
Crébillon
La Croix Violette
Au Vellé
Les Jeunes Rois
Clos du Chapitre
Chéseaux
La Mouille
Les Carrés
La Marie
Village
En Vosne
En Songe
Les Croisettes
Le Créot
Chazière
En Dérée
Crèvevent
Vignois
Combes du Dessus
Champerrier du Dessus
Les Champs Perriers
Le Carré Rougeaud
Les Gueulepines
Les Journaux
Mévelle
Champerrier du Bas
Combes du Bas
Sylvie
DIJON
Pince-Vin
Charreux
Tamisot
D 974
Billard
Aux Corvées
La Brunelle
Baraques
La Justice
Les Crais
Croix des Champs
Creux Brouillard
Puits de la Baraque
Craite-Paille
Grands Champs
La Platière
Es Murots
D 31
Grandes Rayes
Champ Franc
La Nouroy
SNCF Dijon-Lyon
Dijon
Gevrey-Chambertin
Côte de Nuits
Beaune
Côte de Beaune
Chagny

この2つの畑がジュヴレ村のブドウ畑の心臓であり、合計28.3haのきっちりした長方形の区画になっている。基岩はバジョシアン階のウミユリ石灰岩で、斜面上部はもっと色の白い泥灰質の土壌になっている。ブドウ樹の畝はほとんどが西から東へと斜面を下っているが、シャンベルタンの最上部からクロ・ド・ベーズに続いている箇所でわずかばかり南北を向いている畝がある。悲しいかな、この箇所は斜面のさらに上に生える木々の陰になってしまっている。村を牛耳る権力者たちが、ブドウ畑の端から少しばかり木を切るのを拒んでいるのだ。

違いはなんだろうか。斜面の傾斜は、クロ・ド・ベーズのほうでわずかばかり急だ。一方、シャンベルタンのほうは、斜面上方から南方向へと続くグリザールの小渓谷から吹いてくる涼しいそよ風を受ける。クロ・ド・ベーズのほうが、表土に小石が多い。違いはあるとはいえ、実に微妙なものでしかなく、樹齢、苗木の種類、醸造方法といった他の要素のほうが、大きく影響していると見てよいだろう。

2つのワインを並べて飲むなら、ドメーヌ・ルソーのものが最高である。最初のひと嗅ぎでは、しばしばクロ・ド・ベーズのほうが勝っていて、並はずれた芳香ときわだった緻密さが感じられる。シャンベルタンのほうがおとなしいのだが、おそらくクロ・ド・ベーズよりも力強い。瓶の中やグラスの中で時が経つほどに、シャンベルタンの威厳が、クロ・ド・ベーズの早くから見てとれる輝きを凌駕していくだろう。もっとも、ごくデリケートな違いでしかなく、ヴィンテージによってまちがいなく結果は異なってくる。シャルル・ルソー自身は、ジャン＝フランソワ・バザンの取材に答えて次のように話している。「ル・シャンベルタンは男性的で、たくましい。若いうちはちょっとばかりフィネスに欠けるところがあるが、やがて丸くなる。クロ・ド・ベーズはもっと複雑で、気品があって、デリケートなんだ」[1]。エリック・ルソーも私と話しているときに、クロ・ド・ベーズのほうがほんの少しひいきだと言っていた。定期的に、2つのワインを比べて吟味する機会に恵まれている人は多くない。残念なことだ。

とはいえ、あらゆるシャンベルタンが同じというわけではない。斜面最上部の所有地は、明らかに森の影響を受けている。森は、荒れた小道一本のみをはさんでブドウ畑ぎりぎりのところまであるのだ。小道の幅は、木々の枝が張り出している幅よりも場所によっては狭い。結果として、畝の最上部は午後の比較的早い時間から日陰になってしまう。最上部の畝がすべて南北に走っている箇所もある（通常、畝の向きは東西である）。

クロード・アルヌー僧正にとって、「シャンベルタンはすべてのブルゴーニュの中で最も重要なワインである」[2]（1728年）。マット・クレイマーにとっては、シャンベルタンとは「胸が高鳴るよろこびを意味する」[3]（1990年）。ワインの王であり、王のワインであると繰り返し言われてきたとはいえ、ワイン批評家の全員がシャンベルタンについてバラ色の意見をもっているわけではない。セインツベリー教授は、著書『セインツベリー教授のワイン道楽』の中で、次のようにコメントしている。「これまでに登場した私の貯蔵品の中に、高名なるかのワインの姿がないことに気づいたかもしれない。実のところ、シャンベルタンは好みではないのだ。これほどのワインを『粗い』と表現するのは冒瀆かもしれぬが、上述のワインたちとは違って、『粗さ』に通じるものがあるように思うのだ」[4]

1219年に、修道院はクロ・ド・ベーズをラングルの司教座聖堂参事会に売らねばならなくなったが、参事会はその後、所有地をきちんと世話することができなかった。17世紀前半には壁が崩れ、畑の中に他の低木が根づきはじめた。1627年の貸借契約書には、低木が生え、哀れなブドウ樹はまったくあるいはほとんど実をつけないと書かれている。この貸借契約は、ディジョンに住む法律家のクロード・ジョマールに対してのもので、彼は壁を修繕し、畑をよい状態に戻した。貸借契約は1647

---

1) Jean-François Bazin, *Le Chambertin*, p. 95
2) Abée Claude Arnoux, *Situation de Bourgogne*, London, 1728 (facsimile edition 1978), p.43
3) Matt Kramer, *Making Sense of Burgundy*, William Morrow, New York, 1990, p.127　邦訳はマット・クレイマー著、阿部秀司訳『ブルゴーニュワインがわかる』（白水社）
4) *Notes on a Cellar-Book*, p.41　比較の対象はリシュブールである。

年に更新され、1651年には内容も書き換えられて、以後は実質的に教会の手が離れた状態となった。18世紀になると、クロ・ド・ベーズの名は用いられなくなっていた。シャンベルタンのほうが覚えやすかったからである。ただし、1813年の地図にはクロ・ド・ベーズ・シャンベルタンの名が記載されているし、1842年には「名高いシャンベルタン・クロ・ド・ベーズ（Clos de Bèze dit de Chambertin）」の畑でブドウ樹が売られている。

バザンは、18世紀の高名な所有者であったクロード・ジョベールの時代には、泥灰質の多いクロ・ド・ベーズの南部分のほうが、明らかに質がよかっただろうと示唆している。

1929年と1930年に制定された最初の規則では、2つの畑のワインはクロ・ド・ベーズ、シャンベルタンのどちらの名で売ってもよいとされた。1932年7月に、シャンベルタン＝クロ・ド・ベーズという呼称が認められたが、何もこれはシャンベルタンそのものよりも優れた原産地呼称ではないということであった。

地図を見ると、2つの畑が斜面を下っているのは一目瞭然だが、左から右方向、つまり南から北に向かってどれぐらい土地に凹凸があるかはほとんど気にしていない。実際は、クロ・ド・ベーズの北端あたりは、北方向に向かってかなりの傾斜で落ち込んでいるのだ。表土の深いところは茶色味の強い土壌で、浅いところになると比較的色が淡くなり、多量の小石はここでは見られない。表土は深い。しかしここはとても暖かい場所で、ルソーのワインでは、シャンベルタンと比べていつも1%アルコールが高くなる。傾斜がきついため、水はけがよく雨のあと地面が乾くのも早い。よって、雨の多い年にもよいワインができる。土質は粒径が細かく、わずかばかり砂も混じる。化石の見つかる場所である。

> イーヴリン・ウォーの『ブライズヘッドふたたび』に登場するシャンベルタン＝クロ・ド・ベーズ
> チャールズ・ライダーは、パリでレックス・モットラムと晩餐をともにするにあたって、鴨にシャンベルタン＝クロ・ド・ベーズ[5]を選んだ。この夕べのことをたいして楽しみにしていたわけではないのだが、「私はブルゴーニュを楽しんだ。どんなふうに表現すればよかろう。センチメンタルなまやかしが、ワインを褒めたたえるときにはいつも鳴り響く。何世紀もわたってあらゆる言語がその美を定義しようと頑張ってきたものの、とっぴな表現か、業界人の使う陳腐な形容詞がせいぜいだった。このブルゴーニュは、晴れやかに輝いているように感じられ、レックスが知っているような世界よりも古き良き時代を、人類が長年情熱を傾けて手に入れた、レックスとは異なる種類の智恵を私に教えてくれた。偶然にも、後年もう一度同じワインに巡り合ったことがある。セント・ジェームズ通りにある贔屓のワイン商と昼食をともにしたときで、戦争が始まって初めての秋だった。流れた年月のあいだに、ワインは柔らかくなり色も褪せていたが、最盛期と同じ純粋かつ本物の発音で物語っていた。何年も前、パイヤールでレックス・モットラムと食事をしたときと同じように。かすかなつぶやきではあったものの、宝石のように輝く言葉、希望の言葉は同じだったのだ」

---

5) ただし、私の手元にある1945年版の改訂版では、なぜだかクロ・ド・ベール（Clos de Bère）の名になっている。

シャルム=シャンベルタン&マゾワイエール=シャンベルタン
Charmes-Chambertin & Mazoyères-Chambertin

シャルム=シャンベルタン　Charmes-Chambertin
AC：シャルム=シャンベルタン特級畑
L：1級畑（上部）2級畑（下部）　R：1級畑　JM：特級畑　　　　　　　　　12.24ha*

*このほかに18.59haのマゾワイエール=シャンベルタンがこの畑を名乗れる。

マゾワイエール=シャンベルタン
Mazoyères-Chambertin
AC：マゾワイエール=シャンベルタン
あるいはシャルム=シャンベルタン特級畑
L：2級畑　R：1級畑
JM：一部は特級畑　一部は1級畑

18.59ha*

シャルム=シャンベルタン（しばしばシャルムの名を名乗るマゾワイエール=シャンベルタンをも含む）は、特級畑の中で一番弱いとされるが、地図を一瞥すればそのわけがわかる。合計面積は30ha以上で、一定の特徴を備えた均質な畑としてはあまりに大きすぎるのだ。マゾワイエールの一部では、畑の一部がかつてのN74号線のところまで伸びていて、そこまでいくとほとんど平地なのである。境界線が最初に決められたとき、誰がどの部分を所有していたかという政治的な問題なのであろうか。

シャルムのほうの畑は、ル・シャンベルタンの下方に位置しており、幹線道路とはシャン=シェニ（非常に優れた村名格の畑）によって隔てられている。シャルムの中心部は、シャンベルタンとほぼ標高が同じだが、そこから南に向けて少し落ち込んでおり、北方向には急角度で坂を下っていく。最上のシャルム=シャンベルタンのワインには、心惹かれるみずみずしい赤系果実の凝縮感があり、特級の地位にふさわしい力強さと持続性はあるものの、複雑性については通常そうでもない。最上のもの以外のワインになると、平均的な1級畑以上の地位を与えるにはかなり無理をしないといけないだろう。

表土は比較的赤味が強いが、これは鉄分が多いせいである。石灰岩の小石が多いことから、基岩が浅いところにあるのが

マゾワイエール=シャンベルタンの所有者一覧

所有者生産者	合計面積	Charmes	Mazoyères
Camus	6.90	3.03	3.87
Perrot-Minot	1.65	0.91	0.74
Taupenot-Merme	1.42	0.57	0.85
Rousseau	1.37	0.45	0.92
Rebourseau	1.32	1.32	
Arlaud	1.14	0.95	0.19
Henri Richard	1.11		1.11
Gérard Raphet	1.00	1.00	
Dupont-Tisserandot	0.81	0.81	
Varoilles	0.75	0.75	
Vougeraie	0.74		0.74
Dugat-Py	0.72	0.48*	0.24*
Dujac	0.70	0.31	0.39
Pierre Bourée	0.65		0.65
François Feuillet (David Duband)	0.65		0.65
Charlopin	0.60	0.30	0.30
Tortochot	0.57		0.57
Séguin	0.57	0.46	0.11
Géantet-Pansiot	0.55	0.55	
Domaine des Beaumont	0.52		0.52
Bachelet	0.43	0.43	
Duroché	0.41	0.41	
Castagnier	0.40		0.40
Confuron-Cotetidot	0.39	0.39	
Coquard-Loison-Fleurot	0.32		0.32
Claude Dugat	0.31	0.31	
Sérafin	0.31	0.31	
Gallois	0.29	0.29	
Huguenot	0.28	0.28	
Michel Magnien	0.27		0.27
Roumier	0.27		0.27
Humbert	0.20		0.20
Pierre Amiot	0.20		0.20
Maume	0.17		0.17
Odoul-Coquard	0.17		0.17
Roty	0.16	0.16	
Marchand Frères	0.14		0.14
Hubert Lignier	0.11		0.11

*これは、デュガ=ピィの蔵でそれぞれの名前のワインになっている畑の面積である。実際、ここのシャルム=シャンベルタンの三分の一には、マゾワイエール=シャンベルタンの区画のブドウが使われている。もうひとつのマゾワイエールの区画は約50m離れたところにあり、こちらは単独で瓶詰めされている。

わかる。基岩は活性度の高い白亜の成分を多く含んでいる。マゾワイエールの部分では、表土の色はもっと明るく、粒径も細かい。小石は少なく、ずいぶんと表土が深い。

2つの畑はどんなふうに違うのだろう。この質問をされた造り手は、たいてい肩をすくめて、たいした違いはないと言う。ベルナール・デュガ=ピィは違う意見で、通常マゾワイエールのほう優れるとしている。彼のシャルムは壮麗な果実味に覆われているが、薄い表土の上に小石よりも大きな石があるマゾワイエール（表土が薄すぎて、この区画を耕すときに鋤が岩をこすってしまう）のほうが、厳（いか）めしく、より洗練されていて、複雑性も高いという。かくいうベルナールは、2つの畑の境界線近くにもマゾワイエールの区画をもうひとつ持っている。こちらはシャルムに似たワインになるので、シャルムの畑から採れたブドウに混ぜている。

ほとんど全員が、ラベルには「シャルム=シャンベルタン」と表示している。例外は、シャルム=シャンベルタン・レ・マゾワイエールという表記を用いている生産者たち（ドメーヌ・ド・ラ・ヴジュレとクリストフ・ルミエ）と、シャルムとマゾワイエールを別々に瓶詰めできるだけの面積をそれぞれに持っている生産者たち（ドメーヌ・デュガ=ピィ、ペロ=ミノ、トプノ=メルム、カミュ）だけである。

*このほかに12.24haのシャルム=シャンベルタンがこの畑を名乗れる。

シャペル=シャンベルタン　Chapelle-Chambertin
AC：シャペル=シャンベルタン特級畑
L：1級畑（シャペル）2級畑（ジェモー）　R：1級畑　JM：特級畑　　　　　　　5.49ha*

特級のシャペル=シャンベルタンは2つの小区画に分かれる。シャペルという名のものと、レ・ジェモー（Les Gémeaux　双子）である。後者は、1936年7月1日の布告でこの原産地呼称に含められることになった。畑名は、ベーズのノートルダム寺院の礼拝堂（チャペル）に由来している。この礼拝堂は1155年に建立され、いったん倒壊したあと1547年に復元されたが、最終的には1830年に取り壊しとなった。

畑はクロ・ド・ベーズの下方に位置し、斜面の上を見上げて左手にアン・ラ・シャペルの小区画が、右手にレ・ジェモー（リュー=ディ）がある。表土がとても薄いため、シャペル=シャンベルタンは雨がとても少ない年にはうまくいかないが、気温が低く雨の多い条件のもとでは成功する。ラトリシエールの反対である。

シャペル=シャンベルタンの所有者一覧	
	ha
Domaine Pierre Damoy	2.22
Domaine Ponsot	0.70
Jean & Jean-Louis Trapet	0.55
Rossignol-Trapet	0.54
Drouhin-Laroze	0.51
Louis Jadot	0.39
Cécile Tremblay	0.36
Claude Dugat	0.10

長年、この畑のワインでまともなものに当たったことがなかったのだが、当代のピエール・ダモワによる最近のヴィンテージは、前任者たちのワインよりも目に見えてよくなっている（1950年代までさかのぼれば話は別だが）。ドメーヌ・ロシニョール=トラペによるシャペル=シャンベルタンは、この蔵がビオディナミでの耕作に転換してから、劇的に変化した。　　*1.79haのレ・ジェモーを含む。

レ・ジェモー　Les Gémeaux
「シャペル=シャンベルタン」の項目（本頁）を参照。

グリオット゠シャンベルタン　Griotte-Chambertin
AC：グリオット゠シャンベルタン特級畑
L：1級畑　R：1級畑　JM：特級畑　　　　　　　　　　　　　　　　　　2.73ha

グリオット゠シャンベルタンはシャルムとシャペルにはさまれていて、ジュヴレの村の特級畑の中では一番小さい。2.73haからは平均してたった1,000ケースのワインしかできない。それを6あまりの造り手で分け合っているのだ。ポンソとドルーアンのすばらしいワインを楽しんできたし、幸運にもクロード・デュガの手による崇高なる逸品に行き当たることもまれにある。だが、これらの例を除くと、グリオット゠シャンベルタンは、シャンベルタンのピラミッドの頂点のほうにはいない。名前の由来については諸説あり、有力そうなものから順に紹介しよう。

グリオット゠シャンベルタンの所有者一覧	
	ha
Ponsot (Chézeaux)*	0.89
René Leclerc (Chézeaux)*	0.68
Joseph Drouhin	0.53
Jean-Claude Fourrier	0.26
Claude Dugat	0.16
Marchand Frères	0.13
Joseph Roty	0.08

＊ドメーヌ・デ・シェゾーが実際にはこのグリオット゠シャンベルタンの区画の両方を所有しているが、ポンソ、ルクレールという2つのドメーヌと分益耕作の契約を結んでいる。

(1) グリオットはサクランボという意味で、昔サクランボの木があったから、もしくはワインにサクランボの風味があるから、というもの。
(2) グリオットは「グリヨット grillotte（焼かれた）」が転じたもので、薄い表土のブドウ畑が太陽によって焼かれるからだというもの（ドニ・モルロはこの説を支持しているので、畑名を Grillette と綴っている。
(3) もともとは、小道あるいは小川（こちらが有力）を意味する「リュオット Ruottes」という名前だったものが、グリュオット Gruotte にまず転じ、そこからグリオット Griotte になったとするもの。
(4) グリオットとは、少しばかりの白亜を意味する「クリオット criotte」の語が転じたとするもの。

畑は円形競技場のように落ち窪んでいて、平坦な中央部分から2つの羽が伸びたような地形になっている。基岩はバジョシアン階の岩だが、クロード・デュガによればシャルム゠シャンベルタンほど硬いものではなく、その岩の塊のすきまを通って根が下に伸びているという。表土は薄いことで有名で、雨が非常に少ない年には被害にあう危険がある。ジュヴレの特級畑の中では最も軽いワインのひとつだが、最良のものはたいへんに香り高い。この上なく花の匂いが強く、サクランボの中に芍薬の香りが感じられることがある（そうあらねばならない）。

ラトリシエール゠シャンベルタン　Latricières-Chambertin
AC：ラトリシエール゠シャンベルタン特級畑
L：2級畑　R：1級畑　JM：特級畑　　　　　　　　　　　　　　　　　　7.35ha

ラトリシエール゠シャンベルタンが、独立した畑として初めて認められたのは1508年のことである。マジの畑とともに、ブックエンドのようにジュヴレ村の特級畑をはさんでいる。モレ゠サン゠ドニの特級畑群とのあいだには、1級畑のレ・コンボットだけがはさまっている形だ。実際、ラトリシエールは19世紀半ばまで6.93haだったが、ドメーヌ・カミュの所有するコンボットの畑を少々（0.45ha）加えて今の広さとなった。

「ラトリシエール」の名前は、つながりはいささか薄いものの、「たいしたことのないもの」という意味のラテン語に由来している。土壌が痩せているのがそう呼ばれた理由だ。これは本当なのだろうか。実際のところ、表土はほかのジュヴレ村の特級畑のたいていより深く、色も濃い。基岩は、固いジュラ紀の石灰岩で、珪土を多く含むため、石灰質土壌に耐性のある台木を使わねばならない。ラトリシエールはシャンベルタンから続いている畑だが、気温は低い。グリザールの小渓谷の影響を受けているからで、この谷を通って涼しいそよ風が斜面上方の丘から吹いてくるのである。これまで、ラトリシエールが最高の姿を見せるには、気温の高いヴィンテージでないといけなかった。表土が深く、湿度も高いほうなのだが、フェヴレとロシニョール゠トラペの両名が、ラトリシエールの特徴を言うときに「アエリアン aérien」という言葉を使う。この言葉は、英語の「エアリー airy（空

気の、風通しのよい、優雅な）」と、「イシーリアル ethereal（空気のような、きわめて優美な）」のあいだのような語である。フェヴレはまた、ラトリシエールはたいていどの年でも、一番初めに瓶詰めされる赤ワインだと話している。

若いラトリシエールは、豊かで純粋な果実味を見せ、シャンベルタン一統のたいていのものよりタンニン分が少ないが、熟成につれて土、トリュフ、腐葉土の香りを発展させる。私が記憶している中でもっとも魔法のようなボトルのひとつは、ドメーヌ・ポンソのラトリシエール＝シャンベルタン1988年で、2000年代の前半に飲んだ。まだ若い段階にあったが、生涯忘れがたいほど果実味が純粋だったのだ。今日のポンソは、この畑の樹を世話する契約を終えてしまっているが、代わりにサヴィニの村のパトリック・ビーズが面倒を見ている。

ラトリシエール＝シャンベルタンの所有者一覧

	ha
Domaine Camus	1.51
Faiveley	1.21
Jean & Jean-Louis Trapet	0.75
Rossignol-Trapet	0.73
Drouhin Laroze	0.67
Domaine Leroy	0.57
Arnoux (Newman)	0.53
Domaine Louis Remy	0.40
Domaine Simon Bize	0.40
Gilles Duroché	0.28
Feuillat (Duband)	0.28

マジ＝シャンベルタン　Mazis-Chambertin
AC：マジ＝シャンベルタン特級畑
L：1級畑（上部）2級畑（下部）　R：1級畑　JM：特級畑　　　　　　　　　　**9.10ha**

マジ＝シャンベルタン（綴りにはMazis-とMazy-の2通りがある）は、特級畑群の北端にあり、村落にも一番近い畑である。2つの区画に分かれていて、ひとつめはマジ＝オー。クロ・ド・ベーズと同じ基岩の上に載っている畑で、もう片方のマジ＝バよりわずかに勝る。1855年から1935年のあいだに、レ・マジは8.59haから現在の9.10haまで広がり、そのせいでレ・コルボーの畑の一角が失われた。

もちろん、これがブルゴーニュらしいところなのだが、マジ＝バの区画の中でごく小さな部分は、マジ＝オーの一部よりも斜面の上部にある。2つの区画の違いは、マジ＝バの表土がわずかに深く、ラヴォー小渓谷の沖積錐の影響――土壌組成と気温の両面で――を受けることである。マジ＝バでは、わずかに石を含む茶色い土がほとんどを占めている。表土の下に横たわる基岩は、亀裂のある厚板状で、この亀裂を通って根が伸びている。マジ＝オーは、明らかに表土が少なく、リュショット＝シャンベルタンに似ている。

マジ＝シャンベルタンの所有者一覧

	ha
Hospices de Beaune Cuvée Madeleine Collignon	1.75
Joseph Faiveley	1.20
Rebourseau	0.96
Harmand-Geoffroy	0.73
Bernard Maume	0.67
Domaine Armand Rousseau	0.53
Philippe Naddef	0.42
Tortochot	0.42
Camus	0.37
Dupont-Tisserandot	0.35
Domaine d'Auvenay	0.26
Bernard Dugat-Py	0.22
Domaine Chris Newman	0.19
Jean-Michel Guillon	0.18
Frédéric Esmonin	0.14
Joseph Roty	0.12
Domaine Charlopin-Parizot	0.09
Confuron-Cotetidot	0.08

ワインは、堅牢な骨格と大いなる力強さで有名である。シャンベルタン一統のほかのメンバーと比べ、野性的な性格をしていることが多く（特に、ドメーヌ・モームの例がそうである）、タンニン、皮革、ミント、甘草のニュアンスなどあらゆる種類の複雑な香りがあり、シャルム＝シャンベルタンの豊富な甘い果実味とはかなりの隔たりがある。

リュショット゠シャンベルタン　Ruchottes-Chambertin
AC：リュショット゠シャンベルタン特級畑
L：1級畑（上部）2級畑（下部）　R：1級畑　JM：特級畑　　　　　　　　　　　3.30ha

どうあれリュショット゠シャンベルタンはごく小さな畑でしかなく、面積はたった3.30haだが、それでも下部（リュショット・デュ・ドゥスュ）と上部（リュショット・デュ・バ）に分けられている。上部の一部はクロ・デ・リュショット（1.10ha）という名で、すべてがドメーヌ・アルマン・ルソーの所有である。この畑の名が初めて現れたのは1508年で、小さな岩を意味する「ロショット rochots」が転じたもの。石が多く痩せた性質の土壌を強調する名前である。上部の基岩は、魚卵状の白色泥灰岩で、下部はバトニアン階の崩土。岩の性質と、表土の不足により、ワインは色が明るく微妙なニュアンスを豊富にたたえたものが典型で、力強い重量感はない。

リュショット゠シャンベルタンの所有者一覧	
	ha
Domaine Armand Rousseau	1.06
Domaine Mugneret-Gibourg	0.64
Frédéric Esmonin	0.52
Christophe Roumier（Michel Bonnefond）*	0.51
François Trapet	0.20
Henri Magnien	0.16
Château de Marsannay	0.10
Marchand Grillot	0.08

＊ミシェル・ボヌフォンが所有者で、クリストフ・ルミエが分益耕作の小作人である。どちらのラベルのワインも中身は同じである。

エリック・ルソーとクロ・デ・リュショットのあたりを歩いた。基岩がブドウ畑のすぐ上に目立つように露出していて、高山性の苺の数種を除けば、何も植物は育たない。苺は5月中旬にはもう熟していて、この畑が理想的な方位をしていることを裏づけていた。クロのすぐ下に、別の岩の筋も見えていて、この区画をリュショットの残りと隔てている小道の上で、はっきりと確認できる。合計すると27の区画がリュショット゠シャンベルタンにはあり、8人の所有者によって分けられている。トマ・バソがかつての最大所有者だったが、1976年にルソー、ミュニュレ゠ジブール、ミシェル・ボヌフォンに畑を売った（ボヌフォンの区画は、ドメーヌ・ルミエが耕作している）。クリストフ・ルミエは、この売却によって畑を得た3人の生産者が開いた、2007年の試飲会について話してくれた。ワインは最初の年にあたる1977年までさかのぼったという。最近のヴィンテージは、個々のドメーヌの醸造スタイルをはっきりと示していた。しかし、10年以上瓶熟したワインでは事情が異なり、畑のスタイルがあらわれていたらしい。もちろん、ヴィンテージの性質による影響を受けてはいたものの、畑の特徴は醸造家の違いよりもはるかに大きかった。

ジュヴレ゠シャンベルタン1級畑　Gevrey-Chambertin Premiers Crus

1級畑は大きく2つのグループに分けられ、それらとは別に2つ、コンボットとベ゠レールが単独である。ひとつめは、9つある特級畑の隣に隣接している畑のグループだが、シャペルとマジの下方にある畑群と、そのすぐ北にあって村落に近い畑群を区別してもよいかもしれない（後者は明らかに、ラヴォー小渓谷の沖積錐の影響を受けている）。

もう一方のグループは、コート・サン゠ジャックと呼ばれる一帯である。1930年前後、さまざまな畑の境界線が引かれていた頃に、この一帯のブドウ畑に「コート・サン゠ジャック」ないしは「コート・サン゠ジャック゠シャンベルタン」という名前までをつけようという、生産者グループの動きがあった。結局、クロ・サン゠ジャックそのものと、ラヴォーとエトゥルネルの畑のみが「サン゠ジャック」の名を畑名に含める権利を得たのだが、それは長年の慣行があったからである。畑名の前後に「シャンベルタン」とつけることが認められた畑はなかった。この帯状の1級畑群は、丘の斜面に沿って続いており、ブロション村の境界線まで達している。

ベ=レール　Bel-Air
ACs：ジュヴレ=シャンベルタン1級畑およびジュヴレ=シャンベルタン
L：記載なし　R：記載なし　JM：村名格（森の木を伐採しない限り）　　　　　　　　　2.65ha*

フィロキセラの被害にあう前の時代、ベ=レールの畑は今日よりも少し大きかった。実際、ブドウ樹が再び植えられたのは、森の一部が伐採された1960年代になってからなのだ。森を削るようにして、長方形をした畑が2つある。うち、面積の小さい上部の畑は村名ACで、下部の1級畑はリュショット=シャンベルタン上部の隣、クロ・ド・ベーズのすぐ上に位置している。
標高が高いため気温が低く、主に白色で泥灰質の薄い表土を持つ急斜面からは、ほかのたいていの畑より酸の強いワインが生まれる。果実味の中には、わずかにカシスのニュアンスが感じられる。ドメーヌ・トプノ=メルムとシャルロパンは1級畑のワインを造っていて、ドメーヌ・ド・ラ・ヴュジュレは村名格の区画にブドウ樹を所有している。　　　　　*このほかに同名の村名格の畑が0.84haある。

ラ・ボシエール　La Bossière
ACs：ジュヴレ=シャンベルタン1級畑およびジュヴレ=シャンベルタン
L：記載なし　R：記載なし　JM：1級畑　　　　　　　　　　　　　　　　　　　　0.45ha*

ラヴォー小渓谷と平行に走る小さな谷の入口にあるのがラ・ボシエールの畑で（その名は「茂み」を意味する言葉におそらく由来）、大半は村名ACに格付けされている。レ・ヴェロワイユに隣接する東端の数畝だけが1級畑に格付けされており、そこはドメーヌ・アルマン=ジョフロワの単独所有になっている。東側のほうが表土は厚いが、はるかに石が多い。冷たい空気が流れ込んでくるのと、周囲を取り囲む森によって日陰ができるという理由から、ブドウがゆっくり熟する場所である。アルマン=ジョフロワでは、ほかの畑の収穫がすべて終わってから一週間経って、この畑のブドウが摘まれるのが通例である。
畑の端にある小さな温泉は、少なくともかつては病を癒す効能があると考えられていた。
　　　　　　　　　　　　　　　　　　　　　*このほかに同名の村名格の畑が1.44haある。

レ・カズティエ　Les Cazetiers
AC：ジュヴレ=シャンベルタン1級畑
L：1級畑　R：1級畑　JM：別格1級畑　　　　　　　　　　　　　　　　　　　　8.43ha

標高360mから300mまで落ち込む急斜面上に位置するこの畑は、東を向いている。表土には石が多く、水はけをよくするとともに、熱をブドウに跳ね返してくれもする。畑の性質は斜面の上部と下部で異なっている。上部では白っぽい泥灰質、中腹は岩が露出していて、下部は沖積土壌が多くなる。カズティエでは表土のほとんどは色が淡めだが、下部では色が濃くなり赤みがかった茶色になる。
コート・サン=ジャックのエリアで、クロ・サン=ジャックの次におもしろい畑である。きめ細か、エレガントかつ複雑なワインで、色が濃いことは滅多にないが（ただし、これは生産者による——セラファンのカズティエはいつも色が濃い）、きわめて長く熟成する。優れたカズティエは、洗練と緻密さを印象づける。ワインとして美味だというだけでなく、知的関心をも引き起こしてくれる。
ブリュノ・クレールによるカズティエとクロ・サン=ジャックを並べてテイスティングするのは興味深い試みである。ともに同じ人物、ベルナール・クレールによって、互いに一年を空けずに植えられ（1957年から1958年にかけて）、穂木も台木も同じである。だが、豊かでたくましいクロ・サン=ジャックと比べると、カズティエは必ずpHが高く（つまり酸が低い）、熟成も早く進む。ただ、そうは言っても、クレールのカズティエは上部の区画で、クロ・サン=ジャックのほうは畑の上部から下部に渡っているという違いはあるのだが。
注目に値するレ・カズティエの造り手としては、ブリュノ・クレール、フィリップ・ナデフ、アルマン・ルソー、クリスチャン・セラファン、フェヴレ、ジャド、デュポン=ティスランド、ドミニク・ガロワなどがいる。

プティ・カズティエ　Petits Cazetiers
AC：ジュヴレ=シャンベルタン1級畑
L：記載なし　R：記載なし　JM：1級畑　　　　　　　　　　　　　　　　　　0.45ha

レ・カズティエの隣にある「小型版」というわけだが、実際にはラ・コンブ・オー・モワンヌの中にある飛び地のような畑である。1ヘクタールもない畑なので、めったに目にすることはない。ドミニク・ガロワが信頼できるワインを造っている。

シャンポー　Champeaux
AC：ジュヴレ=シャンベルタン1級畑
L：3級畑　R：3級畑　JM：1級畑　　　　　　　　　　　　　　　　　　　　6.68ha

レ・シャンポーは、コート・サン=ジャックの北端に向かう斜面中腹にあり、ここから東向きの方位がわずかな北向きに変わりはじめる。土壌はかなりのゴタ混ぜで、赤土と茶色い土が混ざり合い、地表すぐ近くにある基岩には、紫の筋が見られる。とても果実味豊かなワインで、ジャッキー・リゴーは「よく熟したさくらんぼを頬張ったときのようだ」と述べている[6]。だがおそらく、最上のワインに見られる緻密さや高貴さは欠いている。フリエのものには、確かに爆発的な果実味がある。楽しいことこのうえないが、この生産者の最高のワインと比べると洗練味で劣る。
ドニ・モルテ、フィリップ・ナデフ、アラン・ビュルゲはすべてシャンポーのワインを造っている。アルマン=ジョフロワ、トルトショ、オリヴィエ・ギュイヨ、ピエール・ブレ、モームも同様である。

シャンポネ　Champonnet
AC：ジュヴレ=シャンベルタン1級畑
L：3級畑　R：3級畑　JM：1級畑　　　　　　　　　　　　　　　　　　　　3.32ha

隣接するクレピヨより傾斜が急な畑で、土質は隣より軽いものの、それでも下部ではかなりの粘土が含まれている。畑の上部には砂利が多く含まれ、リュショット=シャンベルタンのほうまでこの砂利が続いている。なかなかのジュヴレの1級畑で、フレデリック・エスモナン、ドメーヌ・エレスツィン、ルイ・ボワイヨがここのワインを売っている。

プティット・シャペル　Petite Chapelle
AC：ジュヴレ=シャンベルタン1級畑
L：2級畑　R：記載なし　JM：1級畑　　　　　　　　　　　　　　　　　　　4.00ha

この畑は、特級畑シャペル=シャンベルタンの斜面下方への隣接地であるが、傾斜はわずかしかない。カミーユ・ロディエはシャペルの区画に7.90ha、さらに2haをジェモーの区画に割り振っており、ということはプティット・シャペルをシャペル=シャンベルタンの格付けに含めていた可能性がある。今日のシャペル=シャンベルタンは、5.49haしかないからだ。
プティット・シャペルは、「シャンピトノワ（Champitenois）」と名乗ることも認められているが、実際の例を目にしたことはない。ここからは、中程度の品質の1級畑ワインが生まれ、エレガントでシルクのようだが、ジュヴレ=シャンベルタン村の一部のワインが持つような強靭さとタンニンの骨組みを欠いている。代表的生産者には、ベルナール・デュガ=ピィ、デュポン=ティスランド、アンベール・フレール、マルシャン=グリヨ、ロシニョール=トラペ、ジャン=ルイ・トラペなどがいる。

シェルボード　Cherbaudes
AC：ジュヴレ=シャンベルタン1級畑
L：3級畑　R：3級畑　JM：1級畑　　　　　　　　　　　　　　　　　　　　2.98ha

シャペル=シャンベルタンの隣、マジ=シャンベルタンの真下にあるシェルボードは、どうもその昔、

---

[6] Jacky Rigaux, *Gevrey Chambertin, la parole est aux terroirs*, p.182

墓場だったようだ。斜面下方にあるジュヴレ村の1級畑の中では、頭ひとつ分豊潤さで勝っており、そこそこ複雑さも備えている。赤土の土壌には、大きな板状の石が含まれており、これは下にある基岩が崩れてできたものである。

ドメーヌ・デ・ボーモン、フリエ、ルイ・ボワイヨ、リュシアン・ボワイヨはみな、シェルボードのワインを手がけており、ロシニョール・トラペも2007年から造り始めた。

クロ・デュ・シャピトル　Clos du Chapître
AC：ジュヴレ゠シャンベルタン1級畑
L：記載なし　R：記載なし　JM：1級畑　　　　　　　　　　　　　　　　　　0.98ha

オート゠コートの協同組合セラーが単独所有していた畑で、この組合は1989年、ジュヴレ協同組合に吸収された。クロ・サン゠ジャックの下方、ドメーヌ・ルソーの向かいにあり、そのワインは魅力的で早飲み向きだとされる（ただし、私は一度も味わったことがない）。「シャピトル（司教座聖堂参事会）」とは、クロ・ド・ベーズをかつて所有していたラングルのものを指している。参事会は隣にセリエ・デ・ディームという建物も建てており、ここはクロード・デュガがセラーとして使っている。

クロ・プリウール　Clos Prieur
ACs：ジュヴレ゠シャンベルタン1級畑およびジュヴレ゠シャンベルタン
L：3級畑　R：3級畑　JM：1級畑　　　　　　　　　　　　　　　　　　　1.98ha*

宗教的な含みをもつ多くの畑のひとつである。プリウールとは、クリュニー修道院の副院長を指している。マジ゠シャンベルタンの下方にあるが、ラヴォー小渓谷の扇状地内に位置しており、村名格の原産地呼称に格付けされる下部は重い粘土土壌である。1級畑、村名AC双方が、比較的とっつきやすい気楽なジュヴレのワインを造るが、1級畑に格付けされている上部のものは、はるかに果実味に深みがあり、上品さも勝る。

1級畑のクロ・プリウールを造るのは、ドルーアン゠ラローズ、ジュラン、ロシニョール゠トラペ、トラペであり、村名格のワインはフレデリック・エスモナン、ルネ・ルクレール、ティエリ・モルテ、パトリス・リオン、ジョゼフ・ロティが造っている。　　　*このほかに同名の村名格の畑が3.66haある。

ル・クロ・サン゠ジャック　Le Clos St-Jacques
AC：ジュヴレ゠シャンベルタン1級畑
L：1級畑　R：1級畑　JM：別格1級畑あるいは特級畑　　　　　　　　　6.70ha

聖ヤコブ（サン゠ジャック）の像にちなんだ畑で、かつてはサンチアゴ・デ・コンポステーラ（フランス語ではサン゠ジャック・ド・コンポステル）に向かう巡礼路の中継地であった。ジュール・ラヴァルはクロ・サン゠ジャックを1級畑の筆頭としていて、格上の特級畑に位置づけられていたのはシャンベルタンとクロ・ド・ベーズだけであった。ドメーヌ・アルマン・ルソーのワインの品質は、この見立てと一致している（値段のほうも！）。ベリー・ブラザーズ商店の1909年の価格表には、単独所有畑シャンベルタン゠クロ・サン゠ジャック1904年が「たいへん優れていて、長期熟成向き」、1ケースあたり60シリングとある。

南と東を向いた完璧な立地の急斜面に位置するクロ・サン゠ジャックを、特級畑の地位にふさわしいと考えるのは妥当である。そうなっていないのは、ほかのシャンベルタンの特級畑と離れていること以外に、ちょっとした政治的な経緯もあるのだろう。格付けがおこなわれた当時、この畑のすべてを所有していたのは俗物のムシュロン伯爵で、特級畑（と言うか、あらゆる格付け）の申請をするために必要な書類を書くのをおっくうがったというのである。格付けの取り決めをする会合でも伯爵は浮いていた。集まりを小馬鹿にして、煙草に火をつけたために、外に出て吸うように言われ、そのあいだに決定がなされたのだと、その場にいたルイ・トラペが話している[7]。伯爵のために、特

---

7) Jean-François Bazain, *Chambertin*, p.88

級畑の地位を与えようと言うものは誰もいなかったので、1級畑になってしまったのである。
地元の歴史家であるシャルロット・フロモンは、ムシュロン伯爵自身がこの畑を所有していたのではないという証拠を示している。ムルソーのセール家の相続人たちの手にあったのだが、そのうちのひとり、リュシー・ブスノがムシュロン伯爵夫人になったのである、彼女自身は1939年まで、クロ・サン=ジャックの一部すら相続したことはなく、単独所有するようになったのは1949年になってからである。ただし、夫である伯爵は、セール家の人々のために、もっと早くから畑の世話をしていたかもしれないのだが。

いずれにせよ、伯爵は所有地の手入れをすることよりも、社交のほうに関心があったようで、やがて畑を売らざるをえなくなった。クロ・サン=ジャックを手放したのは1955年で、現在は5人の生産者が所有している。ルソー、ジャド、フリエ、シルヴィ・エスモナン、ブリュノ・クレールである。ジャン=マリー・フリエによれば、彼の祖父とシャルル・ルソーは狩りの仲間で、とある日曜日に一緒に狩りにでかけたときに、この畑を分け合って買おうと決めたらしい。シルヴィ・エスモナンの祖父は、所有区画を買うために銀行から借り入れをしなければならなかった。祖父の倫理観からすると、この借金は恥ずべきことだったらしく、それ以来、恥ずかしさのあまり地元のカフェで友人に会うことができなくなったという。

私はかつて一度、ルソーの1959年ヴィンテージを人と分かち合うこのうえない悦びを味わったことがある。ロンドンのオークションで、1990年代に購入したものである。並はずれて優美な経験であった。この話をシャルル・ルソーにしたところ、彼は咳ばらいをし、「悪くはないが、残念だ。1957年ならもっとよかったのに」と言った。

5人の生産者はそれぞれ、斜面上部から下部にかけて伸びる帯状の区画を所有していて、これは一貫した品質のワインを造るうえで重要である。土壌は、上部では白色の泥灰質だが、下部では茶色っぽい粘土質になり、全体に小石が多く見られる。この3つの土壌タイプの組み合わせと、真南と真東に向いていることが、クロ・サン=ジャックがかくも完璧なワインになる理由である。骨格、重量感、そして必ず複雑性がある。所有者たちには、特級畑への昇格を求めようという動きはない。比類なき1級畑として、孤高の存在に留めておきたいようである。

エリック・ルソーによれば、下部の区画は1950年代までブドウが植わっておらず、代わりにアルファルファが栽培されていたらしい。驚くにはあたらないが、所有者が変わる否や、そうではなくなった。

クロ・デ・ヴァロワイユ　Clos des Varoilles
「レ・ヴェロワイユ」の項目（138頁）を参照。

オー・クロゾー　Au Closeau
AC：ジュヴレ=シャンベルタン1級畑
L：記載なし　R：記載なし　JM：1級畑　　　　　　　　　　　　　　　0.53ha

小さな1級畑で、ラ・ペリエールの北西角にきっちりとはまっている。こんな小さな畑に、別の名前をつけておくことに意味があるのだろうか。ドメーヌ・ドルーアン=ラローズが、この畑のほとんどを所有しており、ボトルを見たことがあるのはこの生産者のものだけである。

コンブ・オー・モワンヌ　Combe aux Moines
AC：ジュヴレ=シャンベルタン1級畑
L：3級畑　R：2級畑　JM：1級畑　　　　　　　　　　　　　　　　　4.77ha

遠い昔、17世紀にベネディクト派の修道僧によって初めて植えられた畑のようだ。フランス革命時にクリュニー修道院が財産を没収されるまで、そこの修道僧たちの所有下にあった。Combe au Moineと綴られていることもあり、そうならばひとりの修道僧の畑という意味になる（Combe au Moineは「修道僧の小渓谷」、Combe aux Moinesだと「修道僧たちの小渓谷」）。

コート・サン=ジャックの斜面にあって、カズティエの畑を越えたところにあるコンブ・オー・モワン

ヌは、評判の良い畑ではあるものの、すぐ南にある畑（カズティエ）ほどの卓越した品質には達しない。方位は真東、斜面は急で、上部は白色の泥灰質、斜面を下っていくと赤味が強く鉄の多い土壌となる。かつてはコンブ・オー・モワンヌの中に2つ小さな採石場があったが、第2次世界大戦後に埋め立てられ、ブドウが植えられた。

力強いワインでよく熟成するが、コート・サン＝ジャックで最良の1級畑がもつ極上の洗練味はもち合わせていない。ジャン＝マリー・フリエは、わずかにタンニンが粗野だと言うが、採石場の壁が円形競技場のような形を成しているので、夏には温度が少し高くなり、ブドウはいつも熟する。昔から言われるのは、コンブ・オー・モワンヌは10年寝かせたあと、狩りの季節に飲むのがよく、それまでには豊かなジビエ風味が花開いており、タンニンを覆い隠してくれるからだという。このワインの生産者には、ドメーヌ・フリエ、ガロワ、フィリップ・ルクレール、ルネ・ルクレール、ルイ・ジャド、ジョゼフ・フェヴレなどがおり、フェヴレが最大所有者である。

オー・コンボット　Aux Combottes
AC：ジュヴレ＝シャンベルタン1級畑
L：記載なし　　R：3級畑　　JM：別格1級畑　　　　　　　　　　　　　　　　　　　　4.57ha

昔の権威はこの畑を1級品とはみなしていなかったが、地図で見る限りコンボットは特級畑でもいいように思える。南にあるクロ・ド・ラ・ロシュと、ジュヴレの村の特級畑群にはさまれているからだ。1級畑なのは、政治的理由によるものだという説がある。格付けがなされた時期、コンボットの所有者全員がモレ＝サン＝ドニ村に住んでいたため、ジュヴレ＝シャンベルタンでは誰もこの畑を推すことに興味がなかったのである。モレ村のアナイス・モンジャールはかつて、コンボット＝シャンベルタンという名を提唱したが、認められなかった。

昔の格付けを正当化する、よりもっともらしい説明は、隣接する特級畑よりも土地がくぼんでいるから、1級畑にしかなれないのだというものだ。土質もほとんどの場所がより含水量の多い重いもので、上方にあるグリザール小渓谷から吹き下ろしてくる冷たい風の悪影響もあるかもしれない。ドメーヌ・ロシニョール＝トラペによれば、畑の上部では土壌に少し砂が多く、ブドウが早く熟するという。この蔵では、同じく所有するラトリシエール＝シャンベルタンよりも一週間早く収穫している。コンボットは夕方の日照を長く受けられるが、ラトリシエールは背後にある森のせいでそうではない。

1983年という最近まで、ジョルジュ・リニエはコンボットを特級畑に格上げするか、ラトリシエールに含めるかするよう求めていたが、うまくいかなかった。

こうした欠点にもかかわらず、この畑は並はずれて優れたワインを生むことがある。ドメーヌ・デュジャックの手にかかると、シャルム＝シャンベルタンやシャペル＝シャンベルタンのいまひとつのワインよりも、はるかに興味深いものができるのだ。実際、デュジャックでは、コンボットの値段は同じ蔵のシャルム＝シャンベルタンよりほんのわずかだけ安いに過ぎない。

ドメーヌ・ピエール・アミオ、アルロー、デ・ボーモン、デュジャック、ジョルジュ・リニエはすべてモレ村に住む所有者だが、ジュヴレ＝シャンベルタンの造り手であるマルシャン・フレール、ロシニョール＝トラペ、トラペも小さな区画を保有している。

レ・コルボー　Les Corbeaux
AC：ジュヴレ＝シャンベルタン1級畑
L：3級畑　　R：3級畑　　JM：別格1級畑　　　　　　　　　　　　　　　　　　　　3.21ha

「カラス」を意味するレ・コルボーは、フォントニの下方、特級畑マジ＝シャンベルタンと村落のあいだにはさまれている。中世の時代、ここは墓場だった。墓石にカラスたちが静かに群がっている様をイメージしたのだろう……。

味のよい、魅力的なワインではあるもの、マジ、あるいはフォントニですら備えている風味の深さはない。クリスチャン・セラファンは、この2つの1級畑の両方に区画を持っているが、コルボーよりもフォントニの値段を生真面目に高くしている。ドニ・バシュレのものは、彼の手による村名

ACのワインよりあきらかにフィネスがあるが、ボディについてははっきりわかるほどの差がない。この畑産の優れたワインとしては、ドニ・バシュレ、リュシアン・ボワイヨ、ブリュノ・クラヴリエ、ドメーヌ・エレスツイン、フィリップ・ロシニョール、クリスティアン・セラファンによるものがある。

クレピヨ　Craipillot
AC：ジュヴレ=シャンベルタン1級畑
L：3級畑　R：3級畑　JM：1級畑　　　　　　　　　　　　　　　　　　　　2.76ha

この名前がラベルに書かれたワインはほとんど目にしないが、畑の裏に家を持つジェラール・セガンと、ジョゼフ・フェヴレが造っている。比較的平坦な畑で、ラヴォー小渓谷から押し流されてきた土が土質に影響を与えている。畑のシャンポネ側は土質が軽めである。

アン・エルゴ　En Ergot
AC：ジュヴレ=シャンベルタン1級畑
L：記載なし　R：記載なし　JM：1級畑　　　　　　　　　　　　　　　　　1.16ha

プティット・シャペルの畑の南側にあり、比べると少し傾斜がきつい。美しいとは言えない名前〔ergotは「雄鶏の蹴爪」の意味〕で、実際のボトルを見たこともないのだが、トラペの製造記録書には記載がある。1877年に購入したが、フィロキセラの到来のために、わずか6樽しか造られなかったそうだ。接ぎ木した苗に植えかえられねばならなかったが、その後1893年（8月27日収穫）には驚くようなワインができたと、ピエール=アルチュール・トラペが記している。このときには30樽が仕込まれ、当時としては天文学的価格と言える一樽525フランで売られている。

エトゥルネル（・サン=ジャック）　Etournelles / Estournelles (St-Jacques)
AC：ジュヴレ=シャンベルタン1級畑
L：1級畑　R：1級畑　JM：1級畑　　　　　　　　　　　　　　　　　　　　2.04ha

地籍図ではEtournellesと綴られているが、ラベルでよく見るのはEstournellesのほうの綴りである。畑名は、先史時代の人類が住んでいた小さな丸い小屋に由来しているかもしれない。というのもその遺跡がこの畑の上方で発見されているからだ。斜面上部、ラヴォー・サン=ジャックの上方にある畑で、ここで丘の斜面は上を向いてラヴォー小渓谷につながっていく。斜面は急、白色の泥灰質に多くの石が混じる土壌で、表土がほとんどない。コート・サン=ジャックの最良の品と比べると深みも複雑味も劣るが、愛らしさ、香り高さ、デリカシーは備えている。フレデリック・エスモナン、アンベール・フレール、ルイ・ジャド、フィリップ・ロシニョールが販売している。

> #### フシェール　Fouchère
> 完全なリストにするために、この1haの畑についても言及しておこう。すでに存在しておらず、どこにあったかも正確にはわからないのだが。おそらく、特級畑どれかひとつの一部分だった。というのもラヴァルとロディエによって非常に高く評価されているからだ。ただ、ロディエはラヴァルに追従しただけだろうが。

フォントニ　Fonteny / Fontenys
AC：ジュヴレ=シャンベルタン1級畑
L：3級畑　R：3級畑　JM：1級畑　　　　　　　　　　　　　　　　　　　　3.73ha

「泉（fountain）」に由来する畑名だが、泉そのものはすでに枯れ果ててしまっている。基岩はウミユリ石灰岩で、ほんとうに分厚い板のようになっているため、樹を植える前に岩を割らなければならないと、ジャッキー・リゴーは述べている[8]。東と西の両方に向いているので、フォントニは一日

---

8) Jacky Rigaux, *'veritables dalles qu'il faut casser pour planter'*, Gevrey Chambertin, la parole est aux terroirs, p.186

の大半、太陽を浴びることができる。
クロ・ド・フォントニは、ブリュノ・クレールが上部の（より条件のよい）あたりに保有する単独所有畑で、硬い岩の上にのっている表土はほとんどない。果実味たっぷりの力強いワインになるが、エレガンスは保たれている。ジュヴレ村の1級畑のうち、もっとも興味深いもののひとつで、ブリュノ・クレール、クリスティアン・セラファン、ジョゼフ・ロティの手によるものはとりわけそうである。

レ・グロ　Les Goulots
AC：ジュヴレ＝シャンベルタン1級畑
L：記載なし　R：記載なし　JM：1級畑　　　　　　　　　　　　　　　　　　　1.81ha

レ・グロという名前は、流れる水を意味する古い言葉「gouléyant」からきている。今日、このワイン名は、「するすると喉を通っていくが、味が薄い」という意味を含んでいる。
19世紀という比較的近い時代まで、ここには採石場があって、石だけでなく、パン焼き窯をつくるための質の良い粘土も採取されていた。
コンブ・オー・モワンヌから北へ向かったところにある畑で、シャンポーの斜面上方に位置する。つまり、北に続く畑がブロション村に入り、ただのACジュヴレ＝シャンベルタンに変わる手前の、最後の1級畑ということになる。軽い味わいの、斜面の1級畑で、あまり見かけないワインではあるが、ドメーヌ・フリエ、ガロワ、エレスツインが販売している。

イサール　Issart / Issarts
AC：ジュヴレ＝シャンベルタン1級畑
L：記載なし　R：記載なし　JM：1級畑　　　　　　　　　　　　　　　　　　　0.62ha

またの名を「ラ・プランティゴヌ（La Plantigone）」という小区画（リュー・ディ）の中にあり、イサールの一部は宅地になっている。興味深いことに、かつて立派な2階建ての家だった建物の廃墟が、1級畑のブドウの中に唐突に立っており（ここからの村と平野の眺望はすばらしい）、裏側はリュショット＝シャンベルタンに接している。ドメーヌ・フェヴレの単独所有であるクロ・デ・イサールは、快活で骨組みのしっかりしたジュヴレの1級ワインを今日生んでいる。

ラヴォー（・サン＝ジャック）　Lavaux / Lavaut (St-Jacques)
AC：ジュヴレ＝シャンベルタン1級畑
L：2級畑　R：2級畑　JM：1級畑　　　　　　　　　　　　　　　　　　　　　9.53ha

優れたジュヴレ＝シャンベルタンのワインを生む畑だが、冷たい風が吹き抜けるラヴォー小渓谷に包含される冷涼な場所である。ゆるやかな南向きの斜面にある畑だが、その長所はいくぶんか、谷の向こう側にあるこっちを向いた斜面のせいで減じられている。ルソーのワインの中で、決まって最後に摘まれる畑である。
ラヴォー・サン＝ジャックは骨があって、緻密さとエレガンスをも備えたジュヴレを生む。濃厚で色の濃いピノではなく、赤系果実の風味にあふれている。
優良生産者の数は多く、ジル・ビュルゲ、コンフュロン＝コトティド、ベルナール・デュガ＝ピィ、クロード・デュガ、デュポン＝ティスランド、アルマン＝ジョフロワ、ルイ・ジャド、ジャン＝フィリップ・マルシャン、モーム、モルテ、アルマン・ルソー、ジェラール・セガン、ドメーヌ・トルトショなど。

ラ・ペリエール　La Perrière
AC：ジュヴレ＝シャンベルタン1級畑
L：記載なし　R：記載なし　JM：1級畑　　　　　　　　　　　　　　　　　　　2.47ha

ブルゴーニュにおける通例は、レ・ペリエールという名の畑が村で屈指の良い土地であることだ。というのもその名は通常、土壌に石が多いことに由来しているからである。実際、その場所にかつて採石場があったことにちなんでいるのが常である。この村の「ラ・ペリエール（La perrière）」という名は単数形で、もともと浅めの採石場がひとつあったからなのだが、後年土で埋められてブドウ

が植えられた。
ドメーヌ・リュシアン・ボワイヨとアルマン゠ジョフロワがラ・ペリエールのワインを造っている。ペロ゠ミノのネゴシアン部門もこの畑のワインを売っている。

ポワスノ　Poissenot
AC：ジュヴレ゠シャンベルタン1級畑
L：記載なし　R：記載なし　JM：1級畑　　　　　　　　　　　　　　　　　　2.20ha

ラ・ロマネの畑の隣にあるのがポワスノで、中世の時代にクリュニーの修道僧たちがつくった養魚池にその名はちなむ。
南向きだが、ラヴォー小渓谷へと続いていく斜面の高いところにあるために、森の木々の張り出した枝によって日陰ができてしまう。土壌には多くの石と、若干の砂までが混じっており、ジュヴレのワインとしては軽めでミネラル感のあるスタイルとなる。私が試飲したことがあるのは、ドメーヌ・ジャンテ゠パンシオとドメーヌ・アンベールのものだけである。

ラ・ロマネ　La Romanée
ACs：ジュヴレ゠シャンベルタン1級畑およびジュヴレ゠シャンベルタン
L：記載なし　R：記載なし　JM：1級畑　　　　　　　　　　　　　　　　　　1.06ha*

ドメーヌ・デ・ヴァロワイユの単独所有畑で、斜面最上部、クロ・デ・ヴァロワイユの上方に細い帯のようにしてある。水路が畑の下方を走っているが、それでも水はけはよい。石の多い畑で、南を向いているが、やはり森によって少し日陰になっている。ポワスノと似たスタイルのワインとなる。

*このほかに同名の村名格の畑が0.23haある。

レ・ヴェロワイユ／クロ・デ・ヴァロワイユ　Les Verroilles / Clos des Varoilles
AC：ジュヴレ゠シャンベルタン1級畑
L：1級畑　R：1級畑　JM：1級畑　　　　　　　　　　　　　　　　　　　　5.97ha*

レ・ヴェロワイユと呼ばれる小区画だが、畑はクロ・デ・ヴァロワイユとして知られ、すべてがドメーヌ・デ・ヴァロワイユの所有である。かつてはネジョン家がこの蔵の持ち主だったが、現在はジルベール・アメルの手に渡っている。長い歴史をもつ畑で、ラングルの司教座聖堂参事会によって、1272年から1329年のあいだに段階的に購入された。聖堂参事会の財産がフランス革命中に没収されるまで、単一畑として維持されていた。
ラヴォー小渓谷の入り口に包含されている畑で、熟成に時間のかかる堅牢でタンニンの強いワインを生む。この石壁に囲まれた土地は、もっと日当たりのよい畑のように暖かくはなく、日照にも恵まれていないからだ。

*このほかにエトゥルネル（リュー・ディ）の畑が0.05haある。

村名格ジュヴレ゠シャンベルタン
Village vineyards : appellation Gevrey-Chambertin

地図を一目見れば、次の疑問がわきあがる。なぜ、かくも多くのACジュヴレ゠シャンベルタンの畑が、D974号線の「良くない」側にあるのだろうか。この道は、高品質なワインを造る斜面の、下部における境界線だと通常考えられている。ラヴォー小渓谷からの沖積錐、または扇状地の影響がその理由である。道の東側にある畑のうち少なくともひとつ——ラ・ジュスティスは、注目に値するワインを生み出している。道の下方にあっても少し南にいったところにあるさまざまな畑（つまり、扇状地の好い影響を受けられない畑）は、2002年に村名ACから格下げになった。これらの畑がACジュヴレ゠シャンベルタンに格付けされていたことは、少なくとも50年間にわたってこのACの信用失墜につながっていたが、その後はそんなことはなくなったわけだ。
ほかの村名ACのワインは、D974号線と特級畑のあいだにあって、土壌はかなり肥沃で、霜の被

害にあいやすい。1985年1月に畑を襲った猛烈な冷え込みのあと、多数のブドウ樹が植え替えを余儀なくされた。加えて、ブロション村にもACジュヴレ゠シャンベルタンの畑があり、比較的固く、色の濃いワインを生みやすい。

ベ゠レール、ラ・ボシエール、クロ・プリウール、ラ・ロマネの4つの畑の一部は、1級畑に格付けされており、そちらで詳述する。

ビラール　Billard　　　　　　　　　　　　　　　　　　　　　　　　　9.18ha
栄養分に富む肥沃な土壌をもつブロション村の畑で、D974号線のすぐ上方にあり、固いワインを生む。アラン・ビュルゲのボトルは、赤系果実にまじってほのかに甘草のニュアンスがある。ジェローム・ガレイランも、アン・ビラールという名のキュヴェを造っている。

カルジョ　Carougeot　　　　　　　　　　　　　　　　　　　　　　　　4.44ha
ラヴァルは3級畑に格付けしたが、ロディエは2級畑とし、オー・コンボットの上に位置づけた。村落の下方にあり、ラ・ペリエールの畑に接している。現在、この畑名でワインを売っているのは、ドメーヌ・アントナン・ギヨンとマルク・ロワである。

アン・シャン　En Champs　　　　　　　　　　　　　　　　　　　　　7.90ha
1級畑シャンポーのすぐ下にある優れた畑で、ジャンテ゠パンシオとオリヴィエ・ギュイヨ、ドニ・モルテが、この畑のワインを単独で瓶詰めしている。

シャン゠シェニ　Champs-Chenys　　　　　　　　　　　　　　　　　　5.65ha
特級畑シャルム゠シャンベルタンと幹線道路にはさまれているシャン゠シェニは、この畑でみずみずしく、かつ熟したチェリーの香味を備えたワインを生むジョゼフ・ロティによって有名になった。シャン゠シェニのブドウは、ドメーヌ・ルソーのACジュヴレ゠シャンベルタンのワインにも用いられている。

オー・コルヴェ　Aux Corvées　　　　　　　　　　　　　　　　　　　11.81ha
古くからある村落の主要な家屋群と、幹線道路のあいだにある大きな畑である。土壌はかなり重く、固くタンニンの強いワインとなる。ドメーヌ・トルトショとジル・ビュルゲがこの畑のワインを販売している。

レ・クレ　Les Crais　　　　　　　　　　　　　　　　　　　　　　　26.22ha
この広大な畑は、幹線道路から斜面下方へと伸びるサン゠フィリベール道の両側にある複数の区画からなっていて、明らかに優れた立地とは言えない。しかし、扇状地の好影響がここまでもおよんでいるのだ。ジェラール・セガンがこの畑のワインを造っている。

ル・クレオ　Le Créot　　　　　　　　　　　　　　　　　　　　　　　4.84ha
比較的知名度のあるブロション村の畑のひとつで、幹線道路と特級畑街道のちょうど中間あたりにある。ドメーヌ・マルシャン゠グリヨがこの畑のワインを瓶詰めしている。

レ・クロワゼット　Les Croisettes　　　　　　　　　　　　　　　　　2.16ha
特級街道の下方にあるブロション村の畑。ジェローム・ガレイランが、「アン・クロワゼット（En Croisette）」の名前で単独で瓶詰めしており、古木からの力強いキュヴェである。

オー・ゼトロワ　Aux Etelois　　　　　　　　　　　　　　　　　　　7.30ha
グリオット゠シャンベルタンとD974号線のあいだにある目立って平坦な畑だが、それでも比較的エレガントな村名ジュヴレを生んでくれる。ロシニョール゠トラペが今、「エトロワ（Etelois）」という

キュヴェを単独で詰めており、ベルトラン・モームもたいていの年には同様にしている。

レ・ゼヴォセル / エヴォセル　Les Evocelles / Evosselles　　　　　　　　　11.37ha
一部はジュヴレ=シャンベルタンの村にあるが（Evossellesと綴られる）、大部分はブロション村にある（こちらでは綴りはEvocellesである）。
傾斜が急で、石が多く、斜面の上方にある畑で、標高は380mにも達する。斜面があまりに急なので、ドメーヌ・ド・ラ・ヴジュレでは、所有地を耕すのにトラクターではなく馬を使っている。ここは、ジャン=クロード・ボワセが1960年代にワインの仕事を始めたとき、最初に購入した畑である。ルイ・ボワイヨも、ここで良いワインを造っている。

レ・ジュヌ・ロワ　Les Jeunes Rois　　　　　　　　　　　　　　　　　　　4.32ha
ブロション村の畑で、特級畑街道の下方にある。ドメーヌ・ジャンテ=パンシオとトルトショが単独で瓶詰めしている。「若き王」を意味する畑名は、ここを通り過ぎたいつの時代かの10代の王たちというよりも、ブドウの若木の畝にちなんだものだろう。

ジュイズ　Jouise　　　　　　　　　　　　　　　　　　　　　　　　　　　7.06ha
幹線道路のすぐ上、村落の南に位置する平地の畑であるジュイズは、クロ・プリウールをエレガントにしたようなスタイルで、堅牢で肉付きのよいジュヴレの典型からははずれる。ドメーヌ・アルマン=ジョフロワとマルシャン・グリヨによって、この畑名で瓶詰めされている。

ラ・ジュスティス　La Justice　　　　　　　　　　　　　　　　　　　　　18.28ha
D974号線の良くない側にあることから、どうでもいい畑のように思われるが、断層によって石灰岩の地層がこの畑の下には横たわっているのだ。その上には砂が積もっており、水はけは非常に良いが、干ばつになるとすぐに乾燥しきってしまう。
ラ・ジュスティスは潜在力のある畑だが、安定はしていない。フィリップ・シャルロパンは、いかなるミスも許されないテロワールだと述べている。
クロ・ド・ラ・ジュスティス（単独所有畑）は、1903年にピエール・ブレによって購入、植樹された。ラ・ジュスティスの一番上にある区画で、D974号線に最も近い。大きな門があって、「Bernard Bourée, propriétaire（所有者ベルナール・ブレ）」と書かれた看板がある。
ラ・ジュスティスのほかの生産者には、ルネ・ブヴィエ、アラン・ビュルゲ、フィリップ・シャルロパン、ジェラール・セガン、ドメーヌ・ド・ラ・ヴジュレなどがいる。

メ・デ・ズシュ　Meix des Ouches　　　　　　　　　　　　　　　　　　　1.04ha
1級畑シャンポネ、クレピヨ、フォントニに囲まれたメ・デ・ズシュは、クロ・ド・メヴェルと石壁を共有している。ドメーヌ・デ・ヴァロワイユの単独所有畑である。

メヴェル　Mévelle　　　　　　　　　　　　　　　　　　　　　　　　　　1.84ha
1級畑クレピヨの下方、石壁に囲まれたこの小さな畑は、ドメーヌ・ピエール・ジェランが単独で所有しており、クロ・デ・メヴェルと名乗っている。傾斜がほとんどなく、表土の量はかなり多い。その昔に、斜面上部から土が押し流されてきたに違いない。ラヴァルとロディエはともに3級畑に格付けしている。

アン・パリュ　En Pallud　　　　　　　　　　　　　　　　　　　　　　　1.40ha
ドメーヌ・モームが、レ・コルボーの下にある小さな窪みのようなこの畑の半分近くを所有している。泥灰質の多い土壌からは、口中でボリュームをしっかり感じるジュヴレ=シャンベルタンが生まれる。

アン・ソンジュ　En Songe　　　　　　　　　　　　　　　　　　　　　　　　　　2.78ha

ジュヴレとブロションの村落のあいだ、斜面中腹にある畑。マルシャン・フレールおよびマルシャン=グリヨによって、単独で瓶詰めされている。シルヴィ・エスモナンによる、ヴィエイユ・ヴィーニュ・キュヴェの原料ブドウにもなっている。

タミゾ / クロ・タミゾ　Tamisot / Clos Tamisot　　　　　　　　　　　　　　　1.64ha

ブロションとの境近くにあるジュヴレ村の畑で、ドメーヌ・ピエール・ダモワの単独所有。言うならばこのドメーヌの裏庭である。開花は早いのだが、ブドウが熟するのには時間がかかる。

主要生産者

ドメーヌ・ドニ・バシュレ　Domaine Denis Bachelet

ドニはベルギーにあるスピーの町で1963年に生まれた。父が、ジュヴレ=シャンベルタン村の合唱団に随行してスピーの町を訪れたときに、地元女性と恋に落ちたのである。ドニは、ジュヴレに住む祖父のもとを学校の休みになると訪れ、ワイン生産者の魔法の世界に恋するようになった。祖父の逝去からまもない1981年からはワイン造りにすべての時間を捧

ドメーヌ・ドニ・バシュレの所有畑	
	ha
Charmes-Chambertin Grand Cru	0.43
Gevrey-Chambertin 1er Cru Les Corbeaux	0.42
Gevrey-Chambertin	1.23
Côte de Nuits-Villages	0.95

げるようになった。幸運のなせるわざかはともかくとして、バシュレの1981年産ワインはずば抜けてよかった。ふつうは雨が多く難しいヴィンテージだと考えられているのだが。この年のシャルム=シャンベルタンは、その後15年間にわたって楽しむことができた。

「何よりもまずフィネスが大切」というのが、ドニ・バシュレのモットーであり、彼の手によるどのワインにもそれは表れている。仕事を始めた当初、ドニのワイン造りは注意深く考え抜かれたものというより、直感に従っている感じだった。ワインは若いうち、溶け込んでいる炭酸ガスの量が多すぎることがままあったし、不快な還元臭が感じられることもあったが、ボトル内で2、3年を過ごすと通常は解消されていた。1990年代前半、ドニの私生活が不幸な時期は、それがワインにあらわれていたこともある。だが幸福な再婚を果たした今では、妻と息子が家業に加わったこともあり、以前のどの時期よりも優れたワインを造っている。ブドウ畑での収量についてはかつてよりも関心が払われ、セラーでも樽の選別が厳密になった（新樽比率は村名ジュヴレ=シャンベルタンで三分の一、1級畑、特級畑で50%である）。己のワインとワイナリーについて、完全に自分のものにした感がある。

ドニはもちろん、ワインの品質はブドウ畑での仕事によると考えており、今ではどこの区画であれ、果実の量が多すぎると思ったら摘房をおこなう。収穫時、ブドウはまず畑で選別され、カビに冒されたもの、あるいはその疑いがあるものはすべて取り除かれる。2003年からは、新しく導入された振動式の選果台で、さらなる選別がおこなわれている。

色の抽出のため、ブドウを100%除梗したあと破砕するのがドニのやり方だ。最長で1週間の低温発酵前浸漬のあと、天然酵母で発酵が始まる。発酵が終わるや否や、タンクの中身は圧搾され、1週間タンク内で静置してから樽に移す。単純だが分別のあるワイン造りで、必要あらば直感に従って介入がなされる。

シャルム=シャンベルタン ヴィエイユ・ヴィーニュ 特級　畑の上部、条件がよいほうの区画である。ドニの大叔母が1920年代に植えたブドウで、大叔母の妹、つまりはドニの祖母が、ときおり畑仕事を手伝っていた。それ以来、枯死した樹が出れば植え替えられているので（1年に2、3%程度）、すべてが古木というわけではない。だが概して言えば、ドニは深く根を張りめぐらせた古木の恩恵を受け、量はわずかだが風味に富み、凝縮した果実を手に入れている。バシュレのシャルムは若いうち、非常に深い紫色をしているが、決して黒みを帯びることはない。果実の香りが咲き乱れ、新樽は奥に隠れている。果実由来の、たなびくように続く魅力がある。

ジュヴレ=シャンベルタン1級 レ・コルボー　はじめの頃、このキュヴェは同じ蔵のACジュヴレ=シャンベルタンとほとんど差がないように思われた。だが、ドニ・バシュレがブドウ畑を立て直し、1990年代後半には数畝どうにか畑を買い足しもしたおかげで、今やこのワインはドニのセラー内でまっとうな地位についている。

ジュヴレ=シャンベルタン ヴィエイユ・ヴィーニュ　ラ・ビュリ（La Burie 1920年植樹）、シャンペリエ（Champerriers 1930年代植樹）、ラ・プラティエール（La Platière 1950年植樹）といった複数の畑の古木から造るワインである。いつも果実味がタンニンにまさっている仕上がりだ。

オリヴィエ・バーンスタイン　Olivier Bernstein

ジュヴレ=シャンベルタンの新世代に属する小規模ネゴシアンである。音楽の世界からやってきた人物で、国際的なマネージメントの世界で経験を積んだのち、オリヴィエ・バーンスタインはワインの世界に身を投じることにした。当初は、ルーション地方のトータヴェル付近で仕事をしていたが、ブルゴーニュに惹きつけられてしまう。2007年、自分で栽培方法を管理できる古木の畑から、いくつかのワインを造り始めた。右腕であるリシャール・セガンとともに、摘み取りはバーンスタイン自身がおこなっている。ジュピーユの森産のオーク材を使い、樽業者ステファン・シャサンがつくった新樽を好み、醸造と熟成はまだ試行錯誤中である。最初のラインナップには白の1級畑ワインが2つ、赤の1級畑が4つ、赤の特級畑も4つあり、注目すべきはボンヌ・マールとマジ=シャンベルタンである。

アラン・ビュルゲ　Alain Burguet

樽のように大きく厚い胸をしたアラン・ビュルゲは、もう四半世紀ものあいだ、ジュヴレの村でもっとも敬意を集める生産者のひとりである。1964年に学校を出てブドウ畑で働き始め、自分の名のワインを初めて世に出したのが1972年である。アランは身長がおおよそ樽2個分、横幅が樽1個分あり、1980年代に造っていたワインには、そのたくましい肉体のあらわれが見てとれた。つまり、ときおりタンニンが果実味に対して強すぎたのである。その後、スタイルは進化し、今では果実をもっと遅く、熟した状態で摘むようになったので、ワインに豊かさの次元が加わるようになった。今日、ジャン=リュックとエリックの2人の息子がアランを助けている。

8haの所有畑のほとんどが、ACジュヴレ=シャンベルタンである。レ・ジュスティス、アン・ビラール、アン・ルニアールはその名を冠して瓶詰めされており、ほかに2種類のブレンドワインがある。ジュヴレ=シャンベルタン・トラディシオンと、お気に入りの区画の古木から造られるすばらしいメ・ファヴォリットである。1級畑のレ・シャンポーからの少量のキュヴェもあるが、畑はたった0.18haしかない。3つの買いブドウからのキュヴェがラインナップを補っており、シャンボール=ミュジニ・レ・シャルダンヌ、ヴォーヌ=ロマネの1級畑レ・ルージュ、そして特級畑のシャンベルタン=クロ・ド・ベーズである。このネゴシアン・キュヴェは、アランが違う村でも腕をふるうためにある。

ジュヴレ=シャンベルタン メ・ファヴォリット　お気に入りの畑にある約18の区画に植わる古木のブレンドである。もうひとつ、ほぼ同じ面積のジュヴレ村の所有畑の残りから造るトラディションというキュヴェもあり、すべてがブレンドされて1種類のワインとなっている。メ・ファヴォリットは、アランが成し得ようとすることの精髄である。口に含むと、ミネラルの核のまわりに、つややかな果実がたっぷりと感じられる。とても複雑なワインで、収穫から6～10年後に最良の姿となる。

ドメーヌ・ユベール・カミュ　Domaine Hubert Camus

これまでのところ、この蔵のラベルをつけたワインで私が味わったものはすべて、がっかりする出来ばえだった。そうそうたる特級畑のブドウを使えることを考えると、という意味でだ。このドメーヌは、シャルム=シャンベルタン（3.03ha）とマゾワイエール=シャンベルタン（3.87ha）の両方を持っているうえに、ラトリシエール=シャンベルタン（1.51ha）、マジ=シャンベルタン（0.37ha）、そしてACジュヴレ=シャンベルタンの畑もある。この状況は驚くべきことだ。というのもカミュからブドウを買っている人々は、原料ブドウの質は悪くないと言うからだ。

フィリップ・シャルロパン　Philippe Charlopin

フィリップは、新世代の活力ある造り手として名をあげ始めたすぐあとに、マルサネ村からジュヴレ=シャンベルタンへと居を移した。そのワインはアメリカで熱狂的に受け入れられたが、イギリスでの騒ぎはもう少し穏やかだった。その理由はおそらく、若いうちから壮麗なワインのスタイルにあるのだと思われるが、80年代と90年代のワインから判断する限りは、熟成による品質向上にはさほど向かないようである。

今では息子のヤンが手伝っており、ブロションの村にある広大かつモダンな建物へと移った。この

引っ越しは、現在所有・耕作している25haもの畑で収穫されるブドウを仕込むために必要だったのだ（シャサーニュ=モンラシェからシャブリまで）。とはいえ、生産の中核はいまだコート・ド・ニュイ地区の赤ワインにある。1976年に、両親から引き継いだ1.5haの畑から出発した若者にしては、立派な成功である。

畑はリュット・レゾネ（減農薬栽培）で耕作されており、有機農法への転換にも関心がある。フィリップが仕事を始めた頃と比べ、ブドウの扱いでは人為的介入がずいぶんと少なくなっている。昔は、赤ワインでもせっせとバトナージュをおこなっていたのだ。今のフィリップは、発酵／マセラシオンのプロセスで自然に抽出がなされるようにしており、ヴィンテージやキュヴェに応じて少々のピジャージュかルモンタージュをするのみである。今ではブドウは除梗されるが、昔はそうではなかった。

ほとんどのワインは、50〜70％の新樽で熟成されるが、特級畑だと100％になる。熟成期間は15ヵ月（2007年）から2年間（2005年）のあいだで、澱引きはおこなわない。瓶詰め前に軽い濾過をおこなう。シャルロパンのロゴが型押しされた、重々しいボトルに詰められてワインは売られている。シャブリ産の新しいワインは、おおげさなほど立派な透明ガラス瓶に詰められている。

シャルム=シャンベルタン　特級　シャルムとマゾワイエールの畑からのブドウはブレンドされ、シャルムの名で売られる。ブレンドされることで、シャルムらしいヴェルヴェットを思わせる赤系果実を備えたワインになり、緻密さもそこに加わっている。

ジュヴレ=シャンベルタン　ラ・ジュスティス　このワインを仕込む際には、抽出を軽めにしなければならない。さもなくば、バランスが崩れてしまうのだとフィリップは言う。ラ・ジュスティスから生まれるのは上質で旨みのあるジュヴレで、ヨードのような香りは、土壌に含まれる砂からきているのかもしれない。

マルサネ　アン・モンシュヌヴォワ　マルサネにしては常に豊潤なワインで、フィリップが「ヴァン・ド・ソワフ（vin de soif　喉が渇いたときに飲むワイン）」と呼ぶレ・ゼシェゾと好対照である。だが、モンシュヌヴォワから立ち上るパンチのある香りの背後には、繊細なミネラルが感じられる。

フィリップ・シャルロパンの所有畑	
赤	ha
Chambertin Grand Cru	0.21
Charmes-Chambertin Grand Cru	0.30
Mazoyères-Chambertin Grand Cru	0.30
Mazis-Chambertin Grand Cru	0.09
Clos St-Denis Grand Cru	0.17
Bonnes Mares Grand Cru	0.12
Clos de Vougeot Grand Cru	0.41
Echézeaux Grand Cru	0.33
Gevrey-Chambertin 1er Cru Bel Air	0.24
Gevrey-Chambertin Evocelles	0.30
Gevrey-Chambertin La Justice	1.00
Gevrey-Chambertin Vieilles Vignes	3.00
Morey-St-Denis	0.40
Chambolle-Musigny	0.63
Vosne-Romanée	0.38
Fixin (red & white)	0.55
Marsannay En Montchenevoy	1.00
Marsannay Les Echezots	2.30
Marsannay	0.27
Marsannay Rosé	2.00
白	
Corton-Charlemagne Grand Cru	0.21
Pernand-Vergelesses 1er Cru Sous Frétille	0.50
Puligny-Montrachet	0.18
Chassagne-Montrachet	0.25
Pernand-Vergelesses (red & white)	0.75
Aloxe-Corton	0.15
Chablis 1er Cru Côte de Léchet	0.23
Chablis 1er Cru Beauroy	0.35
Chablis 1er Cru L'Homme Mort	0.70
Chablis	2.30
Petit Chablis	1.30

ピエール・ダモワ　Pierre Damoy

ジュヴレ=シャンベルタン村の輝けるドメーヌのひとつであり、今では期待はずれの蔵ではなくなった。ほかの造り手で、特級畑をたっぷり持っているにもかかわらず、さえないところはいくつもあるのだが。1950年代から1960年代初めにかけては美しいワインを造っていたが、その後、現当主のピエール・ダモワが1990年代初めに跡を継ぐまで、品質が低迷していた。

ピエールは、シャンベルタン=クロ・ド・ベーズのブドウの一部を他所に売っているし（なにせ所有面積が大きいものだから）、シャペル=シャンベルタンのブドウですら若干は売っているのだが、一方で自分に足りない格下ACの畑のブドウは買っている。ACブルゴーニュ赤、マルサネ・ロンジュロワ、ジュヴレ=シャンベルタン・ラ・ジュスティスである。

ピエールはビオ（有機農法およびビオディナミ）の考え方が好きではなく、リュット・レゾネ（減農

薬栽培）も同様である。自身の畑での手法を「長持ちするブドウ栽培」と呼び、それは土壌に対して何もしないことを意味する。ピエールの考えからすれば、有機農法の生産者は銅を使った防カビ剤に頼りすぎているのだ。畑は年に2度耕され、そのあいだに畝間に生える雑草は刈り取られる。比較的遅めの摘み取りを好み、それはブドウを確実に熟した状態にするためである。とはいえ、最近

ピエール・ダモワの所有畑	
	ha
Chambertin Grand Cru	0.48
Chambertin-Clos de Bèze Grand Cru	5.36
Chapelle-Chambertin Grand Cru	2.22
Gevrey-Chambertin Clos Tamisot（単独所有）	1.45
Gevrey-Chambertin	0.34

はやりの超遅摘みの生産者グループからは、少し距離をとっているようにも見える。ブドウは樹になった状態で選別され、セラーでも再び選果がおこなわれる。とても優しく働く機械を使って除梗し、発酵が始まる前に長い低温浸漬を経る。発酵中はほとんど人為的な介入をおこなわない。

樽貯蔵セラーにおける新樽比率は割合高く、ACブルゴーニュのワインで30％、村名ジュヴレ＝シャンベルタンで50％、1級畑、特級畑では70～80％になり、ヴィエイユ・ヴィーニュのキュヴェについては100％である。樽のほとんどはフランソワ・フレール製で、ベルトミューとエルミタージュのものも一部用いる。ピエールはだんだんと、ベルトランジュの森などから採れる中程度に細かい木目のオークのほうが、もっときめの細かいトロンセ産よりも自分のワインには合っていると考えるようになってきている。

シャンベルタン＝クロ・ド・ベーズ 特級 ダモワはこの特級畑の群を抜く最大所有者であるが、ほかの生産者数人にブドウを売っている。5haからできる量は、自分で市場に出すには多いからだ。ピエールは、このワインがもつ豊かな肉付きと優雅さが大好きで、それは、1985年に植えられた少々の樹のほかに、1920年までさかのぼる古木が高い比率で入っているせいだ。このワインには深い心があり、ひと嗅ぎめにはスパイシーな胡椒の香りが感じられる。

シャンベルタン＝クロ・ド・ベーズ ヴィエイユ・ヴィーニュ 特級 この銘柄は、年月をかけてできあがってきた。1993年と1999年に、ピエール・ダモワは古木から別のキュヴェを造った。1998年にも同じことをしたが、量が少なかったため市場に出ることはなかった。2001年には、1種類のワインしか造られず、古木のブドウだけが使われた。早い時期に出荷されたワインにのみ、ラベルにヴィエイユ・ヴィーニュの文字があったが、あとから出荷されたものと中身は同じである。2002年、2003年、2005年には、1920年に植えられた区画からヴィエイユ・ヴィーニュのキュヴェが造られた。2006年以降は、その区画の中でさらに選ばれた場所のブドウだけが使われるようになっている。

ジュヴレ＝シャンベルタン クロ・タミゾ（単独所有） 言うならば、ピエール・ダモワの裏庭にあたる畑で、ムルソーのラフォンにとってのクロ・ド・ラ・バールのようなものである。いずれの場合も、家に近いことで生育サイクルの開始が早くなるが、果実が熟するのには長い時間がかかる。ほとんどが1922年までさかのぼる樹である。ピエール・ダモワはこのワインについて、並はずれた果実味があり、特級畑並の骨格があると言う。

ドメーヌ・ドルーアン＝ラローズ　Domaine Drouhin-Laroze

フィリップ・ドルーアンが現在、この重要なドメーヌの当主を務めており、ここのところ良いワインからすばらしいものまでを、静かに世に出し続けている。息子のニコラが加わり、跡継ぎもできた。2人はこの蔵の5代目と6代目にあたる。設立したのはジャン＝バティスト・ラローズで、1850年のことである。

1級畑のオ・クロゾーとクレピヨは、2004年まで一緒に醸造されていた。ACシャンボール＝ミュジニは、1級畑レ・ボードに、ほんのわずか村名畑のヴェロワイユをブレンドしたものである。この蔵は実際、シャンボール村のワインで成功している稀なジュヴレ村の生産者であり、その成功例の最たるものは、卓越したボンヌ・マールである。

特級畑はすべてが新樽で、1級畑だと新樽と1年使用樽の比率が半分ずつになる。村名格のワインは1年使用樽のみで熟成される。

ボンヌ・マール 特級 いくつもの場所に区画を所有しており、おおまかに言うと中央部を南から北

へかけてである。すべての所有区画が、畑の下方に位置するテール・ルージュ土壌の部分を、上方に位置するテール・ブランシュ土壌と隔てている斜めの小道よりも下にある。おそらくはこの蔵で最良のワインであり、シャンボール村の壮麗なる特級畑ワインである。

シャンベルタン=クロ・ド・ベーズ 特級 畑の上端から下端まで伸びる、ひとまとまりの大きな区画を持っているのに加え、特級畑街道沿いにも小さな区画が2つあり、所有面積はピエール・ダモワに次ぐ。繊細かつスタイリッシュなワインであり、重量級のシャンベルタンと好対照をなす、クロ・ド・ベーズらしい仕上がりである。

クロ・ド・ヴジョ 特級 石垣に囲まれた畑の最上部、プラント・ラベ(リュー=デイ)の小区画にある。通常は、力強く素直で、強烈な果実味にあふれるスタイルのクロ・ド・ヴジョである。

ドメーヌ・クロード・デュガ　Domaine Claude Dugat

カルト的な人気を誇る小規模ドメーヌで、品質はその人気にふさわしい。クロード・デュガは、かつてのセリエ・デ・ディームすなわち徴税物貯蔵庫を仕事場にするという幸運に恵まれた。父のモーリスが1955年にここを購入したからだ。施設はかつてグランジュ・デ・ディームと呼ばれており、地元の人々が「十分の一税」として、ブドウや穀物を持ち寄る場所だった。その量は所有地の面積に応じており、税は教会のために使われていた。建物が建てられたのは1219年だが、内部の石柱についてはガリア時代にまでさかのぼると考えられている。

デュガ一家——クロードと、その手伝いをする妻、息子、2人の娘——は、3haの畑を所有しており、もう3haは借地を耕している。子供たちは別途、ラ・ジブリオット(La Gibryotte)という非常に小規模なネゴシアン業を営んでおり、自分の村のワイン——ACブルゴーニュ赤、村名ジュヴレ=シャンベルタン、1級畑のジュヴレ=シャンベルタン(畑名の特定はなし)、そしてシャルム=シャンベルタンだけを扱っている。

この蔵における品質の鍵は、原料ブドウにあり、樹勢を管理された樹々は何もしなくても小さな粒のブドウを実らせる。クロード曰く、「隣近所の連中と同じ数の房は欲しいけど、粒の大きさは半分でいい」。ジュヴレ村で、摘み取りが一番遅いグループには属してはいない。というのも彼のブドウはちょうどいいタイミングで完熟するからだ。

ブドウは完全に除梗され、すぐに発酵が始まるが、ルモンタージュはまずおこなわれない。そのおかげで酸素の侵入が制限され、発酵が急速に進み過ぎることがない。その代わりに、ピジャージュを日に2回おこなう。全体でのマセラシオン期間は約2週間で、そのあと2日間ワインを静置してから樽に移す。ACブルゴーニュのワインはすべて1年使用樽で、ACジュヴレ=シャンベルタンは60%の新樽と40%の1年使用樽で、1級畑、特級畑はすべて新樽で熟成する。樽はフランソワ・フレール製のみを使う。

クロード・デュガは、自分の目標を疑いなく達成しており、どうすればそれができるかもわかっている。恐ろしいほど豊かで凝縮感の強いワインだが、抽出過剰な感じはまったくしない。若いうちからワインを魅力的に見せる豪華な殻が外側を覆っているが、長期熟成するように仕込まれている

ドメーヌ・ドルーアン=ラローズの所有畑

	ha
Chambertin-Clos de Bèze Grand Cru	1.39
Latricières-Chambertin Grand Cru	0.67
Chapelle-Chambertin Grand Cru	0.51
Bonnes Mares Grand Cru	1.49
Musigny Grand Cru (1996年より)	0.12
Clos de Vougeot Grand Cru	1.03
Gevrey-Chambertin 1er Cru Au Closeau	0.44
Gevrey-Chambertin 1er Cru Craipillot	0.26
Gevrey-Chambertin 1er Cru Lavaux St-Jacques	0.30
Gevrey-Chambertin 1er Cru Clos Prieur	0.30
Gevrey-Chambertin	4.00
Chambolle-Musigny	0.22
Morey-St-Denis	0.18

ドメーヌ・クロード・デュガの所有畑

	ha
Charmes-Chambertin Grand Cru	0.31
Griotte-Chambertin Grand Cru	0.16
Chapelle-Chambertin Grand Cru	0.10
Gevrey-Chambertin 1er Cru Lavaux St-Jacques	0.40
Gevrey-Chambertin 1er Cru (Craipillot, La Perrière)	0.40
Gevrey-Chambertin	3.00

のは明らかである。

シャルム=シャンベルタン 特級 クロード・デュガは自分のシャルムについて、力とエレガンス、そして「gentillesse（字義通り訳せば「親切さ」）」の組み合わせだと語るが、私はこのgentillesseについて「grace（優雅さ/優しさ）」と訳したい。確かに、このワインはただちに口中を満たし、みずみずしさにあふれているが、その内側には赤系と黒系のしっかりとした果実味がある。とてつもないボリューム感である。

グリオット=シャンベルタン 特級 シャルム=シャンベルタンと少なくとも同じぐらいに良質だが、その性質はかなり違う。このワインは口に入れた瞬間はもっとおとなしいのだが、そのあと開いていき、驚くほど長く続くすばらしい余韻につながる。香りでは、果実味主体のシャルムよりも、あるいはもっと厳めしいシャペル=シャンベルタンよりも明らかに花のニュアンスが強い。

ジュヴレ=シャンベルタン1級 ラヴォー・サン=ジャック デュガが所有しているのは畑の上部であり、そこにはあまり表土がない。だから、気温が高く雨の少ない年には苦労する。豪華で質が高く、赤系果実の風味にあふれるジュヴレ=シャンベルタンになりうる畑である。

ジュヴレ=シャンベルタン この原産地呼称中に散らばる12の異なる区画のブドウをブレンドしたワインで、平均樹齢は50年を数える。とても堅牢かつ豊かなACジュヴレ=シャンベルタンであり、若いうちから魅力的だが、熟成にも耐える。

ドメーヌ・ベルナール・デュガ=ピィ　Domaine Bernard Dugat-Py

ベルナール・デュガ=ピィと妻ジョスリン、息子ロイクは、教会の建物に暮らしている。セラーは12世紀に建てられ、ディジョンのベニーニュ大聖堂のワインを貯蔵していたものである。有頂天になるほどの激賞が、特に大西洋の向こう側から送られてきており、この蔵はベルナールの従兄妹であるクロード・デュガよりもさらにカルト的だと言えるだろう。とはいえ、私自身はかつて、少し疑いをもっていた。というのも10年たったワインをいくつか試飲してみたところ、枯れてしまっているようで、抽出過剰の恐れがあると思ったのだ。しかしながら、2009年11月にこのドメーヌを訪問したことで、考えが変わった。

成功への鍵はブドウ畑にあり、並はずれた几帳面さで仕事がなされている。10haの畑に対して、フルタイムの従業員が5人いるのだ。ブドウ樹のほとんどが非常に古く、ドメーヌ平均で65年にもなる。剪定はすべて手作業でなされ、いくつかの畑では土を耕すのに馬が使われている。植え替えにあたっては、自分の畑から採取した苗木を使っており、クローンは決して用いない。2003年からは完全に有機農法に転換しており、息子のロイクは、コンサルタントのポール・マッソンとともにビオディナミ農法を一部導入してきている。

ジュヴレ=シャンベルタンの村で色の濃いワインを造ろうとする人々とは対照的に、ここではブドウは比較的早めに摘まれている。ヴィンテージによるが、除梗は通常なされない。ただし、シャルム=シャンベルタンでは、表に出てくる果実味が茎の風味によって覆い隠されてしまわないよう、除梗比率を高くしている。発酵前の低温浸漬はおこなわないが、意図せず自然にそうなる場合は別である。発酵はセメントタンクと木製タンクでおこない、ピジャージュとルモンタージュをそれぞれ日に1回おこなう。発酵が終わったあとは、温度が自然に下がるのにまかせる。要するに、人為的介入を最小限にしたやり方ということだ。そのあとワインはフランソワ・フレール製の樽で熟成され、1級畑以上には新樽しか使わない。

ドメーヌ・ベルナール・デュガ=ピィの所有畑	
赤	ha
Le Chambertin Grand Cru	0.05
Mazis-Chambertin Grand Cru	0.21
Mazoyères-Chambertin Grand Cru	0.24
Charmes-Chambertin Grand Cru	0.48
Gevrey-Chambertin 1er Cru Champeaux	0.33
Gevrey-Chambertin 1er Cru Lavaux St-Jacques	0.14
Gevrey-Chambertin 1er Cru Petite Chapelle	0.32
Gevrey-Chambertin 1er Cru	0.31
Gevrey-Chambertin Les Evocelles	0.80
Gevrey-Chambertin Cuvée Cœur du Roi	3.00
Vosne-Romanée	0.32
Pommard	0.78
白	
Chassagne-Montrachet 1er Cru Morgeots	0.25
Meursault	0.25

近年、コート・ド・ボーヌにも進出し、ポマールの赤ワインと、ムルソーおよびシャサーニュ=モンラシェの白ワインがいくつか加わった。

ル・シャンベルタン　特級　ベルナール・デュガは、この畑の最上部付近にある100年近い樹齢の小さな区画を耕作している。ただし、ワインの量は1樽に満たないこともある。だから、収穫が終わると量を測り、補酒用に取り置いておく余分のワインを引いたうえで、フランソワ・フレール社に頼み、残った量にぴったりのサイズの樽をつくってもらう。信じがたいほど豪華なワインで、口の中でさまざまな風味が転げまわるのだが、その風味ひとつひとつが極上なのだ。このシャンベルタンでは、思慮深さと威厳がきわどい両立を保っている。私は樽からしか飲んだことがないが、瓶熟成の頂点に達した際には恐るべきものとなるに違いない。

マゾワイエール=シャンベルタン　特級　ベルナール・デュガはマゾワイエールを、シャルム=シャンベルタンのあとで試飲させた。シャルムほどきらびやかではないが、より繊細で純粋、複雑だと考えているからだ。おそらく、より厳格なワインでもあろう。道の向こうに広がるモレ=サン=ドニの村の雰囲気を感じとることができる。

ジュヴレ=シャンベルタン　キュヴェ・クール・デュ・ロワ　最も古い樹々は1910年までさかのぼるもので、平均樹齢は50年以上、村のいろいろな場所にある複数の区画をブレンドしたワインである。70%の新樽が用いられていて、ヴィンテージが許す限り、果梗の一部を用いる。すばらしくおおらかな果実味をもつワインで、カシスのニュアンスがふっと感じられるだろう。抽出をやり過ぎた感はみじんもない。

デュポン=ティスランド　Dupont-Tisserandot

現在は、ベルナール・デュポン=ティスランドの娘たち、マリー=フランソワーズ・ギヤールとパトリシア・シュヴィヨン、そしてその夫たちによって運営されている。ドメーヌは20ha強の畑を持ち、北はマルサネ村から南はコート・ド・ボーヌ地区のサヴィニ=レ=ボーヌに至る。中心となるのはジュヴレ=シャンベルタンで、特にマジ=シャンベルタン (0.36ha)、シャルム=シャンベルタン (0.81ha)、カズティエ (2.12ha)、ラヴォー・サン=ジャック (0.99ha) の畑である。完全に除梗され、1級畑と特級畑は100%新樽で熟成されている。

ドメーヌ・デュロシェ　Domaine Duroché

このドメーヌは現在、4代目のジル・デュロシェと息子のピエールが切り盛りしている。ジュヴレ=シャンベルタンの所有畑は、各レベルで3つずつ、すなわち村名格がジュヌ・ロワ、エトロワ、シャン、1級畑がシャンポー、エトゥルネル・サン=ジャック、ラヴォー・サン=ジャック、特級畑がシャルム=シャンベルタン、ラトリシエール=シャンベルタン、シャンベルタン・クロ・ド・ベーズである。

ドメーヌ・フレデリック・エスモナン　Domaine Frédéric Esmonin

従兄弟のシルヴィ・エスモナン（下記参照）はクロ・サン=ジャックに根を下ろしているが、フレデリック・エスモナンは、父のアンドレのあとを継ぎ、エトゥルネル・サン=ジャックが有名である。わずかな面積の1級畑、ラヴォー・サン=ジャックとシャンポネ、そして特級畑にはマジ=シャンベルタンとリュショット=シャンベルタンもある。ほかの特級畑についての貸借契約、分益耕作契約は終了した。フレデリック・エスモナンは、ネゴシアンもののワインもいくらか販売し、ドメーヌの売上を補完している。

ドメーヌ・シルヴィ・エスモナン　Domaine Sylvie Esmonin

シルヴィ・エスモナンの祖父は、かつてクロ・サン=ジャックの畑の単独所有者であったムシュロン伯爵の下で働いており、ムシュロンが売却を余儀なくされた際に、畑の一部と邸宅を買った。ミシェル・エスモナンがドメーヌを発展させたが、ワインのほとんどをバルクで売っていた。シルヴィが家に戻ってきて父を手伝う際につけた条件は、すべてのワインをドメーヌで元詰めすることだった。現在ではシルヴィがひとりで蔵をとり仕切っている。

1990年以降、除草剤の使用を取りやめており、所有畑はおおむね有機農法で耕作されているが、体系的にその運用がなされているわけではない。シルヴィは現在、父の時代よりも遅くブドウを摘むようになっており、収量も落としている。この2点と、セラーで樽の使い方を変えたことにより、2000年以降ワインのスタイルが目立って変化した。

ドメーヌ・シルヴィ・エスモナンの所有畑	
	ha
Gevrey-Chambertin 1er Cru Clos St-Jacques	1.60
Gevrey-Chambertin（2つのキュヴェ）	4.40
Côte de Nuits-Villages	0.63
Volnay Santenots 1er Cru	0.18

発酵はすぐに始まる。現在2種類の最上級キュヴェで用いられている全房発酵のタンクでは、ピジャージュがおこなわれ、糖分の発酵が促進される。マセラシオン期間の合計は約2週間で、そのあとワインを樽に移す。新樽の比率は高く、特にドミニク・ローラン製のものが多く用いられている。ワインはきわめてスタイリッシュで、ジュヴレ村らしい堅牢さを備えているが、同時にシルクのような優雅さも見せる。

ジュヴレ＝シャンベルタン1級 クロ・サン＝ジャック エスモナンの区画は、5人の所有者の中でもっとも北にあり、斜面上部の割合が斜面下部よりも少し多い。所有区画は、発酵タンクや建物に続いている。ミシェル・エスモナンは、自分の家を出てまっすぐ歩けばこの畑に入れた。シルヴィは現在、この畑については除梗をほとんどおこなわず、とても高い比率の新樽（75〜100％）で熟成させている。ほとんどが、ドミニク・ローラン製の、3年間露天で乾燥させた最高級品である。

ジュヴレ＝シャンベルタン ヴィエイユ・ヴィーニュ クロ・プリウール（1級畑） アン・ソンジュ、レ・ゼポワンテュールに植わる樹齢40年から80年の樹を選んで仕込んだワイン。このキュヴェはかつて、新樽20％で熟成されていたが、2000年以降その比率が50％まで高められ、年によってはさらに高い比率になる。シルヴィは現在、一部果梗も使用している。

ドメーヌ・フリエ　Domaine Fourrier

1994年、兵役の前後に6ヵ月間、アンリ・ジャイエとオレゴンのドメーヌ・ドルーアンで修業をしたあと、ジャン＝マリー・フリエは父からドメーヌを継いだ。ジャン＝クロード・フリエは、その父が1961年に他界した14歳の時から蔵で働いている。ジャン＝マリーは畑仕事とワイン造りについて、これが最高のやり方だという自分なりの考えを持っていて、切り拓くべき市場についても同様であった。畑では、妹のイザベルと、イギリス人の妻であるヴィッキに手伝ってもらっている。ジャン＝マリーは、父がブレンドして1種類のワインにしていたジュヴレの1級畑を、それぞれで醸造・瓶詰めすることと、ドメーヌ元詰め比率を100％に引き上げることで（ただし、若木のブドウ

ドメーヌ・フリエの所有畑	
	ha
Griotte-Chambertin Grand Cru	0.26
Gevrey-Chambertin 1er Cru Clos St-Jacques	0.89
Gevrey-Chambertin 1er Cru Combe aux Moines	0.87
Gevrey-Chambertin 1er Cru Les Champeaux	0.21
Gevrey-Chambertin 1er Cru Les Cherbaudes	0.67
Gevrey-Chambertin 1er Cru Les Goulots	0.34
Chambolle-Musigny 1er Cru Les Gruenchers	0.29
Morey-St-Denis 1er Cru Clos Sorbes	0.55
Vougeot 1er Cru Les Petits Vougeots	0.34
Gevrey-Chambertin Aux Echézeaux	0.47
Chambolle-Musigny	0.39
Gevrey-Chambertin	3.30

だけは他所に売っている）、ラインナップを拡充してきた。ジャン＝マリーの畑のほとんどには非常に樹齢の高い樹が植わっており、その点は幸運だといえるだろう。ほとんどが、2つの大戦間に植えられたものだから、現代のクローンではなく、地元でマサル選抜された樹しかない。

フリエは、どの生産者グループにも分類できない。ビオディナミ農法の実践者ではないが、この哲学を信奉するもっと敏感な造り手たちと、多くのアプローチで共通点がある。なによりも畑仕事が正しいものでなければならず、そのためにはいつも畑にいて、環境を理解する必要があるということ、などである。収量は剪定と、芽掻き、注意深い樹勢の管理によって抑えられている。摘房は好まず、ついでに言えば7月の除葉も好きではない。

セラーでのジャン＝マリーは、ワインの中にシルクのような果実味が保たれるように注意を払う。振動式の選果台があり、そこを通ったあとブドウは完全に除梗される。1995年に果梗を使ってみた

ことがあるのだが、結果は思わしくなかった。とはいえ、新しい特注の発酵タンクで、再び実験をしてみるかもしれない。発酵前にタンクを冷やすことはしない。ジャン＝マリーは、ブドウが自然に発酵を始めるまでの3、4日間だけ、発酵前浸漬の状態になれば十分だと考えているからだ。果帽は、人力によるピジャージュを日に2回から4回おこなって液に浸している。ルモンタージュはおこなわない。発酵が終わると、タンクを約12度まで冷やし、マロラクティック発酵が早くに始まってしまうことを防いでいる。

すべてのワインは、村名格であろうが特級畑であろうが、20％の新樽で熟成される。この比率からは、果実味にオーク風味をつけるのが目的ではなく、樽の入れ替えをしているだけだということがわかる。蒸気で樽を洗浄するというジャン＝マリーのアイデアについては、79頁を参照してほしい。ワインは、収穫から18ヵ月後の春に瓶詰めする2ヵ月前に、タンクに移されるときまで1度も澱引きされない。

こうしたきめ細かな仕事一切が、非常に魅力的なワインへとつながっているのだ。どのワインも、自分の生まれを如実に物語っている。色鮮やかだが、特別濃いわけではなく、香りには純粋な赤系果実風味が感じられる。それ以外のワインの「形」は畑によりけりだ。タンニンは通常骨太だが、クロ・サロン、コンブ・オー・モワンヌなど、畑の性質によりそうならないこともある。

ジュヴレ＝シャンベルタン1級 クロ・サン＝ジャック　ブドウ樹は1910年までさかのぼるもので、豆のような大きさの小さな粒しかつけない。その質の高さはワインに表れていて、継ぎ目がなく、感動的なほど果実味が豊かだが、微妙な細部にも富んでおり、緻密さも印象的である。つまり、完璧で魔法のようなワインということだ。

ジュヴレ＝シャンベルタン1級 コンブ・オー・モワンヌ　周りを取り囲むようにしてある岩から夜間に放射される熱によって、この畑の果実は熟しやすい。結果、フルボディの、豊かでまろやかな味わいの中盤が得られる。背後にあるタンニンは比較的目立つほうで、若いうちは少々荒々しいといえるかもしれないが、熟成するに従い果実味の中に溶け込んでいく。

ドメーヌ・ジェローム・ガレイラン　Domaine Jérôme Galeyrand

ジェローム・ガレイランはマイエンヌ県の出身で、かつては肉とチーズをスーパーマーケットに売るセールスマンだった。1996年に、アラン・ビュルゲのもとで収穫期の作業を手伝い、その5年後、ボーヌで時間をかけてブドウ栽培学と醸造学を修めた。そして2002年、ジュヴレの下方にあるサン・フィリベールの村にワイナリーを構えたのだ。現在の所有畑は5haで、ACブルゴーニュ、コート・ド・ニュイ＝ヴィラージュ、ACマルサネ、ACジュヴレ＝シャンベルタンにある。買いブドウからのワインも造っており、購入先の畑はフィサン（1級畑のエルヴレが含まれる）、モレ＝サン＝ドニ、ジュヴレ＝シャンベルタンの1級畑シェルボード、ボンヌ＝マールである。

ワインはどちらかというとモダンなスタイルである。遅摘みで、除梗し、新樽比率はACマルサネの20％から、1級畑、特級畑の100％まで幅がある。所有畑ワインの中での注目は、ジュヴレ＝シャンベルタン・ヴィエイユ・ヴィーニュ・アン・クロワゼットで、長期熟成型になるようにと、ほかのワインより醸造時の抽出を若干強くしている。

ドメーヌ・ジャンテ＝パンシオ　Domaine Géantet-Pansiot

ヴァンサン・ジャンテは、一族でワイン造りに携わる者の3代目である。だが、所有畑だけでなくワイナリーの建物までもが、世代交代が起きるたびに新しくなってきた。原因は、大家族全員に相続法が適用されるからである。娘のエミールもこのしきたりにのっとり、自分のドメーヌを設立した。息子のファビアンは、12歳のときから父のかたわらで働いている。エドモン・ジャンテが、ドメーヌ元詰めを1955年に始めた。ヴァンサンが父の手伝いを始めたのは1977年で、完全に跡を継いだのが1989年である。

畑はリュット・レゾネ（減農薬栽培）の流儀で耕作されており、除草剤は使われない。病気を抑えるための化学薬品も、1度か2度散布されるのみである。ブドウは、3つの選果台で選り分けられ、最後のものでは除梗のあと、粒ごとに吟味している。無破砕の果粒は10度に冷やされて10日間を過

ごし、そのあと22度まで温度を上げて発酵を開始する。日にピジャージュを1回、ルモンタージュも1回おこない、それから固体分は軽く圧搾される。そのあとワインはすべて1週間静置されるが、これは圧搾された果皮から出た最後の糖分が発酵を終えるためである。樽熟成は15ヵ月間で、バトナージュは2、3度おこなわれるが、澱引きはしない。ACブルゴーニュ赤からシャルム゠シャンベルタンまで、どのキュヴェでも新樽比率は30%である。

ジャンテ一家は現在12haを耕作しているが、その多くは所有ではなく契約によるものである。

ドメーヌ・ジャンテ゠パンシオの所有畑

	ha
Charmes-Chambertin Grand Cru	0.45
Chambolle-Musigny 1er Cru Les Baudes	0.28
Chambolle-Musigny 1er Cru Les Feusselottes	0.28
Gevrey-Chambertin 1er Cru Le Poissenot	0.63
Gevrey-Chambertin En Champ	0.65
Gevrey-Chambertin Jeunes Rois	0.45
Gevrey-Chambertin Croisettes	0.40
Marsannay Les Champs Perdrix	0.78
Gevrey-Chambertin	4.60
Chambolle-Musigny	0.37

12haの半分が、ACジュヴレ゠シャンベルタンの畑で、3ha強がACブルゴーニュの畑、そこにラドワ村の小さなキュヴェが2007年に加わった。以下のリストは、個別のラベルで売られている代表的な畑名である。

シャルム゠シャンベルタン 特級 ジャンテの所有区画は、グリオット゠シャンベルタンの近くにあり、1936年に植えられたものである(シャルムの「こぶ」と呼ばれている場所で、ここは土壌が目立って赤い)。ラインナップの中で一番濃い色のワインになりやすく、香りは魔法のように官能的、味わいはふっくらしていて満足感を与えてくれる。若いうちからアピールするワインではあるが、完全にその魅力が開花するには10年を要する。

ジュヴレ゠シャンベルタン1級 ル・ポワスノ この畑の白い石灰岩は、海洋生物の化石を多く含んでいるから、ワインに塩のような味がつくのだとヴァンサン・ジャンテは言う。山裾の畑で生まれるこのワインは、たくましいタイプのジュヴレとはかけ離れた、みずみずしく澄んだ、さわやかな味わいで、うっとりさせる持続性がある。

ジュヴレ゠シャンベルタン アン・シャン ブドウ樹は1903年までさかのぼるもので、3,309の台木を使っている。骨太なジュヴレで、官能的に熟した苺の風味が、凛としたミネラルの骨格を覆うゴージャスな味わいが口いっぱいに広がる。タンニンは完全に果実味の中にたたみ込まれている。5年以上経ってからが最高である。

ドメーヌ・アルマン゠ジョフロワ　Domaine Harmand-Geoffroy

完全に除梗し、低温浸漬を経てから、ヴィンテージに応じて2~3週間発酵させる。樽熟成は12~16ヵ月で、新樽比率は20~50%である。ワインの仕上がりはとてもスタイリッシュである。主要な所有畑は、マジ゠シャンベルタン、ジュヴレ゠シャンベルタンの1級畑シャンポー、ラヴォー・サン゠ジャック、ペリエール、そして単独所有のラ・ボシエール。このほか、ACジュヴレ゠シャンベルタンの畑があちこちにある。

エレスツイン　Hereszytyn

ジュヴレ村のセラファン家や、ピュリニ村のマロスラヴァック家と同じく、エレスツイン家も20世紀前半に、ポーランドからブルゴーニュにやってきた移民である。ワインは魅力的な果実味にあふれていて、新樽の助けも適度に効いている。探すべきワインは、クロ・サン゠ドニ、モレ・サン゠ドニ・レ・ミランド、そして一群のジュヴレ村の1級畑ワイン、シャンポネ、コルボー、グロ、ラ・ペリエールなどである。

アンベール・フレール　Humbert Frères

フレデリックとエマニュエルの兄弟が、ラヴォー小渓谷へと続く道沿いにある建物(従兄弟のベルナール・デュガの隣)から畑に出かけている。健全なワインを造る蔵で、近年では緻密さと凝縮感が備わるようになったので、ジュヴレ゠シャンベルタンの優良生産者の仲間入りをした。代表的なワ

インとして、シャルム=シャンベルタンと、1級畑のクレピヨ、エトゥルネル・サン=ジャック、プティット・シャペル、ポワスノがある。

ドメーヌ・モーム　Domaine Maume

ベルトラン・モームが1991年に父ベルナールの跡を継いで以来、当主を務めている。ワインは今のところ同じスタイルのようだが、わずかに熟度の高い果実を使うことで、タンニンの固さがやわらげられ良くなったかもしれない。ほとんど毎年、品質向上のために技術改良をおこなっており、空気圧搾式の圧搾機（1999年）、選果台（2001年）、無破砕での除梗（2005）などが挙げられる。今では発酵開始前にブドウを冷やしており、マセラシオン期間は3～4週間、ピジャージュとルモンタージュの両方をおこなう。その後、ワインは最長で22ヵ月間、澱引きなしで熟成される。瓶詰め前には清澄も濾過もしない。

ドメーヌ・モームの所有畑	
	ha
Charmes-Chambertin Grand Cru	0.17
Mazis-Chambertin Grand Cru	0.67
Gevrey-Chambertin 1er Cru Les Champeaux	0.27
Gevrey-Chambertin 1er Cru Lavaux St-Jacques	0.29
Gevrey-Chambertin 1er Cru (Cherbaudes, Perrière)	0.32
Gevrey-Chambertin En Pallud	0.66
Gevrey-Chambertin Etelois	0.31
Gevrey-Chambertin	1.40

モーム家では、ワインを2つのグループに分けている。エトロワ、シャンポー、シャルムは可愛らしくみずみずしいワインだから、ジュピーユ産またはトロンセ産のオーク材を用い、繊細な風味を出すのがうまい樽業者を使う必要がある。1級畑のアン・パリュのキュヴェ、そしてマジ=シャンベルタンについては、もっと輪郭がゴツゴツとしているので、ヌヴェール産の木材を使い、たとえばベルトミュー社に頼んで固めの樽をつくってもらうのがよい。ラヴォーは2つのグループの中間で、ヴィンテージによってどちらの樽を使うか決めている。

マジ=シャンベルタン　特級　マジ=バの区画のワインである。若いうちは、固く引き締まった旨味のあるワインで、10年瓶熟させると、新鮮な果実や花が背後に退き、ミネラル、ミント、甘草のニュアンスといった新しい次元が姿を見せるようになる。1976年や2003年といった酷暑の年に、立派な成功を収める。

ジュヴレ=シャンベルタン　アン・パリュ　レ・コルボーの下方にある小さな長方形の畑で、クロ・プリウールの隣、特級畑マジ=シャンベルタンとも指呼のあいだである。ブドウ樹は1940年代に植えられたものだが、1985年の霜害のあと多くが植え替えられた。おおらかで豊かなジュヴレ=シャンベルタンであり、熟成に値する。

ドメーヌ・ドニ・モルテ　Domaine Denis Mortet

故ドニ・モルテは、1993年ヴィンテージから卓越した一連のワインでスターダムに躍り出た。深い情熱をもって、畑での仕事がすべてだと信じていた。だが、彼の仕事には本質的な矛盾があった。フィネスのあるスタイリッシュなワインを造りたいと切望していたにもかかわらず、畑とセラーでやっていたことはなにもかも、ほかにほとんど類を見ないほどの重量感と豪華さをもった、ゴージャスなワインへと向かっていたからだ。そのおかげで、カルト的な地位と、熱狂的なファンを得ることができたのだが、仕事に打ち込めば打ち込むほど、彼の言う目標からは離れていった。今になってやっと、息子のアルノーが母ローランスの厳しい監督のもと、ミネラル風味と優雅さを備えたワインを造るようになったが（しかも重量感は犠牲になっていないようだ）、これこそドニの求めたものだった。

ACジュヴレ=シャンベルタンのキュヴェ数は、近年上下している。2005年にはたったひとつだけ、2006年には2つ、だが2007年には再び増えて4つになった。すなわち、畑名のつかないただのジュヴレ、コンブ・デュス、アン・シャン、ヴィエイユ・ヴィーニュである。ときどき造られるそのほかのキュヴェとして、アン・モトロ、アン・ドゥレ、オ・ヴェレがある。

クロ・ド・ヴジョ　特級　所有区画はこの畑の下部にあるものの、樹齢は60年以上である。わずかな生産量しかないモルテのシャンベルタンがもつ威厳こそないものの、かなりの偉大さを備えたワイ

ンではある。

ジュヴレ゠シャンベルタン1級　シャンポー　いわゆるドニ・モルテ・スタイルをもっとも典型的にあらわしている1級畑である。豊かな黒系果実がたっぷりとある、ものすごい筋肉質のワインなのだが、厳格さよりもセクシーさが前に出ている。アルノーの手に渡ってからは、ミネラル風味が少し増した。

ジュヴレ゠シャンベルタン1級　ラヴォー・サン゠ジャック　シャンポーほど豪華ではないが、おそらくはよりスタイリッシュなワインである。黒系果実はシャンポーほどあからさまでないが、ミネラル風味は少し強く、冷涼な斜面という立地を反映した仕上がりになっている。

ジュヴレ゠シャンベルタン1級　プティット・シャペル、シェルボード、ベ゠レール、シャンポネに保有する小さな（プティット・シャペルの場合はごくわずかな）区画のブドウをブレンドしたワインである。

ドメーヌ・ドニ・モルテの所有畑

	ha
Chambertin Grand Cru	0.15
Clos de Vougeot Grand Cru	0.31
Gevrey-Chambertin 1er Cru Champeaux	0.41
Gevrey-Chambertin 1er Cru Lavaux St-Jacques	0.16
Gevrey-Chambertin 1er Cru	0.51
Chambolle-Musigny 1er Cru Les Beaux Bruns	0.22
Gevrey-Chambertin En Champs	0.86
Gevrey-Chambertin	4.34
Fixin Champs Pennebault	0.32
Marsannay Longeroies	1.00

ティエリ・モルテ　Thierry Mortet

有名なドニ・モルテの弟で、魅力的なワインは造っているものの、兄と同じだけの風味の深さや豪華さはない。畑のラインナップについても、兄ほど幅広く恵まれてもいない。ACジュヴレ゠シャンベルタン、1級畑のクロ・プリウールと、ACシャンボール゠ミュジニ、同村の1級畑ボー・ブリュンである。デー村に、興味深いACブルゴーニュの畑も持っている。

ドメーヌ・アンリ・ルブルソー　Domaine Henri Rebourseau

このドメーヌは、ジュヴレ村にある美しい18世紀の建物がワイナリーになっており、創始者アンリ・ルブルソーの曾孫にあたるジャン・ド・シュレルが現在運営にあたっている。

カミュと同じくこのドメーヌも、保有するすばらしい特級畑の数々を考えると、相当に期待はずれである。理由はどうもはっきりしない。苗木の質に問題があるのか、それとも畑作業なのか、収穫の手法なのか、醸造方法なのか、熟成方法なのか、わからない。

ドメーヌ・アンリ・ルブルソーの所有畑

	ha
Chambertin Grand Cru	0.46
Chambertin-Clos de Bèze	0.33
（シャンベルタンにブレンドされている）	
Charmes-Chambertin Grand Cru	1.32
Mazis-Chambertin Grand Cru	0.96
Clos de Vougeot Grand Cru	2.21
Gevrey-Chambertin 1er Cru Le Fonteny	0.89
Gevrey-Chambertin	7.02

ドメーヌ・ロシニョール゠トラペ　Domaine Rossignol-Trapet

このドメーヌは、ヴォルネ村のジャック・ロシニョールと、ジュヴレの有名な一族出身のマド・トラペの婚姻によって生まれた。1990年以来、2人の息子であるニコラとダヴィッド・ロシニョールが、蔵を運営しており、代替わりの後、ビオディナミ栽培へと移行している。最初の実験が始まったのは1997年、シャペル゠シャンベルタンの畑だった。引き続いてドメーヌ全体を転換したのが2004年。認証については、現在進行中である。

ブドウはまず畑で選別され、ワイナリーに運ばれてからも選果台に載せられる。ほとんどの果実を除梗し、10～12度まで冷やしてマセラシオンを開始、終わるまでの期間は2～3週間である。ワインを樽に移す前に、タンク内で少々澱を攪拌することがある。澱引きは、還元臭が出ない限りおこなわれない。新樽比率は、ボーヌ・トゥロンのワインでは10％、ジュヴレ゠シャンベルタンの1級畑では25～30％、特級畑では50％だが、ル・シャンベルタンだけはもう少し比率が高いようだ。

直近の進歩としては、わずかな面積のさまざまなジュヴレ村の1級畑、シェルボード、コンボット

などを、個別に瓶詰めするようになったことである。

シャンベルタン　特級　所有しているのは1区画のみで、この畑のだいたい真ん中にあって、畑の最下部から最上部近くまで、ひと続きになっている。もっとも古い樹は1919年植樹のものである。途方もなく力強いワインで、濃密な黒系果実の核が感じられる。爆発的な風味があり、みごとに焦点が合っている。

シャペル＝シャンベルタン　特級　このワインは、雨が比較的多く、涼しかったヴィンテージに優れたものができる。というのは、水はけが良すぎるからである。所有区画は、シャペルとジェモーの両方に分かれている。

ラトリシエール＝シャンベルタン　特級　対照的に、ラトリシエールは暑く、雨の少ない夏だった年に最高の姿を見せる。フルボディでおおらかなワインであり、シャペルよりミネラル風味が若干少ないが、風味の豊かさではわずかに上回る。ブドウが植えられたのは1934年と1957年である。

ドメーヌ・ロシニョール＝トラペの所有畑

	ha
Chambertin Grand Cru	1.60
Latricières-Chambertin Grand Cru	0.73
Chapelle-Chambertin Grand Cru	0.54
Gevrey-Chambertin 1er Cru Clos Prieur	0.25
Gevrey-Chambertin 1er Cru Petite Chapelle	0.52
Gevrey-Chambertin 1er Cru Combottes	0.14
Gevrey-Chambertin 1er Cru Cherbaudes	0.16
Gevrey-Chambertin 1er Cru Corbeaux	0.14
Gevrey-Chambertin Les Etelois	0.40
Gevrey-Chambertin	5.85
Beaune 1er Cru Les Teurons	1.17
Beaune Les Mariages	0.32
Savigny-lès-Beaune Les Bas Liards	0.25

ドメーヌ・ジョゼフ・ロティ　Domaine Joseph Roty

現在、ジョゼフ・ロティの息子フィリップによって運営されている小さなドメーヌで、シャルム＝シャンベルタン・トレ・ヴィエイユ・ヴィーニュの卓越した品質で知られる。このワインを生むブドウは、19世紀末に植えられた可能性がある。シャルムの生産量は少なく、マジ＝シャンベルタンやグリオット＝シャンベルタンはもっと少ない。1級畑のフォントニ（0.45ha）か、さまざまなACジュヴレ＝シャンベルタンやACマルサネのキュヴェは、もっと見つけやすい。色がしっかりとあって、果実味に満ち溢れるワインである。ジョゼフ自身と一緒に試飲したのは1度しかないが、そのときにはワインをいろいろなタイプの女性に次から次へとたとえていった。

ドメーヌ・アルマン・ルソー　Domaine Armand Rousseau

ブルゴーニュでもっとも偉大なドメーヌのひとつで、歴史、所有畑、そしてワインの品質、どの観点から見てもそれは変わらない。創始者であるアルマン・ルソーは、1930年代に起きた最初のドメーヌ元詰め運動において、トップを走っていた。1959年に、その跡を継いだのは息子のシャルル（1923年生まれ）で、その直前にクロ・サン＝ジャックの畑に広い区画を購入していた。今日では、アルマンの孫にあたるエリック（1957年生まれ）が、畑とセラーをとり仕切っている。

エリックはセラーでの仕事についてはほとんど変えなかったが、畑仕事は大きく変化させた。20年前と比べると、ブドウ栽培はずっと精緻なものになっており、必要な場所では摘房をおこなって収量をコントロールしている。

ルソー家では除草剤は使わず、常に土を耕してきた。カリウム肥料をやりすぎていたのは、もはや遠い昔の話である。現在、有機農法の基準を満たしていないのは、ときおり散布される防カビ剤だけである。

繰り返すが、セラーでの仕事はほとんど変わっていない。除梗のあと、ブドウを15度まで冷やし、そのあと発酵に移る。マセラシオンは18～20日間で、その間、タンクを温めるといった温度管理はおこなわない。ピジャージュとルモンタージュの両方がおこなわれる。そののち、ワインは樽へと移され、ワインごとに毎年決まった比率の新樽が用いられる。ただし、クロ・サン＝ジャックだけは例外で、年によっては比率が違うことがある。シャンベルタンとクロ・ド・ベーズは新樽100％、ほかの特級畑については1年使用樽100％である。ただし、エリックは現在、クロ・デ・リュショットについては少し新樽を使う実験をしている。樽のほとんどはフランソワ・フレールから買っているが、ルソーという樽屋のものも少し利用する（遠縁の親戚かもしれない）。

3つの「特別なワイン」、すなわちシャンベルタン、シャンベルタン＝クロ・ド・ベーズ、ジュヴレ＝シャンベルタン・クロ・サン＝ジャックについてはブルゴーニュで最も偉大な部類に入る。しかし、ラインナップの残りについては、それほどたいしたものではないと、かつては言われていた。だが近年では、ラインナップ全体の品質が大いに安定してきている。この点において、エリックの手腕の確かさは明らかである。とはいえ、先代と比べての、ワイン・スタイルの実際の変化は小さなものではない。

ドメーヌ・アルマン・ルソーの所有畑

	ha
Chambertin Grand Cru	2.56
Chambertin-Clos de Bèze Grand Cru	1.42
Mazis-Chambertin Grand Cru	0.53
Ruchottes-Chambertin Clos des Ruchottes Grand Cru	1.06
Charmes-Chambertin Grand Cru	1.37
Clos de la Roche Grand Cru	1.48
Gevrey-Chambertin 1er Cru Clos St-Jacques	2.22
Gevrey-Chambertin 1er Cru Cazetiers	0.60
Gevrey-Chambertin 1er Cru Lavaut St-Jacques	0.47
Gevrey-Chambertin	2.21

シャンベルタン　特級　かなりの面積になるルソーの所有畑は、1921年、1943年、1956年、1983年、2009年の段階的購入によってできあがったものである。このワインを味わうと、自分が小さくなったような気がする。ル・モンラシェの偉大なワインを飲んだときもそうだが、あれこれ考えて書いた試飲コメントがむなしく思える。ありのままに受け止めるしかなく、やれ果物だの、やれエキゾチックなスパイスだのとたとえを連ねても意味がない。最高のシャンベルタンであるとだけ言えば、それで十分なのだ。

シャンベルタン＝クロ・ド・ベーズ　特級　市場ではシャンベルタンがヒエラルキーの頂点におかれているかもしれないが、エリック・ルソーは会話の中で、実はクロ・ド・ベーズのほうが最優なのだとほのめかしたことがある。ワインが若いうちは、いずれにせよヴィンテージの性質によってどちらが好みか決まってしまうのだが、瓶熟成を経るとテロワールの個性が前に出てくる。クロ・ド・ベーズを楽しむ鍵は、優雅さと持続性に意識を向けることにある。

リュショット＝シャンベルタン・クロ・デ・リュショット　特級　ブドウは4ヵ所に分かれて植わっていて、一番若いものは2005年植樹、一番古いものは樹齢80年以上である。とても骨太なワインだが、人の心をつかんで放さない緻密な細部がある。

シャルム＝シャンベルタン　特級　所有畑は2ヵ所で、0.92haのマゾワイエール＝シャンベルタンと、0.45haのシャルムは常に一緒に仕込まれる。エリックは、両者のあいだに大きな違いはないと考えている。魅力的なワインではあるものの、ルソーにおけるトップグループには入っていない。

クロ・ド・ラ・ロシュ　特級　2つの区画のブドウを、一緒に仕込んだワインである。レ・フルミエール（リュー・ディ）の小区画にある1haは、1920年代に購入されたものである（当時、その場所は1級畑だと考えられていた）。もうひとつは、もともとのクロ・ド・ラ・ロシュ内にあって、1975年の購入後すぐに植え替えがなされた。

ジュヴレ＝シャンベルタン1級　クロ・サン＝ジャック　この畑では、ヴィンテージによって新樽の比率が変わる。たとえば、2004年には60%だったが、2005年は100%になった。2008年は85%である。どの年も魔法のようなワインであり、「二大巨頭」の特級畑を除いた、どのワインよりも高い値段がついているわけがたやすくわかるだろう。2つのシャンベルタンほど頑強ではないかもしれないが、同じぐらい純粋なバランスと気品がある。皇太子にたとえるべきか。

ジュヴレ＝シャンベルタン　9つの異なる区画のブドウをブレンドしたワインで、うち8つまでがジュヴレ村の南東角にある（アン・ルニアール、シャン・シェニ、クレ、そしてわずかな面積の1級畑クロ・プリウールなど）。残りひとつはブロションの村の畑で、ここのワインはもっとたくましい。よって、全体としては比較的優雅でデリケートなジュヴレであり、どの年でも蔵のスタイルに合致している。畑のほとんどは20年強の樹齢しかない。というのもジュヴレの村名ACの一帯は、1985年冬の凍害でとりわけ手ひどくやられたからである。

ドメーヌ・セラファン　Domaine Sérafin

このドメーヌが最初に名を上げたのは、クリスティアン・セラファンの父の時代である。父は、ブドウの半分を全房発酵させ、新樽を使いすぎない方法の信奉者であった。しかしながら、クリステ

ィアンの代になってからは、ブドウは完全に除梗され、一番下のキュヴェを除いてすべて新樽で熟成させるようになった。特定の樽業者や、オーク材が採れる森と、個々の畑の性格をうまく組み合わせることに、たいへんな知恵が絞られている。タランソー製の優雅さが向くワインもあれば、フランソワ・フレール製の力強さが向くワインもある。

こうしてできあがるのは、タンニンの存在感がある力強いワインだが、10年かそれ以上の瓶熟成を経ると、純粋な果実味とテロワールの個性があらわれてくる。高品質の鍵は畑仕事にあり、強い剪定と芽掻きのあとには、摘房と、房の両側の除葉が続く。クリスティアン・セラファンはすでに隠居していい年齢になっているが、畑仕事を手伝う姪と、蔵での仕事と事務をする娘とともに、今も現役である。

ドメーヌ・セラファンの所有畑	
	ha
Charmes-Chambertin Grand Cru	0.31
Gevrey-Chambertin 1er Cru Cazetiers	0.23
Gevrey-Chambertin 1er Cru Fonteny	0.33
Gevrey-Chambertin 1er Cru Corbeaux	0.45
Morey-St-Denis 1er Cru Millandes	0.34
Chambolle-Musigny 1er Cru Les Baudes	0.32
Gevrey-Chambertin Vieilles Vignes	1.03
Gevrey-Chambertin	1.67

シャルム゠シャンベルタン 特級 猛烈に力強いワインで、あたかもすべてのブドウがシャンベルタンで採れたかのようである。豪華きわまりない黒系果実が口内を覆いつくす一方で、オーク風味が長期熟成に必要な骨格を与えている。

ジュヴレ゠シャンベルタン1級 カズティエ セラファンのワインはいずれも力強いのだが、このワインは優雅さも備えている。果実味の密度がずば抜けているのだが、洗練の枠からはみ出しておらず、怪物的ワインにならずにすんでいる。

ジュヴレ゠シャンベルタン ヴィエイユ・ヴィーニュ さまざまな区画をブレンドしたワインで、ブロション村にあるレ・クレの畑のものが多い。濃厚な果実味があり、ブラック・チェリーなど濃い色をした果物にたとえられがちだが、いきいきとしたニュアンスも備わっている。優れたヴィンテージでは、10年ほど熟成させるとちょうどよい。

トルトショ Tortochot

シャンタル・トルトショ゠ミシェルが、父の故ガブリエルの跡を継いだあと、ワイン造りの手順を改善してきた。現在は、健全な果実味を備えたさほど高価ではないワインを造っているが、さらなる高みを目指すためには、ブドウ畑での仕事に注意を向けねばならないだろう。とはいえ、所有畑はそうそうたるもので、特級畑はシャンベルタン、シャルム゠シャンベルタン、マジ゠シャンベルタン、クロ・ド・ヴジョ、1級畑はシャンポー、ラヴォー・サン・ジャック、モレ゠サン゠ドニ村のオー・シャルムを持つ。加えて、畑名を冠したACジュヴレ゠シャンベルタンのワインがいくつかある。

ドメーヌ・トラペ Domaine Trapet

このドメーヌは現在、ジャンの息子でロシニョール゠トラペの従兄弟にあたるジャン゠ルイ・トラペが運営している。ジャン゠ルイは、アルザス出身の女性アンドレと結婚したので、2人はアルザスとのつながりを保ち、アルザス産のワインも造っている。とはいえ、生産の中心となっているのは、今も変わらずジュヴレ゠シャンベルタン村のワインである。ジャン゠ルイは1990年代半ばにビオディナミ栽培に移行し、最初はこの農法の権威であるフラン

ドメーヌ・トラペの所有畑	
	ha
Le Chambertin Grand Cru	1.85
Chapelle-Chambertin Grand Cru	0.55
Latricières-Chambertin Grand Cru	0.74
Gevrey-Chambertin 1er Cru Clos Prieur	0.21
Gevrey-Chambertin 1er Cru Petite Chapelle	0.37
Gevrey-Chambertin	6.00
Marsannay	0.90

ソワ・ブーシェの助言を受けていたが、今ではピエール・マッソンに指導を仰いでいる。1998年にビオディヴァンの認証を獲得し、2005年以降はデメテールの認証も受けている。

ジャン゠ルイは、醸造の細部よりも己れのワイン哲学を語りたがるのだが、おおまかな紹介だけはここでしておこう。部分的に除梗し、低温での浸漬に続き長期間の発酵をおこなう。その後、ワインは重力で樽貯蔵庫へと移され、キュヴェに応じて30〜75%の新樽が用いられる。収穫から醸造、

樽熟成の期間を通じて亜硫酸は使用せず、瓶詰め時に少量を加えるのみである。ワインはみずみずしく、かつ柔らかなもので、従兄弟のドメーヌ・ロシニョール゠トラペ（より緻密で引き締まったスタイルのワインを造る）と好対照である。

ル・シャンベルタン　特級　表面の温かみと豊かさはトラペの典型的スタイルだが、このワインには、畑の自発的表現である濃縮したミネラルの核がある。純粋さと威厳が組み合わさることにより、きわめて完成度の高いワインとなっている。

ラトリシエール゠シャンベルタン　特級　トラペの所有区画は1904年に購入されたもので、この年にルイ・トラペが生まれている。この蔵のワインとしては筋肉質なタイプで、鉄のような核の周りを豊かな赤系果実風味が包んでいる。

セシル・トランブレ　Cécile Tremblay

先立つ2世代はワイン造りにかかわっていなかったが、アンリ・ジャイエの叔父にあたるエドゥアール・ジャイエから相続したブドウ畑の所有権は手放さなかった。2003年、エドゥアールの曾孫にあたるセシル・トランブレは、貸借契約の切れた3haの畑を手元に戻すことに決めた。2021年にも同様に畑が戻ってくる予定だが、セシルはすでにほかの畑を購入したり、借りたりしている。2008年8月からは、ジュヴレ゠シャンベルタンにある建物、かつてのカヴォー・デュ・シャピートルを借りている。セシルが引き継いだとき、肥料のやりすぎや、土を耕さずに除草剤が撒かれていたことなど、畑は最善の状態にあるとは言えなかった。しかし、そこから着実に建て直しが図られてきている。今では有機農法の認証を得ているし、セシルはビオディナミの手法もいろいろと試している。ワインのラインアップは、まちがいなく今後拡大していくだろう。2006年と2007年には、1級畑のレ・ルージュが格下げされてACヴォーヌ゠ロマネにブレンドされたし、ACニュイ゠サン゠ジョルジュのほとんどが1級畑のミュルジェのブドウだからだ（まだ樹齢が低いのである）。2021年からは、ボーモンの面積が相当増えるし、クロ・ド・ヴジョの畑もいくらか戻ってくる。

セシル・トランブレの所有畑	
	ha
Echézeaux Grand Cru	0.18
Chapelle-Chambertin Grand Cru	0.36
Vosne-Romanée 1er Cru Beaumonts	0.15
Vosne-Romanée 1er Cru Rouges-du-Dessus	0.23
Chambolle-Musigny 1er Cru Feusselottes	0.45
Nuits-St-Georges 'Albuca'	0.25
Morey-St-Denis Très Girard	0.40
Chambolle-Musigny (2009以降)	1.00
Vosne-Romanée	0.60

発酵に際し、一部の果梗は残される。発酵タンクの材質は木製で、マセラシオンの期間は1ヵ月にもなる。ピジャージュはそれなりにおこなうが、ルモンタージュはほとんどしない。発酵が終わると同時に、セシルがその利点を高く評価している小型の垂直式圧搾機で固体分を搾る。その後ワインは樽で熟成され、新樽比率は三分の一から三分の二、期間は15~18ヵ月で、澱引きはしない。お気に入りの樽業者はシャサンで、セシルと緊密に連絡を取り合って仕事をしている。ひとつひとつのワインにぴったりの樽となるよう、木材の種類やトーストの程度を選んでいるのである。

エシェゾー　特級　この畑の心臓部にあたる、レ・エシェゾー゠ドゥスュに所有する区画。色の淡いワインで、立ち上げ初期にトランブレのラインナップを構成していた数種の銘柄と比べると、若いうちの果実味の力強さがはっきりと劣る。しかし、このワインは花のような香りと、驚くべきほどの風味の持続性においては、飛びぬけてすばらしいのだ。フィネスという概念を体現している。

シャペル゠シャンベルタン　特級　わずかな面積しか所有しておらず、シャペル゠シャンベルタンの2つの区画であるラ・シャペルとレ・ジェモーに分かれてある。ワインは通常、エネルギーに満ちあふれていて、濃い色をした果実の風味が備わっている。だがそれでいて、巨大な重量感よりも、細部が印象的なワインなのだ。

シャンボール゠ミュジニ1級 フセロット　セシルは、フセロットの畑に古木を有している。窪んだ場所で、表土が分厚い。この場所のブドウは、ワインに重量感を与えてくれる。同じ畑の別の場所にも所有区画があり、斜面のかなり上方、ずいぶんと表土が薄い場所である。ここはミネラル風味をワインにもたらす。2つが合わさることで、とても完成度の高いワインとなる。シャンボールらし

いのだが、驚くほどの密度がある。

ドメーヌ・デ・ヴァロワイユ　Domaine des Varoilles
長年、このドメーヌはメゾン・ネジョン゠ショヴォーを経営するネジョン家が保有していたが、1990年に売却された。現在はスイスの実業家で、生産を統括しているジルベール・アメルと、ドメーヌ・ポール・ミセのイヴ・シュロンが共同経営している。隣接する2つの1級畑、ラ・ロマネとクロ・デ・ヴァロワイユを単独所有しており、特級畑シャルム゠シャンベルタンとクロ・ド・ヴジョにも区画を持つ。

村の外にいる造り手たち
ニュイ゠サン゠ジョルジュが本拠のフェヴレは、ジュヴレ゠シャンベルタン村でかなりの存在感を示している。ボーヌのネゴシアンでは、ルイ・ジャドが1級畑、特級畑の双方でもっとも幅広いラインナップを誇る。ジュヴレ゠シャンベルタンで最高の畑を保有するほかの村の造り手には、ブリュノ・クレール（マルサネ）、アルロー、デュジャック、ペロ゠ミノ、ポンソ、トプノ゠メルム（モレ゠サン゠ドニ）、ルミエ（シャンボール）、ミュニュレ゠ジブール（ヴォーヌ）、プリューレ゠ロック（ニュイ）、ジャック・プリウール（ムルソー）などがいる。

morey-st-denis

モレ=サン=ドニ

村名格モレ=サン=ドニ	64ha
モレ=サン=ドニ1級畑	33ha
特級畑	40ha[1)]

モレは、有名な畑とその名をハイフンで結ぶようにした最後の村で、1927年に「サン=ドニ」の部分のみを加えた。その決定がなされた瞬間を、こっそりのぞき見することができるなら、さぞかしおもしろいことだろう。モレ=タール？ モレ=ランブレ？ モレ=ド・ラ・ロシュ？ モレ=サン=ドニ？ ジュール・ラヴァルによって「特級畑」に分類されたのは、クロ・ド・タールだけである。だが、当然ながら、モレの村の造り手たちにとっては、クロ・ド・タールやクロ・デ・ランブレのような単独所有の畑より、多くの所有者がいる畑を選んだほうがいいわけだ。私なら、モレ=ド・ラ・ロシュにしたいところである。

モレは、あえてスポットライトを避けてきた。原因の一部は住民の気質にあるかもしれぬ。「モレの狼たち」と渾名されるぐらいで、どこか周囲の人々との関わりを避けるようなところがあるようなのだ。モレはまた、シャンボールとジュヴレの影に隠れてきた。原産地呼称制度ができる前の時代、この村のワインは、もっと有名な隣村2つのどちらかを名乗って売られるのが普通だった。今日ですら、モレ=サン=ドニのワインの特徴を語ろうとする生産者や批評家たちは、隣村2つと比べたがるのだから。「シャンボールほどエレガントでなく、ジュヴレほどタニックでない」などと。

モレのワインの特徴を定義しようと、何人かの住民を選んで聞き出そうとしたのだが、どうもうまくいかない。ローラン・ポンソは、まず余談として昔の話をしてくれた。彼の調査によれば、原産地呼称制度以前の時代、ワインはジュヴレやシャンボールとして売られていたばかりか、ポマールを名乗ることもあったという。そのうえで、モレらしさとはバランスであり、いかなる方向にも突出することがないことだという意見を述べてくれた。

ブドウ栽培面積でみれば、モレはコート・ド・ニュイでヴジョの次に小さな村で、畑は150haしかない。とても小さな村で、特級街道を通ってシャンボール村側からモレに入り、ジュヴレ村に抜けるまでたった1.5km弱。畑の格付けは原則にのっとっており、ACブルゴーニュの畑が斜面の麓、村名格の畑が、幹線道路沿いと森のすぐ下の斜面最上部にある。1級畑のほとんどは、特級街道のすぐ下に位置していて、そのすぐ上には特級畑が、村の北端から南端まで連なっている。

特級畑　Grand Crus

レ・ブショ　Les Bouchots
「クロ・デ・ランブレ」の項目（本頁）を参照。

カルエール　Calouère
「クロ・サン゠ドニ」の項目（162頁）を参照。

レ・シャビオ　Les Chabiots
「クロ・ド・ラ・ロッシュ」の項目（162頁）を参照。

クロ・デ・ランブレ　Clos des Lambrays
AC：クロ・デ・ランブレ特級畑
L：1級畑　R：特級畑　JM：特級畑　　　　　　　　　　　　　　　　8.84ha

いくつかの異なる小区画が集まって、クロ・デ・ランブレの畑になっている。メ・ランティエ（リューディ）は小さな一角で、特級街道から見える場所にある。斜面の一番下にあり、重く粘土の多い土壌である。レ・ラレはこの畑の中心区画で、はっきりとした傾斜があり、昇る朝日をたっぷり浴びることができる。最後のレ・ブショは、北の端にあって、ほかより少々気温が低い。というのは上方のモレ小渓谷から冷たい空気が流れ込むからである。

文献上では14世紀に初めて登場するもともとのクロ・デ・ランブレは、フランス革命のあいだに国に接収され、細切れにして売られた。1828年の登記公図は、現在のこの畑が75もの小さな区画に分かれているさまを示している。ネゴシアンのルイ・ジョリが、その大部分をかき集めて所有下においたが、1866年にロディエ家に売却してしまう。一族のメンバーで、タストヴァン騎士団の創設者のひとりでもあり、『ブルゴーニュのワイン』も著したカミーユ・ロディエは、この畑を特級に格付けした。ジュール・ラヴァルは、ランブレの中心部を1級畑としたものの、ル・メ・ランティエを3級畑としか評価していないので、ロディエの評価のほうが高い。

しかしながら、カミーユ・ロディエの兄であるアルベールは畑を売らざるをえなくなり、1938年、女友だちのルネ・コッソンに譲っている。この女傑（最初からそうだったか、すぐにそうなったかはともかくとして）は、クロ・デ・ランブレを旧体制時代のように支配するようになった。そのおかげで、偉大なヴィンテージには、わずかな収量から卓越したワインも生まれたようだ。ただし、問題も多くあって、特に枯死した樹が植え替えられなかったことから、畑全体が弱っていったことがある。コッソン夫人は気位が高すぎたせいか、ランブレを公式に特級畑とするように申請できなかった。世紀の変わり目頃のラベルには、まるでボルドーワインのように「特級格付け」の文字が書かれていたのだが。1977年に彼女が他界するとものごとはとんとん拍子に運んだ。ほかの主要出資者であったサイエ兄弟がこの畑を1979年に買い取り、ティエリ・ブルアンを支配人に据えると、大規模な再植と現代化の計画を実行に移した。特級畑の申請をもおこない、1981年4月27日というまもない時期にそれが認められている。

---

1) このほかにわずかな面積のボンヌ・マールの畑がある。ボンヌ・マールについては、シャンボール゠ミュジニの章を参照。

モレ=サン=ドニ
Morey-St-Denis

- Grands Crus
- Premiers Crus
- Appellation Morey-St-Denis

1 Le Village
2 Les Gruenchers

1:20,000　500 m

あれやこれやと投資額は莫大になり、やがて1996年になるとサイエ兄弟は、地所をコブレンツのフロイト一族に売却してしまう。ティエリ・ブルアンは総支配人兼醸造責任者として留任した。この畑は実のところ、ドメーヌ・デ・ランブレの単独所有ではない。畑の下部に、小さな野菜畑があって、ドメーヌ・トプノ゠メルムが所有していたのだ。1974年、そこにブドウが再び植えられた。1ウーヴレ以下の面積しかないので、毎年半樽か1樽のあいだのワインを造るだけのブドウしかならない。

クロ・ド・ラ・ロシュ　Clos de la Roche
AC：クロ・ド・ラ・ロシュ特級畑
L：1級畑（もともとの畑について）　R：1級畑　JM：特級畑　　　　　　　　　　　　　**16.90ha**

19世紀、1861年の地図で見ると、クロ・ド・ラ・ロシュはたった4.57haしかない。しかしながら、1936年に特級畑を格付けするときが来ると、モシャン、フロワショ、フルミエール、シャビオ、そしてモン・リュイザンの下部も含められることになった。これらの区画のほとんどは、ラヴァル博士によって2級畑に格付けされていたもので、フロワショにいたってはなんとか4番目のカテゴリー（3級畑）にひっかかっていたものだった。統合によって畑は15.34haとなり、さらにジュナヴリエールとシャフォの一角が1971年に含められて、現在の面積となった。

クロ・ド・ラ・ロシュの所有者一覧	
	ha
Domaine Ponsot	3.31
Domaine Dujac	1.95
Domaine Armand Rousseau	1.48
Domaine Pierre Amiot	1.20
Domaine Coquard-Loison-Fleurot	1.17
Domaine Georges Lignier	1.05
Domaine Hubert Lignier	1.01
Domaine Peirazeau	0.80
Domaine Leroy	0.67
Domaine Castagnier	0.58
Hospices de Beaune	0.44
Domaine Arlaud	0.43
Feuillat (Duband)	0.41
Domaine Louis Remy	0.40
Michel Magnien	0.39
Gerard Raphet	0.38
Domaine Lignier-Michelot	0.31

マリー゠エレーヌ・ランドリュ゠ラシニは、クロ・ド・ラ・ロシュの名は表土のすぐ下にある基岩からついたというわかりやすい仮説を立てているが、ローラン・ポンソはもっとおもしろい説明をする。曰く、畑の上方に大きな平たい岩があって、ドルイド教の時代に生贄（いけにえ）の儀式に使われており、そこから畑の名前がついたというのである。オスピス・ド・ボーヌでも1種類、クロ・ド・ラ・ロシュのキュヴェが造られているが、売られる際には2種類の名前が冠される。というのも、畑がシロ゠ショードロン家と、ジョルジュ・クリッテルの未亡人の寄進によるものだからである。

モレ゠サン゠ドニのワインで、私が飲んだもっとも偉大なものはクロ・ド・ラ・ロシュ産だが、同時に特級畑の名に値しないような代物を口にした経験も数多い。ポンソの1972年と1980年のヴィンテージ（ともに、一般的にはブドウが熟さなかった痩せた年とされる）が、これまで飲んだ最上のブルゴーニュの中に燦然と屹立している。クロ・ド・ラ・ロシュはモレ村の精髄であり、香りに含まれるわずかに野性的なニュアンスが、シャンボール゠ミュジニで生まれる最高のワインとの差である。引き締まった直線的な骨組みがまた、長寿を保証してくれる。

クロ・サン゠ドニ　Clos St-Denis
AC：クロ・サン゠ドニ特級畑
L：2級畑　R：1級畑　JM：特級畑　　　　　　　　　　　　　**6.62ha**

サン゠ドニ（聖ドニ——別名ディオニュシウス——その名前の紀元はディオニソスにある）は、異教の司祭によってギロチンにかけられた。キリスト教への改宗を盛んにおこなったことで怒りをかったためだ。斬首された場所は今、モンマルトルになっている（「殉教者の丘」の意味で、ドニとその仲間であったエレウテリス、ルスティクスの殉教にちなんでいる）。一説によれば、ドニは首を切り落とされたあともなお、その首を腕に抱えて歩き、パリ郊外にあって現在サン゠ドニの名がついている町まで説教をして歩いたという。その近くに、スタッド・ド・フランス（競技場）が建設された。聖ドニが率いた参事会の遺物はいくつも、ヴェルジの丘に建つサン゠ヴィヴァン修道院に収められており、その中には聖人自身の下顎がある。今ではもう説教をすることはないが、てんかんの治療

に効くと考えられている。参事会は、ヴェルジにやってきた1023年から13世紀までのあいだのどこかで畑にブドウを植え、それがクロ・サン＝ドニと呼ばれるようになった。ジュール・ラヴァルによれば、クロ・サン＝ドニは1855年の時点では2.12ha。しかし、原産地呼称制度が1936年に成立するときまでに、畑の面積が増えている（クロ・ド・ラ・ロシュと同じような経緯で）。メゾン・ブリュレの区画と、1級畑のカルエールとシャフォの一部が加わり、現在の面積になった。

ジャン＝フランソワ・バザンによれば、クロ・サン＝ドニはモレ村の特級畑の中でもっとも評判が低いが、それはまちがいなのだという。ドニ・モルロは、クロ・ド・タールやクロ・ド・ラ・ロシュほど質が良くないと感じていた。ドメーヌ・デュジャックのセイス家の誰に頼んでも、クロ・ド・ラ・ロシュとクロ・サン＝ドニの違いをはっきりと説明してもらうことは難しい。ただ、前者は後者と比べ、ワインが若いうち殻に閉じこもることはあるだろうということだ。私自身は、双子の兄弟と比べ、クロ・サン＝ドニはわずかに豪華であるように感じるが、長期熟成させたあとの骨格については双子の兄弟ほど強くないだろう。

クロ・サン＝ドニの所有者一覧	
	ha
Georges Lignier	1.49
Domaine Dujac	1.47
Domaine Bertagna	0.51
Domaine de Chézeaux (Ponsot)	0.38
Henri Jouan	0.36
Guy Castagnier	0.35
Jean-Paul Magnien	0.32
Heresztyn	0.23
Peirazeau	0.20
Pierre Amiot	0.17
Coquard-Loison-Fleurot	0.17
Charlopin	0.17
Arlaud	0.17
Jadot	0.17
Michel Magnien	0.12

クロ・ド・タール　Clos de Tart
AC：クロ・ド・タール特級畑

L：特級畑　　R：特級畑　　JM：特級畑　　　　　　　　　　　　　　　　　　　　　　　　　　**7.53ha**

1141年に、ブロションの聖ヨハネ騎士団が、当時ラ・フォルジュと呼ばれていた畑を、少し前（1125年）に建てられたばかりのノートル・ダム・ド・タール寺院の尼僧に売った。1240年に少しだけ畑が広げられたあと、おそらく15世紀に石垣で囲われ、フランス革命後の1791年に国有地として売却されるまでは所有者が変わらなかった。6.17haの畑に加えてワイナリーの建物があり、そこには1570年から1924年まで使われていた古めかしいオウム型圧搾機〔搾られた液体の流れ出る圧搾機下部の口がオウムの嘴に似ているためこう呼ばれる〕がまだ残されている。

1939年に特級畑として認められるまでに、畑は7.22haまで大きくなった。その後、1965年にボンヌ・マールの畑を0.278ha獲得するのだが、これはもっともなことであった。なぜなら、この部分のブドウ樹は、地図上ではボンヌ・マールの小区画（リュー・ディ）となっているのだが、クロ・ド・タールの石垣の内側にあるからだ。

1141年以来、クロ・ド・タールの所有者はたった3人しかいない。マレ家（後のマレ＝モンジュ家）が、1791年に尼僧院から土地が接収された際にこの地所を買い、1932年まで所有していた。次に買ったのはモメサン家で、価格は40万フランだった。モメサン家は後に、ボジョレで営んでいた会社をジャン＝クロード・ボワセに売却したが、クロ・ド・タールは手元に残した。ドメーヌは、シルヴァン・ピティオが1996年に支配人に就任したあと再生してきている。ピティオは、『ブルゴーニュの主要なブドウ畑地図』の著者のひとりでもある。

クロ・ド・タールの畝は南北方向に走っている。斜面を登り降りするのではなく、等高線に沿っているのである。現在、高名な土壌学者クロード・ブルギニョンの協力を得て、畑のさまざまな場所の土壌を地図にする作業が進行中である。今では（1999年以来）、6つのステンレスタンクが設置されていて、標高と土壌タイプに応じて畑を水平方向に区切った区画別にブドウを仕込んでいる。土壌タイプとは、ウミユリ石灰岩、プレモー石灰岩、白色泥灰岩などである。醸造に関するさらなる詳細は、「ドメーヌ・クロ・ド・タール」の項目を参照のこと。

レ・フルミエール　Les Fremières
「クロ・ド・ラ・ロッシュ」の項目（162頁）を参照。

レ・フロワショ　Les Froichots
「クロ・ド・ラ・ロッシュ」の項目（162頁）を参照。

メゾン・ブリュレ　Maison Brûlée
「クロ・サン゠ドニ」の項目（162頁）を参照。

メ・ランティエ　Meix Rentier
「クロ・デ・ランブレ」の項目（160頁）を参照。

モシャン　Mochamps
「クロ・ド・ラ・ロッシュ」の項目（162頁）を参照。

モレ゠サン゠ドニ 1級畑　Morey-St-Denis Premiers Crus

モレ村の1級畑[2]は、村内の斜面下部、特級畑の下方に広がっている。村の北端、ジュヴレ゠シャンベルタン村との境近くでは、特級畑の上方にも少しだけ1級畑がある。ほとんどが傾斜のとてもゆるやかな畑である。

レ・ブランシャール　Les Blanchards
AC：モレ゠サン゠ドニ1級畑
L：4級畑　R：2級畑　JM：1級畑　　　　　　　　　　　　　　　　　　　　　　1.97ha

クロ・デ・ランブレのワイナリー入口の外側に立ち、幹線道路のほうに目をやれば、すぐ正面にクロ・ボーレが見え、そのすぐ左にレ・ブランシャールがある。土壌は比較的粘土の多い重い土壌で、大きな石が混じっている。そのせいで、ここのワインは長持ちするのだ。ドメーヌ・アルローがその一例となるワインを造っているものの、アルローを除けばほとんどのブドウはネゴシアンに売られてしまっている。

レ・シャフォ　Les Chaffots
AC：モレ゠サン゠ドニ1級畑
L：4級畑　R：1級畑　JM：1級畑　　　　　　　　　　　　　　　　　　　　　　2.62ha

レ・シャフォは、畑の下部が特級畑、上部が1級畑に格付けされている3つの畑のうちのひとつである。ミシェル・マニャンと、ドメーヌ・リュシー＆オーギュスト・リニエが主な造り手だ。畑名は、干草を入れる納屋を意味する古い言葉に由来しており、かつてはそこに納屋が建っていたのだと思われる。

オー・シャルム　Aux Charmes
AC：モレ゠サン゠ドニ1級畑
L：記載なし　R：1級畑　JM：1級畑　　　　　　　　　　　　　　　　　　　　　1.17ha

シャルムという格好のよい名の小区画をもつ村のほとんど（つまりは、ほとんどの村ということだ）

---

[2] 多くの造り手たちが、モレ゠サン゠ドニの1級畑ワインを、特定の畑名をラベルに表示することなく販売している。いくつかの畑のブドウをブレンドしている場合もあるし、特級畑に植わる若木からのブドウを格下げしている場合もある（その両方にあてはまる場合も）。

が、その名を村の中の大きな畑につけている。モレ=サン=ドニの場合は、ジュヴレ=シャンベルタンの特級畑レ・マゾワイエールに続く小さな畑がそう呼ばれているのだが、マゾワイエール自体もシャルムを名乗ることができる。ワインは繊細かつ柔らか、チャーミングである。ドメーヌ・ピエール・アミオがこの畑のワインを産している。

レ・シャリエール　Les Charrières
AC：モレ=サン=ドニ1級畑
L：4級畑　　R：1級畑　　JM：1級畑　　　　　　　　　　　　　　　　　　　　2.27ha

クロ・ド・ラ・ロシュの下方、クロ・デ・ゾルムのすぐ南に位置する。私の知る限り、この畑名を名乗るワインはひとつしかなく、村の外の生産者の手による。すなわち、ニュイ=サン=ジョルジュのアラン・ミシュロのものである。

レ・シュヌヴェリ　Les Chenevery
ACs：モレ=サン=ドニ1級畑およびモレ=サン=ドニ
L：3級畑　　R：1級畑　　JM：1級畑　　　　　　　　　　　　　　　　　　　　1.09ha*

この畑名は、麻を意味するフランス語に由来しており、シャサーニュにあるシュヌヴォットの畑も同じである。レ・ミランドとレ・ファコニエールの下方に位置し、レ・シュヌヴェリの上部だけが1級畑に格付けされている。バ・シュヌヴェリと呼ばれる村名格の畑がほかにあるのだ。アラン・ジャニアール、ドメーヌ・リニエ=ミシュロ、ドメーヌ・ブリチェクが、1級畑のワインを造っている。ブリチェクのワインは、ポーランド出身のローマ法王の名誉を讃えて、「キュヴェ・ヨハネ・パウロ2世」と名づけられている。　　　　　　　　　　　　*このほかに同名の村名格の畑が1.31haある。

オー・シュソー　Aux Cheseaux
ACs：モレ=サン=ドニ1級畑およびモレ=サン=ドニ
L：4級畑　　R：1級畑　　JM：1級畑　　　　　　　　　　　　　　　　　　　　1.49ha*

フラジェ村のエシェゾー、マルサネ村のエシェゾの畑と同じく、この畑の名前は、建物を意味する古い言葉に由来する。ジュヴレとの村境の手前にあるオー・シャルムの下方に位置するオー・シュソーは、畑の上部だけが1級畑に格付けされている。この畑のワインを造る生産者として、ドメーヌ・アルロー（1級畑）、ルイ・レミ（村名畑）などがいる。　　*このほかに同名の村名格の畑が1.11haある。

クロ・ボーレ　Clos Baulet
AC：モレ=サン=ドニ　1級畑
L：3級畑　　R：2級畑　　JM：1級畑　　　　　　　　　　　　　　　　　　　　0.87ha

この小さな1級畑は、かつての所有者にちなんで名づけられた。ドメーヌ・デ・ランブレの建物のすぐ下方にある。フレデリック・マニャンとエティエンヌ・コッソンが、この畑名を冠したワインを詰めている。

クロ・デ・ゾルム　Clos des Ormes
ACs：モレ=サン=ドニ1級畑およびモレ=サン=ドニ
L：4級畑　　R：1級畑　　JM：1級畑　　　　　　　　　　　　　　　　　　　　3.15ha*

ジュヴレ村側、クロ・ド・ラ・ロシュの下方に位置し、かつて植わっていた楡の木からその名がついた。土壌は重く、水を多く含む。畑の半分をドメーヌ・ジョルジュ・リニエが保有しているが、そのワインは近年、いつも望まれる水準に達しているわけではない。

*このほかに同名の村名格の畑が1.3haある。

クロ・ド・ラ・ビュシエール　Clos de la Bussière
AC：モレ＝サン＝ドニ1級畑

L：3級畑　　R：2級畑　　JM：1級畑　　　　　　　　　　　　　　　　　　　　2.59ha

クロ・ド・ラ・ビュシエールは、ドメーヌ・ジョルジュ・ルミエの単独所有畑というだけでなく、その家族の多くが暮らしている場所でもある。1287年、畑はウシュ川のほとりにあるビュシエール修道院に寄贈された。修道院の建物は、最近になって宗教的用途から離れ、気のきいたホテルへと改装されている。斜面の勾配はゆるやかで、土壌はおおむね赤い粘土質である。そのせいで、ここのワインは典型的なモレ村らしいものとなる。つまり、隣のシャンボール＝ミュジニ村の優雅さと比べると、どこか野暮ったさがあるということだ。

クロ・ソルベ　Clos Sorbè
AC：モレ＝サン＝ドニ1級畑

L：4級畑　　R：1級畑　　JM：1級畑　　　　　　　　　　　　　　　　　　　　3.55ha

村落の下方、レ・ソルベの畑の隣にあるクロ・ソルベも、クロ・ド・ラ・ビュシエール同様、修道院にその起源がある。畑には小石が多く、水はけのよさにつながっている。最大所有者は、ドメーヌ・トリュショの畑を引き継いだダヴィッド・デュバンである。

コート・ロティ　Côte Rôtie
ACs：モレ＝サン＝ドニ1級畑およびモレ＝サン＝ドニ

L：4級畑　　R：1級畑　　JM：村名格モレ＝サン＝ドニ　　　　　　　　　　　　1.23ha*

この畑の名前を聞いて、あなたはどこを探すだろう。斜面上方、太陽がさんさんとそそぐ場所だ。1.23haという数字は理論上の最大値でしかなく、実際には斜面のあちらこちらに少しずつブドウが植わっているにすぎない。近くには、ポンソのワイナリー裏の建物群がある。

　　　　　　　　　　　　　　　　　　　　　　　　＊このほかに同名の村名格の畑が0.11haある。

レ・ファコニエール　Les Faconnières
AC：モレ＝サン＝ドニ1級畑

L：2級畑　　R：1級畑　　JM：1級畑　　　　　　　　　　　　　　　　　　　　1.67ha

この畑は、フランス語でハヤブサを意味する言葉からついた。この場所で飼われていたか、畑の上を飛んでいたかのどちらかであるのはまちがいない。クロ・ド・ラ・ロシュの下方、レ・ミランドのすぐ北に位置し、土壌は石が多いため水はけがよい。レ・ファコニエールはモレ村の1級畑の中で、もっとも立地に優れる畑のひとつである。この畑のワインを造る生産者には、ドメーヌ・ユベール・リニエ、ドメーヌ・ヴィルジル・リニエ＝ミシュロなどがいる。

レ・ジュナヴリエール　Les Genavrières
AC：モレ＝サン＝ドニ1級畑

L：記載なし　　R：2級畑　　JM：1級畑　　　　　　　　　　　　　　　　　　1.19ha

スペルがわずかに異なっているものの、この畑の名はムルソーのレ・ジュヌヴリエールと同じ起源、すなわち「かつて杜松の繁みに覆われていた場所」という意味をもつ。畑の一部は、1971年という最近になって、特級畑クロ・ド・ラ・ロシュに組み入れられた。私の知る限り、1級畑ワインとして生産されている唯一の例は、ドメーヌ・デ・モン・リュイザンのものである。畑の最上部では表土に砂が混じるが、全体的に表土は薄い。

レ・グリュアンシェ　Les Gruenchers
AC：モレ＝サン＝ドニ1級畑

L：記載なし　　R：2級畑　　JM：1級畑　　　　　　　　　　　　　　　　　　0.51ha

村落のすぐ下にあるごく小さな畑で、その名は非常に固い殻を持った小さなクルミの一種にちなむ。

雨のあと水分を保持する土壌で、かなり固くいかめしいワインが生まれる。シャンボール＝ミュジニ村にも同じグリュアンシェという名の畑があるが、そちらのほうが有名である。

レ・ミランド　Les Millandes
AC：モレ＝サン＝ドニ1級畑
L：3級畑　R：1級畑　JM：1級畑　　　　　　　　　　　　　　　　　　　　　　　4.20ha

村の中心、クロ・ド・ラ・ロシュの下方にある畑。レ・ミランドは、モレの1級の中でも高く評価されるのにふさわしい畑で、多くの一流生産者がとてもよいワインを造っている。たとえば、ドメーヌ・アルロー、ドメーヌ・ピエール・アミオ、ドメーヌ・エレスツィン、ドメーヌ・クリスティアン・セラファンのものである。

モン・リュイザン　Monts Luisants
ACs：モレ＝サン＝ドニ1級畑およびモレ＝サン＝ドニ
L：記載なし　R：1級畑　JM：1級畑　　　　　　　　　　　　　　　　　　　　　5.39ha*

モン・リュイザンの小区画（リュー・ディ）は、3つの格付けに分かれている。最上部の区画、標高340m付近はACモレ＝サン＝ドニである。その下にあるかなり大きな区画、標高にして300〜340mの部分は1級畑で、ドメーヌ・ポンソ所有のクロ・デ・モン・リュイザンが含まれている。最下部の区画については、1936年以来、特級畑クロ・ド・ラ・ロシュの一部になっている。

ローラン・ポンソによれば、モン・リュイザンの斜面は中世かそれ以前の時代から、白ブドウが植えられていたそうである。ピノ・ノワールの樹の海の中で、ここの白ブドウは灯台のように光り輝いている。シャルドネか？　いや、それが実はアリゴテなのである。ウィリアム・ポンソが、クロ・デ・モン・リュイザンにアリゴテを植えたのは1911年であった。1930年代後半には、イポリット・ポンソがアリゴテの下方に、ピノ・グージュを少し植えた（ピノ・グージュとは、ピノ・ノワールから変異したピノ・ブランのクローンで、アンリ・グージュによって繁殖されたもの）。1960年代はじめには、ジャン＝マリー・ポンソもシャルドネをいくらか植えた。この時点でワインは、約65％がアリゴテ、20％がシャルドネ、15％がピノ・グージュとなった。

ローラン・ポンソはピノ・グージュを1993年に、シャルドネを2004年にそれぞれ引き抜いたので、クロ・デ・モン・リュイザン・ヴィエイユ・ヴィーニュは、2005年ヴィンテージから、1911年に植えられたアリゴテ100％となった。クロ・デ・モン・リュイザン全体は2.5haの畑で、うち1ha弱が高名なアリゴテ、1ha強がモレ＝サン＝ドニ1級の赤、0.5haは特級畑に格付けされている。畑の頂上付近には、1852年に建てられたミニチュアの城館のような石造りの納屋がある。

2000年からは、ドメーヌ・デュジャックもモン・リュイザンから白の1級ワインを生産している。ただし、こちらはすべてシャルドネである。ジャン＝マルク・デュフルールが運営するドメーヌ・デ・モン・リュイザンは、赤のモン・リュイザンを1銘柄造っている。

*このほかに同名の村名格の畑が2.19haがある。

ラ・リオット　La Riotte
AC：モレ＝サン＝ドニ1級畑
L：3級畑　R：2級畑　JM：1級畑　　　　　　　　　　　　　　　　　　　　　　2.45ha

この畑名はおそらく、細い道を意味する「リュオット（Ruotte）」が訛ったものであろう。畑はモレの村落のすぐ下方にあって、幹線道路であるD974号線に続く小さな道が脇を通っているから、この説はおそらく正しい。この畑でワインを造る生産者には、ドメーヌ・トプノ＝メルム、ペロ＝ミノ、リニエがいる。

レ・リュショ　Les Ruchots
AC：モレ゠サン゠ドニ1級畑
L：4級畑　R：2級畑　JM：1級畑　　　　　　　　　　　　　　　　　2.58ha

下方のクロ・ド・ラ・ビュシエールと上方のクロ・ド・タールにはさまれるというすばらしい立地の畑で、シャンボール村の側にある。平坦な畑だが、レ・リュショはこの村の優れた1級畑のひとつに数えられる。ドメール・アルローとピエール・アミオのものが良い。

レ・ソルベ　Les Sorbès
AC：モレ゠サン゠ドニ1級畑
L：4級畑　R：2級畑　JM：1級畑　　　　　　　　　　　　　　　　　2.68ha

平坦だが水はけの良い畑で、それは表土に小さな石が多く含まれているおかげである。村落の下方、クロ・ソルベの隣にある。その名は、おそらく大昔の所有者にちなんでいるのだろう。ドメーヌ・セルヴォーが主な造り手である。

ル・ヴィラージュ　Le Village
ACs：モレ゠サン゠ドニ1級畑およびモレ゠サン゠ドニ
L：記載なし　R：記載なし　JM：1級畑　　　　　　　　　　　　　　0.90ha

ル・ヴィラージュの畑のうちほんの一部だけが1級畑に格付けされており、それはレ・ブランシャールのすぐ上方にある部分だ。ドメーヌ・デ・ランブレも、その美しい建物と庭園に隣接するこの畑の区画を保有している。そこも1級畑を名乗る資格はあるのだが、ブドウではない高い樹木が植わっていて、その木陰は歩道になっている。

村名格モレ゠サン゠ドニ
Village vineyards : appellation Morey-St-Denis

村名格の畑は幹線道路であるD974号線の両側にあり、特級畑の上方、斜面の最上部付近にも少しある。畑名をラベル表示して売られるものはほとんどないが、以下は例外である。

クロ・ソロン　Clos Solon　　　　　　　　　　　　　　　　　　　5.58ha
ジュヴレの村のジャン゠マリー・フリエが、クロ・ソロンの名を冠したワインを造っている。ジャン゠マリーによれば、土壌は比較的肥沃でかなり多くの水を含んでいるという。だから、カビ病にかからないようによく注意しないといけないし、田舎くさい仕上がりにならないようにするためには、収量にも気を配らないといけないそうだ。

アン・ラ・リュ・ド・ヴェルジ　En la Rue de Vergy　　　　　　　　4.81ha
ブリュノ・クレールは、家族の畑を相続できるか危うくなった頃にこの畑を買い、半分に白ブドウを、もう半分に黒ブドウを植えた。ほとんど表土のない畑だったにもかかわらず、ブドウはよく育っているように見える。ドメーヌ・ミシェル・グロとペロ゠ミノも、アン・ラ・リュ・ド・ヴェルジの名でワインを詰めている。（斜面を見上げて最上部の左側に）さらに0.8ha、リュ・ド・ヴェルジと呼ばれる畑がある。

トレ・ジラール　Très Girard　　　　　　　　　　　　　　　　　4.02ha
トレ・ジラールの城館ホテルとレストランが、この畑のすぐ上方にある。城館の地下は、かつてのモレ村共同組合のセラーで、現在はドメーヌ・リュシー＆オーギュスト・リニエが使用している。トレ・ジラール名を冠した村名ワインは、ドメーヌ・ミシェル・マニャンと、セシル・トランブレが販売している。

白ワイン

ブリュノ・クレールは、ボンヌ・マールおよびクロ・ド・タールの斜面上方にあたる土地を再び畑にし、その半分に白ブドウを植えた。ドメーヌ・デュジャックも、1984年と1986年にそれぞれ白ブドウを植えていて、その後1998年には1級畑モン・リュイザンの1区画でも同じようにした。もちろん、モレの白ワインで一番名高いのは、ポンソがアリゴテから造るクロ・デ・モン・リュイザン・ブランである。

主要生産者

ピエール・アミオ　Pierre Amiot

ジャン゠ルイ・アミオは父ピエールの跡を継ぎ、モレ゠サン゠ドニ村で多くのワインを造っている。1級畑のシャルム、ミランド、リュショ、特級畑のクロ・ド・ラ・ロッシュ、クロ・サン゠ドニなどである。隣のジュヴレ村にも畑を持っていて、1級畑のコンボット、特級畑のシャルム゠シャンベルタンなど。低収量で、果梗はまったく使用せず、100%新樽での熟成——これがトップクラスのワインの醸造方針である。

ドメーヌ・アルロー・ペール・エ・フィス　Domaine Arlaud Père & Fils

もともとはアルデッシュ県出身のジョゼフ・アルローによって、第二次世界大戦のあとに設立されたドメーヌである。息子のエルヴェが父の跡を継ぎ、いまだ完全に引退はしていないものの、現在日々の運営はその子供たちにまかされている。シプリアンは1998年から、その弟のロマンは2004年から家業に加わっている。一方、娘のベルティーユはオーソワ種の馬を2頭飼っていて、4haの自社畑と、同程度の広さのほかのドメーヌの畑を耕すのに使っている。2004年以降有機農法をおこなっていて、現在は認証待ちである。ビオディナミの試験もいろいろと計画されている。ギ・コカールが2004年に引退した際、その畑の世話を引き受けたので、15haの規模まで生産が拡大した。

アルロー家はニュイ゠サン゠ジョルジュにも素敵なセラーを持っているが、醸造と熟成はモレの幹線道路下にある現代的セラーでおこなわれている。シプリアン・アルローのテクニックは、「モダン・クラシック」とでも呼べるものだろう。振動式の選果台、100%の除梗、発酵前低温浸漬、ルモンタージュ。新樽比率はワインによって変わる。村名ACのワインでは20%、特級畑ではクロ・ド・ラ・ロッシュは40%だが、クロ・サン゠ドニは100%である。

ドメーヌ・アルロー・ペール・エ・フィスの所有畑	
	ha
Charmes-Chambertin Grand Cru	1.14
Clos de la Roche Grand Cru	0.43
Clos St-Denis Grand Cru	0.17
Bonnes Mares Grand Cru	0.20
Morey-St-Denis 1er Cru Les Blanchards	0.27
Morey-St-Denis 1er Cru Aux Cheseaux	0.70
Morey-St-Denis 1er Cru Les Millandes	0.40
Morey-St-Denis 1er Cru Les Ruchots	0.70
Gevrey-Chambertin 1er Cru Aux Combottes	0.45
Chambolle-Musigny 1er Cru Les Chatelots	0.07
Chambolle-Musigny 1er Cru Les Noirots	0.17
Chambolle-Musigny 1er Cru Les Sentiers	0.23
Morey-St-Denis	0.96
Gevrey-Chambertin	1.04
Chambolle-Musigny	0.96

ボンヌ・マール　特級　所有区画はボンヌ・マールの中心と言っていい場所にある細い帯状のもので、最上部はテール・ブランシュ土壌、残りはより典型的なテール・ルージュ土壌である。どちらのワインも、通常新樽で熟成される。

シャルム゠シャンベルタン　特級　アルロー家は、マゾワイエール゠シャンベルタン下方のぱっとしない場所に1区画所有しているが、それがたった0.2haしかないのは幸いである。もっと良い立地の畑も持っており、それはラトリシエール゠シャンベルタンの隣、グラン・クリュ街道沿いにあって、1haもの面積がある。この2つを合わせて、巧みにシャルムが造られている。

クロ・ド・ラ・ロッシュ　特級　アルローが所有する小さな畑は、クロ・ド・ラ・ロッシュ内、モシャンの区画にある。毎年偉大なワインを造るために、シプリアンはクロ・ド・ラ・ロッシュでもほかの区画に畑を持ち、ブレンドができるようにすべきだと考えている。望みはまだ叶わないものの、ワインは印象的なフィネスと持続性を備えている。

クロ・サン゠ドニ　特級　アルローのブドウ樹は畑の中心にあり、クロ・ド・ラ・ロッシュよりも明らかに果実味の濃縮度が高いのはそのわけだ。果実味が凝縮しているため、100%の新樽を使ってもよいのである。

デヴィッド・クラーク　David Clark

この野心的な若いスコットランド人は、もとF1レースのエンジニアで、2004年にモレ=サン=ドニ村にワイナリーを構えた。ブルゴーニュ・パストゥグランとACブルゴーニュ赤を2005年に仕込み、ACモレ=サン=ドニを2006年に、ACコート・ド・ニュイ=ヴィラージュを2007年に、ACヴォーヌ=ロマネを2008年にそれぞれ1樽ずつ加えている。畑仕事は極端なほど丁寧で、ACブルゴーニュの畑においてさえ、特級畑並の収量に抑えている。

ドメーヌ・デュジャック　Domaine Dujac

1967年の11月、若きジャック・セイスはモレ=サン=ドニにあった小さなワイナリー、ドメーヌ・グライエを買い、自分の名前をつけてドメーヌ・デュジャックとした。ジャックは、名うての美食家であったビスケット製造会社社長ルイ・セイスの息子で、すでにドメーヌ・ド・ラ・プス・ドールを率いるジェラール・ポテルのもとで修業経験があった。ポテルや、シャルル・ルソー、ベルナール・クレール=ダユ、アンリ・グージュ、オベール・ド・ヴィレーヌといったブルゴーニュの有名人たちのやり方を手本として、セイスはワイン造りの仕事にとりかかった。

初ヴィンテージとなった1968年は、記録的な悪い年のひとつだったため、ワインはバルクで売り払われた。しかし、1969年はまったく違った年となり、このドメーヌをブルゴーニュの地図にしっかりと載せることとなった。1973年、ジャックはロザリンド・ボズウェルと結婚する。彼女は収穫作業を手伝いにカリフォルニアからやってきたのだが、生涯ブルゴーニュに留まることになった。3人の子供、ジェレミー（1975年生まれ）、アレック（1977年生まれ）、ポール（1980年生まれ）のうち年長の2人が今では家業に参画している。ジェレミーの妻、ダイアナもワイン造りを手伝っており、彼女もカリフォルニア出身、醸造学の教育を受けている。2000年、ジェレミー・セイスは父とともに、デュジャック・フィス・エ・ペールという小規模ネゴシアン事業を始めた。

欲しい畑が売りにでたら買い、長年かけてドメーヌの規模を大きくしてきた。そのクライマックスは、2005年にドメーヌ・トマ=モワラールからいくつか卓越した畑を購入したときだろう。1987年、ドメーヌはリュット・レゾネ（減農薬栽培）に転向し、2001年からは有機農法を実践している。現在、すべての1級畑と特級畑を含む所有地の75%は有機農法で、ビオディナミの実験もおこなわれている。ジャック・セイスは発酵時に果梗を用いることの有効性を主張する代表的人物である。果梗そのものを使いたいというだけでなく、除梗の際に果実を傷つけるのがいやなのだ。しかしながら、ヴィンテージごとに、果梗の熟度とそれを使うメリットを考え、程度は変化させている。

モレ=サン=ドニのセラーは近年拡張され、熟成の条件が良くなった。今では、樽がより低い室温下で保管されている。マロラクティック発酵の生起が遅くなり、澱引きの回数も減った。

デュジャックのワインは、色がとても濃いわけではないが、華やかな香り、骨格、そして長い寿命をもつことで知られている。7つもの特級畑を所有するデュジャックは、今ではブルゴーニュ最良のドメーヌのひとつとなった。

ドメーヌ・デュジャックの所有畑

赤	ha
Le Chambertin Grand Cru	0.29
Charmes-Chambertin Grand Cru	0.70
Clos de la Roche Grand Cru	1.95
Clos St-Denis Grand Cru	1.47
Bonnes Mares Grand Cru	0.59
Romanée St-Vivant Grand Cru	0.17
Echézeaux Grand Cru	0.69
Chambolle-Musigny 1er Cru Aux Gruenchers	0.33
Gevrey-Chambertin 1er Cru Aux Combottes	1.16
Vosne-Romanée 1er Cru Les Malconsorts	1.57
Vosne-Romanée 1er Cru Les Beaumonts	0.73
Morey-St-Denis 1er Cru Rouge	0.79
Chambolle-Musigny	0.64
Morey-St-Denis	2.93
白	
Morey-St-Denis 1er Cru Monts Luisants Blanc	0.60
Morey-St-Denis Blanc	0.66

シャルム=シャンベルタン　特級　1977年に購入された畑。マゾワイエール=シャンベルタンにある7つの小さな区画と、シャルム上部、よい位置の大きめの区画ひとつをブレンドして仕込む。デュジャックのワインらしいきらびやかさはないものの、スタイリッシュな仕上がりである。

クロ・ド・ラ・ロシュ　特級　所有畑の大半は、最初に畑を買った1968年のときからのものであるが、

1977年と1990年に買い増しをしている。デュジャックのクロ・ド・ラ・ロシュは、蔵でもっとも寿命の長いワインのひとつである。若いうちはチャーミングな仕上がりに感じられることが多いが、10年以上瓶熟成させると、この畑の堅牢な骨格が前面に出てきて、最良の姿となる。

クロ＝サン＝ドニ　特級　かなり大きなこの畑は、1968年、最初にドメーヌ・グライエを買い取ったときに手に入ったものである。ワインには若いうちから豪勢な果実味が見られるが、長期熟成もする。

エシェゾー　特級　この畑のシャン・トラヴェルサンの区画内に、単一の畑を所有している。エシェゾーの特徴といえば、微妙な風味が手の込んだ格子細工のように組み立てられていることだ。重量感あふれるワインではなく、デリカシーと複雑性が肝なのである。

ジュヴレ＝シャンベルタン1級　オー・コンボット　特級畑に囲まれたこの4.57haの畑の、代表的生産者がデュジャックである。土地が少し窪んでいて標高がわずかばかり低いために、コンボットは特級になれないでいる。ワインには、凝縮した果実味とともに、胡椒を思わせるスパイシーな個性がしばしば見られる。

ヴォーヌ＝ロマネ1級　レ・マルコンソール　2005年にドメーヌ・トマから購入した驚異的にすばらしい区画で、ドメーヌの商品構成にもうひとつ旗艦銘柄がつけ加わることになったと見てよい。マルコンソールは、毎年リッチな風味と安定した味わいを見せるワインで、特級の位に値するものだ。

ドメーヌ・ロベール・グロフィエ　Domaine Robert Groffier

このドメーヌは、しばしばシャンボール＝ミュジニにあるものと思われている。というのも畑のほとんどがシャンボールの村にあり、モレにはないからだ。一族の起源は19世紀のフレデリック・グロフィエにさかのぼる。フレデリックの息子であるジュール・グロフィエ(1898-1974)がドメーヌを設立し、その息子であるロベールが元詰めを始めた。現在、蔵はロベール・グロフィエの息子のセルジュと、孫のニコラが運営している。醸造には決まったやり方がなく、果梗はヴィンテージによって含められる程度が変わる。1984年までは一切除梗せず、1990年代には100％除梗していた。

ドメーヌ・ロベール・グロフィエの所有畑	
	ha
Chambertin Clos de Bèze Grand Cru	0.42
Bonnes Mares Grand Cru	0.97
Chambolle-Musigny 1er Cru Les Amoureuses	1.12
Chambolle-Musigny 1er Cru Les Hauts Doix	1.00
Chambolle-Musigny 1er Cru Les Sentiers	1.07
Gevrey-Chambertin	0.82

ドメーヌ・アラン・ジャニアール　Domaine Alain Jeanniard

この一族は、1755年からブドウ栽培に携わっていた。2000年、アラン・ジャニアールが工業界でのキャリアを捨てて、モレ＝サン＝ドニ村にあるたった0.5haの畑を引き継いで耕すようになった。そのあとすぐ、以下に詳細を記しているようにドメーヌを広げ、右の一覧のほかにもオート＝コート・ド・ニュイで赤白を造っている。加えて、アラン・ジャニアールは、オスピス・ド・ボーヌが保有するコート・ド・ニュイの2つの特級畑、マジ＝シャンベルタンとクロ・ド・ラ・ロシュを、2000年から2006年まで耕作していた。2003年以降は、ネゴシアン・ラベルのワインも造るようになっている。

ドメーヌ・アラン・ジャニアールの所有畑	
	ha
Pommard 1er Cru Les Saussilles	0.36
Fixin Combe Roy	0.37
Chambolle-Musigny	0.16
Gevrey-Chambertin	0.47
Morey-St-Denis	0.33

ドメーヌ・デ・ランブレ　Domaine des Lambrays

畑の歴史については、「クロ・デ・ランブレ」の項目で紹介している。同じ名前の特級畑だけでなく、このドメーヌはモレ村に1級畑や村名ACの畑も保有している。1993年には、ピュリニ＝モンラシェ村の2つの1級畑、クロ・デュ・カイユレとレ・フォラティエールを、ドメーヌ・シャルトロンから購入した。

1979年以来、ティエリ・ブルアンが蔵をとり仕切っている。畑ではおおむね有機農法の手法が用い

られており、化学合成された防カビ剤は不使用、鋤き返しは馬によっておこなわれる。セラーでは、果梗の大部分を使うのが好きで、ルモンタージュよりもピジャージュを好む。新樽の使用比率については、特級畑でも50％程度に抑えている。若木からのワインはモレ＝サン＝ドニ1級に格下げされ、ラ・リオットやル・ヴィラージュに所有するわずかな面積からのブドウとブレンドされる。村名ACのモレに使われるブドウは、ラ・リオット、クロ・ソロン、レ・ラレ、そしてクロ・デ・ランブレのすぐ上にあるラ・ビドードの畑のものである。

ドメーヌ・デ・ランブレの所有畑

赤	ha
Clos des Lambrays Grand Cru	8.66
Morey-St-Denis 1er Cru	0.34
Morey-St-Denis	1.08
白	
Puligny-Montrachet 1er Cru Clos du Cailleret	0.37
Puligny-Montrachet 1er Cru Folatières	0.29

クロ・デ・ランブレ　特級　クロ・デ・ランブレの香りにおいては、果梗の使用が重要な効果をもたらしている。黒系果実の風味に、スモーキーで、胡椒のような側面を加味しているのだ。複雑な細部が織り成す重層的な味わいのグラン・クリュで、重量感たっぷりというよりは風味の持続性にその特徴がある。

ジョルジュ・リニエ　Georges Lignier

ジョルジュはユベール・リニエのいとこだが、今日では次世代が蔵をとり仕切っている。1980年代、この2つのドメーヌ産ワインはおおむね同格で、2009年の夏に飲んだ1976年のクロ・ド・ラ・ロシュはすばらしく、まだ並はずれて若々しかった。その後、品質水準がしばらくのあいだ落ちたようだが、今日復活し始めたと見る向きもある。所有畑の顔ぶれはすばらしい。クロ・ド・ラ・ロシュ、クロ・サン＝ドニ、シャルム＝シャンベルタン、ボンヌ・マール、ジュヴレ＝シャンベルタン・コンボット、モレ＝サン＝ドニ・クロ・デ・ゾルム、そして村名ACのワインにマルサネ、ジュヴレ、モレ、シャンボール、ヴォルネがある。

ユベール・リニエ　Hubert Lignier

この蔵の物語は、こみ入ったものになってしまっている。ユベール・リニエは、多年にわたりみごとなワインを造り出し、ブルゴーニュにその存在を知らしめた。ワインはまっすぐかつ凝縮したスタイルで、オークと抽出風味は共に強めだが、過度ではない。そうこうするうちに、才能あふれる息子のロマンが跡を継ぎ、大きなスタイル変更を一切することなく、ワインの洗練度合いを増していった。だがそのあと悲劇が起きた。ロマンが脳腫瘍を患い、この世を去ってしまったのだ。最近結婚したばかりのアメリカ人女性ケレンと、二人の幼子を残して。

結果として、隠居していたユベールが再び現役復帰をし、もうひとりの息子ローランとともに、ドメーヌ・ユベール・リニエ・エ・フィスを新たに設立することとなった。ケレン・リニエが所有する畑でとれるブドウは、分益耕作契約によってこの蔵へと運ばれ、ドメーヌ・ユベール・リニエのワインとして醸造・瓶詰めされている。

リュシー＆オーギュスト・リニエ　Lucie & Auguste Lignier

リュシーとオーギュストは、故ロマン・リニエとロマンの未亡人ケレンの子供であり、ケレンが子供たちに代わって蔵の運営をしている。

所有畑のほとんどすべて（モレ＝サン＝ドニ・レ・シオニエール1.1haと、そのほか2、3の非常に小さな区画を除く）が、分益耕作契約の下にあり、そのほとんどがユベール・リニエとのものである。しかしながら、分益耕作はいずれ終わるかもしれない。

トレ・ジラールの城館ホテル・レストランの地下、かつては村の協同組合用セラーだった場所で、この蔵のワインは仕込まれている。最後に訪問した際、ケレン・リニエはいずれ場所を変わるつもりだと話していた。所有畑の一覧は174頁に掲載。

モレ＝サン＝ドニ1級　キュヴェ・ロマン・リニエ　このキュヴェは、3つの異なる1級畑、レ・ファコニエール、シュヌヴェリ、ラ・リオットの古木から造られている。

リニエ=ミシュロ　Lignier-Michelot

ヴィルジル・リニエは1988年まで父のかたわらで働き、2000年に完全に跡を継いだときから、すべてのワインを元詰めするようになった。畑において大きな改善がなされており、収量が減り、土が耕されるようになった。セラーでは、選果台が導入され、新樽比率が高まった。クロ・サン=ドニは片手で数えられるほどのブドウ樹しか所有していないため、この畑のワインは買い入れたブドウを混ぜて完成させられている。

メゾン・フレデリック・マニャン　Maison Frédéric Magnien

リュシー＆オーギュスト・リニエの所有畑

	ha
Clos de la Roche Grand Cru	1.01
Charmes-Chambertin Grand Cru	0.08
Gevrey-Chambertin 1er Cru Aux Combottes	0.13
Morey-St-Denis 1er Cru Cuvée Romain Lignier	0.67
Morey-St-Denis 1er Cru Chaffots	0.60
Gevrey-Chambertin Seuvrées	1.02
Morey-St-Denis Clos Les Sionnières	1.10
Chambolle-Musigny Les Bussières	0.49
Morey-St-Denis	1.12
Fixin Champs de Vosger（白）	0.23

リニエ=ミシュロの所有畑

	ha
（Clos St-Denis Grand Cru）	
Clos de la Roche Grand Cru	0.27
Morey-St-Denis 1er Cru Faconnières	0.73
Morey-St-Denis 1er Cru Chenevery	0.27
Morey-St-Denis 1er Cru Aux Charmes	0.25
Morey-St-Denis En La Rue de Vergy	1.90
Morey-St-Denis	1.50
Chambolle-Musigny	1.48

フレデリック・マニャンは、モレ=サン=ドニに続く一族の5代目である。醸造学校を卒業したあと父とともに働き、そのあとカリフォルニアとオーストラリアに飛んでピノの生産者の蔵で修業した。フレデリックは1993年に父の下に戻り、2年後に自身のネゴシアン・ラベルを創設した。このネゴシアンは、近年のブルゴーニュにおけるサクセスストーリーのひとつとなった。

マニャンのワインはその見た目通りモダンである。きらびやかなラベルが、ターボチャージャーつきのボトルに貼られている。一部の消費者の好みにはぴったりくるようだが、そうでない人もいる。

ドメーヌ・ミシェル・マニャン　Domaine Michel Magnien

フレデリック・マニャンの祖父ベルナールは、4haのブドウ樹を保有していたが、果実を地元の協同組合に売っていた。ベルナールの息子ミシェル（1946年生まれ）が、そこに新しい畑をあれこれと加えた。得意技は、原産地呼称の境界線内にある低木地を買い、そこにブドウを植えるというやり方である。たとえば、ジュヴレ=シャンベルタンのエヴォセル、シャンボール=ミュジニのフルミエール、モレ=サン=ドニの1級畑レ・シャフォがそうである。フレデリックが蔵で働くようになってから、すべてのブドウが元詰めになった。

栽培については、現在、有機農法の認証を待っている。完熟した状態でブドウを詰み、畑とワイナリーの両方で選果をおこなう。除梗し、まる1週間は発酵前低温浸漬をおこなったのち、ピジャージュを始めると発酵もスタートする。樽熟成では、特級畑は80％、1級畑では60％、村名ACでは30％が新樽である。翌年の収穫前に1度だけ澱引きがおこなわれ、その後は新樽から古樽に移しかえることもある。

ドメーヌ・ミシェル・マニャンの所有畑

	ha
Charmes-Chambertin Grand Cru	0.27
Clos de la Roche Grand Cru	0.39
Clos St-Denis Grand Cru	0.12
Gevrey-Chambertin 1er Cru Les Cazetiers	0.25
Gevrey-Chambertin 1er Cru Les Goulots	0.16
Morey-St-Denis 1er Cru Les Chaffots	0.74
Morey-St-Denis 1er Cru Les Millandes	0.40
Morey-St-Denis 1er Cru Aux Charmes	0.14
Chambolle-Musigny 1er Cru Les Sentiers	0.15
Chambolle-Musigny Les Fremières	0.25
Gevrey-Chambertin Les Seuvrées	0.78
Gevrey-Chambertin Aux Echezeaux	0.34
Morey-St-Denis Le Très Girard	0.48
Morey-St-Denis Monts Luisants Blanc	0.57

ペロ゠ミノ　Perrot-Minot

クリストフ・ペロ゠ミノは、父アンリのあとを1993年に継いだ。所有畑の一部は、2000年にドメーヌ・ペルナン゠ロサンを購入したときに得られたものだ。残りについては母方の祖父であるメルムから相続したもので、道の向こう側にあるドメーヌ・トプノ゠メルムと畑のラインナップが似ているのはそうしたわけだ。

右の一覧にあるドメーヌものワインのほかに、多様なほかの畑、特にジュヴレ゠シャンベルタンのいろんな特級畑からブドウを買ってワインを仕込んでおり、ラベルは同じだが「ドメーヌ (domaine)」の文字が記されていない。

ワイン造りは、何よりもまず徹底的な選果から始まる。まず畑で、それから2台ある選果台を使ってである。除梗のあと、1週間の発酵前低温浸漬を経て、発酵が始まったらピジャージュよりもルモンタージュで抽出する（シャンボール゠ミュジニのような、細めの骨組みのアペラシオン産ワインについては、特にその傾向が強い）。熟成は12〜14ヵ月、澱引きなしでおこない、樽はレモン社製のトロンセ産とアリエ産を使う。新樽比率はACモレ゠サン゠ドニのワインで25%、1級畑で40%、特級畑で50%である。

2つの1級畑産ワイン、シャンボール゠ミュジニ・コンブ・ドルヴォーとニュイ゠サン゠ジョルジュ・ラ・リシュモーヌについては、通常のキュヴェにも「ヴィエイユ・ヴィーニュ」の文字がラベル表示されていて、さらに上位の「ユルトラキュヴェ」が非常に樹齢の高いブドウから造られている。

ニュイ゠サン゠ジョルジュ1級 ラ・リシュモーヌ・キュヴェ・ユルトラ　1902年に植えられた区画からできる2樽が、キュヴェ・ユルトラ用である。残りは通常のリシュモーヌ・ヴィエイユ・ヴィーニュになる。キュヴェ・ユルトラは途方もなく凝縮していて、深く、分厚く、たっぷりと折り重なった果実味の層が、タンニンとオーク風味を圧倒している。とはいえ、超古木の深く伸びた根のおかげでエレガンスも感じられ、その下にはミネラル風味が横たわっている。

ヴォーヌ゠ロマネ1級 レ・ボー・モン　レ・ボー・モン・オーの下方の区画に植わる55年の古木から仕込まれている。この蔵のスタイルは、濃縮し、焦点が合っていて、赤系果実よりも黒系果実が感じられる色の濃いワインだが、それでもなおヴォーヌ゠ロマネらしいきわだったエレガンスと緻密さが透けて見える。

ペロ゠ミノの所有畑

	ha
Charmes-Chambertin Grand Cru	0.91
Mazoyères-Chambertin Grand Cru	0.74
Chambolle-Musigny 1er Cru Combe d'Orveau	1.14
Chambolle-Musigny 1er Cru Les Baudes	0.04
Chambolle-Musigny 1er Cru Les Charmes	0.09
Chambolle-Musigny 1er Cru Fuées	0.13
Morey-St-Denis 1er Cru La Riotte	0.58
Nuits-St-Georges 1er Cru Les Cras	0.08
Nuits-St-Georges 1er Cru Les Murgers	0.18
Nuits-St-Georges 1er Cru La Richemone	2.04
Vosne-Romanée 1er Cru Les Beaux Monts	0.83
Vosne-Romanée Champs Perdrix	0.36
Chambolle-Musigny	0.85
Gevrey-Chambertin	1.51
Morey-St-Denis	1.39
Vosne-Romanée	0.41

ドメーヌ・ポンソ　Domaine Ponsot

最初に登場するポンソ家の人物はウィリアムである。サン゠ロマン村の出身だったが、普仏戦争での兵役から戻った1872年にモレ゠サン゠ドニ村に住むことにし、クロ・デ・モン・リュイザンを含むブドウ畑を買った。1920年に跡を継いだのは、従兄弟で名づけ子でもあったイポリット・ポンソで、その息子のジャン゠マリーも1942年から家業に加わった。ジャン゠マリーは、長年、モレの村長を務めながら、1958年から現当主の息子ローランが跡を継ぐ1980年代前半まで、蔵を切り盛りした。1872年の創設当初から、ポンソ家はワインの一部を元詰めしていたが、自家消費用と経営するレストランで使っていただけだった。ポンソ家は、北イタリアのすべての駅にあるビュッフェの経営権を持っていたのである。イポリットが、ドメーヌの生産量全部を元詰めする決断を下したのは1934年のことだった。

ローラン・ポンソは、たいへんに個性的なアプローチを採っている。殺虫剤の類は使わないが、有機農法だと名乗ることはない。月や星の運行と、植物生命のリズムに気を配っているが、ビオディ

ナミ実践者だと称されることを好まない。いよいよブドウが摘まれると、ほんの少々亜硫酸をふりかけるが、その後は醸造中も熟成中も亜硫酸は用いない。何かはっきりした問題がない限りは、瓶詰めのときにすら亜硫酸を添加しないのだ。

選果台はない。問題のある房、あるいは房の一部は、摘み取り前に畑で取り除いてしまうからだ。健全なブドウはほとんどが除梗され、発酵の始まりも終わりも自然まかせである。ピジャージュかルモンタージュかは、その年のブドウに合うと思うほうをローランが選ぶ。温度が高すぎたり低すぎたりする場合は調節するが、それ以外はブドウの思うがままに任せ、やがて樽へとワインは移される。新樽はもちろん、1年使用樽、2年使用樽も使わない。10年以上使われた古樽のみである。瓶詰め前の澱引きも、されたりされなかったり。瓶詰めは、収穫から2年目の春から夏にかけてのどこかで、月の満ち欠けのタイミングがよいときを見はからっておこなわれる。

ドメーヌ・ポンソの所有畑	
赤	ha
Chambertin Grand Cru	0.14
Chapelle-Chambertin Grand Cru	0.47
Griotte-Chambertin Grand Cru	0.89
Clos de la Roche Grand Cru Vieilles Vignes	3.35
Clos St-Denis Grand Cru Vieilles Vignes	0.38
Chambolle-Musigny 1er Cru Les Charmes	0.58
Morey-St-Denis 1er Cru Cuvée des Alouettes	1.29
Chambolle-Musigny Cuvée des Cigales	0.31
Morey-St-Denis Cuvée des Grives	0.62
Gevrey Chambertin Cuvée de l'Abeille	0.51
白	
Morey-St-Denis Blanc, Clos des Monts Luisants	0.98

広く受け入れられている堅実なやり方とは何もかも違っているし、ワインそのものについても議論を呼ぶことがある。瓶詰め後、すぐに色が抜けてしまうことがあるものの、熟成のピークに達すると色は戻ってくる。偉大なヴィンテージのものは、最初からとても印象的なのが常だ。いまひとつのヴィンテージのワインは、瓶詰めときには弱くほとんど枯れているように見えるが、後年驚くほどのフレッシュさを取り戻す。

ローラン・ポンソはまた、探偵のようなこともし続けている。さまざまな国際市場で見つかる古酒の偽ワイン製造業者を、突き止めようとしているのだ。存在しないワインがオークションに出品されたことがきっかけとなって、ローランはこの問題に引き寄せられた。たとえば、1982年がポンソによる初ヴィンテージのはずのクロ・サン゠ドニの、もっと古いグレート・ヴィンテージのボトルなどである。残念ながら、こうしたワインが見つかっても、発見場所でそれが偽造されたとは限らない。今日では、瓶そのものの製造年代を計る技術があり、偽造業者を逮捕することはできないまでも、偽ワインかどうかを鑑定するのには役立っている。

ポンソはまた、契約している栽培農家からシャルム゠シャンベルタンとクロ・ド・ヴジョ・ヴィエイユ・ヴィーニュのブドウを、供給してもらってワインにしている。

クロ・ド・ラ・ロシュ ヴィエイユ・ヴィーニュ 特級 ブルゴーニュの偉大な畑にはそれぞれ、この造り手が一番という存在がいたとしよう。たとえば、シャンベルタンのルソーがそうだ。ならばポンソは、クロ・ド・ラ・ロシュのドメーヌである。群を抜いての最大所有者で、クロ・ド・ラ・ロシュのもともとの中心部分で大きな面積を占めている。熟成したワインは荘厳なものである。このワインには背骨が通っていて、ほかの生産者のものと比べると、ひとりだけ上級リーグの選手のようだ。ただし、ポンソのワインはしばしば、瓶詰め後数年は色と果実味に欠けているように見えることに注意されたい。だが、熟成のピークに達すると、途方もなく複雑なワインとして復活してくるのである。

クロ・サン゠ドニ ヴィエイユ・ヴィーニュ 特級 この畑の古木は、その名に恥じないぐらい古い。1905年に植えられているのだ。ワインは2006年から、「トレ・ヴィエイユ・ヴィーニュ(très vieilles vignes 非常に古い樹)」とラベルに書かれるようになった。生産量はごくごくわずかで、というのもポンソはこの畑を分益耕作しており、ワインの一部を所有者に戻さなければならないからだ。並はずれて濃厚なワインで、クロ・ド・ラ・ロシュよりも豪華なほどだが、繊細さでも勝るとは限らない。

モレ゠サン゠ドニ・ブラン1級 クロ・デ・モン・リュイザン このとんでもないワインは、1911年に植えられたアリゴテから造られている。古樽で発酵、マロラクティック発酵は経ない。だから、強い酸の核がいつもあり、そこをたっぷりとした果実味が取り囲んでいる。

ドメーヌ・ラフェ　Domaine Raphet

ジェラール・ラフェは父ジャンの跡を2002年に継ぎ、蔵をとり仕切るようになった。シャトー・ド・ジリーで開かれた、相当数の若いクロ・ド・ヴジョの比較試飲において、父による1998年産ワインは誰もが認める勝者となっていたが、残念なことに私の期待にまったく応えてくれないワインもあった。現在、この蔵はモレ＝サン＝ドニとジュヴレ＝シャンベルタンから良質のワインを生み出しているし、特級畑にはクロ・ド・ヴジョ、クロ・ド・ラ・ロシュ、シャルム＝シャンベルタン、シャンベルタン＝クロ・ド・ベーズがある。

ドメーヌ・ルイ・レミ　Domaine Louis Remy

シャンタル・レミが、1988年からこの小さなドメーヌをとり仕切っている。一家の歴史は1821年までさかのぼる。優しく、力強すぎることのないワイン、とはいえ熟成もするワインというこの蔵の伝統をシャンタルは守り続けている。同様に、ワインの一部を取り置いておき、古いヴィンテージを売りだすことがあるのもここの伝統である。残念ながら、一家の離散によって、シャンボール＝ミュジニの1級畑デリエール・ラ・グランジュ、シャンボール＝ミュジニ・フルミエール、モレ＝サン＝ドニ・オー・シュソーが2009年から人の手に渡ってしまった。それ以後、このドメーヌが生産しているのは右上にある一覧の畑である。

ドメーヌ・ルイ・レミの所有畑	
	ha
Chambertin Grand Cru	0.14
Latricières-Chambertin Grand Cru	0.40
Clos de la Roche Grand Cru	0.40
Morey-St-Denis Clos des Rosiers	0.33

ドメーヌ・デュ・クロ・ド・タール　Domaine du Clos de Tart

モメサン社がネゴシアン部門をジャン＝クロード・ボワセに売却した際も、1932年にマレ＝モンジュ家から購入したクロ・ド・タールの畑は手元に残した。長年、悪くはないものの、常にわくわくさせられるわけではないワインを造り続けたのちの1996年、異様なまでに細部にこだわるシルヴァン・ピティオがやってきて、クロ・ド・タールはギアをトップに入れた。

畑仕事はおおむね有機農法だが、認証は得ていない。クロード・ブルギニョンの協力を得て、それぞれ区画が土壌タイプによって入念に区分けされ、区画別に収穫されたブドウは、1999年にシルヴァン・ピティオ自身がデザインした新しい発酵タンクで別々に仕込まれている。収量は、丁寧な剪定と芽掻きによって法定上限をはるかに下回るレベルに抑えられており、必要ならば摘房もおこなわれる。収穫時期は、地方でももっとも遅いタイミングでおこなわれることが多く、というのもシルヴァンは、ブドウが完全に生理的成熟に達していると確信してから摘むのを好むからだ。

近年まで、除梗はされるものの破砕はされなかった。しかし現在では、土壌タイプによって分けられた通常のキュヴェすべてにおいて、果梗をさまざまな比率で用いる実験が進行中である。マセラシオンは通常3週間続き、発酵前浸漬と発酵後浸漬もその期間に含まれる。キュヴェによっては、色の安定と望ましくないラクターゼの分解のために、発酵の最終段階で熱せられている。その後、ワインは1階にある熟成1年目用のセラーに据えられた新樽に移される。さまざまな樽業者のトロンセ産とアリエ産のものである。1年経つと、ワインは地下のセラーに移され、必要なときにのみ澱引きがなされる。最終ブレンドは瓶詰め直前までおこなわれない。たいていの年には、一部のワインがセカンドラベルであるモレ＝サン＝ドニ1級ラ・フォルジュ・デュ・タールに回される。

クロ・ド・タール 特級　ピティオの時代になってからのクロ・ド・タールの色は、常にとても深い。とはいえ、黒みがかっているというよりも紫である。若いワインは、概して完熟していてみずみずしい果実味が横溢し、深い色の赤系果実が感じられるが、黒系果実のニュアンスも少しあり、甘草の風味までわずかにする。熟成したボトルを味見したことはまだほとんどない。

ドメーヌ・トプノ゠メルム　Domaine Taupenot-Merme

このドメーヌは現在、ロマン・トプノによって運営されていて、妹のヴィルジニも手伝いをしている。コート・ド・ニュイに続くトプノ家の7代目である。とはいえ、2003年からはサン゠ロマンにある分家の畑も加わっている。認証は得ていないものの、2002年以降は有機農法をおこなっている。

ここは、シャルム゠シャンベルタンとマゾワイエール゠シャンベルタンを別のワインにしている珍しい蔵である。道の向こう側にあるドメーヌ・ペロ゠ミノも同じようにしているが。トプノ家はまた、ごく小さな区画をクロ・デ・ランブレ内に持っているが、商業ベースでまともにワインを世に出せるほどの広さはない。

ブドウは選果台で精査され、完全に除梗されたのち、10度で低温浸漬をおこなう。7日から9日間、29度にしたタンクで発酵させ、それからさらに数日、タンニンをまとめるためにマセラシオンを続ける。樽に移したあとは12~14ヵ月、澱引きなしで熟成させ、瓶詰め前にタンクでブレンドする。いくつかの樽業者を使っており、新樽比率は村名ACで30％、1級畑で40％、特級畑で50％である。

品質は着実に向上していっており、ロマンがより洗練の度合いを高めようと熱心なのは明らかである。ワインは畑の個性をよくあらわしており、なかなかに堅牢な骨組みによって支えられている。

シャルム゠シャンベルタン　特級　たいていの年には、特別濃い色をしているわけではないワインで、果実味は力強さよりもチャーミングさとしてあらわれている。マゾワイエール゠シャンベルタンと比べるとおもしろい。

マゾワイエール゠シャンベルタン　特級　シャルム゠シャンベルタンよりもずいぶん色が濃いのが普通で、おそらくは最初に植え付けたときの苗木の種類の違いからくるのだろう。リッチで深みのある、重量感あふれるワインで、黒系果実と赤系果実が混じって感じられる。

そのほかの造り手たち

両隣の村にいる栽培農家たちは、モレの住人よりも広い畑を持っていることがある。だが、それより遠い村になると、モレに大きな土地を持っている者はほとんどいない。例外は、クロ・ド・ラ・ロシュやクロ・サン゠ドニのワインを販売している、ボーヌの代表的ネゴシアンたちである。

ドメーヌ・トプノ゠メルムの所有畑

	ha
Charmes-Chambertin Grand Cru	0.57
Mazoyères-Chambertin Grand Cru	0.85
Clos des Lambrays Grand Cru	0.04
Corton Le Rognet Grand Cru	0.41
Gevrey-Chambertin 1er Cru Bel Air	0.43
Morey-St-Denis 1er Cru La Riotte	0.57
Morey-St-Denis 1er Cru Le Village	0.06
Chambolle-Musigny 1er Cru La Combe d'Orveau	0.45
Nuits-St-Georges 1er Cru Les Pruliers	0.53
Auxey-Duresses 1er Cru Les Duresses	0.22
Auxey-Duresses 1er Cru Les Grands Champs	0.31
Gevrey-Chambertin	1.64
Morey-St-Denis	0.39
Chambolle-Musigny	0.86
Auxey-Duresses (red & white)	0.71
St-Romain (red & white)	2.39

chambolle-musigny

シャンボール=ミュジニ

村名格シャンボール=ミュジニ	94ha
シャンボール=ミュジニ1級畑	61ha
特級畑	24ha

　コート・ド・ニュイの村々に公式順位をつけるとすると、シャンボール=ミュジニは、ヴォーヌ=ロマネ、ジュヴレ=シャンベルタンに次ぐ3位になるのだろうが、私も含めてブルゴーニュ好きの多くは、心の底で、本当はこの村のワインが一番気に入っている。
　ブドウ畑の面積ではモレ=サン=ドニよりも少し広いが、シャンボールの村はこぢんまりしていて、造り手の数も20名に満たない。村人たちは並はずれて仲が良く、栽培農家らが隣人同士を褒めそやすのがうれしくてたまらない、といった様子は、ほかのブルゴーニュの耕作地域ではちょっとお目にかかれない美風である。思うに地域のこうした互助のしくみが現在の全体的水準の高さを築いたのだろう。
　この村のワインは優雅でありながら愛らしい魅力ももっている。このうえなく深い色をしているわけでも、屈強な骨組みを持つわけでもないのだが、人を虜(とりこ)にするような果実味と繊細な感触は、それこそ文句のつけようがない。
　ブルゴーニュでは典型的な粘土石灰岩の土壌ではあるが、この村では粘土よりも格段に石灰岩の割合が高い。ことに活性石灰岩の占める比率が並はずれて高いため、ブドウは軽い栄養失調となり、色づきが浅くなる結果、できるワインの色もわずかに淡くなり、つまり力ではなく、かぐわしさが前面に出たワインとなる。モレ=サン=ドニ寄り、ことにボンヌ=マールとレ・フュエなどはわずかに野性味を帯びるが、それはジュヴレ=シャンベルタンからモレ=サン=ドニを走る基岩層が、シャンボール=ミュジニのこの付近に達しているからだ。
　シャンボールのワインは大昔から賞賛されてきた。英国の作家パトリック・オ

ブライアンの《マスター・アンド・コマンダー》〔1969年作。海軍歴史小説〕の作中、主人公の海軍大尉ジャック・オーブリーはシャンボール゠ミュジニを2度飲んでいる[1]が、18世紀のこと、ラベルには今では隔世の感ある「シャンボール」とだけ表示されていたことだろう。村名を畑名とハイフォンでつなぐのは1878年以降のことだから。同じオブライアンの《メダルの裏側》[2]では、「秀逸な料理の数々をロゼで楽しんだよ」とエリオット・パーマーは言う。「出されたのは92年のシャンボール゠ミュジニだが、これは人生最高のワインの一つだね」。1792年のことをジャック・オーブリーは「真に高貴な年」と評したが、あいにくそれどころではなく、実は収穫が遅れた凡庸以下の年であった。オーブリーが《ポスト・キャプテン》[3]作中で供した1795年産も似たようなものであったろう。

特級畑　Grand Cru

ミュジニ　Musigny
AC：ミュジニ特級畑
L：特級畑　R：特級畑　JM：別格特級畑　　　　　　　　　　　　　　　10.85ha

1110年にシトー派修道僧が拝領したミュジニの土地は、他のブドウ畑のように「クリュ」が単独所有者の手から手に渡ることもなく、石垣で囲われもせず、アンシャン・レジーム期を通じて、むやみと大勢の所有者の手中にあった。

ミュジニは私にとって、ブルゴーニュでも別格の、王冠中の宝石であり、シャンベルタンと同格にある。どちらが好きかと迫られたら、シャンベルタンをうしろに回す。おそらくヴォーヌ゠ロマネの1、2の単独所有畑だけを別として、すべてのグラン・クリュの最高位にある。

「ビロードの手袋をした鋼の拳」という名句は営業戦略のなかですっかり陳腐化してしまったが、シャトー・マルゴーと同様、ミュジニにもそう思わせるところがある。豪勢な果実味からはビロードが、その並はずれた濃さからは拳が感じられるからだ。

ミュジニの所有者	
	ha
Comte Georges de Vogüé	7.12
Mugnier	1.13
Jacques Prieur	0.77
Joseph Drouhin	0.67
Domaine Leroy	0.27
Domaine de la Vougeraie	0.21
Louis Jadot	0.17
Drouhin-Laroze	0.12
Roumier	0.10
Faivelay	0.03

ミュジニのブドウ畑は3つの小区画(リュー・ディ)からなる。レ・グラン・ミュジニとも言われるレ・ミュジニ(5.90ha)、プティ・ミュジニ(4.19ha)、ラ・コンブ・ドルヴォー(0.77ha)である。このうちラ・コンブ・ドルヴォーが加わったのは1929年にすぎず、地形を整えるため、1989年に最後の0.15haがミュジニに編入された。ドメーヌ・コント・ジョルジュ・ド・ヴォギュエは全プティ・ミュジニと、レ・グラン・ミュジニの最大区画を所有し、残りをほかの生産者らが所有するが、ジャック・プリウールだけはコンブ・ドルヴォーの区画を持つ。ミュジニの畑はクロ・ド・ヴジョとシャンボール゠ミュジニ・レ・ザムルーズの畑を見下ろす位置にあり、畑の上手には未舗装の道しかなかったが、最近舗装されて、ここからの眺望がすばらしくなった。

畑の上部には多孔質の魚卵状石灰岩が、下方に硬いコンブランシアン大理石が横たわり、水は岩の亀裂を自然に通り抜けてゆく。その表層には小石をたくさんかんだ粘土があり、さらに排水性を良くしている。土壌中には粘土質が多く、モレやジュヴレの特級畑ほど活性石灰分とマグネシウムは多くない。目に見える勾配があるが急峻ではなく、8％ないし14％とまちまちである。たいていの所有区画は畑全体の最上部から最下部までを貫き、ブドウ畑の全容をよくおさえている。畝の下方では明らかに赤みがちの土壌だが、最上部で白っぽい泥灰土となり、ドメーヌ・ド・ヴォギュエはこ

---

1) Patrick O'Brian, *Master & Commander*

2) Patrick O'Brian, *The Reverse of the Medal*, pp.126-127

3) Patrick O'Brian, *Post Captain*

こにシャルドネを植えることとした。

リストに掲げた所有者のほかに、アンドレ・ポルシュレがいる。どうやったのか、特級街道を下ってヴジョ1級のクロ・ド・ラ・ペリエールに落ちこむ辺りの真上に、ごく狭い土地を手に入れたのである。ここに彼は支柱なしでブドウの木を植えたのだが、195本植えるのが精一杯だった。

レ・ボンヌ・マール Les Bonnes Mares
AC：レ・ボンヌ・マール特級畑

L：1級畑　R：特級畑　JM：特級畑　　　　　　　　　　　　　　　　　　　　　　**15.06ha**

畑全体のうち13.54haはシャンボールに、1.52haはモレに属する。もともとモレ側の区画はもっと広かったのだが、クロ・ド・タールの石垣の内側で、同一所有者モメサンのものであったため、1965年クロ・ド・タールに編入された。
畑の名がノートル・ダム・ド・タールの善き母（尼僧）を意味するボンヌ・メールに由来するのか、あるいは「耕す」という意味のマレ（marer）に由来するのかは定かでない。ルイ・ジャドのジャック・ラルディエールによればそのどちらでもなく、妖精をあらわす古語に由来するのだとか。
ボンヌ・マールは扱いづらい。所有者の数がたいへん多いうえテロワールも複雑だからだ。まず第一に、およそシャンボールのワインらしい味わいをもっていないのだが、まぎれもない野性的な血筋を見ると、よほどモレ゠サン゠ドニと近親ではないかと思える。レ・ザムルーズやミュジニの澄んだ果実味と異なり、ボンヌ・マールには果物の砂糖煮（コンポート）のようなところがある。
畑には下方南端とモレ側最上部とを結ぶ、対角線めいた小径がある。おおまかに言うと、この道の下側がテール・ルージュ（赤い土）で、上がテール・ブランシュ（白い土）である。ドメーヌ・ルミエは両方に区画を持ち、最近まで両者を別々に仕込み、1年間樽で寝かせてからブレンドしていた。

レ・ボンヌ・マールの主要生産者	
	ha
Comte Georges de Vogüé	2.70
Drouhin-Laroze	1.49
Roumier	1.39
Fougeray de Beauclair	1.20
Bart	1.03
Groffier	0.97
Vougeraie	0.70
Dujac	0.59
Naigeon	0.50
Bruno Clair	0.41
Peirazeau	0.39
Mugnier	0.36
Bertheau	0.34
Newman	0.33
Georges Lignier	0.29
Hervé Roumier	0.29
Jadot	0.27
Domaine d'Auvenay	0.26
Bouchard Père & Fils	0.24
Drouhin	0.23
Arlaud	0.20
Hudelot-Baillet	0.13
Charlopin-Parizot	0.12

シャンボール゠ミュジニ1級畑　Chambolle-Musigny Premiers Crus

レ・ザムルーズ　Les Amoureuses
AC：シャンボール゠ミュジニ1級畑

L：1級畑　R：1級畑　JM：特級畑　　　　　　　　　　　　　　　　　　　　　　**5.40ha**

単にアムルーズとばかり言いならわされているので、さながら特級と勘違いしそうになる。実際少なからぬ生産者が、アムルーズの値付けをボンヌ・マールと同等にし、現に試飲順ではボンヌ・マールのあとに供する。だが比較試飲すると、ボンヌ・マールとは似ても似つかず、よほどミュジニに似ている。畑の名は、恋人たちがここを逢い引きの場所にしていたかのように響くが、私はもっと田舎くさい説も聞いたことがある。雨でぬかるんだ土が長靴にくっついて離れない様子が、まるで若い恋人たちのようだというのだ。
ブドウ畑はミュジニの真下にひろがり、ヴジョ1級クロ・ド・ラ・ペリエールの手前で大きく落ちこんでいるが、これは断層線ではなく、採石の跡である。ほぼ全体が平原をなしているけれど、ドメーヌ・ロベール・グロフィエの区画だけはヴジョへと下る道路に沿った、それとわかる斜面上にある。
若いうち、このワインはちょっと度を越した愛想の良さを見せるが、かといって早々に熟成してし

まうわけではない。あるときクリストフ・ルミエがブラインドで出してくれた1本には、まぎれもないアムルーズの特質が見え、偉大な収穫年のもので、ようやく熟成の途につき始めたものの、まだそれらしい兆候も見えない。私は強い確信をもって、1978年だろうと言ったが、1945年であった。
代表的な生産者は、ドメーヌ・コント・ジョルジュ・ド・ヴォギュエ、ドメーヌ・ジョルジュ・ルミエ、シャトー・ド・シャンボール゠ミュジニ（フレデリック・ミュニエ）、ドメーヌ・ロベール・グロフィエ、ドメーヌ・アミオ゠セルヴェル、ドメーヌ・ベルトーら。

レ・ボード　Les Baudes
AC：シャンボール゠ミュジニ1級畑
L：3級畑　R：1級畑　JM：1級畑　　　　　　　　　　　　　　　　　　　3.42ha

モレ゠サン゠ドニとの村境手前にある畑で、シャンボールとしては堅いスタイルのワインができる（とりわけクリスティアン・セラファンらジュヴレの栽培家が造ったとき）。畑の北端と南端とではずいぶん様子が異なり、シャンボールの集落から遠ざかるほど、ワインのスタイルはシャンボールらしくなる。集落に近づくと、地面は平坦に、土壌はやや暗色になる。北端ではやや勾配がつき、土壌もボンヌ・マールに似て、小石が多く、赤みがかってくる。
主要な造り手は、バルト、ジャド、ユベール・リニエ、フレデリック・マニャン、ジョゼフ・ドルーアン、セラファンら。

オー・ボー・ブリュン　Aux Beaux Bruns
ACs：シャンボール゠ミュジニ1級畑およびシャンボール゠ミュジニ
L：3級畑　R：2級畑　JM：1級畑　　　　　　　　　　　　　　　　　　　1.54ha*

斜面下方に位置する畑で、一部は村名格であるが、ジスレーヌ・バルトがこの1級畑で造るものは、彼女の同格のワインとまったく遜色ない。おそらく扇状地であることが鍵で、シャンボールの谷から運ばれてきた浸食土がほかのどこよりもたっぷり斜面下方まで拡がっているからだろう。1級畑の部分はブドウの畝が東西でなく南北の向きに走っている点が目をひく。畑はゆったりと南向きに下っているが、その端はかなり小石がちで、ブドウの成熟は畑の北側よりもかなり早い。
1級畑にはジスレーヌ・バルト、ドニ゠モルテ、ティエリ・モルテら、村名格の部分にはドメーヌ・ダニエル・リオンの区画がある。　　　　　　　　　＊このほかに同名の村名格の畑が0.92haある。

レ・ボルニク　Les Borniques
AC：シャンボール゠ミュジニ1級畑
L：記載なし　R：2級畑　JM：1級畑　　　　　　　　　　　　　　　　　　1.43ha

ミュジニの地続きで集落へと延びる、優れた立地の畑。とはいえ細分化の進んだ所有状況でめったに見かけることがない。フレデリック・マニャンにはこの畑のワインがある。

レ・カリエール　Les Carrières
AC：シャンボール゠ミュジニ1級畑
L：記載なし　R：2級畑　JM：1級畑　　　　　　　　　　　　　　　　　　0.53ha

集落の真下で、シャテロの真上にある狭い1級畑。名が示すとおり（Carrièresは石切場）かつての採石場で、ブドウの樹もそのためちょっとした窪地に生える格好である。主たる所有者であるジルベール・フェレティグによれば、石の十字架が立つあたりの土壌は白く、道路側は粘土がちであるという。

レ・シャビオ　Les Chabiots
AC：シャンボール゠ミュジニ1級畑
L：記載なし　R：2級畑　JM：1級畑　　　　　　　　　　　　　　　　　　1.50ha

ボルニクの上もしくは並びにあると同時に、レ・ザムルーズとオー・ドワの上という優れた立地。最

大所有者はドメーヌ・セルヴォー。

レ・シャルム　Les Charmes
AC：シャンボール＝ミュジニ1級畑
L：2級畑　R：1級および2級畑　JM：1級畑　　　　　　　　　　　　　　　7.51ha

いつのまにかシャルムは、レ・ザムルーズに次ぐ申し分のない1級畑だという評判をとっていた。畑が広く、手に入れやすいということもある。レ・ザムルーズと同一等高線上にあるということにもよる。地図からはシャルムがD122号線寄りの方でやや下っていることがわかるが、それはとりもなおさず、谷間から拡がる扇状地の恩恵をこうむることにほかならない。まんなかに立ってみると、この畑がレ・ザムルーズに連なるところだけを別として、すべての方角になだらかに下る平原の相を呈していることがわかる。

他村のシャルムと同様、ワインには豊満なまるみがある。地球温暖化と関係があると思われるが、近年はクラとかフュエといった山すその畑のほうに、より注目が集まりつつあるようだ。ドメーヌ・アミオ＝セルヴェル、バルト、ベルトー、クリスティアン・クレルジェ、ポンソ、パトリス・リヨンらが有力な造り手。

レ・シャテロ　Les Chatelots
AC：シャンボール＝ミュジニ1級畑
L：3級畑　R：2級畑　JM：1級畑　　　　　　　　　　　　　　　　　　　2.96ha

レ・フスロットに接し、同じようにどことなく窪んでいるが、こちらの土壌の方がやせ気味で石が多い。ワインはやや個性に欠けるところがあるので、受けねらいで、サクランボを思わせる風味は畑をはさんで立つ桜の老樹のせいであろうか、と書いておこう。造り手にドメーヌ・ラルロ、バルトらがいる。

ラ・コンブ・ドルヴォー　La Combe d'Orveau
ACs：シャンボール＝ミュジニ1級畑およびシャンボール＝ミュジニ
L：2級畑　R：1級畑　JM：1級畑　　　　　　　　　　　　　　　　　　2.38ha*

コンブ・ドルヴォーはヴジョの上方にあってそのままヴォーヌ＝ロマネとシャンボール＝ミュジニとの村境の役割をする。ACシャンボール＝ミュジニに格付けされる区画もあるが、ちょっと谷間深く入りすぎているせいで、その上の格付けは望めない。だがフレデリック・ミュニエの秀逸なACシャンボールは大半がここから造られ、アンヌ・グロとドメーヌ・ジャン・グリヴォがラベルに畑名を表示しているのも、こちらのほうである。

ミュジニに接するほうのコンブ・ドルヴォーは1級畑の区画（クラヴリエ、ペロ＝ミノ、トプノ＝メルム、フェヴレが所有）。その真下はレ・プティ・ミュジニの南側であり、特級街道の真上にくるのがドメーヌ・ジャック・プリウールの有する区画で、ここは特級に格付けされている。

1級区画の最大所有者ブリュノ・クラヴリエは、この畑が隣接するレ・プティ・ミュジニと同じ地質ゆえ特級に格付けされてしかるべきだと思っている。祖父は特級にされると課税が重くなると考え、裁定のときにがんばらなかったのだという。　　　*このほかに同名の村名格の畑が2.06haある。

オー・コンボット　Aux Combottes
ACs：シャンボール＝ミュジニ1級畑およびシャンボール＝ミュジニ
L：3級畑　R：2級畑　JM：村名格もしくは1級畑　　　　　　　　　　　　1.55ha*

控えめな、中程度の1級畑で、同名のジュヴレの畑には及ぶべくもない。ごく最近になって、ジスレーヌ・バルトとクリストフ・ルミエはこの畑のワインを単独で造り始めた。シャンボールのコンボットは村落からずっと下ったところにあり、それとわかる窪地というか、ちょっとした谷になっている。もう一つの小さな区画は現在ジャガイモ畑にされている。

*このほかに同名の村名格の畑が1.23haある。

レ・クラ　Les Cras
ACs：シャンボール゠ミュジニ1級畑およびシャンボール゠ミュジニ
L：1級畑　　R：1級畑　　JM：1級畑　　　　　　　　　　　　　　　　　　　　　　　3.45ha*

歴史的にレ・クラはシャンボールの優れた1級畑に数えられてきたわけではないが、今日このワインは非常に人気が高い。私はこの畑のワインの品質が、地球温暖化によって向上したという印象を受けており、かつては今ほどにはブドウがよく成熟しない年が多かったように思う。ワインは繊細でミネラル感に富み、個性にあふれている。

ブドウ畑は村のレストラン「ル・シャンボール゠ミュジニ」向かい側のきつい石塀の上から始まり、南を向くが、表土は極めて少ない。斜面はわずかに東向きに回り込み、それにつれて土壌もやや深くなるものの、なお基底をなす岩石が砕けてできたごろた石が目立つ。

畑の上方には断層線があり、樹木と灌木が生え、1級と村名格のレ・クラの区画とを分けている。代表的な造り手は、1級ではバルト、ルミエ、ユドロ゠バイエ、村名格ではパトリス・リオンら。

　　　　　　　　　　　　　　　　　　　　　　　　　　　　*このほかに同名の村名格の畑が2.78haある。

デリエール・ラ・グランジュ　Derrière la Grange
AC：シャンボール゠ミュジニ1級畑
L：3級畑　　R：1級畑　　JM：1級畑　　　　　　　　　　　　　　　　　　　　　　　0.47ha

「納屋の裏」は、斜面上方にフュエ、下方にグリュアンシェを見る細い帯状の畑。アミオ゠セルヴェルとルイ・レミしか造っていないが、ときおり小規模ネゴシアンから出てくることもある。

オー・エシャンジュ / オー・ゼシャンジュ　Aux Echanges
ACs：シャンボール゠ミュジニ1級畑およびシャンボール゠ミュジニ
L：記載なし　　R：2級畑　　JM：1級畑　　　　　　　　　　　　　　　　　　　　　0.93ha*

1級に格付けされている狭い区画は、1976年以来ドメーヌ・レイマリ゠スシの所有だが、その名前で瓶詰めされるワインは一本もなく、代わりにニコラ・ポテルの名前で造られる。ドメーヌ・ギィ・カスタニエはこの畑の村名格のワインを造る。　　　　　*このほかに同名の村名格の畑が1.59haある。

レ・フスロット　Les Feusselottes
AC：シャンボール゠ミュジニ1級畑
L：3級畑　　R：2級畑　　JM：1級畑　　　　　　　　　　　　　　　　　　　　　　　3.63ha*

集落のすぐ下の墓地を取り囲む畑。名称は「小さな水路」を意味するのだろうか。おそらく1級畑のなかで最も深くて肥沃な土壌をもち、村そのものと、わずかな高みにあるレ・シャルムとにはさまれている。そのシャルムの一番手前はレ・グラン・ミュールという区画になっていて、規制上その名のワインを名乗ることができるものの、当局者はフスロットの名称を使わせたいようだ。

有力な生産者は、Dr. ジョルジュ・ミュニュレ゠ジブール、今はなきドメーヌ・モワンヌ゠ユドロ（一部は現在プス・ドールの手に）、セシル・トランブレ、アミオ・セルヴェルら。

　　　　　　　　　　　　　　　　　　　　　　*このほかに小区画のレ・グラン・ミュール(リュー・ディ)が0.77haある。

レ・フュエ　Les Fuées
AC：シャンボール゠ミュジニ1級畑
L：1級畑　　R：1級畑　　JM：1級畑　　　　　　　　　　　　　　　　　　　　　　　4.38ha

特級畑ボンヌ・マールから村落寄りに続くのがレ・フュエである。ブドウが南北向きに植わる下方は肥えた土壌で小石はまばらだが、上方は急勾配でろくに表土がなく、ブドウの畝も東西つまり斜面の下から上へと植え付けられている。

こうした違いはあっても地底の基岩組成はボンヌ・マールに酷似し、ワインにはミュジニ寄りの典雅に澄んだ感じよりも、モレ側らしい野性味が感じられる。

この非常に優れた畑の中腹に、フェヴレは小さな地所を持ち、ワインには強気の値付けがされてい

る。ミュニエとバルトもここに持つ区画を高く位置づけている。ワインはさまざまな小規模ネゴシアンからも出てくるが、ルイ・ジャドは自社畑である。

レ・グロゼイユ　Les Groseilles
AC：シャンボール゠ミュジニ1級畑
L：3級畑　R：2級畑　JM：1級畑　　　　　　　　　　　　　　　　　　　　　　1.34ha

「赤スグリ」の名を持つブドウ畑は、レ・グリュアンシェの真下を通る道の交差点沿いにある。この畑を広く持つ人はいないが、ワインは多くのネゴシアンから出る。私の知る唯一のドメーヌ物はディジョイア゠ロワイエの作で、1935年植え付けのブドウになるもの。

レ・グリュアンシェ　Les Gruenchers
AC：シャンボール゠ミュジニ1級畑
L：記載なし　R：1級畑　JM：1級畑　　　　　　　　　　　　　　　　　　　　2.82ha

畑名の由来になっているのは、えらく堅い殻をもつ小さなクルミの仲間らしい。モレ゠サン゠ドニにある同名の畑も家並みの真下にある。主な造り手はフーリエ、デュジャック、ディジョイア・ロワイエ、そして2009年からバルトも加わった。

レ・オー・ドワ　Les Hauts Doix
AC：シャンボール゠ミュジニ1級畑
L：2級畑　R：1級畑　JM：1級畑　　　　　　　　　　　　　　　　　　　　　　1.74ha

レ・ザムルーズの北側を固める畑だが、同等の名声は得ていない。「高いところの泉」の名があるように水はけが良くないせいだろうか。ここに1ha所有するロベール・グロフィエの作がよく知られる。

レ・ラヴロット　Les Lavrottes
AC：シャンボール゠ミュジニ1級畑
L：3級畑　R：1級畑　JM：1級畑　　　　　　　　　　　　　　　　　　　　　　0.92ha

ワインはまず見かけることがないが、畑はボンヌ・マールの真下でレ・ボードの隣という好立地にある。ラヴァルの格付けはかなり厳しいが、カミーユ・ロディエはずっと高く評価し、ジャン゠フランソワ・バザンの評価も高い。
市販される唯一のラヴロットは、極小ネゴシアン、オリヴィエ・バーンスタインから出ている。

レ・グラン・ミュール　Les Grands Murs　　　　　　　　　　　　　　　　　0.77ha
地図上ではシャルムとフスロットのあいだにある独立した1級畑だが、ジルベール・フェレティグが自作のワインをこの名で届出しようとしたところ、フスロットの表示を使うよう指導されたという。

レ・ノワロ　Les Noirots
AC：シャンボール゠ミュジニ1級畑
L：3級畑　R：1級畑　JM：1級畑　　　　　　　　　　　　　　　　　　　　　　2.84ha

レ・ラヴロットのすぐ下、レ・ボードの南に位置する畑。アルロー、シゴー、ユドロ゠ノエラ、ルグロらのドメーヌが主な所有者。ドルーアンらほかの所有者はシャンボール゠ミュジニ1級にブレンドする。

レ・プラント　Les Plantes
AC：シャンボール゠ミュジニ1級畑
L：3級畑　R：2級畑　JM：村名格もしくは1級畑　　　　　　　　　　　　　　　2.57ha

すべて1級畑となっているが、格付けはたいして機能していない。レ・シャルムに傾斜がついてコン

シャンボール=ミュジニ
Chambolle-Musigny

- Grands Crus
- Premiers Crus
- Appellation Chambolle-Musigny

1 Le Village
2 Derrière la Grange
3 Les Carrières

ボットの窪地に向かうあたりに畑はある。1haに満たないもののフレデリック・ミュニエは最大所有者で、これを格下げしてACシャンボール゠ミュジニとする習わしだが、2番目の地主ジョゼフ・ドルーアンはシャンボール゠ミュジニ1級にブレンドする。ドメーヌ・ベルターニャの作は、その優れた村名ワインに紙一重勝る。アミオ゠セルヴェル、ジャック・カシューもこのワインを造る。

レ・サンティエ　Les Sentiers
AC：シャンボール゠ミュジニ1級畑
L：3級畑　　R：1級畑　　JM：1級畑　　　　　　　　　　　　　　　　　　　　4.89ha

最もモレ゠サン゠ドニ寄りの畑で、ボンヌ・マールの真下にあるが、斜面はここから平坦になる。ボンヌ・マールの赤い表土と異なる茶色い表土で、小石がかなり混ざっている。
主な生産者はロベール・グロフィエ、ドメーヌ・アルロー、トルショ（今はデュバン）、ミシェル・マニャンら。

レ・ヴェロワイユ　Les Véroilles
ACs：シャンボール゠ミュジニ1級畑およびシャンボール゠ミュジニ
L：1級畑　　R：記載なし　　JM：1級畑　　　　　　　　　　　　　　　　　　0.60ha*

ボンヌ・マールのすぐ上にあるヴェロワイユの畑は、9割が村名格だが、ごく狭い区画は1級に格付けされている。南東角の区画がそれで、1987年に1級に昇格した。1級畑は村名の区画よりも表土が多いが、村名のほうは、ブリュノ・クレールが初めてここの栽培に着手し、整地して植樹をしたとき、ほとんど岩石がむき出しだったという。1級畑はジスレーヌ・バルトの所有。

*このほかに同名の村名格の畑が5.17haある。

村名格シャンボール゠ミュジニ
Village vineyards: appellation Chambolle-Musigny

小さな1級畑が増殖したのにひきかえ、村名畑のワインで単独の小区画(リュー゠ディ)を名乗ろうとする動きは少ない。ただし、以下の畑および併記した所有者はこれを掲げている。

レ・ヴェロワイユ	5.17ha	ブリュノ・クレール（Bruno Clair）	
レ・クラ	2.78ha	パトリス・リオン（Patrice Rion）	
オー・ボー・ブリュン	0.92ha	ダニエル・リオン（Daniel Rion）	
オー・エシャンジュ	1.59ha	カスタニエ（Castagnier）	
オー・コンボット	1.19ha	フレデリック・マニャン（Frédéric Magnien）	
ラ・コンブ・ドルヴォー	2.06ha	アンヌ・グロ（Anne Gros）、ジャン・グリヴォ（Jean Grivot）	

レ・ザテ　Les Athets　　　　　　　　　　　　　　　　　　　　　　　　　　4.70ha
街道沿いにあるほぼ平坦な広い畑。ドメーヌ・ジャン・タルディにこのワインがある。

レ・パ・ド・シャ　Les Pas de Chat　　　　　　　　　　　　　　　　　　　1.76ha
猫の足跡とはなんとも可愛い名前だが、1級フスロットと共同墓地から道をはさんだところにあり、集落に向かってやや上り坂になっている。ドメーヌ・ロブロ゠マルシャンがこれを造る。

レ・フルミエール　Les Fremières　　　　　　　　　　　　　　　　　　　4.70ha
広さも立地も優れた村名畑で、レ・ノワロのすぐ下、レ・サンティエとレ・ボー・ブリュンに挟まれている。造り手にはディジョイア゠ロワイエ、ルロワ、ミシェル・マニャン、ルイ・レミがいる。

レ・クロ・ド・ロルム　Les Clos de l'Orme　　　　　　　　　　　　　　1.74ha

ラヴァルとロディエは2級と格付けしたが、クロ・ド・ロルムは1級に相当するといってもよい。アペラシオンの中腹に位置するものの、昇格させてもらうにはちょっと斜面の下方にすぎるか。主要な生産者はシルヴァン゠カティアール。

主要生産者

アミオ゠セルヴェル　Amiot-Servelle

ドメーヌを営むクリスチャン・アミオ（モレ゠サン゠ドニのピエール・アミオの息子の一人）が結婚した相手は、ベルナール・セルヴェル゠タショの娘エリザベート・セルヴェルであった。所有畑はセルヴェル家からだが、2010年以降、アミオ家からの畑として、村名モレ゠サン゠ドニ、クロ・サン゠ドニも加わる。2004年まで耕作契約によりクロ・ド・ヴジョを造っていたが、契約は終了した。

アミオ゠セルヴェルの所有畑	
	ha
Chambolle-Musigny1er Cru Les Amoureuses	0.45
Chambolle-Musigny1er Cru Les Charmes	1.27
Chambolle-Musigny1er Cru Derrière La Grange	0.26
Chambolle-Musigny1er Cru Les Plantes	0.39
Chambolle-Musigny1er Cru Les Feusselottes	0.17
Chambolle-Musigny	2.30

2003年以降は有機農法による耕作をおこない、2008年の収穫の際、AB認証を得た。ワインは新鮮味があり現代的な味わいがするものの、新樽の比率はさほどでなく、村名格で20％、筆頭の1級はともに50％止まりである。村名ワインは数区画のワインをブレンドしたものだが、2007年からシャンボール゠ミュジニ・バ・ドワ（Bas Doix）を単独で造るようになった。

ドメーヌ・ベルトー　Domaine Bertheau

このドメーヌには特別な思い入れがある。というのもブルゴーニュの拙宅を見てくれる大工がここの臨時雇いで働いていて、私が勘定の支払いに立ち寄ったとき、1985年のボンヌ・マールと1972年のレ・ザムルーズを頂戴してしまったからだ（そのダニエル・シランドレは隠居したが、階段をつくるのが本当に好きだった）。フランソワ・ベルトーは2003年に父を継いだ。これら2つの畑に加えて、レ・シャルム及びシャンボール゠ミュジニ1級を造るが、後者はレ・グロゼイユ、グリュアンシェ、ノワロ、ボードをブレンドしたもの。

ドメーヌ・ジスレーヌ・バルト　Domaine Ghislaine Barthod

初代マルセル・ノエラの娘がガストン・バルトに嫁いでできたドメーヌ。ガストンはディジョン駐在の士官で、ここにワインを買いに訪れて、妻まで得たというわけだ。1960年、ブドウ栽培のために軍務を退いた。1986年、その娘ジスレーヌと夫ルイ・ボワイヨは、1級畑フスロットを見渡すところに現在の家屋敷を買う。2人は各自の畑のために働く人員こそ共有するが、醸造と営業については完全に分離している。ブドウは除梗され、短い低温浸漬を経て発酵させるが、この間、ルモンタージュ

ドメーヌ・ジスレーヌ・バルトの所有畑	
	ha
Chambolle-Musigny 1er Cru Les Baudes	0.22
Chambolle-Musigny 1er Cru Les Beaux Bruns	0.72
Chambolle-Musigny 1er Cru Les Charmes	0.26
Chambolle-Musigny 1er Cru Les Chatelots	0.33
Chambolle-Musigny 1er Cru Les Combottes	0.12
Chambolle-Musigny 1er Cru Les Cras	0.86
Chambolle-Musigny 1er Cru Les Fuées	0.25
Chambolle-Musigny 1er Cru Les Gruenchers (2009年以後)	0.18
Chambolle-Musigny 1er Cru Les Veroilles	0.37
Chambolle-Musigny	1.75

よりもピジャージュを多くおこなう。樽熟成での新樽比率は低く、1級でも30％止まり。通常は18ヵ月後に澱引きして瓶詰めする。

このドメーヌの強みはシャンボールのワインを幅広く造っていることで、9種類のワインを仕込み分ける。それに、現在は1級レ・サンティエを村名ワインにしているので、実質10種類ともいえる。どのワインも固有のテロワールを克明に反映しているが、ドメーヌで試飲をすると、おしなべてシャンボールらしい官能的な果実風味で口中が覆われるかのようだ。ブルゴーニュ・ルージュも惚れ惚れとするようなワインだが、これは街道を越えたボン・バトン（Bons Bâtons）の畑から生まれる。

シャンボール゠ミュジニ1級　ボー・ブリュン　比較的平坦な畑の中に古樹の区画が2つある。しなやかで愛想がよく、シャンボールとしては程のよいボディがあり、赤系黒系果実をとり混ぜた、調和

のとれた風味をもつ。

シャンボール=ミュジニ1級 レ・クラ バルトの地所の中でも私が好きな畑。引きしまったミネラル感があり、強いサクランボの風味は平年ではグリオット（野生サクランボ）、熟した年ではモレロ種のサクランボを思わせる。長期熟成型に造られたレ・クラである。

シャンボール=ミュジニ1級 レ・ヴェロワイユ ジスレーヌ・バルトはヴェロワイユのうち1987年に1級に昇格した区画全体を所有する。この畑にもレ・クラに通ずる山すその畑ならではの個性があり、美しいまでのかぐわしさを、さわやかなミネラル風味がしっかり支えている。

ルイ・ボワイヨ　Louis Boillot

ルイ・ボワイヨは伴侶ジスレーヌ・バルトの生地シャンボール=ミュジニにジュヴレからやって来たのだが、そのワインの顔ぶれからわかるとおり、ヴォルネのボワイヨ一族の出である。以前は兄と父とともにドメーヌ・リュシアン・ボワイヨに参画していたが、2003年の収穫から自身のドメーヌを立ち上げた。いま彼がシャンボールで造るワインは、かつてジュヴレで造っていたものよりも格段に興味津々たるものがある。

畑には鋤入れをし、リュット・レゾネ（減農薬栽培）に基づく耕作をおこなう。ブドウは畑で選別し、完全に除梗した後、低温浸漬を経て発酵させる。果汁が再び冷めたら樽へ移すが、新樽の比率は全ワインを通じて20~30％で、16~18ヵ月樽熟成させた後、清澄も濾過もせずに瓶詰める。

このドメーヌの所有畑に地理的な統一感がないことは惜しまれる。ことにジスレーヌ・バルトがシャンボール一本に傾注しているのと対比するとその感が強い。夫妻の息子クレマン・ボワイヨ=バルトはいつの日か、とんでもない組合せの地所を継ぐことになるのだろう。

ルイ・ボワイヨの所有畑	
	ha
Gevrey-Chambertin 1er Cru Champonnets	0.19
Gevrey-Chambertin 1er Cru Cherbaudes	0.17
Nuits-St-Georges 1er Cru Pruliers	0.27
Pommard 1er Cru Fremiets	0.28
Pommard 1er Cru Croix Noires	0.20
Volnay 1er Cru Caillerets	0.17
Volnay 1er Cru Les Angles	0.60
Volnay 1er Cru Brouillards	0.28
Gevrey-Chambertin Evocelles	0.40
Gevrey-Chambertin	2.50
Fixin	0.11
Chambolle-Musigny	0.30
Volnay Grand Poisots	0.85
Beaune Epenottes	0.19
Pommard	0.11
Côte de Nuits-Villages	0.20

ポマール・クロワ・ノワール ポマールを造らせるとルイ・ボワイヨの腕は冴えわたる。レ・クロワ・ノワールは厚い粘土質土壌に育つ樹齢80年の老樹から造られ、色こそ格別深くはないが、そのどっしりとした果実味と味わいの長さは印象深い。

ジュヴレ=シャンベルタン1級 シェルボード 樹齢90年のブドウから造るボワイヨのシェルボードはみごとに均整がとれ、さながら官能的なジュヴレといってよく、強大な果実味はジュヴレにありがちなタニックな骨組みをゆうに凌駕している。

ドメーヌ・ディジョイア=ロワイエ　Domaine Digioia-Royer

ドメーヌの地所は5haほどになるが、大半はACブルゴーニュにとどまる。7つの小区画からなる村名シャンボール=ミュジニが1.70haと、単独で瓶詰めされるフレミエール（リュー=ディ）は0.70haとまずまずの広さ。そして極小区画ながらレ・グロゼイユとグリュアンシェもある。うまいワインである。

ドメーヌ・フェレティグ　Domaine Felletig

GAEC（農業法人）アンリ・フェレティグの社名だが、現在ワインには息子と娘であるジルベール＆クリスティーヌの名を掲げている。北部イタリアからの移民の子だったアンリは、地元シャンボールの娘と結婚し、1970年代中頃ドメーヌを設立したが2003年引退した。ジルベールはとうにブドウ栽培に従事していた。以後ミシェル・モドから畑を賃借することでドメーヌは広がった。

ブドウ畑での仕事ぶりは周到で、鋤入れ、芽掻き、除葉などによって高品位の素材を得ている。ブドウは選果台で選別の後、低温浸漬の期間と通算して2~3週間で醸造を終える。村名格で30％、1

級で50%の新樽を用いる。

シャンボール=ミュジニ　クロ・ル・ヴィラージュ　樹齢35年の畑は、村の教会に接する小さな区画にあって、真東を向いている。ことのほか繊細、優美な、手本のようなシャンボールを生む。

シャンボール=ミュジニ1級　カリエール　この1級畑の名でワインを造るのはフェレティグひとりである。彼は、土壌の混ざり具合に由来する複雑味を気に入っていて、ワインはどことなくスパイシーになるという。

シャンボール=ミュジニ1級　フスロット　樹齢50年のブドウが育つレ・グラン・ミュール(リュー・ディ)の小区画は、この畑の窪地側でなく高みのほうにある。バランスのとれた活力あふれるシャンボールである。

ヴォーヌ=ロマネ1級　レニョ、ショーム、プティ・モンという3つの極小区画からのブレンドで、近所のルイ・ミシェル・リジェ=ベレールの助けを借りて、ビオディナミによる耕作をしている。それぞれの区画は小さすぎて個別に仕立てようがないが、レニョだけは単独で出せそうだ。3つが合わさることで、繊細さのきわだつワインとなっている。

ドメーヌ・フェレティグの所有畑

	ha
Echézeaux Grand Cru	0.12
Chambolle-Musigny 1er Cru Charmes	0.25
Chambolle-Musigny 1er Cru Fuées	0.33
Chambolle-Musigny 1er Cru Feusselottes	0.17
Chambolle-Musigny 1er Cru Combottes	0.34
Chambolle-Musigny 1er Cru Carrières	0.40
Vosne-Romanée 1er Cru	0.25
Gevrey-Chambertin La Justice	0.39
Chambolle-Musigny Clos le Village	0.50
Chambolle-Musigny	3.00
Nuits-St-Georges Lavières	0.10

ドメーヌ・ユドロ=バイエ　Domaine Hudelot-Baillet

ジョエル・ユドロ=バイエは1981年に父ポール・ユドロの跡を継いだが、ドメーヌはその数年前に設立された。ジョエルは2004年に引退し、ブルターニュ生まれで1998年からドメーヌで働いてきた娘婿ドミニク・ルガンに跡を譲った。以来ドメーヌは長足の進歩を遂げた。ワインはリュット・レゾネ（減農薬栽培）による低収量の畑から生まれ、すべてがドメーヌで元詰めされる。

ドメーヌ・ユドロ=バイエの所有畑

	ha
Bonnes Mares Grand Cru	0.13
Chambolle-Musigny 1er Cru Les Charmes	0.63
Chambolle-Musigny 1er Cru Les Cras	0.37
Chambolle-Musigny（2種類）	2.13
Hautes-Côtes de Nuits	1.33

ブドウは選果ののちに除梗されるが、破砕はせずに約8日間、発酵前浸漬をおこなう。ルガンは最初のうちはピジャージュをするが、やがてルモンタージュに切り替える。また好んでデレスタージュ〔発酵タンクから液体を別タンクに移し、再び戻す作業。この間タンクに残った果皮が空気に触れることに一定の効果があるとされる〕をするが、種子からでなく果皮からタンニンを得られるよい手法だという。1級および特級には新樽と1年使用の樽を半々で用いる。

世代交代後、大きな改革がおこなわれた結果、ワインはかなり色が深く、果実味あふれる力強いものとなったが、なお繊細な味わいがある。

シャンボール=ミュジニ　ヴィエイユ・ヴィーニュ　通常のシャンボール=ミュジニのほかに、別々の4区画から選んだ古樹のブドウで造るワイン。レ・パ・ド・シャのたいへん樹齢の高いブドウも含まれる。樽熟成には新樽、1年使用樽、2年使用樽を各三分の一ずつ用いる。

シャンボール=ミュジニ　レ・クラ　1987年に改植された畑のむこうにドメーヌが見える。かなり標高の高い畑なのだがブドウの成熟は早く、おそらく日照が岩石で反射されるおかげかと思われる。ワインはエネルギーにあふれ、元気のよい果実味が優れた酸味と釣り合っている。

ジャック=フレデリック・ミュニエ、シャトー・ド・シャンボール=ミュジニ
J-F Mugnier, Château de Chambolle-Musigny

シャトーがミュニエ一族のものとなったのは1863年のことである。周知のことだが、彼らはかつて、その屋敷だけがシャトー・ド・シャンボール=ミュジニであることを訴訟で争うはめになった。他者がその栄えある名を用いようとしたからである。1950年来、そのシャンボールの畑はフェヴレ（1977

年まで)、ブリュノ・クレール (1984年まで) に賃貸に出され、このうち後者のワインはバルクで売られた。1985年、5代目当主フレデリック・ミュニエが跡を継いだが、彼は1998年まで家業のドメーヌ経営と自分の航空機パイロットの仕事とを兼業していた。今ではドメーヌの仕事に専念するようになり、結果として安定感が一段と増した。2004年には、1950年来フェヴレに賃貸していたニュイ=サン=ジョルジュのクロ・ド・ラ・マレシャルの畑が返還された。

J-F・ミュニエ、シャトー・ド・シャンボール=ミュジニの所有畑	
	ha
Musigny Grand Cru	1.13
Bonnes Mares Grand Cru	0.36
Chambolle-Musigny 1er Cru Les Amoureuses	0.53
Chambolle-Musigny 1er Cru Les Fuées	0.71
Nuits-St-Georges 1er Cru Clos de La Maréchale	9.55
Chambolle-Musigny	1.35

ブドウ畑はほぼ有機農法により耕作され、1991年以降除草剤の、1997年以降殺虫剤の使用をやめ、今では年に2度、有機農法上のものではない薬剤を (ウドン粉病対策として) 散布するだけである。ただしフレデリックはビオディナミを信奉するわけではない。ウェブサイトでは彼の哲学をかいま見ることができるが、ここで彼は、熟練のグレン・グールドが若い頃の自分の演奏を「ピアノを弾きすぎている」と思っていたことを、今日ブルゴーニュの一部で目につく過剰労働のワイン造りに対比させている。

ブドウは摘み取り人が慎重に選果し、小さな容器に入れて醸造所に届く。2002年には振動式のテーブルが導入され、余計な水分と異物を取り除けるようになった。ここでカビのついたブドウを落とすわけでないのは、とうに除かれているからだ。また、このテーブルのおかげで、ほとんど流し込むように除梗機 (100%除梗される) にブドウを送ると、今度はすべてのブドウを発酵槽の中に収める。発酵前2、3日間、15℃で短めのマセラシオンをおこない、それから自然に発酵が始まるが、少量の砂糖を足しながら、通算18日間の発酵をおこなう。熟成に新樽はほとんど用いず、どちらかといえば減っている。樽熟成2年目の冬、ワインは清澄も濾過もせずに瓶詰めされる。ワインは色こそ濃くはないが、まばゆいばかりにかぐわしい芳香にあふれ、余韻は驚くほど長く続く。

かつてドメーヌで試飲をしていたとき、あなたのワインはそれぞれに調和のとれた感じがする、と言うと、フレデリックは「それこそ私のワインに言ってもらえる一番うれしいことだね」と応えた。

シャンボール=ミュジニ　1級 レ・プラント (1967年植樹) を格下げし、さらにはコンブ・ドルヴォー (1950年代植樹と1990年代植樹の区画からなる) までもブレンドして造る。みごとに洗練されたシャンボールだが、5年より10年待ってからのほうがよい。

ニュイ・サン=ジョルジュ1級　クロ・ド・ラ・マレシャル　フレデリック・ミュニエはふだん物静かな男だが、2004年にこの畑が戻ってきたときの喜びようはたいへんだった。単独のワインだけで10ha近い畑を手にしたのだから、いささか興奮もするというものだ (格下げキュヴェ、クロ・デ・フルシェを造ると2種類となるが)。彼の優雅な、抽出の軽い作風はシャンボールで成功しているが、幸いこの畑でも功を奏している。

シャンボール=ミュジニ1級 レ・フュエ　1960年植樹の畑。レ・フュエは他のミュニエのシャンボールほど華やかでないが、よりミネラル感があり、熟成する力もすぐれている。

シャンボール=ミュジニ1級 レ・ザムルーズ　ミュニエのレザムルーズはほかの生産者のものに比べ、まるくなるのに時間がかかるようだ。2007年に開けた1993年産は飲み頃にほど遠かった。とはいえ樽からのワインも、ついに飲み頃になったのも、ほかの造り手のものと等しくすばらしい魅力にあふれている。ブドウの木は現在壮年に達し、もっとも若い木でも植樹は1966年である。

ボンヌ・マール　特級　植え付けがおこなわれたのは1950年代と1980年、1988年。1988年の改植以前のブドウ畑はひどい状態だったから、今ようやく畑はボンヌ・マールにふさわしい水準にあるといえる。1950年に植えた木は引き抜かれるところだったが、2003年のできばえのよさから刑の執行をまぬがれている。

ミュジニ　特級　ミュジニ2番目の大所有者。一部は1948年の植え付けで、残りは1962年だから、今では全キュヴェが古樹から生まれている。フレデリック・ミュニエは1980年代後半、1948年植樹の区画を別にして、試みに「キュヴェ・ヴィエイユ・ヴィーニュ」を造ったが、1989年産ではどちら

のキュヴェも全区画をブレンドしたものに及ばないと感じられた。この霊妙なほどのワインには20〜25％の新樽しか用いないが、フレデリックのごく控えめな手技にもかかわらず、ほかと等しく壮麗きわまりない。

ドメーヌ・ジョルジュ・ルミエ　Domaine Georges Roumier

ドメーヌは1924年の設立で、初代ジョルジュ・ルミエは1945年に元詰めを始めた。1957年に息子ジャン＝マリが、現在は孫のクリストフが、跡を継いでいる。クリストフは1982年から父に加わり、1992年にすべてを任された。畑の大半は一族の人々から（耕作契約で）借り上げたものだが、リュショット＝シャンベルタンの区画だけは一族外の所有者ミシェル・ボヌフォンとの分益耕作契約。ワインは若いうち、虜にされるような果実味があるが、熟成する力もまたすばらしい。

ドメーヌ・ジョルジュ・ルミエの所有畑	
	ha
Musigny Grand Cru	0.10
Bonnes Mares Grand Cru	1.60
Ruchottes-Chambertin Grand Cru	0.54
Charmes -Chambertin Grand Cru	0.28
Chambolle-Musigny 1er Cru Les Amoureuses	0.40
Chambolle-Musigny 1er Cru Les Cras	1.75
Chambolle-Musigny 1er Cru Combottes	0.27
Chambolle-Musigny	3.70
Morey-St- Denis 1er Cru Clos de la Bussière（単独所有）	2.59
Corton-Charlemagne Grand Cru	0.20

ブドウの選別は畑でおこない、さらに2003年以降は醸造所に選果台が導入された。ほとんど除梗するが、収穫年とブドウ畑によって変わり、最近では使う果梗の割合も少し増えた。木製の発酵槽に移されたブドウは15℃で低温浸漬をしてから自然に発酵を開始させる。果汁は日に2回ピジャージュをおこない、32℃を超えないよう温度管理をする。熟成はあまり新樽に負わず、村名格15〜25％、1級25〜40％で、ボンヌ・マールでも50％以下。クリストフはとりわけワインの精緻な味わいを追求してきたが、近年みごとな成果をあげている。

シャンボール＝ミュジニ　合計3.70haにのぼる数区画の畑から生まれ、格下げした1級畑を含むこともある。このACシャンボールに見合わぬキュヴェはさらに格下げされてACブルゴーニュ・ルージュになる。

シャンボール＝ミュジニ1級　レ・クラ　一部の樹は1928年にまでさかのぼるが、多くはもう少し近い。1993年に初めて単独で瓶詰めされた。ブラックチェリーを思わせる生気あふれる果実味と、ひき締まった舌触りがある。

モレ＝サン＝ドニ1級　クロ・ド・ラ・ビュシェール　かつての所有者ラ・ビュシェール＝スュル＝ウシュ僧正にちなんで命名された畑で、今ではルミエ家が単独所有する。モレ＝サン＝ドニのワインに典型的な、わずかに野性的な風味をもつことが多い。

リュショット＝シャンベルタン　特級　クリストフ・ルミエは、1977年にこの区画を買った一族外の所有者と分益耕作契約をしている。ブドウの樹の半分は1953年の、残りの半分は1982年の植え付け。その両方から生まれるワインはことのほか精妙巧緻で、味わいの重さでなく長さがすばらしい。

ボンヌ・マール　特級　ルミエの所有地はいくつかの区画からなるが、赤みがかった上壌の区画と白い小石がちの地面とに大別できる。後者はブドウ畑の上方にあり、シャンボール寄りで、表土はきわめて軽く、決まって収量が少ない。ブドウが植樹されたのは1940年代、1985年、1994年で、最近2回はクローン。テール・ルージュ（赤土）の区画は、濃厚でまるみのあるワインを生む一方、白土からはタニックな骨組みがもたらされる。これらのブレンドで造られるワインはたいへん濃厚、頑丈で、長年にわたり熟成する力がある。

ミュジニ　特級　狭い地所だがブドウの樹齢はたいへん高い。ふつう除梗せずに造られるが、それは果梗を入れても一樽と少々のワインしか仕込むことができないからである。したがって市場での稀少性も別格である。

コルトン＝シャルルマーニュ　特級　コルトンの丘でもペルナン＝ヴェルジュレス村内の西側斜面。通うには遠いので、ブドウ畑の世話はパトリック・ビーズに助けてもらい、代わりにクリストフは、パトリックのラトリシエール＝シャンベルタンの面倒を見ている。年産量は3、4樽にとどまる。

ドメーヌ・コント・ジョルジュ・ド・ヴォギュエ　Domaine Comte Georges de Vogüé

ドメーヌの興りは1450年ジャン・モワソンが最初の建築物を建立したときにさかのぼる。領地は一族の門外に渡ったことはないが、1766年カトリーヌ・ブイエがセリース=メルショル・ド・ヴォギュエに嫁ぐまで女系から女系への継承が続いた。一族はフランス革命のあいだイギリスに亡命していたが、なぜかドメーヌは人手に渡さずにすんだ。ドメーヌの現代史と現行ラベルは1925年に家督を継いだジョルジュ・ド・ヴォギュエ伯爵に始まる。1940、1950、1960年代はドメーヌの最初の隆盛期であった。

ドメーヌ・コント・ジョルジュ・ド・ヴォギュエの所有畑	
	ha
Musigny Grand Cru（白の区画も含めると7.20ha）	6.55
Bonnes Mares Grand Cru	2.70
Chambolle-Musigny 1er Cru Les Amoureuses	0.56
Chambolle-Musigny（1級の区画0.24haを含む）	2.04
Bourgogne Blanc / Musigny Blanc	0.65

幸運にも1957年のレ・ザムルーズを2度、ちがう席でご馳走になったことがある。一度は並み居る中でも優れた瓶だったが、味わいのディテールは逃げた後のようだった。もう一度は、4人がその瓶でたっぷり一時間半以上の時を過ごせたほど、年を経て壮麗な姿になっていて、若い頃の見事さも疑いようがなかった。

今日ドメーヌは伯爵の孫娘の手にあって、エリック・ブルギニョン（ブドウ栽培）、フランソワ・ミエ（醸造所）、ジャン=リュック・ペパン（販売とマーケティング）の三頭政治が布かれている。若いうちワインによっては思いのほか押し黙ったような感じがあるが、しかるべき瓶熟成につれて力量を発揮してくる。

ブドウ畑はエリック・ブルギニョンとそのチームによって、ほとんど有機農法でおこなわれているものの、有機農法の認証は申請していない。ギュイヨ式とコルドン式の仕立て方が併存するが、いずれにしても低収量のための剪定である。醸造所ではフランソワ・ミエが、その年の作柄にあわせた技法を用いる。発酵前の低温浸漬を好むのは、グリセロールの品位が向上するからだという。その後の発酵温度は32〜33℃を決して超えない。新樽の比率は少なく、ACシャンボールで15％、特級は35％だが、少し多めにすることもある。

ブルゴーニュ・ブラン／ミュジニ・ブラン　現在ブドウの木は1986年から1997年のあいだに植樹されたもので、加えて2006年、2008年に2ヵ所でピノ・ノワールにシャルドネを高継ぎした。古樹による最後のミュジニ・ブランは1993年産だったが、それ以降このワインは単にブルゴーニュ・ブランとして売られてきた。とはいえミュジニの表示が戻ってくる日もそう遠くあるまい。

シャンボール=ミュジニ　ACシャンボールとして生産されるワインの大部分は、山ぎわにあるレ・ポルロット Les Porlottes の畑から生まれ、ごく狭いが1級畑レ・ボードとレ・フュエのブドウも加わっている。

シャンボール=ミュジニ1級　ミュジニの中で、樹齢25年以下の樹になるブドウだけで造られるキュヴェ。若木があるおかげで、最高の苗木の素材を選び抜くことができる。この小型版ミュジニは優美で品格があるが、重みや力強さはない。

シャンボール=ミュジニ1級 レ・ザムルーズ　ドメーヌはこの畑だけ最大区画を所有していない。所有地の大半は1974年の改植だが、一部分は1964年にまでさかのぼるので、樹はちょうど壮年に達している。ド・ヴォギュエの作は他の偉大なレザムルーズと同様、魔法がかった味わいがどっと広がり、人を虜にしてやまない。

ボンヌ・マール 特級　ド・ヴォギュエの所有地は、ボンヌ・マールの南東隅からはじまる広い一角にほぼ収まる。この部分は赤土だから、ワインにはその他の部分と全く異なる個性があらわれる。植え付けの年代は1945年から1995年まで、ばらばらである。シャンボールのほかの造り手もそうだが、ACシャンボール、レ・ザムルーズ、ミュジニにひきかえ、ボンヌ・マールだけは、ことにテクスチュアにおいて、決まってやや系統の違う味わいがする。若いアロマには、芍薬だろうか、花のような強い香りを感じることが多く、心躍るものがある。

ミュジニ 特級　プティ・ミュジニの全区画（4.19ha）と、グラン・ミュジニの広い区画を所有すると

あっては、ブルゴーニュで最も偉大なワインを生みださないわけにはいかないが、幸い、現体制になってからは、遠い昔のように、すばらしいものが何度も造られている。これほど濃厚な味わいなのに重いという感じがまったくしないのはどういうわけだろうか。めったに黒系の果実味が感じられることはないのに、まちがいなく偉大な高みに達している。すぐれた収穫年では15年は手をつけてはならず、25年待つほうがよいだろう。

vougeot
ヴジョ

村名格ヴジョ	3.22ha
ヴジョ1級畑	11.68ha
特級畑	50.96ha

物語は1098年、シトー派の修道院の設立によって始まる。まさにこの年、新たに任命された修道士たちは、ムルソーに土地を与えられ、1109年からはヴジョの村にもブドウ畑をもつようになった。畑というよりは土地といったほうがいいかもしれない。実際、そのほとんどはまだ灌木の生える荒れ地で、ブドウを新たに植えねばならなかったからだ。

ヴジョの名が「Vooget」の綴りで最初に登場するのは、1164年の大勅書においてである。現在の綴りである「Vougeot」が初めて見られるのは1376年のこと。この名はヴジュ（Vouge）という小川からきているとされるが、由来については異説もある。

斜面の麓に向かい、ヴジュ川はシトー派修道院の下手へと流れていっている。シトー派修道僧たちは丘を登るように川をさかのぼって、水源を確保するとともに、そのすぐ南にある石切り場にも近づけるようにしたように思われる。実際、ヴォーヌ、シャンボール、モレ、ジュヴレの村々と違って、ここではもともと人が住んでいなかった場所にブドウが植えられたのだ。

ムルソーの畑を寄贈されたことを除けば、シトー派修道院の建設から最初の10年については、ほかにブドウ畑をもっていたという記録はない。ブドウ栽培が始まったのは、第3代目の修道院長であるエティエンヌ・アルダンによってで、1109年のことであった。翌年、近くにあるジリー＝レ＝シトーにあった8ジュルノーの土地が、マリニィ＝シュル＝ウシュのエモンという人物から寄贈される。エモンの相続人たちは、20スーと、2着のファスティアン織のチュニックを引き換えに受け取った。さらに、隣にあった4ジュルノーの土地が、サン＝ジェルマン＝デ＝プレの僧から与えられ、その対価は秋ごとに1大樽(ミュイ)のワインが贈られるというものだった。もっとも、畑に被害が出た年にはその量はかなり少なくなったようだが。ジリーの中やその周囲にあるさまざまな畑がさらに寄贈され、現在のクロ・ド・ヴジョの畑となった。

特級畑　Grand Cru

クロ・ド・ヴジョ　Clos de Vougeot
AC：クロ・ド・ヴジョ特級畑

L：準特級畑　R：特級畑　JM：ほかの畑と同列には論じられず！　　　　　　　　　　　　　　50.96ha

畑が石垣で囲われたのがいつなのかは、正確にはわかっていない。1211年にはヴジョのクラウスム（clausum　ラテン語で「囲われたもの」の意）についての言及があり、1228年にはヴジョの「シトー派による偉大なクロ（囲われた畑）」という記述も見られる。よく引用されるのは1336年という年号で、カミーユ・ロディエによればブドウ畑の最後の区画が得られた年だという。しかしながら、ジャン=フランソワ・バザンは、もっとあとになってからではないかと考えている。確かに、この畑の一部であるプティ・ミュジニの区画は、1145年より前にシトー派の手に入っているが、18世紀のシトー派の地図上ではまだ壁の外側に位置している。この地図では137ジュルノーの畑となっており、プティ・ミュジニの区画、樹の植わっていない周囲の土地、建物部分は除外されている。

シトー派は、もともとクリュニー修道院の分派として結成されたもので、母体である大修道院がかなり忘れてしまった厳格な節制の掟を再徹底するのが目的だった。

クレールヴォーのベルナールのもと、教団は劇的に拡大していき、13世紀のあいだ、重要性の面でも権力の面でも猛烈な成長を遂げた。が、権力が増した結果として、敬虔さがゆるむのは避けられなかった。ヴジョで生まれるワインという賜物は、政治の道具に用いられるようになった。

1364年、ローマ教皇ウルバヌス5世は、シトー派の大修道院長がワインを教皇やその枢機卿に献上することを禁じ、禁を破れば破門すると脅した。にもかかわらず、大修道院長ジャン・ド・ラ・ビュシエールは1373年、30樽のクロ・ド・ヴジョをウルバヌスの後継者である教皇グレゴリウス11世に贈っている。そのすぐあと、大修道院長は枢機卿の職に就くことができた。

フランス革命に際し、シトー派の僧たちはクロの畑を取り上げられ、修道院そのものも権力を剥奪された。この過程を監視するために派遣された官吏のひとりが、若き日の士官ナポレオン・ボナパルトであった。1791年にはクロ・ド・ヴジョは競売にかけられ、その後数名の商売人（有名な者もいればそうでない者もいた）の手を経て、ついにジュリアン=ジュール・ウヴラールの手に渡る。彼は、ナポレオンを支えた銀行家ガブリエル=ジュリアン・ウヴラールの息子であった。クロは、ウヴラールとその跡継ぎたちによって管理されたが、1889年にブルゴーニュのネゴシアン6社（リジェ=ベレールとラブレを含む）に売却される。所有者の数はたちまち15に増えたが（ルブルソー、スナール、シャンピなど）、まだ地元の人間ばかりであった。

最大面積の保有者となったのはレオンス・ボッケで、建物とともに15haの土地を購入した。クロの所有者の中で彼だけが、フィロキセラのあと接木をして植え替えをしなかったため、その区画は第一次大戦のあいだにおおよそ枯死してしまった。1920年に売りに出された際には、エティエンヌ・カミュゼに率いられたヴォーヌ=ロマネの栽培醸造家たちが、よそ者の手に何も渡らないよう目を光らせ、自分たちもできるだけ広い区画が買えるように画策した。ボッケが所有していた15haには22人の買い手がつき、14人がヴォーヌ村かフラジェ村に住んでいた。一番小さな区画はわずか4ウーヴレ（0.1712ha）だった。

クロ・ド・ヴジョの細分化はこうして起きた。1889年には単独所有の畑だったものが、1920年には40近い所有者のものとなり、今日は約80である。その後の細分化はたいてい、一族内での相続による分割であった。

ひとつづきの畑で、かつブルゴーニュのブドウ栽培史において大きな重要性を持つ場所であるから、原産地呼称法が導入された際にクロ・ド・ヴジョが特級畑に格付けされたのは驚くべきことではない。この50haもの畑が均一な性質でないことはわかりきっている。コート・ド・ニュイの地図を一瞥しただけで、クロの最上部こそ特級畑にふさわしい位置だが、残りは村名格のヴォーヌ=ロマネの畑とヴジョの1級畑にはさまれていることがわかる。

修道院所有の時代には、畑全体のブドウをブレンドしてワインを造っていただろう。伝説では、最上部からできる最高のワインを、僧たちが教皇や王のためにとっておき、畑の中ほどから採れる良

ヴジョ
Vougeot

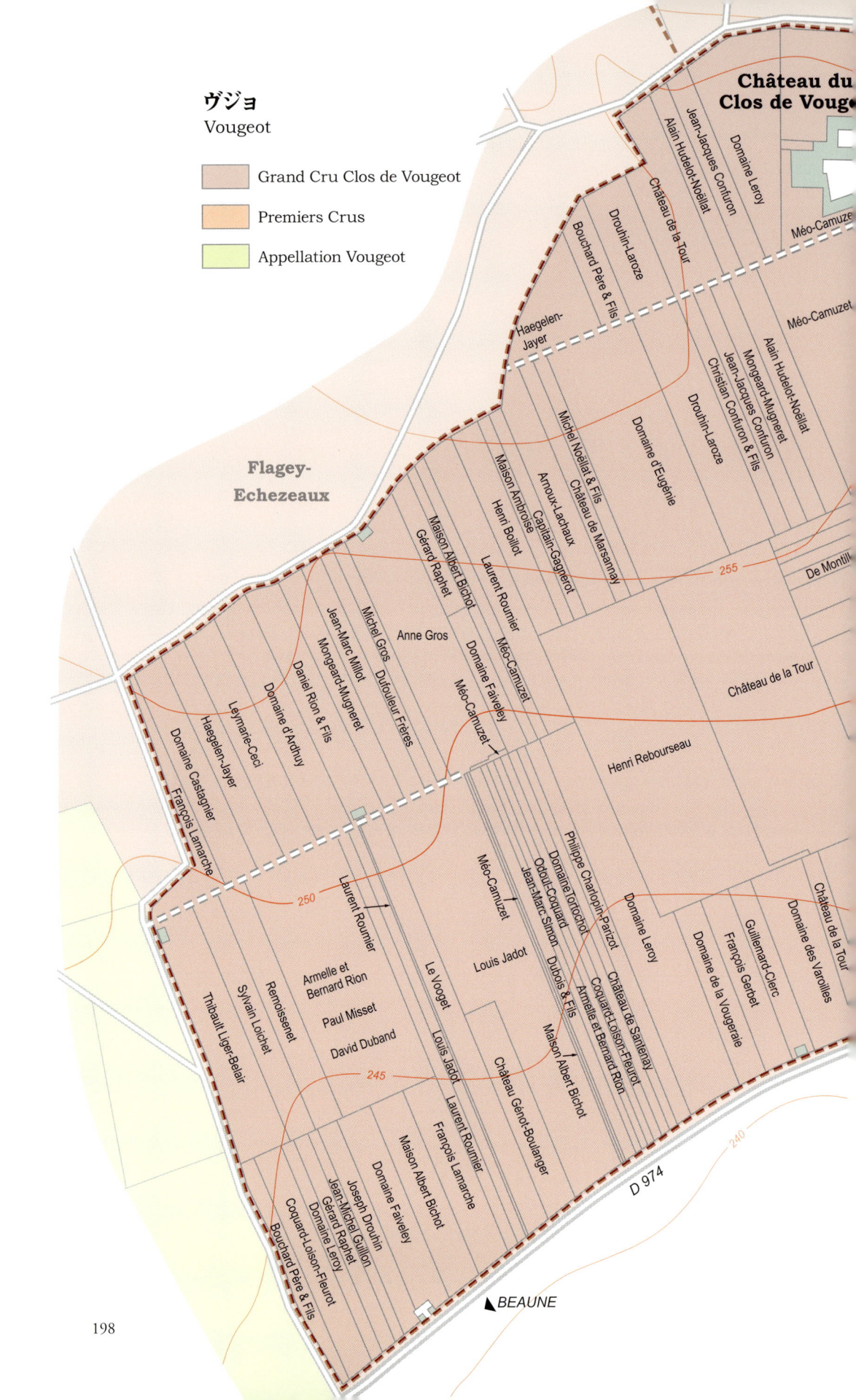

- Grand Cru Clos de Vougeot
- Premiers Crus
- Appellation Vougeot

Château du Clos de Vougeot

Flagey-Echezeaux

BEAUNE

D 974

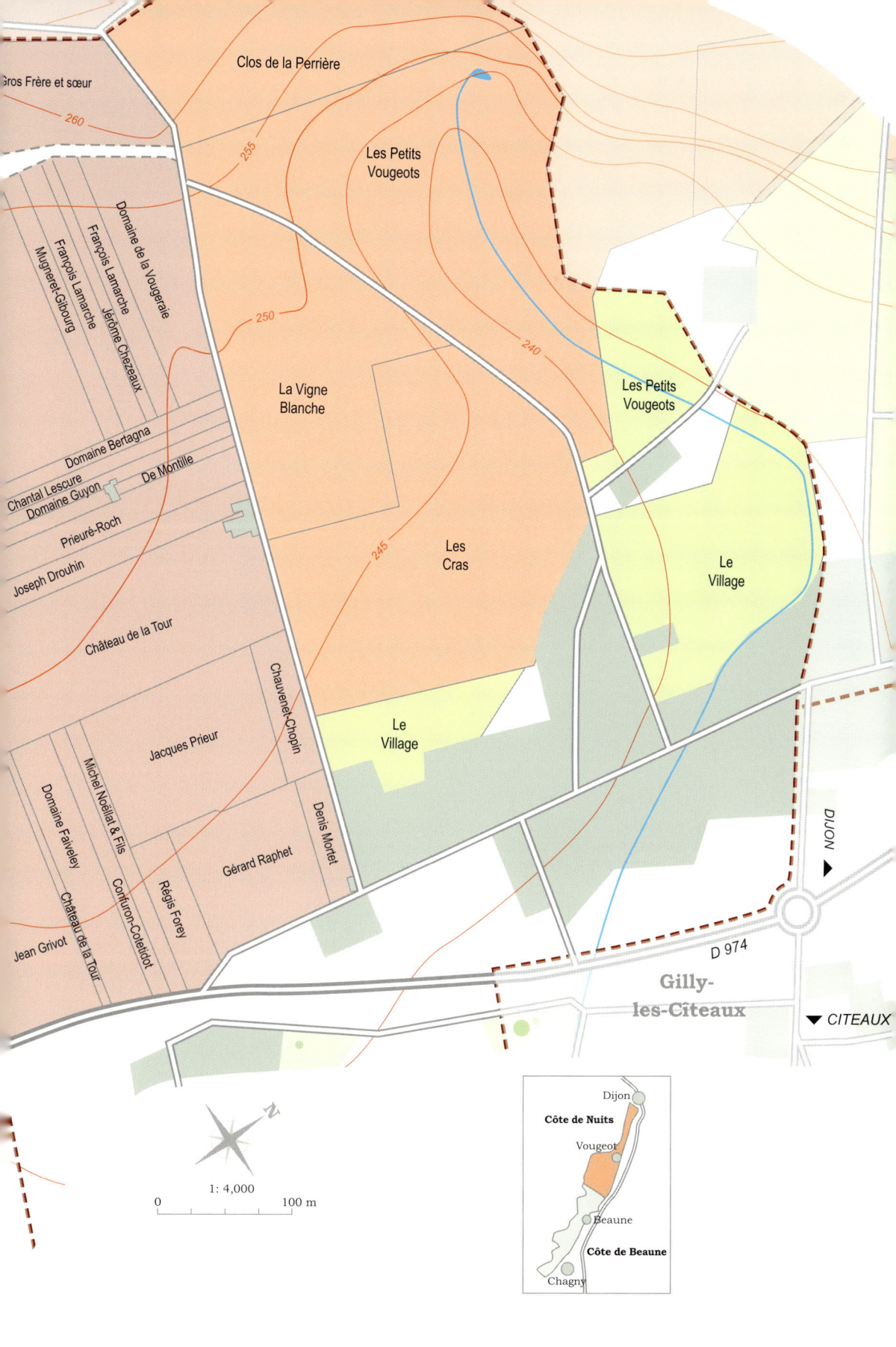

Clos de la Perrière

Les Petits Vougeots

Gros Frère et sœur

Domaine de la Vougeraie
François Lamarche
Jérôme Chezeaux
Mugneret-Gibourg

La Vigne Blanche

Les Petits Vougeots

Domaine Bertagna
Chantal Lescure
Domaine Guyon
De Montille
Prieuré-Roch
Joseph Drouhin

Château de la Tour

Les Cras

Le Village

Chauvenet-Chopin

Jacques Prieur

Denis Mortet

Le Village

Domaine Noëllat & Fils
Michel Noëllat & Fils
Gérard Raphet
Confuron-Cotetidot
Régis Forey
Château de la Tour
Jean Grivot

DIJON

D 974

Gilly-
les-Citeaux

CITEAUX

1 : 4,000
0   100 m

Côte de Nuits
Dijon
Vougeot
Beaune
Côte de Beaune
Chagny

199

質のワインは司教用に、最下部からのワインはほかの者にということになっているが、この話には証拠がない。ドニ・モルロが1831年に書いた文章が出所のようなのだが。今日でも、クロの中に2つ以上の区画を保有している生産者がひとりか2人はいるが、一般的にクロ・ド・ヴジョのワインは特定のひとつの区画から生まれている。

2007年4月、ボルドーのプリムール試飲のただなかで、私は一夜だけ休憩をとり、ボルドーにあるフレデリック・アンジェレの家で20種類のヴジョ産ワインを試飲する会に参加した。シャトー・ラトゥールの総支配人であるアンジェレは、かつてのドメーヌ・ルネ・アンジェルの経営を引き継いだばかりであった。その少し前に、ラトゥールの所有者であるフランソワ・ピノーがこのドメーヌを購入したのだ。

テイスティングの目的は、畑の中の位置と品質とのあいだに、あるいは少なくともスタイルとのあいだに、なんらかの関係性を見出せるかというものであった。結果は否。全体に残念な試飲会となったのだが、区画がどこにあるかよりも、醸造家の腕前のほうがずっとモノを言うようであった。アンヌ・グロによる2000年と、ルネ・アンジェルによる1988年が私のスターだった。

かくして、クロ・ド・ヴジョとはいかなる畑なのか、いかなる畑であるべきなのかについて、それまでの理解を疑うようになった。もともと私は、色が濃く、突出したタンニンによる堅牢な骨格を備えた雄々しい獣のようなワインこそが、クロ・ド・ヴジョだと考えていた。一方、ヴジョはヴォーヌとシャンボールという、フィネスを体現するワインを生む2つの村にはさまれている。前者は力強さももち、後者は上品さと結びついている。クロの中のいったいどこに生産者の区画があるかが、なによりも大きいだろうと。

クロの最上部（海抜225m前後）では表土は約40cmの厚さで、バジョシアン階の石灰岩の上に載っている。中ほどの位置では表土の中に粘土が目立ち、下部になると表土は深く沖積土壌となり、その下に横たわるのは泥灰岩だ。ジャン=フランソワ・バザンは、斜面の麓にある大きな道（かつてのN74号線）が、舗装され直すたびに盛り上がっていくことに不満を述べている。水が流れていくのが防がれてしまうし、風の通りも悪くなるからだ（それで1985年には霜の被害が出た）。

しかしながら、区画がクロの中のどこ（上部、中部、下部）にあるかだけを考えるのは、やはり単純に過ぎる。場所ごとにテロワールは微妙に異なっている

クロ・ド・ヴジョの所有者一覧

	ha
Château de la Tour	5.48
Méo-Camuzet	3.03
Henri Rebourseau	2.21
Louis Jadot	2.15
Paul Misset	2.06
Domaine Leroy	1.91
Jean Grivot	1.86
Gros Frère & Sœur	1.50
Gérard Raphet	1.47
Domaine de la Vougeraie	1.41
Domaine d'Eugénie	1.37
François Lamarche	1.35
Domaine Faiveley	1.29
Jacques Prieur	1.28
Drouhin-Laroze	1.03
Domaine les Varoilles	1.00
Anne Gros	0.93
Joseph Drouhin	0.91
Armelle & Bernard Rion	0.91
Haegelen-Jayer (今ではDominique Laurent)	0.75
Thibault Liger-Belair	0.73
Alain Hudelot-Noëllat	0.69
Maison Albert Bichot (Clos Frantin)	0.63
Coquard-Loison-Fleurot	0.63
Mongeard-Mugneret	0.63
Prieuré-Roch	0.62
Domaine d'Ardhuy	0.56
Daniel Rion & Fils	0.55
Laurent Roumier	0.53
Leymarie-Ceci	0.53
Jean-Jacques Confuron	0.52
Domaine Castagnier	0.50
Arnoux-Lachaux	0.45
Bouchard Père & Fils	0.45
Château Génot-Boulanger	0.43
Michel Noëllat & Fils	0.43
Sylvain Loichet	0.42
Remoissenet	0.42
Philippe Charlopin-Parizot	0.41
Chauvenet-Chopin	0.35
Mugneret-Gibourg	0.34
Jean-Marc Millot	0.34
Domaine Bertagna	0.33
Dubois & fils	0.33
François Gerbet	0.31
Chantal Lescure	0.31
Denis Mortet	0.31
Régis Forey	0.30
De Montille	0.29
Confuron-Cotétidot	0.25
Odoul Coquard	0.21
Dufouleur Frères	0.21
Domaine Tortochot	0.21
Château de Santenay	0.20
Michel Gros	0.20
Maison Ambroise	0.17
Capitain-Gagnerot	0.17

し、実際クロ全体を最北端から眺めると、斜面の麓から上部にかけてなだらかな傾斜になっているだけでなく、東西の幅全体で土地が波のように上下しているのがわかる。実際、もっとも標高の高い部分は、地図上では一番上にきていない。シャトーの裏手にある場所で（シャトー自体が窪地に建っている）、地図で左側、南のほうに伸びていく道を四分の三ほど行ったところにある。プラント・ラベとマレ・オーという小区画である。

クロの内部にはおびただしい数の小区画があるが、たいていはひどい名前で使われていない。とはいうものの、2つはラベルに表示されることがあり、ル・グラン・モペルテュイ（グラン・エシェゾーの近く）と、アン・ミュジニ（当然だが、畑の最上部、ミュジニのすぐ下）である。

1級畑　Vougeot Premiers Crus

ル・クロ・ブラン / ラ・ヴィーニュ・ブランシュ　Le Clos Blanc / La Vigne Blanche
AC：ヴジョ1級畑

L：2級畑　R：1級畑　　JM：1級畑　　　　　　　　　　　　　　　　　　　　2.29ha

ラ・ヴィーニュ・ブランシュとして知られる小区画だが、シトー派の僧たちにはル・プティ・クロ・ブランと呼ばれていた。修道院がこの畑を手に入れた1110年から白ブドウが植わっている。今日では、単独所有者であるドメーヌ・ド・ラ・ヴジュレが、ル・クロ・ブラン・ド・ヴジョの名を用いている。以前はレリティエール゠ギュヨ社が所有していたが、同社がジャン゠クロード・ボワセに売られたあと、ヴジュレ所有の畑となった。

2005年に、1919年ヴィンテージのボトルにめぐり合えたのは僥倖であった。薄い胡桃色にはなっていたものの、まだまだ生きていたのだ。同じワインの2002年と比べながら飲むのはわくわくする体験であった。2002年も楽しめるワインだったが、同じだけの熟成ポテンシャルはない。最近のヴィンテージのクロ・ブランは、自然なバランス感覚を備えた造りの細かいワインであり、この畑からは白ワインを造ろうと決めた僧たちの選択眼の確かさを示している。

クロ・ド・ラ・ペリエール　Clos de la Perrière
AC：ヴジョ1級畑

L：2級畑　R：2級畑（プティ・ヴジョの一部として）　JM：1級畑　　　　　　2.16ha

ペリエールの名が畑名に入っているのは、その昔、シトー派の僧たちが所有していた石切り場だったことを示している。そこで切り出された石で、修道院、クロ・ド・ヴジョの石壁、シャトー・ド・ジリーは築かれた。斜面上方にあるシャンボール゠ミュジニ・レ・ザムルーズとミュジニから、この畑にかけて急に勾配がきつくなるのはそんなわけだ。クロ・ド・ラ・ペリエールには1855年に白ブドウが植えられたが、現在の所有者であるベルターニャは、この畑から赤ワインしか造っていない（ヴジョの別の畑では白を造っているのだが）。ワインはヴェルヴェットのような魅惑的な口当たりを見せることがある。

レ・クラ　Les Cras
AC：ヴジョ1級畑

L：2級畑　R：2級畑　JM：1級畑　　　　　　　　　　　　　　　　　　　　　3.75ha

この畑は固い石灰岩の層の真上にあり、それでレ・クラという名がついている［クラとはガリア時代以前の古い言葉で、「岩だらけの丘」。また、フランス語の「craie クレ」は白亜を意味する］。ヴジョのほかの1級畑と比べて低い位置にあり、固いスタイルのワインを生みがちである。畑上部の畝は傾斜にそってなだらかに斜面を下っており、ブドウは東西に植えられているが、畑下部ではクロ・ド・ヴジョから北のほうにむけてわずかに傾斜しており、ブドウは南北に植えられている。ドメーヌ・ベルターニャは、レ・クラの畑で白赤両方のワインを造っており、ヴジュレは赤ワインのみである。ベルトラン・アンブロワーズ、ドメーヌ・ショーヴネ゠ショパン、フランソワ・ルグロのワインもある。

レ・プティ・ヴジョ　Les Petits Vougeots
ACs：ヴジョ1級畑およびヴジョ
L：2級畑　R：1級畑　JM：1級畑　　　　　　　　　　　　　　　　　　3.49ha*

シトー派の僧たちにル・プティ・クロ・ノワールと名づけられていたのは、隣にあった白の畑、ル・クロ・ブランと区別するためであった。クロ・ド・ヴジョのシャトーへ続く私道から外に出てくると、クロ・ド・ラ・ペリエールが左に、ル・クロ・ブラン（ラ・ヴィーニュ・ブランシュ）が右手に、（標識はないが）レ・プティ・ヴジョが真正面から右手にかけて斜面を下っていくのが見えるだろう。斜面の一番下の部分は、ACヴジョの畑になる。主要な所有者はドメーヌ・ベルターニャで、黒ブドウ、白ブドウの両方を植えている。クリスティアン・クレルジェも区画を所有している。　*このほかに同名の村名格の畑が0.20haある。

ラ・ヴィーニュ・ブランシュ　La Vigne Blanche
「ル・クロ・ブラン」の項目（201頁）参照。

村名格ヴジョ　Village vineyards: appellation Vougeot

村名格の畑はヴジョにはたった3.22haしかなく、登記公図には公式に「ル・ヴィラージュ」と記載されている。ただし、レ・プティ・ヴジョの小さな区画だけは（同じ畑の残りの区画が1級畑なので）、その名で載っている。ベルターニャはACヴジョを生産しており、ヴジュレも同様である（下記参照）。

クロ・デュ・プリウレ　Clos du Prieuré　　　　　　　　　　　　　　　　　1.83ha

ル・ヴィラージュの畑の一部で、ドメーヌ・ド・ラ・ヴジュレが単独所有する。ヴジュ川の水源の下手にある低地の畑である。シャルドネよりもピノのほうが若干多く、川のすぐかたわらに植わっている黒ブドウのほうが、白よりもできがいい。ドメーヌ・ド・ラ・ヴジュレは、この畑に建つ石造りの離れ家の2階で、ビオディナミの調合剤（プレパラート）に必要な種々の野草を乾燥させている。

主要生産者

ドメーヌ・ベルターニャ　Domaine Bertagna

このドメーヌはもともと1960年代にクロード・ベルターニャが畑を集めて設立したもので、その後1982年にレー家に売却された。エヴァ・レー＝シドルが1988年から当主を務めており、これまでに数多くの醸造家が舵取りを任されてきた。有名どころには、現在オスピス・ド・ボーヌにいるロラン・マス、そして1999年から2005年ヴィンテージまで責任者を務めたクレール・フォレスティエがいる。

このドメーヌはヴジョの村内にすばらしい畑を多く有しているだけでなく、ほかの村にもいくつか特級畑を所有、オート＝コート・ド・ニュイにもいくらか畑がある。すべてのブドウは効率的かつハイテクな発酵タンクで仕込まれ、ドメーヌの地下にある立派なセラーで寝かせられる。

ドメーヌ・ベルターニャの所有畑	
赤	ha
Chambertin Grand Cru	0.20
Clos St-Denis Grand Cru	0.50
Clos de Vougeot Grand Cru	0.31
Corton Les Grandes Lolières Grand Cru	0.25
Vougeot 1er Cru Clos de la Perrière（単独所有）	2.25
Vougeot 1er Cru Les Cras	0.60
Vougeot 1er Cru Les Petits Vougeots	1.25
Vosne-Romanée 1er Cru Les Beaumonts	0.90
Nuits-St-Georges 1er Cru Les Murgers	1.00
Chambolle-Musigny 1er Cru Les Plantes	0.23
Chambolle-Musigny	0.23
Vougeot	0.53
Hautes-Côtes de Nuits Les Dames Huguettes	5.75
白	
Corton-Charlemagne Grand Cru	0.25
Vougeot 1er Cru Les Cras Blanc	0.55
Vougeot 1er Cru Blanc	0.75

クリスティアン・クレルジェ　Christian Clerget

クリスティアン・クレルジェは、父のジョルジュの跡を継いで6haのドメーヌを運営している。目玉といえるのは、エシェゾーに保有する大きめの畑（オルヴォーの区画内にある）、すばらしいシャンボール＝ミュジニの1級畑レ・シャルム、そしてヴジョの1級畑レ・プティ・ヴジョである。村名格のワインについては、ヴジョ、モレ＝サン・ドニ、シャンボール＝ミュジニ、ヴォーヌ＝ロマネのものがある。有機農法のブドウを除梗し、エレガントなスタイルのワインを造っている。

ドメーヌ・ユドロ＝ノエラ　Domaine Hudelot-Noëllat

このドメーヌは、ノエラ一族の膝元であるヴォーヌ＝ロマネ近辺に広い土地を所有し、ニュイ＝サン・ジョルジュからシャンボール＝ミュジニまでのどの村にも畑がある。

シャルル・ヴァン・カネイが、祖父のアランから2008年にドメーヌを引き受け、2005年からここで働くヴァンサン・ムニエがその補佐をしている。代は変わったものの、それまでのきめ細かで華やかなワインというスタイルを、ことさらに変えるつもりはないようである。

小さな変化はあり、たとえば新しい除梗機の購入がそれだ。ブドウを破砕せずに発酵タンクに送ることができるようになった。畑は以前からリュット・レゾネ（減農薬栽培）の方針で耕作されており、シャルルは将来的には有機農法への転向を考えている。新樽風味がさばらないのはあいかわらずで、ACヴジョには20％、特級畑でも最大50〜60％である。

ドメーヌ・ユドロ＝ノエラの所有畑	
	ha
Romanée St-Vivant Grand Cru	0.48
Richebourg Grand Cru	0.28
Clos de Vougeot Grand Cru	0.69
Vosne-Romanée 1er Cru Beaumonts	0.32
Vosne-Romanée 1er Cru Malconsorts	0.14
Vosne-Romanée 1er Cru Les Suchots	0.45
Nuits-St-Georges 1er Cru Les Murgers	0.68
Chambolle-Musigny 1er Cru Les Charmes	0.21
Vougeot 1er Cru Les Petits Vougeots	0.53
Nuits-St-Georges Bas de Combe	0.21
Chambolle-Musigny	1.85
Vosne-Romanée	0.77

ヴォーヌ＝ロマネ1級 レ・スショ　スショという畑から生まれるワインの古典といってよい模範的な作である。最初にヴォーヌ＝ロマネらしい洗練された果実味が感じられ、味わいが持ち上がりエネルギーを増したあと、「もっと」と思った途端に姿を消してしまう。しとやかな姿で再びあらわれた

のちは、予想しないほど長く余韻が続く。ユドロ=ノエラのワインすべてに感じられるエレガンスの見本がこれである。

シャトー・ド・ラ・トゥール　Château de la Tour
この名前は、クロ・ド・ヴジョの畑内に「もうひとつの建物」があることを示している。高名な修道院内のセラーではないほう、ということだ（修道院のほうは現在、タストヴァン騎士団の本部として使われている）。シャトーは1890年に、ボーヌのボーデ氏によって建てられ、氏の娘はニュイ=サン=ジョルジュのジャン・モランに嫁いだ。モランはたいへんに優れたスポーツマンで、1948年には冬季と夏季五輪の両方に出場している。2人いた娘はそれぞれラベ家とデシェレット家に嫁いでおり、婿のひとりピエール・ラベはボーヌにもドメーヌをもっていた。現在は、フランソワ・ラベが、ドメーヌ・ピエール・ラベとシャトー・ド・ラ・トゥールの当主を務めており、ワインはクロ・ド・ヴジョの壁の内側に建つシャトーの広々としたワイナリーとセラーで仕込まれている。

クロ・ド・ヴジョの所有面積は全部で5.48haで、うちひとつは1910年に植えられた古木の区画、約1haある。ここの一部は、限定生産のヴィエイユ・ヴィーニュ・キュヴェに用いられていて、平均して8樽分（2,400本）になる。残りはキュヴェ・クラシックと呼ばれる通常品に回される。

1992年以来、畑は有機農法で耕作されている。副梢をすべてむしりとることで収量を抑制するのがフランソワ・ラベのやり方で、その結果、広々としたキャノピーが得られる。ラベは、お決まりのように摘房や除葉をするのを好まない。収穫後、ブドウは選別され、好ましくないものはすべて取り除かれる。発酵タンクには房ごと投入し、軽く亜硫酸を振りかけたうえで、6～7度に冷却、自然に発酵が始まるまで1週間そのままにしておく。そのあと、マストの温度は最高でも28～29度に保たれ、発酵が終わるとすぐにワインを引き抜く。発酵後浸漬を避けるのは、果梗から荒々しいタンニンが出てくるのを防ぐためである。ワインは樽に移されて熟成に入る。通常のキュヴェで約50%が、ヴィエイユ・ヴィーニュのキュヴェでは100%が新樽である。現在、全ての樽はシャサン社製に統一されている。

今のところ、このドメーヌは国際市場で評判になってはいないが、おそらく今、その入口にいると思われる。フランソワ・ラベと部下たちが、相当に骨を折って優れたワインを造ろうとしているのは確かだ。果梗が用いられることで、ワインが若いうちは魅惑的でないように見え、それで競争に負けてしまいがちなのだろう。

ドメーヌ・ピエール・ラベ　Domaine Pierre Labet
このドメーヌの赤ワインにはACブルゴーニュ、ACボーヌ、ボーヌの1級畑クシュリア、白ワインにはACボーヌ、ムルソー・ティエ、サヴィニ・ヴェルジュレスがあり、最後に挙げたワインが一番おもしろい。ワインは、シャトー・ド・ラ・トゥールのクロ・ド・ヴジョと同じ流儀で仕込まれている。

村の外にいる造り手たち
ドメーヌ・ド・ラ・ヴジュレは、1999年の設立に際してヴジュ川から名づけられた。ボワセ家がこの村にかなりの畑を所有しているからである。しかしながら、ワイナリーそのものはプレモー村にある。詳しくはニュイ=サン=ジョルジュの章を参照のこと。

vosne-romanée & flagey-echézeaux

ヴォーヌ=ロマネ、フラジェ=エシェゾー

村名格ヴォーヌ=ロマネ	100ha
ヴォーヌ=ロマネ1級畑	57ha
特級畑	75ha

ヴォーヌ=ロマネの村には、頻繁に語られる金言がある。18世紀の作家クールテペによるもので、曰く、「この村に普通のワインなどない」。もし、一定水準に達していないヴォーヌ=ロマネのワインがあったとするなら、醸造家のせいにしてさしつかえない。特級畑はすべてその位にふさわしいし、1級畑では格下げされるべきものより、特級畑に格上げされるべきもののほうが多い。村名ワインはまずもって健全なものだし、きわだった個性を備えることもある。ヴォーヌ=ロマネのワインを特徴づけるのは、風味のインパクトと洗練性が両立していることで、ブルゴーニュ全体で見てもほかに類を見ない。

隣接する、フラジェ=エシェゾー村のブドウ畑を包含しているものの（この村のワインは慣例的にヴォーヌのワインとして売られている）、比較的小さな原産地呼称であり、ブドウ畑の面積はジュヴレ=シャンベルタンの半分にも満たない。コート・ドールでワインを生産する村のほぼすべてが、斜面上に位置していて、ブドウ樹の上方に広がる森と、斜面の麓にある他の作物用農地を含んでいるのに対し、フラジェ村は麓の平地をずっと東にいったところにあり、線路

の向こう側なのだ。フラジェは仲間はずれにされないよう、斜面にあるエシェゾーの畑と、触手のように伸びたわずかばかりの土地で結びつけられている。斜面までその手を伸ばすことを許され、エシェゾーをわがものとしたのである。

このペアになった村の心臓部には、帯状に並ぶ特級畑があり、南端のラ・ターシュから始まり、クロ・ド・ヴジョに隣接するエシェゾーの畑まで続いている。途中をさえぎるのは、1級畑のレ・ショのみである。この畑と、ロマネ・サン＝ヴィヴァンの中にあるごく小さなラ・クロワ・ラモーの飛び地を別にすれば、1級畑はすべてヴォーヌの村の南端にあるか（クロ・デ・レア、レ・ショーム、オー・マルコンソール、オ・ドゥシュ・デ・マルコンソール、そしてレ・ゴディショのごく小さな区画）、あるいは特級畑の上方にある（南から北にかけて、レニョ、プティ・モン、クロ・パラントゥー、オー・ブリュレ、レ・ボー・モン、レ・ルージュ、アン・オルヴォー）。

村名格の畑はニュイ＝サン＝ジョルジュ村の1級畑の下方から始まって、D974号線のすぐ上、斜面下部のあたりをクロ・ド・ヴジョの壁に行き当たるまで続いている。斜面の最上部にも若干数の村名格の畑、これはコート・ドールでお決まりのパターンである。

特級畑のうち4つは単独所有畑である。ラ・ロマネ＝コンティ、ラ・ターシュはドメーヌ・ド・ラ・ロマネ＝コンティが、ラ・ロマネはドメーヌ・コント・リジェ＝ベレールが、ラ・グランド・リュはドメーヌ・ラマルシュの所有である。リシュブール、ロマネ・サン＝ヴィヴァンとエシェゾーと名のつく2つの畑については、多くの生産者によって分割所有されている。

1789年の文献は、ラ・ロマネ＝コンティ、ラ・ターシュ、ロマネ・サン＝ヴィヴァンから、高値で売られる憧れのワインが生まれると述べている[1]。

特級畑　Granc Cru

ラ・グランド・リュ　La Grande Rue
AC：ラ・グランド・リュ特級畑
L：1級畑　R：1級畑　JM：特級畑　　　　　　　　　　　　　　　　　　　　　　　1.65ha

ラ・グランド・リュは帯状に細い畑で、幅は一番広いところでも50m以下、村の家並みのすぐ上方から斜面を登り、ラ・ロマネの少し上あたりまで伸びている。畑の上部は下部と比べ、土壌が浅く瘦せている。

この畑が初めて文献に登場したのは1450年のことで、22ウーヴレ（1ha弱）がリシャール・ド・シセの所有だとある。フランス革命に際してマレ家に売却され、そのあと婚姻によってリジェ＝ベレール家の手に渡った。1933年に、エドゥアール・ラマルシュがこの畑を買い、甥のアンリに結婚祝いとして贈呈した。この新しい所有者は、特級畑の位を欲しなかった。おそらく税金が高くなるのを嫌がったのだろう。

特級畑への昇格申請は1984年になされ、最終的に認められたのが1992年、1991年ヴィンテージのワインからその位を名乗れるようになった。認定を受けたのは、1.65haの単独所有畑ラ・グランド・リュ（厳密に言うと、1.42haのグランド・リュと0.23haのゴディショから成る）のみで、そのすぐ下方にあるゴディショの小さな区画（ドメーヌ・ユドロの所有）は除外されている。

1959年という比較的近い昔に、ラマルシュとドメーヌ・ド・ラ・ロマネ＝コンティは小さな区画の交換をおこなっており、ラマルシュ所有のグランド・リュ／ゴディショ（これはラ・ターシュに組み込まれた）と、ドメーヌ・ド・ラ・ロマネ＝コンティ所有のゴディショ（グランド・リュに組み込まれた）とエシェゾーの一部の取り換えである。交換の結果、ラ・グランド・リュは今日の1.65haとなっている。ドメーヌ・ラマルシュによるワインの品質は、長年不安定なものだったが、当代の女性当主であるマリー＝ブランシュ・ラマルシュと、その娘ニコル、姪のナタリーの下で、品質向上のきざしが見ら

---

1) Jean-François Bazin, *La Romanée-Conti*, p.158

れる。とはいえ、最高のグラン・リュかくあるべしとの確かな手ごたえは、いまだ感じられていない。

リシュブール　Richebourg
AC：リシュブール特級畑
L：特級畑（レ・ヴェロワイユは1級畑）　R：特級畑　JM：別格特級畑　　　　　　　　　**8.03ha**

この特級畑は2つの小区画から成っている。すなわち「レ・ヴェロワイユまたはリシュブール」（2.98ha）と、「レ・リシュブール」（5.05ha）本体である。ドメーヌ・ド・ラ・ロマネ=コンティが、3.51haを持つ最大所有者で、次いでルロワ、グロの一族、リジェ=ベレール、メオ=カミュゼ、グリヴォと続いている。ロマネ=コンティ、ラ・ロマネ、ラ・ターシュの3つの単独所有畑を別にすれば、リシュブールが通常この村の特級畑中で最上の地位にあるとされる。ロマネ・サン=ヴィヴァンよりも色が濃く、ボディも強いが、香りの持続性ではごくわずかに劣るというのが典型的な姿である。

リシュブールの所有者一覧	ha
Domaine de la Romanée-Conti	3.51
Leroy	0.78
Gros Frère & Sœur	0.69
AF Gros	0.60
Anne Gros	0.60
Thibault Liger-Belair	0.55
Méo-Camuzet	0.34
Grivot	0.32
Mongeard-Mugneret	0.31
Hudelot-Noëllat	0.28
Clos Frantin	0.07

リシュブールを構成する2つの小区画は、わずかに畑の向きが異なっている。ヴェロワイユのほうは、全体としては東向きなのだが、ほんのわずかに北にも傾いている。というのはそこで斜面が小渓谷に向けて落ち込んでいるからである。結果として、こころもち熟するのが遅いというのはアンリ・ジャイエの弁であるが、そのほかには大きな差はない。2、3日、摘み取りが遅くなるぐらいのものである[2]。ジャン=ニコラ・メオも同意見ではあるが、レ・ヴェロワイユの上部については、生育期間末期の夕陽をこの畑のほかの場所よりも長く浴びるとつけ加えた。もともと、この小区画は「リシュブールの下のヴェロワイユ（Verroilles-sous-Richebourgs）」という名前だったが、抜け目ないマーケティング上の知恵によって、「ヴェロワイユまたはリシュブール（Verroilles ou Richebourgs）」と改名された。

ラ・ロマネ　La Romanée
AC：ラ・ロマネ特級畑
L：特級畑　R：特級畑　JM：別格特級畑　　　　　　　　　**0.85ha**

ラ・ロマネは、19世紀にルイ・リジェ=ベレール将軍と、その養子であるルイ=シャルル・ボキヨン・リジェ=ベレールによって、段階的にひとつにまとめられた。1760年に作成された図面上では別々になった6つの区画として示されているものが、1815年から1826年のあいだにリジェ=ベレール家によって購入され、0.8154haの畑となった。リジェ=ベレール家が、財産を処分しなければならなくなった1930年代には、0.8452haまで広がっている。卓越した畑はことごとく人の手に渡ったのだが、ラ・ロマネだけは、ジュスト・リジェ=ベレール司祭がなんとカルネ・アンジェルよりも競売で高値をつけ、一族の元に残した。

2005年からラ・ロマネの畑はすべて、ドメーヌ・デュ・コント・リジェ=ベレールが耕作、醸造、熟成、瓶詰め、販売をおこなっている。取り仕切っているのはルイ・ミシェル子爵で、2002年からこの畑の世話をしてきた。それ以前については、ドメーヌ・フォレが耕作、醸造を担当していた。マロラクティック発酵が終わると、ワインのほとんどはブシャール・ペール・エ・フィスに届けられ、そこで熟成を終えて瓶詰めされ、市場に出されていた。

長方形をしたラ・ロマネの畑は、ラ・ロマネ=コンティのすぐ上に位置し、12度というちょうどいい

---

[2] Jacky Rigaux, *Ode aux Grands Vins de Bourgogne*, p.70　翻訳はジャッキー・リゴー著、立花洋太訳『ヴォーヌ=ロマネの伝説　アンリ・ジャイエのワイン造り』（白水社）

傾斜になっている。ラ・ロマネ=コンティよりも粘土が少なく、もろい表土にはたくさんの石と岩の破片が混じっている。ブドウ樹は南北に植えられていて、斜面を上から下でなく横切る格好になっている。

ラ・ロマネ=コンティ　La Romanée-Conti
AC：ラ・ロマネ=コンティ特級畑
L：特級畑　R：特級畑　JM：別格特級畑　　　　　　　　　　　　　　　　　　　　　　　1.81ha

この畑についてはこれまでさまざまな研究書が書かれている。もっとも有名なのはリチャード・オルニーの手によるものだ[3]。この畑が、残りのロマネと名のつく畑から初めて切り離されたのは1584年のことで、ル・クロ・デ・クルー（もともとの名はクルー・デ・サンク・ジュルノー）という名の区画がクロード・クザンに売却された際である。そのうち、畑はド・クローネンブール家の手に渡り、ラ・ロマネという名が1651年、初めて冠せられた。

1760年、アンドレ・ド・クローネンブールはこの畑を、ブルボン朝のルイ=フランソワ1世（コンティ公）に総計92,400リーヴルで売却する。10年前、クロード・ジョベールがクロ・ド・ベーズの畑に対して払った価格の10倍近い値であり、このひとかけらの土地がどれだけの価値を有していたかについての古い記録となっている。新しい持ち主のもと、ラ・ロマネはラ・ロマネ=コンティと名乗るようになり、市場から姿を消す。ワインは、「偉大なるコンティ公」とその友人のみが愉しめるものにされたのだった。コンティ公は1776年に逝去し、息子であるブルボン朝のルイ=フランソワ=ジョゼフに相続されたが、革命政府によって1793年に押収されてしまう。

畑は、ドゥニ・モンジャール（1735-1782）によって管理され、その後はエティエンヌ・マニャンに引き継がれた。2人とも、コンティ公の使用人によって最高の品質を得るには畑仕事をいかにすべきかについて、指導を受けている。ジャン=フランソワ・バザンは、コンティ公の執事であったマルグが、畑の管理人リジュレにあてた手紙を引用している。「殿下の望みはたくさんのワインを造ることではまったくなく、最高の品質を求めておいでだ。承知の通り、ブドウ樹のならす果実が多すぎると、凡庸な、質の悪いワインしかできない。どうか、殿下の望む形で剪定をするよう、畑の作業員たちに伝えていただきたい」[4]

革命暦3年の（雪月）4日（1794年のクリスマス・イヴ）に、ラ・ロマネ=コンティはニコラ・ドゥフェール・ド・ラ・ヌエールに、革命政府発行の臨時紙幣112,000リーヴルで売却され、1805年に娘が相続したのち、次いで1818年、（叔父のヴィクトールを介して）ジュリアン=ジュール・ウヴラールに60,050フランで売られた。ウヴラールは、コート・ドールの南から北まで広範にブドウ畑を所有しており、その中にはクロ・ド・ヴジョのすべてや、シャンベルタン、クロ・ド・ベーズの一部も含まれていた。ウヴラールが1861年に他界すると、ラ・ロマネ=コンティを4人の甥と姪が相続したが、1869年、ネゴシアンでディジョン駅の食堂の所有者でもあったポール・ギュイモに売却する。ギュイモは同じ年のうちに、ジャック=マリー・デュヴォー=ブロシェに畑を売ったのだが、この人物はド・ヴィレーヌ家の祖先である。その三代あとの娘が、エドモン・ゴダン・ド・ヴィレーヌと、1906年に結婚したのだ。デュヴォー・ブロシェがもっていた赤ワイン生産についての見識については、本書235頁にて紹介している。

この時点で、畑の所有権はエドモン・ド・ヴィレーヌと、その義理の弟であるジャック・シャンボンに分かれていたのだが、シャンボンは1930年代の不況とそれに続く戦争のあと、1942年に持ち分を手放そうとした。この際にドメーヌは民事会社（ソシエテ・シヴィル）となり、シャンボンの持ち分をアンリ・ルロワが買い取った。それ以来今日に至るまで、このドメーヌはド・ヴィレーヌ家とルロワ／ロック家の共

---

3) Richard Olney, *La Romanée-Conti*, Flammarion, Paris 1991

4) Jean-François Bazin, *La Romanée-Conti*, p.135　原文は次の通り。« S.A.S ne desire point qu'on tire â faire une grande quantité du vin, mais â la qualité, vous savez que la vigne trop chargée de fruit ne produit qu'un vin mediocre sans qualité. Je vous prie, Monsieur, de dire au vigneron de tailler la vigne en consequence. »

ヴォーヌ=ロマネ、フラジェ=エシェゾー
Vosne-Romanée & Flagey-Echézeaux

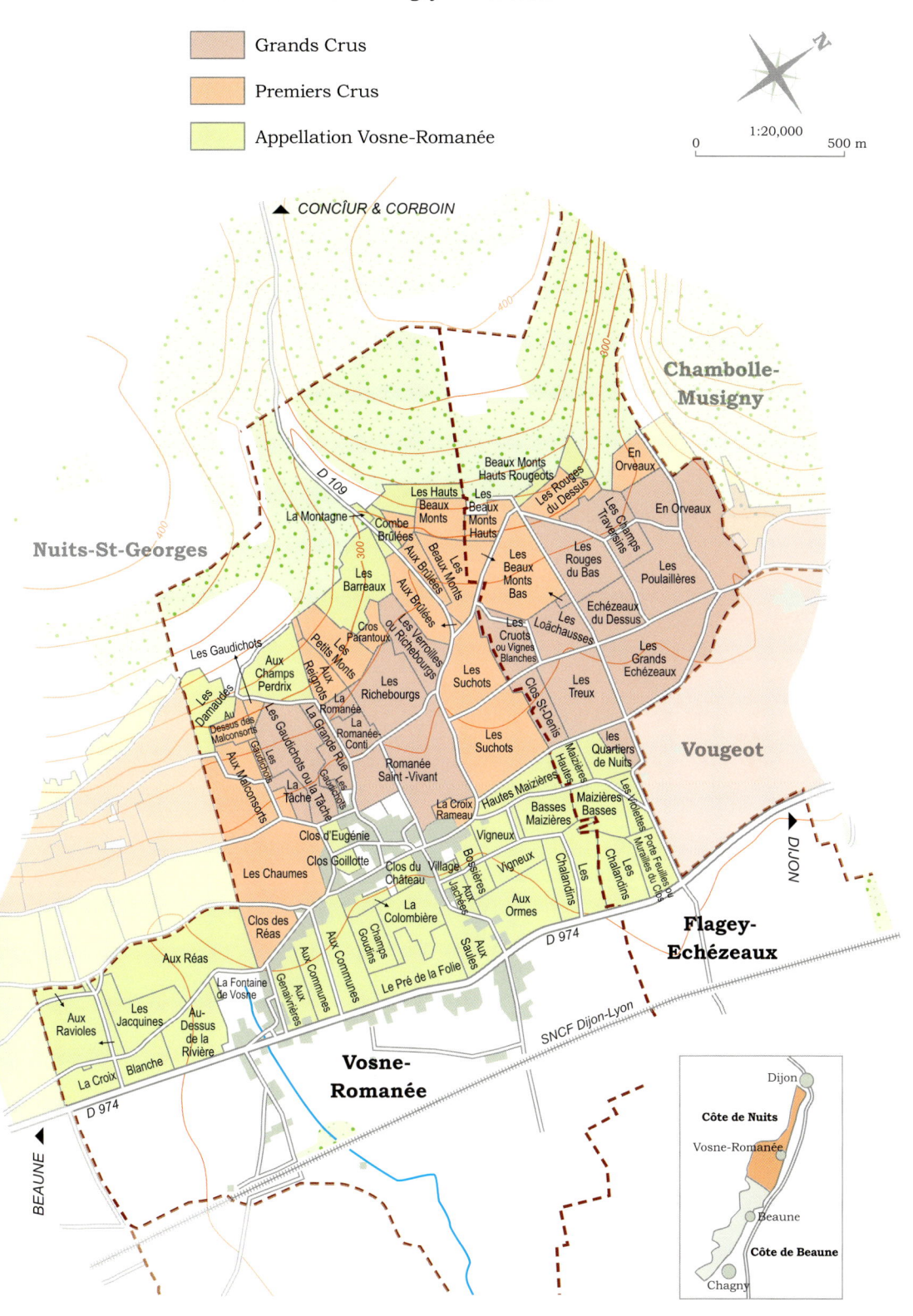

同所有・経営である。

フィロキセラ前の古い樹が、1945年までどうにかもちこたえていたのだが、この年の収穫後に「フランスの古木」は引き抜かれた。かつて用いられていたプロヴィナージュ（取り木）という手法は、梢の先を（もとの株から切り取らずそのまま）地中に植えて根づかせ、新しい株をそこに生やすというものである。そうして埋められた梢の先は、地表下で幹を発達させ、そこから細い根が生えたから、畑全体のブドウ樹が、地表下で結びついていた。こうした方法がとられていたため、ブドウ樹の一部は1585年の改植の際までさかのぼると推定されている。

1947年から48年にかけてブドウ樹は植え替えられ、新しい樹で初めてワインが造られたのが1952年である。よって、1947年や1949年のボトルは、すべて偽物であるから手を出してはならない。「戦前のワインは、軽めだが非常に精妙だった」と、セラーマスターのアンドレ・ノブレは述べている。一方で戦後のワインは、根が深く張っているおかげで、深みがあり力強いワインになっているという。

幸運にも私は、故ビル・ベイカーと、ワイン収集家のリチャード・オーダーズが催したディナーに招かれたことがある。そこでは1990年、1985年、1978年、1966年のラ・ロマネ＝コンティとラ・ターシュが、ヴィンテージごとに供された。ほかのときはともかく、この夕べでは、ロマネ＝コンティのほうがきわだって優れたワインであり、明らかにラ・ターシュより熟成がゆっくりであった。とはいえ、催しの意図は、どちらが優れているか証明したり、答えを見つけようというものではなく、2種のワインを楽しむことにあったのだが。

アンドレ・ジュリアンは1866年の著書で、ラ・ロマネ＝コンティを彼の考える「一流ワイン Première Classe」の最高位に据え、美しい色、くらくらするような香り、美味の中に見えるデリカシーとフィネスについて讃えている[5]。

ロマネ・サン＝ヴィヴァン　Romanée St-Vivant
AC：ロマネ・サン＝ヴィヴァン特級畑
L：1級畑　R：1級畑　JM：特級畑　　　　　　　　　　　　　　　　　　　9.44ha

サマリア出身の伝道者である聖ヴィヴァンティウスは、大西洋沿岸のヴァンデの地に、原住民を改宗させようと4世紀にやってきた人物である。彼の死後、その墓の近くにつつましい修道院が建設されたのだが、868年に強欲なノルマン人によって脅かされ、聖人の遺品を携えて遁走せざるをえなくなった。ジュラで修道院を再建しようとしたものの失敗、だがようやく9世紀の終わりになって、ブルゴーニュ地方ヴェルジの丘で再建を果たす。

1131年にこの修道院は、その少し前に設立されたシトー派修道院の野心に対抗するためだろうが、ユーグ2世公爵からヴォーヌとフラジェの村にある領地のすべてを寄贈された。1241年、1276年、1285

ロマネ・サン＝ヴィヴァンの所有者一覧	
	ha
Domaine de la Romanée-Conti	5.29
Domaine Leroy	0.99
Domaine de Corton Grancey (Louis Latour)	0.76
Domaine Jean-Jacques Confuron	0.50
Domaine Poisot (to Drouhin)	0.49
Domaine Hudelot-Noëllat	0.48
Domaine Robert Arnoux	0.35
Domaine de l'Arlot	0.25
Domaine Sylvain Cathiard	0.17
Domaine Dujac	0.17

年にそれぞれ畑がさらに加わり、今日まで残る記録では見つからないものの、そのほかにも畑を得た時期があったかもしれない。16世紀初頭までに、修道士たちは次の畑を所有するようになっていた。クルー・デ・ヌフ・ジュルノー、クルー・デュ・モワタン、クルー・デュ・キャトル・ジュルノー、クルー・デュ・サンク・ジュルノーで、最後のものは1584年に割譲されてのちのロマネ＝コンティとなった。ロマネ・サン＝ヴィヴァンの名が初めて文献に登場したのは1765年である。革命政府による所有地没収のあと、畑はニコラ＝ジョゼフ・マレに1791年に売られた。その後は、畑全体がマレ＝モンジュ

---

5) André Jullien, *Topographie de tous les Vignobles Connus*, 1866, Champion-Slatkine, Genève & Paris, 1985

家に所有され続けたが、1898年にはクロ・デ・キャトル・ジュルノーがルイ・ラトゥールに売却される。残った畑の大半は、1966年に結ばれた耕作契約によってドメーヌ・ド・ラ・ロマネ＝コンティに託され、1988年には完全に同蔵へと売却された。とはいえ、北端にある1区画だけは、シャルル・ノエラが買いとっている。この1区画の一部は、現在ドメーヌ・ルロワの保有である。

ヴェルジの修道院は今日廃墟として一部が残っているのみで、丘の斜面にある建物がゆっくりとしたペースで発掘され、一部が修復された。ロマネ・サン＝ヴィヴァンの畑の麓にある建物については、現在、ドメーヌ・ド・ラ・ロマネ＝コンティのワインの樽熟成場所となっている。

表土は比較的深く（90cm）、粘土と活性度の高い白亜に富んでいる。傾斜がごくわずかしかないことと考え合わせると、この畑の水はけは特に良いものではなく、雨のあと作業が困難になる。とはいうものの、ワインの品質については折り紙つきであり、長く尾をひく果実味の中に、ヴォーヌ＝ロマネの精髄が刻印されている。

ルロワ、コンフュロン、ユドロ＝ノエラは北端に数畝を所有しており、その南にはDRCの広大な区画、南端にはドメーヌ・アルヌー、ポワゾ、カティアール、アルロ、そしてかつてはトマ＝モワラールの所有であったデュジャックの区画がある。ドメーヌ・ド・ラ・ロマネ＝コンティの区画と、南端の畑に挟まれているのが、ルイ・ラトゥール保有のレ・キャトル・ジュルノーである。

ラ・ターシュ　La Tâche
AC：ラ・ターシュ特級畑
L：特級畑　　R：特級畑　　JM：別格特級畑　　　　　　　　　　　　　　　　　　　　6.06ha

この畑名は、効率を上げるために小作人たちを「区画面積に応じた支払い（à la tâche）」で雇っていたことに由来する。「タシュロン（tâcheron）」と呼ばれる小作人には、時間給ではなく、管理する面積に応じて1年の給与が支払われており、あらゆる畑仕事を請け負っていた。

ドメーヌ・ド・ラ・ロマネ＝コンティの単独所有畑ではあるものの、ラ・ターシュはもともと単一の畑だったわけではなく、幾人もの所有者が骨を折って集め合わせたものである。ラ・ターシュのもともとの区画は1.43haで、1622年にはジャン＝バティスト・ル・グー・ド・ラ・ベルシェールが保有していたが、1793年にその資産を引き継いだジョリ・ド・ベヴィ家によって押収されている。このもともとの区画は、革命直後の歴史の激動を経て、1833年にリジェ＝ベレール家の下で再度単独所有となったが、1世紀後にはこの一族も畑を手放さざるをえなくなる。リジェ＝ベレール家が所有していた時代に、畑は1.93haまで広がった。

しかしながら、ラ・ターシュの名前で売られていたワインは他にもあった。有名なのが、ラスール家が保有していた2ha強のレ・ゴディショの畑である。19世紀後半から20世紀初めにかけては、さまざまなワインがラ・ターシュ＝ロマネ、ロマネ＝ラ・ターシュといった名前をラベルに冠していた。一方、ジャック＝マリー・デュヴォー・ブロシェは1860年代、レ・ゴディショのほとんどすべてを手に入れることに成功していた。デュヴォー＝ブロシェの相続人であるシャンボン、ド・ヴィレーヌ両氏が、このワインの1930年ヴィンテージを、ラ・ターシュの名で販売しようとした際には法廷沙汰になる。とはいえ、この問題はほどなく解決された。というのも、1933年にリジェ＝ベレール家が資産を処分しなければならなくなり、ドメーヌ・ド・ラ・ロマネ＝コンティの所有者たちがラ・ターシュの畑を買い取ったからである。これ以後、ラ・ターシュはレ・ゴディショとまとめられてひとつの畑となった。その後、仕上げとしてドメーヌ・ラマルシュとのあいだでごく小さな区画をいくつか交換し、現在の6ha強の面積となっている。

エシェゾー　Echézeaux
AC：エシェゾー特級畑
L：1級畑および2級畑　R：小区画エシェゾーについては特級畑、残りは1級畑
JM：特級畑（一部は1級畑）　　　　　　　　　　　　　　　　　　　　　　　　　37.69ha

シトー派の修道士たちは、クロ・ド・ヴジョと同様に、今日エシェゾーとなっている土地の大部分を開墾している。クロ・ド・ヴジョの畑については修道士たちが自ら世話をしていたが、ほかの畑については小作人と契約していた。そのため、フランス革命のときまでには、多くの畑について所有権を失ってしまったのだ。実質上の所有者たちはそれでも、形ばかりの賃料だけは払っていたのだが。原産地呼称制度の施行ならびに特級畑、1級畑の格付けがなされてはじめて、エシェゾーは現在の広さになった。その際、エシェゾーの名前が慣例的に騙られることがあった、さまざまな周囲の小区画（リュー=ディ）がつけ加えられたのだ。反対がなかったわけではない。エティエンヌ・カミュゼとドメーヌ・モンジャール=ミュニュレは、1925年にほかの生産者グループを訴えている。両者は、レ・エシェゾー・デュ・ドゥスュの区画からできたワインにしか、エシェゾーの名前を使っていなかったからだ。しかし敗訴したのは原告だった。『シトー派大地図帳』(1718-30)では、修道士たちがプレレなど近隣の小区画（リュー=ディ）を、エシェゾーの一部とみなしていたことが確認できるが、現在含まれている小区画すべてではなかった。

40ha近い畑が均質でないのは明らかだ。エシェゾーの畑を構成するさまざまなテロワールのあいだには、明らかな差異がある。北部と南部の差もあるが、もっとも顕著なのは斜面上部と下部の差で、上部（オルヴォー、レ・ルージュ・デュ・バ）では硬い岩の上に薄い土壌が載っているのだが、下部では粘土が多く含まれる肥沃な土になっている。11の小区画（リュー=ディ）は以下の通り。

レ・ボー・モン・バ　Les Beaux Monts Bas　1.27ha　L：1級畑
この畑のほとんどは1級畑に格付けされているが、レ・ロアショスとレ・クリュオの上方にあるほんのわずかな土地は、この特級畑に含められている。

レ・シャン・トラヴェルサン　Les Champs Traversins　3.59ha　L：1級畑
斜面のやや上方にあって、泥灰岩と砂が混じった土壌のレ・シャン・トラヴェルサンからは、軽く繊細なスタイルのエシェゾーが生まれる。最大の所有者はビショ（クロ・フランタン）で、デュジャックが続く。ドメーヌ・カシュー、A.F. グロ、ラマルシュ、コント・リジェ=ベレールもわずかだが所有畑を持つ。

クロ・サン=ドニ　Clos St-Denis　1.80ha　L：2級畑
モレ=サン=ドニにある同じ名前の特級畑と混同してはならない。ただ、その名の由来が同じなのは明らかで、ともにかつては聖ドニの参事会の所有だったのである。南北の端を接している畑は、ヴォーヌ=ロマネ・レ・スショの下部とレ・トゥルーであり、つまり理想的な位置ではないということだ。所有者は、ドメーヌ・ラマルシュ、ジャイエ／ルジェ、DRC、フォレなどである。

レ・クリュオ／ヴィーニュ・ブランシュ　Les Cruots / Vignes Blanches　3.29ha　L：1級畑
2つの名前は、白亜が多く含まれていることを意味しており、この畑には以前白ブドウが植わっていた。表土は確かにとても痩せていて、小石が大量に含まれている。アンリ・ジャイエが、この区画のブドウを熱烈に愛していたことで知られる。ここからワインを造る生産者には、ドメーヌ・アルヌー、カシュー、グリヴォ、ラマルシュ、コント・リジェ=ベレール、ルジェ（以前はジャイエ）、シルーグなどがいる。

エシェゾー・デュ・ドゥスュ　Echézeaux du Dessus　3.55ha　L：1級畑
この特級畑の心臓部にあたる区画で、グラン・エシェゾーのすぐ上に位置し、レ・クリュオ、レ・ロアショスといったほかの優れた区画と同じぐらいの標高である。ここにブドウ樹を植えている幸運な生産者には、ロベール・アルヌー、ジャン=マルク・ミヨ、ジャイエ=ジル、モンジャール=ミュニュレ、ドメーヌ・デ・ペルドリ、セシル・トランブレなどがいる。

レ・ロアショス　Les Loächausses　2.49ha　L：1級畑
名前は「水はけの悪い土地」という意味で、特級畑に特別ふさわしいとは思えない。とはいえ、この区画は、ともに高く評価されるレ・エシェゾー・デュ・ドゥスュとレ・クリュオの畑にはさまれている。

エシェゾーの所有者一覧
（単位はha）

	Total holdings in ha	Echézeaux du Dessus	Les Rouges du Bas	Orveaux	Les Treux	Quartiers de Nuits	Les Cruots	Champs Traversins	Les Poulaillères	Clos St-Denis	Les Loachausses	Les Beaumonts
Domaine de la Romanée-Conti	4.67								4.25	0.43		
Mongeard-Mugneret	2.60	0.84	0.44		1.32							
Gros Frère & Sœur[1]	2.11	0.04					0.03				1.69	0.35
Emmanuel Rouget	1.43			0.63			0.33			0.45		
Coquard-Loison-Fleurot	1.40		0.94	0.24					0.17	0.05		
Domaine Lamarche	1.32						0.63	0.24		0.45		
Mugneret-Gibourg[2]	1.24		0.60			0.65						
Domaine des Perdrix	1.15	0.87				0.27						
Domaine Christian Clerget	1.10				1.10							
Jacques Cacheux	1.07			0.16			0.51	0.17	0.23			
Clos Frantin (Bichot)	1.00							1.00				
Jean-Marc Millot	0.97	0.60							0.20	0.16		
Joseph Faiveley	0.87				0.87							
Domaine Jean Grivot	0.85		0.05				0.80					
Anne Gros	0.85								0.09			0.76
Michel Noëllat	0.82	0.53			0.29							
Domaine Arnoux-Lachaux	0.82	0.47	0.14				0.21					
Jean-Yves Bizot	0.72			0.56	0.16							
Domaine Dujac	0.69						0.69					
Comte Liger-Belair	0.62						0.33	0.26		0.03		
Domaine d'Eugénie	0.55			0.55								
Jayer-Gilles	0.54	0.54										
Jadot	0.52		0.52									
David Duband	0.50		0.50									
Confuron-Cotetidot	0.48				0.45					0.03		
Joseph Drouhin	0.46				0.46							
Méo-Camuzet	0.44			0.44								
Dominique Mugneret	0.43			0.43								
Bocquenet	0.41		0.41									
Bouchard	0.39			0.39								
Coudray-Bizot	0.39			0.39								
Régis-Forey[3]	0.38					0.15	0.08			0.15		
Daniel Rion	0.34		0.34									
Naudin-Ferrand	0.34		0.34									
Philippe Charlopin	0.33			0.33								
Domaine Tardy	0.33						0.33					
Domaine Confuron-Gindre	0.30		0.15		0.15							
Domaine A-F Gros	0.26								0.26			
Dominique Laurent	0.26			0.26								
Gérard Julien	0.24				0.24							
Domaine Guyon	0.20			0.20								
Domaine François Gerbet	0.19				0.09	0.09						
Cécile Tremblay	0.18	0.18										
Felletig	0.12						0.12					
Georges Noëllat	0.12						0.12					
Robert Sirugue & Fils	0.12						0.12					

1）ベルナール・グロ（ドメーヌ・グロ・フレール・エ・スール）は、エシェゾーの一部をヴォーヌ＝ロマネ・プルミエ・クリュおよびACヴォーヌ＝ロマネに格下げしてワインにしている。現時点で、特級畑エシェゾーのワインを生産している面積は0.93haである。

2）ファブリス・ヴィゴとジェラール・ミュニュレによって生産されているワインはこの表に含めていないが、その分はドメーヌ・ミュニュレ＝ジブールとの分益耕作契約によってここでカウントされているからである。

3）レジ＝フォレは、カルティエ・ド・ニュイのわずかな所有畑を格下げしてACヴォーヌ＝ロマネのワインにしており、残りの0.3haからエシェゾーの特級畑ワインを生産している。

グロ家の人々がこの区画を所有している。

アン・オルヴォー　En Orveaux　5.03ha　L：1級畑
オルヴォーの下部は特級畑、残りはヴォーヌ＝ロマネの1級畑に格付けされている。岩の上に載っている表土がほとんどないため、骨格のしっかりしたミネラル風味に富むワインを生む。所有者は、ビゾ、クレルジェ、コカール、ドゥジェニ、フェヴレなど。

レ・プレレール　Les Poulaillères　5.21ha　L：1級畑
エシェゾーの畑の中では優れた立地のひとつとして広く認められており、グラン・エシェゾーのすぐ上に位置する。この区画のほとんどがドメーヌ・ド・ラ・ロマネ＝コンティの所有であることも、その評判の一因である。表土が薄いため、暑く雨の少ないヴィンテージには苦労するが、冷涼な年にはグラン・エシェゾーより早く熟するので都合がよいと、ドメーヌ・ド・ラ・ロマネ＝コンティのオベール・ド・ヴィレーヌは語っている。

レ・カルティエ・ド・ニュイ　Les Quartiers de Nuits　1.13ha　L：2級畑
エシェゾーの最下部にあり、土壌は比較的肥沃である。そのため、小区画カルティエ・ド・ニュイ（リューディ）の大半はACヴォーヌ＝ロマネで、北東の角だけが特級畑に格付けされている。両者から生まれるワインにはいくらか差があるのだが、何が原因なのかは判然としない。この畑でワインを造る生産者は、ジャック・カシュー、ミュニュレ＝ジブール、ドメーヌ・デ・ペルドリ、ファブリス・ヴィゴなど。

レ・ルージュ・デュ・バ　Les Rouges du Bas　4.00ha　L：1級畑
この小区画（リューディ）は、レ・エシェゾー・デュ・ドゥスュのすぐ上から斜面を登るように伸びており、レ・ボー・モンの1級畑部分と隣接している。土の下に横たわるのは分厚いプレモー石灰岩で、表土がほとんどない。そのため、エレガントでミネラル風味に富んだ、ミディアム・ボディのエシェゾーを生む。ドメーヌ・メオ＝カミュゼ、モンジャール＝ミュニュレ、ミュニュレ＝ジブール、ダニエル・リオンなどが、ここにブドウ樹を植えている。

レ・トゥルー　Les Treux　4.90ha　L：2級畑
ランドリュー＝リュシニは、「トゥルール（treul）」という言葉がブルゴーニュ方言でワイン用圧搾機を指すと述べている。特級畑の水準に満たないというのがほぼ全員の一致した見解だが、この畑にブドウを植えている生産者たちだけは意見を異にする。グラン・エシェゾーの南隣ではあるものの、隣人のような高貴さは備わっていない。土壌は比較的深く、水分含有量も多めである。ドメーヌ・ビゾ、コンフュロン＝ジャンドル、モンジャール＝ミュニュレ、ノエラ、ルジェなどがこの区画を所有している。

レ・グラン・エシェゾー　Les Grands Echézeaux
AC：レ・グラン・エシェゾー特級畑

L：特級畑　　R：特級畑　　JM：特級畑　　　　　　　　　　　　　　　　9.14ha

革命以前、この畑はレ・エシェゾー・デュ・バ（斜面下部のエシェゾー）と呼ばれていたが、19世紀初めにはグラン・エシェゾーという呼び名がより一般的になった。9ha強の面積があり、エシェゾー・デュ・オー（斜面上部のエシェゾー）よりも大きい。名前についた「グラン」の文字は、品質が高いことを意味しているわけではない。

非常にゆるやかな斜面で、傾斜は3〜4度を上回ることはなく、標高は260mである。東向きで、ル・ミュジニと同じバジョシアン階の石灰岩由来の下層土（斜面上部から流れてきたもの）の上に、やや厚く水はけのよい粘土の層が載っている。これは、エシェゾーのほかの畑には見られない特徴である。土壌のおかげで、グラン・エシェゾーのワインは近隣の畑

グラン・エシェゾーの所有者一覧

	ha
Domaine de la Romanée-Conti	3.53
Domaine Mongeard-Mugneret	1.44
Jean-Pierre Mugneret	0.90
Domaine Thenard	0.54
Domaine d'Eugénie（Domaine René Engel）	0.50
Henri de Villamont	0.50
Joseph Drouhin	0.48
Gros Frère & Sœur	0.37
Domaine Lamarche	0.30
Clos Frantin	0.25
Jean-Marc Millot	0.20
Robert Sirugue	0.13

のものと比べて口当たりがリッチで、ヴィンテージによる品質差も非常に少ない。もちろん、これは理論上そうだというに過ぎない。特定のヴィンテージ、特定のドメーヌで比べれば、エシェゾーのほうがグラン・エシェゾーよりも好みだったことも少なくない。フィリップ・アンジェルの手による、クロ・ド・ヴジョとグラン・エシェゾーを樽から試飲していた頃、勝敗は五分五分であった。

ヴォーヌ゠ロマネ1級畑　Vosne-Romanée Premiers Crus

レ・ボー・モン　Les Beaux Monts
ACs：ヴォーヌ゠ロマネ1級畑およびヴォーヌ゠ロマネ
L：1級畑　R：1級畑（下部）2級畑（上部）　JM：1級畑（下部は別格1級畑）　　　　　　　　11.39ha*

「Beaumonts」とも綴られるこの畑は、斜面上部にある3.59haのレ・ボー・モン・オー（涼しすぎるため、最高品質のワインとはおそらくいかないが、純粋で果実味がいくぶんか前に出たワインを造る畑）から始まって、斜面の下方にあるレ・スショとエシェゾーに接するところまで続く。この畑の下部、レ・ボー・モン・バ（7.8ha）は、ヴォーヌ゠ロマネとフラジェ゠エシェゾーの村境をまたぐようにしてあり、飛びぬけて優れたワインも生みだしている。

加えて、1.79haのACヴォーヌ゠ロマネの畑と、0.58haのフラジェ゠エシェゾー側にある小区画ボー・モン・オー・ルジョがある。この2つの区画は、場所が斜面の上方すぎて、表土が薄い上に風の影響も受けやすい。涼しすぎるため、1級畑に格付けされていないのだ。

かなりの数の腕利き生産者がこの畑にブドウを植えている。ベルターニャ、ブリュノ・クラヴリエ、JJコンフュロン、デュジャック、ジャン・グリヴォ、ユドロ゠ノエラ、ドメーヌ・ルロワ、ペロ゠ミノ、ダニエル・リオン、エマニュエル・ルジェなど。

＊このほかに同名の村名格の畑が2.37haある。

オー・ブリュレ　Aux Brûlées
AC：ヴォーヌ゠ロマネ1級畑
L：1級畑　R：1級畑　JM：別格1級畑　　　　　　　　　　　　　　　　　　　　　　　　4.53ha*

地図を一瞥すれば、オー・ブリュレの畑がコンクール゠エ゠コルボワンの村落まで続く細い道の両側にあるのがわかるだろう。この道は畑よりも少し低くなっている。つまり道沿いは両側とも斜面になっているということだ。とはいえ、実際のところ、南側の畑のほとんどは東向きで、その最上部が少し北向きになっているだけである。道をはさんだ反対側は、南側よりも低く平坦である。地図だけを見ると南側よりも方位の面で勝っているように思われるが、実際はそうでもないようだ。

畑名は、ブドウが非常によく熟する（日焼けしてしまうことすら）ことを暗示しており、確かにこの畑から生まれるのは非常に濃厚で豊潤なヴォーヌ゠ロマネである。所有面積が一番大きいのは、ドメーヌ・ドゥジェニ（かつてのアンジェル）とメオ゠カミュゼである。ほかの優良生産者に、グリヴォ、ルロワ、ブリュノ・クラヴリエなど。

＊0.76haのコンブ・ブリュレを含む。

レ・ショーム　Les Chaumes
AC：ヴォーヌ゠ロマネ1級畑
L：2級畑　R：3級畑　JM：1級畑　　　　　　　　　　　　　　　　　　　　　　　　　　6.46ha

レ・ショームはラ・ターシュのすぐ下方を南に向けて広がっている畑で、ニュイ゠サン゠ジョルジュとの村境に接している。エティエンヌ・カミュゼがショームを1級畑に含めるように強く推したのだが、この畑は他の1級畑よりも標高が低く（クロ・デ・レアとクロワ・ラモーは例外だが）、したがって土壌中の粘土含有量が少し多くなり、フィネスにやや欠ける代わりにボディがある。かつては、畑の最下部と道とのあいだに溝があったのだが、ほとんどの生産者は土で埋めてブドウを植えている。ただ、ルイ゠ミシェル・リジェ゠ベレールについては、埋め立てがなされた時代の祖先があまりに吝嗇（りんしょく）だったため、隣人に倣（なら）わなかった。これ幸いと言うべきだろう。

主要生産者は、ドメーヌ・アルヌー、ラマルシェ、リジェ゠ベレール、メオ゠カミュゼ、ダニエル・リオン。

クロ・デ・レア　Clos des Réas
AC：ヴォーヌ=ロマネ1級畑
L：2級畑　　R：2級畑　　JM：1級畑　　　　　　　　　　　　　　　　　　　　　2.12ha

クロ・デ・レアは、レ・ショームの下にある三角形の畑で、地図を見るとヴォーヌ=ロマネの1級畑の中で一番低い位置にあることがわかる。ブドウの成熟が非常に早い場所で、石垣に囲まれていること、宅地が近いことがその理由の一端である。いくぶんか凸状にまんなかが膨らんでいるため、全方向に向けて真ん中から傾斜しており、水はけが非常にいい。ワインは一頭地を抜くエレガントかつ柔らか、しなやかなもので、長期の熟成にも耐える。

最近の研究によって、下層土が載っている岩が、漸新世のピンクがかった色の泥灰岩（マルヌ・ソーモン）であって、かつて考えられていたバジョシアン階の貝殻堆積泥土ではないことがわかった。硬い石灰岩ではなく、泥灰岩が地中にあることが、このワインの気品やエレガンスの原因かもしれない。

オー・レアの畑の残りの部分は村名ワインに格付けされており、クロ・デ・レアとのあいだにははっきりとした差がある。村名畑はクロ・デ・レアよりも数フィート低くなっていて、斜面下部の宅地部分につながっているのだ。クロ・デ・レアが、1860年以降見事な腕前をもつグロ家の所有であることも、その名声の助けとなっている。現在、この畑からワインを造っているのはドメーヌ・ミシェル・グロである。「レア（Réas）」の最後につく「s」の文字は発音されない。

ラ・クロワ・ラモー　La Croix Rameau
AC：ヴォーヌ=ロマネ1級畑
L：記載なし　R：2級畑　　JM：1級畑　　　　　　　　　　　　　　　　　　　　　0.60ha

ロマネ・サン=ヴィヴァンの下部に、周囲を囲まれるようにしてある畑である。1930年にこの畑を所有していた3名のうち2人は特級畑の地位を求めたが、残りひとりが同意しなかった。1980年代に格上げの試みがなされたが、あと一歩のところで認められていない。同じ村の生産者たちによる反対が強かったためである。畑名は、この区画を以前所有していた栽培家にちなむ。現在は、ドメーヌ・ラマルシュ、クドレ=ビゾ、カシューが分割所有している。

クロ・パラントゥー　Cros Parantoux
AC：ヴォーヌ=ロマネ1級畑
L：3級畑　　R：2級畑　　JM：別格1級畑　　　　　　　　　　　　　　　　　　　1.01ha

今日では、愛好家にもっとも人気のある畑のひとつになっている。伝説のアンリ・ジャイエが、フィロキセラ禍のあと休耕地になっていたこの土地に、第二次大戦中、再びブドウを植えたからである。「骨折りが報われない畑だよ。ブドウを植え替えるための穴を土に開けるのに、爆薬を使わなきゃならんのだから」と、アンリ・ジャイエはジャッキー・リゴーに語っている。ジャイエはまた、エティエンヌ・カミュゼが戦争中、キクイモをここで栽培していたとも述べた。現在は、エマニュエル・ルジェが畑の三分の二を、残りをドメーヌ・メオ=カミュゼが所有している。

名前の「Cros（クロ）」の部分は、石灰質を意味する「crais（クレ）」の語が訛ったものか（ジャン=ニコラ・メオの説）、地面の窪みを意味する「creux（クルー）」が訛ったものらしい（後者はエマニュエル・ルジェの説。ただし、その窪みはルジェの所有区画にはないのだという）。パラントゥーはおそらく、この土地の以前の所有者の名前であろう。

クロ・パラントゥーから生まれるワインには魅力的なミネラル風味があり、レ・ブリュレとはまったく似ていない。若いうちは厳めしいが、長期間にわたって美しく熟成していく。

レ・ゴディショ　Les Gaudichots
ACs：ヴォーヌ＝ロマネ1級畑およびヴォーヌ＝ロマネ
L：1級畑　R：1級畑　JM：別格1級畑　　　　　　　　　　　　　　　　　　　　1.03ha

地図を見ると、ゴディショは3つに分かれていることがわかる。ラ・ターシュの最上部に接する三角帽のような区画、ラ・ターシュの最下部に含まれる小さな区画（小さすぎて地図上には示されていない）、そしてラ・ターシュの南端と接する細長い区画である（最後の区画については、現在マルコンソールの名を冠したワインになっている）。どの地図にも載っていないのだが、公式発表数字ではこのほかに5アール分の村名畑があることになっている。村名格以外のゴディショの畑は、その所有者たちが村名畑を買った1933年に、大半が特級畑ラ・ターシュに組み入れられた。私が飲んだことのあるゴディショのワインは、レジ・フォレのものと、2006年までだがニコラ・ポテルのものだけである。

オー・マルコンソール　Aux Malconsorts
AC：ヴォーヌ＝ロマネ1級畑
L：1級畑　R：1級畑　JM：別格1級畑　　　　　　　　　　　　　　　　　　　　5.86ha

オー・マルコンソールはもともと灌木の植わる土地で、ブドウ樹が植えられたのは1610年のこと、コート・ドールのこのあたりでは遅めの時期になる。とはいえ、この畑は卓越したものであり、シャンボール＝ミュジニ・レ・ザムルーズ、ジュヴレ＝シャンベルタン・クロ・サン＝ジャックと並んで、私の1級畑三傑に入っている。

マルコンソールの中心区画はほぼ長方形の形をしており、加えて北端にラ・ターシュから突き出ているように見える細長い区画が2つある。この小さな区画2つのうち、斜面上部のほうは、正しくはゴディショと呼ばれるべきなのだが、記憶の限りでは常にマルコンソールの名でワインになっている。斜面下部のほうは、エティエンヌ・ド・モンティーユが醸造・瓶詰めしている。このワインは、エティエンヌ・ド・モンティーユが所有するマルコンソールの別区画のブドウとは分けて仕込まれており、母を讃えるためにクリスティアンと名づけられている。

現在の最大所有者はアルベール・ビショ（1.76ha）で、トマ・モワラールから畑を買った2人の造り手であるド・モンティーユ、デュジャックが続く。そしてカティアール、ラマルシュ、ユドロ＝ノエラ。ブシャール・ペール・エ・フィスとニコラ・ポテルも、この畑から少量のワインを生産している。

オー＝ドゥシュ・デ・マルコンソール　Au-Dessus des Malconsorts
AC：ヴォーヌ＝ロマネ1級畑
L：記載なし　R：2級畑　JM：1級畑　　　　　　　　　　　　　　　　　　　　1.08ha

その名の通り、マルコンソールのすぐ上方にある小さな畑である。ワインはマルコンソールよりも少しばかり軽く、マルコンソールにみられる崇高な口あたりや風味の深みもない。主要生産者はドミニク・ミュニュレとジル・ルモリケ。

アン・オルヴォー　En Orveaux
AC：ヴォーヌ＝ロマネ1級畑
L：1級畑　R：1級畑　JM：1級畑　　　　　　　　　　　　　　　　　　　　　　1.79ha

エシェゾーの上方にある畑。オルヴォーという名前で知られるひとまとまりの畑の大半は、特級畑エシェゾーの一部となっている。アン・オルヴォーの畑で生まれるワインは、きめ細かく香り高い、ヴォーヌ＝ロマネの斜面上部に典型的なスタイルである。ドメーヌ・モンジャール＝ミュニュレが最大所有者で、シルヴァン・カティアールも非常によいワインを造っている。

レ・プティ・モン　Les Petits Monts
AC：ヴォーヌ゠ロマネ1級畑
L：3級畑　　R：1級畑　　JM：別格1級畑　　　　　　　　　　　　　　　　　　　　　3.67ha

この「小さな山」という名の畑は、リシュブールから斜面上方すぐにあり、リシュブールを少し軽くしたようなワインを生む。ヴェロニク・ドルーアン、レジ・フォレ、ティボー・リジェ゠ベレール、モンジャール゠ミュニュレ、シルグといった生産者のワインは、実に美しいことがある。

オー・レニョ　Aux Reignots
AC：ヴォーヌ゠ロマネ1級畑
L：2級畑　　R：1級畑　　JM：1級畑　　　　　　　　　　　　　　　　　　　　　　1.62ha

「Raignots」と綴られることもあるオー・レニョの畑は、ラ・ロマネのすぐ上方に位置し、広さは1.62haである。ダル・ド・コンブランシアンと呼ばれる非常に硬い石灰岩の上に載っている表土は、たいへんに薄い（10〜40cm）。

1968年に植え替えをする際、ジュスト・リジェ゠ベレール司祭は、岩を砕くために14,000本のダイナマイトを購入し、ブドウの根が伸びられるようにした。活性度の高い石灰が多く含まれていることから、ブドウ樹はクロロシス病にかかりやすいが、ワインの品質は飛びぬけている。

このワインを瓶詰めする生産者にはドメーヌ・アルヌー゠ラショー、シルヴァン・カティアール、所有区画がごく小さいために1樽を仕込むのがやっとのグリヴォなどがいる。

レ・ルージュ　Les Rouges
ACs：ヴォーヌ゠ロマネ1級畑およびヴォーヌ゠ロマネ
L：記載なし　　R：2級畑　　JM：1級畑　　　　　　　　　　　　　　　　　　　　　2.62ha

レ・ルージュの畑の最下部は、エシェゾーの一部となっている。上部のほとんどは1級畑だが、村名ワインにしかなれない小さな区画もあって、そこではオルヴォー小渓谷へと斜面が北に向きを変えているからである。ドメーヌ・グリヴォ、セシル・トランブレがわずかな面積を所有している。セシル曰く、この畑のブドウは、彼女のエシェゾー（200mと離れていないが、斜面下方にある）と比べて、熟するのが2週間遅いという。土壌にはごく小さな石が多量に含まれていて、セシルによればウサギに占拠されているらしい。

レ・スショ　Les Suchots
AC：ヴォーヌ゠ロマネ1級畑
L：1級畑　　R：1級畑　　JM：別格1級畑　　　　　　　　　　　　　　　　　　　　13.08ha

このゆるやかな斜面の畑は、南側に隣接するリシュブールとロマネ・サン゠ヴィヴァン、北側のエシェゾーと比べて少し低くなっている。これが、スショが特級畑ではなく、1級畑に格付けされている理由である。それでも卓越したワイン（カティアール、アルヌー、グリヴォほか）を生むのだが、インパクト抜群の代物にはならない。

よくできたスショは、偉大なヴォーヌ゠ロマネがもつ幽玄なる芳香を放つが、口に含んだあともそれが続くかと思いきや、消え去ってしまう。しかし、香りは死んでしまったわけではない。なんだかだまされたようだと言いかけたまさにそのとき、かすかな風味が口の中にとどまっていることに気づき、うっとりとしてしまうだろう。

優れたスショを造るのは、ドメーヌ・ド・ラルロ、ロベール・アルヌー、シルヴァン・カティアール、コンフュロン゠コティド、ドメーヌ・グリヴォ、ドメーヌ・ユドロ゠ノエラ、ドメーヌ・ラマルシュ、ジャン゠マルク・ミロ、ジェラール・ミュニュレ、ドメーヌ・プリューレ゠ロックである。

村名格ヴォーヌ=ロマネ　Village vineyards: appellation Vosne-Romanée

レ・バロー　Les Barreaux　　　　　　　　　　　　　　　　　　　　　　　　　4.73ha

リシュブールとクロ・パラントゥーの上方にある畑だが、北東を向いている。とはいえ、ブドウは熟するし、いつもしっかりした酸を保つことができる、またカビ病の問題が起きたこともないとはアンヌ・グロの弁。この畑単独でワインにしている生産者の中で、もっとも有名なのが彼女である。レ・バローの表土には鉄とマグネシウムが豊富に含まれていて、下層土はピンクがかった色の大理石である。土壌のpHが低いため、濃い色のワインができる。アンリ・ジャイエのACヴォーヌ=ロマネのワインには、バローの果実が含まれていた。今日、そのブドウはメオ=カミュゼの村名ワインの背骨となっている。

オー・ボー・モン　Hauts Beaux Monts　　　　　　　　　　　　　　　　　　　1.79ha

ボー・モンのブドウ畑の最上部にある区画で、斜面上の位置が高すぎて1級畑として認められなかった。しかし、方位は良く南を向いている。ブリュノ・クラヴリエは、灌木の植わっていた場所に再度ブドウを植え、単独でワインにしている。

ボシエール　Bossières　　　　　　　　　　　　　　　　　　　　　　　　　　1.80ha

エティエンヌ・グリヴォ宅のテラスからは、レ・ボシエールの畑が望める。グリヴォは、この畑に備わる軽く気品のある雰囲気が好きなので、単独で少量のキュヴェに仕立てている。とはいえ、複数の畑をブレンドした定番のACヴォーヌ=ロマネと比べると、早飲みのワインである。

レ・シャランダン　Les Chalandins　　　　　　　　　　　　　　　　　　　　7.54ha

レ・シャランダンは、ヴォーヌ=ロマネとフラジェ=エシェゾーの境界線をまたぐやや大きめの畑だが、幹線道路のすぐ上方という低い位置にある。この畑からワインを造る生産者として、ジャック・カシュー、ラファエル・デュボワがいる。

オー・シャン・ペルドリ　Aux Champs Perdrix　　　　　　　　　　　　　　　4.01ha

「ヤマウズラの野辺」という意味で、同じ名を持つ畑はブルゴーニュに無数にある。こちらは、ラ・ターシュとラ・グランド・リュ上方にあって、地面には石が多い。ドメーヌ・ペロ=ミノの所有区画は樹齢が高い。

クロ・デュ・シャトー　Clos du Château

コント・リジェ=ベレールの単独所有畑である。地図上では、村落（Le Village）と示されている場所の一部を占めている。ルイ=ミシェル子爵は、自分の蔵のコロンビエールと比べて、この畑のほうがよりエレガントで洗練されたワインになると考えており、その一因は土壌の下にピンク色がかった泥灰岩があるからだという。．

ラ・コロンビエール　La Colombière　　　　　　　　　　　　　　　　　　　3.80ha

ドメーヌ・アンヌ・グロはラ・コロンビエールの裏手にあって、アンヌはシャレー風の家にその名をつけている。かなり平坦で、土には粘土が多いため、やや強健なヴォーヌ=ロマネのワインとなり、最高の畑のワインがもつフィネスを欠く。ドメーヌ・コント・リジェ=ベレールのワインは、古木から造られている。

コンブ・ブリュレ　Combe Brûlée　　　　　　　　　　　　　　　　　　　　0.77ha

レ・ブリュレのすぐ上方にある小さな畑で、脇にはコンクール・エ・コルボワンへと続く道が走っている。小渓谷と周りを囲むモミの木のために涼しい場所であり、石灰岩の中に卵型をしたおもしろい化石が見つかる。ブリュノ・クラヴリエが最大所有者である。

オー・コミューン　Aux Communes　　　　　　　　　　　　　　　　　　　　　　　6.11ha

村落内にあるマリー広場から、斜面下方を走る幹線道路へと走る細い道の両側にある、2つの細長い畑がオー・コミューンである。何人かの造り手がACヴォーヌ＝ロマネのブレンドワインにこの畑のブドウを使っているが、単独で瓶詰めされたものは記憶にない。

ラ・クロワ・ブランシュ　La Croix Blanche　　　　　　　　　　　　　　　　　　3.92ha

村の南端、幹線道路脇の畑である。ダニエル・ボクネがこの畑のワインを単独で瓶詰めしている。

レ・ダモード　Les Damaudes　　　　　　　　　　　　　　　　　　　　　　　　2.57ha

ニュイ＝サン＝ジョルジュ・レ・ダモド（Damodes）とひと続きになっている畑で、ドメーヌ・フジュレ・ド・ボークレールは畑名の真ん中にある「au」を「o」で綴っている。斜面上の位置が高すぎて、1級畑の品質には達さない。

ラ・フォンテーヌ・ド・ヴォーヌ　La Fontaine de Vosne　　　　　　　　　　　　0.65ha

クロ・ド・ラ・フォンテーヌは、アンヌ＝フランソワーズ・グロの単独所有畑である。ラ・フォンテーヌ・ド・ヴォーヌ内の小さな区画にブドウを植えたのだが、この畑はそもそも川の水源に近すぎて、ブドウ畑には向かないと考えられていた土地だった。

オー・ジュネヴリエール　Aux Genaivrières　　　　　　　　　　　　　　　　　　2.04ha

この畑でワインを造る生産者の中ではドメーヌ・ルロワがもっとも有名である。畑は幹線道路とクロ・デ・レアにはさまれており、ルロワの本社に近い。

オー・ジャシェ　Aux Jachées　　　　　　　　　　　　　　　　　　　　　　　　1.33ha

村落の中心のすぐ下にあるオー・ジャシェは、この畑の半分以上を所有するジャン＝イヴ・ビゾだけが単独でワインにしている。土壌中の砂利の量にばらつきがあることから、畑内のテロワールが一定ではないと考えられる。

レ・ジャキーヌ　Les Jacquines　　　　　　　　　　　　　　　　　　　　　　　3.50ha

ニュイ＝サン＝ジョルジュ・ラヴィエールの下方、オー・レアの隣にある畑だが、標高の低い土地で、フォンテーヌ・ド・ヴォーヌの泉にも近い。ペロ＝ミノとデュフルール・フレールがこの畑のワインを仕込んでいる。

バス・メジエール　Basses Maizières　　　　　　　　　　　　　　　　　　　　4.96ha

フィリップ・アンジェルはメジエールのワインを単独で仕込むことを考えていたが、結局できずじまいであった。しかし、アンヌ＝フランソワーズ・グロはそうしている。

オート・メジエール　Hautes Maizières　　　　　　　　　　　　　　　　　　　3.79ha

メジエールの上部は墓地の裏にあって、1級畑レ・スショのすぐ下方に位置する。ウミユリ石灰岩の上に載る表土は分厚い。ブリュノ・クラヴリエ、ロベール・アルヌー、プリューレ＝ロックがこの畑のワインを単独で瓶詰めしている。

ミュライユ・デュ・クロ　Murailles du Clos　　　　　　　　　　　　　　　　　1.99ha

ポルト・フイユの名でも知られており、畑を囲む石垣が、隣接するクロ・ド・ヴジョの南の境界線となっている。

オー・ゾルム　Aux Ormes　　　　　　　　　　　　　　　　　　　　4.63ha
デヴィッド・クラークは2008年に、幹線道路と接するこの畑内に小さな土地を買った。

オー・ラヴィオル　Aux Ravioles　　　　　　　　　　　　　　　　　5.56ha
ニュイ＝サン＝ジョルジュ・ラヴィエールのすぐ下方にあるオー・ラヴィオルは、ジャック・カシューが単独でワインにしているほか、グリヴォのACヴォーヌ＝ロマネの一部になっている。

オー・レア　Aux Réas　　　　　　　　　　　　　　　　　　　　　9.78ha
隣接する1級畑クロ・デ・レアと混同してはならないが、村名格のワインも、ブドウ樹の植わっている位置によっては高い品質である。クロ・デ・レアの隣にある台地（若干低い）からこの畑は始まって、まだ新しい川とレ・ジャキーヌの畑（ニュイ＝サン＝ジョルジュ・バ・ド・コンブの下方に位置）へ向けて急な下り坂になっている。オー・レアのワインを単独で瓶詰めしているのは、A.F. グロ、ジャック・カシュー、ティボー・リジェ＝ベレール、ドメーヌ・ビゾである。

ヴィニュー　Vigneux　　　　　　　　　　　　　　　　　　　　　2.63ha
アンリ・ジャイエのACヴォーヌ＝ロマネは、この畑と幹線道路の沿いの低地にあるレ・ソール、斜面最上部にあるレ・バローのブドウをブレンドしていた。ドメーヌ・ジャン・タルディだけが、ヴィニューの名を冠したワインを生産している。

ヴィラージュ　Village　　　　　　　　　　　　　　　　　　　　2.80ha
村落のすぐ近くにあるさまざまな区画がこの名でよばれている。とはいえ、ドメーヌ・プリューレ＝ロックのクロ・ゴワイヨット、シャトー・ド・ヴォーヌ＝ロマネ（リジェ＝ベレール）のクロ・デュ・シャトー、ドメーヌ・ドゥジェニのクロ・ドゥジェニといった畑が含まれている。

レ・ヴィオレット　Les Violettes　　　　　　　　　　　　　　　　1.36ha
クリスティアン・クレルジェがワインにしているこの畑は、特級畑クロ・ド・ヴジョに隣接していて、上方にはレ・カルティエ・ド・ニュイ、下方にはミュライユ・デュ・クロがある。

そのほかの村名格の畑
以下の畑が、その名を冠したワインになることはめったにない。

オー＝ドゥスュ・ド・ラ・リヴィエール	Au-dessus de la Rivière	4.27ha
ボー・モン・オー・ルジョ	Beaux Monts Hauts Rougeots	0.59ha
レ・ルージュ・デュ・ドゥスュ	Les Rouges du Dessus	0.89ha
レ・カルティエ・ド・ニュイ	Les Quartiers de Nuits	1.59ha
デリエール・ル・フール	Derrière le Four	0.69ha （現在ブドウ生産はない模様）
シャン・グーダン	Champs Goudins	2.33ha
ル・プレ・ド・ラ・フォリ	Le Pré de la Folie	3.81ha
オー・ソール	Aux Saules	2.19ha
ラ・モンターニュ	La Montagne	0.29ha

主要生産者

ドメーヌ・アルヌー゠ラショー　Domaine Arnoux-Lachaux

故ロベール・アルヌーの娘婿であるパスカル・ラショーが今日、この重要なドメーヌを運営しながら、自分の名前でネゴシアン・キュヴェの生産もおこなっている。色が濃く、オーク風味に富み、凝縮した果実味のやや現代的で優れたワインを、この蔵では生産している。傷ついた果実や未熟果は、収穫前にブドウ樹から落とされる。除梗ののち発酵に進むが、種を傷つけないようにピジャージュではなく、ルモンタージュとデレスタージュで抽出する。新樽比率は村名ワインで35％、1級畑は50〜60％、トップキュヴェは100％である。パスカルはまた、ドゥミ゠ミュイの新樽を実験的に使っている。小樽と比べるとワインの体積に対してオークの表面積が小さくなるが、樽板は厚い（小樽が2.7cmなのに対して4.5cm）。樽板が厚いと、酸素の透過がゆっくりになる。

ドメーヌ・アルヌー゠ラショーの所有畑	
	ha
Romaneé St-Vivant Grand Cru	0.35
Echézeaux Grand Cru	0.80
Clos de Vougeot Grand Cru	0.45
Latricières-Chambertin Grand Cru	0.53
Vosne-Romanée 1er Cru Les Suchots	0.43
Vosne-Romanée 1er Cru Aux Reignots	0.20
Vosne-Romanée 1er Cru Chaumes	0.74
Nuits-St-Georges 1er Cru Les Procès	0.70
Nuits-St-Georges 1er Cru Corvées Pagets	0.55
Chambolle-Musigny	1.62
Vosne-Romanée Haut Maizières	0.60
Vosne-Romanée	1.60
Nuits-St-Georges Poisets	0.57
Nuits-St-Georges	1.42

ロマネ・サン゠ヴィヴァン　特級　この畑の南端にアルヌーの小さな区画はあり、カティアールの隣である。アルヌーが区画を買えたのは1984年だが、1928年以来ずっと分益耕作人として同じ畑の世話をしてきていた。ヴォーヌ゠ロマネらしくすばらしいみずみずしさを備えたワインで、瓶熟成を経ると風味の層がさらに増す。

ヴォーヌ゠ロマネ1級 レ・スショ　このワインは、セラーでの試飲の際、クロ・ド・ヴジョとエシェゾーのあと、ロマネ・サン゠ヴィヴァンの前に供された。そこにはパスカル・ラショーが自分のワインをどう見ているのかが見てとれる。純粋だが強靭かつスタイリッシュなワインで、造り手の流儀がこの畑のずば抜けたエレガンスと巧みに手を組んでいる。

ジャン゠イヴ・ビゾ　Jean-Yves Bizot

ビゾの祖父は、医者として働きながら、ヴォーヌ゠ロマネの村に2.5haの小さなドメーヌを築きあげた。息子も医者になったが、ブドウ畑は手放さなかった。そして1994年、地質学者であったジャン゠イヴが、専業のワイン生産者としてドメーヌを引き継ぐ。2007年には、コート・ドールの北端に、1haの畑が追加されている。

ジャン゠イヴ・ビゾの所有畑	
	ha
Echézeaux Grand Cru	0.60
Vosne-Romanée 1er Cru Combe d'Orveau	0.08
Vosne-Romanée（3つのキュヴェ）	1.70
Marsannay Clos du Roi	0.35
Bourgogne Chapitre	0.45

ブドウは除梗せずに発酵タンクへ送られる。数日置いたあと、果皮を破り発酵を開始するためにピジャージュをおこなう。熟成は、ルソー社製の新樽100％でおこない、亜硫酸の添加量は最小限度。瓶詰めは樽ごとにおこない、事前にすべての樽の中身がブレンドされることはない。ACヴォーヌ゠ロマネのキュヴェが3種類あり、通常のもの、ヴィエイユ・ヴィーニュ、レ・ジャシェである。軽いタイプだが、質は高い。

ドメーヌ・シルヴァン・カティアール・エ・フィス　Domaine Sylvain Cathiard & Fils

シルヴァン・カティアールの祖父は、サヴォワ地方の捨て子として生を受ける。ブルゴーニュにやってきて、DRCとラマルシュで働いたあと、どうにか自分で畑を数区画買うことができた。シルヴァンの父アンドレが、収穫物の一部を元詰めするようになる。やがて、シルヴァンも父と働くようになったが、その後独立して小さなドメーヌを持った。収入が足りなかったので、トマ゠モワラールの畑の一部を世話して補い、これは2005年にトマ゠モワラールの畑が売られてしまうまで続い

た。そのあいだの1995年、父の引退に伴い、シルヴァンは一家の畑を賃貸契約で引き継ぐことになる。今ではシルヴァンの息子セバスチャンが手伝いをしており、広々とした新しいセラーも建設中である。ニュイ＝サン＝ジョルジュ・オー・トレの畑が、2006年からラインナップに加わった。

あれこれ複雑なことをしているドメーヌではない。ブドウ樹はきわめて丁寧に世話されている。果実は選果台を通ったあと、除梗される。発酵のあとワインは樽に移され、新樽比率は村名ワインで50％、1級畑以上のワインでは100％である。レモン社製の樽がほとんどだが、オークの原産地は複数の森にわたっている。ワインは若いうち、飛びぬけたエネルギーと果実味の純粋さを備える。

ドメーヌ・シルヴァン・カティアール・エ・フィスの所有畑

	ha
Romanée St-Vivant Grand Cru	0.17
Vosne-Romanée 1er Cru Aux Malconsorts	0.74
Vosne-Romanée 1er Cru Les Suchots	0.16
Vosne-Romanée 1er Cru En Orveaux	0.29
Vosne-Romanée 1er Cru Aux Reignots	0.24
Nuits-St-Georges 1er Cru Aux Murgers	0.48
Nuits-St-Georges 1er Cru Aux Thorey	0.43
Chambolle-Musigny Clos de l'Orme	0.43
Vosne-Romanée	0.80
Nuits-St-Georges	0.13

ヴォーヌ＝ロマネ1級 オー・マルコンソール　格付け上はロマネ・サン＝ヴィヴァンのほうが上だが、実質的にはこのワインがドメーヌの旗艦銘柄である。記憶に残る愛らしいワインで、風味の深さはカティアールのほかの1級畑には見られない。すばらしい持続性がある。

ニュイ＝サン＝ジョルジュ1級 オー・ミュルジェ　樹齢65年以上の古木にはいつもたいへんに小さな果粒がつき、その結果はカティアールのレ・ミュルジェにおいて風味の濃厚さとしてあらわれている。ヴォーヌ＝ロマネにそう遠くない個性をもったワインだと思うかもしれないが、ニュイ＝サン＝ジョルジュらしいしっかりとしたボディもある。

ドメーヌ・ブリュノ・クラヴリエ　Domaine Bruno Clavelier

才能あるラグビー選手だったブリュノ・クラヴリエは、1980年代後半に、母方の祖父ジョゼフ・ブロッソンの跡を継ぐ。ワインをすべて元詰めすることにした際に、ワイナリーの建物とセラーを拡張した。母方の家から畑は借りており、現在はビオディナミで耕作、有機農法の認証も得ている。

過度の人為的介入を避けることを除けば、醸造手順に決まったルールはない。ブドウはまず収穫人が畑で選別し、そのあと選果台も使う。ほとんど除梗されるが、ヴィンテージや畑によっては5～20％の全房が用いられる。仕込みは人為的な抽出というよりも自然に成分が浸み出してくる感じで、ピジャージュはおこなわずルモンタージュも控えめである。

ドメーヌ・ブリュノ・クラヴリエの所有畑

	ha
Corton Rognets Grand Cru	0.34
Gevrey-Chambertin 1er Cru Les Corbeaux	0.22
Chambolle-Musigny 1er Cru La Combe d'Orveau	0.82
Chambolle-Musigny 1er Cru Les Noirots	0.15
Vosne-Romanée 1er Cru Aux Brûlées	0.30
Vosne-Romanée 1er Cru Les Beaux Monts	0.50
Nuits-St-Georges 1er Cru Les Cras	0.25
Vosne-Romanée La Montagne	0.35
Vosne-Romanée La Combe Brûlée	0.52
Vosne-Romanée Les Hauts de Beaux Monts	0.37
Vosne-Romanée Les Hautes Maizières	0.49

熟成時に使われる新樽の比率も抑えている。村名ワインで15～20％、1級畑で25～33％。仕込みと同じく熟成にあたっても、クラヴリエは生産者の癖が残るのを喜ばない。畑の地質を熱心に研究しているから、それぞれのワインがテロワールを反映したものになってほしいのだ。

シャンボール＝ミュジニ1級 ラ・コンブ・ドルヴォー　この畑は特級畑に格付けされていてもよかったというブリュノの意見がどうあれ、ワインは確かに目を見張るできばえで、若干の厳めしさはあるものの、ミュジニの崇高な美点の多くを備えている。香りのかぐわしさは最高である。

ヴォーヌ＝ロマネ1級 レ・ボー・モン　樹齢55年の古木である。斜面上方の位置から予想できないほど粘土が多いため、口中で果実の重みが感じられ、斜面上部に特徴的なミネラル風味と相まって、非常に上質で完成度の高いヴォーヌ＝ロマネとなっている。

ヴォーヌ＝ロマネ ラ・コンブ・ブリュレ　1級畑レ・ブリュレのすぐ上方にある渓谷の出口内部に、こ

の畑は位置している。冷涼な土地であり、色の明るいワインができる。とはいえ、1920年代後半に植えられた古木からは、予想を超える風味の凝縮感が生まれている。

コンフュロン一族　The Confuron family

この一族には、主な分家が2つある。ジャン・コンフュロン（1904-1965）は、プレモー村出身の少女と結婚し、どこかへ行ってしまった。ドメーヌはその息子、ジャン゠ジャック（1929-1983）の名前で存続し、ジャン゠ジャックはアンドレ・ノエラと結婚した。今日ドメーヌは、ジャン゠ジャックの娘ソフィと、その婿であるアラン・ムニエによって切り盛りされている。もうひとりの子供である息子クリスチャンは、ヴジョ村にドメーヌを興し、現在はその息子の代になっている。

もう片方の分家はジョゼフ・コンフュロン（1907年生まれ）に端を発している。ジョゼフは、アンリ・ジャイエの従兄妹であるシモーヌ・ジャイエと結婚した。2人にはセルジュ、ジェラール、ジャックという3人の息子が生まれ、ジャックはベルナデット・コトティドと結婚した。3軒とも、現在は次世代が担っている。すなわちフランソワ・コンフュロン゠ジャンドル、パスカル・コンフュロン、そしてドメーヌ・コンフュロン゠コトティドをとり仕切るイヴとジャン゠ピエールのコンフュロン兄弟である。

ドメーヌ・ルネ・アンジェル　Domaine René Engel

フィリップ・アンジェルは、父ピエールが1981年に若くしてこの世を去ったのち、ドメーヌを引き継いだ。その後の数年は、伝説的に有名な祖父ルネ・アンジェルから助言を受けられたのだが、ときおりワインをいじくりまわしすぎるため、セラーから追い出される羽目となった。きめ細かでエレガントなワインであり、若いうちから親しみやすいので若飲みかと思いきや、長年の熟成にも耐える。おそらく、フィリップの全盛期は1992年、1993年あたりで、その頃までには己のスタイルをしっかりと確立し、ドメーヌをエネルギーと情熱をもって切り盛りするようになっていた。

5種類のワインが造られていて、まず合計2.5haとなる数多くの区画からできるACヴォーヌ゠ロマネ。古木のブドウを使った1級畑のレ・ブリュレ（1.05ha）は、一番若い樹でも1955年のものである。1955年、ルネとピエールのアンジェル親子は、それぞれ畝の両端から真ん中へ向けて植えていったのだが、二人の採用した植樹間隔が異なっていたため、まんなかで出会ったときに畝がうまくつながらなかった。このほかに3つの特級畑、エシェゾー（0.55ha）、クロ・ド・ヴジョ（1.37ha）、グラン・エシェゾー（0.5ha）がある。

クロ・ド・ヴジョとグラン・エシェゾーのどちらがもっとも優れたワインになるかは、年によって変わるようである。たいていは両方とも傑出したワインであり、はっきりとエシェゾーには勝っている。クロ・ド・ヴジョは単一区画から仕込まれており、例のシャトーのすぐ南、斜面上方から中腹にかけてのよい場所にある。しかしながら、フィリップ・アンジェルの早すぎる死によって、ドメーヌは売却されてしまった。

ドメーヌ・ドゥジェニ　Domaine d'Eugénie

2005年5月、フィリップ・アンジェルの悲劇的に早い死のあと、一家は蔵を売ることにした。最高値をつけたのはボルドー地方シャトー・ラトゥールの所有者フランソワ・ピノーで、右腕のフレデリック・アンジェレは長年ブルゴーニュへの情熱を温めていた。2005年の収穫物はすでにバルクで売られてしまっていたが、ラドワから来た若い栽培醸造家ミシェル・マラールを含む新しいチームは、2006、2007、2008年をニュイ゠サン゠ジョルジュにあるリュペ・ショーレの本社で仕込んだ。2009年からは、ヴォーヌ村にあるクロ・フランタンの建物を改装し、そこに移っている。

フィリップの時代よりも収量はかなり抑えられており、畑仕事はたいへん几帳面になされている。

ドメーヌ・ドゥジェニの所有畑

	ha
Grands Echézeaux Grand Cru	0.50
Clos de Vougeot Grand Cru	1.37
Echézeaux Grand Cru	0.55
Vosne-Romanée 1er Cru Les Brûlées	1.05
Vosne-Romanée	2.50

枯死してしまった樹の植え替えも大規模に進められており、若木の果実は別に収穫され、ACヴォーヌ゠ロマネのワインに格下げされて世に出されている。

果梗をどれだけ残すかが、ここでは鍵となっている。2006年にはすべて除梗されたが、翌年にはクロ・ド・ヴジョの2つの発酵タンクのうちひとつで、梗を残す実験をしてみたところ結果は良好であった。半分は除梗し、半分はしなかったものをブレンドすると、個々のワインよりも口あたりに優れ、エネルギーに満ちた仕上がりとなったのだ。2008年にも実験は続けられ、グラン・エシェゾーにも広げられた。

その他の点においては、かなり古典的な手法で仕込みがなされている。ルモンタージュよりはピジャージュが好まれ、樽での熟成は最低でも15ヵ月（ACヴォーヌ゠ロマネ）、特級畑ではもっと長くなり、新樽比率は約80%である。

クロ・ド・ヴジョ 特級 畑上部、左の角というすばらしい立地、以前は「レ・マレ・オー（Les Marets Hauts）」と呼ばれていた区画で、ほとんどが古木である。片方のタンクを除梗せずに、もう一方は除梗して仕込み、あとからブレンドすることによって、すばらしい結果が出ている。

ヴォーヌ゠ロマネ1級 レ・ブリュレ ドメーヌ・ドゥジェニは、レ・ブリュレの畑を2つに分かつ道の両側に区画を有しているが、2006年に新チームが畑を引き継いだ際には相当な手直しが必要だった。くらくらするようなヴォーヌ゠ロマネ、それでいてフィネスを失わないワインになり得る。

ドメーヌ・ジャン・グリヴォ　Domaine Jean Grivot

グリヴォ一族はブルゴーニュ地方で古くまでさかのぼる旧家である。大きな一族なので、前の代においては2人の男が同じ名字の女性をめとっている。ワインラベルにその名が今も記されているジャン・グリヴォは、父の跡を1955年に継ぎ、1980年代の前半に息子のエティエンヌを跡取りにした。エティエンヌは、サヴィニ出身のマリエル・ビーズと結婚し、醸造家として何度も転身を繰り返してきている。跡を継いだとき、父のワインのスタイルは優しく優雅なものだったが、作柄が良くない年には少し弱々しかったようだ。エティエンヌはもっと凝縮感のあるワインを造りたくて、賛否の分かれる醸造コンサルタントのギ・アッカから、1987年から1992年のあいだは助言を受けた。この時期のワインは、醸造家とコンサルタントの影響が前に出過ぎており、テロワールの特徴が覆い隠されていた――少なくともワインが若いうちは。1994年は難しい年だったが、この蔵にとっては転換点で、エティエンヌは自分らしさを発揮するようになり、天候不順の年にしては非常に優れたワインの数々を送りだした。以後はあと戻りすることはなく、ひたすら収量を引き下げながら畑仕事・蔵仕事の精度を上げ、2000年代半ばからはずっと品質を高め続けている。

ドメーヌ・ジャン・グリヴォの所有畑	
	ha
Richebourg Grand Cru	0.32
Clos de Vougeot Grand Cru	1.86
Echézeaux Grand Cru	0.85
Vosne-Romanée 1er Cru Les Beaumonts	0.78
Vosne-Romanée 1er Cru Les Brûlées	0.26
Vosne-Romanée 1er Cru Les Chaumes	0.15
Vosne-Romanée 1er Cru Les Suchots	0.22
Vosne-Romanée 1er Cru Les Reignots	0.07
Vosne-Romanée 1er Cru Les Rouges	0.34
Nuits-St-Georges 1er Cru Les Boudots	0.85
Nuits-St-Georges 1er Cru Les Pruliers	0.76
Nuits-St-Georges 1er Cru Les Roncières	0.50
Nuits-St-Georges Lavières	0.62
Nuits-St-Georges Les Charmois	0.52
Chambolle Musigny Combe d'Orveaux	0.62
Vosne-Romanée Les Bossières	0.78
Vosne-Romanée	2.97

近年にはブドウ栽培の面で、大きな進歩が見られた。エティエンヌは、シュニラールと呼ばれるキャタピラで動くトラクターを、けわしい地勢の畑のために購入し、またピラトという名の馬を借りて、リシュブール、エシェゾー、ボーモン、ブリュレ、スショ、ブド、一部のACヴォーヌ゠ロマネの畑を耕すようになった。ブドウ樹の仕立てを高くしすぎたり、樹の南側を除葉したりするのには反対している。というのは長くゆっくりとした成熟期間が好ましいと考えているからである。

除梗は基本的に100%おこなわれるが、梗を使う実験もおこなってはいる。発酵は天然酵母によって開始し、始まるまでのあいだにも少々のピジャージュをおこなう。発酵が始まってからはピジャージュを止めてしまうのだが、エティエンヌ曰く「物理的な力（ピジャージュ）と霊的な力（発酵）を

混ぜたくないから」だそうである。発酵中は1日に1度ルモンタージュをおこない、終わったら樽にワインを移す。4社の樽を使っているのは、特定の樽業者の癖がワインに出ないようにするためである。エティエンヌの好みは、アリエ、トロンセ、ベルトランジュの森から採れた樽材で、今日は自ら樽材の買い付けも一部おこなっている。

リシュブール 特級 所有区画は、レ・ヴェロワイユではなくレ・リシュブールの小区画(リュー・ディ)内にある。近年のエティエンヌ・グリヴォがここで造るのは、大いなる威厳を備え、生命力に満ち、心地よく調和に満ちているが、それでいて精密に造りこまれたワインである。果実風味がことのほか濃厚なので、細かい部分が見え始めるまでに少なくとも10年は待たねばならない。

クロ・ド・ヴジョ 特級 クロ・ド・ヴジョの斜面下部からはよいワインはできないという定説を、くつがえす力をもつ。赤い果実の風味が支配的なワインで、重量感はあるが重すぎることはなく、この原産地呼称のワインにしばしば欠けている官能的魅力を備えている。

エシェゾー 特級 グリヴォの所有畑は、優れた小区画クリュオ内にあり、2006年以降はドメーヌ・ラマドンの畑の一部を借り受けることで面積が増えている。目を見張るほど精妙なワインで、デリケートな風味が格子細工のように編まれている。大柄な迫力で押す代物ではない。

ヴォーヌ=ロマネ1級 レ・ボーモン 所有区画の60%はボーモン・バに、40%はボーモン・オーにある。艶やかさと、硬質なミネラル風味のちょうど中間にあり、両方を持ち合わせている。完成度の高いスタイリッシュなヴォーヌ=ロマネである。

ニュイ=サン=ジョルジュ1級 レ・プリュリエ 非常に樹齢の高い樹がほとんどを占める。2003年のプリュリエがうまくできたあと、エティエンヌ・グリヴォは以前よりもブドウを長く成熟させるようになった。結果、風味に深みが出て、以前ときどき見られたような余韻の厳しさがなくなっている。

グロ一族　The Gros family

オート=コート地区のショー村で1804年に生まれたアルフォンス・グロは、1830年にヴォーヌ=ロマネへとやってきた。その息子は、19世紀半ばにもうドメーヌ元詰めワインを販売し、続く2世代――ジュールとルイ――も家業を引き続き発展させた。ルイには、ジャン、フランソワ、ギュスターヴ、コレットという4人の子供がいた。ギュスターヴとコレットは、相続した畑を合わせてドメーヌ・グロ・フレール・エ・スールを立ち上げ、今日この蔵は、ジャンの息子のひとりであるベルナール・グロがとり仕切っている。

フランソワは当初兄のジャンと一緒に働いていたが、その後、自分の持ち分でドメーヌを興し、現在は娘のアンヌ・グロに引き継がれている。しばらくのあいだ、この蔵のラベルにはアンヌとフランソワの両方の名前が書かれていたため、後述のアンヌ=フランソワーズ・グロの蔵との混乱の元となった。

一族の残りの畑は、ジャン・グロが完全に引退した1995年まで持ち続けたが、その年に3人の子供、ミシェル、ベルナール、アンヌ=フランソワーズに分割相続された。アンヌ=フランソワーズは、相続した畑を持ってポマールに移り、フランソワ・パランと結婚した。過度の細分化されるのを防ぐため、できる限り畑単位で子供たちに相続されている。だから、クロ・デ・レアは今もミシェル・グロの単独所有なのだが、そのためにリシュブールの相続分を放棄しなければならなかった。

ドメーヌ・アンヌ・グロ　Domaine Anne Gros

この小さなドメーヌは6ha強しかなく、ヴォーヌ=ロマネでアンヌが経営する宿「ラ・コロンビエール」内にある（有料で宿泊もできる）。ワインはデリカシーと魅力を備えたものだが、だからといって力強さに欠けるわけではない。栽培醸造を仕切っているのが普通なら男のところを、この蔵の場合は女性なので、その効果だろうと見る人もいるし、ヴォーヌ=ロマネの本来的な性質が反映されているだけだと考える人もいる。いずれにせよ、品質の高さが量の少なさと相まって、愛好家に抜群の人気を誇るドメーヌとなっている。

秘密らしきものはなにもない。果汁濃縮機はなく、几帳面な畑仕事と、ワイナリーでの分別があるのみだ。熟成についていうと、ACブルゴーニュのワインには30%、村名ワインだと50%、特級畑

は80％の新樽が用いられている。

クロ・ド・ヴジョ 特級　アンヌ・グロが保有しているのはグラン・モペルテュイの区画内の非常によい位置で、クロ・ド・ヴジョの斜面上方に位置し、南を向いている。エレガンスのとばりの下に力強さがあるクロ・ド・ヴジョを探しているなら、最上級の1本である。

ヴォーヌ＝ロマネ レ・バロー　斜面上部の北向きの畑から生まれる力強いワイン。ブドウがゆっくりと熟するが、カビにやられることはなく、鉄分の豊かな土壌のおかげで色の濃いワインができる。通常、黒系果実よりも赤系果実が感じられ、エネルギーとミネラル風味を備える。

ドメーヌ・アンヌ・グロの所有畑

	ha
Richebourg Grand Cru	0.60
Clos de Vougeot Grand Cru	0.93
Echézeaux Grand Cru	0.85
Vosne-Romanée Les Barreaux	0.39
Chambolle-Musigny Combe d'Orveau	1.10
Hautes-Côtes de Nuits（白・赤）	1.63

ドメーヌ・グロ・フレール・エ・スール　Domaine Gros Frère & Sœur

ジャン・グロの息子のひとり、ベルナール・グロがとり仕切るドメーヌだが、その名と畑はジャンの兄ギュスターヴと妹コレットからきている。所有畑のかなりの部分が、比較的最近（ベルナールが叔父のギュスターヴの跡を継いだ1980年代なかば以降）に植え替えられた。特級畑の果実の一部が格下の原産地呼称としてワインになっているのは、そのためである。ドメーヌ・ミシェル・グロと共同で買った果汁濃縮機も使用されている。新樽がふんだんに使われるため、ワインはつやつやとした仕上がりになるが、樽風味に負けないだけの果実味も備わっている。

ドメーヌ・グロ・フレール・エ・スールの所有畑

	ha
Richebourg Grand Cru	0.69
Clos de Vougeot 'En Musigni' Grand Cru	1.50
Grands Echézeaux Grand Cru	0.37
Echézeaux Grand Cru	0.93
Vosne-Romanée 1er Cru Les Chaumes	0.14
Vosne-Romanée	1.95
Hautes-Côtes de Nuits	12.16

ドメーヌ・ミシェル・グロ　Domaine Michel Gros

ミシェルは、ジャン・グロの子供の中では一番年上で、ワイン学校を1975年に卒業してすぐ家業を継ぐことになった。父が病に冒されていたからである。自身でもブドウ畑を購入したり、他所から借りたりして、1995年にドメーヌ・ジャン・グロが兄弟に分割された際に失われた分を埋め合わせている。

インターナショナル・ワイン・チャレンジの年間最優秀醸造家賞（赤ワイン部門）を2年続けて受賞するなど、獲得してきた賞の数々から、腕利きの生産者であることは証明されている。だが、ミシェル・グロには、どんな手法を使うべきかについて独自の確固たる考えがあり、現在の定石に沿っているとは限らない。

畑はリュット・レゾネ（減農薬栽培）の手法で耕作されており、オート＝コート地区と、コートの斜面内でも表土が深い場所では畝間に草を生やしているが、そのほかの場所では接触型除草剤を用いる。ミシェルは鋤き返しに反対である。また、有機農法やビオディナミの規定でも使用が認められている銅よりも、化学合成農薬を、低頻度で少量散布するほうを好む。

収穫時には畑で選果をおこない、より抜きの選果担当作業員が摘み手とともに働く。除梗は100％で、培養酵母を添加してすぐに発酵を開始する。必要なアルコール度数（村名格以上のワインで13％前後）が自然に得られなかった場合は、果汁の一部を減圧濃縮機に通して濃縮し、残りの果汁に再度ブレンドする。発酵終了後には、ワインを35度まで熱してタンニン抽出の仕上げをし、色を安定させる。その後、1週間タンクで静置してから、細かな澱だけをワインと一緒に樽に移す。樽熟成期間は20ヵ月で、村名格で3分の1が新樽、1級畑なら50％、3樽のみ造られるクロ・ド・ヴジョについては100％である。ミシェルは内面を強く焦がした樽を好んでおり、父もそうだった。樽のほとんどはルソー社製で、森はトロンセである。

以上から明らかなように、ミシェル・グロは醸造面では比較的人為的介入を好むほうで、凝縮した赤系果実の風味が蔵癖だというのは本当だろう。とはいえ、個々のワインはそれでもテロワールの

個性を反映したもので、ニュイ＝サン＝ジョルジュ・シャリオのワインには色の濃い果実風味と強めのタンニンが感じられるし、クロ・デ・レアはこの上なくエレガントである。

ヴォーヌ＝ロマネ１級 クロ・デ・レア（単独所有）
グロ家がクロ・デ・レアを購入したのは1860年のことで、その後何世代ものあいだ、畑が分割されないようにしてきた。このうえなくエレガントなヴォーヌのワインを生む１級畑で、比較的酸味は穏やかだが、柔らかい味わいだからといって早飲みというわけではない。非常によく熟成するワインなのだ。ミシェル・グロは、このワインを自然なバランスに仕上げている。

ニュイ＝サン＝ジョルジュ シャリオ このドメーヌがニュイ＝サン＝ジョルジュに持つ畑は、レ・シャリオを除いてすべてがヴォーヌ側にあり、ブレンドされて１種類のワインとなる。ニュイの町の南、１級畑ポレの斜面すぐ下にあるシャリオが、もしほかの畑のワインにブレンドされたなら、きっとはみ出し者になってしまうだろう。なかなかに色の濃いワインで、黒系の果実風味を持ち、タンニンは固く酸はフレッシュである。村名ワインとしては、並はずれてよく熟成する。

ブルゴーニュ・オート＝コート・ド・ニュイ ジャン・グロは、オート・コート地区における先駆的生産者で、高い仕立てと広い植樹間隔をとり入れた。ミシェル・グロは、この地区の畑をかなり拡大してきており、特にアルスナン村の区画が多い。ワインは最初の６ヵ月間、フードル樽に入れられ、その後１年使用した小樽に移される。この移し替えの際、中に入っている前の年のワインがとり出されて瓶詰めされる。

ドメーヌ・ミシェル・グロの所有畑

	ha
Clos de Vougeot Grand Cru	0.20
Vosne-Romanée 1er Cru Aux Brûlées	0.63
Vosne-Romanée 1er Cru Clos des Réas（単独所有）	2.12
Nuits-St-Georges 1er Cru	0.31
Nuits-St-Georges Chaliots	0.83
Nuits-St-Georges	0.78
Vosne-Romanée	0.92
Chambolle-Musigny	0.69
Bourgogne Hautes-Côtes de Nuits	10.24

ドメーヌ・ラマルシュ　Domaine Lamarche

このドメーヌは、新しい世代の従兄妹たちの代になって品質向上を遂げつつある。ニコルはフランソワ・ラマルシュからワイン造りを引き継ぎ、ナタリーは叔母のマリー＝ブランシュをマーケティングの仕事で手伝っている。フランソワは、創始者アンリ・ラマルシュの孫にして、ラ・グランド・リュを結婚祝いとして相続したアンリ・ラマルシュ２世の息子にあたる。

ブドウ畑での作業がより丁寧になっただけでなく、樽の吟味を徹底し、2000年から新しい発酵タンクを導入したこともあって、品質がさらに安定した。私自身、過去にラマルシュによるみごとなボトルの数々を味わったことがあるが、とはいえ失敗作がなかったわけではない。おそらく新世代の面々が、トップグループの常連としてのドメーヌ・ラマルシュの地位を、確固たるものにしてくれるだろう。

ドメーヌ・ラマルシュの所有畑

	ha
La Grande Rue Grand Cru（単独所有）	1.65
Clos de Vougeot Grand Cru	1.35
Grands Echézeaux Grand Cru	0.30
Echézeaux Grand Cru	1.32
Vosne-Romanée 1er Cru La Croix Rameau	0.21
Vosne-Romanée 1er Cru Chaumes	0.56
Vosne-Romanée 1er Cru Suchots	0.58
Vosne-Romanée 1er Cru Malconsorts	0.50
Nuits-St-Georges 1er Cru Les Cras	0.38
Vosne-Romanée	0.89

ラ・グランド・リュ 特級（単独所有） 斜面上部から下部にかけて伸びる細長く狭い畑で、上部の土壌は非常に瘦せている。同じ村にある一部の特級畑ほど濃密な味わいではないのが常だが、その地位にふさわしい高貴さはもち合わせている。瓶熟成を経ることによって、セクシーな魅力を発揮するワインである。

エシェゾー 特級 シャン・トラヴェルサン、クリュオ、クロ・サン＝ドニにある３つの区画からのワインである。ほかと比して完成度の高いエシェゾーの一例で、ブドウ畑本来の特質である細かくつくり込まれた風味と、エネルギー、力強さの次元が備わっている。同じ蔵によるグラン・エシェゾーと、品質面で肩を並べる。

アンリ・ジャイエとその一族　Henri Jayer (and family)

1922年生まれのアンリ・ジャイエは、2006年の逝去までに伝説的な地位を築いた。もともと栽培醸造家になるつもりではなかったのだが、戦争中にエティエンヌ・カミュゼから、一家の畑の世話をしてほしいと頼まれたのがきっかけとなった。やがて、ジャイエは自分でも畑を拓くようになり、兄であるジョルジュとリュシアンの畑の面倒もみるようになった。ほかのドメーヌで、ジャイエとの血のつながりを誇っているところがいろいろあるから、

アンリ・ジャイエの所有畑	
	ha
Richebourg Grand Cru	(Méo-Camuzet)
Echézeaux Grand Cru	0.33
Vosne-Romanée 1er Cru Cros Parantoux	0.72
Vosne-Romanée 1er Cru Les Beaumonts	0.10
Vosne-Romanée 1er Cru Aux Brûlées	(Méo-Camuzet)
Vosne-Romanée	0.28
Bourgogne Rouge	0.28

家系図をたどってみる価値はあろう。アンリの前の代には4人の兄弟、ジャン゠フランソワ、アドルフ、エドゥアール、ウジェーヌがいた。ジャン゠フランソワには息子のルイがいて、ルイは2人の娘、ジャクリーヌとイヴォンヌをもうけた。イヴォンヌはジャン・グリヴォに嫁ぎ、その息子エティエンヌはジャンが引退した1988年から畑を引き継いだ。エティエンヌは当主になる以前、イヴォンヌのために彼女の名前でワインを造っていた。ジャン゠フランソワにはジャンヌという娘もひとりいて、シルグ家に嫁いだ。その娘のマルトは、ラマドン家に嫁いでいる。

アドルフにはルネという息子がいた。ルネの子供たちの中にはアルフレッド・エジュラン（ドメーヌ・エジュラン゠ジャイエ）に嫁いだマドレーヌという娘と、ドメーヌ・ジャイエ゠ジルを興したロベールという息子がいた。エドゥアールの娘のうち2人、マリー゠テレーズとシモーヌはそれぞれ、アンリ・ノエラとジョゼフ・コンフュロンと結婚した。エドゥアールの一番下の娘には、マリー゠アニックがいて、そのまた娘にあたるセシル・トランブレは今、2世代ぶりにブドウ畑へと戻ってきている。最後に、4兄弟で一番年下のウジェーヌには、ジョルジュ、リュシアン、アンリという3人の息子がいて、アンリはマルセル・ルジェを嫁にもらった。マルセルの甥エマニュエルが、ジャイエ3兄弟が所有していたブドウ畑を耕している。

以上の情報のほとんどは、ジャクリーヌ・ジャイエに聞かせてもらった。ヴォーヌ゠ロマネのたいていの一族を結び合わせるように思われるこの家系図を説明してもらうあいだ、ジャクリーヌの父が造った荘厳なるヴォーヌ゠ロマネ・レ・スショ 1959年を一緒に楽しんだ。

さて、アンリ・ジャイエはなぜかくも有名に、ブルゴーニュのほかの誰にも増して血眼で捜される生産者になったのか。人柄のおかげもあるかもしれないが、ワインの品質と、ほかと一線を画す明確なスタイルが原因であったのは疑い得ない。除梗100%、よく熟し凝縮した果実味、たっぷりのオークが、レシピの骨格になっている。

アンリは1987年に、ドメーヌ・メオ゠カミュゼとの分益耕作契約を終え、1995年の引退に際しては、残った自分の畑のほとんどすべてをエマニュエル・ルジェに託している。しかしながら2001年まで、1樽程度のクロ・パラントゥーだけは造り続けていたので、この時期のアンリ・ジャイエ・ラベルのワインが見つかることはある。ジャイエのワインへの需要は莫大で、自由市場での取引価格は並はずれたものだから、残念なことだが完全に贋作のボトルも流通してしまっている。

アンリは当初、兄のジョルジュのブドウ畑から造ったワインをバルクで売っていたが、1988年から2001年のあいだについては、「アンリ・ジャイエによって瓶詰めされたドメーヌ・ジョルジュ・ジャイエ」のワインとして販売していた。かつてのジョルジュ・ジャイエのエシェゾーは、今日エマニュエル・ルジェによって醸造・瓶詰めされていて、ラベルにはジョルジュ・ジャイエの娘であるクローデット・デュルカの名がある。

ドメーヌ・ルロワ　Domaine Leroy

ルロワ帝国には3つの組織が属している。オーセイ＝デュレスに本拠を置くメゾン・ルロワ、サン・ロマン近郊にあるラルー・ビーズ＝ルロワの自宅からその名をとったドメーヌ・ドーヴネ、そしてヴォーヌ＝ロマネにあるかなり大きなドメーヌ・ルロワである。ラルーの一族はまた、現在でもドメーヌ・ド・ラ・ロマネ＝コンティの共同経営権を有している。

1988年にラルー・ビーズ＝ルロワは、ヴォーヌ＝ロマネのドメーヌ・シャルル・ノエラを購入した。購入の代金には、現在ドメーヌの本拠となっている建物と地下セラー、そしてそうそうたる顔ぶれの畑が含まれていた。リシュブール、ロマネ・サン＝ヴィヴァン、クロ・ド・ヴジョ、ニュイの1級畑であるヴィニュロンドとブド、ヴォーヌの1級畑であるボーモンとブリュレなど。翌年には、ドメーヌ・フィリップ・レミからさらに畑が買い足された。クロ・ド・ラ・ロシュ、ラトリシエール＝シャンベルタン、ル・シャンベルタンなど。それ以降も畑は増えている。

このドメーヌでは、創立当初からビオディナミで畑を耕作しており、現在ではエコセールの認証も得ている。平坦な道のりではなく、1993年ヴィンテージなどはベト病の蔓延によって壊滅的なものとなっている。ただし、マダム・ルロワによれば、この病害への薬剤散布を控えたのは結局自分たちなのだから、誰も責められないのだという。

その次にもたらされた刺激的な（しかし議論を呼んでいる）変化といえば、ブドウの仕立て方を変えたことである。かつては、ロニャージュと呼ばれる摘芯の作業を、人手でおこなっていた（騒がしい機械は使われていなかった）。しかしながら、梢の先を切って短くするのはブドウにとって優しいものではなく、その年はおろか翌年まで影響が及ぶ。そこで今日では、開花後に梢が伸びている時期にも、先端を切り落としはせず、まるめるにとどめている。この処置によって、副梢の成長と二番成りブドウの結実が最小化されるだけでなく、樹が全体に健康で生き生きとしてくるという。2008年の収穫直前、ルロワの樹が良い状態にあることは誰の目にも明らかであった。

しかしながら、馬の使用はやめてしまった。ドメーヌ・ルロワは、馬を使って畑を耕すのを最初に始めた蔵のひとつだったが、馬を所有し、作業をさせる職人たちを率いるのがたいへんすぎたのである。フルタイムとパートタイムの職人をひとりずつ雇っていたのだが、それでも必要なタイミングで確実に仕事をさせられなかった。今ではルロワは、小型のカヴァルというトラクターを使っており、これは馬よりも軽い。

このドメーヌは、代々受け継がれてきた古木に恵まれている。その理由のひとつには、ラルー・ビーズ＝ルロワが、決して、（区画全体の）ブドウを引き抜いて植え直さないことがある。代わりにラルーは、枯死したブドウを1本ずつ、自分の畑で採取した苗木で植え替えていく。ただし、ひとつの畑でいっぺんに、多くの樹にこの処置を施すことはない。高い樹齢、仕立て方法、そして樹1本あたり4房しかつけないという剪定方法の組み合わせが、ルロワのワインに見られる凝縮感についての一部を説明してくれるだろう。ドメーヌ・ルロワにおける平均収量（全原産地とヴィンテージを

ドメーヌ・ルロワの所有畑

赤	ha
Chambertin Grand Cru	0.50
Latricières-Chambertin Grand Cru	0.57
Clos de la Roche Grand Cru	0.67
Musigny Grand Cru	0.27
Clos de Vougeot Grand Cru	1.91
Richebourg Grand Cru	0.78
Romanée St-Vivant Grand Cru	0.99
Corton-Renardes Grand Cru	0.50
Gevrey-Chambertin 1er Cru Les Combottes	0.46
Chambolle-Musigny 1er Cru Les Charmes	0.23
Nuits-St-Georges 1er Cru Les Vignerondes	0.38
Nuits-St-Georges 1er Cru Les Boudots	1.20
Vosne-Romanée 1er Cru Aux Brûlées	0.27
Vosne-Romanée 1er Cru Les Beaumonts	2.61
Volnay Santenots 1er Cru	0.35
Savigny 1er Cru Narbantons	0.81
Nuits-St-Georges Aux Allots	0.52
Nuits-St-Georges Aux Lavières	0.69
Nuits-St-Georges Au Bas de Combe	0.15
Vosne-Romanée Les Genaivrières	1.23
Chambolle-Musigny Les Fremières	0.35
Gevrey-Chambertin	0.11
Pommard Les Vignots	1.26
Pommard Les Trois Follots	0.07
白	
Corton-Charlemagne Grand Cru	0.43
Auxey-Duresses Blanc	0.35

上記のほかに、ブルゴーニュ・アリゴテ、ブルゴーニュ（赤・白）、ブルゴーニュ・グラン・オルディネール（赤・白）の原産地呼称用の畑が4.46haある。

ならしたもの）は、1haあたり16ヘクトリットル前後だとラルーは言う。

このドメーヌのセラーには醸造責任者も醸造コンサルタントもいない。1993年の収穫作業終了後に、当時の醸造責任者であったアンドレ・ポルシュレが去って以来、代わりの人間がいないのだ。ブドウの品質がすごいから、醸造責任者などいらぬというのだろうか！　収穫人夫と同じだけの人数を雇って選果台で厳しく不良果をとり除いたあと、ブドウは梗も何もかもそのままの状態で、木製の発酵タンクに収められる。タンクを熱することは決してないが、温度を下げることはある。ラルー・ビーズ゠ルロワは、18〜24度のあいだで一番、ワインが自然な豊かさを得ると感じている。発酵後、ワインはカデュ社とフランソワ・フレール社製の新樽に入って熟成する。

ロマネ・サン゠ヴィヴァン　特級　言葉の真の意味で「この世のものとは思えない」ワインになりえるもので、実際いつもそうである。ひとまとまりになった所有区画はサン゠ヴィヴァンの畑の最北端にあって、斜面最上部から最下部まで伸び、3つの異なるテロワールを内に含んでいる。このワインにはうっとりするようなエレガンスと、並はずれてすばらしい余韻がある。

ヴォルネ1級　サントノ　この畑に植わるブドウ樹は、ラルーが精一杯手を尽くしたにもかかわらず、元気がなさそうなままであった。それで彼女は、大規模な「針治療」を施すことにした。地質物理学者を雇って3つの断層を突き止め、そこにそれぞれ大きな針を打ち込んだ。それ以来、畑は見違えるように活気あふれる様子となったようだ。ワインは豊潤で肉付き豊か、たいへんに官能的なヴォルネで、卓越した風味の持続性がある。

ヴォーヌ゠ロマネ1級　ボーモン　2008年を樽から試飲しながら、ラルーはこう語った。「ワインの中にブドウのすべてを味わうことが、私の夢なのです」。ボーモンはこのドメーヌの旗艦銘柄のひとつで、年によってはそれなりの量が市場に出てくる。

ドメーヌ・デュ・コント・リジェ゠ベレール　Domaine du Comte Liger-Belair

リジェ゠ベレール一族は、教会、軍、ワインの商いにまたがった栄光の歴史とともにある。最初のリジェ゠ベレール将軍が、1815年にシャトー・ド・ヴォーヌ゠ロマネを手に入れた際に、さまざまなブドウ畑もついてきた。家督を継ぐために養子になった甥が、マレ家の財産を相続した女性のひとりと結婚した際、リジェ゠ベレール帝国は急速に拡大する。いっときなど、ラ・ターシュ、ラ・ロマネ、ラ・グランド・リュ、クロ・ド・ヴジョとシャンベルタンのかなりの面積、ヴォーヌ゠ロマネの1級畑の数々（マルコンソール、ショーム、レニョ、スショ、ブリュレなど）が、帝国の領土だった。不幸なことに、絡み合った相続問題が原因で、ドメーヌ全体が1933年8月に売られることになってしまう。

ドメーヌ・デュ・コント・リジェ゠ベレールの所有畑

	ha
La Romanée Grand Cru（単独所有）	0.85
Echézeaux Grand Cru	0.62
Vosne-Romanée 1er Cru Reignots	0.73
Vosne-Romanée 1er Cru Suchots	0.22
Vosne-Romanée 1er Cru Petits Monts	0.13
Vosne-Romanée 1er Cru Chaumes	0.12
Vosne-Romanée 1er Cru Les Brûlées	0.12
Nuits-St-Georges 1er Cru Aux Cras	0.38
Vosne-Romanée Clos du Château	0.83
Vosne-Romanée La Colombière	0.78
Vosne-Romanée	0.63
Nuits-St-Georges Aux Lavières	0.14

その際、ジュスト・リジェ゠ベレール司祭とミシェル・リジェ゠ベレール侯爵は2人で、なんとかラ・ロマネ、わずかな面積のオー・レニョとレ・ショームだけは手元に残るようにした。ミシェル侯爵の息子アンリは、祖先と同じように軍に入り将軍となったので、畑は分益耕作人によって管理され、ワインはネゴシアンを通じて売られた。

ルイ゠ミシェル・リジェ゠ベレール子爵は、2000年に一族のドメーヌを再興しようと決意し、最初の畑はACヴォーヌ゠ロマネ2ヵ所と1級畑レ・ショームであった。2年後、子爵はオー・レニョとラ・ロマネについても耕作を再開したが、ブシャール・ペール・エ・フィスにラ・ロマネの販売をゆだねる契約は2006年まで続いた。この年、ラマドン家との賃貸契約により、さらに5.5ha分の畑が増え、ドメーヌは現在の規模となった。

ブドウは熟したらすぐに摘み取り、選果台で徹底的に不良果を取り除く。果梗はすべて除去し、そのあとブドウを15度以下まで冷やして1週間の発酵前浸漬を経る。発酵中はピジャージュよりもル

モンタージュの回数が多い。発酵が終わった時点で、ルイ＝ミシェルは静置によって大量の澱を取り除くようにしており、これはその後ワインを澱引きしなくてもいいようにするためだ。ほとんどが新樽に入れられ、樽業者は2社、樽材の森は3つである。13~15ヵ月ののちにタンクでワインをブレンドし、2、3ヵ月置いたあと、清澄・濾過なしで瓶詰めする。

ラ・ロマネ　特級（単独所有）　ここまでのレベルになると、個々の風味を描写してもしかたがないであろう。このワインでは、壮大なスケールの背景の前に、きめ細かな風味の数々が複雑に編み上げられているため、瓶で長いあいだ熟成させてからでなければ、栄光に満ちた全体像が立ちあらわれてこない。ルイ＝ミシェルが跡を継いでから、まださほどの時間が経っていないこともある。ただし、今日までに彼が仕込んだワインは、実に印象深いものなのだが。ルイ＝ミシェルが、色が濃く力強いワインよりも、デリカシーやフィネスを好むということは指摘しておくべきだろう。

ヴォーヌ＝ロマネ　クロ・デュ・シャトー　シャトーから東を向いて、ソーヌ平野とジュラの山々に目をやると、一番手前に小さなブドウ畑、クロ・デュ・シャトーが見えるだろう。下層土はピンク色がかった泥灰岩であり、そのおかげで軽やかで繊細にして優雅なスタイルのヴォーヌ＝ロマネが生まれる。

ドメーヌ・メオ＝カミュゼ　Domaine Méo-Camuzet

現当主に先立って、この偉大なるヴォーヌ＝ロマネのドメーヌには2人の大人物がいた。ひとり目は政治家のエティエンヌ・カミュゼで、コート・ドール県選出の代議士として1902年から1932年までその任にあたった。エティエンヌは重要なブドウ畑の数々と、シャトー・ド・クロ・ド・ヴジョの建物を購入し、シャトーについては後年、タストヴァン騎士団に寄贈している。彼の名は、畑のどの区画が特級畑の一部で、どの区画がそうでないかを定めた訴訟記録の中に、頻繁に登場する。

エティエンヌが保有していた畑は娘のマリア・ノワロが相続し、その後1959年に、遠縁の親戚であるジャン・メオに引き継がれた。この時代、畑の世話をしていたのは分益耕作人で、ワインはバルクで売られていた。ドメーヌでの元詰めは1985年まで始まらず、アクセル全開になったのは、1989年にジャン＝ニコラ・メオがドメーヌに来て当主となってからのことである。さまざまな分益耕作契約も今日までにすべて終了したが（最後は2007年まで続いたジャン・タルディとのもの）、かつての分益耕作人のひとりであるクリスティアン・フォロワは、現在もジャン＝ニコラ・メオの右腕として畑で働いている。

ドメーヌ・メオ＝カミュゼの所有畑	
	ha
Richebourg Grand Cru	0.34
Clos de Vougeot Grand Cru	3.03
Echézeaux Grand Cru	0.44
Corton Clos Rognet Grand Cru	0.45
Corton Perrières Grand Cru (2010年以後)	0.68
Corton La Vigne au Saint Grand Cru (2010年以後)	0.19
Vosne-Romanée 1er Cru Les Brûlées	0.72
Vosne-Romanée 1er Cru Cros Parantoux	0.30
Vosne-Romanée 1er Cru Les Chaumes	2.02
Nuits-St-Georges 1er Cru Aux Boudots	1.05
Nuits-St-Georges 1er Cru Aux Murgers	0.73
Nuits-St-Georges Bas de Combe	0.58
Vosne-Romanée	1.38

2人目の大人物とはもちろんアンリ・ジャイエのことで、カミュゼ家のブドウの面倒をみるために呼ばれたのは第二次大戦中にさかのぼる。畑仕事の経験はなかったのだが、それでも任された。ジャイエは（最初の）引退にあたる1988年まで分益耕作を続け、その後もドメーヌに助言し続けた。

畑の大半は有機農法だが、すべての畑、すべての作業でそうだというわけではない。トラクターが乗り入れられない畑が1つ2つあり、そこではときおり除草剤や防カビ剤がまかれる。収穫されたブドウはワイナリーで選別され、除梗ののち必要ならば15度まで温度を下げて短期の発酵前浸漬を経る。発酵タンクにブドウがとどまるのは合計18日間前後で、発酵温度は30~32度近辺で維持される。発酵初期は1日2度のルモンタージュ、その後はいくらかピジャージュもおこなう。それからワインは樽に移され、新樽比率は主だった村名ワインで50％、1級畑で60~70％、特級畑は100％、ただし将来的にはもう少し減る可能性がある。ジャン＝ニコラは、樽材の選択について着実に進歩してきているが、フランソワ・フレールが事実上唯一の樽業者だというのは変わらない。

リシュブール　特級　保有区画はレ・ヴェロワイユの最上部にあり、夕方遅くの太陽を浴びる。壮麗なボリューム感よりも、分別とフィネスが特徴のワインである。風味が全貌をあらわすまでには時間がかかる。

クロ・ド・ヴジョ　特級　ブドウの大半は、シャトーに隣接するレ・シウルの区画のもので、エティエンヌ・カミュゼがシャトーの建物を1920年に購入したときに手に入れた。グラン・モペルテュイの区画にもわずかな面積をもつ。このクロ・ド・ヴジョは重量感ある仕上がりになることもあり、メオ＝カミュゼのワインにはその重量を支える骨格があるが、とはいえきわだってエレガントでもある。

コルトン・クロ・ロニェ　特級　この畑はその名の通り、ほんとうに石垣で囲まれている。樹齢80年のブドウから生まれる力強いコルトンである。タンニンの骨格が目立つが、果実味のボリュームはこのタンニンをも凌駕する。

エシェゾー　特級　レ・ルージュ・デュ・バの区画の最上部にあるため、きわだってミネラル風味の強いエシェゾーとなる。果実はたやすく熟するが、それでも酸は保たれている。力強さよりもフィネスが肝心のエシェゾーである。

ヴォーヌ＝ロマネ1級　レ・ブリュレ　レ・ブリュレの南側にあり、したがって真東を向く。恐ろしいほどの果実味の凝縮感、すばらしく豊かな口当たりとシルクのような舌触りを備える。たいへんに明るい性格のワインであり、若いうちから楽しめる。

ヴォーヌ＝ロマネ1級　クロ・パラントゥー　アンリ・ジャイエの伝説のおかげで、このワインには魔法がかけられており、今もなお解けていない。ブーケは驚くほど強烈で、ヴォーヌ＝ロマネらしく劇的で華やかに香る。レ・ブリュレと比べれば明らかに斜面上部でできたとわかるワインで、若いうちは厳めしいと言ってもいいぐらいである。とてもゆっくりと熟成していき、ついには驚嘆するほど複雑な古酒となる。

ドメーヌ・モンジャール＝ミュニュレ　Domaine Mongeard-Mugneret

このドメーヌは、1945年に仕事を始めたジャン・モンジャールが活躍中だった1970年代から1980年代にかけて、高い名声を誇っていた。特に思い出されるのは、ぞくぞくするような1983年のエシェゾーや、みずみずしい1985年産のワイン数銘柄である。しかし今日、ワインは同じ水準にはない。おそらく、30haのドメーヌというのは容易に運営できる規模ではないのだろう。主要銘柄はエシェゾー、グラン・エシェゾー、クロ・ド・ヴジョといった特級畑のワインである。

ドミニク・ミュニュレ　Dominique Mugneret

ドミニク・ミュニュレの父ドニは、アンドレ・ミュニュレとルネ・ミュニュレの従兄妹で、アンドレはジョルジュ博士の、ルネはジェラールの父である。ティボー・リジェ＝ベレールが戻ってきて自身のドメーヌを興すまで、ドミニク・ミュニュレはリシュブールとニュイ＝サン＝ジョルジュ・レ・サン＝ジョルジュの畑について、分益耕作もしていた。現在ドミニクは、生じた不足分を補うために、1銘柄ないし2銘柄のネゴシアン・キュヴェを手がけている。エシェゾーは、畑内のアン・オルヴォーの区画に植わる古木（1950年植樹）から造られる。

ドミニク・ミュニュレの所有畑

	ha
Echézeaux Grand Cru	0.43
Nuits-St-Georges 1er Cru Les Boudots	0.60
Nuits-St-Georges Les Fleurières	0.70
Vosne-Romanée	1.40
Gevrey-Chambertin	0.19

ドメーヌ・ジェラール・ミュニュレ　Domaine Gérard Mugneret

ジェラール・ミュニュレと故ジョルジュ・ミュニュレ博士は従兄弟同士である。蔵を今日切り盛りするのはジェラールの息子パスカルで、ミュニュレ=ジブールの分益耕作人のひとりでもある。ジェラール・ミュニュレのエシェゾーは、この分益耕作のものである。ブドウはすべて除梗され、ワインは高すぎない新樽比率の樽で最長18ヵ月熟成させられる。

ドメーヌ・ジェラール・ミュニュレの所有畑

	ha
Echézeaux Grand Cru	0.65
Chambolle-Musigny 1er Cru Les Charmes	0.25
Vosne-Romanée 1er Cru Les Brûlées	0.27
Vosne-Romanée 1er Cru Les Suchots	0.38
Nuits-St-Georges 1er Cru Les Boudots	0.45
Savigny-lès-Beaune 1er Cru Aux Gravains	0.29
Vosne-Romanée	2.58

ドメーヌ・ジョルジュ・ミュニュレ=ジブール　Domaine Georges Mugneret-Gibourg

2009年の8月までは、ミュニュレ=ジブールとドクトール・ジョルジュ・ミュニュレという2つのドメーヌがあった。前者の創設は1933年で、ヴォーヌ=ロマネの旧家出身のアンドレ・ミュニュレと、ジャンヌ・ジブールが1928年に結婚したことで生まれた。2人の息子、ジョルジュ・ミュニュレ博士は眼科医が本業だったが、さらに畑を買って、自分の名前を冠したラベルでそのワインを販売した。かつて、ミュニュレ・ジブールの畑は分益耕作人たちによって世話されており、今日もファブリス・ヴィゴやパスカル・ミュニュレは分益耕作を続けている。一方、ジョルジュ・ミュニュレ博士の畑については、分益耕作はおこなわれていない。ジョルジュ博士が1988年に若死にしたあと、ドメーヌは未亡人のジャクリーヌと、娘のマリー=クリスティーヌがとり仕切っており、1992年にはもうひとりの娘であるマリー=アンドレが学業を終えて家業に加わった。

ドメーヌ・ジョルジュ・ミュニュレ=ジブールの所有畑

	ha
Echézeaux Grand Cru	1.24
Ruchottes-Chambertin Grand Cru	0.64
Clos Vougeot Grand Cru	0.34
Chambolle-Musigny Les Feussellotes	0.46
Nuits-St-Georges Les Vignes Rondes	0.27
Nuits-St-Georges Les Chaignots	1.27
Nuits-St-Georges	0.21
Vosne-Romanée	3.08
Bourgogne Rouge	0.85

ACブルゴーニュ赤、ニュイ=サン=ジョルジュ、ヴォーヌ=ロマネ、エシェゾーの畑については分益耕作契約が結ばれており、ドメーヌは果実のすべてを手に入れていない。分益耕作人は2人、ファブリス・ヴィゴとパスカル・ミュニュレであり、2人とも畑の状態を高い水準に保っている。

姉妹は蔵仕事を大きく変えてはいないが、選果台と空気圧式の圧搾機を導入した。ブドウは除梗され、短期間の低温浸漬を経たのちに、10〜14日間の発酵に移る。新樽比率は村名ワインで30%、1級畑で40〜45%、特級畑で70%前後である。マロラクティック発酵が済むと、ワインは澱引きされて別のセラーへと移動し、2回目の冬を再び樽内で過ごす。そのあと、小型のブレンド用タンクにワインを移し、瓶詰めをする。このブレンドと瓶詰め作業は、2年目用の樽があるのと同じ地下セラーでおこなわれるのだが、それはポンプの利用や温度の変化を避けるためである。

ニュイ=サン=ジョルジュ レ・シェニョ　このワインでは、堅牢なるニュイ=サン=ジョルジュの礎の上に、ヴォーヌ=ロマネ的なエレガンスと調和が見られる。また、斜面上部の立地に由来するミネラルの核をもつ。

ヴォーヌ=ロマネ　6ヶ所の異なる小区画(リュー=ディ)のワインをブレンドしたもので、量の面で多いのが、ドメーヌの裏口からすぐのところにあるコロンビエールと、そのすぐ下にあるシャン・ブダンである。香り高く、魅惑的でヴォーヌらしい村名ワインである。

エシェゾー　特級　互いに補い合う2つの区画からできるワイン。斜面最上部に近いレ・ルージュ・デュ・バはミネラル風味をもたらし、レ・カルティエ・ド・ニュイは果実味のボリュームとヴェルヴェットの舌触りをもたらす。2つの区画を世話しているのはそれぞれ別の分益耕作人だが、摘み取りは同じ日になされ、仕込みは一緒におこなわれる。

リュショット=シャンベルタン　特級　シャルル・ルソーの助力を受けて1977年に購入。所有区画の半分は2000年に植え替えられ、その部分のワインは2002年から2006年はACジュヴレ=シャンベ

ルタンに、2007年にはジュヴレ＝シャンベルタン・プルミエ・クリュに格下げされた（あと数年、後者への格下げは続くだろう）。古木の区画から造られ続けている、特級畑のワインが薄まらないようにするためである。

ノエラ一族　The Noëllat family

ノエラ一族は、コート・ド・ニュイのこのあたりに大勢いる。シャルルとエルネストの兄弟は、20世紀前半に羽振りがよかった。シャルルにはアンドレという息子がいたが、その息子は1941年に亡くなってしまった。アンドレの娘オディールは、アラン・ユドロと結婚し、ヴジョにドメーヌ・ユドロ＝ノエラができた。ドメーヌ・シャルル・ノエラは、ラルー・ビーズ＝ルロワが1988年に購入したことによって、その名が消えてしまった。

エルネストには、ジョルジュとアンリという2人の息子がいた。ドメーヌ・ジョルジュ・ノエラは、娘のマリー＝テレーズを経て、彼女の息子であるパトリスとフランソワ・シュルラン兄弟へと引き継がれた。一方アンリは、アンリ・ジャイエの叔父エドゥアールの娘であるマリー＝テレーズ・ジャイエと結婚した。2人の息子のミシェルは、遠縁の従兄妹であるエレーヌ・ノエラと結婚した。この2人の子供たちが、今日ドメーヌ・ミシェル・ノエラを運営している。

ドメーヌ・ド・ラ・ロマネ＝コンティ　Domaine de la Romanée-Conti

ドメーヌ・ド・ラ・ロマネ＝コンティは、ド・ヴィレーヌ家とルロワ/ロック家によって共同所有されている。前者はジャック＝マリー・デュヴォー＝ブロシェの子孫で、デュヴォー＝ブロシェはラ・ロマネ＝コンティを1869年に購入した人物である。後者は、デュヴォー＝ブロシェのほかの子孫から1942年にドメーヌの株を買った。今日、ドメーヌの運営にあたっているのはオベール・ド・ヴィレーヌとアンリ＝フレデリック・ロックである。ブルゴーニュでは多くの人が、「DRC」あるいは「ザ・ドメーヌ」と呼ぶ。ラ・ロマネ＝コンティに加え、このドメーヌはもうひとつの単独所有畑であるラ・ターシュを1933年に購入している。ほかにも、リシュブール、ロマネ・サン＝ヴィヴァン、グラン・エシェ

ドメーヌ・ド・ラ・ロマネ＝コンティの所有畑	
赤	ha
La Romanée-Conti Grand Cru	1.81
La Tâche Grand Cru	6.06
Richebourg Grand Cru	3.51
Romanée St-Vivant Grand Cru	5.29
Grands Echézeaux Grand Cru	3.53
Echézeaux Grand Cru	4.67
Corton Clos du Roi Grand Cru (2009年以後)	0.57
Corton Bressandes Grand Cru (2009年以後)	1.19
Corton Renardes Grand Cru (2009年以後)	0.51
Vosne-Romanée 1er Cru (自社では瓶詰めされず)	0.60
白	
Le Montrachet Grand Cru	0.68
Bâtard-Montrachet Grand Cru (自社では瓶詰めされず)	0.17

ゾー、エシェゾー、ル・モンラシェといった重要な特級畑を、19世紀から20世紀にかけて段階的に手に入れてきた。DRCは、上記に挙げた赤ワインの特級畑について、いずれも最大所有者である。ワインは現在、父アンドレ・ノブレの跡を継いだベルナール・ノブレが仕込んでいる。全房のブドウを使い（除梗はしない）、温度が高くなりすぎないようにしながら長いマセラシオンを経る。DRCのワインは、ブルゴーニュでもっとも華麗だというだけでなく、まちがいなく洗練のきわみである。先祖のジャック＝マリー・デュヴォー＝ブロシェは、適熟のブドウを得るために遅く摘むのを流儀としていたが、現代の子孫たちもこの哲学をかなりしっかりと守っている。

ラ・ロマネ＝コンティ　特級　フィロキセラ以前の時代から生き延びてきたブドウは、1947年から48年にかけて植え替えられ、ワインの生産が再開されたのは1952年である。かつてクロ・デ・クルーという名であったこの畑は17世紀にロマネと改名され、コンデ公（コンティ公）が1760年に購入したあと、名前に「コンティ」がつけ加えられた。コンティ公は極上のワインを求め、自分と身内だけが飲めるようにしていた。ワインライター、評論家たちは何世紀にもわたって、ラ・ロマネ＝コンティをブルゴーニュで最上の畑だと記してきている。

ラ・ターシュ　特級　ドメーヌが6.06haあるラ・ターシュの大半を手に入れたのは1933年で、その後レ・ゴディショの小さな区画をいくつか交換し、この畑は今の姿になった。特級畑が連なる斜面中

腹の帯状部分の、一番高いところから一番低いところへ伸びている畑なので、テロワールが複雑になっている。ロマネ＝コンティよりもきらびやかなワインだが、タンニンを含むすべての側面が調和するには最低でも10年はかかる。

リシュブール　特級　この畑の半分弱（8.03ha中の3.51ha）がドメーヌ・ド・ラ・ロマネ＝コンティに属しており、いくつかの区画に分かれている。常に頑強なワインで、ロマネ・サン＝ヴィヴァンよりも色が濃いが、同じぐらいにエレガントというわけでは必ずしもない。樹齢は現在平均45年である。1946年までは所有面積の約三分の一が自根で、2種類のキュヴェが造られていた。通常品のリシュブールと、「リシュブール・ヴュー・セパージュ（Richebourgs Vieux Cépages 古いブドウのリシュブール）」とラベルに書かれた特別品である。第二次世界大戦が終わり、古木が引き抜かれて植えかえられる際には、同じ時期に植え替えをしていたロマネ＝コンティの畑から苗木が採られた。

ロマネ・サン＝ヴィヴァン　特級　所有面積は5.28haあり、ひとまとまりの区画になっている。かつてはマレ＝モンジュ家が所有していたものだが、1966年以降はDRCが栽培・醸造を請け負っており、1988年には所有権も移った。たいへんに洗練されたスタイリッシュなワインで、厳めしいリシュブールよりもラ・ロマネ＝コンティとの共通点のほうが多いだろう。

グラン・エシェゾー　特級　ドメーヌ・ド・ラ・ロマネ＝コンティは全部で9.14haあるグラン・エシェゾーの3.53haを所有している。土壌は、斜面上方に位置するル・ミュジニから流れ落ちてくる土の影響を受けるので、ここのワインはエシェゾーと比べて年ごとの差が小さく、若干肉付きがよい。所有区画は畑の北端にあり、クロ・ド・ヴジョに隣接している。

エシェゾー　特級　DRCのエシェゾーは、この特級畑内で最上の小区画（リュー・ディ）のひとつと目されている、レ・プレレールの区画のブドウがほとんどである。硬い石灰岩の基岩の上にはほとんど表土がなく、ブドウは常にたやすく熟する。ヴィンテージによっては、DRCが造るほかの特級畑産ワインに勝ることもある。私の記憶に強く残っているのは、栄えある1986年である。

コルトン　特級　2009年に、ドメーヌは故プランス・ド・メロードの持つ最良の畑を3カ所手にいれた。ブレサンド、ルナルド、クロ・デュ・ロワで、合計2.27haになる。どんな形で市場に出されるか、つまりブレンドされて1銘柄になるか、畑ごとに瓶詰めされるかはまだわからないし、どんなラベルになるかもはっきりしていない〔2012年2月に発売された初ヴィンテージの2009年については、3つの畑のブドウがブレンドされた1銘柄のワインとなっている〕。

ル・モンラシェ　特級　DRCは、この畑のシャサーニュ村側に、3つの区画（1963年、65年、80年にそれぞれ購入）を所有しており、面積は合計0.67haである。この偉大な畑で一番遅く摘み取りをするのが常で、しかるべき豪華さを追求してのことである。遅く摘んでも、必要な酸はいつも保たれているように思われる。栓を開けてすぐには遅摘みのニュアンスが見られるが、グラスやデキャンターの中で時間が経つにつれて、畑本来の壮麗なる個性がおのずとあらわれてくる。

ドメーヌ・エマニュエル・ルジェ　Domaine Emmanuel Rouget

エマニュエル・ルジェは、アンリ・ジャイエの妻マルセル・ジャイエ（旧姓ルジェ）の甥である。現在フラジェ＝エシェゾーに住むエマニュエルは、かつてジャイエ三兄弟（アンリ、ジョルジュ、リュシアン）のものだった畑を耕している。息子のニコラが父ルジェの手伝いをしており、もうひとりの息子ギヨームも家業に関心を示している。ワインはアンリ・ジャイエのスタイルを踏襲したものだが、おそらくは同じ高みには達していない。几帳面さの問題か、畑仕事のうまさの違いなのかはわからないが、とはいえ、それでもワインは息を

ドメーヌ・エマニュエル・ルジェの所有畑

	ha
Echézeaux Grand Cru	1.43
Vosne-Romanée 1er Cru Beaumonts	0.26
Vosne-Romanée 1er Cru Cros Parantoux	0.77
Vosne-Romanée	1.20
Nuits-St-Georges Lavières	0.60
Savigny-lès-Beaune	0.33
Côte de Nuits-Villages Les Chaillots	0.25

飲むほどすばらしいし、古酒市場で高値をつけ続けてもいる。赤系果実風味の強い甘美なワインで、オーク風味もはっきりと感じられる。

ブドウは畑とセラーの両方で選別され、除梗後、低温浸漬を経て発酵へと進む。エマニュエル・ル

ジェはピジャージュよりもルモンタージュを好む。熟成樽はフランソワ・フレール社とタランソー社製である。ACブルゴーニュ赤には1年使用樽が使われるが、ACヴォーヌ=ロマネでは新樽50％、同じ村名でもACサヴィニ=レ=ヴォーヌとニュイ=サン=ジョルジュは新樽100％、1級畑・特級畑も100％である。

エシェゾー　特級　ブドウ樹は3ヵ所の区画、レ・トゥルー、クロ・サン=ドニ、レ・クリュオに分かれている。市場に出るルジェのエシェゾーには、ラベルがわずかに異なる2種類があって、ひとつは彼自身のもの、もうひとつはジョルジュ・ジャイエの名が入ったものである。

ヴォーヌ=ロマネ1級　クロ・パラントゥー　この畑に厚みのある果実味をもつワインを期待するのは見当はずれである。クロ・パラントゥーは斜面上部の畑であり、最初のひと口で感じるのはほとんどが純粋なミネラル風味なのだ。そのあと、さまざまな種類の果実風味があらわれる。赤系果実もあれば黒系果実もあるのだが、それぞれがしかるべき場所に収まっていて、折り目正しいワインだと感じるだろう。ワインを舌の上で転がせば転がすほど味が出てくる。瓶熟成を経ると、豊かでまろやかになっていく。

ドメーヌ・ジャン・タルディ　Domaine Jean Tardy
疲れを知らないこの栽培家は今、息子のギヨームに跡を譲りつつある。また、これまで分益耕作人として世話をしてきた畑を返さねばならなくなった。たとえば、メオ=カミュゼのニュイ=サン=ジョルジュ・バ・ド・コンブやクロ・ド・ヴジョがそうである。とはいえ、減った分はエシェゾー、ジュヴレ=シャンベルタンといった畑で埋め合わせされている。2010年からは、ニュイ=サン=ジョルジュ・オー・ザルジラが加わった。

村の外にいる造り手たち
誰もがヴォーヌ=ロマネに畑を持ちたがるが、ほとんどの村人は己の「宝石」をしっかりつかんではなさない。例外といえば、たいていがエシェゾーの畑となる。ほかでは、ルイ・ラトゥール、ドメーヌ・ド・ラルロ、デュジャックがロマネ・サン=ヴィヴァンを、ティボー・リジェ=ベレールがリシュブールを、デュジャック、ユドロ=ノエラ、ド・モンティーユがレ・マルコンソールをいくらか持っている。

nuits-st-georges
ニュイ=サン=ジョルジュ

村名格ニュイ=サン=ジョルジュ	175ha
1級畑	147ha

小さなニュイ=サン=ジョルジュの町は、「コート・ド・ニュイ」に地名を貸しているほどだが、自らの独自性をうち立てるのには苦労してきた。1849年に鉄道が通ると、ここの駅名は、その先の駅であるニュイ・スー・ラヴィエールと区別するためにニュイ・スー・ボーヌとされてしまい、地元民の嘆くところとなった。1892年、2年越しの運動がかなって、ようやくニュイ=サン=ジョルジュと改称することの許可が出た。町でもっとも著名なブドウ畑の名を付したのである。
ジュール・ヴェルヌは『月世界旅行』のなかで、主人公を「すてきなニュイ」のワインで祝福させた。1971年には、アポロ15号乗務員が月面のクレーターに「サン=ジョルジュ」と命名し、そこに瓶を埋めたりしたものだから、宇宙航行との縁はさらに深くなった。いまニュイには「サン=ジョルジュ・クレーター広場」がある。
1963年、ルイ14世の侍医ギィ=クレサン・ファゴン博士は、王の憂鬱気質がシャンパーニュに含まれる酒石（酸）のせいであるとし、代わりにブルゴーニュのワインを処方したが、それにはコート・ド・ボーヌよりもとりわけニュイの古酒が選ばれた。のちにドニ・モルロが著した、権威ある『統計 コート・ドールのブドウ畑』（1831年）では、ファゴンが救いの手をさしのべるまで、ニュイのワインにはそれらしい名声がなかったことがうかがえる。18世紀のクロード・アルヌー（1728年）、ルイ=テオドール・エリサン（1766年）といった作家は、長命であるとか健康増進の利点があるといってニュイのワインを褒めたたえた。
ニュイ=サン=ジョルジュにはグラン・クリュの畑はないが、レ・サン=ジョルジュの昇格を提議しようという企てがある。さらに以下のとおりの畑があって、1級畑を大別すると3つに分かれる。まず北側のヴォーヌ=ロマネに連なるのが、

オー・アルジラ、ブド、ブスロ、シェニョ、シャン・ペルドリ、クラ、ダモド、ミュルジェ、アン・ラ・ペリエール・ノブロ、リシュモヌ、トレ、ヴィーニュロンド。この一群にはかなり優れたワインがあり、ことにヴォーヌ゠ロマネとの村境に近づくと、ニュイの典型たるがっしりとした骨組みはそのままに、隣村ゆずりのえもいわれぬ優美な感じがきわだってくる。

ニュイ゠サン゠ジョルジュの南側はアペラシオンの中核で、以下の畑を擁する。レ・カイユ、シャブッフ、シェヌ・カルトー、クロ、ペリエール、ポワレ、プーレット、プロセ、プリュリエ、オー・プリュリエ、ロンシエール、リュ・ド・ショー、レ・サン゠ジョルジュ、ヴァレロ、ヴォークラン。この区域ではたいへん濃厚で力強いニュイがみられる。

アペラシオンの南端にゆくとワインはおおむね軽めになるが、実際ここはプレモーの村で、レ・ザルジリエール、クロ・ド・ラ・マレシャル、クロ・アルロ、コルヴェ、コルヴェ・パジェ、ディディエ、フォレ、グランド・ヴィーニュ、ペルドリ、テール・ブランシュがある。ここでは重さや力を抽出しようとすると、荒削りなタンニンが出てきてしまうので、熟練の技が求められる。

ニュイ゠サン゠ジョルジュ 1 級畑　Nuits-St-Georges Premiers Crus

ジュール・ラヴァルによるこの村についての格付けは、ほかの村に比べていささかわかりづらい。彼はまず、特級畑と1級畑とを合わせて110haになると述べたうえで、この合計になるような2グループのブドウ畑を挙げる。第2番目のグループについて彼は、「今でも第1等である」と前置きしながら、格下であるとした。そこで私は、博士の格付けとして、特級グループのワインに†、1級グループに‡の印を付した。プレモーの村のブドウ畑は「別格」「1級」「2級」……と分類した。

オー・アルジラ　Aux Argillats
ACs：ニュイ゠サン゠ジョルジュ 1 級畑およびニュイ゠サン゠ジョルジュ
L：1級畑‡　R：2級畑　JM：1級畑　　　　　　　　　　　　　　　　　　1.89ha*

粘土質の土壌からその名がついたオー・アルジラは（argilleは粘土）、ニュイの町のすぐ北、ムーザンの谷の入口にある。オー・アルジラに対して、村名ワインの区画はレ・ザルジラという。こうした名称だけでなくプレモーにもクロ・デ・ザルジリエールの畑があるところをみると、コート・ドールでもこのあたりの粘土質が顕著であることがうかがえる。ドメーヌ・ガヴィネのワインが優れている。
　　　　　　　　　　　　　　　　　　　　　*このほかに同名の村名格の畑が7.80haある。

オー・ブド　Aux Boudots
AC：ニュイ゠サン゠ジョルジュ 1 級畑
L：特級畑†　R：特級畑　JM：別格1級畑　　　　　　　　　　　　　　　　6.30ha

オー・ブドはレ・ダモドの真下、ヴォーヌ゠ロマネ・マルコンソールに隣接し、18%とかなり勾配がきつく、小石を多くかんだ土壌は水はけがよい。中央部の表土近く走る岩盤は、ドメーヌ・ジャン・グリヴォの耕作馬に牽かせる鋤を2度まで壊してみせた。エティエンヌ・グリヴォはこれをダイナマイトで爆破しようかと思案している。

ブドは明らかにニュイ゠サン゠ジョルジュではあるのだが、隣人ヴォーヌ゠ロマネとのあいだにかなりの類似点がみてとれる。ワインは目がさめるようで、はりが強く、官能的でさえあり、エティエンヌ・グリヴォによれば「響きあうよう」だという。明るく、花を思わせるような芳香をもちながら、味わいには黒い果実の風味がただよう。大きな地所をもつのはドメーヌ・グリヴォ、ドメーヌ・ルロワ、ドメーヌ・メオ゠カミュゼの3者で、いずれもブルゴーニュ屈指の造り手たち。このほかにミュヌ、JJコンフュロン、ルイ・ジャドが優れている。

オー・ブスロ　Aux Bousselots
AC：ニュイ=サン=ジョルジュ1級畑
L：1級畑‡　R：2級畑　JM：1級畑　　　　　　　　　　　　　　　　　　　4.24ha

オー・ブスロは斜面中腹の下方、255～280mあたりに位置し、ムーザンの谷から運ばれた粘土質を多く含む。畑の名は、小さなこぶを意味するブスロに由来。柔らかくまるみのあるワインで、近づきやすいタイプのニュイ=サン=ジョルジュといえる。ドメーヌ・ショーヴネ、ロベール・シュヴィヨン、ガヴィネ、ルグロ、ルモリケらが優れる。

レ・カイユ　Les Cailles
AC：ニュイ=サン=ジョルジュ1級畑
L：特級畑†　R：特級畑　JM：別格1級畑　　　　　　　　　　　　　　　　7.11ha

地元のウズラ（cailleはウズラ）のことを指しているのではなく、小石だらけという意味の畑。同一の等高線上でレ・サン=ジョルジュとじかに隣接し、土壌と岩石組成もきわめて近いため、レ・カイユはレ・サン=ジョルジュそのものとほぼ同一視される。レ・サン=ジョルジュを特級に昇格させるならばレ・カイユも一緒だという栽培農家もいるだろう。代表的な造り手はロベール・シュヴィヨン、レシュノー、ミシュロら。

レ・シャブッフ　Les Chabœufs
AC：ニュイ=サン=ジョルジュ1級畑
L：1級畑‡（シャビオとして格付けか）　R：1級畑　JM：1級畑　　　　　　　2.80ha

小石だらけの赤茶色の土壌をもつシャブッフは、レ・カイユの真上の、わずかに冷涼な立地にある。最上の畑に数えあげられることはないとはいえ、堅実なニュイ=サン=ジョルジュを生む場所といえる。おもな造り手はJJコンフュロン、ガヴィネ。

オー・シェニョ　Aux Chaignots
AC：ニュイ=サン=ジョルジュ1級畑
L：1級畑‡　R：1級畑　JM：1級畑　　　　　　　　　　　　　　　　　　　5.86ha

ブドウ畑の名称には樹木がよく登場するが、シェニョでいえば小さなオークの木を意味する。アメリカのワイン評論家マット・クレイマーは、鉄分の多い鉱石を指す方言に由来する名称だというが、典拠はつまびらかでない。ニュイの北側、標高250～280mの畑は、斜度が8～20%とまちまちである。ピエール・グージュによれば、彼のニュイ南側のブドウ畑に比べ堆積土砂が多く、大昔ムーザンの小川に押し流されてきた細かな砂利をたくさん含むという。ほかに有力な造り手として、ジョルジュ・ミュニュレ、ロベール・シュヴィヨン、ジョゼフ・フェヴレ、アラン・ミシュロがいる。

シェーヌ・カルトー　Chaines Carteaux
AC：ニュイ=サン=ジョルジュ1級畑
L：1級畑‡　R：2級畑　JM：1級畑　　　　　　　　　　　　　　　　　　　2.53ha

ニュイの村の南端、レ・サン=ジョルジュの真上にある小さな1級畑。きつい斜面で土壌は軽く、東を向いているがほんのわずか北寄りである。名称の由来は未詳だが、シェーヌの語はchênes（オーク）の転訛らしく、最有力の造り手アンリ・グージュのラベルにはこの語が用いられている。

オー・シャン・ペルドリ　Aux Champs Perdrix
AC：ニュイ=サン=ジョルジュ1級畑
L：1級畑‡　R：2級畑　JM：1級畑　　　　　　　　　　　　　　　　　　　0.73ha*

ヴォーヌ側の斜面最上部にある畑。かつては低木の繁る小石だらけのやせた土地で、ヤマウズラ（perdrix）が群棲していた。ここに表土が乏しいのも当然といえる。したがってワインはニュイの典型である濃厚なプラム風味をもたず、骨ばったものとなる。アラン・ミシュロの作は特に好感がも

てる。　　　　　　　　　　　　　　＊このほかに同名の村名格の畑が0.55haがある。

クロ・デ・ザルジリエール／レ・ザルジリエール　Clos des Argillières / Les Argillières
AC：ニュイ=サン=ジョルジュ1級畑
L：1級畑　R：1級畑　JM：1級畑　　　　　　　　　　　　　　　　**4.22ha***

プレモーにある東向きの優れた畑。今日の主要な造り手はパトリス・リオンで、彼は地底の岩の組成調査のため、この畑をあちこち11ヵ所にわたり孔を穿った。上方部分には白色魚卵石が見られるものの、そのほかのところにはピンク色を帯びたプレモー大理石が分厚く横たわり、50~80cmの表土——名称の由来たる粘土質（argille＝粘土）が強い——がこれを覆っている。生まれるワインは、プレモー産ニュイの模範で、ほどよい深さの果実味にタンニンがのり、造りがよければ優れた背骨をもつが、タンニンを抽出しすぎて果実の味がかすんでしまうこともある。ドメーヌ・アンブロワーズ、デュルイユ=ジャンティアルも優れた造り手。　＊このほかにレ・ザルジリエールが0.22haがある。

クロ・アルロ／クロ・ド・ラルロ　Clos Arlot / Clos de l'Arlot
AC：ニュイ=サン=ジョルジュ1級畑
L：1級畑　R：1級畑　JM：1級畑　　　　　　　　　　　　　　**5.45ha**（本文参照）

道路から見るとまことに風変わりな眺めのブドウ畑で、左右両側からハンモックが沈み込んだように地面がへこんでいる。これは自然に陥没したこともあるが、19世紀かそれ以前に採石場だったせいでもある。

クロ（石囲いされた畑）全体はドメーヌ・ド・ラルロが単独所有し、建物と敷地、採石場などを合わせて7haになる。ピティオとプポンの地図鑑には5.45haと記載されているが、実際のブドウ畑は約4ha（赤2.10ha、白1.91ha）で、現在ここから白2種類、赤2種類の4点のワインが生まれる。クロ・ド・ラルロは1939年から1951年にかけて植樹された、道路まぢかのやや平坦なところの古樹で造られる。斜面上手の若い樹からは、現在ニュイ=サン=ジョルジュ・ル・プティ・アルロ が造られる。

クロ中断の区画は白ブドウ用で、シャルドネと、申しわけ程度に3~4%ピノ・ブーロが植わる。さらに白だけの平地の区画もあるが、これは建物に隠れて道路からは見えず、ジェルボット小路によってクロ・ド・ラ・マレシャルと隔てられている。

私は前所有者時代のワインを飲んだことがないが、今日造られるワインには、ジャック・セイスの流れをくむ全房発酵の刻印が明らかである。明るい色調、果梗由来のスモーキーな香り、苺のような柔らかい風味が。だが、ドメーヌのほかのワインと比べたとき、クロ・ド・ラルロの軽くかぐわしい資質から、つい早飲みに適したワインと思えてしまう。あるいは、このワインが樽の中でさえ開いた色をしているので、そう思えるのかもしれない。だが、その実、クロ・ド・ラルロは意外なほどよく熟成し、さして色変わりしないばかりか、着実にかぐわしさと安定感を増してゆく。白ワインもよく熟成する。若いうちは、少しあか抜けないところがあるが、数年もすればそれも収まり、風格が備わってくる。

クロ・ド・ラ・マレシャル　Clos de la Maréchale
AC：ニュイ=サン=ジョルジュ1級畑
L：1級畑（クロ・デ・フルシェと同格）　R：1級畑　JM：1級畑　　　　　**9.55ha**

1902年以降ミュニエ家が所有する畑だが、1950年から2003年の収穫まで、ジョゼフ・フェヴレ社に賃貸されてきた。ここがミュニエ家に返還された日、畑入口に掲げられた看板「Clos de la Maréchale Faiveley」は「Clos de la Maréchale Jacques-Frédéric Mugnier」に掛け替えられた。ミュニエはこれを用意した職人が、laのaの字を裏返してとりつけてしまったのに気づいたが、意に介さずワインのラベルもこれと同じに印刷してしまった。

フレデリック・ミュニエは、ラ・マレシャルというのが誰を指すのか知らないが、地元筋によると、ラヴァルの時代、クロ・デ・フルシェといっていたブドウ畑を、第二帝政期（1852-1870）の元帥（マレシャル）の奥方が所有していたという。一方で、1851年にはマレシャルの名があったという異説もある。

マット・クレイマーは「フェヴレの作風は固い長命なワインに向き、このプレモーの畑は、まるで調教の行き届いた馬にうまくムチをあてたように、するどく反応する」[1]と記す。フェヴレが造っていた当時であれば私も同感だが、彼の説をもってクロ・ド・ラ・マレシャルの総括とすることには異議がある。というのも、この畑はフレデリック・ミュニエの優雅な手綱さばきのほうに、格段に優れた反応を見せているからだ。1948年産の白のクロ・ド・ラ・マレシャルに満足したフレデリックは、ときをおかず、再び手中にした畑の上部右隅(北側)の区画に、シャルドネを接ぎ木した。今では別の小さな区画にもシャルドネを接いでいる。

クロ・サン゠マルク　Clos St-Marc
AC：ニュイ゠サン゠ジョルジュ 1級畑
L：1級畑　R：1級畑　JM：1級畑　　　　　　　　　　　　　　　　　　　　0.93ha

公的にはレ・コルヴェの一部だが、実際はクロ・デ・ザルジリエールに0.93haくいこんだ格好の畑。以前はブシャール・ペール・エ・フィスが生産と販売をおこなってきたが、今はドメーヌ・ミシェル＆パトリス・リオンが単独所有する。

ブシャール、リオン両代のクロ・デ・ザルジリエールとクロ・サン゠マルクとを並べて試飲する機会があったが、結果はよく似ていた。クロ・デ・ザルジリエールは強い骨格に細身の肉づきという、プレモーのワインの典型だが、クロ・サン゠マルクには、あふれてはじけるような味わいがあり、奥深い風味と濃厚な果実味によって、ずっと格が高く感じられる。

どうしてこうなるのだろうか。パトリス・リオンがクロ・サン゠マルクでおこなった土質調査は、まったく異なる性格を明らかにした。地表から母岩までの深さが、たいてい50~80cmなのに対し、この区画だけは(道路際を除けば)3mもあり、これはつまり、上方で浸食されてきた物質が、歳月をかけて斜面の「お腹」にいっぱい詰まったのである。そこはスポンジの役割も果たし、保水力があるので、乾燥した年でも干上がることがない。土壌はカルシウムとケイ素に富み、これらすべてが相まって、ニュイ゠サン゠ジョルジュの銘醸地たりえている。

クロ・デ・フォレ・サン゠ジョルジュ　Clos des Forêts St-Georges
「レ・フォレ」の項目(243頁)を参照。

クロ・デ・グランド・ヴィーニュ　Clos des Grandes Vignes
「レ・グランド・ヴィーニュ」の項目(246頁)を参照。

クロ・デ・ポレ・サン゠ジョルジュ　Clos des Porrets St-Georges
「レ・ポワレ／ポレ」の項目(247頁)を参照。

オー・コルヴェ　Aux Corvées
AC：ニュイ゠サン゠ジョルジュ 1級畑
L：準特級畑　R：特級畑　JM：1級畑　　　　　　　　　　　　　　　　　　　7.54ha

ニュイ゠サン゠ジョルジュのプレモー地区にあって、3つの副区画からなる。クロ・サン゠マルク(0.93haドメーヌ・ミシェル＆パトリス・リオンの単独所有)、クロ・デ・コルヴェ(5.13haドメーヌ・プリューレ゠ロックの単独所有)、クロ・デ・コルヴェ・パジェ(1.48ha)。コルヴェの語は、ひと働きというほどの意味で、軍隊で使う雑役とか労役とかに近い。プレモーの人々はこの場所で領主にこき使われていたのだろう。

---

1) Matt Kramer, Making Sense of Burgundy, William Morrow, New York, 1990, pp.253-254　邦訳はマット・クレイマー著『ブルゴーニュワインがわかる』　阿部秀司訳、白水社 p.181

レ・コルヴェ・パジェ　Les Corvées Pagets
AC：ニュイ＝サン＝ジョルジュ1級畑
L：準特級畑　　R：特級畑　　JM：1級畑　　　　　　　　　　　　　　　1.48ha

プレモー側にあるオー・コルヴェの副区画で、筆頭の生産者はロベール・アルヌー。ドメーヌ・ド・ラ・ヴュジュレはひと樽造るのがやっとである。クロ・サン＝マルクをふくめた面積は2.33haになる。

オー・クラ　Aux Cras
AC：ニュイ＝サン＝ジョルジュ1級畑
L：1級畑‡　　R：特級畑　　JM：1級畑　　　　　　　　　　　　　　　3.00ha

ニュイ＝サン＝ジョルジュの北端、ヴォーヌ＝ロマネ側にあって、オー・ミュルジェ、オー・ブドにはさまれる、たいへん優れた立地だが、ワインを見かけることはめったにない。ドメーヌ・ラマルシュとクラヴリエが造る。

レ・クロ　Les Crots
ACs：ニュイ＝サン＝ジョルジュ1級畑およびニュイ＝サン＝ジョルジュ
L：1級畑‡　　R：2級畑　　JM：1級畑　　　　　　　　　　　　　　　4.02ha*

窪地を意味するクルー(creux)のブルゴーニュ訛(なま)りで、幸い、動物の落とし物(クロット crottes)とは無関係。ブドウ畑はニュイのすぐ南の山すそ、オート・コートの村ショーに向かう道路の真上にある。畑の中ほどにある温室館のような建物がリュペ＝ショーレのシャトー・グリ。この1級畑に所有する2.86haの区画から生まれるワインは、実際レ・クロではなく「シャトー・グリ」と表示されている。　　　　　　　　　　　　　　　　　　*このほかに同名の村名格の畑が1.67haある。

レ・ダモド　Les Damodes
ACs：ニュイ＝サン＝ジョルジュ1級畑およびニュイ＝サン＝ジョルジュ
L：記載なし　　R：2級畑　　JM：1級畑　　　　　　　　　　　　　　　8.55ha*

レ・ダモドは「ご婦人たち」と訳せるが、巫女になぞらえる向きもある。畑はニュイ＝サン＝ジョルジュ北端の斜面上部(280〜340m)にあり、ヴォーヌ＝ロマネの村名畑レ・ダモドに連なっている。だがニュイ＝サン＝ジョルジュのレ・ダモドの評価は高く、エジュラン・ジャイエ、ショーヴネ、フェヴレ、レシュノー、ルモリケ、ジャイエ・ジル、ドメーヌ・ド・ラ・ヴュジュレら有力な造り手が多い。
レ・ダモドの畑はプレモー式ピンク大理石の塊の上に、細かな砂利が堆積して表土を形成している。ワインは甘い果実の風味をもつことが多く、雨の少ない年にはプルーンを感じさせることもある。タンニンにはニュイ＝サン＝ジョルジュ然とした角がなく、ヴォーヌ＝ロマネ風の繊細なものである。
　　　　　　　　　　　　　　　　　　*このほかに同名の村名格の畑が4.27haある。

レ・ディディエ　Les Didiers
AC：ニュイ＝サン＝ジョルジュ1級畑
L：準特級畑　　R：特級畑　　JM：1級畑　　　　　　　　　　　　　　　2.45ha

プレモーの北端にあるこの畑はオスピス・ド・ニュイが全所有権を有し、3通りのキュヴェが造られる。ファゴン(Fagon)、カベ(Cabet)、ジャック・デュレ(Jacques Duret)。レ・ディディエとはおそらく前所有者名に由来する名称だろう。褐色粘土に白色魚卵岩がごろごろ混ざる表土の下に、コンブランシャン石灰岩の硬い岩床が横たわっている。この土壌はプレモー側のどの畑よりも、ニュイの町をまたいだレ・サン＝ジョルジュのほうによほど似ている。

レ・フォレ／クロ・デ・フォレ・サン＝ジョルジュ　Les Forêts / Clos des Forêts St-Georges
AC：ニュイ＝サン＝ジョルジュ1級畑
L：準特級畑　　R：特級畑　　JM：1級畑　　　　　　　　　　　　　　　7.11ha

プレモーで存在感を示すこの畑はドメーヌ・ド・ラルロが単独所有し、ずっと先にあるクロ・ド・ラル

ニュイ＝サン＝ジョルジュ
Nuits-St-Georges

- Premiers Crus
- Appellation Nuits-St-Georges
- Appellation Côte de Nuits-Villages

1 Aux Pertuis Maréchaux
2 Aux Croix Rouges

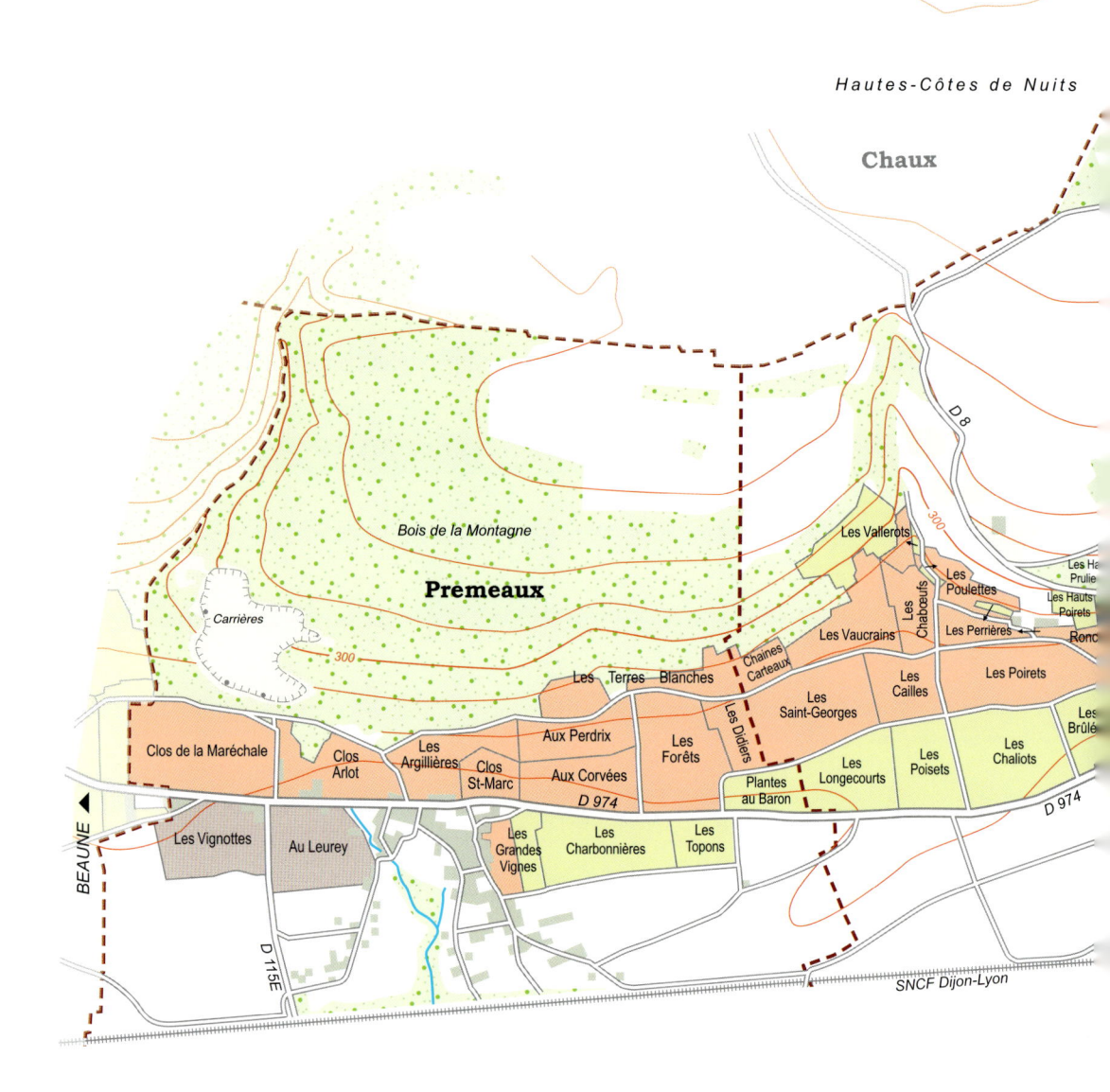

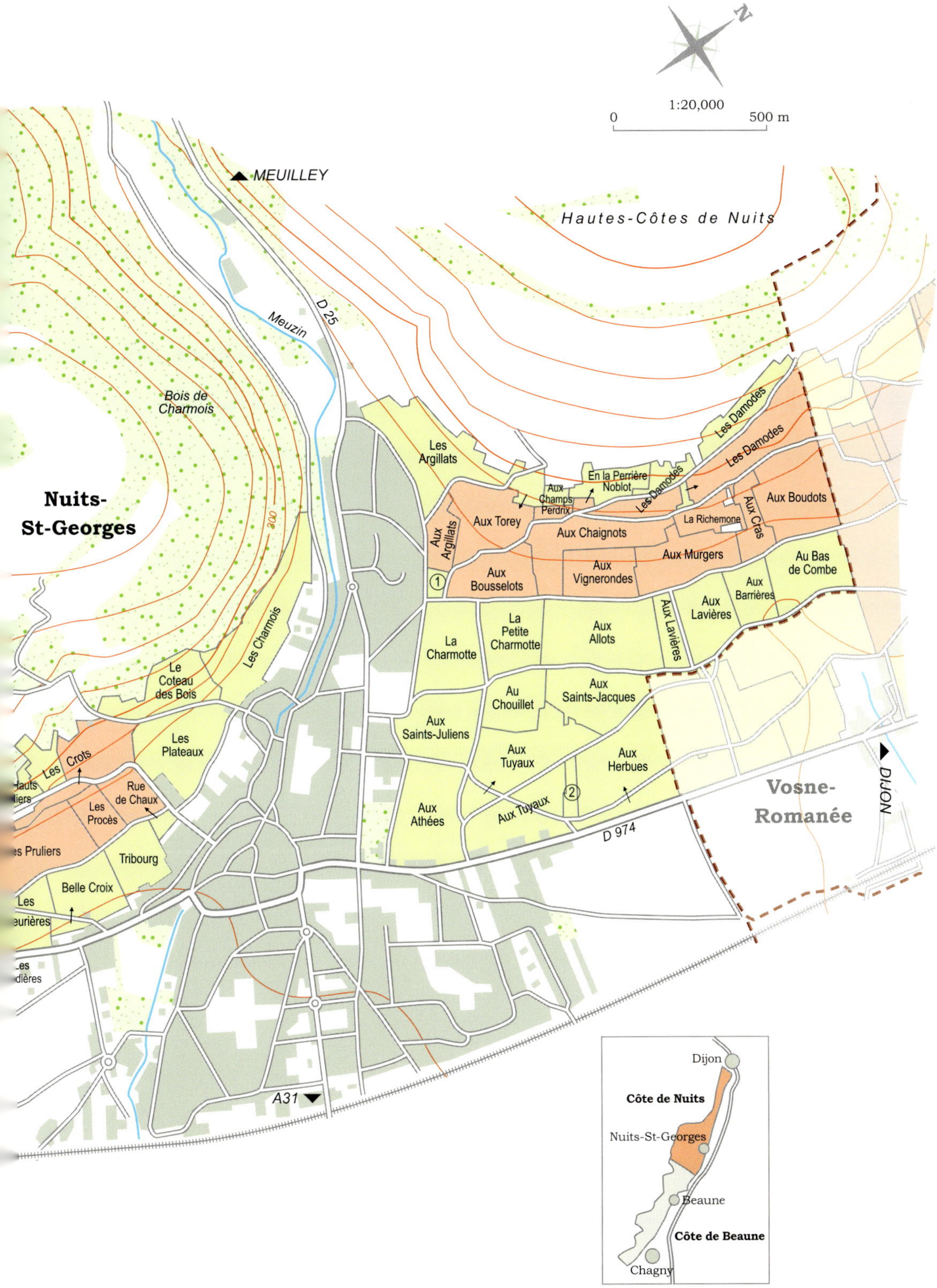
N
1:20,000
0
500 m
MEUILLEY
Hautes-Côtes de Nuits
Meuzin
D 25
Bois de Charmois
Nuits-St-Georges
300
Les Argillats
En la Perrière Noblot
Aux Champs Perdrix
Les Damodes
Les Damodes
Les Damodes
Aux Boudots
Aux Torey
Aux Argillats
La Richemone
Aux Cras
Aux Chaignots
Aux Murgers
Au Bas de Combe
Aux Bousselots
Aux Vignerondes
Aux Barrières
Aux Lavières
Aux Lavières
1
La Charmotte
La Petite Charmotte
Aux Allots
Les Charmois
Le Coteau des Bois
Au Chouillet
Aux Saints-Jacques
Aux Saints-Juliens
Les Plateaux
Les Crots
Aux Tuyaux
Aux Herbues
2
Aux Tuyaux
Rue de Chaux
Les Procès
Aux Athées
D 974
Vosne-Romanée
DIJON
Tribourg
Belle Croix
A31
Dijon
Côte de Nuits
Nuits-St-Georges
Beaune
Côte de Beaune
Chagny

ロのワインよりも色濃くボディの強い、また優れて長命なワインを生む。50〜60cmの表土の下に、やはり同じ深さの砂礫層があり、その下に母岩が横たわる。

畑の下方では粘土質が強く、斜度もいたってゆるくなり、ここだけレ・プティ・プレ（Les Petits Plets）と言い習わされる。現在1986〜1989年植樹の若木が生え、ワインは1999年までニュイ＝サン＝ジョルジュとして売られていたが、のちにニュイ＝サン＝ジョルジュ・プルミエ・クリュとなり、今では同じくプルミエ・クリュ・プティ・プレの名で出ている。

レ・グランド・ヴィーニュ　Les Grandes Vignes
ACs：ニュイ＝サン＝ジョルジュ1級畑およびニュイ＝サン＝ジョルジュ
L：2級畑　R：2級畑　JM：村名格あるいは1級畑　　　　　　　　　　2.21ha*

この1級畑の一部分はクロ・デ・グランド・ヴィーニュの名をもち、2005年エティエンヌ・ド・モンティーユがドメーヌ・トマ＝モワイヤールから買い、シャトー・ド・ピュリニ＝モンラシェに売却した。畑はD974号線の下側にある両コートで唯一の1級畑だが、これは道路がプレモーの民家を避けて山側に迂回しているためで、畑には何ら恥じるところはない。石塀はすっかり修復されたが、それでも私は3度もここに自動車で突っこみそうになった。

クロ・デ・グランド・ヴィーニュを造るのは古樹からのブドウに限られ、若木のうち0.5haには、2009年シャルドネの台木に接ぎ木された。　　　　*このほかに同名の村名格の畑が1.62haがある。

オー・ミュルジェ　Aux Murgers
AC：ニュイ＝サン＝ジョルジュ1級畑
L：特級畑†　R：特級畑　JM：1級畑　　　　　　　　　　　　　　　4.89ha

ミュルジェというのは原野やブドウ畑から押し流された石がたまった場所を指し、かつては小屋を造るのにその石を使ったという。この畑の評価が非常に高いことの理由として、すぐれた造り手がそろっていることを挙げたい。ドメーヌ・ベルターニャ、ユドロ＝ノエラ、カティアール、コンフュロン＝コティド、メオ＝カミュゼらである。

オー・ミュルジェはヴォーヌ＝ロマネ側の緩斜面にあり、やや明るい色の土壌をもち、中層部では砂と砂利を多く含む。ワインにはニュイ＝サン＝ジョルジュならではの濃厚さがあり、いかほどかヴォーヌ＝ロマネ風の優雅さももち、きまって優れた酸味をそなえるようだ。

オー・ペルドリ　Aux Perdrix
AC：ニュイ＝サン＝ジョルジュ1級畑
L：1級畑　R：1級畑　JM：1級畑　　　　　　　　　　　　　　　　3.49ha

畑を単独所有するドメーヌ・デ・ペルドリはアントナン・ロデ社の傘下にあったが、ドゥヴィヤール家の手中に収まった。プレモー地区、上にオー・コルヴェ、下にレ・テール・ブランシュという立地にあり、ニュイ北側のオー・シャン・ペルドリとは別物である。

2006年以降、第二次大戦直後に植えつけた古樹の区画から、レ・ユイット・ウーヴレ（Les 8 œuvrées）が別に仕込まれるようになった。名称はこの区画の面積（1ウーヴレ＝0.0428ha、8ウーヴレ＝0.3424ha）で、ちょうど1/3haに相当する。

アン・ラ・ペリエール・ノブロ　En la Perrière Noblot
ACs：ニュイ＝サン＝ジョルジュ1級畑およびニュイ＝サン＝ジョルジュ
L：記載なし　R：2級畑　JM：村名格　　　　　　　　　　　　　　0.30ha*

丘陵上部のわずかな区画は1級畑に格付けされ、残りは村名格である。ドメーヌ・ベルトラン・マシャール・ド・グラモンはこの村名ワインを造るが、プルミエ・クリュとして造られたものを見たことはない。
　　　　　　　　　　　　　　　　　　　　　*このほかに同名の村名格の畑が2.06haがある。

レ・ペリエール　Les Perrières
ACs：ニュイ＝サン＝ジョルジュ1級畑およびニュイ＝サン＝ジョルジュ
L：1級畑‡　R：1級畑　JM：1級畑　　　　　　　　　　　　　　　　　　2.47ha*

畑名の由来となった採石場は今も稼働中で、ブルゴーニュにおいて仕事が地上でなく地下という稀少な例だが、上がブドウ畑とあってはしかたがない。大理石を切り出すのは重労働だが、極上の品質で知られる。
　軽い造りの優れた赤を造り出すのは、ショーヴネ、シュヴィヨン、グージュ、ルグロ、フォレら。ドメーヌ・アンリ・グージュはここでピノ・ブランから白のペリエールを造る。

　　　　　　　　　　　　　　　　　　　　＊このほかに同名の村名格の畑が0.22haがある。

レ・ポワレ／ポレ（ポレ・サン＝ジョルジュ）　Les Poirets / Porrets（Porrets St-Georges）
AC：ニュイ＝サン＝ジョルジュ1級畑
L：特級畑†　R：特級畑　JM：1級畑　　　　　　　　　　　　　　　　　　7.35ha

「r」はひとつだけでもよい。かつてはPoiretsと綴られたことをみると、その昔、きっと洋梨（poire）栽培の好適地だったのだろう。ブドウ畑の一部はクロ・デ・ポレ・サン＝ジョルジュと称し、ドメーヌ・アンリ・グージュの単独所有。ほかに著名な造り手として、ジョゼフ・フェヴレとアラン・ミシュロがいる。ブドウ樹はやや深い砂利がちな土壌に育つが、そのおかげでニュイ＝サン＝ジョルジュでも有数のみごとなワインが生まれる。若いうちはきつく引きしまった骨組みを見せ、たいへん力強い。野生味を帯びた香りには、プラムとか赤い果実というより、リコリス（甘草の一種）やジビエの匂いがただよう。

レ・プーレット　Les Poulettes
ACs：ニュイ＝サン＝ジョルジュ1級畑およびニュイ＝サン＝ジョルジュ
L：1級畑‡　R：1級畑　JM：1級畑　　　　　　　　　　　　　　　　　　2.13ha*

小さく、やや平坦な畑ではあるが、標高は高い。町からかなり離れているので、養鶏（poulet＝鶏）の跡をうかがわせるものは何もない。私はこの畑のワインを試飲した覚えがないが、ドメーヌ・ガショ＝モノ、ドメーヌ・ド・ラ・プーレットが造っており、どちらもコルゴロアンに本拠がある。

　　　　　　　　　　　　　　　　　　　　＊このほかに同名の村名格の畑が0.13haがある。

レ・プロセ　Les Procès
AC：ニュイ＝サン＝ジョルジュ1級畑
L：1級畑‡　R：1級畑　JM：1級畑　　　　　　　　　　　　　　　　　　1.35ha

畑の周辺でよほど訴訟沙汰（process＝訴訟）が多かったのかと思わせるが、判じものとはいえ、ほかに説明のすべを知らない。畑は東を向き、傾斜はゆるやかである。著名な造り手はドメーヌ・アルヌー＝ラショーとジョゼフ・ドルーアン。

レ・プリュリエ　Les Pruliers
AC：ニュイ＝サン＝ジョルジュ1級畑
L：特級畑†　R：特級畑　JM：1級畑　　　　　　　　　　　　　　　　　　7.11ha*

昔はプラムの木の生える場所だったのであろう。斜面はゆるいが、畑上方ではやや急となる。ことに畑の南端で小石が目立つが、隣接するロンシエールよりは粘土質が強い。グリヴォ、シュヴィヨン、グージュらが有力な造り手。　　　　　＊このほかにレ・プロセが0.57haがある。

レ・オー・プリュリエ　Les Hauts Pruliers
ACs：ニュイ＝サン＝ジョルジュ1級畑およびニュイ＝サン＝ジョルジュ
L：プリュリエとの区別なし　R：2級畑　JM：1級畑　　　　　　　　　　　0.40ha*

オート・コートの村、ショーに行く道の下にある細長い区画が1級畑に格付けされている。ドメーヌ・

ダニエル・リオンのワインはここから生まれる。レ・プリュリエによく似るが、わずかに軽い。

*このほかに同名の村名格の畑が3.53haがある。

ラ・リシュモヌ　La Richemone
AC：ニュイ=サン=ジョルジュ1級畑
L：1級畑‡　R：1級畑　JM：1級畑　　　　　　　　　　　　　　　　　　　1.92ha

上にダモド、下と南側にミュルジェを見る小さな1級畑で、10〜12％の勾配がある。人を惹きつけるここのワインは比較的早熟といわれる。主な造り手はアラン・ミシュロ、ドメーヌ・ペロ=ミノで、両者でこのブドウ畑の三分の二を占める。

ロンシエール　Roncière
ACs：ニュイ=サン=ジョルジュ1級畑およびニュイ=サン=ジョルジュ
L：1級畑‡　R：1級畑　JM：1級畑　　　　　　　　　　　　　　　　　　　0.97ha

ブドウが植えつけられるまで、この場所はイバラ（ronceraie）が繁茂していたようだ。淡い色の表土の下には白色魚卵岩と砂利化した泥板岩が混在し、畑のきつい勾配は20度に達する。石による反射熱のおかげで雨はいつもすばやく乾く。ブドウが早く熟する立地ゆえ、ワインはガリーグ［garrigue 灌木の生える荒地を意味する南仏特有の地勢。香草と石の風味を指すとされる］の匂いをかすかに帯びることがあり、言うなれば地中海風のニュイ=サン=ジョルジュか。ドメーヌ・グリヴォ、シュヴィヨン、ルグロらが優れる。

リュ・ド・ショー　Rue de Chaux
AC：ニュイ=サン=ジョルジュ1級畑
L：記載なし　R：1級畑　JM：1級畑　　　　　　　　　　　　　　　　　　　2.12ha

オート・コートのショーの村へ上る曲がり道で畑が囲い込まれている。やや低地にある畑から生まれるワインは、ほどほどの濃さに典型的な黒い果実の風味をもつ。すぐれた造り手はアンブロワーズ、ショーヴネ、ルモリケら。

レ・サン=ジョルジュ　Les St-Georges
AC：ニュイ=サン=ジョルジュ1級畑
L：特級畑†　R：特級畑　JM：別格1級畑　　　　　　　　　　　　　　　　　7.52ha

モルロ博士は、レ・サン=ジョルジュこそはニュイ筆頭のブドウ畑であると力説する。今日、この畑がおそらく最上という点で大勢は一致しているが、隣接するカイユ、ヴォークランと並べたとき、差はごくわずかでしかない。またヴォーヌ=ロマネ側の端にある畑についても同じことが言える。レ・サン=ジョルジュの特級昇格を請願する一件がどう推移するかを見守るのは、たいへん興味深い。地元でよく耳にする見解は、ニュイにもグラン・クリュがあればすばらしいし、もうその資格がある、というものだが。ではヴォークランとカイユはなぜそうでないのか。

確かに、レ・サン=ジョルジュはニュイの1級でもっとも濃厚で、はりのあるワインであり、濃褐色の粘土質土壌により重さが、そこに小石が遍在することで水はけの良さとミネラルの風味がもたらされている。タンニンは明瞭だが強い肉づきに隠される。

ドメーヌ・アンリ・グージュは1.08ha、ティボー・リジェ=ベレールは2.10haも所有する。ほかの生産者にフォレ、シュヴィヨン、フェヴレ、ミシュロ、ルモリケらがいる。

レ・テール・ブランシュ　Les Terres Blanches
AC：ニュイ=サン=ジョルジュ1級畑
L：記載なし　R：記載なし　JM：村名畑あるいは1級畑　　　　　　　　　　　0.91ha

この畑の大部分は、1980年代に森が開墾されてできたもの。もともと公的にはコート・ド・ニュイ=ヴィラージュと格付けされる土地だったが、昇格の可能性を調査した委員会は1級の地位に相当す

ると裁定した。単にACニュイ=サン=ジョルジュへと昇格させるほうが妥当だったと思われるのだが。赤はいかつい部類のワインだが、白はたいへん興味深く、ドメーヌ・ダニエル・リオンとミシェル＆パトリス・リオンがピノ・ブランとシャルドネの混醸で造るものがある。

オー・トレ　Aux Torey / Aux Thorey
AC：ニュイ=サン=ジョルジュ1級畑
L：特級畑†　R：特級畑　JM：1級畑　　　　　　　　　　　　　　　　　　　5.00ha

オー・トレの細かい砂利の表土は、魚卵岩つまりコンブランシアン石灰岩が浸食されて上の丘陵から下ってきたものである。南と東の両面を向くすばらしい立地は、ジュヴレのクロ・サン=ジャックにも通じる。

ドメーヌ・トマ=モワイヤールはこのブドウ畑の大半を、その中核たるクロ・ド・トレごと所有していたが、2005年ドメーヌ・ド・モンティーユとデュジャックに売却した。ド・モンティーユは畑の一部を保有したが、肝心のクロ・ド・トレはデュフルール・ペール・エ・フィスに転売され、同社が経営権をアントナン・ロデに売ると、今度はロデがジャン=クロード・ボワセに吸収されてしまった。

ほかの生産者としてはショーヴネ=ショパンと、2006年以降はシルヴァン・カティアールがいる。

レ・ヴァレロ　Les Vallerots
ACs：ニュイ=サン=ジョルジュ1級畑およびニュイ=サン=ジョルジュ
L：記述なし　R：2級畑　JM：村名格　　　　　　　　　　　　　　　　　　　0.87ha＊

レ・シャブッフの上手にある小さな2区画は1級に格付けされている。ドメーヌ・シャンタル・レスキュルはこれを0.77haとほぼ単独所有する。北東を向く広い区画は村名格である。

　　　　　　　　　　　　　　　　　　　　　　　　　　＊このほかに同名の村名格の畑が8.26haある。

レ・ヴォークラン　Les Vaucrains
AC：ニュイ=サン=ジョルジュ1級畑
L：特級畑†　R：特級畑　JM：別格1級畑　　　　　　　　　　　　　　　　　　6.20ha

深い色、強壮で長命なニュイ=サン=ジョルジュを生む畑として人気があり、その造り手もドメーヌ・アンブロワーズ、ショーヴネ、シュヴィヨン、グージュ、ミシュロらがいる。レ・サン=ジョルジュの真上という立地にあり共通点も多いが、畑の上方では勾配がおよそ15％とかなり険しい。これほどの厚みのある果実味がなかったとしたら、よほどミネラル的要素が顕著になるだろう。

土壌はおそろしくやせて（名称は「無価値」の意）、ピエール・グージュによればブドウ以外の何が育つのかわからないという。

オー・ヴィーニュロンド　Aux Vignerondes
AC：ニュイ=サン=ジョルジュ1級畑
L：1級畑‡　R：2級畑　JM：1級畑　　　　　　　　　　　　　　　　　　　　3.84ha

ニュイの北側、レ・ブスロとオー・ミュルジェのあいだにある畑は、標高250〜270mの斜面中腹に位置し、傾斜は10度もない。畑上方の区画は硬いプレモーの大理石だが、下方は泥灰土で、ジュラ紀中期の貝殻堆積泥土をともなう。

ワインは柔らかなまるみのあるブスロの個性に通ずるところがあり、ヴォーヌ=ロマネらしきフィネスを見せるミュルジェとは異なる。オスピス・ド・ニュイ=サン=ジョルジュは1ha近くを所有するが、ほかにもルロワ、フェヴレ、ミュヌレ=ジブール、ダニエル・リオンらが名高い。

村名格ニュイ=サン=ジョルジュ
Village vineyards: appellation Nuits-St-Georges

D974号線のすぐ上には、ニュイの町の南から村名畑が帯状に連なっていて、プレモーに入るところで県道の下側にまわる。山側の急峻な斜面にも村名畑は広がり、ただでさえ東向きの立地に加えて、やや北向きという畑もある。ニュイの反対側には、1級畑の連なる斜面の下、起伏のある台地に村名畑が広々と横たわっているが、丘陵上方のろくに表土のない辺りにも細い帯状の村名畑がある。

オー・アロ / オー・ザロ　Aux Allots　　　　　　　　　　　　　　　　　　　　7.96ha
粘土質の強い土壌は、小さな泉から湧き出す水を含み、ボディのたっぷりしたワインを生む。畑の名はこの水（à l'eau 湿った／ア・ロー）に由来するのかもしれない。この種の土壌は保水力があって乾燥した年には強いが、雨の多い年では裏目に出る。ドメーヌ・ルモリケ、ルロワ、ベルトラン・マシャール・ド・グラモンらが造る。

オー・アテ / オー・ザテ　Au Athées　　　　　　　　　　　　　　　　　　　　7.16ha
フェヴレがワインを造るこの畑は、ニュイの町を北に出ると、最初に右手にあらわれる。シャンボールのレ・ザテと同じく、開拓地を指すケルト語に由来する名称と思われる。

オー・バ・ド・コンブ　Au Bas de Combe　　　　　　　　　　　　　　　　　　5.43ha
ニュイの北端、ヴォーヌ=ロマネに入る手前のブドウ畑。メオ=カミュゼはジャン・タルディとの分益耕作契約が終了し、広い地所をとりもどした。ジャン=ニコラ・メオの見るところ、ワインの質は村名格と1級との中間で、スタイルもヴォーヌ=ロマネとニュイ=サン=ジョルジュとの中間にあり、それはニュイ1級のオー・ブドの下、ヴォーヌ=ロマネ・オー・レアの上という位置どりから、地図を見ただけでもかなり明白だという。バ（低い）、コンブ（谷間／リュー=ディ）といった語はブルゴーニュでは下に見られるので、魅力的な土地名がついていればもっと知名度が上がったであろうに。事実、谷間にはブドウ畑の下隅が落ちこんでいるだけである。

レ・シャルモワ　Les Charmois　　　　　　　　　　　　　　　　　　　　　　9.54ha
丘陵がムーザン川の谷間で北東に向きを変えるあたりで、この畑はニュイの町並みに押し込まれているようだ。カミーユ・ロディエやエミール・グリヴォ、その仲間たちは、タストヴァン騎士団発足当時、日曜日には酒瓶を抱えてレ・シャルモワ裏の丘で日がな過ごしたものだという。グリヴォは新鮮味とミネラル感のあるワインを造っている。

ラ・シャルモット　La Charmotte　　　　　　　　　　　　　　　　　　　　　5.42ha
ほとんどすべての村にシャルムと名のつく畑があるが、ニュイ=サン=ジョルジュでは小型版かつ単数形。ティボー・リジェ=ベレールの村名ワインはここから造られる。

クルー・フレーシュ・オー　Creux Fraiches Eaux
「冷たい水溜まり」と聞くと、赤の銘酒を生むとはとうてい思えない。事実、ドメーヌ・シャンタル・レスキュルがその小さな地所から造るのも、白のニュイ=サン=ジョルジュなのだが、土地の公簿台帳をみても場所は特定できない。オー・ペルテュイ・マレショーの一部ででもあろうか。

レ・フルリエール　Les Fleurières　　　　　　　　　　　　　　　　　　　　3.85ha
ニュイの町を出てボーヌに向かうところで、右手にカヴォー・デ・フルリエールという酒屋があり、その裏手の畑。ジャン・ジャック・コンフュロンとドミニク・ミュヌレはともに村名ワインをこの畑から造る。

レ・グランド・ヴィーニュ　Les Grandes Vignes　　　　　　　　　　　　　　　　　　　1.62ha

1級畑クロ・ド・ラ・グランド・ヴィーニュに接するが、格付けは村名畑。ダニエル・リオンとシルヴァン・ロワシェは畑名をもつワインを造っている。

オー・ラヴィエール　Aux Lavières　　　　　　　　　　　　　　　　　　　　　　　　5.97ha

1級畑ミュルジェの下にある畑で、評価は高い。ラヴィエールの南端は立ち上がってオー・ザロに連なる。優れた立地ゆえ、ドメーヌ・ジャン・グリヴォ、ルロワ、フェヴレ、ペロ=ミノ、ダニエル・リオンらはいずれも畑名をもつワインを造る。

オー・サン=ジュリアン　Aux Sts-Juliens　　　　　　　　　　　　　　　　　　　　5.67ha

サン=ジョルジュでサン=ジュリアンとはややこしいことだが、サン=ジャックという畑もある。ダニエル・ボクネ、ドメーヌ・ド・モンティーユ、オスピス・ド・ニュイには、いずれもレ・サン=ジュリアンの名をもつワインがある。畑はオー・ザテの上でラ・シャルモットの下、共同墓地の隣にある。

レ・ポワゼ　Les Poisets　　　　　　　　　　　　　　　　　　　　　　　　　　　　4.85ha

1級畑レ・カイユの真下にあるブドウ畑で、その優れた可能性はドメーヌ・アルヌー=ラショーがよく発揮させているところである。

レ・ヴァレロ　Les Vallerots　　　　　　　　　　　　　　　　　　　　　　　　　　8.26ha

ヴォークランの上、ほとんど真東を向く畑だが、ごくわずかに北向きかもしれない。ドメーヌ・ベルトラン・マシャール・ド・グラモンは斜面最上部の2haを開墾、整地して2000年に植樹した。きわめて砂利がちな土壌には石灰岩片が多い。

主要生産者

ベルトラン・アンブロワーズ　Bertrand Ambroise

18世紀にさかのぼるドメーヌだが、家業が盛んになったのは、1987年に当主ベルトラン・アンブロワーズの代になってからである。いまドメーヌは17haの地所をもち、有機農法に転換中であり、あわせてネゴシアンとしてのワインも造る。完熟したブドウから色濃く力強いワインを造るが、それに見合うふんだんな新樽を用いる。赤はニュイ゠サン゠ジョルジュを主力として、クロ・ド・ヴジョ、コルトンもあり、白はサン゠トーバンからコルトン゠シャルルマーニュまである。

ドメーヌ・ド・ラルロ　Domaine de l'Arlot

1987年、アクサ・ミレジムは、ジャン゠ピエール・ド・スメの働きかけでプレモーのドメーヌ・ジュール・ベランを買収した。同時に両者は業務遂行のために5対5の割合による持株会社を設立し、この関係は2006年にジャン゠ピエールが引退しアクサが全株式を取得するまでつづいた。もともとドメーヌは3つの単独所有畑、コンブラシアンのクロ・デュ・シャポー、ドメーヌが本拠を置く

ドメーヌ・ド・ラルロの所有畑	
	ha
Romanée St-Vivant Grand Cru	0.25
Vosne-Romanée 1er Cru Les Suchots	0.85
Nuits-St-Georges 1er Cru Clos des Forêts St-Georges	7.20
Nuits-St-Georges 1er Cru Clos de l'Arlot（赤・白）	4.00
Côte de Nuits-Villages Clos du Chapeau（単独所有）	1.55
Côte de Nuits-Villages Aux Leureys Blanc	0.26

クロ・ド・ラルロ、クロ・デ・フォレ・サン゠ジョルジュから成っていた。1991年、ロマネ・サン゠ヴィヴァンのわずかな畑を手に入れ、翌年にはヴォーヌ゠ロマネ・レ・スショを買い、ドメーヌの総面積は14haまでになった。1998年にはオリヴィエ・ルリシュが研修で業務に加わった。のちに彼はフルタイムで雇用され、2006年ジャン゠ピエールの跡を継いだ。ブドウ畑は2000年以降部分的に、2003年以降は全面的に、ビオディナミにより耕作されている。

ワインに始まり醸造所のレイアウトに至るまで、ここにはドメーヌ・デュジャックの影響がはっきり認められる。ドメーヌ・デュジャックのジャック・セイスは、ジャン゠ピエールの旧友かつ庇護者だからである。畑には選果台が、集果場には振動テーブルが備わっている。果梗はできるかぎり残すが、クロ・ド・ラルロではクロ・デ・フォレほど用いられない。ドメーヌは自前の樽材を買い入れ、2〜3年乾燥させ、樽業者レモンに組み上げてもらう。新樽はクロ・ド・ラルロで約40％、クロ・デ・フォレとロマネ・サン゠ヴィヴァンではそれよりやや多くなる。

クロ・ド・ラルロとクロ・デ・フォレの若木は別々に醸造、瓶詰めされ、それぞれル・プティ・アルロ、1級のレ・プティ・プレになる。また、クロ・ド・ラルロの一部からは白のセカンド・ワインが造られ、ニュイ゠サン゠ジョルジュ・ブラン・ラ・ジェルボットの名で売られる。

クロ・デ・フォレ・サン゠ジョルジュ1級　若いうちはクロ・ド・ラルロより愛想がよく、濃く鮮やかな色をしているが、その個性の全容はクロ・ド・ラルロほどには明瞭に表れてこないようだ。香りには果実の力が強く、燻香は控えめである。このワインもたいへんよく熟成する。

クロ・ド・ラルロ1級　このブドウ畑にはもっと親しんで、その真価をみる必要を感じる。ジャン゠ピエール・ド・スメはドメーヌ着任当初、その美点を軽視するようなところがあったのだが、引退しようという頃に、虜(とりこ)になった。ワインは樽の中にあってさえ色調が薄くなりがちで、かなり育ったあとでも変わらない。果実味は探す必要があるほどだが、なぜか芳香はあとをひき、味わった後でも思いもよらぬほど長く続く。瓶詰め後も同じことがいえ、10年、15年にわたって骨組みと複雑さを身につけてゆく。

ジャン゠クロード・ボワセ　Jean-Claude Boisset

18歳の若者のとき、ジャン゠クロード・ボワセはわずかなワインで商売をはじめた。3年後、ジュヴレ゠シャンベルタンのレ・ゼヴォセルに最初のブドウ畑を買ったが、そこは植えつけと整地を要した。この樹は今日ドメーヌ・ド・ラ・ヴジュレの一部となっている。ときは経ち、商取引の部門は目ざま

しい急成長をとげ、1985年、メゾン・ジャン＝クロード・ボワセ社はブルゴーニュのネゴシアンとして第1号の上場企業となった。

カリフォルニアとカナダなど、外国のワインビジネスに手を出すこともあり、これらでは息子ジャン＝シャルル・ボワセと娘ナタリー・ベルジュ＝ボワセが実権を握りつつある。

ボワセは何十年にもわたって、数多くのブルゴーニュ企業を買収し、そのなかで脱落した競合他社を、各部門の新人としてきた。ごく最近では2009年9月にアントナン・ロデを傘下に収めた。

多岐にわたる買収によって手中にしたブドウ畑は、1999年にボワセ家の畑に編入されたが、それ以前、ブドウ畑はニュイ＝サン＝ジョルジュのすぐ南、プレモーに本拠を置くドメーヌ・クロディーヌ・デシャンの下にあった。新ドメーヌは改名して、後述のとおりドメーヌ・ド・ラ・ヴジュレとなった。

ジャン＝クロード・ボワセのネゴシアン銘柄は、価格本位の量販型ワインらしく当たり障りのな

ボワセの傘下会社	創立年	本社	買収年
Charles Vienot	1735	Nuits	1982
Pierre Ponnelle	1875	Beaune	1982
Thomas Bassot	1850	Nuits	1982
Charles Gruber	1949	Nuits	1983
Lionel J Bruck	1807	Nuits	1983
P de Marcilly	1849	Nuits	1986
Morin	1822	Nuits	1987
Bouchard Aîné	1750	Beaune	1992
E. Delaunay	1893	Nuits	1992
Jaffelin	1816	Beaune	1992
F. Chauvenet	1853	Nuits	1993
Charles de Fère	1980	Nuits	1994
Chevalier	1920	Nuits	1994
Ropiteau Frères	1848	Meursault	1994
Cellier des Samsons	1984	Beaujolais	1996
Louis Violland	1910	Beaune	1996
J. Moreau	1814	Chablis	1997
Louis Bouillot	1877	Nuits	1997
L'Héritier Guyot	1845	Nuits	1997
Mommessin	1865	Beaujolais	1997
Thorin	1843	Beaujolais	1997
Rodet	1875	Chalonnais	2009

い内容として軽く見られがちだったが、企業哲学をあらため、2002年には醸造家グレゴリー・パトリアを迎え入れたことで、こうしたワインも品質本位という本流に加わるようになった。

ドメーヌ・ジャン・ショーヴネ　Domaine Jean Chauvenet

創立者ジャン・ショーヴネを義父にもつクリストフ・ドラグが造りだすのは、ニュイ＝サン＝ジョルジュ1級の名品揃いである。すぐれた色調で果実味あふれ、各テロワールを反映している。たいていレ・ヴォークランがひときわ優れているが、まるみのあるブスロから、澄んで、強壮、ミネラルあふれるヴォークランに至るまで、どのワインも個々のブドウ畑の個性を表してい

ドメーヌ・ジャン・ショーヴネの所有畑	
	ha
Nuits-St-Georges 1er Cru Aux Argillats	0.17
Nuits-St-Georges 1er Cru Damodes	0.28
Nuits-St-Georges 1er Cru Bousselot	0.55
Nuits-St-Georges 1er Cru Rue de Chaux	0.24
Nuits-St-Georges 1er Cru Les Perrières	0.23
Nuits-St-Georges 1er Cru Vaucrains	0.41
Nuits-St-Georges St-Jacques	1.10
Nuits-St-Georges Aux Allots	0.82
Nuits-St-Georges Lavières	0.36
Nuits-St-Georges	6.80
Vosne-Romanée	0.31

ロベール・シュヴィヨン　Robert Chevillon

現在家業にあたるのは跡を継いだベルトランとドゥニのシュヴィヨン兄弟だが、実際にドメーヌの版図を築いたのは先代のロベールである。ただし、その父モーリスもすでに自前のワインを売っていた。ドメーヌ・アンリ・グージュと同様、シュヴィヨンもニュイ＝サン＝ジョルジュの中心部にすばらしい1級畑をずらりと持っている。だがワインの作風はかなり異なり、つねに果実味の強い、心そそる優品を生んできた。最上の畑のものは非常に長命でもある。

耕作はリュット・レゾネ（減農薬栽培）によりおこなわれる。ブドウは100％除梗され、低温浸漬をほどこして通算3〜5週間発酵槽におかれる。その後、ワインは樽で18ヵ月寝かされるが、すべての1級はそのうち3割が新樽で、マロラクティック発酵ののちに澱引きされる。

ニュイ＝サン＝ジョルジュ1級　レ・ヴォークラン　おそろしく濃密な力強いニュイ＝サン＝ジョルジュ。

シュヴィヨン家ではレ・サン＝ジョルジュのあとに出されるというのもうなずける。区画はブドウ畑の下方で傾斜のゆるいところである。

ニュイ＝サン＝ジョルジュ１級　レ・プリュリエ　たいていまるくなるのに長期間を要し、ヴォークランに迫る力をもつが、そこまでの風格はない。どっしりした飲み応えと、とても長く続く味わいを期待できる。

ロベール・シュヴィヨンの所有畑

	ha
Nuits-St-Georges 1er Cru Les St-Georges	0.63
Nuits-St-Georges 1er Cru Les Vaucrains	1.55
Nuits-St-Georges 1er Cru Les Cailles	1.19
Nuits-St-Georges 1er Cru Les Perrières	0.53
Nuits-St-Georges 1er Cru Les Pruliers	0.61
Nuits-St-Georges 1er Cru Les Chaignots	1.53
Nuits-St-Georges 1er Cru Les Bousselots	0.65
Nuits-St-Georges Vieilles Vignes	3.27

ジャン＝ジャック・コンフュロン　Jean-Jacques Confuron

1988年からドメーヌを営むアラン・ムニエとソフィー・ムニエは、ジャン＝ジャック・コンフュロンの娘婿と娘である。8haの地所は1991年以降有機農法で耕作されている。ブドウ畑は古樹の比率の高さに利するところが大きく、とりわけACシャンボール＝ミュジニとロマネ・サン＝ヴィヴァン（1929年の植え付け）が顕著である。

ブドウは（ドメーヌ・コンフュロン＝コトティドと異なり）除梗され、短めの発酵期間のあいだ、ピジャージュはするが、空気接触をさけてルモンタージュはしない。アラン・ムニエは発酵後には絶対にマセラシオンをさせないが、それはマセラシオンによって果皮

ジャン＝ジャック・コンフュロンの所有畑

	ha
Romanée St-Vivant Grand Cru	0.50
Clos de Vougeot Grand Cru	0.52
Nuits-St-Georges 1er Cru Boudots	0.30
Nuits-St-Georges 1er Cru Chaboeufs	0.48
Chambolle-Musigny 1er Cru	0.35
Chambolle-Musigny	1.15
Nuits-St-Georges Les Fleurières	1.23
Côte de Nuits-Villages Les Vignottes	1.26
Côte de Nuits-Villages La Montagne	0.63

がアルコールにさらされると、果実の新鮮味とテロワールの持ち味が損なわれると感じるからだ。樽はレモンとルソーから仕入れ、通常50～75％、グラン・クリュでは100％の新樽を用いる。

2002年、コート・ド・ニュイ＝ヴィラージュ　ラ・モンターニュが加わったが、2007年改植で抜根されたため、一時的にリストからはずれた。シャンボール＝ミュジニ１級は、シャテロとフスロットとのブレンド。シャンボール＝ミュジニはパ・ド・シャ、ル・フールのいずれも古樹と、植樹から日の浅いレ・コンドメンヌとのブレンドからなる。

ニュイ＝サン＝ジョルジュ１級　シャブッフ　所有区画は1957年の植樹で、ワインは堅固で力強く、すぐれた構成をもち、最低でも５年の瓶熟成を要する。

シャンボール＝ミュジニ１級　ワインの三分の二はレ・シャテロが占め、ともに古樹から、隣接するレ・フスロットとブレンドして造られる。シャンボールらしい優美さがあるが、熟成に耐える地力と骨組みがある。

メゾン・ジ・フェヴレ　Maison J. Faivelay

高名をはせるこの会社がニュイ＝サン＝ジョルジュに本社を構えたのは、1825年にピエール・フェヴレが創業したときからである。その子ジョゼフは家業に自らの名を冠し、初代フランソワ、ジョルジュ、（タストヴァン騎士団創立の顔役）、そしてつづくギィはコート・シャロネーズに手を拡げた。これを継いだフランソワは最近引退し、今は息子で1979年生まれのエルワンが当主に就いた。

代がかわったことは、経営統括者ベルナール・エルヴェの就任とあいまって、事業拡大指向に待ったをかけるものだった。フェヴレが支配下におくブドウ畑はすでに相当な規模に拡張していて、ドメーヌ・アニック・パラン（ポマール、ヴォルネ、モンテリ）、ドメーヌ・モノ（特級畑ビヤンヴニュ＝バタール＝モンラシェとバタール＝モンラシェを含むピュリニ＝モンラシェのさまざまなブドウ畑）を買い、さらにドメーヌ・マトロ＝ウィッターシェイム（ムルソー、ブラニ）とも耕作契約を結んでいたからだ。

こうした買収はコート・ド・ボーヌにおいてフェヴレが占める位置を非常に大きくし、製品の中で白

ワインの占める割合もおのずと増大した。フェヴレの造る白ワインの作風について、私見を明言するのは尚早だろう。

2007年以降、畑の耕作はジェローム・フルーの指揮下、個別のチームによる分担制となった。ブドウは完全に除梗し、上級ワインは新しい木製槽で、下位ワインは円錐形のステンレスタンクで発酵させる。フランソワの時代に比べ、抽出度は目だたなくなったが、醸造期間中は今も果汁にピジャージュをおこなう。とはいえ、最たる変革があったのは樽熟成庫で、樽の供給源がフランソワ・フレール、タランソーほか3社に代わった。新樽は1級と特級のワインに三分の二が用いられる。フェヴレの古風なワインは果実味を犠牲にしたかと思うほどどっしりとタンニンが強いことがあったが、2007年以降のワインは、ずっと新鮮味と果実味をそなえ、なおかつ本当の強さをもっている。

ここに掲げたワインのみならず、コート・シャロネーズに大規模な地所がある(551頁参照)。

コルトン クロ・デ・コルトン・フェヴレ 特級 新体制になってからこのワインは、しなやかで柔らかい味わいの奥に豊かな果実味をもつようになり、角張ったコルトンという悪例に染まっていない。フェヴレはこのワインをたいそう誇りにし、一連の2007年産の中でもシャンベルタン゠クロ・ド・ベーズのあとに供するほどである。

コルトン゠シャルルマーニュ 特級 フェヴレの所有区画は、ラドワの村内で東を向くル・ロニェのブドウ畑にある。体制の新旧によらずすばらしいワインで、重みとミネラル風味をもち、若いうちはほのかにバナナの果実味がよぎる。

メゾン・ジ・フェヴレの所有畑

赤	ha
Chambertin-Clos de Bèze Grand Cru	1.29
Mazis-Chambertin Grand Cru	1.20
Latricières-Chambertin Grand Cru	1.21
Clos de Vougeot Grand Cru	1.29
Musigny Grand Cru	0.03
Echézeaux Grand Cru	0.87
Corton Clos des Cortons Faiveley Grand Cru	3.02
Gevrey-Chambertin 1er Cru Combe aux Moines	1.20
Gevrey-Chambertin 1er Cru Les Cazetiers	2.05
Gevrey-Chambertin 1er Cru Champonnets	0.42
Gevrey-Chambertin 1er Cru Clos des Issarts	0.61
Gevrey-Chambertin 1er Cru Craipillots	0.14
Chambolle-Musigny 1er Cru Combe d'Orveau	0.26
Chambolle-Musigny 1er Cru Fuées	0.19
Nuits-St-Georges 1er Cru Les St-Georges	0.30
Nuits-St-Georges 1er Cru Les Porêts St-Georges	1.69
Nuits-St-Georges 1er Cru Aux Chaignots	0.73
Nuits-St-Georges 1er Cru Aux Vignerondes	0.46
Nuits-St-Georges 1er Cru Les Damodes	0.81
Beaune 1er Cru Clos de l'Ecu	2.37
Pommard 1er Cru Rugiens	0.51
Volnay 1er Cru Fremiets	0.74
Monthélie 1er Cru Les Duresses	0.37
Monthélie 1er Cru Les Champs Fuillot	0.28
Gevrey-Chambertin Les Marchais	1.08
Nuits-St-Georges Les Argillats	0.54
Nuits-St-Georges Les Lavières	1.07
Nuits-St-Georges	1.65
Ladoix	3.02
Pommard Vaumuriens	0.92
白	
Corton-Charlemagne Grand Cru	0.62
Bâtard-Montrachet Grand Cru	0.50
Bienvenues-Bâtard-Montrachet Grand Cru	0.51
Puligny-Montrachet 1er Cru Clos de la Garenne	0.19
Puligny-Montrachet	1.67

ドメーヌ・アンリ・グージュ　Domaine Henri Gouges

ドメーヌを営むのは初代アンリの孫で従兄弟同士のピエールとクリスティアンだが、ピエールの子グレゴリも次代を担うべく加入した。ワインは徹頭徹尾、長期熟成をめざして造られているので、若いうち不細工に見えるとしても気にすることはない。歴史に残る記録が2つある。まず、あまたのアペラシオンに格付け作業をしていた当時、初代アンリ・グージュはニュイ゠サン゠ジョルジュの村長だった。レ・サン゠ジョルジュは特級の最有力候補だったが、彼は自身がその主要所有者であったにもかかわらず、いや、そのゆえにこそか、村には特級に推せるブドウ畑がないと主張したのである。また彼の時代に、ピノのブドウ樹が赤から白に突然変異してピノ・グージュが生まれ、これをもとにドメーヌの白、ペリエールが植樹された。栽培家たちはここから穂木を分けてもらってきた。

1940年代、50年代に造られたワインはとてつもなく濃厚で、晩熟かつ長命なものだったが、大規模な改植計画を進めたことが仇となって、1970年代、80年代のワインは軽い作風になってしまった。今日、ピエールとクリスティアンは、再び力強く骨組みの強いワインを造りだしている。ブド

ウを仕込むのはセメントの発酵槽だが、仕込み期間は1997年や2003年ではたったの1週間、2006年は18日間、というように収穫年によって大きく異なる。発酵前はこれといった低温浸漬はおこなわないが、年により、除梗して軽く破砕したブドウがゆっくりとしか発酵を始めないことはある。熟成に用いる新樽は控えめで、18ヵ月寝かせるあいだ、二次発酵を経て澱引きを1回おこなう。

ドメーヌ・アンリ・グージュの所有畑	
赤	ha
Nuits-St-Georges 1er Cru Les St-Georges	1.08
Nuits-St-Georges 1er Cru Les Vaucrains	0.98
Nuits-St-Georges 1er Cru Clos des Porrets St- Georges	3.57
Nuits-St-Georges 1er Cru Les Pruliers	1.88
Nuits-St-Georges 1er Cru Les Chaignots	0.46
Nuits-St-Georges 1er Cru Chênes Carteaux	1.01
Nuits-St-Georges	3.20
白	
Nuits-St-Georges 1er Cru La Perrière Blanc	0.41
Nuits-St-Georges 1er Cru Clos des Porrets Blanc	n/a

ニュイ=サン=ジョルジュ1級 レ・サン=ジョルジュ 驚くほど濃密なワインで、果実味の深さも尋常ではない。そのおかげで、どう見てもヴォークランなみのタンニンがありながら、うまく隠れていて表に出ない。きわめて長期の熟成に向く。

ニュイ=サン=ジョルジュ1級 レ・ヴォークラン 1980年代に改植された樹と古樹からなる区画。かぐわしく心地よい果実味を早くから見せるが、それでも顕著なタンニンの支えがある。若いうちよりも熟成させて飲みたい。

ニュイ=サン=ジョルジュ1級 クロ・デ・ポレ・サン=ジョルジュ ドメーヌの単独所有畑で、ワインには黒い果実の風味がきわめて強く、カシス風とさえ言えるかもしれない。並はずれた濃密さから、さだめし瓶熟成させる甲斐があると思われる。

オスピス・ド・ニュイ　Hospices de Nuits

名高いオスピス・ド・ボーヌの思慮深い従弟のようなもので、競売会を11月ではなく翌年3月に開催するため、ワインがわずかでも落ち着いていることは買付けの決断をするうえでありがたい。

初代の施療院(オスピス)は1270年に建立されたが宗教戦争のさなかに破壊された。現存する最古の建築物は1692年にさかのぼるが、それはルイ14世が、ほかの地方機関を尻目に、すでに財政破綻していた施療院に寄進をおこなってまもない頃のことであった。20世紀にはいって、オスピスは老人ホームとなり、もはやハンセン氏病や結核患者の看護をすることはなくなった。

2001年に新しい醸造所が建ち、オスピスが所有する13ha足らずの畑のブドウはここで醸造されるようになった。ほぼすべてがニュイ=サン=ジョルジュで、単独所有の1級、ディディエもある。以下のキュヴェは2007年の収穫年時点のものである。

ニュイ=サン=ジョルジュ
　キュベ・グランジエ（Cuvée Grangier）　レ・マラディエール、レ・ブリュレ
　キュベ・ギヨーム・ラビ（Cuvée Guillaume Labye）　レ・ラヴィエール、バ・ド・コンブ
　キュベ・クロード・ポイアン（Cuvée Claude Poyen）　レ・サン=ジュリアン、レ・プラトー
　キュベ・デ・スール・オスピタリエール（Cuvée des Sœurs Hospitalières）　レ・フルリエール、プラントー・オー・バロン

ニュイ=サン=ジョルジュ1級畑
　レ・ブド、キュベ・メニ・ド・ボワソー（Les Boudots, Cuvée Mesny de Boisseaux）
　レ・コルヴェ・パジェ、キュベ・サン・ローラン（Les Corvées Pagets, Cuvée St Laurent）
　レ・ディディエ、キュヴェ・ファゴン（Les Didiers, Cuvée Fagon）
　レ・ディディエ、キュヴェ・カヴェ（Les Didiers, Cuvée Cabet）
　レ・ディディエ、キュヴェ・ジャック・デュレ（Les Didiers, Cuvée Jacques Duret）
　レ・ミュジェ、キュヴェ・ギヤール・ド・シャンジェ（Les Murgers, Cuvée Guyard de Changey）
　レ・ポレ、キュヴェ・アンティード・ミダン（Les Porets, Cuvée Antide Midan）
　リュ・ド・ショー、キュヴェ・カミーユ・ロディエ（Rue de Chaux, Cuvée Camille Rodier）
　レ・サン=ジョルジュ、キュヴェ・ジョルジュ・フェヴレ（Les St-Georges, Cuvée Georges Faiveley）
　レ・サン=ジョルジュ、キュヴェ・デ・シール・ド・ヴェルジ（Les St-Georges, Cuvée des Sires de Vergy）

レ・テール・ブランシュ、キュヴェ・サン・ベルナール・ド・シトー（Les Terres Blanches, Cuvée St Bernard de Cîteaux）

レ・ヴィニュロンド、キュヴェ・ベルナール・ドレクラシュ（Les Vignerondes, Cuvée Bernard Delesclache）

ニュイ＝サン＝ジョルジュ・ブラン1級畑

レ・テール・ブランシュ、キュヴェ・ピエール・ド・ペーム（Les Terres Blanches, Cuvée Pierre de Pêmes）

ジュヴレ＝シャンベルタン

レ・シャン・シェニ、キュヴェ・イレーヌ・ノブレ（Les Champs Chenys, Cuvée Irène Noblet）

メゾン・ラブレ＝ロワ　Maison Labouré-Roi

アルマンとルイのコタン兄弟は齢80代になり、本書執筆時点で、所有経営している会社の買い手を探していると聞く。クレール・フォレスティエに任せたテッレ・ダロームといった事業からは手を引いた。同社はフランス全土のワインを売り、ブルゴーニュでは、1999年にムルソーのルネ・マニュエルを買収するなど、さまざまな小ドメーヌと合弁事業を組むこともあった。

ドミニク・ローラン　Dominique Laurent

菓子職人の仕事をなげうってワインの世界に入り、小規模ネゴシアンを立ち上げた人物。初ヴィンテージは1988年だが、よくつくり込んだ高級な赤ワインでたちまち名声を得た。起業のきっかけになったのは、とあるボーヌの老栽培家と、議論百出の醸造家ギィ・アッカである。この両者のあいだで彼は、銘酒を造ることについての独自の思想を形成してゆく。彼が立ち上げた商標「Dom Laurent」のDomはドミニクの略称であり、ドメーヌだからではない。業態からして当然その表記は不適当だからである。だが、ごく最近、息子ジャンとともにドメーヌ・ローラン・ペール・エ・フィスを興すに至り、現時点でムルソー・ポリュゾとニュイ＝サン＝ジョルジュなどに6haを持ち、さらに3haを加える予定である。

ドミニク・ローランは、樽の品質がきわめて重要だということにすぐに気づき、論理的帰結として、自前の樽をつくるようになる。自分で選んだトロンセの板材のみを用い、最低3年（から7年）空気乾燥させる。樽に組み上げる経費をまかなうため、自分のワインに要する以上の樽をつくり、余りをブルゴーニュの限られたドメーヌと、諸外国の生産者に販売する。

初期に用いていた新樽200％の手法、すなわち澱引きまでを新樽でおこない、さらにまっさらな新樽に移すというやり方には諸説が飛び交い、好意的とは言いがたいものもある。最高のピノ・ノワールに彼が求めようとする肉づきの感じは、新樽からしか得られないとドミニクには思われるのだ。自作の樽を用いるようになってから、さほど新樽を必要としなくなってきたのは、長期間空気乾燥させたトロンセの樽が、ワインの仕込み1回ではへこたれないからである。

ドミニクの信条は次のようなものだ。仕事を知っている栽培家の畑に目星をつけ、すぐれた場所に、古樹の植わった区画を見つける。ワインは新年早々、（ある時は指示どおりに）仕込んだ造り手のもとから届けてもらう。そして新樽に移すのだが、絶対に澱引きはしない。もとの樽にあった澱とガスをすべて残すことが不可欠だからだ。そして瓶詰め直前まで亜硫酸を添加しない。

樽から試飲した2008年産は、ワインごとの違いがはっきりとあらわれ、新樽の過剰な影響がみられない。優品のなかでもエシェゾーとシャンベルタン＝クロ・ド・ベーズが特によい。

ドメーヌ・シャンタル・レスキュール　Domaine Chantal Lescure

1975年、シャンタル・レスキュールが開いたドメーヌだが、ブドウはラブレ＝ロワ社に買い上げられていた。彼女の没後、子であるエメリック・マシャール・ド・グラモンが跡を継ぐが、経営は醸造家フランソワ・シャヴェリアに委ねる。ニュイ＝サン＝ジョルジュ、ポマールのほかコート・ド・ボーヌの無名アペラシオンなどにかなり広い地所を持つ。

ティボー・リジェ＝ベレール　Thibault Liger-Belair

ヴォーヌ＝ロマネのリジェ・ベレール子爵の従弟にあたるティボーは、2001年にニュイ＝サン＝ジョルジュにある旧家伝来の地所を引き継ぎ、あちこちの分益耕作農家に貸していた畑を取り戻し、道

路のすぐ下に醸造所を借りた。一族（彼の分家）の至宝というべきリシュブール、クロ・ド・ヴジョ、ニュイ＝サン＝ジョルジュ・レ・サン＝ジョルジュにとどまらず、ほかの畑からも、また買いつけたブドウによるワインも造る。

現在ブドウ畑は有機農法の認証を得て、ビオディナミにより、かなうかぎり馬に鋤を牽かせて耕作されている。ブドウは選果台で厳しく選り分けられ、除梗ののち、あまりピジャージュもルモンタージュもせずに発酵させる。熟成期間中に一度、ワインの澱引きをするが、

ティボー・リジェ＝ベレールの所有畑

	ha
Richebourg Grand Cru	0.55
Clos de Vougeot Grand Cru	0.73
Nuits-St-Georges 1er Cru Les St-Georges	2.10
Vosne-Romanée 1er Cru Petits Monts	0.10
Vosne-Romanée Aux Réas	0.55
Nuits-St-Georges Les Charmotte	0.40
Gevrey-Chambertin La Croix des Champs	0.20
Hautes-Côtes de Nuits La Corvée de Villy	0.70
Hautes-Côtes de Nuits Clos de Prieuré	1.10

ティボーはこの段階で風味が減ずることを恐れておらず、むしろ将来的にワインの内実と複雑さが増すと考える。新樽の使用は50％を超えることはないが、樽を3年以上用いることもない。

ティボーの自然な作風によるワインは、ふっくらとしたボディがあり、その耕作法のおかげか、果実味には強いミネラル感がもたらされてもいる。ドメーヌの造るワインのみをここに掲げる。

リシュブール 特級　1936年植樹の区画はレ・リシュブールの南側に位置し、ドメーヌ・ド・ラ・ロマネ＝コンティとエティエンヌ・グリヴォの区画にはさまれている。ティボーによれば、これは喉で感じるワインで、若いうちは味覚で細部をくまなくとらえることができないが、すばらしい後味のなかに濃厚な果実味があらわれるのだという。

ニュイ＝サン＝ジョルジュ 1級 レ・サン＝ジョルジュ　レ・サン＝ジョルジュ最大の区画を有するティボーは、この畑を特級へ昇格させる運動の先頭に立ってきた。その味わいはお手本のように濃厚で、昔ながらのプラム風味ばかりかブラックベリーの果実風味であふれかえるようだ。タンニンの強い骨組みは長期の熟成に向く。

ヴォーヌ＝ロマネ オー・レア　村名畑オー・レアは、1級畑クロ・デ・レアのすぐ真下に広がるが、ティボーの持つ区画は南向きの斜面で立地に優れる。繊細でかぐわしく、元気のいいワインは、村名の一段上に格付けしてよい。

リュペ＝ショーレ　Lupé-Cholet

ビショ一族は、リュペ伯爵夫人からここの経営権を買ったとき、ニュイ＝サン＝ジョルジュの端にあった瀟洒な建物を、アルベール・ビショ社のコート・ド・ニュイにおける醸造拠点とした。ただし、シャトー・グリ（Château Gris）などの重要な畑は、今もリュペ＝ショーレの商標をかかげていて、ビショはこれを所有しているが経営は分離している。

ドメーヌ・ベルトラン・マシャール・ド・グラモン　Domaine Bertrand Machard de Gramont

当主アクセル・マシャール・ド・グラモンはデュフルール家〔16世紀から続くニュイ＝サン＝ジョルジュのネゴシアン〕の人を祖母にもち、オート・コートのキュルティ＝ヴェルジに近代的な醸造所を構える。ヴォーヌ＝ロマネに0.6haの村名畑をもつが、ドメーヌの基盤をなすのはニュイ＝サン＝ジョルジュのさまざまな区画である。レ・オー・プリュリエ、レ・ザロ、レ・ヴァレロなどとともに、最近レ・ヴァレロにあるテラス状の土地2haを抜根、植樹した。ワインは以前にもまして洗練されている。

ドメーヌ・アラン・ミシュロ　Domaine Alain Michelot

アラン・ミシュロとその娘エロディは、ニュイ＝サン＝ジョルジュに数多くの1級畑を有している。レ・カイユ、シェニョ、シャン・ペルドリ、フォレ・サン＝ジョルジュ、ラ・リシュモヌ、レ・サン＝ジョルジュ、ヴォークランである。モレ＝サン＝ドニにも村名格と1級畑を持っている。除梗したブドウは短期間の低温浸漬をしてから発酵させ、20ヵ月間澱引きをせずに樽熟成させる。用いる新樽は約30％で、3軒の樽会社から買い入れている。

ジャン゠マルク・ミヨ　Jean-Marc Millot

かなり最近設立されたドメーヌで、本拠はニュイ゠サン゠ジョルジュにあるものの、フラジェのグールー家の出だけあって、ブドウ畑のほとんどはヴォーヌ゠ロマネとフラジェ゠エシェゾーにある。ニュイ゠サン゠ジョルジュにある新醸造所は、この嘱望される才能をより進歩させてくれるだろう。エシェゾーとグラン・エシェゾーを両方もつほかに、クロ・ヴジョにはクラン・モーペルテュイの区画がある。唯一の1級畑はヴォーヌ゠ロマネのレ・スショである。安いほうでは、コート・ド・ニュイ゠ヴィラージュ・クロ・ド・フォルケ、村名格ヴォーヌ゠ロマネを造る。

ドメーヌ・デ・ペルドリ　Domaine des Perdrix

ベルトラン・ドゥヴィヤールとその子アモリーとオロールは、1996年にプレモーのドメーヌ・デ・ペルドリの経営権を取り戻した。その地所の中核になるのが単独所有畑オー・ペルドリで、2006年以降ここから上級キュヴェであるレ・ユイット・ウーヴレ（Les 8 Ouvrées）も造られるようになった。1922年植樹の古株の区画には、ヘクタール当たり13,000本のブドウ樹が植わっている。

ドメーヌ・デ・ペルドリの所有畑	
	ha
Echézeaux Grand Cru	1.15
Nuits-St-Georges 1er Cru Aux Perdrix（単独所有）	3.45
Nuits-St-Georges 1er Cru Les Terres Blanches	0.77
Nuits-St-Georges	1.15
Vosne-Romanée	1.05
Nuits-St-Georges 1er Cru Les Terres Blanches（白）	0.33

ブドウは除梗してから低温浸漬を経て発酵させるが、常時計温して32℃を超えないようにしつつ、ルモンタージュでなくピジャージュをおこなう。最後に新樽率50~60%で12~18ヵ月間、澱引きをせずに樽熟成させる。

ドゥヴィヤール家はほかにメルキュレのシャトー・ド・シャミレ、ジヴリのクロ・デュ・セリエ・オー・モワーヌを所有し、今ではマコネのアゼにあるドメーヌ・ド・ラ・ガレンヌも所有する。

メゾン・ニコラ・ポテル　Maison Nicolas Potel

1998年から2008年にかけて、ニコラ・ポテルはコート・ドールじゅうから、妥当な値段で、膨大な種類の魅力あふれるワインを造りだした。当初は赤ワインに特化していたが、のちに白ワインも揃った。資金難から2004年にラブレ゠ロワのコタン兄弟に経営を譲渡したが、その後2009年春に新たな雇い主について去るまで、会社にとどまった。現時点でコタン兄弟はニコラ・ポテルの商標権を持っており、醸造担当のファブリス・レーヌの力で事業の継続を考えている。一方、ニコラは新会社メゾン・ロシュ・ド・ベレーヌを展開するまでにこぎつけた。

ドメーヌ・プリューレ゠ロック　Domaine Prieuré-Roch

このドメーヌの成り立ちにはうかがい知れないところがあるのだが、1988年、ドメーヌ・ド・ラ・ロマネ゠コンティがそれまでドメーヌ・マレ゠モンジュから借り受けて耕作していたロマネ・サン゠ヴィヴァンの広大な畑を買収するために、自社の所有区画をいくつか売りに出し、同社の株主を家族に持つアンリ・フレデリック・ロックがこれを買ってドメーヌが誕生した。名称に「小修道院」とつくのは、ロック氏が語の響きを好んだためである。1994年以降フィサンのドメーヌ・マリオンからシャンベルタン゠クロ・ド・ベーズを賃借耕作している。

畑は有機農法ながらビオディナミも意識した耕作。ブドウはすべて果梗ごと木製槽で、人力によりマストを沈めながら仕込まれる（服を脱いで跳びこむが、二酸化炭素に要注意）。亜硫酸はどの工程でも使わないが、ワインを澱引きするときのみ用いる。

プレモーのセラー内では、樽は傾けて貯蔵されていて、きちんと整列した樽を見慣れた者にはずぼらに見えるが、これには微細な澱をいずれ澱引きをする樽孔の下あたりに寄せておくという実務的な意図がある。現時点でワインは最長24ヵ月の樽熟成を経るが、というのも3年目のヴィンテージまで貯蔵しておく場所がないからだ。ただし、アンリ゠フレデリック・ロックと右腕ヤニック・シャンは、どう見てもその気になっている。2002年の一部は試験的に44ヵ月樽熟成された。もはや樽

からの試飲はさせてもらえないので、そのワインは瓶から味わうことになる。

このドメーヌの手法には、熱狂する人もいれば、鼻先で笑う人もいる。先端を行くのか、時代遅れもいいところなのか、答えは瓶に入ったワインにしかない——もしも懐が許すなら。

シャンベルタン゠クロ・ド・ベーズ 特級 フィサンのドメーヌ・マリオンから賃借中の区画。2009年に飲んだ2001年は亜硫酸無添加のきわどいワインで、色は褐色になりかけ、乾いた葉っぱの匂いがしたが、空気にさらすと生気がよみがえり、みごとに優美な、複雑この上ない味わいになった。

ニュイ゠サン゠ジョルジュ1級 クロ・デ・コルヴェ 単独所有。ドメーヌはここから何種類もの異なるワインを造り出す。まず、ミルランダージュ〔気象条件とブドウ樹ウイルスの働きで生ずる一種の結実不良〕によって結んだ極小の果実からクロ・デ・コルヴェを。古樹からのブドウでニュイ゠サン゠ジョルジュ1級ヴィエイユ゠ヴィーニュ。そして樹齢45〜50年の樹からニュイ゠サン゠ジョルジュ1級を、それより幾分若い樹から、ニュイ゠サン゠ジョルジュ「1(アン)」を造る。

ヴォーヌ゠ロマネ・クロ・ゴワイヨット 畑はヴォーヌ゠ロマネの村の中心にあり、いにしえの狩猟別荘ラ・ゴワイヨットの名にちなむが、これもコンティ公の資産の一部だった。1964年から65年にかけて改植された。未試飲。

ドメーヌ・プリューレ゠ロックの所有畑

	ha
Chambertin-Clos de Bèze Grand Cru	1.01
Clos de Vougeot Grand Cru	0.62
Vosne-Romanée 1er Cru Les Suchots	1.02
Nuits-St-Georges 1er Cru Les Corvées	5.21
Vosne-Romanée Les Clous	0.72
Vosne-Romanée Clos Goillotte	0.55
Vosne-Romanée Hautes Maizières	0.63

ドメーヌ・ルモリケ　Domaine Remoriquet

まじめで真剣なジル・ルモリケのワインは、ほぼすべてがニュイ゠サン゠ジョルジュから造られる優品で、当初のタンニンがやわらぐには長期の瓶熟成を要する。オート・コート・ド・ニュイ、ニュイ゠サン゠ジョルジュ、ニュイ゠サン゠ジョルジュ・レ・ザロ、1級ブスロ、ダモド、リュ・ド・ショー、レ・サン゠ジョルジュなどだが、ヴォーヌ゠ロマネ・オー・ドゥスュ・デ・マルコンソールもある。

ドメーヌ・ダニエル・リオン（プレモー）　Domaine Daniel Rion（Premeaux）

2000年に長兄パトリスが家を出て自らのドメーヌを立ち上げた今、残った兄弟のクリストフ、オリヴィエ、パスカルらが経営にあたる。造るワインは以下のとおり——コート・ド・ニュイ゠ヴィラージュ・ル・ヴォークラン、シャンボール゠ミュジニ・ボー・ブリュン、ヴォーヌ゠ロマネ、ニュイ゠サン゠ジョルジュ・グランド・ヴィーニュ、ニュイ゠サン゠ジョルジュ1級ヴィーニュ・ロンド、ニュイ゠サン゠ジョルジュ1級オー・プリュリエ、ニュイ゠サン゠ジョルジュ1級テール・ブランシュ、ヴォーヌ゠ロマネ1級ボー・モン、ヴォーヌ゠ロマネ1級ショーム、エシェゾー、クロ・ド・ヴジョ。

ドメーヌ・ミシェル&パトリス・リオン（プレモー）　Domaine Michèle & Patrice Rion（Premeaux）

1990年、パトリス・リオンと妻ミシェルが所有するわずかな地所により創業し、パトリスがドメーヌ・ダニエル・リオンを出た2000年に畑を拡げた。敷地内に醸造所と貯蔵庫を建て、ネゴシアンとしてのワインも造ることで畑の狭さを補完する。最近になり息子マキシムが家業に加わった。2006年にはニュイ゠サン゠ジョルジュの畑に白の畑レ・テール・ブランシュを加え、クロ・デ・ザルジリエールを拡げ、クロ・サン゠マルクを単独所有した（以前はブシャール・ペール・エ・フィスが生産）。また同年からシャンボール゠ミュジニの小ドメーヌと耕作およびブドウ買入れの契約を結び、レ・ザムルーズとボンヌ・マールを得た。

ブドウは除梗前と除梗後、別の選果台で選別される。そして果実はすべてステンレスの仕込み槽に

ドメーヌ・ミシェル&パトリス・リオンの所有畑

	ha
Nuits-St-Georges 1er Cru Clos des Argillières	1.77
Nuits-St-Georges 1er Cru Clos St-Marc	0.93
Nuits-St-Georges 1er Cru Terres Blanches Blanc	1.30
Chambolle-Musigny 1er Cru Les Charmes	0.43
Chambolle-Musigny Les Cras	0.46

移され、約3週間を過ごす。初めの1週間は11～12℃で、続く2週間は発酵と発酵終期だが、この間32℃を超えることはない。今では樽熟成庫が2つあり、2度の収穫年のワインをそれぞれ18ヵ月ずつ、澱引きせずに熟成させることができる。ほぼすべてのワインに50%の新樽を用いる。

ニュイ=サン=ジョルジュ 1級 クロ・サン=マルク　クロ・サン=マルクを味わうと、これをほぼとり囲むクロ・デ・ザルジリエールとの違いに驚きを禁じ得ない。濃厚で果実味あふれる豊満なさまは、ブドウ樹の根が、地底の母岩に達する前に、変化に富む豊かな表土を享受しているためと思われる。

シャンボール=ミュジニ レ・クラ　上段に位置するほうのレ・クラはACシャンボール=ミュジニの格付けで、高い標高と軽い土壌にもかかわらず、シャンボールにしては色が濃く強さがあり、よく熟成するワインができる。

ドメーヌ・ド・ラ・ヴジュレ　Domaine de la Vougeraie

名称の由来は、ヴジョの村にかなりの所有区画があるからで、実際ここはジャン=クロード・ボワセ〔グループの創始者〕の出身地でもある。ただし醸造所のほうはクロディーヌ・デシャンつまりジャン=クロード・ボワセ夫人のプレモーの建物だが。ドメーヌは、ボワセ社が長年にわたりブルゴーニュの家門を買収するなかで手中に収めたさまざまなブドウ畑をまとめあげてできあがった。1999年にパスカル・マルシャンが経営に就くと、同時にベルナール・ジトが耕作担当となり、ビオディナミにより耕作がおこなわれてきた。パスカルは初期の収穫年で、かなり抽出のきつい力強いワインを造ったが、2004年からは明らかにおだやかな手法に転じつつある。

2005年のヴィンテージの後に醸造担当に就いたピエール・ヴァンサンは、さらに細心の手法をとり続けている。ブドウは、見たことがないほどの長さの選果台で選り分けられ、それから低温浸漬に移る。発酵中、ピエールがおこなうピジャージュは日に一度だけで、パスカルのときよりだいぶ少ない。発酵後の液温は26～28℃に保ち、タンニンの重合と色素の定着をはかる。ミュジニだけは手作業で除梗をおこなう。2008年からは試験的に全房発酵を始めたが、まだ各ワインのごく一部にとどまっている。

ドメーヌ・ド・ラ・ヴジュレの所有畑

赤	ha
Musigny Grand Cru	0.21
Bonnes Mares Grand Cru	0.70
Clos de Vougeot Grand Cru	1.41
Charmes-Chambertin Les Mazoyères Grand Cru	0.74
Corton Clos du Roi Grand Cru	0.50
Gevrey-Chambertin 1er Cru Bel Air	1.01
Vougeot 1er Cru Les Cras	1.43
Nuits-St-Georges 1er Cru Les Damodes	0.92
Nuits-St-Georges 1er Cru Corvées Pagets	0.33
Beaune 1er Cru Grèves	0.33
Beaune 1er Cru Clos du Roi	0.26
Savigny 1er Cru Marconnets	1.83
Gevrey-Chambertin La Justice	0.83
Gevrey-Chambertin Evocelles	2.84
Gevrey-Chambertin	1.84
Chambolle-Musigny	0.60
Vougeot Clos de Prieuré	1.00
Pommard Petits Noizons	1.10
Côte de Beaune Les Pierres Blanches	1.87
白	
Corton-Charlemagne En Charlemagne Grand Cru	0.22
Vougeot 1er Cru Clos Blanc de Vougeot	2.29
Vougeot Clos de Prieuré	0.83
Beaune	0.74
Côte de Beaune Les Pierres Blanches	1.06

ミュジニ 特級　所有する2区画はそれぞれ6畝ずつで、最高で3樽仕込むことができる。地元の女性チームが手作業で一房ずつ除梗をおこない、ブドウを傷めないようにする。目もくらむようなワインは相当長期の熟成に耐える。

クロ・ド・ヴジョ 特級　所有区画の大半はブドウ畑の上部にあるが、街道沿いまで下ったところにも区画（もとピエール・ポネルの所有）をもち、両者は大抵ブレンドされる。

ジュヴレ=シャンベルタン・エヴォセル　ジュヴレ=シャンベルタンとブロションとの村境にまたがる山すそのブドウ畑の相当部分を所有する。1964年、若かりしジャン=クロード・ボワセが初めて買い、植樹した畑である。等高線を見ると日照の異なるいくつもの小さな区画に分割されていることがわかるのだが、なかでも森の真下の0.18haの区画には、1ha当たり36,000本ものブドウが密植されており、たいへん興味深い。第一作には将来性が見える。

コルトン=シャルルマーニュ・アン・シャルルマーニュ 特級　ペルナン=ヴェルジュレス側にある特級

畑アン・シャルルマーニュのうち、斜面中部から上部にかけて、8畝の区画を持つ。並はずれて強く深いコルトン=シャルルマーニュには、期待にたがわぬミネラル感があふれている。
ヴージョ1級　クロ・ブラン・ド・ヴージョ　この並はずれた畑は、毎年コート・ド・ニュイ最高の白ワインを生むといっても過言ではなく、気品と調和のあるさまで心をとらえる。詳細は畑についての記述を参照。

村外の造り手たち
ヴォーヌ=ロマネ側の1級畑をもつ同村の生産者は多い（アルヌー、カティアール、グリヴォら）。オート・コートの栽培家にはニュイ=サン=ジョルジュの畑も持つ人が多く、ダヴィド・デュバンが名高い。

コート・ド・ボーヌ
côte de beaune

コルトン丘陵

ボーヌ

サヴィニ＝レ＝ボーヌ、ショレ＝レ＝ボーヌ

ポマール

ヴォルネ

オセ＝デュレス、モンテリ、サン＝ロマン

ムルソー、ブラニ

モンラシェと周辺の特級畑

ピュリニ＝モンラシェ

シャサーニュ＝モンラシェ

サン＝トーバン

サントネ

マランジュ

コート・ド・ボーヌ
Côte de Beaune

▇ Côte de Beaune

▇ Hautes-Côtes de Beaune

For appellation Côtes de Beaune
see Beaune map

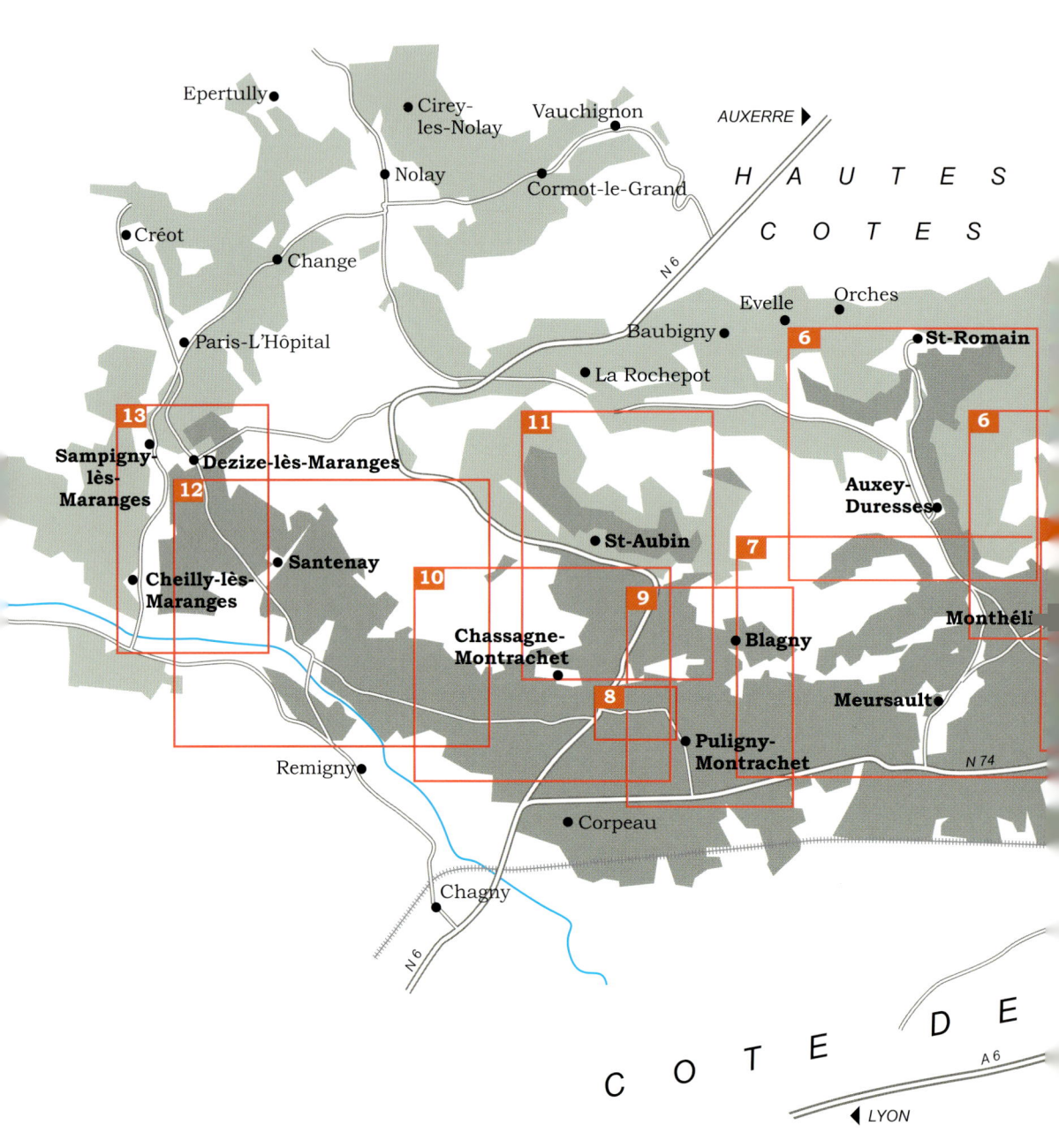

1··The Hill of Corton   p.268
2··Beaune p.292
3··Savigny-lès-Beaune & Chorey-lès-Beaune p.316
4··Pommard p.332
5··Volnay p.345
6··Auxey-Duresses, Monthélie & St-Romain p.364
7··Meursault p.380
8··Montrachet p.402
9··Puligny-Montrachet p.411
10··Chassagne-Montrachet p.428
11··St-Aubin p.453
12··Santenay p.460
13··Maranges p.470

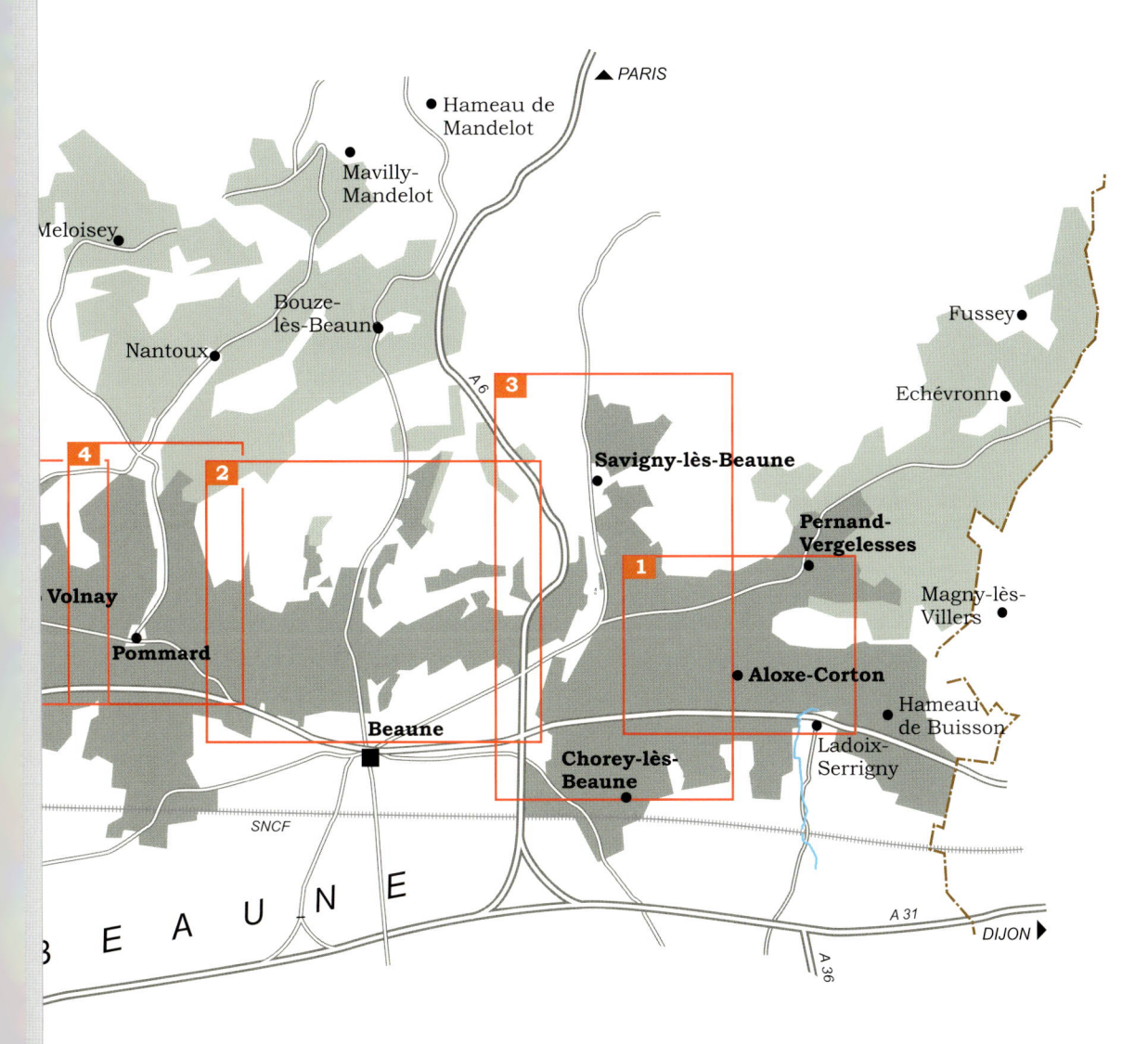

1:92,600
0   3 km

▲ PARIS

Hameau de Mandelot
Mavilly-Mandelot
Meloisey
Bouze-lès-Beaune
Nantoux
Fussey
Echévronn
Savigny-lès-Beaune
Volnay
Pommard
Pernand-Vergelesses
Magny-lès-Villers
Beaune
Aloxe-Corton
Hameau de Buisson
Chorey-lès-Beaune
Ladoix-Serrigny
SNCF
A 31
A 36
DIJON ▶
B E A U N E

コルトン丘陵
The Hill of Corton

- Grands Crus Corton/Corton Charlemagne
- Grands Crus Corton
- Premiers Crus Pernand-Vergelesses & Ladoix
- Premiers Crus (blanc)/village (rouge)
- Premiers Crus Aloxe-Corton
- Premiers Crus (rouge)/village (blanc)
- Appellation Ladoix/Aloxe-Corton/Pernand-Vergelesses

1 Le Clos des Maréchaudes
2 La Maréchaude
3 La Huchotte

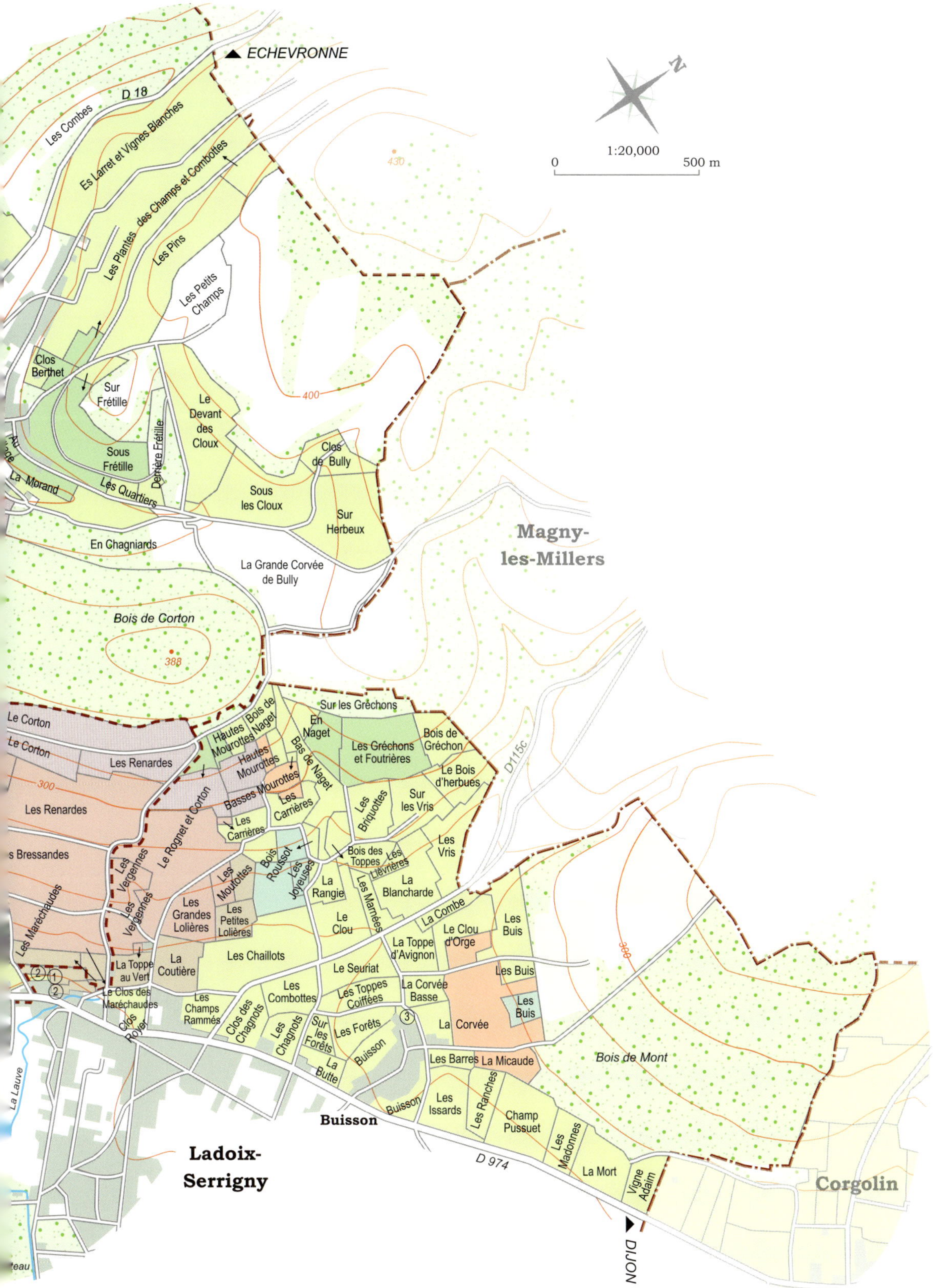
ECHEVRONNE
N
1:20,000
0
500 m
430
D 18
Les Combes
Es Larret et Vignes Blanches
Les Plantes des Champs et Combottes
Les Pins
Les Petits Champs
Clos Berthet
Sur Frétille
Le Devant des Cloux
400
Sous Frétille
Derrière Frétille
La Morand
Les Quartiers
Clos de Bully
Sous les Cloux
Sur Herbeux
En Chagniards
La Grande Corvée de Bully
Magny-les-Millers
Bois de Corton
388
Sur les Gréchons
Le Corton
Le Corton
Hautes Mourottes
Bois de Naget
En Naget
Les Gréchons et Foutrières
Bois de Gréchon
Les Renardes
Hautes Mourottes
Bas de Naget
Le Bois d'herbues
D115c
300
Les Renardes
Basses Mourottes
Les Carrières
Les Briquottes
Sur les Vris
Le Rognet et Corton
Les Carrières
s Bressandes
Les Vergennes
Bois Roussot
Bois des Toppes
Les Lièvrières
Les Vris
Les Moutottes
Les Joyeuses
La Rangie
Les Marnées
La Blancharde
Les Maréchaudes
Les Vergennes
Les Grandes Lolières
Les Petites Lolières
Le Clou
La Combe
Les Buis
Les Chaillots
La Toppe d'Avignon
Le Clou d'Orge
300
La Coutière
La Toppe au Vert
Le Seuriat
Les Buis
Le Clos des Maréchaudes
Les Combottes
Les Toppes Coiffées
La Corvée Basse
Les Buis
Les Champs Rammés
Clos des Chagnots
Les Chagnots
Sur les Forêts
Les Forêts
La Corvée
Clos Royer
Buisson
La Butte
Les Barres
La Micaude
Bois de Mont
La Lauve
Buisson
Les Issards
Les Ranches
Champ Pussuet
Buisson
Les Madonnes
D 974
La Mort
Vigne Adaim
Corgolin
Ladoix-Serrigny
DIJON

1930年に出た最初の判決ではラドワに有利な裁定が下り、28.71haをコルトンと呼べることになった。これを不服としたアロスは控訴し、ラドワのル・ロニェ・エ・コルトン以外はコルトンを名乗れなくなる。ラドワは、上級審に判決の無効を訴えた。最終決定が下りたのは1942年で、ロニェ・エ・コルトン同様、ラドワのヴェルジェンヌが特級となり、ほかの畑の特級申請は却下された。アロスは、ラドワとの訴訟合戦に明け暮れる一方、ペルナンとも争う。アロスは、ペルナンのアン・シャルルマーニュがシャルルマーニュを名乗ることには同意するも、格上となるコルトン=シャルルマーニュの呼称使用には難色を示した。アロスの見解では、アン・シャルルマーニュは西向きの畑なので、理想の南側に傾斜したル・シャルルマーニュ(コルトン=シャルルマーニュの最高区画)と同格には扱えないと考えたのだ。1934年におりた最初の判決はアロスの言い分を認めたが、1942年の最終的な呼称認定ではペルナンの主張が通った。

白の特級は、公式には、コルトン=シャルルマーニュとシャルルマーニュの2つがある。1942年に確定した1937年の裁定では、コルトン=シャルルマーニュはシャルドネのみ、シャルルマーニュではシャルドネとアリゴテの両方を認めている。この規定は少なくとも1948年まで有効だった。シャルルマーニュは、今日でも規定上はペルナンとアロスに存在するが(ラドワはコルトン=シャルルマーニュのみ)、この名称を使う生産者はいない。正確には、2005年は200リットルをACシャルルマーニュとして出荷しただけだ。

1966年、ペルナン村の10haの畑がコルトン=シャルルマーニュに昇格した。増えた畑は谷の奥の西を向いた区画で、なかには北西傾斜の土地もあり、とても特級の器ではない。1978年には、オート・ムロットとバス・ムロットの一部、および、グランド・ロリエールとムトットまでコルトンに昇格した。

長い目で見ると、コルトンの拡張は誰のプラスにもならない。消費者は名前だけの特級を飲んで幻滅し、生産者は価格を下げてもワインをさばけない。「その他大勢」的な二流の特級畑にしがみつくより、質の高さゆえに愛好家が求めてやまない1級畑を所有するほうが賢い。特級畑の格付けを一からやり直すなら、ル・コルトン、クロ・デュ・ロワ、レ・ブレサンド、ル・ロニェ・エ・コルトンを別格のアペラシオンにするのが妥当だ。このアペラシオンに、ヴェルジェンヌの上部、レ・ペリエール、レ・グレーヴを入れてもよい。白の特級は、コルトン=シャルルマーニュとして、アロス村のル・シャルルマーニュが、また、シャルルマーニュとして、ペルナン村のアン・シャルルマーニュがふさわしいが、畑全体が特級にはならない。丘陵の東や東南側の畑は、白のコルトンとするのがよい。

コルトンに何を期待すべきか。力強くタンニン豊かなワインか、芳醇でやわらかいワインか。コル

コルトンの特級畑

掲載順は、ペルナン=ヴェルジュレスからラドワへ逆時計回り。

	ha
Corton	**160.19**
En Charlemagne	17.26
Le Charlemagne	16.95
Les Pougets	9.82
Les Languettes	7.24
Le Corton	11.67
Les Renardes	14.35
Les Chaumes et la Voierosse	3.88
Les Chaumes	2.77
Les Perrières	9.88
Les Grèves	2.32
Le Clos du Roi	10.73
Les Bressandes	17.42
Les Paulands	1.05
Les Maréchaudes	4.46
(Clos des) Fietres	1.11
Clos des Meix	2.71
Les Combes	1.69
(Clos de) La Vigne au Saint	2.46
Les Carrières	0.51
La Toppe au Vert	0.11
Les Vergennes	3.45
Les Grandes Lolières	3.04
Les Moutottes	0.85
Le Rognet et Corton	11.60
Basses Mourottes	0.95
Hautes Mourottes	1.93
Corton-Charlemagne	**71.88**
En Charlemagne	17.26
Le Charlemagne	16.95
Les Pougets	9.82
Les Languettes	7.24
Le Corton	11.67
Les Renardes	14.35
Basses Mourottes	0.95
Hautes Mourottes	1.93
Le Rognet et Corton (一部)	3.18
Charlemagne	**62.94**
En Charlemagne	17.26
Le Charlemagne	16.95
Les Pougets	9.82
Les Languettes	7.24
Le Corton	11.67

トンにはさまざまな顔があるので、ひとつの側面だけを強調すると誤解を招く。昔からいろいろなワイン愛好家が口を揃えて指摘するのは、コルトンが本来の個性、豊かな果実味、内に秘めた風格を発揮するには、長期熟成が必要ということだ。

特級畑　Grands Crus

コルトン゠シャルルマーニュ　Corton-Charlemagne

ACシャルルマーニュのアン・シャルルマーニュとル・シャルルマーニュの2つの畑だけでACコルトン゠シャルルマーニュの面積の半分弱を占める。この2つ以外の7つの畑（表を参照）もACコルトン゠シャルルマーニュを名乗れるので、ワインのスタイルは多種多様に及ぶ。プジェのような南向き斜面では、収穫時期の到来と同時にブドウを摘む必要があるが、ペルナン゠ヴェルジュレスの西向き斜面では、数週間遅れて収穫する。ただし、土壌に由来するミネラル感は共通している。

アン・シャルルマーニュ　En Charlemagne
ACs：コルトン゠シャルルマーニュ特級畑（白）およびコルトン特級畑（赤）
L：1級畑（白）、3級畑（赤）　R：2級畑および3級畑　JM：特級畑（白の一部のみ）　　　17.26ha
アロス゠コルトンとの境界に接する西向き斜面。風味豊かな上質のワインができる。特級区画はペルナン村まで広がって北西斜面も昇格し、今では特級畑が谷を囲む。最新の区画は1966年に特級になったばかりだが、昇格させるべきではなかった。

ル・シャルルマーニュ　Le Charlemagne
ACs：コルトン゠シャルルマーニュ特級畑（白）およびコルトン特級畑（赤）
L：準特級畑（白）、3級畑（赤）　R：特級畑　JM：特級畑（白のみ）　　　16.95ha
ACコルトン゠シャルルマーニュの中核となる畑。ル・シャルルマーニュに畑を持つと、ラベルに「ル・シャルルマーニュのコルトン゠シャルルマーニュ」と書いて自慢したくなる。南西向き斜面なので、真南に傾斜した畑のような過熱のリスクはない。
筆者の知る限り、フォラン゠アルベレとボノー・デュ・マルトレイの2者がピノ・ノワールも植えている。どちらも魅力あふれるワインだが、最上の赤に特徴的な香りの広がりに欠け、特級とは言い難い。造り手ではなくテロワールが原因だろう。

コルトン　Corton

コルトンの160haの区画内なら、特定の小区画（リュー゠ディ）で造っても、複数のクリマをブレンドしても、コルトンを名乗れる。AOC制定の前から「コルトン」の呼称を長期間使ってきた慣例を引きずっている。

ル・コルトン　Le Corton
AC：コルトン特級畑
L：準特級畑　R：特級畑　JM：特級畑　　　11.67ha
丘陵の頂上一帯にある畑。アロス゠コルトン村の東南東部に位置し、森の真下にある。白色系の泥灰質土壌なので、コルトンよりコルトン゠シャルルマーニュに適す。圧倒的に最大面積を所有するのがブシャール・ペール・エ・フィスで、三分の一強を持つ。

コルトン・レ・ブレサンド　Corton Les Bressandes
AC：コルトン特級畑

L：1級畑　R：1級畑　JM：特級畑　　　　　　　　　　　　　　　　　　　　17.42ha

ラヴァルとロディエの評価は予想外に低いが、クロ・デュ・ロワに次いで愛好家に人気が高い。丘陵の中腹に位置し、クロ・デュ・ロワやルナルドの下にある。コルトンの中でも長熟に耐え、単独で特級認定できるほど明確な個性をもつ。畑名は、ブレス (Bresse) 地方出身の3人の女性が所有したことに由来する。

主な生産者は、シャンドン・ド・ブリアイユ、エドモン・コルニュ、ジョゼフ・ドルーアン、デュブルイユ=フォンテーヌ、フォラン=アルベレ、アントナン・ギヨン、ラルール=ピオ、マラトレ=デュブルイユ、プランス・ド・メロード（現DRC）、ディディエ・ムヌヴォ、ニュダン、ブス・ドール、ジャック・プリウール、プラン、トロ=ボー、ガストン＆ピエール・ラヴォー、コント・スナールなど。

コルトン・レ・カリエール　Corton Les Carrières
AC：コルトン特級畑

L：記載なし　R：格付けせず　JM：ラドワ1級畑　　　　　　　　　　　　　　　0.51ha

ラドワには1級と特級が混在する畑があり、これもそのひとつである。大部分はACラドワで、特級はごく一部。ドメーヌ・ロベール・エ・レイモンド・ヤコブが所有する。

コルトン・レ・ショーム　Corton Les Chaumes
AC：コルトン特級畑

L：準特級畑　R：特級畑　JM：1級畑　　　　　　　　　　　　　　　　　　　2.77ha*

昔のAC認定当局から意外に高評価を受けた畑。斜面のやや下部、正確には、ペルナンからアロスに向かう道路の真下に位置する。やわらかくまるみを帯びた風味があるため、「コルトンは、やわらかきを身上とす。固きものは良きコルトンにあらず」[1] と著書で記したイギリスの作家ヒレア・ベロックが好みそうなコルトンと言える。メゾン・カミーユ・ジルーが古木から上質なワインを造っていたが、借地契約が切れた。

ショームとショーム・エ・ラ・ヴォワロスは、アロスとペルナンを結ぶD115号線が境界となる。ショーム・エ・ラ・ヴォワロスは道路の上にあり、レ・プジェやル・シャルルマーニュの下部に位置す。ショーム・エ・ラ・ヴォワロス名で出荷する生産者はおらず、ラペのコルトンやオスピス・ド・ボーヌのキュヴェ・ドクトール・ペストにブレンドする。

*このほかにショーム・エ・ラ・ヴォワロスの畑が3.88haがある。

コルトン・ショーム・エ・ラ・ヴォワロス　Corton Chaumes et la Voierosse

「コルトン・レ・ショーム」の項目（本頁）を参照。

コルトン・クロ・デ・コルトン・フェヴレ　Corton Clos des Cortons Faiveley
AC：コルトン特級畑

L：記載なし　R：1級畑　JM：特級畑　　　　　　　　　　　　　　　　　　　2.06ha

フェヴレは、1864年までさかのぼってクロ・デ・コルトンの名称を使用した事実を証明し、ロニェ・エ・コルトン内の自社区画がクロ・デ・コルトンを名乗る権利を勝ちとる。なお、1930年の公式裁定により、自社名の付加を義務づけられる（フェヴレに異論のあろうはずがない）。

---

[1] Hilaire Belloc, *Advice on Wine*, p.28

コルトン・クロ・デ・フィエトル　Corton Clos des Fiètres
AC：コルトン特級畑
L：1級畑　R：1級畑　JM：1級畑　　　　　　　　　　　　　　　　　　　　　　1.11ha

畑の正式名は、単にレ・フィエトル(Les Fiètres)だが、ワイン名には「クロ」がつく。ミシェル・ピカールとオスピス・ド・ボーヌ(ブドウはキュヴェ・ドクトル・プストにブレンドする)が分割所有する。アロス村を背にペルナン村へ向かう際、右手に見える最初の畑がこれ。比較的低地にある。畑名は「棺」の古語に由来。かつてこの地にガロ=ローマの墓地があった。

コルトン・クロ・デ・メ　Corton Clos des Meix
AC：コルトン特級畑
L：1級畑　R：1級畑　JM：1級畑　　　　　　　　　　　　　　　　　　　　　　2.71ha

レ・メとル・メ・ラルマンの2小区画からなる。レ・メ内に、南傾斜ではなく東向きの区画があり、1級に格下げされている。ドメーヌ・コント・スナールの単独所有で、赤白両方を造る。

コルトン・ル・クロ・デュ・ロワ　Corton Le Clos du Roi
AC：コルトン特級畑
L：準特級畑　R：特級畑　JM：特級畑　　　　　　　　　　　　　　　　　　　　10.73ha

ACコルトンの中核となる畑。名負けしているほかの特級コルトンと同格にせず、「特級クロ・デュ・ロワ」とすべきだろう。
標高300m～320mの理想的な斜面にある。コルトン丘陵の上部に位置し、頂上一帯の畑から少し下がった絶好の場所にある。母岩はバトニアン後期の石灰岩である。
ドメーヌ・ダルデュイ、シャンドン・ド・ブリアイユ、デュブルイユ=フォンテーヌ、アントナン・ギヨン、プランス・ド・メロード(現DRC)、ドメーヌ・ド・ラ・プス・ドール、コント・スナール、ミシェル・ヴォアリック、ドメーヌ・ドゥ・ラ・ヴジュレ、ドメーヌ・ド・モンティーユ(2005年以降)がここで質の高いワインを造る。

コルトン・クロ・ド・ラ・ヴィーニュ=オー=サン　Corton Clos de la Vigne-au-Saint
AC：コルトン特級畑
L：1級畑　R：1級畑　JM：1級畑　　　　　　　　　　　　　　　　　　　　　　2.46ha

ルイ・ラトゥール(2009年まで)と、サントネに本拠を置くドメーヌ・ベランが分割所有する。斜面下部にあり、やや西向きの南斜面に位置する。畑の正式名は、単にラ・ヴィーニュ=オー=サンだが、ワイン名には「クロ」がつく。

コルトン・レ・コンブ　Corton Les Combes
AC：コルトン特級畑
L：2級畑　R：1級畑、2級畑、3級畑　JM：1級畑　　　　　　　　　　　　　　　1.69ha

この地のワインは、ドメーヌ・ダルデュイとシャトー・ジェノ=ブランジェのものしか見ない。畑は南南東向きだが、特級にしては斜面の下部に位置するため、大部分は1級となる。

コルトン・グランセ　Corton Grancey
畑名ではなく、ルイ・ラトゥール社の商標名。自社所有の特級畑、レ・ブレサンド、レ・ショーム、レ・プジェ、レ・ペリエール、レ・グレーヴをブレンドし、シャトー・コルトン・グランセ名で出荷する。不作年には出さない。

コルトン・レ・グレーヴ　Corton Les Grèves
AC：コルトン特級畑
L：1級畑　R：1級畑　JM：1級畑もしくは特級畑　　　　　　　　　　　　　　　　　　　　　　2.32ha

南東向き斜面の中腹にある。上はペリエール、横はブレサンドに接するも、両者の知名度には及ばない。グレーヴ（砂地）の名前どおり、砂利が混じった砂礫質土壌。ルイ・ジャドが良質のワインを造る。

コルトン・レ・ランゲット　Corton Les Languettes
AC：コルトン特級畑
L：1級畑　R：1級畑　JM：1級畑もしくは特級畑　　　　　　　　　　　　　　　　　　　　　　7.24ha

畑名は「小さな舌」を意味する。斜面上部にあり、森の真下に位置するため、ウサギやイノシシの害が予想できる。白ワインの産出が多く、ジョゼフ・ドルーアンの銘醸コルトン゠シャルルマーニュは、この畑のブドウで造る。ドメーヌ・ミシェル・ヴォアリックは赤のコルトン・ランゲットを出す。

コルトン・レ・グランド・ロリエール　Corton Les Grandes Lolières
AC：コルトン特級畑
L：記載なし　R：2級畑　JM：ラドワ1級畑　　　　　　　　　　　　　　　　　　　　　　　　　3.04ha

この区画のワインは、ドメーヌ・ベルターニャとカピタン゠ガニュロのものしか見ない。ラドワ゠セリニ村にある。コルトンの特級エリアの東端に位置し、1978年、運の良さで特級に昇格した。斜面中腹にあることと、真東向きだったことが昇格の理由か？ ベルターニャは特級にふさわしいワインを安定的に造る。

コルトン・レ・マレショード　Corton Les Maréchaudes
AC：コルトン特級畑
L：記載なし　R：2級畑　JM：1級畑　　　　　　　　　　　　　　　　　　　　　　　　　　　4.46ha

畑名は、湿地帯を意味する「marais（マレ）」に由来するため、ブドウ栽培に不適とのイメージあり。事実、斜面低部に位置し、ブレサンドの下にある。ラドワとの境界まで延びるクロ・デ・マレショードを含む畑の一部は1級格付けである。
老舗生産者プランス・ド・メロード（現DRC）が試飲会で5種類のコルトンを供す場合、このワインを最初に出す。上品さは評価するが、特級のボディに欠ける。主な生産者は、カピタン゠ガニュロ、シャンドン・ド・ブリエイユ、ドゥデ、ミシェル・マラール、プランス・ド・メロード、1級では、ビショーのクロ・デ・マレショードなど。

コルトン・バス・ムロット　Corton Basses Mourottes
AC：コルトン特級畑
L：記載なし　R：3級畑　JM：ラドワ1級畑　　　　　　　　　　　　　　　　　　　　　　　　0.95ha

畑は特級と1級でほぼ二分する（1級の詳細は、「ラドワ゠セリニ1級畑」の項を参照）。所有者は何人かいるものの、「バス」という畑名から下部、下等を連想するため、バス・ムロット名のワインは見ない。コルトンにブレンドするらしい。

コルトン・オート・ムロット　Corton Hautes Mourottes
AC：コルトン特級畑
L：記載なし　R：3級畑　JM：ラドワ1級畑　　　　　　　　　　　　　　　　　　　　　　　　1.93ha

ラドワ側のコルトン丘陵上部、標高350m周辺のやや冷涼な場所にある。粘土質が多い土壌のため、タンニンが固く引き締まったワインになる（早飲みには不適）。基底岩は白色泥灰土。ドメーヌ・ダルデュイとガストン＆ピエール・ラヴォーのワインを飲んだことがある。

コルトン・レ・ムトット　Corton Les Moutottes
AC：コルトン特級畑
L：記載なし　R：記載なし　JM：ラドワ1級畑　　　　　　　　　　　　　　　　0.85ha

カピタン゠ガニュロの単独所有畑。ラドワの畑だが、複雑な事情がありアロス゠コルトン1級も名乗れる。ガニュロは、アロス゠コルトン1級レ・ムトット（詳細は1級畑の項を参照）として出荷し、特級では出さない。

コルトン・レ・ポーラン　Corton Les Paulands
AC：コルトン特級畑
L：2級畑　R：1級畑　JM：1級畑　　　　　　　　　　　　　　　　　　　　1.05ha

オテル・デ・ポーランの背中に位置する小さい畑。特級、1級、村名が混在し、上部のみが特級である。コント・スナールが特級の最大区画を所有し、同ドメーヌのコルトンにブレンドする。同名の1級、村名も出すが、いずれも特級に値せず。

コルトン・レ・ペリエール　Corton Les Perrières
AC：コルトン特級畑
L：1級畑　R：1級畑　JM：1級畑もしくは特級畑　　　　　　　　　　　　　　9.88ha

斜面中腹に位置し、北はクロ・デュ・ロワと接す。コルトンでも最良区画のひとつである。南と東に傾斜し、砂質土壌で水はけも良い。ドメーヌ・モーリス・シャプイ、デュブルイユ゠フォンテーヌ、ミシェル・ジュイヨ、ディディエ・ムヌヴォのワインを試飲したが、いずれもすばらしい。

コルトン・レ・プジェ　Corton Les Pougets
AC：コルトン特級畑
L：1級畑　R：1級畑　JM：1級畑もしくは特級畑　　　　　　　　　　　　　　9.82ha

ルイ・ジャドが上質の赤のコルトン・プジェを安定的に出荷するが、基本的には白ワインの畑である。南向きで暖かいため、ピノ・ノワールが完熟するが、石灰岩より泥灰土が多いので、シャルドネに適す。パトリック・ジャヴィエは、ここでコルトン゠シャルルマーニュを造る。エティエンヌ・ド・モンティーユは、2004年にピノ・ノワールの区画を購入し赤を2年造るも、直後、接ぎ木してシャルドネに植え替える。

コルトン・レ・ルナルド　Corton Les Renardes
AC：コルトン特級畑
L：準特級畑　R：特級畑　JM：特級畑　　　　　　　　　　　　　　　　　　14.35ha

畑名のルナルド（狐）はワインのスタイルに由来するのか、逆に、畑名からの連想でワインに動物性を感じるのかは諸説ある。マリー゠エレーヌ・ランドリュー゠リュシニーは著書で前者を支持し、ワインの風味と狐の共通点を述べている[2]。また、大戦中、レジスタンスが狐を食べざるをえなかったとの由来話もあるが、根拠の乏しい「誕生伝説」の域を出ない。クロード・シャピュイは、「雨上がりの庭の匂いを思わせる」と詩情豊かに語る。

畑の表土は、茶色の粘土質石灰岩の薄い層で、硬い石灰岩板の上を覆う。標高340mの丘陵頂上から斜面中腹（標高280m）の急傾斜地に位置する。広い畑なので、いろいろなワインができる。主な生産者は、ドメーヌ・ダルデュイ、ブリュノ・コラン（シャサーニュではなくアロス）、マリウス・ドラルシュ、ミシェル・ゲ、クリスチャン・グロ、アントナン・ギヨン、マイヤール、フランソワ・マルダン、ミシェル・マラール、プランス・ド・メロード、ドメーヌ・パラン、ミシェル・ヴォアリックなど。

---

[2] Marie-Helène Landrieu-Lussigny, *Les lieux-dits dans le Vignoble Bourguignon*, Marseille 1983, éditions Jean Laffitte, p.70

コルトン・ロニェ / ル・ロニェ・エ・コルトン　Corton Rognet / Le Rognet et Corton
AC：コルトン特級畑
L：記載なし　R：1級畑　JM：特級畑　　　　　　　　　　　　　　　　　　　　　11.60ha

ラドワ側のコルトンの中で、大きな面積を占める畑。上部三分の一は白の特級コルトン゠シャルルマーニュの区画で、フェヴレの銘醸クロ・デ・コルトン・フェヴレはここで造る。残り三分の二は、標高275m～285mの斜面中腹に位置する。水はけが良く、酸化鉄を多く含む赤みがかった粘土質土壌である。最良のワインとして、昔の石垣に囲まれた小区画の古木で造るメオ゠カミュゼのクロ・ロニェ(リュー・ディ)と、フェヴレのクロ・デ・コルトン・フェヴレがある。

そのほかの主な生産者は、アンブロワーズ、ピエール・アンドレ、ドメーヌ・ダルデュイ、ロベール・アルヌー、シュヴァリエ・ペール・エ・フィス、ブリュノ・クラヴリエ、デュポン゠ティスランド、カミーユ・ジルー、ピエール・ギュイモ、ルイ・ジャド、ラルール゠ピオ、ティボー・リジェ゠ベレール、ミシェル・マラール、トプノ゠メルムなど。

コルトン・ラ・トプ・オー・ヴェール　Corton La Toppe au Vert
AC：コルトン特級畑
L：記載なし　R：2級畑　JM：ラドワ1級畑　　　　　　　　　　　　　　　　　　0.11ha

コルトン・ヴェルジェンヌの真下に位置す。ほとんどが1級格付け（詳細は1級畑の項を参照）で、ごくわずか、特級ラ・トプ・オー・ヴェールの区画がある。カピタン゠ガニュロの単独所有で、特級コルトンにブレンドする。

コルトン・レ・ヴェルジェンヌ　Corton Les Vergennes
AC：コルトン特級畑
L：記載なし　R：1級畑　JM：1級畑もしくは特級畑　　　　　　　　　　　　　　3.45ha

アロス゠コルトンとの境界に沿い、境界線でアロス側のレ・ブレサンドに接する。ブルゴーニュには、この畑のように、上部と下部区画が同じ名前を共有する畑がある。ここは畑全体が斜面の低部にあり、上部のみが特級（下部は1級区画）となる。畑の一部は、昔の採石場を埋め立てた土地なので、本来のテロワールではない。

主な生産者は、ドメーヌ・カシャ゠オキダン（クロ・デ・ヴェルジェンヌを単独所有）とシャンソン・ペール・エ・フィス。カシャ所有の区画の一部は、現在、オスピス・ド・ボーヌのキュヴェ・ポール・シャンソンとなる。これは0.28haの区画で、珍しい白の特級コルトン・ヴェルジェンヌを造る。1974年にオスピスにこの区画を寄進した故ポール・シャンソンによれば、ここはシャルドネよりピノ・ブランが多い。

アロス゠コルトン1級畑　Aloxe-Corton Premiers Crus　　　　　　　　37.59ha

特級の中には1級への降格が妥当な畑も少なくないが、1級畑のほとんどは実力相応と言える。1級畑の大部分は、特級コルトン直下の斜面にある。レ・ヴェルコとレ・ゲレは例外で、ペルナン゠ヴェルジュレス方向に回り込む。

レ・シャイヨ　Les Chaillots
ACs：アロス゠コルトン1級畑およびアロス゠コルトン
L：2級畑　R：1級畑　JM：1級畑　　　　　　　　　　　　　　　　　　　　　4.63ha*

畑の上部は、特級コルトン・グレーヴの真下に位置し、下部はACアロス゠コルトンになる。主な生産者は、ドメーヌ・ダルデュイ、ルイ・ラトゥールなど。

＊このほかに同名の村名格の畑が1.90haある。

ラ・クティエール　La Coutière
AC：アロス=コルトン1級畑
L：記載なし　R：2級畑　JM：ラドワ1級畑　　　　　　　　　　　　　　　　　　　　2.52ha

ラドワの1級畑ながら、この畑名のワインはほとんど見ない。特級コルトン・グランド・ロリエールの直下に位置する。ドメーヌ・ニュダン、ドメーヌ・ジョルジュ・シコトがワインを造る。

レ・フルニエール　Les Fournières
AC：アロス=コルトン1級畑
L：2級畑　R：2級畑　JM：1級畑　　　　　　　　　　　　　　　　　　　　　　　5.57ha

アロス=コルトン側の有名な1級畑。アロス村の東にある。主な生産者は、ドメーヌ・トロ=ボー、アントナン・ギヨン。畑名は「炭焼き窯」に由来する。

レ・ゲレ　Les Guérets
AC：アロス=コルトン1級畑
L：2級畑　R：2級畑　JM：1級畑　　　　　　　　　　　　　　　　　　　　　　　2.56ha

アロスの市街地とヴェルジュレス側の斜面のあいだにやや平らな土地があり、アロス=コルトン1級が2つあるが、ここがそのひとつ（もうひとつはレ・ヴェルコ）。ドメーヌ・アントナン・ギヨン、メゾン・カミーユ・ジルーがワインを造る。

レ・プティット・ロリエール　Les Petites Lolières
AC：アロス=コルトン1級畑
L：記載なし　R：2級畑　JM：ラドワ1級畑　　　　　　　　　　　　　　　　　　　　1.64ha

ラドワの特級グランド・ロリエールの北に続く1級畑。試飲したことはないが、ドメーヌ・マイヤール、ピエール・アンドレ、サントネのドメーヌ・シャペルがここでワインを造る。

レ・マレショード　Les Maréchaudes
AC：アロス=コルトン1級畑
L：記載なし　R：2級畑　JM：1級畑　　　　　　　　　　　　　　　　　　　　　　3.71ha

ラ・マレショード、レ・マレショード、クロ・ド・マレショードの3区画からなる畑。3区画とも特級コルトン・レ・マレショードの真下にある（名前からも明らか）。一部はラドワの境界線を越えるが、すべてアロス=コルトン1級で出荷する。クロ・ド・マレショードはメゾン・アルベール・ビショーの単独所有。

クロ・デュ・シャピトル（レ・メ）　Clos du Chapître (Les Meix)
AC：アロス=コルトン1級畑
L：1級畑　R：1級畑　JM：1級畑　　　　　　　　　　　　　　　　　　　　　　　1.90ha

登記簿上はレ・メだが、一般に、クロ・デュ・シャピトルと呼ぶ。教会の真下に位置し、住宅やワイン生産者の社屋に囲まれる。畑は石が多く、雨が降ってもすぐに乾燥する。年間を通してブドウの生育が早い。主な生産者は、フォラン=アルベレ、ルイ・ラトゥール、シャトー・ジェノ=ブランジェなど。

レ・ムトット　Les Moutottes
AC：アロス=コルトン1級畑
L：記載なし　R：記載なし　JM：ラドワ1級畑　　　　　　　　　　　　　　　　　　0.94ha

ムトット内の1級区画（実際はラドワ=セリニにある）で、残りは特級。エドモン・コルニュとドメーヌ・カピタン=ガニュロがワインを造る。

レ・ポーラン　Les Paulands
ACs：アロス=コルトン1級畑およびアロス=コルトン
L：2級畑　R：2級畑　JM：1級畑　　　　　　　　　　　　　　　　　　　　　　1.60ha*

オテル・ド・ポーランに接する「裏庭」部分は村名畑で、少し斜面を上がった位置に1級畑があり、最上部は特級。ドメーヌ・ピエール・アンドレが1級ワインを造る。

　　　　　　　　　　　　　　　　　　　　　　　　　　　*このほかに村名格の畑が2.48haある。

ラ・トプ・オー・ヴェール　La Toppe au Vert
AC：アロス=コルトン1級畑
L：記載なし　R：2級畑　JM：ラドワ1級畑　　　　　　　　　　　　　　　　　　1.73ha

ラドワの畑ながら、アロス=コルトン1級として出荷する特殊なワイン（詳細は279頁参照）。2006年からドメーヌ・ミシェル・マイヤールが同ドメーヌ名で1級ワインを出荷し、ティボー・リジェ=ベレールはネゴシアンとして出す。

「トプ」は、開墾したまま放置し草が生えた牧草地の意。ラドワでの頻出語で、ボワ・デ・トプ（Bois des Toppes）、レ・トプ・コワフェ（Les Toppes Coiffées）、ラ・トプ・ダヴィニョン（La Toppe d'Avignon）などの村名畑がある。

レ・ヴァロズィエール　Les Valozières
ACs：アロス=コルトン1級畑およびアロス=コルトン
L：記載なし　R：2級畑　JM：1級畑　　　　　　　　　　　　　　　　　　　　　6.59ha*

特級コルトン・ブレサンドの真下に位置す。湿気のある粘土質土壌。洗練さに欠けるが上質のワインができる。代表的な生産者は、ドメーヌ・シャンドン・ド・ブリアイユ、シュヴァリエ、コルニュ、スナール、ミシェル・マイヤールなど。　　　　　　　　*このほかに同名の村名格の畑が7.81haある。

レ・ヴェルコ　Les Vercots
AC：アロス=コルトン1級畑
L：2級畑　R：2級畑　JM：ACアロス=コルトンあるいは1級畑　　　　　　　　4.19ha

アロスの市街地とヴェルジュレス側の斜面のあいだに、アロス=コルトンの有名な1級が2つあるが、そのひとつ（もうひとつはレ・ゲレ）。斜面の最下部に位置しながら、表層土は、ペルナン渓谷から広がる扇状地に堆積した岩の上をごく薄く覆っているだけにすぎない。トロ=ボー、フォラン・アルベレ、アントナン・ギヨン、デュブルイユ=フォンテーヌなどの名手がワインを造る。

村名格アロス=コルトン　Village vineyards：appellation Aloxe-Corton　89.71ha

ACアロス=コルトンは、名前に「コルトン」がつくため価格設定が強気で、お買い得ワインはほとんどない。村名畑の大部分は、ショレ=レ=ボーヌからコルトン丘陵へ至る地域に広がる。このほか、特級地区とヴェルジュレスの東向き斜面のあいだにある谷の低地にも少しある。ここは、土壌が重くて湿気を含む。村名を名乗る畑には以下がある。

レ・ブーティエール　Les Boutières　　　　　　　　　　　　　　　　　　19.45ha

この区画の4辺のうち、2辺はショレ=レ=ボーヌに、3辺目はペルナン=ヴェルジュレスと銘醸畑に接する。4辺目は、アロスの凡庸な村名畑、レ・シテルネ（Les Citernes）とレ・クラプス（Les Crapousuets）に面す（この2つの畑のワインは、畑名を名乗ることはない）。ドゥデ=ノダンとニコラ・ポテルがここでワインを造る。

クロ・ド・ラ・ブロット　Clos de la Boulotte　　　　　　　　　　　　　　1.13ha

ドメーヌ・ニュダンの単独所有。市街地に近く、1級畑レ・メの直下に位置する。

スショ　Suchot　　　　　　　　　　　　　　　　　　　　　　　　　　　　2.02ha

個人所有の城郭の背面にある小区画(リュー・ディ)。ドメーヌ・シモン・ビーズがワインを造る。畑全体の公式名は、レ・ジュヌヴリエール・エ・ル・スショ（Les Genevrières et Le Suchot）。

ラドワ＝セリニ　Ladoix-Serrigny

2つの名がつながっているが、有名な畑名を連結したのでなく、かつて村落が2つあったことに由来する。現在はひとつの村に合併された。セリニが平地に、ラドワはコルトン丘陵の麓に位置し、D974号線をはさんで接する。

1855年のラヴァル博士の格付けでは、ラドワのワインを評価しておらず、最低の3級にも入っていない。唯一、村名ワインは地図でのつながりの関係上、取りあげているが、アロスに隣接したラドワのピノの畑を「評価に値しないワインができる」と記している。

AOC制定以前は、ラドワの生産者が勝手にコルトン名を借用していた寛容な時代だったが、その後、前述通り、コルトン特級になったのは一部のみ。次は1級昇格で、1954年、不可解な話だが、ラドワの生産者は、ラドワではなくアロス＝コルトンの1級を望んだ。

現在、レ・マレショード、レ・プティット・ロリエール、レ・ムトットの1級部分、および、ラ・トプ・オー・ヴェール、レ・カリエールが、行政上はラドワだが、登記上はアロス＝コルトンとなる。この原則を通すなら、独自ACのないプレモー＝プリセイをニュイ＝サン＝ジョルジュ名で出すのと同様に、ラドワ＝セリニ全村をアロスと扱うべきではないか。

ラドワ1級畑　Ladoix Premier Cru　　　　　　　　　　　　　　　　　　29.18ha

上述の通り、ラドワの畑の一部はアロス＝コルトン1級として出荷する。最近、アロス＝コルトン1級以外に、ラドワ1級が新たに加わる。この1級は、赤か白いずれか片方しか認めない。これはよい考えで、シャサーニュ＝モンラシェで機能している。

ボワ・ルソ　Bois Roussot　　　　　　　　　　　　　　　　　　　　　　1.78ha

赤のみの1級畑。東向きの斜面中腹に位置し、コルトン特級と同じ等高線上にあるが、やや北を向く。ドメーヌ・エドモン・コルニュのワインのように、エレガントに仕上がる。

レ・ビュイ　Les Buis　　　　　　　　　　　　　　　　　　　　　　　　5.45ha

最近1級に昇格した畑で、赤のみ。ビュイソン村の上にある標高260mの南向き斜面に位置する。主な生産者はドメーヌ・ニュダン。

ル・クルー・ドルジュ　Le Clou d'Orge　　　　　　　　　　　　　　　　1.58ha

畑名は「石垣で囲まれた大麦畑」を意味する。1級は区画の一部のみ。ドメーヌ・シュヴァリエが造るル・クルー・ドルジュは、同ドメーヌのラ・コルヴェに比べ洗練さに欠ける。

ラ・コルヴェ　La Corvée　　　　　　　　　　　　　　　　　　　　　　7.14ha

ラドワの北端、ビュイソン村を背にした緩斜面に位置する。ドメーヌ・シュヴァリエを代表する1級畑がこれで、力強いワインを造る。ドメーヌ・エドモン・コルニュもこの地で同様のワインを造る。

レ・グレション（白のみ）　Les Gréchons　　　　　　　　　　　　　　　5.86ha

シルヴァン・ロワシェは、この区画で複雑なミネラル感のある上質のワインを造り、村名のボワ・ド・グレションでは、ボディ豊かで熟成したワインを出す。ボワ・ド・グレションは、愛らしいワインな

がら、コルトン丘陵の特徴は出ていない。ロワシェによると、味わいの違いは苗木の違いらしい。ミシェル・マラールも上質で香り高いワインを造る。ドメーヌ・シュヴァリエのワインにも、この1級畑の特長がきれいに出ている。

レ・ジョワイユーズ　Les Joyeuses　　　　　　　　　　　　　　　　　　　　0.76ha
ドメーヌ・ミシェル・マラールが、エレガントな果実味がきわだつワインを造る。特級畑と同じ等高線上にあるが、1級のボワ・ルソがあいだに割り込んでいる。ボワ・ルソ同様、赤のみ1級。

ラ・ミコード　La Micaude　　　　　　　　　　　　　　　　　　　　　　　　1.64ha
ビュイソン村を北上し、森に至る道の右手にある。ドメーヌ・カピタン゠ガニュロが単独所有する。

バス・ムロット　Basses Mourottes　　　　　　　　　　　　　　　　　　　0.93ha
オート・ムロット　Hautes Mourottes　　　　　　　　　　　　　　　　　　0.55ha
特級コルトンから延びる畑（ここまで特級を拡張すべきではない）。ドメーヌ・ラヴォーは赤のバス・ムロットを造り、カピタン゠ガニュロと、旧プランス・メロード（現DRC）はオート・ムロットで白を造る。

アン・ナジェ　En Naget　　　　　　　　　　　　　　　　　　　　　　　　2.67ha
東向き斜面の頂上部に位置し、白に適した立地。ドメーヌ・マラトレ゠デュブルイユが単独所有する0.53haの小区画から、レ・ナジェというキュヴェを造る。赤は1級に値せず。

ル・ロニェ・エ・コルトン　Le Rognet et Corton　　　　　　　　　　　　　0.80ha
特級畑ル・ロニェ・エ・コルトンに続く位置にある。1級は白のみ。

村名格ラドワ　Village vineyards：appellation Ladoix　　　　　　　117.92ha

ボワ・ド・グレション　Bois de Gréchon　　　　　　　　　　　　　　　　2.12ha
1級グレションの真上にある畑。シルヴァン・ロワシェやクロード・シュヴァリエが白を造る。生産者に関係なく、飛び抜けて香り高いワインができる。

レ・カリエール　Les Carrières　　　　　　　　　　　　　　　　　　　　3.48ha
ドメーヌ・コルニュ、ヤコブ、ラヴォーがワインを造る。畑名はル・ロニェ・エ・コルトンの真下にある採石場に由来する。

レ・シャイヨ　Les Chaillots　　　　　　　　　　　　　　　　　　　　　8.11ha
ビュイソン村の集落の背中にある南東向き斜面下部に位置する。旧プランス・ド・メロードやドメーヌ・クロード・マレシャルが、この畑名でワインを造る。ドメーヌ・ダルデュイは、シャルドネとピノ・ノワールの両方を造るが、ACラドワの赤白にブレンドする。

クロ・デ・シャニョ　Clos des Chagnots　　　　　　　　　　　　　　　　2.36ha
シャトー・ド・コルトン・アンドレが単独所有する。D974線と、マニイ・レ・ヴィラール村に向かうD115c線が交わる角にある。

クロ・ロワイエ　Clos Royer　　　　　　　　　　　　　　　　　　　　　1.51ha
ラドワの市街地の中央にあり、D974号線の上、1級ラ・トプ・オー・ヴェールの下に位置す。ドメーヌ・ラトーとマラールが分割所有する。後者は、シャルドネとピノ・ノワールの両方を造る。

ペルナン=ヴェルジュレス1級畑　Pernand-Vergelesses Premiers Crus　　　56.51ha

ラドワ村同様、最近、ペルナン=ヴェルジュレス村でも白だけの1級畑が増加している。これは、「赤は凡庸で格付けに値しないが、白は、ほかの1級と同レベルの良質ワインができる畑」であることを意味する。

アン・カラドゥ　En Caradeux
AC：ペルナン=ヴェルジュレス1級畑
L：2級畑　R：1級畑および2級畑　JM：1級畑　　　　　　　　　　　　　　　　14.38ha*

畑の頂上部は白色泥灰土、下部は赤色系の粘土質土壌が多く、上部はシャルドネ、下部はピノに適す。ルイ・ジャドが大区画を所有する。同社がラ・クロワ・ド・ピエールと名付けた単独所有の区画があり、単なるアン・カラドゥより優れる。
畑は東向きで、谷を挟んで特級畑アン・シャルルマーニュが続くが、上部の急勾配地の森が西日をさえぎる。　　　　　　　　　　　　　　　＊このほかに同名の村名格の畑が5.24haある。

クロ・ベルテ　Clos Berthet
AC：ペルナン=ヴェルジュレス1級畑（白のみ）
L：記載なし　R：記載なし　JM：1級畑（白）　　　　　　　　　　　　　　　　1.80ha

2000年から白が1級に昇格する。ドメーヌ・デュブルイユ=フォンテーヌの単独所有で、シャルドネが1ha、ピノ・ノワールが0.6haを占める。畑はドメーヌの社屋に隣接する小さな公園の先にあり、南西を向く。

クロ・デュ・ヴィラージュ　Clos du Village
AC：ペルナン=ヴェルジュレス1級畑
L：記載なし　R：記載なし　JM：1級畑　　　　　　　　　　　　　　　　　　　0.80ha

2000年から白が1級に昇格した。ドメーヌ・ラペが単独所有する。畑はドメーヌの社屋に隣接し、教会の下に位置するため、冷風が吹き込まず、軽量の土壌から熟したブドウができる。

クルー・ド・ラ・ネ　Creux de la Net
AC：ペルナン=ヴェルジュレス1級
L：記載なし　R：1級畑および2級畑　JM：1級畑　　　　　　　　　　　　　　　3.44ha

ヴェルジュレスとアン・カラドゥにはさまれた畑。カラドゥ同様、頂上部は村名ワイン区画で、白に適す。ドメーヌ・ドニとメゾン・ジャフランが赤の1級を造る。

レ・フィショ　Les Fichots
AC：ペルナン=ヴェルジュレス1級畑
L：記載なし　R：1級畑および2級畑　JM：1級畑　　　　　　　　　　　　　　　11.23ha

レ・ヴェルジュレス下部の平坦部にある。成熟の早い畑であり、濃厚で風味豊かな赤ができる。ドメーヌ・フォラン=アルベレとロランが優れたワインを造る。

スー・フレティユ　Sous Frétille
AC：ペルナン=ヴェルジュレス1級畑
L：記載なし　R：記載なし　JM：1級畑（白）　　　　　　　　　　　　　　　　6.06ha

2000年から白が1級に昇格した。丘陵頂上近くにあり、村を見下ろす位置にある。赤より白に適す。南東向きだが、コルトン丘陵が朝日をさえぎる。ドメーヌ・ラペとロランが優れたワインを造る。

イル・デ・ヴェルジュレス / イル・デ・オート・ヴェルジュレス
Ile des Vergelesses / Ile des Hautes Vergelesses
AC：ペルナン=ヴェルジュレス1級畑
L：1級畑　R：特級畑　JM：別格1級畑　　　　　　　　　　　　　　　　　　9.41ha

ペルナン村で筆者がもっとも好む畑。特に赤がよい。ボーヌからペルナンに向かいD18号線の上部を小道がカーブして上り、畑を囲むように降りてくるため、畑が島のように見える。斜面中腹という好立地にある。南東向きなので、コルトン丘陵が日照をさえぎらない。もっと名前が売れてしかるべき。ドメーヌ・シャンドン・ド・ブリアイユが大区画を所有し、一部を白に植え替えた。このほか、ラペ、ロラン、ドゥラルシュ、ルイ・ラトゥール、ドュブルイユ=フォンテーヌ、ラルール=ピヨが上質のワインを造る。

レ・バス・ヴェルジュレス　Les Basses Vergelesses
AC：ペルナン=ヴェルジュレス1級畑
L：1級畑　R：1級畑および2級畑　JM：1級畑　　　　　　　　　　　　　18.06ha

畑名からわかるように、イル・デ・ヴェルジュレスの下部に位置す。ラベルに「イル」がつかずに「ヴェルジュレス」のみの場合、この畑のワイン。土壌は粘土質で、非常に重い。ドメーヌ・パヴロでは、土の勢いを抑えるため、畝のあいだに雑草を残す。ドメーヌ・ロランも良いワインを造る。

村名格ペルナン=ヴェルジュレス
Village vineyards: appellation Pernand-Vergelesses　　　　　　　　　137.63ha

レ・ベル・フィーユ　Les Belles Filles
別名スー・ル・ボワ・ド・ノエル・エ・レ・ベル・フィーユで、「クリスマスの森と義理の娘」の意味だが、森と娘がどう関係するのか不明。重い白色泥灰土質の急斜面で、白に適する。

レ・コンボット　Les Combottes
ペルナン村でも良質の白ができる畑。西向きの丘陵斜面にある。ドメーヌ・ラペとシャトー・ド・ショレがワインを造る。

主要生産者

ボノー・デュ・マルトレイ（ペルナン゠ヴェルジュレス）　Bonneau du Martray（Pernand-Vergelesses）

著者は以前、当ドメーヌのジャン゠シャルル・ル・ボー・ド・ラ・モリニエール伯爵に「自由、平等、博愛のどれがフランス人にもっとも訴えるか？」という不適切な質問をしたことがある。伯爵の家族にフランス革命で処刑された人がいたので、実にそっけない返事が返ってきた。とはいえ、ボノー・デュ・マルトレイがACコルトン゠シャルルマーニュの中心部に大区画を所有できたのは、フランス革命で前所有者の教会から国がこの畑を接収した直後に購入したためである。以来、同家が畑を所有する。現所有者の母は、子どものない伯父からこの畑を相続。ジャン・ル・ボーが1969年から1993年まで所有し、翌年1月にジャン・シャルルが引き継ぐ。

当初、ボノー家は24haを所有していたが、半分を分家に売り、のちに少し切り売りした。ジャン・ル・ボーの時代、赤のコルトンが大部分を占めるも、後年、大部分を抜いてシャルドネを植える。現在、ドメーヌの所有は11.9haで、9.50haがコルトン゠シャルルマーニュ、残りがコルトンである。赤は、ジャン゠シャルルの代に品質が飛躍的に上ったが、ル・シャルルマーニュの畑は、赤より白に適す。ドメーヌ・ボノー・デュ・マルトレイの名声は、上質のコルトン゠シャルルマーニュによる。所有地は、アロス゠コルトンからペルナン゠ヴェルジュレスに抜けるD115d号線の上にある斜面の中央部で、アン・シャルルマーニュとル・シャルルマーニュの境界線をまたぐ。ドメーヌでは、畑の土壌を細かく分析して熟考を重ね、現在はビオディナミに転換した。区画ごとに別々に醸造し、1年目は樽、2年目の冬はステンレス・タンクで熟成させてから、ブレンドして瓶詰めする。

コルトン゠シャルルマーニュ 特級　ジャン・ル・ボーが造った古酒は実にみごとで、1990年物は今でもすばらしいが、ヴィンテージによりばらつきがあった。ジャン・シャルルの代になり、収量を減らして品質が安定してきた（コルクは別）。エキゾチックで果実味のある熟成したアロマがある。口に含むと、濃縮感のある豊かな味わいが広がり、昔のワインに特徴的なピリピリ弾けるミネラルのある余韻が残る。

カシャ゠オキダン（ラドワ゠セリニ）　Cachat-Ocquidant（Ladoix-Serrigny）

現在、10haの畑を所有し、ジャン゠マルク・カシャと息子のダヴィッドが仕切る。最高の区画は単独所有のコルトン・クロ・デ・ヴェルジェンヌ。幸運に恵まれ、1938年に購入したが、1.42haの畑でできたワインをすべてドメーヌで元詰めするようになったのは2002年以降だった。

シュヴァリエ・ペール・エ・フィス（ラドワ゠セリニ）　Chevalier Père & Fils（Ladoix-Serrigny）

ドメーヌの歴史は1850年までさかのぼる。初期はガメイの3haのみを所有し、1959年からジョルジュ・シュヴァリエが元詰めを開始した。現在は、ジョルジュの息子、クロードが、娘のクロエの助けを借りて栽培・醸造し、販売は娘のジュリーが担当する。キリアコス・キニゴプロスが醸造コンサルタントを務めており、15ha弱の畑を見ている。この中には、2005年から借地契約をしている古樹の区画も含む。

クロードは精力的にドメーヌの近代化を進めた。その結果、インパクトの強いワインに仕上がったが、技巧に走るきらいがあり、次の代では洗練さを求めるだろう。赤は、選果台で厳しく選別し、低温で1週間の発酵前浸漬を実施する。以降、ゆっくり温度を上げ、1週間かけてアルコール発酵させる。この時、最初のルモンタージュとピジャージュに続き、デレスタージュ〔液抜き静置。発酵中のワインを別タンクに移し、もとのタンクに残った果皮や種を空気に触れさせて色素やタンニンを抽出したのち、別タンクのワインをも

シュヴァリエ・ペール・エ・フィスの所有畑	
赤	ha
Corton Le Rognet Grand Cru	1.15
Aloxe-Corton 1er Cru Valozières	1.30
Ladoix Le Clou d'Orge 1er Cru	0.85
Ladoix Les Corvées 1er Cru	1.65
Aloxe-Corton	1.50
Gevrey-Chambertin	0.45
Ladoix	3.50
Côte de Nuits-Villages	1.15
白	
Corton-Charlemagne Grand Cru	0.36
Ladoix Gréchons 1er Cru	0.70
Ladoix Blanc	1.60

とに戻すこと〕を実施する。続いて、12ヵ月の樽熟成に入る。以前は、新樽率はキュヴェによって25％から50％だったが、2008年以降、新樽は使わない。

このドメーヌは白を得意とする。白の新樽率は今まで通り、ACラドワで20％、1級で30％、コルトン＝シャルルマーニュで50％。コルトン・ル・ロニェの一部区画をシャルドネに植え替え中なので、白が増える。ドメーヌ・シュヴァリエの白は、凝縮感に富んだ輝きがあり、洗練されている。

シャトー・ド・コルトン・アンドレ（ピエール・アンドレ）　Château de Corton André（Pierre André）

ピエール・アンドレの全ブランドは、シャトー・ド・コルトン・アンドレの建屋やラ・レーヌ・ペドークの関連事業とともに、2003年、バランド・フランス・グループの傘下に入る。社長のブノワ・ゲージョンと醸造家のルディヴィーヌ・グリヴォーは、ピエール・アンドレの品質向上に着手し、シャブリ以外のブルゴーニュの主要アペラシオンでは、品質が急激に上がる。コルトン丘陵周辺にはドメーヌの至宝ともいうべき小さな畑がいくつかある。なかでも、単独所有のコルトン・シャトー・ド・コルトン・アンドレが有名。

デュブルイユ＝フォンテーヌ　Dubreuil-Fontaine

ピエール・アルビネが1879年に設立したドメーヌ。ピエールの死後、娘婿のジュリアン・デュブルイユが継ぎ、続いてピエール・デュブルイユ＝フォンテーヌ、現在は、孫娘のクリスティーヌ・デュブルイユが運営する。20haの畑に20のアペラシオンをもつ大きなドメーヌ。高品質のワインを造るには規模が大きく、手を広げ過ぎた感もあるが、熟成に耐えるワインを造る。筆者はロンドンのオークションで、同ドメーヌの1978年物の混載ロットを思い切って購入。洪水でセラーが冠水し、厚い泥に覆われたボトルだったが、とてもすばらしかった。

デュブルイユ＝フォンテーヌの所有畑	
赤	ha
Corton Clos du Roi Grand Cru	0.65
Corton Bressandes Grand Cru	0.77
Corton Perrières Grand Cru	0.60
Aloxe-Corton 1er Cru Les Vercots	0.47
Beaune 1er Cru Montrevenots	0.32
Pernand-Vergelesses 1er Cru Ile de Vergelesses	0.60
Pommard 1er Cru Epenots	0.56
Savigny-lès-Beaune 1er Cru Les Vergelesses	2.13
Aloxe-Corton	1.00
Pernand-Vergelesses Clos Berthet（単独所有）	0.60
Pernand-Vergelesses	2.00
Pommard	0.93
Volnay	0.65
Bourgogne Rouge La Chapelle Notre Dame	2.60
白	
Corton-Charlemagne Grand Cru	0.69
Pernand-Vergelesses 1er Cru Clos Berthet（単独所有）	1.00
Pernand-Vergelesses	1.00

ペルナン＝ヴェルジュレス1級 クロ・ベルテ（単独所有）　この畑は白だけ2000年に1級へ昇格。デュブルイユ＝フォンテーヌは、ここで赤白を造る。白は群を抜いて質が高く、みずみずしい果実味があり、余韻も長い。赤は、サクランボの果実に、微かにコショウのニュアンスがある。ボディは大きくないが、エレガントなワインができる。

フォラン＝アルベレ　Follin-Arbelet

フランク・フォラン＝アルベレは、ボーヌのブシャール・ペール・エ・フィスを所有するステファンの弟で、19世紀後半に先祖の畑があったアロス＝コルトン村にドメーヌを設立した。フランク・フォランは、子どもの頃、この地で休暇を過ごし、のちにアルバイトで畑仕事をし、自然の流れで畑を所有する地元の女性と結婚する。フランクが1933年にドメーヌを立ち上げたのも必然か？　のちに、畑を借りて事業を拡張する。

現在、フランク・フォランは、有機農法へ転換中（認証は受けていない）。「もっともシンプルで、もっとも自然であること」を目指す。ブドウは完全に除梗し、木製タンクで2週間かけて発酵させる。その間、ルモンタージュとピジャージュを実施するが、色素やタンニンを無理やり抽出することを目的としない。発酵後、樽で18ヵ月熟成させる。最初は、新樽率が20％から25％で、澱引きした

のち、古樽で12ヵ月熟成させる。
このドメーヌのワインは万人受けをねらわず、あえて少数派に絞った道を進む。いろいろな畑から造るワインには質の高さがあらわれる。

コルトン 特級 2つある赤の特級のコルトンのうち、軽いほう。野苺のリキュールのような濃密な香りがある。フランク・フォランによると、義父が力強いワインを造ろうとしたが、できなかったらしい。重量感が好みなら、もうひとつの特級、コルトン・ブレサンドを薦める。

ロマネ・サン=ヴィヴァン 特級 このワインは、繊細なベールの中に力強さを隠しており、すぐにコルクを抜いて満足したい人には不適。うちに秘めた優雅さがあり、余韻が長く心地よく続く。最低10年は寝かせ、ワインの潜在能力を開かせるため、ゆっくり飲みたい。

ペルナン=ヴェルジュレス1級 フィショ フォランが造るワインにしては、色が濃く、アン・カラドゥより果実の香りが強い。ペルナン=ヴェルジュレスより、アロス=コルトン的なワインと言える。

フォラン=アルベレの所有畑

赤	ha
Corton Bressandes Grand Cru	0.40
Corton (Le Charlemagne) Grand Cru	0.40
Romanée St-Vivant Grand Cru	0.40
Aloxe-Corton 1er Cru Clos du Chapitre	1.00
Aloxe-Corton 1er Cru Les Vercots	1.05
Pernand-Vergelesses 1er Cru En Caradeux	0.30
Pernand-Vergelesses 1er Cru Fichots	0.50
Aloxe-Corton	0.80
白	
Corton-Charlemagne Grand Cru	0.35

ルイ・ラトゥール　Louis Latour

「ボーヌ」の主要生産者の項目(312頁)を参照。

ドメーヌ・ミシェル・マラール
Domaine Michel Mallard

このドメーヌで元詰めを始めた創業者のミシェル・マラールは、当主ミシェル・マラールの祖父。当主のミシェルは、父パトリックに対し、栽培や醸造の助言をしたり、ヴォーヌ=ロマネのドメーヌ・ドゥジェニを運営する。父パトリックは、低収量、機械摘み、ほぼ100%新樽を大原則とする。ミシェル(息子)は、繊細さを出そうとして、新樽率を下げ、いろいろな熟成法を試し、畑仕事を改良しており、収穫も手摘みに切り替えるだろう。コルトンとラドワ1級レ・ジョワイユーズが、このドメーヌの看板ワイン。

ドメーヌ・ミシェル・マラールの所有畑

赤	ha
Corton Les Renardes Grand Cru	0.65
Corton Les Maréchaudes Grand Cru	0.30
Corton Rognet Grand Cru	1.28
Aloxe-Corton Les Valozières 1er Cru	0.39
Aloxe-Corton La Toppe au Vert 1er Cru	0.43
Ladoix Les Joyeuses 1er Cru	0.37
Savigny Serpentières 1er Cru	1.10
Ladoix Clos Royer (赤・白)	0.48
Aloxe-Corton	0.82
Côte de Nuits-Villages	1.34
白	
Corton-Charlemagne Grand Cru	0.11
Ladoix Les Gréchons 1er Cru Blanc	0.77
Ladoix Clos Royer	0.34

プランス・ド・メロード　Prince de Mérode

メロード家は、大きなベルギー貴族家の分家であり、偉容を誇るラドワ=セリニの城館、シャトー・ド・セリニに移り住んだ。プランス・フローラン・ド・メロード(1927-2008)が他界するとドメーヌは分割される。現在、コルトンの同社の看板畑(クロ・デュ・ロワ、ブレサンド、ルナルド)は、ドメーヌ・ド・ラ・ロマネ=コンティ社が栽培している。
長きにわたり、心地よいが心に響かないワインを造ってきたが、21世紀の初めから、醸造責任者のディディエ・デュボワの尽力で復興を遂げる。

プランス・ド・メロードの所有畑

	ha
Corton Clos du Roi Grand Cru	0.57
Corton Renardes Grand Cru	0.51
Corton Bressandes Grand Cru	1.19
Corton Maréchaudes Grand Cru	1.53
Pommard Clos de la Platière	0.80

ミスチーフ＆メイエム　Mischief & Mayhem

英国人マイケル・ラグと豪州人マイケル・トゥエルフトゥリーが、アロス＝コルトンを拠点にネゴシアンを設立。インパクトのある名前を社名にしたかったそうで、ラグがミスチーフ（災害）、トゥエルフトゥリーがメイエム（傷害）らしい。ワインを樽買いし、自社で熟成・瓶詰めする。

ドメーヌ・ロラン・ラペ　Domaine Roland Rapet

1765年創業の老舗ドメーヌで、18haを所有す。特級として、コルトン＝シャルルマーニュ、コルトン、コルトン・プジェ、白の1級として、ル・クロ・デュ・ヴィラージュ、スー・フレティユ、アン・カラドゥ、赤の1級として、レ・ヴェルジュレス、イル・デ・ヴェルジュレス、ボーヌの3つの畑（クロ・デュ・ロワ、ブレサンド、グレーヴ）を有する。ローランドは、息子のヴァンサンとともにドメーヌを切り回し、新しい発酵設備も整えて、今が品質の頂点にある。看板畑のコルトン＝シャルルマーニュを2ha以上も所有する幸運に恵まれた。

ドメーヌ・ロラン　Domaine Rollin

4代続くドメーヌ。レイモン・ロランが立ち上げ、1955年に息子のモーリスが継承、1976年からレミ、2003年からシモンが引き継ぐ。所有畑は、アロス、サヴィニ、ショレまで広がるが、本拠地はペルナン＝ヴェルジュレスで、白の1級、スー・フレティユや、赤のヴェルジュレス、フィショ、イル・ド・ヴェルジュレスを所有。コルトン＝シャルルマーニュにも0.42haを持つ。赤白とも長期熟成に耐えるワインを造る。

コント・スナール　Comte Senard

1857年、クロ・デ・メを単独所有していたコント・ジュール・スナールが設立したドメーヌ。最近、アロス＝コルトンにある13世紀建造の屋敷からボーヌの近代的な建物へ移る。ドメーヌ・デ・テレジュレスの運営と醸造にも関わる。稀少の白のコルトン・ブランをはじめ、ショレ＝レ・ボーヌ・レ・シャンロン、アロス＝コルトン、1級ヴァロズィエール、コルトン、コルトン・アン・シャルマーニュ、コルトン・クロ・デ・メ、コルトン・ブレサンド、コルトン・クロ・デュ・ロワも造る。

非常に珍しいワインとして、シャルドネではなくピノ・グリの古木で造るアロス＝コルトンの白がある。現在、フィリップ・スナールの娘、ロレーヌがワインを造る。

そのほかの生産者

コルトンやコルトン＝シャルルマーニュをドメーヌ元詰めする生産者として、ラドワ＝セリニのカピタン＝ガニュロ、コルニュ、ジャコブ、マルダン、マラトレ＝デュブルイユ、ニュダン＝プラン、ラヴォー、また、アロス＝コルトンのシャピュイとヴォアリック、ペルナン＝ヴェルジュレスのドラルシュ、ラルー＝ピオ、レジ＝パヴロがいる。

ネゴシアンの大部分は、規模の大小にかかわらず、最低、1樽か2樽のコルトン＝シャルルマーニュを造っている。フェヴレ、ルミエ、ヴジュレなどのコート・ド・ニュイのドメーヌは、コルトン＝シャルルマーニュに畑を持ち、ヴジュレ、メオ＝カミュゼ、ブリュノ・クラヴリエは、赤のコルトンを所有する。

beaune
ボーヌ

AC コート・ド・ボーヌ(298頁参照)	66.14ha
村名格ボーヌ	138.21ha
ボーヌ1級畑	337.12ha

フランスで、平均住民収入がもっとも高額な市町村はボーヌらしい。富裕層が多い以上に低所得者が少ないためで、たとえば、ボーヌにはマクドナルドが1店舗もない。こんな現象は人口2万人超の都市にはありえず、プライドばかり異様に高い田舎町になり下がる危険性がある。ボーヌには住民が誇りに思うものがいくつもあり、最たるものが、荘重なたたずまいのオテル・デューだろう。オテル・デューは、オスピス・ド・ボーヌ（ボーヌ施療院）の最初の建物であり、15世紀、ブルゴーニュ候として太政官の任にあったニコラ・ロランが苛政の罪滅ぼしに建てたと言われる。

ボーヌは、ブルゴーニュのワインビジネスの中心である。たとえば、ブシャール・ペール・エ・フィス、シャンソン、ジョゼフ・ドルーアン、ルイ・ジャド、ルイ・ラトゥールなど、ここを本拠にする老舗の大手ネゴシアンは多い。老舗ネゴシアンは、城壁の内側の歴史的建造物に本拠を構え、壁の外側にある最新設備を整えた醸造所でワインを造る。

ボーヌは1級が畑全体の75%も占め、強欲にすぎるとの悪評がある。実力が1級ではなく、価格が1級のワインを乱発している感があり、1級認定の審査を厳しくしていれば、村名ワインが充実し、上質の1級（大部分は、D970号線の北側で産す）の価格も低く抑えられただろう。

ボーヌのワインは果実味を身上とし、フルボディになるかエレガントになるかは、畑の立地による。グレーヴやブレサンドではタンニン豊かなワインもできるが、基本的にボーヌは、しっかりした骨格や力強さを備えたワインではなく、官能に訴える。

最良区画は、クラ、トゥロン、グレーヴなど村の中央部に位置し、市街地の北に広がる斜面の中腹にある。そこからサヴィニ村方向に北上すると、土壌に砂質が増え軽やかなワインになる。逆に、ポマール側へ南下すると傾斜が平坦になるため、畑は1級に値せず、ワインも活力に欠ける。ただし、ボーヌ最上の白はこの地でできる。もっとも有名なのがジョゼフ・ドルーアンの銘醸クロ・デ・

ムーシュである。赤白両方で優れたワインができる畑はボーヌでは非常に少なく、両方で成功したクロ・デ・ムーシュを後追いし、シャルドネを植える生産者も多いが、考えが安易に過ぎる。大部分の白は、テロワールの特徴が出ていない。

ボーヌのワインは、ネゴシアンが大半を出荷し、残りはムルソーの生産者の手になる。ムルソーの生産者はボーヌに畑を持ち、まずまずの品質のワインを造る。ただし、赤白の両方で質の高いワインを作る生産者は非常に少ない。

ボーヌ1級畑　Beaune Premiers Crus

レ・ゼグロ　Les Aigrots
AC：ボーヌ1級畑

L：1級畑　R：1級畑　JM：1級畑　　　　　　　　　　　　　　　　　　　18.71ha

ブーズ＝レ＝ボーヌ村へ通じるD970号線と、ポマール村の境界線の中間に位置し、斜面上部にある。ブシャール・ペール・エ・フィスが8ha以上を所有し、ボーヌ・デュ・シャトーにブレンドする。畑名は果梗のえぐ味に由来する（aigrieは酸っぱい、苦いの意）ため、質の高いワインは期待薄である。実際、記憶に残るレ・ゼグロに出会ったことがない。筆者のセラーに1973年物が1本寝ており、ラベルは豪華な羊皮紙製だが、キャップシールがプラスチックでいかにも怪しく、今後コルクを抜くことはないだろう。

この畑にもシャルドネを植える動きがあるが、植えているのは隣接するクロ・デ・ムーシュのそばではなく、レ・ゼグロの中央を貫く小道の上部で、北端の指状の土地が峡谷に落ち込む付近。ヴォルネ村の名門ドメーヌ、ラファルジュと、ド・モンティーユがシャルドネ用の区画を購入し、2005年から白ワインを造っているが、皮肉なことに、相手が畑を買ったことを互いに知らなかった。

レ・ザヴォー　Les Avaux（クロ・デ・ザヴォーも参照のこと）
AC：ボーヌ1級畑

L：1級畑　R：1級畑　JM：1級畑　　　　　　　　　　　　　　　　　　　11.92ha

ボーヌの南部で注目すべきがこの畑。ブーズ＝レ＝ボーヌ村へ抜けるD970号線の真南に位置する。起伏の激しい地形だが、総じて標高は低い。ルイ・ジャドと、カミーユ・ジルーが、ここの自社畑でレ・ザヴォーを造る。また、オスピス・ド・ボーヌのキュヴェ・モーリス・ドルーアンは、この畑のブドウを軸にする。

ベリサン　Belissand
AC：ボーヌ1級畑

L：3級畑　R：2級畑　JM：村名格ボーヌ　　　　　　　　　　　　　　　　4.88ha

斜面最下部に位置する地味な1級畑。トゥヴィランに隣接する。ブシャール・ペール・エ・フィスが大区画を所有し、ボーヌ・デュ・シャトーにブレンドする。ダルヴィオ＝ペラン、メゾン・ルロワもここでワインを造る。

ブランシュ・フルール　Blanche Fleur
ACs：ボーヌ1級畑まおよびボーヌ

L：1級畑　R：1級畑　JM：村名格ボーヌ　　　　　　　　　　　　　　　　3.14ha*

A6号線に接し、総じて斜面下部に位置す。畑の半分は村名ACとなる。軽いので、畑名を名乗って出すワインではない。ドメーヌ・デ・クロワは、ACボーヌにブレンドする。

＊このほかに同名の村名格の畑が3.30haある。

レ・ブシュロット　Les Boucherottes
AC：ボーヌ1級畑
L：1級畑　R：1級畑　JM：1級畑　　　　　　　　　　　　　　　　　　　　　8.54ha

ポマールとの境界に近い斜面下部にあるが、ポマールのようにタンニンは多くなく、果実味豊かなワインができる。ルイ・ジャドは畑の特徴がきちんと出たワインを造る。ドメーヌ・コスト゠コーマルタン、ベルナール・ドラグランジュ、A.F.グロのワインもすばらしい。

レ・ブレサンド　Les Bressandes
AC：ボーヌ1級畑
L：記載なし　R：特級畑　JM：1級畑　　　　　　　　　　　　　　　　　　　　17.09ha

ブレス地方出身の女性がこの畑を所有していた経緯はあるが、畑名は、13世紀にここを持っていたボーヌの教会関係者、ジャン・ブレサンドに由来するらしい。質の高いボーヌの1級ができる畑で、東向き斜面に位置する。標高300mを越える上部は急斜面だが、240m付近は平坦。土壌は砂混じりの赤土で水はけがよい。

ブレサンドは、名前もワインも舌に心地よい。繊細さの中に大きなボディがあり、豊かな果実味の奥にしっかりしたタンニンを感じる。ドメーヌ・デ・クロワ、アンリ・ジェルマン、ルイ・ジャド、アルベール・モロ、ジャン゠マルク・パヴロのワインを薦める。

レ・サン・ヴィーニュ　Les Cents Vignes
AC：ボーヌ1級畑
L：2級畑　R：1級畑　JM：一部村名格、一部ボーヌ1級畑　　　　　　　　　　　　23.50ha

非常に軽い砂と石灰質土壌のため、水はけはよいが、旱魃（かんばつ）の年は厳しい。名前負けしているワインで〔サン・ヴィーニュは、「数百本のブドウ樹」の意〕、パンチ力に欠ける。斜面下部のワインはこの傾向が顕著。ここのブドウは、過熟すると活力のないワインになる。

ビトゥゼ゠プリウール、ドメーヌ・デ・クロワ、ルイ・ジャド、ドメーヌ・ジュシオム、シャトー・ド・ムルソー、アルベール・モロらがサン・ヴィーニュを造る。

シャン・ピモン　Champs Pimont
AC：ボーヌ1級畑
L：特級畑　R：特級畑　JM：ボーヌ1級畑　　　　　　　　　　　　　　　　　　18.19ha*

畑名は「丘の下の畑」の意味だが、地図ではクロ・デ・ザヴォーの上に位置し、頂上に近い。ただし、畑下部はほぼ平坦。極上のボーヌ・ワインの高みには届かず、「健全な」ワインを産す。

ドメーヌ・ジャック・プリウールは、石灰質の白色泥灰岩に富む畑上部で白を造り、鉄分を含む粘土質の下部にはピノ・ノワールを植える。このほか、ドメーヌ・ロワ・デュフルール、メゾン・シャンピ、シャンソンもこの畑でよいワインを造る。　　　　　　　　　　　*レ・ローニュの畑0.11haを含む。

レ・シュアショー　Les Chouacheux
AC：ボーヌ1級畑
L：2級畑　R：1級畑　JM：格下1級畑　　　　　　　　　　　　　　　　　　　　5.04ha

畑名は、「柳（saules）を植えた場所」を意味する方言が訛（なま）ったもの。総じて低地に位置し、ヴィーニュ・フランシュの下部の窪地にある。ドメーヌ・コスト゠コーマルタン、ルイ・ジャド、アントナン・ロデ、シャンタル・レスキュルがこの畑でワインを造る。

クロ・デ・ザヴォー　Clos des Avaux
AC：ボーヌ1級畑
L：レ・ザヴォーとみなして格付け　R：レ・ザヴォーとみなして格付け　JM：1級畑　　3.70ha*

この畑のクロ（石垣）はレ・ザヴォーまで延び、道路を越えてシャン・ピモンへ続く。ドメーヌ・クリ

ストファー・ニューマンがすばらしいワインを造る。オスピス・ド・ボーヌはここに1ha超の土地を所有し、キュヴェ・クロ・デ・ザヴォーとして出す（オスピス・ド・ボーヌで、人名がつかない唯一のキュヴェ）。

＊シャン・ピモンの畑を含む。

ル・クロ・デ・ムーシュ　Le Clos des Mouches
AC：ボーヌ１級畑
L：１級畑　R：特級畑　JM：１級畑　　　　　　　　　　　　　　　　　　　　　25.18ha*

ドメーヌ・ドルーアンのシンボル的ワインとして有名。銘醸畑のプライドは白ワインが背負うが、赤も非常に洗練されている。分割所有されている土地をひとつにまとめたいとの故モーリス・ドルーアンの遺志を継ぎ、ドメーヌ・ドルーアンは半分強の13haを所有する。シャンソン・ペール・エ・フィスも3ha超の大区画を持つ。「ムーシュ」は、辞書では「蠅」だが、土地の方言で「蜜蜂」を意味する。

畑は、ポマールとの境界に向かって上り斜面で、水はけがよい。土壌は、砂質が少し混じるため、エレガントな赤ができる。

＊ブシュロットの畑0.05haを含む。

クロ・ド・ラ・フェギーヌ　Clos de la Féguine
AC：ボーヌ１級畑
JM：１級畑　　　　　　　　　　　　　　　　　　　　　　　　　　　　　　　　1.86ha

オー・クシュリアの一部。ドメーヌ・ジャック・プリウールの単独所有で、赤白の両方を造る（赤が多い）。オー・クラの上部に位置し、南東を向く。

クロ・ランドリ／クロ・サン゠ランドリ　Clos Landry / Clos St-Landry
AC：ボーヌ１級畑
L：記載なし　R：１級畑　JM：１級畑　　　　　　　　　　　　　　　　　　　　1.98ha

1791年からブシャール・ペール・エ・フィスが単独所有する。畑名のランドリは聖人だが、セエの聖ランドリか、パリの聖ランドリのどちらかは不明。アメリカのルイジアナ州セント・ランドリ郡（St-Landry parish）とは関係はなし。

畑は、ポマール側にあり、ペルテュイゾの下部に位置する。ほぼ平坦で、シャルドネだけを植える。

ル・クロ・ド・ラ・ムス　Le Clos de la Mousse
AC：ボーヌ１級畑
L：１級畑　R：特級畑　JM：１級畑　　　　　　　　　　　　　　　　　　　　　3.37ha

クロ・デ・ムーシュに似ているが別物。畑名の「ムス」は「狭い土地」を意味する。D970号線沿いに位置す。地図では低地に見えるが、隣接するル・スレイやレ・ザヴォーより標高は高い。ブシャール・ペール・エ・フィスが単独所有する。

クロ・デュ・ロワ　Clos du Roi
AC：ボーヌ１級畑
L：１級畑　R：１級畑　JM：１級畑　　　　　　　　　　　　　　　　　　　　　13.25ha*

ブルゴーニュでは、ロワ（王）が名前につく畑はコルトンのように最良区画に位置するが、ボーヌは例外である。サヴィニ側の斜面下部にあり、畑の最下部は村名ACとなる。エレガントでスタイリッシュな若飲みのワインになる。

主な生産者は、アンリ・ボワイヨ、リュック・カミュ゠ブロション、シャンソン・ペール・エ・フィス、ローラン・ラペ、トロ゠ボー。

＊このほかに同名の村名格の畑が0.31haある。

クロ・デ・ズルスュル　Clos des Ursules
AC：ボーヌ1級畑
L：ヴィーニュ・フランシェとみなして格付け　R：ヴィーニュ・フランシェとみなして格付け
JM：1級畑　　　　　　　　　　　　　　　　　　　　　　　　　　　　　　　　　1.26ha

ヴィーニュ・フランシェにある飛び地。ウルスラ会女子修道院が所有していたが、1826年にルイ・ジャドが購入する。小石混じりの土壌から、ボーヌでも最良の赤ができる。

オー・クシュリア　Aux Coucherias
AC：ボーヌ1級畑
L：1級畑　R：1級畑　JM：1級畑　　　　　　　　　　　　　　　　　　　　　　11.12ha*

ブーズ=レ=ボーヌ村に抜ける渓谷の入り口にある南向きの斜面に位置し、かつ、反対側の斜面が太陽をさえぎらない絶妙の場所にある。畑の立地条件は、ボーヌでは中の上か。
ルイ・ジャドは、ここの自社区画をクロ・デ・クシュローと言い換えている。そのほか、コント・スナール、ジョゼフ・ヴォワロがここでワインを造る。　　　　　*クロ・ド・ラ・フェギーヌの畑も含む。

オー・クラ　Aux Cras
AC：ボーヌ1級畑
L：特級畑　R：特級畑　JM：1級畑　　　　　　　　　　　　　　　　　　　　　　5.00ha

丘陵の中腹にある優れた畑。ブーズ=レ=ボーヌ村に通じるD970号線の右側にある。北隣のグレーヴと比べ、立地条件と品質の両方で優れる。台地が連続する地にあり、一部は東に一部は南に向く。ブルゴーニュでは、ラベルに「Cras」とあれば、めりはりがありミネラル分の豊かなワインを期待できる。
カミーユ・ジルー（自社畑を所有）、シャトー・ド・ショレ、シャンピ、ルイ・ジャド（赤・白）がこのワインを出荷する。

ア・レキュ　A l'Ecu
AC：ボーヌ1級畑
L：記載なし　R：1級畑　JM：1級畑　　　　　　　　　　　　　　　　　　　　　　5.02ha*

ジャブレ=ヴェルシェールの単独所有だったが、フェヴレが2003年に購入する。エキュの上にあり、ブレサンドとつながる。土壌は礫質で、南東に傾斜している。標高は300m超と高いが、力強いワインを産す。　　　　　　　　　　　　　　　　　　　　　　　　　*クロ・ド・レキュの畑2.37haを含む。

レ・ゼプノット　Les Epenotes
AC：ボーヌ1級畑
L：2級畑　R：1級畑　JM：1級畑　　　　　　　　　　　　　　　　　　　　　　7.69ha*

斜面の下部に位置するが、ポマール村に隣接するためか、同村に及ばないものの、ボディが大きく長期熟成するポマールに似て、質の高いワインを産す。レ・ゼプノットのうち、6.06haは村名ACで、ボワイヨ家一族が多数で所有する。　　　　　　　　　　　　　　*ボー・フジェの畑0.27haを含む。

レ・フェーヴ　Les Fèves
AC：ボーヌ1級畑
L：特級畑　R：特級畑　JM：1級畑　　　　　　　　　　　　　　　　　　　　　　4.42ha

ラヴァルとロディエの両者が特級畑に選び、それ以前はモルロも最高位に格付けした。モンバトワの下にあり、斜面の上半分という絶好の地に位置する。ランドリュー・リュシニーによると、畑名は「ブナの木」を意味するラテン語「fagus」が訛ったもので、フランス語のfève（そら豆）とは無関係らしい。
シャンソン・ペール・エ・フィスは、クロ・デ・フェーヴを単独所有し、ブレサンドよりタンニン分は

ボーヌ
Beaune

- Premiers Crus
- Appellation Beaune
- Appellation Côte de Beaune

Map labels

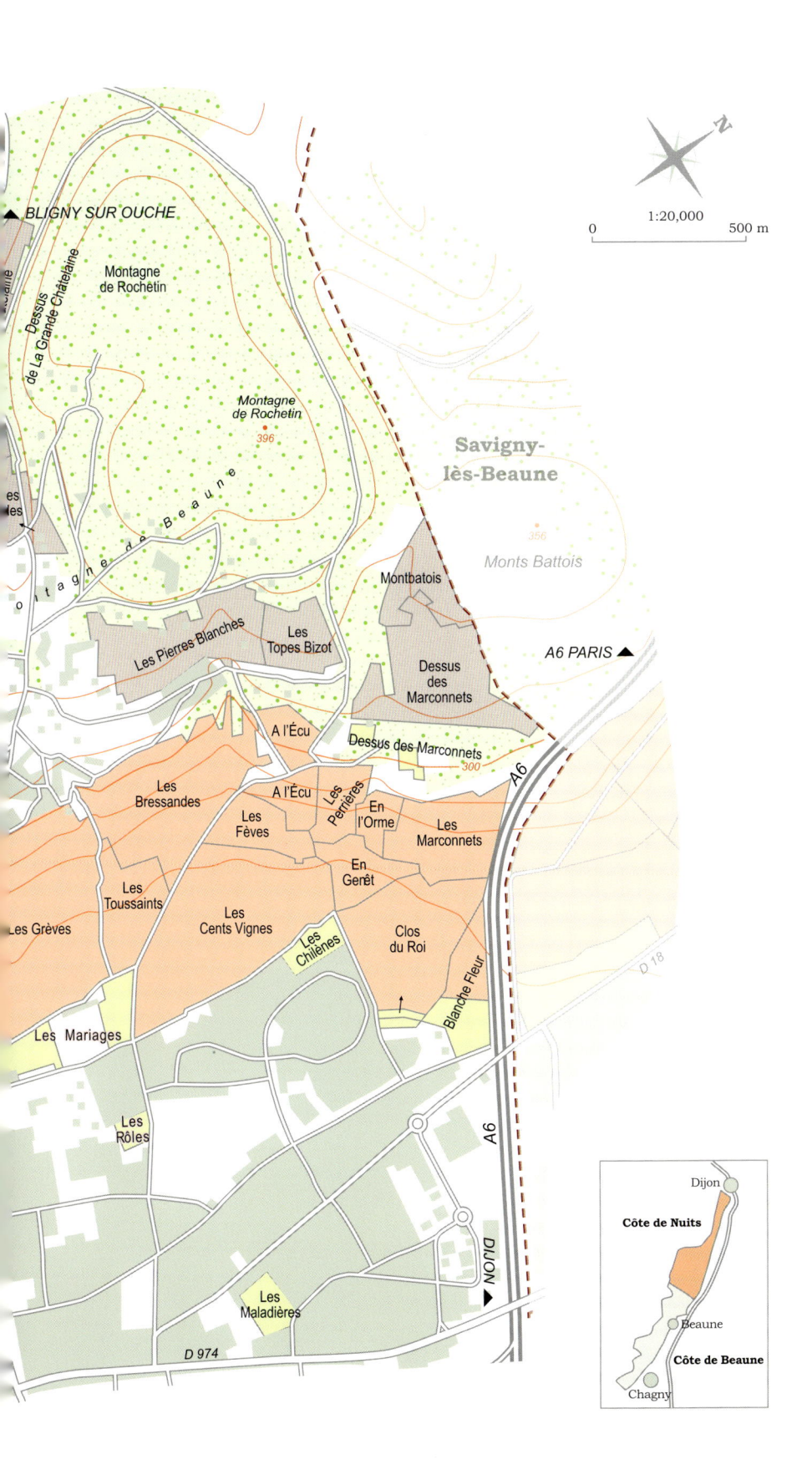

- BLIGNY SUR OUCHE
- Dessus de La Grande Châtelaine
- Montagne de Rochetin
- Montagne de Rochetin 396
- Montagne de Beaune
- Savigny-lès-Beaune
- Monts Battois
- Montbatois
- Les Pierres Blanches
- Les Topes Bizot
- Dessus des Marconnets
- A l'Écu
- Dessus des Marconnets
- A6 PARIS
- Les Bressandes
- A l'Écu
- Les Perrières
- En l'Orme
- Les Marconnets
- Les Fèves
- En Genêt
- Les Toussaints
- Les Cents Vignes
- Les Chilènes
- Clos du Roi
- Blanche Fleur
- Les Grèves
- Les Mariages
- D 18
- Les Rôles
- A6
- DIJON
- Les Maladières
- D 974

1:20,000 0 — 500 m

Inset
- Dijon
- Côte de Nuits
- Beaune
- Côte de Beaune
- Chagny

少ないが、バランスがよくやわらかいワインを造る。

アン・ジュネ　En Genêt
AC：ボーヌ1級畑

L：記載なし　R：1級畑　JM：1級畑　　　　　　　　　　　　　　　　　　　4.34ha

ボーヌの北端にせり上がる場所にある。人気が高いクロ・デュ・ロワとマルコネにはさまれるが、傾斜はゆるい。畑下部のル・ジュネと呼ぶ地点に小川（というより排水溝）が流れている。この1級畑名を名乗ったワインを見たことがない。ブシャール・ペール・エ・フィスとルモワスネが大区画を所有するが、どちらもこの畑名ではワインを出していない。オスピス・ド・ボーヌが小区画(リュー・ディ)を所有し、キュヴェ・ニコラ・ロランにブレンドする。

レ・グレーヴ　Les Grèves
AC：ボーヌ1級畑

L：特級畑　R：特級畑　JM：別格1級畑　　　　　　　　　　　　　　　　　31.33ha

万人が認めるボーヌ最高の畑。1級の中でもっとも芳醇で立体的な骨格をもち、長期熟成に耐える。土壌は酸化鉄の混じる赤土で、急斜面に位置する。牛肉のフィレ・ミニヨンの部位に相当する斜面なかばの中央部に、ブシャール・ペール・エ・フィス所有の有名なヴィーニュ・ド・ランファン・ジェズュがある。

フィリップ・ヤングマン・カーターは著書の中で、このワインを「優雅でビロードのような飲み心地」と表現した。感傷に走り、月並みな美辞麗句に流れるのを避けようと苦労するも、ワインの魅力に抗しきれず、「グレゴリオ聖歌23番の低音と高音が織りなす精緻の美しさ」と装飾過多の賛辞を送る[1]。ブシャール以外の優れた生産者として、メゾン・シャンピ、ドメーヌ・デ・クロワ、ジョゼフ・ドルーアン、ルイ・ジャド、ミシェル・ラファルジュ、ルイ・ラトゥール、ドメーヌ・ポテル、ジャック・プリウール、ラペ、トロ＝ボー、ドメーヌ・ド・ラ・ヴジュレがいる。ルイ・ジャドは、白ワインも造る。

シュル・レ・グレーヴ　Sur Les Grèves
AC：ボーヌ1級畑

L：記載なし　R：1級畑　JM：1級畑　　　　　　　　　　　　　　　　　　　3.62ha*

「上」を意味する「シュル」がつくことからもわかるように、グレーヴの上に位置し、上部はモンターニュ・ド・ボーヌの洗練された街並みにのみこまれる場所にある。ワインは、グレーヴとして出荷していると思われる。なお、この畑には、クロ・サン＝タンヌと呼ぶ小区画がある。

　　　　　　　　　　　　　　　　　　　　　　　　　*クロ・サン＝タンヌの畑0.35haを含む。

レ・マルコネ　Les Marconnets
AC：ボーヌ1級畑

L：記載なし　R：特級畑　JM：1級畑　　　　　　　　　　　　　　　　　　　9.39ha

ボーヌの北端に位置する。サヴィニ＝レ＝ボーヌの同名の畑とつながり、A6号線が両者を分ける。ボーヌ北部の畑の中では最良で、フェーヴ、グレーヴ、オー・クラなどの銘醸畑と同じ標高にある。下層土は、石灰と泥灰岩の混合。

ブシャール・ペール・エ・フィスとシャンソンの二者が圧倒的に大区画を所有する。シャンソンは、クロ・デ・マルコネを造る。アルベール・モロのレ・マルコネもすばらしい。

---

[1] Philip Youngman Carter, *Drinking Burgundy*, p.61

ラ・ミニョット　La Mignotte
AC：ボーヌ1級畑

L：1級畑　　R：1級畑　　JM：1級畑　　　　　　　　　　　　　　　　　　　　2.41ha

このワインを一度も見たことがない。畑はブーズ=レ=ボーヌ村へ通じるD970号線に接し、南へ下がった場所に位置する。最大区画を所有するのはオスピス・ド・ボーヌで、キュヴェ・ダム・ゾスピタリエールとして出す。

モンテ・ルージュ　Montée Rouge
ACs：ボーヌ1級畑およびボーヌ

L：記載なし　　R：1級畑　　JM：村名格　　　　　　　　　　　　　　　　　　　4.75ha*

ブーズ=レ=ボーヌ村に抜ける谷間の窪地にある。一部がボーヌ1級だが、全部がACボーヌでもよい。北向きの急斜面にある。谷底の畑の最下部に立つと、四方を取り囲まれた閉塞感がある。ドメーヌ・ド・ラ・ヴジュレは、この畑のブドウを格下のACブルゴーニュにブレンドする。

＊このほかに同名の村名格の畑が10.21haがある。

レ・モントルヴノ / モントレムノ　Les Montrevenots / Montrémenots
AC：ボーヌ1級畑

L：2級畑　　R：1級畑　　JM：1級畑　　　　　　　　　　　　　　　　　　　　8.42ha

ポマールとの境界に位置し、ル・バ・ド・ソーシュを見下ろす場所にある。地図で見ると1級の立地とは思えないが、南向きの斜面から風味豊かなワインができる。一部、松林を開墾した区画があり、格付けは村名ACとなる。モントルヴノはモントレムノとも呼称する。ジャン=マルク・ボワイヨ、ヴァンサン・ダンセ、クリスティーヌ・デュブルイユ=フォンテーヌ、アンヌ=フランソワーズ・グロ、マズィイ・ペール・エ・フィス、ドメーヌ・ムシーらがここでワインを造る。

アン・ロルム　En l'Orme
AC：ボーヌ1級畑

L：記載なし　　R：1級畑　　JM：1級畑　　　　　　　　　　　　　　　　　　　2.02ha

これまで、この1級ワインを見たことがない。サヴィニ=レ=ボーヌ側の高地にあり、ペリエールとマルコネのあいだに位置する。アルレイ村に属す。

レ・ペリエール　Les Perrières
AC：ボーヌ1級畑

L：記載なし　　R：1級畑　　JM：1級畑　　　　　　　　　　　　　　　　　　　3.20ha

ボーヌの北端に位置し、露天採石場の跡地にある。ルイ・ジャドとオスピス・ド・ボーヌが大区画を所有する。ドメーヌ・ド・モンティーユは2002年からワインを造る。

ペルテュイゾ　Pertuisots
AC：ボーヌ1級畑

L：2級畑　　R：1級畑　　JM：1級畑　　　　　　　　　　　　　　　　　　　　5.27ha

「小さな排水溝」を意味するこの畑は、D970号線と、ポマールとの境界線の中間にあるゆるやかな斜面に位置する。ヴィーニュ・フランシュとスィズィにはさまれている。

筆者は、ジャン=イヴ・ドゥヴェイがワインを造る区画に少額ではあるが出資しており、利害関係者であることを知らせておく。このほか、ドメーヌ・デ・クロワ、ドメーヌ・ポテルもこの地でワインを造る。

レ・ルヴェルセ / レ・ランヴェルセ　Les Reversées / Les Renversées
AC：ボーヌ１級畑
L：２級畑　R：１級畑　JM：村名格ボーヌ　　　　　　　　　　　　　　　　　　　　　**4.78ha**

畑名は、「ルヴェルセ（裏返す）」と「ランヴェルセ（ひっくり返す）」で、どちらの表記も可。D970号線沿いの低地にある。マリー＝エレーヌ・ランドリュー＝リュシニーによると、周辺の斜面は、花崗岩主体の土壌から別の地質になだれ込んでいる。ボーヌ最高のワインができる畑とは言い難い。ジャン＝マルク・ブレ、ポール・ペルノ、ニコラ・ロシニョールがワインを造る。

レ・ソー　Les Sceaux
AC：ボーヌ１級畑
L：３級畑　R：３級畑　JM：村名格ボーヌ　　　　　　　　　　　　　　　　　　　　　**3.37ha**

ボーヌの１級畑の中では、東端、かつ、もっとも低地にあり、ブーズ＝レ＝ボーヌ村へ通じるD970号線の真南に位置する。ルリーに本拠を置くアンヌ＝ソフィ・ドゥバヴラエール、コルゴロワンのドメーヌ・デゼルト＝フェランがここでワインを造る。

レ・スレイ　Les Seurey
AC：ボーヌ１級畑
L：記載なし　R：１級畑　JM：１級畑　　　　　　　　　　　　　　　　　　　　　　**1.23ha**

レ・ザヴォーの隣に位置し、平地にある。生産者は、オスピス・ド・ボーヌ（キュヴェ・ギゴーニュ・ド・サランで出荷）と、ブシャール・ペール・エ・フィス（ボーヌ・デュ・シャトーにブレンド）の２者のみ。

レ・スィズィ　Les Sizies
AC：ボーヌ１級畑
L：２級畑　R：１級畑　JM：１級畑　　　　　　　　　　　　　　　　　　　　　　　**8.58ha**

平地にある１級畑。上部区画はレ・ペルテュイゾに北で接し、あぜ道をはさみ、東（下部）で下部区画と接す。ドメーヌ・ド・モンティーユが大きな区画を所有する。このほか、ドメーヌ・ジャン・ギィトン、プルニエ＝ボヌール、メゾン・ルロワもワインを生産する。

ル・バ・デ・トゥロン　Le Bas des Teurons
AC：ボーヌ１級畑
L：３級畑　R：１級畑　JM：１級畑　　　　　　　　　　　　　　　　　　　　　　　**6.32ha**

畑名は、「トゥロンの下にある畑」を意味する。名前通り、トゥロンのメイン部分の１ブロック下に位置し、同時にトゥロンの小さい飛び地の上にある。トゥロンの上部区画に比べると、テロワールで著しく劣る。なお、ワイン名に「Bas」をつける生産者はいない。

レ・トゥロン　Les Teurons / Theurons
AC：ボーヌ１級畑
L：２級畑　R：１級畑　JM：１級畑　　　　　　　　　　　　　　　　　　　　　　　**21.04ha**

畑の上部ではボーヌ最上のワインができる。上部の南側は少し凹んでいるが、オー・クラとの境界にある岩壁からの照り返しの恩恵を受ける。ボーヌの市街地に延びる畑下部は平坦地で、質の高いワインは望めない。

優れたレ・トゥロンを造る生産者は、ブシャール・ペール・エ・フィス、ルイ・ジャド（hが入ったLes Theuronsと表記）、アルベール・モロ、ドメーヌ・ジェルマン（シャトー・ド・ショレ）、ドメーヌ・ロシニョール＝トラペなど。

ここにはレ・クロ・ド・トゥロンという小区画（リュー・ディ）があり、オスピス・ド・ボーヌのキュヴェ・ダム・ゾスピタリエールにブレンドする。1942年、当局がこの小区画（リュー・ディ）を差し押さえ、ヴィシー政権〔第二次世界大戦中、フランス南部に樹立された親ドイツの政府〕のフィリップ・ペタン元帥（マレシャル）へ寄贈した。1942年と

1943年にはクロ・デュ・マレシャル・ペタン名でワインを造る。1944年、連合軍がフランスを解放したのを機に、オスピス・ド・ボーヌへ返還される（ただし、返還に要した費用はオスピスが負担）。

レ・トゥッサン　Les Toussaints
AC：ボーヌ1級畑
L：1級畑　R：1級畑　JM：1級畑　　　　　　　　　　　　　　　　　6.42ha

畑名は「すべての聖人」を意味する。グレーヴとサン・ヴィーニュのあいだ、ブレサンドの下という絶好の位置にある。特に、傾斜の急な上部がよい。主な生産者は、リュシアン・ジャコブ、ルネ・モニエ（クザヴィエ・モノ）、アルベール・モロなど。

レ・テュヴィラン　Les Tuvilains
AC：ボーヌ1級畑
L：2級畑　R：2級畑　JM：村名格ボーヌ　　　　　　　　　　　　　　8.94ha

1443年の文書によると、昔は「Tuevillain」と書いた。ここでの労働はボーヌに住む都会人（villain）には殺人（tue）的だったことに由来するらしいが、村名畑のすぐ上にある低地なので、信憑性は低い。罪人の処刑場の跡地との説もある。ベルトラン・アンブロワーズがワインを造る。

レ・ヴィーニュ・フランシュ　Les Vignes Franches
AC：ボーヌ1級畑
L：1級畑　R：1級畑　JM：1級畑　　　　　　　　　　　　　　　　　8.51ha*

ポマールとの境界のそばにある。クロ・デ・ムーシュとブシュロットの北に位置する。表土がほとんどなく、これが質の高いワインを産する要因か。ここには1.30haのクロ・デ・ヴィーニュ・フランシュという小区画（リューディ）があるが、もっとも有名なのはルイ・ジャドのクロ・デズルスュルである。

*このほかにクロ・デ・ズルスュルの畑1.26haがある。

村名格ボーヌ　Village vineyards：appellation Beaune

1級とACボーヌが混在する畑の一覧を右に示す。ただし、レ・ゼプノットとモンテ・ルージュの2つは、1級をACボーヌに格下げして出す。モンテ・ルージュは、ドメーヌ・ド・ラ・ヴジュレ、ミシェル・ピカール、リセ・ヴィティコール・ド・ボーヌ（ボーヌ農学校）で造る。このほか、上質のワインを造る畑は以下の通り。

1級とACボーヌが混在する畑	
	ha
Aigrots	1.71
Blanche Fleurs	3.30
Bressandes	1.01
Clos du Roi	0.71
Epenotes	6.06
Montée Rouge	10.21
Montrevenots	0.63
Sceaux	0.43

ドゥスュ・デ・マルコネ　Dessus des Marconnets　　　　9.87ha
1級畑マルコネの上に位置する区画。畑は広いが、実際に植樹している面積は狭い。ピュリニ=モンラシェに本拠を置くポール・ペルノがワインを造る。

リュリュンヌ　Lulunne　　　　　　　　　　　　　　　　　　　4.30ha
フォンテーヌ・ド・リュリュンヌという泉のそばにある畑。ポマールとの境界にあり、1級畑レ・モントルヴノの西側のなだらかな渓谷の奥に位置す。ビオディナミを実践するエマニュエル・ジブロ、シャトー・ジュノ・ブラジェ、メゾン・カミーユ・ジルー（白）が上質のワインを造る。

レ・マラディエール　Les Maladières　　　　　　　　　　　　　4.44ha
ブルゴーニュに「マラディエール（病人）」名の畑はいくつかあるが、中世のハンセン病患者の病院の名残であり、街から離れた温暖な地にあることが多い。この畑は、ボーヌからディジョンへ抜ける幹線道路と、サヴィニ=レ=ボーヌへ向かう脇道のあいだにあるが、街並みに隠れて畑は見えない。

クロ・ド・ラ・マラディエールはドメーヌ・コーヴァールの単独所有で、醸造施設は畑のそばにある。赤白両方を造る。

レ・マリアージュ　Les Mariages　　　　　　　　　　　　　　　　　　　　　5.85ha
1級畑レ・グレーヴとレ・トゥッサンの下部に位置する平坦な畑。ラグビー場の隣にある。ドメーヌ・コーヴァールと、若きネゴシアン、エミール・パンシオがクロ・デ・マリアージュを造る。

コート・ド・ボーヌ　Côte de Beaune

ACコート・ド・ボーヌは1972年制定の不可解なアペラシオンである。コート・ドールの南半分のコート・ド・ボーヌにはACコート・ド・ボーヌ・ヴィラージュがあり、ボーヌ村にはACボーヌがある。これとは別に、ボーヌ村のモンターニュ・ド・ボーヌ地区にACコート・ド・ボーヌがある。このACの畑は非常に少なく、同AC名のワインはほとんど見ない。

ここのワインが、ACボーヌに劣るともACオート・コート・ド・ボーヌに優るなら、ACモンターニュ・ド・ボーヌを新設すべきである。さらに不可解なのは、ACボーヌのワインはACコート・ド・ボーヌへの格下げが許されることで、ある特定地域のワインが別地区名を名乗れることになる。

ドゥスュ・デ・マルコネ　Dessus des Marconnets　　　　　　　　　　　　　12.80ha
1級畑、マルコネの斜面を上がったところにあるが、ほとんどブドウ樹を植えていない。

ラ・グランド・シャトレーヌ　La Grande Châtelaine　　　　　　　　　　　11.46ha
D970号線の上部にある南西向きの急斜面。質の高い赤を造るには冷涼に過ぎるが、白には適す。エマニュエル・ジブロ、ドメーヌ・シャンタル・レスキュル、ブシャール・ペール・エ・フィスがワインを造る。

レ・モンド・ロンド　Les Mondes Rondes　　　　　　　　　　　　　　　　5.50ha
レ・モンスニエールとラ・グランド・シャトレーヌのあいだに位置し、少し奥まっている。他のACコート・ド・ボーヌに比べ、目にする機会は少ない。

レ・モンスニエール　Les Monsnières　　　　　　　　　　　　　　　　　11.70ha
別途、ACボーヌとして6haあり、フランソワ・ラベが白を造る。畑は、オー・クシュリア上部のほぼ南向き斜面から始まり、D970号線の上部に沿って山腹を西に回り込む。ドメーヌ・ジャン・アレキザンはここでACコート・ド・ボーヌを造る。

モンバトワ　Montbatois　　　　　　　　　　　　　　　　　　　　　　　4.80ha
ドゥスュ・デ・マルコネの奥の斜面上部に位置し、サヴィニ=レ=ボーヌへなだれこむ。この畑で特筆すべきは、ブドウ栽培の公的研究施設があることで、植樹試験は1992年から始まり、ピノ・ノワールのクローン（155, 777, 943）やシャルドネ（95, 76, 131）をいろいろな台木（161/49C, RSB1, 5C）に接ぎ木している。

レ・ピエール・ブランシュ　Les Pierres Blanches　　　　　　　　　　　　4.62ha
レ・トペ・ビゾの横にあるが、南向きではなく東に傾斜する。斜面上部に位置し、ボーヌを見下ろす。区画内にはモダンな住居が立ち並び、宅地化の波と戦っている。エマニュエル・ジブロ、ドメーヌ・ド・ラ・ヴジュレが赤白の両方を造る。

レ・トプ・ビゾ　Les Topes Bizot　　　　　　　　　　　　　　　　　　　　　　　　　4.66ha

モンターニュ・ド・ボーヌの頂上の高台にある。「モンターニュ（山）」は、大げさで、海抜350mしかない。ドメーヌ・シャンタル・レスキュルがクロ・デ・トプ・ビゾで赤白の両方を造る。

主要生産者

ドメーヌ・ド・ベレーヌ　Domaine de Bellene

もとは1997年にニコラ・ポテルがネゴシアンとして立ち上げたドメーヌ。前年、父、ジェラール・ポテルの死去にともない、ジェラールが運営していたドメーヌ・ド・ラ・プス・ドール（357頁参照）も売却する。2004年、資金難のため、ニコラはコタン兄弟のメゾン・ラブレ・ロワの傘下に入るが、2009年まで自分のネゴシアン名でワインを造る。その間、畑を物色し、2005年、ボーヌのドメーヌ・カルマントランから畑を購入。ただし、この畑の2005年と2006年の収穫分は、ネゴシアンのラベルで出荷する。

ニコラは、2008年ヴィンテージからこのネゴシアンをドメーヌ・ド・ベレーヌに名称変更する。ポテルの名称所有権を巡る仲裁の結果次第では、名称がドメーヌ・ド・ポテルに復帰する可能性がある。2007年ヴィンテージより、旧式ながら設備の整った醸造施設を改修してエコロジー規格をクリアし、そこでワインを造るようになった。この醸造施設は、ディジョンへ通じる道路のボーヌを出たあたりにある。借地も含め22haでブドウを栽培する。畑は一部ビオディナミを取り入れつつ、有機農法へ転換中である。

ドメーヌ・ド・ベレーヌの所有畑

赤	ha
Beaune 1er Cru Perrières	0.22
Beaune 1er Cru Grèves	0.23
Beaune 1er Cru Theurons	0.54
Beaune 1er Cru Clos du Roi	0.58
Beaune 1er Cru Pertuisots	0.22
Beaune 1er Cru Montée Rouge	0.23
Savigny-lès-Beaune 1er Cru Hauts Jarrons	0.47
Savigny-lès-Beaune 1er Cru Peuillets	0.30
Vosne-Romanée 1er Cru Les Suchots (2009年以後)	0.22
Vosne-Romanée Les Quartiers de Nuits (2009年以後)	0.32
Nuits-St-Georges 1er Cru Aux Chaignots (2009年以後)	0.14
Beaune	0.39
Nuits-St-Georges (2009年以後)	2.46
Savigny-lès-Beaune Vieilles Vignes	1.43
Volnay	0.42
Côte de Nuits-Villages	1.27
白	
St-Romain Blanc	1.84
Santenay Blanc	0.39
Savigny-lès-Beaune Blanc	1.03
Côte de Nuits-Villages Blanc	0.21

ボーヌ1級　グレーヴ　非常に古いブドウ樹から造る（植樹は1904年）。コルドン式に剪定し畝の下草は残す。すべて手作業で、トラクターは使わない。ポテルがボーヌで造るワインの中でもっとも力があり、燻した苺のニュアンスがある。これは除梗せず全房発酵させたため。余韻が驚異的に長い。

アルベール・ビショ　Albert Bichot

社名のアルベール・ビショの祖父、ベルナール・ビショが1831年にボーヌで設立した会社。現社長はアルベリック・ビショ（1964年生まれ）で、同社のビジネス基盤を立て直した。同社傘下のドメーヌには、シャブリのロン・デパキ、コード・ド・ニュイのクロ・フランタン、コート・ド・ボーヌのデュ・パヴィヨン、メルキュレのドメーヌ・ダデリがある。傘下のドメーヌ名で出すワインは、ドメーヌのブドウだけで造り、アルベール・ビショ名で出荷するワインは買いブドウで造る。

同社は、シャブリ、ポマール、ニュイ＝サン＝ジョルジュ、ボーヌに独立した醸造施設を持つ。リュペ＝ショレを買収し、買収後もリュペ＝ショレ名でワインを出荷している。ブドウ栽培は2000年からクリストフ・シャヴェルが管理し、畑全体を鋤で耕し、化学肥料を使わないよう厳しく管理する。醸造は、モレ＝サン＝ドニのドメーヌにいたアラン・セルヴォが担当。発酵は木樽で、ブドウを収穫した区画に会わせて樽の大きさを変え、自然酵母を使う。熟成も木樽を使うが、新樽率を抑えており、村名ワインで20％から30％、特級で50％から100％。自社のスタイルを控え目に出しながら、優れた赤を造っており、注目に値する。白も質が高い。所有畑一覧は次頁に掲載。

アルベール・ビショの所有畑	ha
Domaine Long Depaquit（「シャブリ」の章参照）	65
Domaine du Clos Frantin :	13
Chambertin Grand Cru	0.17
Clos de Vougeot Grand Cru	0.63
Echézeaux Grand Cru	1.00
Grands Echézeaux Grand Cru	0.25
Richebourg Grand Cru	0.07
Vosne-Romanée 1er Cru Les Malconsorts	1.76
Gevrey-Chambertin Les Murots	1.46
Vosne-Romanée	1.35
Nuits-St-Georges	1.51
Domaine du Pavillon :	17

赤	ha
Corton Clos des Maréchaudes Grand Cru（単独所有）	0.55
Aloxe-Corton 1er Cru Clos des Maréchaudes	1.41
Pommard 1er Cru Les Rugiens	0.33
Volnay-Santenots 1er Cru	0.29
Pommard Clos des Ursulines（単独所有）	3.76
Aloxe-Corton	0.50
Beaune Les Epenottes	0.60
白	
Corton-Charlemagne Grand Cru	1.09
Beaune 1er Cru Clos des Mouches	0.75
Meursault 1er Cru Charmes	1.17
Meursault	2.67
Domaine Adélie :	**4.2**
Mercurey 1er Cru Champs Martin	1.0
Mercurey	3.2

ブシャール・エネ・エ・フィス　Bouchard Aîné & Fils

1750年にミシェル・ブシャールがボーヌで立ち上げたネゴシアン。現在は、ジャン゠クロード・ボワセが所有する。本社はボーヌ環状道路沿いにある。ブシャール・ペール・エ・フィスと同じルーツだが、設立はペール・エ・フィスより少し遅い。ブルゴーニュでは、特級からACブルゴーニュまで幅広くワインを造る一方、ヴァン・ド・ターブルや他地方のヴァン・ド・ペイも造る。

ブシャール・ペール・エ・フィス　Bouchard Père & Fils

1731年、リネン商だったミシェル・ブシャール（1681-1755）がドーフィーヌ村での事業を売却して、ヴォルネ村の会社を購入し、20年後、本拠地をボーヌに移転する。
最初に畑を買ったのはミシェルの息子ジョゼフ（1720-1804）の代で、1775年にヴォルネの畑を購入した。1791年、フランス革命政権が貴族や教会所有の畑を接収して競売にかけた時、ボーヌの銘醸畑、ヴィーニュ・ド・ランファン・ジェズュの一部やクロ・サン・ランドリなどを買い進める。次代のアントワーヌ゠フィリベール（1759-1860）と、ベルナール（1784-1866）が、正式に最初のペール・エ・フィス（親子会社）となった。1811年、ほかの事業をすべて売却してワイン一本で進めることとなり、会社が公式に親子会社になる。
アントナン・ブシャール（1826-1917）は、精力的に畑を購入する。特に、社有地の周辺を買い足し、単独所有化に意欲を燃やす。息子のジョゼフ（1862-1941）も同じ路線を継承する。1886年にカルノと結婚し、その後の数年で畑を大量に購入。購入した畑は、主にヴォルネ村とブーズロン村で、ヴォルネ・カイユレのアンシェンヌ・キュヴェ・カルノは妻の名前にちなむ命名である。
第二次世界大戦中も土地を買い進め、1950年代、1960年代には非常に質の高いワインを造ったが、次の20年でブシャールの栄光は地に堕ち、1995年、シャンパーニュのジョゼフ・アンリオに身売りする。
アンリオによる買収直後からワインの質が上昇したが、ブシャールの完全復活が知れ渡りビジネスが好転するまで数年を要した。新生ブシャールは、ムルソーのドメーヌ・ロピトー゠ミニョンを傘下に収めるなど、畑を買い進めている。
現在、ブシャールはステファヌ・フォラン゠アルベレが運営し、1978年から同社で働くフィリップ・プロストが醸造責任者。2005年、サヴィニ街道沿いにサン゠ヴァンサン醸造所が完成する。最新の重力式醸造施設〔ポンプでワインを移すのではなく、重力の力で自然に動かすので、ワインにストレスがかからない〕を備え、効率よくワインを造る。ブシャールが所有する畑は130haで〔うち、特級が12ha、1級が74ha〕、コート・ドール最大の所有者。畑の一部は鋤で耕す代わりに、根覆い〔木片、おが屑などを敷き詰め、雑草の繁殖を防いだり、地温を上げたりする〕をしている箇所もある。

ボーヌ1級 グレーヴ・ヴィーニュ・ド・ランファン・ジェズュ　ボーヌの銘醸畑の中で最上がグレーヴのこの小区画（リュー=ディ）。畑の中央部に位置し、理想的な条件が揃った区画で、芳醇なワインができる。前所有者のカルメル会女子修道院（ランファン・ジェズュの命名者らしい）がフランス革命で畑を手離し、1791年にブシャールがここを購入した。豊かなボディを備え、ベルベットのような深みがある。

ボーヌ・デュ・シャトー1級（赤）　以下の17のボーヌ1級畑をブレンドしたもの。レ・ゼグロ、レ・シャン・ピモン、レ・ザヴォー、シュル・レ・グレーヴ、レ・ブレサンド、ア・レキュ、ル・クロ・デュ・ロワ、アン・ジュネ、レ・サン・ヴィーニュ、レ・トゥッサン、レ・グレーヴ、ル・バ・デ・トゥロン、レ・スレイ、レ・レベルセ、レ・ベリサン、レ・スィズィ、レ・テュヴィラン、レ・ペルテュイゾ、レ・ブシュロット。

シュヴァリエ=モンラシェ ラ・カボット 特級　ブシャールは、シュヴァリエ=モンラシェを構成する4斜面すべてに広い区画を所有。最上区画は、畑の最下部で、ブシャールがル・モンラシェに所有する区画に切れ目なく続く〔昔は、シュヴァリエのこの区画もル・モンラシェだった〕。区画は、カボットという石造りの小屋の下にある（畑名はこれに由来）。

ブシャール・ペール・エ・フィスの所有畑

赤	ha	白	ha
Bonnes Mares Grand Cru	0.24	Montrachet Grand Cru	0.89
Chambertin Grand Cru	0.15	Chevalier-Montrachet La Cabotte Grand Cru	0.21
Clos de Vougeot Grand Cru	0.45	Chevalier-Montrachet Grand Cru	2.33
Echézeaux Grand Cru	0.39	Bâtard-Montrachet Grand Cru	0.80
Le Corton Grand Cru	3.94*	Corton-Charlemagne Grand Cru	3.25*
Beaune 1er Cru Teurons	2.60	Beaune du Château 1er Cru	9.73
Beaune 1er Cru Clos de la Mousse（単独所有）	3.36	Beaune 1er Cru Clos St-Landry（単独所有）	1.98
Beaune 1er Cru Grèves Vigne de l'Enfant Jésus	4.00	Chassagne-Montrachet 1er Cru En Remilly	0.05
Beaune du Château 1er Cru	21.00	Meursault 1er Cru Perrières	1.20
Beaune 1er Cru Marconnets	2.30	Meursault 1er Cru Genevrières	2.65
Gevrey-Chambertin 1er Cru Les Cazetiers	0.25	Meursault 1er Cru Charmes	0.28
Monthélie 1er Cru Les Duresses	1.72	Meursault 1er Cru Les Gouttes d'Or	0.55
Nuits-St-Georges 1er Cru Les Cailles	1.07	Meursault 1er Cru Le Porusot	0.44
Pommard 1er Cru Rugiens	0.41	Meursault Les Clous	8.66
Pommard 1er Cru Pézerolles	0.31	Bouzeron Ancien Domaine Carnot	6.70
Savigny 1er Cru Les Lavières	3.90	Meursault	6.30
Volnay 1er Cru Taillepieds	1.10		
Volnay 1er Cru Clos des Chênes	0.85		
Volnay 1er Cru Fremiets Clos de la Rougeotte	0.44		
Volnay 1er Cru Caillerets Ancienne Cuvée Carnot	4.00		
Monthélie	5.93		

*コルトンの中には、ピノ・ノワールを引き抜いてシャルドネを植え、コルトン=シャルルマーニュに転換中の畑がある。この表では、転換中の面積は反映していない。

メゾン・シャンピ　Maison Champy

樽職人のエドメ・シャンピが1720年に設立したメゾン。同社によると、メゾン・シャンピがブルゴーニュ最古のネゴシアンらしい。20世紀に入って事業が左前になり、1989年にルイ・ジャドが畑を買収したが、翌年、アンリ・ムルジェとピエール・ムルジェが事業本体と建屋を買い戻す。過去20年以上にわたり、畑の購入や借地を続け、ワインの種類を増やしてきた。現在はビオディナミの承認を受けるべく準備している。

最近の大きなできごとは、ドメーヌ・ラルール=ピオの買収で、ピオの畑はシャンピの畑に吸収したが、ラルール=ピオのラベルで出荷するワインもある。ポマールへ向かう道沿いの醸造施設でワインを造り、ボーヌの市街の社屋で熟成させる。醸造は、有能な醸造技師であるドミトリ・バザが

1999年から担当している[2)]。

白ワインは全房をプレスし、澱は、2004年や2007年のようにエレガントな年は、週に1回バトナージュを実施し、2005年や2006年のように力のある年は、2週間に1回撹拌する。樽は、白の場合、主にアリエやヴォージュの樽を使う。赤は、発酵前の低温浸漬を実施し、32℃で数日発酵させたのち、樽熟へ移る。赤の樽熟では、主にアリエとトロンセの樽を使う。

一覧表以外の区画でつくったブドウは、ボーヌ、サヴィニ＝レ＝ボーヌ、オセ＝デュレス、ペルナン＝ヴェルジュレス、サン＝ロマン、ヴォルネ、ポマールの村名ワインにしたり、ACブルゴーニュにする。ACブルゴーニュの中には、優良畑のブドウで造るシャルドネとピノ・ノワールの「シグニチャー」ラベルがある。白の醸造と、赤白の熟成では樽を使う。新樽率はかなり高い。

ヴォルネ1級 タイユ・ピエ　廃業したドメーヌ・カレ＝コルバンの所有畑。樹齢は50年を超え、収量は少ない。質の高いスタイリッシュなヴォルネで、余韻が非常に長い。

ペルナン＝ヴェルジュレス クロ・ド・ブリー　メジェール派の修道僧がこの畑に初めてブドウを植えたのは1158年のこと。豊かなボディと魅力にあふれるペルナン＝ヴェルジュレスができる。若飲みできるし、熟成もする。

シャンソン・ペール・エ・フィス　Chanson Père & Fils

小規模ネゴシアンながら、老舗の中では最古のひとつである。シモン・ヴェリーが1750年に設立した。シャンソン家の一族は、ボーヌ、サヴィニ、ペルナンに広大な畑を所有し、19世紀には権勢を誇るも、1999年にボランジェへ身売りする。ボランジェ社は、2002年、ジル・ド・クルセルをシャンソン社の社長に任命した。シャンソンでは、昔の要塞の中に建築した旧本社屋や熟成庫を保存している。この要塞は中世後期の石塔で、ボーヌの防御の要となった。新醸造施設は1974年にでき、サヴィニとの境界近くにある。この施設は、2008年から2010年にかけて、拡張して近代化した。

醸造は、ヴォーヌ＝ロマネに本拠を置くドメーヌ・コンフュロン・コティドのジャン＝ピエール・コンフュロンが担当。ジャン＝ピエールの兄のイヴは、ジル・ド・クルセル家がポマールに所有するドメーヌを管理する。ジル・ド・クルセル体制下で、畑を鍬で耕し、化学肥料を使わないなど、大改造に着手した。2009年にはすべての畑で有機農法を取り入れる。大手ネゴシアンには珍しく、梗を

メゾン・シャンピの所有畑

赤	ha
Corton Grand Cru	0.20
Beaune 1er Cru Les Reversées	0.20
Beaune 1er Cru Champs Pimonts	0.60
Beaune 1er Cru Aux Cras	0.40
Beaune 1er Cru Les Theurons	0.30
Beaune 1er Cru Les Tuvilains	0.90
Pernand-Vergelesses Clos de Bully	0.90
Pernand-Vergelesses 1er Cru Les Fichots	0.50
Pommard 1er Cru Les Grands Epenots	0.20
Volnay 1er Cru Les Taillepieds	0.50
白	
Corton-Charlemagne Grand Cru	0.30
Beaune 1er Cru Les Reversées	0.20

ラルール＝ピオの持ち分は含まない。

シャンソン・ペール・エ・フィスの所有畑

赤	ha
Beaune 1er Cru Vignes Franches	0.10
Beaune 1er Cru Champimonts	2.00
Beaune 1er Cru Teurons	4.00
Beaune 1er Cru Grèves	2.00
Beaune 1er Cru Bressandes	2.00
Beaune 1er Cru Clos des Fèves（単独所有）	3.80
Beaune 1er Cru l'Ecu	1.10
Beaune 1er Cru Clos des Marconnets	3.80
Pernand-Vergelesses 1er Cru Les Vergelesses	5.40
Savigny 1er Cru Haut Marconnets	2.20
Savigny 1er Cru Dominode	2.10
赤・白	
Beaune 1er Cru Clos des Mouches	4.30
Beaune 1er Cru Clos du Roi	2.70
Santenay 1er Cru Beauregard	3.00
白	
Corton Vergennes Grand Cru	0.60
Chassagne-Montrachet 1er Cru Les Chenevottes	1.90
Pernand-Vergelesses 1er Cru En Caradeux	1.90
Puligny-Montrachet 1er Cru Les Folatières	0.30
Chassagne-Montrachet	1.20

---

2) ドミトリは万事が正確であることを好むので、正確には1999年6月28日午前8時から。

つけたまま赤を発酵させる。ワインの大部分は新樽率30%で熟成させる。赤はフランソワ・フレール、白はダミーの樽を使う。

シャンソンの所有地は、2006年に巧妙な土地売買をしたこともあり、現在は45haに増えた。これで全出荷量の25%を賄う。同社のラインナップはシャブリ、マコネ、ボージョレにまで広がるが、自社畑はすべてコート・ド・ボーヌにある。

ボーヌ1級 クロ・デ・フェーヴ（単独所有） ボーヌ最上の区画であるグレーヴの北部で造る完成度の高いワイン。重量感のある果実味を備え、同時にパワーもある。

サントネ1級 ボールガール 最近購入した3haの畑。ブドウ樹は半分しか植えていないため、今後の成長が楽しみ。色づきがよく、しっかりしたワインになる。全房発酵に由来する燻製香が果実味の中に出ている。

コルトン・ヴェルジェンヌ・ブラン 特級 珍しい白のコルトン。所有区画には、小山のように飛び出た部分があり、シャルドネに適するようだ。1974年、畑の一部をオスピス・ド・ボーヌに寄付し、キュヴェ・ポール・シャンソンとなる。ミネラルの骨格がしっかりしており、活き活きとしたすばらしい白ができる。

ドメーヌ・デ・クロワ　Domaine des Croix

前身は、ボーヌのドメーヌ・デュシェ。アメリカ人のロジャー・フォーヴスと共同出資者が買収した。醸造はカミーユ・ジルーの醸造責任者で、『ブルゴーニュ・オージュルデュイ』誌の第73号で「今年の新スター」として紹介された天才、ダヴィッド・クロワが全面的に担当。ドメーヌは、2005年、デ・クロワと改名し、初ヴィンテージとして、コルトン゠シャルルマーニュ、ブルゴーニュ・ルージュ、ACボーヌ、ペルテュイズ、サン・ヴィーニュ、ブレサンド、グレーヴの1級のワインを造る。2008年から有機農法に転換し、2009年からアロス゠コルトンとコルトン・グレーヴを出荷予定である。

ジョゼフ・ドルーアン　Joseph Drouhin

ヨンヌ県出身のジョゼフ・ドルーアンが1880年にネゴシアンを設立し、自分の名前を冠す。1918年に息子のモーリスが跡を継ぎ、同社の初所有地となった名醸畑、ボーヌ・クロ・デ・ムーシュなどを購入す。クロ・デ・ムーシュは、多人数が極小区画を所有しており、まとめるのに時間がかかった。モーリスはボーヌの実力者で、第二次世界大戦の非常時にもINAO委員、オスピス・ド・ボーヌ副理事などを歴任。また、DRCが生産したワインのかなりの量の販売権も所有していた。DRCから株式の購入を打診されたが買えず、ルロワ家が買った。

1957年、甥で、のちに養子となるロベール・ジョーセ゠ドルーアンがモーリスの跡を継ぐ。現在、ロベールは相談役に退き、長男のフィリップ（栽培担当）、次男ローラン（販売、輸出担当）、長女ヴェロニク（醸造、および、ドメーヌ・ドルーアン・オレゴンの責任者）、三男フレデリック（最高経営責任者）がビジネスを展開する。フィリップは畑をビオディナミに転換し、2009年にはシャブリの所有畑も含めすべての畑がECOCERTの認定を受ける。

1973年から長きにわたりドルーアンの醸造責任者を務めたローレンス・ジョバールは2005年ヴィンテージを最後に引退し、ビショで経験を積んだベテラン、ジェローム・フォーレ゠ブラックが後継となる。引き続き、ヴェロニク・ドルーアンは、ワインにドルーアンのスタイルが出ていることをチェックしている。

ドルーアンでは、樽材を買いつけ、3年間天日干ししたのち、フランソワの職人が樽にする。一部の特級を除き、新樽率は30%以下。バーコードで樽の産地をすべて管理し、ワインを熟成させた樽の履歴を保証する。

赤ワインは最初にごく軽くピジャージュし、13℃から15℃で発酵前の低温浸漬を実施後、ヴィンテージに応じてピジャージュとルモンタージュをくり返す。これは、ワインの果実味を引き出すためで、果実味が生きるよう、瓶詰め時期も早い。早いものは、翌年の収穫前にボトルに詰め、残りは秋に澱引きして冬に瓶詰める。

ドメーヌ立ち上げ当初、畑では白黒ブドウを混植しており、いろいろな病害問題がもちあがる。特に、

19世紀の中頃、ウドン粉病の流行時は、白ブドウの被害が顕著となった。このとき、モーリス・ドルーアンは白ブドウ（大部分がシャルドネで、一部ピノ・グリ）と黒ブドウを分けて植えることを思いつく。当時、白黒ブドウの収穫時期は同じで、醸造も白黒を混ぜていた。

ある年、白ブドウが十分熟成していなかったので、収穫時期を遅らせ、醸造も別にしたところ、すばらしい白ができた。これがクロ・デ・ムーシュの白の由来である。現在、クロ・デ・ムーシュの白は、ほぼシャルドネ100％で造る。クロ・デ・ムーシュでは、どの区画に白黒のどちらを植えるか、たとえば、畑の上部にピノ・ノワールを植え、下部はシャルドネなどの決まりはなく、畑はモザイク状になっている。ただし、植え替える場合は、同じ色の樹を植えるらしい。

グラン・エシェゾー　特級　ドルーアンのワインで、もっとも長熟の赤。華麗な外見の内に強靭な筋肉を隠しもつ。しっかりした骨格の中に凝縮感のある果実味が明確にあらわれる。それが花開き、絶妙のニュアンスが出るには長期熟成が必要である。

シャンボール＝ミュジニ１級　ボルニク、プラント、オー・ドワ、コンボット、グロゼイユなどの小さい１級畑をブレンドしたもの。年によってはレ・ボードも混ぜる。エレガントで香り高いシャンボールのワインは、ドルーアンのスタイルと絶妙の相性を見せる。

ヴォーヌ＝ロマネ１級　プティ・モン　リシュブールの真下に位置するこの畑はヴェロニク個人の所有地。非常に明確な特徴をもったワインで、畑のすばらしさと、ドルーアンの芸術的な醸造技術が一体となってできる。若いうちはパワーに欠けるきらいがあるが、瓶熟によりすばらしいボディが生まれる。

ボーヌ１級　クロ・デ・ムーシュ・ブラン　まったくの偶然から誕生したワイン。モーリス・ドルーアンが、通常はピノ・ノワールと混醸するところをシャルドネだけで醸造した結果、すばらしいワインができ、以降、シャルドネの栽培面積を拡張した。ピノ・グリを植えたこともある。ボディが豊かで、華麗なワインであり、早飲みしても豊かな魅力を楽しめるが、長期熟成によりさらに酒質が向上する。

シャサーニュ＝モンラシェ１級　モルジョ・マルキ・ド・ラギッシュ　1947年から、ラギッシュとワインを醸造・販売する契約を交わす。何十年間も単なるシャサーニュ＝モンラシェとして出していたが、今ではラベルに「１級」を表記し、畑名の「モルジョ」を併記する。重量感のあるシャサーニュで、鋼鉄のような骨格をもつ。

ジョゼフ・ドルーアンの所有畑

赤	ha
Bonnes Mares Grand Cru	0.23
Chambertin Clos de Bèze Grand Cru	0.13
Clos de Vougeot Grand Cru	0.91
Corton Bressandes Grand Cru	0.26
Echézeaux Grand Cru	0.46
Grands Echézeaux Grand Cru	0.48
Griotte-Chambertin Grand Cru	0.53
Musigny Grand Cru	0.68
Beaune 1er Cru Clos des Mouches	6.80
Beaune 1er Cru Grèves	0.80
Beaune 1er Cru（ブレンド）	1.20
Chambolle-Musigny 1er Cru Les Amoureuses	0.60
Chambolle-Musigny 1er Cru（ブレンド）	1.50
Nuits-St-Georges 1er Cru Procès	0.40
Volnay 1er Cru Clos des Chênes	0.30
Vosne-Romanée 1er Cru Petits Monts	0.40
Pommard Chanlins	0.40
Savigny-lès-Beaune Aux Fourneaux（2008年以後）	0.80
Savigny-lès-Beaune Clos des Godeaux（2009年以後）	1.60
Chorey-lès-Beaune	1.30
Côte de Beaune	3.60
Rully	2.00
白	
Le Montrachet Grand Cru Marquis de Laguiche	2.10
Bâtard-Montrachet Grand Cru	0.10
Corton-Charlemagne Grand Cru	0.34
Beaune 1er Cru Clos des Mouches	6.80
Chassagne-Montrachet 1er Cru Morgeot Marquis de Laguiche	2.00
Meursault En Luraule	0.50
Côte de Beaune	3.60
Rully	1.20
シャブリ	
Chablis Grand Cru Les Clos	1.30
Chablis Grand Cru Bougros	0.40
Chablis Grand Cru Les Preuses	0.50
Chablis Grand Cru Vaudésir	1.50
Chablis 1er Cru Montmains	1.80
Chablis 1er Cru Sécher	1.50
Chablis 1er Cru Vaillons	2.10
Chablis 1er Cru（ブレンド）	1.80
Chablis Moulin de Vaudon	27.30

アレックス・ガンバル　Alex Gambal

ワシントンDCの実業家を父にもつアレックス・ガンバルは、ブルゴーニュ赴任し、ベッキー・ワッサーマンと共同でブローカー業に手を染めたのち、この地にとどまり自分でネゴシアン会社を立ち上げた。ビジネスは安定し、今ではボーヌの城壁のすぐ外に社屋を構えるに至る。白は、自社畑のブドウも使い、生産量は赤より少し多い。1999年から2009年まで、ファブリス・ラロンゾが醸造を担当した。ラロンゾはガンバルを辞したのち、オセ=デュレスに自分のドメーヌを構える。

エマニュエル・ジブロ　Emmanuel Giboulot

エマニュエル・ジブロは、ワイン生産ではなく果樹栽培農家に生まれる。ワインビジネスに参入前は舞台俳優であった。両親は昔からビオディナミを取り入れ、月や天体の運行に合わせて耕作している。現在、10haの畑を所有する。大部分のワインは、オート=コート・ド・ニュイの赤、ラ・グランド・シャトレーヌとレ・ピエール・ブランシュで造るコート・ド・ボーヌの白、サン=ロマンの白、ボーヌ・リュリュンヌの赤など標高の高い畑で造る。また、リュリ1級ラ・ピュセルも出す。

カミーユ・ジルー　Camille Giroud

二部構成の歴史をもつドメーヌ。第一部は1865年に始まり、若くてビジネス・マインドにあふれるカミーユ・ジルーが小さなネゴシアンを設立し、自分の名前を冠す。結婚したのが遅く、息子も晩婚だったため、130年経った20世紀の終わりでも会社を経営したのは息子の嫁と2人の孫のみ。このネゴシアンの後年の基本方針は、「可能な限り昔のスタイルでワインを造る」。ブドウから最大限にエキスを抽出し、樽熟期間をできるだけ長くとるスタイルを取り入れた。早く出荷するワインもあったが、大部分は飲み頃になるまで、30年から40年、セラーで熟成させた。失敗作も多かったが、なかには群を抜いて上質のワインもできた。昔も今もワインはほぼ100％赤である。

2002年1月、アメリカの銀行家ジョー・ウェンダーと、カリフォルニアのワイナリー「コルギン」のオーナー、アン・コルギンが率いる法人が買収し、第二部が始まる。若くて才能豊かなダヴィッド・クロワが醸造責任者に抜擢され、ピュアで現代風のワインを造る。

オート=コート・ド・ボーヌと、ボーヌ1級のクラ、ボーヌ・アヴォーに合計1.2haを所有する。

オスピス・ド・ボーヌ　Hospices de Beaune

1443年、ブルゴーニュ公国の太政官ニコラ・ロランと、妻ギゴーヌ・ド・サランがボーヌにオテル・デューの建設を始める。ここはのちに、オスピス・ド・ボーヌという慈善病院になった。慈善団体には財政基盤が不可欠のため、多くの人が畑を寄進した。所有畑のワインが初めて競売に出たのは1859年であり、今では毎年11月の第三日曜日にオークションを開く。これは、ブルゴーニュの大きなお祭りであり、同時に、新ヴィンテージの動向を占う非常に重要なイベントでもある。

オテル・デューの病院としての機能は1952年に終わり、1994年に新しい醸造施設が町はずれにできるまで、同所でワインを醸造・熟成させた。

2005年、オスピス・ド・ボーヌは大英断を下す。オークションの仕切りを地元の競売人ではなく、かねてからブルゴーニュに造詣の深いアンソニー・ハンソン（マスター・オブ・ワイン）が率いるクリスティーズの競売チームに依頼した。ハンソンのチームは、たとえば1樽単位でも購入できるようにし、個人にもオークションの門戸を開く。

以下、オスピス・ド・ボーヌのキュヴェを紹介する（試飲に供される順）。キュヴェは2009年をもとにしているため、ほかのヴィンテージとは細部が異なることもある。キュヴェ名には、寄進者や、500年以上の歴史があるオスピスの有名人の名前がつく。

ペルナン=ヴェルジュレス1級　キュヴェ・ラモー=ラマロース　レ・バス・ヴェルジュレス内の0.70haの区画。ラマロース家の末裔がドメーヌを廃業するにあたり、寄進した。ラマロース家は1626年からボーヌのワイン界の中心的存在である。

サヴィニ=レ=ボーヌ1級　キュヴェ・フクラン　レ・タルメット（0.65ha）、レ・グラヴァン（0.28ha）、レ・セルパンティエール（0.15ha）の計1.09haで造るキュヴェ。ドニ=アントワーヌ・フクランが1832年

に寄進し、12年後、妻のシャルロット・クロディーヌが残りの区画を寄贈した。

サヴィニ=レ=ボーヌ1級 キュヴェ・アルトゥール・ジラール　ジラール家はワイン・ビジネスで成功した一族。1936年、その一員のアルトゥール家がレ・プイエにあるこの区画など多数の畑を寄進する。

サヴィニ=レ=ボーヌ1級 キュヴェ・フォルヌレ　レ・ヴェルジュレス（0.87ha）とレ・グラヴァン（0.14ha）の計1.01haのキュヴェ。グザヴィエ・フォルヌレ（1809-1884）の母が寄進した。グザヴィエ・フォルヌレは詩人にして作家であり、「黒いユーモア文学賞」にその名を残す。また、前衛ロマン派によるブーザンゴ運動のメンバーでもある。

モンテリ1級 レ・デュレス・キュヴェ・ルブラン　モンテリ村のデュレスにある0.67haの区画。ボーヌ市の歴代市長がオスピス・ド・ボーヌに寄進したように、ルブラン家も代々の篤志家。エティエンヌ・ルブランはオスピス・ド・ボーヌの初代司祭であった。1704年、ジャン=ジャック・ルブランとマルゲリート・ルブランは、当時の貨幣で計1万ルーブルの巨額を寄付する。

オセ=デュレス1級 キュヴェ・ボワイヨ　レ・デュレスにある0.67haの区画。1898年、ムルソー、ヴォルネの畑とも、アントワネット・ボワイヨが寄進する。ブドウ樹は1963年と1980年に植樹した。

ボーヌ1級 キュヴェ・シロ=ショードロン　ポマール村に接する斜面にあるレ・モントルヴノの0.78haの区画。1979年、レイモン・シロとスザンヌ・ショードロンの遺言で寄付された3つのキュヴェのひとつ。

ボーヌ1級 キュヴェ・モーリス・ドルーアン　レ・ザヴォー（1.08ha）、レ・ブシュロット（0.70ha）、シャン・ピモン（0.66ha）、レ・グレーヴ（0.26ha）の計2.69haで造るキュヴェ。モーリス・ドルーアンが寄進する。モーリス・ドルーアンは、メゾン・ジョゼフ・ドルーアンの前オーナーで、1941年から1955年までオスピス・ド・ボーヌの理事も歴任した。

ボーヌ1級 キュヴェ・ユーグ・エ・ルイ・ベトー　レ・グレーヴ（0.65ha）、レ・ゼグロ（0.43ha）、ラ・ミニョット（0.35ha）、クロ・デ・ムーシュ（0.25ha）の計1.68haのキュヴェ。ベトー兄弟は17世紀の大口寄進者であり、特に、王国議会の評議員を務めた兄のユーグの功績は大きく、オスピス・ド・ボーヌの食堂や花壇用の土地を寄付し、診療施設を建てる。

ボーヌ1級 キュヴェ・ブリュネ　レ・ブレサンド（0.52ha）、ル・バ・デ・トゥロン（0.48ha）、レ・サン・ヴィーニュ（0.47ha）の計1.47haで造るキュヴェ。ブリュネ一族はボーヌの名家で、5人のボーヌ市長を輩出すると同時に、大口の寄進者でもあった。

ボーヌ・グレーヴ1級 キュヴェ・ピエール・フロケ　ボーヌのグレーヴにある0.75haの区画。2003年ヴィンテージ終了まで借地権が継続する状態で1997年に寄進した。

ボーヌ1級 キュヴェ・クロ・デ・ザヴォー　クロ・デ・ザヴォーの1.63haの区画。寄進者ではなく畑名がキュヴェ名になったのはここだけである。一部の区画のブドウは1940年代植樹の古木。

ボーヌ1級 キュヴェ・ルソー=デランド　レ・サン・ヴィーニュ（1.06ha）、レ・モントルヴノ（0.71ha）、ラ・ミニョット（0.42ha）の計2.19haのキュヴェ。フランス革命期、オテル・デューの裏にあった高齢者用医療施設を村民にも開放したが、この医療施設は、オピタル・ド・ラ・サン=トリニテ（聖トリニテ病院）として、畑の寄進者であるアントワーヌ・ルソーとバルブ・デランドが1645年に建てたのちに、オスピス・ド・ラ・シャリテ（慈善診療所）の名で親しまれる。

ボーヌ1級 キュヴェ・ダム・オスピタリエール　レ・ブレサンド（1.01ha）、ラ・ミニョット（1.13ha）、レ・トゥロン（0.55ha）の計2.75haで造るキュヴェ。ダム・ゾスピタリエールは、看護を担当した修道女の総称で、オスピス・ド・ボーヌで病人の世話をした。オークションは、昔からこのキュヴェの競売が口開けとなる。

ボーヌ1級 キュヴェ・ギゴーヌ・ド・サラン　レ・ブレサンド（1.20ha）、レ・スレイ（0.83ha）、シャン・ピモン（0.62ha）の計2.65haから造るキュヴェ。ギゴーヌ・ド・サラン（1403-1470）は1421年にニコラ・ロランと結婚する。ド・サランは、オテル・デューの共同設立者であり、オスピス・ド・ボーヌの創設者でもある。ニコラ・ロランの存命中、および、1461年に死去後もオスピス・ド・ボーヌを統轄した。

ボーヌ1級 キュヴェ・ニコラ・ロラン　レ・サン・ヴィーニュ（1.35ha）、レ・トゥロン（0.47ha）、レ・グレーヴ（0.36ha）、アン・ジュネ（0.18ha）、レ・ブレサンド（0.16ha）の計2.52haで造るキュヴェ。オ

スピス・ド・ボーヌの設立者である太政官、ニコラ・ロランの栄誉ある名を冠す。ボーヌ最上のキュヴェのひとつ。

ヴォルネ・キュヴェ・ジェネラル・ミュトー　アン・カイユレ、ラ・カレイユ・スー・ラ・シャペル、フレミエ、タイユ・ピエ、ル・ヴィラージュの計1.70haで造るキュヴェ。ポール=ジュール・ムトー（1856-1927）は騎兵隊の将校で、第一次世界大戦中はフォシュ元帥の参謀の任にあった。

ヴォルネ1級　キュヴェ・ブロンドー　シャンパン（0.64ha）、タイユ・ピエ（0.56ha）、ロンスレ（0.36ha）、ミタン（0.25ha）の計1.81haで造るキュヴェ。フランソワ・ブロンドーは篤志家で、オスピス・ド・ラ・シャリテに鐘を寄進し、ヴォルネの教会を改修し、学校を建て、最後はヴォルネとポマールの所有畑を寄進した。

ヴォルネ=サントノ1級　キュヴェ・ジュアン・ド・マソル　レ・サントノ・デュ・ミリュー（0.35ha）、レ・サントノ・デュ・ドゥスユ（0.93ha）、レ・プリュール（0.26ha）の計1.54haで造るキュヴェ。ジュアン・ド・マソルは、オテル・デュー立ち上げ当時の医師、アウグスティノ・マゾリの子孫であり、1669年、オスピス・ド・ボーヌの財政が逼迫（ひっぱく）した時期に収集した美術品を寄付した。

ヴォルネ=サントノ1級　キュヴェ・ゴヴァン　レ・サントノ・デュ・ミリュー（0.68ha）、レ・プリュール（0.72ha）の計1.40haで造るキュヴェ。1804年、ベルナール・ゴーヴァンが全財産とともに、この畑を寄進した。

ポマール・キュヴェ・スザンヌ・ショードロン　プティ・ゼプノ（0.10ha）、レ・プティ・ノワゾン（0.56ha）、ラ・クロワ・プラネ（0.38ha）、レ・ノワゾン（0.32ha）、アン・ポワゾ（0.07ha）、リュ・オー・ポルク（0.04ha）の計1.47haの1級区画で造るキュヴェ。スザンヌ・ショードロンと、夫のレイモン・シロが1979年に寄進した。

ポマール・キュヴェ・レイモン・シロ　レ・シャルモ（0.48ha）、レ・ベルタン（0.25ha）、レ・リュジアン・バ（0.09ha）の1級区画、および、村名ACのレ・リオット（0.29ha）、レ・ヴォーミュリアン・バ（0.18ha）、ラ・ヴァッシュ（0.14ha）の計1.43haで造るキュヴェ。寄贈は1979年。

ポマール・キュヴェ・ビヤルデ　レ・ザルヴレ（0.47ha）、レ・ノワゾン（0.83ha）、レ・クラ（0.04ha）の計1.34haの1級区画で造るキュヴェ。フランス革命当時、アントワーヌ・ビヤルデはオスピス・ド・ボーヌの医師であり、息子も外科医でナポレオンの軍医となる。

ポマール・エプノ1級　キュヴェ・ドン・ゴブレ　プティ・ゼプノにある0.71haの区画で造るキュヴェ。2007年、この最初のワインができたとき、ほかのポマールと別にし、翌年、競売にかける。フランス革命時に解体されシトー会修道院の最後の醸造長ドン・ゴブレの栄誉を讃え、キュヴェ名となる。

ポマール1級　キュヴェ・ダム・ド・ラ・シャリテ　レ・リュジアン・バ（0.45ha）、レ・リュジアン・オー（0.19ha）、レ・プティ・ゼプノ（0.43ha）、レ・コンブ・ドゥスユ（0.16ha）、ラ・ルフェーヌ（0.31ha）の計1.54haで作るキュヴェ。2005年ヴィンテージから1級のみで造る。ダム・ド・ラ・シャリテは、高齢者や孤児の世話をした修道女の総称。

コルトン　特級　キュヴェ・シャルロット・ドゥメ　コルトン・ルナルド（1.69ha）、コルトン・ブレサンド（0.97ha）の計2.66haで造るキュヴェ。1534年、シャルロット・ドゥメが遺贈した。シャルロットの夫は、ディジョンの王立造幣所所長の任にあった。

コルトン　特級　キュヴェ・ドクトール・プスト　ショーム・エ・ヴォワロース（1.14ha）、レ・ブレサンド（0.95ha）、レ・フィエトル（0.40ha）、レ・グレーヴ（0.12ha）の計2.61haで造るキュヴェ。1924年にバロンヌ・ド・バイが父、ジャン・ルイ・プストに敬意を表して寄進した。ジャン・ルイは30年にわたり、オスピスで医師を務める。

コルトン・クロ・デュ・ロワ　特級　キュヴェ・バロンヌ・デュ・バイ　クロ・デュ・ロワの0.84haの区画で造るキュヴェ。1924年にバロンヌ・ド・バイが寄贈する。バロンヌ・ド・バイは大口寄進であるプスト医師の娘。通常、ドクトール・プストにブレンドするが、2007年ヴィンテージは別に醸造する。

クロ・ド・ラ・ロッシュ　特級　キュヴェ・シロ=ショードロン　およびクロ・ド・ラ・ロッシュ　特級　キュヴェ・ジョルジュ・クリテール　1991年、別々の2人が寄付金を出資し、クロ・ド・ラ・ロッシュの0.22haの区画を寄進するも、収穫量が少なく1樽しかできないため、折半して各々の名前で販売する。

マジ=シャンベルタン　特級　キュヴェ・マドレーヌ・コリニョン　マジ=シャンベルタン上部の1.52ha

の大区画で造るキュヴェ。1976年にジャン・コリニョンが亡母を偲び寄贈した。コート・ド・ニュイ最初の寄進畑でもある。ブドウ樹の大部分は1947年植樹の古木。

白ワイン

サン゠ロマン・キュヴェ・ジョゼフ・ムノー　ル・ヴィラージュ・オー（0.43ha）とスー・ラ・ヴェル（0.33ha）の計0.76haの畑で造るキュヴェ。寄進は1992年だが、ブドウ樹の植え替えが必要で、1997年に植え替えが完了する。最初のキュヴェの競売が2009年と新しい。樽熟で小樽を使う生産者が多いが、ここではドミ・ミュイ〔600リットルの大樽〕を使用する。

プイィ゠フュイッセ・キュヴェ・フランソワーズ・ポワザール　シャントレにあるレ・プレシイ、レ・ロベ、レ・シュヴリエールの計1.41haの畑で造るキュヴェ。1994年、フランソワーズ・ポワザールが寄贈した。

ムルソー・キュヴェ・ロパン　1級のレ・クラ（0.18ha）とレ・クリオ（0.20ha）の計0.38haの畑で造るキュヴェ。ロパン一族にはオスピス・ド・ボーヌに寄進する篤志家が多いが、なかでも17世紀なかばのアルシュドコン・ジェアン・ロパンが有名である。

ムルソー・キュヴェ・グロー　レ・ポリュゾ（0.27ha）、レ・ポテ・ヴィーニュ（0.21ha）、レ・グラン・シャロン（0.08ha）の計0.56haで造るキュヴェ。キュヴェ名は、昔の慈善家、グロー女史に敬意を表す。グロー女史はボーヌの村々に多額の寄付をした。

ムルソー・ポリュゾ1級 キュベ・ジェアン・ウンブロ　レ・ポリュゾにある0.56haの区画で造るキュヴェ。畑には古木が多く、1936年植樹のものもある。寄贈者のジェアン・ウンブロは、16世紀、国家の勅許を受け、ボーヌで弁護士兼公証人の職にあった。1600年には多額の寄付をする。

ムルソー・ジュヌヴリエール1級 キュヴェ・ボード　ジュヌヴリエールの1.48haの区画から造るキュヴェ。0.77haは下部にあり、残りは上部に位置する。フェリックス・ボード（1796-1882）は、収集した美術品の売却益をオスピス・ド・ボーヌへ寄進した。

ムルソー・ジュヌヴリエール1級 キュヴェ・フィリップ・ル・ボン　レ・ジュヌヴリエール゠ドゥシュにある0.44haの区画で造るキュヴェ。キュヴェ名は、フィリップ善良公に由来する。フィリップ公は1419年から1467年までこの地を統括し、ニコラ・ロランを太政官に任命した。

ムルソー・シャルム1級 キュヴェ・ド・バエズル・ド・ランレイ　レ・シャルムにある0.89haの区画で作るキュヴェ。0.48haは斜面上部にあり、残りは下部に位置する。ブドウの中には1940年代植樹の古木もある。1884年、ルイ・ド・バエズル・ド・ランレイが寄贈した。ド・ランレイは電信回線の検査技師。ニュイ゠サン゠ジョルジュには、ド・ランレイ名の通りもある。

ムルソー・シャルム1級 キュヴェ・アルベール・グリヴォー　レ・シャルム゠ドゥシュにある0.55haの区画で造るキュヴェ。1904年にアルベール・グリヴォーが寄進した。ドメーヌ・アルベール・グリヴォーは、ムルソーのペリエールに大区画を所有する。その中に、銘醸小区画、クロ・デ・ペリエール〔リュー゠ディ〕がある。

コルトン・ヴェルジェンヌ 特級 キュヴェ・ポール・シャンソン　レ・ヴェルジェンヌにある0.28haの区画で作るキュヴェ。レ・ヴェルジェンヌでは赤のコルトンを造ることが多いが、シャンソン家は白の区画も所有する。ポール・シャンソンの寄進は1974年。

コルトン゠シャルルマーニュ 特級 キュヴェ・シャルロット・ドゥメ　レ・ルナルドにある0.34haの区画で造るキュヴェ。赤のコルトンに名を冠すシャルロット・ドゥメが寄贈した。昔はここでもピノ・ノワールを植えていたが、1997年に引き抜き2001年にシャルドネを植える。

コルトン゠シャルルマーニュ 特級 キュヴェ・フランソワ・ド・サラン　ル・シャルルマーニュにある0.48haの区画で造るキュヴェ。フランソワ・ド・サランは、ギゴーヌ・ド・サランの子孫で、ノートルダム・ド・ボーヌの僧侶。1745年に寄進された。

バタール゠モンラシェ 特級 キュヴェ・ダム・ド・フランドル　シャサーニュ側のバタール゠モンラシェにある0.29haの区画で造るキュヴェ。植樹は1974年で、1989年に寄進された。キュヴェ名は病人の看護にあたったフランドル地方出身の修道女に由来する。

ルイ・ジャド　Louis Jadot

メゾン設立は1859年にさかのぼる。その前から地元でワインを造り、看板畑クロ・デ・ズルスュルも所有する。一家最後の男子が死去すると、長期間、同家でマネジメントを務めたアンドレ・ガジェが事業を継承。その後、アメリカでのルイ・ジャドの輸入代理店、コブランドの所有者、コッホ家が買収する。現在、ルイ・ジャドはピエール=アンリ・ガジェが管理している。1970年からジャック・ラルディエールが醸造責任者の任にある。

近年のできごととして、ラドワ=セリニの樽会社カデュを買収した。また、ボーヌ郊外のサヴィニ街道沿いに最新設備を備えた醸造施設が2009年に完成し、同社の白ワイン生産の中心となる。

畑関連では、マコネ地区のドメーヌ・フェレを買収した。ボージョレ地区では、ムーラン=ア=ヴァン村の名門、シャトー・デ・ジャックとモルゴン村のシャトー・ド・ベルヴュを傘下に収める。

醸造責任者のジャック・ラルディエールは、話が非常にうまく、醸造の細かいことよりワイン造りの哲学を熱く語る。健全なブドウが収穫できれば、あとは自然に任せるのがラルディエールの基本方針であり、人間が介在すると、ブドウの潜在能力を抑圧すると考えている。したがって、発酵前の低温浸漬は実施せず、発酵温度の上限管理もしない。ピジャージュと違って発酵速度を早めるルモンタージュもしない。

ワインは、発酵槽上面にできた果皮や種の果帽が崩れるまで、槽の中に入れておく。これが、発酵の全プロセス終了のサインとなる。

発酵が終了すると樽で熟成させる。新樽率は平均で三分の一強。良年でないヴィンテージでは、新樽は50%以下にとどめる。

ドメーヌが所有する畑は、ルイ・ジャド本体の土地だけでなく、レ・ゼリティエ・ド・ルイ・ジャドとドメーヌ・アンドレ・ガジェの分もある。また、ドメーヌ・ド・ラ・コマレーヌとデュック・ド・マジェンタと耕作契約あり。所有畑の一覧は次頁に掲載。

コルトン・プジェ 特級　南向きの区画で造るコルトン。香り高く力がある。1980年代に何回か飲んだが、1969年物がすばらしかった。黒い果実のような香りがあり、暑い年にはブドウの過熟に注意が必要。

ボーヌ1級 クロ・デ・ズルスュル　緻密で大きなボディを備え、芳醇。並はずれて深い香りがあり、心地よい果実味が鼻をくすぐる。口に含むと風味豊かな香りがさらに開く。ほかのジャドの赤と同様、長期熟成する。

シュヴァリエ=モンラシェ レ・ドモワゼル 特級（エリティエ）　シュヴァリエ=モンラシェにレ・ドモワゼルと呼ぶ1ha強の区画があり、ルイ・ジャドとルイ・ラトゥールがほぼ同面積を独占所有する。緻密なスタイルの中に、ジャドの通常のシュヴァリエ=モンラシェを大きく上回る力がある。

ピュリニ=モンラシェ1級 レ・フォラティエール　芳醇で、わずかに樽のニュアンスのあるフルボディの白。斜面中部に由来するエレガントさとミネラル感がある。レ・フォラティエールには、畑下部で造るネゴシアン物と、上部（アン・ラ・リシャルド）で造るエレガントなドメーヌ物（レ・ゼリティエ・ド・ルイ・ジャド）の2種あり。

ペルナン=ヴェルジュレス クロ・ド・ラ・クロワ・ド・ピエール　畑の通称はアン・カラドゥだが、ジャドではこの名前を使う。赤の1級は、骨格がしっかりしていてクリスピーな風味がある。一方、1級と村名ACをブレンドした白は（ラベル上は、1級ではなく村名AC）、やわらかく魅力にあふれ、はじけるような余韻が印象的。

ドミニク・ラフォン　Dominique Lafon

2008年から、ドメーヌ名（ドメーヌ・デ・コント・ラフォン）ではなく、ドミニク・ラフォン個人の名前でもワインを造る。白は、ムルソーのラ・プティット・モンターニュ（以前は、ドメーヌ・デ・コント・ラフォンのムルソーにブレンド）と、ピュリニ=モンラシェの1級、レ・シャンガンに所有する小区画で造る。ヴィレ=クレッセは2008年限定で、2009年からサン=ヴェランのキュヴェとして出す。赤は、ACヴォルネと、1級のレ・リュレを造る。

ルイ・ジャドの所有畑

ルイ・ジャドの畑は、ルイ・ジャド本体、レ・ゼリティエ・ド・ルイ・ジャド、ドメーヌ・アンドレ・ガジェ、および耕作契約（ドメーヌ・ド・ラ・コマレーヌ、デュック・ド・マジェンタ）など、いろいろな生産者が所有する。

ここ以外の畑、たとえば、ニュイ＝サン＝ジョルジュ1級のレ・ブド（0.50ha）、ボーヌ1級 レ・ゼグロ、ベルテュイゾ、トゥッサン、テュヴィラン、ポマールのクロ・ブランは、通常、ドメーヌ元詰めではない。

赤（コート・ド・ニュイ）	ha
Chambertin Clos de Bèze Grand Cru	0.42
Chapelle-Chambertin Grand Cru	0.39
Clos St-Denis Grand Cru（Gagey）	0.17
Musigny Grand Cru	0.17
Bonnes Mares Grand Cru	0.27
Clos Vougeot Grand Cru	2.15
Echézeaux Grand Cru	0.35
Echézeaux Grand Cru（Gagey）	0.17
Gevrey-Chambertin 1er Cru Les Cazetiers	0.12
Gevrey-Chambertin 1er Cru Combe aux Moines	0.17
Gevrey-Chambertin 1er Cru Clos St-Jacques	1.00
Gevrey-Chambertin 1er Cru Estournelles St-Jacques	0.38
Gevrey-Chambertin 1er Cru Lavaux St-Jacques	0.22
Gevrey-Chambertin 1er Cru Poissenots	0.19
Chambolle-Musigny 1er Cru Les Amoureuses	0.12
Chambolle-Musigny 1er Cru Baudes（Gagey）	0.27
Chambolle-Musigny 1er Cru Fuées	0.41
Chambolle-Musigny 1er Cru Les Feusselottes	0.14
Marsannay	1.92
Côte de Nuits-Villages Le Vaucrain	0.68

赤（コート・ド・ボーヌ）	ha
Corton Pougets Grand Cru（Héritiers）	1.47
Corton Grèves Grand Cru	0.44
Pommard 1er Cru Rugiens	0.36
Pommard 1er Cru La Commaraine（Commaraine）	3.75
Beaune 1er Cru Cent Vignes（Gagey）	0.42
Beaune 1er Cru Les Chouacheux（Gagey）	0.67
Beaune 1er Cru Les Chouacheux（Héritiers）	0.37
Beaune 1er Cru Bressandes（Héritiers）	0.96
Beaune 1er Cru Les Avaux	1.43
Beaune 1er Cru Clos des Couchereaux（Héritiers）	2.04
Beaune 1er Cru Les Theurons	0.38
Beaune 1er Cru Les Theurons（Gagey）	1.69
Beaune 1er Cru Les Theurons（Héritiers）	1.00
Beaune 1er Cru Les Boucherottes（Héritiers）	2.52
Beaune 1er Cru Clos des Ursules（Héritiers）	2.75
Savigny 1er Cru La Dominode	1.75
Savigny 1er Cru Lavières	0.86
Savigny 1er Cru Narbantons	0.40
Savigny 1er Cru Les Vergelesses	0.54
Savigny 1er Cru Les Guettes（Gagey）	1.59
Pernand-Vergelesses 1er Cru Clos de la Croix de Pierre（Héritiers）	1.72
Chassagne-Montrachet 1er Cru Morgeot Clos de la Chapelle（Magenta）	0.79
Pommard Petits Noizons	1.19
Santenay Clos de Malte	5.19

白	ha
Chevalier-Montrachet Les Demoiselles Grand Cru（Héritiers）	0.52
Corton-Charlemagne Grand Cru（Héritiers）	1.60
Beaune 1er Cru Grèves Le Clos Blanc（Gagey）	0.84
Beaune 1er Cru Bressandes（Gagey）	0.93
Chassagne-Montrachet 1er Cru Abbaye de Morgeot	0.44
Chassagne-Montrachet 1er Cru Morgeot Clos de la Chapelle（Magenta）	2.87
Meursault 1er Cru Genevrières	0.29
Meursault 1er Cru Le Porusot	0.14
Puligny-Montrachet 1er Cru La Garenne	0.37
Puligny-Montrachet 1er Cru Les Folatières	0.35
Puligny-Montrachet 1er Cru Les Folatières（Héritiers）	0.24
Puligny-Montrachet 1er Cru Les Referts	0.45
Puligny-Montrachet 1er Cru Clos de la Garenne（Magenta）	1.56
Puligny-Montrachet 1er Cru Combettes	0.14
Savigny 1er Cru Clos des Guettes（Gagey）	0.98
Savigny 1er Cru Hauts Jarrons	0.26
Savigny 1er Cru Les Vergelesses	0.21
Pernand Vergelesses Clos de la Croix de Pierre	1.19
Santenay Clos de Malte	1.88
Côte de Nuits-Villages Le Vaucrain	0.68
Pouilly-Fuissé Clos des Prouges	3.28

ルイ・ラトゥール　Louis Latour

ラトゥール家は、少なくとも1731年にはコート・ド・ボーヌでブドウを栽培し、1766年にアロスに本拠を構えてコルトン丘陵周辺の畑を購入した。19世紀、事業はおおいに栄え、1867年にはボーヌのネゴシアン、ラマロス・ペール・エ・フィス（所在地はトネリエ通り18番地で、ルイ・ラトゥールの本社は今もここ）を買収する。1890年にはコント・ド・グランセ家から、醸造施設と17haの畑を含めシャトー・ド・コルトン・グランセ（フィロキセラ禍で大打撃を受ける）も購入し、10年後、コート・ド・ニュイの特級、ロマネ・サン＝ヴィヴァンとシャンベルタンも買う。

ルイ・ラトゥールの現社長は、ルイ＝ファブリス。1964年生まれで、7代目。醸造は、ジャン＝シャルル・トマがジャン＝ピエール・ジョバールの跡を継ぐ。また、栽培はドニ・フェツマンに替わりボリス・シャンピが担当する。これまで大きな動きはほとんどないが、何か起きそうな予兆はある。

ルイ・ラトゥールは、伝統を堅持する一方で、アルデッシュ県〔コート・デュ・ローヌ地方北部の県〕のシャルドネや、ヴァール県〔フランスの南東端にある県〕のピノ・ノワールでワインを造るなど、積極的に新ビジネスを模索している。

白ブドウは完全に熟してから収穫し、圧搾前に破砕する。澱引きせずにタンクで発酵させ、発酵終了後、バトナージュをせず樽に移す。ドメーヌ物の新樽率は100％。ピノ・ノワールは除梗、破砕後、果皮発酵させて（発酵期間は比較的短い）、樽に移し熟成させる。白に比べると赤の新樽率は少し低いが、樽に入れる期間は長い。

ルイ・ラトゥールで必ず話題になるのが、瓶詰め前の瞬間低温殺菌（パストリゼーション）である。これは、2、3秒間72℃に加熱してバクテリアを殺菌し、再発酵しないよう安定状態にするもの。バクテリアは2、3ヵ月で底に沈澱するので濾過の必要はない。移動瓶詰め車でのボトリングはブルゴーニュでは一般的で、移動瓶詰め車では瞬間低温殺菌しているが、大手生産者でこの殺菌法の採用を公表しているのはルイ・ラトゥールのみ。

ルイ・ラトゥールの所有畑

赤	ha
Chambertin Grand Cru Cuvée Héritiers Latour	0.81
Romanée St-Vivant Grand Cru Les Quatre Journaux	0.76
Corton Clos de la Vigne au Saint Grand Cru	2.50
Corton Bressandes Grand Cru	3.03
Corton Les Chaumes Grand Cru	1.14
Corton Les Pougets Grand Cru	0.87
Corton Les Perrières Grand Cru	5.00
Corton Clos du Roi Grand Cru	3.20
Corton Les Grèves Grand Cru	1.20
Aloxe-Corton 1er Cru Les Chaillots	3.13
Aloxe-Corton 1er Cru Les Founières	1.75
Aloxe-Corton 1er Cru Les Guérets	0.40
Beaune 1er Cru Les Vignes Franches	2.76
Beaune 1er Cru Les Perrières	1.31
Beaune 1er Cru Clos du Roi	0.42
Beaune 1er Cru Grèves	0.20
Beaune 1er Cru Cras	0.54
Pernard-Vergelesses 1er Cru Ile des Vergelesses	0.75
Pommard 1er Cru Epenots	0.41
Volnay 1er Cru Les Mitans	0.27
Aloxe-Corton	3.15
Pernard-Vergelesses	1.38
Volnay	0.47
白	
Chevalier-Montrachet Grand Cru	0.51
Corton-Charlemagne Grand Cru	9.65

リュシアン・ルモワーヌ　Lucien Lemoine

小規模ながら、オートクチュールのように手間のかかる造り方をするネゴシアン。1999年にムニール・サウマと妻のロテム・サウマが立ち上げる。2人が目指したのは、1級、特級の生産量を年間100樽以下に限定し、ボーヌの自社セラー（アーチ型屋根の建造物）で寝かせ、自分たちで決めた方法に忠実にしたがってきちんとしつけたブルゴーニュを造ることである。発酵後のワインを購入してしつけるので、発酵技術は必要ない。各ワインにつき1樽しか入手できないことも多く、2007年は、68種のワインで100樽だった。

特定の生産者と契約してはいないが、同じ生産者から買うことが多い。ブドウの栽培法やワインの醸造法に注文はつけない。リュシアン・ルモワーヌが出すヴォーヌ＝ロマネのいろいろなワインを試飲すると、あるものは除梗し、別のワインはしていないことが明確に分かり、非常におもしろい。

ロテムによると、夫のムニールには特殊能力があり、ごく初期段階からヴィンテージのスタイルや質がわかるらしい。ワインのスタイルに合致した最適の樽を選ぶため、樽製造会社のステファヌ・

シャサンと緊密に連携をとっている。シャサンの樽は、成長がもっとも遅いジュピーユの森の木を使うため、目がつんでいる。新樽率は100％。

ヴィンテージやワインにより扱いは違うが、基本は、マロラクティック発酵は遅い時期に実施し、赤白両方でバトナージュする。酸化防止には亜硫酸ではなく二酸化炭素を使い、瓶詰め直前まで澱引きはしない。

ワインは、やわらかく甘い果実味にあふれ、新樽のニュアンスが目立つこともない。これまで筆者が試飲したワインは、いずれも畑のテロワールがきちんと出ていた。かなり高価。

バンジャマン・ルルー　Benjamin Leroux

ポマールのドメーヌ・デュ・コント・アルマンで醸造責任者として名を成したバンジャマン・ルルーは、イギリスの資本を受けてボーヌに小規模ネゴシアンを設立した。扱うワインはシャサーニュ＝モンラシェからジュヴレ＝シャンベルタンまでのコート・ドール限定。将来、耕作契約や畑の購入も視野に入れる。

ジャフラン　Jaffelin

もとはシャルル・ジャフランとアンリ・ジャフラン兄弟が1816年に立ち上げたメゾン。現在はジャン＝クロード・ボワセが所有する（ボワセはジョゼフ・ドルーアンから購入）。美しいアーチ型の天井をもつ古い建造物を本拠とする。ワインは、広域AC、村名ACがほとんど。

アルベール・モロ　Albert Morot

現在、フランソワーズ・ショパンの跡を継いだジョフロワ・ショパン・ド・ジャンヴリがドメーヌを運営。トゥロン、グレーヴ、トゥッサン、ブレサンド、サン・ヴィーニュ、マルコネなどのボーヌ1級ワインを得意とする一方、サヴィニ・レ・ヴェルジュレスや、レ・ヴェルジュレスの飛び地で単独所有のラ・バタイエールでワインを造る。新樽をあまり使わず、素朴な造りをする。ドメーヌのスタイルと合ったヴィンテージには、果実味にあふれたすばらしいワインができる。今日では、新樽率が少し増え、樽熟成期間も延ばしている。

ドメーヌ・クリス・ニューマン　Domaine Chris Newman

創立者のクリス・ニューマンは、同ドメーヌのワイン同様、非常に個性が強い。ニューオリンズの銀行家である父のロバート・ニューマンは1952年、コート・ド・ニュイのマジ＝シャンベルタン、ボンヌ・マール、ラトリシエール＝シャンベルタンに小区画（リュー＝ディ）を購入。購入した畑は、1982年から2008年までモレ＝サン＝ドニのドメーヌ・カスタニエに貸地していたが、現在は取り戻し、ドメーヌ・クリス・ニューマン名でマジ＝シャンベルタンとボンヌ・マールを出す（ラトリシエール＝シャンベルタンは売却）。畑を賃貸していたあいだ、コート・ド・ボーヌの畑を買い進め、2009年にはモンテリを購入した。

ドメーヌ・クリス・ニューマンの所有畑	
赤	ha
Mazis-Chambertin Grand Cru	0.19
Bonnes Mares Grand Cru	0.33
Beaune 1er Cru Clos des Avaux	0.50
Beaune 1er Cru Grèves	0.31
Pommard	0.66
Beaune	0.53
Côte de Beaune La Grande Chatelaine	0.24
白	
Côte de Beaune La Grande Chatelaine	0.49

オーストラリア人のジェーン・エイリーがアシスタントを務め、現在、ビオディナミで耕作中。ワイン造りでは、やや安定性に欠けるも、大きく化ける予兆がある。

ドメーヌ・ポテル　Domaine Potel

「ドメーヌ・ド・ベレーヌ」の項目（300頁）を参照。

ジャン=クロード・ラトー　Jean-Claude Rateau

コート・ドールでビオディナミを最初に導入したドメーヌ。大手生産者がビオディナミに転換するはるか以前から採用していた。1979年に2haの畑から始め、現在ではコート・ド・ボーヌのラ・グランド・シャトレーヌ、ACボーヌのクロ・デ・マリアージュ、ボーヌ1級のレ・クシュリアなどの白や、クロ・デ・マリアージュ、ACボーヌのプレヴォル、ボーヌ1級のブレサンド、ルヴェルセで赤を造る。

ルモワスネ　Remoissenet

1877年創立のメゾン。経験と人脈が豊かなローラン・ルモワスネが長期間運営する。イギリスのECC加盟以前、特級の残りでワインを造り、低格付けの別名で上質のワインを出したと噂される。筆者は、たとえば、ブルゴーニュ・ルージュ・キュベ・デュ・カルディナル・リシュリュー1972年（リシュブール混入の噂あり）を鮮明に覚えている。

ローランの引退後、アメリカのミルスタイン兄弟、トロントのハルパーン・エンタープライズ、ルイ・ジャドが共同出資した合弁会社にメゾンを売却する。現在は、ボーヌで多くのメゾンを管理しているベルナール・レポルがメゾンを仕切り、クロディ・ジョバールが醸造を担当している。畑の買い入れを計画中で、購入のあかつきにはビオディナミで栽培するらしい。

savigny- & chorey- lès-beaune

サヴィニ＝レ＝ボーヌ、　ショレ＝レ＝ボーヌ

村名格サヴィニ＝レ＝ボーヌ　　　　　212.29ha
サヴィニ＝レ＝ボーヌ１級畑　　　　　142.25ha
村名格ショレ＝レ＝ボーヌ　　　　　　154.42ha

サヴィニの広大なアペラシオンには謎が多い。昔は、「地名にボーヌはつくが、銘醸地のボーヌとは無関係の凡庸なワイン産地」と思われていた。しかし、1980年代から認識が変わり、たとえば、オスピス・ド・ボーヌではボーヌよりサヴィニのほうが多く売れる。
一方、ショレ＝レ＝ボーヌは、グラン・クリュ街道沿いにあるものの、銘醸畑が連なる西側ではなく東に位置し、１級畑もないことから注目を集めないが、質の高い廉価版ワインの宝庫と言える。
サヴィニは、立地のよさや質の高さで最初に名前が挙がる地域ではないが、収穫は最初に始まる。これは、ブドウの成熟が早いためではなく、成熟を待ちきれずに収穫するためで、しかも、機械収穫の比率が高い。上質ワインを造るドメーヌが2、3増えると、サヴィニの評価も大きく上がるだろう。
大昔は、サヴィニの大愛好家がいた。シャトー・ド・サヴィニの玄関には、「Les Vins de Savigny sont théologiques, nourrissants et morbifuges（サヴィニのブドウ酒は神々の飲み物にして、滋養に富み、身体の優れざる時も飲むべし）」との一文が刻んである。筆者は、とりわけ、morbifuge（死を怖れず、不健康をものともしない）という言葉が気に入っている。
サヴィニは、ロワン川という小さな川で２つに分かれる。川は、１級畑もボー

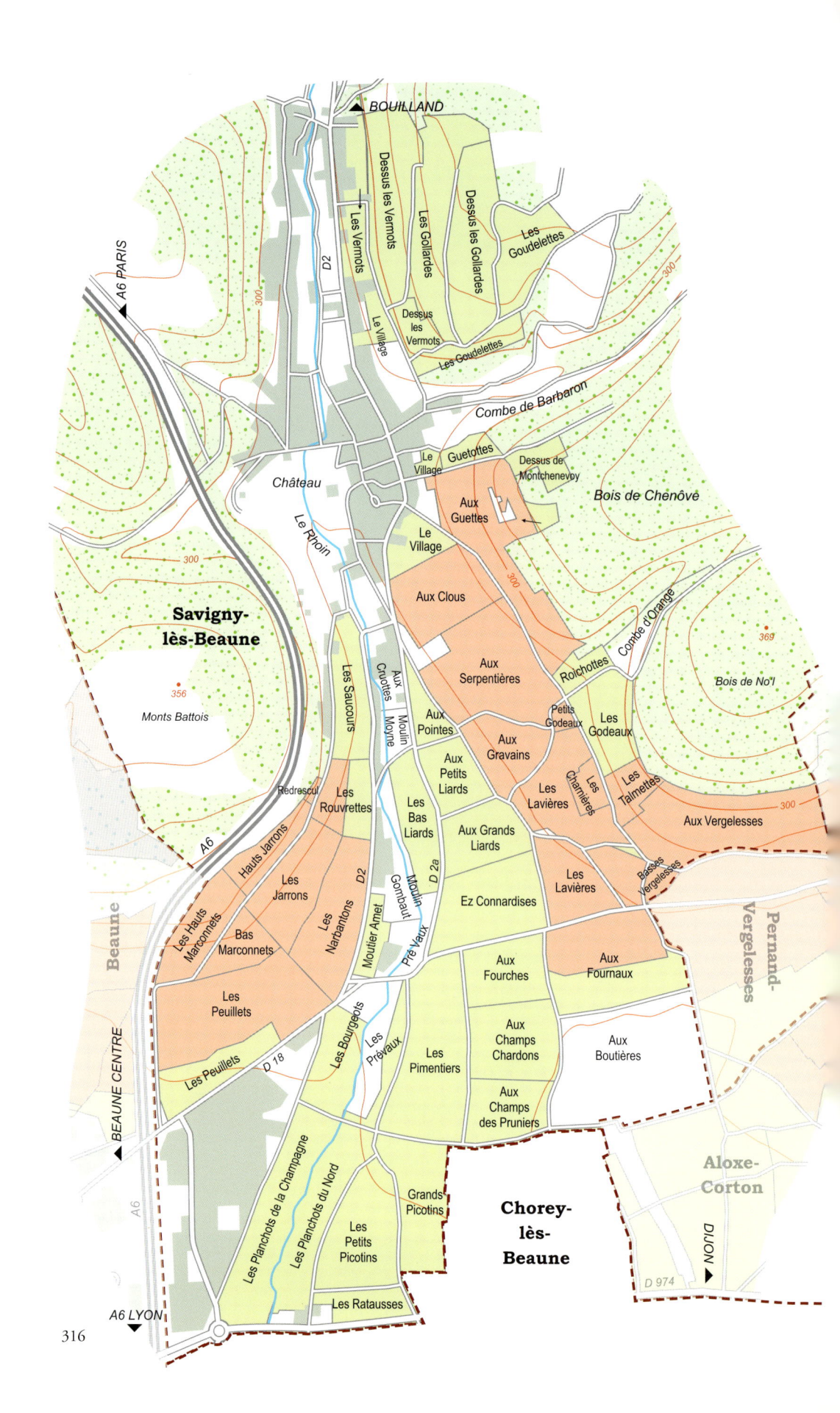

Savigny-lès-Beaune

サヴィニ=レ=ボーヌ、ショレ=レ=ボーヌ
Savigny-lès-Beaune & Chorey-lès-Beaune

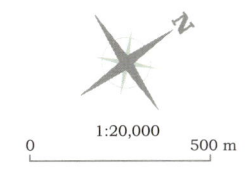

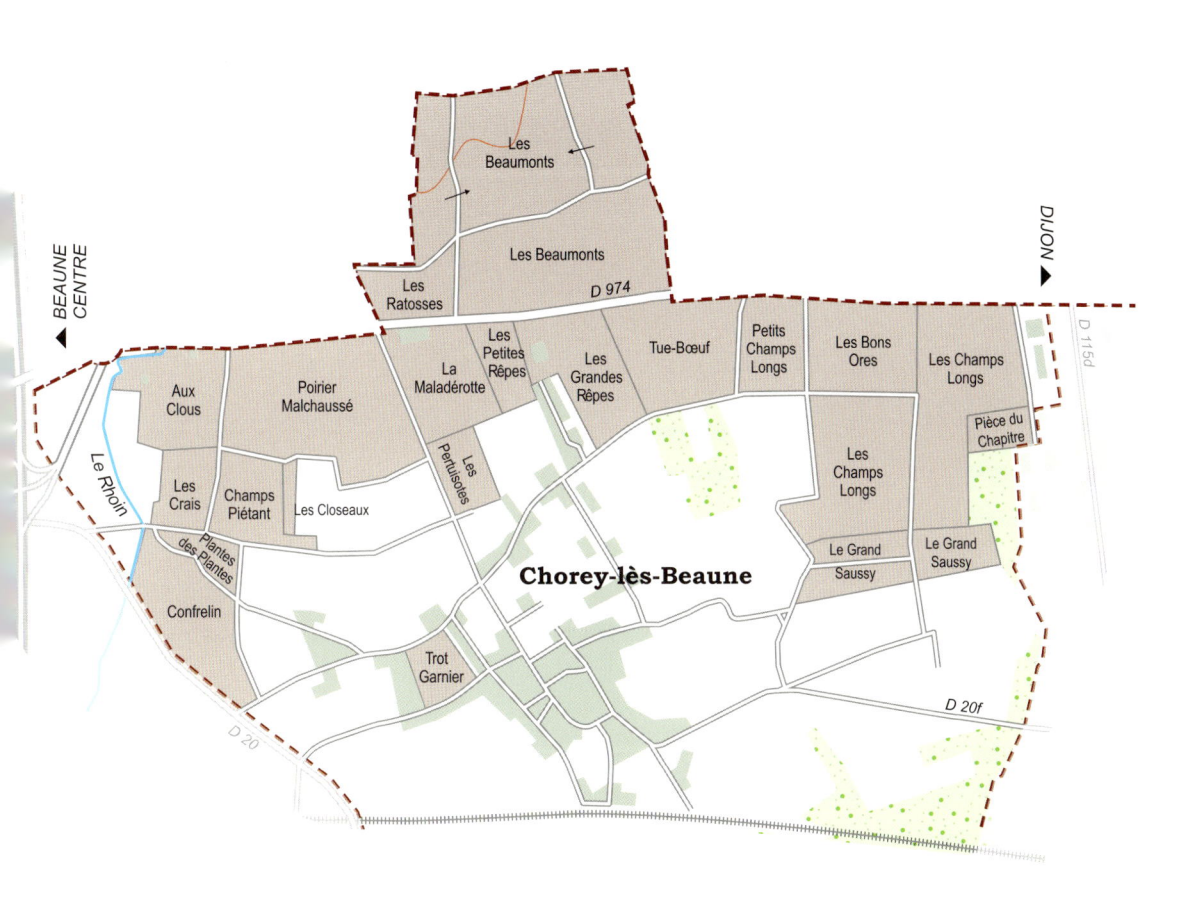

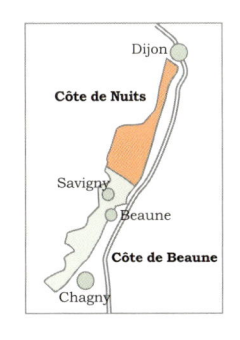

ヌ側とペルナン側に二分する。ボーヌ側、すなわちA6号線の下の畑は、レ・プイエ、マルコネ、ジャロン、ドミノード、ナルバントン、ルヴレットなど、北東を向く。川をはさんだ反対側のオー・ゲット、グラヴァン、ラヴィエールなどは南傾する。ただし、オー・ヴェルジュレスだけは斜面がペルナン＝ヴェルジュレス側に向くため、ほぼ南東傾斜である。

サヴィニのワインは、ボーヌよりボディが大きいが、トップレベルの生産者を除いてあかぬけないワインになる。村名ACと1級の価格差は20％程度なので、よい生産者がよい畑で造るワインはお買得と言える。

サヴィニ＝レ＝ボーヌ1級畑　Savigny-lès-Beaune Premiers Crus

ラ・バタイエール　La Bataillère
オー・ヴェルジュレスの中にある1.81haの飛び地。したがって、地図にこの名前はない。ドメーヌ・アルベール・モロが単独所有する。昔は石垣があったが崩れた。ジュール・ラヴァルは、サヴィニで最上と評価するが、これは「特級畑」という最上級の評価をしたドニ・モルロの格付けに従ったものか。

シャン・シュヴレ　Champ Chevrey
「オー・フルノー」の項目（本頁）を参照。

レ・シャルニエール　Les Charnières
AC：サヴィニ＝レ＝ボーヌ1級畑
L：2級畑　R：1級畑　JM：1級畑　　　　　　　　　　　　　　　　　　　　　　2.07ha
レ・ラヴィエールの中にある飛び地。レ・シャルニエール名のワインを見ることはまれだが、ドメーヌ・カピタン＝ガニュロ、コルニュ＝カミュが出している。土壌はレ・ラヴィエールの他区画同様、沖積世の砂質土壌。

オー・クルー　Aux Clous
AC：サヴィニ＝レ＝ボーヌ1級畑
L：2級畑　R：1級畑　JM：1級畑　　　　　　　　　　　　　　　　　　　　　　9.92ha
斜面下部に位置し、集落と共同墓地のあいだにある。畑は広いが、同畑名のワインは少ない。ドメーヌ・ダルデュイやドメーヌ・ルイ・シェニュがここのワインを造る。

ラ・ドミノード　La Dominode
AC：サヴィニ＝レ＝ボーヌ1級畑
L：1級畑　R：記載なし　JM：1級畑　　　　　　　　　　　　　　　　　　　　　6.72ha
1級畑、レ・ジャロン内の非常に大きい区画。ブリュノ・クレール、ルイ・ジャド、ジャン＝マルク・パヴロがこの小区画名(リュー・ディ)でワインを出す。畑名は、昔、領主の畑であったことに由来する。北東に傾斜しているが、サヴィニ最良の畑である。地球温暖化で暑い年が多いためか？　急傾斜地で、粘土に砂質が混った土壌のため、やわらかいワインができる。樹齢の高いブドウが多い（特にブリュノ・クレールの区画）。

オー・フルノー　Aux Fournaux
AC：サヴィニ＝レ＝ボーヌ1級畑
L：記載なし　R：記載なし　JM：1級畑　　　　　　　　　　　　　　　　　　　7.90ha*
畑名は「オーブンの中」を意味する。「熱がこもる」場所なのだろう。事実、昔、炭焼き窯があった。斜面の下部に位置す。ロワン川の渓谷が開いて平地になる直前にあり、それほど平坦ではない。ここの小区画、シャン・シュヴレはドメーヌ・トロ＝ボーが単独所有する。ドメーヌ・シャンドン・ド・

ブリアイユ、シモン・ビーズ、ニコラ・ロシニョール、ジラール兄弟がオー・フルノーを造る。
*シャン・シュヴレも含む。

プティ・ゴドー　Petits Godeaux
ACs：サヴィニ=レ=ボーヌ1級畑およびサヴィニ=レ=ボーヌ
L：記載なし　R：2級畑　JM：村名格　　　　　　　　　　　　　　　　　　0.71ha
レ・ゴドーは村名ACだが、その下部にあるこの小区画(リュー・ディ)は1級。マリー=エレーヌ・ランドリュー=リュシニーによると、畑名は「大麦」を意味する土地の言葉に由来するらしい。

オー・グラヴァン　Aux Gravains
AC：サヴィニ=レ=ボーヌ1級畑
L：1級畑　R：1級畑　JM：1級畑　　　　　　　　　　　　　　　　　　　6.15ha
斜面下部にある南向きの畑。名前は軽い砂礫質の土壌に由来する。上部の渓谷、コンブ・ドランジュの崩落土でこの地ができたと思われる。ドメーヌ・ジブロ、エカール、カミュ=ブロション、パヴロがオー・グラヴァンを造る。特にパヴロは、花の香りの背後にしっかりしたタンニンが見えるすばらしいワインを産す。

オー・ゲット　Aux Guettes
AC：サヴィニ=レ=ボーヌ1級畑
L：1級畑　R：1級畑　JM：1級畑　　　　　　　　　　　　　　　　　　　13.54ha
斜面上部の南向きの土地だが、ロワン川がつくる渓谷になだれ込む位置にある。土壌は粘土質で、がっしりしたワインができる。ルイ・ジャド、シモン・ビーズ、パヴロが上質のワインを造る。アンヌ=フランソワーズ・グロのクロ・デ・ゲットもすばらしい。

レ・ジャロン　Les Jarrons
AC：サヴィニ=レ=ボーヌ1級畑
L：1級畑　R：特級畑　JM：1級畑　　　　　　　　　　　　　　　　　　　8.18ha*
「ジャロン」は木の枝を意味する。東北東向きのこの畑は、かつては森だった。ドメーヌ・エカールとドメーヌ・ギユモがレ・ジャロン名で出荷するが、大部分の生産者はラ・ドミナード名で出す（「ラ・ドミナード」の項を参照）。
*ラ・ドミノードも含む。

レ・オー・ジャロン　Les Hauts Jarrons
AC：サヴィニ=レ=ボーヌ1級畑
L：記載なし　R：1級畑　JM：1級畑　　　　　　　　　　　　　　　　　　4.44ha
レ・ジャロンの上部、A6号線の下に位置する。ドメーヌ・ニコラ・ポテル、ジャン・ギトン、バンジャマン・ルルーが赤ワインを造るが、ブルゴーニュの斜面上部は白に適する場合が多く、この畑でも、ドメーヌ・シャンソンとルイ・ジャドが白のオー・ジャロンを造る。

レ・ラヴィエール　Les Lavières
AC：サヴィニ=レ=ボーヌ1級畑
L：1級畑　R：1級畑　JM：1級畑　　　　　　　　　　　　　　　　　　　17.66ha
広くて質の高い畑。南向き斜面で、丘陵がペルナン=ヴェルジュレスにうねるあたりに位置する。土壌は、粘土性熔岩（ラヴィエール）の厚いプレートで、名前の由来になる。ワインは、フルボディだがやわらかく、サヴィニ=レ=ボーヌに特徴的な泥くささがなく、洗練されている。シャンドン・ド・ブリアイユ、ジャン=ジャック・ジラール（同生産者の所有地の中で最良区画）、ニコラ・ロシニョール、トロ=ボーは、いずれもここに区画を所有し、質の高いワインを造る。

レ・マルコネ　Les Marconnets
AC：サヴィニ゠レ゠ボーヌ1級畑
L：1級畑　R：特級畑　JM：1級畑　　　　　　　　　　　　　　　　　　　　　　　　　　**8.33ha**

バ・マルコネ（2.99ha）とオー・マルコネ（5.34ha）に分かれる。マルコネ全体は、A6号線により、ボーヌ側とサヴィニ側に分かれる。シモン・ビーズとドメーヌ・ド・ラ・ヴジュレが赤を造り、シャンソンはオー・マルコネで白を造る。

レ・ナルバントン　Les Narbantons
AC：サヴィニ゠レ゠ボーヌ1級畑
L：1級畑　R：1級畑　JM：1級畑　　　　　　　　　　　　　　　　　　　　　　　　　　**9.49ha**

ボーヌからサヴィニへ抜ける国道沿いにある。サヴィニ最上ではないが、かなり良い畑。カミュ゠ブロション、ルイ・ジャド、モンジャール゠ミュニュレ、パヴロ、ジラール兄弟など、レベルの高い生産者が優れたワインを造る。畑名の由来は、マリー゠エレーヌ・ランドリュー゠リュシニの著書を見ても不明。

レ・プイエ　Les Peuillets
AC：サヴィニ゠レ゠ボーヌ1級畑
L：2級畑　R：1級畑　JM：1級畑　　　　　　　　　　　　　　　　　　　　　　　　　　**16.17ha**

畑名は「若木」を意味する。昔、この斜面は林だったと思われる。斜面の先には同じく樹木を暗示するレ・ジャロンがあり、関連しそう。ボーヌ側の斜面に位置し、土壌は砂が非常に多いが、しっかりしたボディと、ほどよいタンニンがあり、メルキュレ村のプイエ（スペルはPuillets）に似る。下部の区画は見るからに平坦で、ACサヴィニとなる。ユーグ・パヴロによると、砂質の土壌は水はけが良いが、旱魃（かんばつ）の年にはブドウが被害を受けるそうで、この畑のブドウは樹勢が少し弱いらしい。ドメーヌ・ダルデュイ、リュシアン・ヤコブ、ジャン゠ジャック・ジラール、フィリップ・ジラール、モーリス・エカール、ジャン゠マルク・パヴロ、アントナン・ギヨン、ジャン・ギトン、ヴァンサン・ジラルダンがプイエを造る。

ルドレスキュル　Redrescul
AC：サヴィニ゠レ゠ボーヌ1級畑
L：3級畑　R：2級畑　JM：1級畑　　　　　　　　　　　　　　　　　　　　　　　　　　**0.60ha**

オー・ジャロンの隣、レ・ルヴレットの上部に隠れる位置にある小さい畑。ドメーヌ・ドゥデ゠ノダンが単独所有する。

レ・ルヴレット　Les Rouvrettes
ACs：サヴィニ゠レ゠ボーヌ1級畑およびサヴィニ゠レ゠ボーヌ
L：2級畑　R：2級畑　JM：村名格　　　　　　　　　　　　　　　　　　　　　　　　　　**2.80ha***

ボーヌからサヴィニへ進んで、左手に見える1級畑群の最後がこれ。上半分が1級だが、上質ワインは期待できない。ジャン゠ジャック・ジラールなどがワインを出す。

　　　　　　　　　　　　　　　　　　　　　　　　　　　＊このほかに同名の村名格の畑が2.76haある。

オー・セルパンティエール　Aux Serpentières
AC：サヴィニ゠レ゠ボーヌ1級畑
L：2級畑　R：1級畑　JM：1級畑　　　　　　　　　　　　　　　　　　　　　　　　　　**12.34ha**

斜面の下部、中部にある畑。南向きだが、土壌は重く湿気が非常に多い。蛇を意味する畑名の由来には諸説あるが、斜面の下なので蛇の生息地ではない。ワインライターにしてワイン商のアンソニー・ハンソンによると、いろいろな区画が入り組み、境界が蛇行していることに由来するらしい。上の道路から畑を見下ろすと、うねが曲がりくねっているのがわかる。ピエール・ギルモ、ジャン゠

マルク・パヴロ、ミシェル・エカールなどがここでワインを造る。

レ・タルメット　Les Talmettes
AC：サヴィニ＝レ＝ボーヌ1級畑
L：記載なし　R：1級畑　JM：1級畑　　　　　　　　　　　　　　　　　　3.08ha

オー・ヴェルジュレスが西へ延びた部分。したがって南に向く。この畑名のワインはほとんど見ないが、ドメーヌ・シェニュ・ペール・エ・フィスが造る。また、オスピス・ド・ボーヌはここに区画を持ち、キュヴェ・フクランとなる。最良の生産者はドメーヌ・シモン・ビーズ。上部は傾斜がきつく、砂質が混じる。

オー・ヴェルジュレス　Aux Vergelesses
AC：サヴィニ＝レ＝ボーヌ1級畑
L：別格1級畑　R：特級畑　JM：1級畑　　　　　　　　　　　　　　　　17.19ha*

サヴィニ＝レ＝ボーヌ最良の畑。ペルナンのイル・ド・ヴェルジュレスの真上に位置し、東南を向く。土壌は、鉄分豊かな魚卵状石灰岩の上を、砂質の混じった泥灰土が覆い、魅力にあふれ香り高いワインが生まれる。畑内の小区画ラ・バタイエール（リュー・ディ）はドメーヌ・アルベール・モロが単独所有する。パトリック・ビーズ、デュブルイユ＝フォンテーヌ、ヴァンサン・ジラルダンがオー・ヴェルジュレスを造る。　　　　　　　　　　　　　　　　　　　　　　　　*1.81haのバタイエールを含む。

バス・ヴェルジュレス　Basses Vergelesses
AC：サヴィニ＝レ＝ボーヌ1級畑
L：区別なし　R：1級畑　JM：1級畑　　　　　　　　　　　　　　　　　　1.68ha

「バス」からは、低地や下等を連想するため、単にヴェルジュレスを名乗ることも許されていると思われる。

村名格サヴィニ＝レ＝ボーヌ　Village vineyards：appellation Savigny-lès-Beaune

ACサヴィニは、ロワン川の両岸に広がる平坦で湿気の多い畑で産す。村名畑は、D974号線や平野部まで延びる。また、集落の背後にも村名畑があり、南南西向きながらロワン川の冷たい川風で冷える。白ワインには絶好の地だが、道路に沿って家が並び、宅地化の波にさらされている。
ACサヴィニの畑名には、ラトース（Ratausses：ネズミを連想）、プランショ（Planchots）、コナルディーズ（Connardises）、ゴラルデ（Gollardes）のように、言葉の響きが悪く、魅力を感じないものも多い〔欧米人の語感は、日本人と大きく異なるため、原著者に根拠を問い合わせたところ、プランショは、plank「愚か者」、コナルディーズは、connardise「まぬけ」を連想するらしい。残りの名前は、劣悪な別物を連想するわけではないが、耳触りがよくないとのこと〕。響きの悪い名前は、畑の立地がよくないことを暗示するが、魅力ある畑も少なくない。

レ・ゴドー　Les Godeaux　　　　　　　　　　　　　　　　　　　　　　7.57ha
斜面上部にある。1級のタルメットに接し、白に適したテロワール。南向きではなく南西傾斜なのが惜しい。ドメーヌ・ダルデュイがグロ・デ・ゴドーを、ドメーヌ・シャラシュ＝ベルジュレがレ・ゴドーを出す。

オー・グラン・リアール　Aux Grands Liards　　　　　　　　　　　　　　6.57ha
レ・ラヴィエールの真下にある畑。パトリック・ビーズがここで優れた村名ワインを造る。

モンシュヌヴォワ　Montchenevoy　　　　　　　　　　　　　　　　　　3.95ha
正しくは、「ル・ドゥシュ・ド・モンシュヌヴォワ」。白質土壌にある。斜面上部に位置し、アモー・ド・

バルボロン（ホテル）に至る谷合いにある。パトリック・ジャヴィエが上質の白を造る。

レ・ピマンティエ　Les Pimentiers　　　　　　　　　　　　　　　　　　　16.50ha

川に近すぎて、1級から漏れたが、スパイシーな村名ワインができる良い畑。リュック・カミュ＝ブロションとジャン＝マリー・カプロン＝シャルクセがこのワインを造る。

村名格ショレ＝レ＝ボーヌ　Village vineyards：appellation Chorey-lès-Beaune

ショレ＝レ＝ボーヌには154haの畑があり、ほぼ全部が赤。すべて村名ACの畑で、1級、特級はない。地図を見れば理由は明らかで、畑の大部分は、コート・ド・ボーヌを貫くD974号線の南の平地にある。通常のACブルゴーニュより1ランク上の廉価版ワインを探すなら、ショレは絶好の地だし、レストランで目にする機会も多い。イギリスでは、多くの人が（ブルゴーニュ赤の入門用として）トロ＝ボーが造った上質のショレを飲む。

レ・ボーモン　Les Beaumonts　　　　　　　　　　　　　　　　　　　　　40.98ha

D974号線の上にある。レ・ラトスの区画も含み、ショレ最大の畑。平坦なので、ボーモン（美しい山）は言い過ぎ。主な生産者はミシェル・プルニエ。

レ・シャン・ロン　Les Champs Longs　　　　　　　　　　　　　　　　　　25.18ha

ショレの北端にある優れた畑。D974号線から東に延びる。主な生産者は、ドメーヌ・ラルール＝ピオ。

コンフルラン　Confrelin　　　　　　　　　　　　　　　　　　　　　　　4.00ha

年によって、ブノワ・ジェルマンがこの畑名でワインを出す。畑は、ボーヌから延びる裏道沿いにある。

ピエス・デュ・シャピトル　Pièce du Chapitre　　　　　　　　　　　　　　1.63ha

小さい畑。名前から、昔は教会が所有したと思われる。トロ＝ボーがこの畑名でワインを出す。

ポワリエ・マルショセ　Poirier Malchaussé　　　　　　　　　　　　　　　16.30ha

「きちんと靴を履かない梨の木」との畑名に愛着を覚えるが、名前の由来は不明。また、この畑名でワインを出す生産者もいない。D974号線と、ショレの市街地へ向かう道路が交わる場所にある。

レ・ラトス　Les Ratosses　　　　　　　　　　　　　　　　　　　　　　　4.53ha

D974号線の右側（西）に位置するが、サヴィニのレ・ラトスの区画に続く低地。畑名の「ラトス」は、この地にたくさんネズミがいたことに由来か？

サヴィニ=レ=ボーヌの主要生産者

ドメーヌ・シモン・ビーズ　Domaine Simon Bize

初代のシモン・ビーズが1890年に設立したドメーヌ。息子、孫ともシモンを名乗る。現在、曾孫のパトリック（1952年生まれ）がドメーヌを切り回す。1972年、パトリックは父が病に倒れた報を受け、海軍での出世をあきらめて家業を継ぐためボーヌへ戻る。パトリックは、2件の耕作契約（1991年からアロス=コルトン、1995年からラトリシェール=シャンベルタン）を結ぶなど手を広げている。

赤ワインの醸造では、ヴィンテージや樹齢に応じ、ある比率で果梗も一緒に発酵させる。樹齢が30年を超え、健全なブドウが収穫できた場合、除梗せず全房発酵させる。発酵は自然まかせで、始まったときに始まる。発酵期間は15日から18日で、試飲して決める。パトリックは、発酵では、細か

ドメーヌ・シモン・ビーズの所有畑	
赤	ha
Latricières-Chambertin Grand Cru	0.40
Savigny-lès-Beaune 1er Cru Serpentières	0.35
Savigny-lès-Beaune 1er Cru Marconnets	0.80
Savigny-lès-Beaune 1er Cru Guettes	0.50
Savigny-lès-Beaune 1er Cru Fournaux	1.00
Savigny-lès-Beaune 1er Cru Talmettes	0.80
Savigny-lès-Beaune 1er Cru Vergelesses	1.50
Savigny-lès-Beaune Aux Grands Liards	1.60
Savigny-lès-Beaune Bourgeots	3.50
Aloxe-Corton Le Suchot	1.00
白	
Corton-Charlemagne Grand Cru	0.22
Savigny-lès-Beaune 1er Cru Vergelesses Blanc	0.70
Savigny-lès-Beaune Blanc	2.01

い部分で手は入れるが、根幹部には介入したくないらしく、「手を入れるのは大好きだが、制御はしたくない」と言っていた。熟成では、新樽はほとんど使わない。赤の村名ACの新樽率は0％、1級の赤は10~15％、白ワインでは20％に抑える。いろいろな樽を使った結果、白はダミー、赤はミニエがパトリックの好みらしい。

サヴィニ=レ=ボーヌ　オー・グラン・リアール　サヴィニの村名ACだが、時間をかけてじっくり探す価値あり。畑は、小石の多い褐色系土壌で、1939年から1979年のあいだに植樹した古木で造る。フルボディながら、凡庸なサヴィニに特徴的な田舎臭さがない。ヴィンテージの5年後が飲み頃。

サヴィニ=レ=ボーヌ1級　ヴェルジュレス・ブラン　1968年まで白ブドウを植えていたが、ピノ・ノワールに切り替える。畑との相性が悪く、うまく育たなかったため、1995年、パトリックがシャルドネに植え替える。ミディアムボディでエレガントな上質の白ができる。

シャンドン・ド・ブリアイユ　Chandon de Briailles

現在、ドメーヌの運営は、フランソワ・ド・ニコライ、妹のクロード（ジョゼフ・ドルーアンのフレデリック・ドルーアンと結婚）、醸造担当のジャン=クロード・ブヴェレ（テリー・サバラス扮する「刑事コジャック」に風貌が似ているため、通称は「コジャック」）の3人によるトロイカ体制を敷く。1834年から、家族経営を続ける。1990年代から有機農法に切り替え、2005年からビオディナミに転換した。ドメーヌの方針で、色が濃くて力強いワインは造らないため、過小評価を受けることがあり、特に、大規模ブラインド・テイスティングでは分が悪い。

ブドウは除梗せずに発酵させ、発酵温度が30℃を超えないよう制御する。新樽はほとんど使わず、毎年200樽以上造るが、新樽は10樽のみ。この3つの理由で、色は淡いが、華やかで香り高いワインに仕上がる。

シャンドン・ド・ブリアイユの所有畑	
赤	ha
Corton Clos du Roi Grand Cru	0.45
Corton Bressandes Grand Cru	1.45
Corton Marechaudes Grand Cru	0.40
Savigny-lès-Beaune 1er Cru Lavières	2.61
Savigny-lès-Beaune 1er Cru Aux Fourneaux	1.25
Aloxe-Corton 1er Cru Les Valozières	0.28
Pernand-Vergelesses 1er Cru Ile de Vergelesses	2.88
Pernand-Vergelesses 1er Cru Les Vergelesses	1.22
Volnay 1er Cru Caillerets	0.37
Savigny-lès-Beaune	1.07
白	
Corton-Charlemagne Grand Cru	0.28
Corton Blanc Grand Cru	0.67
Pernand-Vergelesses Ile de Vergelesses Blanc	0.90

コルトン・クロ・デュ・ロワ　特級　樹齢60年の古木にできる小粒のブドウで造る。このドメーヌが造

るコルトンの中でもっとも力がありながら、フレッシュな果実味も備える。熟成した赤系果実、黒系果実のニュアンスもあり、スパイスやリコリスの香りも混じる。良年のワインは10年寝かせて飲みたい。

コルトン゠シャルルマーニュ　特級　ル・シャルルマーニュの上部で造る。この区画のブドウは成熟が遅く、また、ミネラル感を残すため、最後に収穫する。ほかの生産者のシャルルマーニュに比べ、過小評価されるきらいはあるが、このアペラシオン特有の輝くミネラル感がみごとに出ている。

コルトン・ブラン　特級　コルトン・ブレサンドのシャルドネを軸に、ルナルドの上部、ショーム・エ・ラ・ヴォワロス（ル・シャルルマーニュの下部に連続する畑で、アロス方向にある）を少量ブレンドする。このワインには、コルトン゠シャルルマーニュと共通する要素は見えない。コルトン゠シャルルマーニュのようなエレガントさやバランスの良さよりも、南国の果実を思わせる芳醇な香りを身上とする。

ペルナン゠ヴェルジュレス1級　イル・ド・ヴェルジュレス　このドメーヌが所有する5つの特級畑の中でシンボルがこの畑。総面積は4haを超え（イル・ド・ヴェルジュレスの2.88haとレ・ヴェルジュレスの1.22ha）、市場への供給量も十分なので、一部の区画は白ワインに転向した。赤ワインには繊細な香りがあり、細やかで複雑な風味が織り重なる。ボディは中程度ながら余韻は驚くほど長い。

アントナン・ギヨン　Antonin Guyon

48haの畑を所有する大規模ドメーヌ。ドミニク・ギヨンが切り回す。オート゠コート・ド・ニュイだけで22haを擁す。栽培と醸造は、醸造責任者のヴァンサン・ニコが担当。ワイン造りは「クラシック・モダン」で、完全に除梗し、木槽で発酵させる前に低温で発酵前浸漬を実施する。

白ワインは、ペルナン゠ヴェルジュレス・スー・フレティユ、ムルソー・シャルム、コルトン゠シャルルマーニュで造り、赤は、オート゠コート・ド・ニュイ、ボーヌ・クロ・ド・ラ・ショーム・ゴーフリオ（単独所有）、サヴィニ゠レ゠ボーヌ、シャンボール゠ミュジニ・クロ・デュ・ヴィラージュ（単独所有）、ジュヴレ゠シャンベルタン、ヴォルネイ1級のクロ・デ・シェーヌ、ペルナン゠ヴェルジュレス1級のレ・ヴェルジュレスとレ・フィショ、アロス゠コルトン1級のレ・フルニエールとレ・ヴェルコ、そして特級のコルトン・ブレサンド、コルトン・ショーム、コルトン・ルナルド、コルトン・クロ・デュ・ロワ、シャルム゠シャンベルタンで造る。

ドメーヌ・ジラール　Domaines Girard

創立時のドメーヌ・ジラール゠ヴォロは、1998年にジャン゠ジャックとフィリップの兄弟で分割する。兄のジャン゠ジャックは骨格のしっかりしたACサヴィニ、ACペルナン゠ヴェルジュレス、サヴィニ1級のラヴィエール、プイエ、ナルバントン、ルヴレットを造る。弟のフィリップは、ACサヴィニ、サヴィニ1級のラヴィエール、プイエ、ナルバントンを所有し、魅力にあふれ飲み口のよいワインを産す。昔のオーナー、アルトゥール・ジラールは、オスピス・ド・ボーヌに畑を寄進した。

ジャン゠マルク・パヴロ　Jean-Marc Pavelot

サヴィニ゠レ゠ボーヌのトップ生産者として必ず名前が挙がるのが、シャンドン・ド・ブリアイユとシモン・ビーズだが、ジャン゠マルク・パヴロも、息子ユーグの参画を得て、トップ2人に優るとも劣らない高品質ワインをひっそり造る。パヴロは、少なくともフランス革命時からこの地で耕作していたが、ドメーヌ名での瓶詰めはジャン゠マルクの父が戦争から帰還後である。ドメーヌの畑が地図に載ったのは1980年代で、ジャン゠マルクがドメーヌを仕切るようになってから。息子のユーグは1999年からドメーヌに参画している。

ジャン゠マルク・パヴロの所有畑

	ha
Savigny-lès-Beaune 1er Cru Les Peuillets	0.45
Savigny-lès-Beaune 1er Cru Guettes	1.48
Savigny-lès-Beaune 1er Cru Gravains	0.60
Savigny-lès-Beaune 1er Cru Serpentières	0.17
Savigny-lès-Beaune 1er Cru Narbantons	0.36
Savigny-lès-Beaune 1er Cru La Dominode	2.22
Beaune 1er Cru Bressandes	0.39
Pernand-Vergelesses 1er Cru Les Vergelesses	0.61
Savigny-lès-Beaune Rouge	5.35
Savigny-lès-Beaune Blanc	0.84

ドメーヌは、12haを所有し、サヴィニ=レ=ボーヌを得意とする。2つの世界大戦のあいだに植樹したブドウが古木となり、畑のかなりの部分を占める。古木は、グラヴァンとラ・ドミノードの一部、およびナルバントンにある。ブドウはリュット・レゾネ(減農薬農法)で栽培する。

醸造は、破砕せず果梗をつけたままのブドウを2、3日かけて(昔はもう少し長め)低温浸漬させたのち、木槽(1級ワイン)、セメント槽、ステンレス・タンクで発酵させる。最初にバトナージュを実施し、発酵が最終工程に向かうに従い、ルモンタージュする。その後、澱引きせずに12ヵ月間木樽で熟成させる。新樽率は低く、ドミノードで三分の一、村名ACと1級では15~25%にとどまる。ユーグは、父が編み出した「黄金のレシピ」に忠実に従うが、発酵期間は父より少し長く、発酵中のワインも極力ていねいに扱うよう心がける。

パヴロのワインは果実味が非常に豊かだが、平板さはなく、早飲みタイプでもない。果実味の背後に、しっかりした骨格が見える。サヴィニ=レ=ボーヌのワインには豊かなタンニンがあり、長期熟成に耐える。

サヴィニ=レ=ボーヌ1級 ラ・ドミノード 色が非常に深く、パヴロのサヴィニの中でもっとも完成度が高い。2ha以上の土地をバラバラではなく連続の1枚で所有できたのは運が良い。ブドウの大部分は樹齢80年を超える。口に含むと、赤系果実の深い味わいとなめらかな舌ざわりがタンニンと重なり合う。10年は熟成させたい。

ドメーヌ・デュブレール　Domaine Dublère
ドメーヌ名の由来は、デュジャックに似る〔ドメーヌ・デュ・ジャック・セイスを縮めて「ドメーヌ・デュジャック」にしたのと同様、ドメーヌ・デュ・ブレール・ペセルからの命名〕。ドメーヌを設立したのはアメリカ人のブレア・ペセルで、もとはワシントンDCを本拠とする政治経済ジャーナリスト。ドメーヌとして、白はシャサーニュ=モンラシェ・レ=ショームとコルトン=シャルルマーニュを出し、赤は、サヴィニ・レ・プランショとコルトン・ルナルドを造る。ネゴシアンのラベルで、いろいろなキュヴェを出すが、ブドウの供給元を安定的に確保できず、当初からバラバラのアペラシオンを出荷する。

ルイ・シェニュ・ペール・エ・フィス　Louis Chénu Père & Filles
カロリーヌ・シェニュとジュリエット・シェニュが運営するメゾン。サヴィニ=レ=ボーヌしか出さない。有名なのは、1級のオー・クルー、レ・オー=ジャロン、レ・ラヴィエール、レ・タルメット、および、ACサヴィニ=レ=ボーヌの白。ワインは明るい色調ながら、芳醇で香り高い。

ショレ=レ=ボーヌの生産者

ドメーヌ・デュ・シャトー・ド・ショレ　Domaine du Château de Chorey

家族経営のドメーヌ。ブノワ・ジェルマンが、父フランソワから引き継ぐ。ワインは、シャトー・ド・ショレ名で出す。シャトーや周囲の建造物は昔のままで、古いものは13世紀にさかのぼる。フランソワ・ブノワは、1968年から1999年までドメーヌを運営し、息子の手に完全に渡ったのは2004年からで、その時には畑は有機農法への転換が完了済み。

ドメーヌでは、収穫したブドウを厳しく選果し、除梗後、発酵させる。ヴィンテージによって発酵期間は変わる。色を安定させて抽出するため、高温発酵させる。15~18ヵ月樽熟させたのち、通常は濾過やフィルターなしで瓶詰めする。ボーヌ1級のみ新樽率が高く、50%以上。上記の畑のほか、複数の1級畑をブレンドしたワインとして、下記の2種類を出す。これはこのドメーヌのほかの区画のブドウから造る。また、ブノワ・ジェルマン自身の名前をつけたネゴシアンのキュヴェもある。

ドメーヌ・デュ・シャトー・ド・ショレの所有畑	
赤	ha
Beaune 1er Cru Les Vignes Franches Vieilles Vignes	1.00
Beaune 1er Cru Les Teurons	2.00
Beaune 1er Cru Les Cras Vieilles Vignes	1.50
Beaune 1er Cru	1.50
Chorey-lès-Beaune	5.90
白	
Beaune 1er Cru Sur Les Grèves	0.12
Pernand-Vergelesses Les Combottes	2.76
Meursault Les Pellans Vieilles Vignes	0.46

ボーヌ1級「ドメーヌ・ド・ソー」　やわらかくて飲み口のよい赤。トゥロンの若木、および、レ・ブシュロットとサン・ヴィーニュのブドウで造る。若いうちから飲めて、ある程度の果実味があり、ザラついたタンニンのないボーヌを探すなら、これを薦める。

ボーヌ1級「タント・ベルト」ヴィエイユ・ヴィーニュ　ヴィーニュ・フランシェ、クラ、トゥロンの最高樹齢の古木から造る。ワイン名は、ブノワの大叔母ベルトに敬意を表したもの。大叔母は、オスピス・ド・ボーヌの修道院長であり、第二次世界大戦中も、ドメーヌの畑をしっかり手入れした。一部は除梗せず全房発酵させ、新樽熟成させる。

シルヴァン・ロワシェ　Sylvain Loichet

家族は何代にもわたって畑を所有し、4代前までワインを造っていたが、先代と先々代はコンブランシアンでの大理石採掘業に商売替えし、畑は長期間他人に貸す。若い当主が畑を取り戻し、コート・ド・ニュイ=ヴィラージュ、クロ・ド・ヴジョ、ラドワを造るとともに、借地で耕作したり、上質のブドウを買い入れてワインを造る。ドメーヌの本拠は、コンブランシアンの社屋からショレ=レ=ボーヌへ徐々に移転中。ショレ=レ=ボーヌの社屋は、すばらしいセラーのある18世紀の荘園邸宅で、2010年から熟成庫の新築を始めた。

トロ=ボー　Tollot-Beaut

1970年代、1980年代、英国のグルメ雑誌『グッド・フード・ガイド』を読んで、郊外のレストランを訪れた人は、トロ=ボーとショレ=レ=ボーヌのすばらしさを熟知しているはずだ。当時からトロ=ボーは、上質で財布にも優しいワインをいろいろ造ってきた。レストランが、「失敗しないワイン」としてリストに並べたものより、はるかに質は高い。トロ=ボーは、19世紀の終わりからビジネスは順調に進み、1921年からドメーヌ元詰めを開始する。現在は、ナタリー・トロが大家族のメンバーとともに、トロ=ボーを切り回す。

赤ワインは、除梗し2週間以上かけて発酵させたのち、樽熟させる。樽はフランソワ・フレール製を使い、新

トロ=ボーの所有畑	
赤	ha
Corton Grand Cru	0.60
Corton Bressandes Grand Cru	0.91
Aloxe-Corton 1er Cru Les Fournières	0.88
Aloxe-Corton 1er Cru Vercots	0.79
Beaune 1er Cru Grèves	0.59
Beaune 1er Cru Clos du Roi	1.10
Savigny 1er Cru Champ Chevrey	1.46
Savigny 1er Cru Lavières	1.99
Aloxe-Corton	1.89
Beaune	0.28
Savigny-lès-Beaune	0.65
Chorey-lès-Beaune La Pièce du Chapitre	1.47
Chorey-lès-Beaune	8.28
白	
Corton-Charlemagne Grand Cru	0.24

樽率は特級で60%以下に抑えている。これにより、樽香ではなくやわらかさが出る。
コルトン・ブレサンド　特級　1953年と1955年植樹の古木から造る。よくある平板なコルトンではなく、コルトンの特徴と真髄を備える。樽香の中に洗練さが見え、黒系果実の香りがある。余韻は深く長い。
ショレ＝レ＝ボーヌ　ラ・ピエス・デュ・シャピトル　ショレ村の単独所有畑。1950年代植樹の古木で造る。果実味の凝縮感が大きいだけでなく、バランスがよく調和もとれている。通常のショレ＝レ＝ボーヌより1、2年長く熟成させたい。

pommard

ポマール

村名格ポマール	211.63ha
ポマール1級畑	125.19ha

ポマールは、アヴァン・ドゥーヌ川によって、大きく2つに分かれる。この川は、有史以前、山岳地帯からジュラ紀の海へ注いだ大河の名残りである。

ポマールでは、骨太でフルボディのワインができ、繊細さが身上のヴォルネより人気が高かった（最近は必ずしもそうではない）。ヴォルネの土壌は、粘土をほとんど含まない石灰岩質で、畑は斜面上部にある。一方、ポマールの畑は斜面下部に位置し、太古の河川流で崩落した丘陵の岩石が混じり、複雑な土壌となった。粘土分が非常に多く、鉄分の含有率も高い。以上から、色が濃くタンニンに富むワインができ、エレガントさより重量感が特徴となる。コート・ド・ニュイでポマールに相当するのがジュヴレ=シャンベルタンだろう。

ヴォルネに比べると、「これぞポマール」という典型的な銘醸ワインが思い浮かばない。これは、最上のポマールは、真価を発揮するのに10年以上の熟成が必要で、若いうちの飲むと閉じており、逆に若飲みできるポマールは、真のポマールでないためだ。

18世紀にブルゴーニュワインの書を著した修道僧クロード・アルヌーは、「ポマールは、ヴォルネに比して、酒醺（しゅく）に優り、火の如く赤くして、香りに富む」と書き、ヴォルネよりポマールを好んだ。これは、当時、ポマールが少し寿命が長かったためである（アルヌーの頃、数ヵ月長命だったに過ぎない）。アルヌーの100年後、ドニ・モルロは、ヴォルネに比べると、ポマールは売れ行きが鈍いと述べている。これは今日でも変わらない。

ポマールの1級は、ヴォルネ寄りの地区、ボーヌ寄りの地区、ナントーへ向かう谷の南斜面の地区の3地域で造る。ヴォルネ寄りの地域は村の南側にあり、「ブルゴーニュの法則」通り、最良区画は斜面中腹に位置する。ただし、圧倒的に優れた畑はレ・リュジアンで、斜面下部にある。

ボーヌ寄りのポマール北部は事情が少し違い、最良の土壌は斜面最下部に位置する。これは、丘陵の崩落岩が風化して土になり川の流れで運ばれてきたためだ。土壌の良さを享受している畑が、扇状地に広がるグラン・ゼプノとプティ・ゼプノで、なかでも最高区画はクロ・デ・ゼプノーにとどめをさす。

ポマール1級畑　Pommard Premiers Crus

レ・ザルヴレ　Les Arvelets
AC：ポマール1級畑
L：1級畑　R：1級畑　JM：1級畑　　　　　　　　　　　　　　　　　　8.46ha

村の中央を貫く川の真上にあり、谷の低地部に位置するも、南向き急斜面という好立地で1級になった。土壌は赤色土で、小石が多数混じる。

畑名の由来には諸説がある。名前が、「谷の下にある耕作地」を意味する説や、最初のシャトー・ド・ポマールを建てたミコー・ダルヴレ家が昔この地を所有していたとの説もある。ダルヴレ家は、1626年、クロ・デ・ザルヴレの周囲に石垣をめぐらせた。

ドメーヌ・シロ＝ブティオ、アンヌ＝フランソワーズ・グロ、ヴァンサン・ラーイエ、ミシェル・ルブルジョンがここでワインを造る。また、ルブルジョン＝ミュール、ヴィレリ＝アルセレン、ヴィレリ＝ルジョがクロ・デ・ザルヴレを出す。

レ・ベルタン　Les Bertins
AC：ポマール1級畑
L：記載なし　R：1級畑　JM：1級畑　　　　　　　　　　　　　　　　　3.54ha

集落から大通りに沿って西へ向かうと、フルミエの手前の右側にある畑。軽やかで、ポマールにしては若飲みのワインになる。粘土質土壌が多いポマールにあって、ここは石灰質の地層があるため。かつて、ヴォルネのベルタン家が所有し、そこから畑名がつく。ドメーヌ・ビラール＝ゴネ、シャンタル・レスキュルがこのワインを造る。

レ・ブシュロット　Les Boucherottes
AC：ポマール1級畑
L：1級畑　R：1級畑　JM：1級畑　　　　　　　　　　　　　　　　　　1.84ha

ドメーヌ・コスト＝コーマルタンがクロ・デ・ブシュロットを単独所有する。プティ・ゼプノの上部、中腹部にあり、ボーヌのブシュロットと北東で接する。畑名は「小さい藪」を意味する土地の方言に由来するらしい。ワインは芳醇でやわらかく、タンニンはポマールによくあるゴツゴツ感がなく、絹のようになめらか。

ラ・シャニエール　La Chanière
ACs：ポマール1級畑およびポマール
L：記載なし　R：1級畑　JM：1級畑　　　　　　　　　　　　　　　　　2.78ha*

ナントーから流れる川の北東側に斜面が続き、斜面中腹に沿って小道が延びる。小道のすぐ下にレ・ザルヴレが位置し、続いてラ・シャニエールの1級区画があらわれ、谷をさらに上ると少し涼しくなり、ラ・シャニエールの村名ACの広い区画へ続く。

畑名は、「樫」を意味するフランスの古語に由来する。昔、この斜面に樫林があったと思われる。ドメーヌ・シロ＝ブティオ、F&Dクレール、クロード・マレシャル、マイヤール・ペール・エ・フィスがワインを造る。　　　　　　　　　　　　　　　　　*このほかに同名の村名格の畑が6.98haある。

レ・シャンラン　Les Chanlins
ACs：ポマール1級畑およびポマール
L：2級畑　R：1級畑(バ地区)および2級畑(オー地区)　JM：1級畑　　　　4.43ha*

この畑の1級区画は、ヴォルネの1級畑、シャンラン（2006年からピチュールに編入）に接し、すべてレ・シャンラン・バの中にある。シャンラン＝バの残り2.68haと、シャンラン・オー（3.28ha）は村名ACで、斜面上部に位置する。アンヌ＝フランソワーズ・グロとドメーヌ・ヴィレリ・ルジョがレ・シャンランの1級を造る。

ポマールの畑にしては傾斜がきつく、小石が多くて粘土分が少ない。この畑のワインは中程度のボディで、上質のポマールを試飲したとき、最初のアタックの次に感じる中盤の絢爛豪華さに欠ける。

*このほかに同名の村名格の畑が5.96haがある。

レ・シャポニエール　Les Chaponnières
AC：ポマール1級畑
L：1級畑　　R：1級畑　　JM：1級畑　　　　　　　　　　　　　　　　2.87ha

20世紀のワイン研究家アンリ・カナールの著作によると、畑名は「植樹用のブドウの若木」を意味する「chapon」に由来するらしい。村の南側に位置し、レ・リュジアン・バの下部にめり込む絶好のロケーションにある。ビラール゠ゴネ、パラン、ジラルダン、ルイ・ジャドがここでワインを造る。

レ・シャルモ　Les Charmots
AC：ポマール1級畑
L：1級畑　　R：1級畑　　JM：1級畑　　　　　　　　　　　　　　　　9.65ha

集落とボーヌとの境界との中央に位置する。斜面中腹の南西傾斜地で、非常に日当りがよい。いろいろな生産者がワインを出しており、たとえば、シロ゠ビュティオ、ミシェル・アルスラン、ガブリエル・ビラール、ビラール゠ゴネ、ジャン゠リュック・ジョワイヨ、アレット・ジラルダン、ミシェル・ルブルジョン、ルブルジョン゠ミュール（クロ・デ・シャルモ）、モワスネ・ボナール、ヴォドワゼイ・クルーズフォン、ロドルフ・ドゥムジョ（ル・クール・デ・ダム）、F&Lピヨ、ドメーヌ・ド・ラ・ヴジュレなど。

レ・シャルモは、ポマールの中では若飲みで飲み口も良い。畑名は「charmes（魅力）」に由来する。「charmes」はブルゴーニュのほとんどの村にある畑名で、コクがありやわらかいワインができる。

クロ・ブラン　Clos Blanc
AC：ポマール1級畑
L：1級畑　　R：特級畑　　JM：1級畑　　　　　　　　　　　　　　　　4.18ha

ボーヌからD973号線でポマールに入り、右側の「エプノ」の畑群をやりすごした最初の畑。マリー゠エレーヌ・ランドリュー゠リュシニによると、畑名は土壌の「白さ」に由来する[1]。フィロキセラ禍のあと、最初に植え替えたのがこの畑らしい。また、16世紀に、シトー派の修道院がポマールに所有した畑に「白ブドウ」を植えたとの史実があり、それが畑名の由来との説もある。

現在では、シャトー・ジェノ゠ブランジェ、ドメーヌ・マシャール・ド・グラモンがこの地で軽やかなポマールを造る。

クロ・デ・シトー　Clos de Cîteaux

登記公図にあらわれず、この名前で1級に格付けされていないが、グラン・ゼプノ内の小区画（リュー゠ディ）。1207年、オーデ候がシトー派の修道院にこの区画を寄進した。1597年、修道院は財政難のため、ポマールのすべての畑を売却する。1950年からこの3haの区画は、ドメーヌ・ジャン・モニエが単独所有する。

クロ・ド・ラ・コマレーヌ　Clos de la Commaraine
AC：ポマール1級畑
L：1級畑　　R：1級畑　　JM：1級畑　　　　　　　　　　　　　　　　3.75ha

この畑は、昔からジャブレ゠ヴェルシェールが所有している。ただし、ブドウはルイ・ジャドとピエール・アンドレが分け合う。12世紀の荘園邸宅（シャトー・ド・ラ・コマレーヌ）の背中にこの畑が広

---

1) Marie-Hélène Landrieu-Lussigny, *Les lieux-dits dans le Vignoble Bourguignon*, Jeanne Lafite（Marseille）,1983, p.35

がる。畑は東向きの緩斜面に位置し、表土は比較的厚い。アルヌー僧正は、この地をポマール最良区画と書いているが（1728年）、当時、入手可能なワインの中で、クロ・ド・ラ・コマレーヌがベストということか。ワインに造詣が深かったアメリカ第3代大統領のトマス・ジェファーソンもこの畑を好み、1785年物を購入している。

クロ・デ・ゼプノー　Clos des Epeneaux
1級畑の名称ではなく、石垣で囲んだ5.23haの区画。グラン・ゼプノとプティ・ゼプノにまたがる。クロ（石垣）は、フランス革命直後、ニコラ・マレが建てた。畑は1826年以降、コント・アルマン家が所有する。19世紀、タルトワ家が畑の管理を担当したが、フィロキセラ禍のあと、1930年まで植え替えなかった。その後の植え替えでは上質の樹を植えたようで、当時のブドウ樹は今も残る。ただし、その頃から計画的に植え替えを進めており、やがて古木も植え替わる。

この地の基岩は、有史以前にポマール一帯を流れていた川の堆積物で、この堆積物が畑の下部にダル・ナクレ（dalle nacré）という堅牢な砂岩の地層をつくった。この地層を覆うのは20〜30cmの薄い表層土で、畑の下部では地層の岩が細かく砕けている。また、土は大量の酸化鉄を含み、ワインの風味にあらわれる。

クロ・ミコ／クロ・ミコー　Clos Micot / Clos Micault
AC：ポマール1級畑
L：1級畑　R：1級畑　JM：1級畑　　　　　　　　　　　　　　　　　　　　　2.83ha

畑名はミコー家に由来する。この畑がポマールの記録に最初に登場するのは14世紀で、城主のフィリベールが所有した。D973号線をポマールの集落からヴォルネに向かうと、下に1級畑が2つあり、そのひとつ。ジョゼフ・ヴォワイヨはクロ・ミコーとして、ミシェル・ピカールはクロ・ミコとして出す。

クロ・オルジュロ　Clos Orgelot
1級畑、レ・ソシーユ内の小区画〔Clos Orgelotは、「クロ・ゾルジュロ」とリエゾンせず、「クロ・オルジュロ」〕。地籍図にはこの区画名はないが、ポマールの北に位置する。クリストフ・ヴィオロ゠ギルマールが単独所有。ブドウはネゴシアンに売り、各ネゴシアン名で瓶詰めする。

クロ・ド・ヴェルジェ　Clos de Verger
ACs：ポマール1級畑およびポマール
L：記載なし　R：1級畑　JM：村名畑あるいは1級畑　　　　　　　　　　　　　　2.11ha*

ヴェルジェは「果樹園」を意味する。村の中央を流れる川のそばの低地に位置し、1級になったのは運がよい。飲むと1級の器量とは思えない。最大面積はドメーヌ・ビラール゠ゴネが所有する。その隣の区画は、遠いシャサーニュ゠モンラシェを本拠地とするピヨが所有する。口当たりがよく飲みやすいポマールができる。
*このほかに同名の村名格の畑が0.12haある

レ・コンブ・ドゥシュ　Les Combes Dessus
AC：ポマール1級畑
L：2級畑　R：1級畑　JM：村名畑あるいは1級畑　　　　　　　　　　　　　　　2.79ha

レ・フルミエの下にあり、ヴォルネとの境界に接して、D973号線の下に位置する。地味な1級で、ほとんど目にしないが、老舗のマルキ・ダンジェルヴィルとブシャール・ペール・エ・フィスがこのワインを造る。ダンジェルヴィルは、ACポマールとして出す。畑の実力を考えると相応の選択と言える。

道路をはさみ反対側のレ・クラの隣に同じくレ・コンブ・ドゥシュの区画があるが、ここはすべてACポマール。

ポマール
Pommard

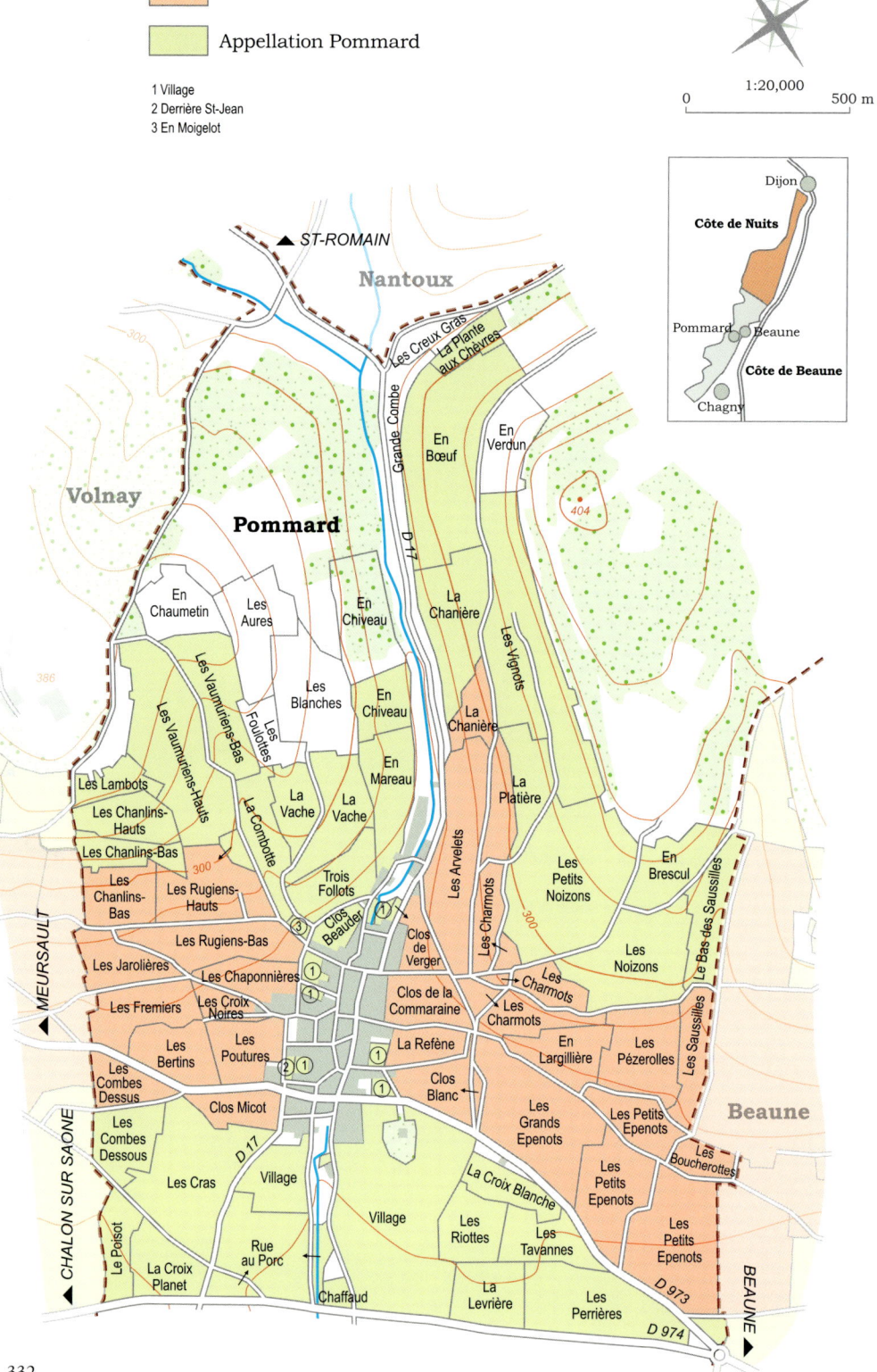

- Premiers Crus
- Appellation Pommard

1 Village
2 Derrière St-Jean
3 En Moigelot

1:20,000 0 — 500 m

レ・クロワ・ノワール　Les Croix Noires
AC：ポマール1級畑

L：1級畑　　R：1級畑　　JM：1級畑　　　　　　　　　　　　　　　　　　　1.28ha

最大区画はドメーヌ・ド・クルセルが所有する。シャンボール＝ミュジニのルイ・ボワイヨと、ジュヴレ＝シャンベルタンのピエール・ボワイヨ（ドメーヌ・リュシアン・ボワイヨ・エ・フィス）のボワイヨ兄弟も、ここでワインを造る。村の南部、レ・フルミエの隣に位置し、道が45度の角度で交わるあいだにある狭い畑。土壌は鉄分に富む赤色の粘土質で、斜面上部のレ・リュジアンから流出した。魅力あふれるワインだが、トップクラスの1級とは言いがたい。

デリエール・サン＝ジャン　Derrière St-Jean
ACs：ポマール1級畑およびポマール

L：記載なし　　R：1級畑　　JM：1級畑　　　　　　　　　　　　　　　　　0.28ha*

集落の中にある非常に小さい畑。ティエリー・ヴィオ＝ギルマールは、ここの小区画クロ・ド・デリエール・サン・ジャン（リュー＝ディ）（0.11ha）でワインを造る。ティエリー夫妻は、ここでベッド・アンド・ブレクファスト〔朝食とベッドだけを提供する簡易宿泊施設〕を経営する。

　　　　　　　　　　　　　　　　　　　＊このほかに同名の村名格の畑が0.39haがある。

エプノ　Epenots

レ・グラン・ゼプノとレ・プティ・ゼプノの2つの区画があり（詳細は以下参照）、いろいろな生産者がゼプノ名でワインを出す。グラン・ゼプノ内のクロ・デ・シトー、および、グラン・ゼプノとプティ・ゼプノにまたがるクロ・デ・ゼプノーの2つは、クロ（石垣）で囲んだ単独所有区画。この2つの単独所有区画は、モルロが1831年に特級と評価する。畑名は、ブドウ畑の前にトゲ（épineux）のある藪があったことに由来するらしい。

レ・グラン・ゼプノ　Les Grands Epenots
AC：ポマール1級畑

L：1級畑　　R：特級畑　　JM：別格1級畑　　　　　　　　　　　　　　　10.76ha*

なぜ、グラン（大きい）・ゼプノが、プティ（小さい）・ゼプノより小さいのか疑問に思う人は多い。畑名は、単に畑の畝の長さで決め、長い方を「グラン」にしたためらしい。ドメーヌ・ド・モンティーユ、ヴァンサン・ジラルダン、ルイ・ジャドがグラン・ゼプノ名でワインを造る。グラン・クロ・デ・ゼプノは以下参照。

　　　　　　　　　　　　　　　　　　　＊0.61haのクロ・デ・ゼプノーを含む。

レ・プティ・ゼプノ　Les Petits Epenots
AC：ポマール1級畑

L：1級畑　　R：1級畑　　JM：別格1級畑　　　　　　　　　　　　　　　19.76ha*

グラン・ゼプノに比べ、面積も広いし、銘醸小区画クロ・デ・ゼプノー（リュー＝ディ）の大部分を擁するが、名称はプティ・ゼプノであり、グラン・ゼプノではない。意図的に皮肉な名前にしたとかんぐる人も多い（ただしグラン・ゼプノには、ゼプノを代表する大銘醸の小区画グラン・クロ・デ・ゼプノがある）。ジャン＝リュック・ジョワイヨ以外は、プティをつけずにエプノ名で出す。

　　　　　　　　　　　　　　　　　　　＊4.62haのクロ・デ・ゼプノーを含む。

レ・フルミエ　Les Fremiers
AC：ポマール1級畑

L：1級畑　　R：1級畑　　JM：1級畑　　　　　　　　　　　　　　　　　　5.13ha

ヴォルネ村との境界に接し、ヴォルネのフルミエに続く畑。ヴォルネのフルミエ同様、ブドウが早く熟す。ボディの大きい濃厚なポマールではなく、エレガントさがある。14世紀、マジェール修道院がここを所有。ドメーヌ・ド・クルセル、コスト＝コーマルタン、ダルデュイがここでワインを造る。

レ・ジャロリエール　Les Jarolières
AC：ポマール1級畑

L：1級畑　R：1級畑　JM：1級畑　　　　　　　　　　　　　　　　　　　　3.24ha

登記簿上のスペルはl（エル）がひとつだが、プス・ドールやジャン＝マルク・ボワイヨは"l"が2つの「Jarollières」と綴る。畑名は、「獲物を求めて徘徊する亡霊」を意味する古語にちなむ。伝説では、この地に狼人間が出没したらしい。畑は、ヴォルネ村のフルミエの上部区画と、ポマールの銘醸畑、レ・リュジアン・バのあいだという好立地にある。

アン・ラルジリエール　En Largillière
AC：ポマール1級畑

L：1級畑　R：1級畑　JM：1級畑　　　　　　　　　　　　　　　　　　　　3.99ha

名前通り（argileは「粘土」）、粘土分が非常に多い畑。グラン・ゼプノの真上という抜群の立地ながら、できるワインは凡庸。この名前のワインを見たことがない。

レ・ペズロル　Les Pézerolles
AC：ポマール1級畑

L：1級畑　R：1級畑　JM：1級畑　　　　　　　　　　　　　　　　　　　　5.92ha

プティ・ゼプノの真上に位置する。畑名はポマールの旧家にちなむ。上部は白色の泥灰質で、ポマールにしては軽快な赤になる。ミシェル・ラファルジュ、ド・モンティーユ、ジャン＝マルク・ブレ、A.F.グロ、ジョゼフ・ヴォワイヨ、ビラール＝ゴネ、ヴァンサン・ダンセ、シャトー・ド・ピュリニがこの畑で上質のワインを造る。

ラ・プラティエール　La Platière
ACs：ポマール1級畑およびポマール

L：2級畑　R：1級畑　JM：1級畑　　　　　　　　　　　　　　　　　　　　2.53ha*

この畑でもっとも有名な区画は、旧プランス・ド・メロードが所有したクロ・ド・ラ・プラティエールで、ラベル上はACポマールだが、区画は1級と村名ACの両方にまたがる。村を二分する渓谷の北側にある南向き斜面に位置し、レ・ザルヴレの真上にある。1級格付け区画は標高300mまでで、それより高い部分は村名ACとなる。プランス・ド・メロードの他、プリウール＝ブリュネ、ヴィオロ＝ギルマールもよいワインを造る。　　　　*このほかに同名の村名格の畑が3.32haある。

レ・プテュール　Les Poutures
AC：ポマール1級畑

L：1級畑　R：1級畑　JM：1級畑　　　　　　　　　　　　　　　　　　　　4.13ha

村の南にある1級畑。D973号線の真上に位置する。主な生産者は、ドメーヌ・ルジュヌ、ヴォードワゼイ・クルーズフォン、ルイ・ジャド（クロ・デ・プテュール）など。畑名は「湿った土」に由来し、隣のヴォルネ村の1級畑、レ・ピトゥールも同じ語源。

ラ・ルフェーヌ　La Refène
AC：ポマール1級畑

L：1級畑　R：1級畑　JM：1級畑　　　　　　　　　　　　　　　　　　　　2.31ha

集落のすぐ北にあり、中程度のボディのポマールができる。畑名は、かつてこの地が干し草用の野原（fanerは「干し草をつくる」）だったことにちなむ。ラトゥール＝ジローやバロ＝ミロはじめ、いろいろなムルソーのドメーヌや、アレット・ジラルダンがここでワインを造る。

レ・リュジアン　Les Rugiens
ACs：ポマール1級畑およびポマール
L：1級畑　R：特級畑（バ地区）および1級畑（オー地区）　JM：別格1級畑（バ地区）　　　12.66ha*

ポマールでもっとも人気のある畑。上部と下部では品質に決定的な差があるが、意外に知られていない。上半分のレ・リュジアン・オー（6.83ha）はレ・シャンランに接し、平凡ながら、きちんとしたポマールができる。レ・リュジアン・オーの北端部の土地のうち、等高線が南東を向く区画は村名格付けであり、ジャン=リュック・ジョワイヨがACポマールを造る。

一方、下半分のレ・リュジアン・バ（5.83ha）は、クロ・デ・ゼプノーとともにポマール最良の区画。この2つの畑は立地条件が似る。両者は、渓谷をはさんで反対側にあるが、どちらも斜面下部に位置する。また、上部から流入した土壌の影響を大きく受ける。土壌は鉄分に富み、赤の発色が良いことから「リュジアン」の名前がつく。リュジアンにより、「ポマールのワインはボディが大きく長期熟成に耐える」と言われるようになった。

ここを特級にする話は昔からもちあがっているが、昇格してもレ・リュジアン・バのみで、畑全体ではない。畑の所有者も多いので、政治的にも昇格は考えにくい。ビラール=ゴネ、アンリ・ボワイヨ、ゴヌー、ルジュヌ、ド・モンティーユ、ポティエ=リューセ、ヴォワイヨ、オスピス・ド・ボーヌはいずれもレ・リュジアン・バに畑を持つ。

＊このほかに同名の村名格の畑が0.77haある。

レ・ソシーユ　Les Saussilles
AC：ポマール1級畑
L：2級畑　R：1級畑　JM：1級畑　　　　　　　　　　　　　　　　　　　　　　　　　3.84ha

「Saucilles」と書くこともある。ポマールのペズロルとボーヌのクロ・デ・ムーシュにはさまれた細長い区画。ジャン=マルク・ボワイヨのワインが有名。隣接するレ・バ・ド・ソシーユは1級ではない。名前とは逆に、レ・バ・ド・ソシーユはソシーユより高地にあるのがおもしろい。

ル・ヴィラージュ　Le Village
AC：ポマール1級畑
L：記載なし　R：1級畑　JM：1級畑　　　　　　　　　　　　　　　　　　　　　　　　　0.15ha

ヴォルネ村、シャンボール=ミュジニ村、モレ=サン=ドニ村の「ル・ヴィラージュ」同様、極端に狭い畑で、1級畑ながら村名格付けを連想するまぎらわしい名前がつく。畑名は、集落の住居のすきまにある小さい区画を意味する。この畑名のワインを見たことがない。

村名格ポマール　Village vineyards：appellation Pommard

ACポマールの区画は3つに分割できる。最大の地域は、1級畑の下に広がる平地で、D973号線とD974号線にはさまれ、鋭角三角形になった箇所に位置す。シャトー・ド・ポマール所有の広大な畑がある。この地域の村名ワインの中で、レ・クラは、区画名を名乗って出荷することがある。

2つめの地域は、斜面上部で、村を二分する川の南に広がる。平均的なポマールよりエレガントでミネラル分に富む。ドメーヌ・ダルデュイのレ・ランブロ、コシュ=デュリのヴォーミュリアンが有名。3番目の地区は、ボーヌ寄りの1級畑の上部で、丘陵の裾を回り込み、川を見下ろす位置にある。レ・ノワゾン、レ・プティ・ノワゾン、レ・ヴィニョが有名。

アン・ブレスキュル　En Brescul　　　　　　　　　　　　　　　　　　　　　　　　　　5.40ha

丘陵部の急斜面の上部にある東向きの畑。フォンテーヌ・ド・リュリュンヌという泉に至る渓谷の手前にある。ジャン=リュック・ジョワイヨがここでワインを造る。

クロ・ボーディエ　Clos Beaudier　　　　　　　　　　　　　　　　　　　　　　1.48ha
レ・リュジアン・バから北へ伸びる区画だが、ほとんどポマールの集落の中にある。ミシェル・アルスランがここでワインを造る。

レ・クラ　Les Cras　　　　　　　　　　　　　　　　　　　　　　　　　　　10.70ha
切れ味のよいミネラル感とクリスピーなニュアンスのあるワインが好みなら、ラベルに「cras（クラ白亜土）」と書いたワインを選ぶとよい。ブルゴーニュには、ほとんどの村に「クラ」名の畑がある。ポマール村のクラは、ほかの村と違って低地にあり、ヴォルネに向かうD973号線とD974号線のあいだに位置す。ロジェ・ベラン、ジャン＝ルイ・モワスネ・ボナール、ミシェル・ブズロー、リュシアン・ムザールがこの区画のワインを出す。ムザールは、1922年植樹の古木からヴィエイユ・ヴィーニュを造る。ラヴァルとロディエは、ともにレ・クラを2級に格付けしている。

ラ・クロワ・ブランシュ　La Croix Blanche　　　　　　　　　　　　　　　　2.29ha
「白い十字架」の名をもつこの区画は、D973号線をはさんでレ・クロ・デ・ゼプノーの向かいに位置し、昔の鉄道の駅から少し下がった場所にある。魂を揺さぶる力はないが、きちんとしたワインができる。ジャン＝リュック・ジョワイヨ、ドメーヌ・パラン、ヴォドワゼ＝クルーズフォンがこの地でワインを造る。

レ・ランボ　Les Lambots　　　　　　　　　　　　　　　　　　　　　　　　2.91ha
レ・シャンランの上に位置し、丘陵の最上部にある。土壌は白色系で乾燥し、地味は痩せているが、骨格のしっかりしたポマールができる（特にドメーヌ・ダルデュイのワイン）。

ラ・ルヴリエール　La Levrière　　　　　　　　　　　　　　　　　　　　　3.99ha
D974号線に接する平地。ブドウ畑より野ウサギの生息地に適す。この小区画名（リュー＝ディ）でワインを出すのは、ジュヴレ＝シャンベルタン村のベルナール・デュガ＝ピィのみ。

レ・ノワゾン　Les Noizons　　　　　　　　　　　　　　　　　　　　　　　9.06ha
弟格の「レ・プティ・ノワゾン」とともに、ポマールの村名畑の中で最良区画。1級畑の上部にあり、南東向きと立地が良い。畑の上を寒風が吹き抜けるが、夜は、畑に混じる無数の小石が昼間の熱を放射する。ミシェル・アルスラン、ドメーヌ・ベルテルモ、アレット・ジラルダン、ジャン＝リュック・ジョワイヨ、ジャン・ミシュロがこの区画でワインを造る。

レ・プティ・ノワゾン　Les Petits Noizons　　　　　　　　　　　　　　　13.73ha
レ・ノワゾンとほとんど同じだが、傾斜が南向きで、わずかに東を向く。ドメーヌ・ド・ラ・ヴジュレとジャン＝ルイ・モワスネ＝ボナールがこの区画でワインを造る。レ・ノワゾン、レ・プティ・ノワゾンとも、ラヴァルとロディエは2級に格付けしている。

レ・ペリエール　Les Perrières　　　　　　　　　　　　　　　　　　　　10.14ha
どの村にもある名前で、通常は1級格付けとなり、村で最良の畑のひとつだが、ポマールの場合、低地の村名格付け。D973号線とD974号線のあいだにある鋭角三角形の畑で、ボーヌと接する東端では両方の国道が交わったところにロータリーがある。ヴァンサン・ダンセ、ジャン＝ミシェル・ゴヌーがこの区画を所有する。

レ・タヴァンヌ　Les Tavannes　　　　　　　　　　　　　　　　　　　　　3.64ha
D974号線がボーヌの境界付近でD973号線と分岐し、D973号線がポマールへ入った左にある区画。名前はタヴァンヌ家に由来する。同家は、サントネにクロ・ド・タヴァンヌという優れた畑を所有していた。フランソワ・ゴヌーがレ・タヴァンヌ名でワインを出す。

トロワ・フォロ　Trois Follots　　　　　　　　　　　　　　　　　　　　　3.72ha

集落の少し上に位置し、東向きの急斜面にある。「フォロ」は、局所的な霧や靄を意味し、すぐ下の川から立ち上がる。また、悪霊の意味もある。ヴァンサン・ラーイ、ドメーヌ・ルジュヌ、ドメーヌ・ルロワがこの区画でワインを造る。

ラ・ヴァシュ　La Vache　　　　　　　　　　　　　　　　　　　　　　　8.52ha

トロワ・フォロ上部にある丘陵中腹の区画。ブドウ畑の前は、牛（vache）の放牧場だったらしい。この区画名でワインを出すのはクリストフ・ヴィオロ゠ギルマールのみ。

レ・ヴォーミュリアン　Les Vaumuriens　　　　　　　　　　　　　　　17.91ha

上部のオー（11.38ha）と下部のバ（6.53ha）に分かれる。村名区画としては非常にユニークな立地で、丘陵最上部、東向きの急斜面に位置する。このため、ポマールの特徴である豊かなタンニンはなく、酸のはっきりしたワインになる。ガブリエル・ビラール、コシュ゠デュリ、ド・クルセルがここでワインを造る。

レ・ヴィニョ　Les Vignots　　　　　　　　　　　　　　　　　　　　15.44ha

ポマールからナントーへ抜ける途中、右上の急斜面にブドウ畑が見える。この斜面の1級畑ラ・シャニエールの北側にある丘陵最上部の畑がレ・ヴィニョ。南向きだが、谷から吹き降ろす冷風の通り道にある。ここのワインを出す生産者は多く、コスト゠コーマルタン、ロドルフ・ドゥムジョ、アレット・ジラルダン、ヴァンサン・ラーイ、ドメーヌ・ルロワなど。

ル・ヴィラージュ　Le Village　　　　　　　　　　　　　　　　　　　26.37ha

この畑は3地区に分かれる。最大区画はシャトー・ド・ポマールが所有する20ha弱の土地。同社の本拠地もこの区画内にある。南の区画には、クロ・デ・ズルスュルがあり、ドメーヌ・デュ・パヴィヨンが所有する。ここは、「ビショ王国」の一角。

そのほかの畑

以下も村名格付け畑の区画だが、区画名を記載したワインを見たことがない。

アン・ブッフ	En Bœuf	14.86ha
シャフォー	Chaffaud	0.73ha
アン・シヴォー	En Chiveau	3.64ha
ラ・コンボット	La Combotte	3.82ha
ラ・クロワ・プラネ	La Croix Planet	3.79ha
アン・マロー	En Mareau	5.19ha
アン・モワジュロ	En Moigelot	0.40ha
ラ・プラント・オー・シェーヴル	La Plante aux Chèvres	1.81ha
レ・ポワゾ	Les Poisot	3.14ha
リュ・オー・ポル	Rue au Porc	8.73ha
レ・リオット	Les Riottes	3.96ha
バ・ド・ソシーユ	Bas de Saussilles	4.12ha

主要生産者

ドメーヌ・デュ・コント・アルマン　Domaine du Comte Armand

コント・アルマン家は、ジャン゠フランソワ・アルマンがクロチルド・マレと結婚した1826年以降、クロ・デ・ゼプノーと、ポマールにある醸造所を所有する。フィロキセラ禍ののち、1930年までブドウ樹を植え替えず放置したが、植え替え後は、ポマール最良区画との評価を受ける。

ドメーヌ・デュ・コント・アルマンの所有畑	
	ha
Pommard 1er Cru Clos des Epeneaux	5.25
Volnay 1er Cru Frémiets	0.40
Auxey-Duresses 1er Cru	1.08
Auxey-Duresses	0.49
Volnay	1.18

ケベック出身の元船員パスカル・マルシャンが、若手ながら醸造責任者に抜擢され、1985年から1998年の収穫までワインを造る。1999年からは、やはり若手のバンジャマン・ルルーが担当。ルルーは、1991年、15歳のときから同ドメーヌにてアルバイトで働く。ルルーは有機農法を進め、2005年には認証を取得。現在はビオディナミを採用している。クロ・デ・ゼプノーの一部区画は馬で耕し、土壌への効果を証明するため、トラクターでの耕作と比較している。また、石垣に沿って、果樹や薔薇などの植物も植える。養蜂も導入したが2003年の酷暑で全滅した。

ドメーヌでは、可能な限りビオディナミの暦にしたがって収穫し、各キュヴェは28日周期で発酵させる。1週間かけて発酵前の低温浸漬させ、次の1週間はアルコール発酵、あとの2週間で発酵後のマセラシオンを実施する。また、澱引きなども、28日周期で実施している。バンジャマンによると、発酵槽で3週間経過すると、タンニン分がきつくなりバランスが崩れるが、焦る必要はなく、4週間目にはバランスを取り戻し、果実味の中にテロワールがあらわれたワインになるという。

同ドメーヌでは、長いあいだ、クロ・デ・ゼプノーだけを造ってきたが、1994年、ACオセ゠デュレス、オセ゠デュレス1級、ACヴォルネ、ヴォルネ1級のフルミエに区画を購入。クロ・デ・ゼプノーの若いブドウ樹でできたワインは、ACポマールやポマール1級に落として販売する。

筆者は、2008年7月、ニコラ・マレが最初にクロ・デ・ゼプノーを石垣で囲った（正確な年代は不明だが、1800年から1810年のあいだと推定される）200周年記念の大規模な試飲会に参加した[2]。実に印象的な試飲会で、クロ・デ・ゼプノーが才能ある醸造家により華麗に花開き、凡庸な醸造技師の手で伸び悩んだ様子がよく理解できた。1864年物は、コルクを抜いて40分経過しても、最高の状態を保っていた。

ポマール1級 クロ・デ・ゼプノー　ポマールにエレガントさを求めるなら、クロ・デ・ゼプノーにとどめを刺す。タンニンが途切れることなく果実味に包み込まれ、深みのある香りとバランスの良さがきわだつ。赤系果実のニュアンスがあり、猛暑の年には黒系果実を感じる。

ポマール1級　クロ・デ・ゼプノーに植えた若い樹（植樹は1982年と1985年）で造ったワイン。ほかの樹のブドウとは別に醸造する。クロ・デ・ゼプノーになるものもあるが、大部分は畑名を記載せず、単に「ポマール1級」で出す。上質のワインだが、若いうちは閉じる傾向にある。早い時期（収穫年の5年から8年後）に飲み頃になる。

オセ゠デュレス1級　レ・デュレスとレ・ブレトランの2区画のブドウで造る。レ・デュレスはタンニンに富み、レ・ブレトランには熟成した果実味がある。オセ゠デュレスは角張ったワインと言われるが、このドメーヌのワインには、黒系果実の力強い香りと凝縮感がある。

ドメーヌ・ビラール゠ゴネ　Domaine Billard-Gonnet

創業1766年の大規模ドメーヌ。ポマールに多数の畑を所有する。レ・ベルタン、プテュール、シャルモは、ブレンドしてポマール1級として出荷し、シャポニエール、クロ・ド・ヴェルジェ、ペゼロル、レ・リュジアン・バは畑名で出す。なお、ACポマールのヴォーミュリアンや、1級のシャルモを所

---

[2] 試飲会の詳細は、『The World of Fine Wine』誌、第22号（2008年）を参照。

有するドメーヌ・ガブリエル・ビラールは別組織。

ドメーヌ・ジャン=マルク・ボワイヨ　Domaine Jean-Marc Boillot

オリヴィエ・ルフレーヴ・フレールでワインを造っていたジャン=マルク・ボワイヨが1985年に独立して設立したドメーヌ。現在は、娘のリディと息子のバンジャマンが手伝う。当初、ポマールの借地でワインを造っていたが、1988年に祖父側からヴォルネとポマールの畑を相続し、1991年には祖母側から白ワインを造るドメーヌ・エティエンヌ・ソゼの三分の一を受け継ぐ。ACブルゴーニュも含め、11haの土地を所有（5haが赤、6haが白）。また、ネゴシアンとしてコート・シャロネーズを中心に、白を造る。生産量はドメーヌとほぼ同量である。

特級以外の白ワインは、同じ醸造法で造る。除梗せずに全房を圧搾し、24時間かけて澱を落としてから発酵させ、25～30％の新樽に直接入れる。週に1回、バトナージュを実施し、次の収穫が始まる前に瓶詰めする。ワインは非常にクリーンでフレッシュ感にあふれ、魅力に満ちる。

赤ワインは、すべて除梗し、低温に保って発酵させ、ヴィンテージや畑別に、ピジャージュとルモンタージュを実施する。新樽率50％で13ヵ月樽熟させた後、タンクで6ヵ月熟成させてから瓶詰めする。このドメーヌの赤ワインは、果実味と樽香のバランスがよく、長期熟成させなくても飲み頃になる。

ドメーヌ・ジャン=マルク・ボワイヨの所有畑

赤	ha
Pommard 1er Cru Rugiens	0.15
Pommard 1er Cru Saussilles	0.40
Pommard 1er Cru Jarollières	1.31
Volnay 1er Cru Pitures	0.44
Pommard	0.39
Volnay	0.29
白	
Bâtard-Montrachet Grand Cru	0.18
Puligny-Montrachet 1er Cru Combettes	0.47
Puligny-Montrachet 1er Cru Champ Canet	1.13
Puligny-Montrachet 1er Cru Referts	0.61
Puligny-Montrachet 1er Cru Truffières	0.24
Puligny-Montrachet 1er Cru La Garenne	0.17
Puligny-Montrachet	0.38
Meursault	0.22

ポマール1級　ジャロリエール　樹齢70年の古木で造る。ポマールの骨っぽさとヴォルネの繊細さを備える。リュジアンに比べ、タンニンはやわらかい。芳醇で豊かなボディがあり、余韻も長い。

ピュリニ=モンラシェ1級　シャン・カネ　畑には小石が多く、これが切れ味のよいミネラルになる。いろいろな要素を含むが、やわらかく円熟味のあるレ・コンベットに比べると、複雑さに欠ける。長期熟成に耐える。

ドメーヌ・コスト=コーマルタン　Domaine Coste-Caumartin

1793年にコスト=コーマルタン家が設立したドメーヌ。1988年から、当主のジェローム・ソルデがドメーヌを切り回す。それまでは、女系家族であった。150年前からシャトー・ド・サン=ロマンも所有し、ドメーヌの白はそこで造る。看板畑はクロ・デ・ブシュロットで、畑に石垣ができたのは1507年。1908年にコスト=コーマルタンが購入する。クロ・デ・ブシュロットのブドウは完全に除梗し、短期間、発酵前浸漬させてから2週間かけて発酵させる。樽熟は18ヵ月間で、新樽は最低限しか使わない。

ドメーヌ・コスト=コーマルタンの所有畑

赤	ha
Beaune 1er Cru Chouacheux	1.00
Pommard 1er Cru Fremiers	1.60
Pommard 1er Cru Clos des Boucherottes	1.83
Pommard Vignots	0.50
Pommard	2.90
白	
St-Romain Jarrons	0.55
St-Romain Sous Roche	1.00
St-Romain Sous le Château	2.00

ドメーヌ・ド・クルセル　Domaine de Courcel

ポマールで最大級のドメーヌ。創業は17世紀にさかのぼる。女系家族であり、代替わりするたびにドメーヌの名前が変わった。現在の所有者はジル・ド・クルセルと3人の姉妹で、ジルは、昼間はシャンソン・ペール・エ・フィスを運営する。1996年以降、ドメーヌ・ド・クルセルのワイン醸造は、

ヴォーヌ゠ロマネの醸造技師イヴ・コンフュロンが担当する。ブドウは、選果したのち、除梗せずに発酵させる。樽熟は18ヵ月を超えるが、澱引きせず、新樽も使わない。

ACブルゴーニュ以外の畑は、村名畑のヴォーミュリアン、1級のレ・クロワ・ノワール、レ・フルミエ、レ・リュジアン（オー）、グラン・クロ・デ・ゼプノと、すべてポマールにある。グラン・クロ・デ・ゼプノは、1975年から所有し、分家も相続したため、正確には単独所有ではないが、グラン・クロ・デ・ゼプノ名でワインを出すのはド・クルセルだけなので、実質的には単独所有と言える。

ポマール1級 グラン・クロ・デ・ゼプノ　十分なパワーを備えつつ、ポマールはここまでエレガントになる。ポマールらしからぬ複雑な果実味を備え、孔雀が羽を大きく開いた趣がある。魅力が最大限に開くまでじっくり熟成させるべき。

ポマール1級 リュジアン　グラン・クロ・デ・ゼプノに比べ、果実味に富む。深く豊かな香りと、凝縮感のある重厚な味わいを備え、華麗さの背後にポマールらしいタンニンが見える。

アレット・ジラルダン　Aleth Girardin

小規模ドメーヌながら、ポマール最高のワインを造るひとり。村名のレ・ノワゾン、1級のレ・シャルモ、レ・ゼプノ、レ・リュジアンが看板ワインで、このほか、ボーヌ・クロ・デ・ムーシュやムルソーのポリュゾも造る。赤は、大部分を除梗し、18ヵ月熟成させる。新樽率は、村名ワインで30％、ゼプノやリュジアンで50％。ゼプノとリュジアンの違いが明確に出ている。

A.F グロ＆フランソワ・パラン　A-F Gros&François Parent

ヴォーヌ゠ロマネ出身のアンヌ゠フランソワーズ・グロは、ポマールのフランソワ・パランと結婚し、ポマールに居を構える。ワインは、ボーヌにある大規模醸造施設で造る。このドメーヌは、アンヌ゠フランソワーズがドメーヌ・ジャン・グロから相続した畑と、ヴォーヌ゠ロマネの内外にアンヌが所有・借地している畑と、夫フランソワのドメーヌ・パランの畑でワインを造る。フランソワのワインのラベルは黒トリュフをあしらい、フランソワーズのラベルには女性の顔を描く。女性の顔は、アペラシオンごとに、その雰囲気が出るよう画家と話し合うらしい。2008年から選果台を導入し、以降、除梗はするが破砕はしない。発酵前低温浸漬ののち、ルモンタージュとピジャージュをしながら発酵させる（ルモンタージュの方が多い）。必要があれば、ミシェル・グロやベルナール・グロが導入しているのと同様の装置で果汁を濃縮させる。

ドメーヌ・ユベール゠ヴェルドロー　Domaine Huber-Verdereau

将来有望な新進気鋭のドメーヌ。1994年、祖父が所有していたヴォルネとポマールの畑を相続し、ティエボー・ユベール゠ヴェルドロー（父がアルザス、母がブルゴーニュの出身のため、フランス風でドイツ風の名前となる）がドメーヌを設立。2005年にビオディナミに認証を受ける。アリゴテ、シャルドネ、ブルゴーニュ・パストゥグラン、ブルゴーニュ・ピノ・ノワール、オート゠コート・ド・ボーヌなどの広域ワインのほかに、ACヴォルネ、ロバルデル（格付けはACヴォルネ）、ヴォルネ1

ドメーヌ・ド・クルセルの所有畑

	ha
Pommard 1er Cru Grand Clos des Epenots	4.82
Pommard 1er Cru Rugiens	1.07
Pommard 1er Cru Fremiers	0.65
Pommard 1er Cru Les Croix Noires	0.58
Pommard Vaumuriens	0.35

A.Fグロ＆フランソワ・パランの所有畑

	ha
Echézeaux Grand Cru	0.28
Richebourg Grand Cru	0.60
Pommard 1er Cru Les Arvelets	0.31
Pommard 1er Cru Les Pézerolles	0.34
Pommard 1er Cru Les Chanlins	0.13
Beaune 1er Cru Boucherottes	0.30
Beaune 1er Cru Montrevenots	0.26
Savigny-lès-Beaune 1er Cru Clos des Guettes	0.67
Vosne-Romanée Aux Réas	1.63
Vosne-Romanée Maizières	0.28
Vosne-Romanée Chalandins	0.34
Vosne-Romanée Clos de la Fontaine	0.36
Chambolle-Musigny	0.39

級のフルミエ、ACポマール、ポマール1級のベルタンを造る。

ジャン゠リュック・ジョワイヨ　Jean-Luc Joillot
1981年にジャン゠リュックが相続したドメーヌ。今では14haに畑を広げる。発酵期間は比較的長く、その後、14ヵ月樽熟させる。新樽率は1級で三分の一、村名ワインはそれより少ない。リュジアンとゼプノの両方を擁する数少ないドメーヌ。プティ・ゼプノ名でワインを出すのはここだけだろう。

ドメーヌ・ミュスィ　Domaine Mussy
ドメーヌの歴史は1650年までさかのぼるが、さらに前の1465年、のちにサヴィニの領主になるジャン・ド・ミュスィがギュメット・ド・ポマールと結婚する。筆者には、このドメーヌは、個人的な思いが染み込んだ特別の場所である。故アンドレ・ミュスィ（1914-2000）は古風な造りを貫き、1927年から1999年ヴィンテージまで精力的にワインを造り、死を予感したように突然引退した。現在は、娘のオディールと夫のミシェル・ムザールがドメーヌを切り回す。

ジャン゠リュック・ジョワイヨの所有畑	
赤	ha
Pommard 1er Cru Petits Epenots	0.48
Pommard 1er Cru Rugiens	0.53
Pommard 1er Cru Charmots	0.45
Beaune 1er Cru Montée Rouge	0.12
Pommard Noizons	1.52
Pommard En Brescul	1.32
Pommard Croix Blanches	0.31
Beaune Montagne St-Désiré	0.63
白	
Puligny-Montrachet	0.31

ドメーヌ・ミュスィの所有畑	
	ha
Beaune 1er Cru Clos des Montremenots	0.13
Beaune 1er Cru Montremenots	0.96
Beaune 1er Cru Epenottes	0.96
Pommard 1er Cru Epenots	1.50
Pommard 1er Cru Pézerolles	0.98
Pommard 1er Cru Saussilles	0.13
Pommard	0.50
Volnay	0.17

ドメーヌ・パラン　Domaine Parent
ポマールには、何代にもわたりパラン一族が根を張る。祖先は、アメリカ第3代大統領トマス・ジェファーソンにブルゴーニュ・ワインのアドバイスをしたこともある。ジャック・パランが引退して、娘のアンヌとカトリーヌが家業を継ぎ、息子のフランソワは、相続した畑と妻（アンヌ゠フランソワーズ・グロ）の分を合わせて、自分のドメーヌを興した。この相続により、ドメーヌ・パランが所有する畑は、ポマール1級のアン・ラルジリエール、シャンラン、シャポニエール、クロワ・ノワール、ゼプノと、特級のコルトン・ルナルド、コルトン・ロニェのほか、ボーヌ、ラドワ、ACポマールとなった。代替わりあとのワインは飲んでいない。

ドメーヌ・デュ・パヴィヨン　Domaine du Pavillon
アルベール・ビショ傘下のドメーヌで、ポマールが本拠地。1級リュジアンに区画を所有。村名ACとして、ル・ヴィラージュ内にある4haのクロ・デ・ズルスュリーヌ（単独所有）でワインを造る。同ドメーヌの全17haの詳細は、ビショ（ボーヌ）の項を参照。

そのほかの生産者
このほかの優れた生産者として、アルスラン（Arcelain）、ルブルジョン（Rebourgeon）、ヴィレリ（Virély）、ヴィオロ゠ギルマール（Violot-Guillemard）などがいる。また、離れたヴォルネに本拠を置くドメーヌの中にも、ポマールに優れた畑を持っている生産者もいる。たとえば、ドメーヌ・ド・モンティーユは1級の銘醸畑、ペズロルとリュジアンを所有し、ドメーヌ・ラファルジュもペズロルに区画を持つ。ルイ・ジャドは、リュジアン、ゼプノ、グラン・ゼプノ、クロ・ド・ラ・コマレーヌの優良地に区画を所有する。

volnay

ヴォルネ

村名格ヴォルネ	98.37ha
ヴォルネ1級畑	114.90ha

フランス王室でブルゴーニュを監督していた行政長官ブシューは、1666年、次のように書いている。「ヴォルネは山なみの地にありてブドウを育成せり。この地で産するブドウ酒はブルゴーニュ無比との誉れ高し」。今日、ブルゴーニュ最高のワインではないにしろ、ヴォルネを評価する人は多く、コート・ド・ボーヌの赤ワインとして教科書的存在といえる。

昔、ヴォルネの赤は、コート・ド・ボーヌの中でもっともエレガントで、色もロゼに近かった。1728年、僧院長であったクロード・アルヌーは著書で「ヴォルネの葡萄はきわめて繊細にして、発酵槽にて耐え得るは12時間ないし18時間を限度とす。ヤマウズラの目の色〔œil de perdrix：ロゼワインの色表現の常套句〕より濃厚なること稀なり」と書いている。アルヌーによると、ヴォルネは非常に繊細で軽やかなワインであり、次の収穫期まで持続する潜在力はあるものの、夏の暑気に耐えられない。

21世紀のヴォルネは、醸造法や生産者が多種多様で、多彩なワインがそろう。しかし、ヴォルネの理想像は、色調が濃く香りの凝縮度が高くなっても、アルヌーの言葉のように、エレガントさを身上とする。試飲コメントには、「力強い」「骨格がしっかりしている」「タンニンが豊か」ではなく、デリケート、繊細、複雑、エレガント、スタイリッシュなどの言葉が並ぶ。パワーより余韻の長さに特徴がある。

ヴォルネ村は、ブルゴーニュ公が11世紀はじめ、豪奢な城郭を建てた経緯もあり、コート・ドールの中で、歴史的な意義がもっとも大きい。この城は、のちにフランス歴代の王をもてなす迎賓館となる。ユーグ4世公（1250年から1272年まで統治）と息子のロベール2世（1272年から1305年まで統治）は、おびただしい数のブドウ畑を開墾した。ヴォルネに「クロ」がつく単独所有畑が多いのはこのためだ。

ヴォルネの1級畑は、地勢上、4つに分類できる。ポマールとの境界線に近い地域、市街地を取り巻く地域（市街地に入り込んだ区画もある）、市街地の下部の斜面に沿った地域、そして、最上の地域は村の南側で、ヴォルネ・サントノ

としてムルソーに潜り込む地域である。

第一の地域は村の北部で、北端に位置するシャンランとフレミエは、ポマールとの境界線に接し、境界を越えて（ほぼ）同じ名前の畑が続く。レ・ブルイヤール、レ・ザングル（どちらの畑も、雹害を受けやすい）、レ・ピテュール、レ・ミタンの4つは、スタイルが似る。いずれもヴォルネにしては力強く、タンニンが目立つ年もある。

ヴォルネの主な単独所有畑と所有者・生産者

Clos d'Audignac	ブス・ドールが所有
Clos de la Barre	（ルイ・ジャドが醸造・販売）
Clos de la Bousse d'Or	ブス・ドールが所有
Clos de la Cave des Ducs	（バンジャマン・ルルーが醸造・販売）
Clos du Château des Ducs	ラファルジュが所有
Clos des Ducs	ダンジェルヴィルが所有
Clos de Verseuil	クレルジェが所有
Caillerets : Clos des 60 Ouvrées	ブス・ドールが所有
Frémiets : Clos de la Rougette	（ブシャール・ペール・エ・フィスが醸造・販売）

二番目の地域は、まとめてル・ヴィラージュと呼ぶユニークな畑群で（地図上でも）、ヴォルネの市街地を囲むことからの命名。ほとんどが単独所有畑で、かつてのブルゴーニュ公国にちなむ名前をもつものも少なくない。なかでもクロ・デ・デュックとクロ・ド・ラ・ブス・ドールが有名。クロ・デュ・シャトー・デ・デュック、クロ・ド・ラ・カーヴ・デ・デュック、クロ・ド・ローディニャック、クロ・ド・ラ・シャペル、クロ・ド・ラ・ルジョットなどは、まとめてル・ヴィラージュだったが、1985年に規則が変わり、AC制定前の昔の畑名を名乗れるようになった。ル・ヴィラージュに隣接して、クロ・ド・ラ・バールとクロ・ド・ヴェルスイユが、また、D973号線をはさんだ斜面下部には、アン・ロルモー、ラ・カレル・スー・ラ・シャペルがある。この地域のワインは、ヴォルネでももっともボディが軽やかながら、ヴォルネらしさは十分に備える。

さらに斜面を南下した区画が第三の地域で、ここの上部には、ロバルデル、リュレ、オスィ、ロンスレ、カレル・ドゥス、ジゴット、グラン・シャンなどが並ぶ。いずれも格付けは1級ながら、最上区画とは言い難い。ワインは斜面下部の畑より優れるも、愛好家にアピールする個性に欠ける。

第4の地域がヴォルネの南にある1級畑で、最良の区画。D973号線の上部にクロ・デ・シェーヌ、タイユ・ピエがあり、下にはカイユレとシャンパンが続く（シュヴレもこの仲間だが、斜面の下にあり、名声に劣る）。この畑の向こう側（ムルソー村の中にあるが、ヴォルネの名前がつく）には、レ・サントノが続く。ここは、古い歴史があり面積も広く、それゆえ、質にばらつきがある。

昔から、カイユレ、シャンパン、サントノがヴォルネの最良区画との評価が高く、1855年のジュール・ラヴァルの評価と1920年のカミーユ・ロディエの評価では、この3つを特級（Tête de Cuvée）に格付けしている。ロディエは、このほか、レ・フレミエとレ・ザングルも特級にランキングしたが、今日の評価にそぐわない。対照的に、ラヴァルが、クロ・デ・シェーヌとタイユ・ピエを2級に落としているのは興味深い。

注記：ヴォルネに対するラヴァルの格付け書を分析した結果、「1級畑」という表記を同書の該当頁からまちがって削除したと考えざるを得ない。同書では、ヴォルネの10の畑を特級としている。これは、ブルゴーニュの村の中で最多であり、明らかに不自然。また、2級の前にあるべき1級畑の項がないのも不可解である。同書でヴォルネを解説した箇所では、カイユレとシャンパンを最上の畑と書いている（2つの畑の詳細も同書には載っている）。以上から、ラヴァルは、カイユレとシャンパンを特級とし、残りの8つ（本書の以降の畑の詳細解説で†をつけた）を1級に格付けしたと考えるのが妥当だろう。本書では、その方針で進める。

コート・ド・ボーヌ ▶ヴォルネ 343

ヴォルネ1級畑　Volnay Premiers Crus

レ・ザングル　Les Angles
AC：ヴォルネ1級畑
L：1級畑†　R：特級畑　JM：1級畑　　　　　　　　　　　　　　　　　3.34ha*

レ・ザングルとレ・ブルイヤールは、雹害が非常に深刻で、特に、2001年と2004年に大きな被害を受けた。畑は南東向きで、石灰層の上に薄い茶色の小石混じりの地層が覆っており、水はけはきわめて良好。ルイ・ボワイヨが昔から上質のワインを造る。2008年にマルキ・ダンジェルヴィルは、ここに区画を所有していたが、収穫量が少なくてワインを仕込めず、2008年に別区画を買い足して、レ・ザングルを造り始めた。　　　　　*このほかに2006年からポアント・デ・ザングルの1.23haが加わる。

レ・ゾスィ　Les Aussy
ACs：ヴォルネ1級畑およびヴォルネ
L：2級畑　R：1級畑　JM：1級畑（ロンスレ）　　　　　　　　　　　　　1.70ha*

この畑は、古代沖積土の上を褐色土が覆うのが特徴。1級格付けは標高が240mから250mの斜面上にある。この区画は2006年ヴィンテージからロンスレに併合される。合併前、ビトゥゼ=プリウールがここで上質のワインを造っていた。　　　　　*このほかに同名の村名格の畑が1.56haある。

ラ・バール／クロ・ド・ラ・バール　La Barre / Clos de la Barre
AC：ヴォルネ1級畑
L：1級畑　R：1級畑　JM：1級畑　　　　　　　　　　　　　　　　　　1.31ha

畑名は、中世、ヴォルネに入る時に通る関所や通行税徴収所に由来する。単独所有畑だが、実際にはルイ・ジャドが耕作、醸造、販売する。南東に傾斜し、中期ジュラ紀の石灰質の基岩の上を覆う白亜質の褐色土がしっかり熱を蓄える。傾斜は緩いが、水はけはよい。

レ・ブルイヤール　Les Brouillards
ACs：ヴォルネ1級畑およびヴォルネ
L：2級畑　R：1級畑　JM：1級畑　　　　　　　　　　　　　　　　　　5.63ha*

初めて記録にあらわれた1261年から17世紀まで、ここは「ブリュラール（Brulard）」と呼ばれた。語源は、鹿が生息する平地や森を意味する「breuil」であり、熱に関係する「brulant」ではないらしい。最近、ヴォルネの住人から、ソーヌ平原に立つ霧（綴りはbrouillardで畑名と同じ）に由来するとの話を聞いた。村名区画は重い粘土層で、水はけは悪い。エティエンヌ・ド・モンティーユによると、ここの1級区画は、レ・ミタンに近い高原部と、ポマールに向かって大きく下る傾斜部に分かれるらしい。なお、雹害は近隣地区に比べ、少ない。
ド・モンティーユ、ジョゼフ・ヴォワイヨ、ロシニョール=シャンガルニエ、ルイ・ボワイヨが上質のワインを造る。　　　　　　　　　　　　　*このほかに同名の村名格の畑が1.16haある。

カイユレ　Cailleret / Caillerets
AC：ヴォルネ1級畑
L：特級畑　R：特級畑　JM：別格1級畑　　　　　　　　　　　　　　　14.36ha

昔、少なくとも地元では「カイユレを飲まずしてヴォルネを語るなかれ」と言われたらしい。
畑は理想的に南東を向き、傾斜は緩く、泥灰土と石灰岩が混じった土壌。標高250mから290mの上部（ドメーヌ・ド・ラ・プス・ドールのクロ・デ・ソワサント・ウーヴレがある）が最良区画である。名前の通り、畑には小石が多く、この小石が熱を蓄え、水はけをよくする。この畑は、次の3区画に分かれる。

ヴォルネ
Volnay

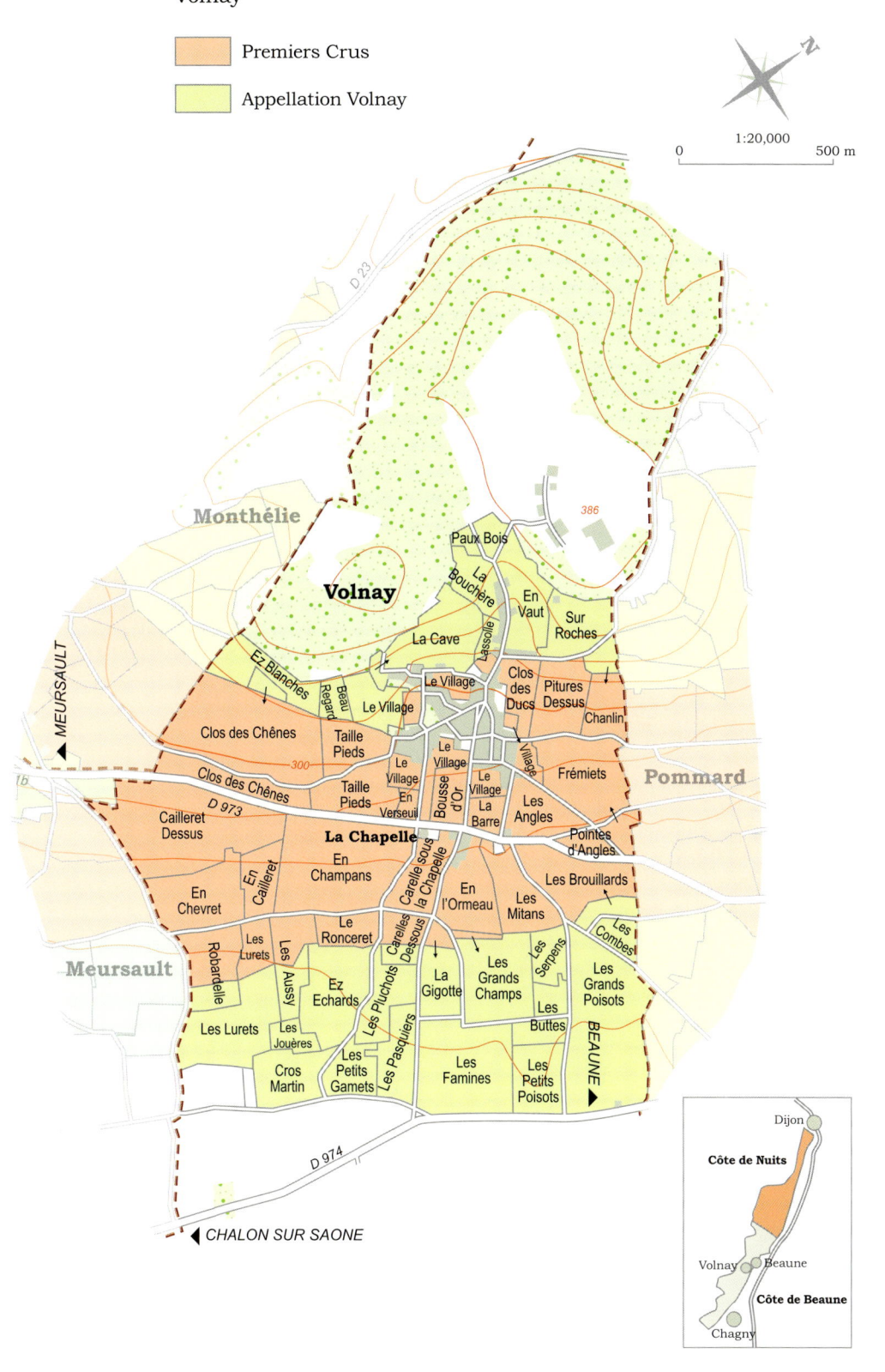

アン・カイユレ	En Cailleret	2.87ha
カイユレ・ドゥスュ	Cailleret Dessus	9.08ha
クロ・デ・ソワサン・トゥーヴレ	Clos des 60 Ouvrées	2.39ha

この畑の有名な生産者は、マルキ・ダンジェルヴィル、ブシャール・ペール・エ・フィス(アンシエンヌ・キュヴェ・カルノ)、ラファルジュ(2004年以降)、ニコラ・ロシニョール、ジャン゠マルク・ブレ、ドメーヌ・ド・ラ・プス・ドール(クロ・デ・ソワサント・ウーヴレを単独所有)など。1983年物は、ヴィンテージの評価が大きく分かれたが、2006年に試飲したところ、香りがすばらしく、ヴォルネのベストといえる。

カレル　Carelle / Carelles
ACs：ヴォルネ1級畑およびヴォルネ
L：1級畑†　　R：1級畑　　JM：1級畑　　　　　　　　　　　　　　　　　　5.19ha*

この畑名ができたのは2006年ヴィンテージからで、カレル・スー・ラ・シャペル(3.73ha)とカレル・ドゥスー(1級区画は1.46ha)をひとつにまとめた名前。カレルは、昔「Quarelle」と綴り、正方形を意味するラテン語「quadrus」の親愛呼称に由来する。ただし、畑の形は長方形で、D937号線そばの小さい教会から下った斜面にある(ここから、「スー・ラ・シャペル　教会の下」の名前がつく)。カレル・スー・ラ・シャペルの下、D937号線の反対側がカレル・ドゥスーで、スー・ラ・シャペルに比べて粘土やシルト分が多く、平坦になった部分で1級区画は終る。

ジャン゠マルク・ボワイヨ、ジャン゠マルク・ブレが優れたワインを造る。

　　　　　　　　　　　　　　　　　　　　　*このほかに同名の村名格の畑が0.57haある。

カレル・スー・ラ・シャペル　Carelle sous la Chapelle
2006年より、カレル・スー・ラ・シャペルとレ・カレル・ドゥスーは、「カレル・スー・ラ・シャペル」となるが、ラベルに「ラ・カレル(la Carelle)」や「レ・カレル(Les Carelles)」を表記する生産者がいる。

レ・カレル・ドゥスー　Les Carelles Dessous
2006年より、カレル・スー・ラ・シャペルとレ・カレル・ドゥスーは、「カレル・スー・ラ・シャペル」となるが、ラベルに「ラ・カレル(la Carelle)」や「レ・カレル(Les Carelles)」を表記する生産者がいる。

アン・シャンパン　En Champans
AC：ヴォルネ1級畑
L：特級畑　　R：特級畑　　JM：1級畑　　　　　　　　　　　　　　　　　　11.19ha

この畑は、1252年には記録に登場する。赤茶色の土壌で非常に石が多く、水はけもよい。年によっては旱魃になる。基岩は、ジュラ紀後期オックスフォード階の硬質の石灰岩で、上部を泥灰岩が、下部を沖積性のシルトが覆う。ヴォルネの真髄ともいえるワインで、マルキ・ダンジェルヴィル、コント・ラフォン、ド・モンティーユが上質のワインを造る。伝説の故アルマンド・ドゥエレ女史(1906-2003)は、毎晩、夕食時にヴォルネ・シャンパンを1本開けたらしい。ある午後、女史と1929年物を開けたことは、筆者の忘れえぬ思い出である。

シャンラン　Chanlin / Chanlins
ACs：ヴォルネ1級畑およびヴォルネ
L：3級畑　　R：1級畑　　JM：1級畑(ピテュール)　　　　　　　　　　　　　　2.86ha*

シャンラン(ChanlinよりChanlinsと綴ることが多い)は、2006年ヴィンテージからピテュールに併合される。1ha強の村名畑は、シャンランのまま。斜面上部にあり、南東向きで泥灰岩の比率が高い。

　　　　　　　　　　　　　　　　　　　　　*このほかに同名の村名格の畑が1.02haある。

アン・シュヴレ　En Chevret
ACs：ヴォルネ1級畑およびヴォルネ
L：1級畑†　　R：1級畑　　JM：1級畑　　　　　　　　　　　　　　　　6.35ha*

シュヴレの畑名は、窪地を意味する方言の「creux」に由来するらしい。確かに、カイユレの下にあるのでつじつまは合うが、山羊（chèvre）の放牧場であったとの説もある。泥岩と石灰岩が混じった褐色土壌で、コンブ・ドセから流れてきた砂利質のシルトも含む。基岩はジュラ紀後期オックスフォード階の石灰岩。ワインはカイユレに似るが、繊細さやミネラル分に欠け、カイユレとサントノの中間の味わいと言える。ニコラ・ロシニョールが上質のワインを造る。

*このほかに同名の村名格の畑が2.86haある

クロ・ド・ローディニャック　Clos de l'Audignac
AC：ヴォルネ1級畑
L：記載なし　　R：ル・ヴィラージュの一部（1級畑）　　JM：1級畑　　　　　1.11ha

畑名は、1793年から税務長官の任にあったフランソワ・ドーディニャックにちなむ。ドーディニャックは、威容を誇るプス・ドールの領主邸を所有する。クロ・ド・ローディニャックは、実質的に領主邸の前庭と言える（土地台帳には「Clos de l'Audignac」で登記されているが、所有者のドメーヌ・プス・ドールは、「d'Audignac」の表記を好む）。ドメーヌ・ド・ラ・プス・ドールを買ったパトリック・ランダンジェは、醸造所へ道路を通すため、畑の畝をいくつか潰した。この畑は、同ドメーヌが単独所有するほかの2つ（クロ・ド・ラ・プス・ドールとクロ・デ・ソワサン・トゥーヴレ）の区画に比べると、傾斜が北東向きのためか、評価は劣る。急斜面だが、午後の早い時間に陽が陰る。褐色の表土には多数の小石が混じり、白亜質の泥灰岩層を覆う。

クロ・ド・ラ・ブス・ドール　Clos de la Bousse d'Or
AC：ヴォルネ1級畑
L：1級畑†　　R：1級畑　　JM：1級畑　　　　　　　　　　　　　　　　　2.14ha

この畑が最初に記録に登場するのは1272年で、ユーグ4世の遺言の中に「Boussetort」との表記がある。「丸い丘」を意味すると思われるが、異説も多い。

畑は、最初、ブルゴーニュ公の所有地だったが、のちに、フランス国王から、ボーヌ公へ所有者が替わり、最後はフランス革命で国に接収される。この畑の19世紀の所有者の一人がジャック＝マリー・デュヴォ・ブロシェで、ドメーヌ・ド・ラ・ロマネ＝コンティの所有者でもあったが、クロ・ド・ラ・ブス・ドールを持てたことを非常に誇りに思ったらしい。19世紀の短い期間と、1913年から1964年まで、クロ・ド・ラ・プス・ドールと呼ばれたが、もとの名称に戻すよう行政指導が入る。

この畑では、ヴォルネのトップクラスのワインができる。土壌や下層土がクロ・ド・ローディニャックに似るが、斜面が南東向きで午後の日照時間が長い。1964年はジェラール・ポテルが造った最初のヴィンテージだが、40年経っても最高の状態を保っていた。

クロ・ド・ラ・カーヴ・デ・デュック　Clos de la Cave des Ducs
AC：ヴォルネ1級畑
L：記載なし　　R：ル・ヴィラージュの一部（1級畑）　　JM：1級畑　　　　　0.64ha

単独所有畑。2005年までドメーヌ・カレ＝クルバンが醸造し、以降、バンジャマン・ルルーが造る。記録によると、ここには侯爵邸のワインセラーがあったが、1431年に取り壊した。村名畑のラ・カーヴの東に位置し、集落に入り込む。周囲の住居の熱で上質のブドウができ、1級格付けになったと思われる。魅力にあふれるワインだが、トップクラスに比べると、パワーと品格に欠ける。

クロ・ド・ラ・シャペル　　Clos de la Chapelle
AC：ヴォルネ1級畑
L：記載なし（当時、ブス・ドールの一部）　R：記載なし（ル・ヴィラージュあるいはブス・ドールと区別せず）
JM：1級畑　　　　　　　　　　　　　　　　　　　　　　　　　　　　　　　　　　0.56ha

非常に狭い区画。クロ・ド・ラ・ブス・ドールに続く土地で、かつてはクロ・ド・ラ・ブス・ドールの一部だった。集落から斜面を下り、ボーヌからオータンへ抜けるD973号線を渡ると、ピティエのノートル・ダム教会（フランス革命時、取り壊しに遭わなかった）の真向かいにある。ヴォルネの住民は、1849年と1853年、コレラ禍に遭わないようこの教会で一心に祈り、1870年から1871年のプロシア侵略時も、祈りを捧げた。いずれの場合も、願いは叶う。

クロ・デュ・シャトー・デ・デュック　　Clos du Château des Ducs
AC：ヴォルネ1級畑
L：記載なし　R：ル・ヴィラージュの一部（1級畑）　JM：1級畑　　　　　　　　0.57ha

ドメーヌ・ミシェル・ラファルジュの単独所有畑。基岩は、ヴォルネ特有のジュラ紀後期オックスフォード階の石灰岩で、その上を褐色系の砂利質の堆積土壌が表層土として覆う。フレデリック・ラファルジュによると、表層土が55cmで、その下の40cmの砂利層を経て基岩に達するらしい。わずかに南東に傾斜し、三方を住居で囲まれているため暖かいが、換気が悪いため高湿度時は腐敗果の危険性がある。

ここのワインは、若いうちから飲める。ラファルジュのセラーで樽から試飲すると、クロ・デュ・シャトー・デ・デュックとクロ・デ・シェーヌのどちらが美味かで、いつも意見が2つに分かれるが、クロ・デュ・シャトー・デ・デュックはクロ・デ・シェーヌより長期熟成しない。しかし、クロ・デュ・シャトー・デ・デュックの初ヴィンテージである1985年を2008年11月に試飲したところ、複雑なタンニンを軸にしたボディがきわめてしっかりしており、果実味にあふれていた。

クロ・デ・シェーヌ　　Clos des Chênes
ACs：ヴォルネ1級畑およびヴォルネ
L：2級畑　R：1級畑　JM：別格1級畑　　　　　　　　　　　　　　　　　　　15.41ha

この畑がクルー・デ・シェーニュ（Cloux des Chaignes）として記録に初めて登場するのは1476年。ヴォルネの畑としては遅いが、1207年に登場したクロ・サン゠タンドッシュと同一畑である可能性がある。

ラヴァルの評価は低いが、今日では、トップクラスのヴォルネとの見方が強い。評価が上がったのは、ミシェル・ラファルジュが造る上質のワインによるところが大きい。この畑の上部と下部では大きな違いがある。D973号線に接する下部が最良の区画。ここは水はけのよい南東向きの斜面で、ジュラ紀の石灰岩の基岩の上を褐色土が覆う。上部は冷涼で泥灰岩が混じる。もっとも標高が高いのはエズ・ブランシュ内にある0.67haの飛び地で、ここは1級格付けではなく村名ACである。

最大区画を所有するのはシャトー・ド・ムルソーだが、ドメーヌ・ラファルジュのほか、ドメーヌ・デ・コント・ラフォン、ブレ家、ジョゼフ・ドルーアンが上質のワインを造る。

クロ・デ・デュック　　Clos des Ducs
AC：ヴォルネ1級畑
L：記載なし　R：ル・ヴィラージュの一部（1級畑）　JM：1級畑　　　　　　　2.41ha

シャトー・デ・デュックが建ったのは1030年から1040年のあいだで、1250年にユーグ4世が宮殿に建て替えるも、1431年、仕事にあぶれた傭兵がこれを打ち壊した。当時はブルゴーニュの受難期で、14世紀半ばから何度も天災に襲われた上、百年戦争が勃発し、戦争が小康状態になると浪人化した兵士が破壊に明け暮れた。

この畑は、ほかの公爵関連の単独畑同様、ドメーヌ・マルキ・ダンジェルヴィルの単独所有である。畑は急斜面上の南、および、南東向きの場所に位置す。最上部は標高330mで、そこから190mま

で下る。急傾斜と小石混じりの土壌のため、水はけは非常によい。畑の中ほどに泉があり、水の供給源となる。最下部は南東の隅で、大きく落ち込んでいるためブドウ樹は植えていない。代わりに、芝生を張り、ダンジェルヴィルのプールがある。このため、実際の植樹面積は2.15haである。

クロ・ド・ラ・ルジョット　Clos de la Rougeotte
AC：ヴォルネ1級畑
L：記載なし　R：記載なし　JM：1級畑　　　　　　　　　　　　　　　　　　　　0.52ha

同じヴォルネ村のフレミエ・クロ・ド・ラ・ルジョットと混同しやすい。筆者は、この畑はドメーヌ・ビュフェの単独所有と思っていたが、ドメーヌ・アンリ・ボワイヨもクロ・ド・ラ・ルジョット名でワインを造っている。畑は集落の北側に向かって狭くなり、アンリ・ボワイヨの醸造所に突き当たる。このため、地図上ではル・ヴィラージュと表記することが多い（1985年まで、この名称を使用しなければならなかった）。畑名の由来は、周囲の木が早く紅葉するとの説と、土壌が赤いためとの説がある。

フレミエ　Frémiets
ACs：ヴォルネ1級畑およびヴォルネ
L：1級畑†　R：特級畑　JM：1級畑　　　　　　　　　　　　　　　　　　　　5.87ha*

斜面の中腹（265〜290m）に位置し、ポマール村のフレミエに接する。基岩は、ジュラ紀後期オックスフォード階のもので、表層土は赤色系の粘土質。ポマールの土壌に似る。斜面は、畑の中ほどで大きく落ち込む。上部区画のワインはパワーに富み、下部のワインは早く熟す。バンジャマン・ルルー（ドメーヌ・デュ・コント・アルマン）では、ポマールの畑より1週間早く収穫する。

フレミエの中に、フレミエ・クロ・ド・ラ・ルジョットという飛び地があり、ブシャール・ペール・エ・フィスの単独所有畑。これと、向かいのクロ・ド・ラ・ルジョットは混同しやすい。こちらの畑はフレミエの外にあり、ドメーヌ・ビュフェとアンリ・ボワイヨが所有する。

　　　　　　　　　　　　　　　*このほかに1.52haのレ・フレミエ、クロ・ド・ラ・ルジョットがある。

ラ・ジゴット　La Gigotte
ACs：ヴォルネ1級畑およびヴォルネ
L：3級畑　R：1級畑　JM：ACヴォルネ　　　　　　　　　　　　　　　　　　　0.54ha*

村名格ヴォルネの項目（353頁）を参照。　　　*このほかに同名の村名格の畑が2.94haある。

レ・グラン・シャン　Les Grands Champs
ACs：ヴォルネ1級畑およびヴォルネ
L：記載なし　R：1級畑　JM：ACヴォルネ　　　　　　　　　　　　　　　　　　0.24ha*

畑の最上部にブドウ樹を南北方向に植えた細長い長方形の小区画（リュー・ディ）が1級。残りは村名格ヴォルネの項目（353頁）を参照。　　　*このほかに同名の村名格の畑が6.74haある。

ラソル　Lassolle
ACs：ヴォルネ1級畑およびヴォルネ
L：3級畑　R：2級畑　JM：ACヴォルネ　　　　　　　　　　　　　　　　　　　0.22ha*

村名格ヴォルネの項目（353頁）を参照。　　　*このほかに同名の村名格の畑が0.80haある。

レ・リュレ　Les Lurets
ACs：ヴォルネ1級畑およびヴォルネ
L：3級畑　R：1級畑　JM：1級畑　　　　　　　　　　　　　　　　　　　　　　2.07ha*

18世紀、この地で古代の墳墓が発掘され、黄金の兜（かぶと）をかぶった頭蓋骨が見つかる。畑の上部のみが1級格付け。土壌はロバルデルに似ているが、軽量で色も明るい（これが畑名の由来）。下部は、斜

面もゆるく、土壌は重くて粘土質とシルトが多い。最下部の多湿地帯の格付けはACブルゴーニュ。
*このほかに同名の村名格の畑が6.65haある。

レ・ミタン　Les Mitans
AC：ヴォルネ1級畑
L：1級畑†　　：1級畑　JM：1級畑　　　　　　　　　　　　　　　　　3.98ha*

ボーヌのノートル・ダム寺院の殉教史にこの畑が初めて登場するのは1236年。以降、「Mitans」や「Mitant」と表記する。1790年には「Mutant」(突然変異体やSFのミュータントの意味)になったりした。畑名は、斜面の中ほどに位置することに由来か。斜面は東向きで、表層土は小石が多く白色系。ミタンに併合された隣のオルモも地勢が似る。ドメーヌ・ド・モンティーユと、ドメーヌ・ミシェル・ラファルジュ(2005年以降)が上質のワインを造る。
*このほかに2006年から4.32haのアン・ロルモーが加わる。

アン・ロルモー　En l'Ormeau
AC：ヴォルネ1級畑
L：1級畑†　R：1級畑　JM：1級畑(ミタン)　　　　　　　　　　　　　　4.32ha

2006年ヴィンテージからミタンに併合される。中世、地方裁判所では楡(ormeau)の木の下で判決を言い渡した。また、夏の村祭りも楡の木の下で開催した。アン・ロルモーとミタンには、テロワールやワインのスタイルに大きな違いはない。しいて言えば、アン・ロルモーが少しエレガントか。

レ・ピテュール　Les Pitures
ACs：ヴォルネ1級畑およびヴォルネ
L：3級畑　R：1級畑　JM：1級畑(ピトゥール)　　　　　　　　　　　　　6.94ha*

2006年ヴィンテージから、ピテュール=ドゥスュ(4.08ha)とシャンラン(2.86ha)を併合してこの名前になる。1ha強の村名畑は、シャンランのまま。斜面上部にあり、南東向きで泥灰岩の比率が高い。
*このほかに同名の村名格の畑が1.02haある。

ピテュール=ドゥスュ　Pitures-Dessus
AC：ヴォルネ1級畑
L：3級畑　R：1級畑　JM：1級畑　　　　　　　　　　　　　　　　　　4.08ha

畑名は、隣のポマール村の1級畑プテュール(Poutures)と同様、「泥」に由来するらしい。斜面上部の立地から泥は連想しにくいが、泉が湧き出ているので、かつては泥地だったのだろう。石灰質の基岩を覆う表層土は、斜面下部では小石混じりの褐色土で、上部で白亜質の泥灰土になる。斜面は急で、標高330mから290mまで下る。ブドウ栽培に理想の南東向き。最上ではないが、良質で上品なワインができる。ジャン=マルク・ボワイヨ、ビトゥゼ=プリウールのワインが有名。

ポワント・デ・ザングル　Pointe des Angles
1.23haの小さい区画で、2006年ヴィンテージからレ・ザングルに併合されるまでは、この名前で1級を名乗った。畑名は、ヴォルネからポマールへ抜ける道と、D973号線にはさまれ、畑の形が鋭角に尖って(pointe)いることに由来する。

ロバルデル　Robardelle
ACs：ヴォルネ1級畑またはヴォルネ
L：2級畑　R：1級畑　JM：1級畑　　　　　　　　　　　　　　　　　　2.94ha*

記録に最初に登場したのは1481年で、畑名は、「盗賊の巣窟」に由来するらしい(百年戦争時代の盗賊か)。ロバルデル(綴りはRobardelleとRobardellesの2つあり)名で出すことはほとんどないが、ドメーヌ・ロシニョール=コルニュ、ユベール・ヴェドゥロー、パスカル・ブレがここで上質のワイン

を造る。　　　　　　　　　　　　　　　　　＊このほかに同名の村名格の畑が1.33haある。

ル・ロンスレ　Le Ronceret
AC：ヴォルネ1級畑
L：2級畑　R：1級畑　JM：1級畑　　　　　　　　　　　　　　　　　　　　　　1.90ha

シャンパンの下、レ・ゾシーの隣に位置する（レ・ゾシーは2006年からロンスレに併合）。ニコラ・ロシニョールがフルボディのワインを造る。このパワーゆえ、ロシニョールが主催するヴォルネ1級の試飲では、いつも最後に供する。ジャン゠マルク・ボワイヨ、パスカル・ブレとジャン゠マルク・ブレも、この畑でワインを造る。

レ・サントノ　Les Santenots
AC：ヴォルネ1級畑
L：特級畑（サントノ・デュ・ミリュー）　R：特級畑（サントノ・デュ・ミリュー）
JM：上位1級畑（サントノ・デュ・ミリュー）　　　　　　　　　　　　　　　　29.07ha

この畑が記録に最初に登場するのは1218年で、タール修道院がムルソーの畑をシトー寺院に寄進したときである。寄進畑には、サントノの2区画を含む。ヴォルネの畑だが、全部がムルソーにある。ムルソーが白で有名で、一方、レ・サントノの赤がヴォルネに似ていることを思うと、境界を越えた名称もうなずける。
納得できないのは1級区画の範囲。中心部は8.80haのレ・サントノ・デュ・ミリューで、この中に1.19haのクロ・デ・サントノがある。これに加えて、レ・プリューレ、あるいは、レ・プテュール（10.45ha）、レ・サントノ・ブラン（2.92ha）、レ・サントノ・ドゥスー（7.64ha。レ・ヴィーニュ・ブランシュの0.5haを含む）もヴォルネ・サントノと呼べるが、レ・サントノ・ドゥスーは斜面のはるか下部にあり、ヴォルネ・サントノにふさわしくない。
土壌は、ヴォルネに比べると粘土分がかなり多い。これにより、ポマールのようなタンニンはないが、ボディが大きく豊かな質感をもったワインができる。
サントノは、ヴォルネ1級の中で常に最高の評価を受け、ラヴァルとロディエも、そろって特級に格付けしているが、真価を発揮するには長期熟成させる必要がある。1989年からドミニク・ラフォンは、レ・サントノ・デュ・ミリューの広い自社区画（3.8ha）で質の高いワインを造る。ただし、今、飲み頃を迎えたヴィンテージはほとんどない。記憶に鮮明に残っているのはカミーユ・ジルーの1949年で、1980年代に飲んだとき、あまりの優美さに息が止まった。このワインは、当初から、ラフォンが所有する畑のブドウで造ったものと思われる。また、1996年にラフォンのセラーで飲んだ1929年も忘れられない。色調は褪せたオレンジ色だが、優しくデリケートな香りは活力にあふれ、グラスの中で20分以上も開き続けた。口の中では、繊細な果実味がミルフイユのように何層にも重なり、心が躍る瞬間だった。
このほか、オスピス・ド・ボーヌ（キュヴェ・ジュアン・ド・マソルとキュヴェ・ゴヴァン）、ドメーヌ・ルロワ、アンポー、ドメーヌ・ジャック・プリウール（クロ・デ・サントノを単独所有）も上質のワインを造る。

レ・サントノ・デュ・ミリュー　Les Santenots du Milieu
AC：ヴォルネ1級畑
L：特級畑（赤）　R：特級畑（赤）　JM：別格1級畑　　　　　　　　　　　　　8.01ha

サントノの最上区画。ドメーヌ・ジャック・プリウールが単独所有するクロ・デ・サントノもここにある。

タイユ・ピエ／タイユピエ　　Taille Pieds / Taillepieds
AC：ヴォルネ1級畑
L：2級畑　　R：1級畑　　JM：別格1級畑　　　　　　　　　　　　　　　　　　　　　　7.13ha

現在、タイユ・ピエとクロ・デ・シェーヌは、ヴォルネで最高評価の畑だが、ラヴァルの1855年の格付けとロディエの1920年の格付けでは、ともに特級からはずれているのは不可解。当時、気候が冷涼だったため、斜面上部のこの2つの畑では、今よりブドウの成熟が遅かった可能性がある。タイユ・ピエの斜面はヴォルネでもっとも急で、ブドウ樹を剪定するときは、しっかり両足（taille-pied）でふんばらねばならない。表層土は、下部のシャンパンより色が明るく、基岩はジュラ紀後期オックスフォード階のもの。組成中の石灰岩と粒子の細かい粘土が絶妙に混じり、タイユ・ピエの上品さとミネラル感が生まれる。

ダンジェルヴィルの1991年を樽から試飲したとき、筆者は強烈な衝撃を受けた。1991年は難しい年で、それゆえ、生産者の腕があらわれるヴィンテージだが、ほかの極上ワインから頭一つ抜けていた。名手ドメーヌ・ド・モンティーユが所有するヴォルネの5つのキュヴェでも、タイユ・ピエが最上である。2006年の秋、ダンジェルヴィルとモンティーユの手になるタイユ・ピエ2002年を飲み比べたことがあった。やわらかなビロードの感触が印象的で、両者のシャンパンをはるかにしのぐ出来だった。

タイユ・ピエは、畑の下部、D973号線の周辺の区画がよく、上部の標高300m地帯でできるワインは、下部区画の果実味に欠ける。ただし、クロ・デ・シェーヌでは、上部と下部の差はあまりない。

アン・ヴェルスイユ／クロ・デュ・ヴェルスイユ　　En Verseuil / Clos du Verseuil
AC：ヴォルネ1級
L：2級畑　　R：1級畑　　JM：1級畑　　　　　　　　　　　　　　　　　　　　　　0.68ha

もとの語は「Verneuil」で、vernes aulnes（榛の木）に由来するが、畑名の「Verseuil」からはversant（斜面）を連想する。土壌は、クロ・ド・ローディニャックとほぼ同じだが、東を向くため、日照で少し優る。小石の多い畑の特徴がワインにあらわれている。ドメーヌ・クレルジェが単独所有する。

村名格ヴォルネ　　Village vineyards：appellation Volnay

ACヴォルネは、市場でほとんど見かけないし、上質の村名ワインは非常に少ない。斜面下部の畑は湿気が多く、興味を惹くワインはできない。バンジャマン・ルルーはブドウ樹の仕立て方でいろいろな実験を重ね、コント・アルマンのACヴォルネの品質改善に励んでいる。

エズ・ブランシュ　　Ez Blanches　　　　　　　　　　　　　　　　　　　　　　　　3.33ha
エズ・ブランシュ（レ・ブランシュとも呼ぶ）は、斜面上部にあり、銘醸1級畑、クロ・デ・シェーヌと丘陵頂上部の森にはさまれている。ディディエ・ダルヴィオ＝ペランが単独所有する。

ラ・カーヴ　　La Cave　　　　　　　　　　　　　　　　　　　　　　　　　　　　5.48ha
畑名は、クロ・ド・ラ・カーヴ・デ・デュックの隣に位置するからではなく、「窪地」に由来する。実際は、窪地ではなく渓谷であり、ヴォルネの集落と上部の森のあいだに位置する。東から東南東に傾斜するが、丘陵が日照をさえぎるため上質のワインはできない。ジャン＝マルク・ブレがクロ・ド・ラ・カーヴを造る。

エ・ゼシャール　　Ez Echards　　　　　　　　　　　　　　　　　　　　　　　　5.26ha
1級のシャンパンの下のロンスレの下に位置する区画。セバスチャン・マニャンがここでACヴォルネを造る。

レ・ファミーヌ　Les Famines　　　　　　　　　　　　　　　　　　　　　　　9.16ha

ACヴォルネを代表する区画だが、斜面のかなり下にあり、水はけが悪い。

ラ・ジゴット　La Gigotte　　　　　　　　　　　　　　　　　　　　　　　　2.93ha*

ACヴォルネにしては立地がよい。1級畑の直下にあり、アン・ロルモー、カレル・ドゥスーに接す。土質は褐色の粘土と石灰質で、ヴォルネの典型的な土壌。ヴァンサン・ペランとドメーヌ・ダルヴィオ=ペラン（モンテリ）がラ・ジゴット名でワインを造る。　　＊このほかに同名の1級畑が0.54haある。

レ・グラン・シャン　Les Grands Champs　　　　　　　　　　　　　　　　　6.74ha*

この畑の1級区画がこれほど狭いのは不思議で、これまで、この畑の1級を見たことがない。下層土は沖積土で、ポマールから流出した。ACヴォルネとしては好立地の畑だが、それがワインにあらわれない。表層土には小石が多く、水はけはよい。　　　＊このほかに同名の1級畑が0.24haある。

レ・グラン・ポワゾ　Les Grands Poisots　　　　　　　　　　　　　　　　　12.7ha
レ・プティ・ポワゾ　Les Petits Poisots　　　　　　　　　　　　　　　　　　3.5ha

ポワゾは「小さな井戸」を意味する。グラン・ポワゾとプティ・ポワゾは、村のポマール寄りにある。畑名からわかるように、高湿度の土壌にブドウ樹を植えているが、上質のACヴォルネができる。ルイ・ボワイヨは、優れたグラン・ポワゾを造る。

ラソル　Lassolle　　　　　　　　　　　　　　　　　　　　　　　　　　　　0.80ha*

ACヴォルネと1級を産する小さな区画。名前も魅力に欠ける〔欧米人は、「asshole：まぬけ」を連想する〕集落の背中にあり、道路を越えて、クロ・デ・デュックの先に位置する。ルロワの1985年以外、ACヴォルネ、1級とも見ない。　　　　　＊このほかに同名の1級畑が0.22haある。

主要生産者

マルキ・ダンジェルヴィル　Marquis d'Angerville

1804年、オートン県の地方長官に新しく任命されたメニル男爵が、ヴォルネの北に15haの畑と豪奢な邸宅を購入する。1906年、ジャック・ダンジェルヴィル老侯爵(マルキ)が、叔父のメニル公の死後、全部の畑と邸宅を買った。ダンジェルヴィル公は、経済が停滞した1920年代の後半から1930年代の前半、アンリ・グージュやアルマン・ルソーとともに、ドメーヌ元詰め促進運動を強力に進めた。また、アペラシオン制度推進の中心人物でもあった。

マルキ・ダンジェルヴィルの所有畑	
赤	ha
Volnay 1er Cru Clos des Ducs（単独所有）	2.15
Volnay 1er Cru Champans	3.98
Volnay 1er Cru Taillepieds	1.70
Volnay 1er Cru Frémiets	1.57
Volnay 1er Cru Cailleret	0.45
Volnay 1er Cru Les Angles（2008年以後）	1.03
Volnay 1er Cru（L'Ormeau 0.65, Les Pitures 0.31）	0.96
Pommard Les Combes	0.38
白	
Meursault 1er Cru Santenots（Les Plures）	1.05

ダンジェルヴィル公の息子（名前は同じくジャック）は、第二次世界大戦後、父とともにワインを造る。1952年、父の死去にともなって家督を相続し、2003年に没するまでドメーヌを切り回した。息子のギヨーム・ダンジェルヴィルと、義理の息子のルノー・ド・ヴィレットがドメーヌを引き継ぎ、2005年からは、フランソワ・デュヴィヴィエがブドウの栽培とワインの醸造を担当する。ドメーヌは現在、ビオディナミに転換中。

ダンジェルヴィルでは、ブドウを完全に除梗し、必要に応じて15℃まで冷却したのち、発酵槽で15日から20日かけて33℃以下で発酵させる。醸造責任者のデュヴィヴィエは、ピジャージュよりルモンタージュを好むらしい。発酵後、樽（新樽比率は20％以下）に入った状態で二冬を越す。タランソーの樽をよく使うが、フランソワ・フレール、レモン、ベルトミューの樽も使用する。

なお、ダンジェルヴィルでは、ブルゴーニュワイン事務局（BIVB：Bureau Interprofessionel des Vins de Bourgogne）で交配させた果実の小さいピノ・ノワールの種苗を保管・貯蔵している。

ヴォルネ1級 クロ・デ・デュック（単独所有）　斜面下部でできる典型的なヴォルネよりも、骨格は大きくしっかりしている。最初は穏やかなニュアンスがあるが、この骨格を軸にしてラズベリーや赤スグリの果実味が口の中で爆発する。長期熟成に十分耐える。

ヴォルネ1級 タイユ・ピエ　1991年を飲んだ時の衝撃を今でも思い出す。まだ若いワインだったが、果実の純粋さと凝縮感がきわだっていた。優雅なスタイルではなく、飛び跳ねるような活力にあふれる。

ドメーヌ・アンリ・ボワイヨ（旧ドメーヌ・ジャン・ボワイヨ）
Domaine Henri Boillot（formerly Domaine Jean Boillot）

2005年、アンリ・ボワイヨが、兄ジャン＝マルク・ボワイヨと、姉ジャニン・ブドの土地を買い、父から引き継いだドメーヌに自分の名前を冠す。ほぼ同面積の赤と白の畑を相続したが、これはかなり珍しい。ボワイヨによると、「赤と白に同じだけ時間をかける」そうで、「赤ワインは醸造がすべて、白ワインは熟成がすべて」らしい。

ブドウ樹はリュット・レゾネ（減農薬栽培）で栽培し、化学合成物は使用しない。アンリは、有機栽培に関心があるものの、畑が細かく分割されているブルゴーニュでは、周囲の全員が一斉に始めないと（あるいは、強制しないと）、きめ細かい有機農法を採用しても無意味と考えているらしい。

白ワインは、全房を圧搾し、きれいに清澄させたのち、ピジャージュせずに発酵させる。エレヴァージュは、フワンソワ・フレール社製350リットルの樽に入れる。新樽と1年落ちの樽を半分ずつ使い、これ以上、新樽率は上げない。

ボワイヨの白ワインは雑味がなく、フランソワ・フレールの樽に由来する香ばしさを感じるが、樽負けすることはない。ボワイヨが造る上質のワインに共通するのは、きれいな酸味である。

赤ワイン造りは、畑から始まる。厳しく剪定し、余分な蕾を落とすことでグリーン・ハーヴェスト

せずに収量を低く抑える。さらに、収穫の2週間前に畑をくまなく歩き、未熟果や不健康なブドウを切り落とす。ブドウの房の数を早い段階から限定することは、実が成ってから切り落とすよりはるかに重要。収穫時には、醸造所への搬入前に選果台で厳しく選別し、腐敗果が混入して健全なブドウが悪影響を受けないよう管理する。

醸造所では、除梗したのち、4週間の発酵過程の初期工程として12日間にわたり8℃に冷却する。温度を上げると発酵が自動的に始まり、状況に応じてルモンタージュを実施する(ボワイヨはピジャージュを好まない)。発酵が終了すると樽に入れる。樽は、新樽か1年落ちで、赤には228リットルのものを使う。澱引き、清澄、濾過はしない。

ドメーヌ・アンリ・ボワイヨの所有畑	
赤	ha
Volnay 1er Cru Clos de la Rougeotte	0.30
Volnay 1er Cru Chevrets	2.00
Volnay 1er Cru Fremiets	2.50
Volnay 1er Cru Caillerets	1.00
Beaune 1er Cru Clos du Roi	0.65
Savigny 1er Cru Les Lavières	0.73
白	
Puligny-Montrachet 1er Cru Pucelles	0.65
Puligny-Montrachet 1er Cru Clos de la Mouchère (単独所有)	3.92
Puligny-Montrachet 1er Cru Perrières	0.33
Meursault 1er Cru Genevrières	n/a
Savigny 1er Cru Les Vergelesses Blanc	0.50
Puligny-Montrachet	1.00

アンリ・ボワイヨの赤は色調が濃く、この意味では古典的ではなく現代的なつくりだが、樽香がつきすぎたり、抽出過多のニュアンスはなく、畑の特徴がよく出ている。ただし、筆者はボワイヨの古酒を飲んだ経験は多くない。

1995年まで、ニュイ=サン=ジョルジュでレ・カイユを造っていたが、畑をブシャールのヴォルネ・フレミエと交換した。また、2005年までボーヌでレ・ゼプノを生産していたが、同区画は現在、ジャン=マルク・ボワイヨが所有する。

メゾン・アンリ・ボワイヨ　Maison Henri Boillot

1995年からアンリ・ボワイヨではネゴシアン物の生産を開始し、2000年には、ムルソーへ至る鉄道路線に面したシャン・ド・ランに近代的な施設を建てた。アンリ・ボワイヨのワインの90%は白で、コート・ド・ボーヌのいろいろな畑のブドウを使い、現代的でスタイリッシュなワインを幅広く造る。ACブルゴーニュの赤(ACペルナン=ヴェルジュレスとACサントネのブドウで造る)と、コート・ド・ニュイでクロ・ヴジョ(グラン・モペルテュイの区画)、シャルム=シャンベルタン、ル・シャンベルタンと3つの特級を造る。コート・ド・ニュイの3つの特級畑では、ボワイヨの従業員がすべての畑仕事を担当し、その上で、収穫したブドウを買う。

ジャン=マルク・ブレ　Jean-Marc Bouley

ドメーヌの名声にふさわしく、きちんと造ったワインをお値打ち価格で出す。新たにドメーヌへ参画した息子のトマは、高級路線への脱皮を試みている。ACヴォルネのクロ・ド・ラ・カーヴと、ヴォルネ1級のカレル、カイユレ、クロ・デ・シェーヌ、アン・ロルモー、ボーヌ1級のルヴェルセ、ポマール1級のフルミエとリュジアンなどの銘醸畑を所有する。

ドメーヌ・ミシェル・ラファルジュ　Domaine Michel Lafarge

ラファルジュは、19世紀にジョット家から分家し、1900年にクロ・デュ・シャトー・デ・デュックを購入した。娘のマリーは、マコネのユシジ出身のアンリ・ラファルジュと結婚。アンリ・ラファルジュの手になるドメーヌの最初のワインは、1949年のパストゥグランと、ヴォルネ1級のクロ・デ・シェーヌだった。以降、後者のワインにより、ドメーヌの名声が上がる。

息子のミシェル・ラファルジュがドメーヌに参画したのは1949年で、さらに、ミシェルの息子フレデリックは1978年に家業に就く。1997年からビオディナミへの転換を図り、2000年から本格的に実施する。ビオディナミへの「宗旨替え」に関し、大きな論争や、販売側からの抵抗はなかったらしい。クロ・デュ・シャトー・デ・デュックの畑に行くと、放し飼いにした雌鶏の鳴き声がひっきりなしに聞こえる。鶏は移動鶏舎に乗せて畑を巡回し、土中の虫を食べ、糞をして自然の肥料を土に返す。醸造法では特筆することはない。白ワインは全房を圧搾し、静置して不純物を沈殿させる(時間は、

ヴィンテージにより異なる)。樽で熟成させるが(アリゴテはタンクで熟成)、ボーヌ・アリゴテ以外は新樽を使わない。赤ワインでは、ブドウは小さい箱に入れて収穫し、醸造所で選果し、除梗してから(実を傷つけないよう細心の注意を払う)、14〜18日かけて発酵させる。最初にルモンタージュしたのち、1日1回ピジャージュを実施する。自然発酵が遅くない限り、発酵前の浸漬はしない。発酵終了直後は、果汁から果皮を取り除き、48時間沈殿させた後、樽に入れる。赤の場合も新樽率は低く、上級ワインで15%、2005年のような特別に良いヴィンテージでも、20%までしか上げない。アリゴテとムルソーでは、通常ボトルと、最

ドメーヌ・ミシェル・ラファルジュの所有畑	
赤	ha
Volnay 1er Cru Clos du Château des Ducs (単独所有)	0.57
Volnay 1er Cru Clos des Chênes	0.90
Volnay 1er Cru Caillerets (2004年以後)	0.30
Volnay 1er Cru Mitans	0.40
Volnay 1er Cru Chanlins	0.26
Pommard 1er Cru Pézerolles	0.14
Beaune 1er Cru Les Grèves	0.38
Beaune 1er Cru Les Aigrots (2005年以後)	0.70
Volnay (2種類のキュヴェ)	2.48
Côte de Beaune Villages (Meursault)	0.28
白	
Beaune 1er Cru Les Aigrots Blanc (2005年以後)	0.25
Meursault (2種類のキュヴェ)	1.00

上区画の古樹を使った「レザン・ドレ」の2種類を造る。同様に、古樹のパストゥグランを「レクセプシオン」、ヴォルネの特別キュヴェを「ヴァンダンジュ・セレクシオネ」の名前で出す。

ミシェル・ラファルジュは、80歳を過ぎた今も現役で働く一方、息子のフレデリックは、自分で30ヴィンテージも造ってきた。父の経験と息子の情熱が絶妙に調和した好例といえる。最近、ブドウ畑を買い足したが、ヴォルネにある醸造施設では、古い樽やクモの巣の張ったボトルに囲まれ、昔ながらの造り方を変えない。長期熟成を目指した古風な造りをし、新樽由来のセクシーさもないので、若いうちは良さがわかりにくいが、熟成させるとすばらしいワインに変身する。

ヴォルネ1級 クロ・デュ・シャトー・デ・デュック(単独所有) ミシェル・ラファルジュの祖父、フレデリック・ジョットが1900年に購入した畑。ラファルジュの家の裏口まで伸びる。若いうちは果実味が目立つが、10年も熟成させると真価が出る。

ヴォルネ1級 クロ・デ・シェーヌ このドメーヌの看板ワイン。畑は、D973号線の上で、集落の背中に抜ける小道のすぐ右側に位置する最良の区画。絶妙の果実味があり、ほかのラファルジュのワインとは一線を画す。果実味、酸味、タンニンのバランスが完璧な骨格がある。15年を経過して成熟期に入り、良いヴィンテージではこの状態が何十年も続く。

ヴォルネ1級 カイユレ 2004年にジャブレ゠ヴェルシェールから購入した区画。レ・カイユレ・ドゥスーの下部にあり、昔の採石場の跡地だったため、やや窪んでいる。ブドウ樹は1950年代に植えた古木で、ラファルジュの細やかな手入れと相まって、カイユレの名声に相応しいワインができる。

ボーヌ1級 グレーヴ 植樹は第一次世界大戦直後で、ミシェル・ラファルジュ最古のブドウ樹がある。ラファルジュの区画は畑の中央右で、銘醸畑ヴィーニュ・ド・ランファン・ジェズュの真北に位置する。畑のロケーションによるのか、ブドウ樹によるのか、ラファルジュのグレーヴは洗練された質感があるうえ、パワーに富み、赤いチェリーの果実味もしっかりあらわれる。

ドメーヌ・ド・モンティーユ　Domaine de Montille

19世紀初期、プロスペール・ド・モンティーユは、コート・ド・ニュイに銘醸畑を多数所有していたが、子孫の代で次々に売却する。1947年に、ユベール・ド・モンティーユが相続したのは、ヴォルネのカレル、タイユ・ピエ、シャンパンの計3haと、ポマールのリュジアンのみだが、再興にのり出す。1983年から1989年まで息子のエティエンヌの力を借り、1990年からはエティエンヌの支援にまわり、1995年からはエティエンヌにすべてを移譲する。ユベールがドメーヌを切り回していた頃、エティエンヌは、昼はディジョンで有能な弁護士として働く。2001年からブルゴーニュに戻り、フルタイムでドメーヌを運営するが(ド・モンティーユだけではなく、シャトー・ド・ピュリニ゠モンラシェも)、それまではパリで仕事をしていた。エティエンヌは、妹のアリックスが経営する小規模ネゴシアン、ドゥー・モンティーユ(Deux Montille)も支援した。

ドメーヌは、次々に畑を購入して事業を拡大。ピュリニのカイユレ(1993年取得)、ボーヌのレ・ゼ

グロ、ACコルトンとコルトン=シャルルマーニュ（2004年取得）、2005年には、ドメーヌ・デュジャックと共同で、ドメーヌ・トマが所有していたコート・ド・ニュイのオー・トレ、マルコンソール、クロ・ド・ヴジョも購入した。

現在、ワインはムルソーにある大きな醸造施設（もとはロピトーが所有）で造る。アリックス・ド・モンティーユが、白ワイン、および、自身のネゴシアン・ラベルであるドゥー・モンティーユのワインを造る。エティエンヌは赤ワイン全般を管理し、2007年からセラーマスターとしてシリル・ラヴォーが醸造を担当する。ユベールの時代に比べ変化したことがあり、ユベール時代は、アルコール度数が12%以下の場合、シャプタリザシオンをしていたが、成熟したブドウができる今は、実施していない。

ヴォーヌ=ロマネ1級 オー・マルコンソール　2005年からレ・マルコンソールの最上区画を所有。初ヴィンテージから、通常版と特別版の2つを造り、醸造方式や瓶詰めを明確に分けている。筆者はこのやり方を是とはしないが、通常ボトルとキュヴェ・クリスティアーヌ（母親の名前）には、毎年、明らかな違いがあり、この方式の効果が十分に出ている。キュヴェ・クリスティアーヌは、ラ・ターシュのすぐ下の区画で採れたブドウを使い、絢爛豪華なワインとなる。

ポマール1級 リュジアン　リュジアンの下部、すなわち、リュジアンの最良区画で造る。古木のブドウは除梗せず、若木の果実は除梗するが、畑に由来するワインの重量感とパワーは、そんな細かい醸造技術を凌駕する。

ヴォルネ1級 タイユ・ピエ　ド・モンティーユがヴォルネで造るワインの最高峰。斜面上部の区画なのに、圧倒的な果実味と絹のように滑らかな質感がある。このワインの果実味は、除梗した房と除梗しなかった房の割合で決まるようだ。

ピュリニ=モンラシェ1級 レ・カイユレ　1993年にドメーヌ・シャルトロンから購入した区画。最近まで、このワインがド・モンティーユの唯一の白だった。バランスがよく、完成度が非常に高い。繊細さだけでなく、ル・モンラシェに隣接する絶好のロケーションから来る力強さも備える。5年熟成させることを薦める。

ドメーヌ・ド・モンティーユの所有畑	
赤	ha
Clos de Vougeot Grand Cru	0.29
Corton Clos du Roi Grand Cru	0.84
Vosne-Romanée 1er Cru Aux Malconsorts	1.37
Nuits-St-Georges 1er Cru Aux Thorey	0.73
Pommard 1er Cru Rugiens	1.02
Pommard 1er Cru Pézerolles	1.09
Pommard 1er Cru Les Grands Epenots	0.23
Volnay 1er Cru Taillepieds	1.51
Volnay 1er Cru Champans	0.96
Volnay 1er Cru Mitans	0.73
Volnay 1er Cru Carelle	0.20
Volnay 1er Cru Brouillards	0.37
Beaune 1er Cru Grèves	1.26
Beaune 1er Cru Perrières	0.64
Beaune 1er Cru Sizies	1.62
Nuits-St-Georges St-Julien	0.58
白	
Corton-Charlemagne Grand Cru	1.04
Puligny-Montrachet 1er Cru Les Caillerets	0.85
Beaune 1er Cru Les Aigrots	0.44
Meursault Les Narvaux（2008年以後）	0.24

ドメーヌ・ヴァンサン・ペラン　Domaine Vincent Perrin

1990年代にヴァンサン・ペランとクリスティーヌ・ペランがドメーヌ元詰めを始め、今では、カレル、ジゴット、リュレ、ミタン、ロバルデルなどのヴォルネ1級を幅広く出す。また、ポマール1級のシャンラン、ACモンテリ、ACムルソー、ACサン=ロマンも産す。

ドメーヌ・ド・ラ・プス・ドール　Domaine de la Pousse d'Or

もとは、ブルゴーニュ公とフランス王家が所有したドメーヌだったが、民間の手に渡る。19世紀の半ばにDRC（ドメーヌ・ド・ラ・ロマネ=コンティ）を所有していたジャック=マリー・デュヴォ=ブロシェがオーナーだったこともある。1964年から1997年まで、共同所有者の委託を受けてジェラール・ポテルが運営。共同所有者がドメーヌの売り先を模索している最中、ポテルが急逝し、売却話が一挙に進む。ドメーヌの株式購入条件を折衝していたパトリック・ランダンジェがドメーヌの全部を買うことになる。ワインへの思いは熱いが、同ドメーヌで直接ワインを醸造した経験がないので、ある醸造責任者を採用したところ、大失敗してワインを造れなかった。近所のアンリ・ボワイヨか

ら厳しい叱責を受けて一念発起し、1999年から自分でワインを造るようになる。最初の数年間は、別の醸造技術者と栽培コンサルタントを雇用し、自分の栽培・醸造技術を軌道修正した。

ランダンジェは、畑を買い増して規模を拡大する。1998年にコルトン・ブレサンドとコルトン・クロ・デュ・ロワを購入、2004年にはピュリニ=モンラシェのカイユレ、最近では、ドメーヌ・モワーヌ=ユドロが所有していたシャンボール=ミュジニの区画も買う。また、どんな状況でもポンプによる負荷をワインに与えないため、作業別に6層に分けた重力移動式の醸造設備を造った。

サントネ1級 クロ・タヴァンヌ サントネのシャサーニュ側にある畑。通常、畑は道が境界になっているが、ここは、複数の畑が1枚につながる。プス・ドールの区画には、1929年植樹という畑でもっとも古いブドウ樹がある。このワインには熟した赤いベリーのニュアンスがあり、深みのある香りが特徴。

ヴォルネ1級 クロ・ド・ラ・ブス・ドール（単独所有）
ここの最古のブドウは、1958年の植樹。ワインは、みずみずしい果実味にあふれ、すばらしい魅力と豊かなボディが口の中で交差する。暖かい年には、肉付きのよい赤系果実の中に黒系果実のニュアンスが混じる。

ヴォルネ1級 カイユレ・クロ・デ・ソワサン・トゥーヴレ（単独所有） 植樹の年代はさまざま。最古の樹は1954年に植えた。プス・ドールと同等の品格と品質を備える上、骨格がしっかりしているので長熟に耐える。

ドメーヌ・ド・ラ・プス・ドールの所有畑	
赤	ha
Corton Clos du Roi Grand Cru	1.45
Corton-Bressandes Grand Cru	0.48
Volnay 1er Cru Caillerets	2.24
Volnay 1er Cru Caillerets Clos des 60 Ouvrées（単独所有）	2.39
Volnay 1er Cru Clos de la Bousse d'Or（単独所有）	2.13
Volnay 1er Cru Clos d'Audignac（単独所有）	0.80
Pommard 1er Cru Les Jarollières	1.44
Santenay 1er Cru Gravières	1.25
Santenay 1er Cru Clos Tavannes	2.09
白	
Puligny-Montrachet 1er Cru Caillerets（2004年以後）	0.73
Santenay 1er Cru Gravières Blanc	0.23

最近、ドメーヌ・モワーヌ=ユドロを買収したため、ACシャンボール=ミュジニ、シャンボール=ミュジニ1級のレ・フスロット、レ・シャルム、レ・ザムルーズが加わった。

ロシニョール一族　The Rossignol family

ロシニョール一族は、ヴォルネのあらゆる場所に根を張る。筆者の聞きまちがいだと思うが、ニコラ・ロシニョールによると、ヴォルネのロシニョール名の生産者の数は、村全体の生産者の数より多いらしい。自分でブドウを栽培してワインを造る生産者は、たとえば以下のとおり。

　ドメーヌ・ロシニョール=シャンガルニエ（レジ・ロシニョール）
　ドメーヌ・ロシニョール=コルニュ（ディディエ・ロシニョール）
　ドメーヌ・ロシニョール=ジャニアール（ニコラ・ロシニョール）
　ドメーヌ・ロシニョール=フェヴリエ（フレデリック・ロシニョール）
　ドメーヌ・セゾン=ロシニョール
　　（クロード・セゾン、パスカル・ロシニョール、息子のエマヌエル・ロシニョール）

ニコラ・ロシニョール　Nicolas Rossignol

ニコラ・ロシニョール（1974年生まれ）は、1994年から父親のドメーヌであるロシニョール=ジャニアールで働く一方、1997年に自分のドメーヌを立ち上げ、現在は、両方を運営する（ワインは2つのラベルで出す）。ワインの大部分は、分益耕作契約をした畑のブドウで造る。また、ネゴシアンのライセンスがあるので、地主の取り分となるブドウも自分で買っている。総16haの畑から20種類以上のワインを造る。かつては、新世界風の力強くて過度に抽出したワインで有名だったが、今では果実味と骨格のバランスがとれたワインに進化した。新樽率も15~30%に減らす。自分が管理できる以上に種類や生産量を増やさないなら、これからも注目すべきドメーヌ。

ニコラ・ロシニョールの所有畑

	ha		ha
Volnay 1er Cru Cailleret	0.41	Pommard Les Vignots	1.12
Volnay 1er Cru Chevret	1.82	Volnay	1.12
Volnay 1er Cru Clos des Angles	1.79	Pommard	0.80
Volnay 1er Cru Fremiets	0.20	Beaune	0.40
Volnay 1er Cru Ronceret	0.31	Aloxe-Corton	0.67
Volnay 1er Cru Santenots	2.13	Savigny-lès-Beaune	0.40
Volnay 1er Cru Taillepieds	0.12	Pernand-Vergelesses	0.39
Pommard 1er Cru Chanlins	0.09		
Pommard 1er Cru Epenots	0.21		
Pommard 1er Cru Jarolières	0.11		
Beaune 1er Cru Clos des Mouches	0.28		
Beaune 1er Cru Reversées	0.32		
Beaune 1er Cru Clos du Roi	0.31		
Savigny-lès-Beaune 1er Cru Fourneaux	0.40		
Savigny-lès-Beaune 1er Cru Lavières	0.54		
Pernand-Vergelesses 1er Cru Fichots	0.91		

ドメーヌ・ジョゼフ・ヴォワイヨ　Domaine Joseph Voillot

故ジョゼフ・ヴォワイヨは、ニコラ・ロシニョールを教育し、ニコラに大きな影響を与えた。今は、丸々と恰幅のよい義理の息子、ジャン゠リュック・シャルロがドメーヌ経営にあたる。シャルロは、がっしりして飲み口のよいヴォルネ（シャンパン、カイユレ、フレミエが有名）、ポマール（リュジアン、ゼプノ、ペズロル、クロ・ミコー）のほか、少量ながらムルソー・シュヴァリエール、1級のレ・クラを造る。地元のレストランでは、古いヴィンテージ物を見かける。

本拠地がヴォルネ以外の生産者

ムルソーのドメーヌの中には、ヴォルネ・サントノの優良区画を持つ生産者がいる。有名どころでは、コント・ラフォン（シャンパンとクロ・デ・シェーヌも所有）、ジャック・プリウール（クロ・デ・サントノ）、ミシェル・アンポーなど。

ブルゴーニュ全土で根を張るボワイヨ家の子孫の中には、ヴォルネに畑を持つ生産者も少なくない。たとえば、ポマールのジャン゠マルク・ボワイヨ、シャンボール゠ミュジニのルイ・ボワイヨ、ジュヴレ゠シャンベルタンのリュシアン・ボワイヨなど。

ネゴシアンでは、ブシャール・ペール（カイユレ、クロ・デ・シェーヌ、タイユ・ピエ、フレミエのクロ・ド・ラ・ルジョット）や、出身地であるヴォルネでのワイン造りに熱心なニコラ・ポテルが、いろいろな種類のヴォルネを出す。

auxey-duresses, monthélie & st-romain

オセ゠デュレス、モンテリ、サン゠ロマン

コート・ドールでは、コート・ド・ニュイとコート・ド・ボーヌが地図上で一列に並び、村も同様に、直線上に位置する。例外がオセ゠デュレス、モンテリ、サン゠ロマンの3村である。モンテリは、ヴォルネとムルソーから肘のように張り出した地域で、最良区画はボーヌ丘陵から枝分かれして谷間に沿った地区に位置する。オセ゠デュレスはモンテリの西で、同じ谷間にある。サン゠ロマンはさらにはずれに位置し、谷が開いて平地になった底にある。以下、3つの村を順に解説する。

オセ゠デュレス　Auxey-Duresses

村名格オセ゠デュレス	107ha
オセ゠デュレス1級畑	28.60ha

オセ゠デュレスの大部分はアヴァン・ドーヌ渓谷にある。アヴァン・ドーヌ渓谷は、ボーヌ丘陵からムルソーを通り、平原を横切ってソーヌ河へなだれ込む。「Auxey」は、読み方が難しい。地元の人の発音は「オー（ク）セ」に近く、「オーセイ」とはならない。これに「Duresses」がつくと、字面が難しく、親しみやす

いとはいえない。しかし、サン゠トーバンの白が注目を集めている現在、オセのワインも安価で質が高いため人気が出始めている。オセの1級畑は村の東端、モンテリに接する地域に集中する。ここは渓谷の幅が一番広く、もっとも暖かい。1級畑レ・デュレスは南東向きの斜面で、村の境界を越えてモンテリに入り、同名の畑になる。渓谷をはさんで1級畑の反対側には、村名畑が固まったブロックがある。この一帯は、ムルソー(ヴィルイユ、リュシェ、メ・シャヴォー)の続きだが、丘陵がねじれて回り込み、オセではほとんど北向きになる(この地勢は白ワインには適す)。村名畑は、1級畑の西側にも伸びるが、渓谷が狭くなるに従い対岸の丘が迫り、また、オート゠コートから吹き抜ける寒風で気温が下がるため、南向きのメリットはない。この村名地区の中ほどには、古代ローマ時代の道が残っている。

畑はメランの集落の背中にもある。南東向きだが、渓谷からかなり上がった場所にある上、ソーヌ河の暖かい空気が途中の丘で遮断されている。オセ゠デュレスのブドウは、コート・ド・ボーヌの丘陵地帯の村に比べ、成熟度が低い。白ワインはシャープな酸が目立ち、赤ワインは角の立った味わいになる。しかし、バンジャマン・ルルーは、オセとモンテリを分ける峰の西側にある畑の白ワインを非常に好んでいる。

オセ゠デュレスについて、ジュール・ラヴァルの記述はない。ボーヌ丘陵の「表通り」にない村は評価の対象にしないのだろう。

オセ゠デュレス1級畑　Auxey-Duresses Premiers Crus

レ・ブレトラン　Les Bréterins
AC：オセ゠デュレス1級畑
R：2級畑　JM：1級畑(ラ・シャペル)　　　　　　　　　　　　　　　　　　1.92ha*

筆者が知る限り、この畑名のワインを造るのは、サントネのジャン゠マルク・ヴァンサンのみ。コント・アルマンのオセ゠デュレス1級には、ここのブドウをかなり混ぜている。畑はモンターニュ・デュ・ブルドンの下にあり、南向きで、わずかに東に傾斜している。　　　*0.24haのラ・シャペルを含む。

ラ・シャペル　La Chapelle　　　　　　　　　　　　　　　　　　　　　1.28ha
公式畑名ではないが、レ・ブレトランとルニュという地味な畑にまたがる区画で、銘醸畑を思わせる派手な名前がついている。シャブリのブルーズとヴォーデジールにまたがるラ・ムートンヌのような存在。斜面は南東向きで、渓谷の口がソーヌ河に向かって開く反対方向にある。ドメーヌ・ジャン・ラフージュがここで赤ワインを造る。

クリマ・デュ・ヴァル　Climat du Val
AC：オセ゠デュレス1級畑
R：3級畑　JM：1級畑　　　　　　　　　　　　　　　　　　　　　　　　8.37ha

渓谷の幅が狭くなり、畑の温度が下がる手前にある最後の1級畑。真南を向いた急斜面で、土壌は粘土分より石灰岩が多く、小石が大量に混じる。ワインはタンニンが強く、長期熟成に耐える。ドメーヌ・ロブレ゠モノ、G&Jラフージュがここでワインを造る。

クロ・デュ・ヴァル　Clos du Val
AC：オセ゠デュレス1級畑
R：3級畑　JM：1級畑　　　　　　　　　　　　　　　　　　　　　　　　0.93ha

クリマ・デュ・ヴァル内の小区画(リュー・ディ)。非常に狭いが立地条件は最良。プリュニエ家が単独所有する。正確には、ドメーヌ・ミシェル・プリュニエ・エ・フィーユと、プリュニエ゠ダミーの2つのプリュニエ一族が所有する。

レ・デュレス　Les Duresses
AC：オセ＝デュレス1級畑
R：2級畑　　JM：1級畑　　　　　　　　　　　　　　　　　　　　　　　　　7.92ha

村名がついているということは、村の最良区画を意味する。南東向きの急斜面にあり、白色の泥灰岩の上を小石の多い土壌が覆う。ワインは、平均的なオセよりボディが大きい。オセ＝デュレスだからといって、やわらかく優しい味わいを期待してはならない。ドメーヌ・ラフージュ、プルニエ＝ボヌール、トープノ＝メルムがここでワインを造る。

バ・デ・デュレス　Bas des Duresses
AC：オセ＝デュレス1級畑
R：2級畑　　JM：1級畑　　　　　　　　　　　　　　　　　　　　　　　　　2.39ha

名前の通り、レ・デュレスの下にある。レ・デュレスとして出荷したり、オセ＝デュレス1級にブレンドすることが多い。

レ・ゼキュソー　Les Ecussaux
ACs：オセ＝デュレス1級畑およびオセ＝デュレス
R：2級畑および3級畑　　JM：ACオセ＝デュレスあるいは1級畑　　　　　　3.18ha*

モンテリに隣接し、ボーヌからムルソーへ抜ける道にはさまれた場所にある。ここは上部のみが1級格付け。多数のドメーヌがここでワインを作る。たとえば、H&Gビュイソン、コシュ＝ビズアール、アンポー、ボワイエ＝マルトノの赤を出し、ビュイソンは村名区画で白も造る。

　　　　　　　　　　　　　　　　　　　　　　　　　*このほかに同名の村名格の畑が1.73haある。

レ・グラン・シャン　Les Grands Champs
AC：オセ＝デュレス1級畑
R：2級畑　　JM：ACオセ＝デュレスあるいは1級畑　　　　　　　　　　　　4.03ha

レ・ゼキュソーの続きで、オセの集落方向にある。レ・ゼキュソーとは異なり、畑全体が1級格付け。斜面下部に位置するため、急斜面が多いオセの中では行き来しやすい。ジャン＝ピエール・ディコンヌ、アンリ・ラトゥール、ドメーヌ・トプノ＝メルムがここでワインを造る。

ルニュ　Reugne
AC：オセ＝デュレス1級畑
R：2級畑　　JM：1級畑（ラ・シャペル）　　　　　　　　　　　　　　　　3.02ha*

ドメーヌ・ピエール・ボワソンがここでワインを造っているはずだが、今まで見たことがない。ほぼ南向きの急斜面で、上部は特に傾斜がきつい。ワインは、外観や味覚の特徴ともラ・シャペルやレ・ブレトランに似る。

　　　　　　　　　　　　　　　　　　　　　　　　　*1.04haのラ・シャペルを含む。

村名格オセ＝デュレス　Village vineyards：appellation Auxey-Duresses

レ・ブトニエ　Les Boutonniers　　　　　　　　　　　　　　　　　　　4.91ha
ムルソーのレ・メ・シャヴォーに隣接する斜面中腹の区画で、白ワインには絶好の立地。ルロワの個人所有であるドメーヌ・ドーヴネ、G&Jラフージュがここで上質のワインを造る。

レ・クルー　Les Cloux　　　　　　　　　　　　　　　　　　　　　　　　6.54ha
斜面中腹の南向き斜面。オセの集落とプティ・オセのあいだにある。ドメーヌ・ドーヴネとボワイエ＝マルトノが白ワインを造る。

レ・クレ　Les Crais　　　　　　　　　　　　　　　　　　　　　　　　　　　　5.34ha

プティ・オセの上部にあり、レ・クルーとは、プティ・オセをはさんで鏡で映した位置にある。畑名から分かるように、土壌は石灰質。アラン・グラとドメーヌ・ド・シャソルネは、どちらも優れた白を出す。アラン・グラは、樹齢40年の古木からワインを造る。

レ・オテ　Les Hautés　　　　　　　　　　　　　　　　　　　　　　　　　　　　8.03ha

高地にある白ブドウの畑。レ・ブトニエより標高が高い。ムルソーのヴィルイユに隣接する。バンジャマン・ルルーはオセの白にブレンドし、G&Jラフージュとジャン=マルク・ヴァンサンはレ・オテ名で出す。

モンテリ　Monthélie

村名格モンテリ	94.77ha
モンテリ1級畑	37.53ha

ムルソーを過ぎてD973号線を北上すると、国道の上部に、よくある近代的な住宅群が目に入る。一般の人には、これがモンテリの典型的な風景だろう。集落の中心部はとても居心地のよい場所で、屋根にフランドル風の美しい装飾タイルを張った古い家が並ぶ。モンテリの正式スペルはMonthélieで、最初のeにアクサンがつくが〔フランス語の規則として、アクサンがつく母音は必ず発音する〕、フランス人の発音は、「モンテリ」ではなく「モンリ」であり、アクサンがない。本書では、不本意ながらアクサンつきの正式スペルで表記する。

ヴォルネとムルソーは、ボーヌ丘陵を横切るドーヌ川で分かれる。川の背後の渓谷にはモンテリの大部分の畑が並ぶ。盆地なので朝日が差し込む時間は遅いが、非常に温暖である。ヴォルネの丘陵がモンテリの渓谷地帯の奥まで伸びてできた南向きの凹状の斜面と、渓谷の東端にある東向きの急斜面の2ヵ所が最良区画となる。

モンテリの赤には、ヴォルネのエレガントさと、オセ=デュレスのパワーにあふれた骨格がある。ただし、1級といえど、熟成を重ねてさまざまな要素が何層にも重なり複雑で心躍るワインに進化するものはほとんどない。赤系果実のニュアンスがきちんと残っている若いうちに飲むのがよい。

1級畑は、ひとつを除き、すべて村の北東の丘陵部に集中する。この丘陵部は、ヴォルネのクロ・デ・シェーヌの延長部で、同様の特徴があるが、標高が少し高い。丘陵部に位置しない唯一の例外が渓谷の反対側にあるレ・デュレスで、隣のオセ=デュレスになだれ込み、同名の畑になる。東向きの急斜面に立地するここが、1級の最良区画である。北で隣接するレ・クルーも1級に昇格した。

ラヴァルの格付けでは、モンテリは評価対象外だが、特定所有者の特定キュヴェには言及している。ロディエはもっと前向きで、「観光地としてすばらしく、グルメは上質のワインを楽しめる」と述べている。ロディエの格付けは以下を参照。

モンテリ1級畑　Monthélie Premiers Crus

レ・バルビエール　Les Barbières
AC：モンテリ1級畑
R：2級畑　JM：1級畑　　　　　　　　　　　　　　　　　　　　　　　　　　　　1.23ha

シュル・ラ・ヴェルから続く斜面の上部にある小さい畑。2006年ヴィンテージから1級に昇格した。この畑名のワインは見たことはないが、シルヴィ・ボワイエが買いブドウで赤ワインを造っているらしい。

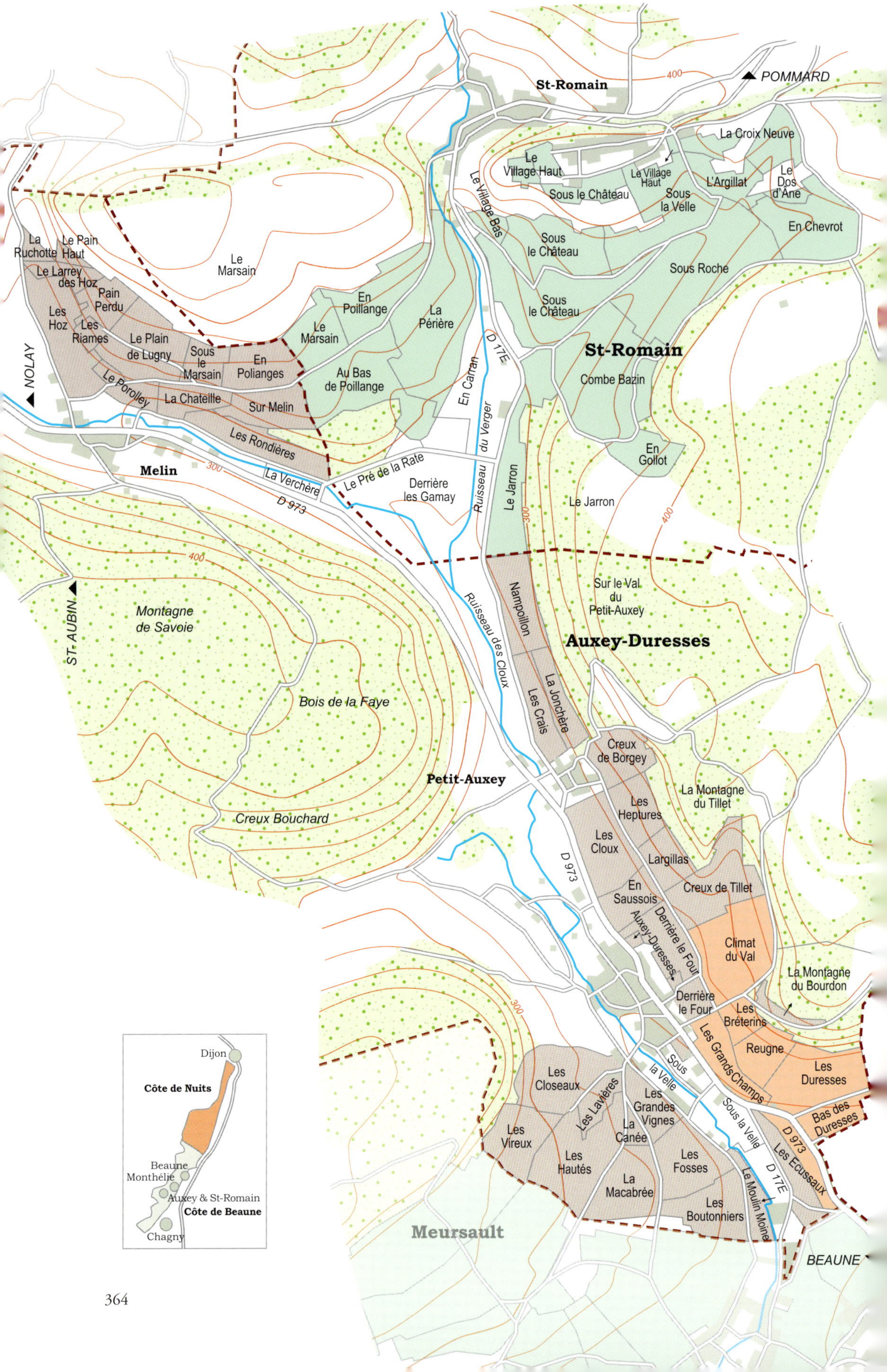
St-Romain
POMMARD
La Croix Neuve
Le Village Haut
Le Village Haut
Sous le Château
Sous la Velle
L'Argillat
Le Dos d'Âne
En Chevrot
Le Village Bas
Sous le Château
Sous Roche
Sous le Château
St-Romain
Combe Bazin
En Gollot
Le Jarron
Le Jarron
La Ruchotte
Le Pain Haut
Le Larrey des Hoz
Pain Perdu
Les Hoz
Les Riames
Le Plain de Lugny
Sous le Marsain
En Polianges
Le Marsain
Le Marsain
En Poillange
La Périère
Au Bas de Poillange
En Carran
D 17E
NOLAY
Le Porolley
La Chateille
Sur Melin
Les Rondières
Melin
La Verchère
Le Pré de la Rate
Derrière les Gamay
Ruisseau du Verger
D 973
ST-AUBIN
Montagne de Savoie
Ruisseau des Cloux
Nampoillon
Sur le Val du Petit-Auxey
Auxey-Duresses
La Jonchère
Les Crais
Bois de la Faye
Creux de Borgey
Petit-Auxey
La Montagne du Tillet
Les Heptures
Creux Bouchard
Les Cloux
Largillas
D 973
En Saussois
Creux de Tillet
Derrière le Four
Auxey-Duresses
Climat du Val
La Montagne du Bourdon
Derrière le Four
Les Bréterins
Reugne
Les Duresses
Bas des Duresses
Les Grands Champs
Sous la Velle
Sous la Velle
Les Closeaux
Les Lavières
Les Grandes Vignes
Les Vireux
La Canée
Les Hautés
Les Fosses
La Macabrée
D 973
D 17E
Les Ecussaux
Les Boutonniers
Le Moulin Moine
Meursault
BEAUNE
Dijon
Côte de Nuits
Beaune
Monthélie
Auxey & St-Romain
Côte de Beaune
Chagny

オセ゠デュレス、モンテリ、サン゠ロマン
Auxey-Duresses, Monthélie & St-Romain

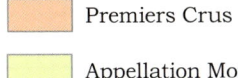

- Premiers Crus
- Appellation Monthélie
- Appellation Auxey-Duresses
- Appellation St-Romain

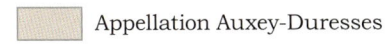

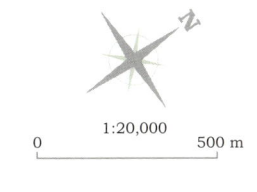

1 Monthélie
2 Le Village
3 Le Château Gaillard

1:20,000
0   500 m

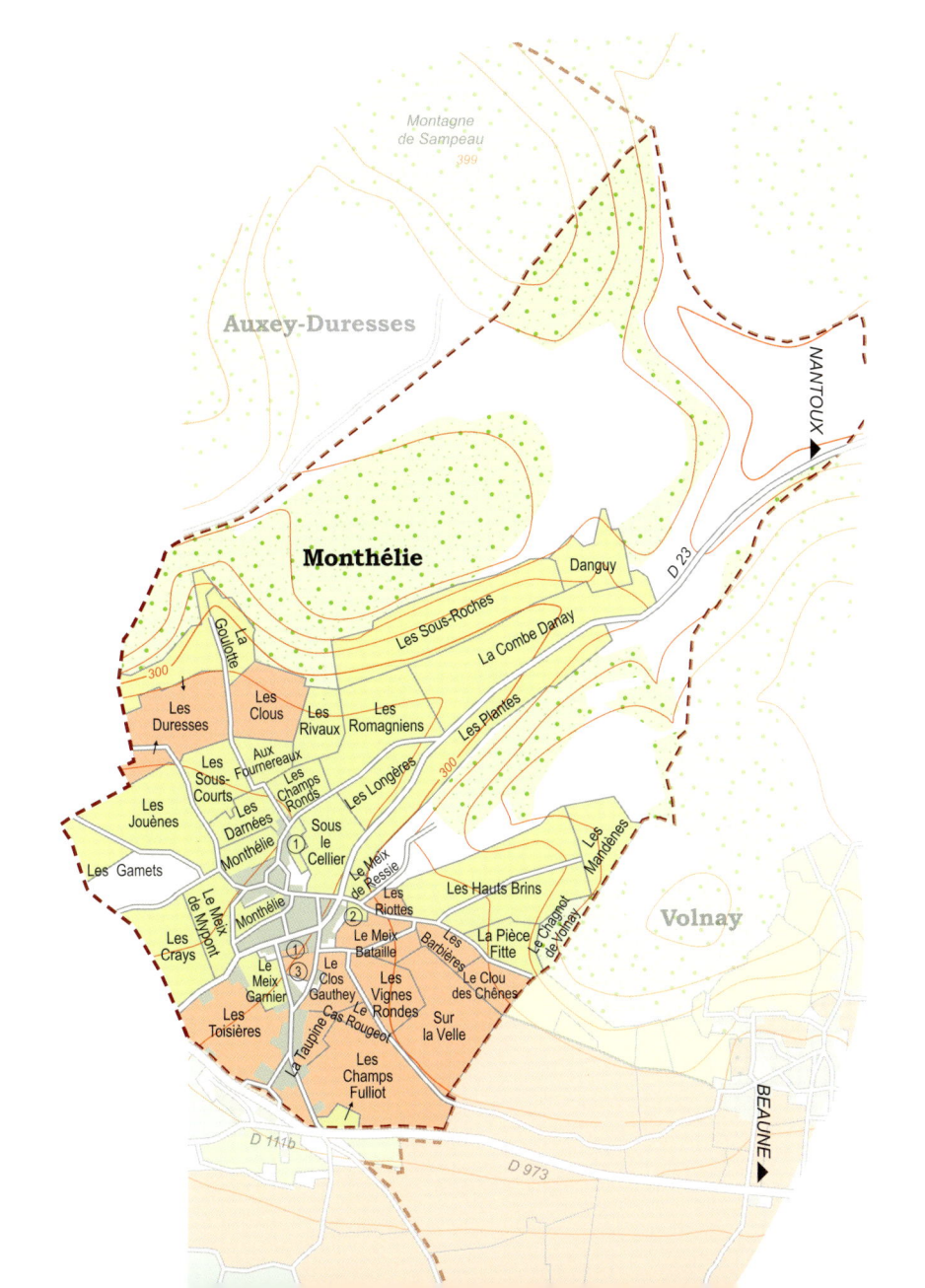

ル・カ・ルジョ　Le Cas Rougeot
AC：モンテリ1級畑

R：1級畑　　JM：1級畑　　　　　　　　　　　　　　　　　　　　　　　　　　　　　0.57ha

モンテリの1級畑が集中する地域の中央にある小さな区画。この畑名でワインを出している生産者を知らない。

レ・シャン・フリオ　Les Champs Fulliot
AC：モンテリ1級畑

R：1級畑　　JM：1級畑　　　　　　　　　　　　　　　　　　　　　　　　　　　　　8.11ha*

ヴォルネのクロ・デ・シェーヌから続く区画。したがって、このワインを好む人は多い。確かに、たとえばレミ・ジョバールのレ・シャン・フリオは、隣接する素朴なレ・ヴィーニュ・ロンドで造る同ドメーヌのワインに比べ、品がある。ジュール・ラヴァルは、ド・スルジェのレ・シャン・フリオがモンテリで最良と記している。そのほか、ブシャール・ペール・エ・フィス、ドニ・ブセイも上質のワインを造る。

ポール・ガロデによると、この畑の軽くてもろい土壌はモンテリの白に理想らしい。ガロデは白を造るが、区画は村名地区に位置し、D973号線のすぐ上にある石切り場跡の窪地で、条件は悪い。

＊このほかに同名の村名格の畑が0.60haある。

レ・シャトー・ガイヤール　Les Château Gaillard
AC：モンテリ1級畑

R：2級畑　　JM：1級畑　　　　　　　　　　　　　　　　　　　　　　　　　　　　　0.49ha

道をはさんでクロ・ゴティの向かいにある極小畑。アニック・パランがここでワインを造っていたが、フェヴレが同ドメーヌを買収した。2008年からはフロラン・ガロデが造る。

レ・クロ・ゴティ　Les Clos Gauthey
AC：モンテリ1級畑

R：1級畑　　JM：1級畑　　　　　　　　　　　　　　　　　　　　　　　　　　　　　1.80ha

モンテリからヴォルネに抜ける道路の上の高台にある。土壌は軽く、石灰質で、赤色土。ワインにはヴォルネの繊細さがあるが、豊かなタンニンはモンテリの血を引く。ポール・ガロデがここでワインを造る。

ル・クルー・デ・シェーヌ　Le Clou des Chênes
AC：モンテリ1級畑

R：3級畑および2級畑　　JM：1級畑　　　　　　　　　　　　　　　　　　　　　　　1.61ha

畑名から、ヴォルネのクロ・デ・シェーヌの続きのように思うが、実際は、クロ・デ・シェーヌの上にあるACヴォルネのエズ・ブランシュと同じ標高にある。丘陵はモンテリに入って南にうねる。2006年から1級に昇格した。

レ・クルー　Les Clous
AC：モンテリ1級畑

R：2級畑および3級畑　　JM：1級畑　　　　　　　　　　　　　　　　　　　　　　　4.81ha

南東向きの畑で、レ・デュレスに隣接する。2006年に1級昇格。オセ＝デュレスの各地に散らばったプリュニエ一族や、アンリ・ド・ヴィラモンなど、いろいろな生産者がここでワインを造る。

レ・デュレス　Les Duresses
ACs：モンテリ1級畑およびモンテリ
R：2級畑および3級畑　JM：1級畑　　　　　　　　　　　　　　　　　　6.72ha*

モンテリの1級で、もっともよく目にするワイン。2006年にレ・クルーが1級に昇格するまで、ここが村の西部唯一の1級畑だった。斜面は東向き。上部はかなりの急斜面だが下に向かい平坦になる。この上部の区画は白色泥灰岩土壌で、白ワインに適す。斜面を下ると表層土は褐色を帯び、層も厚くなり、モンテリでもっともボディの大きいワインになる。
ドメーヌ・デ・コント・ラフォン、ポール・ガロデ、ブシャール・ペール・エ・フィス、フェヴレ（アニック・パランから購入）、ドメーヌ・モンテリ＝ポルシュレ、グザヴィエ・モノが上質のワインを造る。

　　　　　　　　　　　　　　　　＊このほかに同名の村名格の畑が3.25haがある。

ル・メ・バタイユ　Le Meix Bataille
AC：モンテリ1級畑
R：2級畑　JM：1級畑　　　　　　　　　　　　　　　　　　　　　　2.28ha

ヴォルネから続く丘陵が南に回り込んだ区画で、集落の真上の高台にある。クロ・ゴティやシャン・フリオより表層土は厚い。ここでワインを造るポール・ガロデによると、この区画のワインは、いわゆる「医者のワイン」〔vin médecin：色が薄かったり、ボディの弱いワインに添加するフルボディのワイン〕で、色が濃く信頼できるらしい。ドメーヌ・モンテリ＝ドゥエレ（ポルシュレ）もよいワインを造る。

レ・リオット　Les Riottes
AC：モンテリ1級畑
R：2級畑　JM：1級畑　　　　　　　　　　　　　　　　　　　　　　0.75ha

集落の真上にある南向きの小さな区画。ヴァンサン・ジラルダンがワインを造る。

シュル・ラ・ヴェル　Sur la Velle
AC：モンテリ1級畑
R：2級畑　JM：1級畑　　　　　　　　　　　　　　　　　　　　　　6.03ha

ヴォルネのクロ・デ・シェーヌの続きの区画。「Velle」は「Village」をブルゴーニュ風に縮めたもので、畑名は「モンテリの集落の上」を意味する（実際、その通り）。ドメーヌ・ド・シュルマンがここでワインを造る。

ラ・トピーヌ　La Taupine
AC：モンテリ1級畑
R：1級畑　JM：1級畑　　　　　　　　　　　　　　　　　　　　　　1.50ha

レ・シャン・フリオの下部にのみ込まれる区画。この名前のワインは、まず見ないが、1999年にルロワが出した。畑名の由来は、モグラの「taupes」ではなく、開墾した土地を意味する「tope」「toppe」が変化したらしい。

レ・トワジエール／クロ・デ・トワジエール　Les Toisières / Clos des Toisière
AC：モンテリ1級畑
R：2級畑　JM：1級畑　　　　　　　　　　　　　　　　　　　　　　7.26ha

「トワジエール」は、昔、屋根を葺いた平らな石のこと。畑は、ムルソーからオセ＝デュレスへ抜けるD793号線に沿って並ぶ住宅群の背後に位置する。2006年に1級に昇格した。ルイ・ラトゥールが単独所有する。

レ・ヴィーニュ・ロンド　Les Vignes Rondes
AC：モンテリ1級畑
R：2級畑　JM：1級畑　　　　　　　　　　　　　　　　　　　　　　2.72ha

モンテリの集落の上にある高台に位置する東向きの畑。レミ・ジョバール、パスカル・プルニエ=ボヌールがここでワインを造る（2人ともムルソーの生産者）。

ル・ヴィラージュ・ド・モンテリ　Le Village de Monthélie
AC：モンテリ1級畑
R：記載なし　JM：ACモンテリ　　　　　　　　　　　　　　　　　0.22ha

ブルゴーニュでは、どの村にも市街地に入り込んだ1級畑がある。この畑はメ・バタイユの先にある。

サン=ロマン　St-Romain

村名格サン=ロマン　Village vineyards：appellation St-Romain　　93.3ha

ジュール・ラヴァル、カミーユ・ロディエとも、サン=ロマンにはまったく触れていないが、クルトゥペ僧正が18世紀に著した書によると、スー・ル・シャトーとアン・ポワランジュを最上区画としている。最初、サン=ロマンはコート・ドールに入っていなかったが、1947年、市長ロラン・テヴナンの尽力により、オート=コート・ド・ボーヌから現在のアペラシオンに昇格した。

畑の標高は350〜410mと、コート・ドールの中でもっとも高くて冷涼。ボーヌ丘陵の支流が後退した地域にあるため、丘陵の口が南東に開いているが、コート・ドールの表通りのような太陽の恵みはない。土壌は活性石灰質の含有率が高い石灰岩で、ワインに切れ味のよいミネラル感を与える。

サン=ロマンには、ブルゴーニュでもっとも有名な樽製造業者、フランソワ・フレールの本拠がある。また、1966年にはクロード・ジレがこの地に樽会社を興した。空気がきれいで湿度も比較的高いため、外気で樽材を乾燥させるには最適の環境なのだろう。

ここには1級畑はないが、村では委員会を設立し、可能性を探っている。現在、サン=ロマンの品質は、オート=コート・ド・ボーヌの延長と考える人が多いが、地球温暖化の影響で、サン=ロマンのワインを求める人が急速に増え、生産者も自分の特徴を出そうとしている。

オセ=デュレスからサン=ロマンに自動車で向かうと、大きな崖が正面にそびえる。左手に川が流れ、その奥には、アン・ポワランジュ、ラ・ペリエールなどの東向きの畑が見える。そこでは主にピノ・ノワールを植える。

サン=ロマンの畑の大部分は、右側のすり鉢状斜面にあり、中央部は真南を向く。東向きの畑がスー・ル・シャトーとスー・ラ・ヴェルで、コンブ・バザンとスー・ロシュは西に傾斜する。東傾斜と西傾斜の区画は土壌も異なる。西向きのコンブ・バザンとスー・ロシュの土壌は、赤ワインに適す。

ACサン=ロマンが認められたとき、大部分の畑で白ブドウを植えていたが、代替わりして子供の世代ではピノ・ノワールの栽培を始めた。最初は適当に植樹していたが、テロワールを考慮するようになり、現在、シャルドネとピノ・ノワールの植樹比率は、55対45となった。

ラルジラ　L'Argillat　　　　　　　　　　　　　　　　　　　　　　2.65ha

畑名は、土壌に粘土分（argileアルジル）が多いことに由来する。丘陵の頂上部が後退した区画で、サン=ロマンの中でもかなり冷涼。

コンブ・バザン　Combe Bazin　　　　　　　　　　　　　　　　13.56ha

南南西向きの急斜面にあり、土壌は主に白色土。ドメーヌ・ド・シャソルネが白のサン=ロマンを造る。

ル・ジャロン　Le Jarron　　　　　　　　　　　　　　　　　　12.09ha

D17E号線を通ってオセ=デュレスからサン=ロマンへ入り、すぐ右手に接する区画。上部に広がる

土地をこのアペラシオンに取り込む計画がある。追加分の大部分は低木地帯だが、ACオート＝コート・ド・ボーヌも一部含むらしい。

ラ・ペリエール　La Périère　　　　　　　　　　　　　　　　　　　　　　　　　14.11ha
「Périère」が公式名称だが、「Perrières」や、ビュイソンがラベルに印刷している「Perrière」で広く流通する。村から流れる川の上部にある東傾斜の区画で、場所によっては北東を向く。H&Gビュイソン、ジャン＝マルク・ピヨがこの畑名のワインを造る。

スー・ル・シャトー　Sous le Château　　　　　　　　　　　　　　　　　　　　23.85ha
サン＝ロマンの最良区画だが、全部ではない。東と南東を向く急斜面で、小石の多い硬質の白色土壌。この畑には、さらに小区画（リュー＝ディ）があり、たとえば、クロ・スー・ル・シャトー（昔はドメーヌ・デ・フォルジュ、今はドメーヌ・ボールマンが単独所有）、クロ・デ・スリジエ（ドメーヌ・ド・シャソルネが2000年に植樹）、クロ・デ・デュック（ヴィオロ＝ギュマール）などがある。斜面下部では良質の赤も造る。

スー・ロシュ　Sous Roche　　　　　　　　　　　　　　　　　　　　　　　　　15.78ha
スー・ラ・ヴェルの真向かいにあり、南西に傾斜する。ドメーヌ・ド・シャソルネやH&Gビュイソンが赤を造る。

スー・ラ・ヴェル　Sous la Velle　　　　　　　　　　　　　　　　　　　　　　11.98ha
畑名は「谷（vallée）の下」ではなく、「村（village）の下」に由来する（実際、その通り）。東向き、南東向きの急斜面に位置す。ワインはほとんど白。H&Gビュイソンがここでワインを造る。

オセ゠デュレスの主要生産者

ジル&ジャン・ラフージュ　Gilles & Jean Lafouge
このドメーヌは、オセ゠デュレスの銘醸1級畑、ル・クリマ・デュ・ヴァル、ラ・シャペル、レ・デュレス、ポマールの1級、シャンランやACポマールなど、7haを所有する。白ワインは、レ・ブトニエ、レ・オテなどのムルソー寄りのオセ゠デュレスの畑や、ムルソーの畑でも造る。

メゾン・ルロワ　Masion Leroy
1868年にフランソワ・ルロワが立ち上げ、息子のジョゼフと、1919年から参画したアンリ・ルロワがドメーヌを急成長させた。アンリの功績は大きく、1942年にDRC（ドメーヌ・ド・ラ・ロマネ゠コンティ）の所有権の半分を買ったことで決定的となる。現在もDRCの共同所有者だが、DRCワインの販売権は、1992年1月1日で切れる〔ルロワ帝国の総帥にして天才醸造家ラルー・ビーズ・ルロワ女史は、当時、DRCワインの販売権を持っていたが、販売方法が杜撰でDRCに大損害を与えたとして、もう一方の共同所有者ヴィレーヌ家からクレームがついて正面衝突。実姉もヴィレーヌ側についてのお家騒動に発展し、ルロワ女史は多数決でDRCの役員を解任され、ワインの販売権も剥奪された〕。ルロワ家の地下セラーにはブルゴーニュを代表する銘醸ワインのコレクションがあり、50年以上前のグラン・クリュも揃う。

ドメーヌ・ドーヴネの所有畑	
白	ha
Chevalier-Montrachet Grand Cru	0.16
Criots-Bâtard-Montrachet Grand Cru	0.06
Puligny-Montrachet 1er Cru Folatières	0.27
Meursault 1er Cru Gouttes d'Or	0.20
Puligny-Montrachet En la Richarde	0.24
Meursault Chaume des Perrières	0.08
Auxey-Duresses Les Clous	0.31
Auxey-Duresses Les Boutonniers	0.26
Auxey-Duresses La Macabrée	0.63
Meursault Pré de Manche	0.10
Meursault Les Narvaux	0.73
赤	
Bonnes Mares Grand Cru	0.26
Mazis-Chambertin Grand Cru	0.26

ヴォーヌ゠ロマネを本拠地とするドメーヌ・ルロワ以外に、ラルー・ビーズ・ルロワ個人所有のドメーヌ・ドーヴネがある。ドーヴネは、ルロワが住む丘の名前に由来する。所有する区画には銘醸畑も多いが、生産量は微量。ドーヴネの所有区画をここに記す。

ミシェル・プリュニエ・エ・フィーユ　Michel Prunier & Fille
プリュニエ一族のドメーヌの中で一番有名なドメーヌ。ミシェルの父は、ドメーヌの所有地を6人の子供に分割する。1968年、ミシェルは2haの畑から始め、今では娘のエステルとともに、オセ゠デュレス、ムルソー、ヴォルネ、ポマール、ボーヌ、ショレ゠レ゠ボーヌに12haを持つに至る。看板ワインは、ヴォルネのカイユレと、オセ゠デュレスのクロ・デュ・ヴァル。

モンテリの主要生産者

ダルヴィオ゠ペラン　Darviot-Perrin
1989年にディディエ・ダルヴィオが、妻のジュヌヴィエーヴ・ペラン（旧姓）と立ち上げたドメーヌ。ペラン家は多数の畑を所有する。繊細な造りをし、雑味がなく精密な赤白ワインが身上。
本拠地はモンテリだが、代表的な所有畑はムルソー1級のシャルム、ジュヌヴリエール、ペリエール、シャサーニュ゠モンラシェ1級のブランショ゠デュスュ（白）、ボンデュ（赤）、ヴォルネ1級のラ・ジゴット、サントノなど。ACヴォルネのレ・ブランシュもよい。

ポール・ガロデ　Paul Garaudet
ACモンテリの会長であるポールは、4代目。現在は息子のフロランも参画する。10haを超える土地を所有し、うち2haはフロラン名義。ピュリニ゠モンラシェ、ムルソー、ヴォルネ、ポマール、および、モンテリのシャン・フリオ（白）、キュヴェ・ポール（古木のワイン）、クロ・ゴティ、ル・メ゠

バタイユ、レ・デュレスなどを造る。

モンテリ=ドゥエレ=ポルシュレ　Monthélie-Douhairet-Porcheret

このドメーヌのアルマンド・ドゥエレ（1906-2003）は伝説の女性で、昼食では自社のモンテリを飲み、晩餐では熟成したヴォルネ・シャンパンの古酒を飲んで、死ぬまで同ドメーヌを切り回した。試飲の際、参加者はいつもドゥエレの書斎に集合するのだが、書斎には1800年以降の書籍は1冊もない。新しい本を置くスペースがないためだそうで、女史の性格がよく出ている。

アンドレ・ポルシュレは、女史の生涯の友人であるとともに醸造責任者（オスピス・ド・ボーヌの醸造長を2度にわたり務め、あいだの数年はドメーヌ・ルロワで醸造を担当した）で、最後はドメーヌを相続した。今は引退し、孫娘のカタルディナ・リッポに譲る。リッポは、これまでの素朴な造りを刷新しようとしている。

ドメーヌは、6.5haを所有する。伝説の女史に敬意を表した村名ワインのキュヴェ・アルマンド、単独所有のクロ・ル・メ・ガルニエ、1級のル・メ・バタイユ、レ・デュレスなど、大部分の土地はモンテリにある。モンテリ以外の畑として、ポマール1級のレ・シャンランとレ・フルミエ、ヴォルネ1級のアン・シャンパン、ムルソー1級のサントノなどがある。ミュジニにごく狭い区画を所有する。この区画は、特級ミュジニの中だが、ブドウ樹を植えていなかった場所で、アンドレ・ポルシュレが資金を工面して購入し、無理やり195本のブドウ樹を植えた。

シャトー・ド・モンテリ（エリック・ド・シュルマン）　Château de Monthélie（Eric de Suremain）

小規模ドメーヌ。モンテリ市街の中心にそびえる建物が、エリック・ド・シュルマンの本拠。赤はACモンテリや1級のスー・ラ・ヴェル、白はACリュリ（1級も）を造る。1996年からビオディナミを採用している。メルキュレのド・シュルマンの従兄弟であり、ピュリニ=モンラシェのルフレーヴとも親戚関係にある。

サン=ロマンの主要生産者

ドメーヌ・クリストフ・ビュイソン　Domaine Christophe Buisson

急成長中のドメーヌ。クリストフ・ビュイソンはサン=ロマン出身（父は建築業でワインとは無関係）。ビオディナミを採用している。次期1級と予想されるスー・ル・シャトーなどの畑で赤白両方のサン=ロマンを造る。また、ボーヌのクロ・サン=デジレ・ブランや、オセ=デュレス、サヴィニ=レ=ボーヌでもワインを出す。

ドメーヌ・アンリ・エ・ジル・ビュイソン　Domaine Henri & Gilles Buisson

サン=ロマンの旧家のドメーヌ。12世紀からこの地に住み、1758年からワインを造る。アンリの息子ジルが、息子のフレデリックとフランクの支援を得て、ドメーヌを運営する。全部で16haを所有し、白ワイン（サン=ロマン、オセ=デュレス、コルトン=シャルルマーニュ）と、赤ワイン（サン=ロマン、ポマール、ヴォルネ、ボーヌ、モンテリ、オセ=デュレス、サヴィニ=レ=ボーヌ、コルトン）を造る。生産量は赤の方が少し多い。

ドメーヌ・アラン・グラ　Domaine Alain Gras

アラン・グラは、ルネ、ジョゼフ、イポリットに続くグラ家の4代目。父イポリットは、80歳近い高齢にもかかわらず、精力的に畑仕事をこなす。アランは、1979年からドメーヌ元詰めを始め、以降、30年にわたって所有地を倍以上の14haに増やす。所有畑の大部分はサン=ロマンにあり、白ワインが三分の二、赤ワインが三分の一を占める。所有地に1級格付け区画はないが、銘醸畑スー・ル・シャトーに3haの区画を持つ。ここが1級に昇格すると、畑名で瓶詰めするであろう。このほか、1904年に植樹した古木（状態は非常に良いらしい）で造る赤のオセ=デュレス・ヴィエイユ・ヴィニ

ュ、白のオセ゠デュレス・レ・クラと、ムルソーのレ・ティエなどがある。

ドメーヌ・ド・シャソルネ　Domaine de Chassorney
1996年、フレデリック・コサールが、無一文から興したドメーヌ。今では、オセ゠デュレスのレ・クラ、サン゠ロマンのコンブ・バザンとクロ・デュ・スリジエなどの白と、オセ゠デュレスのレ・クラ、サン゠ロマンのスー・ロシュ、サヴィニ゠レ゠ボーヌのレ・ゴラール、ニュイ゠サン゠ジョルジュ1級のクロ・デ・ザルジリエールなどの赤を造る。また、フレデリック・コサール名義でネゴシアンのワインも出す。ビオディナミを試行したのち、現在ではホメオパシーによる自然農法を実践する。コサールは、ワイン造りで重要なのは、成熟して健康なブドウと考えており、必要に応じて厳しく選果する。白ワインでは、全房を圧縮後、最低限の清澄をして発酵槽に入れる。赤も全房発酵させ、木の発酵槽で40日かけて発酵させる。この間、必要最小限の操作しかせず、温度管理も意図的に実施しない。

meursault & blagny

ムルソー、ブラニ

村名格ムルソー	316ha
ムルソー1級畑	132ha

ムルソーは、コート・ド・ボーヌ最大の村で、ワインの歴史はローマ時代までさかのぼる。村名が「Muris Saltus（鼠の跳躍）」に由来し、そうなった経緯は不明だが、今でもムルソーの住人を「ミュリサルティアン（Murisaltiens）」と呼ぶ。ブルゴーニュ最上の白を産する3村の中で、ムルソーはもっともやわらかく芳醇で円熟している。昔から、ムルソーの香りを「バターとヘーゼルナッツ（beurre et noisettes）」と表現し、フランスのソムリエ界でよく使う（この2語は1セットになっており、片方の香りがわかるともう一方は自動的に見つかる）。

ネゴシアンが一手に瓶詰めをしていた昔、ムルソーではいろいろなアペラシオンのさまざまなテロワールのワインを無秩序にブレンドしたので、どのワインにも「斜面下部の平坦地」で造る重いムルソーのニュアンスが色濃く出ていた。現在は、生産者が元詰めし、単一畑のキュヴェはほかの畑と混ぜずに瓶詰めすることが多く、同じアペラシオンでも多様なワインができる。たとえば、ナルヴォー、クルー、ティエなどの斜面上部で造るエレガントでミネラル豊かなワインと、1級畑群の東にある斜面下部の平地でできる重厚で肉付きのよいワインには、明確な違いがある。

ピュリニやシャサーニュと比べ、ムルソーには「モンラシェ」がつかないので、村としての知名度は劣るとの声がある。確かに特級畑はないし、銘醸1級畑も3つだけだが、村名ワインの質の高さでは孤高の地位にある。ムルソーには、唯一、赤ワインを産するレ・サントノという畑があり、独自のアペラシオンをもつ。この赤の性格は北隣のヴォルネに似るため、ヴォルネ=サントノを名乗る。これとは別に、赤を造る小さい村名区画があり、サントノから斜面を下ったあたりに位置する。ヴォルネ=サントノ以外で赤のムルソーを造る1級畑は、ムルソー・カイユレの中のフランソワ・ミクルスキが所有する区画のみで、ここは、ヴ

ォルネ・カイユレに突き出した極小畑である。

ムルソー1級畑　Meursault Premiers Crus

1級は17あり、小区画も入れると29になる。1級畑は大きく3グループに分かれる。ひとつめは、村の中央部分で、ペリエール(リュー・ディ)に始まり、シャルム、ジュヌヴリエール、ポリュゾ、ブシェール、グット・ドールへ続く。2番目は、ブラニの集落の周辺にある畑(ラ・ジュヌロット、ラ・ピエス・スー・ル・ボワ、スー・ル・ド・ダーヌ、スー・ブラニで、通常、ムルソー=ブラニ名で出す)、3番目は、ヴォルネとの境界に接するサントノの一群(サントノ・デュ・ミリュー、サントノ・ブラン、サントノ=ドゥスー、レ・プリュール、レ・クラ、レ・カイユレ)である。

1級の中で、ペリエール、シャルム、ジュヌヴリエールの御三家が圧倒的な人気を誇り、なかでもペリエールは最上の誉れ高い。特級昇格も噂されるが、場所による良し悪しの差が激しく、昇格は実現しないだろう(詳細は後述のペリエールの項を参照)。グット・ドール、ポリュゾ、ブシェールも1級の器ながら、御三家には劣る。

ブラニは、運のよさで1級になった畑である。丘陵上部の冷涼地区にあるが、同じ等高線上の村名畑より優れたワインができるとは思えない。白はムルソー=ブラニ1級を名乗り、ピノ・ノワールを植えるとブラニ1級となる。

複雑なのは、サントノ周辺の1級畑で、レ・クラとレ・カイユレは、赤・白どちらでも名乗れるが、畑名の前には、ヴォルネではなくムルソーをつける。レ・プリュール、レ・サントノ・ブラン、レ・サントノ・デュ・ミリューは、白はムルソー1級、赤はヴォルネ=サントノ1級となる。レ・サントノ=ドゥスーは、赤だけの1級格付けで、周辺区画では同じものがヴォルネ=サントノになる。

レ・ブシェール　Les Bouchères
AC：ムルソー1級畑
L：1級畑　R：1級畑　JM：1級畑　　　　　　　　　　　　　　　　　　　　　　4.41ha

隣接するレ・ポリュゾに似るが、レ・ブシェールのほうが少しやわらかい。ほとんど見かけないが、ジャン=マルク・ルーロが少量を産す(非常に早く熟すので、常に最初に収穫する)。また、アリス・ド・モンティーユが、メゾン・ドゥ・モンティーユとして秀逸なキュヴェを造る。畑名は、buisson(茂み)の方言に由来するとの説が有力だが、ドメーヌ・ビュイソン=シャルルとドメーヌ・ルネ・マニュエルは、方言ではなくそのままのスペルのles bouches-chères(親愛なる口)が語源との説を唱える。

レ・カイユレ　Les Caillerets
AC：ムルソー1級畑
L：記載なし　R：記載なし　JM：1級畑(赤)　　　　　　　　　　　　　　　　　　1.03ha

ヴォルネ・カイユレがムルソー側に突き出した小さい畑。バトニアン期の石灰岩の上を軽量の小石混じりの土壌(カイユレ名がつくブルゴーニュの区画の共通点)が覆う。故ピエール・ボワイヨは、この区画で愛らしい赤を造り、現在は、甥のフランソワ・ミクルスキが引き継ぐ。白に適した区画ではないが、コシュ=デュリ、ラトゥール=ジローなどの名門ドメーヌが白を造る。

レ・シャルム　Les Charmes
AC：ムルソー1級畑
L：1級畑(上部区画)　R：1級畑および2級畑(下部区画)　JM：別格1級畑(高地部)　　31.12ha

どんな村にも、シャルム名の畑があり、芳醇で飲み口のよいワインができる。畑名の由来はcharme(シデの木)かchaume(畑)だろうが、どちらにせよ、他村のシャルム同様、フルボディでやわらかく、魅力にあふれて飲みやすいワインを産む。

ムルソーのレ・シャルムは、ペリエール、ジュヌヴリエールとともに御三家のひとつで、畑の大きさと品質の両面から、ムルソー最良の畑との呼び声が高い。上部のレ・シャルム=ドゥシュと、ほぼ

平坦な下部のレ・シャルム=ドゥスーには、大きな違いがあり、後者は土壌が重く石が少ない。上部に区画を持つ数人の生産者は、ラベルにその旨を記載している。

代表的な生産者は、アンポー、ブズロー家の一族、ダルヴィオ=ペラン、フランソワ・ジョバール、レミ・ジョバール、コント・ラフォン、フランソワ・ミクルスキ、ドメーヌ・ギィ・ルーロなど。

レ・クラ　Les Cras
AC：ムルソー1級畑

L：1級畑(赤)　R：1級畑(赤)　JM：1級畑　　　　　　　　　　　　　　　　　3.55ha*

ブルゴーニュでは、畑名にCras（クラ）がつく土地からミネラル豊かなワインができるが、昔からここは赤で有名な畑であり、白は、陸に上がった魚のように不器用な造りとなる。しかし、アンリ・ボワイヨをはじめ、ドメーヌ・ビュイソン=シャルルやドメーヌ・ラ　トゥール=ラビーユは教科書的なクラの白を造る。ビュイソン=シャルルのパトリック・エッサによると、ここはきわめて日照がよく、ブドウの過熟を避けるため早く収穫する必要があるらしい。

ドメーヌ・アンリ・ダルナは、クロ・リシュモンというクラの飛び地を単独所有する。ここはクラの上部にあり、土壌は非常に赤みが強い。白を造っているが、やはりここはシャルドネよりピノ・ノワールがおもしろい。

＊このほかにクロ・リシュモンが0.63haある。

レ・ジュヌヴリエール　Les Genevrières
AC：ムルソー1級畑

L：1級畑　R：1級畑　JM：別格1級畑（高地部）　　　　　　　　　　　　　16.48ha

畑名は、昔ここに生えていた杜松（ねず）の茂みに由来する。実際、畑の南側の境界となる石垣の内側に、象徴として杜松を植えている。レ・シャルムの上部半分とジュヌヴリエールは、最高のムルソーができる区画として、レ・ペリエールに対抗できると目される。ジュヌヴリエールの土壌はミネラル質が多く、ペリエールと同じ斜面にあり、日照の向きも同じ。

シャルム同様、好立地の上部区画、ジュヌヴリエール・ドゥシュ（ペリエールの最良区画からの続き）と、下部のジュヌヴリエール=ドゥスーには大きな違いがある。シャルム=ドゥスーと違うのは、完全に平坦になる手前でジュヌヴリエール=ドゥスーが終わっている点である。

筆者には、ルネ・ラフォンのムルソー・ジュヌヴリエール1981年は、非常に思い入れが深く、人生の節目の中でも婚約を祝って飲んだ特別なワインである。それから20年を経ても、この白はいささかも軸はぶれず、ムルソーに特徴的な透明感や繊細さが明確に出ている。

主な生産者は、ボワイエ=マルトノ、ミシェル・ブズロー、フランソワ・ジョバール、レミ・ジョバール、コント・ラフォン、フランソワ・ミクルスキなど。

レ・グット・ドール　Les Gouttes d'Or
AC：ムルソー1級畑

L：1級畑　R：2級畑　JM：1級畑　　　　　　　　　　　　　　　　　　　　5.33ha

「黄金の雫」という非常に美しい名前の畑で、大昔から評価が高かった。ワイン愛好家としても有名なアメリカ第3代大統領トマス・ジェファーソンは、お気に入りのムルソーとしてグット・ドールを単独で挙げ、バシェの1784年物を何度か注文している。

グット・ドールは、ピュリニとの境界から村の中央に延びる1級畑地帯の最北に位置する。ワインはポリュゾに似るが、斜面がグット・ドールあたりから西にうねるため、東北東を向く。かなりの急斜面だが、麓に向かって平坦になる。

ドミニク・ラフォンには、1960年頃にブドウ樹を植え替えた際、最適の苗木を選ばなかったとの思いがあり、以来、常に不安を抱えてグット・ドールで畑仕事をしたらしい。そこで1991年に再度植え替え、新しい苗木とビオディナミとの相乗効果で　畑は快適な場所に生まれ変わったという。

ビュイソン・バトー、ビュイソン=シャルル、コシュ=ビズアール、アルノー・アント、ドメーヌ・デ・コント・ラフォンが良質なワインを造る。

ラ・ジュヌロット　La Jeunelotte
「ムルソー゠ブラニ」の項目（383頁）を参照。

レ・ペリエール　Les Perrières
AC：ムルソー1級畑
L：特級畑　R：特級畑　JM：別格1級畑（上部）　　　　　　　　　　　13.72ha

レ・ペリエールは、ペリエール゠ドゥシュ、ペリエール゠ドゥスー、クロ・デ・ペリエールの3つの小区画からなる。畑名からわかるように、土壌は小石が多い。実際には「perrière」は、「小さな石」ではなく、昔あった「石切り場」に由来する。傾斜が東南東向きと理想の日照であることも、極上のワインができる要因である。

ラヴァルは、モンラシェに次いでペリエールを最上の白と評価している。一部の区画では特級昇格の話も出ており、ドメーヌ・アルベール・グリヴォーのバルデは、クロ・デ・ペリエールの特級昇格申請書類を提出した。この区画のワインが、特級として独自性があるかどうかは明確でないが、理論上はあるといえる。石垣に囲まれているので、上方からほかの土壌が流入しないし、畑の土が風化して下方に流出するのを防げる。さらに、石垣が陽光を反射して、温暖なメゾクリマを確保できる。ここは土壌もほかの区画と異なり、白色泥灰土層の上の表層土は粘土質が多い。

ペリエール゠ドゥスー全体が特級に昇格する可能性はあるが、政治的には、上部区画の全所有者が抵抗するだろうし、熟練した生産者が立地に劣る区画で造るワインは、凡庸な生産者が最良区画で産するワインに優る。

ペリエールの格付けは、特級ではなく、「別格1級」がふさわしい。ムルソー1級の中で、ペリエールにもっとも近いのがシャルムとジュヌヴリエールで、ペリエールは両方の「いいとこ取り」をした感がある。ジュヌヴリエールのミネラル感とシャルムのやわらかさを備え、さらに力強さが加わっている。ペリエールはムルソーの中でももっとも重量感があり、長期熟成に耐える。

主な生産者は、アンポー、ミシェル・ブズロー、コシュ゠デュリ、アルベール・グリヴォー、コント・ラフォン、ピエール・モレ、ドメーヌ・ギィ・ルーロなど。

ラ・ピエス・スー・ル・ボワ　La Pièce sous le Bois
「ムルソー゠ブラニ」の項目（383頁）を参照。

レ・プリュール　Les Plures
AC：ムルソー1級畑
L：1級畑（赤）　R：1級畑（赤）　JM：1級畑（サントノの赤のみ）　　　　10.45ha

ドメーヌ・コント・ラフォンは、レ・プリュール内に所有する小区画を独自にデジレ（Desirée）と名づけた。しばらくは、デジレ名で1級扱いを受けるも、ある時、当局が「公式名のプリュールかサントノを使用して1級にとどまるか、デジレを名乗って村名ACに落ちるか」の選択を迫る。ラフォンは後者を選択したが、これは、プリュールの実力を正確に反映したといえる。ロディエの格付けでは、赤のみを1級にしている（ただし、デジレの区画は白の1級と評価）。

プリュールの綴りには、「Plures」「Pelures」「Petures」があり、まぎらわしいが、この区画名を名乗るワインを見たことがない。プリュールでワインを造る生産者はサントノ名で出す。

レ・ポリュゾ　Les Porusots / Porusot
AC：ムルソー1級畑
L：2級畑　R：1級畑および2級畑（下部区画）　JM：1級畑　　　　　　　11.43ha

単数形と複数形のどちらもあるし、「Poruzot」も見たことがある。レ・ポリュゾは、正確には、ル・ポリュゾ、ル・ポリュゾ゠ドゥシュ、レ・ポリュゾ゠ドゥスーの3つの小区画からなる。畑名の由来は不明。AOC認定以前はグット・ドール名で出したらしい。

ポリュゾが位置する斜面は、若干、東北東に回り込んでいるため、ワインには1級御三家のような

鷹揚さはない。畑の最良区画は上部で、表層土は薄いが東に傾斜した急斜面上にある。次に優れているのはレ・ブシェールの下の区画で、もっとも劣るのは村名区画に向かって等高線が落ち込んでいる部分である。

ポリュゾのワインは密度と凝縮感が強く1級にふさわしいが、堅苦しさがあり、近隣の1級に比べ、華やかさに欠ける。ジョバール一族やフランソワ・ミクルスキが造ったワインは楽しめる。

サントノ　Santenots

レ・プリュール、サントノ・ブラン、サントノ・デュ・ミリューの3つの畑（計29.07ha）は、シャルドネを植えればムルソー・サントノを呼称できる。ただし、ここはピノ・ノワールに適した地域なので、ムルソー・サントノは多くない。この畑の赤と、レ・サントノ＝ドゥスーは、銘醸赤ワイン名「ヴォルネ＝サントノ」を名乗れる。赤に関してはヴォルネの章、白は、レ・プリュール（376頁）とレ・サントノ・ブラン（本頁）の項目を参照。

レ・サントノ・ブラン　Les Santenots Blancs
AC：ムルソー1級畑
L：1級畑（赤）　R：1級畑（赤）　JM：1級畑　　　　　　　　　　　　　　　　　　2.92ha

サントノ内の小区画(リュー=ディ)。名前に反して、現在、大部分で赤を植える。白のムルソー・サントノは、最高のムルソーのミネラル感に欠ける。この区画の生産者でもっとも有名なのがマルキ・ダンジェルヴィルで、筆者は、故マドモワゼル・ドゥエレがこの区画で造った上質ボトルを所有している。

レ・サントノ・デュ・ミリュー　Les Santenots du Milieu
「ヴォルネ」の章（351頁）を参照。

スー・ブラニ　Sous Blagny
「ムルソー＝ブラニ」の項目（383頁）を参照。

スー・ル・ド・ダーヌ　Sous le Dos d'Ane
「ムルソー＝ブラニ」の項目（384頁）を参照。

村名格ムルソー　Village vineyards：appellation Meursault

村名ムルソーは316haもあり、ピュリニとシャサーニュの村名区画の合計より広い。マルポワリエやドルソルなどヴォルネに近い畑では、わずかながら赤も造る。それより下の区画で赤を造るとACムルソー・ルージュではなく、単にACムルソーになる。このほか、ジャック・プリウールがクロ・ド・マズレで、また、ヴァンサン・ボワイエが（意外に）レ・ペイユ（地図上のレ・ペイユ＝ドゥシュとレ・ペイエ＝ドゥスー）でACムルソー・ルージュを造る。しかし、ムルソーで君臨するのはシャルドネである。村名格付け畑の中には、単なるムルソーではなく、畑名をつけてもよいほど上質で個性的なワインが非常に多い。

1990年代のはじめ、ムルソー村の自治体は、40歳以下の全生産者を対象に、遊休地を小さく分割して賃貸することにした。借地期間は18年で、最初の8年間は借地料の支払いは不要、ただし、土地の開墾や植樹の経費は生産者持ちとした。借地対象は、レ・カッス・テット、ショーム・ド・ナルヴォー、および、この2つと隣接し岩盤が露出しているためブドウを植樹できない斜面で、区画をくじ引きで割り当てた。重機で岩盤を掘削して新たに表層土をつくるのだが、最大の課題は重機の運び込みだったらしい。この公共事業により、生産者は畑を入手でき、自治体は無価値の藪地や岩盤の露出地帯を賃貸・売却可能な資産に転換できた。

アン・ラ・バール／ラ・バール・ドゥスュ　En La Barre / La Barre Dessus　　5.09ha

クロ・ド・ラ・バールの絶壁を越えた場所にあるが、同区画の爆発的なミネラル感はない。ラフォンはここに土地を所有。アントワーヌ・ジョバール（先代はフランソワ）も区画を持ち、この畑名で瓶詰めする。

レ・カッス・テット　Les Casses Têtes　　4.64ha

斜面中腹にある畑。土壌は硬く、石が多い。1990年代の自治体の「畑拡大事業」により、面積が著しく増えた。重機で岩盤の破砕するのだが、実際には思惑通りに進まなかったようだ。岩を砕いた区画に表層土はないが、年月とともに腐葉土が積もるだろう。パトリック・ジャヴィエは、レ・カッス・テットとレ・ミュルジェ・ド・モンテリのブドウをブレンドして、テット・ド・ミュルジェを造る。

クロ・ド・ラ・バール　Clos de la Barre　　2.12ha

ドメーヌ・デ・コント・ラフォンの単独所有畑。もとはラフォン家の裏庭だった。土壌は非常に石が多いため、ミネラル分に富み、しっかりした酸を備えた白ができる。ここのブドウは、どこの畑よりも早く開花するが成熟には時間がかかり、収穫は10日遅い。長熟に耐えるワインができる。

クロ・デ・ムーシュ　Clos des Mouches　　0.51ha

ボーヌのクロ・デ・ムーシュとは別物。ムルソー版は、ドメーヌ・アンリ・ジェルマン・エ・フィスが単独所有する。ヴォルネ＝サントノの斜面を下った三角地で、赤を造る。

レ・グラン・シャロン　Les Grands Charrons　　13.82ha

畑はレ・テソンの直下の斜面と、丘陵の麓にある。いろいろな生産者が造っており、たとえば、ブズロー一族、ギィ・ボカール、ドメーヌ・テシエ、ヴァンサン・ダンセ、ドメーヌ・プルニエ＝ボヌールなど。

レ・プティ・シャロン　Les Petits Charrons　　3.64ha

グラン・シャロンに隣接し（ワインの性格は異なる）、レ・ルジョの下に位置す。畑の大部分は平坦地にある。アルノー・アントがここでワインを造る。

レ・シュヴァリエール　Les Chevalières　　8.78ha

非常にスタイリッシュなワインができる畑。土壌は軽くてもろい。畑の一部は高台にあり、残りは村を貫く小川に向かって下がる斜面の下部に位置す。斜面がやや北にうねっており、そうでなければ1級格付けが妥当。

レ・クルー　Les Clous　　18.35ha

真東向きの丘陵斜面にある。畑は上下2つに分かれ、明らかに下部が優れる。土壌は粘土質が多いが、自然に砕け、耕作は容易。この粘土質土壌により、通常の丘陵で造る白に比べ、若干ボディが大きくなる。上部区画は、より冷涼で土壌も軽い。パトリック・ジャヴィエがこの地で上質のワインを造る。ブシャール・ペール・エ・フィスは、ドメーヌ・ロピトーの買収にともなって同ドメーヌのレ・クルーの持ち分が増え、大区画の所有者となった。なお、ここには古代ローマの井戸がある。

レ・コルバン　Les Corbins　　8.72ha

集落とサントノのあいだにある畑。斜面下部にあり、中程度のボディと品格をもつムルソーができる。ヴァンサン・ダンセとビトゥゼ＝プリウールがここでワインを造る。

ル・クロマン/クロ・デュ・クロマン　Le Cromin / Clos du Cromin　　　9.27ha

ラヴァルの時代、ル・クロマン（ラヴァルの文献では、Le Cromain）では赤白半々ずつ植樹していた。古くなって少しぐらついているが、当時の石垣が現存する。畑は村の真北で、キャンプ場の下に位置し、斜面が平坦になる直前から始まる。主な生産者は、ドメーヌ・ビトゥゼ＝プリュール、カイヨ、ジェノ＝ブランジェ、ジャヴィエ、ルネ・モニエ。アレックス・ガンバル、オリヴィエ・ルフレーヴ、モレ＝ノミネなどのネゴシアンもクロ・デュ・クロマンを造る。

デジレ　Desirée

地図にはあらわれない区画だが、ラヴァルは白の1級に格付けしている。この名称は、ラフォンが1級畑、サントノのレ・プリュールに所有する自社区画につけた名前（詳細は「レ・プリュール」の項を参照）。2005年ヴィンテージを収穫したのち、植え替えのため樹を引き抜く。

レ・フォルジュ　Les Forges　　　7.24ha

ムルソーとモンテリのあいだにある地味な村名畑。ドメーヌ・プリウール＝ブルネが赤白両方を造る。白のラベルに「Les Forges Dessus」と記載し、赤・白を区別する。ドミニク・ローランもこの区画でワインを造る。

レ・グリュイヤッシュ　Les Gruyaches　　　1.71ha

1級のシャルムの下にある小さい楔形（くさび）の畑。1級の器ではないが、逆に、「レ・シャルム」の下部の畑を1級からはずすのが妥当だろう。ジャン＝フィリップ・フィシェが1928年植樹のブドウから良質のワインを造る。

ル・リモザン　Le Limozin　　　10.84ha

ジュヌヴリエールの下にある斜面下部の畑。比較的フルボディだが、きわだった個性はない。ドメーヌ・ミシェル・ブズロー、カイヨ、マルク・コラン、アンリ・ジェルマン、レミ・ジョバール、ルネ・モニエがここでワインを造る。

レ・リュシェ　Les Luchets　　　3.38ha

オセ＝デュレスとの境界線に接し、レ・ヴィルイユの斜面を下りた位置にある。ジャン＝マルク・ルーロは、ここでワインを造ると同時に、俳優のジェラール・シェユーと共同で『ムルソー・レ・リュシェ』という寸劇をつくる（オリジナル版の1991年、次いで1994年、最近では1999年に主役を演ず）。

レ・マルポワリエ　Les Malpoiriers　　　7.44ha

畑名から、西洋梨（poire ポワール）の栽培に適さない（mal マル）ことがわかる。代わりにブドウなのだろうか。ここではシャルドネよりピノ・ノワールが適す。実際、畑の半分のみ、ムルソー・ルージュのアペラシオンをもつ。隣接するレ・ドルソルでも同様。ジャン・モニエが赤のマルポワリエを造る。

クロ・ド・マズレ　Clos de Mazeray　　　3.12ha

ドメーヌ・ジャック・プリウールの単独所有畑。ラヴァルの時代と同様、赤白両方を造る。畑の石垣は集落の南端にあり、大昔は川底だった。

ル・メ・スー・ル・シャトー　Le Meix sous le Château　　　1.42ha

「meix（メ）」は、建物に囲まれた土地を意味し、南仏の「mas（マ）」に似ている。集落とボーヌ丘陵のあいだに位置するやや西向きの温暖な区画で、ジャン＝フィリップ・フィシェがここでワインを造る。

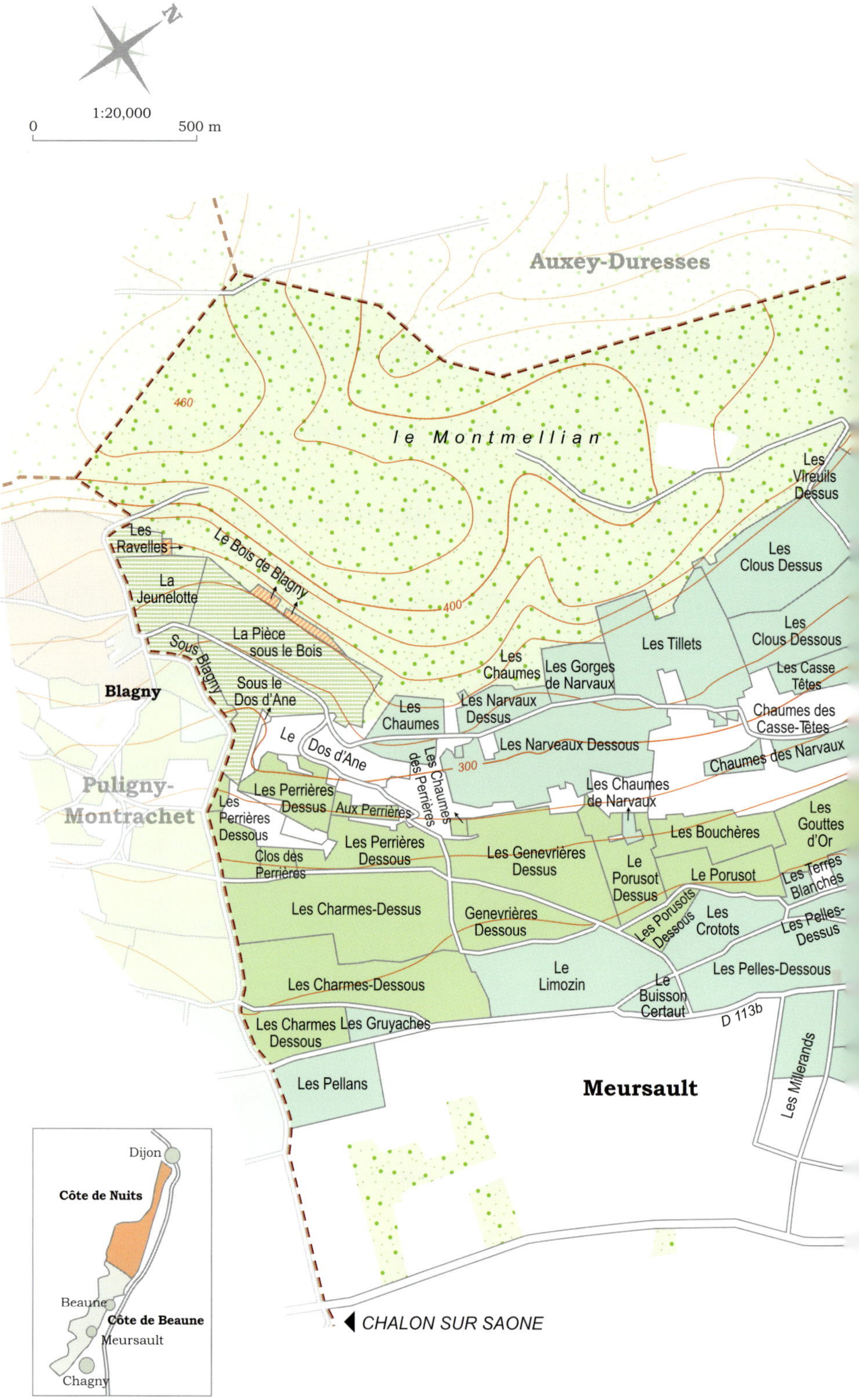
1:20,000
0
500 m
Auxey-Duresses
le Montmellian
460
400
300
Les Vireuils Dessus
Les Clous Dessus
Les Clous Dessous
Les Ravelles
Le Bois de Blagny
La Jeunelotte
La Pièce sous le Bois
Sous Blagny
Sous le Dos d'Ane
Blagny
Les Tillets
Les Chaumes
Les Gorges de Narvaux
Les Casse Têtes
Chaumes des Casse-Têtes
Les Narvaux Dessus
Les Chaumes
Le Dos d'Ane
Les Chaumes des Perrières
Les Narveaux Dessous
Chaumes des Narvaux
Puligny-Montrachet
Les Perrières Dessus
Les Perrières Dessous
Aux Perrières
Les Chaumes de Narvaux
Les Gouttes d'Or
Les Bouchères
Clos des Perrières
Les Perrières Dessous
Les Genevrières Dessus
Le Porusot Dessus
Le Porusot
Les Terres Blanches
Les Charmes-Dessus
Genevrières Dessous
Les Porusots Dessous
Les Crotots
Les Pelles-Dessus
Le Limozin
Les Pelles-Dessous
Les Charmes-Dessous
Le Buisson Certaut
D 113b
Les Charmes Dessous
Les Gruyaches
Les Pellans
Meursault
Les Millerands
CHALON SUR SAONE
Dijon
Côte de Nuits
Beaune
Côte de Beaune
Meursault
Chagny

ムルソー
Meursault

- Meursault Premiers Crus
- Volnay Santenots Premier Cru (rouge) /Meursault Premiers Crus (blanc)
- Meursault-Blagny Premiers Crus (blanc) /Blagny Premiers Crus (rouge)
- Volnay Santenots Premier Cru (rouge) /Appellation Meursault (blanc)
- Appellation Meursault
- Appellation Communale Meursault (blanc) /Appellation Communale Blagny (rouge)

1 Au Village
2 Le Meix sous le Château
3 Au Moulin Judas
4 Clos des Mouches

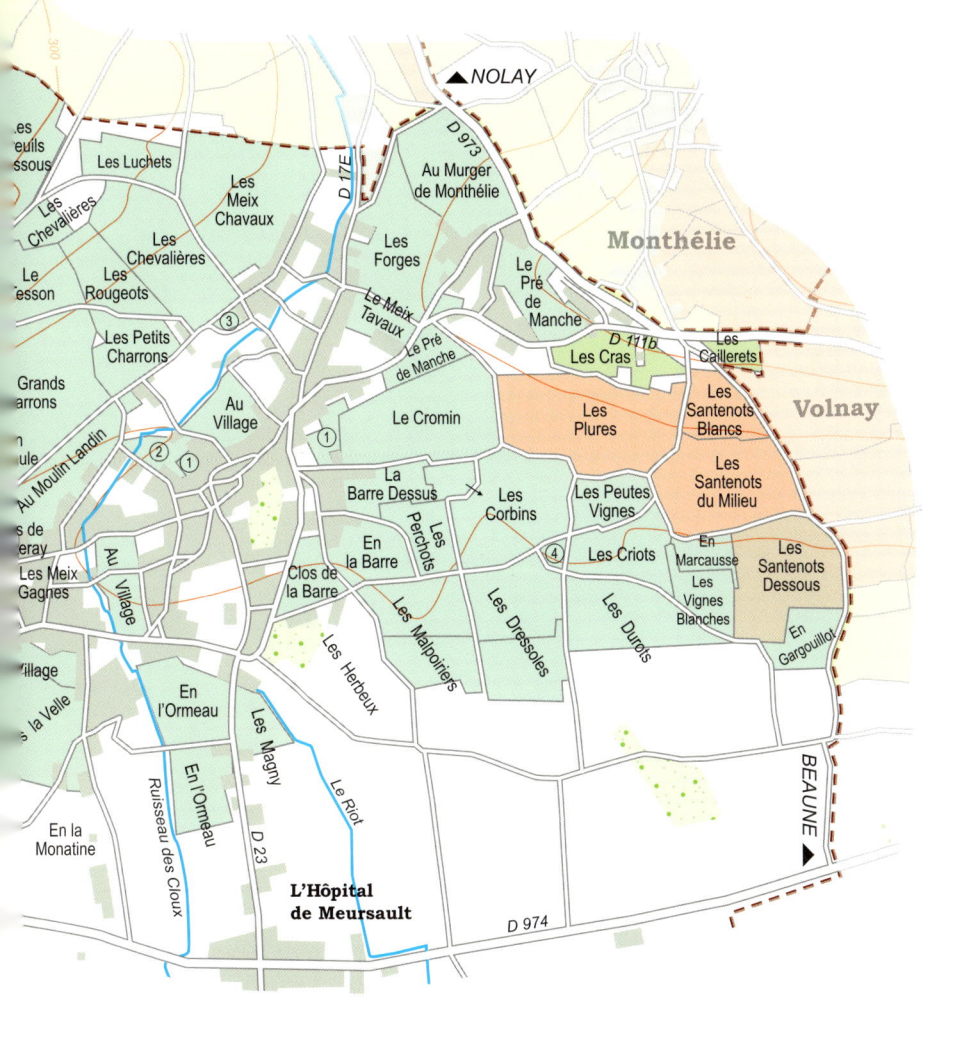

レ・メ・シャヴォー　Les Meix Chavaux　　　　　　　　　　　　　　　　　　　　10.26ha

オセ゠デュレスの直前にある畑。斜面下部に位置するが、傾斜が理想的で、少し北に振れた東向き。この畑の中には、ラトゥール゠ラビーユが単独所有する3.5haのクロ・ド・メ・シャヴォーがある。

レ・ナルヴォー　Les Narvaux　　　　　　　　　　　　　　　　　　　　　　　　13.44ha

岩だらけのユニークな斜面。変化に富んだ多様な畑で、裸岩が吹き飛んだような箇所もある。主な生産者は、ドメーヌ・ドーヴネ、ボワイエ゠マルトノ、ユベール・シャヴィ゠シュエ、ヴァンサン・ジラルダン、ギィ・ルーロなど。

アン・ロルモー　En L'Ormeau　　　　　　　　　　　　　　　　　　　　　　　7.36ha

オピタル・ド・ムルソーから集落へ抜ける道の左側にある。緩斜面に位置し、非常に地味だが、アルノー・アントが古木から傑出したワインを造る。

レ・ルジョ　Les Rougeots　　　　　　　　　　　　　　　　　　　　　　　　　3.13ha

斜面の中腹にある小さい畑。テソンとシュヴァリエールのあいだにある。土壌は軽量の赤土。ジャン゠フランソワ・コシュ゠デュリが上質のワインを造ることで有名。斜面下部から畑に向かうと、高い壁で囲ったレ・ルジョが見え、入り口には「Cros de Rougeot（クロ・ド・ルジョ）」の銘がある。

レ・テール・ブランシュ　Les Terres Blanches　　　　　　　　　　　　　　　1.76ha

グット・ドールの下部と集落のあいだに位置する畑。最初にこの小区画名（リュー゠ディ）をラベル記載してワインを出したのはピエール・モレで、土地は2006年に購入した。新しい区画なので、特徴を分析するには時期尚早か。

ル・テソン　Le Tesson / Tessons　　　　　　　　　　　　　　　　　　　　　4.17ha

幸運にもここに土地を所有できた生産者のあいだで評判が高い区画。急斜面上にあり、土質は風化しやすい軽量土壌である。全体が東向き傾斜だが、一部が北を向く。これがなければ1級が妥当だろう。生産者が建てた石やレンガ造りの小屋が散見され、景観を引き締める。

ブズロー、フィシェ、特にジャン゠マルク・ルーロのクロ・ド・モン・プレジールで上質なワインを造る。クロ・ド・モン・プレジールの入り口には、以下の銘が刻んである。「*A Mon Plaisir 1890 Clos de Haut Tesson*（我が喜びのために　1890年　クロ・ド・オー・テソン）」

レ・ティエ　Les Tillets　　　　　　　　　　　　　　　　　　　　　　　　　11.99ha

斜面上部に位置する冷涼な気候の畑。石の多い白色泥灰岩の上をごく薄い表層土が覆う。ムルソー特有の活き活きしたミネラル感がある。ライムの花の香りを感じることがあるのは、tilleul（菩提樹）にちなむ畑名からの暗示か。ドメーヌ・パトリック・ジャヴィエ、フランソワ・ジョバール、ギィ・ルーロがレ・ティエ名でワインを造る。

レ・ヴィルイユ　Les Vireuils　　　　　　　　　　　　　　　　　　　　　　16.05ha

オセ゠デュレスから続く丘陵が尾根を回り込んでムルソーに入ったすぐにある畑。所有区画の位置は重要で、この畑では、テソンとリュシェを見下ろす下部が最良の区画となる。北東向きの上り勾配の斜面から活力とミネラル豊かなワインができる。コシュ゠デュリとギィ・ルーロがこの畑の二大生産者。

ムルソー=ブラニ　Meursault-Blagny

AC：ムルソー1級畑
L：本文参照　R：1級畑　JM：1級畑　　　　　　　　　　　　　　　　　　　　　23.44ha

ブラニの畑は、ムルソー側とピュリニ=モンラシェ側に分かれる。ムルソー側には、ラ・ジュヌロット、ラ・ピエス・スー・ル・ボワ、スー・ル・ド・ダーヌ、スー・ブラニの4つの畑があり、白はムルソー1級かムルソー=ブラニ1級、赤はブラニ1級となる（最初はコート・ド・ボーヌ1級の呼称も認めた）。なお、ムルソー=ブラニの極小畑、レ・ラヴェルも1級に格上げされた。

ピュリニ=モンラシェ側の1級畑、ラ・ガレンヌ、シャリュモー、アモー・ド・ブラニは、ピノ・ノワールを植えるとブラニ1級となる（あまり多くない）。ピュリニ側では、岩の上をごく薄い表層土が覆うだけだが、ブラニの本体となるムルソー側は、表層土が厚く基岩ははっきりとは見えない。

歴史的に見ると、ブラニは、古代ローマ人がボーヌに定住するはるか昔に入植した土地で、ここの白亜質の泥灰岩を使い、陶器や屋根のタイルをつくった。シトー派のマジエール女子修道院が最初に畑を開墾したのもブラニだった。村は修道院を保存しており、1998年にはシトー派創立900年の記念ミサを開いた。ブラニ上部の丘陵から平野部を見下ろすと、北はボーヌから南はシャロンまで、点在する町が一望に見渡せ、時間が止まったような錯覚に陥る。

常識的に考えると、ブラニの畑は標高300～360mの斜面上部にあるので、シャルドネもピノ・ノワールでも固いワインになるはずだが、現実はそれほど単純ではない。ムルソー=ブラニでは、畑が連なる谷間は大陸性気候で、冬は極寒が襲い、夏は酷暑となる。

ブラニの主要生産者は、ティエリー・マトロとマルトレ・ド・シュリジーの二者で、マトロはブラニに住み、ムルソーでワインを造る。ド・シュリジーはブラニを拠点とする。

ラ・ジュヌロット　La Jeunelotte

AC：ムルソー1級畑
L：ブラニとみなして格付け（1級畑）　R：1級畑　JM：1級畑　　　　　　　　　　5.05ha

代表的な所有者はドメーヌ・マルトレ・ド・シュリジー。ここのブドウだけでワインを造るのはこのドメーヌのみで、ラ・ジュヌロット（La Genelotte）名で出荷する。畑名は、かつて地元住民が毎年領主に捧げた鶏肉に由来する。畑はピュリニに隣接し、北に向かってゆるやかに斜面が下るが、東からの日照に恵まれる。土壌は白色泥灰土の割合が高く、白に適する。ただし、住居が間近にある下部の南端では、ピノ・ノワールの古木が小さい方形地をつくる。

ラ・ピエス・スー・ル・ボワ　La Pièce sous le Bois

AC：ムルソー1級畑
L：ブラニとみなして格付け（1級畑）　R：1級畑　JM：1級畑　　　　　　　　　11.15ha

代表的な所有者はドメーヌ・マトロ。シャルドネとピノ・ノワールの両方で看板ワインを造る。ティエリー・マトロによると、ここはコート・ドールでは珍しく赤白両方に適し、シャルドネ、ピノ・ノワールの両方で、エキゾチックな香辛料のニュアンスがあるワインができるらしい。表層土の粒子は細かく、赤みを帯びた白色系土壌で、大量の小石を含有す。

ピノ・ノワールの赤は、魅力あふれる香りを備えているが、色が薄いため売り難く、マトロ以外の生産者はシャルドネに植え替える。ただし、白にはムルソーの特徴が出ていない。

スー・ブラニ　Sous Blagny

AC：ムルソー1級畑
L：ブラニとみなして格付け（1級畑）　R：1級畑　JM：1級畑　　　　　　　　　2.21ha

ブラニのほかの畑に比べ、立地条件で劣る。この畑名のワインを見たことがない。

スー・ル・ド・ダーヌ　Sous le Dos d'Ane
AC：ムルソー1級畑
L：ブラニとみなして格付け(1級畑)　R：1級畑　JM：1級畑　　　　　　　　　　　　**5.03ha**

「ロバの背中の下」という変わった名前の畑。畑の中央を走る断層に沿って、沈下している。土壌は著しく赤みを帯びる。ドメーヌ・ルフレーヴをはじめ、軽快なピノ・ノワールを造っていた生産者は一斉にシャルドネに切り替えている。

主要生産者

ミシェル・アンポー　Michel Ampeau
独自路線をゆくドメーヌ。ミシェル・アンポーが亡父ロベールの跡を継いだ。早いうちから機械摘みを始めたが、質は下がっていない。ワインは、ミシェルが飲み頃と判断したときにリリースし、インポーターは幅広いアペラシオンからいろいろなワインを買わねばならない。筆者は、同ドメーヌを一度だけ訪問したことがある。ポレ・ド・ムルソー〔11月のオスピス・ド・ボーヌの競売「栄光の3日間」の最後を締めくくる収穫祭〕に参加した日の夜の遅い時間で、詳細は覚えていないが、恒例のブラインド・テイスティングで圧倒された記憶がある。終わったときは完全に酩酊していた。

アンポーはムルソーとして、1級のペリエール、シャルム、ラ・ピエス・スー・ル・ボワを所有する。また、ピュリニに1級のコンベットも持つ。赤は、ポマール、ブラニ1級のラ・ピエス・スー・ル・ボワ、ボーヌ1級のクロ・デュ・ロワ、および、上質のヴォルネ＝サントノも産す。

ブズロー一族　The Bouzereau family
ムルソーで石を投げると、ブズロー家の誰かに当たる。この地で何世代にもわたって根を張り、村のあらゆる一族、たとえば、ジョバール、ラトゥール、ミヨなどと婚姻関係を結んだ。2世代前の一族を見ると、ロベール（ミシェルとピエールの父）と、ルイ（フィリップとユベールの父）がいる。一族の主なメンバーは以下の通り。

◎ドメーヌ・ミシェル・ブズローは現在、ミシェルの息子のジャン＝バティストが運営する。2009年ヴィンテージから、最新式のカスタムメイドの醸造施設へ移転し、ワインを造る。同ドメーヌは、ピュリニ1級のカイユレ、シャン・ガン、ムルソー1級のペリエール、ジュヌヴリエール、シャルム、ブラニ、また、小区画（リュー・ディ）としてテソン、グラン・シャロン、リモザンを所有。赤も、いろいろな種類を造るが、ほとんど海外へは出ない。ジャン＝バティストは、現在は、15ヵ月熟成させて瓶詰めする。

◎ピエール・ブズロー＝エモナンの2人の息子、ジャン＝マリーとヴァンサンは、それぞれのラベルでワインを販売するが、共同で耕作し、ボトルの中味まで同じことがある。両者は、ピュリニ1級のフォラティエール、ムルソー1級のシャルム、グット・ドール、ポリュゾ、また、小区画（リュー・ディ）として、レ・ナルヴォーを出す。赤は、1級のヴォルネ＝サントノ、ボーヌ1級のペルテュイゾを持つ。将来は別々にしたいと考えている。

◎フィリップ・ブズローは、村の中央にあるシャトー・ド・シトーを引き継ぎ、息子（同名のフィリップ）の参画を得る。現在、広大な庭園を畑に転換中。所有区画は、白として、ピュリニ1級のシャン・ガン、ムルソー1級のペリエール、シャルム、村名のグラン・シャロン、ナルヴォー、ヴュー・クロ、シャサーニュ・ブラン、オセ＝デュレス・ブラン、赤として、コルトン・ブレサンドなどを持つ。

◎ユベール・ブズロー＝グリュエールのドメーヌは、現在、娘のマリー＝ロールとマリー＝アンヌが切り回す。所有区画は、白は、シャサーニュ1級のレ・ショーメ、ムルソー1級のジュヌヴリエール、シャルム、サン＝トーバン1級、小区画（リュー・ディ）名付きのACムルソー、ACシャサーニュ、ACピュリニなど。もちろん、コルトン・ブレサンドをはじめ、赤も造る。

ドメーヌ・ボワイエ＝マルトノ　Domaine Boyer-Martenot
現在、ドメーヌは4代目のヴァンサン・ボワイエが運営する。ヴァンサンは、2002年からドメーヌに参画し、翌年、跡を継ぐ。代替わり以降、除草剤は使わない。有機農法への転換を考えているが、大きく方針を換えるには時期尚早と現在は中断している。

ACムルソーでは、たとえば、ロルモー、シャロン、ティエなど、良質のワインを揃え、1級として、シャルム、ジュヌヴリエール、ペリエールを所有する。1997年、ドメーヌ・シャルトロンからACピュリニと1級のカイユレを購入。翌年の収穫前に瓶詰めした。

以前に比べ、赤の比重が増加した。オセ＝デュレスやポマールのほか、ピュリニとの境界に接する

村名区画レ・ペレで、珍しい赤のムルソーも造る。村名ワインだが、魅力にあふれ、赤いフルーツのニュアンスがある。

ドメーヌ・ビュイソン゠シャルル　Domaine Buisson-Charles
ビュイソン家はムルソーの旧家で、シャルル家はポマールの先にあるナントーの出。ドメーヌは現在、ミシェル・ビュイソンの娘カトリーヌが、話し好きの夫パトリック・エッサの支援を得て運営する。ACムルソー、ムルソー・テソン、1級のクラ、ブシェール、グット・ドール、シャルム、ヴォルネ゠サントノ、ACポマールを出す。

シャトー・ド・ムルソー　Château de Meursault
毎年恒例のオスピス・ド・ボーヌの競売は、終了後の月曜日、シャトー・ド・ムルソーでのポレ・ド・ムルソーでしめくくる。セラー内の発酵槽や道具をきれいに片付け、昼食で600人が座るテーブルをセッティングする。招待客は、入り口で生産者たちの出迎えを受け、離れの広大な地下セラーに案内される。シャトーの所有地は60haを越える。この中に、8haのクロ・デュ・シャトーも含む。このクロはもと庭園で、1975年に植樹した。シャトーは、新樽熟成させたACムルソーを大量に出す。1級として、シャルムとペリエール、ピュリニ1級のシャン・カネも0.5ha強の区画を所有する。
赤の生産も多い。ボーヌの1級畑に10の区画を持ち、グレーヴとサン・ヴィーニュを別々に出す。3.60haのポマール・クロ・デ・ゼプノ（コント・アルマンのクロ・デ・ゼプノーとは別物）も所有する。

ドメーヌ・コシュ゠ビズアール　Domaine Coche-Bizouard
名前から、「コシュの亜流」との印象をもつが、上質のムルソーを出す。小区画（リュー゠ディ）として、ロルモー、ル・リモザン、レ・シュヴァリエール、レ・リュシェ、1級として、シャルム、グット・ドールを所有する。赤は、珍しいムルソーの赤のほか、モンテリ、オセ゠デュレス、ポマールを造る。

ドメーヌ・コシュ゠デュリ　Domaine Coche-Dury

ワイン愛好家は、なぜ、コシュ゠デュリにこれほど熱狂するのだろう。世界中のブルゴーニュ白のファンが求めてやまないワインのトップがこれで、誰しもコシュ゠デュリの秘密を知りたいと思う。収量がずば抜けて低くはないし、醸造や熟成でも特別なことはなさそうだ。筆者には、ジャン゠フランソワ・コシュ゠デュリの秘密は、ブドウを育てる特別の才能にあると思えてならない。コシュ゠デュリの赤は、ほとんどがアペラシオン的には凡庸ながら、白同様、あでやかで香り高い。除梗し、発酵期間は比較的短く、軽く抽出するだけにとどめている。レストランでは、きわめてコスト・パフォーマンスが高い。
ジャン゠フランソワは、表向きは2010年に引退したが、2003年からジャン゠フランソワとともにワイン

ドメーヌ・コシュ゠デュリの所有畑	
白	ha
Corton-Charlemagne Grand Cru	0.34
Meursault 1er Cru Perrières	0.60
Meursault 1er Cru Genevrières	0.21
Meursault 1er Cru Caillerets	0.18
Meursault Chevalières	0.13
Meursault Rougeots	0.73
Meursault	3.75
Puligny-Montrachet Les Enseignères	0.50
赤	
Volnay 1er Cru	0.39
Pommard Vaumuriens	0.34
Monthélie	0.28
Auxey-Duresses	0.50

を造ってきた息子のラファエルが跡を継いだあとも、スタイルは変わらない。ただし、細部には変化があり、たとえば、畑はすべて鋤で耕し、旧式のヴァスラン製〔圧搾機の大手製造会社〕とは別に、水圧式のプレス機を据えつけた。
白ブドウはしっかり破砕してから圧搾する。これも「コシュ゠デュリ」スタイルの要素だろう。樽で発酵、熟成させるが、新樽率は低い（銘醸ワイン以外は25％以下）。7月に澱を落とす。ワインをブレンド後、再び樽へ戻して2回目の冬を過ごす。2年目の4月、樽ごとに瓶詰めする。
コシュ゠デュリのムルソーで、ラベルに畑名の記載がないものは、畑が違うワインを詰めている。たとえば、ナルヴォー、ショーム、ヴィルイユは別々にボトリングし、インポーターには、どれを

注文してどれを受け取ったかわかるようになっている。

筆者のブルゴーニュ初訪問は、ワイン業者として駆け出しの1981年で、ラフォンとコシュ=デュリを訪れた。当時の状況や資金を考えると両方とビジネスはできないと思い、しかたなくラフォンを選んだ。常識と勇気があれば、両方から買っていただろう。当時は、買おうと思えば買えたのだから。私の身体が無意識にコシュ=デュリを求めていたのか、2008年、自宅セラーの奥深く眠っていたムルソー・ルジョ1985年を偶然見つけた。気品あふれるワインで、泰然自若の感があり、熟成の頂点に達していた。

コルトン=シャルルマーニュ　特級　耕作契約の土地で造る。畑は、ル・シャルルマーニュ区画にあり、十字架の下に位置する。植樹は1950年だが、状態は非常によい。ラファエルによると、1本も枯れていないらしい。馬で鋤を引いて耕す。銘醸畑がコシュ=デュリと出会い、伝説的ワインができた。言葉で表現できないほどすばらしいワインだが、若いうちは非常に固く閉じており、開くのに何年もかかる。余韻が異常に長い。フィニッシュでは、いろいろな要素がバラバラに出るのではなく、すべてが一点に収束し、この銘醸畑に特有の風格あるミネラル感があらわれる。

ムルソー・ルジョ　コシュ=デュリの単一畑のムルソーの中で一番多いのがこれ。若いワインには、成熟しているが緑の果実のニュアンスがあり、これが緻密で芳醇な味わいとなり、口の中で開く。この緑系の果実味により、コシュ=デュリのワインが長期熟成して美しく開く。

ヴォルネ1級　ヴォルネからモンテリへ抜けるD973号線の上部の2区画、タイユ・ピエとクロ・デ・シェーヌのブドウで造る（前者が少し多い）。1999年は両者を分けて瓶詰めしたが、通常はブレンドする。雑味がなく、滑らかさで緻密なヴォルネ。

ドメーヌ・アルノー・アント　Domaine Arnaud Ente

アント家は、北フランスのアルメンティエールに近い土地の出身。アルノーの父は、ピュリニの生産者カミユ・ダヴィッドの娘と結婚した。婚姻により獲得した畑を拡大すべく、現在、アルノーの弟、ブノワが畑を開墾している（ネゴシアンに自社ワインをバルク売りする叔母も開墾に参画している）。

ドメーヌ・アルノー・アントの所有畑	
白	ha
Meursault 1er Cru Goutte d'Or	0.22
Puligny-Montrachet 1er Cru Les Referts	0.22
Meursault（多数のキュヴェあり）	2.30
赤	
Volnay Santenots 1er Cru	0.39

アルノーは1966年生まれ。1991年にマリー=オディール・テヴノと結婚し、翌年、テヴノ家の畑を借りて、ムルソーに自分のドメーヌを立ち上げる。1990年代は、熟度の頂点を待って遅摘みし、豊満なスタイルに仕上げたワインが大きな話題になった。2000年以降、自然の酸と、たっぷりしたミネラル感を損なわないよう早摘みに宗旨替えする。自分に入手可能なものを最大限に生かし、最良のワインを造りたいと考え、4人のチームで4haの土地を開墾している（チームのメンバーは、アルノー、妻のマリー=オディールと2人の使用人）。1haあたりの作業時間は、ほかのドメーヌを圧倒的にしのぐ。

栽培同様、醸造でも、細部までこだわる。ブドウは破砕してから水圧プレス機で圧搾することが多く、澱を引いてから発酵槽に入れる。近年、ACムルソーの一部、アリゴテ、ブルゴーニュ・ブランは600リットルの樽を使う。それ以外のワインは醸造後、最初の1年は樽のニュアンスをつけないため、通常の樽に入れる。アルノーでは新樽率を下げており、昔は35％だったが今は20％になる。樽製造業者を固定せず、いろいろな樽を使う。

白ブドウは、（毎年ではないが）破砕してから圧搾する。ブドウ果汁は24時間静置して大きな澱を落とし、清澄度の高い果汁と細かい澱を11ヵ月間樽に入れる。澱を引いてからタンクに移し、さらに6ヵ月熟成させてから、清澄やフィルタリングせずに瓶詰めする。ここに挙げたワイン以外にも、アリゴテ、（ガメイの）ブルゴーニュ・グランド・オルディネール（両方とも、1938年植樹のブドウで造る）、ブルゴーニュ・ブランがおもしろい。

ムルソー1級 グット・ドール　ドメーヌ唯一のムルソー1級。1992年に植樹した樹が畑になじんで成熟した実をつけるようになった。パワーと重量感はあるが、余韻の長さと気品が出るには、さらに樹齢を重ねる必要がある。

ピュリニ=モンラシェ1級 レ・ルフェール　ピュリニの1級にある小さい区画。ムルソーに接する。1965年に植樹した。ムルソーがパワーなら、このワインはデリケートで繊細なフィネスが身上。ブドウは、過熟を避けつつ、熟成の頂点で収穫する。

ムルソー クロ・デ・ザンブル（Meursault Clos des Ambres）　1951年にオルモーの区画に植えた古木から造り、アルノーとマリー=オディールがクロ・デ・ザンブルと名づけた。比較的若いうちから飲める。ムルソーのパワーを備えるが、過度のバターの風味はなく、長期熟成に耐える。

ムルソー ラ・セーヴ・デュ・クロ（Meursault La Sève du Clos）　これもオルモーのワインだが、樹齢はクロ・デ・ザンブルより古く、フィロキセラ禍直後に植樹したと言われる区画で造る。年ごとにワインの凝縮度が上がり、中央にミネラルの軸が1本通る。リリース直後ではなく、数年熟成させることを勧める。

ドメーヌ・ジャン=フィリップ・フィシェ　Domaine Jean-Philippe Fichet

ジャン=フィリップの父は、ドメーヌ名のワインも出たが、ほとんどはバルクでネゴシアンに売っていた。所有畑で造るワインは、ブルゴーニュ・ブラン、ムルソーのクリオとグリュイヤッシュ、ピュリニのルフェールで、残りは、分益耕作契約したいろいろな畑で造る。

2000年がフィシェの転換期で、オピタル・ド・ムルソーに近いル・クルー・デュ・コシュに本拠を移した。この地なら、効率よく醸造や熟成を全般にわたって管理できる。ジャン=フィリップは、ネゴシアンの免許もあり、自分が造って地主に分与する分益耕作分のブドウを買い戻したり、兄弟姉妹のブドウも購入している。

ドメーヌ・ジャン=フィリップ・フィシェの所有畑	
	ha
Puligny-Montrachet 1er Cru Les Referts	0.22
Meursault Le Tesson	0.86
Meursault Les Chevalières	0.86
Meursault Les Gruyaches	0.28
Meursault Le Meix sous le Château	0.48
Meursault	0.77
Monthélie Blanc	0.42
Auxey-Duresses	0.39

フィシェは雑味のないワインを求めている。完全に熟したブドウを全房発酵させるが、熟度の低い年は、破砕してから圧搾する。ブドウ果汁は12時間放置して大きな沈殿物を除去し、微細な澱は残す。澱を撹拌することもあるが、極力ゆっくり混ぜる。廉価版のワインは、ドゥミ・ミュイ（600リットルの大樽）で最初の1年熟成させ、タンクに移してブレンドする。単一畑のワインは、新樽から6年落ちの樽まで幅広く使って、18ヵ月熟成させる（新樽率は30％以下）。

白で有名なドメーヌだが、ブルゴーニュ・ルージュ、コート・ド・ボーヌ=ヴィラージュ、ACモンテリの赤も造る。

ムルソー ル・テソン　シュヴァリエールに比べると、最初のアタックの次に感じる中盤に重量感があり、肉付きと酸のバランスもとれていて、よくできたワイン。4年から6年熟成させるとよい。

ムルソー レ・シュヴァリエール　斜面中腹の区画で造る。エレガントで、味わいが何層にも重なったワイン。リリース直後でも魅力にあふれ十分飲めるが、熟成にも耐える。古木のため樹勢が弱く、収量は少ない。

ムルソー レ・グリュイヤッシュ　斜面下部の区画だが、1928年植樹の古木から造る。ブドウ樹の状態はよく、力強く凝縮感の高いムルソーになる。長期熟成に耐える。

アンリ・ジェルマン・エ・フィス　Henri Germain & Fils

アンリ・ジェルマンは、シャトー・ド・ショレ=レ=ボーヌの当主フランソワ・ジェルマンの弟で、シャサーニュのピヨ家の娘と結婚。アンリの息子ジャン=フランソワは、フランソワ・ジョバールの娘と結婚した。地味なドメーヌで、話題になることも少ないが、上質のワインを造る。ムルソーには、リモザン、シュヴァリエール、1級のシャルム、ペリエールに区画を持つ。シャサーニュの所有地には1級のモルジョ（フェランド）も含む。赤は、ACシャサーニュ、ムルソー・クロ・デ・ムーシュ、ボーヌ1級のブレサンドを造る。

ドメーヌ・ヴァンサン・ジラルダン　Domaine Vincent Girardin

もとはサントネのドメーヌ。ヴァンサンの父ジャン・ジラルダンには4人の子供がいて、畑を4等分した。ヴァンサンが18歳の1982年のことで、1人3haを相続。ヴァンサンは、畑を買い足したり、借地して自分のワインを造る。1994年に結婚し、自分の名前でネゴシアンも立ち上げるが、サントネでは土地を増やせないと見て、ムルソーに本拠を移転する。ネゴシアンのビジネスも順風満帆に進み、利益で畑を買い増した。この中には、ドメーヌ・アンリ・クレールの区画も含む。

現在、所有地は22haに及び、大部分が白のアペラシオンである。ヴァンサンは、ネゴシアン業ではなく、ドメーヌに専念したいらしい。年産4,000ケースを造る醸造所は、線路をはさんだムルソーのワイン産業地帯にあり、樽製造業者ダミーのほぼ隣に位置する。ダミーは、フランソワ・フレールとともに、ヴァンサンのお気に入りの樽業者である。2008年から100%ビオディナミに転換し、2009年には認証も取得。事業を急拡大し、廉価版ワインでビジネス的にも大成功を収めた今、ドメーヌを切り回すヴァンサンとドミニクが次に目指すのは品質である。白は、自然の酸を損なわないために早摘みする。新樽を少なくし、澱との接触を多くしている。ブドウは、破砕してから圧搾し、果汁静置やバトナージュも過度には実施しない。新樽率は25%で、夏のあいだは澱引きして古樽に入れる。

ドメーヌ・ヴァンサン＝ジラルダンの所有畑	
白	ha
Bâtard-Montrachet Grand Cru	0.25
Bienvenues-Bâtard-Montrachet Grand Cru	0.46
Chevalier-Montrachet Grand Cru	0.18
Corton-Charlemagne Grand Cru	0.32
St-Aubin 1er Cru Perrières	1.00
St-Aubin 1er Cru En Remilly	0.50
St-Aubin 1er Cru Murgers des Dents de Chien	0.60
Chassagne-Montrachet 1er Cru Chaumées	0.47
Chassagne-Montrachet 1er Cru Abbaye de Morgeot	0.70
Chassagne-Montrachet 1er Cru Caillerets	0.98
Puligny-Montrachet 1er Cru Les Referts	0.38
Puligny-Montrachet 1er Cru Champsgains	0.39
Puligny-Montrachet 1er Cru La Garenne	0.30
Puligny-Montrachet 1er Cru Les Combettes	0.65
Puligny-Montrachet 1er Cru Folatières	1.30
Puligny-Montrachet 1er Cru Les Pucelles	0.27
Santenay 1er Cru Beauregard	0.65
Santenay 1er Cru Clos de Tavannes	0.62
Santenay 1er Cru Clos de la Comme Dessus	0.85
Meursault Narvaux	0.73
Chassagne-Montrachet	1.20
Puligny-Montrachet	3.50
Savigny-lès-Beaune Blanc	1.20
赤	
Santenay 1er Cru Gravières	1.20
Santenay 1er Cru Maladière	0.89
Pommard Vignots	0.45

赤は、ブドウが十分熟して健康な状態なら、除梗しない。発酵中は、極力、自然にまかせ、ピジャージュは一切実施しない。白ワイン同様、新樽はほとんど使わない。

ビアンヴニュ＝バタール＝モンラシェ　特級　もとはドメーヌ・アンリ・クレールの区画。1級に比べ熟成に時間がかかるが、熟成により、パワーと繊細さがみごとに調和する。余韻の長さは驚異的。

シャサーニュ＝モンラシェ1級　カイユレ　2007年までは、この区画のブドウを買っていたが、2008年に畑自体を購入する。購入直後に細心の注意を払って畑の改良に着手し、購入後の初ヴィンテージから、カイユレのトレードマークともいえるパワーとミネラル分を備えたワインを造る。

ピュリニ＝モンラシェ1級　レ・コンベット　2003年からここに土地を所有。2区画のワインをブレンドする。フルボディで品があり円熟したピュリニができる。

ドメーヌ・アルベール・グリヴォー　Domaine Albert Grivault

ムルソーの名門ドメーヌ。レ・ペリエールに広い区画を持ち、クロ・デ・ペリエールを単独所有する（初代のアルベール・グリヴォーが1879年に購入）。初代が立ち上げたドメーヌは、15haの土地を所有していたが、のちにムルソー・シャルムをオスピス・ド・ボーヌへ寄進。1931年には1haのクロ・ド・ヴジョも売却するなど、ほかの畑も切り売りし、現在は6ha、5アペラシオンになる。ただし、自社のブルゴーニュ・ブラン区画をACムルソーに昇格させる申請を出したので、まもなく4アペラシオンになる見込み。クロ・デ・ペリエールも特級昇格申請したが、却下される見通し。詳細は、「レ・ペリエール」の項目（376頁）を参照。

アルベール・グリヴォーの孫ミシェル・バルデは、これまで妹とともに本ドメーヌを運営し、娘のクレアと息子のアンリ゠マルクが跡を継ぐ。畑仕事は、いろいろなタシュロン〔月給ベースで働く社員ではなく、仕事の出来高で賃金をもらう栽培業者〕が担当する。白ワインは、1級は新樽20％で熟成させ、翌年の収穫前に瓶詰めする。赤は、除梗したのち、発酵させ、全部で18ヵ月熟成させる。

ドメーヌ・アルベール・グリヴォーの所有畑

白	ha
Meursault 1er Cru Clos des Perrières	0.95
Meursault 1er Cru Perrières	1.55
Meursault	1.43
赤	
Pommard 1er Cru Le Clos Blanc	0.89

ムルソー1級 クロ・デ・ペリエール　通常のペリエールに比べ、ぴんと張りつめた緊張感があり、余韻も非常に長い。ワインもこのレベルになると、長期熟成により一層の酒質向上が期待できる。

ムルソー1級 ペリエール　クロ・デ・ペリエールより樹齢の高いブドウで造り、重量感でまさる。昔から、一部はネゴシアンに売る。

ドメーヌ・パトリック・ジャヴィエ　Domaine Patrick Javillier

ジャヴィエ家は何代にもわたり、クルティエ〔生産者とネゴシアンを仲介する仲買人〕としてワイン業に携わる。パトリックが3haの土地でドメーヌを立ち上げたあとも、クルティエが主な収入源だったが、1990年、ドメーヌが大きくなり、ビジネスも順調に進んで自立のめどが立ち、クルティエを廃業する。妻の実家には赤を造る畑もあるが、ドメーヌの主力は白ワインである。

ドメーヌ・パトリック・ジャヴィエの所有畑

	ha
Corton-Charlemagne Grand Cru	0.60
Meursault 1er Cru Charmes	0.06
Meursault 'Tête de Murger'	0.61
Meursault 'Les Clousots'	0.62
Meursault Tillets	1.50
Meursault Clos du Cromin	1.00
Puligny-Montrachet Les Lévrons	0.18
Savigny-lès-Beaune En Montchenevoy	0.73

パトリックは、ものごとを非常に深く考え込む性格で、白ワイン生産者の中でも例を見ない。醸造所の壁や樽の鏡板にはチョークでびっしりと書き込みがしてある。新しい方法や良いアイデアが浮かぶたびに、書き込んでいる。澱と長期間接触させないと瓶詰め後は熟成しないとの確固たる信念があり、白ワインを造るときはヴァスラン社製の水圧式圧搾機を使う。このほうが、通常の空気圧搾方式の機械より、固形物をたくさん出せると考えている。ワインの大部分は1年間の樽熟成を経てタンクに入れ、細かい澱と接触させながら、さらに熟成を重ねる。コルトン゠シャルルマーニュの場合、2回目の冬も樽で過ごす。

おもしろいことに、コルトン゠シャルルマーニュのようなトップクラスの銘醸ワインでは、新樽はまったく使わず、1年落ちの樽で熟成させる。一方、斜面下部にあり、粘土質が多く石灰分が少ない区画に位置するACムルソーやACブルゴーニュでは、新樽（25～30％）を使う。ダミー社製の樽を好み、アリエ、ヴォージュ、ヌヴェールの森の樽材をワインとのバランスによって使い分ける。

コルトン゠シャルルマーニュ 特級　2000年に購入した区画。同ドメーヌでは比較的新しい。レ・プジェの南向き斜面に位置するため、過熟を避けて早摘みするが必要がある。

ムルソー テット・ド・ミュルジェ　レ・ミュルジェ・ド・モンテリとレ・カッス・テットの2つの区画のブドウをブレンドし、互いの不足分を補う。芳醇で長期熟成に耐えるムルソーに仕上がっている。（同様に、レ・クルソは、レ・クルーに少量のクロトをブレンドしたもの）

ドメーヌ・フランソワ＆アントワーヌ・ジョバール　Domaine François & Antoine Jobard

フランソワ・ジョバールは非常に寡黙な生産者である。1957年に父からドメーヌを引き継いで以来、きわめて謙虚な姿勢でトップレベルのムルソーを50年間造ってきた。2002年に息子のアントワーヌが参画し、ラベルに親子の名前が載るようになって、ドメーヌでの試飲会もにぎやかになる。2007年からはラベルのデザインが変わり、名前もドメーヌ・アントワーヌ・ジョバールに変わっても、クリント・イーストウッドに似たフランソワはドメーヌで試飲するとき、いつも筆者の隣にいる。フランソワ・ジョバールのワインは、樽からテイスティングするとすばらしいが、瓶詰め後は真の

姿をあらわすまで時間がかかる。ワインは樽で2年熟成させたのち、若いうちの魅力を犠牲にして長期熟成に耐えるよう、少し多めに亜硫酸を添加する。発酵槽に入れて発酵させるまで、澱を落とさないことで長熟型のワインに仕上げているのだろう。息子のアントワーヌに代替わりしても、ラベル以外は変わっていない。もちろん、「微調整」はあり、たとえば、樽で2年目の夏を越さないよう、数ヵ月早く瓶詰めする。

これまで、ブラニ・ルージュの小さい区画で、重くて渋い赤を造っていたが、ピノ・ノワールを引き抜き、シャルドネに植え替えた。これで、ドメーヌは100%白になる。

ムルソー1級 ジュヌヴリエール 教科書的なジュヌヴリエール。レモン系の果実味がたっぷり感じられ、若いうちはジョバール特有の土臭さがある。長い熟成期間を経て徐々に花開く。ブラインドで飲んで、リリース後15年経過していると感じたら、実際は25～30年前のものである可能性が高い。

ムルソー1級 ポリュゾ 1961年に植樹した古木で造る。香りが穏やかでコンパクトなスタイルだが、力強い筋肉がある。果実味の凝縮感が高く、開花するには数年の瓶熟が必要。

ドメーヌ・フランソワ＆アントワーヌ・ジョバールの所有畑

	ha
Meursault 1er Cru Charmes	0.17
Meursault 1er Cru Genevrières	0.54
Meursault 1er Cru Poruzot	0.79
Meursault-Blagny 1er Cru	0.50
Meursault Les Tillets	0.70
Meursault En La Barre	1.20
Puligny-Montrachet Le Trezin	0.17

レミ・ジョバール　Rémi Jobard

レミ・ジョバールは、シャルル・ジョバールの息子で、フランソワ・ジョバールの甥。1992年に最初のワインを造って以来、幅広い区画で上質のムルソーを造る。1996年に父が引退するまで、一緒に仕事をした。香り高く雑味のないワインをめざしており、造るワインにもそれがあらわれる。ただし、シャルドネのエレガントさを追求するあまり、ほかを犠牲にすることはない。レミ・ジョバールの特徴は圧搾にある。一晩かけて段階的に圧力を上げ、2気圧で圧搾する。

圧搾後、発酵させ、12ヵ月の樽熟に入り、さらにタンクで6ヵ月熟成させる。新樽率は20%。ユニークなのは、オーストリアの樽業者シュトッキンガーを好むことで、樽材はウィーンから50km離れたイプスタルで伐採する。背が高くて幅の狭い同社のフードル型の樽も使う。2008年に樽から試飲したとき、レミ・ジョバールのエレガントさや長い余韻は、シュトッキンガーの樽に由来すると感じた。

レミ・ジョバールは、赤も質が高い。除梗して発酵させ、新樽率30%で樽熟する。モンテリ1級として、ヴィーニュ・ロンドとシャン・フリオの2つを出荷するが、後者のほうが繊細なスタイルとなる。ヴォルネ＝サントノも造りは軽やかながら、クリーンで余韻も非常に長い。

ムルソー ジュヌヴリエール 植樹は1940年。畑での熟成が遅いため、収穫は必ず最後になる。スタイリッシュでミネラル感にあふれる。活き活きしたワインで、余韻も長い。斜面下部系の肉付きのよいワインより、上部のエレガントなワインが好きな人にお奨め。

ムルソー1級 ポリュゾ レ・ポリュゾ＝ドゥシュの区画で造る。ポリュゾによくある無愛想なワインではなく、目鼻立ちの整ったムルソー。年月を経て繊細さをまとう。

レミ・ジョバールの所有畑

白	ha
Meursault 1er Cru Charmes	0.16
Meursault 1er Cru Genevrières	0.55
Meursault 1er Cru Poruzots	0.50
Meursault Sous La Velle	0.75
Meursault En Luraule	0.47
Meursault Chevalières	0.44
Meursault Narvaux (2008年以後)	0.75
赤	
Volnay Santenots 1er Cru	n/a
Monthélie 1er Cru Vignes Rondes	0.64
Monthélie 1er Cru Champs Fulliot	n/a

ドメーヌ・デ・コント・ラフォン　Domaine des Comtes Lafon

ドメーヌの歴史は、1869年にボッシュ家がクロ・ド・ラ・バールに社屋と醸造施設を建てたときにさかのぼる。ただし、実際の設立者はコント・ジュール・ラフォンで、1894年の聖ヴァンサンの日（1

月22日）に同家の娘、マリー・ボッシュと結婚する。目先が利いたようで、ムルソーとヴォルネの銘醸畑の最良区画を買い進み、1919年には宝石のようなル・モンラシェの区画も手中にす。現当主ドミニク・ラフォンは、1985年からドメーヌを運営する。当時から、良質の赤と、ヴィンテージによりばらつきはあるが極上の白を造るドメーヌとして名声を確立していた。今では、ブルゴーニュ最上の白を安定的に出し、赤も1989年以降、トップクラスの仲間入りを果たす。ムルソーとヴォルネの銘醸畑に区画を持ち、所有区画はいずれも畑の最良部にある。現在、ビオディナミに転換中である。

ドメーヌ・デ・コント・ラフォンの所有畑	
白	ha
Le Montrachet Grand Cru	0.33
Meursault 1er Cru Perrières	0.75
Meursault 1er Cru Genevrières	0.55
Meursault 1er Cru Charmes	1.70
Meursault 1er Cru Goutte d'Or	0.33
Meursault Clos de la Barre	2.10
Meursault Desirée	0.50
赤	
Volnay 1er Cru Les Santenots du Milieu	3.75
Volnay 1er Cru Clos des Chênes	0.33
Volnay 1er Cru Champans	0.50
Monthélie 1er Cru Les Duresses	1.06

1999年9月、マコネのドメーヌ、ミリ＝ラマルティーヌを買収する。現在、同ドメーヌのワインは、レ・ゼリティエ・デュ・コント・ラフォン名で出している。以降も耕作面積を増やし、2009年にはシャトー・ド・ヴィレと畑の耕作契約を結ぶ。ドミニクは小さいながら個人ドメーヌをもっており、ワインはボーヌで造る。

白は、全房を圧搾し、タンクに入れて12℃に維持し24時間かけて澱を落とす。村名ワインには新樽は使わない。シャルムとペリエールの新樽率は70％で、ジュヌヴリエールは少し低い。ル・モンラシェは100％新樽。ただし、どれも澱引きしてから旧樽に移し替える。ワインは樽の中で二冬すごす。

赤は、完全除梗ののち、温度制御が可能なステンレスタンクに入れる。温度を14℃に下げ、3日から5日かけて発酵前浸漬を実施。発酵時、1日2回ピジャージュをする。タンニンの抽出具合を見て、発酵後浸漬を実施するか判断する。実施しない場合、単に、ブドウ果汁を搾ってワインを分離して樽に入れ、発酵を止めることもある。新樽率は30％。熟成期間は18ヵ月以上で、2回の澱引きを経て、できる限り清澄やフィルタリングせずに瓶詰めする。

ムルソー1級 シャルム シャルムの最高区画。創立者コント・ジュール・ラフォンの土地選びの鑑識眼の高さがうかがえる。ビオディナミ転換の効果がもっとも期待できるのもこの区画だろう。フルボディの芳醇なワインで、最近は緻密さも出てきた。

ムルソー クロ・ド・ラ・バール もとはラフォンの裏庭だったところを畑にした。開花は早いが収穫は一番遅い。ブドウの生育日数が長い年は、凝縮度が高くミネラルを備えたワインになり、斜面下部に特有の重量感だけでなく、クリスピーなニュアンスも出る。

ヴォルネ1級 サントノ・デュ・ミリュー 1944年、1962年、1965年に植樹した古木のブドウのみで造る。1978年、1996年、2002年植樹分は、単にACヴォルネとして出す。サントノは、ラフォンのヴォルネの中でもっとも品質が安定しており、上質のタンニンのおかげで20年の熟成に耐える。凝縮度の高い赤系の果実味があり、口の中に広がる。

ヴォルネ1級 シャンパン 三分の二は1922年植樹の古木で、残りは1989年に植え替えたブドウで造る（ドミニクの娘レアは、植え替え作業完了の数時間後に産まれた）。古木のブドウはしっかりした骨組みをつくり、成熟が早いブドウから濃厚な黒系果実の香りが出る。

ドメーヌ・ラトゥール＝ラビーユ　Domaine Latour-Labille

ドメーヌの歴史は1792年に始まる。現在、ヴァンサン・ラトゥールと妻のセシルが運営する。所有地の大部分はムルソーにあり、1級のペリエール、シャルム、ポリュゾ、グット・ドール、村名のクロ・デ・メ・シャヴォーほか、サン＝トーバンにも小さい区画を持つ。ムルソー1級の赤、レ・クラも所有しているのが興味深い。白はスタイリッシュで、パワーよりすっきりしたワインが身上。樽香がつきすぎるのを嫌い、現在は600リットルの大樽に転換している。新樽率は30％。

セバスティアン・マニャン　Sébastien Magnien

コート・ド・ニュイのマニャンとは無関係。まだ若いセバスティアン・マニャンは、ボーヌから西8kmに位置するムロワゼにドメーヌを構えていたが、醸造設備を一新するためムルソーの中央部に本拠を移転する。白は、オート＝コート、サン＝ロマン、ムルソーを造る。この生産者は赤を得意とし、ヴォルネ、ポマール、オート＝コート（ムロワゼの銘醸畑クロ・ド・ラ・ペリエールも含む）のワインを造る。

ドメーヌ・マルトレ・ド・シュリジー　Domaine Martelet de Cherisey

古い歴史をもつ新しいドメーヌ。本拠はブラニの集落にあり、ムルソー村とブラニ村の境界をまたぐ丘陵に位置す。ドメーヌの前身、モンリヴォー家が土地を買ったのは1834年のことである。ド・モンリヴォー夫人は、夫が死去した1941年から自身が亡くなる1999年の直前まで、ドメーヌを切り回す。娘のひとりがベルナール・ド・シュリジーと結婚し、さらにその娘がローラン・マルトレと結婚する。ローランと妻は1998年にドメーヌ

ドメーヌ・デ・マルトレ・ド・シュリジーの所有畑	
白	ha
Meursault-Blagny 1er Cru La Genelotte	3.50
Puligny-Montrachet 1er Cru La Garenne	0.10
Puligny-Montrachet 1er Cru Les Chalumeaux	1.00
Puligny-Montrachet 1er Cru Hameau de Blagny	1.70
赤	
Blagny 1er Cru La Genelotte	0.35

に戻り、相続した三分の一の土地にゆっくりしたペースでブドウを植え、叔父の畑で分益耕作する。本書を執筆時点では、ブラニ付近の7ha弱の土地でブドウを栽培するまでになった。ローラン・マルトレは、ワイン業界に参入する前、森林管理の仕事をしていた関係で、ブドウが成長してワインになることに大きな興味を覚えたらしい。特に、天候が不順な年のブドウ栽培に関心が高い。不順年には自分の能力を発揮できるだけでなく、自然の試練のひとつひとつがワインに反映されることに好奇心をそそられるという。醸造法は、ブドウの状態によって変える。ブドウができた通り、自然のままワインを造ることが基本で、不作年の欠陥を補うため過度に手を入れたり、近道はしない。ローランの姿勢は、たとえば、2003年と2004年の樽の使い方に明確に出ている。2003年は新樽を使わず6ヵ月弱の樽熟後、12ヵ月で瓶詰めした。一方、2004年は新樽率80％で22ヵ月熟成させた。ヴィンテージによっては、破砕してから圧搾する（ブドウの粒が小さく皮が厚い場合）が、それ以外の年は破砕しない。デブルバージュの実施は最小限にとどめ、泥状の澱の最良部分を還流させる。できる白は凝縮度が高く、テロワール由来の酸も豊かで、しっかりと成熟している。

ヴィンテージに逆らわない姿勢は赤ワインでも変わらない。除梗するかしないかはヴィンテージ次第で、発酵期間を短くしてピジャージュせずに抽出を最小にするかどうかの判断も同様。このため、2005年の赤は色も濃く異常にボディが大きいが、2006年は明るい色で、軽やかなワインとなった。

ムルソー＝ブラニ1級 ラ・ガネロット　登記公図上の綴りは「La Jeunelotte」。石灰岩の上に粘土質の表層土が覆う土壌を反映して、常に密度の高い香りがある。

ピュリニ＝モンラシェ1級 アモー・ド・ブラニ　骨格のしっかりした繊細さを備えた白。ピュリニ特有の花のニュアンスがあり、斜面上部に特徴的な凝縮感のあるフレッシュなミネラルを感じる。パワーではなく、余韻の長さとバランスのよさが身上。

ドメーヌ・ティエリー＆パスカル・マトロ　Domaine Thierry & Pascale Matrot

つい最近まで、ラベルにはティエリーの父ピエールと、祖父ジョゼフの名前も記載していたが、2009年から、古いヴィンテージも含めすべてのワインをティエリーと妻のパスカル名で出す。夫妻は、3人の娘のうちの2人から要請を受け、ワイン業に最近参入した。マトロ家は、もとはオート＝コートのエヴェユ村でネゴシアンを営んでいたが、ジョゼフがムルソーに引越し、第一次世界大戦直後からドメーヌ元詰めを開始する。

なにごともよく考えるのがティエリー家の基本で、無理に周囲と歩調を合わせることはない。2000年から有機農法を取り入れているが、認証はとっていない。白ブドウは圧搾し、澱に問題がない限り澱引きせず、ゆっくり長く樽で発酵させ、新樽は使わない。例外は、ピュリニ1級のカンテサン

ス（Quintessense）で造る少量の白とブルゴーニュ・ブランで、新樽率は100％。翌年のACムルソーとムルソー1級を熟成させる樽を準備するため、2つのワインを入れて樽を馴（な）らしている。廉価版の白も、同じ理由で一部新樽を使う。ワインは、翌年の収穫直前に瓶詰めする。

赤は、除梗して魅力あふれるワインに仕上げる。除梗以外のティエリーの基本方針は、「収量過多を避ける」ことのみ。発酵と浸漬の期間は3日から25日で、ヴィンテージとブドウの状況で決める。

ドメーヌ・ティエリー＆パスカル・マトロの所有畑

白	ha
Meursault 1er Cru Les Perrières	0.53
Meursault 1er Cru Les Charmes	0.93
Meursault-Blagny 1er Cru	0.98
Puligny-Montrachet 1er Cru Les Combettes	0.31
Puligny-Montrachet 1er Cru Les Garennes	0.12
Puligny-Montrachet 1er Cru Les Chalumeaux	1.35
Meursault Chevalières	0.65
Meursault	5.38
赤	
Blagny 1er Cru La Pièce sous le Bois	1.43
Volnay Santenots 1er Cru	0.87
Auxey-Duresses	0.57
Meursault Rouge	0.93
Monthélie	0.45

ムルソー1級 レ・シャルム 4つの区画のブドウで造る。3区画は畑上部に位置す。フルボディで豊かなコクがあり、若いうちから飲めるが、年月を経て上品さがにじみでる。

ムルソー＝ブラニ1級 火打石に似たミネラル感とスパイシーなニュアンスがある。ティエリーによると、スパイスの効いた食事に合う由。

ピュリニ＝モンラシェ1級 ラ・カンテサンス 毎年、4樽から7樽造る。ガレンヌの小さい区画に植えた若いブドウと、レ・シャリュモーをブレンドして造る。新樽率は50％で、その気になれば樽香の利いたワインも造れると言いたいのだろう。

ブラニ1級 ラ・ピエス・スー・ル・ボワ ティエリー・マトロのワイン造りにもっとも忠実なのがこのワイン。驚くほど力があり、赤や黒い果実のニュアンスにあふれ、ミネラル分に富む。熟成すると、スパイス、甘草（liquorice）、銀梅花（ミルティーユ）（myrtle）などがからみ合った複雑な香りが花開く。それまでじっくり待つ価値は十分ある。

ムルソー・ルージュ ムルソーには、赤を出す生産者がわずかながらいるが、ここもそのひとつ。このワインは、レ・ドルソルとレ・マルボワリエで造る。この2区画は、ヴォルネ＝サントノの下部から続き、赤に最適の土壌。力強さには欠けるが、愛らしい果実味があり、夏に楽しく飲める。

ドメーヌ・ミシュロ　Domaine Michelot

義父ベルナール・ミシュロから引き継いだジャン＝フランソワ・メストルが、ドメーヌを運営する。ベルナール・ミシュロは、小柄ながらムルソーを代表する名士だった。小区画（リュー・ディ）ごとに瓶詰めしたのは、ムルソーではベルナールが最初で、クロ・デュ・クロマンとクロ・サン＝フェリクスを別々に出した。ドメーヌは、シャルム、ジュヌヴリエール、ペリエール、ポリュゾの1級畑を所有する。ピュリニ＝モンラシェ村へ抜ける脇道沿いには同家の豪邸が並び、「ミシュロ地区」となっている。この道を越えすぐの場所に、もうひとつのミシュロ一族、ドメーヌ・ミシュロ・メール・エ・フィスがある（最近、ドメーヌ・ベルナール＝ボナンに改名）。

フランソワ・ミクルスキ　François Mikulski

フランソワ・ミクルスキは、1984年から1991年まで、叔父のピエール・ボワイヨのもとで働いたのち、同ドメーヌを相続する。それにともない、D113号線を下ったオピタル・ド・ムルソーのそばに本拠を移転した。また、ムルソーの某ドメーヌと分益耕作契約を結び、8haの土地を耕す（収穫したブドウは半分しか自分のものにならない）。

一覧表に挙げたワインのほか、ブドウ果汁を買い入れてムルソー・ペリエールを造る。また、非常に質の高い廉価版のブルゴーニュも出しており、1929年植樹のブドウで造る極上のブルゴーニュ・パストゥグランもそのひとつ。赤は、完全に除梗し浸漬させたのち、2週間以上かけて発酵させる。圧搾前に温度を34℃まで急加熱し、色調を安定させた後、新樽率三分の一で樽熟成させる。白ワインの新樽率は低く、ブルゴーニュ・ブランで5％、1級は20％止まり。

ムルソー1級 シャルム 1913年、1930年、1998年に植樹した上部の3区画のブドウで造る。ミクルスキがここで造る上質のACムルソー・シャルムとは別に、2005年から、1913年樹の古木で造ったワインを別ボトルで出す。これは実にすばらしい白で、独特の魅力がありバランスがよい。

ヴォルネ＝サントノ1級 1947年、1976年植樹のサントノ・デュ・ミリューで造る。若いうちは濃い紫色で、大きな活力がある。芳醇で滑らかな果実味が繊細なタンニンの骨格を包み込む。飲み頃になるには6年から10年かかる。

フランソワ・ミクルスキの所有畑	
白	ha
Meursault 1er Cru Genevrières	0.52
Meursault 1er Cru Charmes	0.80
Meursault 1er Cru Poruzot	0.60
Meursault 1er Cru Les Gouttes d'Or	0.25
Meursault Limozin	0.12
Meursault	1.50
赤	
Volnay Santenots 1er Cru	0.90

ドメーヌ・ジャン・モニエ　Domaine Jean Monnier

1720年創立のドメーヌ。現在、ジャン゠クロード・モニエと息子のニコラが運営する。16haを所有。ムルソーの優良区画を持っており、村名小区画として、ラ・バール、シュヴァリエール、クロ・デュ・クロマン、1級として、シャルムとジュヌヴリエール、また、赤の畑として、レ・マルポワリエのACムルソーの赤、ACヴォルネ、ポマール1級のレ・ザルジリエール、クロ・ド・シトー（レゼプノの中の小区画で、モニエの単独所有）を擁する。

ドメーヌ・ピエール・モレ　Domaine Pierre Morey

ムルソーにあるモレの分家。モレ家は、シャサーニュが本拠地で、歴史は1793年までさかのぼる。アレクシス・モレが真夜中、極秘任務を帯びた牧師とムルソーを訪れた際（当時は、フランス革命直後の恐怖の時代だった）、ミヨ家の令嬢と出会って恋に落ち、結婚。以降、何回も相続をくり返し（アレクシスには孫が31人いた）、景気の波にもまれた結果、ピエール・モレの父、オーガストが相続したのは、凡庸な畑が少しだけだった。しかし、オーガストは、主にドメーヌ・デ・コント・ラフォンと分益耕作契約を結んでこの逆境を跳ね返す。

ドメーヌ・ピエール・モレの所有畑	
白	ha
Bâtard-Montrachet Grand Cru	0.48
Meursault 1er Cru Perrières	0.52
Meursault Tesson	0.88
Meursault Terres Blanches	0.42
Meursault	0.86
赤	
Pommard 1er Cru Les Grands Epenots	0.43
Volnay Santenots 1er Cru	0.35
Meursault Rouge Les Durots	0.27
Monthélie Rouge	1.32

ピエールが家業を継いだのは1970年代である。だが、ラフォンの畑での分益耕作契約が数年後に切れるという1984年、ラフォンはドメーヌの仕事に100％の時間をかけ、自分でブドウをつくりたいと考え、契約を延長しないことにした。

直後、運がよいことに、ピエールはドメーヌ・ルフレーヴに総管理者として雇用される（1988年から引退する2008年の夏まで）。その間、ネゴシアン、モレ・ブランを立ち上げ、ラフォンの区画返却による利益の減少分を埋め合わせた。また、土地も買い足す。現在は、娘のアンヌがドメーヌとネゴシアンの両方に参画している。

1993年から有機農法に切り替え、1998年以降、ビオディナミに転換した。白ブドウは、破砕してから圧搾し、ブドウ果汁はほとんど清澄させない。なお、ピエールは、クリスマスまで通常の澱攪拌を実施するが、クリスマス以降は、1993年や2007年のように酸度が高く、マロラクティック発酵の開始が遅い年を除いて、澱は攪拌しない。樽熟では、新樽、1年落ち、2年落ちを三分の一ずつ使う。翌年の収穫前に澱を引いて古樽に移し、次の春に瓶詰めする。

ムルソー1級 ペリエール モレの所有区画は、ピュリニの境界に近く、ブラニ・スー・ル・ド・ダーヌの下にある。質が高く肩幅の広いムルソーができる。長期熟成に耐える。

ムルソー テソン 好立地の村名区画。畑には、各小区画に生産者の小屋が建つ。いつ飲んでも、果

実味、重量感、ミネラルのバランスがよい。
ムルソー・ルージュ レ・デュロ　常時、ピノ・ノワールを植えてきた区画。最後の植え替えは1974年までさかのぼる。香りに複雑性はないが、背後にはしっかりした骨格があり、熟成に耐える。

モレ・ブラン　Morey Blanc
1992年にピエール・モレが立ち上げた小規模ネゴシアンで、ラフォンとの分益耕作契約が終了することで生じる減益分をカバーするのが目的。今に比べ、設立当時はブドウの買上げ契約を簡単に結べたため、もっと強気で規模を拡張すべきだったとピエールは悔やむ。白が中心（名前からもわかる。ただし「ブラン」は妻の旧姓でもある）だが、少ないながら赤も扱う。

ドメーヌ・ジャック・プリウール　Domaine Jacques Prieur
ドメーヌの株は、70％をラブリュイエール家が、30％をプリウール家が所有す。現在、アントナン・ロデの元醸造技師、ナディーヌ・ギュブランが、栽培、醸造を管理し、マルタン・プリウールが事務部門を担当する。所有する特級畑の数々は驚異的で、モンラシェ、ミュジニ、シャンベルタンという特級中の特級も揃えている。ただし、所有区画が丘陵の上下に散らばっているためか、それほど評価は高くない。ワインは悪くないが洗練さに欠け、超一流の器とは言い難い。最近、収穫のタイミングを意図的に遅らせ、ボディの大きい華麗なワインを造ろうとしている。

ドメーヌ・ジャック・プリウールの所有畑

赤	ha	白	ha
Chambertin Grand Cru	0.84	Le Montrachet Grand Cru	0.59
Chambertin-Clos de Bèze Grand Cru	0.15	Chevalier-Montrachet Grand Cru	0.14
Musigny Grand Cru	0.77	Corton-Charlemagne Grand Cru	0.22
Clos de Vougeot Grand Cru	1.28	Puligny-Montrachet 1er Cru Les Combettes	1.50
Echezéaux Grand Cru	0.36	Meursault 1er Cru Perrières	0.28
Corton Bressandes Grand Cru	0.73	Meursault 1er Cru Santenots	0.25
Beaune 1er Cru Champs Pimont	2.28	Beaune 1er Cru Champs Pimont	1.20
Beaune 1er Cru Clos de la Féguine	1.48	Beaune 1er Cru Clos de la Féguine	0.27
Beaune 1er Cru Grèves	1.70	Meursault Clos de Mazeray	2.57
Volnay 1er Cru Champans	0.35		
Volnay Santenots 1er Cru	0.56		
Volnay Clos des Santenots 1er Cru	1.19		
Meursault Clos de Mazeray	0.55		

ドメーヌ・ギィ・ルーロ　Domaine Guy Roulot
ジャン=マルク・ルーロが運営するドメーヌ。ジャン=マルクは1989年に人生の転換期を迎え、舞台役者と映画俳優の道に見切りをつけて、従来通りワイン造りに専念することにした。これはよい選択で、以降、この優良ドメーヌを超一流に育て上げた。重厚広大から繊細芳醇で雑味のないワインへ路線転換するのは簡単ではないが、ルーロは、品質や複雑性を損なうことなく転換に成功した数少ないドメーヌである。ここでは、たとえば、気軽に飲めてコスト・パフォーマンスの良いブルゴーニュの白と、テロワールの微妙な違いがあらわれる上質ワインのように、いろいろなワインをすみ分けしている。

ドメーヌ・ギィ・ルーロの所有畑

	ha
Meursault 1er Cru Les Perrières	0.26
Meursault 1er Cru Les Bouchères	0.16
Meursault 1er Cru Les Charmes	0.28
Monthélie 1er Cru Les Champs Fulliots	0.19
Meursault Les Tessons Clos de Mon Plaisir	0.85
Meursault Les Tillets	0.49
Meursault Les Luchets	1.03
Meursault Les Meix Chavaux	0.95
Meursault Les Vireuils	0.67

ルーロでのワイン造りは、一般工業製品の大量生産とは異なり、一層ずつ編み込むように造る。どれも極上のムルソーで、10年を経て本来の格調高さがあらわれる。1999年から有機農法に転換し、

一部で実験的にビオディナミを導入する。どれも、上質のブドウを栽培する上で妥当な試みだろう。また、ブドウの状態次第では、早摘みも辞さない。ブドウの皮が健全なら、圧搾前に破砕する。破砕により、ブドウ果汁が緑色を帯び、切れ味のよい酸になるが、ワインのpH度は変わらない。樽は、微量の酸素供給の機能も果たし、新樽率は、村名ワインで20%以下、1級では25~30%。

ムルソー1級 レ・ペリエール　ルーロが1976年に購入した畑で、ブドウの植樹は1940年代。ここは、ルーロのラインナップの中で、王冠の中央のダイヤモンドに相当する。生産はごく微量。香り高く、畑由来のミネラル感が前面に出て、その後ろに驚異的な重量感が潜む。

ムルソー1級 レ・シャルム　区画はシャルムの下部だが、1942年に植樹した古木で造る。芳醇ながら雑味のない造りで、バランスが絶妙。教科書的なムルソー下部ワインができる。

ムルソー1級 レ・ブシェール　非常に小さい区画。1970年、SO4を台木としてその上に植樹。日照の良いブシェールの束向き斜面と台木との相乗効果でブドウの熟成が早い。口に含むと静かに開き、果実味が爆発する。この畑でできる最上級のワイン。

ムルソー レ・テソン・クロ・ド・モン・プレジール　このドメーヌの象徴的なワイン。1級ではないことを考えると、品質は非常に高い。何層にも重なった骨格は、村名ワインの中では異色。凝縮感の異常に高い香りは、ライムの花を思わせる。このワインが秘めるエネルギーは驚異的。

ムルソー村以外の生産者

ボーヌの大手ネゴシアンの中で、ムルソーの生産量がもっとも多いのがブシャール・ペール・エ・フィスである。これは、ドメーヌ・ロピトーを買収したためで、ロピトーがなければ、ピュリニ=モンラシェを中心にビジネスを展開していたはず。ピュリニの1級畑を所有するムルソーの生産者は、ムルソーに1級畑を所有するピュリニの生産者よりはるかに多い。

the montrachets
モンラシェと周辺の特級畑

ル・モンラシェは8haの1枚の畑で、ピュリニ村とシャサーニュ村にまたがる。両村は、畑の威光にあやかり、村名のうしろに「モンラシェ」をつけている。フランスのみならず、世界で評価の高い白ワイン畑の中でも最高峰がモンラシェで、両村がモンラシェを村名につけたように、モンラシェの名を冠した特級畑が周囲を取り囲む。

このため、本章は通常の構成はとらず、モンラシェと周辺の特級畑、すなわち、シュヴァリエ゠モンラシェ、バタール゠モンラシェ、ビアンヴニュ゠バタール゠モンラシェ、クリオ゠バタール゠モンラシェをまとめて解説する（本章でとり上げる生産者はル・モンラシェのみ。それ以外は、シャサーニュ゠モンラシェとピュリニ゠モンラシェの章を参照）。

モンラシェのテロワールは、昔からきわめて重要であり、本書では、畑の区画をほかの章よりさらに細かくして所有者まで明記し、面積を平方メートルの単位であらわす。19世紀なかばのブルゴーニュを格付けしたジュール・ラヴァルの評価では、モンラシェの項で、本書同様、それまでの表記法を変え、ピュリニ側の3.95haの区画を「最上特級畑（Tête de Cuvée EXTRA）」と同書で初出となる「最上」をつけ、シャサーニュ側の残り13.54ha全体を「準特級畑（Hors Ligne）」と呼んだ（当時、モンラシェの面積が7.50haだったとの資料があるが、ワイン研究家のジャン゠フランソワ・バザンはシャサーニュ側の面積は3.54haの誤記と推定している）。

何世紀にもわたりモンラシェは熱烈な讃辞を受けてきた。筆者がもっとも気に入っているのは、黎明期の1728年にクロード・アルヌー神父が記した次の言葉だ。「ラテン語でもフランス語をもってしても、このワインの甘美なる姿態を表せぬ。繊細にして他に比類なきさまをいかに筆で記すべきや」[1]

特級畑　Grand Crus

ル・モンラシェ　Le Montrachet
AC：ル・モンラシェ特級畑

L：最上特級畑/準特級畑　　R：特級畑　　JM：別格特級畑　　　7ha 99ares 80centiares（7.9980ha）

なぜ、ル・モンラシェはこれほど熱狂するワインなのか？　要素のひとつは、畑の位置で、鞍状部の土地にあり南と東に傾斜する。下層土も完璧で、地質学者のジェイムズ・ウィルソンは、次のように述べている。「ル・モンラシェが太古の昔から受け継ぐ奇跡の土壌は、泥灰岩まじりの薄い石灰岩層が泥灰岩にはさまれてできたもので、非常にゆるい斜面を形成する。シュヴァリエの急斜面から流れ落ちたコート・ド・ニュイ由来の土壌がル・モンラシェの『血』であることは疑いない。これは王家に流れる血だ」

現在の面積は、8haにわずかに欠ける。うち4.01haがピュリニ゠モンラシェ村、3.99haがシャサーニュ゠モンラシェ村にある。細かく言えば、ピュリニ側が「モンラシェ」で、シャサーニュ側が「ル・モンラシェ」だが、厳密に区別する必要はない。15の生産者が造った1999年ヴィンテージを並べたところ、ヴァンサン・ジラルダンとフォンテーヌ゠ガニャールだけが正しい冠詞つきの「ル・モンラシェ」を使っていた。

元ソムリエのジャン゠クロード・ワルランは、モンラシェを小区画（リュー゠ディ）に分け、所有者が一目でわかる詳細地図をつくった。これを本書用に編集した地図を402~403頁に示す。これを見ると、ピュリニよりシャサーニュの方が分割は細かく、ピュリニでは、畑の畝がすべて東西向きであることがわかる。

ル・モンラシェに初めてブドウを植えたのがいつか正確には不明だが、1252年の文献に、「モン・ラシャ（Mont Rachaz）のブドウと畑」との記述がある。ピエール・ド・ピュリニと妻のアルノレが、マジエール修道院に畑を寄進したときのものらしい。1483年の借地台帳には、シャサーニュ側にブドウを植えた初めての記述が登場する。しかも白ブドウで、「領主の白ブドウ」とある。

シャサーニュとシャニィの領主だったシャルル・ド・ラ・ブティエールは当時、すでに評価の高いル・モンラシェの所有者でもあった。1710年、シャルル公は、義理の息子ジャン゠フランソワ゠アントワーヌ・ド・クレルモン゠モントワゾンに所有地を遺贈する。孫娘は1776年にシャルル・ド・ラ・ギッシュに嫁ぐも、夫君がフランス革命に巻き込まれ1794年に処刑された。経緯は不明だが、革命直後、ラギッシュ家は何らかの手段でル・モンラシェの区画を取り戻す。今日でもラギッシュ家はモンラシェの最大所有者（約2ha）である。

1831年、ドニ・セルロ博士は次のように述べている。「軽やかにして香り芳しく、精緻にして妙なる繊細さを宿し、エスプリに富むも辛口にあらず、このうえなく甘美なるも鈍重にあらず。人が口にできるブドウ酒の中で最良たるべし」[2]

ワイン愛好家としても高名な第3代アメリカ大統領トマス・ジェファーソンは、モンラシェのすばらしさを次のように数値で示している。「モンラシェは、クー（queue：2樽）あたり1,200リーヴル、ボトル1本に48スーの値がつく。ムルソーのグッド・ドールは150リーヴルにすぎぬ」。19世紀なかば、ジュール・ラヴァルは、ジェファーソンの上を行き、以下のように、どんな値段でも高すぎないと考えた。

「また、モンラシェは、希少、かつ、驚くべきブドウ酒にして、ごく少数の選ばれし民のみがその瑕疵（かし）なき姿態を堪能することが許される。最良年のボトルを購える者は、どんな価格であろうと、いくら払おうとも、高きに過ぎぬことを得心すべし」[3]

---

1) Abbé Claude Arnoux, *Situation de Bourgogne*, London 1728（facsimile edition 1978）, p.46
2) Dr Denis Morelot, *Statistique de la Vigne dans le Département de la Côte d'Or*, 1831（facsimile edition, Editions Cléa, Dijon, 2008）, p.257
3) Dr Jules Lavalle, *Histoire et Statistique de la Vigne et des Grands Vins de la Côte d'Or*, 1855（facsimile edition 1982）, p.156

AOC制度の導入により、モンラシェを名乗れる畑の線引きが必要になる。1921年、「本来のモンラシェ」の外の畑でモンラシェ名を使った栽培農家に対し、裁判所が排除命令を下した。ただし、シャサーニュのミュルジェ・ダン・ド・シヤンのごく狭い区画は、最終的な線引きで内側に入る。

10年後、ムシュロン侯爵が、「ル・モンラシェのワインは、すべてドメーヌ元詰めとし、コルクとラベルにドメーヌ名とワイン名を必ず表示する。そのうえで、年ごとに最低価格を取り決める。また、不作年は、全生産者がワインを格下げすることも検討する」案を提起する。ムシュロン侯爵は時代を先取りしすぎた。コント・ラフォン、ジャック・プリウールなど、ムルソーを本拠とする生産者はこの提示を支持したが、結局は却下される。田舎の偏狭な縄張り根性を考えると当然だが、ピュリニやシャサーニュの生産者ではなく、ムルソーの生産者が提案したことが拒否の原因かも知れない。筆者は、ジョージ・セインツベリー著『セインツベリー教授のワイン道楽』の次の一節を読んで一瞬心が躍ったが、結果的には期待はずれに終わった。

「モンラシェは確かに偉大なワインである。誰かが述べたように(確かフライタークの有名な小説だったと思う)、『このワインを飲むと、血管が鞭のように太く筋立つ』のだ[4]」。フライタークとは誰か? 調べた結果、19世紀ドイツの劇作家で小説も書いたグスタフ・フライタークにいきあたった。フライタークの有名小説といえばまちがいなく『借方と貸方』で、さっそく、英語版を一冊買って読んだところ、暗黒の時代、プロシアとポーランド国境付近での経済状況や生活がいかに過酷であったか十分理解できたが、モンラシェの記述はなかった。

ル・モンラシェの主要生産者

ル・モンラシェには16人の所有者がいるが、うちひとりは自社ラベルでワインを出していない。ネゴシアンもル・モンラシェを瓶詰めしているが、誰からブドウを買っているか不明。ボワユロー・ド・ショーヴィニかバロン・テナールが供給源とみられる。

ギィ・アミオ　Guy Amiot　　0.09ha

第一次世界大戦直後、ギィ・アミオの祖父アルセン・アミオが「ダン・ド・シヤン」の区画29と25(区画番号は地図を参照)を購入し、ブドウを植える〔区画番号が歯抜け状態になっているのは、区画の合併や分割による。2つの区画を併合すると、片方の番号が消え、ひとつの区画を分割すると、もうひとつの区画は、一番大きい区画番号に1を加えた番号になる〕。

ブラン゠ガニャール　Blain-Gagnard　　0.08ha

区画132の所有者はジャック・ドラグランジュで、1999年の収穫後に引退し、ドメーヌ・ブラン゠ガニャールのジャン゠マルク・ブランが同区画を購入した。それまで、ジャン゠マルクは、祖父エドモン・ドラグランジェ゠バシュレの区画(133)でワインを造っていた。区画133の所有権は、エドモンの死去にともない、1996年にリシャール・フォンテーヌ゠ガニャールに移る。

ドメーヌ・ボワユロー・ド・ショーヴィニ(ルニョー・ド・ボーカロン)
Domaine Boillereault de Chauvigny (Regnault de Beaucaron)　　0.80ha

ボワユロー・ド・ショーヴィニとギヨーム家は、区画118~121まで所有するが、ワインの生産実績はない。モンラシェの両家の歴史は、1838年、ブシャール家が区画を購入したことに始まる(詳細はブシャールの項を参照)。1875年、アンヌ゠マリー・ブシャールの娘リュシーがフェルディナン・ボワユローに嫁いだ。ブシャールはヴォルネに大きな醸造施設を持つだけでなく銘醸畑も所有し、

---

[4] George Saintsbury, *Notes on a Cellar Book*, 1920, Macmillan, London 1978, p.57　邦訳はジョージ・セインツベリー著、山本博監修、田川憲二郎訳、『セインツベリー教授のワイン道楽』(紀伊國屋書店、1998年)

ニコラ・ロシニョールが栽培を管理する。ただし、モンラシェのブドウはルイ・ラトゥールが収穫、醸造を担当している。ルイ・ラトゥールは、数樽をルイ・ジャド、オリヴィエ・ルフレーヴなどのネゴシアンに売却する。

ブシャール・ペール・エ・フィス　Bouchard Père & Fils　　　　　　　　　　　　　　　0.89ha
1838年、ベルナール・ブシャールとアドルフ・ブシャールがマンドゥロ家から1.94haを購入する。以降、相続の繰り返しにより、一部は今日のドメーヌ・ボワユロー・ド・ショーヴィニの手に渡るが、大区画67は今もブシャール・ペール・エ・フィスが所有し、上質のモンラシェを造る。

マルク・コラン　Marc Colin　　　　　　　　　　　　　　　0.11ha
年産2樽（50ケース）の極小区画。畑の南西部にあるダン・ド・シヤンの4区画（27、28、161、182）は、もとは単一区画である。ここのワインには爆発的に広がる果実味はないが、凝縮感があり余韻も長くフィネスを感じる。

ルネ・フルーロ　René Fleurot　　　　　　　　　　　　　　　0.04ha
サントネのシャトー・ド・パスタンを所有するフルーロ家は、1919年、コント・ラフォン（詳細はコント・ラフォンの項を参照）と同時期にモンラシェの大区画を購入するも、現在では極小区画173のみとなる。ほかは、長年にわたり、エドモン・ドラグランジェ＝バシュレ、ドメーヌ・ルフレーヴ、シャトー・ド・ピュリニ＝モンラシェに切り売りした。

フォンテーヌ＝ガニャール　Fontaine-Gagnard　　　　　　　　　　　　　　　0.08ha
1978年、フルーロ家から区画133を購入する。当初はエドモン・ドラグランジェ＝バシュレ、のちにジャン＝マルク・ブラン＝ガニャールが耕作。1996年、家長のエドモン・ドラグランジュの死去にともない、畑はリシャール・フォンテーヌ＝ガニャールの手に戻る。

ドメーヌ・デ・コント・ラフォン　Domaine des Comtes Lafon　　　　　　　　　　　　　　　0.32ha
1919年、コント・ジュール・ラフォンが、南東の1/3ha弱の土地（区画37）を購入する。ドメーヌ名で最初のワインを瓶詰めしたのは、ずっとあとの1935年である。
1991年、ドミニク・ラフォンが、分益耕作契約を結んだピエール・モレから畑を取り戻し、以降、ビオディナミを実践する。ドミニクは、弱った古木がビオディナミで元気になったと信じている。
現在、ラフォンでは最初の1年を新樽で熟成し、翌年の冬から春にかけて古樽に移し熟成させる。瓶詰めまでの熟成期間は18~21ヵ月。ドミニクの父ルネ・ラフォンは、さらに長く樽熟させていた。

マルキ・ド・ラギッシュ　Marquis de Laguiche　　　　　　　　　　　　　　　2.06ha
ピュリニ側の北端から2haの大区画（64）がマルキ・ド・ラギッシュの所有地。ラギッシュ家は栽培のみを担当し、協力関係にあるメゾン・ジョゼフ・ドルーアンが、収穫、醸造、販売を請け負う。畑のブドウは、1961年、1969年、1984年に植樹した。
フランス革命前、シャルル＝アマブル・ド・ラギッシュは、大区画を所有していたが、畑を没収された上に処刑される。だが、一族は19世紀初めには土地を取り戻した。未亡人が1810年に死去したとき、ラギッシュ家は、まだ（再び？）4ha以上を保有。現在、半分強がラギッシュ家に残り、残りの2ha弱は、分家のマンドゥロ家が受け継いだ。1838年、マンドゥロ家の区画はブシャール家に売却し、さらに現在の区画は、ブシャール・ペール・エ・フィスとドメーヌ・ボワユロー・ド・ショーヴィニに分かれる。

ラミ＝ピヨ（マドモワゼル・プティジャン）　Lamy-Pillot (Mlle Petitjean)　　　　　　　　　　　　　　　0.05ha
1樽造るのが精一杯の極小区画（24）。ドメーヌ・ラミ＝ピヨが、この区画の所有者、プティジャン女史の命を受け1989年から耕作する。

モンラシェ
Montrachet

モンラシェの所有者・所有面積一覧

所有者	hectares	ares	centares
Marquis de Laguiche	2	6	25
Baron Thénard	1	82	31
Bouchard Père & Fils	0	88	94
Boillerault de Chauvigny	0	79	98
Domaine de la Romanée-Conti	0	67	59
Jacques Prieur	0	58	63
Domaine des Comtes Lafon	0	31	82
Domaine Ramonet	0	25	90
Marc Colin	0	10	68
Guy Amiot	0	9	10
Domaine Leflaive	0	8	21
Blain-Gagnard	0	7	83
Fontaine-Gagnard	0	7	81
Lamy-Pillot (Mlle Petitjean)	0	5	42
Château de Puligny-Montrachet	0	4	28
René Fleurot	0	4	5

モンラシェの区画別所有者一覧

区画	hectares	ares	centares	所有者
64	2	6	25	Marquis de Laguiche
34	1	8	70	Baron Thénard
67	0	88	94	Bouchard Père & Fils
32	0	74	61	Baron Thénard
33	0	37	73	Jacques Prieur
31	0	34	19	Domaine de la Romanée-Conti
37	0	31	82	Domaine des Comtes Lafon
118	0	26	66	Boillerault de Chauvigny
121	0	26	66	Boillerault de Chauvigny
66	0	25	9	Domaine Ramonet
30	0	20	9	Jacques Prieur
129	0	16	7	Domaine de la Romanée-Conti
130	0	16	7	Domaine de la Romanée-Conti
119	0	13	33	Boillerault de Chauvigny
120	0	13	33	Boillerault de Chauvigny
134	0	8	21	Domaine Leflaive
132	0	7	83	Blain-Gagnard
133	0	7	81	Fontaine-Gagnard
25	0	6	35	Guy Amiot
24	0	5	42	Mlle Petitjean (René Lamy-Pillot)
172	0	4	28	Château de Puligny-Montrachet
173	0	4	5	René Fleurot
27	0	3	56	Marc Colin
28	0	3	56	Marc Colin
29	0	2	75	Guy Amiot
161	0	1	78	Marc Colin
162	0	1	78	Marc Colin

ドメーヌ・ルフレーヴ　Domaine Leflaive　0.08ha
ル・モンラシェの土地売買で、2番目に新しい取引きが、ドメーヌ・ルフレーヴが購入したこの区画。1991年、区画134をドメーヌ・フルーロより購入した。かつて、ラフォン所有の区画を分益耕作していたピエール・モレは、現在はルフレーヴの区画で栽培を担当している。2003年に、1999年ヴィンテージのモンラシェ15銘柄を水平試飲したところ、ルフレーヴのワインが抜きんでていた。

ジャック・プリウール　Jacques Prieur　0.59ha
ジャック・プリウールがダン・ド・シヤンの3つの小区画(リューディ)を購入した当時、土地は未植樹状態だった。1921年の裁定により、ここが正式にモンラシェとなる。この3つを統合して合計20.90aの区画30となった。この区画に接して、同ドメーヌ所有の区画33(37.73a)があり、ここは、斜面の上下方向、すなわち、東西向きに畝が延びる区画としては最南端。

シャトー・ド・ピュリニ=モンラシェ　Château de Puligny-Montrachet　0.04ha
1995年、シャトー・ド・ピュリニの所有者が区画172を購入したが、樽半分のワインを造るのがやっと。

ドメーヌ・ラモネ　Domaine Ramonet　0.26ha
1978年、ラモネ家は、ピュリニ側にある1/4haの小区画(66)(リューディ)を購入する。ブドウ樹は1938年以前の植樹である。古木は1980年代に引き抜き、1990年に植え替える(初ヴィンテージは1992年)。伝説の人物であるピエール・ラモネは、ミラン家とマテイ家からこの区画を購入する際、古い紙幣を手押し車に積んであらわれ、弁護士が驚いたとのエピソードがある。米国のナッシュヴィルで2005年に開催されたモンラシェのマラソン・テイスティングでは、1979年、1982年、1983年のすべてがすばらしい熟成を見せた。

ドメーヌ・ド・ラ・ロマネ=コンティ　Domaine de la Romanée-Conti　0.68ha
DRCは、ル・モンラシェで5番目の大区画所有者。シャサーニュ=モンラシェ側に離れた2つの区画を持つ。1963年、コント・ド・ムシュロンから34.19a(区画31。東西方向に植樹)を購入し、区画129と130(各16.7aずつ。植樹は南北方向)は、1965年と1980年に買い入れる。
DRCでは、モンラシェの個性を十分発揮するには遅摘みが必須と考えている。興味深いのは、ボトルを開けた直後は遅摘みの効果を顕著に感じるが、空気に触れると畑の個性が前に出ることである。モンラシェは、ヴォーヌ=ロマネにあるDRCの醸造所にてベルナール・ノブレが仕込む。

バロン・テナール　Baron Thénard　1.84ha
ドメーヌ・デュ・バロン・テナールは、東西方向に植樹した74.61aの区画32と、シャサーニュ=モンラシェに向かって下る南北方向に植樹した1.870haの区画34の2つの大区画を所有する。1873年、テナール男爵家の2代目、ポールが畑を購入し、以降、幸いにも分割されることはなかった。これは未亡人に先見の明があったためで、1921年に死去する直前、家族経営の会社を設立した。現在、家族の一員であるジャン=バティスト・ボルドー・モンリュが会社を運営する。これまで、ルモワスネが長期間提携してこのモンラシェを独占販売してきたが、現在は、バロン・テナールが、同ドメーヌ名でワインの大部分を販売し、残りをいろいろなネゴシアンに売る。

シュヴァリエ=モンラシェ Chevalier Montrachet
AC：シュヴァリエ=モンラシェ特級畑
L：記載なし　R：1級畑　JM：特級畑　　　　　　　　　　　　　**7ha 58ares 89centiares**

モンラシェ名がつく「兄弟畑」の中で最高位と目される畑。モンラシェの上部に隣接する。ピュリニ側のモンラシェの真上に位置する6.118haの長方形のブロックがシュヴァリエの中核部だが、ルイ・ラトゥールとルイ・ジャドは、これ以外に、ル・カイユレ内の1.27haもシュヴァリエと認めるよう申し立てた。両生産者は、この区画にレ・ドゥモワゼルとの別名をつける。この名は19世紀の所有者だったマドモワゼル・アデル・ヴォワイヨとマドモワゼル・ジュリー・ヴォワイヨにちなむ。ジョゼフ・ルフレーヴは反対したが、両生産者の言い分が認められた。

1955年、ドメーヌ・シャルトロンがカイユレ内の小区画(リュー・ディ)をシュヴァリエに昇格させるよう申請する。だが、ブドウ樹の植え替え時、シャルトロンは、カイユレの未植樹区画から表土を運び入れた。1974年、申し立てが認められ、25.23aがシュヴァリエに昇格するも、土をはぎ取ったカイユレの区画は全AOCの対象外となる。ピュリニの地図で、カイユレ上部のシュヴァリエの区画に白い菌抜けの部分があるのはこのためである。

シュヴァリエはモンラシェと連続しているが、明らかに別物で、外見にも明白な違いがいくつかある。シュヴァリエがある斜面上部は空気が冷たい。傾斜が急になると表土が薄くなり、香りの深みも控えめになる。シュヴァリエはモンラシェより石が多いため、ミネラル分でまさり、極上のシュヴァリエに特徴的な風味となる。両者は、目に見えない地下も大きく違う。2つの畑のあいだに断層が走り、コート・ド・ニュイによくある地層、すなわち、ピエール・ド・シャサーニュという石灰岩と、フォラドミア・ベローナという泥灰岩が複雑に交差する白色の魚卵状石灰岩がシュヴァリエの基岩となっている。表層土も目に見えて違う。底部はきわだって赤く、モンラシェ同様、鉄分に富む。表土は、淡い灰色の粘土質で、南西の角では色が濃くなる。

シュヴァリエには、特別の名前がついた有名な区画が2つある。ひとつは前出のドゥモワゼルで、ルイ・ジャドとルイ・ラトゥールが所有する。ジャドのドゥモワゼルは、モンラシェに十分対抗できる。この区画はシュヴァリエの下部にあり、カイユレの上に位置す。

もうひとつは、ブシャール・ペール・エ・フィスのラ・カボットである。この区画は、昔、ル・モンラシェを囲った石垣の内側にあったが、最終的にはル・モンラシェに入らなかった。これは、ブシャールには癪の種だろう。小さな長方形にブドウを植え、区画の形に合わせるため垣根は南北向きに並ぶ。ブシャール所有のル・モンラシェの区画（垣根は東西向き）のすぐ上に位置する。区画名は小さな石造りの建物（cabotte）にちなみ、この区画の最上部に建っている。

シュヴァリエ=モンラシェの主要生産者

		ha
ブシャール・ペール・エ・フィス	Bouchard Père & Fils	2.54
ドメーヌ・ルフレーヴ	Domaine Leflaive	1.92
ジャン・シャルトロン	Jean Chartron	0.47
ルイ・ジャド	Louis Jadot	0.51
ルイ・ラトゥール	Louis Latour	0.51
シャトー・ド・ピュリニ=モンラシェ	Château de Puligny-Montrachet	0.25
ミシェル・ニーロン	Michel Niellon	0.22
ドメーヌ・ドーヴネ	Domaine d'Auvenay	0.16
ヴァンサン・ジラルダン	Vincent Girardin	0.18
ミシェル・コラン=デレジェ	Michel Colin-Déléger	0.16
ヴァンサン・ダンセ	Vincent Dancer	0.10

バタール=モンラシェ　Bâtard-Montrachet
AC：バタール=モンラシェ特級畑
L：1級畑　R：1級畑　JM：特級畑　　　　　　　　　　　　　11ha 86ares 63centiares

バタールの名前が最初に記録に登場するのは1746年だが、区画の線引きは20世紀初めまではっきりせず、いろいろな生産者が自分の区画もバタールに入ると申し立てた。ピュリニとシャサーニュにある畑のうち、どれをバタールに入れるかで、いろいろな案が出た。特級畑をバタール=モンラシェ、ビアンヴニュ=バタール=モンラシェ、クリオ=バタール=モンラシェ、ブランショ=バタール=モンラシェの4つにする案もあったが、1939年の最終決定では最初の3つを特級とし、最後のひとつははずれる。

バタールは、シャサーニュの5.8180ha、ピュリニの3.7147ha、ビアンヴニュ上部の2.30haの3区画で、白ブドウの畑である。総面積は11.8327haだが、微増している。

バタールとル・モンラシェの境界がD113号線で、この道をはさみ、大きな段差がある。モンラシェは国道と同じ標高だが、バタールの北端は3m落ちる。ただし、道路が南に下がっているため、段差は目には見えない。バタールには断層はなく、バタールとビアンヴニュ=バタールの基岩の組成はル・モンラシェとまったく同じだが、表層土はバタールのほうが厚くて重い。特に、斜面下部の

バタール=モンラシェの主要生産者

		ha
ドメーヌ・ルフレーヴ	Domaine Leflaive	1.91
ドメーヌ・ラモネ	Domaine Ramonet	0.64
ポール・ペルノ	Paul Pernot	0.60
バシュレ=ラモネ	Bachelet-Ramonet	0.56
フェヴレ／バシュレ=モノ	Faiveley / Bachelet-Monnot*	0.50
ポワリエ（カイヨ=モレ）	Poirier (Caillot-Morey)	0.47
ピエール・モレ	Pierre Morey	0.40
フィリップ・ブルノ	Philippe Brenot	0.37
ジャン=ノエル・ガニャール	Jean-Noël Gagnard	0.37
オスピス・ド・ボーヌ	Hospices de Beaune	0.35
ジャン=マルク・ブラン=ガニャール	Jean-Marc Blain-Gagnard	0.34
リシャール・フォンテーヌ=ガニャール	Richard Fontaine-Gagnard	0.30
ヴァンサン・ジラルダン	Vincent Girardin	0.25
バロレ=ペルノ	Barolet-Pernot	0.23
ジャン=マルク・ボワイヨ	Jean-Marc Boillot	0.18
エティエンヌ・ソゼ	Etienne Sauzet	0.14
マルク・モレ	Marc Morey	0.14
ジャン・シャルトロン	Jean Chartron	0.13
ミシェル・モレ=コフィネ	Michel Morey-Coffinet	0.13
ドメーヌ・ド・ラ・ロマネ=コンティ	Domaine de la Romanée-Conti	0.13
ミシェル・ニーロン	Michel Niellon	0.12
ルイ・ルカン	Louis Lequin	0.12
ルネ・ルカン=コラン	René Lequin-Colin	0.12
ジョゼフ・ドゥルーアン	Joseph Drouhin	0.09
シャトー・ド・ラ・マルトロワ	Château de la Maltroye	0.09
ブシャール・ペール・エ・フィス	Bouchard Père & Fils	0.09
ジャン=マルク・モレ	Jean-Marc Morey	0.08
トマ・モレ	Thomas Morey	0.04
ヴァンサン・モレ	Vincent Morey	0.04
シャトー・ド・ピュリニ=モンラシェ	Château de Puligny-Montrachet	0.04

＊こことビアンヴニュ=バタール=モンラシェの区画は、最近フェヴレが購入し、ドメーヌ・バシュレ=モノが折半耕作している。

区画は顕著。バタールでは地下水面が地表に近く、沖積世の土が斜面上部から流入してきた上質の土壌とほどよく混じる。

バタールは、風味が豊かでボディが大きく、重厚で骨格ががっしりしている。みずみずしさや繊細さより、重量感やパワーが似合う。バタールとピュリニ=モンラシェ・ピュセルを比較すると、バタールはエレガントさよりも力強さにまさるワインと言える。

ビアンヴニュ=バタール=モンラシェ　Bienvenues-Bâtard-Montrachet

AC：ビアンヴニュ=バタール=モンラシェ特級畑
L：1級畑（バタールの一部としてか）　R：1級畑（バタールの一部としてか）
JM：特級畑　　　　　　　　　　　　　　　　　　　　　　　　　　　3ha 68ares 60centiares

ブルゴーニュでもっとも興味をそそる畑名が、この「歓迎された庶子」だろう。諸説あるが、ジャン=フランソワ・バザンによると、メジエール修道院の記録に、「歓迎されたブドウ（la vigne bienvenue）」を1397年と1418年に購入した旨が残っているそうだ。

昔は、ここにガメイやピノ・ノワールを植えたらしい（これにも異論あり）。ラヴァルの時代に白ブドウの畑となったが、ほかの銘醸畑には依然として黒ブドウを植えていた。1977年、ピュリニ協同組合は、ACビアンヴニュ=バタール=モンラシェから「ビアンヴニュ」を削除して、バタールに併合すべしと提案したが、何も変わらなかった。

ビアンヴニュ=バタール=モンラシェの畑は、斜面の下から見上げるとバタールの北東の角に位置する。ビアンヴニュとバタールには大きな違いがある。ルフレーヴ、ラモネ、バシュレ・ラモネ、フェヴレ（ドメーヌ・モノの買収以降）が両方でワインを造っているので飲み比べると、ビアンヴニュのほうがやわらかくてしなやかさがあり、熟成も少し早い。

ビアンヴニュ=バタール=モンラシェの主要生産者

		ha
ドメーヌ・ルフレーヴ	Domaine Leflaive	1.15
ヴァンサン・ジラルダン	Vincent Girardin	0.47
ドメーヌ・ラモネ	Domaine Ramonet	0.45
フェヴレ/バシュレ=モノ	Faiveley / Bachelet-Monnot	0.51
ポール・ペルノ	Paul Pernot	0.37
ギュマール=クレール	Guillemard-Clerc	0.18
バシュレ=ラモネ	Bachelet-Ramonet	0.13
エティエンヌ・ソゼ	Etienne Sauzet	0.12
ルイ・カリヨン	Louis Carillon	0.11
ジャン=クロード・バシュレ	Jean-Claude Bachelet	0.09
バロレ=ペルノ	Barolet-Pernot	0.09

クリオ=バタール=モンラシェ　Criots-Bâtard-Montrachet

AC：クリオ=バタール=モンラシェ特級畑
L：記載なし（バタールの一部としてか）　R：記載なし（バタールの一部としてか）
JM：特級畑あるいは別格1級畑　　　　　　　　　　　　　　　　　　　　　　1.57ha

この小さい畑は、シャサーニュ側のバタールの南の延長上にある。1樽以上のワインを生産できる面積を持つ生産者は4人しかおらず、そのうちのひとりはブドウのまま、まとめて売却する。このワインは非常に数が少なく、ワインの特徴を分析するのは容易ではない。

バタールとクリオの関係は、モンラシェと1級のレ・ブランショ・ドゥシュの関係に似るが〔クリオは、バタールが南に張り出した部分で、斜面は南で急激に落ち込んでいる。レ・ブランショ・ドゥシュも、モンラシェの南隣にあり、斜面が落ち込んでいる〕、モンラシェのような断層はない。したがって、レ・ブランショ・ドゥシュのような窪地ではなく、南に向く。ただし、南と東に隣接する畑は1級ではなく、村名格付けである。隣のバタールに比べると、小石が多く粘土分が少ない。ワインはバタールより

繊細だが、ボディに劣り長熟しない。

クリオ=バタール=モンラシェの主要生産者

		ha
ロジェ・ベラン	Roger Belland	0.60
リシャール・フォンテーヌ=ガニャール	Richard Fontaine-Gagnard	0.33
ジャン=マルク・ブラン=ガニャール	Jean-Marc Blain-Gagnard	0.21
シャルル・ボヌフォワ	Charles Bonnefoy	0.20
ドメーヌ・ドーヴネ	Domaine d'Auvenay	0.06
ユベール・ラミ	Hubert Lamy	0.05
ブロンドー=ダンヌ	Blondeau-Danne	0.05

puligny-montrachet

ピュリニ=モンラシェ

村名格ピュリニ=モンラシェ	114.22ha
ピュリニ=モンラシェ1級畑	100.12ha
特級畑	21.30ha

世のワイン評論家は、ピュリニ=モンラシェ村をブルゴーニュ白の最高峰と目している。孤高の特級畑モンラシェの名前が村名につくことも、高評価の一因だろう。特級のモンラシェとバタール=モンラシェは、シャサーニュ=モンラシェ村と分け合うが、ビアンヴニュ=バタール=モンラシェとシュヴァリエ=モンラシェは、すべてピュリニ村の内にある（詳細はモンラシェの章参照）。

ピュリニで産する上質の1級も、高評価にふさわしい。ただし、斜面をブラニ方向へ上った周辺のワインは質で劣るし、ACピュリニの中で、上質のACムルソーに優るものもほとんどない。

クラシックなスタイルのピュリニには2つの大きな特徴がある。その1は、魅力にあふれる豊かな花の香りで、ムルソーやシャサーニュより明らかに緻密で質が高い。その2は、鋼鉄のような骨格で、ワインの中心を貫く。

極上の白を産する1級畑は、特級畑からムルソーに向かって伸びる一帯に広がる。1haに満たないドゥモワゼルやカイユレで造るワインには最高価格がつき、それを僅差で追いかけるピュセルは、絹のようになめらかで凝縮度も高い。隣接するムルソー・ペリエール同様、肉付きのよいレ・コンボット、フォラティエールがそのあとに続く。シャン・カネ、ルフェール、ペリエール、クラヴォワイヨンもすばらしい。

　さらに斜面を上がりブラニの集落方向に向かうと、表層土がかなり薄くなるため、たとえばシャン・ガン、ラ・ガレンヌ、シャリュモー、トリュフィエールのワインは、上記の銘醸畑に比べ、凝縮度、重量感、複雑性で劣る。ポール・ペルノのセラーに飾ってあった100年前の写真を見ると、斜面のこの部分は、当時、ブドウ樹を植えていないことがわかる。ジュール・ラヴァルがこの区画

を評価していない理由はここにある。

当時、以下の区画説明でも述べるように、ピュリニの大部分の畑では赤用ブドウを植えていた。今ではピノ・ノワールの作付け面積は6haにすぎず（ほとんどが1級）、たとえば、ドメーヌ・ジャン・シャルトロンが、クロ・デュ・カイユレの隅で細々と赤を造る。

ピュリニ＝モンラシェ1級畑　Puligny-Monrachet Premiers Crus

ル・カイユレ　Le Cailleret
AC：ピュリニ＝モンラシェ1級畑

L：1級畑（赤）　R：1級畑（赤）　JM：別格1級畑（白）　　　　　　　　　　　　　　3.93ha*

ル・モンラシェから北に続く区画ながら、モンラシェのように南と東を向いた地形ではない。非常に小石の多い土壌で、上部のシュヴァリエ＝モンラシェに比べ、表層土が厚い。

最大区画の所有者はドメーヌ・ジャン・シャルトロンで、3.33haを持つ。クロ・デュ・カイユレも所有していたが、1990年代はスランプに陥り、相続税を捻出するため畑の一部をドメーヌ・ユベール・ド・モンティーユとドメーヌ・デュ・クロ・デ・ランブレに切り売りした。カイユレ北端には、2mを超える不必要に高いクロ（石垣）が建つ。かつて、隣地と争った名残りだろう。

クロ・デュ・カイユレの区画には、1956年まではピノ・ノワールを植えていたが、以降、大部分は引き抜いてシャルドネに植え替えた。

*0.60haのレ・ドゥモワゼルを含む。

レ・シャリュモー　Les Chalumaux
ACs：ピュリニ＝モンラシェ1級畑およびピュリニ＝モンラシェ

L：記載なし　R：1級畑　JM：1級畑　　　　　　　　　　　　　　　　　　　　　　5.79ha*

この畑には、今はACピュリニだが、かつては1級だった不思議な区画がある。他所から表層土を運び込んだ事実が発覚し、土壌が変わったとして、1977年に1級を剥奪されたのだ。現在、この区画を所有するのはシャトー・ド・ピュリニで、ここのブドウは同ドメーヌが造る村名ワインの中核となる。ここには、スー・ル・クルティルというリューディ小区画もあるが、今まで同名のワインを見た記憶はない。畑名の「シャリュモー」は、中世の管楽器〔縦笛に似ているが、クラリネットのようにリードがついている〕のことで、オスピス・ド・ボーヌのタペストリーに登場する。

筆者は、1980年代の初め、ピトワゼのレ・シャリュモーを定期的に買っていた。20年後、セラーの隅で1984年物を発見し、試飲したところ、ピュリニにしてはパワーには欠けるが、まだ若々しくて花の香りに満ち、魅力あふれるエレガントなワインだった。レ・シャリュモーは、若いうちは比較的やわらかで成熟するのも早いが、長期熟成に十分耐える。

*1.63haのスー・ル・クルティルと、同名の村名格の畑1.09haを含む。

シャン・カネ　Champ Canet
AC：ピュリニ＝モンラシェ1級畑

L：2級畑　R：1級畑および2級畑　JM：1級畑　　　　　　　　　　　　　　　　　　5.59ha*

良質のピュリニ1級で、特級に迫る。レ・コンベットの上に位置し、ムルソー・ペリエールとは上部の北で接する。南西方向に採石場と森林があり、それを越えた向こうに、2つの大きな飛び地、ラ・ジャクロットとクロ・ド・ラ・ガレンヌがある。この2つは、公式にはシャン・カネ内のリューディ小区画である。エティエンヌ・ソゼ、ルイ・カリヨン、オリヴィエ・ルフレーヴ、ラモネ、ジャン＝マルク・ボワイヨが上質のワインを造る。

*ラ・ジャクロットとクロ・ド・ラ・ガレンヌを含む。

ピュリニ=モンラシェ
Puligny-Montrachet

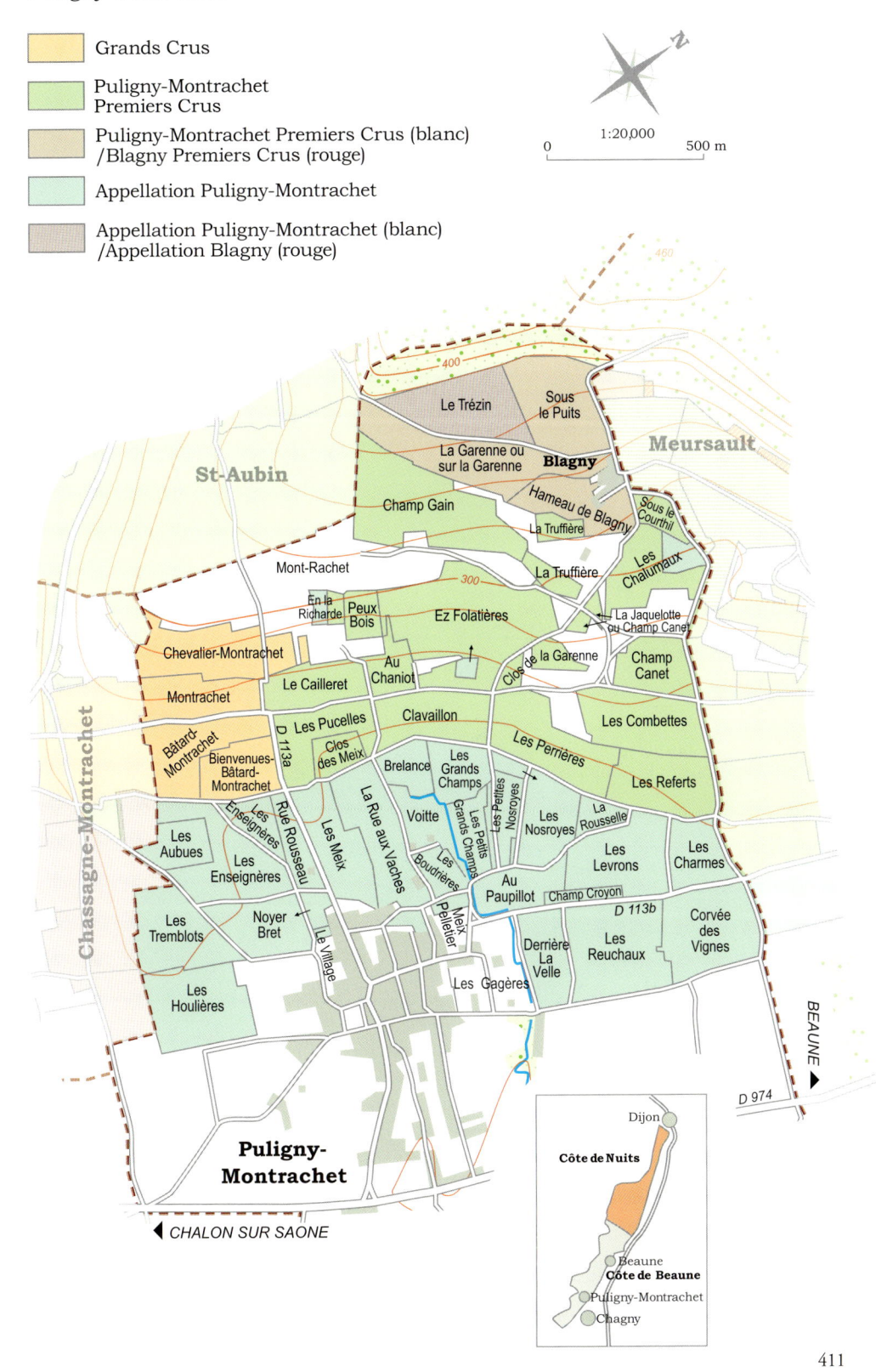

シャン・ガン　Champ Gain
AC：ピュリニ＝モンラシェ1級畑
L：記載なし　R：記載なし　JM：1級畑　　　　　　　　　　　　　　　　　　　10.70ha

最大標高は360mで、斜面の比較的上部にある。表層土は薄くて粒子が粗く、畑名通り上部の森林地帯の土が流れてできた。保湿性が低い土壌で、旱魃(かんばつ)の2003年には大きな被害を受け、翌年にもその影響を引きずった。
ルイ・カリヨン、シャヴィ一族、ヴァンサン・ジラルダン、ドミニク・ラフォン、オリヴィエ・ルフレーヴ、マロスラヴァックが上質のワインを造る。

クラヴァイヨン / クラヴォワイヨン　Clavaillon / Clavoillon
AC：ピュリニ＝モンラシェ1級畑
L：1級畑（赤）　R：2級畑（赤）　JM：1級畑（白）　　　　　　　　　　　　　　5.59ha

ピュセルの隣でフォラティエールの下にある。斜面中腹の東向きに位置するので、理想の立地に見えるが、周囲の畑に比べ土質が重い。ラヴァルの時代からフィロキセラが猛威をふるうまで、ここの赤は個性あふれるワインだったが、現在の白ワインには、そんな特徴は見えない。20世紀に入ってから白ブドウに植え替えた。圧倒的に大きな区画を所有するのがドメーヌ・ルフレーヴで、同ドメーヌでの試飲会では最初に出てくる。価格は、ACピュリニより高く、フォラティエールより安い。このほかの生産者は、アラン・シャヴィとジャン＝ルイ・シャヴィ兄弟のみ。

クロ・ド・ラ・ガレンヌ　Clos de la Garenne
AC：ピュリニ＝モンラシェ1級
L：記載なし　R：記載なし　JM：1級畑　　　　　　　　　　　　　　　　　　　1.53ha

まぎらわしいが、クロ・ド・ラ・ガレンヌは、ラ・ガレンヌではなく、シャン・カネ内の小区画(リュー・ディ)である。畑の大部分は、サン＝ロマンの村長ロラン・テヴナンが所有していたが、デュック・ド・マジェンタに売却した。現在は、ルイ・ジャドが栽培、醸造、販売を担当する。ほかの所有者もルイ・ジャドにブドウを売るため、事実上の単独所有と言える。

クロ・デ・メ　Clos des Meix
AC：ピュリニ＝モンラシェ1級畑
L：並級　R：記載なし　JM：1級畑　　　　　　　　　　　　　　　　　　　　　1.63ha

ピュセルに入り込んだ1級畑。この畑名のワインは見たことがない。最大区画の所有者はドメーヌ・ルフレーヴで、ピュセルの区画のブドウと混ぜる。

クロ・ド・ラ・ムシェール　Clos de la Mouchère
AC：ピュリニ＝モンラシェ1級畑
L：記載なし　R：記載なし　JM：1級畑　　　　　　　　　　　　　　　　　　　3.92ha

ドメーヌ・アンリ・ボワイヨ（旧ジャン・ボワイヨ）が単独所有する。ペリエールに入り込んだ1級畑で、クラヴォワイヨン寄りにある。1934年にアンリの祖父が、フィロキセラ禍のため植樹していなかったこの畑を購入した。数年かけてブドウ樹を植え、以降、植え替えていない。ボワイヨによると、ほかのペリエールの区画に比べ、ここのワインはボディが大きく、蜂蜜の香りがあるらしい。下層土に違いがあるかどうかは不明で、次に植え替えるとき、調査するという。
畑名の由来は、ボースのクロ・デ・ムーシュと同じで、この地方でも、「mouche」は蝿でなく蜂のこと。かつて、近くの森のアカシアから蜜を採るため、養蜂していたらしい。

レ・コンベット　Les Combettes
AC：ピュリニ＝モンラシェ 1級畑
L：1級畑　　R：1級畑　　JM：別格1級畑　　　　　　　　　　　　　　　　6.76ha

筆者がワイン業界でまだ駆け出しの頃、上質のピュリニ1級の1978年物と1979年物を比較試飲したことがある。ドメーヌ・ルフレーヴのレ・ピュセル1978年が1位だったが、エティエンヌ・ソゼのレ・コンベット1979年も同様に印象的だった。

コンベットは、村の境界線をはさんでムルソーのペリエールとシャルムに続く。隣接するムルソーの肉付きのよさを保ちつつ、上質のピュリニに特徴的な品の良さと、エレガントなミネラル感も備える。ブドウ樹はこぶ状に張り出した土地にあるため、斜面中腹特有のボディの大きさがあり、このワインの豊かな個性としてあらわれる。ルフレーヴとソゼ以外に、ドメーヌ・アンポー、カリヨン、マトロ、ジャック・プリウール、ヴァンサン・ジラルダンがコンベットを造る。

レ・ドゥモワゼル　Les Demoiselles
AC：ピュリニ＝モンラシェ 1級畑
L：「レ・カイユレ」の項目を参照　　R：「レ・カイユレ」の項目を参照　　JM：別格1級畑　　　0.60ha

非常に小さい畑。希少価値が高く、質も高いことから、愛好家が追い求める。正確には、レ・カイユレに入り込んだ0.6haの1級畑で、モンラシェと接する数列の畝がこの区画に入る。ギィ・アミオ、ミシェル・コラン＝ドレジェ、ベルナール・コランがここを所有する。なお、ベルナール・コランは、2007年、所有区画をメゾン・ミシェル・ピカールに売却した。

エズ・フォラティエール　Ez Folatières
AC：ピュリニ＝モンラシェ 1級畑
L：2級畑　　R：1級畑（一部）　　JM：別格1級畑　　　　　　　　　　　　　　17.64ha*

畑名は「folles-terres」に由来し、「狂った土地」を意味する。アンリ・カナールによると、豪雨時、地形が変わるほど畑の上部が甚大な被害を受けるらしい[1]。マリー＝エレーヌ・ランドリュー＝リュシニは、別説を披露しており、フォラティエールは、「follets（follots / foulots）が集まる場所」を意味し、霧にまぎれてあらわれる小さな鬼火や、同様の幽霊のことらしい[2]。

この畑は1級として最大で、上質のワインを産する力はあるが、ル・モンラシェやカイユレと同じ等高線上にある長方形の下部区画と、20世紀初頭まで植樹しなかった上部区画を明確に区別する必要がある。

この畑には、アン・ラ・リシャルド、ポー・ボワ、オー・シャニオという小区画（リュー＝ディ）がある。これまで、この小区画名でワインを出すことはなかったが、現在では、たとえば、ブノワ・アントは、「Folatières」のうしろに、「En la Richarde」と表記している。ルイ・ジャドもアン・ラ・リシャルドでワインを造る。ジャドの区画は、1970年に低木地帯を開墾してつくった土地。

エズ・フォラティエールには、公図上、村名格付けの小さい区画が2つある。シャリュモーと同じ理由で、表土を他所から運び入れたため、1級格付けを剥奪された。

　　　　　　　　　　　＊アン・ラ・リシャルド、ポー・ボワ、オー・シャニオを含む。

ラ・ガレンヌ ／ シュル・ラ・ガレンヌ　La Garenne / Sur la Garenne
AC：ピュリニ＝モンラシェ 1級畑
L：記載なし　　R：1級畑　　JM：1級畑　　　　　　　　　　　　　　　　9.87ha

garenne（varenne）は「ウサギの生息地」で、中世は、領主や修道士が狩猟をするための森を意味す。

---

[1] Henri Cannard, *Puligny Montrachet et son Vignoble*, Dijon 1986, Collection de la Vinotheque p.19
[2] Marie-Hélène Landrieu-Lussigny, *Les lieux-dits dans le Vignoble Bourguignon*, Marseille 1983, éditions Jean Laffitte p.40

この畑はブラニ村に位置し、森のそばにある。かつては、メジエール修道院が所有する。斜面のはるか上にあるため、ピュリニの銘醸畑にはなりえない。非常に軽い土質で、ボディではなく、フィネスのあるワインになる。デュック・ド・マジャンタの所有区画でルイ・ジャドが上質のワインを造る。

アモー・ド・ブラニ　Hameau de Blagny
AC：ピュリニ＝モンラシェ1級畑
L：1級畑（ル・ブラニとしてか）　R：1級畑（ル・ブラニとしてか）　JM：1級畑　　　　　　4.28ha

斜面の上部にある小石の多い土地で、表土が薄い。名前の通り、ブラニの集落に面す。ミネラル分が豊かで、魅力あふれるワインだが、斜面中腹の銘醸畑からできるワインのような肉付きはない。代表的な生産者は、ドメーヌ・マルテレ・ド・シェリゼ（ブラニ）、エティエンヌ・ソゼ、ルイ・ラトゥールなど。

ラ・ジャクロット　La Jaquelotte / La Jacquelotte
AC：ピュリニ＝モンラシェ1級畑
L：記載なし　R：記載なし　JM：1級畑　　　　　　　　　　　　　　　　　　　　　0.80ha

シャン・カネの一部。ピティオとプポンの地図（本書の地図も）では、名前に"c"を入れず「La Jaquelotte」と表記するが、これまで筆者が見た書籍では、ほとんどが"c"をつけた「La Jacquelotte」である。ただし、この区画を二分して所有するカリヨン家とペルノ家は、この畑名でワインは出しておらず、正式名で悩む必要はない。

レ・ペリエール　Les Perrières
AC：ピュリニ＝モンラシェ1級畑
L：記載なし　R：記載なし　JM：1級畑　　　　　　　　　　　　　　　　　　　　　8.41ha*

ムルソーの同名の銘醸畑とつながっているように聞こえるが、実際は連続していない。ムルソーのレ・ペリエールと、ピュリニのレ・ペリエールのあいだには、1級畑レ・ルフェール（村の境界に接す）がある。ピュリニのレ・ペリエールとレ・ルフェールは、両方とも標高の低い場所にあり、ムルソーのレ・シャルムの上部と同じ等高線上に位置する。

畑名は、採石場に由来している。今でも跡地が残っており、道路の真下では、採石場の跡地分だけ畑が狭い。ワインは、心を震わせるスタイルではなく、きちんとした健全系だが、切れ味の鋭い活き活きしたミネラルがある。クロ・ド・ラ・ムシェールを単独所有するアンリ・ボワイヨ以外の代表的な生産者としてドメーヌ・カリヨンがいる。　　　　*3.92haのクロ・ド・ラ・ムシェールを含む。

レ・ピュセル　Les Pucelles
AC：ピュリニ＝モンラシェ1級畑
L：1級畑（赤）　R：2級畑（白）　JM：別格1級畑（白）　　　　　　　　　　　　　6.76ha*

ピュセルは「乙女」の意。未婚の娘（ピュセル）が騎士（シュヴァリエ）に誘惑され、私生児（バタール）を産んで、みんなの祝福（ビアンヴニュ）を受けたとの昔話は眉唾である。

筆者には1970年代後半、ヴァンサン・ルフレーヴが造った極上のレ・ピュセルを飲んだ記憶が鮮明に残っており、以降、この区画は、ブルゴーニュ最高の白を産する畑と思っている。2005年のアンヌ＝クロード・ルフレーヴの白も、同様にすばらしい。

バタールは、若いうちは固く閉じて無愛想なワインだが、レ・ピュセルには、そんなそぶりはない。夢見るように美しく、花の香りにあふれ、ピュリニの真髄と言える。主な生産者は、ドメーヌ・ルフレーヴ、ジャン・シャルトロン（クロ・ド・ラ・ピュセル）、アラン・シャヴィ、マルク・モレ、ミシェル・モレ＝コフィネ、ポール・ペルノなど。　　　　　　　　　　　*1.63haのクロ・デ・メを含む。

レ・ルフェール　Les Referts
AC：ピュリニ=モンラシェ1級畑
L：1級畑　R：2級畑　JM：1級畑　　　　　　　　　　　　　　　　　　　5.52ha

粘土性の石灰岩に大量の泥灰土が混じった土壌。土質から、エレガントで華やかなワインを想像するが、実際はフル・ボディで長期熟成に耐える。ピュリニ1級ではもっとも下部に位置し、ムルソー・シャルムの中部（正確には、レ・シャルム・ドゥスーの上部）に接する。このため、ここに区画を持つムルソーの生産者も少なくない。ルイ・カリヨン、アルノー・アント、ブノワ・アント、ジャン=フィリップ・フィシェ、エティエンヌ・ソゼ、ピエール=イヴ・コランが上質のワインを造る。

スー・ル・クルティル　Sous le Courthil
AC：ピュリニ=モンラシェ1級畑
L：記載なし　R：記載なし　JM：1級畑　　　　　　　　　　　　　　　　　1.63ha

レ・シャリュモーの上にある畑。この畑名のワインは見たことがない。

スー・ル・ピュイ　Sous le Puits
AC：ピュリニ=モンラシェ1級畑
L：記載なし　R：2級畑　JM：1級畑　　　　　　　　　　　　　　　　　　　6.80ha

斜面の最上部の畑。ブラニの集落のさらに上にあり、廃墟になった礼拝堂の背後に続く。畑名の「ピュイ（井戸）」は、かつて、ここに泉があり、畑上部の岩のあいだから吹き出していたことに由来する。海抜360〜380mに位置し、コート・ド・ボーヌ1級では最高標高の畑（サン=トーバンには、もっと高度の区画があるかもしれない）。

ラ・トリュフィエール　La Truffière
AC：ピュリニ=モンラシェ1級畑
L：記載なし　R：記載なし　JM：1級畑　　　　　　　　　　　　　　　　　2.48ha

畑名は、「トリュフの生える土地」に由来する。ジャン=マルク・ボワイヨが上質のワインを造る（同ドメーヌの区画は、かつてエティエンヌ・ソゼの所有地の一部）。ブノワ・アントも小区画を所有している。ここは、標高が高すぎるため、銘醸の1級にはなり得ない。

村名格ピュリニ=モンラシェ　Village vineyards：appellation Puligny-Montrachet

ピュリニの特級はブルゴーニュの王者であり、1級もトップクラスだが、村名ワインで上質のものは少ない。斜面下部にあるため地下水面に近く、ACムルソーの方が質は高い。小区画名のついたACピュリニを見るのはまれで、名前がつくほど優れた小区画が少ないことも理由のひとつだが、大部分のブドウをネゴシアンが買いつけることが主な原因だろう。数少ないACピュリニを以下に挙げる。

レ・シャルム　Les Charmes　　　　　　　　　　　　　　　　　　　　　3.74ha
アラン・シャヴィとジャン=ルイ・シャヴィの二者がこの区画に土地を所有する。1級畑のように聞こえるので、市場では非常に有利。実際、ムルソーのレ・シャルムとつながっている。

キュヴェ・デ・ヴィーニュ　Corvée des Vignes　　　　　　　　　　　　　7.57ha
斜面下部の区画。ドメーヌ・ド・ラ・ヴュレが2005年までここでワインを造っていたが、サントネのジャン=マルク・ヴァンサンに所有地を売却する。フィリップ・シャヴィ、マルク・ジョフロワ、ドメーヌ・マロスラヴァックもここでワインを造る。

レ・ザンセニエール　Les Enseignères　　　　　　　　　　　　　　　　　　　9.12ha

ACピュリニの最大区画。バタールとビアンヴニュ=バタールの直下に位置する。立地が良いので、この区画名で出すことが多い。コシュ=デュリ、ラモネ、ジラルダン、オリヴィエ・ルフレーヴのワインが有名。アンリ・ボワイヨもACピュリニとして大量に造る。

レ・グラン・シャン　Les Grands Champs　　　　　　　　　　　　　　　　　3.65ha*

ベルナール・バシュレが単独所有する区画。ブルゴーニュの慣例通り、レ・プティ・シャンもある。斜面下部の多湿地帯にあり、集落の真上に位置する。

＊このほかに2.57haのレ・プティ・シャンがある。

レ・ルヴロン　Les Levrons　　　　　　　　　　　　　　　　　　　　　　　6.56ha

ムルソー寄りにあり、1級畑のレ・ルフェールの真下に位置する。ジュノ・ブランジェ、ビトゥゼ・プリウール、ユベール・シャヴィ、パトリック・ジャヴィエがこの区画でワインを造る。

レ・ノロワイエ　Les Nosroyes　　　　　　　　　　　　　　　　　　　　　5.52ha*

1級畑レ・ペリエールの下にある好立地の区画。ドメーヌ・ルフレーヴのACピュリニの大部分は、ここのブドウで造るが、区画名は名乗らない。シャトー・ジュノ=ブランジェ、ドメーヌ・ジョバール=シャブロ、ドメーヌ・ピエール・ラベは、この区画名でワインを出す。

＊このほかに1.78haのレ・プティ・ノロワイエがある。

ノワイエ・ブレ　Noyer Bret　　　　　　　　　　　　　　　　　　　　　　5.77ha

斜面下部の区画。ほとんど見かけないが、J.M.ピヨとF&Lピヨ(両社とも、シャサーニュ=モンラシェの生産者)がこの区画名のワインを出す。

レ・ルショー　Les Reuchaux　　　　　　　　　　　　　　　　　　　　　　9.03ha

響きの悪い畑名〔原著者によると、下等な連想はないが、欧米人には発音しにくく語感が悪いとのこと〕で、立地も悪い。集落の下の右側にある。この区画名のワインは、ムルソーのドメーヌ・ボワイエ=マルトノと、ブズロンのドメーヌ・シャンズィの両者から出ているのみ。

リュ・ルソー　Rue Rousseau　　　　　　　　　　　　　　　　　　　　　　2.39ha

ピュリニの集落からル・モンラシェの畑へ上がる道沿いの畑。観光客が多数通るが、この区画名を知っている人はまずいない。この区画名でワインを出すのは、フィリップ・シャヴィのみ。

レ・トランブロ　Les Tremblots　　　　　　　　　　　　　　　　　　　　5.65ha

シャサーニュ村との境に接する区画。それほどよい立地ではないが、ここに極小区画を所有するドメーヌ・ユベール・ラミがすばらしいワインを造る。

ル・トレザン　Le Trézin　　　　　　　　　　　　　　　　　　　　　　　7.96ha

ACピュリニの中で、唯一、丘陵上部にある。1級のラ・ガレンヌの上、スー・ル・ピュイの左にある三角地帯。この区画およびル・フォラティエールとル・シャリュモーの極小区画以外、ACピュリニは、すべて1級下部の肥沃な平坦地にある。ムルソーのフランソワ・ジョバールがここで長期熟成に耐えるワインを造る。

主要生産者

ルイ・カリヨン　Louis Carillon

初代のジュアン・カリヨンがワインを造り始めたのは1520年だが、ドメーヌのロゴでは、1632年設立と謙虚に自慢している。1981年から、ドメーヌ・ルイ・カリヨン・エ・フィスになる。生産者も謙虚な性格であるし、値付けも控えめなためか、スーパースター的なドメーヌには見えない。また、極小面積のビアンヴニュ゠バタール゠モンラシェを除けば、特級畑もないが、過去30年間、安定的に高品質ワインを出してきた。2009年ヴィンテージののち、ルイ・カリヨンの2人の息子、ジャックとフランソワは独立し、それぞれの道を進むことになった。ジャックは、ルフェール、シャン・カネ、ビアンヴニュ゠バタール゠モンラシェを、フランソワはコンベットを相続し、残りの区画は折半した。シャサーニュ゠モンラシェの1級、マシュレルはブドウ樹が若いので、現在、村名ACで売る。シャサーニュ゠モンラシェのピノ・ノワールを引き抜き、白ブドウで植え替えるらしい。

ルイ・カリヨンの所有畑

白	ha
Bienvenues-Bâtard-Montrachet Grand Cru	0.12
Puligny-Montrachet 1er Cru Combettes	0.47
Puligny-Montrachet 1er Cru Champ Canet	0.55
Puligny-Montrachet 1er Cru Referts	0.24
Puligny-Montrachet 1er Cru Perrières	1.12
Puligny-Montrachet	5.00
Chassagne-Montrachet	0.64
赤	
Chassagne-Montrachet Rouge	0.27
St-Aubin 1er Cru Les Pitangerets Rouge	0.90
Mercurey Rouge	1.00

ジャン・シャルトロン　Jean Chartron

1859年にジャン・エドゥアール・デュパールが創立したドメーヌ。シャルトロンが所有する建物の入り口の石壁には、今も「Dupard Aîné（デュパール・エネ）」の名前が残る。デュパールの娘がシャルトロンと結婚した。現当主のジャン゠ミシェル・シャルトロンは、1994年に父から家業を継いだが、2004年まで、ネゴシアンのシャルトロン・エ・トレビュシェにも関わっていた。今はパートナーシップを解消し、名前も2004年に売却する。ドメーヌ・ジャン・シャルトロンは、ネゴシアンのシャルトロン・エ・トレビュシェに足を引っ張られたと推測される。ピュセル、カイユレ、シュヴァリエに、「クロ」がつく銘醸区画を持っており、よいワインを造るが、1900年代、ジャン゠ミシェルの祖父の死去にともなう相続や財産整理により、銘醸畑を切り売りせざるを得なくなった。最近、リュリなどの地味な区画や、ピュリニ・カイユレのような1級畑も買い入れている。

ジャン・シャルトロンの所有畑

	ha
Chevalier-Montrachet Clos des Chevaliers Grand Cru	0.47
Batard-Montrachet Grand Cru	0.13
Corton-Charlemagne Grand Cru	0.09
Puligny-Montrachet 1er Cru Clos du Cailleret	0.99
Puligny-Montrachet 1er Cru Clos de la Pucelle	1.16
Puligny-Montrachet 1er Cru Les Folatières	0.45
Puligny-Montrachet	0.34
Chassagne-Montrachet 1er Cru Cailleret	0.30
Chassagne-Montrachet Les Benoîtes	0.55
St-Aubin 1er Cru Les Murgers des Dents de Chien	0.44
St-Aubin 1er Cru Perrières	0.29
Rully Montmorin	3.37

ピュリニ゠モンラシェ1級 クロ・デュ・カイユレ　ドメーヌの看板畑。かつては、ジャン・シャルトロンの単独所有畑だった。好立地の区画で、重量感とミネラルを兼ね備えたワインができる。

シャトー・ド・ピュリニ゠モンラシェ　Château de Puligny-Montrachet

シャトー・ド・ピュリニ゠モンラシェ（もとの「ヴュー・シャトー・ド・ピュリニ」とは別組織）が1941年に売りに出され、同シャトーで分益耕作をしていたステファン・マロスラヴァックが購入を希望したが、ドイツ占領軍が購入申請を却下し、結局、サン゠ロマン村長のロラン・テヴナンの手に渡った。1986年、テヴナンは、さらに、シャブリのミシェル・ラロッシュに売る。同区画を手に入れてまもないラロッシュは、まず、シャトーの前庭の草木を引き抜き、大通りまでブドウ樹を植えた。これが今のブルゴーニュ・ブラン・クロ・デュ・シャトーである。

ラロッシュは、同社の経営に関心があったサントリーに株式を譲渡しようとしたが、海外投資の制限に抵触して行政指導が入り、結局、パリに本拠を置くクレディ・フォンシエ銀行（ケス・デパルニュの傘下）に身売りする。シャトーの長い低迷期から脱出するため、2001年、銀行はエティエンヌ・ド・モンティーユを総責任者に据える。ただちに改良に着手したエティエンヌは、収量を極端に下げ、ビオディナミを導入した。

ピュリニ＝モンラシェ　レ・シャリュモーのブドウを中心に造ったワイン。レ・シャリュモーの一部区画は、別の畑から表土を運び入れたとして、1977年、AOC委員会から1級格付けを剥奪された。

ブルゴーニュ・ブラン　クロ・デュ・シャトー　シャトー・ド・ムルソー同様、シャトーの前庭を耕しブドウ樹を植えた。前庭を潰すのは不名誉ではあるが、所有畑が数ヘクタールも増えるのは大きな魅力だ。非常に質の高いACブルゴーニュができる。

ニュイ＝サン＝ジョルジュ　クロ・デ・グラン・ヴィーニュ（単独所有）　2005年、ドメーヌ・ド・モンティーユがトマ・モワラールからこの区画を購入し、翌年、このシャトーへ転売する。昔のRN74号線の東にある唯一の1級畑。現在、除梗の比率を少なくし、薔薇の花びらのような香りを出そうとしている。

シャトー・ド・ピュリニ＝モンラシェの所有畑

白	ha
Le Montrachet Grand Cru	0.04
Chevalier-Montrachet Grand Cru	0.25
Bâtard-Montrachet Grand Cru	0.05
Puligny-Montrachet 1er Cru Folatières	0.52
Puligny-Montrachet 1er Cru Chalumeaux	0.30
Puligny-Montrachet 1er Cru La Garenne	0.14
Meursault 1er Cru Perrières	0.45
Meursault 1er Cru Porusot	0.71
St-Aubin 1er Cru En Remilly	1.78
Monthélie 1er Cru Les Duresses（2010年以後）	0.27
Nuits-St-Georges 1er Cru Clos des Grandes Vignes（2006年以後）	0.50
Puligny-Montrachet	1.50
Chassagne-Montrachet	0.91
Meursault	0.73
Monthélie	0.47
St-Romain	0.47
Bourgogne Blanc Clos du Château	4.41
赤	
Nuits-St-Georges 1er Cru Clos des Grandes Vignes（単独所有）	1.62
Pommard 1er Cru Les Pézerolles	0.27
Pommard Les Cras	0.61
Monthélie	2.63

アラン・シャヴィ　Alain Chavy

ジェラール・シャヴィの2人の息子の片方。2003年に、兄弟でドメーヌを分割した。アランの畑の大部分は、1級のシャン・ガン、クラヴォワイヨン、レ・フォラティエール、レ・ピュセル、また村名格付けのレ・シャルムなど、ピュリニにある。

ジャン＝ルイ・シャヴィ　Jean-Louis Chavy

ジェラール・シャヴィのもうひとりの息子（所有区画は上記参照）。ただし、ジャン＝ルイは、ペリエールを所有するが、レ・ピュセルはない。

フィリップ・シャヴィ　Philippe Chavy

当主のフィリップは、アランとジャン＝ルイの従兄弟にあたる。8haを所有し、サン＝トーバンのミュルジェ・ダン・ド・シヤン、ムルソーの1級と村名AC区画、いろいろなレベルの質の高いピュリニ、たとえば、ブレンドして造る通常の村名ワインに加え、リュー・ルソー、レ・コルヴェ・デ・ヴィーニュなどの小区画（リュー・ディ）のワイン、また、小さいながらレ・フォラティエールやレ・ピュセルの1級畑でワインを造る。

アンリ・クレール　Henri Clerc

集落の中心部に本部を構えていたが、凡庸なワインしかできず、ついに2002年に廃業する。全11haのうち、一族が引き継いだのは一部で、大部分はポマールのヴァンサン・ジラルダンが購入もしくは賃借した。

ブノワ・アント　Benoît Ente

ムルソーにいるアルノー・アントの弟。祖父カミーユ・ダヴィッドの跡を継ぐ。小さなドメーヌで、1級のレ・フォラティエール、レ・ルフェール、ラ・トリュフィエールおよび、ACピュリニとシャサーニュをもつ。

ドメーヌ・ルフレーヴ　Domaine Leflaive

ルフレーヴ家は、1717年以来、ピュリニに居住しているが、ドメーヌを興したのはジョゼフ（1870-1953）で、ヴァンサンとジョーの2人の息子が跡を継ぐ。しばらくドメーヌの運営は、2人の従兄弟、オリヴィエとアンヌ゠クロードが担当したが、1994年からアンヌ゠クロードがひとりで切り回す。2009年、オリヴィエの独立にともない、オリヴィエが相続した区画がドメーヌから離れた。

筆者が最初にブルゴーニュ白の勉強を始めたのは1970年代の後半だが、伝説の造り手ヴァンサン・ルフレーヴがワインを造っていたドメーヌ・ルフレーヴは、当時もっとも有名なドメーヌだった。ジョゼフの晩年期は、収量過多のため調子を落とすが、アンヌ゠クロード・ルフレーヴを後ろ盾に迎え、トップに返り咲く。アンヌ゠クロードの右腕となったのがムルソーのピエール・モレで、2008年に引退するまで支え続けた。

7年にわたり、全区画の三分の一をビオディナミ、三分の二を有機農法で試験的に運営したのち、1997年から全面的にビオディナミへ転向した。ワインは発酵後、最初の1年は樽熟させ、2回目の冬をステンレスタンクで過ごす。

ドメーヌ・ルフレーヴの所有畑

	ha
Le Montrachet Grand Cru	0.08
Chevalier-Montrachet Grand Cru	1.92
Bâtard-Montrachet Grand Cru	1.91
Bienvenues-Bâtard-Montrachet Grand Cru	1.15
Puligny-Montrachet 1er Cru Pucelles	3.05
Puligny-Montrachet 1er Cru Combettes	0.71
Puligny-Montrachet 1er Cru Folatières	1.25
Puligny-Montrachet 1er Cru Clavoillon	4.80
Meursault 1er Cru Sous le Dos d'Ane	0.54
Puligny-Montrachet	4.28

シュヴァリエ゠モンラシェ　特級　ここに3つの区画を所有する。2区画は斜面下部、1区画は上部にある。植樹時期も、1955年から1980年まで、ばらばら。バタールに比べると、王の品格にあふれ、ジュリアス・シーザーのように彫りの深い輪郭がある。真価を発揮するには、最低5年の瓶熟が必要となる。

バタール゠モンラシェ　特級　ここに4区画を所有し、ピュリニ側とシャサーニュ側に2区画ずつある。一番古い樹は1962年の植樹。濃厚で凝縮感があり芳醇な香りは、このワインのキーワードだが、若いうちは魅力に欠け、ピュセルやビアンヴニュ゠バタールに劣ることもある。時間とともに精緻な香りが開き、真の姿があらわれる。

ビアンヴニュ゠バタール゠モンラシェ　特級　1958年と1959年に植樹した古木により、特級にふさわしいワインとなる。香りは、力強さのバタールに対し、官能が前に出る。繊細さだけでなく、パワーも同時に備える。きわめて優美なワイン。

ピュリニ゠モンラシェ 1級 ピュセル　この畑に3区画を持つ（クロ・デ・メの大部分を所有）。ブルゴーニュでもっとも気高いワインであり、凝縮感のある花のような華麗さと、感情が昂ぶる緊張感に満ちた香りがある。

ピュリニ゠モンラシェ 1級 コンベット　植樹は1963年と1972年で、樹勢は成熟の頂点にある。ルフレーヴのコンベットは、最初は控えめながら、徐々に肉付きのよい美味さがあらわれ、再び節度あるフィニッシュに収束する。肉体美の極致と言える。同じヴィンテージなら、ピュセルより、こちらを先に飲むべし。

ピュリニ゠モンラシェ 1級 クラヴォワイヨン　この畑は、南端の小区画（リュー・ディ）以外、すべてルフレーヴが所有する。ほかの1級ワインのような躍動感はないが、優美で繊細で、個性きわだつ上質ワインになる。

オリヴィエ・ルフレーヴ・フレール　Olivier Leflaive Frères

オリヴィエは、ジョゼフの息子であり、ヴァンサンの甥であり、アンヌ゠クロードの従兄弟にあたる。1982年から1990年まで叔父のヴァンサンと、1990年から1994年まではアンヌ゠クロードと、ドメーヌ・ルフレーヴを共同所有していた。この頃にはネゴシアン業も軌道に乗る。ネゴシアン業は、オリヴィエが1985年に立ち上げたもので、ピュリニ゠モンラシェの外でもいろいろなワインを造りたいとの動機で始めた。ネゴシアン業が順調に進み、両者の利益を考えた末、ドメーヌ業との二足の草鞋（わらじ）を脱ぎ、オリヴィエ・ルフレーヴ・フレールに専念することにした。

オリヴィエ・ルフレーヴの場合、「ネゴシアン」という言葉は適切ではない。ラベルにはネゴシアンと表記しておらず、「オリヴィエ・ルフレーヴ・フレールによる醸造、熟成、瓶詰め」と記している。オリヴィエ・ルフレーヴでは、ブドウのまま買い入れるにしろ、ブドウ果汁を購入するにしろ、自分で発酵させることが基本方針である。樽買いや、瓶詰めワインを買うネゴシアンとは明確に一線を画したいらしい。

現在、65のアペラシオンで70,000ケースを産し、そのうち85％が白。ピュリニ、シャサーニュ、ムルソーに15haの自社畑がある。自社畑のワインの場合、ラベルに「Récolte du Domaine（ドメーヌにて生産）」と記載する。今後、ドメーヌ産ワインが増える予定とのこと。これは、ドメーヌ・ルフレーヴの畑のうち、オリヴィエと兄のパトリックの持ち分を18年契約でドメーヌにリースしているが、契約が切れたあとは延長せず、自分でワインを造ることで双方が合意したため。

オリヴィエ・ルフレーヴは、パワーや華麗さで飲み手を圧倒するワインではなく、繊細でフィネスを感じるワインを目指す。1988年からフランク・グリューがワイン造りを担当。新樽はほとんど使わず、若いうちから魅力にあふれる。

マロスラヴァック　Maroslavac

マロスラヴァックのドメーヌには、故ステファン・マロスラヴァック゠トレモーのドメーヌと、息子のロラン・マロスラヴァック゠レジェの2つがある。両者ともピュリニを本拠とするが、近隣のムルソー、シャサーニュ、サン゠トーバンにも区画を所有する。マロスラヴァック一族はポーランド出身。最初、牛の放牧地としてピュリニの丘陵部に土地を買い、20世紀半ばにブドウを植えた。

ポール・ペルノ　Paul Pernot

ペルノ家は、ピュリニに広い土地を持つ。区画の大部分は、ジョゼフ・ドルーアンなどのネゴシアンと契約を結んでいる。老年の域に入ったポール・ペルノが来訪者の相手をし、息子のポールとミシェルがワインを造る。現在では、孫のポール（同名）も参画。息子のポールに、過去30年、ドメーヌで何か変化はあったかと聞いたところ、答えは「何もない」だった。立地条件のよい20ha（15haはピュリニ内）の区画を持ち、各アペラシオンでトップクラスのワインになる可能性を秘めるが、まずは、栽培方法の改善が望まれる。ここのワインは、重量感に富むが洗練さに欠ける。

ピュリニでの所有区画は、1級のレ・フォラティエール、クロ・ド・ラ・ガレンヌ、レ・ピュセルのシャン・カネ、特級のバタール゠モンラシェとビアンヴニュ゠バタール゠モンラシェがある。ピュリニの外では、ムルソーのラ・ピエス・スー・ル・ボワ、および、ボーヌ、ヴォルネ、ポマール、サントネで赤を造る。大部分はネゴシアンにバルクで売る。

エティエンヌ・ソゼ　Etienne Sauzet

創立者のエティエンヌ・ソゼ（1903-1975）は、12haの土地をひとつにまとめてソゼを興し、ピュリニでトップ3に入る名門に育て上げる。1974年に義理の息子ジェラール・ブドがドメーヌを継いだが、次の代では3人の孫に分割し、その中のひとり、ジャン゠マルク・ボワイヨは、自分の区画を持って独立した。

ジェラール・ブドの時代から（現在は、娘のエミリーと義理の息子であるブノワ・リフォーも参画）、買いブドウでもワインを造り、種類や生産量を増やしている。自社区画と同じアペラシオンからブドウを買うこともあるし、AOCの数を増やすため、シャン・ガン、シュヴァリエ゠モンラシェ、ル・

モンラシェからも購入する。
SARL（有限会社）ソゼでは、同族経営組織3社が所有する区画（もとのエティエンヌ・ソゼの畑と、ジェラール・ブドが相続した区画と、エミリーとブノワが購入した畑）のブドウを買っている。また、昔から付き合いの深い2軒の農家からも購入する。

2006年以降、有機栽培を取り入れ、2年の試行期間を経て2010年から全面的にビオディナミへ移行した。ブドウは、選果して腐敗果を取り除き、破砕せず樽で全房発酵させ、次の収穫前に澱引きしたのち、タンクへ移し、微細な澱に接触させてさらに6ヵ月熟成させる。1級ワインの新樽率は20％（ラ・ガレンヌ）から33％（コンベット）で、特級では40％に上がる。

エティエンヌ・ソゼの所有畑	
	ha
Bâtard-Montrachet Grand Cru	0.14
Bienvenues-Bâtard-Montrachet Grand Cru	0.17
Puligny-Montrachet 1er Cru Les Combettes	0.96
Puligny-Montrachet 1er Cru Les Folatières	0.27
Puligny-Montrachet 1er Cru Les Champs Canet	1.00
Puligny-Montrachet 1er Cru La Garenne	0.99
Puligny-Montrachet 1er Cru Les Perrières	0.48
Puligny-Montrachet 1er Cru Les Referts	0.70
Puligny-Montrachet 1er Cru Hameau de Blagny	0.25
（2008年以後）	
Puligny-Montrachet	3.34
Chassagne-Montrachet	0.48

ビアンヴニュ=バタール=モンラシェ 特級　極小区画。植樹は1942年にさかのぼる。精緻の限りを尽くした魅力と芳香にあふれたワインができる。ジェラール・ブドによると、熟成させると、バタールではなくレ・ピュセルに似るらしい。

ピュリニ=モンラシェ1級 レ・コンベット　このコンベットの1979年を飲んだときのことは鮮明に覚えている。イギリスのワイン評論家、故ハリー・ウォーのお気に入りでもある。ソゼの1級ラインナップの中で、もっとも肉付きがよく、ボディが豊かでバランスもよい。長期熟成に耐える。

ピュリニ=モンラシェ1級 レ・フォラティエール　上部の北端と、アン・ラ・リシャルドという南端のリュー=ディ小区画の2区画を所有する。

ピュリニ=モンラシェ1級 レ・シャン・カネ　1区画のみ所有する。これまで4回植樹する。第二次世界大戦の直前に植えたエティエンヌ・ソゼ最古の樹がここにある。複雑さのあるワインで、まちがいなくジェラール・ブドのお気に入り。

ピュリニ村以外の生産者

ボワイヨ一族は、ピュリニの銘醸区画を持っている。有名どころでは、ジャン=マルク・ボワイヨがシャン・カネ、コンベット、ルフェールを、アンリ・ボワイヨがクロ・ド・ラ・ムシェールを所有。ここに区画を持つムルソーの生産者も多い。たとえば、アルノー・アントとジャン=フィリップ・フィシェはシャン・ガンを所有する。銘醸畑レ・ドゥモワゼルの所有者は、ギィ・アミオ、ミシェル・コラン=ドレジェ（現在はミシェル・ピカールも）と、いずれもシャサーニュの生産者である。長期にわたり、ドメーヌ・シャルトロンからカイユレの区画を少しずつ買い足している生産者もいる。たとえば、ドメーヌ・ド・モンティーユとクロ・デ・ランブレで、どちらも、フォラティエールも所有する。

ネゴシアンでは、ジョゼフ・ドルーアンとルイ・ジャドは、どちらもピュリニを得意とする。フェヴレイは最近、ドメーヌ・モノを買収し、ピュリニのラインナップが充実した。

chassagne-montrachet

シャサーニュ゠モンラシェ

村名格シャサーニュ゠モンラシェ	180ha
シャサーニュ゠モンラシェ１級畑	159ha
特級畑	11.40ha

シャサーニュ村（1879年以降は、シャサーニュ゠モンラシェ村）は、コート・ドール県とソーヌ゠エ゠ロワール県の境界付近にある。シャサーニュは、旧N6号線でコート・ド・ボーヌのほかの村と切断されており、これがいろいろな面に影響している。たとえば、シャサーニュの生産者は、コート・ド・ボーヌのほかの村と距離をとる傾向にあり、同じ村で結婚相手を見つけることが多い。見つからない場合は、国道の北ではなく、サントネへ南下して伴侶を探す。シャサーニュの最大勢力は、同村のあちこちに根を張るモレ一族である。名前にモレがつくドメーヌが無数にあり、見わけがつかない。コラン家、コフィネ家、ピヨ家、ガニャール家ゆかりのドメーヌも同様だ。関係が複雑な一族について、本書では、本家・分家の関係や親戚・姻戚関係を明らかにする。

シャサーニュのワインには謎が多い。大部分の畑は、白ではなく赤に適すが、実際には白ワインが有名であり、価格も赤より圧倒的に高い。白に適した土壌で造る白ワインは絶妙で、赤に最適の区画でできる赤は良好、赤ワイン土壌の白はそれなりのワインになる。畑の格付けはこの事情を考慮しておらず、将来、赤白ごとの格付けを考えるべきだろう。

シャサーニュ゠モンラシェは、名前から明らかなように、特級畑モンラシェを共有する。モンラシェの詳細は、399頁を参照。シャサーニュにもあるバタール゠モンラシェ、クリオ゠バタール゠モンラシェも同章に記載した。シャサーニュの生産者は、本章に記す。

シャサーニュの生産量は、ジョン・アーロット＆クリストファー・フィールデンの著作によると（1976年）、62％が赤、38％が白だが、2003年から2007年の5年間の平均では、赤が37％、白が63％と逆転した。村名ワインでは赤がわずか

に多いが、1級では白ワインが着実に増えており、前出の5年平均では、白が78％に達す。
ピュリニやムルソーに比べると、シャサーニュの白の特徴をひとことであらわすのは簡単ではない。これは、村名格の白は、ピノ・ノワール用の土壌で無理矢理シャルドネを栽培するケースが多いためである。期待した鮮烈な香りは立たず、ピュリニに比べ華やかさに欠ける。シャサーニュの実力を考えると、凝縮度の高い果実味と、しっかりしたミネラル感のあるワインができるはずだ。

一方、シャサーニュの赤の課題は、タンニンが頑強で、垢抜けないことにある。樽熟のあいだは、筋張ってはいるものの果実味はあるが、瓶詰めすると頑丈な骨格が仇になる。解決策は、抽出しすぎないことだろう。こうすれば若々しくやわらかいワインになるが、軽きに過ぎる危険性をはらむ。ただし、赤に適した土壌で造る赤ワインは、この限りではない。クロ・サン＝ジャンとクロ・ド・ラ・ブドリオットの1級畑、また、モルジョの一部小区画（リュー＝ディ）では上質の赤ができる。

シャサーニュ＝モンラシェ1級畑　Chassagne-Montrachet Premiers Crus

シャサーニュの1級畑は、サントネとの境界からサン＝トーバンまで帯状に続き、斜面中腹の上部区画はほとんどが1級格付けとなる。一方、村名区画は、斜面上部に2、3あるだけで、大部分は土質の重い集落下部の平坦地に集中する。ここから少し下がるとコルポー村、シャニー村、ルミニー村に至る。この3村はソーヌ＝エ＝ロワール県に属す。

シャサーニュには、19（ピティオ／セルヴァン共著『ブルゴーニュのワイン』[1]）から55（BIVBのWebサイト）の1級畑がある。クライヴ・コーツは、著書『コート・ドール』[2]で52と書いている。3つの畑が漏れたのではなく、カイユレとアン・カイユレは同じ畑、シャサーニュ・デュ・クロ・サン＝ジャンとクロ・サン＝ジャンも同じ区画と見た上、シャサーニュを除外したためだ。19は、畑の中の小区画（リュー＝ディ）をカウントしない数である。この考え方は理解できなくはないが、小区画（リュー＝ディ）には、「親」の畑より有名なものがあるため無視できない。たとえば、ラ・ロマネとしてワインを出す生産者は何人もいるが、「親」のシャサーニュ1級、ラ・グランド・モンターニュ名のワインはまず見ない。レ・ザンブラゼはあっても、ル・ボワ・ド・シャサーニュはない。また、モルジョでは、無名の小区画名を名乗らず、認知度の高いモルジョ名だけを使うことも多いが、ブドリオットやフェランは名声が確立しているので、小区画（リュー＝ディ）名で出す。この複雑なシャサーニュの格付けを単純化するには、小さい区画単位で1級認定し、1級の中の小区画（リュー＝ディ）名を減らし、区画の格付けを赤と白で変える必要がある。

アベイ・ド・モルジョ　Abbaye de Morgeot

公式の1級区画ではないが、2つの1級（3.98haのモルジョと、4.57haのラ・シャペル）は、アベイ・ド・モルジョを名乗れる。ルイ・ジャド、オリヴィエ・ルフレーヴ、ヴァンサン・ジラルダンは、この名称を使用する。

レ・ボーディーヌ　Les Baudines
AC：シャサーニュ＝モンラシェ1級畑
L：記載なし　R：記載なし　JM：1級畑（白）　　　　　　　　　　　　　　　　　　3.60ha

フィロキセラ禍以降、最初にこの畑の樹を植え替えたのがガブリエル・ジョアールで、1960年代のことである。村の南端にある斜面の最上部に位置し、ボワ・ド・シャサーニュ地区にある。土壌は白色粘土で、標高の高さを考えると、表土層は異常に厚く、畑は白ブドウに適す。区画の中腹には泉が多数湧き出している。ヴァンサン・モレとトマ・モレの兄弟は、父ベルナールの代からレ・ボーディーヌを名乗る。トマの試行によると、この区画は密植によりブドウ樹にテンションをかけた栽培

---

[1] Pierre Pitiot & Jean-Charles Servant, *Les Vins de Bourgogne* (13th edition) Collection Pierre Poupon, Beaune, 2005
[2] Clive Coates, *Côte d'Or*, Weidenfeld & Nicholson, London, 1997　なお、クライヴ・コーツは別著作 *The Wines of Burgundy* では51と書いているが、実際には52を挙げている。

が適するらしい。ピエール=イヴ・コラン、シャトー・ド・マルトロワ、ジャン=マルク・ピヨ、ポール・エ・ガブリエル・ジョアール、ギィ・アミオがここでワインを造る。

ブランショ・ドゥスユ　Blanchot Dessus
AC：シャサーニュ=モンラシェ1級畑
L：記載なし　R：記載なし　JM：別格1級畑（白）　　　　　　　　　　　　1.17ha

ル・モンラシェの下部に潜り込む位置にある。傾斜がゆるくほぼ平坦ながら、優れた畑。基岩は魚卵状石灰質大理石の分厚いプレートで、ブドウ栽培に適する。この畑の最良区画は、土質、地勢ともクリオ=バタール=モンラシェによく似ている。ただし、一部は平坦で土質も重い。3人の生産者の手になる2004年ヴィンテージのブランショ・ドゥスユを最近、試飲したところ、テロワールの差が大きいためか、生産者間に共通する特徴は見られなかった。最良区画は北東の隅で、ル・モンラシェとクリオ=バタールに接し、南に傾斜する。ここから土地は南西の落ち込み、N6号線に突き当たる。この畑の下に、1.86haの同名の区画がある。土壌が重いため、村名格付けとなっている。ダルヴィオ=ペラン、ジャン=クロード・バシュレ、モレ=コフィネ、ジャン=ノエル・ガニャールが上質の1級を造る。

レ・ボワレット　Les Boirettes
AC：シャサーニュ=モンラシェ1級畑
L：記載なし　R：記載なし　JM：モルジョに併合　　　　　　　　　　　　2.84ha

モルジョ内の小区画（リュー・ディ）。村の南端にあり、斜面下部に位置する。土壌は鉄分に富み、赤ワインに適す。ボワレット名で出す生産者は皆無だが、ヴァンサン・モレのモルジョはすべてこの区画で造る。また、ジャン=ノエル・ガニャールのモルジョは、ここのブドウが軸となる。ジャン=マルク・ブランの赤白のモルジョも、この区画のブドウをブレンドする。

ボワ・ド・シャサーニュ　Bois de Chassagne
AC：シャサーニュ=モンラシェ1級畑
L：記載なし　R：記載なし　JM：1級畑（白）　　　　　　　　　　　　4.78ha*

レ・ザンブラゼとレ・ボーディーヌは、ボワ・ド・シャサーニュを呼称できるが、通常はそれぞれ、レ・ザンブラゼとボーディンを名乗るため、ボワ・ド・シャサーニュ名のワインはまず見ない。この区画の生産者は把握できず、5ha近い1級畑なのに、所有者は不明。

　　　　　　　　　　　　　　　　　＊このほかにレ・ザンブラゼとレ・ボーディーヌがある。

レ・ボンデュ　Les Bondues
AC：シャサーニュ=モンラシェ1級畑
L：記載なし　R：記載なし　JM：格下1級畑　　　　　　　　　　　　1.73ha

シャルドネを植えた場合、シュヌヴォットを名乗ることが多いが、少し重い土質はピノ・ノワールに適す。ダルヴィオ=ペランがレ・ボンデュ名の赤を造る。

ラ・ブドリオット　La Boudriotte
AC：シャサーニュ=モンラシェ1級畑
L：準特級畑（赤）　R：特級畑（赤）　JM：1級畑（赤・白）　　　　　　　　15.62ha

ブルゴーニュに多い混乱や謎の好例がこの畑だろう。モルジョは、ラ・ブドリオットとして出してもよい。また、モルジョの5つの小区画（リュー・ディ）（ラ・ロクモール、シャン・ジャンドロー、レ・ショーム、レ・フェランド、レ・プティ・フェランド）は、それぞれの名前で出してもよいし、ラ・ブドリオット、あるいは、モルジョを名乗ってもよい。なお、ブドリオットの公式区画の面積は2.22haである。ラモネは、モルジョの区画でモルジョを、フェランドで白のブドリオットを造り、斜面を少し下がった赤に最適のブドリオットの区画で赤のクロ・ド・ラ・ブドリオットを産す。

ブドリオットの白は、モルジョの中央で造る白に比べ、華やかで軽みがあり酸も豊か。赤は、凝縮感に富み、しっかりした骨格があるが、ほかのシャサーニュの赤のように噛みつくようなタンニンはない。ラモネのクロ・ド・ラ・ブドリオットは、凝縮感と洗練さを備えており、コート・ド・ニュイのワインと錯覚する。

レ・ブリュソンヌ　Les Brussonnes
AC：シャサーニュ＝モンラシェ1級畑
L：1級畑(赤)　R：記載なし　JM：モルジョに併合　　　　　　　　　　　　　　2.88ha

モルジョ内の小区画(リュー・ディ)。この名のワインを見たことがないが、地元の奇怪な慣例により、6つの小区画(クロ・ピトワ、フランスモン、ラ・グランド・ボルヌ、ラ・カルドゥーズ、クロ・シャロー、レ・ボワレット)もブリュソンヌを名乗れる。

カイユレ　Cailleret / Caillerets
AC：シャサーニュ＝モンラシェ1級畑
L：1級畑(赤)　R：1級畑(赤)　JM：上位1級畑(白)　　　　　　　　　　　　　　10.68ha

カイユレ(綴りは、Cailleret または複数形の Caillerets)は、小区画(リュー・ディ)のアン・カイユレ(5.11ha)、シャサーニュ(1.14ha)、レ・コンバール(0.65ha)、ヴィニュ・デリエール(3.76ha)をまとめた区画名である。

畑は、集落の南端から丘の上部まで続く。ブルゴーニュでは、どの村にもカイユレ名の区画があり、名前は小石が多く土が少ない土質に由来する。ノエル・ラモネは、輝くようなミネラル分がある極上のワインを造る。ピエール＝イヴ・コランによると、カイユレは若いうちは内気だが、熟成に耐え、特級に比べると重量感には欠けるがフィネスでまさるらしい。

現在、すべてシャルドネを植えている。複雑な香りや味わいがあり、ミネラル分に富んで長期熟成する最高のシャサーニュ白ができるので、シャルドネの植樹は正しい選択である。

ラモネやコランのほか、ジャン＝マルク・モレ、ベルナール(現在はヴァンサン)モレ、モレ＝コフィネ、ギィ・アミオ、ジャン＝マルク・ピヨ、ジャン＝ノエル・ガニャール、ブラン＝ガニャールがすばらしいワインを造る。ブラン＝ガニャールによると、義理の祖父エドモン・ドラグランジェ＝バシュレは、「泥灰岩土壌の上部でつくったブドウ(重量感に富む)と、石灰岩質の下部で栽培したブドウ(繊細さに優れる)をバランスよくブレンドすることが上質のカイユレを造る上で重要」が口癖だったらしい。

ラ・カルドゥーズ　La Cardeuse
AC：シャサーニュ＝モンラシェ1級畑
L：記載なし　R：記載なし　JM：モルジョに併合　　　　　　　　　　　　　　0.96ha

ドメーヌ・ベルナール・モローが単独所有する。ベルナール・モローは、古木からすばらしい赤のシャサーニュ＝モンラシェを造ることで名高い。この区画は村の南端にあり、クロ・ピトワの下に細長く延びる。斜面はゆるく小石が非常に多い。

シャン・ジャンドロー　Champs Jendreau
AC：シャサーニュ＝モンラシェ1級畑
L：記載なし　R：記載なし　JM：モルジョに併合　　　　　　　　　　　　　　2.11ha

モルジョ内の小区画(リュー・ディ)だが、この名前のワインは見ない。長方形をしたモルジョの右下隅(北東)にあり、2辺で村名区画に接する。ブリュノ・コランのブドリオット白はこの区画で造る。ジャン＝マルク・ブランは、ここで赤白両方を造り、ボワレットとブレンドして、モルジョ名で出す。

レ・シャン・ガン　Les Champs Gain
AC：シャサーニュ=モンラシェ1級畑
L：1級畑(赤)　R：1級畑(赤)　JM：1級畑(白)　　　　　　　　　　　　　　　　　　　　4.62ha

1級区画群の中央に位置し、斜面中腹という好立地にある。このため、ピュリニにある同名の畑とは名前の由来が異なる。ピュリニのレ・シャン・ガンは、ブドウを植えるために低木地帯を開墾して「獲得した(gain)」「畑(champ)」が語源。シャサーニュのレ・シャン・ガンは、干し草用の草が年に2回「収穫できる(gain)」良質の「土地(champ)」に由来する。

ここは、温暖で自然の災害を受けにくく、土壌は比較的肥沃である。19世紀は赤で評価が高いシャン・ガンだったが、現在は白が圧倒的に多い。ジャン=ノエル・ガニャール、ギィ・アミオ、マルク・コラン、ジャン=マルク・ピヨ、ミシェル・ニーロン、F&Vジョアールが上質のワインを造る。レ・シャン・ガンは肉付きのよいシャサーニュで、若いうちから飲める。

ラ・シャペル（ド・モルジョ）　La Chapelle (de Morgeot)
AC：シャサーニュ=モンラシェ1級畑
L：記載なし　R：記載なし　JM：1級畑(白)　　　　　　　　　　　　　　　　　　　　4.57ha

モルジョ下部の中央部にある優良区画。クロ・ド・ラ・シャペルはルイ・ジャドの単独所有で、旧ドメーヌ・デュック・ド・マジェンタから引き継いだ。

シャサーニュ　Chassagne
AC：シャサーニュ=モンラシェ1級畑　　　　　　　　　　　　　　　　　　　　　　　　4.04ha

カイユレに付属する区画(1.14ha)と、マルトロワに入る部分(2.90ha)の2つの区画に分かれる。それぞれ、カイユレ名とマルトロワ名で出すが、カイユレとマルトロワ内の小区画ではない。独立した名前をもたないので、「シャサーニュ」という名前の1級畑として格付けしている。シャサーニュ・デュ・クロ・サン=ジャンも同じ状況である。

シャサーニュ・デュ・クロ・サン=ジャン　Chassagne du Clos St-Jean
「クロ・サン=ジャン」の項目(427頁)を参照。

レ・ショーム　Les Chaumes
AC：シャサーニュ=モンラシェ1級畑
L：記載なし　R：記載なし　JM：モルジョに併合　　　　　　　　　　　　　　　　　　2.69ha

モルジョ内の小区画。ここのワインは、市場の認知度が圧倒的に高いブドリオット名かモルジョ名で出すため、レ・ショーム名のラベルを見ることはまずない。ジャン=ノエル・ガニャールのブドリオットは、レ・ショームのブドウで造っている。粘土質土壌で、表層土が浅いため、降雨後は鋤が入らない。レ・ショームの南から村名区画が広がる。

レ・ショーメ　Les Chaumées
AC：シャサーニュ=モンラシェ1級畑
L：2級畑(赤)　R：1級畑(赤)　JM：上位1級畑(白)　　　　　　　　　　　　　　　　7.43ha

村の北端に位置し、サン=トーバンへ通じる小道に接す。有名な小区画として、クロ・ド・ラ・トリュフィエール(ミシェル・ニーロンとジョアールが所有)がある。ここでは、活力があってそれなりの複雑味も備えた良質の白ができる。小石の多い土壌で、斜面はきつい。ジャン=ノエル・ガニャール、ブレア・ペセル(ドメーヌ・デュブレール)もここでワインを造る。

レ・シュヌヴォット　Les Chenevottes
AC：シャサーニュ＝モンラシェ1級
L：2級畑(赤)　R：2級畑(赤)　JM：1級畑(白)　　　　　　　　　　　　　　　　　　　　　10.99ha

ほぼ平坦な土地に位置する大きな畑。N6号線と北東で接する。気候は冷涼だが湿気が多い。畑名は、「小さい麻 (chanvre)」の意で、ブドウの前は麻を植えていたと思われる。コラン家とモレ家のいろいろな一族がここに区画を所有し、やわらかい上質の白を造る。ここには、レ・コム、レ・ボンデュという小区画(リュー・ディ)があるが、その名前を表記したワインはほとんど見ない。

クロ・シャロー　Clos Chareau
AC：シャサーニュ＝モンラシェ1級畑
L：記載なし　R：記載なし、JM：モルジョに併合　　　　　　　　　　　　　　　　　　1.99ha

モルジョ内の小区画(リュー・ディ)。モルジョの斜面下部の道に沿ってサントネに向かう最後にある。土壌は赤ワインに適す。アドリアン・ベランとジャン＝クロード・ベラン以外、この名前のワインはまず見ない。

クロ・ピトワ　Clos Pitois
AC：シャサーニュ＝モンラシェ1級畑
L：準特級畑(赤)　R：特級畑(赤)　JM：モルジョに併合　　　　　　　　　　　　　　　2.97ha

モルジョ内の小区画(リュー・ディ)。サントネに本拠を置くベラン家が単独所有畑する。1947年に植え替える。ベラン家によると、1.44haにシャルドネ、1.77haにピノ・ノワールを植えているらしいが、合計すると実面積より大きい。畑名は、1481年にこの区画を所有していたフィルベール・ピトワに由来する。畑は、サントネとシャサーニュをまたぐ峰の上にあり、三方に絶景が開ける。ラヴァルの意外に高い格付けは景観も含めた評価だろうが、今では話題にのぼらない区画である。

クロ・サン＝ジャン　Clos St-Jean
AC：シャサーニュ＝モンラシェ1級畑
L：準特級畑(赤)　R：特級畑(赤)　JM：1級畑(赤が優れる)　　　　　　　　　　　　　14.16ha

クロ・サン＝ジャン (5.08ha)、レ・ルビシェ (5.45ha)、レ・ミュレ (1.61ha)、シャサーニュ・デュ・クロ・サン＝ジャン (2.02ha) の4区画からなる。クロ・サン＝ジャンは、昔、オータンのサン＝ジャン＝ル＝グランの尼僧院 (589年設立の旧ベネディクト派尼僧院) が所有していた。「clos」の本来の意味は「石垣で囲まれた畑」で、クロ・サン＝ジャンは本物のクロである。

アミオ＝ボンフィス、シャトー・ド・ラ・マルトロワ、ジャン＝マルク・ピヨが上質の赤を造る。ラモネの赤は特筆すべきである。ミシェル・ニーロンは良質の白を造るが、ニーロン所有のほかの1級に比べると物足りない。これは、クロ・サン＝ジャンが白ではなく赤に適するためだろう。表層土が薄いので、大部分の区画は赤に向くが、一部、白に適した軽量で白色系土壌の場所があり、たとえば、レ・レビシェは、クロ・サン＝ジャンではなく、隣接するレ・ヴェルジェに土壌が似ている。

赤のクロ・サン＝ジャンは、モルジョやマルトロワに比べ、色は淡明だが、フィネスでまさり、タンニンの骨格もしっかりしている。色の明るさから受ける印象とは逆に、活き活きした果実味に富み、長期熟成に耐える。

レ・コンバール　Les Combards
AC：シャサーニュ＝モンラシェ1級畑
L：記載なし　R：記載なし　JM：カイユレに併合　　　　　　　　　　　　　　　　　0.65ha

カイユレ内の小区画(リュー・ディ)。狭いが好立地の区画なので、生産者は、カイユレ名ではなく必ずレ・コンバール名で出す。ジャン＝ノエル・ガニャールとコフィネ＝デュヴェルネが所有している。

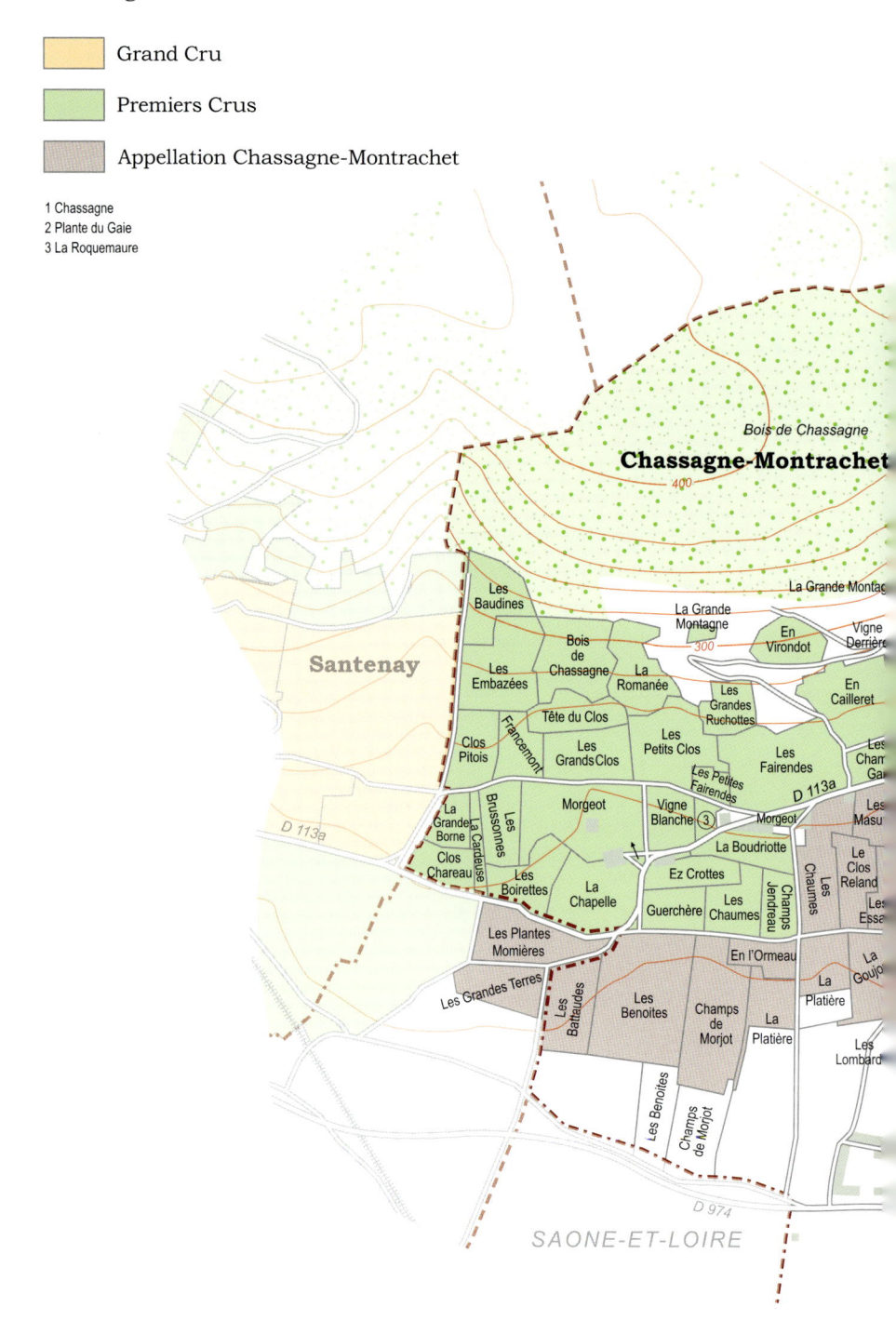

シャサーニュ=モンラシェ
Chassagne-Montrachet

- Grand Cru
- Premiers Crus
- Appellation Chassagne-Montrachet

1 Chassagne
2 Plante du Gaie
3 La Roquemaure

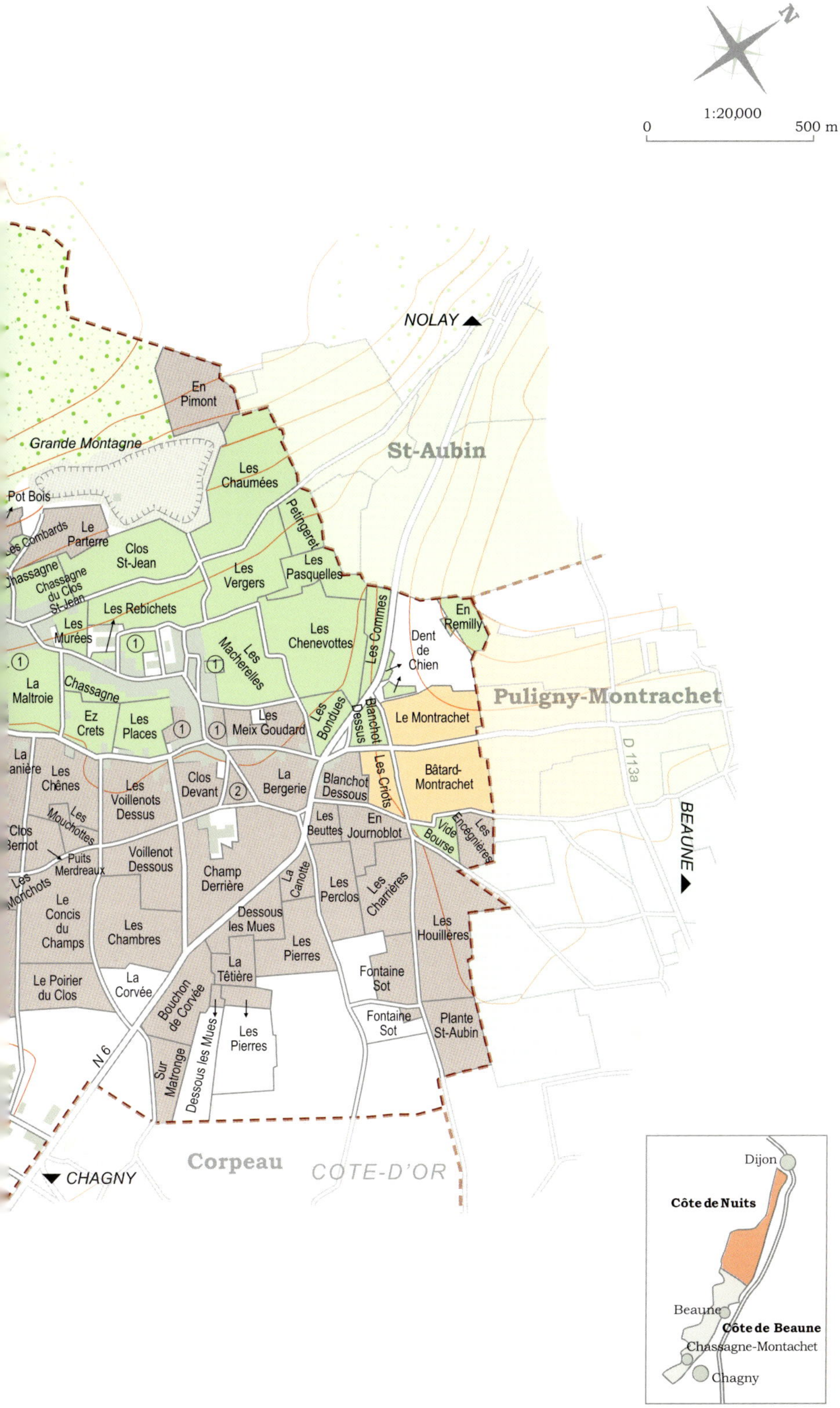

N
1:20,000
0
500 m
NOLAY
St-Aubin
En Pimont
Grande Montagne
Les Chaumées
Pot Bois
Petingeret
Le Parterre
Clos St-Jean
Les Vergers
Les Pasquelles
Chassagne du Clos St-Jean
Les Rebichets
Les Chenevottes
Les Commes
Dent de Chien
En Remilly
Les Murées
Les Macherelles
La Maltroie
Chassagne
Ez Crets
Les Places
Les Meix Goudard
Les Bondues
Blanchot Dessus
Le Montrachet
Puligny-Montrachet
D 113a
Les Chênes
Les Voillenots Dessus
Clos Devant
La Bergerie
Blanchot Dessous
Les Criots
Bâtard-Montrachet
Les Mouchottes
Les Beuttes
En Journoblot
Vide Bourse
Les Encégnières
BEAUNE
Puits Merdreaux
Voillenot Dessous
Champ Derrière
La Canotte
Les Perclos
Les Charrières
Le Concis du Champs
Les Chambres
Dessous les Mues
Les Pierres
Les Houillères
Le Poirier du Clos
La Corvée
La Têtière
Fontaine Sot
Bouchon de Corvée
Dessous les Mues
Les Pierres
Plante St-Aubin
N 6
Sur Matronge
CHAGNY
Corpeau
COTE-D'OR
Dijon
Côte de Nuits
Beaune
Côte de Beaune
Chassagne-Montachet
Chagny

レ・コム / ラ・コム　Les Commes / La Comme
AC：シャサーニュ=モンラシェ 1級畑
L：記載なし　R：記載なし　JM：シュヌヴォットに併合　　　　　　　　　　1.06ha

シュヌヴォット内の小区画。ラ・コム（あるいはレ・コム）はシュヌヴォットの北端にあり、N6号線に接す。ジャン・リケールはここの古木のブドウを買いつけて、ラ・コムを造る。それ以外の生産者はシュヌヴォット名で出す。

エズ・クレ　Ez Crets
AC：シャサーニュ=モンラシェ 1級畑
L：記載なし　R：記載なし　JM：マルトロワに併合　　　　　　　　　　2.30ha

1級畑マルトロワ内の小区画。この名前のワインを見ることはほとんどない。最大区画を所有するシャトー・ド・ラ・マルトロワは、同シャトーのクロ・デュ・シャトー・ド・ラ・マルトロワと混同しないよう、エズ・クレ名では出さない。ブリュノ・コランは、この区画で赤・白両方のマルトロワを造る。

エズ・クロット　Ez Crottes
AC：シャサーニュ=モンラシェ 1級畑
L：記載なし　R：記載なし　JM：モルジョに併合　　　　　　　　　　2.36ha

モルジョ内の小区画だが、この名のワインは見ない。名前から「糞（crotte）」を連想するので、購買意欲が起きないからだろう。ドメーヌ・マルク・モレがモルジョ名で出すのも頷ける。ラ・ヴィーニュ・ブランシュの下、ブドリオットの隣にあり、赤ワインの特徴はブドリオットに似ている。

ダン・ド・シヤン　Dent de Chien
AC：シャサーニュ=モンラシェ 1級畑
L：記載なし　R：記載なし　JM：1級畑（白）　　　　　　　　　　0.64ha

大部分の小区画は岩がむき出しで、ブドウを植えることは不可能であり、低木地帯を開墾して植樹している。ブドウを植えているのは隅の2ヵ所で、R6号線に沿ったレ・ブランショ・ドゥシュの上部と、ル・モンラシェの上部。畑は東に延び、徐々にル・モンラシェへのみ込まれる。場所や立地条件が近いことから、シュヴァリエ=モンラシェと比べることもある。シャトー・ド・ラ・マルトロワ、コラン=ドレジェ、モレ=コフィネ、トマ・モレがここでワインを造る。

シャトー・ド・ラ・マルトロワのジャン=ピエール・コルニュによると、1936年の格付け以前は、ル・モンラシェの区画だったらしい。確かに、同シャトーのダン・ド・シヤンは、若いうちはモンラシェに比べ、かなり控えめだが、熟成により幅と奥行きが急激に広がる。

レ・ザンバゼ / レ・ザンブラゼ　Les Embazées / Les Embrazées
AC：シャサーニュ=モンラシェ 1級畑
L：記載なし　R：記載なし　JM：1級畑（白）　　　　　　　　　　5.19ha

公式にはボワ・ド・シャサーニュの一部だが、生産者はこの名前で出す。「Embrazées」「Embasées」「Embrasées」と綴ることもある。ドメーヌ・ジョフロワとプリウール=ブリュネが所有する極小の2区画以外、すべてモレ一族が所有する。特に、ヴァンサン・エ・ソフィ・モレは合計4.25haを擁する（トマ・モレは、さらに0.75haを所有）。この畑名のワインを出す生産者は、モレ一族からブドウを買う。レ・ボーディーヌの直下に位置するが、地味はより痩せており、表層土も薄い。赤色系土壌で、地中にはジュラ紀中世の石灰岩の小石が大量にある。レ・ボーディーヌに比べると、ボディーが大きく、肉付きのよいワインができ、ヴァンサン・モレのスタイルに合致する。

レ・フェランド　Les Fairendes
AC：シャサーニュ=モンラシェ1級畑
L：記載なし　R：記載なし　JM：1級畑(特に白)　　　　　　　　　　　　　　　7.16ha

モルジョ内の小区画としてもっとも広い。モルジョまたはラ・ブドリオットを名乗れるが、レ・フェランド名で出すことが多い。ドメーヌ・F&Vジョアールは、モルジョ・レ・フェランドとして売り、ミシェル・モレ=コフィネは、「Farendes」の綴りで出す。ミシェル・モレ=コフィネは、畑の四分の一を所有する。ここはもとはピヨの先祖が購入したもので、残りの四分の三は、ジャン=マルク・ピヨ、ムルソーのアンリ・ジェルマン、コフィネ=デュヴェルネが分け合う。
畑下部は赤色系の土壌。斜面上部は白色系粘土質で、トマ・モレがここでモルジョ名のワインを造る。

フランスモン　Francemont
AC：シャサーニュ=モンラシェ1級畑
L：記載なし　R：記載なし　JM：モルジョに併合　　　　　　　　　　　　　　　2.39ha

モルジョの一部で、白ワインに適す。クロ・ピトワの下にあり、シャサーニュの集落に向かってやや北傾する。モルジョ名で出すことが多いが、ヴェルジェはフランスモンとして販売する。

ラ・グランド・ボルヌ　La Grande Borne
AC：シャサーニュ=モンラシェ1級畑
L：記載なし　R：記載なし　JM：モルジョに併合　　　　　　　　　　　　　　　1.73ha

モルジョ内の小区画。ヴァンサン・ダンセが、ここで上質の赤を造る。サントネの下部に位置し、両村の境界沿いの道に接す。

レ・グラン・クロ　Les Grands Clos
AC：シャサーニュ=モンラシェ1級畑
L：1級畑(赤)　R：1級畑(赤)　JM：モルジョに併合　　　　　　　　　　　　　3.93ha

モルジョ上部の小区画で、かなり広い。シャルドネとピノ・ノワールの両方を植えるが、レ・グラン・クロ名でワインを出すことはほとんどない。ラヴァルによると、19世紀には半分以上の区画でピノ・ブーロを植えたらしい。

ラ・グランド・モンターニュ(トントン・マルセル)　La Grande Montagne (Tonton Marcel)
AC：シャサーニュ=モンラシェ1級畑
L：2級畑(赤)　R：3級畑(赤)　JM：1級畑(白)　　　　　耕作可能区画は0.50ha(全8.26ha)

大部分は表層土のない岩盤の丘陵地で、ブドウ栽培は困難をきわめる。将来、要望があれば、ムルソーの同様の事例のように、表面の岩盤を破砕して畑にすることもあり得る。ラ・グランド・モンターニュの特定区画は、トントン・マルセルを呼称でき、ドメーヌ・メストルがこの名前を使う。近くにメンヒル(直立した巨大な石碑)があったといわれ、19世紀の生産者トントン・マルセルが、その下で昼寝をしたらしい。
ラ・ロマネ、レ・グランド・リュショット、アン・ヴィロンドのワインは、ラ・グランド・モンターニュを名乗れる(が、ほとんど使わない)。ポール・ピヨ、ラミ=ピヨ、ルイ・ジャド、バシュレ=ラモネ、フォンテーヌ=ガニャールがここでワインを造る。

レ・グランド・リュショット　Les Grandes Ruchottes
AC：シャサーニュ=モンラシェ1級畑
L：記載なし　R：記載なし　JM：1級畑(白)　　　　　　　　　　　　　　　　　2.13ha

ラ・グランド・モンターニュ内の小区画だが、ラ・グランド・モンターニュよりも、この名前で出ることが多い。畑名の「Ruchottes」は、「小さい蜂の巣箱」ではなく、「小石」に由来するらしい。白ワインに適した土壌で、標高260~280mにあり、基岩は泥灰質の石灰岩である。シャトー・ド・ラ・マル

トロワのジャン＝ピエール・コルニュによると、ここがシャサーニュ最良の白ブドウ畑らしい。最近、ノエル・ラモネのリュショット2005年（ノエル・ラモネは「Grande」をつけない）を飲み、コルニュの説に納得する。このほか、ベルナール・モロー、ポール・ピヨ、F&Lピヨが上質のワインを造る。ここのワインを扱いたいと熱望するネゴシアンは多い。

ゲルシェール　Guerchère
AC：シャサーニュ＝モンラシェ1級畑
L：記載なし　　R：記載なし　　JM：モルジョに併合　　　　　　　　　　　　　2.18ha

モルジョ内の下部にある小区画で、赤に適す。ドメーヌ・マルク・モレのモルジョ赤はこの区画で造るが、マルク・モレも含め、ゲルシェール名で出す生産者は皆無。

レ・マシュレル　Les Macherelles
AC：シャサーニュ＝モンラシェ1級畑
L：2級畑（赤）　　R：2級畑（赤）　　JM：格下1級畑　　　　　　　　　　　　5.19ha

中堅クラスの1級畑。シャサーニュ村の北部に位置し、斜面を少し下がったところにある。白ワインは繊細なニュアンスを備えるも、パワーに欠ける。シャルドネが大部分を占める。赤色系で鉄分が豊かな土壌はピノ・ノワールに適すと思われるが、白ワインの方が市場の食いつきがよい。ジャン＝マルク・ピヨはこの区画で赤・白両方を造る。

ラ・マルトロワ　La Maltroie
AC：シャサーニュ＝モンラシェ1級畑
L：1級畑（赤）　　R：1級畑（赤）　　JM：1級畑（赤・白）　　　　　　　　　11.60ha

4つの区画からなる畑。最大の小区画がラ・マルトロワで、斜面の中腹に位置し、4haの土地が壁で囲まれている。ここの南半分がクロ・ド・ラ・マルトロワで、ギィ・アミオ（赤）、ジャン＝ノエル・ガニャール（白）、ミシェル・ニーロン（赤・白両方）の三者が所有する。北半分がクロ・デュ・シャトー・ド・ラ・マルトロワで、シャトー・ド・ラ・マルトロワの単独所有（詳細は主要生産者の項を参照）。ピノ・ノワールとシャルドネの両方を植える。正式には、このシャトーだけが、「Maltroie」ではなく「Maltroye」の綴りを使える。

残りの3区画は、シャサーニュ（2.90ha）、レ・プラス（2.41ha）、エズ・クレ（2.30ha）で、この3区画はマルトロワを名乗る。畑全体での赤白の植樹比率はほぼ50対50である。このことから、この区画の基岩であるジュラ紀の泥灰岩はピノ・ノワールの栽培に好適と思われる。

モルジョ　Morgeot
AC：シャサーニュ＝モンラシェ1級畑
L：本文参照　　R：クロ・ド・モルジョは特級畑（赤）　　JM：1級畑（赤・白）　合計58.16ha

多数の小区画を擁する畑。一般に、広い小区画ほど立地条件に優れる。たとえば、ラ・ブドリオットやレ・フェランドは、質の高さゆえ、小区画名で出す。この2区画以外の全小区画は、ラ・グランド・ボルヌ、ラ・カルドゥーズ、レ・ブリュソンヌ、レ・ボワレット、クロ・シャロー、フランスモン、クロ・ピトワ、ラ・シャペル、ヴィーニュ・ブランシュ、エズ・クロット、ゲルシェール、テット・デュ・クロ、レ・プティ・クロ、レ・グラン・クロ、ラ・ロクモール、シャン・ジャンドロー、レ・ショーム。

モルジョは、今日よりも19世紀のほうが有名だった。現在では、大部分を白ブドウで植え替えているが、もともとピノ・ノワール向きの重い土壌なので、鈍重になる可能性がある。しかし、上質のモルジョの白は、重量感、パワー、奥深さに優れ、長期熟成する。白の最適区画は上部で、たとえば、テット・デュ・クロ、レ・プティ・クロ、レ・グラン・クロなどがある。特に、北端のレ・フェランドが良い。

とはいえ、モルジョの大部分は赤に適す。赤は芳醇で重量感があり、タンニンのしっかりした骨格を備える上、豊かな果実味にあふれる。クラシックなモルジョの赤は、真の意味で「注目すべきワ

イン（vin de garde）」だが、今の市場の反応は鈍い。昔の名声を取り戻すには、何らかの対策が必要だ。ラヴァルは、シャサーニュの章でモルジョは取り上げず、小区画のブリュソンヌのみを1級に格付けしている。ただし、ラヴァルの書の最後に記載した格付けでは、クロ・モルジョを特級に準ずると評価している。

レ・ミュレ　Les Murées
AC：シャサーニュ＝モンラシェ1級畑
L：記載なし　R：記載なし　JM：クロ・サン＝ジャンに併合　　　　　　　　1.61ha

ドメーヌ・フォンテーヌ＝ガニャールが単独所有する。赤に適したクロ・サン＝ジャン内の小区画だが、白ワインを造る。同ドメーヌの建物に一番近いのがこの区画である。

レ・パスケル　Les Pasquelles
AC：シャサーニュ＝モンラシェ1級畑
L：記載なし　R：記載なし　JM：ヴェルジェに併合　　　　　　　　　　　　2.44ha

ヴェルジェ内の区画。ペタンジュレの下に位置し、サン＝トーバンとの境界に接する。ムルソーのフィリップ・ブズローがこの区画名でワインを出す。

ペタンジュレ　Petingeret
AC：シャサーニュ＝モンラシェ1級畑
L：記載なし　R：記載なし　JM：ヴェルジェに併合　　　　　　　　　　　　1.75ha

レ・ヴェルジェ内の北部にある区画。サン＝トーバンとの境界まで続き、境界を越えて同名の畑になる。この区画名のワインを見たことはない。

レ・プティ・クロ　Les Petits Clos
AC：シャサーニュ＝モンラシェ1級畑
L：1級（赤）　R：1級（赤）　JM：モルジョに併合　　　　　　　　　　　　5.09ha

モルジョ内の区画。白ワイン用として最良の土壌で地勢もよい。ドメーヌ・ジャン＝ノエル・ガニャールのモルジョはこの区画で造る。プティ・クロ名のワインは、ドメーヌ・ブアール・ボヌフォワのものしか見ない。

レ・プティット・フェランド　Les Petites Fairendes
AC：シャサーニュ＝モンラシェ1級畑
L：記載なし　R：記載なし　JM：フェランドに併合　　　　　　　　　　　　0.82ha

ドメーヌ・ベルナール・モローとシャトー・ド・ラ・マルトロワがここに所有するが、どちらもフェランド名では出さず、モルジョにブレンドしている。

レ・プラス　Les Places
AC：シャサーニュ＝モンラシェ1級畑
L：記載なし　R：記載なし　JM：マルトロワに併合　　　　　　　　　　　　2.41ha

マルトロワを構成する4つの小区画のひとつ。シャトー・ド・ラ・マルトロワの下に位置する。この区画名で出ているワインは見たことがない。

レ・ルビシェ　Les Rebichets
AC：シャサーニュ＝モンラシェ1級畑
L：記載なし　R：記載なし　JM：1級畑（赤・白）　　　　　　　　　　　　5.45ha

クロ・サン＝ジャン内にある広い小区画。小石が非常に多く、軽量の土壌が石灰岩の基岩の上に直接乗る。クロ・サン＝ジャンのほかの小区画とは土壌が大きく異なるので、独立区画になってもおかし

くない。ワインの特徴は、クロ・サン゠ジャンより、北で接するヴェルジェに近い。

アン・ルミリ　En Remilly
AC：シャサーニュ゠モンラシェ 1 級畑
L：記載なし　R：記載なし　JM：1 級畑（白）　　　　　　　　　　　　　　1.56ha

サン゠トーバンの同名の 1 級畑と、シュヴァリエ゠モンラシェのあいだにある。立地条件は非常によいが、ジュラ紀中期の石灰岩質を覆う表層土がきわめて薄く、乾燥した旱魃の年は非常に厳しい。ミシェル・コラン゠ドレジェと、息子のブリュノ・コランがここでワインを造る。

ラ・ロマネ　La Romanée
AC：シャサーニュ゠モンラシェ 1 級畑
L：記載なし　R：記載なし　JM：1 級畑（白）　　　　　　　　　　　　　　3.36ha

ラ・グランド・モンターニュ内の小区画。ラ・ロマネ名でワインを出せる。斜面最上部に位置するが、きわめて芳醇なワインになる。周囲の森が北風をさえぎるため、ブドウが熟成しやすい。銘醸ワインに必要な、果実味、骨格、ミネラルのすべてが揃う。

モレ゠コフィネ、ヴァンサン・ダンセ、ポール・ピヨ、ルイ・ジャド、フォンテーヌ゠ガニャール、シャトー・ド・ラ・マルトロワなどがここでワインを造る。シャトー・ド・ラ・マルトロワのジャン゠ピエール・コルニュによると、ラ・ロマネ、ムルソー・ペリエール、コルトン゠シャルルマーニュの三者には、ミネラルがしっかりしているという共通点があるらしい。

ラ・ロクモール　La Roquemaure
AC：シャサーニュ゠モンラシェ 1 級畑
L：記載なし　R：記載なし　JM：モルジョに併合　　　　　　　　　　　　　0.61ha

モルジョ内の地味な小区画。サントネのドメーヌ・フルーロが単独所有する。立地条件は良く、レ・プティット・フェランドの下にあり、ブドリオットの隣に位置する。

テット・デュ・クロ　Tête du Clos
AC：シャサーニュ゠モンラシェ 1 級畑
L：記載なし　R：記載なし　JM：1 級畑（白）　　　　　　　　　　　　　　2.12ha

モルジョ内の小区画。上部にある。モルジョ名で売るが、下部にあるほかのモルジョの小区画と大きく異なる。土壌は白色泥灰岩で小石が非常に多い。ミネラル分に富むワインになり、正統的なモルジョの重厚さとは一線を画す。ヴァンサン・ダンセはこの区画の代表的生産者。

トントン・マルセル　Tonton Marcel
AC：シャサーニュ゠モンラシェ 1 級畑
L：記載なし　R：記載なし　JM：1 級畑（白）　　　　　　　　　　　　　　0.49ha

ラ・グランド・モンターニュ内の小区画。区画名は、近くにある古代の石碑の下で昼寝をした生産者の愛称に由来する。フィロキセラ禍以降、手つかずの土地を 1973 年に植え替えた。ブドウ樹は、起伏の激しい斜面上ではなく、小さいテラス状の土地に植える。サントネのドメーヌ・メストルが単独所有する。

レ・ヴェルジェ　Les Vergers
AC：シャサーニュ゠モンラシェ 1 級畑
L：2 級畑（赤）　R：2 級畑（赤）　JM：1 級畑（白）　　　　　　　　　　　9.41ha

丘陵がサン゠トーバンに向かってうねる斜面の中腹に位置する。東向き斜面なので、白ワインに適す。土質は、シュヌヴォットやマシュレルに比べると重くはないが、上部のショーメより平坦で表層土は薄い。ワインは若いうちは痩せているが、熟成を重ねて肉が付く。ヴェルジェには、ペタンジュ

レ（1.71ha）とレ・パスケル（2.45ha）の2つの小区画があり、やや北東に傾斜する。
ここでワインを造る主要生産者には、ギィ・アミオ、ラモネ、マルク・モレのほか、コラン一族とピヨ一族のいろいろな縁者がいる。

ヴィド・ブルス　Vide Bourse
AC：シャサーニュ=モンラシェ1級畑
L：記載なし　R：記載なし　JM：1級畑(白)　　　　　　　　　　　　　　　　　　　　1.32ha

トマ・モレ（父ベルナールから引き継ぐ）、マルク・コラン、フェルナン・ピヨ、ガブリエル・ジョアールがこの小さい1級畑でワインを造る。バタールから斜面を下った続きにある。矢尻の形をしており、矢の先は下に広がる村名畑に突き刺さっている。
土質は比較的重いが、小石が非常に多いため水はけにすぐれ、ワインに繊細なニュアンスが出る。シャサーニュ1級の中では、ボディがきわめて大きい。いろいろな面で「プティ・バタール」であり、飲み頃もバタールより早い。

ヴィーニュ・ブランシュ　Vigne Blanche
AC：シャサーニュ=モンラシェ1級畑
L：1級畑(赤)　R：1級畑(赤)　JM：モルジョに併合　　　　　　　　　　　　　　　　　2.24ha

畑名の通り、白ワイン区画としてはモルジョ最高のひとつ。シャトー・ド・ラ・マルトロワのモルジョ白はここのブドウで造る。同シャトーのこれ以外の1級畑のワインは、バルクでネゴシアンに売ったり、ほかの1級とブレンドする。同シャトーはこの区画の半分弱を所有し、残りはマルキ・ド・ラギッシュが持つ。このワインは、販売を担当するジョゼフ・ドルーアンがモルジョとしてラギッシュ名義で出す。

ヴィーニュ・デリエール　Vigne Derrière
AC：シャサーニュ=モンラシェ1級畑
L：記載なし　R：記載なし　JM：カイユレに併合　　　　　　　　　　　　　　　　　　3.76ha

カイユレ内の大きな小区画。集落にもっとも近い。畑名は、集落の背後（derrière）にあることに由来する。カイユレのほうが市場の認知度が圧倒的に大きいため、同名で出すことが多い。

アン・ヴィロンド　En Virondot
AC：シャサーニュ=モンラシェ1級畑
L：記載なし　R：記載なし　JM：1級畑(白)　　　　　　　　　　　　　　　　　　　　2.28ha

ラ・グランド・モンターニュ内の小区画。実質的な単独所有者（所有はしていないが、栽培、醸造、瓶詰めまですべて担当）であるドメーヌ・マルク・モレは、知名度の高いラ・グランド・モンターニュではなく、アン・ヴィロンドで出している。斜面の頂上にあり、周囲に低木が生い茂る。ブドウ樹は、日照りや乾燥した気候ではダメージを受けるが、湿気の多い時はよいブドウができる。

村名格シャサーニュ゠モンラシェ
Village vineyards: appellation Chassagne-Montrachet

斜面最上部に2、3の白ワインの村名畑があり、なかで一番有名なのがポ・ボワである。それ以外の村名畑は、すべて斜面下部の平坦地に集中する。サントネに近い南部は、粘土質の厚い層が地表を覆い、ピノ・ノワールに適す。ピュリニに近い地域はシャルドネに向く土壌である。
シャサーニュでは1級畑が異常に多く、名前つきの村名AC区画は非常に少ない。数少ない例を以下に記す。

ブランショ・ドゥスー　Blanchot Dessous　　　　　　　　　　　　　　　　　1.86ha
上質の1級畑で、場所により特級に匹敵するが、下部区画は村名畑となる。マルク・モレやユベール・ブズロー゠グリュエールなどがここでACシャサーニュを造る。

レ・シェーヌ　Les Chênes　　　　　　　　　　　　　　　　　　　　　　　4.73ha
ラ・マルトロワの直下の区画。フィリップ・コランは、ここで赤のACシャサーニュを造る。

レ・ザンセニエール / レ・ザンセニエール　Les Encégnières / Les Ancégnières　2.03ha
バタール゠モンラシェの直下にある優れた立地。ピュリニ゠モンラシェのレ・ザンセニエール (Les Encégnières) に接する。ピュリニとシャサーニュでは綴りが微妙に異なり、また、シャサーニュ内でも、公図上や生産者でスペルは異なる。たとえば、ピエール゠イヴ・コランは、「Les Ancégnières」を使用する。

レ・マジュール / レ・マジュール　Les Masures / Les Mazures　　　　　　　5.08ha
1級畑レ・シャン・ガンの下にある。ドメーヌ・ジャン゠ノエル・ガニャールのACシャサーニュは、ここの区画で造り、この区画名を表記する。ポール・ピヨも同様だが、「Les Mazures」名で出す。

ポ・ボワ　Pot Bois　　　　　　　　　　　　　　　　　　　　　　　　　　4.02ha
1級畑カイユレの区画で、集落南端の上部に位置する。コンバールの西にある岩だらけの急斜面。ルネ・ラミ゠ピヨがここの最大区画を持つ。ドメーヌ・ノエル゠ガニャールは、2009年から広い区画にブドウを植えている。

主要生産者

ドメーヌ・ギィ・アミオ・エ・フィス　Domaine Guy Amiot & Fils

旧名アミオ＝ボンフィス。アルセンヌ・アミオが1920年に設立し、現在は、3代目のギィ・アミオと4代目のティエリー・アミオが運営する。レ・マシュレル、レ・ヴェルジェ、レ・シャン・ガン、クロ・サン＝ジャン、レ・ボーディーヌ、カイユレなど、多種類のシャサーニュ1級畑を擁する。シャサーニュ以外にも、優れた白の畑を所有。たとえば、サン＝トーバンのアン・ルミリ、ピュリニ＝モンラシェのレ・ドモワゼル（カイユレ内の小さな区画で、ル・モンラシェに隣接）のほか、0.09haの極小区画ながらル・モンラシェも持っている。この極小区画は、もとはダン・ド・シヤンの一部で、アペラシオン制定時に特級へ昇格した。

このほか、シャサーニュ1級のクロ・サン＝ジャン、ラ・マルトロワ、ACシャサーニュ、サントネのラ・コム・ドゥスュで赤ワインも造る。

バシュレ＝ラモネ　Bachelet-Ramonet

アラン・ボヌフォワと息子のアルノーが運営するドメーヌ。シャサーニュ1級の銘醸畑（白のモルジョ、カイユレ、グランド・リュショット、ラ・ロマネ、ラ・グランド・モンターニュ、赤のモルジョ、クロ・サン＝ジャン、ラ・ブドリオット）、および、ビアンヴニュ＝バタール＝モンラシェとバタール＝モンラシェを所有する。畑のラインナップは華やかだが、実際に飲むと少し期待はずれか。

ドメーヌ・ブラン＝ガニャール　Domaine Blain-Gagnard

ジャン＝マルク・ブランがジャック・ガニャールの娘クロディーヌと結婚し、このドメーヌを立ち上げる。ジャン＝マルクは、サンセールに近いヴォーグ村の出身で、ブルゴーニュの学生時代にクロディーヌと知り合い、ただちに故郷を捨ててブルゴーニュに住みついた。現在は、オーストラリアとニュージーランドで修業を積んだ息子のマルク＝アントナンが参画している。

このドメーヌには、技術的に目新しいものはない。リュット・レゾネ（減農薬栽培）を実施し、ブドウ樹のあいだの雑草を土中に鋤き込んでいる。白ブドウは、破砕後、圧搾、清澄、樽発酵、バトナージュを経て、1回澱引きし、タンクでブレンドして、次の収穫前に瓶詰めする。赤ワインは、抽出を最低限にとどめ、シャサーニュ独特の頑強なタンニンが出ないようにしている。

このドメーヌの鍵になるのは、細部までこだわるジャン＝マルク・ブランの職人気質である。力より繊細さを求め、樽会社（シャニーのミニエを好む）だけでなく、樽材を伐採する森まで細かく注文をつける。樽香がつきすぎるのを好まず、新樽率は、村名ACと1級で10〜15％、特級で30％。

ドメーヌ・ブラン＝ガニャールの所有畑

白	ha
Bâtard-Montrachet Grand Cru	0.46
Criots-Bâtard-Montrachet Grand Cru	0.21
Montrachet Grand Cru	0.08
Chassagne-Montrachet 1er Cru Clos St-Jean	0.22
Chassagne-Montrachet 1er Cru Boudriotte	0.81
Chassagne-Montrachet 1er Cru Morgeot	0.86
Chassagne-Montrachet 1er Cru Cailleret	0.56
Chassagne-Montrachet	1.08
Puligny-Montrachet	0.35
赤	
Chassagne-Montrachet 1er Cru Clos St-Jean	0.50
Chassagne-Montrachet 1er Cru Morgeot	0.22
Volnay 1er Cru Pitures	0.37
Volnay 1er Cru Champans	0.36
Chassagne-Montrachet Rouge	1.10
Pommard	0.52

シャサーニュ＝モンラシェ1級 ブドリオット　ブドリオットの土壌は、白色系土の白亜質で、ブラン＝ガニャールが持つほかのモルジョの区画と大きく異なるため、別に瓶詰めしている〔ブドリオットはモルジョを名乗れる〕。ワインは、スタイリッシュで官能に訴える豊かな果実味がある上、酸のしっかりした骨格を感じさせ、注目に値する。

シャサーニュ＝モンラシェ1級 カイユレ　ジャン＝マルク・ブランの哲学が、すみずみまで行き渡った畑。泥灰岩性土壌の上部区画から力強いワインができ、白色土質の下部区画のワインは、繊細とフィネスに優れる。エドモン・ドラグランジュ＝バシュレは、上部と下部のワインをブレンドすると

極上のワインができると言っているが、その通りで、ブラン=ガニャールのカイユレは、複雑性と繊細な風味に富む上、力があふれている。

コフィネ一族　Coffinet Family
モレ家やコラン一族ほどシャサーニュ全体に広く散らばっていないが、一族の絆は強くて広く、モレ家やピヨ家ともつながる。ポールの妹セシル・ピヨがフェルナン・コフィネと結婚し、2人の娘のひとりファビエンヌがミシェル・モレと結婚してドメーヌ・モレ=コフィネを立ち上げ、もうひとりの娘ローラは、夫フィリップ・デュヴェルネとドメーヌ・コフィネ=デュヴェルネを設立した。

ドメーヌ・コフィネ=デュヴェルネ　Domaine Coffinet-Duvernay
集落の真ん中にあるフェルナン・コフィネの旧邸に本拠を構える。計6haの畑は、赤・白の比率がほぼ等しい。赤は大部分がACシャサーニュで、レ・ヴォワルノに区画を所有する。白は、レ・ブランショ・ドゥスー、1級のラ・マルトロワ、カイユレを持ち、バタールにも区画を所有しているとの噂がある。白は、優雅でスタイリッシュな造りをする。

コラン一族　Colin family
3人の従兄弟、マルク・コラン、ミシェル・コラン=ドレジェ、ベルナール・コランは、事実上、引退している。ドメーヌ・マルク・コランは、現在、3人の子供、カロリーヌ、ジョゼフ、ダミアンが運営する。ただし、長男のピエール=イヴは自分のドメーヌを立ち上げ、マルク・コランから離れた。ミシェル・コラン=ドレジェは、畑を息子のフィリップとブリュノに譲る。2人は、それぞれ別のドメーヌを設立した。ベルナール・コランは2007年に畑をミシェル・ピカールに売却した。

ブリュノ・コラン　Bruno Colin
ミシェル・コランの次男で、シャサーニュにある父の屋敷に本拠を構える。明るく元気な白を造り、若いうちから飲める。緻密な計算と新技術を駆使するのではなく、たとえば、リュット・レゾネ（減農薬栽培）のように、昔からの技術に知性のひらめきを加えてワインを造っている。ブリュノ・コランの強みは、畑が5つの村に分散していて、シャサーニュの幅広いテロワールでワインを造ることであろう。1級だけでも7つある。

ブリュノ・コランの所有畑	
白	ha
Chassagne-Montrachet 1er Cru La Boudriotte	0.24
Chassagne-Montrachet 1er Cru Les Chaumées	0.42
Chassagne-Montrachet 1er Cru Les Chenevottes	0.09
Chassagne-Montrachet 1er Cru La Maltroie	0.41
Chassagne-Montrachet 1er Cru Morgeot	0.42
Chassagne-Montrachet 1er Cru En Remilly	0.22
Chassagne-Montrachet 1er Cru Les Vergers	0.34
Puligny Montrachet 1er Cru La Truffière	0.50
St-Aubin 1er Cru Les Charmois	0.18
Chassagne-Montrachet	0.81
赤	
Chassagne-Montrachet 1er Cru La Maltroie	0.14
Maranges 1er Cru La Fussière	0.42
Santenay 1er Cru Gravières	0.39
Chassagne-Montrachet Rouge	1.79
Santenay	0.71

フィリップ・コランの所有畑	
白	ha
Chassagne-Montrachet 1er Cru Les Chaumées	1.51
Chassagne-Montrachet 1er Cru Les Chenevottes	0.82
Chassagne-Montrachet 1er Cru Les Vergers	0.51
St-Aubin 1er Cru Les Charmois	0.37
St-Aubin 1er Cru Les Combes	0.35
Chassagne-Montrachet	1.41
Maranges Vignes Blanches	0.18
赤	
Chassagne-Montrachet 1er Cru Morgeot	0.23
Maranges 1er Cru La Fussière	0.45
Santenay 1er Cru Gravières	0.51
Chassagne-Montrachet Les Chênes	1.42
Santenay	0.67

フィリップ・コラン　Philippe Colin

シャサーニュのワイン生産地区にモダンな建物を構える。所有する畑はコラン゠ドルジェから引き継いだもので、ネゴシアンのキュヴェも持つ。ラベルのデザインには、次世代の新しい方式で上質のワイン造りを目指す気持ちがあらわれている。重量感とパワーで押し切るワインではなく、エレガントで繊細なスタイルを身上とする。所有する畑の一覧は前頁に掲載。

ミシェル・コラン゠ドルジェ　Michel Colin-Deleger

ブリュノ・コランとフィリップ・コランの父。2003年ヴィンテージを最後に引退したあとは、2つの「宝石」、ピュリニ゠モンラシェのレ・ドモワゼルとシュヴァリエ゠モンラシェの極小区画だけを所有している。それ以前は、ミシェル・コランが幅広いラインナップの極上ワインを醸造していたが、引退した今では息子が運営する。そんなミシェル・コランも、2000年前後には、熟成前酸化の問題で悩んでいた。

ピエール゠イヴ・コラン゠モレ　Pierre-Yves Colin-Morey

マルク・モレの長男ピエール゠イヴは、1994年から2005年まで父のドメーヌで働く。その間、2001年には、妻のカロリーヌ（旧姓モレ）とともにコラン゠モレというネゴシアンを立ち上げた。2005年の収穫後、父のドメーヌを離れ、自分の持ち分の6haの畑と一緒に独立して、ネゴシアン業に専念する。自社畑のブドウから造ったワインも、買いブドウで醸造したワインも、区別せずにネゴシアンの同じラベルで出す。

ピエール゠イヴの醸造技術は、父のドメーヌを離れてから大きく進化した。理由のひとつは、熟成前酸化問題を解決できたことだろう。また、ピジャージュをやめ、マロラクティック発酵を促進するため醸造所に入れていた暖房もやめた。樽熟期間を長めにとり（フランソワ・フレールとシャサンの樽を使い、三分の一は新樽で、350リットルの樽も使う）、サン゠トーバンは翌年の収穫期前に瓶詰めするが、それ以外のワインは澱と18ヵ月接触させる。ボトルはワックスシールでコルクを封印する。ただし、コルクは過酸化水素で洗浄処理をしない。

自社畑の大部分はサン゠トーバンとシャサーニュにあり、サン゠トーバン1級のシャトゥニエール、シャンプロ、ルミリ、ACシャサーニュ゠モンラシェのアンセニエール、シャサーニュ1級のシュヌヴォットとカイユレを所有する。買いブドウにより、ピュリニ、ムルソーだけでなく、特級として、繊細なビアンヴニュ゠バタール゠モンラシェや、重量感に富むバタール゠モンラシェまで幅広くカバーする。

ヴァンサン・ダンセ　Vincent Dancer

この一家は、何世代にもわたり畑を所有していたが、1996年にヴァンサン・ダンセがドメーヌを立ち上げるまで、ブドウ栽培や醸造の実績はない。ドメーヌの本拠地は、シャサーニュの下部にある。自分で耕作する以前は、畑（もとはドメーヌ・ロシャルデが所有）をムルソーのバロ・ミヨなど、一族のメンバーに貸与していた。

ダンセは、赤・白ワインとも低収量にこだわる。これにより、パワーがあり、肉付きのよい果実味にあふれ、ミネラル分に富むワインができる。ムルソーに村名畑のコルバンとグラン・シャロン、1級畑のレ・ペリエールに区画を所有する。このドメーヌの看板はシャサーニュのワインで、ラ・ロマネ、テット・デュ・クロ、および、特級のシュヴァリエ゠モンラシェを出す。赤ワインは、ボーヌとポマールで造るほか、もっとも上質なワインは、シャサーニュの銘醸1級畑、レ・グランド・ボルヌである。

シャサーニュ゠モンラシェ1級　テット・デュ・クロ　テット・デュ・クロ名でワインを出すのはヴァンサン・ダンセのみ。1954年に植樹した古木で造る。ワインは繊細さに富み、スタイリッシュで複雑さがある上、エキゾチックな風味がただよう。

シャサーニュ゠モンラシェ1級　レ・グランド・ボルヌ　ダンセの赤ワインでもっとも質が高い。ピノ・ノワールに適したモルジョの区画で造る。色が濃く、輝きと活力がある。シャサーニュの頑強なタ

ンニンを果実味が包み込む。

ドメーヌ・フォンテーヌ＝ガニャール　Domaine Fontaine-Gagnard
リシャール・フォンテーヌがジャック・ガニャールの娘ローランスと結婚し、現在は娘のセリーヌもドメーヌに参画する。所有する10haの土地は、シャサーニュの銘醸1級畑を広範囲にカバーする（白は、ボワ・ド・シャサーニュ、ラ・ブドリオット、アン・カイユレ、レ・シュヌヴォット、単独所有のクロ・デ・ミュレ、クロ・サン＝ジャン、ラ・マルトロワ、モルジョ、ラ・ロマネ、レ・ヴェルジェ、赤は、モルジョとクロ・サン＝ジャン）。さらに、ヴォルネのクロ・デ・シェーヌやポマールのレ・リュジアンも所有するが、「王冠の中心で輝くダイヤモンド」は、極小地ながら特級のクリオ＝バタール＝モンラシェ（0.33ha）、バタール＝モンラシェ（0.30ha）、ル・モンラシェ（0.08ha）だろう。

ガニャール一族　Gagnard family
エドモン・ドラグランジェ＝バシュレ（1910-1996）はヴォルネ出身ながら、シャサーニュ村における「20世紀の偉人」のひとりである。娘は、ジャック・ガニャールと結婚し、ローランスとクロディーヌの2人の娘をもうけ、2人はそれぞれリシャール・フォンテーヌ、ジャン＝マルク・ブランと結婚した。ジャック・ガニャールの弟ジャン＝ノエル・ガニャールは、自分のドメーヌを立ち上げた。現在は娘のカロリーヌ・レスティメが同ドメーヌを運営する。

ジャン＝ノエル・ガニャール　Jean-Noël Gagnard
ドメーヌのルーツはパケラン家にさかのぼる。同家は、遅くとも18世紀初頭にはシャサーニュでワインを造っていた（シャルル・パケランは、フランス革命時、ワイン生産者の視点で日記を綴っていたため、歴史学者にはなじみ深い）。パケランの娘がコフィネ家の男性と結婚し、娘がジャン＝ノエル・ガニャールの父と結婚する。ドメーヌを立ち上げたのはジャン＝ノエル（1926年生まれ）で、自身の名前をドメーヌ名とした。現在は、娘のカロリーヌ・レスティメが同ドメーヌを運営する。

カロリーヌは事業拡張に取り組んでおり、1級の種類を増やしたり、オート＝コートのサン＝トーバンを見おろす地区に2区画を購入するなど、畑の拡大に意欲を見せる。白は、新樽率が低く（ほとんどが30％）、若いうちは比較的あかぬけないが、瓶熟を経て洗練を身にまとう。赤は、タンニンの力強さより果実味を前面に出す造りをし、カロリーヌの発案によるキュヴェ・レスティメという廉価版のACシャサーニュも出している。赤の新樽率は25％。

ジャン＝ノエル・ガニャールの所有畑	
白	ha
Bâtard-Montrachet Grand Cru	0.36
Chassagne-Montrachet 1er Cru Les Caillerets	1.06
Chassagne-Montrachet 1er Cru Blanchots Dessus	0.13
Chassagne-Montrachet 1er Cru Morgeots	0.32
Chassagne-Montrachet 1er Cru La Boudriotte	0.48
Chassagne-Montrachet 1er Cru Clos de la Maltroye	0.34
Chassagne-Montrachet 1er Cru Maltroie	0.29
Chassagne-Montrachet 1er Cru Les Champs Gain	0.23
Chassagne-Montrachet 1er Cru Les Chaumées	0.59
Chassagne-Montrachet 1er Cru Les Chenevottes	0.49
Chassagne-Montrachet 1er Cru Les Masures	0.61
Chassagne-Montrachet 1er Cru Les Chaumes	0.29
Chassagne-Montrachet 1er Cru Pot Bois（2009年以後）	1.27
Hautes-Côtes de Beaune Sous Eguisons	0.42
赤	
Chassagne-Montrachet 1er Cru Morgeot	0.77
Chassagne-Montrachet 1er Cru Clos St-Jean	0.33
Santenay 1er Cru Clos de Tavannes	0.30
Chassagne-Montrachet "L'Estimée"	1.47

シャサーニュ＝モンラシェ1級 レ・カイユレ　カイユレの最南端区画に位置する。小石が多い典型的なカイユレの土壌である。ジャン＝ノエル・ガニャールの1級ワインの中では、完成度はもっとも高い。凝縮感のある香りとミネラル感が一体となり、10年以上の熟成に耐える。

シャサーニュ＝モンラシェ1級 ラ・ブドリオット　このドメーヌの所有地は、小区画ショーム（リュー・ディ）の中にある。ここのワインは、ショームのほか、ブドリオットとモルジョも名乗れるが、繊細な華やかさがあるため、パワーにまさるモルジョより、スタイリッシュなイメージのあるブドリオット名で出

すのがふさわしい。

シャサーニュ＝モンラシェ「キュヴェ・レスティメ」　香り高く、中程度のボディをもつ魅力あふれたシャサーニュと言える。いろいろな畑のブドウを除梗したのち、タンニンの抽出を最小限にして造る。早飲みできるよう、意識的にフレッシュさとわかりやすい魅力を前面に出している。

マルキ・ド・ラギッシュ　Marquis de Laguiche

ラギッシュ家は、フランス革命前、ル・モンラシェに広い区画を所有していたが、当時の侯爵はギロチンで処刑された。19世紀初頭に再興した同家は、以前の半分の区画を所有（もしくは再購入）する。現在でも2haを持ち、ル・モンラシェの最大区画の所有者である。このほか、シャサーニュ1級のシュヌヴォットに小さい区画と、1級のモルジョに広い区画（モルジョ名で販売）を持つ。マルキ・ド・ラギッシュの畑はすべて、フィリップ・ドルーアン（メゾン・ジョゼフ・ドルーアン）のアドバイスを受けてラギッシュのチームがブドウ栽培を担当し、ジョゼフ・ドルーアンが醸造、熟成させ、ラギッシュのラベルで瓶詰めする。

ドメーヌ・ラミ＝ピヨ　Domaine Lamy-Pillot

ドメーヌ名の「ラミ」はルネ・ラミに由来する。ルネは、サン＝トーバンのユベールの弟である。一方、「ピヨ」は、シャサーニュに多いピヨ一族との姻戚関係はない。ルネ・ラミは、デュック・ド・マジェンタで働きながら、自分のドメーヌも切り回していたが、自身のドメーヌに専念するため1973年にデュックを辞す。現在、義理の息子のセバスティアン・カイヤとダニエル・カド＝ラミがドメーヌを運営している。

ドメーヌ・ラミ＝ピヨの所有畑

白	ha	赤	
Chassagne-Montrachet 1er Cru	0.19	Blagny 1er Cru La Pièce sous le Bois	0.25
Chassagne-Montrachet 1er Cru Clos St-Jean	0.10	Chassagne-Montrachet 1er Cru Clos St-Jean	0.30
Chassagne-Montrachet 1er Cru Morgeot	0.33	Chassagne-Montrachet 1er Cru Boudriotte	0.61
Chassagne-Montrachet 1er Cru Les Caillerets	0.55	Chassagne-Montrachet 1er Cru Morgeot	1.00
Chassagne-Montrachet 1er Cru La Grande Montagne	0.14	St-Aubin 1er Cru Les Castets	0.54
St-Aubin 1er Cru En Créot	0.62	Beaune Blanches Fleurs	0.35
St-Aubin 1er Cru Les Combes	0.40	Chassagne-Montrachet Champs de Morgeot	2.08
St-Aubin 1er Cru Le Charmois	0.78	St-Aubin Les Argilliers	0.55
Chassagne-Montrachet Pot Bois	1.70	Santenay Les Charrons	0.65
St-Aubin Les Pucelles	0.66	Chassagne-Montrachet	2.80
Chassagne-Montrachet	1.00		

シャトー・ド・ラ・マルトロワ　Château de la Maltroye

シャトーの建造物自体は18世紀のもので、15世紀のアーチ型天井をもつセラーの上に建てた。1940年以降、コルニュ家が所有し、現当主はジャン＝ピエール・コルニュである。建物は当時のまま完全な状態で保存されており、古式豊かな内装や外観が現代美術と結びついて、独特の官能を醸し出す。畑はリュット・レゾネ（減農薬栽培）をとり入れ、鋤で耕作する。ジャン＝ピエール・コルニュは、月齢にしたがってブドウを栽培するが、ビオディナミには関心はなく、単にウドン粉病とベト病対策という。収穫時期は100日目と決めているが、これは、ブドウ樹の開花後の100日ではなく、裏庭のユリが花を開いてからとのこと。祖父の知恵らしいが、2日も狂わないという。2007年は、ユリが開花したときはブドウの花は咲いていなかったが、「100日ルール」通りだったらしい。

白ワインは、天然酵母を使いタンクで低温発酵させ、発酵が終わる直前に樽へ移す。新樽率は、ACシャサーニュで20％、1級で三分の一（1級でも最上の3つの畑では三分の二）、微量生産のバタールでは100％である。樽は、キュヴェのスタイルを総合的に分析し、6つの樽会社から選ぶ。白は繊細な造りで、畑の性格の違いが明確に出ている。

赤は、除梗し、発酵前低温浸漬を経て、自動的にピジャージュできる水平タンクで発酵させる。翌年の収穫直後、澱引きして樽に入れ（新樽は30%）、年明けに瓶詰めする。

シャサーニュ=モンラシェ1級 ラ・ダン・ド・シヤン　畑の歴史は1937年にさかのぼる。それ以前、ここは、ル・モンラシェに格付けされていた。ル・モンラシェの力強さには欠けるが、特級の品格がある。シャトー・ド・ラ・マルトロワは、この区画の半分以上を所有す。

シャサーニュ=モンラシェ1級 ラ・ロマネ　同シャトーの1級ワインの中で、もっとも余韻が長い。ミネラル感がきわめて大きく、コルトン=シャルルマーニュを思わせる。

シャサーニュ=モンラシェ1級 レ・グランド・リュショット　ほかのワインに比べると、初めは控えめだが、徐々に芳醇な香りが開けて、味覚の深淵に訴える。新樽率は三分の二だが、樽負けしていない。

シャトー・ド・ラ・マルトロワの所有畑	
白	ha
Bâtard-Montrachet Grand Cru	0.09
Chassagne-Montrachet 1er Cru La Dent de Chien	0.21
Chassagne-Montrachet 1er Cru La Romanée	0.27
Chassagne-Montrachet 1er Cru Les Grandes Ruchottes	0.29
Chassagne-Montrachet 1er Cru Clos du Château de la Maltroye（単独所有）	1.18
Chassagne-Montrachet 1er Cru Morgeot Vigne Blanche	1.06
Chassagne-Montrachet 1er Cru Les Chenevottes	0.26
Santenay 1er Cru La Comme	0.92
Chassagne-Montrachet	1.92
赤	
Chassagne-Montrachet 1er Cru Clos du Château de la Maltroye（単独所有）	1.38
Chassagne-Montrachet 1er Cru Clos St-Jean	0.73
Chassagne-Montrachet 1er Cru La Boudriotte	0.51
Santenay 1er Cru La Comme	0.86
Santenay 1er Cru Gravières	0.15
Chassagne-Montrachet	1.19

シャサーニュ=モンラシェ1級 クロ・デュ・シャトー・ド・ラ・マルトロワ（単独所有）白　シャサーニュにしては優しくやわらかいが、完璧なバランスを備える。しなやかさ、重量感、ミネラルとも突出することなくみごとに混ざり合う。この生産者だけが、「Martroie」ではなく「Martroye」と表記してよい。

シャサーニュ=モンラシェ1級 モルジョ・ヴィーニュ・ブランシュ　モルジョを代表するのがヴィーニュ・ブランシュであり、フェランドとはブレンドせず単体で出す。若いうちは固く閉じて熟成も遅いが、年を経て多次元に花開く。

シャサーニュ=モンラシェ1級 クロ・デュ・シャトー・ド・ラ・マルトロワ（単独所有）赤　当ドメーヌの「看板畑」。ワインのスタイルは、ドメーヌのクロ・サン=ジャンとブドリオットの中間である。色調は両者の中ぐらいだが、贅肉をそぎ落とした緻密な骨格が赤系の果実味に裏打ちされている。長期熟成に耐える。

ベルナール・モロー　Bernard Moreau

現当主の祖父にあたるマルセル・モローが設立したドメーヌ。息子のベルナールの代に、ドメーヌ元詰めに切り替えたり、1級ワインをブレンドせず区画名で出した。現在、ベルナールの息子のアレクサンドルとブノワがドメーヌを運営する。9haを所有するほか、2005年から5haの土地を借りて耕作している。

白ブドウは、軽く破砕してから圧搾し、一晩置いて樽で発酵させる（1級の場合、新樽率は三分の一）。発酵の初期は軽く澱を撹拌する。翌年の収穫直前に澱引きし、1級ワインは3月までタンクに入れる。現代風の造りをした優雅でわかりやすい白ワインであり、樽の影響も嫌味にならず良いほうに出ている。

ACブルゴーニュの赤は新樽率が5%しかなく、アレクサンドルによると、「ピノ・ノワールの香り

ベルナール・モローの所有畑	
白	ha
Chassagne-Montrachet 1er Cru Maltroie	0.65
Chassagne-Montrachet 1er Cru Morgeot	0.35
Chassagne-Montrachet 1er Cru Chenevottes	0.35
Chassagne-Montrachet 1er Cru Champgains	0.12
Chassagne-Montrachet 1er Cru Les Grandes Ruchottes	0.35
St-Aubin 1er Cru En Remilly	0.25
Chassagne-Montrachet	4.00
赤	
Chassagne-Montrachet 1er Cru La Cardeuse	0.81
Chassagne-Montrachet	3.70

を生かす」ためらしい。樽は、たとえば、ダミーではなくベルトミューやメルキュレを使うなど、いろいろな樽会社のものを使うが、銘醸畑の赤では樽香がつきすぎることもある。

シャサーニュ=モンラシェ1級 マルトロワ　マルトロワの全小区画（エズ・クレ、レ・プラス、マルトロワ）のブドウで造る。知性に訴えるワインで、最初は魅力が前面に出ないが、年を経ると香りにしっかりした骨格があらわれる。長期熟成に耐える。

シャサーニュ=モンラシェ　いろいろな区画のワインをブレンドする。ブドウの三分の一は、モルジョの隣のレ・マジュールからで、残りはピュリニとの境界付近の区画から来る。力にあふれ、1、2年の熟成を奨める。

シャサーニュ=モンラシェ1級 ラ・カルドゥーズ　モルジョ内の小区画で、サントネ側の端にある細長い畑。シャサーニュ赤の聖地と言える。凝縮度が高く、赤いフルーツのニュアンスと洗練されたタンニンがある。

モレ一族　The Morey family

モレ家は、シャサーニュ最古の一族であり、ムルソーにも広がる（ピエール・モレの項を参照）。現在、ワインを造っている一族のメンバーは以下の通り。

アルベール・モレ	：ベルナールとジャン=マルクの父。
ベルナール・モレ	：ヴァンサンとトマの父。
ジャン=マルク・モレ	：娘のカロリーヌがピエール=イヴ・コランと結婚。
マルク・モレ	：ミシェル・モレ=コフィネとマリ=ジョゼフの父。マリはベルナール・モラールと結婚。ベルナールはドメーヌ・マルク・モレを継ぐ。
ミシェル・モレ=コフィネ	：自分のドメーヌを設立。
ヴァンサン・モレ	：父ベルナールの屋敷内に、妻のソフィとともに自分のドメーヌを設立。
トマ・モレ	：祖父アルベールの屋敷でワインを造る。

ドメーヌ・ベルナール・モレ　Domaine Bernard Morey

ベルナール・モレの最終ヴィンテージは2006年で、以降、2人の息子、ヴァンサンとトマが畑を相続する。しっかりしたフルボディのワインを造る。レ・ザンブラゼのように、お気に入りの区画のワインはマグナムボトルに詰め、数年寝かせてから出荷することがある。

ドメーヌ・ベルナール・モレの所有畑

白	ha	赤	ha
Bâtard-Montrachet Grand Cru	0.14	Chassagne-Montrachet 1er Cru Morgeot	0.38
Chassagne-Montrachet 1er Cru Chenevottes	1.16	Chassagne-Montrachet	1.10
Chassagne-Montrachet 1er Cru Vergers	0.96		
Chassagne-Montrachet 1er Cru Morgeot	0.38		
Chassagne-Montrachet 1er Cru Cailleret	0.20		
Chassagne-Montrachet 1er Cru Virondot	2.02		
Puligny-Montrachet 1er Cru Pucelles	0.20		
St-Aubin 1er Cru Charmois	0.78		
Chassagne-Montrachet	0.21		

ドメーヌ・ジャン=マルク・モレ　Domaine Jean-Marc Morey

アルベールの息子で、ベルナールの弟。したがって、トマとヴァンサンの叔父にあたる。1981年、父が引退したときにドメーヌを設立した。サン=トーバン（ル・シャルモワ）、サントネ（グラン・クロ・ルソー）、ボーヌ（グレーヴ）に1級畑を所有するが、看板ワインはシャサーニュ=モンラシェである。白の1級として、レ・カイユレ、レ・シャン・ガン、レ・ショーメ、レ・シュヌヴォット、赤は、レ・シャン・ガンとクロ・サン=ジャンを造る。白は、発酵の12ヵ月後に瓶詰めする。新樽率は約四分の一。

ドメーヌ・マルク・モレ　Domaine Marc Morey

1930年代にフェルナン・モレがこのドメーヌを設立し、息子のマルク・モレ（1927年生まれ）が1950年代に家業を引き継いだ。1977年から義理の息子のマルク・モラールが参画し、翌年、跡を継ぐ。マルク・モレが正式に引退したのは1987年で、マルク・モレが所有する畑（全体の三分の一）を息子のミシェル・モレが相続する。残りの三分の二は妻と義理の妹が引き継ぎ、ベルナール・モラールがワインを造る（現在は娘のサビーヌも参画）。自社畑だけでは足りず、ブドウを買っている。

リュット・レゾネ（減農薬栽培）で栽培し、鋤で畑を耕す。摘んだブドウは破砕してから圧搾し、短時間静置してから樽に入れる。澱の撹拌頻度はヴィンテージによって違い、頻繁に混ぜることもあれば（2007年）、軽く撹拌するだけのこともある（2008年）。新樽率は、1級の場合、25～30％で、4年周期で樽を使い回す。フランソワ・フレール、カデュス、セガン゠モローなど、コート・ドールの老舗樽会社だけでなく、ロワールのブランシャール社の樽も使う。発酵終了後、澱引きせずに発酵槽から出し、10ヵ月後、次の収穫直前に瓶詰めする。赤は、さらに2ヵ月樽熟させる。

シャサーニュ゠モンラッシェ1級　ラ・ヴィロンド　ドメーヌの看板ワインで、実質的に単独所有。小区画を所有するもうひとりの生産者の分もマルク・モレが耕作し、ブドウを買って自社のブドウに混ぜて醸造する。標高の高い斜面にあるため、ミネラル分に富む上、凝縮度が非常に高い果実味を備える。

ドメーヌ・トマ・モレ　Domaine Thomas Morey

シャサーニュにある祖父のセラーに本拠を構える。マランジュ、サントネ、シャサーニュ、ピュリニ、サン゠トーバン（妻の出身地）、ボーヌの6村に9haを所有する。

白は、発酵後、フランソワ・フレールとダミーの樽で熟成させ（新樽率は区画によらず30％前後）、翌年の収穫直前に瓶詰めする。ブドウは破砕してから圧搾する。父のベルナール・モレや、弟のヴァンサンのような円熟味のあるたっぷりしたワインではなく、活力があり骨格のしっかりしたワイン造りを目指す。このため、ほとんどピジャージュはしない。看板ワインは、ピュリニ1級のボーディーヌと、特級のバタール゠モンラッシェである。

赤の新樽率は50％だが、この比率は白ワインほど一定していない。トップ・キュヴェは、マランジュ1級のラ・フシエールと、サントネ1級のクロ・ルソの2つ。

ドメーヌ・トマ・モレの所有畑

白	ha	赤	ha
Bâtard-Montrachet Grand Cru	0.10	Beaune 1er Cru Les Grèves	0.40
Chassagne-Montrachet 1er Cru Les Baudines	0.43	Maranges 1er Cru La Fussière	0.40
Chassagne-Montrachet 1er Cru Embrazées	0.60	Santenay 1er Cru Passetemps	0.33
Chassagne-Montrachet 1er Cru Morgeot	0.58	Santenay 1er Cru Grand Clos Rousseau	0.40
Chassagne-Montrachet 1er Cru Vide Bourse	0.20	Chassagne Montrachet	1.60
Chassagne-Montrachet 1er Cru Dents de Chien	0.07	St-Aubin	0.33
Puligny-Montrachet 1er Cru La Truffière	0.25	Santenay	0.75
Beaune 1er Cru Grèves	0.25		
St-Aubin 1er Cru Les Castets	0.25		
St-Aubin 1er Cru Les Combes	0.16		
St-Aubin 1er Cru Le Puits	0.21		
St-Aubin	0.32		

ドメーヌ・ヴァンサン&ソフィ・モレ　Domaine Vincent & Sophie Morey

父のベルナールにそっくりの風貌をしたヴァンサンは、モルジョ修道院の近くにある父のセラーを引き継ぎ、サントネのソフィと結婚する。ソフィはサントネ出身だが、シャサーニュの1級、レ・ザンブラゼを所有しているので、二人は畑で知り合ったのかもしれない。ドメーヌの区画は、二人合わせて20haもあるが、一部のワインはネゴシアンにバルク売りしている。

ヴァンサン・モレは、澱の撹拌に熱心で、一度混ぜると澱が完全に沈殿するのに2週間かかる。昔は、

父同様、毎週ピジャージュを実施していたが、今は2週間に1回に減る。親子のワインは、ともに肉付きがよい。

樽の使い方は平均的で、新樽率は赤の1級で50%、白は、新樽と1年使用の樽が40%ずつで、残りは2年空きの樽を使い、バランスをとる。

シャサーニュ=モンラシェ1級 レ・ザンブラゼ
このドメーヌの看板ワイン。ヴァンサンとソフィが結婚したことにより、大きな区画がひとつになる。フルボディの芳醇なワインで、ミネラルの軸が1本通っており、長期熟成に耐える。若いうちから飲めるが、5年の熟成で頂点に達する。

シャサーニュ=モンラシェ ヴィエイユ・ヴィーニュ いろいろな畑のブドウから造る。畑の大部分は、ピュリニとの境界近くで、ラ・マルトロワの下にある区画のブドウを使う。樹齢は30年から、50年を越えるものもある。ACシャサーニュとしては、よくできており、肉付きもよい。マーケットの要望に応えたワインといえる。

ドメーヌ・ヴァンサン&ソフィ・モレの所有畑

白	ha
Bâtard-Montrachet Grand Cru	0.10
Chassagne-Montrachet 1er Cru Caillerets	0.34
Chassagne-Montrachet 1er Cru Embrazées	3.79
Chassagne-Montrachet 1er Cru Morgeot	0.33
Chassagne-Montrachet 1er Cru Baudines	1.10
Puligny-Montrachet 1er Cru Truffière	0.25
St-Aubin 1er Cru Charmois	0.38
Chassagne-Montrachet vieilles vignes	0.60
赤	
Maranges 1er Cru La Fussière	0.50
Santenay 1er Cru Beaurepaire	1.35
Santenay 1er Cru Gravières	0.56
Santenay 1er Cru Passetemps	0.28
Santenay Les Hâtes	0.55
Chassagne-Montrachet	1.28

ミシェル・モレ=コフィネ　Michel Morey-Coffinet

ミシェル・モレはマルク・モレの息子で、父の畑を引き継ぎ、フェルナン・コフィネの娘と結婚して、同家からもシャサーニュの区画を獲得する。シャサーニュの土地をよそ者に渡したくないのだろう。醸造所は、村の北側、クロ・サン=ジャンの近くにあり、アーチ型天井のある中世風の荘重な建物である。

リュット・レゾネ（減農薬農法）をとり入れ、畝のあいだを鋤で耕す。白ワインでは、ブドウはゆっくり破砕してから圧搾するため、作業場所をとらない。適度に澱を沈めて、ステンレスタンクで発酵させ、樽に入れる。新樽率は30〜40%で、いろいろな樽会社のものを使う。8月、瓶詰め前にタンクでブレンドするまで、澱は引かない。赤ワインは、粗いタンニン分を抑えるため、抽出しすぎないようにしている。

ミシェル・モレ=コフィネの所有畑

白	ha
Bâtard-Montrachet Grand Cru	0.13
Chassagne-Montrachet 1er Cru En Cailleret	0.65
Chassagne-Montrachet 1er Cru La Romanée	0.81
Chassagne-Montrachet 1er Cru En Remilly	0.35
Chassagne-Montrachet 1er Cru Les Blanchots Dessus	0.06
Chassagne-Montrachet 1er Cru Dents de Chien	0.08
Chassagne-Montrachet 1er Cru Farendes	0.18
Puligny-Montrachet 1er Cru Les Pucelles	0.20
Chassagne-Montrachet Les Houillères	1.80
赤	
Chassagne-Montrachet Rouge 1er Cru Clos St-Jean	0.20
Chassagne-Montrachet Rouge 1er Cru Morgeot	0.49
Chassagne-Montrachet Rouge Les Chaumes	1.50

シャサーニュ=モンラシェ1級 ラ・ロマネ　植樹は1957年で、赤色土壌の少し凹んだ区画にある。凝縮感のあるワインで、エキゾチックな香りとしっかりした骨格を備える。

シャサーニュ=モンラシェ1級 ファランド　このドメーヌの白の中で注目すべきワイン。樹齢70〜80年のブドウがある。香りが非常に豊かで、ムスク香がある上、小石が非常に多い土壌からくる活き活きしたミネラル分も備え、バランスの良いワインに仕上がる。

シャサーニュ=モンラシェ1級 クロ・サン=ジャン（赤）　ミシェル・モレが住居を購入したとき、クロ・サン=ジャンの小さい果樹園もついてきたらしい。1977年、古い果樹を引き抜き、ピノ・ノワールを植える。果実味は雑味がなく、魅力にあふれる。タンニンの強い骨格が自然にやわらかくなるには時間がかかる。

ドメーヌ・ミシェル・ニーロン　Domaine Michel Niellon

シャサーニュにあるこのドメーヌの狭い醸造所を訪れると、ミシェル・ニーロン自身が案内してくれる。ワイン造りは、子供と孫が担当。大通り沿いに醸造施設が並ぶ地域に、新しい醸造所を建てた。ブドウは全房を圧搾し、最低限の澱を引く。新樽率は、アペラシオンにかかわらず20～25％で、翌年の収穫期の直前、瓶詰め前に樽のワインをタンクに入れてブレンドしたときに一度だけ澱引きする。

ドメーヌ・ミシェル・ニーロンの所有畑

白	ha
Chevalier-Montrachet Grand Cru	0.23
Bâtard-Montrachet Grand Cru	0.12
Chassagne-Montrachet 1er Cru Chaumées	0.54
Chassagne-Montrachet 1er Cru Clos St-Jean	0.52
Chassagne-Montrachet 1er Cru Champs Gains	0.44
Chassagne-Montrachet 1er Cru Les Vergers	0.39
Chassagne-Montrachet 1er Cru Chenevottes	0.18
Chassagne-Montrachet 1er Cru La Maltroie	0.52
Chassagne-Montrachet	2.21

赤	ha
Chassagne-Montrachet 1er Cru La Maltroie	0.42
Chassagne-Montrachet 1er Cru Clos St-Jean	0.19
Chassagne-Montrachet	1.50

ピヨ一族　Pillot Family

アルフォンス・ピヨ（1901年生まれ）には、フェルナンドとジャンの2人の息子がいる。フェルナンドとジャンのドメーヌは、それぞれ息子のローランとジャン＝マルクが継いだ。アルフォンスにはポーレットという娘もおり、ムルソーのアンリ・ジェルマンと結婚。息子のジャン＝フランソワは、フランソワ・ジョバールの娘と結婚した。

アルフォンスの弟アンリには子供がたくさんいたが、ポールだけがワイン業に残った。今は息子のティエリーとクリステルが家業を継いでいる。ポールの妹セシルはフェルナン・コフィネと結婚し、現在のドメーヌ・モレ＝コフィネとドメーヌ・コフィネ＝デュヴェルネに至る。なお、ドメーヌ・ラミ＝ピヨは、このピヨ一族とは関係がない。

ドメーヌ・ジャン＝マルク・ピヨ　Domaine Jean-Marc Pillot

ジャン＝マルクは、ボーヌの農業学校で学んだのち、兵役を終え、1985年からワイン造りを始める。シャニーに近いに醸造地帯に新しい施設を建て、1991年に最初のワインを出した。以降、ドメーヌを拡張し、所有地も5haから11haに増やす。赤・白の比率は50％ずつ。

リュット・レゾネ（減農薬栽培）を採用し、畑を鋤で耕す。これはシャサーニュの「標準」といえる。白は、手で摘み、除梗せずに軽く破砕して圧搾する。低温で軽く澱を落としてから発酵槽へ移し、15℃の低温で長期にわたりゆっくり発酵させる。樽は3年使う（新樽、1年使用、2年使用がそれぞれ三分の一ずつ）。2年目、3年目の樽には、1年目と同じ畑のワインを詰めるという不思議なこだわりがある。2004年や2007年のように天候不順のヴィンテージには、澱を軽く撹拌する。12ヵ月間樽の中で澱と接触させたあとに澱引きしてタンクに入れ、さらに6ヵ月寝かせて瓶詰めする。

シャサーニュの生産者は、白ワイン造りに熱心だが、ジャン＝マルクの情熱は赤にある。まじめな

ドメーヌ・ジャン＝マルク・ピヨの所有畑

白	ha
Chassagne-Montrachet 1er Cru Caillerets	0.18
Chassagne-Montrachet 1er Cru Morgeot Fairendes	0.47
Chassagne-Montrachet 1er Cru Champs Gain	0.24
Chassagne-Montrachet 1er Cru Chenevottes	0.29
Chassagne-Montrachet 1er Cru Les Vergers	0.48
Chassagne-Montrachet 1er Cru Macherelles	0.28
Puligny-Montrachet Noyer Bret	0.46
Chassagne-Montrachet	2.60

赤	ha
Chassagne-Montrachet 1er Cru Clos St-Jean	0.44
Chassagne-Montrachet 1er Cru Morgeot Fairendes	0.64
Chassagne-Montrachet 1er Cru Macherelles	0.37
Santenay Champs Claude	1.38
Chassagne-Montrachet	2.60

造りをし、除梗をしてから発酵前浸漬を実施するなど、発酵には時間をかける。ワインは、12ヵ月樽熟させ（新樽率は最低30％）、澱引きしてからタンクに入れ、さらに6ヵ月寝かす。ワインは、重量感のある果実味を備え、骨格を包み込む。

シャサーニュ=モンラシェ1級　シャン・ガン　レ・ヴェルジェとは対照的で、ピヨの1級の中ではもっとも早飲みがきく。北風が通らない温暖な区画でできる。エキゾチックなニュアンスがあり、毎年最初に瓶詰めするのがこのキュヴェ。

シャサーニュ=モンラシェ1級　レ・ヴェルジェ　植樹は1948年と1949年で、今が樹勢の頂点であろう。ブドウは酸が非常に豊かで、できるワインも時間をかけないと真価が出ない。瓶熟させると美しく開く。

シャサーニュ=モンラシェ1級　クロ・サン=ジャン（赤）　繊細なマシュレルや、フルボディのモルジョに比べ、ジャン=マルク・ピヨの赤の1級の中で、もっとも完成度が高い。色が濃くて活力があり、タンニンより果実味を身上とする。かなりの長期熟成に耐える。

ドメーヌ・ポール・ピヨ　Domaine Paul Pillot

ポール・ピヨ（1947年生まれ）は、1968年に父アンリの跡を継ぎ、今は、2人の子供、ティエリーとクリステルが参画している。13haの土地は白が中心で、白の新樽率は25～50％。樽で12ヵ月熟成させて瓶詰めする。赤は、除梗したのち、2週間以上かけて発酵させ、樽熟に入る。新樽率は三分の一。

ドメーヌ・ポール・ピヨの所有畑

白	ha
Chassagne-Montrachet 1er Cru La Romanée	0.41
Chassagne-Montrachet 1er Cru Grandes Ruchottes	0.26
Chassagne-Montrachet 1er Cru Caillerets	0.49
Chassagne-Montrachet 1er Cru Grande Montagne	0.26
Chassagne-Montrachet 1er Cru Champs Gains	0.38
Chassagne-Montrachet 1er Cru Clos St-Jean	1.20
St-Aubin 1er Cru le Charmois	1.23
Chassagne-Montrachet Mazures	0.63

赤	ha
Chassagne-Montrachet 1er Cru Clos St-Jean	1.20
Chassagne-Montrachet Vieilles Vignes	0.93
Santenay Vieilles Vignes	0.35

ドメーヌ・ラモネ　Domaine Ramonet

ブルゴーニュの花形生産者ながら、反対意見をもつ人もいる。創立者はピエール・ラモネ（1906-1994）で、ワインの品質と変人ぶりで伝説の人物。息子のアンドレもしばらくこのドメーヌで働いていたが、実際に跡を継いだのは孫のノエルとジャン=クロードである。

赤は、筆者が試飲した限り、すべてが感動的で、コート・ド・ボーヌの南端にありながら、コート・ド・ニュイの銘醸物に比肩できる。ただし、数が少なく、ほとんど見かけない。赤のシャサーニュは、コレクターズ・アイテムにはなり難いため、ブルゴーニュのレストランでは抜群のコスト・パフォーマンスを誇る。

白ワインは、個性がきわだつ。何種類かの白とともにブラインドで飲むと、ラモネのワインは最初は固く閉じたままだが、忍耐強く待つと大きく花開き、人気投票で1位になる。発酵前、固形物を沈める作業をせず、また、新樽率も低

ドメーヌ・ラモネの所有畑

白	ha
Bâtard-Montrachet Grand Cru	0.64
Chevalier-Montrachet Grand Cru	0.09
Le Montrachet Grand Cru	0.26
Bienvenues-Bâtard-Montrachet Grand Cru	0.45
Chassagne-Montrachet 1er Cru Boudriottes	1.23
Chassagne-Montrachet 1er Cru Cailleret	0.35
Chassagne-Montrachet 1er Cru Chaumées	0.12
Chassagne-Montrachet 1er Cru Les Ruchottes	1.18
Chassagne-Montrachet 1er Cru Morgeot	1.22
Chassagne-Montrachet 1er Cru Vergers	0.54
Puligny-Montrachet 1er Cru Champ Canet	0.33
St-Aubin 1er Cru Le Charmois	0.15
Chassagne-Montrachet	1.12
Puligny-Montrachet	0.85

赤	
Chassagne-Montrachet 1er Cru Clos de la Boudriotte	1.02
Chassagne-Montrachet 1er Cru Morgeot	0.59
Chassagne-Montrachet 1er Cru Clos St-Jean	0.79
Chassagne-Montrachet	1.88

い（ル・モンラシェで三分の一）。これにより、堅牢で厚みのあるワインになる。抜栓直後、メンソール臭を感じることがあるが、空気になじませると消える。

シャサーニュ＝モンラシェ1級　レ・リュショット　1934年に購入した区画。果実味の凝縮度がきわめて高く、ラモネの1級の中で、もっとも優れたワインになる。フィネス、フレッシュ感、繊細さではなく、あらゆる香りや味わいをひとつに包み込んだ華麗さを身上とする。時間が経つと、ボトルやグラスの中で壮大なワインに変身する。

シャサーニュ＝モンラシェ1級　クロ・ド・ラ・ブドリオット（赤）　非常にスタイリッシュな赤で、質の高い果実味はコート・ド・ニュイを思わせる。凝縮感がきわだっているわけでもないのに、果実がタンニンの骨格を完全に包み込む。こんなワインがあるので、シャサーニュの赤にもっと注目すべきである。

シャサーニュ以外の生産者
N6号線以北の生産者がシャサーニュに区画を所有することはほとんどない。例外がネゴシアンで、なかでも、ルイ・ジャドはデューク・ド・マジャンタの区画で栽培、醸造している。サントネの生産者であれば、シャサーニュに畑を所有している可能性が高い。

st-aubin

サン=トーバン

村名格サン=トーバン	80.16ha
サン=トーバン1級畑	156.46ha

サン=トーバンには、ジュール・ラヴァルもカミーユ・ロディエもふれていない。正確には、ロディエの書籍の最後にピュリニ=モンラシェの地図がついていて、サン=トーバン付近にブドウ畑の記号が見える。ドニ・モルロは、「ピュリニやサントネには劣るが、サン=トーバンでもよいワインを造る」と記述している（1831年）。現在、サン=トーバンやガメは活気にあふれているが、集落に足を踏み入れると、長い時代を経て崩れ落ちそうな昔の家並みや、田園情緒豊かな裏庭も見かける。

サン=トーバンは、シャサーニュやマランジュのような荒々しいタンニンがなく、気軽に楽しめる軽快な赤を産す。上質の白は、ピュリニ風の鋼鉄の強さを備えるが、繊細で豊潤な香りに欠ける。大部分のワインは、熟成させなくても飲めるタイプに仕上げてあるが、アン・ルミリやミュルジェ・デ・ダン・ド・シヤンなどは熟成で真価を発揮する。

1976年刊のジョン・アーロット＆クリストファー・フィールデンの報告書によると、当時の平均生産量は、赤が1,241ヘクトリットル、白が782ヘクトリットル、耕作面積が120haで[1]、現在は166haに広がり、赤を2,878ヘクトリットル、白を5,151ヘクトリットル造る。ワインの生産量が急増し、赤白の比率も61対39から36対64に変わった。この傾向は今後も続き、20対80になる日も近い。

サン=トーバンの1級畑は、3つの区域に分かれる。最良は、N6号線をシャニーから北上した右にある南向き斜面で、アン・ルミリ、ミュルジェ・デ・ダン・ド・シヤン、シュル・ガメ、ラ・シャトゥニエール、レ・シャンプロなどの銘醸畑が並ぶ。斜面は南と西を向いているため、ボーヌ丘陵の支脈の谷地に位置するように見えるが、実際はボーヌ丘陵の本体上にある。谷をはさんでこの区画の反対側、シャサーニュに接して小さい区域があり、これが第2エリアである。シャルモワ、ピタンジュレ、レ・コンブ・オー・シュッドなどが連なる。第3の区域は、集落の上の斜面にあり、谷にのみこまれる格好だが、南東を向く。谷の反対の丘は低いため、日照をさえぎらない。

サン゠トーバン 1 級畑　St-Aubin Premiers Crus

レ・カステ　Les Castets
ACs：サン゠トーバン 1 級畑およびサン゠トーバン
JM：1 級畑　　　　　　　　　　　　　　　　　　　　　　　　　　　　　　　5.48ha*

村の最西端にある 1 級畑。谷を奥に進む途中で最後に見える。斜度は中程度で、南東を向く。下部は小石が非常に多く、上部は白色泥灰岩土壌。さらに上部は村名区画になる。ドメーヌ・ユベール・ラミが赤の 1 級を造る。

*このほかに同名の村名格の畑が 3.69ha ある。

レ・シャンプロ　Les Champlots
AC：サン゠トーバン 1 級畑
JM：1 級畑　　　　　　　　　　　　　　　　　　　　　　　　　　　　　　　10.92ha*

南西向きの急斜面であり、ガメの集落を見おろす位置にある。最大区画の所有者はジャン゠クロード・バシュレで、コラン一族の一人である。魅力のあるワインだが、サン゠トーバンの最上とは言い難い。

*3.43ha のアン・モンソーを含む。

エズ・シャン　Es Champs
「レ・フリオンヌ」の項目（452頁）を参照。

ル・シャルモワ　Le Charmois
AC：サン゠トーバン 1 級畑
JM：1 級畑　　　　　　　　　　　　　　　　　　　　　　　　　　　　　　　15.09ha*

東向き斜面で、シャサーニュの 1 級畑レ・ショーメに接す。好立地に恵まれた畑のワインだが、サン゠トーバンなので、大枚を払う必要はない。ポール・ピヨ、ジャン゠クロード・バシュレ、ジャン゠マルク・モレ、マルク・モレがここで白を造り、ブリュノ・コランは赤を産す。

*0.41ha のアン・ヴォロン・ア・レストを含む。

ラ・シャトゥニエール　La Chatenière
AC：サン゠トーバン 1 級畑
JM：1 級畑　　　　　　　　　　　　　　　　　　　　　　　　　　　　　　　8.45ha*

南傾斜、南西傾斜の畑。アン・ルミリやダン・ド・シヤンのある丘が朝日をさえぎるが、夕刻は最後まで陽が当たる。これにより、非常に肉付きのよいワインができる。畑名は châtaignes（栗）に由来するらしいが、朽ちた chênes（樫）が語源との説もある。ここのワインは、オリヴィエ・ラミの看板で、ラミはクロ・ド・ラ・シャトゥニエールを所有する。そのほか、ジャン゠クロード・バシュレ、アンリ・プリュードン、ジェラール・トマもここでワインを造る。

*1.29ha のル・バ・ド・ガメ・ア・レストを含む。

レ・コンブ　Les Combes
レ・コンブ・オー・シュッド、ピタンジュレ、ル・シャルモワ（区画の詳細は各項を参照）は、レ・コンブ名でも出せる。N6号線の南側にあり、シャサーニュに接する 25ha の 1 級区画が対象。マルク・コラン、ドメーヌ・ラリュがこの名前で出荷する。

---

1) John Arlott & Christopher Fielden, *Burgundy Vines & Wines*, Quartet Books, London, 1976

レ・コンブ・オー・シュッド　Les Combes au Sud
ACs：サン＝トーバン1級畑およびサン＝トーバン
JM：1級畑　　　　　　　　　　　　　　　　　　　　　　　　　　　　　　　　7.81ha*

N6号線の南側に沿った斜面下部で、谷をはさんでアン・ルミリの反対側にある。ここのワインは、レ・コンブ名で出すことが多い。この畑で、400㎡の極小区画をわざわざ村名に格下げしているのは不思議だが、この区画は、N6号線と、ガメに向かう支道に囲まれた鋭角の三角地。

　　　　　　　　　　　　　　　　　　　＊このほかに同名の村名格の畑が0.04haある。

レ・コルトン　Les Cortons
AC：サン＝トーバン1級畑
JM：1級畑　　　　　　　　　　　　　　　　　　　　　　　　　　　　　　　　7.78ha

アン・ルミリの中にある広い小区画(リュー＝ディ)。ドメーヌ・ラリュなどがこの名前で出荷する。N6号線を降りてガメの集落に向かうと、右手に見える南向きの急斜面がこの区画である。

アン・クレオ　En Créot
AC：サン＝トーバン1級畑
JM：1級畑　　　　　　　　　　　　　　　　　　　　　　　　　　　　　　　　2.18ha

ガメにある南向きの畑で、サン＝トーバンを見おろす位置にある。午後の日照は良好だが、朝は少し影がさす。区画全体は白ではなく赤に適すと思われる。ドメーヌ・ラミ＝ピヨは白を造り、ジル・ブトンは赤を造る。

デリエール・シェ・エドゥアール　Derrière chez Edouard
AC：サン＝トーバン1級畑
JM：1級畑　　　　　　　　　　　　　　　　　　　　　　　　　　　　　　　　3.96ha

畑名は「エドゥアールの家の裏」を意味する。エドゥアールが誰なのか、誰しも知りたいが、誰にもわからない。畑は墓地の上(背後)にあり、そこにエドゥアールが眠っていると思われる。畑は南東向きで、朝の陽光に恵まれるも、夕方は早く陽が陰る。オリヴィエ・ラミは、ここの小さい土地にブドウを実験的に植え替えている。実験の結果から判断して、通常は1haあたり1万本の植樹密度を今では恒常的に1万4千本に増やしたり、さらに、2万8千本も植えている区画もある。1mに3本の密植だが、1本につき房は2つしか残さない。初期の実験では、密植にするとワインのアルコール度数が上がるが、重量感はなく、酸も多くなるが嚙みつく鋭さもなく、香りが目立って芳醇になったらしい。広い区画でも効果があるのか、非常に興味深い。ラミは、斜面を少し下がった区画で赤も造る。

デリエール・ラ・トゥール　Derrière la Tour
AC：サン＝トーバン1級畑
JM：1級畑　　　　　　　　　　　　　　　　　　　　　　　　　　　　　　　　1.94ha

ガメの集落(ボーヌの現市長の住居がある)に、敵の攻撃に備えて防御力を補強した塔(la tour)があり、その背後(derrière)にある南向きの畑。ジャン＝クロード・バシュレの赤しか見たことがない。

エシャイユ　Echaille
「シュル・ル・サンティエ・デュ・クルー」の項目(454頁)を参照。

レ・フリオンヌ　Les Frionnes
AC：サン＝トーバン1級畑
JM：1級畑　　　　　　　　　　　　　　　　　　　　　　　　　　　　　　　　3.00ha*

畑名は、雲雀（ひばり）ぐらいの大きさの鳥を意味する一般名に由来する。斜面下部の南東向きの畑。レ・ペリエールとフリオンヌはブドウ栽培に適した斜面だが、エズ・シャンはガメに向かう平坦地にある。ユベール・ラミ、F&Dクレール、ルー、マルク・コランが白を造り、ジェラール・トマが赤を造る。

*レ・ペリエールとエズ・シャンを含むと12.58haになる。

シュル・ガメ　Sur Gamay
AC：サン＝トーバン1級畑
JM：1級畑　　　　　　　　　　　　　　　　　　　　　　　　　　　　　　　14.94ha*

シャテニエールやアン・ルミリの上で、丘の上部に位置し、ガメやサン＝トーバンの絶景を見おろせる。標高が400mに達する最高高度の小区画（リュー・ディ）がスー・ロシュ・デュメである。ジャン＝クロード・ボワセ、マルク・コラン、メゾン・ドゥー・モンティーユ、ドメーヌ・プリュードンがシュル・ガメ名でワインを造る。

*2.24haのスー・ロシュ・デュメを含む。

ル・バ・ド・ガメ・ア・レスト　Le Bas de Gamay à l'Est
AC：サン＝トーバン1級畑
JM：シャテニエールに併合　　　　　　　　　　　　　　　　　　　　　　　　1.29ha

畑名の通り、「ガメ村の東にある低地」。集落の東に位置し、アン・ルミリ内の小区画（リュー・ディ）、コルトンの西側で、ラ・シャテニエールの下にある。ワインは、ラ・シャテニエール名で出す。

マリノ　Marinot
「シュル・ル・サンティエ・デュ・クルー」の項目（454頁）を参照。

アン・モンソー　En Montceau
AC：サン＝トーバン1級畑
JM：1級畑　　　　　　　　　　　　　　　　　　　　　　　　　　　　　　　3.43ha

レ・シャンプロの下部区画で、ガメの集落のすぐ上に位置する。南西に傾斜している。ドメーヌ・マルク・コランは、この名前でワインを出す。

レ・ミュルジェ・デ・ダン・ド・シヤン　Les Murgers des Dents de Chien
AC：サン＝トーバン1級畑
JM：1級畑　　　　　　　　　　　　　　　　　　　　　　　　　　　　　　　16.08ha

アン・ルミリの上の斜面にある優良畑。ワインの質が高いだけでなく、昔を偲（しの）ばせるラベルを見ると、微笑ましくなる。「murger」は、荒れ地をブドウ畑に開墾するとき、掘り出した石を塔状に積み上げたものを意味する。犬の歯（dents de chien）のように尖った石を掘り出すのは過酷な作業だったろう。この区画には、アン・ルミリの上の南向き斜面と、モンラシェがある丘陵の上の東向き斜面があり、日照条件は非常によい。標高が高く寒風が吹くため、ミネラルも十分に乗る。白ワインに最適の区画。ジャン＝クロード・バシュレ、F&Dクレール、ユベール・ラミ、ラリュ、プリュードン、ヴァンサン・ジラルダンが上質の白を造る。

レ・ペリエール　Les Perrières
AC：サン＝トーバン1級畑
JM：1級畑　　　　　　　　　　　　　　　　　　　　　　　　　　　　　　　5.24ha

レ・フリオンヌの中の区画だが、ドメーヌ・アンリ・プリュードン、パトリック・ミオラン、オリヴィエ・ルフレーヴは、レ・ペリエール名でワインを出す。畑名は、採石場（perrière）に由来する。

サン=トーバン
St-Aubin

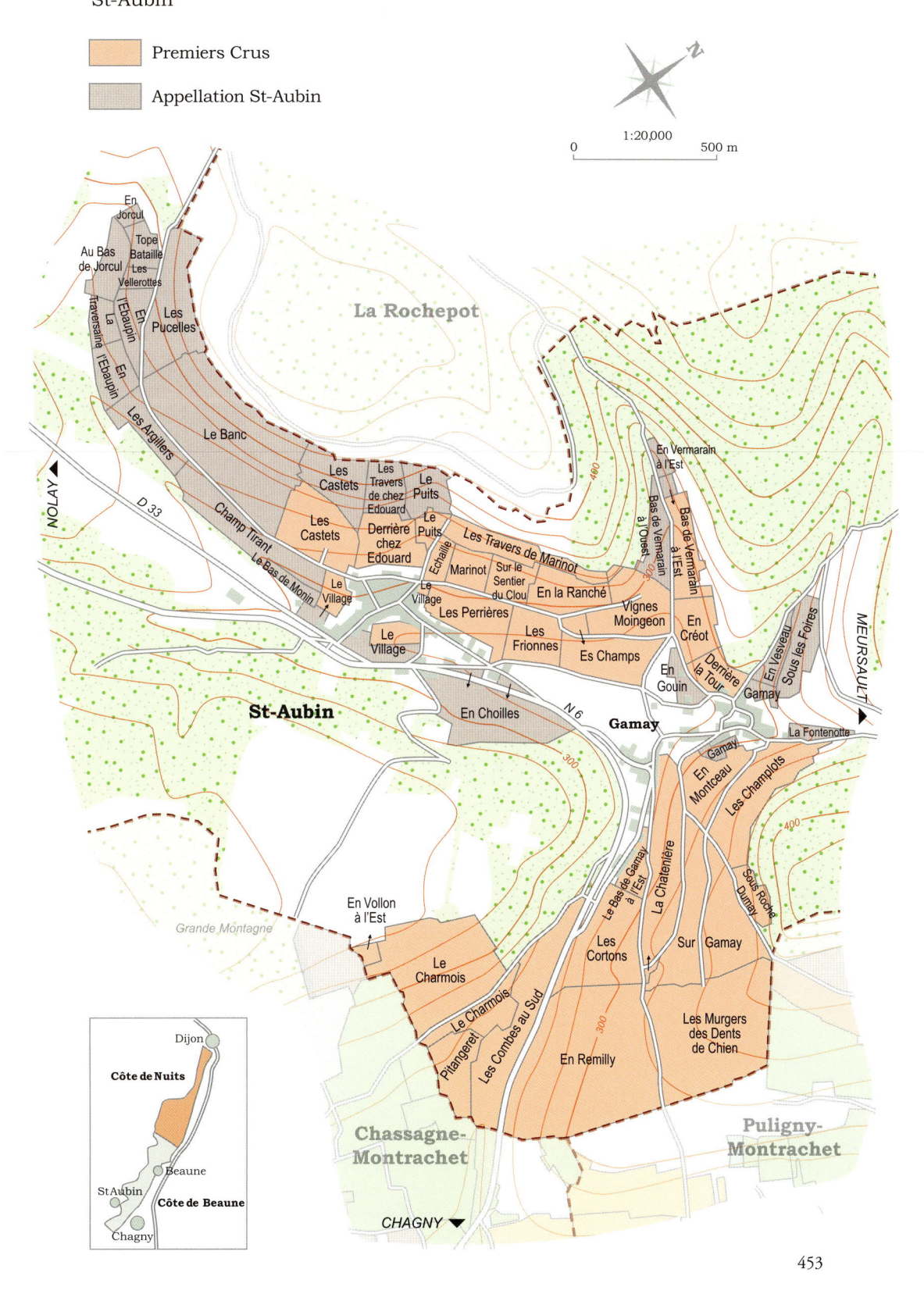

ピタンジュレ　Pitangeret
AC：サン=トーバン1級畑
JM：1級畑　　　　　　　　　　　　　　　　　　　　　　　　　　　　　　　　　　　　　　2.39ha

斜面下部ながら立地がよく、シャサーニュのペタンジュレ（Petangeret）から続く区画。ジェラール・トマは、クロ・デュ・ピタンジュレとして白を出す。シャサーニュの外の生産者として、アンリ・ボワイヨ、ジャン=マルク・ブレ、ミシェル・ピカールが白を造り、ルイ・カリヨンが赤を出す。

ル・ピュイ　Le Puits
ACs：サン=トーバン1級畑およびサン=トーバン
JM：1級畑　　　　　　　　　　　　　　　　　　　　　　　　　　　　　　　　　　　　　　0.60ha*

デリエール・シェ・エドゥアールに接する区画。畑は斜面上部まで続くが、大部分は村名格付けである。土壌は白色粘土質で、ドミニク・ドランが少量ながら1級の赤を造る。

*このほかに同名の村名格の畑が2.86haある。

アン・ラ・ランシェ　En la Ranché
「シュル・ル・サンティエ・デュ・クルー」の項目（本頁）を参照。

アン・ルミリ　En Remilly
AC：サン=トーバン1級畑
JM：1級畑　　　　　　　　　　　　　　　　　　　　　　　　　　　　　　　　　　　　　29.72ha*

万人が認めるサン=トーバン最良の1級畑。南向きの急斜面で、地勢的にはル・モンラシェと連続する。ル・モンラシェを通る等高線は、谷沿いに西へうねってアン・ルミリへ入り、真ん中をN6号線が貫く。1枚の畑ではなく、等高線に沿って分割した区画の集合地である。

急斜面で表層土が薄く、上部は岩盤が露出している地勢なので、猛暑や乾燥した年はブドウに被害が及ぶ。2007年4月、一部の区画が雹をともなった強烈な嵐に襲われた。

*7.78haのレ・コルトンを含む。

スー・ロシュ・デュメ　Sous Roche Dumay
「シュル・ガメ」の項目（452頁）を参照。

シュル・ル・サンティエ・デュ・クルー　Sur le Sentier du Clou
AC：サン=トーバン1級畑
JM：1級畑　　　　　　　　　　　　　　　　　　　　　　　　　　　　　　　　　　　　　18.02ha*

サン=トーバンに多い不思議な名前の畑。文字通りの意味は「釘の小道の上」だが、クルー（clou 釘）は、クロ（clos）が訛ったもの。畑は斜面の中腹から上部にあり、南東に傾斜する。レ・フリオンヌに隣接する。小区画として、レ・トラヴェール・ド・マリノ、ヴィーニュ・モワンジョン、アン・ラ・ランシェ、マリノ、エシャイユがあるが、ラベルに小区画を表記することは少ない。コラン、ラリュ、ルー、プリュードンなど、いろいろな生産者がこの畑で赤・白を造る。

*多数の小区画がある。

レ・トラヴェール・ド・マリノ　Les Travers de Marinot
「シュル・ル・サンティエ・デュ・クルー」の項目（本頁）を参照。

バ・ド・ヴェルマラン・ア・レスト　Bas de Vermarain à l'Est
ACs：サン=トーバン1級畑およびサン=トーバン
JM：1級畑　　　　　　　　　　　　　　　　　　　　　　　　　　　　　　　　　　　　　3.44ha*

ボース丘陵から東西に延びる支脈がアン・ヴェルマランで、寒風が吹き抜ける。この地域の南向きの小区画が、1級格付けのバ・ド・ヴェルマラン・ア・レストである。この名前のワインを見たことが

ない。

*このほかに同名の村名格の畑が0.36haある。

ヴィーニュ・モワンジョン　Vignes Moingeon
AC：サン゠トーバン1級畑
JM：1級畑　　　　　　　　　　　　　　　　　　　　　　　　　4.81ha

シュル・ル・サンティエ・デュ・クルー内の小区画(リュー゠ディ)。ラ・ロシュポ村のドメーヌ・ビラールがこの名前でワインを出す。

ル・ヴィラージュ　Le Village
ACs：サン゠トーバン1級畑およびサン゠トーバン
JM：1級畑　　　　　　　　　　　　　　　　　　　　　　　　　2.85ha*

ブルゴーニュには、ヴォルネとシャンボール゠ミュジニ以外の村に、集落近辺の小区画(リュー゠ディ)をまとめてル・ヴィラージュと名づけた1級畑がある。サン゠トーバンのル・ヴィラージュの小区画は、フリオンヌ内のペリエールから続く極小地、集落の南東部、ユベール・ラミのクロ・デ・メがある南端部の3ヵ所。

*このほかに同名の村名格の畑が5.64haある。

アン・ヴォロン・ア・レスト　En Vollon à l'Est
「ル・シャルモワ」の項目(450頁)を参照。

村名格サン゠トーバン　Village wines: appellation St-Aubin

1級畑以外でもブドウを栽培できる土地は広いが(ほとんどは集落西の急斜面や台地にある)、ラベルに小区画名(リュー゠ディ)を記載した村名ワインはほとんど見かけない。

ル・バン　Le Banc / Le Ban　　　　　　　　　　　　　　　　　16.64ha

村名区画では最も広い。1級のレ・カステの続きで、谷を上ったところにある。登記公図上は、「Le Banc(土手)」となっているが、地元では「Le Ban」を使う。由来は、「公式の収穫開始日」を意味する「Ban de Vendanges」と思われ、この畑のブドウの成熟具合を見て、収穫日を決定した可能性がある。一方、畑が土手のように見えることからの命名との説もある。ドミニク・ドランが赤を造り、ドメーヌ・プリュードンが白を造る。

アン・ショワイユ　En Choilles　　　　　　　　　　　　　　　　7.31ha
N6号線沿いの区画。北を向く畑は珍しい。ピエール゠イヴ・コラン゠モレがここで赤を造る。

レ・ピュセル　Les Pucelles　　　　　　　　　　　　　　　　　6.06ha
ラミ゠ピヨ、ルー・ペール・エ・フィス、モレ゠ブランがこの区画でワインを造る。南向き斜面で、村の最西端に位置し、標高は400mに達す。ピュリニ1級の銘醸畑レ・ピュセルを連想する名前なので、畑名をラベルに大書する生産者は多い。

主要生産者

ジャン＝クロード・バシュレ　Jean-Claude Bachelet

バシュレ一族は、1800年頃に繁栄を極めたフィリベール某までさかのぼる。サン＝トーバンから外へ出た人もおり、たとえば、遠い姻戚の従姉妹ミシェル・バシュレは、2006年から2010年までチリの初の女性大統領の任にあった。ドメーヌは、現在10haを所有する。1970年代にドメーヌ元詰めを開始したジャン＝クロード・バシュレは、現在、息子のブノワとジャン＝バティストに家業を譲る。2010年からは新しい醸造施設でワインを造っている。

マルク・コラン　Marc Colin

コラン一族全般の説明は、シャサーニュ＝モンラシェの章を参照。

マルク・コランは、サン＝トーバンを代表する生産者で、現在は、子供のうち、ダミアン、ジョゼフ、カロリーヌの3人に運営を任せている。長男のピエール＝イヴは2005年の収穫期までドメーヌに参画していたが、以降、自分の相続区画を持って独立する。ピエール＝イヴの持ち分を差し引いても、20haに30アペラシオンを擁する大きなドメーヌで、うち25アペラシオンは白ワインである。

コランの赤は、サン＝トーバン、シャサーニュ＝モンラシェ、サントネの区画で造る。この中には、レ・シャン・クロードの1901年植樹の古木で造るヴィエイユ・ヴィーニュもある。このワインと、サン＝トーバン・レ・フリオンヌは注目に値する。ただし、マルク・コランは白ワインで有名。白は、サン＝トーバンの1級が8区画、ピュリニ、シャサーニュ＝モンラシェに加え、特級畑も所有する。

ジャン＝クロード・バシュレの所有畑	
白	ha
Bienvenues-Bâtard-Montrachet Grand Cru	0.09
Puligny-Montrachet 1er Cru Sous le Puits	0.23
Chassagne-Montrachet 1er Cru Blanchot Dessus	0.12
Chassagne-Montrachet 1er Cru La Boudriotte	0.22
Chassagne-Montrachet 1er Cru Les Macherelles	0.54
St-Aubin 1er Cru La Chatèniere	0.07
St-Aubin 1er Cru Charmois	0.86
St-Aubin 1er Cru Murgers des Dents de Chien	0.23
St-Aubin 1er Cru Les Champlots	0.78
St-Aubin 1er Cru	0.94
Chassagne-Montrachet Les Encégnières	0.59
Chassagne-Montrachet	0.53
Puligny-Montrachet	0.94
赤	
Chassagne-Montrachet 1er Cru La Boudriotte	0.11
St-Aubin 1er Cru Derrière la Tour	1.24
Chassagne-Montrachet	1.06

マルク・コランの所有畑	
白	ha
Le Montrachet Grand Cru	0.10
Bâtard-Montrachet Grand Cru	0.10
Puligny-Montrachet 1er Cru La Garenne	0.85
Chassagne-Montrachet 1er Cru Les Cailleret	0.76
Chassagne-Montrachet 1er Cru Les Champs Gains	0.45
Chassagne-Montrachet 1er Cru Les Chenevottes	0.23
Chassagne-Montrachet 1er Cru Vide-Bourse	0.23
St-Aubin 1er Cru Le Charmois	0.33
St-Aubin 1er Cru La Chatenière	1.12
St-Aubin 1er Cru Les Combes	0.33
St-Aubin 1er Cru Créot	0.14
St-Aubin 1er Cru En Montceau	0.65
St-Aubin 1er Cru En Remilly	1.90
St-Aubin 1er Cru Le Sentier du Clou	0.23
St-Aubin 1er Cru Sur Gamay	0.75
Puligny-Montrachet	0.89
Chassagne-Montrachet Blanc	2.40
St-Aubin	1.40
赤	
Chassagne-Montrachet Rouge	1.60
St-Aubin Rouge	0.94
Santenay	0.83

ドミニク・ドラン　　Dominique Derain

ドミニク・ドランは、元樽職人。自分のドメーヌの立ち上げを決意してワイン学校に通い、妻のカトリーヌと出会う。初ヴィンテージは1989年で、このときからビオディナミを採用している。ブドウ栽培の評価は非常に高いが、ブドウをワインにして瓶に詰める醸造過程に課題を残す。醸造では亜硫酸を使わない。

ドミニク・ドランの所有畑

白	ha
St-Aubin En Remilly	0.70
St-Aubin	0.67
赤	
St-Aubin 1er Cru Le Puits	0.12
Gevrey-Chambertin En Vosne	0.18
Mercurey La Plante Chassey	0.90
Pommard Petits Noizons	0.30
St-Aubin Le Ban	1.15

ユベール・ラミ　　Hubert Lamy

現在は、ユベールの息子オリヴィエがドメーヌを運営する。16.5haの土地（三分の二が白）は、サン゠トーバンでも非常に優れた区画。オリヴィエは、常にブドウ樹を植え替えており（ピノ・ノワールからシャルドネに替えることが多い）、樹の間隔を75cmにして、植樹密度を1haあたり1万4千本に増やしている。デリエール・シェ・エドゥアールの小さい区画では、この2倍の密度で植樹する。

オリヴィエは、ブドウの熟成を自分でチェックして収穫日を決めている。2006年は他生産者より早く、2007年と2008年は遅かった。原則として有機農法を採用するが、ウドン粉病やベト病の発生時は、状況により化学物質を使うので、認証をとる気はない。白ワインでは、発酵、熟成で30%の新樽を使う（ラ・プランセは例外で、10%）。樽は、昔の228リットルではなく、300リットルと600リットルを使用する。基本

ユベール・ラミの所有畑

白	ha
Criots-Bâtard-Montrachet Grand Cru	0.05
Chassagne-Montrachet 1er Cru Les Macherelles	0.16
St-Aubin 1er Cru En Remilly	2.00
St-Aubin 1er Cru Murgers des Dents de Chien	0.25
St-Aubin 1er Cru Clos de la Chatenière	1.25
St-Aubin 1er Cru Les Frionnes	2.40
St-Aubin 1er Cru Derrière Chez Edouard	0.60
St-Aubin 1er Cru Clos du Meix	0.70
Puligny-Montrachet Tremblots	0.90
St-Aubin La Princée	3.00
Chassagne-Montrachet	0.35
赤	
St-Aubin 1er Cru Les Castets	1.10
St-Aubin 1er Cru Derrière Chez Edouard	0.60
St-Aubin Le Paradis	0.40
Santenay Clos des Hâtes	0.66
Chassagne-Montrachet	1.70

的に赤は除梗するが、毎年そうとは限らず、たとえば、2002年と2009年は、梗を少し残したキュヴェもある。発酵は自然の発生に任せ、最初に軽くバトナージュを実施してから、発酵の後半でルモンタージュする。発酵の最終段階では、温度を28～30℃に維持する。

サン゠トーバン1級　デリエール・シェ・エドゥアール　一部区画では、1haあたりの植樹密度を1万4千本にし、場所によっては、畝の間隔はそのままで1mに3本植え、密度を3万本まで上げている。オリヴィエは、試飲でクリオ゠バタール゠モンラシェを出したあと、密植栽培のワインを出すことがある。密植により、香りの凝縮感が異常に大きくなり、糖分も高くなってアルコール度数も上がるが、酸の凝縮度も高いのでワインのバランスは壊れないらしい。

ドメーヌ・ラリュ　　Domaine Larue

ドニ・ラリュとディディエ・ラリュの兄弟が運営するドメーヌ。現在は、ドニの息子ブリュノも参画し、ビジネスは非常に好調に維持している。高品質ワインの生産に必要なこと、たとえば、鋤による耕作、収量の制限、小さい籠に手摘みで収穫など、すべて実践し、最新施設で醸造する。所有畑の一覧は、次頁に掲載。

ドメーヌ・アンリ・プリュードン　Domaine Henri Prudhon

サン゠トーバンの著名ドメーヌでアンリ・プリュードン（1921-2009）が設立した。息子のジェラールは、父の跡を継いでサン゠トーバンの村長となる。ジェラールの息子、ヴァンサンとフィリップがドメーヌに参画したことで、ジェラールも家業に引きずり込まれた。ワインの一覧表からもわかるように、このドメーヌでは、ワインはブレンドせず、区画ごとに別ラベルで出す「少量多種」を基本とする。サン゠トーバンでも象徴的な存在で、人手がかかる。適度な樽香があり、魅力にあふれる。

サン゠トーバン1級「レ・ルージュ・ゴルジュ」　プリュードンが考案したブランド名で、「胸の赤い駒鳥」を意味する。1級畑、シュル・ガメ、ラ・コンブ、ヴェルマランにあるさまざまな小さい区画のブドウを集めたキュヴェで旨味がありやわらかいサン゠トーバンとなる。軽やかな香りがあるプリュードンのフリオンヌとは対照的で、ボディが大きくプラムのような果実味を感じる。

ドメーヌ・ラリュの所有畑	
白	ha
Puligny-Montrachet 1er Cru Sous le Puits	1.88
St-Aubin 1er Cru Murgers des Dents de Chien	1.12
St-Aubin 1er Cru En Remilly	0.36
St-Aubin 1er Cru Les Cortons	0.48
St-Aubin 1er Cru Vieilles Vignes (Sur Gamay)	0.48
St-Aubin 1er Cru Les Combes	0.46
Puligny-Montrachet Le Trézin	1.27
Chassagne-Montrachet	0.30
St-Aubin	0.25
赤	
Blagny 1er Cru Sous le Puits	0.21
Chassagne-Montrachet 1er Cru La Boudriotte	0.19
St-Aubin 1er Cru Le Sentier du Clou	1.66
St-Aubin	1.08

ドメーヌ・アンリ・プリュードンの所有畑	
白	ha
Chassagne-Montrachet 1er Cru Chenevottes	0.12
Puligny-Montrachet 1er Cru La Garenne	0.09
St-Aubin 1er Cru En Remilly	0.27
St-Aubin 1er Cru Murgers des Dents de Chien	0.23
St-Aubin 1er Cru Chatenière	0.11
St-Aubin 1er Cru Sur Gamay	0.65
St-Aubin 1er Cru Sur le Sentier du Clou	0.46
St-Aubin 1er Cru Perrières	0.54
St-Aubin 1er Cru Les Castets	0.32
St-Aubin Le Ban	2.11
Chassagne-Montrachet Les Houillères	0.06
Puligny-Montrachet Les Enseignères	0.93
赤	
St-Aubin 1er Cru Sur Le Sentier du Clou	1.24
St-Aubin 1er Cru "Les Rouges Gorges"	0.92
St-Aubin 1er Cru Les Frionnes	1.24
Chassagne-Montrachet Les Chambres	0.35
St-Aubin Les Argillers	0.71

ドメーヌ・ルー　Domaine Roux

創業1885年の老舗で、半分ドメーヌで半分ネゴシアン。本拠があるのは、村の北に建てた近代的なビルで、周囲のすばらしい景観にそぐわない。コート・シャロネーズからコート・ド・ニュイまで70haを所有する。

ドメーヌ・ジェラール・トマ　Domaine Gérard Thomas

現在、創立者ジェラールの娘、アンヌ゠ソフィとイザベルがドメーヌを運営している。ミュルジェ・デ・ダン・ド・シヤン、ラ・シャテニエールなどの銘醸1級畑で、端正なサン゠トーバンを造る。ムルソーのブラニ、ピュリニのラ・ガレンヌも所有する。

サン゠トーバン以外の生産者

サン゠トーバンに区画を所有するシャサーニュの生産者は多い。たとえば、ラモネ、ピエール゠イヴ・コラン、ブリュノ・コラン、フィリップ・コラン、トマ・モレ（サン゠トーバン出身の女性と結婚）、弟のヴァンサン・モレ（配偶者はサン゠トーバン出身ではないが、父の持つサン゠トーバンの区画を相続）、ドメーヌ・ルネ・ラミ゠ピヨ（ユベール・ラミの弟）など。

santenay

サントネ

村名格サントネ	267ha
サントネ1級畑	140ha

公の区画上は、コート・ドールの最南端はマランジュだが、ワイン愛好家の心情としては、ひとつ手前のサントネが南端となる。サントネは、コート・ド・ニュイの地層や地勢に似ているが、マランジュは異なるため、こう思うのだろう。地質学者ジェームス・ウィルソンによると、サントネは「ねじ曲がった終端」[1]で、畑の上の丘陵地帯にニュイ由来の地層が露出し、これが風雨にさらされて風化し、1級畑に流入したと分析している。

かつてサントネは今よりはるかに評価が高かった。今日、優れた生産者もいるが、ワインビジネスの中心地ボーヌから遠く離れていることや、名のある特級畑がないため、かつての栄光が陰る。サントネの生産者としてもっとも成功したヴァンサン・ジラルダンは、本拠をムルソーに移した。

サントネの1級畑は3地域に分かれる。マランジュとの境にあるクロ・ルソーやレ・フルノーがある西部、集落上部に位置するマラディエールやボールペールがある中央部、この地域とレ・オートをはさんだ集落からシャサーニュとの境界に延びる東部の3つである。この3地域のワインにはテロワールの違いが出ている。クロ・ルソー周辺では、骨格のしっかりした力強いワインができ、ときには垢抜けないニュアンスがある。中央部では、繊細でエレガントさがあり、タンニンの骨格より果実味が前に出る。完成度が高く、深みと複雑度があって長期熟成に耐えるワインは、村のシャサーニュ側でできる。

サントネ
Santenay

- Premiers Crus
- Appellation Santenay

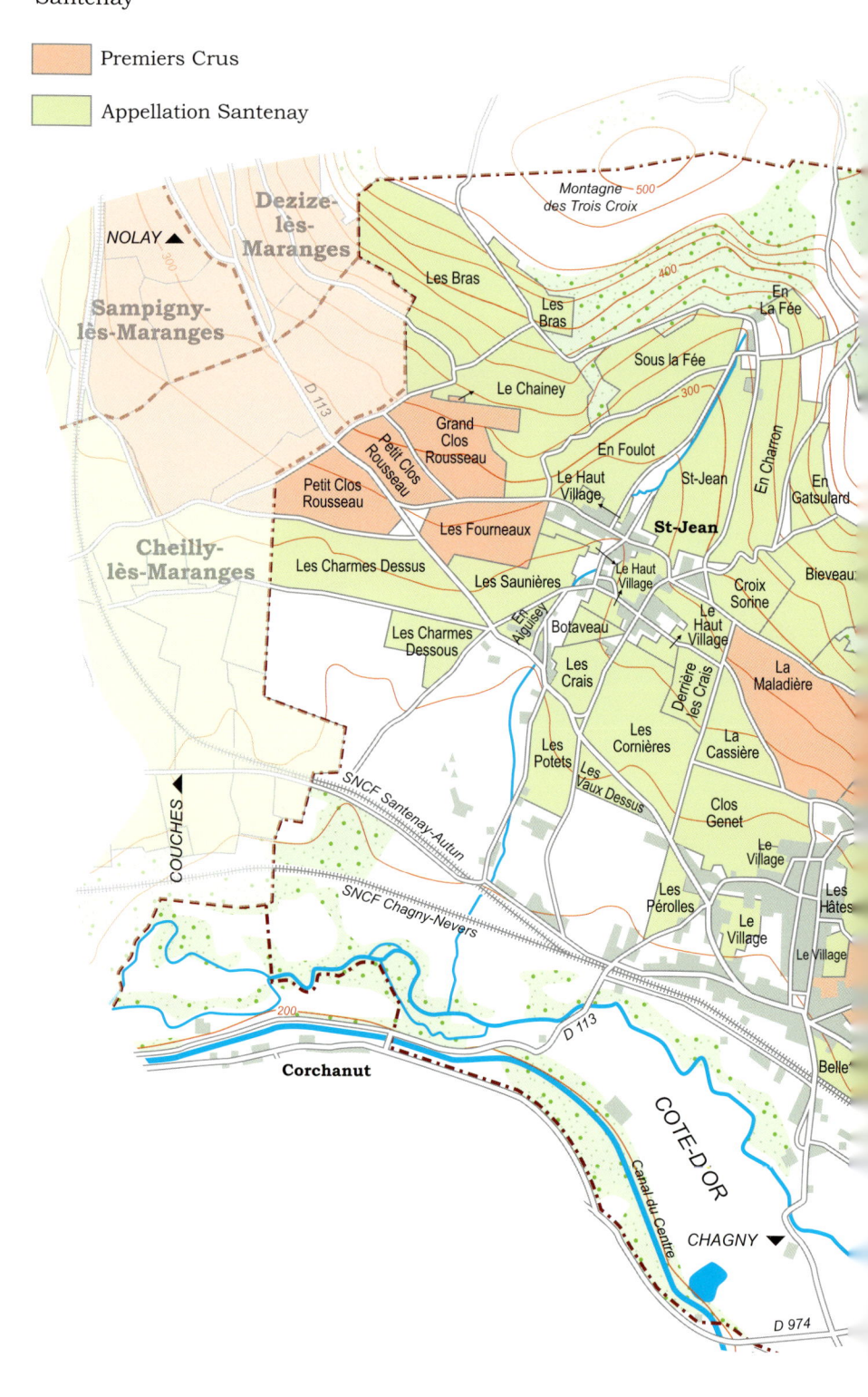

Santenay

La Rochepot

St-Aubin

Bois Dessus la Montagne

Santenay

Sous Roche

Beaurepaire

Sous la Roche

Les Hâtes

Comme Dessus

Clos Faubard

Comme Dessus

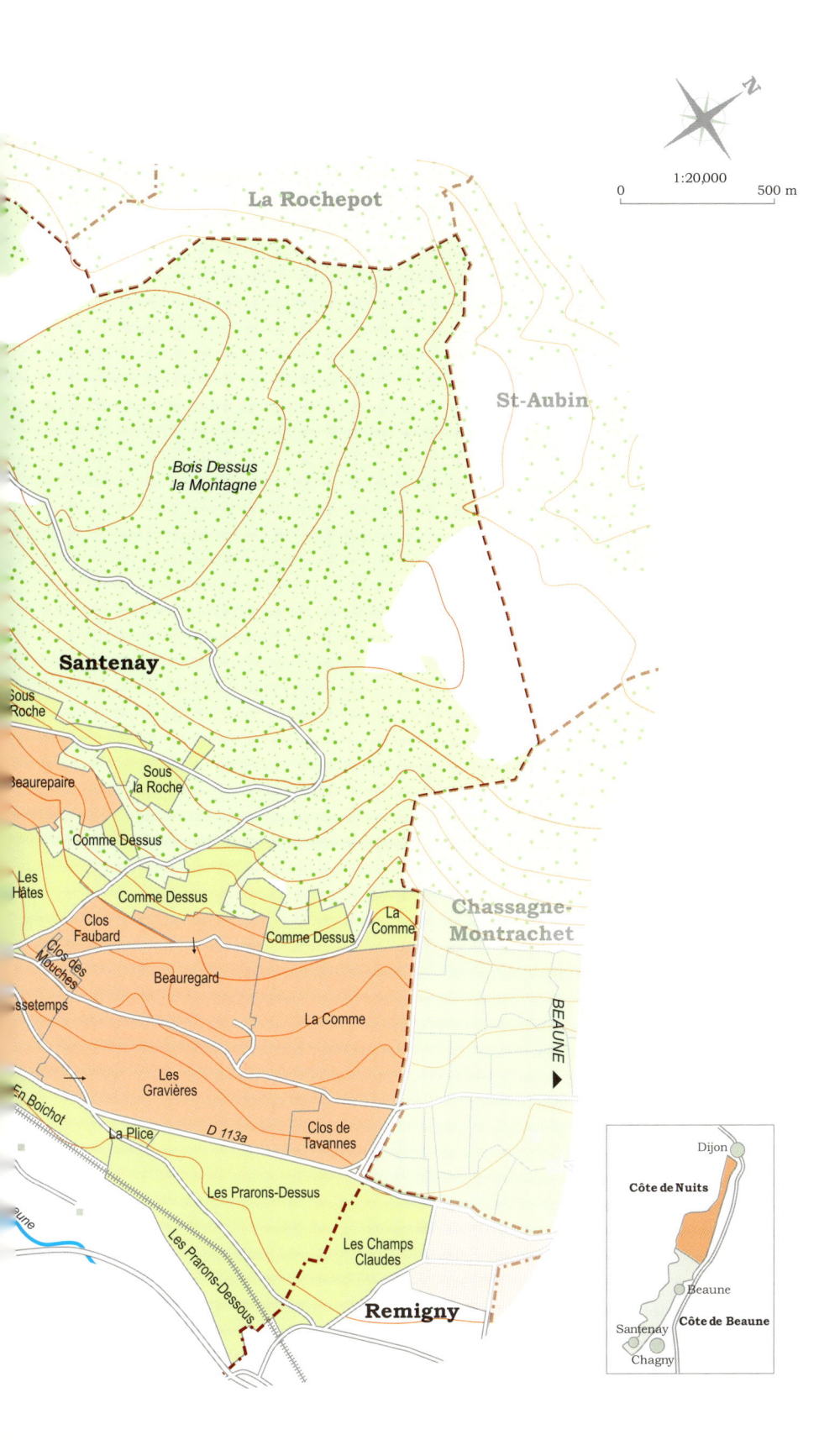

Clos des Mouches

Beauregard

La Comme

Comme Dessus

Chassagne-Montrachet

ssetemps

La Comme

Les Gravières

En Boichot

La Plice

D 113a

Clos de Tavannes

BEAUNE ▶

Les Prarons-Dessus

Les Prarons-Dessous

Les Champs Claudes

Remigny

1:20,000 0 — 500 m

Dijon

Côte de Nuits

Beaune

Santenay

Chagny

Côte de Beaune

サントネ 1 級畑　Santenay Premiers Crus

ボールガール　Beauregard
AC：サントネ 1 級畑
L：1 級畑　　R：2 級畑　　JM：1 級畑　　　　　　　　　　　　　　17.91ha

グラヴィエールの上で、ラ・コムの隣に位置する。立地のよい 1 級畑で、畑名は「あたり一帯を見おろす高地」を意味するが、評価は周囲の区画ほど高くない。シャンソン・ペール・エ・フィスが最近ここに 3ha の区画（三分の二は未植樹）を購入し、すでにあるピノ・ノワールとは別にシャルドネを植えている。このほか、ベラン、ボルジョ、ジラルダンもここでワインを造る。

ボールペール　Beaurepaire
AC：サントネ 1 級畑
L：1 級畑　　R：2 級畑　　JM：1 級畑　　　　　　　　　　　　　　15.49ha

村の中央部に位置し、集落の北にある 2 つの 1 級畑のひとつである（もうひとつはマラディエール）。急斜面にあり、表層土は白色泥灰岩。赤ワインの色は濃くないが、果実味に富みエレガントさもある。1976 年物を 2009 年に試飲したが、活力あふれるワインだった。F&D クレール、メストル、ジャン=マルク・ヴァンサン、シャペル、ジラルダンが上質の赤ワインを造る。シャトー・ド・サントネとジャン=マルク・ヴァンサンは白を造る。

クロ・フォバール　Clos Faubard
AC：サントネ 1 級畑
L：ボールガールとみなして格付け　　R：ボールガールとみなして格付け　　JM：1 級畑　　3.93ha*

ミュルジェ（murgers：畑を開墾したときに掘り出した石を塔状に積み上げたもの）が畑を囲み、これが畑名の「クロ」の由来となる。日中の温度が高い温暖な畑で、小石が熱を吸収して夜に放射する。猛暑の年は収穫が早い。地味は痩せており、石灰岩を多く含む。赤は、ミネラルの軸が通った軽やかなワインになる。上部区画では白もできる。代表的な生産者は、ドメーヌ・リュシアン・ミュザール、シャトー・ド・ラ・クレなど。
　　　　　　　　　　　　　　　　　　　　*このほかに 1.20ha のクロ・デ・ムーシュがある。

クロ・デ・ムーシュ　Clos des Mouches
AC：サントネ 1 級畑
L：ボールガールとみなして格付け　　R：ボールガールとみなして格付け　　JM：1 級畑　　1.57ha*

ボーヌの銘醸畑と同名だが、ボーヌほど評価は高くない。この区画でも、「mouche」は蠅ではなく、蜂を意味する。ドメーヌ・リュシアン・ミュザールは、この区画のブドウを買い、上質のワインを造る。
　　　　　　　　　　　　　　　　　　　　*このほかに 1.20ha 分がクロ・フォバール内にある。

クロ・ルソー　Clos Rousseau　（以下の 2 区画からなる）
グラン・クロ・ルソー　Grand Clos Rousseau
AC：サントネ 1 級畑
L：1 級畑　　R：2 級畑　　JM：1 級畑　　　　　　　　　　　　　　　7.93ha*

プティ・クロ・ルソー　Petit Clos Rousseau
AC：サントネ 1 級
L：2 級畑および 3 級畑　　R：格付け外　　JM：1 級畑　　　　　　　　　9.84ha

クロ・ルソーの総面積は、上記のグラン・クロ・ルソーとプティ・クロ・ルソーや、クロ・ルソー名で売るレ・フルノーも含め、23.83ha ある。サントネの西端にあり、マランジュとの境界を越えて同名の

---

1) James Wilson, *Terroir* 1998, Mitchell Beazley p.150

畑が延びる（ただし、綴りは「Clos Roussots」）。

ポマールのレ・ゼプノ同様、「プティ」の方が「グラン」より広い。面積ではなく質をあらわすとの説もあるが、ポマール同様、畑での垣根の列の長さに由来するとの解釈が一般的である。

畑名は、人名や、丘陵から湧き出る渓流（ruisseaux）が語源といわれるが、マランジュのシュヴロ兄弟は、「Rousseau」や「Roussot」は大昔はシャルドネと同義語だったとの説を展開する[2]。当時、シャルドネの耕作面積は今より圧倒的に多かったらしい。

ドメーヌ・プリウール＝ブリュネはプティ・クロ・ルソー名で、ジャン＝マルク・モレ、トマ・モレ、クロード・ヌヴォーはグラン・クロ・ルソー名でワインを出すが、大部分の生産者は、ドメーヌ・シュヴロ同様、クロ・ルソー名で売る。　　　　　　　　　　　　　　　*0.05haのル・シェニを含む。

クロ・（ド）・タヴァンヌ　　Clos（de）Tavannes
AC：サントネ1級畑
L：準特級畑　R：1級畑　JM：1級畑　　　　　　　　　　　　　　　　　　　5.32ha

シャサーニュからサントネに入ったすぐの区画にある由緒正しき銘醸畑。かつては名門ソード・タヴァンヌ家が所有していた。同家出身のガスパール・ド・ソーは16世紀のフランス陸軍元帥であった。
非常に洗練されたサントネで、ブラインドで飲むとコート・ド・ニュイとまちがう。
ドメーヌ・ド・ラ・プス・ドール、リュシアン・ミュザール、ヴァンサン・ジラルダン、ジャン＝ノエル・ガニャール、F&Dクレールがこの畑でワインを造る。

ラ・コム　　La Comme
AC：サントネ1級畑
L：1級畑　R：1級畑　JM：1級畑　　　　　　　　　　　　　　　　　　　21.61ha

シャサーニュに接した斜面を覆う広大な畑。畑名の「comme」は、シャサーニュとの境界付近が少しくぼんでいること（commeあるいはcombe）に由来する。斜面上部区画は村名格付けで、代表的な生産者は、ロジェ・ベラン、F&Dクレール、ヴァンサン・ジラルダン（白）、ルネ・ルカン＝コラン、シャトー・ド・マルトロワ、ジャン＝マルク・モレ。

レ・フルノー　　Les Fourneaux
AC：サントネ1級畑
L：記載なし　R：記載なし　JM：1級畑　　　　　　　　　　　　　　　　　6.06ha

クロ・ルソーと村名区画のル・オー・ヴィラージュのあいだにある。「かまど」の名をもつこの畑は、クロ・ルソー（クロー・ルソーの項を参照）も名乗れるため、筆者が知る限り、クロ・ルソー名しか見ない。

レ・グラヴィエール　　Les Gravières
AC：サントネ1級畑
L：準特級畑　R：特級畑　JM：1級畑　　　　　　　　　　　　　　　　　23.85ha

サントネの畑では、質と広さの両面で、もっとも知名度が高い。畑名から、軽量の砂利（gravier）質の土壌を連想するが、上部には粘土質土壌の区画もある。下層土は、大部分が白色泥灰岩で、極上の白ができる。赤は、タンニン分に富むが、噛みつく粗さはない。ヴァンサン・ジラルダン、ドメーヌ・ド・ラ・プス・ドール、リュシアン・ミュザール、ジャン＝マルク・ヴァンサンが赤白両方を造る。

---

[2] ジャンシス・ロビンソンもシャルドネ説を支持している。*Vines, Grapes and Wines*, 1986, Mitchell Beazley p.113を参照。

ラ・マラディエール　La Maladière
AC：サントネ1級畑
L：1級畑　　R：2級畑　　JM：1級畑　　　　　　　　　　　　　　　　　　　　　13.58ha

畑名は「病院」に由来する。ハンセン氏病の治療院があった中世の名残りと思われる。ブルゴーニュでこの名前のつく畑は、日照がよく、市街地から離れていることが多い。ラ・マラディエールは、サントネの上部と下部にまたがる。風化しやすい軽量土壌で、急傾斜の上部が崩落した。サントネでもっともスタイリッシュなワインであり、噛みつくようなタンニンはほとんどない。ヴァンサン・ジラルダン、ドメーヌ・ミュザール、ドメーヌ・プリウール=ブリュネがここでワインを造る。

パスタン　Passetemps
AC：サントネ1級畑
L：1級畑　　R：2級畑　　JM：1級畑　　　　　　　　　　　　　　　　　　　　　11.47ha

上部区画はレ・グラヴィエールから続く土地で、集落に向かって落ち込む下部よりも圧倒的に優れる。土壌は鉄分に富み（なので、赤褐色）、表層上に目だった石は見えない。シャトー・ド・パスタン、ジャン=マルク・ヴァンサンがここでワインを造る。

村名格サントネ　Village vineyards: appellation Santenay

レ・オート / クロ・デ・オート　Les Hâtes / Clos des Hâtes　　　　　　　　　　16.88ha

1級区画にはさまれた好立地の村名畑。表層土は厚く、それゆえ村名格付けか。19世紀、ここに区画を所有していたのはM. デュヴォー・ブロシェで、ラ・ロマネ=コンティなど多数の畑を持っていた。現在では、ユベール・ラミ、リュシアン・ミュザール（サントネ・ヴィエーユ・ヴィーニュにブレンドする）、ドメーヌ・バシェ=ルグロが上質のワインを造る。ヴァンサン・モレは、白を出す。

レ・シャン・クロード　Les Champs Claude　　　　　　　　　　　　　　　　12.12ha

シャサーニュの1級畑、モルジョの下部にある。正確には、ルミニー村の区画だが、アペラシオン上はサントネとなる。土壌は粘土質のため、ボディが大きくゆったりした赤ができるが、白はやや鈍重になる。リュシアン・ミュザール・エ・フィスはここで赤白両方を造る。

レ・シャルム　Les Charmes　　　　　　　　　　　　　　　　　　　　　　　13.75ha

サントネの村名格付けワインで、一番多いのがこれ。クロ・ルソーの下で、村の南端に位置し、典型的なやわらかいワインができる（コート・ドールのシャルム名の区画に共通する特徴）。レ・シャルム・ドゥス名の小区画は、立地条件で劣る。ヴァンサン・ジラルダン、ルネ・ルカン=コラン、ルネ・モニエ、クロード・ヌヴォーがここでワインを造る。

クロ・ジュネ　Clos Genet　　　　　　　　　　　　　　　　　　　　　　　　8.23ha

この畑名でワインを出す代表的な生産者が、フランソワーズ・クレールとドニ・クレール。集落のすぐ南に位置する。

主要生産者

ドメーヌ・ジャン゠クロード・ベラン　Domaine Jean-Claude Belland
旧名ドメーヌ・アドリアン・ベラン。1996年にジャン゠クロードが父から相続したときに改名した。サントネ、マランジュ、シャサーニュだけでなく、コルトン゠シャルルマーニュ、コルトン、シャンベルタンも所有していたが、2009年にドメーヌを売却し、所有区画はちりぢりになる。

ドメーヌ・ロジェ・ベラン　Domaine Roger Belland
23haを擁する大規模ドメーヌ。現当主ロジェ・ベランは5代目で、父ジョゼフから引き継ぐ。現在は、娘のジュリーも参画している。錚々たる銘醸畑を所有しているが、ワインは最上とは言い難い。殺虫剤を使わなくてよいよう、畝のあいだの雑草を残す。このほかの独自試行として、欠陥コルクの汚染や酸化防止のため、DIAMコルクを使用する。クリオ゠バタール゠モンラシェの最大区画を持ち、シャサーニュの銘醸1級区画、クロ・ピトワの単独所有者でもある。

ドメーヌ・ロジェ・ベランの所有畑			
赤	ha	白	ha
Chassagne-Montrachet 1er Cru Clos Pitois	1.71	Criots-Bâtard-Montrachet Grand Cru	0.60
Maranges 1er Cru Fussière	1.25	Chassagne-Montrachet 1er Cru Clos Pitois	1.44
Santenay 1er Cru Beauregard	3.04	Meursault 1er Cru Santenots	0.25
Santenay 1er Cru Commes	2.20	Puligny-Montrachet 1er Cru Champs Gains	0.45
Santenay 1er Cru Gravières	1.10	Santenay 1er Cru Beauregard	0.71
Volnay Santenots 1er Cru	0.25	Santenay Commes Dessus	0.96
Santenay Charmes	1.15		
Pommard Cras	1.00		

シャトー・ド・ラ・クレ　Château de la Crée
サントネ゠ル゠オーに本拠を置く生産者。最近、改築し、集会場兼本部の建物が2倍になった。サントネ、ムルソー、ピュリニ、シャサーニュ、マランジュ、ヴォルネ、ポマールに7.2haを擁す。

ドメーヌ・ジェシオム　Domaine Jessiaume
ドメーヌの歴史は1850年にさかのぼる。現在、マルク・ジェシオムとパスカル・ジェシオムの兄弟がドメーヌを運営しているが、所有権はデヴィッド・マレイ卿が持ち、息子のキースがビジネス面を担当している。今では、ネゴシアン業まで手を広げる。サントネのグラヴィエールに大区画を持つ（赤4.76ha、白0.80ha）。筆者は1929年、1949年、1959年、1969年、1979年という「9揃いのヴィンテージ」を試飲し、マルクとパスカル兄弟の父の技術の確かさを再認識した。

ドメーヌ・ルネ・ルカン゠コラン　Domaine René Lequin-Colin
ルカン家は1679年からワインを造っている。1992年、前代のドメーヌ・ルカン゠ルソーをルネとルイ兄弟で分割した。ルネは、シャサーニュのコラン家の女性と結婚し、現在は息子のフランソワがドメーヌを運営する。9haの土地は、ほとんどサントネ（赤が4種類、白が1種類）とシャサーニュ（白が4種類、赤が1種類）にあるが、ポマール・ノワゾン、ニュイ・サン・ジョルジュ・レ・ブリュレ、特級のコルトン・ランゲット、コルトン゠シャルルマーニュ、バタール゠モンラシェにも区画を持つ。1997年から畑を鋤で耕し、2009年以降、有機農法を採用している。ビオディナミは2010年から取り入れる予定である。現在、ワインはスクリュー・キャップ・ボトルでも入手できる。

ドメーヌ・リュシアン・ミュザール・エ・フィス　Domaine Lucien Muzard & Fils
ミュザール家は1645年以前からサントネに居住している。ドメーヌ名となったリュシアン（1937年生まれ）は、1990年代の初め、息子のクロードとエルヴェにドメーヌを譲る。2人でドメーヌを

運営するが、クロードは醸造と販売、エルヴェは栽培を担当することが多い。近年、ワインは安定した質の高さを見せ、サントネでは5つの1級をはじめ、区画の違いを出したすばらしいワインを出す。ワインは一覧に挙げた以外、サントネのクロ・デ・ムーシュをはじめ、ピュリニ、シャサーニュ、ヴォルネ、コルトン＝シャルルマーニュをネゴシアンのラベルで出し、多種類を揃える。

ドメーヌ・リュシアン・ミュザール・エ・フィスの所有畑	
	ha
Santenay 1er Cru Clos Faubard（赤・白）	1.83
Santenay 1er Cru Gravières	0.62
Santenay 1er Cru Maladière	4.84
Santenay 1er Cru Clos de Tavannes	0.43
Santenay 1er Cru Beauregard	0.17
Pommard Cras	0.31
Santenay Champs Claude（赤・白）	3.06
Chassagne-Montrachet Vieilles Vignes	0.24
Maranges	0.54
Santenay Rouge Vieilles Vigness	3.13

白は、発酵後、新樽50％、1年落ちの樽50％で熟成させ（樽は、ヴォージュの森で伐採したダミー社製）、アルコール発酵のあいだだけ軽くピジャージュする。赤は、完全に除梗し、発酵前に長期間の低温浸漬を経て、発酵槽へ移す。発酵中は、できる限り手を入れない。クロード・ミュザールによると、「ブドウが熟成しているなら、抽出しなくてよい」。赤も、樽はダミー社製を使うが、樽材はニエーヴルの森から伐採し、時間をかけて浅くローストする。

サントネ1級 クロ・フォバール　白は、繊細でエレガント、ピュリニを思わせる花の香りがある。赤は、まるみがあり芳醇で、軽いミネラルも感じるが、ラ・マラディエールのフィネスには及ばない。

サントネ1級 ラ・マラディエール　ミュザールが所有する小区画（リュー・ディ）（植樹は1965年から1988年のあいだ）は、畑の上部から下部まで点在するため、この畑の特徴がよくあらわれている。非常にエレガントかつスタイリッシュなサントネで、荒々しいタンニンはない。

サントネ1級 クロ・ド・タヴァンヌ　植樹は1992年で、通常のクローンとマッサル選抜で採取した苗木を混ぜて植える。香りに深みがあり、品がある。サントネ1級でもっとも完成度が高い。

シャトー・ド・パスタン　Château de Passetemps

フルーロ家が所有するメゾン。同家が所有する区画は、シャトーの名前になっているサントネ1級のパスタン（赤・白）はもちろん、シャサーニュ1級のアベイ・ド・モルジョ（赤・白）、バタール＝モンラシェ、現在は小さくなったが、ル・モンラシェの極小区画も入手（モンラシェの「ルネ・フルーロ」の項目を参照）している。大昔、フルーロは、シャサーニュ側にモンラシェの大区画を所有していたが、長年にわたり、ドメーヌ・ルフレーヴ、ブラン＝ガニャール、フォンテーヌ＝ガニャール、シャトー・ド・ピュリニ＝モンラシェに切り売りした。

ドメーヌ・プリウール＝ブリュネ　Domaine Prieur-Brunet

販売力に優れた大規模ドメーヌ。出荷するワインはコート・ド・ボーヌ全域をカバーする。白は、ACサントネのボワショ〔地図上ではEn Boichot〕、サントネ1級のクロ・ルソー、ACムルソーのレ・フォルジュ・ドゥスュ、レ・シュヴァリエ、ムルソー1級のシャルム、シャサーニュ1級のモルジョとアンブラゼ、特級のバタール＝モンラシェ、赤は、珍しいムルソーのレ・フォルジュ、ポマールのプラティエール、ボーヌ1級のクロ・デュ・ロワ、ヴォルネ1級のサントノを造る。

ドメーヌ・ジャン＝マルク・ヴァンサン　Domaine Jean-Marc Vincent

小規模ながら、サントネに特化した上質のワインを造るドメーヌ。アンヌ＝マリー・ヴァンサンとジャン＝マルク・ヴァンサンが運営する。1997年、ジャン＝マルクは、祖父が開墾して家族所有となった畑を相続する。ジャン＝マルクは栽培や醸造の理論に長じており、知識も多いが口数も多い。栽培コンサルタントのジャン＝マリー・バランドとともに、斬新な栽培法を編み出している。一切の妥協なく独自の栽培法を適用するので、夏にはこのドメーヌの区画が一目でわかる。樹高がほかの区画より目立って高く、畝のあいだに雑草が生えていれば、このドメーヌの畑である。剪定は、コルドン方式とギュイヨ方式の折衷で、樹液がまんべんなく循環するよう配慮している。ジャン＝マル

クの最大関心事は、ブドウ樹のエネルギー制御で、これがうまくいけば質の高いブドウが自然にできるらしい。

新樽比率は平均30%で、樽はシャサン社製を使う。白ブドウは、畑の段階で腐敗果を除去し（赤でも同様）、軽く破砕して圧搾する。ブドウ果汁は静置工程を経ず、直接発酵槽へ入れる。ジャン=マルクによると、ブドウのフェノール分が十分熟成していれば、デブルバージュ（発酵前の清澄）をしなくても問題はないらしい。

赤は、三分の一を除梗したのち、発酵前の低温浸漬を実施する。ピジャージュはほとんどやらず、発酵の3週間はワインに負担がかからないよう、ゆるやかにルモンタージュを実施する。「長く、優しく、ゆっくりと」がジャン=マルクのモットーである。

ドメーヌ・ジャン=マルク・ヴァンサンの所有畑	
赤	ha
Auxey-Duresses 1er Cru Les Bretterins	0.21
Santenay 1er Cru Le Beaurepaire	0.57
Santenay 1er Cru Gravieres	1.24
Santenay 1er Cru Passetemps	0.81
白	
Santenay 1er Cru les Gravières	0.06
Santenay 1er Cru Le Beaurepaire	0.28
Auxey-Duresses Les Hautés	0.90
Puligny-Montrachet La Corvée des Vignes	0.25

maranges

マランジュ

村名格マランジュ	136.77ha
マランジュ1級畑	92.51ha

1988年まで、シェイィ＝レ＝マランジュ、ドゥジーズ＝レ＝マランジュ、サンピニ＝レ＝マランジュという非常に地味な村名アペラシオンがあった。この3村は、行政上はソーヌ＝エ＝ロワール県に属すが、ワイン産地ではコート・ドールの最南端に位置する。3村がラベルに各村名を記載することはまずなかった。誰も知らない複雑怪奇な名前より、コート・ド・ボーヌ・ヴィラージュ名で売る方が、はるかに市場の食いつきがよいからだ。そこで、1988年に3村をマランジュに一本化し、村おこしに打って出た。

3村の中で、ワイン造りがもっとも盛んなのがドゥジーズで、サンピニの上の丘陵地帯にある。20世紀のはじめ、フランスのあるワイン鑑定家は、ドゥジーズを称して「ブドウの木に囲まれた鳥の巣箱のような村」と表現した。シェイリは広い村で、市街地が無秩序に広がるスプロル現象のあおりを受け、平地にはバンガロー風の住居が林立するが、かつては人口が多くおおいに栄えた。分不相応に立派な教会からもそれがうかがえる。

ジュール・ラヴァルとカミーユ・ロディエは、この3村を格付けしていない。ただし、ラヴァルは、サントネの章で、「マランジュはサントネに似ている」と記している。ある意味、これは正しい。3村の中央にあるレ・マランジュ丘陵は、サントネの1級畑地帯の続きで、土壌もサントネによく似たジュラ紀の石灰質である。「マランジュ」は、「ミュルジェ（murgers）」が訛ったものである。ミュルジェは、畑を開墾するときに掘り出した石を積み上げた土手であり、マランジュの丘陵地帯に多数残る。

村名AC畑のほとんどは地質で劣る地域に並ぶ。ドゥジーズの西からノレへ広がる村名地帯とサンピニの斜面下部にある村名エリアは、三畳紀の地層上にある。東のシェイリとサントネにはさまれた村名地区は、太古の昔にコサンヌ河がつくった砂利の高台にある。この砂利には、丘陵上部が風化して崩落した石灰岩が混ざる。

19世紀、ここは白ワインの地域だったが、20世紀に入り、ボーヌのネゴシアン（マランジュにとって最大の顧客）は、コート・ド・ボーヌの控えめな赤の対極

となるタンニンの骨格がしっかりしたピノ・ノワールを欲しがった。現在、マランジュの生産量の95％を赤が占めるが、砂利質土壌の斜面下部では、村名格付けの最上の白ができる。

マランジュ1級畑　Maranges Premiers Crus

クロ・ド・ラ・ブティエール　Clos de la Boutière
AC：マランジュ1級畑
JM：1級畑　　　　　　　　　　　　　　　　　　　　　　　　　　　　2.86ha*

以前はドメーヌ・エドモン・モノの単独所有だったが、今は半分になる。残り半分は、ドメーヌ・バシュレ＝モノが所有している。サントネとの境界にあり、両村をへだてる断層のそばに位置する。

*シェイィ＝レ＝マランジュにある。

ル・クロ・デ・ロワイエール　Le Clos des Loyères
AC：マランジュ1級畑
JM：1級畑　　　　　　　　　　　　　　　　　　　　　　　　　　　　11.48ha*

畑名から判断すると、畑の「loyère（借地人）」が「clos（石垣）」をつくったと思われる。冷涼な区画なので、ワインは香りに深みはないものの、果実味に富む。ドメーヌ・ゲラン、エドモン・モノ、ドメーヌ・ペロー、ベルナール・ルニョードがここでワインを造る。

*サンピニ＝レ＝マランジュにある。

ル・クロ・デ・ロワ　Le Clos des Rois
AC：マランジュ1級畑
JM：1級畑　　　　　　　　　　　　　　　　　　　　　　　　　　　　7.10ha*

王様たち（Rois 複数であることに注意）がこの畑を選んだのは、コルトンのように銘醸畑（ル・クロ・デュ・ロワ）だったためか、ボーヌの凡庸な畑（クロ・デュ・ロワ）のように、嫌々ながら選んだのか？　この畑は、マランジュ1級のトップ5には入らないので、おそらく後者だろう。サンピニの斜面下部にあり、石垣（ミュルジェ）で小区画に分かれる。シャトー・ド・ムラン、モーリス・シャルルー、エドモン・モノ、ペロー、ポンサール＝シュヴァリエ、ベルナール・ルニョードがここでワインを造る。

*サンピニ＝レ＝マランジュにある。

レ・クロ・ルソー　Les Clos Roussots
AC：マランジュ1級畑
JM：1級畑　　　　　　　　　　　　　　　　　　　　　　　　　　　　28.19ha*

サントネのクロ・ルソーの斜面が南南東から南南西へ向かってうねり、斜面の下部、中腹部でこことつながる。レ・プラントとオー・ルエールの2つはここの小区画である。上部は硬質の石灰岩地帯で、粘土質の薄い表層土が覆う。土の温度が低く、タンニンの多いワインができる。下部は泥灰岩が多く、フィネス豊かなワインになる。ドメーヌ・シュヴロ、シャトー・ド・ムラン、モーリス・シャルルー、ポンサール＝シュヴァリエ、J-C・ルニョードがここでワインを造る。

*18.60haがシェイィ＝レ＝マランジュに、9.59haがサンピニ＝レ＝マランジュにある。

ル・クロワ・モワーヌ　Le Croix Moines
AC：マランジュ1級畑
JM：1級畑　　　　　　　　　　　　　　　　　　　　　　　　　　　　1.03ha*

小さい1級畑。カミーユ・ジルーとドメーヌ・シュヴロが所有する（シュヴロの区画が少し大きい）。石灰岩が砕けてできた土壌で、上部の岩盤が崩れ落ちた。斜面上部にあるので空気の流れはよいが、北風は入らない。シュヴロ兄弟は自社のラインナップでこのワインを特級と位置づけている。確かに、シュヴロのワインには噛みつくタンニンは微塵もない。不可解なのは、「le Croix」であること。

マランジュ
Maranges

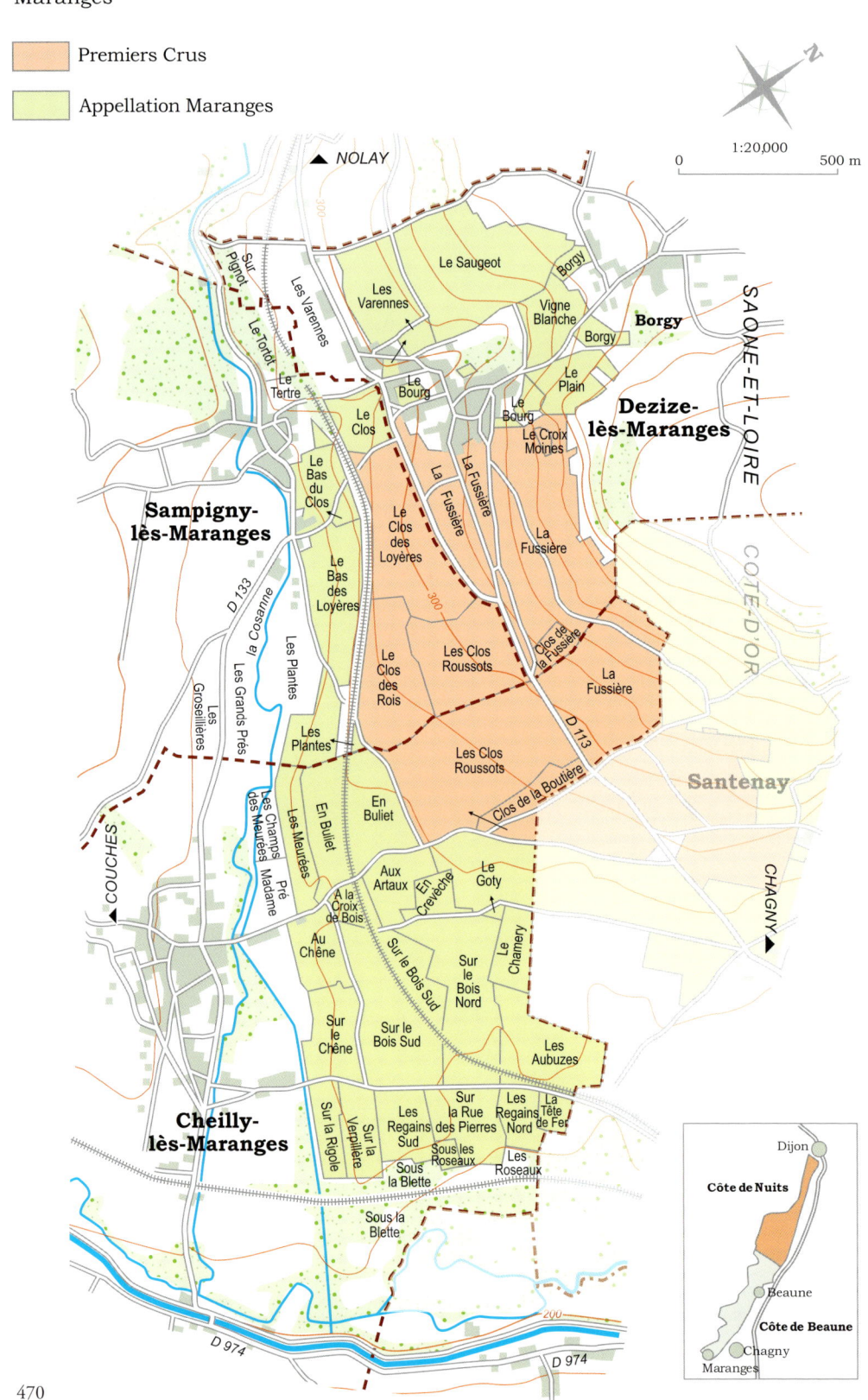

フランスでは小学生でも、「croix（十字架）」は女性名詞であることは知っており、正しい冠詞は「la」のはずだが、誰もこの謎を解けない。
*ドゥジーズ＝レ＝マランジュにある。

ラ・フシエール　La Fussière
AC：マランジュ1級畑
JM：1級畑　　　　　　　　　　　　　　　　　　　　　　　　　　　　　**41.86ha***

そこそこの急斜面にある区画。中腹部は平坦で、丘陵部には湧水が多い。マランジュ1級の中では圧倒的に広い。ワインは、果実分が十分に凝縮しており、マランジュ特有の荒々しいタンニンを包み込む。ヴァンサン・モレ（シャサーニュ＝モンラシェの項を参照）によると、すでにタンニンが十分乗っているので、醸造では多くを抽出する必要はないらしい。

ブリュノ・コラン、マルク・ブトゥネ、エドモン・モノ（赤・白）、トマ・モレとヴァンサン・モレ（このモレ兄弟は、父のベルナールから相続）、クロード・ヌヴォー、ドメーヌ・ポンサール＝シュヴァリエ、J-C・ルニョードがここで個性のあるワインを造る。ドメーヌ・シュヴロは、2008年から赤を造っている。また、第二次世界大戦以降、低木地となった小さい区画にシャルドネを植えている。この地は、以前、白ワインで有名だった。

　　　　　　　　*15.16haがシェイィ＝レ＝マランジュに、26.70haがドゥジーズ＝レ＝マランジュにある。

主要生産者

ドメーヌ・バシュレ=モノ（ドゥジーズ）　Domaine Bachelet-Monnot（Dezize）

ベルナール・バシュレの孫、マルク・バシュレとアレクサンドル・バシュレが最近立ち上げたドメーヌ。10haを所有する。1級のラ・フシエール（赤・白）、クロ・ド・ラ・ブティエール（エドモン・モノと2者で独占所有）などのマランジュ、サントネ、1級のレ・ルフェール、フォラティエール、特級のビアンヴニュ=バタール=モンラシェ、バタール=モンラシェなどのピュリニを造る。白は洗練の極致にある。

モーリス・シャルルー（ドゥジーズ）　Maurice Charleux（Dezize）

マランジュの有名ドメーヌ。モーリス・シャルルーと息子のヴァンサンが切り回す。約12haの畑を所有する。これには、1級のクロ・デ・ロワ、ラ・フシエール、1930年代植樹の古木を植えた村名区画のほか、サントネ（1級のクロ・ルソーなど）も含む。

ドメーヌ・シュヴロ・エ・フィス（シェイィ）　Domaine Chevrot et Fils（Cheilly）

マランジュに本拠を置く非常に評価の高いドメーヌ。今のパブロ・シュヴロとヴァンサン・シュヴロの兄弟が3代目で、現在、有機農法に転換中である。2008年から借地を始め、いろいろな1級ワインを造ろうとしている。白は、全房を圧搾し（父の代に使っていた最新鋭の空気圧式の圧搾機の代わりに、ヴァスラン社製の旧式の水圧式プレス機を購入）、静置させたのち樽で発酵させる。赤は、ほとんど除梗する（ただし、古木では20%まで梗を残す）。

ドメーヌ・シュヴロ・エ・フィスの所有畑	
赤	ha
Maranges 1er Cru Les Clos Roussots	0.35
Maranges 1er Cru La Fussière	0.80
Maranges 1er Cru Le Croix Moines	0.19
Santenay 1er Cru Le Clos Rousseau	1.50
Maranges Sur Le Chêne	3.16
Santenay	0.55
白	
Maranges 1er Cru La Fussière	0.40
Maranges Blanc	1.00

マランジュ1級 ラ・フシエール　試飲すると、村名ワインに比べ、最初のアタックの次に来る中盤の味わいに厚みがあり、ラズベリーの大きな香りとスパイシーなニュアンスを備える。パブロによると、フィニッシュに少しジンジャーブレッドを感じるらしい。マランジュ特有のタンニンに支えられた豊かな果実味がある。

マランジュ・ブラン　1988年にシルヴァン・ピティオから購入した区画（ピティオは、本書で使用した地図の共著作者）。南向きの斜面に位置し、丸くてかたい石灰質の岩や、海洋性微生物の化石が多くある。毎年、この畑のブドウはよく熟し、少量ながら貴腐化することが多い。アプリコットやベルガモットの愛らしくエキゾチックな香りを備え、背後には、基岩に由来する繊細で香ばしい骨格が見える。

ドメーヌ・コンタ=グランジェ（ドゥジーズ）　Domaine Contat-Grangé（Dezize）

1981年にイヴォン・コンタとシャンタル・グランジュがドゥジーズ=レ=マランジュで立ち上げたドメーヌ。数年間のリュット・レゾネ（減農薬栽培）を経て、2008年から有機耕作へ転換した。6.5haの所有区画のうち、6割はACサントネ、ACマランジュ、マランジュ1級の区画で、残りはACブルゴーニュである。

ドメーヌ・エドモン・モノ・エ・フィス（ドゥジーズ）　Domaine Edmond Monnot & Fils（Dezize）

アンドレ・モノとポール・モノの兄弟が設立したドメーヌ。エドモンが跡を継ぎ、現在は息子のステファヌが運営する。所有区画は10ha弱で、この中には1級のクロ・ルソー、ラ・フシエール（赤・白）、クロ・ド・ラ・ブティエールがある。サントネも出す。

ドメーヌ・デ・ルージュ・クー（サンピニ）　Domaine des Rouges Queues（Sampigny）
1992年にイザベル・ヴァンテとジャン=イヴ・ヴァンテがマランジュの1haの区画で始めた小さいドメーヌ。今では、質の高いマランジュ、サントネ、オート=コート・ド・ボーヌを造る。現在、有機農法に転換中である。

大ブルゴーニュ圏
greater burgundy

AC ブルゴーニュ

クレマン・ド・ブルゴーニュ

オート=コート

シャブリ

オーセロワ

コート・シャロネーズ

マコネ

プイィ=フュイッセ

ブルゴーニュというのは、どこからどこまでを指すのだろうか？　これにはいくつかの考え方がある。行政的な観点から言えば、現代のブルゴーニュ地域圏はヨンヌ、ニエーヴル、コート・ドール、ソーヌ゠エ゠ロワールという4つの県から成り立っている。それにしたがえば、プイィ゠フュメを産するロワールのブドウ畑はブルゴーニュの一部ということになるが、ボジョレの大部分ははずれる。私のような立場でワインを扱っていると、ヨンヌのシャブリとオーセロワはブルゴーニュに含まれるのだが、この地域に住むブドウの造り手たちは「ブルゴーニュではどんな具合にやってるんだ？」などと言うことがあり、それはコート・ドールのことを指しているのである。コート・シャロネーズとマコネは、どちらもブルゴーニュの一部であることに異論はないだろう。ボジョレについては意見が分かれるところだ。

この地域の優れたワインに対して私が強い思いを抱いていることは確かだが、ボジョレはブルゴーニュに含まれないと個人的に考えており、この本では扱わないこととする。この地域はボーヌやディジョンでなくリヨンと考えるほうが自然で、ブドウの種類も異なる。地質上の構成を見ても、粘土と石灰岩というブルゴーニュならではの土とはまったく異なる、花崗岩と赤色砂岩から成る酸性の土壌だ。

しかしながら、ブルゴーニュとボジョレの商業的な面でのつながりはそのときどきで変化しており、現在この2つの地域はお互いに引かれ合っているように思われる。今の状況は、「Bourgogne」または「Bourguignon」という単語を含むアペラシオンがボジョレのブドウ畑に与えられる可能性をうかがわせる〔2011年11月にコトー・ブルギニョン Coteaux Bourguignon というアペラシオンが、従来のブルゴーニュ・グラン・オルディネールの改名版として新設された。この新しいアペラシオンは、ブルゴーニュとボジョレの全域を含んでいる〕。

ここでは、この地域全体で見られるACブルゴーニュのブドウ畑から話を始めることにしたい。このカテゴリには地形的にさまざまな区域が含まれるが、その中でもっともよく知られているのがオート゠コート・ド・ニュイとオート゠コート・ド・ボーヌで、これらはすでに説明した2つの大きな地域から続く奥まった場所にある。これらさまざまなブルゴーニュに続いて、北から南に向かって見ていくことにしよう。

ブルゴーニュの中でブドウ栽培の北限となっているのは、オーセールとトネールという2つの町のあいだの地域で、ここにはあまりにも有名な――それゆえに世界中でまねられている――シャブリが含まれる。シャブリは明らかに大ブルゴーニュ圏に含まれるが、シャルドネというスタイルからも、また地質の点からも独自の地位を確立している。基礎をなしている石灰岩が、ここよりも南のコート・ドールなどのジュラ紀よりも若いのだ。この地域では赤ワインも造られており、地球温暖化がゆるやかに進んでいくならばイランシーやエピヌイユのような歴史のあるブドウ畑が再び注目される日がくるかもしれない。

コート・ドールの畑の南には、そのままブズロン、リュリ、メルキュレ、ジヴリ、モンタニといったコート・シャロネーズの村が続いている。ここでもブドウ畑は東から南東を向いているものがほとんどだが、コート・ドールの畑がある丘の斜面とひと続きになっているわけではなく、ドゥーヌ川の渓谷（地質的に見るとブランジー断層の一部）によって断ち切られている。コート・シャロネーズは赤も白も魅力的だが、メルキュレとジヴリで造られる最上の赤を除いては、長く寝かせるには向いていない。この地域がもっとも注目を浴びていたのは工業化の時代で、当時はル・クルーゾやモンソー゠レ゠ミーヌといった鉱山地帯で働く人々の喉を潤すために大量の需要が存在していた。

次のマコネはブルゴーニュの中でも特に美しい地域で、ここよりも北の地域に比べると明らかに暖かい。ブドウ栽培という点では、この地域は二極化している。その片方は、バルクワインがここ数年、信じがたいほどの安値で扱われていることである。これにより、ネゴシアンにワインを売る生産者や、数多くの協同組合のいずれかと組んでいる生産者は生活をおびやかされている。

そこでマコンの生産者の中には、逆の戦略、すなわち手摘み、樽発酵、長期熟成といった手法によりコート・ドールの基準でブドウを育て、ワインを造る者があらわれてきた。そしてそれと呼応して、ラフォンやルフレーヴ、またネゴシアンのルイ・ジャドなど、ここよりもかなり北に位置する有名な生産者のいくつかがマコネに投資している。現在、もっとも変化の大きい地域はプイィ=フュイッセで、生産者の多くが次々と高品質ワインに転換しようとしており、プルミエ・クリュの体系を導入することも視野に入れて、注目すべき独自のテロワールを確立しようとする動きが進んでいる。

generic burgundy

ACブルゴーニュ

広域畑はワインのランクでいえばもっとも下位に位置し、全体の産出量の53%を占める。いわゆるACブルゴーニュを地理的に分割したさまざまな派生的AOCを含めて数えると、アペラシオンの数では100のうち23がこれに該当する。マコンとマコン゠ヴィラージュは、アペラシオンとして広域畑とも地域名畑とも考えられるが、何も冠されないシャブリは村名格として扱われる。

ACブルゴーニュ	ha	赤(hl)	白(hl)
ACブルゴーニュ	2,658	84,387	43,961
ACブルゴーニュ・アリゴテ	1,591		96,082
ACブルゴーニュ・パストゥーグラン	599	31,649	
ACブルゴーニュ・グラン・オルディネール	120	3,814	1,185
合計	4,968	119,850	141,228

このアペラシオンに含まれる村は、白（ブルゴーニュ・ブラン）、赤（ブルゴーニュ・ルージュ）、ロゼ（ブルゴーニュ・ロゼまたはブルゴーニュ・クレレ）を合わせてヨンヌ県に54、コート・ドール県に91、ソーヌ゠エ゠ロワール県に154、ローヌ県に85ある。それ以外のいくつかのコミューンは、2006年にその権利を失っている。

いちばん問題になるのはローヌ県だろう。ここは、ブドウとワインを見ればボジョレと言える。古くからボジョレにある9つのクリュ（あとから追加された10番目のレニエを除いて）から産されるワインについては、ブルゴーニュ・ルージュとして扱う措置がとられてきたが、これによって消費者は当然、ガメではなくピノ・ノワールから造られていると考える。シェナやシルーブルなど、ボジョレのいくつかの畑のワインがその名前でバルク売りされる場合は、ブルゴーニュとしてつくであろう値段よりも安くなるのがふつうだ。ブルゴーニュ

として売られる場合よりも高くなるのは、執筆時点でフルーリー、ムーラン゠ア゠ヴァン、サン・タムールだけである。

また、ボジョレ地域圏で栽培したピノ・ノワールとシャルドネはブルゴーニュとして売ることが許されており、2009年の春にはかなり広い地域——200ha以上——でシャルドネへの改植がおこなわれた。ブルゴーニュ・ブランについてはかなり前からバルク価格の大幅な下落が続いているが、これはマコンの白がブルゴーニュの白として大量に売られているためだ。

赤とロゼに使えるのはピノ・ノワール、ピノ・リエボー、ピノ・ブーロのいずれかだが、ヨンヌではセザールとトルソーを使うことが許される。ブルゴーニュの赤ワインのアペラシオンではどこでも、白ワイン用の品種であるピノ・ブラン、ピノ・グリ、シャルドネを15%まで使うことができる。白はピノ・ブランかシャルドネで造らねばならない。

ジェネリックACの中で今後数年のうちに独自のサブ・アペラシオンを獲得することが期待される地域のひとつとしては、コート・ドール県の北部に位置するシャティヨネ（Châtillonais）が挙げられる。ここは、今でこそ生産量が多くはないが、白の産地としての伝統をもっている。興味深い資料として、ドニ・モルロは1831年当時にシャティヨネで、トロワイアン、ガメ、ガメリ、ロンバール、セルヴォニエ、ピノー、シャスラ・ブラン、ミュスカ・ブラン、ダメリなどのブドウが栽培されていると記している[1]。

ブルゴーニュ・アリゴテ　Bourgogne Aligoté

この広域アペラシオンは、アリゴテ種に限定されている。収量は、少なかった2008年産でも96,082hlに達し、これは優に100万ケースに相当する。これらのほとんどが地元で若いうちに消費されることになる。ほとんどの場合、飲み口は軽く、フレッシュだが、どことなく角張った酸味を感じさせることもあり、これは細心の注意を払って造っても消し去ることができない。20世紀初頭のワインライター、H・ワーナー・アレンは、1900年のアリゴテについて「23年を経てきわめてドライになり、目がさめるようなブーケと透明感のある心地よい後味が楽しめる」[2]としている。

ディジョンの高名な聖職者であり1945年から1968年まで同市の市長でもあったキャノン・フェリックス・キールは、この地に生えるカシスから造ったリキュールであるクレーム・ド・カシスとアリゴテでつくるカクテルにその名を残している。

アリゴテ種に固有のアペラシオンとして、コート・シャロネーズのブズロンがある（「コート・シャロネーズ」を参照）。同じ地域の中でも、ビセ゠アン゠クルショーはアリゴテとして扱われるが、ヨンヌのシトリとコート・ドールのペルナン゠ヴェルジュレスは格上の場所とされる。

ブルゴーニュ・パストゥグラン　Bourgogne Passetoutgrains

統制は上記のブルゴーニュと同じだが、ピノ・ノワールとガメのブレンドと指定されており、そのうち少なくとも三分の一はピノ・ノワールでなければならない。コート・ドールでよく見られるように国道と鉄道のあいだの平らな土地にあり、テロワールはピノ・ノワールやシャルドネには向いていないだろう。

パストゥグランとブルゴーニュ・グラン・オルディネールの2つをコトー・ブルギニョンに変更して、ボジョレのさまざまなワインもそこに含めるという案があるが、ボジョレは「ブルギニョン」ではないし、最初の2つのアペラシオンが栽培される場所は平らな土地であって「コトー（斜面）」ではない。

---

1) Dr. Denis Morelot, *La Vigne et le Vin en Côte d'Or*（1831）, Editions Cléa, Dijon, 2008, p.120
2) H. Warner Allen, *The Wines of France*, 1924, p.167

ブルゴーニュ・グラン・オルディネール　Bourgogne Grand Ordinaire

年間50,000ケースを産するが、これはおそらくブルゴーニュでもっとも問題のあるアペラシオンだろう。Grand(グラン)を省略してブルゴーニュ・オルディネール（並級のブルゴーニュ）、すなわちBOとして売ることが許されているが、一般にはBGOとして知られている。ほとんどの場合、これらのワインはまちがいなくGrand（偉大な）ではなくOrdinaire（並級の）だ。

赤は主にガメだが、ヨンヌでは古くから伝わるセザールとトルソーを使うことが許されている。白はシャルドネ、アリゴテ、ムロン・ド・ブルゴーニュのほか、ヨンヌではサシを使うことができる。実のところムロンは白いガメなのだが、他の地域ではミュスカデと言ったほうがわかりやすい。ヴェズレ周辺では、ブルゴーニュ・グラン・オルディネールとして売るための改植が進んでいる〔2011年11月、グラン・オルディネールはコトー・ブルギニョンに改名された〕。

ブルゴーニュと地理上の区画

広域畑であることと独自のアペラシオンをもつこととの中間的な状態というものがあり、いくつかの地域は「ブルゴーニュ」の一部でありながら、その地域固有のことばをキーワードにつけ加えることが許されている。その一部は、イランシーが成し遂げたようにアペラシオンに昇格することを望んでいる。

ラベルには、「Bourgogne」のあとに同じ大きさの文字で「Hautes-Côtes de Beaune」または「Hautes-Côtes de Nuits」、あるいは「Côtes de Couchois」または「Côtes de Vézelay」と記すことが課せられている。それ以外のすべての区画（コート・ドーセールなど）については、名前は「Bourgogne」の下にその半分までのサイズで示さなければならない。これらの区画については、下に示すそれぞれの地域に関する章で説明している。

ブルゴーニュ=オート=コート・ド・ニュイ	オート=コート
ブルゴーニュ=オート=コート・ド・ボーヌ	オート=コート
ブルゴーニュ=コート・ド・コショワ	コート・シャロネーズ
ブルゴーニュ=コート・シャロネーズ	コート・シャロネーズ
ブルゴーニュ=ヴェズレイ	オーセロワ
ブルゴーニュ=コート・ドーセール	オーセロワ
ブルゴーニュ=シトリィ	オーセロワ
ブルゴーニュ=クランジュ=ラ=ヴィヌーズ	オーセロワ
ブルゴーニュ=エピヌイユ	オーセロワ
ブルゴーニュ=トネール	オーセロワ

単一畑ブルゴーニュ　Single-vineyard Bourgogne

以下の5つの畑は、主だったアペラシオンの管轄区域外にあるものの、一定の地位を確立していると考えられ、ラベルにその名を示すことができる。いずれの場合も、ラベルに記載するブドウ畑の名前は「Bourgogne」の下に半分までの大きさと決められている。これらを北から南に向かって順番に見ていこう。

ブルゴーニュ=コート・サン=ジャック Bourgogne-Côte St-Jacques　ヨンヌ県ジョワニ。この畑は1082年にノートル・ダム・ド・ジョワニ修道院に寄進されているので、その頃すでに存在していたことはまちがいない。コート・サン=ジャックのヴァン・グリは、ルイ14世の宮廷でもふるまわれていた。アペラシオンとなったのは1987年だが、地元のワインが復活したのは1990年以降、ミシュラ

ンの星を獲得したシェフ、ミシェル・ロランがかかわるようになってからだ。畑は、町とロランのレストランを見下ろす急な斜面にみごとな景観をつくっている。

ピノ・ノワールとシャルドネに加え、ロランたちは伝統に立ち返ってヴァン・グリも造っているが、その品種にはピノ・ノワール、ソーヴィニヨン・ブラン、トルソーのほか、驚くことにマルベックも含まれる。彼らはこのワインを次のように表現している。「色はごく淡いピンクでまばゆくきらめき、サーモン色を帯びて明るく澄んでいます。香りにはバラのような花とともにラズベリー、桃などの新鮮な果物の気配があります。強さの中に表情があります……。口に含むとフレッシュな透明感があり、口いっぱいに広がるアタック、ブドウそのもののような味わいで、バランスがとれています。ボディには凝縮感があり、優れた酸味のある後味が長く続きます」

ブルゴーニュ=クロ・デ・マルク・ドール　Bourgogne-Clos des Marcs d'Or 　ディジョン郊外。18世紀にクルテペからその質の高さ、そして交易品としての価値を認められ、1831年にはドニ・モルロから「焼いた肉に最適」というお墨付きをもらった畑だが、1960年代までにはすっかり衰退していた。しかし、その後クシェのドゥレ家の手によって、32aの小さな区画がシャルドネに改植された。

ブルゴーニュ=モントルキュル / アン・モントル=キュル　Bourgogne-Montrecul / En Montre-Cul 　ディジョンの郊外、シュノーヴに近いところに広がるほんの3.5haの畑。栽培家シャルル・キヤルデがかなりの割合を所有し、お尻を出した少年をあしらったラベルで売っていた。その後、ドメーヌ・キヤルデはパトリアルシュに売られ、看板はシャトー・ド・マルサネの名に掛け替えられることになった。もうひとつの重要な造り手はドメーヌ・ドゥレ・フレールである。ドニ・モルロによれば、19世紀のモントル=キュルでは白ワインが造られていたとのことだが、現在ではすべてが赤になっている。

ブルゴーニュ=ル・シャピトル　Bourgogne-Le Chapitre 　ディジョン郊外のシュノーヴに位置するこの畑は、かなりの歴史をもつと考えられる。ジャン=イヴ・ビゾ、ベルナール・ブヴィエ(ドメーヌ・ルネ・ブヴィエ)、ジャン・フルニエが赤を、シルヴァン・パタイユが白を造っている。ビゾはこの畑にいたく魅了され、2007年に1区画を手に入れることができたのだった。畑は最上のワインを造るのにこのうえない斜面の真ん中に位置しており、果実味の重さよりも長命さを特徴とするワインを生み出す。

ブルゴーニュ=ラ・シャペル・ノートル・ダム　Bourgogne-La Chapelle Nôtre Dame 　D974号線の東側、ラドワ=セリニにあって、アロス=コルトンのレ・モレとレ・ヴァロズィエールのブドウ畑の反対側に位置する。畑のある高台は、やがて北側に降りてゆく。ドメーヌ・ニュダンおよびデュブルイユ=フォンテーヌが手がけているが、私はまだ試飲したことがない。

これら5つ以外にも、標準以上の品質を生み出す評判のよい畑がいくつかあり、触れておくのが妥当だろう。シャンボール=ミュジニのボン・バトンは、村名アペラシオンからD974号線を渡ってすぐの砂利の多い斜面に位置している。パトリス・リオンとジスレーヌ・バルトのどちらが造るワインもすばらしい。

ヴァン・ド・ペイ　Vin de Pays

フランスであればだいたいどこへ行っても、蘊蓄抜きで飲めるヴァン・ド・ペイがあるものだが、ブルゴーニュではなかなかそうもいかない。中心部であればなおさらのことである。ヨンヌとソーヌ=エ=ロワールでは県名のヴァン・ド・ペイが造られてきたが、コート・ドールにはない。代わりに、以下の2つの小さな地区の名前でヴァン・ド・ペイが造られている。

ヴァン・ド・ペイ・ド・サント=マリー=ラ=ブランシュ　Vin de Pays de Ste-Marie-La-Blanche
この地域にはさまざまな村が存在し、コート・ドールにあるサント=マリー=ラ=ブランシュなど16の村と、県境を越えたソーヌ=エ=ロワールのひとつの村でヴァン・ド・ペイを造っている。白はシャ

ルドネ、ピノ・ブラン、オーセロワ、ピノ・グリ、アリゴテ、ムロン・ド・ブルゴーニュ、赤はピノ・ノワール、ピノ・グリ、ガメ。この呼称を使用している造り手には、エマニュエル・ジブロとカーヴ・ド・サント゠マリー゠ラ・ブランシュがある。

ヴァン・ド・ペイ・デ・コトー・ド・ローソワ　Vin de Pays des Coteaux de l'Auxois
19世紀には、ブルゴーニュのどの村落にもいくらかのブドウ畑があったと考えられるが、フィロキセラの流行後はほとんど改植されることがなかった。何人かの情熱家たちが、モンバールとディジョンのあいだの田園地帯に広がる美しい林の丘で小規模の生産を復活させている。

ドメーヌ・ド・フラヴィニ゠アレジア　Domaine de Flavigny-Alésia　フラヴィニ゠シュル゠オズランの村から反対側に下ったところに位置しており、741年というはるか昔からワイン造りがおこなわれ、1820年には420haを擁していた。フィロキセラ後の最初の改植は、ディジョンの外科医ジェラール・ヴェルメールの下で1994年におこなわれた。現在では、南東向きの14haの斜面にアリゴテ、シャルドネ、オーセロワ、ピノ・ブーロ、ピノ・ノワール、セザールがリラ仕立てで栽培されている。今はドメーヌ・エティエンヌ・ド・モンティーユにいるシリル・ラヴォーが醸造長を務めていたこともある。

ドメーヌ・デ・コトー・ド・ヴィレーヌ゠レ゠プレヴォット・エ・ヴィゼルニ　Domaine des Coteaux de Villaines-les-Prévôtes et Viserny　12haの畑にシャルドネ、オーセロワ、ピノ・グリ、ピノ・ノワールが植えられている。最上位に位置するのは、11ヵ月を樽で過ごすキュヴェ・プレスティージュ・ラ・カボット。

crémant de bourgogne

クレマン・ド・ブルゴーニュ

19世紀の初めには、ブルゴーニュのスパークリングワインが人気だった。ドニ・モルロによれば、このワインは赤ワイン用のブドウから造られ、そのブドウは最高の畑で採れたものでなければならなかったということだ。博士はスティルワインの赤と同様にスパークリングワインにも、ブドウ畑がもつ本来の特性がはっきりあらわれると考えていた。

ジョゼフ=ジュール・ロスールは、その時代のスパークリングワイン造りでもっとも活躍したうちのひとりで、1820年代は年に数百万本を生産していた。やがて彼は、イギリスで通用するだけのボディを持ったワインを造るには、コート・ド・ニュイで最高の畑が必要だという結論を得る[1]。

19世紀の後半、セインツベリ教授は次のようなことばを残している。「ブルゴーニュの白のスパークリングの中には、きわめて優れたものがある。1870年の戦争より前にガーンジーで買い求めていたものは（それ以降は手に入らなくなった）、私が今までに味わった中でもっとも安価な上物のスパークリングワインと言える。私の記憶にまちがいがなければ、1ダースで30シリング、高くても36シリングはしなかったはずだ。店はといえば、家具やら訳のわからないがらくた、古本などが並ぶよろず屋で、ヴィクトル・ユゴーが話しているのを聞いた唯一の場所だ。ブルゴーニュの赤のスパークリングには、現在までまったく関心はない[2]」

クレマン・ド・ブルゴーニュがアペラシオンとして制定されたのは1975年で、使用できる品種はガメ、ピノ・グリ、ピノ・ノワール、アリゴテ、シャルドネ、ムロン・ド・ブルゴーニュ、ピノ・ブラン、サシ。ただし、シャルドネと、この中のいずれかのピノ種が少なくとも30％含まれていなければならず、ガメが20％を超えてはならない。

近年、ブルゴーニュ南部の栽培家において、収量が極端に上がるような剪定をおこない、その年が大豊作になればクレマン用のワインであると宣言する、という問題があった。そこで2009年からは、クレマン・ド・ブルゴーニュを造ろう

とする栽培農家は1haあたり78hlという収量——これは通常のジェネリック・ブルゴーニュを30％も上回る——を許される代わりに、どの区画がスパークリングワイン用であるかをあらかじめ宣言するよう求められることになった。

驚くべきことに、クレマンの生産量は2008年には1750万本に達し、ブルゴーニュ全体の収穫量の9％を占めるまでになった[3]。優れたワインもいくつか見つかる。2009年、Bourgogne Aujourd'hui誌は、クレマンとシャンパンをさまざまなカテゴリで対決させるブラインド・テイスティングをおこなった。その結果、ブルゴーニュのクレマンがロゼとブリュット・ノンヴィンテージで1位を飾ったのだ。このようなブラインド形式で決める優劣が広く通用する価値をもつものなのか私は疑問をもっているが、少なくとも注目に値するワインが出てきていることの証ではあるだろう。

クレマン・ド・ブルゴーニュの造り手はグラン・オーセロワとコート・シャロネーズに集中しているが、いくつかはボーヌやニュイ＝サン＝ジョルジュに居を構えている。クレマンを専門に扱う主な造り手を以下に示す。

メゾン・ヴーヴ・アンバル　Maison Veuve Ambal

スパークリング専門のワイン造りは、1898年、未亡人マリー・アンバルの手によってリュリで始まった。現在では彼女の曾孫であるエリック・ピフォに受け継がれ、2005年にボーヌのはずれの現代的なオフィスに移っている。200haほどの畑を持っており、その内訳はオーセロワ（52ha）、シャティヨネ（41ha）、オート＝コート・ド・ニュイ（40ha）、コショワ（70ha）である。独自の名称をもつキュヴェのほかに、上記の各地域のボトルも生産されている。

カーヴ・ド・バイイ　Caves de Bailly

「オーセロワ」の章（532頁）を参照。

ルイ・ブイヨ　Louis Bouillot

1877年にニュイ＝サン＝ジョルジュで設立されたクレマン専業の造り手。1997年にジャン＝クロード・ボワセに買収された。「リマジナリウム」という立派な訪問者施設を備えており、ペルル・ドール、ペルル・ドーロールなど、パールをテーマにした展開となっている。

メゾン・アルベール・スニ　Maison Albert Sounit

「コート・シャロネーズ」の章（544頁）を参照。

ヴィトー＝アルベルティ　Vitteaut-Alberti

1951年、リュシアン・ヴィトーとその妻によってリュリに設立された。アルベルティは妻の旧姓である。現在は孫娘のアニエスが引き継いでいる。通常のクレマンのほか、ブラン・ド・ブラン、ロゼ、スパークリングのブルゴーニュ・ルージュ・メトード・トラディショネルを揃えている。

---

1) Jean-François Bazin, *La Romanée-Conti*, Jacques Legrand, Paris, 1994, p. 38
2) George Saintsbury, *Notes on a Cellar Book*（1920）, Macmillan, London, 1978, p.56
3) 出典：BIVB

the hautes-côtes

オート゠コート

コート・ドールの斜面に向かって西になだらかに続く丘の村々には、ブドウ栽培の長い歴史がある。また、カシスを始めとするベリー果類の栽培も伝統があり、これらはクレーム・ド・カシスなどの原料となる。古くから栽培されているブドウは主としてガメで、ガメ・ド・アルスナン、ガメ・ド・ベヴィのようにオート゠コートの村からその名がとられた品種もあるほどだ。ここでも、少なくとも1950年代まで続いたフィロキセラがブドウ畑衰退の引き金となった。地元の生産者たちは早くも1927年には、軽く見られがちなアリエール゠コート（後背地のコート）という名前をオート゠コート（高地のコート）に変えたがっていたが、INAOがブルゴーニュ゠オート゠コート・ド・ニュイとブルゴーニュ゠オート゠コート・ド・ボーヌをアペラシオンとして認めたのは、ようやく1961年のことである[1]。

オート゠コート・ド・ニュイ　Hautes-Côtes de Nuits

ブルゴーニュ゠オート゠コート・ド・ニュイは19の村を擁し、北端のヴェルジの丘から、オート゠コート・ド・ボーヌとの境界線上に位置するマニ゠レ゠ヴィレまで広がっている。2008年時点で、オート゠コート・ド・ニュイのブドウ畑は657ha。ここから22,656hlの赤ワインと6,101hlの白ワインが造られた。

アルスナン　Arcenant

オート゠コート・ド・ニュイで最高のワインを産する村のひとつ。ジャン゠バティスト・ジョアネ社のクレーム・ド・カシスをはじめとして（ほかにフランボワーズ、桃、ブラックチェリーなど）、フルーツを使った高品質のリキュールでも有名である。主な造り手はオリヴィエ・ジュアン、オレリアン・ヴェルデ。

クロ・デュ・プリウレ　Clos du Prieuré　畑は村の上に広がる南向きの斜面にあ

る。白い泥灰岩と石灰岩が基岩を成している点がコルトン゠シャルルマーニュの一部に似ていると語るティボー・リジェ゠ベレールの区画では、高仕立てで樹間を広くする一般的な方法は採らず、1haに10,000本を育てている。もうひとりの主要な生産者はオレリアン・ヴェルデ。

ベヴィ　Bévy
コロンジュ゠レ゠ベヴィ　Collonges-lès-Bévy
どちらもオート゠コートからさらに少し奥まったところに位置するが、ワインとベリー果と森林というこの地域ならではの組み合わせに変わりはない。ベヴィにおける主な造り手は、ドメーヌ・デ・シレ・ド・ヴェルジとドメーヌ・ド・ラ・ヴィーニュ・オ・ロワ。後者はヴーヴ・アンバル社の傘下にあり、同社のスパークリング・ワインに使われる。

ショー　Chaux
ニュイ゠サン゠ジョルジュから少し上がった石灰岩の高台に位置しており、村からも、そしてブドウが生い茂るニュイを見渡す断層崖の頂上からも1kmほどである。晴れた日にはソーヌ川からジュラまでの眺めが美しく、格別に晴れることがあればモンブランまで見渡せる。この村に本拠を構える造り手には、ビセ家のさまざまな面々やアラン・ヴォーティエ（シャトー・オーゾンヌの持ち主とは別人）がいる。それ以外では、ドメーヌ・ベルターニャもショーに数ヘクタールを所有しているほか、ティボー・リジェ゠ベレールがラ・コルヴェ・ド・ヴィリという名の区画を持っている。

シュヴァンヌ　Chevannes
オート゠コートからはかなり離れており標高も高いこの村が地図に刻まれているのは、ダヴィッド・デュバンの力によるものだ。彼は投資家フランソワ・フイエの援助を受けて、コート・ド・ニュイ全域を扱う優れたドメーヌを立ち上げたほか、オート゠コートにも自分の地所を持つに至った。

コンクール゠エ゠コルボワン　Concœur-et-Corboin
少し見つけにくいこの2つの村は、ヴォーヌ゠ロマネから奥まった方へと進む細い道を上がったところにある。近くにはシャトー・ダントレ・ドゥー・モンがあり、正面の大きな送電線さえなければ魅惑的な立地だ。カシスなどのベリー果類が有名で、クレーム・ド・フランボワーズは特に名高い。アンヌ・グロのオート゠コート・ド・ニュイ（赤と白のどちらとも）は、コンクールのブドウを使っている。ここに本拠を構えるドメーヌには、ジャン゠ピエール・ミュニュレ（現在は引退）とドメーヌ・マニュエル・オリヴィエがある。

キュルティル゠ヴェルジ　Curtil-Vergy
レタン・ヴェルジ　L'Etang Vergy
リュエル゠ヴェルジ　Ruelle-Vergy
名前にあらわれているとおり、この3つの村はヴェルジの丘のそれぞれ別の斜面に位置している。この丘には古代の要塞やアベイ・ド・サン゠ヴィヴァンの跡、11世紀の教会サン゠サテュルナンもあり、これらをリュエル゠ヴェルジの上に臨むことができる。

もっともブドウ畑に適しているのはキュルティル゠ヴェルジで、ここにはイヴ・シャレとベルトラン・マシャール・ド・グラモンという2つのドメーヌが居を構え、東向きのすばらしい丘の斜面をブドウが覆っている。ただし反対側の丘のために、コートの主役となっている斜面が受けるような朝日を浴びることはできない。

1）これらの地域の地図は、92頁と264頁を参照。

マニ゠レ゠ヴィレ（一部）　Magny-lès-Villers
マニは、オート゠コート・ド・ボーヌとオート゠コート・ド・ニュイを結ぶあたりに位置し、両方のアペラシオンの畑を持つ。高名なドメーヌは、コルニュ、グラントネ、ジャイエ゠ジル、ノダン゠フェラン。

マレ゠レ゠フュッセ　Marey-lès-Fussey
この小さな村落はブドウ栽培で成り立っており、いくつか新しい建物が見えるのは、それがなかなかの成功を収めている証だろう。シモン家の人々がそれぞれの醸造所でワインを直売しているが、生産者として一番に挙げられるのはドメーヌ・テヴノ゠ル・ブリュン。なかでもクロ・デュ・ヴィニョンは赤白どちらも優れている。
クロ・デュ・ヴィニョン　Clos du Vignon　7haのブドウ畑は、12世紀までさかのぼる歴史をもつ。南東向きの斜面でシャルドネが育てられているが、もっとも傾斜がきつく、ほかの場所よりも南にふれているあたりにはピノが植えられている。

メサンジュ　Messanges
レタン゠ヴェルジとムイイという、どちらもここより大きい2つの村にはさまれており、ティエリー・ヴィゴとユベール・フルーロが生産の拠点としている。

ムイエ　Meuilley
村自体はムザン川がつくる渓谷の中にあるが、その上に広がる斜面はオート゠コートの中で最上級のブドウ畑である。主な造り手は、ドメーヌ・マレとドメーヌ・ルリエーヴル。

スグロワ　Segrois
人通りのある道からはずれ、メサンジュから渓谷を渡ったところにある小さな村落。私の知る限り、この村でワインを造っている者はいない。

ヴィラール゠フォンテーヌ　Villars-Fontaine
パトリック・ユドロが有機農法で単一畑に特化したワイン造りに取り組んでいる。オート゠コート・ド・ニュイの白としてはレ・クロシオーとプランソン、赤はコロンビエール、ジュヌヴリエール、ロンシエール。もうひとりのユドロであるベルナールは、シャトー・ド・ヴィラール゠フォンテーヌで同じくジュヌヴリエールの赤のほか、ルーアルとジロメの白も造っている。彼は新樽での長期熟成を得意とし、その手によるジュヌヴリエールは最長で30ヵ月熟成される。

ヴィレール゠ラ゠ファイエ　Villers-la-Faye
コンブランシヤンとコルゴロワンの採石場である「コート・デ・ピエール」の奥に位置し、樽製造のメイリュー社のほか、いくつかの造り手が本拠を置く。主な生産者はドメーヌ・ボナルドー。単一畑クロ・デ・オ（ゾ）ワゾーを赤と白の両方で、ブエとフリブールという名で造っている。

そのほかのブドウ畑
プレモー゠プリセ、ニュイ゠サン゠ジョルジュ、フラジェ゠エシェゾー、シャンボール゠ミュジニといった村から見上げる丘の斜面には、これまでに見てきた村のほかにもオート゠コート・ド・ニュイのブドウ畑がある。
レ・ダム・ユゲット　Les Dames Huguettes　ニュイ゠サン゠ジョルジュ村落内の優れた畑だが、場所としてはショーに向かう道沿いの高台にある。カーヴ・デ・オート゠コート、ドメーヌ・ベルターニャ、ジャン゠クロード・ボワセ、ギィ＆イヴァン・デュフルール、ポール＆コレット・シモンらがそれぞれ生産している。

オート=コート・ド・ボーヌ　Hautes-Côtes de Beaune

クショワのブドウ畑、マランジュのブドウ畑、そして商店が集まっているノレという小さな町をそれぞれ頂点とする三角形の内側には、コート・ドール県の側に22、ソーヌ=エ=ロワールに7つの村がある。2008年には、814haの土地から赤を32,500hl、白を6,996hl送り出している。

ボビニ　Baubigny
ラ・ロシュポからサン=ロマンに続く田舎道沿いの美しい村であり、コートの中でもっとも魅惑的な一角だが、ワインに関して特に記すべきことはない。ボビニ村にはオルシュに小さな協同組合があり、ロゼを専門に造っているが、ワイン好きよりは観光客向けと言えよう。

ブーズ=レ=ボーヌ　Bouze-lès-Beaune
ボーヌからアルネ=ル=デュックに向かう道沿いにあるこの小さな村には、ラ・ブズロッテというレストランと、一見そうとは見えぬナイトクラブ「ザ・ブーズ・ブラザース」がある。また、数少ない造り手のひとつ、ドメーヌ・シャラシュ=ベルジェレは、オート=コートのほかにショレ、ポマール、サヴィニを造っている。

シャンジュ　Change
クレオ　Créot
エペルテュリ　Epertully
パリ・ロピタル　Paris l'Hôpital
この村々は、ノレとマランジュのさまざまなブドウ畑にはさまれた場所にある。クレオ、エペルテュリ、マルシュスイユは高台の上に、パリ・ロピタルとシャンジュはコザン川の渓谷沿いに位置している。後者はオート=コートの中でもワイン造りが盛んな場所のひとつで、ドゥマンジョ、ジョルジュ・ゲラン、モノ=ロシュといったドメーヌがワインを造っている。ドメーヌ・クロード・ヌーヴォーは、マルシュスイユの中でも見晴らしのよい場所にあり、丘が続いてゆく眺めがすばらしい。

エシェヴロンヌ　Echévronne
ペルナン=ヴェルジュレスの裏側にある渓谷を上がったところがエシェヴロンヌである。ボーヌまですぐに出て行ける立地でありながら、平穏な田舎の風情も味わうことができる。主な造り手は、ドメーヌ・リュシアン・ジャコブとドメーヌ・フェリ。

フュッセ　Fussey
ブドウ栽培よりも農業を主とする村で、細い一本道の行き止まりにある。ドメーヌ・ヴェルネが本拠を置く。

ラ・ロシュポ　La Rochepot
シャトー見学のために訪れる価値のある村。14世紀の強欲な政治家フィリップ・ポットが建てたもので、屋根の色が華やかな建物はおとぎ話の世界からもってきたようだ。地元の造り手は、フクラン家の人々やドメーヌ・ビラール・ペール・エ・フィスなど。

マニ=レ=ヴィレ（部分）　Magny-lès-Villers
「オート=コート・ド・ニュイ」の項目（487頁）を参照。

マヴィリ=マンドゥロ、ムロワジ　Mavilly-Mandelot, Meloisey
隣り合っているこの2つの村は、ポマールとサン=ロマンを結ぶ田舎道沿いにある。ドニ・モルロの記すところでは、ムロワジのワインは14世紀にはヴォルネと同格と見なされ、1180年には尊厳王

フィリップ2世の宮廷でふるまわれたという。現在もムロワジではブドウ栽培が盛んであり、優れた造り手が数名いる。

クロ・ド・ラ・ペリエール　Clos de la Perrière　1963年に初めて作付けされたクロは、ムロワジのドメーヌ・パリゴとムルソーのセバスティアン・マニャンの共同所有となっている。南向きの土地で、表土は薄く、かなり石が混じる。

ナントゥー　Nantoux

オート＝コートの中核を成す村で、あちらこちらで造り手の看板を見かけることができる。モンショヴェとシャルルのどちらが自分の好みかわからないときは、この村に来ればどちらも選び放題だ。ジャン＝リュック・ジョリオが運営するドメーヌはなかなか大きく、ポマールの畑も持つ。また、ジャン＝イヴ・ドゥヴェイの造る各種のオート＝コート・ド・ボーヌ（シャン・ペルドリ、シャン・ダルジャン、レ・シャニョ）はすべて、ナントゥーの上に広がる南向きの高台から生まれる。

ノレ　Nolay
コルモ　Cormot
ヴォシニョン　Vauchignon

ノレは商店が集まっている小さな町で、中世風の珍しい外観をもつレ・アールというマーケットがある。いっぽうブドウ畑はシレの村落などにあり、ここにはクリストフ・ポシャのドメーヌ・ド・ラ・コンフィレリなどがある。フランソワ・ベルジェが赤と白のさまざまなオート＝コートとクレマン・ド・ブルゴーニュを造っている。

ノレから北側に伸びる谷間の両側にはブドウが植えられ、コルモ＝ル＝グランに至る途中にドメーヌ・ボワソンが9haの地所を持つ。ヴォシニョンは有名な「ブ・デュ・モンド（Bout du Monde　世界の終わり）」渓谷の入り口の村だ。この渓谷はなかなかの見ものである。

そのほかのブドウ畑

ここまでに見てきた村のほかにオート＝コート・ド・ボーヌの畑が開かれている場所としては、オセ＝デュレス、ボーヌ、ムルソー、モンテリ、ペルナン＝ヴェルジュレス、ポマール、サン＝トーバン、サン＝ロマン、サヴィニ＝レ＝ボーヌ、ヴォルネといった村と、県境を越えたソーヌ＝エ＝ロワール県にあるマランジュの3つの村から上がった丘の斜面がある。

レ・シャンプラン　Les Champlains（サヴィニ＝レ＝ボーヌ）　レ・シャンプランは、ここよりも名の通っている隣のペリエールと同じく石の多い土質で、南に向かって開けており、サヴィニとその先に広がる平らな土地のすばらしい眺めを一望できる。ブドウ畑の隣には、パトリック・ビーズの両親に捧げられた小さな石のモニュメントとミニチュアの庭園がある。ここではドメーヌ・ビーズが白ワインを造っている。

レ・ペリエール　Les Perrières（サヴィニ＝レ＝ボーヌ）　ドメーヌ・ジラール（赤）、ドメーヌ・シモン・ビーズ（赤および白）、ドメーヌ・ダルデュイ（白）がいずれもレ・ペリエールの畑名を冠するワインを造っている。オート＝コートの中でも抜きん出た畑で、土壌はきわめて石が多い。標高は390mほどで、サヴィニを臨むことができる。

主要生産者

ドメーヌ・ドニ・カレ（ムロワジ）　Domaine Denis Carré（Meloisey）
派手さはないが印象深いワイン造りをしているドメーヌ。オート＝コート・ド・ボーヌ、サヴィニ＝レ＝ボーヌ、サン＝ロマン、ポマール・プティ・ノワゾン、1級畑のレ・シャルモ、ムルソーに合わせて13haを持つ。

カーヴ・デ・オート・コート（ボーヌ）　Caves des Hautes-Côtes（Beaune）
1968年にオート＝コートからやってきたこの協同組合は、ボーヌ郊外のポマール街道沿いに本拠があり、かなり広大な土地をたばねている。現在では、ブルゴーニュの74のアペラシオンにまたがる600haの土地と260名もの生産者が加入しており、ブルゴーニュに拠点をおくほかの主要協同組合とともにブラゾン・ド・ブルゴーニュ販売グループに参加している。醸造責任者はセバスティアン・ソバジョ。丘の上にあるメゾン・デ・オート＝コートは、今では使われていない。

イヴ・シャレ（キュルティル＝ヴェルジ）　Yves Chaley（Curtil-Vergy）
シャレ氏は生産者の枠をはみ出したような人物である。チャールズ皇太子と親交があると語り、メナッセというホテルを経営し、地元の政界に深く関わっている。地元の村やそこでの選挙に関するテレビのドキュメンタリー番組で大きく取り上げられたこともある。

ドメーヌ・コルニュ（マニ＝レ＝ヴィレ）　Domaine Cornu（Magny-lès-Villers）
この大きなドメーヌはアレクサンドルとイザベルが父クロードから受け継いだもので、ペルナン＝ヴェルジュレス、ラドワ、サヴィニ、コルトン、オート＝コートに畑を持つ。1980年代の初めにクロード・コルニュを訪ねて試飲させてもらったことがあるが、彼は自分のワインがコート・ド・ニュイのいくつかの名門ドメーヌのものと比べても遜色ないと語っていた。

ジャン＝イヴ・ドゥヴヴェイ（ドゥミニ）　Jean-Yves Devevey（Demigny）
ドゥミニはオート＝コートではなくピュリニの下の平地だが、ジャン＝イヴにとっての主力畑はナントゥーの上の斜面にあるものだ。ここで彼は、レ・シャニョ、レ・シャン・ペルドリ、シャン・ダルジャンという3つの区画から主に白ワインを造っている。ほかのアペラシオンとして、ボーヌの1級畑レ・ペルテュイズ[2]、ヴォルネ、リュリ・ブランと、いくつかのネゴシアンものがある。

ダヴィッド・デュバン（シュヴァンヌ）　David Duband（Chevannes）
ダヴィッド・デュバンの父はオート＝コートとニュイ＝サン＝ジョルジュ、それにニュイのいくつかの1級畑に区画を持ち、オート＝コート協同組合にブドウを供給していた。このうちオー・トレだけは引退した栽培農家との耕作契約に基づいていたが、1990年にこの農家は、所有畑をパリの弁護士フランソワ・フイエに売却する。フイエは、耕作契約の存続には異存がなかったが、協同組合でなくドメーヌでワインを造ることを条件にした。農業高校で農業を学んだのち軍務に就いていたダヴィッドが1991年に退役して、協同組合に任せるワイン造りも終わった。（リセ・ヴィティコル）

その後、2005年に彼の仕事は急拡大する。フランソワ・フイエがモレ＝サン＝ドニにあるドメーヌ・トルショ＝マルタンを丸ごと購入したのである。さらに2009年にはドメーヌ・ルイ・レミのブドウが供給されるようになったが、そのほとんどが特級畑であった。フイエとの契約は50対50の比率の分益耕作で、ダヴィッド・デュバンがすべてのワインを造り、製品を双方で分け合うというものだ。したがって、ドメーヌ・フランソワ・フイエのラベルも中身はまったく同じである。2006年からは有機農法で造られており、2010年に公式に認証される予定だ。

---

[2] 私はこの畑に持分所有者として利害関係を有することを記しておく。

ダヴィッドの好む赤ワインがドメーヌ・デュジャックやドメーヌ・ルソーのものであることを考えれば、彼がブドウを強く搾ろうとしないことも、彼の造るワインが比較的明るい色をしていることも納得できる。最近の大きなできごとは、2006年からおこなわれている果梗への取り組みである。

ヴィラージュであれ1級畑であれ、現在では一定の全房発酵をおこなうのが標準的だが、デュバン流の仕上げは特級畑における「ペディセル処理」で、2006年のシャルム゠シャンベルタンに試して成功したことを受けて導入された。実を房から摘むとき、茎の大きな部分は取り除くが、個々の小さな軸、すなわちブドウの実を房に結びつけているペディセルは残すのである。

このようにして造られるワインはやわらかく、ときにはスモーキーさやスパイスの香りをまといながら、きわめて心地よい味わいを残してくれる。

ダヴィッド・デュバン（シュヴァンヌ）の所有畑

	ha
Chambertin Grand Cru（2009年以後）	0.22
Clos de La Roche Grand Cru	0.41
Echézeaux Grand Cru	0.50
Latricieres-Chambertin Grand Cru（2009年以後）	0.28
Mazoyères-Chambertin Grand Cru	0.65
Chambolle-Musigny 1er Cru Les Sentiers	0.65
Gevrey-Chambertin 1er Cru Les Combottes	0.16
Morey-St-Denis 1er Cru Clos Sorbè	1.20
Morey-St-Denis 1er Cru	0.80
Nuits-St-Georges 1er Cru Les Chabœufs	0.10
Nuits-St-Georges 1er Cru Les Procès	0.35
Nuits-St-Georges 1er Cru Les Pruliers	0.52
Nuits-St-Georges 1er Cru Aux Thorey	0.60
Chambolle-Musigny	0.32
Gevrey-Chambertin	0.60
Morey-St-Denis	1.19
Nuits-St-Georges	2.20
Vosne-Romanée	0.50

シャルム゠シャンベルタン 特級　1920年に植樹されたレ・マゾワイエールの区画から造られる。シャルム特有の濃厚で強壮なチェリーの果実風味に、ペディセル処理がもたらす、胡椒を思わせる香りをもつ。早飲みでも楽しめるが、長期の熟成にも十分に耐えるはずだ。

ニュイ゠サン゠ジョルジュ 1級 レ・プロセ　優れたテロワールによって、ほかから抜きん出たワイン。色はわずかに濃く、果実味はフレッシュ、フィニッシュにはミネラルが感じられる。デュバンのレ・プロセは、優れたヴィンテージでは熟成するまでにかなりの年数を要する。

ドメーヌ・ジャン・フェリ（エシェヴロンヌ）　Domaine Jean Féry（Echevronne）

ルイ・ジャコブの孫であるジャン゠ルイ・フェリが所有するこのドメーヌは、ブリジット・ジャニュが中心となり、醸造コンサルタントとしてパスカル・マルシャンの助言を得ながら運営している。このドメーヌはかなり規模が大きく、以下の地所を保有している。オート゠コート・ド・ボーヌ、サヴィニ゠レ゠ボーヌ、サヴィニ・コンナルディス、サヴィニ1級ヴェルジュレス、ペルナン゠ヴェルジュレス・レ・バス・ヴェルジュレス、コート・ド・ニュイ・ヴィラージュ・クロ・ド・マニ、モレ゠サン゠ドニ、ヴォーヌ゠ロマネ・オー・レア、ニュイ゠サン゠ジョルジュ・レ・ダモド、ジュヴレ゠シャンベルタン・レ・クレ、白はピュリニ゠モンラシェ・ノロワイエおよびペルナン゠ヴェルジュレス・コンボット。

ドメーヌ・リュシアン・ジャコブ（エシェヴロンヌ）　Domaine Lucien Jacob（Echevronne）

現在、ジャン゠ミシェル・ジャコブとイギリス人の妻クリスティーヌによって運営されているドメーヌ。オート゠コートとサヴィニ゠レ゠ボーヌの畑を柱にしており、ここには1級畑ヴェルジュレスとプイエも含まれる。また、ボーヌ・サン・ヴィーニュ1級にもいくらかと、わずかながらシャンボル゠ミュジニとジュヴレ゠シャンベルタンにも畑を持っている。なお、このドメーヌの製造するクレーム・ド・カシスとクレーム・ド・フランボワーズもたいへん優れている。

ジル・ジャイエ゠ジル（マニ゠レ゠ヴィレ）　Gilles Jayer-Gilles（Magny-lès-Villers）

ジル・ジャイエ゠ジルは父のロベールからここを受け継いだが、そのロベールはアンリ・ジャイエの叔父であるアドルフの孫にあたる。新樽をふんだんに使う方針は健在なものの、以前ほど極端ではなく、かなり穏当な姿勢になっている。所有畑は、ニュイ゠サン゠ジョルジュ・レ・オー・ポワレ、ニュイ゠サン゠ジョルジュ1級レ・ダモド、それに0.5haのエシェゾー。

ドメーヌ・マズィリ・ペール・エ・フィス（ムロワジ）　Domaine Mazilly Père & Fils（Meloisey）

長い歴史をもち、今も栄えているドメーヌ。初代はピエール、その後フレデリック、そして今はフレデリックの息子エメリックが運営する。オート＝コート・ド・ボーヌとジュヴレ＝シャンベルタンも含め18haの畑を持っているが、多くをコート・ド・ボーヌの畑が占める。その内訳は、ボーヌ1級畑サン・ヴィーニュ、モントルヴノ、ヴィーニュ・フランシュ、サヴィニ＝レ＝ボーヌ1級レ・ナルバントン、モンテリ1級ル・クルー・デ・シェーヌ、ポマール1級レ・プテュールで、このほかにムルソーを始めとするさまざまな村名格のワインを造っている。

ディディエ・モンショヴェ（ナントゥー）　Didier Montchovet（Nantoux）

ナントゥーにはモンショヴェ姓の栽培農家が数多くいるが、その中でもっとも注目されるのがディディエである。彼は以前から、ヒッピー文化の名残りをもつビオディナミの活動を妻カトリーヌとともに実践し、自分がこの地域でもっとも長くビオディナミに取り組んできたと言う（ジャン＝クロード・ラトーの方が早く始めたことは認めているのだが、彼は一時期中断したと主張している）。

ドメーヌ・ド・モンマン（シャトー・ド・ヴィラール＝フォンテーヌ）　Domaine de Montmain（Château de Villars-Fontaine）

ベルナール・ユドロは、オート＝コートのワインにセラーでの長期樽熟成を施すことによってその名を高めた。

ノダン＝フェラン（マニ＝レ＝ヴィレ）　Naudin-Ferrand（Magny-lès-Villers）

クレール・ノダンが父アンリの跡を継いでいる意欲的なドメーヌである。一部ではビオディナミ農法だけにとどまらず、亜硫酸を使わない自然派のワインも奥深く探求しようとしている。具体的には、ブルゴーニュ・アリゴテ・ル・クルー 34、オート＝コート・ド・ボーヌ・ブラン・ベリス・プレニス、ブルゴーニュ・パストゥグラン・オメガ、オート＝コート・ド・ボーヌ・ルージュ・オルキス・マキュラ、コート・ド・ニュイ・ヴィラージュ・ヴィオラ・オドラタなど。
22haの畑から生まれるワインの80%は単なるジェネリック・ブルゴーニュだが、その一方でコート・ド・ニュイ＝ヴィラージュ・クロ・ド・マニ、コート・ド・ニュイ・ヴィラージュ・ヴィエイユ・ヴィーニュ、ラドワ1級ラ・コルヴェ、それにアロス＝コルトン少々とニュイ＝サン＝ジョルジュ1級レ・ダモド（どちらも2008年から）、また0.34haのレ・ルージュ・デュ・バの区画でエシェゾーも造っている。

ドメーヌ・パリゴ（ムロワジ）　Domaine Parigot（Meloisey）

オート＝コートでクロ・ド・ラ・ペリエールの区画を持つほか、ポマール、ボーヌ、サヴィニ＝レ＝ボーヌ、ヴォルネ、シャサーニュ＝モンラシェ、ムルソーにも畑を持ち、これらには1級畑も少々含まれている。現在、一族の別家系が持つ畑のほうは、ムルソーのセバスティアン・マニャンが耕作している。

テヴノ＝ル・ブリュン（マレ＝レ＝フュッセ）　Thevenot-le Brun（Marey-lès-Fussey）

数代にわたってワインを自家元詰めしてきたドメーヌ。ピノ・ブーロのユニークなキュヴェ、微発泡性のアリゴテ、本格的なクレマン・ド・ブルゴーニュのほかに、単一畑レ・ルナールから造られる赤と、クロ・デュ・ヴィニョンを使った赤と白がある。

オレリアン・ヴェルデ（アルスナン）　Aurélien Verdet（Arcenant）

有機農法の先駆者である父アランが開いたドメーヌをオレリアン・ヴェルデが受け継いだ。最近ではヴォーヌ＝ロマネ・ボーモン、ニュイ＝サン＝ジョルジュ・レ・ダモド、ニュイ＝サン＝ジョルジュ・ブドを加えるなどして地所を拡げている。

そのほかの生産者たち
コート中心部に本拠のある以下の生産者たち（該当する章を参照）は、オート＝コートにもかなりの畑を持っている。

アンヌ・グロ	ヴォーヌ＝ロマネ
ミシェル・グロ	ヴォーヌ＝ロマネ
ギィ＆イワン・デュフルール	ニュイ＝サン＝ジョルジュ
ティボー・リジェ＝ベレール	ニュイ＝サン＝ジョルジュ
ジル・ルモリケ	ニュイ＝サン＝ジョルジュ
R・デュボワ・エ・フィス	プレモー
ジャン＝ノエル・ガニャール	シャサーニュ＝モンラシェ

chablis
シャブリ

シャブリほど偽物が世界中に出回ったワインはない。フランスでは年間生産量の4倍が売られていると言われてきたし、アメリカでは「国産シャブリ」、つまりは低品質の白ワインを気楽に飲むスタイルができあがっていた。そしてイギリスに目を転じれば「スペイン製シャブリ」が大いに売れた時期があるという具合だ。しかし、現在ではフランス政府がこのアペラシオン名を保護しており、喜ばしいことにそのような一連のことはすべて昔話となった。

ただし現在でも、シャブリというワイン自体についての解釈がひとつに定まっているわけではない。私がシャブリに求めるのは、その出自を語ってくれることだ。この地域のワインは、国外では通用しても、シャブリならではの特徴を発揮していないものが多すぎるのだ。町のはずれにある工業団地にステンレスタンクを並べるワイナリー群は、この地域の力強い商業的成功を象徴しているが、それは同時に極端に単純化された大衆市場向け手法のあらわれでもあり、「le vrai Chablis（本当のシャブリ）」の正統性を再び、今度は自らの手で危うくするおそれをも示している。

歴史

近年は、2003年に問題があったものの、霜のおそれが少なくなったことと、この地域の閉鎖性が弱まったことで、畑には変化が見られる。伝統的な手法は、1haに6,500本ほどのブドウを植えて両方の枝を同じ方向に伸ばす複式ギュイヨ方式で剪定するというもので、上の枝が霜害を受けても下の枝は残る可能性があることを狙っていた。現在では植栽の密度を1haあたり8,000本（ユニオン・デ・グラン・クリュの提唱）から10,000本にまで高め、単式または複式ギュイヨを用いるが、複式ギュイヨの場合でも、ボルドーと同じように2本の枝を幹から互いに反対方向に伸ばすという方法がとられている。

また、ようやくと言うべきか、少なくとも最上級の造り手たちのあいだでは手摘みへの回帰が見られる。2000年頃には、ラヴノーやドーヴィサといった頑固な伝統主義者や、ウィリアム・フェーヴル、ビヨー゠シモンといった先導者たちを除けば、手摘みの造り手を見かけることは滅多になかった。しかし現在では、少なくとも1級畑と特級畑は手摘みにする動きが主導的な造り手のあいだで増

えている。また、地元の醸造技師ジャック・ルサンプルに触発されて、発酵に天然酵母を使う動きもある。「自分たちが幸運なのは、力を貸してくれる醸造技師が各種の醸造補助製品を使いたがる人物でないこと」と、造り手のディディエ・ピック（520頁の「ジベール・ピック・エ・フィス」の項目を参照）は語る。単純で競争力のあるシャブリのワイン造りを成り立たせている要素は、3月まではステンレスタンク内の澱の上でマロラクティック発酵をおこない、圧搾したのちに清澄と低温安定処理を施しながら細かい澱の上でさらにタンク内で熟成させ、夏のボトル詰め前に濾過をおこなうという工程にあるのかもしれない。これよりも手の込んだ手法としては、最初の圧搾の時期を遅らせ、細かい澱の上での熟成を最大で18ヵ月続けて、安定化および清澄処理のほとんどを回避するということが考えられる。

これに代わる方法は、何らかの形で樽を使うものとなる。昔のシャブリは古い木の樽、多くの場合はこの地に多い132リットルのフィエットで造られていたと考えられる。実際に、バルク売りのシャブリは今でもフィエットで取引されている。最近では新樽か、少なくとも数年以内に造られた樽を使うのが流行だ。フードル、ビオディナミ式の卵形、ドゥミ=ミュイ、228l樽、フィエットといった何らかの樽で仕込むか、発酵をすませてから樽に移して熟成をおこなうかだが、後者の場合、新しい樽は避けなければならない。

さて、ではシャブリに何を求めるか。まず、私が求めないものは、ヨンヌ県で造られる匿名の無国籍風シャルドネだ。シャブリにはその土地を語ってもらわねばならない。なかでもキンメリッジアン土壌を感じさせる絶妙なミネラル質がはっきりとあらわれている必要がある。これは、ブルゴーニュのほかの地域における粘土石灰質と同じだが、ここは小さい海洋生物の骨が豊富なのだ。

人々が気軽に口にできるプティ・シャブリは、この地域の雰囲気を手軽な値段で楽しませてくれる。単なるシャブリもまた、複雑な味わいである必要はない。ボディが少しばかり豊かで、この地域の特性として求められる要素、つまり、わずかでもおごそかな海の雰囲気を明確に備えていればよい。

Chablis の綴り

スペルは昔からブルゴーニュの弱点のひとつだが、それは学問的な取り組みが弱かったというよりは激しい競争という歴史の産物である。そのなかでもシャブリはもっとも逸脱が多いと言える。いちばん目立つのは単数形と複数形の違いだが、母音もそのときどきによって、表記されたりされなかったりする。私が見出しに使った「Chablis」はもっともよく見かける綴りである。各生産者については、それぞれがラベルに記している綴りを使うように心がけたが、それによって必然的に統一性は失われている。

特級畑　Grands Crus

コート・ドールでは特級畑ごとに固有のアペラシオンが存在するが、シャブリではシャブリ・グラン・クリュというアペラシオンが1つあり、そこに7つのそれぞれ独立した畑が含まれる。最初は1935年にブランショ、クロ、グルヌイユ、ヴァルミュール、ヴォーデジールの5つが定められ、その後1938年にブグロとプルーズが追加された。ロアルド・ダールの『オズワルド叔父さん』で、主人公は特級畑グルヌイユのワインを1912年に飲んでいる[1]。

1832年、ワインライターのアンドレ・ジュリアンは、レ・クロが最上位、ヴァルミュールとグルヌイユがそれに続き、次にヴォーデジール、ブグロ、モン・ド・ミリューと考え、これらをすべて自分の考える「1級畑」とした。ブランショも同格としたが、シャブリでなくフレ村に属するとして別の

---

1) Roald Dahl, *My Uncle Oswald*, Michael Joseph, 1979, p.38　邦訳はロアルド・ダール『オズワルド叔父さん』田村隆一訳（早川書房、1991年）

ところで言及している。レ・プルーズと「ブルゴーニュの一部」は、「2級畑」にしか登場しない。クライヴ・コーツはレ・クロを最上位、ヴァルミュールとヴォーデジールを次点、プルーズを4位、ブランショ、ブグロ、グルヌイユは一段下と考えた[2]。もちろん、7つの特級畑すべてについてワインを提供できる生産者は少なく、できたとしても畑の中での場所や造られた年の違いが影響するので対等な比較にはならないという複雑な要素を考慮しなければならない。とはいえ、複数のグラン・クリュを持つ幸運に恵まれた生産者であれば、レ・クロがその蔵の最上のワインとなることは確かだろう。

シャブリの特級畑は、マーケットではやや中途半端な存在になっている。よいものはセラーで6年から10年熟成する必要があるため、若く飲む場合には選び抜いた1級畑のものに楽しみの面で劣ってしまうのだ。その事情はわかるが、私の見る範囲ではコレクションを組み立てる際にシャブリを無視するコレクターが多すぎる。とんでもない話だ。

ブランショ　Blanchot(s)　　　　　　　　　　　　　　　　　　　　　　　13.14ha

ブランショは特級畑の南東側の端にあたり、名前の由来となった白っぽい土壌の急な斜面に位置している。フイエの村まで続くブランショの谷を見渡すことができ、谷をはさんで向かい側にはモンテ・ド・トネールがある。この地形により、十分な空気の流れが得られるとともに午後は早い時間から陰り始めるので、その冷涼さから生まれるワインは力強さよりもフィネスが特徴的なものとなる。これによってワインがまとう新鮮な白い花のようなニュアンスを保つために、ブノワ・ドロワンは木製の樽を用いない。

一方、この畑はビヨー＝シモンがオーク樽で熟成させる唯一の特級畑でもあるが、これは彼が、古樹といってもごく狭い区画しか持っていないためである。

ブランショの主な造り手	
	ha
Laroche	4.56
Vocoret	1.77
La Chablisienne	1.49
Long-Depaquit	1.15
Servin	0.91
Domaine de Vauroux	0.69
Raveneau	0.60
Château de Viviers (Bichot)	0.49
Pascal Bouchard	0.23
Daniel Defaix	0.20
Guy Robin	0.20
Billaud-Simon	0.18
Droin	0.16
Louis Moreau	0.10

ブグロ　Bougros　　　　　　　　　　　　　　　　　　　　　　　　　　　15.86ha

ブグロは北西端にあたる。人によってはBouguerots（ウィリアム・フェーヴル）、ときにはBouqueyreaud（ヴェルジェ）とさえ書かれているが、これはジャン＝マリー・ギュファンス流の目立ちたがりであろう。ブグロが隣接するプルーズとともに特級畑に列せられたのは1938年、最初の5つから3年遅れてのことである。斜面のやや低い場所に位置しており、かつては霜の心配が大きかった。ブグロ流のワインは、立派なウールのセーターにくるまれるような感じだ。大きく、ふくらみがあり、やわらかく、丸みを帯びている。フェーヴルのコート・デ・ブグロ

ブグロの主な造り手	
	ha
William Fèvre	6.24
Domaine du Colombier	1.20
Long-Depaquit	0.52
Guy Robin	0.50
Servin	0.46
La Chablisienne	0.44
Drouhin	0.40
Laroche	0.31

(Bouguerots) のように道のすぐ上の石が多く混じった急な斜面から生まれるワインになると、ようやく正統派のミネラル豊富なシャブリの姿を見せ始める。フェーヴルの2つのワイン、ブグロとコート・ド・ブグロを並べて味わうと、その違いは歴然としている。

ロアルド・ダールが描く怪しげな叔父オズワルドは、特級畑ブグロを注文し（その頃はまだ特級畑は

---

2) Clive Coates, *The Wines of Burgundy*, University of California Press, 2008, pp.43-44

シャブリ
Chablis

- Chablis Grand Cru
- Chablis Premier Cru
- Chablis
- Petit Chablis

存在していなかったのだが)、次のように言う。「上物のシャブリには目がないんだ。きりっとした特級畑だけじゃない、1級畑の中でブドウの実が少し地面に近いものがよいね。このブグロは、自分が今まで味わった中でも最高に引き締まった感じだ」[3]。この表現に合うのは、ふつうに考えればコート・ド・ブグロのものに違いない。

レ・クロ　Les Clos　　　　　　　　　　　　　　　　　　　　　　　26.96ha

最大にして最上の特級畑である。レ・クロは僧が最初に植えた畑だが、彼らは最高の土地を見つける才を持っているのが常だった。多くの専門家からシャブリの中で最高の特級畑とされるものの、複数の特級畑を持つ生産者のほとんどはレ・クロでの仕事を後回しにする。この畑の土壌は白色粘土の密度がきわめて高く、泥炭岩がごくわずかしか含まれないため、手がかかるのだ。1904年、モロー家はオスピス・ド・シャブリから0.83haの区画を購入した。この「クロ・デ・ゾスピス・ダン・ル・クロ」は畑の中でも下の方に位置し、石灰岩を覆う表土がやや厚いため、できあがるワインはほかよりもふくよかなものとなる。ブドウは、クロのほかの場所とは逆向きに植えられている。

私がまだワインの取引を始めたばかりの頃、1966年のモローが安く売られていたことを鮮明に思い出す。記憶が正しければ1ダースが24ポンドで、その数ケースでずいぶん儲かった。このほかに記憶に残るレ・クロの中には、ルイ・パンソンの1983年もある。

レ・クロの主な造り手

	ha
William Fèvre	4.11
Louis Moreau	3.61*
Christian Moreau	3.61*
Pinson	2.57
Vincent Dauvissat	1.70
Vocoret	1.62
Long-Depaquit	1.54
Benoît Droin	1.40
Laroche	1.11
Drouhin	0.89
Pascal Bouchard	0.67
Raveneau	0.54
Servin	0.53
Domaine des Malandes	0.53
La Chablisienne	0.51
Louis Michel	0.50
Billaud-Simon	0.44
Duplessis	0.36
Guy Robin	0.20
Gautherin	0.18

＊クロ・デ・ゾスピスの0.41haを含む

グルヌイユ　Grenouilles　　　　　　　　　　　　　　　　　　　　　9.38ha

この畑の一部はスラン川のすぐ上を通るD965号線シャブリ・バイパスに沿った急斜面にあるが、上方の小さな台地に向かってなだらかになっていく。この台地部分の土壌は深く、そこで造られるワインは、急斜面部分から生まれるワインがミネラルを感じさせるのに比べると豊かで力強く、すでに紹介した2つのブグロの区別と対照的である。名前の由来は、川に近いことと、そこに棲むカエル（グルヌイユはカエルの意）であろう。

ワイン造りのスタイルとしては、グルヌイユのどこに畑を持っているかによって、少なくとも2種類が考えられる。一部の生産者はきつく巻いたような凝縮感のあるグルヌイユを造るが、ブノワ・ドロワンの手によるものは弾けるほどの豊かさを備え、スパイシーと言ってもよいくらいだ。ルイ・ミシェルの造るワインもまた、温かさとスパイスを備えている。最大手の造り手はラ・シャブリジエンヌで、シャトー・ド・グルヌイユの名前で伝統的なワイン造りの真髄とも言えるワインを生み出している。

グルヌイユの主な造り手

	ha
La Chablisienne	7.19
William Fèvre	0.58
Testud	0.55
Benoît Droin	0.50
Louis Michel	0.50
Regnard	0.50
Gautherin	0.22

---

[3] Roald Dahlの前掲書に同じ。

ラ・ムトンヌ　La Moutonne　　　　　　　　　　　　　　　　　　　　2.35ha

「8番目の特級畑」とも呼ばれるラ・ムトンヌは、基本的にはヴォーデジール（2.24ha）に含まれる単一畑だが、それ以外に0.11haがプルーズに入り込んでいる。ここはドメーヌ・ロン=デパキの単独所有であり、地籍図上の小区画名(リュー=ディ)に関わりなく、ラ・ムトンヌを特級畑と宣言する権利をもっている。

プルーズ　Preuses　　　　　　　　　　　　　　　　　　　　　　　　11.81ha

レ・プルーズはブグロよりも標高の高い比較的緩やかな斜面に位置し、ほかの特級畑よりも表土は厚いが、岩が砕けてできた組成のため水はけに優れている。昔は、Perreuses（ペルーズ）と綴られていたふしがあるが、これは石ころが多いことを意味するPierreuses（ピエルーズ）の転訛だったのかもしれない。ここのワインは通常、特段のアロマを感じさせることはないが、きわめて優れた熟成を見せる。プルーズらしさは、重さをともなわない肉付きである。私はヴァンサン・ドーヴィサの樽に入った状態の2005年プルーズについて、そのたぐいまれな強さに言及したことがある。彼の答は「これがプルーズですよ。そう、私が創り出したわけではありません」というものだった。

プルーズの主な造り手	
	ha
La Chablisienne	3.30
William Fèvre	2.55
Nathalie & Gilles Fèvre	1.35
Vincent Dauvissat	1.00
Jean Dauvissat	0.74
Servin	0.69
Domaines Billaud-Simon	0.41
Simmonet-Febvre	0.27
Long-Depaquit	0.25
Drouhin	0.23

しかし実際にはプルーズの畑は、単純なひとまとまりのブドウ畑なのではない。ドーヴィサの所有区画周辺の小さな一画は、競技場のような形をしたヴォーデジールの一部を構成しているのだが、ここだけは南向きの急斜面で気温が保たれやすい。それ以外の部分は台地となっていて、傾斜はずっとゆるやかであり、下に降りていくと霜の危険が高まる（少なくとも過去はそうだった）。

ヴァルミュール　Valmur　　　　　　　　　　　　　　　　　　　　　12.89ha

ヴァルミュールは、グルヌイユとクロのあいだに打ち込まれた楔(くさび)のようなかっこうで位置している。谷の急な斜面は南と北の両方を向いているため、日照ではなくメゾクリマが大きく影響する。谷が閉じた形になっているために空気が滞留しやすく、夏の暑い時期には炉の中のようになる。それは同時に、冬になると寒気が出て行かず非常に寒くなることを意味する。この畑のワインは大柄で、どっしりとしているほどだ。土壌はヴォーデジールよりも粘土質が多く、アロマは控えめながらも重量感のあるワインを生み出す。主な造り手の一覧は502頁に掲載。

ヴォーデジール　Vaudésir　　　　　　　　　　　　　　　　　　　　16.23ha

ヴァルミュールと同様、谷が閉じた形をしていて空気の流れが少ないため、夏は気温が高く、風もさえぎられることから、がっしりとした骨格のワインが生まれる。ただし細部には違いがあり、ブーケに含まれる優美さと花のようなアクセントの点で勝っている。特級畑の順位をつけるならば、ヴォーデジールはおそらくレ・クロに次いで評価が高い。これは、偉大なシャブリ特有の強大なミネラルの支えをいつもそなえていながら、気温を閉じ込める地形のおかげで並はずれて豊かな果実味もあわせもつからだろう。主な造り手の一覧は502頁に掲載。

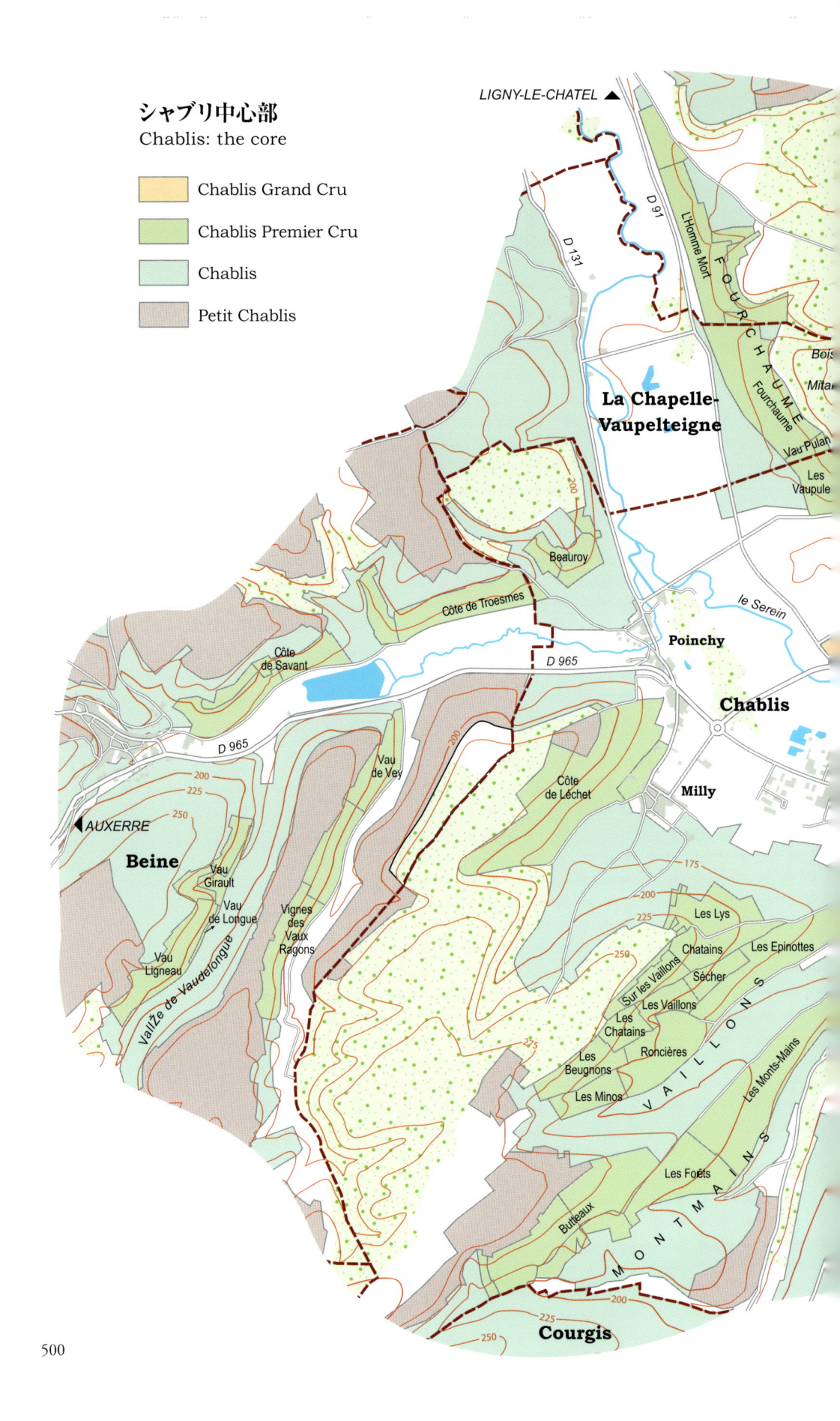

シャブリ中心部
Chablis: the core

- Chablis Grand Cru
- Chablis Premier Cru
- Chablis
- Petit Chablis

LIGNY-LE-CHATEL

La Chapelle-Vaupelteigne

FOURCHAUME

Bois Mitan
Fourchaume
Vau Pulan
Les Vaupule

Beauroy

Côte de Troesmes

Côte de Savant

Poinchy

le Serein

Chablis

D 965

Vau de Vey

Côte de Léchet

Milly

AUXERRE

Beine

Vau Girault
Vau de Longue
Vau Ligneau

Vallée de Vaudelongue

Vignes des Vaux Ragons

Les Lys
Chatains
Les Epinottes
Sécher
Sur les Vaillons
Les Vaillons
Les Chatains
Roncières
Les Beugnons
Les Minos
Les Monts-Mains

VAILLONS

Les Forêts

MONTMAINS

Butteaux

Courgis

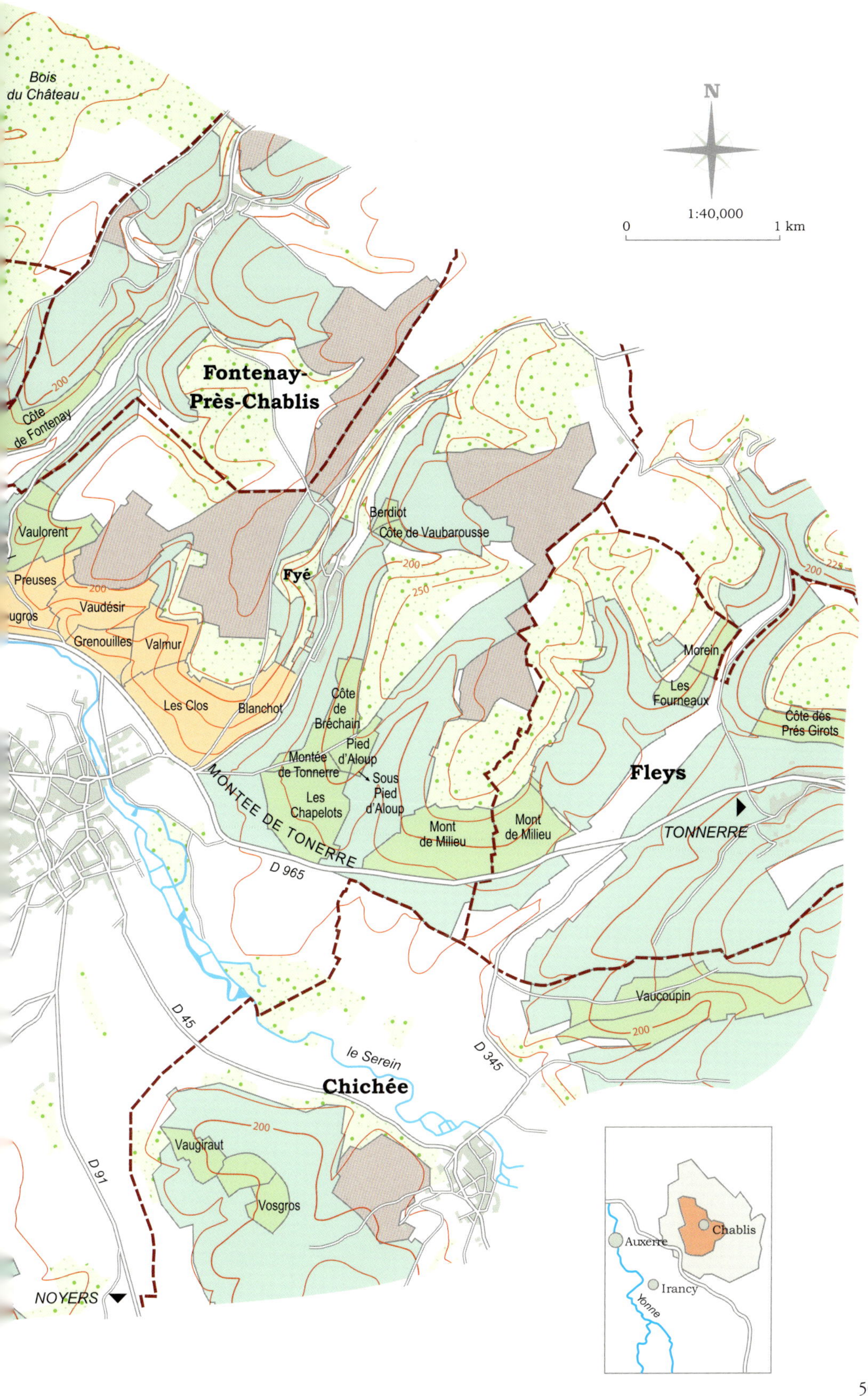
Bois
du Château
N
1:40,000
0
1 km
Fontenay-
Près-Chablis
Côte
de Fontenay
200
Vaulorent
Preuses
ugros
Vaudésir
Grenouilles
Valmur
Les Clos
Blanchot
Fyé
Berdiot
Côte de Vaubarousse
200
250
Côte
de
Bréchain
Pied
d'Aloup
Montée
de Tonnerre
Sous
Pied
d'Aloup
Les
Chapelots
Mont
de Milieu
Mont
de Milieu
Morein
Les
Fourneaux
Côte des
Prés Girots
200
225
Fleys
TONNERRE
MONTEE DE TONERRE
D 965
Vaucoupin
200
D 45
le Serein
D 345
Chichée
200
Vaugiraut
Vosgros
D 91
NOYERS
Chablis
Auxerre
Irancy
Yonne

ヴァルミュールの主な造り手	
	ha
Guy Robin	2.60
Jean-Claude Bessin	2.08
William Fèvre	1.15
Benoît Droin	1.04
Christian Moreau	1.00
Louis Moreau	1.00
Raveneau	0.75
Moreau-Naudin	0.60
Jean Collet	0.51
Vocoret	0.25

ヴォーデジールの主な造り手	
	ha
Long-Depaquit	2.60
Besson	1.43
Drouhin	1.40
William Fèvre	1.20
Droin	1.02
Louis Michel	1.00
Domaine des Malandes	0.90
Gautherin	0.89
Billaud-Simon	0.71
Gérard Tremblay	0.62
Pascal Bouchard	0.57
Christian Moreau	0.50
Louis Moreau	0.46
La Chablisienne	0.30
Guy Robin	0.25

1級畑　Premiers Crus

ブルゴーニュの人々は、ものごとをシンプルにすることを好まない。シャブリには全部で41もの1級畑がある。当局はこれを17の主要なブドウ畑のグループにまとめ、生産者はラベル上に残る24の畑のいずれかの畑名を表示するが、その畑が属するグループの名称を表示するだけでもよい。グループ名として定められた17の畑が高い価値をもっていると考えるのが自然だが、これがまったくそうではない。たとえば、選ばれていない中でもフルショーム、ヴァイヨン、モン・ド・ミリュー、モンテ・ド・トネールは、選ばれた中で下位の畑よりもはるかに高い地位を占める。

この現状をどうすべきか。ひとつの方法は畑を4つのグループに分類することだろう。上に示した4つにモンマンを加えた主力の5大畑、それらの中で重要な区画、それ以外で一本立ちできる重要な畑、そして1978年に1級畑に昇格した畑（ヴォー・リニョー、ヴォー・ド・ヴェイ、コート・ド・ヴォバルス、ベルディオ、ショーム・ド・タルヴァ、レ・ランド・エ・ヴェルジュ、レ・ボールガール、コート・ド・キュイシ）の4つである。これらの昇格が妥当なものでなかった、そして今も妥当ではないと言ってしまうのはたやすいが、当時少なくともある程度は、それによって事態は整理されたのである。ベルディオを独自の畑とするほうが、無理にモンテ・ド・トネールに押し込んでおくよりもよいのではないだろうか。

だがここでの考え方としては、スラン川の右岸と左岸に分けて見ていく方がよいだろう。まず右岸（東側）だが、最初に目につくのは長く伸びるフルショームと、その根元に位置し、特級畑とほぼ接しているヴォーロランだ。次が主力のモンテ・ド・トネールとモン・ド・ミリューで、それにシシェ村のヴォークパンが続く。モンテ・ド・トネールとモン・ド・ミリューの背後には、いくらか知名度の劣るベルディオ、ヴォバルス、フルノーの畑が控えている。

左岸は少し複雑だ。ほとんどの1級畑は、起伏をともなって連なる南東向きの斜面にある。ボーロワ、コート・ド・レシェのほか、ヴァイヨンとモンマンに含まれる一連の畑だ。ヴォー・リニョーとヴォー・ド・ヴェイは脇の谷の中に位置し、コート・ド・ジュアンとボールガールは少し離れたクルジ村とプレイ村、そしてヴォグロは道を渡ったシシェにある。

ドメーヌ・ビヨー=シモンのベルナール・ビヨーは、左岸のワインと右岸のワインに性格を大別してみせる。左岸で造られるワインは、ヴァイヨン、モンマン、コート・ド・レシェに代表されるように、白系の花や果実を思わせる傾向がある。彼によれば、右岸のワインは白よりは黄色い果実の、熟したエキゾチックな雰囲気をもち、たとえばモン・ド・ミリューではミラベル（小型の黄桃）を思わせる風味があるという。

1級畑の下位区画

モン・ド・ミリューを除く主力畑には以下のような下位区画があり、一部はその名前で瓶詰めされる。
 フルショーム：ロム・モール、ヴォーピュラン、ヴォーロラン、コート・ド・フォントネ
 モンテ・ド・トネール：シャプロ、ピエ・ダルー、コート・ド・ブレシャン
 ヴァイヨン：レ・リス、ブニヨン、シャタン、セシェ、ロンシエール、メリノまたはミノ、エピノット
 モンマン：フォレ、ビュトー

レ・ボールガール　Les Beauregards　　　　　　　　　　　　　　　　　　　　18.26ha

クルジ村に含まれるコート・ド・キュイシの南西の端に位置する。生産者はジャン＝マルク・ブロカール。熟練の造り手で、1978年におこなわれたクルジとプレイの昇格には消極的だった。

ボーロワ　Beauroy

ポワンシー村にある6haの畑。また、丘の中腹をベーヌまで西に広がる畑をまとめてこの名で呼ぶ。スー・ボロ、ベンフェ、ヴァレ・デ・ヴォーなどの小区画（リュー・ディ）があるが、ありがたいことにこれらの名称が独り立ちして出てくることはない。畑は丘の3面に広がっており、原則として南南東向きだが、南西向きと真西向きの面も存在する。ほとんどは日当たりがよく早期に熟すため、新鮮味を保つために早めの収穫が必要だ。ここのワインは、一線級と見なせるほどの精緻な味わいをもたない。確かな造り手は、パスカル・ブシャール、ポミエ、ムニエ、トリビュ、ランブラン、ラロシュ、ウィリアム・フェーヴル。

ベルディオ　Berdiot　　　　　　　　　　　　　　　　　　　　　　　　　　　　2.56ha

フイエ村にある小さい1級畑で、この名称が使われることはない。傾斜は急で地質は良好だが、西を向いている。1978年以前はモンテ・ド・トネールとして扱われていたと聞いたことがある。

ブニヨン　Beugnons

ヴァイヨンの南西端にある12haの畑であるがゆえに、たいていヴァイヨンと名乗っているものの、ロン＝デパキはこの名を使っている。1950年代に植えられたピノ・ノワールをダニエル・エティエンヌ・ドゥフェがいくらか持っているのだが、ブルゴーニュ・ルージュに使われているだけだ。

ビュトー　Butteaux

モンマンの南西端にある40ha。ほとんどの栽培家はモンマンの名前を使う。ただし、クリスティアン・アディーヌ、ジャン＝マリー・ラヴノー、ドメーヌ・セルヴァン、そして現在ではルイ・ミシェルもラベルにビュトーと記す。ウィリアム・フェーヴルのディディエ・セギエは、モンマンにビュトーがもたらすミネラル風味と骨格を評価しているが、ラ・シャブリジエンヌのエルヴェ・ツキーの見解はかなり異なる。彼によると、モンマンが上品なミネラルの風味をもつのは畑の東端あたりで、その手前の中央部にはフォレの複雑な土壌がビュトーまで横たわる。ビュトーになると白色粘土が支配的で、どっしりとしたワインができる。余韻が長い味わいには、魚よりは肉がほしくなるような存在感がある。

シャプロ　Chapelot(s)

シャプロ（またはレ・シャプロ）は、フイエ村のモンテ・ド・トネールの中でも大きな20haのまとまった畑で、特級畑と比べて傾斜は浅いものの、日照はほぼ同じである。私が飲んだことがあるのは1種類だけだが、ラヴノーの手によるすばらしいものだった。

シャタン　Chatains

ヴァイヨンに食い込むような形の15ha。南東を向いた斜面の頂上近くに位置する。ここの名前でワ

インが造られることはほとんどない。

ショーム・ド・タルヴァ　Chaume de Talvat
クルジ村にあって、同じように無名なレ・ランド・エ・ヴェルジュと隣りあっている。私はどちらのボトルも見かけたことがない。1978年の昇格も功を奏さなかったようだ。

コート・ド・ブレシャン　Côte de Bréchain
モンテ・ド・トネールから伸びている傾斜のきつい西向きの10haの畑で、この名前で出回っているのを見かけたことはない。ただし、コランのダンプ家が何も冠さないシャブリをブレシャンという小区画名(リューニディ)で出している。ブノワ・ドロワンのモンテ・ド・トネールは、ここから造られるが、ほかの畑よりも粘土質が多いために、優美さよりも重さのあるワインとなる。

コート・ド・キュィシ　Côte de Cuissy
クルジ村の9ha。ドメーヌ・クリスティアン・アディーヌ（現在はブロカールが造る）、シトリに本拠を置くドメーヌ・ド・ラ・トゥールなどが生産をおこなっている。

コート・ド・フォントネ　Côte de Fontenay
コート・ド・フォントネはフルショームの一部で、フォントネ（＝プレ＝シャブリ）の村に向かって分岐した谷の側面という場所だが、その代わりに理想的な南東向きである。ここのサブクリマには、「犬の食事」という楽しげな名前がつけられている。しかしながら、南に向かって開けてはいても反対側の丘が邪魔をしており、フルショームで最高の畑と言うことはできないだろう。

コート・ド・レシェ　Côte de Léchet
37haという大きな畑。申し分のない南東向きで、ミリを臨む。丘の頂上からの眺めはみごとで、シャブリの街並みからモンテ・ド・トネールまでを見渡すことができる。日当たりがよいため、果実は早めに熟する。バラ、ダンプ、ドゥフェ、グガン、ポミエ、トリビュなど多くの優れた造り手がいる。

コート・ド・サヴァン　Côte de Savant
ベーヌ村に属する南向きの21ha。長く伸びて、シャブリの町に向かう道を見下ろす斜面を形成している。よいワインが生まれるはずだが、あまり見かけることがない。

コート・デ・プレ・ジロ　Côte des Près Girots
フレ村の1級畑だが、離れたところにあり、あまり知られていない。南向きの急な斜面は、優れたワインを生む力を秘めている。

コート・ド・ヴォバルス　Côte de Vaubarousse
フイエ村の中でもほとんど知られていない、ベルディオのごく小さな畑。ベルディオに関する記述（503頁）を参照。ただし、ここのワインに出会うことはほとんど考えられない。

エピノット　Epinottes
ヴァイヨンの中でも標高の低い斜面、シャブリの町にもっとも近いところに位置する。レ・エピノットがラベルに記されているのを私が見たのは、ヴェルジェのヴァイヨンで、「Vignes de l'Epinottes」と表示されていた。市場では、これ以外はヴァイヨンの方がずっと通りがよい。

フォレ　Forêt(s)
モンマンの中でも人気のある畑で、「Forêts」「Les Forêts」あるいは「Forest」（ヴァンサン・ドーヴィサはこれを用いる）とも綴られる。土壌はあらゆる色の土を含んでおり、ゆっくりと温まってき

わめて長く温度を保つ。フォレのワインは果実味が豊かで、甘草と思われる香りがかすかにある。ドーヴィサはこのきわめて複雑な味の理由として、粘土の種類が豊富であることと、石が多いために排水がとても良好であることを挙げている。フォレを単独で瓶詰めしている造り手には、ベサン、ドーヴィサ、ルイ・ミシェル、モロー＝ノウデ、パンソン、ラヴノーがある。

フルショーム　Fourchaume(s)
スラン川右岸に並ぶ特級畑を北に延ばした場所に位置しているだけあって、ここを最高クラスの1級畑とする人は多かろう。ロム・モール、ヴォーピュラン、ヴォーロラン、コート・ド・フォントネといったサブクリマを包含する。これらのどこで造られるかによってワインには大きな違いが出る。北の端（ロム・モール）と谷の側面（コート・ド・フォントネ）はミネラル風味が強く、ヴォーピュランとヴォーロランは果実味に厚みがある。ここはブドウが熟す上で十分な条件がそろっており、ベーコンの脂とスパイスの香りを感じる味わいは暖かい土地の証である。詳細については、それぞれの畑についての記述をご覧いただきたい。

フルノー　Fourneaux
おそらく第一線の1級畑とは言えないが、その下のランクの中ではきわめて魅力的なワインである。価格が適切であれば申し分ない。バラ、グロソ、ペルショー、ラロシュのものが手に入るが、ラ・シャブリジエンヌも非常に優れたものを出している。

ロム・モール　L'Homme Mort
フルショームの中でも北の方、南西向きに開けてスラン川の谷を見渡すところに位置している。ほかのフルショームと比べると全体的にミネラル風味が強く、硬く険しい平らな土地だが、小さく盛り上がったところが2ヵ所あり、その斜面が南向きの面を形づくっている。ドメーヌ・アデマール・ブーダンが、この両方を古樹とともに保有する幸運を手にしている。ロム・モールを造っているのはほかに、ジャン・デュリュプ、フレデリック・グガン、ドメーヌ・ド・シャントメルル。

レ・ランド・エ・ヴェルジュ　Les Landes et Verjuts
クルジ村を見渡せる小さな1級畑だが、そのワインは滅多に（まったくかもしれない）目にすることがない。

レ・リス　Les Lys
ミリの集落近くにある1級畑で、有名ではあるがほとんど北東を向いている。レ・リスは、アンシャン・レジーム期は国王の領地だった。代表的なワインはドゥフェ家、ダニエル・ダンプ、ロン＝デパキ、ウィリアム・フェーヴルによるもの。ウィリアム・フェーヴルの造るワインは、サルビアを思わせるヨード香をまとっているのが常である。

メリノ／ミノ　Mélinots / Minots
ヴァイヨンの南西端に位置し、通常は（常にかもしれない）この名前で売られている。地元の人間はこのあたりをミノと呼ぶことが多い。ヴァイヨンのブレンドを造るときに味の要素を増やしてくれる便利な存在だが、単独で瓶にするとほかの優れたワインに及ばない。それでも、メゾン・ヴェルジェのジャン＝マリー・ギュファンスにとってはヴァイヨン・ヴィエイユ・ヴィーニュ、ヴィーニュ・ド・ミノを造らない理由にはならなかったわけだが。

モン・ド・ミリュー　Mont de Milieu
主力畑のひとつ。シャブリの東に位置するフレ村とフイエ村にかけて34haがほぼ真南を向く。表土は主に赤色粘土である。モン・ド・ミリューからは1級畑の中でもっとも肉付きのよいワインが生まれ、少なくともビヨー＝シモンによるものはミラベルの香りを放つ。ドロワンの作にいたっては

ほとんどヴィオニエといってよく、さもなくばシャブリの酸をもつコンドリューといったところだ。主にフレの栽培家が手がけている東側の部分がもっとも肉付きがよいと言われている。

しかし、肉付きと濃さだけがその特徴というわけではない。少し熟成させるだけで、こうした表面的な飾りは姿を消し、このワインの本質である刺すようなミネラルの核が姿をあらわす。そのため、この官能的な魅力を味わいたければ若飲みを、長い時間をかけた骨格を望むならば10年ほどセラーに置くのがよいだろう。

それにしても、なぜここはモン・ド・ミリュー(中央の山)と呼ばれているのだろうか。ここは道路に沿ってモンテ・ド・トネール(Montée de Tonnerre 雷鳴の山)の次にあらわれる丘なのだが、その先には3番目の丘とはっきり言えるような場所はないので、Milieuの意味する「中央」ではない。地元に伝わるあまり説得力のない説明としては、Milieuはmeilleurs(最高)が変化したもので、「最高の丘」をあらわすのだと言う。そういうことにしておいてもよいだろう。ビヨー=シモン、ドロワン、グロソ、パンソン、ヴォコレら多くの生産者がこのワインを造っている。

モンテ・ド・トネール　Montée de Tonnerre

正式な小区画(リューディ)としては6haに過ぎないが、隣接する3つの畑、シャプロ、コート・ド・ブレシャン、ピエ・ダルーはこの名前で売られるのが通例で、それらと合わせると40haを超える。南西を向き、シャブリの東にあるフイエ村の中、トネールに向かう途中に位置している。白色粘土に多くの石が混じっているため、左岸の畑の特徴であるミネラル風味をもつが、丘の斜面の優れた日照のために右岸を思わせる濃厚な果実味が基調にある。太陽をうまくとらえている畑であり、熟成を通じてそのすべての特性を保ち続ける、シャブリの中でもっとも完成されたワインのひとつである。

モンマン　Montmains

優れた下位区画フォレおよびビュトーと合わせ、北側のヴァイヨン手前の谷まで続く丘の南東向きの斜面に広がる。シャブリのお手本になるようなワインで、よく熟成する。モンマンの本体である東の端はもっとも白亜分が強く、そのため造られるワインもきわめて精緻なものになる。玄妙といったら言いすぎだろうが、フランス語のaérien(大気のようにたおやかな)とは言えよう。ビュトーとフォレの特徴については、それぞれの見出しのところで述べる。ここには一流の造り手が数多くいる。

モラン　Morein

フレ村にある小さな1級畑。レ・フルノーに隣接しており、おそらくは常にそちらを名乗っている。ここ自身の名前で出ているものは見かけない。

ピエ・ダルー　Pied d'Aloue

モンテ・ド・トネールの下位区画で、この畑そのものは無名である。

ロンシエール　Roncières

ヴァイヨン中の大区画(19ha)。メリノとエピノットのあいだに位置する。ほかの畑と同様、ヴァイヨンの名前でのみ流通している。

セシェ　Sécher

ヴァイヨンに含まれる南東向きの部分だが、ヴァンサン・ドーヴィサはこの名前のワインを造る。ただし綴りはSéchet。彼の手になるものは、澄んだミネラル風味とレモングラスの香りが特徴である。ヴァイヨンの中でこのあたりは、密度の高い小さな白い岩で構成される丘の一番高い部分で、排水性がきわめてよく、乾燥を連想させるSécher(乾燥した)という名前は、それがもとかもしれない。石灰岩がはっきりとあらわれている。ジャン&セバスティアン・ドーヴィサとジョゼフ・ドルーアンもセシェを造っている。

トゥロエムまたはコート・ド・トゥロエム　Troesmes / Côte de Troesmes

あるいはトゥルーム（Troemes）と呼ぶ方が適切であろう。西に向かって翼を広げたように伸びる南向きの畑で、ポワンシーとベーヌを結ぶ道を見下ろす位置にある。ボーロワの一部。ワインは優れたフィネスが特徴。

ヴァイヨン　Vaillons

上位に挙げられる畑のひとつ。単独では15haだが、下位区画のブニョン、シャタン、エピノット、レ・リス、メリノ、ロンシエール、セシェを含めると120ha近くになる。高いところは土壌が薄く、まちがいなく良質のドライなシャブリを産する。低いところでは、かすかにエキゾティックなニュアンスが混じってくる。全体的にやわらかく、正統派の優美なワインでありながら、明快さと力強さを感じさせる。ローラン・パンソンは、ここには左岸の1級畑が持つ魅力が十分に発揮されていると見ている。ヴァンサン・ドーヴィサがヴァイヨンとして造っているものは、ライムとバーベナの両方を思わせる魅惑的な香りを備える。リリアン・デュプレシスは、若いときにきわだってフルーティであると述べている。ドーヴィサ、ドゥフェ、ドロワン、ミシェル、ラヴノー、セルヴァンのすべてがヴァイヨン本体の畑で栽培をおこなっている。クリスティアン・モローも同様だが、こちらは畑を「Vaillon」と単数形で表示している。

ヴォークパン　Vaucoupin

シャブリの南、シシェにある2つの1級畑のひとつ。たいへん急な南向きの斜面をもち、その実力を考えるともっと知られてもよい。スラン川の右岸に位置しているが、ヴォークパンが生み出すワインは左岸のスタイルに近い。どれも透明度が高くさわやかであり、白亜を含み鋭いミネラル感を備える。一般的なワイン飲みには肉付きが足りないと感じられるかもしれないが、本物のシャブリ好きにはしっかりと届くものがある。ドロワン、グロソ、ピックがたいへん優れたものを造っている。

ヴォー・ド・ヴェイ　Vau de Vey

シャブリからオーセールに向かって進むと、ベーヌの手前で左手にあらわれるのがヴォー・ド・ヴェイだ。東からやや南を向いた急なブドウ畑が細長く続いている。南側の部分はヴォーまたはヴォー・ラゴンとされる。この畑に初めて植樹されたのは1970年代である。狭い谷の急な斜面に位置しているために夕方には太陽が丘にさえぎられてしまうので、ブドウの熟す時期は遅い。造り手はロマン・ブシャール、エルヴェ・アゾ、ドメーヌ・デ・マランド。

ヴォージロ　Vaugiraut

シシェのヴォグロ西端にあり、通常はよく知られたそちらの名前で売られている。ヴォー・リニョーの下位区画であるヴォー・ジロと混同しないように注意されたい。まぎらわしくて困ったものだ。

ヴォー・リニョー　Vau Ligneau

ベーヌの近くにヴォー・ド・ヴェイと並んで細く伸びる南東向きの畑。1978年に追加された畑のひとつで、そのときの多くの畑と同様、自前の名称で瓶になることはないようだ。

ヴォーロラン　Vaulorent / Vaulaurent

ヴォーロラン（Vaulaurentのほか、Vau Laurent, Vaulorentとも）はフルショームの南端にあり、ほかのサブクリマよりも粘土質が強い。ここに区画を持つ幸運に恵まれたら、当然ヴォーロランの名称を堂々と掲げたくなるだろう。

とはいえ、この畑全体をひとくくりにしてしまうことはできない。中央部に窪地があって、そこには沖積土が堆積しているし、プルーズの側からこの窪地へと落ち込む斜面は北向きだからだ。最上の区画は特級畑から離れた別の斜面であって、丘がフォントネの谷へと回り込む手前で馬の背状に

なる場所である（両フェーヴル家が所有）。
　きわめて優れた1級畑であり、フォントネ谷の入り口にある耕作地によってフルショームのほかの畑とは隔てられていることを考慮すると、なぜ独立していないのか疑問をもつ人もいるだろう。私が聞いた話の感じでは、もしもフルショームから独立してしまうと、特級畑への昇格運動を起こす誘惑が強くなりすぎるだろうということだった。ここのワインには特級畑としての力量はないが、1級畑にとどまっていれば、もっとも完成された満足度の高いワインという位置の恩恵を受け続けることができるのだ。

ヴォーピュラン　Vaupulent
フルショーム主要部の南端、畑がコート・ド・フォントネ方面に向かって東に折れていく手前に位置している。そのような立地から、ヴォーピュランは豊かに熟したシャブリを造るのに適した日当たりを十分に受けることができる。ただし、ここも全体をひとまとめにすることはできない。なかほどにかなり大きなくぼみがあって暖かいメゾクリマをつくり出しており、同時に、その2つの側面では日照に大きな違いが生ずるからだ。

ヴォー・ラゴン　Vaux Ragons
ヴォー・ド・ヴェイの中でもほぼ無名の区画で、1978年に1級畑に昇格した。

ヴォグロ　Vosgros
シシェにある優れた1級畑。ドロワンとピックがワイン造りをおこなっている。土壌には粘土が含まれないが、小石がほかに例を見ないほど多い。ヴォークパンよりも冷涼であり、三方向から囲まれた谷という地形から、同じ畑の中でもスタイルや品質は所有する場所が受ける日照に大きく左右される。たとえばドロワンの作でいえば、ここのワインは肉付きがよく、まるみを備えているが、細部まで詰め切れていない感がある。

AC シャブリ　Appellation Chablis
AC シャブリではラベルに小区画名（リュー・ディ）を記載することが許されていないのは私も知っていたが、実際の法律にはもう少し細かい定めがある。ある小区画（リュー・ディ）の畑から収穫されたブドウは、「収量報告」の中でほかと分けて報告するならば、その小区画（リュー・ディ）を名乗ってもよい。が、これをおこなう者はほとんどいない。例外はクルジにあるドメーヌ・アリス・エ・オリヴィエ・ド・ムールで、ここではベレールとクラルディという2つの畑についてこの報告をおこない、ワインを造り、まとめて瓶にしてロゼットという名前をそのラベルに記している。
　それ以外に、瓶詰め前のブレンドがおこなわれていない段階で私が試飲したクリマの中で優れていたものとして、シシェのヴォーデコルス、パラディ、セモン、フォントネのペルタンテーヌ、ヴァイヨンとモンマンのあいだのヴァルヴァン、モンテ・ド・トネールとモン・ド・ミリューのあいだのヴォー・ヴィランがある。

プティ・シャブリ　Petit Chablis
シャブリのアペラシオンに関する議論が初めておこなわれて以来、一定の水準に満たない畑の扱いは常に議論の的になってきた。丘の頂上付近、特級畑よりも高いところにも興味深い一画はあるが、プティ・シャブリの畑のほとんどは、この地域の北部、リニョレルとマリニの周辺に存在する。

主要生産者

ドメーヌ・アレクサンドル（ラ・シャペル・ヴォーペルテーニュ）
Domaine Alexandre（La Chapelle Vaupelteigne）

ラ・シャペル・ヴォーペルテーニュに居を構える12haの小さなドメーヌ。1級畑フルショームのほか、魅力的なプティ・シャブリとシャブリを造る。ギィとオリヴィエのアレクサンドルが経営にあたる。

ドメーヌ・バラ（ミリ）　Domaine Barat（Milly）

長い歴史をもつ20haのドメーヌ。有名なコート・ド・レシェ、フルノー、モン・ド・ミリュー、ヴァイヨンなどの1級畑が生産量の半分を占める。発酵と熟成はステンレスタンクでおこなう。

シャトー・ド・ベリュ（ベリュ）　Château de Béru（Béru）

ベリュの村名畑は、シャブリから東に少し離れ、トネールに向かう途中にある。シャトーを名乗るもとになった建物は12世紀のものだが、そのほとんどは1640年の火災のあとに建て直されている。ここに1627年から住んでいたベリュ家は、フィロキセラの襲来までワイン造りをおこなっていた。1987年にコント・エリック・ド・ベリュが畑を改植したのが、壁で囲まれた有名な5haのクロ・ベリュである。2004年には彼の娘アテナイがこの地に戻って跡を継ぎ、有機農法に転換した。1級ヴォークパンも造っている。

ジャン=クロード・ベサン（ラ・シャペル・ヴォーペルテーニュ）
Jean-Claude Bessin（La Chapelle Vaupelteigne）

ジャン=クロード・ベサンは建築家への道を歩んでいたが、協同組合のメンバーであった義父トランブレのブドウ畑を継ぐ道を選んだ。12haの畑から、シャブリ・ヴィエイユ・ヴィーニュ、1級シャブリ・モンマン、1級シャブリ・フルショーム、部分的に樽発酵をおこなう特級シャブリ・ヴァルミュールを造る。2006年から1級ラ・フォレはモンマンとは分けられているが、フルショームの特別キュヴェは、ラ・ピエス・オ・コントとされる。

最近の大きな変化は、自然なワイン造りの色を強めていることだ。現在、収穫はほとんどが手でおこなわれ、発酵には天然酵母が好んで使われる。細かい澱を伴ったまま長期熟成をおこない、特級と1級は15ヵ月から18ヵ月後に瓶詰めされるが、上級ワインでは樽発酵と樽熟成の割合を高くする。

ドメーヌ・ビヨー=シモン（シャブリ）　Domaine Billaud-Simon（Chablis）

1815年、シャルル=ルイ=ノエル・ビヨーによって開かれたドメーヌ。ただし、畑の多くは彼の曾孫ジャンがルネ・シモンと結婚したことによってもたらされた。現在はその息子ベルナール・ビヨーがドメーヌを仕切っており、各畑の特徴をもっともよく把握している。この20haのドメーヌをシャブリの中で最高の品質にまで押し上げたのは、ワイン造りを任されている彼の甥サミュエルの技である。一族間の話し合いがついておらず、将来については執筆時点で若干の不透明さがある。

台木には41Bと3309の両方が使われるが、3309は早めに収穫する必要がある。1級畑と特級畑どちらのブドウも、すべて手で摘み取られる。ほとんどのワインはステンレスタンクで発酵され、シャブリの標準から見るとやや遅めに瓶詰めされる。たとえば、2007年の特級畑が瓶になったのは2009年の7月になってからだった。一部のキュヴェは木の樽で発酵をおこなってから、澱引きをして熟成用のタンクに移し替える。その割合は、シャブリ・ラ・テット・ドールで20%、モン・ド・ミリュー・ヴィエイユ・ヴィーニュで40%、特級畑ブランショでは100%（タンクいっぱいになるほどの量がないため）となる。これは、収量の少ないフルショームでも同様である。

シャブリ 特級 レ・クロ　シャブリでもっとも優れたワインのひとつ。クロの中でも標高の高い畑から産する。力強さと同じ程度の精度があり、恵まれたテロワールからサミュエル・ビヨーが引き出した完璧なバランスがあらわれている。

シャブリ 特級 ヴォーデジール　閉じた形の谷で空気があまり入れ替わらないため、オーブンのように熱がこもってブドウの実がよく熟す。これによってワインはがっしりとした筋肉と大きな骨格を備えることになり、長期の熟成に耐える。

シャブリ1級 モンテ・ド・トネール　コート・シャブロおよび1935年に植えられた古くからの区画ピエ・ダルーを含む、モンテ・ド・トネールの3つの区画から造られる。申し分のないフルボディのシャブリで、黄色系果実らしさをもちつつも、豊満な肉付きの奥にしっかりとしたミネラル風味を備えている。

シャブリ1級 ヴァイヨン　セシェに3ヵ所、シャタン、ロンシエール、レ・ミノにひとつずつ、合計6区画からビヨー゠シモンのヴァイヨンが造られる。ブーケには白系の花、おそらくはサンザシが感じられ、全体的にレモン系の風味をもつ。

ドメーヌ・ビヨー゠シモンの所有畑	
	ha
Chablis Grand Cru Blanchots Vieilles Vignes	0.18
Chablis Grand Cru Les Clos	0.44
Chablis Grand Cru Preuses	0.41
Chablis Grand Cru Vaudésir	0.71
Chablis 1er Cru Fourchaume	0.25
Chablis 1er Cru Mont de Milieu（2つのキュヴェ）	3.36
Chablis 1er Cru Montée de Tonnerre	2.51
Chablis 1er Cru Vaillons	3.33
Chablis（2つのキュヴェ）	7.20
Petit Chablis	1.60

ドメーヌ・ド・ボワ・ディヴェール（クルジ）　Domaine de Bois d'Yver（Courgis）

ジョルジュ・ピコと彼の息子トマが、クルジにある23haをとり仕切る。現在では有機農法を採用しており、シャブリ1級畑のモンマンとボールガールを持つ。木の樽は使用していない。

パスカル・ブシャール（シャブリ）　Pascal Bouchard（Chablis）

シャブリとミリのあいだに位置し、近代的な手法によって成功を収めている。1級畑のボーロワ、モンマン、モン・ド・ミリュー、フルショーム（グラン・レゼルヴ・ヴィエイユ・ヴィーニュを含む）、特級畑のブランショ、ヴォーデジール、レ・クロを持ち、すべてオーク樽で発酵、熟成させる。息子のロマン・ブシャールも自作のワインで名を上げつつあり、ACシャブリのキュヴェと1級畑ヴォー・ド・ヴェイの2.8haの区画に有機農法と手摘みで取り組んでいる。

ドメーヌ・アデマール・ブーダン（ラ・シャペル・ヴォーペルテーニュ）
Domaine Adhémar Boudin（La Chapelle Vaupelteigne）

ドメーヌ・ド・シャントメルルとしても知られる模範的なドメーヌ。現在はフランシス・ブーダンが父親から引き継いでいる。ブドウは手摘みされ、木樽は一切使わずに発酵、熟成される。目玉は1級のフルショームとロム・モール。

ジャン゠マルク・ブロカール（プレイ）　Jean-Marc Brocard（Préhy）

ジャン゠マルク・ブロカールが1973年、サン゠ブリの醸造家の娘と結婚してまもない頃、シャブリから南西にすぐのプレイ村に自身の手で打ち立てたドメーヌ。現在では、ドメーヌが実際に所有する畑と長期耕作契約の畑を合わせて200haを扱っているが、ジャン゠マルク自身は日常的な業務を息子のジュリアンと娘婿フレデリック・グガンに任せている。そのジュリアンはビオディナミへの切り替えを進めてきている。プレイ村にあるオフィスを訪れると、商業主義に走っているようにさえ見えるダイナミックなビジネス感覚と、畑に関わるものすべてに注がれる情熱という対照的な要素の混沌に魅了される。

ジュラ紀のポートランド階とキンメリッジ階の土壌はあらゆる形のシャブリに姿を変え、サン゠ブリや単一畑のイランシー・マズロも含むオーセロワのほかのアペラシオンの大半、また各種のブルゴーニュ・ブランも生み出されている。1級畑のシャブリはたいていがステンレスタンクで造られるが、ヴォー・ド・ヴェイとヴォーロラン、および特級畑は木製の大きな楕円形のフードル樽で発酵、熟成される。

ブロカール家が自分たちの畑から造るワインはほとんどがドメーヌ・サント゠クレールの名で出されるが、ビジネス全体ではさまざまな名前が使われている。

ドメーヌ・ド・ラ・ボワソヌーズ Domaine de la Boissonneuse　プレイにある11haの区画で、現在はビオディナミの認証済みである。

ドメーヌ・デ・シュヌヴィエール Domaine des Chenevières　以前はラ・シャペル・ヴォーペルテーニュのドメーヌ・ベルナール・トランブレだったが、現在はフレデリック・グガンによって運営されている。

ドメーヌ・ド・ラ・コンシエルジュ（クリスティアン・アディーヌ）Domaine de la Conciergerie (Christian Adine)　クルジに隣接するこのドメーヌは、現在はブロカール家によって管理されているが、ラベルは以前のままである。

ドメーヌ・ロンシアン（アラン・ポトレ）Domaine Ronsien (Alain Pautré)　リニョレルに位置する小さなドメーヌ。ドメーヌとしてはまったくの別ものとも言える、化石ちがいのポートランド階の土壌にある。2005年からブロカールによって管理されているが、そのワインはキンメリッジ階土壌から生まれるブロカールのシャブリとは、はっきり区別されている。

ラ・シャブリジエンヌ（シャブリ）　La Chablisienne（Chablis）

シャブリの協同組合は古く1923年からおこなわれており、ワイン造りにおいて協同組合という形が大きな成功を収めたひとつの例に位置づけられる。今でも、この地域の生産量の25%、年間250万ケース以上が協同組合の支配下にある。シャブリジエンヌには300を超える栽培家が属しており、15の1級畑、7つの特級畑のうち6つ、そのほかにシャブリとプティ・シャブリを傘下に収めている。また、ブルゴーニュのほかの大手協同組合ともブラゾン・ド・ブルゴーニュ・プロジェクトで連携している（35頁参照）。

現在、ラ・シャブリジエンヌはアラン・コルネリサンのあとを受けたダミアン・ルクレールによって運営されている。以前は傘下にいくつものブランド[4]があり、それらがドメーヌによる瓶詰めと見なされることもあったが、現在すべてのワインはラ・シャブリジエンヌ独自のラベルで販売される。とはいえ、通常のシャブリにもさまざまなキュヴェがある。その中で最高の2つはラ・スレーヌとレ・ヴェネラブルだ。

ドメーヌ・デュ・シャルドネ（シャブリ）　Domaine du Chardonnay（Chablis）

エティエンヌ・ボワロー、ウィリアム・ナハン、クリスティアン・シモンの3人の造り手から成る小さな協同組合。37haの畑には、1級畑のモンテ・ド・トネール、モン・ド・ミリュー、モンマン、ヴァイヨン、ヴォージロが含まれる。

ドメーヌ・デ・シュヌヴィエール、フレデリック・グガン（ラ・シャペル・ヴォーペルテーニュ）　Domaine des Chenevières, Frédéric Guegen（La Chapelle Vaupelteigne）

以前はドメーヌ・ベルナール・トランブレだったところを、2003年にフレデリック・グガンが義父ジャン゠マルク・ブロカールの仕事のかたわら引き受けることにした。主たるブドウ畑は、シャブリと1級畑コート・ド・レシェ、フルショーム、ロム・モール。すべてのワインはステンレスタンクで発酵、熟成される。ロム・モールの畑は、フルショームよりもわずかながら長い歴史をもつ。また、樹齢70年のブドウから造られる古樹のキュヴェ、シャブリ・グランド・ヴィーニュも印象的だ。

---

[4] 1980年代のイギリスでは、シャブリの1級畑フルショームの区画から生まれた1978年がフェーヴル・フレールの名で大量に出回った。その後、ブリティッシュ・トランスポート・ホテルは、消費しきれないほどの量を自社のバイヤーが買い込んでいたことを知る。

ドメーヌ・クリストフ（フイエ）　Domaine Christophe（Fyé）
フイエ村のフェルム・デ・カリエールを本拠とするクリストフは、魅力的なシャブリとプティ・シャブリのほか、すばらしいフルショームとモンテ・ド・トネールを造っている。

ドメーヌ・ジャン・コレ（シャブリ）　Domaine Jean Collet（Chablis）
ジャン・コレは、妻の実家であるピノ家――1792年にさかのぼるワイン造りの歴史をもつ――を通じて1954年からドメーヌ元詰めを始めた。現在は、ジルとドミニクが息子と娘の手を借りながら働いている。

プティ・シャブリ、シャブリ、モンマンはステンレスタンクで、ヴァイヨンは大きな木製のフードルで発酵、熟成される。一方、モン・ド・ミリュー、モンテ・ド・トネール、特級畑ヴァルミュールには小樽が使用される。ヴァルミュールだけは手で収穫される。1938から1942年の樹を使ったACシャブリの生産もおこなわれている。

ドメーヌ・ジャン・コレの所有畑	
	ha
Chablis Grand Cru Valmur	0.51
Chablis 1er Cru Mont de Milieu	0.32
Chablis 1er Cru Montée de Tonnerre	2.29
Chablis 1er Cru Montmains	5.67
Chablis 1er Cru Vaillons	9.60
Chablis	15.10
Petit Chablis	0.93

ドメーヌ・デュ・コロンビエ（フォントネ）　Domaine du Colombier（Fontenay）
フォントネ=プレ=シャブリでモト・ファミリーが運営する45haのドメーヌ。フォントネやシシェから造られる大量のACシャブリ、少量の1級畑ヴォークパンおよびフルショーム、そしてわずかな特級畑ブグロを産する。ブグロだけは樽が使われるが、それ以外はすべてステンレスタンクで発酵、熟成される。

ドメーヌ・ジャン=クロード・クルトー（リニョレル）　Domaine Jean-Claude Courtault（Lignorelles）
リニョレルから北に向かって居を構える17haのドメーヌ。上質のプティ・シャブリとシャブリを造っている。

ドメーヌ・ダニエル・ダンプ（ミリ）　Domaine Daniel Dampt（Milly）
30haのドメーヌ。うち16haはシャブリ、14haは1級コート・ド・レシェ、ヴァイヨン、レ・リス、フルショーム、ボーロワである。ダニエル・ダンプがシャブリの有名な家系の出であるドミニク・ドゥフェと結婚し、夫婦とふたりの息子、ヴァンサンとセバスティアンとともにワイン造りをおこなっている。ワインはすべてステンレスタンクで造られる。

ヴィニョブル・ダンプ（コラン）　Vignoble Dampt（Collan）
上の項で紹介したダニエル家に連なる家系のひとつ。エリック、エルヴェ、エマニュエルの三兄弟がブルゴーニュ=トネールとシャブリの畑を統括し、60haのドメーヌを成功させている。いくつかあるトネールのキュヴェのうち、謎に包まれたシュヴァリエ・デオン〔18世紀、半生を女装で過ごしたフランスの外交官〕にちなんで名づけられたものは有名である。シャブリでは、モンテ・ド・トネールの下の方、特級畑ブランショと向き合うところに単一畑ブレシャンの大きな区画を持っている。また、1級畑フルショームとフルノー、特級畑レ・プルーズも保有し、これらの畑のワインは三分の一から四分の一を樽で、残りはタンクで発酵させる。

ドメーヌ・ルネ&ヴァンサン・ドーヴィサ（シャブリ）　Domaine René & Vincent Dauvissat（Chablis）
ルネ・ドーヴィサとフランソワ・ラヴノーは義理の兄弟である。シャブリ地区は残念なことに第二次世界大戦の前後にかけて衰退していたが、その中で彼らは長年にわたって傑出した造り手と見なされていた。現在は彼らの息子たちがその優れたワイン造りを引き継いでいる。今でも132リットルのフィエットなど昔風の樽を使って伝統的なシャブリを造っているが、これは以前のスタイルに戻

る流れが顕著になったなかにあっても、きわめて珍しい。フィエットは樽熟成期間が短いプティ・シャブリの場合、また石灰分が多く、小さい樽による酸素供給の増加が効果的なセシェなどの土壌の場合、特に有効である。

ヴァンサン・ドーヴィサはビオディナミ農法に移行したが、それを声高に言い立てているわけではない。ただ、彼が何気なく語ったことばは強烈だった。彼は自分の父について、自分が見た中で誰よりもビオディナミ的な造り手だと述べたのである。肥料や除草剤を使ってはいたが、それはその時代の誰もがしていたからに過ぎず、そうしていてもなお、ほぼ誰もなし得ない深さで（もちろん義理の兄弟であるフランソワ・ラヴノーを除いては）ブドウ樹とのあいだに本能的な理解と絆を確立していたと言ったのだ。

ドメーヌ・ルネ&ヴァンサン・ドーヴィサの所有畑	
	ha
Chablis Grand Cru Les Clos	1.70
Chablis Grand Cru Preuses	1.00
Chablis 1er Cru Forest	n/a
Chablis 1er Cru Séchet	n/a
Chablis 1er Cru Vaillons	n/a
Chablis	1.80
Petit Chablis	n/a

シャブリ 特級 レ・クロ　レ・プルーズよりもずっと奥に位置する畑。力強く、涼しげで、はっきりした輪郭を感じさせる。味わいの中盤に訴えかける要素が大きく、大理石の塊のような感覚の後に甘いスパイスが口中を満たす。

シャブリ 特級 レ・プルーズ　最初は丸みのある豊かさで息詰まるほどだが、その後にこのワインの本質である基岩のミネラル風味があらわれてくる。若いうちは甘草がわずかに感じられる以外に細部が顔を出すことはないようだ。時間の経過とともに開いてゆき、大いに満足できる穏やかなワインとなるだろう。

シャブリ1級 フォレ　おそらくはドーヴィサの1級畑の代表的な存在であろう、きわめて完成度の高いワインである。複雑さを備えたフルボディで、きわめて長い熟成に耐える。土壌に含まれる粘土によってひときわ厚みのある果実味がもたらされる。これは5年は寝かせるべきで、その後もよい状態が続くだろう。

シャブリ1級 セシェ　このワインは、その工程のほとんどを132リットルのフィエットで過ごす。これは、テロワールがワインに与えるいかめしい感じがこのサイズの樽に合っているというヴァンサンの考えによる。きわめてドライなシャブリを好む人向けのワインだが、それでありながらハーモニーも保っており、かすかなレモングラスの香りも失われていない。

クロチルド・ダヴェンヌ、ドメーヌ・デ・タン・ペルデュ（プレイ）
Clotilde Davenne, Domaine des Temps Perdus（Préhy）

ジャン=マルク・ブロカールのもとで醸造技師を17年勤めたクロチルド・ダヴェンヌが、現在はフルタイムで彼女自身のドメーヌを仕切る。このドメーヌは7つのアペラシオンと、5種類のブドウ——シャルドネとピノ・ノワールのほかにアリゴテ、ソーヴィニヨン・ブラン、ピノー・ドーニス——を扱っている。

ドメーヌ・ベルナール・ドゥフェ（ミリ）　Domaine Bernard Defaix（Milly）

1959年にベルナール・ドゥフェが開き、現在はそのときからともに働いていた息子シルヴァンとディディエが切り盛りしている。ディディエの妻エレーヌは（リュリの）ジェジェ家の出で、第一次世界大戦から第二次世界大戦にかけた時期にアペラシオンの有力者であったアンリ・ニプスを祖父にもつ。そのニプスの名前だったリュリのドメーヌを、2002年から彼女が運営している。

このドメーヌが扱っているのは、プティ・シャブリ、シャブリ、シャブリ・ヴィエイユ・ヴィーニュと、1級畑のレ・リス、ヴァイヨン、およびコート・ド・レシェ。コート・ド・レシェは全部で8haにのぼり、1955年植樹の区画もある。そのブドウにはオーク樽が使われ、「レゼルヴ」として瓶詰めされる。さらに、ネゴシアンとして造るワインにブルゴーニュ・ピノ・ノワール、シャブリ、1級フルショーム、特級ブグロおよびヴォーデジールがある。

ダニエル゠エティエンヌ・ドゥフェ（ミリ）　Daniel-Etienne Defaix（Milly）

ダニエル゠エティエンヌは、趣味人と実業家を兼ねた人物である。町のはずれにホテル、中心部にはレストランを持ち、観光客に人気の町ヴェズレでは直売セラーが有名である。

彼は果汁を果皮と接触させたいという意図から機械摘みに傾倒しており、その後、天然酵母を使ってゆっくりと長い時間をかけて発酵させる。マロラクティック発酵のあとでワインは澱引きされるが、細かな澱の上にそのまま置かれ、ときどきバトナージュされて2年を過ごす。その後、再び澱引きされてから、安定するまで（少なくとも）もうひと冬を涼しいセラーで過ごすことになる。ダニエル゠エティエンヌのワイン造りは独特なもので、2001年産がマーケットに出たのは2009年であった。

ドメーヌ・ジャン゠ポール＆ブノワ・ドロワン（シャブリ）　Domaine Jean-Paul & Benoît Droin（Chablis）

ブノワは、少なくとも1620年からワイン造りの歴史をもつドロワン家の第14代である。ドロワン家は長い年月をかけてすばらしい1級畑と特級畑をつくり上げ、現在も高い水準を保っている。ブノワの父ジャン゠ポールはドメーヌの名声を高めたが、オークの新樽に頼りすぎるきらいがあったように思われる。現代的な大醸造所はシャブリの特級畑群のせいで目だたないが、ブノワはここで、もっと洗練された手法をとっている。剪定システムを改めて、収量は大幅に減らした。現在、畑は鋤き返されるか、あまりに勢いがよすぎる場合には畝のあいだを草地化している。

醸造所における主要な変化としては、新樽の見直しがあった。ブノワは各ワインについて、それぞれのテロワールに適すると考える方法をとることにした。したがって、プティ・シャブリ、シャブリ、1級畑のヴォークパンとコート・ド・レシェ、そして

ドメーヌ・ジャン゠ポール＆ブノワ・ドロワンの所有畑	
	ha
Chablis Grand Cru Blanchot	0.16
Chablis Grand Cru Les Clos	1.40
Chablis Grand Cru Grenouilles	0.50
Chablis Grand Cru Vaudésir	1.02
Chablis Grand Cru Valmur	1.04
Chablis 1er Cru Côte de Lechet	0.11
Chablis 1er Cru Fourchaume	0.48
Chablis 1er Cru Mont de Milieu	0.92
Chablis 1er Cru Montée de Tonnerre	1.70
Chablis 1er Cru Montmain	2.00
Chablis 1er Cru Vaillons	4.50
Chablis 1er Cru Vaucoupin	0.17
Chablis 1er Cru Vosgros	0.59
Chablis	9.00
Petit Chablis	1.30

特級畑のブランショのいずれもがタンクで発酵、熟成される。ヴァイヨン、モン・ド・ミリュー、モンテ・ド・トネールは25％が樽で発酵、熟成され、ヴォグロとヴォーデジールでは35％、モンマンとヴァルミュールでは40％、最大はフルショーム、グルヌイユ、レ・クロの50％である。ただし、樽の使用年数と樽業者はキュヴェによって異なる。新樽に関して言うと、その率は特級畑で最大10％である。

いずれの場合も、夏の終わりに収穫されたのち、樽発酵の分は春にタンクの分とブレンドされる。どのワインにも独自の個性が感じられる。ヴォークパンは輪郭のはっきりしたミネラル風味、ヴォグロはまろやかさ、そしてブランショの澄んだ優美さやヴァルミュールの重さといった具合だ。

シャブリ　特級　レ・クロ　ブノワ・ドロワンは左下、真ん中、右上と3つの区画を持っているため、彼の所有分はレ・クロ全体の特徴をよくあらわすことになる。そして、ここから生まれるワインはその力強さゆえ50％を樽発酵させても楽にそれを受け入れることができ、その自然な高潔さがきわだつ。瓶詰め後6年から8年は楽に熟成する。

シャブリ　特級　グルヌイユ　ドロワンの所有する畑は比較的平らで、陽がよく当たり、畑の中でも上の方に位置している。ワインは常にスパイスがその特徴の中心となっており、甘草が感じられることもある。グルヌイユは、50％の樽熟成を楽に受け止めることができる。気温が低い年のものは新鮮みが消えず、非常におもしろいものが期待できる。

シャブリ1級　ヴァイヨン　ブノワ・ドロワンはセシェ、エピノット、ロンシエール、シャタン、ブニョンに1級畑を持っているが、すべてをひとまとめにしてヴァイヨンとしている。ワインの強さは尋常ではないが、その核になっているミネラル風味は、白い石果〔桃、杏など〕の果実味によって

引き立っている。若くても楽しめるが、そのシャブリらしさはまぎれもない。
シャブリ1級 モン・ド・ミリュー このワインの個性を決めるのはテロワールよりも畑が真南向きということであり、ブノワの造る中でもっともエキゾチックなもののひとつだ。桃そのもののようなすばらしい風味は、さながら北方のコンドリューである。

カーヴ・デュプレシス（シャブリ）　Caves Duplessis（Chablis）
現在はジェラール・デュプレシスの息子リリアンがワイン造りをおこなっている。主な畑はモンマン、ヴァイヨン、モンテ・ド・トネール、フルショーム、レ・クロ。冬を2回越すと瓶詰めされるが、飲み頃に入ったという感触をデュプレシスたちが得るまでは出荷されないこともある。ドメーヌのすべてのワインが上出来とはいえないが、伝統的なシャブリの特徴と畑ごとの個性の両方をはっきりと示している。

ドメーヌ・ジャン・デュリュプ・エ・フィス（マリニ）　Domaine Jean Durup & Fils（Maligny）
2つのドメーヌ、シャトー・ド・マリニとドメーヌ・デ・レグランティエールが所有する地所は185haにのぼる。デュリュプによると、これはブルゴーニュにおける独立系の所有地としては最大の広さである。どちらのラベルでも、プティ・シャブリ、5種類の畑のシャブリ、そして1級畑のフルショーム、ロム・モール、ヴォー・ド・ヴェイが揃う。

ドメーヌ・ナタリー&ジル・フェーヴル（フォントネ）　Domaine Nathalie & Gilles Fèvre（Fontenay）
ジルの祖父は有名なウィリアム・フェーヴルの父と兄弟である。こぢんまりとしたドメーヌだが、それでもヴォーロランの区画1つを含むフルショームを12ha所有しているほか、モン・ド・ミリューをいくらか（2007年にドメーヌ・パンソンとのあいだでフルショームと交換して手に入れたもの）、そして特級畑レ・プルーズも多少所有する。全体では40haになり、2004年に瓶詰めを開始した。
ナタリー・フェーヴルはディジョンで学んでいるとき、のちに夫となるジルに出会う。その後、ラ・シャブリジエンヌの醸造技師としての仕事を2004年に辞めると、夫婦で自らのドメーヌを始めたのである。畑に向かう姿勢は誰が見ても細心周到なものであり、収量を抑えることでワインの風格と凝縮感を高めている。それ以外の点では特に難しいことはおこなっていない。かなり強めのデブルヴァージュののち、発酵にはステンレスタンクを使い（レ・プルーズを除く）、比較的早めに瓶詰めする。ただし、これもプルーズは例外だ。
シャブリ 特級 レ・プルーズ フェーヴルの区画は、斜面の最上部から始まっている。発酵と熟成には30%のオーク樽（そのうち新樽が半分）とタンクを合わせて用いる。2006年産と2007年産の間でスタイルが大きく異なるために断定的なことは言いにくいが、重さと持続性を備えていることはまちがいない。2006年産は色が薄く、澄んでおり、さらりとした感触だった。2007年産はスパイシーで肉付きがよく、アルザスのワインかと思うほどだ。
シャブリ1級 フルショーム=ヴォーロラン 1965年から1972年にかけて植えられた2.2haの区画から造られる。この区画は、フルショームの主要区画よりも熟すまでに1週間よけいにかかるのだが、その分ミネラル風味が顕著で、味わいと深さも並はずれている。15%に樽が使われるが（そのうち半分が新樽）、これはワインの味わいにはあらわれていない。

ドメーヌ・ウィリアム・フェーヴル（シャブリ）　Domaine William Fèvre（Chablis）
シャブリでもっとも偉大なドメーヌのひとつ。高名なウィリアム・フェーヴルが1957年に始め、ジョゼフ・アンリオに売却して引退する1998年まで造り続けた。始めたときはわずか7haだったが、やがて1級畑と特級畑の優れた休耕地に大々的に植樹して、48haまで増やした。ただ、新樽を使うフェーヴルの好みは万人向けではなかった。
アンリオの手に渡ってからのワイン造りは、ボーヌのブシャール社にいた名手ディディエ・セギエが手がけている。シャブリの中でもっとも高価なワインだが、それを求める人たちが確かに存在するのだ。ドメーヌの地所は12haの1級畑と16haにのぼる特級畑などからなる。

2008年、有機プログラムの手始めとして1級畑レ・リスとヴァイヨンが有機農法で栽培された。ACシャブリも含め、ドメーヌ元詰めのすべてのワインでブドウは手摘みされ、特級畑では小さなカゲットに入れられて、品質確保のため醸造所の裏手にある選果台に持ち込まれる。1級畑は40~50%をオーク樽（特級畑では70~80%）で仕込むが、新樽は用いない。代わりにブシャール社から十分な量の1年ものの樽を手に入れており、平均して5年ほど使う。4~6ヵ月後に樽とバットそれぞれの分をブレンドし、その年の終わりまでに瓶詰めする。

そのほかにこのドメーヌには、ネゴシアンの畑としてプティ・シャブリ、1級畑のモン・ド・ミリューとコート・ド・レシェ、特級畑のグルヌイユとブランショがある。

ドメーヌ・ウィリアム・フェーヴルの所有畑

	ha
Chablis Grand Cru Bougros	4.12
Chablis Grand Cru Côte des Bougerots	2.11
Chablis Grand Cru Les Clos	4.11
Chablis Grand Cru Preuses	2.55
Chablis Grand Cru Valmur	1.15
Chablis Grand Cru Vaudésir	1.20
Chablis 1er Cru Beauroy	1.12
Chablis 1er Cru Fourchaume（Vaulorent）	3.63
Chablis 1er Cru Les Lys	0.99
Chablis 1er Cru Montee de Tonnere	1.58
Chablis 1er Cru Montmains	1.75
Chablis 1er Cru Vaillons	2.86

シャブリ 特級 レ・クロ フェーヴルは全部で8つの区画を持っているが、そのほとんどは斜面の上部にあり、樹齢は平均50年ほどである。これは、切れ味の点でコート・デ・ブグロに譲る可能性はあるものの、シャブリの中でまちがいなくもっとも力強く、非の打ち所のない畑である。ワイン全体から高貴さが漂ってくるようだ。

シャブリ 特級 コート・デ・ブグロ これは、道のすぐ上、30度にもなるブグロの急斜面の部分から造られる。このような斜面であっても、トラクターからウインチで鋤を引っ張り、ローマ時代の戦士を思わせるような姿で、下から押したり向きを調整することでなんとか耕作をおこなっている。ワインは通常のブグロに比べて驚くほど濃く、キンメリッジ階の土壌がもたらす刺すようなミネラル風味をもつ。ぜひ手元に置いておきたいワインだ。

シャブリ1級 フルショーム ヴィニョブル・ド・ヴォーロラン フェーヴルのフルショームはすべてヴォーロランにある。一部はフルショームとして売られるが、レ・プルーズに似た土壌をもつもっとも優れた区画は、ヴィニョブル・ド・ヴォーロランとして瓶詰めするために取り置かれる。ほかに例を見ないほど華やかでありながらバランスと骨格を備えた1級畑であり、スタイルと質のどちらにおいても特級畑に半ばまで足を踏み入れている。

シャブリ1級 モンマン フェーヴルはモンマン、フォレ、ビュトーの3ヵ所すべてに畑を持っているが、これらをブレンドすることを好む。全体的にヴァイヨンよりも涼しい場所なので、収穫の時期は遅めだ。正統派の上品なシャブリで、直線的でミネラルがあり、レモンの香りをともなうフルーツが感じられる。

ドメーヌ・コリーヌ&ジャン=ピエール・グロソ（フレ）
Domaine Corinne & Jean-Pierre Grossot（Fleys）

18haのドメーヌ。1級畑のヴォークパン、モン・ド・ミリュー、コート・ド・トロム、フルショーム、レ・フルノーを持つ。また、コリーヌ・グロソの旧姓ペルショーの名でも売られている。できるかぎり持続可能な農法が採用されており、ブドウは手摘みされる。ワインの大部分は発酵と熟成をステンレスタンクでおこなう。

ミシェル・ラロシュ（シャブリ）　Michel Laroche（Chablis）

ミシェル・ラロシュがビジネスマンとしてもつエネルギーは巨大で、彼はブドウ栽培農家の5代目であるだけでは飽き足らなかった。小規模の経営から始めてたちまち規模を拡大し、100haを超えるシャブリのドメーヌのほかにブティック、ホテル、レストランを町に持ち、さらにはラングドック、ステレンブーシュ、チリでのワインビジネスにまで手を広げて一大帝国を築いた。2009年にはメゾン・ジャンジャンと合併している。

シャブリでのビジネスの拠点は、15世紀からの美しい町オベディアンスリーにあり、最上級の畑に使われる樽が置かれているそのセラーには、かつてトゥールの聖マルティヌスの遺骨を納めていたと言われる地下室がある。隣には、驚くことに13世紀から残っている大きな木製のワイン圧搾機がある。
2000年から造り手を務めるドニ・ド・ラ・ブルドナイエがとどまっているため、新しい体制でもワインのスタイルが変わることは考えられない。特級畑では手摘みで、それ以外の畑では機械によって収穫される。1級畑と特級畑は一部が樽で発酵、熟成され（以前よりもその割合は減っている）、ほかではステンレスタンクが使われる。瓶詰め時には、それが通用するマーケットであればステルヴァン製のスクリューキャップが使われる。

ミシェル・ラロシュの所有畑

	ha
Chablis Grand Cru Les Blanchots	4.56
Chablis Grand Cru Bougros	0.31
Chablis Grand Cru Les Clos	1.12
Chablis 1er Cru Les Beauroy	2.85
Chablis 1er Cru Les Fourchaumes	7.65
Chablis 1er Cru Montmains	1.40
Chablis 1er Cru Les Vaillons	6.91
Chablis 1er Cru Les Vaudevey	9.96
Chablis 1er Cru	0.85
Chablis 'St Martin'	63.00
Petit Chablis	2.25

シャブリ 特級 レ・ブランショ レゼルヴ・ド・ロベディアンス 6月になるとラロシュのチームはブランショのさまざまな樽やタンクの味を確かめ、レゼルヴ・ド・ロベディアンスとして最高の組み合わせとなるブレンドをおこなう。すべてステルヴァン製のスクリューキャップが使われる。

ロン゠デパキ（シャブリ）　Long-Depaquit（Chablis）

1128年からフランス革命まではアベイ・ド・ポンティニの僧院が所有していた由緒正しきドメーヌで、現在はボーヌのメゾン・アルベール・ビショのもの。
65haの畑の中には、1級畑のブニョン、ヴァイヨン、ヴォークパン、レ・リス、モンテ・ド・トネール、レ・フォレと、特級畑のブランショ、クロ、ブグロ、プルーズ、ヴォーデジール、そして単独所有畑ラ・ムトンヌがある。ロン゠デパキの相続人たちがラ・ムトンヌを売却したとき、そのうち4人は自分の持ち分をビショに、1人はドルーアンに売ったのだが、現在ではすべてをビショ家が所有する。この畑は2つに分かれており、ヴォーデジールが2.24ha、プルーズが0.11haとなっている。

ドメーヌ・デ・マランド（シャブリ）　Domaine des Malandes（Chablis）

27haのドメーヌ。以前はロティエ姓だったトランブレ出身のリンヌ・マルシーヴが所有している。所有地の大半はアンドレ・トランブレによって1940年代から50年代にまとめられたものである。その頃は小麦の栽培に適した農地1haをブドウ畑2haと交換することができ、1級畑であっても比率は同じだった。なんとも大きな変わりようだ。リンヌはボーヌのワイン学校に行きたかったが、自分はふつうの少女になりたいだけなのだと思い直して（これもまた大きな変わりよう）、とりやめた。現在ではナント県、つまりミュスカデの産地出身であるゲノレ・ブルトドーの助けを借りて仕事をしている。

ドメーヌ・デ・マランドの所有畑

	ha
Chablis Grand Cru Les Clos	0.53
Chablis Grand Cru Vaudésir	0.90
Chablis 1er Cru Côte de Léchet	1.40
Chablis 1er Cru Fourchaume	1.29
Chablis 1er Cru Montmains	1.18
Chablis 1er Cru Vau de Vey	3.50
Chablis（2つのキュヴェ）	15.00
Petit Chablis	2.50

近年の進歩として挙げられるのは、畑の畝を鋤き、リュット・レゾネ（減農薬栽培）に従って畑を管理するようになったことと、それと並行してコート・ド・レシェ、フルショーム、特級畑で手摘みをおこなうようになったことである。
それよりも下位のワインと、ミネラルの骨格が顕著なコート・ド・レシェは、ステンレスタンクで発酵、熟成される。フルショームとモンマンの25％は古めの樽での発酵後にタンクに移され、ヴォー・ド・ヴェイの40％も同じように扱われる。この割合は、ヴォーデジールでは50％、レ・クロでは100％に上がる。いずれのワインも樽の影響がはっきりとあらわれることはないが、口に含むと丸

みが感じられる。

シャブリ・ヴィエイユ・ヴィーニュ キュヴェ・トゥール・デュ・ロワ ヴォーデジールの谷を登り切ったところにあるこの畑は、トゥール・デュ・ロワという区画に建つリンヌ・マルシーヴの家から一望の下にある。55年の樹齢が香りに深みを与え、それが25%という樽発酵の比率によってさらに高められている。

シャブリ1級 フルショーム・ヴィエイユ・ヴィーニュ フルショームの中心部にある古いブドウ樹は、リンヌの父と祖父が植えたものだ。この畑のブドウも25%が樽発酵で処理され、その後タンクで発酵したものとブレンドされる。ワインは柔らかく豊かな味わいで、その中心には模範的なフルショームならではの肉付きを感じることができる。

ドメーヌ・ルイ・ミシェル（シャブリ）　Domaine Louis Michel（Chablis）

このドメーヌは、1級畑および特級畑の優れたシャブリすべてに、樽ではなくステンレスタンクを使うこだわりが特徴である。ドメーヌの歴史は1850年までさかのぼり、故ルイ・ミシェルの下で頭角をあらわした。現在ドメーヌをとり仕切っているのは、1968年に父の仕事に加わったジャン=ルー・ミシェルと甥のギヨーム・ジコー=ミシェルである。ギヨームはパリでウェブ広告の仕事をしていたが、2007年にそれを辞めてシャブリにやって来た。最近の変化としては、フルタイムで畑の仕事をする人間を7人雇い、今までよりもさらに入念にブドウ栽培に取り組んでいることが挙げられる。プティ・シャブリ、シャブリ、そして若い樹は機械で摘むが、それ以外はすべて手で収穫される。ミシェルは収穫を遅めにすることを好むが、狙っていた熟し具合に達したあとの動きは速い。そのために、醸造所には3台の独立した圧搾機を備えている。2008年からは、土着酵母を発酵に用いている。

ドメーヌ・ルイ・ミシェルの所有畑	
	ha
Chablis Grand Cru Les Clos	0.50
Chablis Grand Cru Grenouilles	0.50
Chablis Grand Cru Vaudésir	1.00
Chablis 1er Cru Butteaux	4.20
Chablis 1er Cru Forêts	1.70
Chablis 1er Cru Fourchaume	0.30
Chablis 1er Cru Montée de Tonnerre	4.30
Chablis 1er Cru Montmain	1.70
Chablis 1er Cru Vaillons	1.90
Chablis	6.30
Petit Chablis	1.70

プティ・シャブリとシャブリは春から段階的に瓶詰めされるが、1級畑は次の収穫の直前から、そして特級畑は18ヵ月の熟成を待つ。ここではワイン造りのすべてのプロセスが酸素を排除した還元的なものであるため、1級畑と特級畑のワインはディキャンタージュが効果的かもしれない。フォレとビュトーの畑のワインが別々に造られるようになったのは2004年から、レ・ビュトーの古い区画（1954年に植えられたもの）の分が別銘柄として瓶詰めされるようになったのは2005年からである。

シャブリ 特級 グルヌイユ ミシェルの区画は畑の上の方の平らなところにあり、ワインは陽光を感じさせる。シャブリの中でもとりわけ力強さがあり、スパイスが強く、若いうちは甘草までもが感じられる。

シャブリ1級 モンテ・ド・トネール ミシェルの地所はかなり広く、モンテ・ド・トネールの中心部にほぼひとつにまとまっている。このワインは、若いうちは濃厚で黄色系果実を感じさせ、その内実があらわれるには多少の時間を要する。2009年5月に飲んだ1990年は、牡蠣の殻を砕いたときのクラシックなブーケを備える、完璧なバランスをもつシャブリであった。

アリス&オリヴィエ・ド・ムール（クルジ）　Alice & Olivier de Moor（Courgis）

ド・ムールは比較的新しく参入した生産者で、クルジに小さなドメーヌを構える。1級畑はひとつもなく、ACシャブリのみを生産しているが、それを生み出す畑のほとんどは何もない状態から2人が自ら植えたものである。ロゼット、ブレールとクラルディ（2つの区画を合わせて醸造している）といった彼ら独自のワインに心血を注いでいる。また、1902年の古樹であるサン=ブリとアリゴテによるものも造っている。2005年に有機を始め、2008年に認証された。ワインはすべて樽で発酵、

熟成される。

ドメーヌ・クリスティアン・モロー（シャブリ）　Domaine Christian Moreau（Chablis）

モロー家はネゴシアン会社であるJ・モローと自社畑を1985年にハイラム・ウォーカー社に売却したが、1997年にクリスティアン・モローは、5年前に通告することでブドウ畑を買い戻せるという条項を発動した。これによりドメーヌ・クリスティアン・モローの初ヴィンテージは2002年となった。今ではファビアン・モローが父親からこのすばらしいドメーヌを継いでいる。現在は有機農法に向かっており、2002年には一気に除草剤の使用をやめてしまった。

ドメーヌ・クリスティアン・モローの所有畑

	ha
Chablis Grand Cru Blanchot	0.10
Chablis Grand Cru Les Clos	3.20
Chablis Grand Cru Les Clos, Clos des Hospices	0.41
Chablis Grand Cru Valmur	1.00
Chablis Grand Cru Vaudésir	0.50
Chablis 1er Cru Vaillon	4.70
Petit Chablis	0.40
Chablis	1.20

ブドウは全面的に手摘みされ、腐った実は選果で排除される。最近の動きとしては、2008年から発酵に土着酵母を用いている。プティ・シャブリ、シャブリ、および一部の畑にはステンレスタンクを用い、最上位のワインでは30~50%を樽で1年から4年熟成させる。ただしブランショの小さな畑は、クロ・デ・ゾスピスと同様にすべて樽で造る。瓶詰めは、通常、次の収穫の前におこなわれる。

レ・クロ 特級　3haあまりの1区画。もっとも低いところ（樹齢35年）、中間部分（65年）、最上部（50年）をそれぞれ別に収穫する。湿度の高い年は最上部がもっともよく、乾燥気味の年には低い部分が優れたワインを生む。この畑のワインは、レ・クロのあるべき姿を体現するきわだった重さと濃さを備えている。

レ・クロ クロ・デ・ゾスピス 特級　区画の中でも道の脇に育つブドウ樹は、異常な寒気が襲った1985年には引き抜きを余儀なくされて1989年に植え替えられた。若いうちはレ・クロよりも気軽に飲める雰囲気だが、口に含むとさらにみごとな凝縮感を感じさせる。オークは重厚な果実味のかげに隠れている。

シャブリ1級 ヴァイヨン ギィ・モロー　0.90haの区画に1933年、クリスティアンの父ギィ・モローが植樹した。この畑のワインは通常のヴァイヨン（このドメーヌでは単数形のVaillonと表記）の優美さを余すところなく見せるが、その背後にある味わいの深さが並はずれている。1級のシャブリとは思えないほどの重量感を備えている。

ドメーヌ・ルイ・モロー（シャブリ）　Domaine Louis Moreau（Chablis）

1985年にネゴシアン会社J・モローが売却されたときに畑の持ち分を手放さなかった、もうひとつのモロー家で、1994年からルイ・モローが切り盛りしている。規模はクリスティアン・モローのところよりも大きく、1級畑ヴォー・リニョー、ヴァイヨン、フルノーと、特級畑ブランショ、ヴォーデジール、ヴァルミュール、レ・クロは合計50haに達する。なお、レ・クロには、クロ・デ・ゾスピスの半分の持ち分が含まれる。この一家はほかにも、ACシャブリを産するドメーヌ・デュ・セードルとドメーヌ・ビエヴィルという2つのドメーヌをヴィヴィエ村に所有している。

ワインはステンレスタンクで造られる。特級畑のごく一部に対しては熟成時に樽が使われるが、発酵時に使用されることはない。

ドメーヌ・ウダン（シシェ）　Domaine Oudin（Chichée）

シャブリのすぐ南、シシェに本拠を置くドメーヌで、クリスティアーヌ・ウダンとジャン゠シャルル・ウダンが1級畑のヴォークパンとヴォージロのほか、レ・セレという名のACシャブリなどを造っている。上質で切れ味のよいシャブリである。

ジベール・ピック・エ・フィス（シシェ）　Gilbert Picq & Fils（Chichée）

シシェに居を構える、きわめて優れた小さなドメーヌで、現在はディディエ・ピック（醸造担当）とパスカル（畑担当）の兄弟が運営している。シャブリ、シャブリ・ヴィエイユ・ヴィーニュ、シャブリ・ヴォークパン1級、シャブリ・ヴォグロ1級という4種類のワインいずれもが、10年の熟成に耐える。ディディエは1981年にドメーヌ元詰めを始めた。ドメーヌの名は彼の父親からとられているが、記録からは古く1870年代にジルベール・ピックという生産者がいたことがわかる。ワインはステンレスタンクで天然酵母を使って造られる。

ドメーヌ・ルイ・パンソン（シャブリ）　Domaine Louis Pinson（Chablis）

1983年に引退したルイ・パンソンが古風だがすばらしいワインを造っていた頃、彼のところを訪ね、そのワインに深く感銘を受けたことを覚えている。25年後に再訪し、その曾孫娘であるシャルレーヌに迎えられたこともまた記憶に刻まれている。彼女は父ローラン、叔父クリストフとともに働いており、スキン・コンタクトを用いたACシャブリであるキュヴェ・マドモワゼルなど、新しいアイデアをすでに披露している。シャブリにはパンソン通りというところがあり、ここには昔、パンソンの三兄弟がまったく同じつくりの家に住んでいた。

ドメーヌ・ルイ・パンソンの所有畑	
	ha
Chablis Grand Cru Les Clos	2.57
Chablis 1er Cru Forêt	0.68
Chablis 1er Cru Fourchaume	0.50
Chablis 1er Cru Mont de Milieu	4.76
Chablis 1er Cru Montmains	1.05
Chablis 1er Cru Vaillons	0.20
Chablis 1er Cru Vaugiraut	0.34
Chablis	2.20

ブドウはすべて手摘みされ、畑と醸造所の両方で選別される。発酵は厳選された酵母を用いて主にステンレスタンクでおこなわれ、その後ワインは熟成のために樽に移される。熟成期間は、レ・クロの樽は1〜2年、1級は3〜6年。ACシャブリは、そのままステンレスタンクに置かれる。
モン・ド・ミリューに大区画を抱えているパンソン家は、0.5haをナタリー＆ジル・フェーヴルのフルショームと交換している。両ドメーヌはこれにより、取り扱うアペラシオンを増やすことができた。

シャブリ　特級　レ・クロ　古い樹の一部を植え替えのために掘り起こさねばならなくなったため、2007年産以降は生産が縮小されている。パンソン家は全部で4つの区画を持っているが、うち2つが低いところに、1つは中ほど、残る1つはこの畑の生命力がもっともよくあらわれる最上部にある。圧倒的な重みのあるワインであり、10年間寝かせる価値があるだろう。

シャブリ1級　フォレ　パンソンが持っているのは畑の上の部分、表面近くまで石灰岩が迫っているところだ。優れたシャブリの真髄と言いたくなるほどの弾けるようなミネラル風味をもったワインで、きわめて長い熟成に耐える。

シャブリ1級　モン・ド・ミリュー　1級の中でもっとも力強い。それは主に畑の立地によるものだが、オーク樽で醸造されることも一部貢献している。通常は少し色が濃く、果実味の濃さと骨格の密度はほかに例を見ないほどだ。陽光も感じられるが、そこを土壌のミネラルが突き抜けてくるようだ。私は1983年産を1ケース買ったものだから、これで最後の1本というのがいつもセラーの奥から見つかる。

ドメーヌ・イザベル＆ドニ・ポミエ（ポワンシー）　Domaine Isabelle & Denis Pommier（Poinchy）

1990年にわずか2haで始めたポミエ家が今では13haにまで育て上げた。扱うワインは、プティ・シャブリから始まり、ACシャブリとともにシャブリ・ラ・クロワ・オー・モワーヌがあり、さらに1級のフルショーム、ボーロワ、コート・ド・レシェまでも造る。2006年からはブルゴーニュ・ピノ・ノワールも手がけている。

ラヴノー（シャブリ）　Raveneau（Chablis）

ラヴノーやドーヴィサといったドメーヌで試飲をするときは、できあいの知識のたぐいは投げ捨ててしまうほうがよい。彼らは英雄と崇められることを目指しているわけではなく、自分たちがすべ

ての答を知っていると考えているわけでもない。彼らは家伝の畑に敬意を払い、ワイン造りでは常識を重んじ、一家の伝統を守り、しかし進歩のための道は見逃さない。

一族の中で最初に自らのワインを送り出したフランソワ・ラヴノーは、1988年に引退した。息子ジャン=マリーは1979年から父とともに働いてきており、もうひとりの息子ベルナールが1995年に加わった。ふたりによる現在のドメーヌの運営は、ある程度は交代可能な形でおこなわれているが、収穫期にはジャン=マリーは主に摘み取り、ベルナールは醸造を担当する傾向がある。ブドウは圧搾の前に破砕され、ビュトーとモンテ・ド・トネールになる分を除いてタンクで発酵される。この2つについては、新樽と1年使用樽が使われる。この2つの畑に新樽があてられるのは、量が多いのでブレンド時にオークの影響が隠れてくれるためだ。新しい樽は現在ステファヌ・シャサンから入手しているが、これは新樽そのものが必要だからではなく、手元の樽の入れ替えが目的である。ドーヴィサと同様に、132lのフィエットがかなり使われる。ワインが瓶詰めされるまでは約18ヵ月である。

ラヴノーの所有畑	
	ha
Chablis Grand Cru Blanchots	0.60
Chablis Grand Cru Les Clos	0.54
Chablis Grand Cru Valmur	0.75
Chablis 1er Cru Butteaux	1.50
Chablis 1er Cru Chapelots	0.30
Chablis 1er Cru Forêt	0.60
Chablis 1er Cru Montée de Tonnerre	3.20
Chablis 1er Cru Montmains	0.35
Chablis 1er Cru Vaillon	0.50
Chablis	0.95

ジャン=マリー・ラヴノーは、およその数字を示して彼の所有畑を教えてくれた。ACシャブリの区画は新しく、その一部はヴァイヨンと反対側の斜面にあって、植えられた樹が最初の収穫をもたらしたのは2007年である。2009年にはさらに多くの収穫があったが、一方でシャプロは2010年に引き抜かれることとなった。

シャブリ 特級 レ・クロ ラヴノーの所有区画はレ・クロのまんなかで、斜面を半分ほど登ったところ、北から南に向かう中ほどにある。このクロは、レ・ブランショの優雅さとミネラル風味を併せもった上にヴァルミュールを思わせる重さも備え、その両者のはるか上をいく。あらゆる要素を備え、すばらしい強さをも兼ね備えるシャブリであり、長い熟成に耐える。

シャブリ1級 ビュトー 青みを帯びた泥炭土の下層土が、隣のモンマンよりも強いミネラル感をワインにもたらしている。後味はきわめて繊細で透明感があり、彫り込まれたかのようだ。

ドメーヌ・セギノ=ボルデ（マリニ） Domaine Séguinot-Bordet（Maligny）

ジャン=フランソワ・ボルデは、古く1590年からワイン造りをおこなっていた先祖をもつ。自らの近代的な醸造所をマリニの郊外にもつ一方、1、2のネゴシアン・キュヴェも使ってプティ・シャブリ、シャブリ、1級フルショームを造っている。

ドメーヌ・セルヴァン（シャブリ） Domaine Servin（Chablis）

1654年からの歴史をもつドメーヌ・セルヴァンは、30haを少し超える土地を開拓してきた。これには、優れた1級畑（モンテ・ド・トネール、ヴァイヨン、レ・フォレ）と特級畑（ブランショ、プルーズ、ブグロ、レ・クロ）も含まれる。現在は、マルセル・セルヴァンを継いだ5代目、1962年生まれのフランソワがワインを造っている。

シモネ=フエヴル（シャブリ、シトリ） Simonnet-Febvre（Chablis, Chitry）

モン・ド・ミリューとプルーズに土地を持つドメーヌを核としたネゴシアン。1840年の創業だが、現在ではボーヌのルイ・ラトゥールが所有している。新任ディレクター、ジャン=フィリップ・アルシャンボーは、醸造所をシャブリからシトリに移して新しい拠点とした。ACオーセロワのワインとクレマン・ド・ブルゴーニュも生産している。

ドメーヌ・ジェラール・トランブレ（ポワンシー）　Domaine Gérard Tremblay（Poinchy）
古い歴史を持つドメーヌで、現在は33haを所有する。1級畑（ボーロワ、コート・ド・レシェ、モンマン、フルショーム）はステンレス槽で発酵をおこなうが、うち20%はその後、木の樽で熟成される。特級畑ヴォーデジールも同様だが、30%に木製樽が使われる。ラ・シャペル゠ヴォーペルテーニュを本拠とするトランブレ家は、シャブリ周辺に活発に進出している。ベサン、デ・マランド、グーレイといったドメーヌは、すべてトランブレ家と縁戚関係にある。

ドメーヌ・ド・ヴォドン　Domaine de Vaudon
ジョゼフ・ドルーアンがシャブリの所有地に用いる名称。「ボーヌ」の章を参照。

ドメーヌ・ヴォコレ（シャブリ）　Domaine Vocoret（Chablis）
50haを超える大規模ドメーヌ。6つの1級畑（ラ・フォレ、ヴァイヨン、モンマン、コート・ド・レシェ、モンテ・ド・トネール、モン・ド・ミリュー）と、4つの特級畑（レ・クロ、ブランショ、ヴァルミュール、ヴォーデジール）を持つ。特級畑のほか、古樹として別のワインとなるフォレとヴァイヨンは手摘みされ、発酵と熟成のどちらも樽でおこなわれる。

the auxerrois
オーセロワ

ヨンヌ県の中でブドウが栽培されている地域はいくつもあるが、シャブリ以外はおおざっぱにオーセロワ、または大オーセロワ圏とくくることができる。モーセールの町はサン=ブリ、シトリ、イランシーに近く、当然ながらコート・ドーセールにも近いが、畑の呼び名に関してはあまり厳密でなく、北のジョワニ、東のトネールとエピヌイユ、南のヴェズレはどれもかなり離れているにもかかわらず、オーセロワの名でひとくくりにされている。これらの地域はすべて、20世紀後半になってブドウ栽培を復活させたところばかりだ。

オーセロワに関する統計[1]

	植えつけ面積(ha)	赤(hl)	白(hl)
ブルゴーニュ=シトリ	87	1,359	2,210
ブルゴーニュ=クランジュ	93	4,231	873
ブルゴーニュ=エピヌイユ	65	3,239	
ブルゴーニュ=トネール	38		2,098
ブルゴーニュ=ヴェズレ	47		1,786
イランシー	164	6,826	
サン=ブリ	133		7,963
合計	**627**	**15,655**	**14,930**

最初に、サン=ブリとイランシーという2つのアペラシオンについて説明する。その後、おおよその地理的な配置に基づいて各副アペラシオンを解説してゆく。ジョワニのコート・サン=ジャックにある畑は、大ブルゴーニュ圏の章で扱っている。

オーセロワ
The Auxerrois

- Chablis
- Other vineyards

1:355,000   0 — 10 km

JOVINIEN

Joigny
Migennes
Senan
PARIS
St-Florentin
TROYES
L'Armançon
Le Serein
L'Yonne

Ligny-le-Châtel
Villy
Maligny
Lignorelles
La Chapelle Vaupelteigne
Bleigny-le-Carreau
Beine Poinchy
Milly
Chablis
Venoy
Quenne
Courgis
Chichée
Chitry
Préhy
Saint-Bris-le-Vineux
Chemilly-sur-Serein
Champs-sur-Yonne
St-Cyr-les-Colons
Escolives
Bailly
Jussy
Irancy
Coulanges-la-Vineuse
Vincelottes
Migé
Vermenton
Nitry
Charentenay

Dannemoine
Molosmes
Epineuil
Tonnerre
Collan
Rameau
Fyé
Viviers
Fleys
Béru
Poilly-sur-Serein
Ste-Vertu
Noyers

TONNERROIS

CHABLISIEN

AUXERROIS

DIJON
LYON

VEZELIEN

Clamecy
Asquins
Vézelay
Avallon

サン=ブリ　St-Bris

サン=ブリ=ル=ヴィヌーの村は、ブルゴーニュにおけるブドウ栽培としては異色なことに以前からソーヴィニヨン・ブランを栽培してきた。このことはVDQSソーヴィニヨン・ド・サン=ブリの規則によって1974年から認められ、2003年にサン=ブリというアペラシオンに転換された（2001年産にさかのぼって適用）。

ミシェル・ベタンヌに聞いた話によると、ここにソーヴィニヨンが植えられたのは、シャルドネでは霜にやられてしまうからということらしい。つまり、きわめて現実的な選択だったというわけだ。一方、ジュリアン・ブロカールはこの見方に異を唱える。ヨンヌの谷はスランよりも気温が高いというのだ。夏にはコオロギも鳴くし、スランの丘に見かけない種類の蘭も咲く、と。真実は両者のあいだにあるのだろう。ソーヴィニヨンのブドウ樹は北向きか北西向きの斜面に植えられるのがふつうだが、そこではシャルドネは実を結ばない。シャルドネはコート・ドーセールの南向きか南東向きの斜面に植えられるのだ。

ジャン=ユーグ・ゴワゾはまた別の説明をしている。サン=ブリは、ワイン交易が盛んだった歴史をもつオーセールの影響下にあり、サンセールともつながりがあった。一方シャブリはそこだけで完結しているか、反対側のトネールの影響を受けていた、というものだ。

サン=ブリの土壌は、大部分がキンメリッジ階の粘土性石灰岩の上にあるが、これはサンセールの大部分と、ロワール地方のアペラシオンであるムヌトゥ=サロンのモロジュの部分と同じだ。しかし、この地域のワインはサンセールよりもシャブリとの共通点の方が多い。具体的には、サンセールとは違ってマロラクティック発酵が生起するに任せており、先進的な人々はブドウ品種の特徴ばかりを強調する造り方に見切りをつけようとしている。

ムリ　Moury

ジスレーヌ＆ジャン=ユーグ・ゴワゾが造っているムリは、私が知るかぎり唯一の単一畑サン=ブリである。ここの岩石はポートランド階の硬い石灰岩のゴツゴツとした塊であり、そこから生まれるワインは石の粉をなめているほどの強烈なミネラル風味をもつ。

イランシー　Irancy

ブルゴーニュ=イランシーという副呼称は1977年に制定され、1991年に拡張されて、その後1998年には完全な村名格ACイランシーとなった。対象となるのは赤ワインだけであり、ピノ・ノワールに加えて古い品種であるセザールを10%まで使うことができる。300haほど認められている面積のうち、200haあまりにブドウ樹が植えられている。地図からもわかるように、この地域の大部分は巨大な円形劇場のような形になっており、村を取り囲む畑は隣接するクラヴァンとヴァンスロットの村まで伸びている。

イランシーはシャブリと同じキンメリッジ階の石灰岩に恵まれている。また、オーセロワのすべてのアペラシオンの中で、個々の畑の立地というものにもっとも高い意識をもっている。19世紀のワインライターであるアンドレ・ジュリアン[2]は、イランシーからは「1級畑（Première Classe）」をひとつも挙げていないのだが、パロットをその中に加えてもよいと考えていたことは確かだ。彼が次点グループと考えた中では、パラディ、ベルジュール、ヴォー・シャセ、カイユの斜面がすぐれている。パロットは、マズロと並んで今日でももっともよく引き合いに出される畑である。現在、主な畑の境界を確定する作業が進行中だ。

---

1) 出典：BIVB、2008年版

2) André Jullien, *Topographie de Tous les Vignobles Connus*（1866）, Slatkine, Paris-Geneva, 1985, p.120

セザール種は色とタンニンをもたらしてくれるが、すぐれた色調はこの地ではひときわ貴重なものだ。ジャン＝ユーグ・ゴワゾは、地中海を起源とするこのブドウ——コルシカン・ニエルキオに近い筋にあたる——をあまり評価していない。それは、この地の気候では実が熟すまでに時間がかかりすぎるためだ。セザール種の比率が高いワインは、若い頃には熟成に大きな期待を抱かせるものの、果実味があらわれる前にタンニンがワインを干からびさせてしまうように思われる。ドメーヌ・コリノはこの品種の可能性をもう少し買っており、いくつかのキュヴェで少しブレンドしている。ぜひとも、この生き残りが息絶えてしまわぬようにしてもらいたい。セザール種は、複式ギュイヨで仕立てられるために目立つ（ここでは、ピノは単式ギュイヨで仕立てる）。これは、セザール種が実をつけない原因となる「花震い」を防ぐのに役立っている。

レ・ブダルド　Les Boudardes
コリノが発表している単一畑のリストに、最近になって載るようになった畑。レ・マズロのすぐ下に位置し、ほぼ同じ南向きの斜面だが、こちらの方がなだらかである。しかし、木のおかげもあって驚くほど暖かい。エリック・ダールもここでワインを造っている。

レ・カイユ　Les Cailles
名前にもあられているとおり石の多い畑で（caille は石の意）、ソラン家がイランシーに所有するドメーヌ・デ・ランパールの屋台骨を支えている。ドメーヌ・コリノとシトリのドメーヌ・グリフも、この畑名のワインを出している。

レ・マズロ　Les Mazelots
典型的な南向きの急勾配の畑で、ここからコリノはタンニンの強いフルボディのイランシーを造っている。サン＝ブリのドメーヌ・ゴワゾも、古樹を使って生産をおこなっている。マズロはイランシーのなかでもっとも印象的で完成度の高いワインのひとつと言えるだろう。

コート・デュ・ムティエ　Côte du Moutier
マズロに隣接するが、土壌はマズロよりも茶色が強く泥灰岩が多いため、ワインはより厚みがある。コリノのものはたいへん古いブドウ樹から造られる。

ラ・パロット　La Palotte
イランシーで最高の畑とされることが多い。ブノワ・カンタン、コリノ、ジヴォダン、リシュー、ヴェレの各ドメーヌがそれぞれのワインを造る。クラヴァン村との境にまたがっており、真南に開けた立地が濃厚でかなりタニックなワインを生む。

ブルゴーニュ＝クランジュ＝ラ・ヴィヌーズ　Bourgogne-Coulanges-la-Vineuse
1993年に制定されたアペラシオン。対象となっているのは、クランジュ、ミジェ、ジュシ、ヴァル＝ド＝メルシ、エスコリヴ＝サント＝カミーユ、ムフィ、シャラントネの各村で造られるピノ・ノワール、またはセザールから造られる赤とロゼ、それにシャルドネによる多少の白である。ほとんどが農業に適したこの国にあって、ヨンヌ西岸ではここが唯一のアペラシオンである。アペラシオンの対象となるのは770haだが、2008年の時点で生産をおこなっているのは100haに満たない。
エスコリヴでは現在、ローマ時代の遺跡発掘が進んでおり、遠い昔に思いをはせるのも一興である。きっかけは、地元の人間が古い胡桃の木の根を掘り起こしているときにメロビング王朝の墓所を見つけたことだ。発掘を進めるとローマ人の居住跡が見つかり、さらには新石器時代の集落があったことまでわかった。ローマ時代の遺跡のあいだからは古代セザール種のブドウの名残も見つかっている。

造り手の中には特別なキュヴェを造っている生産者もいるのかもしれないが、私は今のところクランジュ=ラ=ヴィヌーズの単一畑ワインに出会ったことはない。

ブルゴーニュ=コート・ドーセール　Bourgogne-Côtes d'Auxerre

このアペラシオンは1993年に制定され、オジ、オーセール=ヴォー、ケンヌ、サン=ブリ=ル=ヴィヌーの各村と、ヴァンスロットのうちイランシーに含まれない地区で生産される赤、白、ロゼを対象とする。許可されているブドウ品種は、シャルドネとピノ・ノワールである。

この地域はワイン造りの堂々たる歴史をもっており、詩にも、英仏王室の酒庫台帳の記録にも、頻繁に登場する。フランソワ1世とアンリ4世はオーセールのワインに特別な地位を与えている。フランソワ1世はフランス全土で自由に販売できるように命じ、アンリ4世は税を免除したのである。イギリスではジョン王とヘンリー8世がこのワインを庇護した。アンドレ・ジュリアンもオーセロワのワイン全般を好んだので、個々のブドウ畑の特徴を述べる際に、彼の著書は頻繁に引用されるようになった。オーセールの中で具体的に言及されているのはシェネットとミグレーヌの畑だが[3]、現在はシェネットの方しか残っていない。

クロ・ド・ラ・シェネット　Clos de la Chainette

オーセールの町の中にある4haと少しの畑で、7世紀からワイン造りがおこなわれている。1911年のラベルには Ancien Clos de l'Abbaye de St-Germain と、やや気になる Clos de l'Asile d'Auxerre という文字が認められる(asileは精神科病院を意味する)。実は、このブドウ畑は地元の精神科病院とつながりがあり、そこの患者がブドウ摘みに雇われているのである。造られているのは主にシャルドネ種の白で、少量ながらピノ・ノワールの赤も産する。

グール・ド・ルー　Gueules de Loup

この区画の名前は、この地に自生する植物、直訳すると「狼の喉」という名前をもつ花からとられている。ポートランド階とキンメリッジ階の石灰岩が交わる土壌と真南に向かって開けた立地から、ワインは良質な果実味が前面にあらわれ、ゴワゾとしては比較的早く熟成する。

赤ワインは100%ピノ種から造られる。一般的に色は明るく、魅力的な赤系果実の風味をともなうが、それはワインにひそむ強烈なミネラルを押しのけて姿をあらわそうとしている。よくできたワインでも、まだピノの果実味が若すぎたら、数年の瓶熟で丸みのある姿を見せはじめるだろう。

ブルゴーニュ=シトリ　Bourgogne-Chitry

小さなシトリの村は時間の流れにとり残されたような感がある。シャブリからサン=ブリに向かう途中になければ、私も訪れることがなかったかもしれない。一番最近の訪問時には、いくつかのドメーヌと契約をする地域活動がきざしていたが、実際に働いている人々は見あたらなかった。伝統的な作物はチェリーだが、この地域の果樹園は全体的にゆっくりと衰退の道をたどっている。

1993年に設立されたこのアペラシオンは赤と白を対象にしているが、シトリではシャルドネ種から造られる白ワインが赤よりもはるかに有名である。歴史的にはシトリはアリゴテ種のワインが高く評価されていたが、ソーヴィニョンとサシも植えられていた。ソーヴィニョンはサン=ブリという名前が使えなくなったときに大部分が抜かれてしまったが、サシは今でも残っており、ひとりの栽培家はサシからブルゴーニュ・グラン・オルディネールを造っている。

---

[3] André Jullien 前掲書 p.119

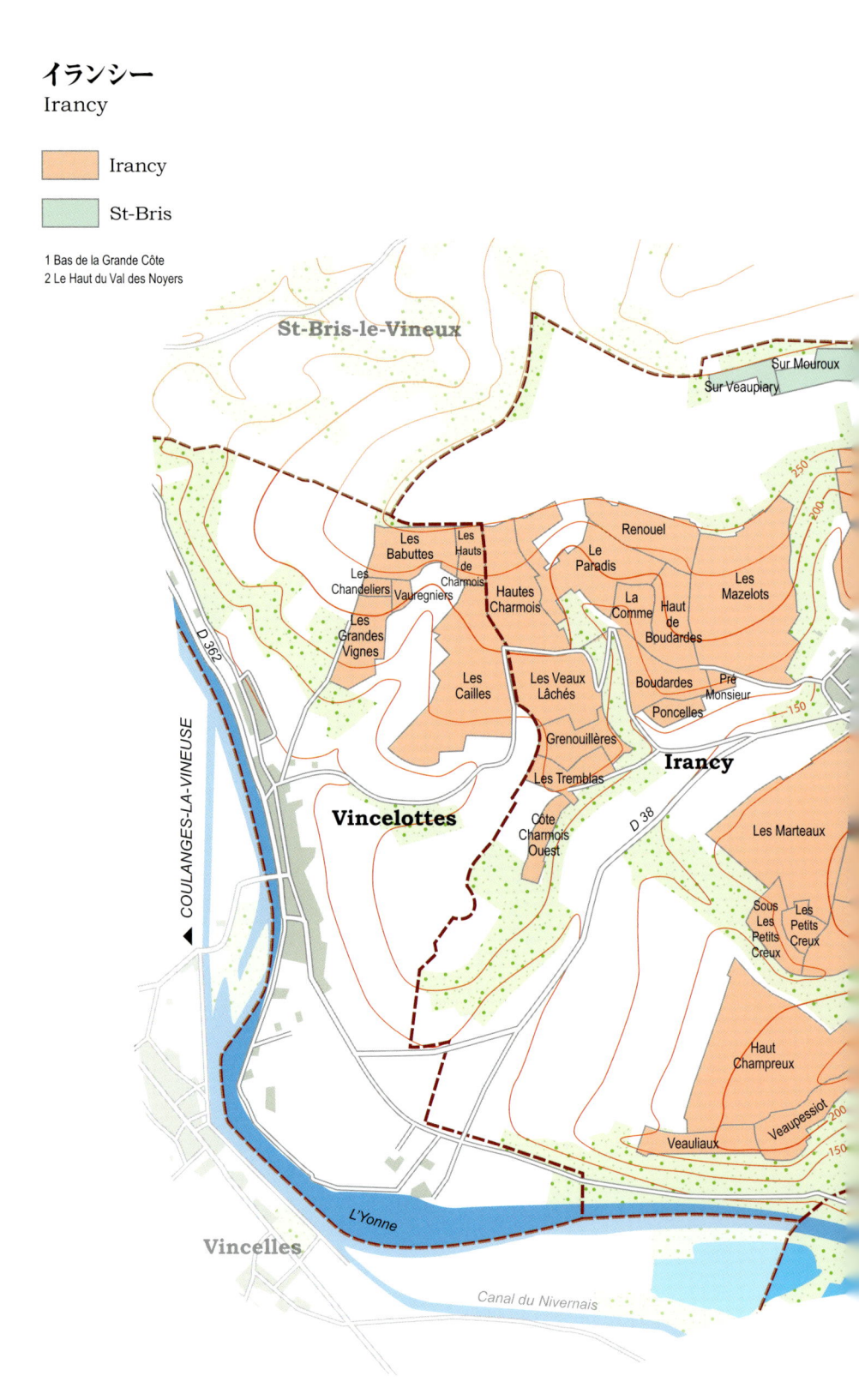

イランシー
Irancy

- Irancy
- St-Bris

1 Bas de la Grande Côte
2 Le Haut du Val des Noyers

Cravant

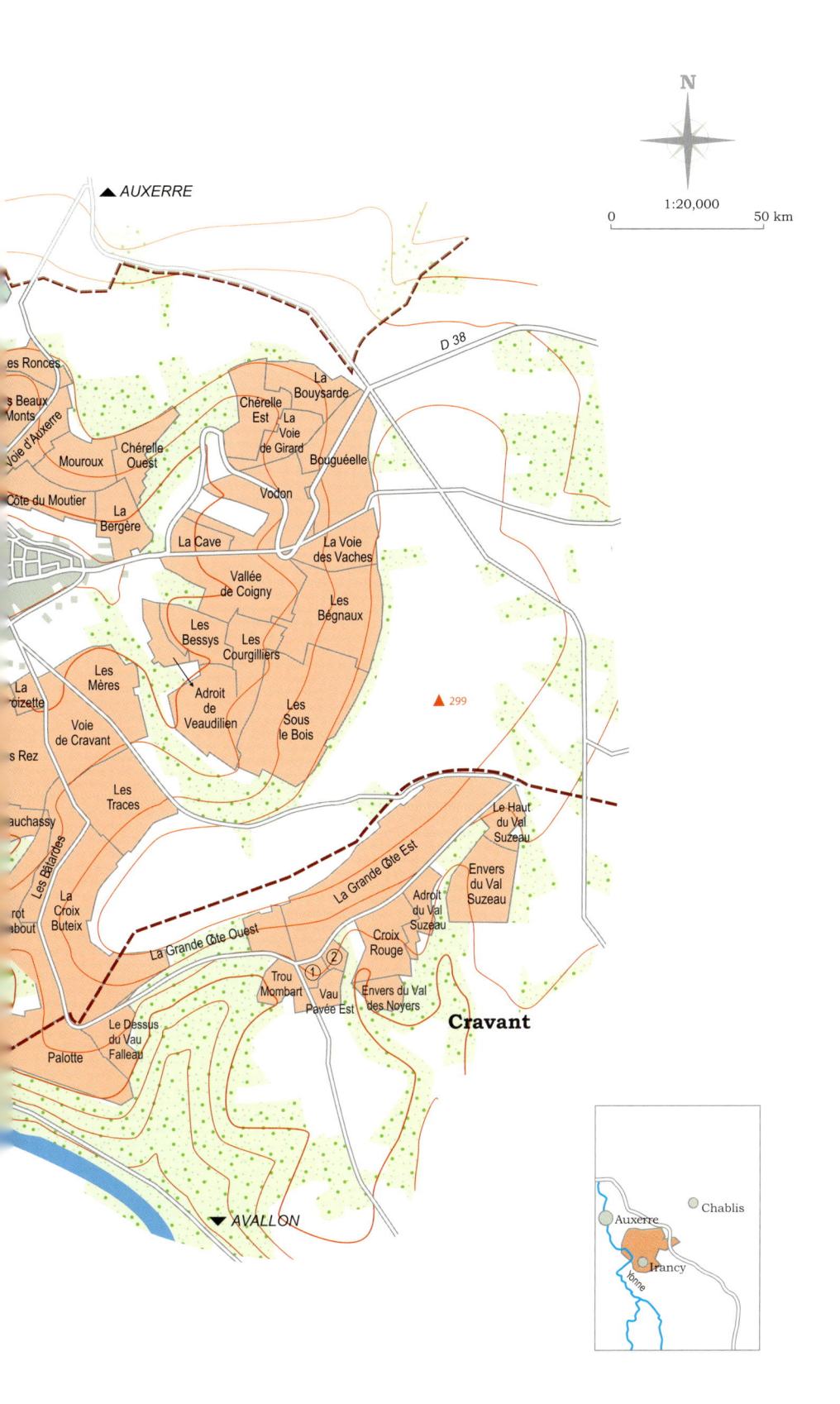

近年では再びピノ・ノワールが栽培されるようになり、イランシーの濃く骨太のものに比べて軽く、かぐわしいスタイルのワインを生んでいる。

ブルゴーニュ＝エピヌイユ　Bourgogne-Epineuil

このアペラシオンは、現在ではエピヌイユ村の赤とロゼを対象としている。ブルゴーニュ＝トネールのアペラシオンが誕生するまでは白もいくらかあったが、現在、白はそちらに含まれている。トネールと同様に、キンメリッジ階の粘土性石灰岩が基岩を構成している。

この地域は1980年代までほとんど停滞しており、わずかにふたりの栽培家、ジャン＝クロード・ミショーとリュシアン・ボーがいるのみだった。リニョレルでワイン造りを学んだアラン・マティアスがやって来たのが1982年のことで、彼はコート・ド・グリゼなど、さまざまな場所で植樹を再開した。現在はこの3人のほかに、ドメーヌ・デュ・プティ・カンシーのドミニク・グリュイエ、レジェ・ペール・エ・フィス、オリヴィエ・ワルテル、さらにエピヌイユに区画を持つ域外の生産者らが加わっている。

コート・ド・グリゼ　Côte de Grisey

19世紀には最高レベルの白ワインで知られていたが、現在はブドウがきわめて早い時期に熟す立地特性を活かそうとピノ・ノワールが植えられている。この畑は南から南東に面した、最大で40％にも達する急な斜面にあるのだ。活性石灰岩に富む土壌によってワインは力強く、若いうちは何ともそっけない。アラン・マティアスとドミニク・グリュイエが、どちらもコート・ド・グリゼの名で造っている。

レ・ダノ　Les Dannots

レ・ダノは、南西向きのやや平らな土地にある。ドメーヌ・ド・ラベイ・デュ・プティ・カンシーのドミニク・グリュイエが、ラム・デ・ダノという名前で造っている。
ほかの小区画（リュー＝ディ）は、レ・ボーモン、ブリデンヌ、シャンピオン、レ・クレ、レ・クルエ、デリエール・カンシー、フォコニエ、レ・フロベール、ヴァルノワール、レ・ヴォーピネ、レ・ヴィラなどがあり、なかには今後、こうした名を付して出てくるワインもあるだろう。

ブルゴーニュ＝トネール　Bourgogne-Tonnerre

トネールは、古く13世紀から白ワインが評価されていた。アンシャン・レジームの後期には、策謀家の女装外交官、そしてその名前からしても性別が怪しまれるシャルル＝ジュヌヴィエーヴ＝ルイ＝オーギュスト＝アンドレ＝ティモテ・デオン・ド・ボーモンがひいきにした。現在は、この外交官の名を称えてエマニュエル・ダンプが「シュヴァリエ・デオン」という名のワインを造っている。

この地域は1937年以来、広域ブルゴーニュ・アペラシオンの一部だったが、1960年代にはわずかに2軒の栽培農家しか残っていなかった。1970年代になると、まずはエピヌイユで、次いでトネール周辺で復活の動きがあり、2006年にはブルゴーニュ＝トネールが副アペラシオンとして制定されるまでに至った。この副アペラシオンは白ワインのみを対象とし、対象となる村はダヌムワーヌ、エピヌイユ、ジュネ、モロム、トネール、ヴェザンヌの6つだけである。基岩はシャブリに似たキンメリッジ階の粘土石灰岩。

コート・デ・ゾリヴォット　Côte des Olivotes

アンドレ・ジュリアンは1832年の著書で、ダヌムワーヌ村のこの畑をトネールのプレオーおよびピトワとともにとりあげている。私の知る限り、現在では単独でワインになることはない。

ヴォーモリヨン　Vaumorillon

アンドレ・ジュリアンが好んだ白ワインは、「最高クラスのムルソーのいくつかと肩を並べるできばえ」と記したジュネと、同様の評価を下していたエピヌイユのグリセである。そのジュネにある、以前のドメーヌ・ジュノを2004年に買い取ったシャンパーニュの生産者ドメーヌ・ムタール=ディリジャンが、ここヴォーモリヨンのワインを売っている。17世紀の詩人、批評家、そして風刺家であったボワローは、ヴォーモリヨンにかなり広いブドウ畑を持っていたことがある。

レ・ブト　Les Boutôts

モロムにある南西向きの畑で、円形劇場のような形をしており、熱が逃げにくい。デルフィーヌ・デフォーがドメーヌ・デ・ブトを運営している。

ブルゴーニュ=ヴェズレ　Bourgogne-Vézelay

ここはまちがいなくブルゴーニュでもっとも美しいブドウ栽培の風景が見られる地域だ。眼下に広がる別世界のようなキュール川の谷、ヴィオレ=ル=デュックによって修復されたサント・マドレーヌ・バジリカ聖堂、そして「永遠の丘」の上に広がるヴェズレの畑がつくり出す美しい田園風景は、時間を超えた神秘的な雰囲気に包まれている。足りないものはワイン造りの復活だけだった。

歴史をふり返ると、ヴェズレのブドウ畑は18世紀に最盛期を迎えたものの、フィロキセラ禍のあとではわずかしか再植樹されなかった。しかし、1970年代に小規模で始まった再興が軌道にのり、1997年にはアスカン、サン=ペール、タロワゾー、ヴェズレの4つの村を対象としたアペラシオンとして、ブルゴーニュ・ヴェズレが制定されたのである。申請書類にはピノ・ノワールによる赤ワインも含まれていたが、白ワインのみのアペラシオンとなった。白はシャルドネだが、ムロン・ド・ブルゴーニュも3ha栽培されている。このブドウは、1709年から翌年の厳しい冬にほかの種類のブドウがすべて凍りついてしまったあとでロワール川河口付近に移植され、以来ミュスカデの名で生まれ変わった。

道路から見える中でもっとも印象的な畑は、ヴェズレの丘の南面にある。しかし、サン=ペールからヴェズレに向かう道の左側にも美しいブドウ畑が広がっており、谷の向こうの丘の上にバジリカ聖堂を臨む眺めは実にすばらしい。さらに重要なことは、丘の斜面がカーブしているために、これらの畑が南と東の両方に開けていることで、これによってピノの熟成に最適な環境が生まれている。アスカンの畑は村の背後にある東向きの急な斜面につくられている。

現在、16軒の栽培家がいるが、もっとも有名なのはカーヴ・アンリ・ド・ヴェズレという協同組合で、10人のメンバーはレストラン経営者のマルク・ムノーと、このあとに紹介する栽培家たちである。

主要生産者

カーヴ・ド・バイイ=ラピエール　Caves de Bailly-Lapierre
バイイはヨンヌ県の小さな村で、オーセールの南に位置しており、1972年からはスパークリングワインに特化した精力的な協同組合の拠点となっている。ラ・シャブリジエンヌ、カーヴ・ド・ビュクシ、カーヴ・デ・オート=コート、そしてマコネのカーヴ・デ・テール・セクレットとともに、手ごろな価格のブルゴーニュを国内外に普及させようとしているブラゾン・ド・ブルゴーニュ活動のメンバーである。

ドメーヌ・ベルサン・エ・フィス（サン=ブリ）　Domaine Bersan & Fils（St-Bris）
目を見張るような12世紀のセラーをサン=ブリ=ル=ヴィヌーに構える40haのドメーヌ。サン=ブリ、赤、白、ロゼのコート・ドーセール、アリゴテ、1級畑ボーロワおよびモンマンを含むシャブリといった具合に、地元のアペラシオンを幅広く手がけている。

ドメーヌ・ボルニャ（クランジュ=ラ=ヴィヌーズ）　Domaine Borgnat（Coulanges-La-Vineuse）
現在、バンジャマン・ボルニャが妻のエグランティーヌとともに運営しているドメーヌ。シャブリにほど近いヨンヌ県のエスコリヴにある古い畑に手を入れることから始めて、現在に至っている。現在の畑は17世紀のものだが、もとの畑は5世紀までさかのぼることができ、古いセラーを備えていた。隣接した土地にはガリア時代の遺跡があり、テイスティング・ルームには中世の石棺が置かれている。ラインナップの頂点をなすのはシャトー・デスコリヴの名で知られるもので、地元産のセザール種が使われ、数年間の熟成を経て瓶詰めされる。新樽にも少しのあいだは入れられるが、熟成期間のほとんどをタンクと古い樽で過ごす。

ドメーヌ・ド・ラ・カデット（ヴェズレ）　Domaine de la Cadette（Vézelay）
有機農法を採用しているヴェズレの生産者で、2002年に認証を受けている。13.5haの土地でいくらかのブルゴーニュ・ルージュと、量は少ないながらムロン・ド・ブルゴーニュも育てており、ここからブルゴーニュ・グラン・オルディネールが生まれる。カトリーヌとジャンのモンタネ夫妻がブルゴーニュ=ヴェズレ（シャルドネ）を3種類造っている。このうちラ・シャトレーヌはヴェズレの丘の南斜面にある同名の単一畑から生まれる。

カミュ・フレール（ヴェズレ）　Camu Frères（Vézelay）
シャブリのカミュ兄弟は、ワイン造り再興中のこの土地に進出することを決意し、現在ではヴェズレに12haのブドウ畑を所有する。赤と白のどちらについても通常のキュヴェと高価なものとが用意され、高価なほうには控えめなオーク香がある。

ドメーヌ・コリノ（イランシー）　Domaine Colinot（Irancy）
「お喋り子爵」の異名を好むジャン=ピエールと妻アニタは、イランシーでもっともよく知られたこのドメーヌを娘のステファニーに継がせ、ステファニーはシャブリ出身のデュリュプの息子と結婚した。畑は合計で12.5ha。コリノでは6つの単一畑から別々のワインを造っているほか、10％までと定められているセザール種を含むものと含まないものの2種類を造っている。セザールがほどよくブレンドされたヴィエイユ・ヴィーニュ（樹齢80年）のキュヴェのほか、同じように造られたマズロもある。毎年1種類は樽で仕込まれる。どの畑のものにするかは変動があるが、現在はマズロが主力と思われる。

ドメーヌ・デ・ファヴェレル（ヴェズレ）　Domaine des Faverelles（Vézelay）
ビオディナミを採用した6haのドメーヌで、アスカンに居を構える。赤と白を同量生産しており、それぞれ2種類が用意される。オーク樽で熟成したものはレ・コチネル（Les Coccinelles テントウム

シ）の名をもつ。通常のブルゴーニュ・ルージュは、ブドウも食べたという彼らの飼い犬の名前ミューズからネ・ド・ミューズ（Nez de Muse ミューズの鼻）と名づけられている。

ドメーヌ・フェリクス（サン゠ブリ）　Domaine Felix（St-Bris）

ドメーヌの歴史は1690年までさかのぼるが、古くからの11haが30ha以上までに拡げられたのは1991年のことである。現在ではサン゠ブリ、コート・ドーセール、アリゴテ、イランシー、プティ・シャブリ、シャブリを扱う。

ジャン゠ユーグ＆ギレム・ゴワゾ（サン゠ブリ）　Jean-Hugues & Guilhem Goisot（St-Bris）

思索家の趣があるジャン゠ユーグ・ゴワゾが、現在では息子の助けを借りつつ、このドメーヌを驚くほど高いレベルにまで引き上げた。ゴワゾ家は14世紀からこの地にいるが、フィロキセラによる大きな中断のために誰もが一からやり直さねばならなかったことを考えると、その歴史はあまり大きな意味をもたない。1990年代に有機農法に移行したジャン゠ユーグは、ビオディナミの教祖ともいうべきピエール・マソンに出会うが、当初ジャン゠ユーグはマソンの考え方を全面的に否定した。しかし何回も話を聞き、ほかの栽培家の経験を目にするうちに考え方を変え、デメーテル〔ビオディナミの認証団体〕の認証を受けるに至った。

イランシーの畑を別とすると、ゴワゾのブドウ畑はすべてサン゠ブリの村にある。造っているのはテロワールの異なる2種類のソーヴィニョン、ブルゴーニュ・アリゴテ、数種類のコート・ドーセール、シャルドネ、ピノで、一部のワインはドメーヌの別称として「コール・ド・ガルド」のラベルで出る。これは11世紀にセラーの一部として使われていた衛兵所を意味することばだが、このフルボディ・ワインが「ヴァン・ド・ガルド」すなわち長期保存用であるという意味も込められている。

ソーヴィニョンは、ポートランド階の岩が露出しているムリから造られるものと、キンメリッジ階土壌の「エギゾジラ・ヴィルギュラ」がある。後者の畑に含まれる粘土性石灰岩の塊には、コンマ形の細かい海由来の化石が詰まっている。ムリのほうには石を舐めているほどのミネラル感があるが、後者はそれよりもやわらかく、ボディでも豊かさでもムリを上回る。

単一畑のコート・ドーセール・シャルドネは3種類造られる。この地に咲く「グール・ド・ルー（狼の喉）」と呼ばれる野草からその名をとったグール・ド・ルー、南東を向いた斜面を上がったところにあるビオモン、もっとも力強く、息が長くエネルギッシュで、熟成させがいのあるゴンドンである。この3種をブレンドしたコール・ド・ガルドも造っている。どれも瓶でよく熟成する。

ピノの2つは対照的だ。コート・ドーセール・コール・ド・ガルドは、かぐわしいピノの果実味が鋭いミネラル風味とぶつかり、最初はミネラルが圧倒してしまうかと思われる。しかし瓶で熟成させるうちに果実味がきちんとあらわれてくる。一方、イランシーのレ・マズロは、アペラシオン最高の斜面に育つ古樹から生まれ、ボディでわずかに勝るぶん、相当なタンニンの覚悟がいる。しかしこれも瓶で数年置くうちにおとなしくなる。

ドミニク・グリュイエ、ドメーヌ・デュ・プティ・カンシー（エピヌイユ）
Dominique Gruhier, Domaine du Petit Quincy（Epineuil）

この古い歴史をもつエピヌイユのドメーヌは、ドミニク・グリュイエによって再興された。12世紀に僧侶たちによって開かれたが、ブドウ畑としては1914年に断絶した。それを1990年に買い取ったのがグリュイエ家である。畑はリュット・レゾネ（減農薬栽培）で耕作され、おそらくは有機に向かうものと思われる。収穫の大部分は手摘みされ、キュヴェ・ジュリエットなど最上級のワインは清澄、濾過なしで瓶詰めされる。

現在、ロゼのエピヌイユ、白のブルゴーニュ゠トネールとシャブリ、それにスパークリングワインを造っている。赤はアラン・マティアスとまったく異なる作風で、こちらは色が濃くボディもしっかりとしているが、抽出が強い分タンニンも固い。コート・ド・グリゼとレ・ダノからそれぞれ単一畑のワインが造られ、前者は力強く、後者は繊細である。2009年からシャブリの生産量が増えて、特級畑の上の平地から生まれるプティ・シャブリの単一畑シュル・ル・クロが加わった。また、通常

のシャブリのほかに1級モンテ・ド・トネールもある。

ドメーヌ・アラン・マティアス（エピヌイユ）　Domaine Alain Mathias（Epineuil）
1982年設立のドメーヌで、現在の面積は12.5ha。三分の二がエピヌイユ、残りはリニョレル周辺のプティ・シャブリとシャブリとなる。マティアスは、ここでワイン造りを始めたときこそ地元の栽培家ジャン゠クロード・ミショーとリュシアン・ボーの助力を得たが、以後は一貫してエピヌイユ再興の立役者でありつづけている。赤とロゼのエピヌイユに加えて、天候しだいでコート・ド・グリゼも造るが、ここは白のブルゴーニュ゠トネールを造る畑でもある。

畑は有機農法を採用しているが、認証は受けていない。摘み取りは機械である。このワインは、口に含んだ瞬間はおとなしいが、混じりけのない果実味が口中に気持ちよく広がり、しかもそれが長く続く。

ティエリー・リシュー（イランシー）　Thierry Richoux（Irancy）
ティエリー・リシューは長年、除草剤を使用するのではなく畝のあいだを鋤くやり方で畑の世話をしてきた。彼の畑は現在、有機農法への転換中である。ブドウは手摘みされ、選果台で選り分けられる。除梗して仕込んだワインはタンクまたは大型の古い木樽で2年間熟成される。よく熟したブドウ、低収量、周到な仕込みと瓶詰め前の長期熟成という組み合わせが果実味豊かでしなやかなワインを生み、そこには多くのイランシーにありがちな顕著なタンニンがない。2002年まで、ティエリー・リシューはパロットの区画からワインを造っていたが、現在では隣のヴォーペシオにかわった。ここは、「杭の谷（吸血鬼ではなくブドウ栽培が語源）」〔谷の名前 the valley of the stakes の stakes は、吸血鬼を退治するために打ち込む杭を意味することがある〕と言われ、ブドウ畑として文献にあらわれるのは1861年のことである。

エリーズ・ヴィリエ（ヴェズレ）　Elise Villiers（Vézelay）
エリーズ・ヴィリエのドメーヌは、プレシー゠ル゠ムーの集落にあり、これをとりまくキュールの美しい谷はサン゠ペールに近い。特に優れたワインは2種類。ひとつは熟した果実味が身上のラ・シュヴァリエールで、キュール川右岸タロワゾーの、典型的な粘土性石灰岩の土地で造られる。もうひとつは細身だがしっかりした味わいのル・クロで、長期の熟成に向いている。これはヴェズレの下、川の左岸の石が非常に多い白亜の土壌から生まれる。

オーセロワで注目されるそのほかのドメーヌ
パトリック・エ・クリスティーヌ・シャルモー（シトリ）、クリスティアン・モラン（シトリ）

côte chalonnaise

コート・シャロネーズ

　コート・シャロネーズの造り手たちはフィロキセラの襲来以降、20世紀後半にブドウ畑が復活するまで厳しい状況におかれていた。被害の深刻さでは他所と似たりよったりであったが、エピナックやモンソー゠レ゠ミーヌといった周辺の鉱山地帯に成立していた地元産ワインの大市場が崩壊してしまったため、ブドウ樹を改植する機運が高まらなかったのである。
　そうしているうちに第二次世界大戦となり、ドイツによる侵略が始まる。占領下のフランスとヴィシー政権下のフランスとを隔てる境界線は、コート・シャロネーズを分断し、モンタニの近くを通ることになった。この線は現在のD477号線とほぼ一致していたが、いくつかの村はその存立基盤である町がD477号線の反対側にいってしまった。そのため、たとえばアンナ・ドゥリリアン゠デュトゥルイユは、占領地域にあった自分の家からヴィシー政権下のフランスにあった自分の庭に入ったことを理由に逮捕されている[1]。
　熱心なジャーナリストらによってブルゴーニュの「失われた」地域がしばしば「再発見」されているが、コート・シャロネーズにこそ真の意味での繁栄と名声の復権がおこなわれるべきだ。この地域は、フランス流の言い回しを借りるならば「機関車を1、2台必要とする」状態と言える。すでにどのアペラシオンにも、品質面でリーダー格のドメーヌがひとつやふたつはある。その中には、おそらくは協力し合っているのだろうが、この地域に再び活気を呼び戻し、海外での評価を取り戻すきざしが見られる。

ブズロン、リュリ
Bouzeron & Rully

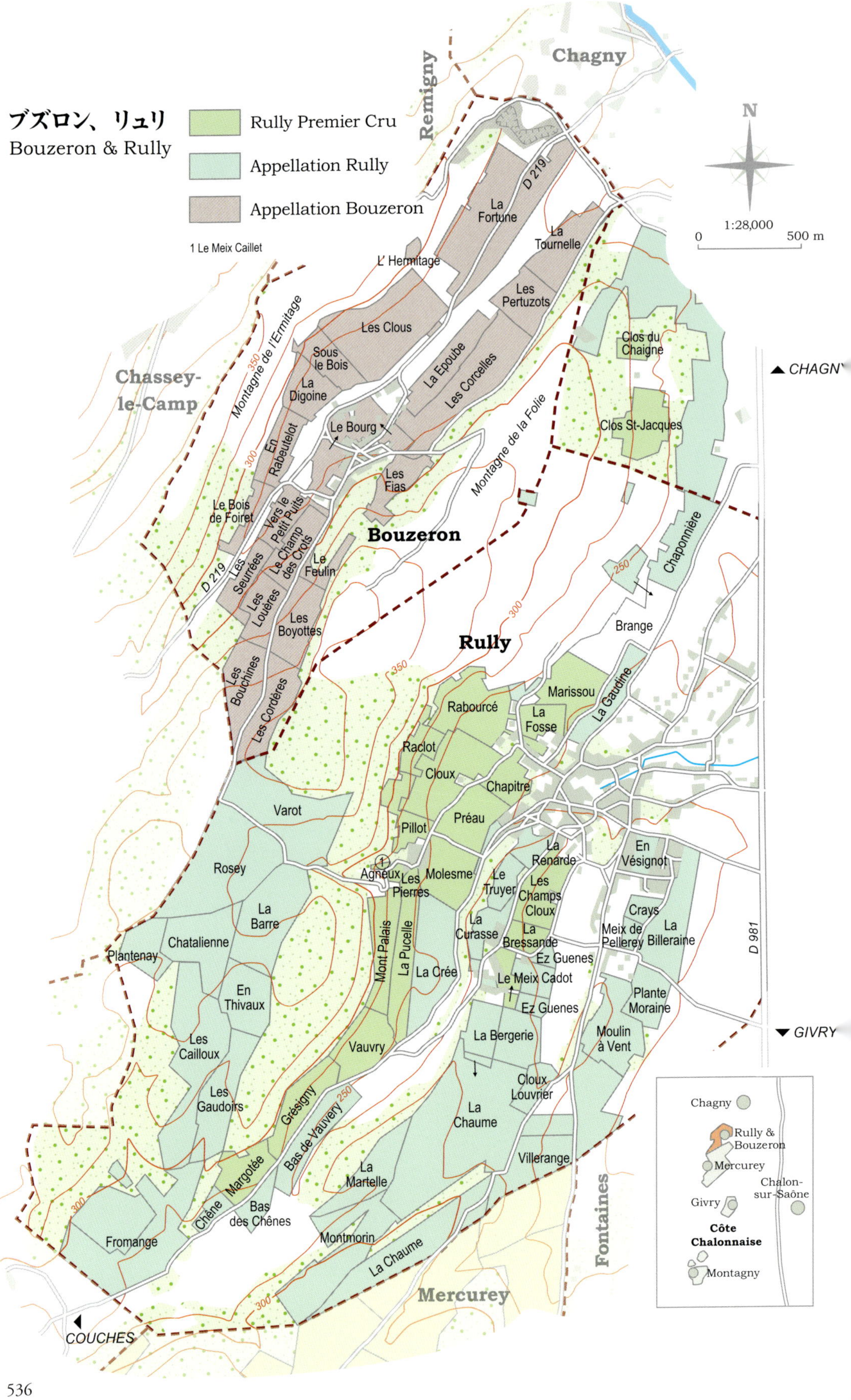

コート・シャロネーズに関する統計[2]

	面積（ha）	赤（hl）	白（hl）
ブルゴーニュ゠コート・シャロネーズ	462	17,831	6,335
ブズロン	47		2,459
ジヴリ	269	10,278	2,298
メルキュレ	646	22,583	5,105
モンタニ	311		17,015
リュリ	357	5,300	10,757
合計	**2,092**	**55,992**	**43,969**

ブルゴーニュ゠コート・シャロネーズ　Bourgogne-Côte Chalonnaise

ACブルゴーニュを地理的に分割した下位区画のひとつ。1990年2月27日、赤ワインと白ワインを対象に設立され、ソーヌ゠エ゠ロワール県にある44のコミューン〔行政単位上の村〕から構成されている。設立の根拠となったのは、これらの畑は大方のACブルゴーニュよりも優れた品質をもたらす力を秘めており、ブルゴーニュ゠コート・シャロネーズと名乗るほうがバルクで高く売れるはずという発想だ。これには妥当性もあるが、コート・ドールの中核的な村のすぐ外側に位置する優れた畑をないがしろにするものだ。

クロ・デ・ロシュ・パンダント　アリューズの村にある単一畑で、アラン・アザールがワインを造る。土壌はライアス統の泥灰土が入り込んでいるという点でメルキュレのサン゠マルタン゠スー゠モンテギュに似ているが、こちらはウミユリ石灰岩を含んでいる。1959年に植えられたブドウ樹からは、活力のある果実味あふれる赤ワインが生まれる。

ブルゴーニュ゠コート・デュ・クショワ　Bourgogne-Côtes du Couchois

2000年に制定された、ピノ・ノワールを対象とするアペラシオンで、コート・ドールのすぐ南、メルキュレの北西にある6つのコミューンにまたがる。また、コート・シャロネーズともゆるやかなつながりをもっている。中心的な村はクシュ、サン・モーリス゠レ゠クシュ、サン・セルナン゠デュ゠プラン。ワインは、コート・ド・ボーヌから続いている土地であるためにマランジュに似たスタイルをもつ。色とボディにはいくぶん重めの土壌があらわれており、タンニンがはっきりと感じられる。また、斜面の下部に露出している花崗岩ゆえにガメ向きの土地であるため、かなりの量のパストゥグランが造られる。

アランとイザベルのアザール夫妻がレ・ロンペイ、ル・クロといったクショワのさまざまな単一畑ワインを造っていたが、今はサン゠セルナンからリュリに移ってしまった。彼らがいなくなった今、このアペラシオンは新しいリーダーを必要としている。

---

1) Platret, p.20
2) 出典：BIVB

ブズロン　Bouzeron

以前からブルゴーニュ・アリゴテ・ド・ブズロンの名で知られていたが、1998年に村名格のアペラシオンに昇格した。ACブズロンには隣接するシャセ゠カン村も含まれる。ブズロンは偶然たどり着くような場所にはなく、訪れるつもりならばよほど地図をしっかりと見なければならない。シャニーの裏手から1本、リュリからも1本細い道が伸びているが、これらがなければ陸の孤島だ。

2003年まで、ラベルの「ブズロン」という文字の後ろには小さく「アリゴテ」と記すことが許されていた。現在では、この白がアリゴテから造られるものであって、シャルドネを用いないワインだということを知っておく必要がある。アリゴテを栽培する造り手は、ブズロンまたはブルゴーニュ・アリゴテのいずれかを選んで名乗ることができるが、後者のほうが高収量を認められている。ほとんどの造り手は両方をいくらかずつ選ぶ。

ブズロンには単一畑として指定された区画はなく、単に44haの土地でブドウがつくられている。土壌はオックスフォード階の石灰岩を基岩とする白色泥灰岩か、バジョシアン階の母岩の上に明るい茶色の粘土性石灰岩という構成である。この土地が特にアリゴテに向いているのか、それともピノやシャルドネに向いていないのかは判然としないが、おそらくどちらにも真実があるのだろう。ブズロンの村は東に向かって開けた小さな谷の端にある。多少なりとも北を向いている斜面は、その全体にアリゴテが植わるが、果実の成熟には時間がかかる。谷の反対側、上の方にある畑はアリゴテだが、標高が低く暖かい場所ではブルゴーニュ゠コート・シャロネーズのアペラシオンでシャルドネかピノ・ノワールが植えられることが多くなる。

ブズロンの主要生産者

ドメーヌ・A&P・ド・ヴィレーヌ　Domaine A&P de Villaine

1971年、オベール・ド・ヴィレーヌはドメーヌ・ド・ラ・ロマネ゠コンティを任されてブルゴーニュにやって来て、ブズロンの村に住まいを定め、DRCとは関わりのない個人的なドメーヌを開いた。当初ブドウ畑はすべて村の中にあったが、1990年代にリュリとメルキュレがいくらか加えられた。1986年に有機栽培への転換を果たし、1997年には認証を受けたが、2000年、甥のピエール・ド・ブノワに運営を委ねた。

ドメーヌ・A&P・ド・ヴィレーヌの所有畑	
	ha
Bouzeron	9.70
Bourgogne Blanc La Digoine	4.30
Rully Les St-Jacques	1.69
Bourgogne Rouge-Côte Chalonnaise, La Digoine	2.00
Mercurey Les Montots	1.86

ピエール・ド・ブノワはコート・シャロネーズ全体のアイデンティティ復権に燃えており、とりわけブズロンにその思いは強く、またアリゴテ種に本来の輝きを取り戻させようと努めている。自分の畑の中でもっとも古いレ・フィアから切り出した枝の苗木畑をつくっているのは、それゆえである。

リュリ・レ・サン゠ジャック　1級畑クロ・サン゠ジャックのすぐ下に位置する村名畑で、ドメーヌは植樹した1991年から畑を貸し出している。木製のフードルで発酵、熟成される。

ブズロン　さまざまな小区画からできるブドウは、ステンレスタンクと古い木製フードル(リュー・ディ)を併用して醸造される。若いうちは澄んで香り高いが、すばらしい熟成を見せ、ミラベルプラムを感じさせる香りをまとっていき、やがてはレモン風味を帯びたとろりとした液体になっていく。

ブルゴーニュ・ルージュ゠コート・シャロネーズ ラ・ディゴワーヌ
ブズロンでも南向きの低い斜面で育てられ、出自こそ地味だが、世界でもっともスタイリッシュなピノ・ノワールのひとつである。とりわけ忘れがたいものが2本あり、1本は2009年の春、プリムールの時期にサン゠テミリオンで飲んだ2005年で、疲れた口の中が生き返る思いがしたものだ。もう1本は2008年の6月に飲んだ1988年、つまり20年経ったもので、それでもまだ豊かで生き生きとしたブルゴーニュの赤だった。このワインには、常に優雅な熟したチェリーのイメージがある。

ドメーヌ・シャンズィ　Domaine Chanzy

シャンズィがブズロンの造り手となったのはほとんど偶然で、もともとはこの地でレストランを開くつもりだった。ドメーヌを代表するクロ・ド・ラ・フォルテュヌは、ブズロン、ブルゴーニュ・ブラン、ブルゴーニュ・ルージュの3種を産する。ドメーヌの地所はリュリ・レルミタージュ、メルキュレ・レ・カラビ、1級畑クロ・デュ・ロワ、そしてサントネの1級畑ボールペールまで広がっている。すべての畑から赤と白の両方が造られ、それに加えてピュリニィ=モンラシェ・レ・ルシューの白と、ヴォーヌ=ロマネ・ラ・クロワ・ブランシュの赤がある。

2009年、この38haのドメーヌはジャン=ポール・デュモンとブリュノ・モリナス（どちらも熱心なラグビーファンである）に買収され、ベルトラン・ラクールが総支配人に任ぜられた。

リュリ　Rully

このアペラシオンはリュリとシャニーという2つの村に別れており、485haのうち81haが1級畑に格付けされている。生産量は赤1に対して白2の割合で、赤ワインに大きな関心が寄せられた時期もあったものの、今では歴史的な位置づけが勝ったかたちになっている。

白は軽くフレッシュで飲みやすく、ほとんどが3、4年のうちに飲むように造られている。もちろん優秀なドメーヌが造る最高レベルのものはもっと長命だが、熟成を長くすることで若々しい魅力が失われるリスクに見合うものが得られるかどうか。白ワイン用の最高の畑は、ソーヌ川流域平原を前に見て東または南東を向いている。

赤もジヴリやメルキュレと比較すると軽めで、タンニンもまちがいなく少ない。魅力はその香りにあり、白と同じように若く新鮮なうちに飲む方が真価を発揮する。赤ワインの主たる畑は2ヵ所に別れている。ひとつは村のすぐ西の低い土地で、ピノ・ノワールだけを造るレ・ピエールとプレオー、ほとんどがピノ・ノワールであるル・シャピトルとモレムがあり、東に離れた低地にはレ・シャン・クルーとラ・ルナルドがある。

ここはスパークリングワイン（クレマン・ド・ブルゴーニュ）の製造が盛んなところでもあり、ヴーヴ・アンバル、アルベール・スニ、ヴィトー=アルベルティ、ルイ・ピカメロといった会社はいずれもリュリが本拠である。

リュリ1級畑　Rully Premiers Crus

アニュー　Agneux　　0.40ha

赤を生む小さな1級畑。リュリの南西、アニューの集落の下に位置し、かつてはブドウ樹よりも羊の散歩が目立っていた。造り手はシャトー・ド・モンテリのエリック・ド・シュルマン。

ラ・ブレサンド　La Bressande　　2.61ha

シャトー・ド・リュリの単独所有畑。ブドウはすべてシャルドネで、傾斜のきつい東向きの斜面に位置しており、沖積土の土壌には斜面上方から落ちてきた岩石片が混ざり込んでいる。

シャン・クルー　Champs Cloux　　4.62ha

かなり広い1級畑だが、赤ワインしか生まない。ブレリエール、ブリデ、デュヴェルネの各ドメーヌの腕がよくあらわれている。畑はリュリを貫いて流れる小川、ラ・タリーの東側に位置する。

ル・シャピトル　Le Chapitre　　2.45ha

村の家並みに取り込まれそうな立地の畑。この名のブドウ畑の常として教会の近くに位置する。おもな生産者はドメーヌ・ベルヴィルとドメーヌ・デュルイユ=ジャンティアル。ドメーヌ・ジェジェ=ドゥフェはクロ・デュ・シャピトルの赤を造る。

クロ・デュ・シェーニュ　Clos du Chaigne　　　　　　　　　　　　　　　　　　　3.26ha
シャニー村内に散在する1級畑のひとつ。正式な名称はクロ・デュ・シェーニュ・ア・ジャン・ド・フランスである。赤く薄い表土の下に硬い石灰岩が控えている。生産者はドメーヌ・ド・ラ・フォリとルイ・ピカルモ。

クロ・サン゠ジャック　Clos St-Jacques　　　　　　　　　　　　　　　　　　　　1.69ha
クロ・デュ・シェーニュとともにシャニー村にある2つの1級畑のひとつ。このほかにドメーヌA＆P・ヴィレーヌが造る村名格のレ・サン゠ジャックは、たいへん優れている。1級畑ではドメーヌ・ド・ラ・フォリが唯一の造り手。

レ・クルー　Les Cloux　　　　　　　　　　　　　　　　　　　　　　　　　　　6.77ha
東向きの村に近い場所にある。ドメーヌ・ジャクソンが赤を造っているものの、ほとんどが白で、ドメーヌ・ベルヴィルおよび多くのネゴシアン製がある。

ラ・フォス　La Fosse　　　　　　　　　　　　　　　　　　　　　　　　　　　3.03ha
名前が意味する「溝」は1級畑として魅力的と思えないが、たしかにマリスーと隣り合ってラブルセのすぐ下のところに位置している。おもな生産者は、ドメーヌ・ベルヴィルとドメーヌ・グランムージャン。

グレズィニ　Grésigny　　　　　　　　　　　　　　　　　　　　　　　　　　　3.22ha
リュリ最高の畑のひとつであり、ブリデ、ニノ、ジャクソンといったドメーヌの名手が手がけている。アペラシオンの中でも南の方に位置し、南東に向かってよく開けた丘の中腹にある。活性石灰岩が多く含まれる土壌で、白ワインのみを産する。

マルゴテ　Margotés　　　　　　　　　　　　　　　　　　　　　　　　　　　　4.00ha
もっとも南に位置する1級畑で、北隣にあるグレズィニとほぼ同じように南を向いている。基岩は白色泥灰岩とオックスフォード階の魚卵状石灰岩であり、白ワインに適している。隣の畑と同様に、ブレリエール、デュルイユ゠ジャンティアル、デュリ、ジャクソンといったきわめて優秀な造り手に恵まれている。

マリスー　Marissou　　　　　　　　　　　　　　　　　　　　　　　　　　　　7.10ha
村のすぐ北、比較的標高の低い南東向きのなだらかな斜面にある1級畑。土壌はオックスフォード階の石灰岩の上に明るい茶色をした石混じりの表土という構成である。ドメーヌ・ジャック・デュリが手がけている。

ル・メ・カド　Le Meix Cadot　　　　　　　　　　　　　　　　　　　　　　　5.96ha
もっとも広い1級畑で、村の東側に位置する高台にある。ドメーヌ・デュルイユ゠ジャンティアルとドメーヌ・ジャン゠マルク・ボワイヨがワイン造りをおこなう。前者は、1920年代に植えつけた古樹の区画から特別なキュヴェを造っている。

ル・メ・カイエ　Le Meix Caillet　　　　　　　　　　　　　　　　　　　　　　0.36ha
この小さな畑はモンテリのドメーヌ・ド・シュルマンの単独所有で、村のすぐ西、アニューの村落の下に並ぶ小さな区画のひとつである。

モレム　Molesme　　　　　　　　　　　　　　　　　　　　　　　　　　　　　5.70ha
村の南西、赤みがかった土壌のごくゆるやかな斜面にある畑。かつてはモレムの修道院の領地だったにちがいない。シャトー・ド・リュリが赤ワインを造っている。

モンパレ　Montpalais　　　　　　　　　　　　　　　　　　　　　　　　　　　　　4.05ha

細長い東向きの畑で、ラ・ピュセルのすぐ上に位置する。ベルヴィル、デュルイユ゠ジャンティアル、イアゲール゠ドゥフェ、ポンソの各ドメーヌが手がけている。

レ・ピエール　Les Pierres　　　　　　　　　　　　　　　　　　　　　　　　　　　0.18ha

村の南西に低く広がる土地にある小さな区画のひとつで、ごく小さい。アンヌ゠ソフィ・ドゥバヴレールが赤ワインのみを生産している。

ピヨ　Pillot　　　　　　　　　　　　　　　　　　　　　　　　　　　　　　　　　1.30ha

村のすぐ西にある東南東向きのきつい斜面にあり、茶色がかった表土には多くの小石が混ざる。ドメーヌ・ド・シュルマンが畑を所有するが、ふだんこの畑名が出ることはない。

プレオー　Préaux　　　　　　　　　　　　　　　　　　　　　　　　　　　　　　　2.81ha

村のすぐ西側に低く広がる土地にあり、ドメーヌ・イアゲール゠ドゥフェ（以前のニプス）とエリック・ド・シュルマンが赤を造っている。

ラ・ピュセル　La Pucelle　　　　　　　　　　　　　　　　　　　　　　　　　　　6.46ha

名前が意味する「乙女」というのは、それがリュリであろうと、またサン゠トーバンやピュリニィ゠モンラシェであろうと、売り上げに貢献しそうな魅力的な響きだ。細長い畑は村の南にあり、真東を向いているために果実は早く熟する。石灰岩の上に粘土の層があり、これが豊かなボディをもたらす。ベルヴィル、ブリデ、ジャクソンの各ドメーヌが生産をおこなっている。

ラブルセ　Rabourcé　　　　　　　　　　　　　　　　　　　　　　　　　　　　　　7.99ha

最大の1級畑で、またもっともよく知られている。ジョルジュ・デュヴェルネ、マルク・モレ、イアゲール゠ドゥフェといったドメーヌのほか、オリヴィエ・ルフレーヴなどのネゴシアンの作にもすばらしいものがあった。村の西側、森のすぐ下に位置する。

ラクロ　Raclot　　　　　　　　　　　　　　　　　　　　　　　　　　　　　　　　1.88ha

村の西側にあるラクロは、斜面がきわめて険しい上に森の木がのしかかっており、耕作しづらい。白だけが造られるが、ドメーヌ・ジャクソンが優品を出す。

ラ・ルナルド　La Renarde　　　　　　　　　　　　　　　　　　　　　　　　　　　1.20ha

クロ・ド・ラ・ルナルドは、ドメーヌ・アンヌ＆ジャン゠フランソワ・ドゥロルムの単独所有である。ドゥロルム所有畑は、以前はドメーヌ・ド・ラ・ルナルドという名だった。リュリの東にあり、ピノ・ノワールのみ。

ヴォーヴリ　Vauvry　　　　　　　　　　　　　　　　　　　　　　　　　　　　　　4.53ha

リュリの南からメルキュレに向かって並んでいる東向きの畑のひとつ。名前は、この地に湧く泉を意味するVouivreに由来する。私が目にしたのは、オリヴィエ・ルフレーヴ・フレールの手になるものだけだ。

村名格リュリ　Village vineyards: appellation Rully

1級畑に分類されていない畑は、主に以下の3ヵ所にある。アニューの集落を見おろす高台の最上部（たとえば小区画のヴァロ）、村の東側のやや平らな土地（ラ・ショーム）、リュリとシャニーのあいだ（レ・サン゠ジャック）。これらの畑がその名で世に出ることはめったにないが、ここに挙げた3区画には少なくとも1名ずつ造り手がいる。

ラ・ショーム　La Chaume
1級畑ル・メ・カドのすぐ南に位置する広い畑で、平らな土地にあるが石を多く含んでいるために水はけはよい。クロディ・ジョバールが赤、ジャック・デュリが白を造っている。

メジエール　Maizières
畑の名前は、ここが以前はメジエール修道院のものだったことをあらわしている。リュリのかなり東に位置し、ヴァンサン・デュルイユ゠ジャンティアルが赤と白の両方、ドメーヌ・ド・レセットが白を造っている。

レ・サン゠ジャック　Les St-Jacques
低い標高の斜面に位置する村名畑は、立地こそ1級畑のクロ・サン゠ジャックに劣るが、それでもすばらしい白のリュリを生む。生産者にはドメーヌ・A&P・ド・ヴィレーヌ、クリストフ・グランムージャン、メゾン・アルベール・スニがある。

ヴァロ　Varot
ジャン゠フランソワ・ドゥロルムが開いた畑。彼はリュリの上に広がる高台の18ha近くを開墾し、植樹したのである。高いところにあるが、丘の頂きによって北風から守られており、それでいて朝夕の日照にも恵まれている。

リュリの主要生産者

ドメーヌ・ドゥロルム　Domaine Delorme
メゾン・アンドレ・ドゥロルム社の経営権は2005年にメゾン・ヴーヴ・アンバルに売却された。しかし畑が売られたわけではなく、ドメーヌ・アンヌ&ジャン゠フランソワ・ドゥロルムという名前で残った。ブズロン、モンタニ、リュリから白を造るとともに、広い単一畑ヴァロもある。赤はメルキュレとリュリで、クロ・ド・ラ・ルナルドも扱う。

ヴァンサン・デュルイユ゠ジャンティアル　Vincent Dureuil-Janthial
ヴァンサン・デュルイユが開き、リュリのリーダー的存在となっているドメーヌ。17ha近い畑を持ち、現在は有機農法に転換中である。赤はすべて除梗し、8日から10日間の低温浸漬をおこなってから、

ヴァンサン・デュルイユ゠ジャンティアルの所有畑			
白	ha	赤	ha
Puligny-Montrachet 1er Cru Champs Gains	0.19	Nuits-St-Georges 1er Cru Clos des Argillières	0.39
Rully 1er Cru Chapitre	0.21	Nuits-St-Georges	0.09
Rully 1er Cru Margotés	0.83	Rully 1er Cru	0.16
Rully 1er Cru Meix Cadot Vieilles Vignes	0.44	Rully Maizières	0.50
Rully 1er Cru Meix Cadot	1.71	Rully En Guesnes	1.34
Rully Maizières	2.00	Rully	2.42
Rully	3.32	Mercurey	0.89

10日間の発酵を経たあとで樽に移すが、その三分の一が新樽である。白は約25％の新樽を含む木の樽で1年を過ごし、タンクに移して6ヵ月後に瓶詰めされる。

ドメーヌ・ド・ラ・フォリ　Domaine de la Folie
シャニー郊外クロ・ド・フォリの隣にあるドメーヌで、ノエル＝ブトン家の所有。村名格だが単一畑を名乗るリュリを赤白2つずつ、4種類造る。白の1級としてクロ・ド・シェーニュとクロ・サン＝ジャックがある。畑はすべてアペラシオン北端のシャニーにある。

アラン＆イザベル・アザール　Alain & Isabelle Hasard
アザール夫妻がドメーヌを立ち上げたのは1997年、コショワの地で、初めからビオディナミ農法で畑を耕作した。超密植の畑から極端な低収量のワインが生まれる。2006年にはコート・シャロネーズのアルーズに拠点をおくドメーヌを手に入れ、現在ここでブルゴーニュ＝コート・シャロネーズ・ル・クロ・デ・ロシュ・パンダント、リュリ・レ・カイユ、メルキュレ・ラ・ブリガディエールの赤と白、およびメルキュレ・レ・マルクールを造っている。

今までワインの作風にはかなりの変遷があったが、それがコショワとシャロネーズのテロワールが異なることによるものなのか、考え方や技術の変化によるものなのかは明らかでない。個人的には、前者が後者を促したのだと思っている。現在では畝のあいだが草地化されることはなく、収量も妥当なものになってきており（過去のコショワは収量がばからしいほど低いことがあった）、樽は焦がし具合が控えめになって果実味とよく合う。

ドメーヌ・ポール・ジャクソン　Domaine Paul Jacqueson
ポール・ジャクソンと娘マリーが切り回す小さなドメーヌで、ドメーヌ・ド・シェーヴルモンとしても知られているが、この名称は1946年にアンリ・ジャクソンが興したものである。ワインはすべて樽で熟成され、1級畑の白には複数の樽業者から仕入れた新樽を20％、1級畑の赤にはフランソワ・フレールの新樽を25％使う。この手法には格別目新しいものはないのだが、いつも魅力的で長命なワインを造り出し、ゆるぎない安定感がある。

リュリ1級　レ・クルー（赤）　ドメーヌの名を広く知らしめてきたワイン。たいへん澄んだ果実味が味わいの基調にあるが、たいていの赤のリュリよりも重さを備えている。

リュリ1級　グレズィニ（白）　1950年の古いブドウ樹から造られ、20％の新樽で熟成される。石灰岩がこのワインにミネラルの基調と長命の力をもたらしている。

ブズロン　2003年、ジャクソンは1937年に植えられたアリゴテ・ドーレの古い区画を手に入れることに成功した。ブドウは古い樽で仕込まれ、熟成されて、快活でフレッシュかつ個性豊かなすばらしいブズロンが生まれる。

ドメーヌ・ポール・ジャクソンの所有畑	
白	ha
Rully 1er Cru Grésigny	1.50
Rully 1er Cru La Pucelle	2.50
Rully 1er Cru Margotés	0.75
Rully 1er Cru Raclot	0.22
Bouzeron	0.80
赤	
Mercurey 1er Cru Naugues	0.70
Mercurey 1er Cru Les Vaux	0.60
Rully 1er Cru Les Cloux	1.25
Rully Les Chaponnières	1.70

ドメーヌ・ニノ　Domaine Ninot
長い歴史をもつ家族経営のドメーヌで、2003年からエレール・ニノがワイン造りをしているが、最近になって弟が加わり、畑の世話は主に彼が受け持つことになる。畑は鋤入れがおこなわれているが、全面的に有機農法で育てられているわけではない。ニノはピュアで切れ味のよいリュリ（1級ラ・バールとグレズィニの白およびシャポニエールの赤）と、1級畑レ・クレも含む赤のメルキュレを造っている。

シャトー・ド・リュリ　Château de Rully

12世紀にまでさかのぼることができるシャトーで、コント・ド・テルネが所有。畑とワインは1986年からメゾン・アントナン・ロデが扱っている。ロデの新オーナー、ジャン＝クロード・ボワセが何を変えようとしているか、今のところは不明だ。赤の1級畑モレムとプレオーのほか、白はラ・ブレサンドの全区画を持つ。

メゾン・アルベール・スニ　Maison Albert Sounit

1851年にリュリに設立され、現在はオランダ系資本の下にある。白はジヴリ、リュリ、メルキュレといった村から、また2005年にドメーヌ・ベルノランを買収して以降はモンタニからも造られる。赤はリュリとメルキュレだが、優れた1級畑を持っている。スパークリングワインにも力を入れており、6種類のクレマンを揃えている。

メルキュレ　Mercurey

メルキュレという名前は、貿易と商業を司る神〔メルクリウス、英語名マーキュリー〕を祀ったローマ時代の寺院に由来する。オータンからシャロンに通じるローマ街道沿いのにぎやかな町で、ヴァロワ・ブルゴーニュ家の時代にそのワインのすばらしさが評判になった。1676年には地元の栽培家たちがこの地の聖人を奉るためにサン＝マルタン信徒会を興した。1949年にはその支部としてサン＝ヴァンサン信徒会ができ、1971年にはそれが発展して「サン＝ヴァンサンとシャンテフリュット門徒団」となった。シャンテフリュットというのはセラーで使うピペットのことで、これは形がフルートに似ているためである。フルートはマーキュリー神に関係する〔ローマ神マーキュリーはギリシア神ヘルメスで、ヘルメスは牧神パンの父。パンが葦（彼に追われた妖精シュリンクスが姿を変えたもの）から作った笛がパンフルート〕。この地のワインは、タストヴァン騎士団でのタストヴィナージュと同じように試飲が催され、応募して認められると「Chanteflûtage」というロゴを使用することが許される。「コート・シャロネーズ」の代わりに「メルキュレ地区」という名称が使われていた時期がある。これは定着しなかったものの、メルキュレはこの地域の中でも一段格上の村と見られている。生産量がもっとも多く、赤ワインの評価も最高だからだ。

メルキュレの畑は846haあり、加えて154haが1級畑に格付けされてメルキュレ村とサン＝マルタン＝スー＝モンテギュ村のあいだに広がっているが、これらすべての土地に植樹されているわけではない。2004年の統計では、ブドウが栽培されていたのはそれぞれ399haと144ha、その後2008年には合わせて100haが新たに加わった。生産されるワインのおよそ85％が赤である。

地形はコート・ドールが南に連なったかっこうである。基岩はブルゴーニュで典型的なジュラ紀のもので、大部分はバトニアン階とオックスフォード階である。近年、さまざまな畑の地質についてきわめて優れた研究がなされたが、簡略化された地図でさえ、その複雑さに見る気力がくじけそうだ。

メルキュレは、断層線が多いことと小高い丘があちこちを向いていることが特徴で、この地形のおかげで大きな風の流れが分断される。1級畑は数ヵ所にかたまっている。特に優れた地区は、村のすぐ北にある丘の斜面のうち東、南、南西を向いた部分である。このほかでは、村のすぐ南、およびサン＝マルタン＝スー＝モンテギュ村に続く東向きの斜面に1級畑が集まる。

ACによる境界の画定は1919年に始まり、1923年にはリュリとジヴリのワインをメルキュレとして売ることができなくなった。1943年、クロ・マルシリ、クロ・ヴォワイアン、クロ・デュ・ロワ、クロ・デ・フルノー、クロ・デ・モンテギュが1級畑と定められたが、この措置はドイツ占領軍による簒奪から守るためであったと考えられる。

1956年には、さらに別の土地にも植樹権が付与され、ブルドーザーを入れて斜面を整地した。その後の数十年以上、排水管理には十分な注意が払われなかったが、1981年と1983年の嵐による深刻な被害を被った村は1988年、効果的な排水システムを構築するための本格的なプロジェクトを

始めた。現在、コンクリートの道路網ができあがっているのはこれによるもので、道は水を貯水タンクに流すためにわずかにV字型になっており、流れ出した表土をこの貯水タンクから回収して戻している。

1988年には、18世紀や19世紀のクルテペ僧正（1780年）、アンドレ・ジュリアン（1822年）といった人々の著作を参照しつつ、さらに多くの1級畑が追加された。

メルキュレは、コート・シャロネーズの赤の中でとりわけ深く堅牢で濃密なものとなる素質を備えるが、醸造にあたっては果実味とタンニンのバランスをとることに最新の注意を要する。この地域は本来、白ワインには向いていないが、優れた白もいくつかある。リュリやモンタニほど果実味の主張はないが、重みのある味わいには、ときにほんのりと甘草のような風味が感じられる。白ワインは通常、斜面上部の表土の薄い場所から造られる。シャルドネを植えている1級畑で大きなところは、アン・サズネ、ラ・ミッション（白のみを栽培）、レ・シャン・マルタン、レ・クレ。

メルキュレ1級畑　Mercurey Premiers Crus

ラ・ボンデュ　La Bondue　　　　　　　　　　　　　　　　　　　3.69ha
真珠状の板石（ダル・ナクレ）の上に広がる東向きの畑で、赤い表土は鉄分が多く、これが長熟に耐えるワインを生む。半分以上をドメーヌ・ド・シュルマンが所有。

レ・ビヨ　Les Byots　　　　　　　　　　　　　　　　　　　　1.19ha
レ・ノーグの下に位置し、どっしりとした粘土質の土壌にピノ・ノワールのみが植わっている。ジャン・マレシャルはこの畑名を掲げたワインを造っている。

ラ・カイユット　La Cailloute　　　　　　　　　　　　　　　　1.73ha
レ・クロワショのすぐ上に位置するドメーヌ・トゥロ=ジュイヨの単独所有畑。大部分は厚みのある赤い土壌で、その下には硬い石灰岩が広がるが、表土が灰色の泥炭岩である方は白ワインに向いている。赤ワインは、基調となるチェリーの風味がさまざまな表情を見せてくれる。

レ・シャン・マルタン　Les Champs Martin　　　　　　　　　　8.70ha
わずかに西を向いているにもかかわらず、この畑は昔からメルキュレの中でも有名で、特に真南を向いている斜面は評価が高い。赤みがかった土壌に白い小石が大量に混じっており、優美さを備えたまろやかなワインを生む。生産量の約20％が白で、これは畑の中でもオックスフォード階の灰色泥炭岩を含む上の部分から造られる。ここに区画を持っている注目すべきドメーヌは、ブランテ、ミシェル・ジュイヨ、ブリュノ・ロランゾンなど。

ラ・シャシエール　La Chassière　　　　　　　　　　　　　　　2.86ha
サン=マルタン=スー=モンテギュの低い斜面にある1級畑で、ドメーヌ・フィリップ・ギャレらがワインを造る。

クロ・デ・バロー　Clos des Barraults　　　　　　　　　　　　4.74ha
大部分が南を向く、すばらしい立地のL字型の畑。最大所有者ドメーヌ・ミシェル・ジュイヨが名前を広めた。表土はきわめて石が多い。濃厚なワインだが、優れたタンニンの支えが長期の熟成をもたらす。少量の白ワインも造っている。

クロ・シャトー・ド・モンテギュ　Clos Château de Montaigu　　1.90ha
もとのシャトー・ド・モンテギュは950年に築造され、その後カペー・ブルゴーニュ家の手に渡り、ヴァロワ家が跡を継ぎ、最後にフランスの王家に落ち着いた。現在の所有者はシュルマン家だが、畑はドメーヌ・デュ・メ=フーロのド・ローネが単独所有する。レ・ヴェレの上の丘に位置し、土壌は

白泥炭岩で白亜が強い。ワインは、ややスパイシーである。

ル・クロ・レヴェック　Le Clos l'Evêque　　　　　　　　　　　　　　　　　　　　　16.20ha
まちがいなくメルキュレで最大の1級畑であり、もっとも有名な畑のひとつである。丘の裾に向かって広々と伸び、ほぼ全方向に開けているが、基本的には東向きで、砂利混じりの粘土からなる表土は水はけがよい。これは昔ながらのメルキュレで（ほぼすべてが赤ワイン）、長期の熟成に耐える力を秘めるが、若いうちは濃密な果実味がタンニンを隠してくれる。優れたワインを造るのは、ブシャール・ペール・エ・フィス、フランソワ・ラキエ、ジャン・マレシャル、ド・シュルマンの各ドメーヌ。

クロ・デ・グラン・ヴォワイアン　Clos des Grands Voyens　　　　　　　　　　　　4.92ha
丘の面はこのあたりで南向きから徐々に東向きに変わっていく。クロ・ヴォワイアンの下の斜面の中ほどに位置しており、名前に「グラン（大きな）」が含まれるこの場所はドメーヌ・ジャナン＝ナルテの単独所有で、ブドウはすべてピノ・ノワール。

クロ・マルシリ　Clos Marcilly　　　　　　　　　　　　　　　　　　　　　　　　　5.38ha
クロ・マルシリは、創始時の1943年に推挙された5つの1級畑のひとつである。東端にぽつんと存在し、浅い粘土質の表土がきわめて洗練されたメルキュレを生む。ドメーヌ・ミシェル・ブリデ、ドメーヌ・テュピニエ＝ボティスタらがワイン造りをおこなう。

クロ・デ・ミグラン　Clos des Myglands　　　　　　　　　　　　　　　　　　　　　6.31ha
J・フェヴレの単独所有畑で、ピノ・ノワールのみが植わる。メルキュレの1級畑の北端にあり、クロ・レヴェックのすぐ先、リュリへの田舎道沿いに位置する。フェヴレは、この名前が英語のmy lands（私の土地）から来ていると言うが、これは少し怪しい。

クロ・ド・パラディ　Clos de Paradis　　　　　　　　　　　　　　　　　　　　　　6.61ha
サン＝マルタン＝スー＝モンテギュにあって、斜面中腹で南東を向く畑は、将来性がある。ミシェル・ピカールが醸造するドメーヌ・ヴォアリック、オリヴィエ・ルフレーヴ・フレール、ドメーヌ・テュピニエ＝ボティスタなどがある。

ル・クロ・デュ・ロワ　Le Clos du Roi / Le Clos du Roy　　　　　　　　　　　　10.61ha
王が所有する土地は最高の場所にあるのが通例だが、それはメルキュレの中で朝日を浴びる東向きのクロ・デュ・ロワも同様である。ドヴィヤール一族とJ・フェヴレが優れたものを造っている。濃厚なフルボディのメルキュレである。

クロ・トネール　Clos Tonnerre　　　　　　　　　　　　　　　　　　　　　　　　　2.84ha
ほぼすべてをドメーヌ・ミシェル・ジュイヨが所有し、この畑では赤ワインのみを造っている。南向きの斜面下方にある畑で、非常に硬い石灰岩の基岩から生まれるメルキュレは胡椒のような風味をもつ魅力的なワインで、早飲みに向きそうだ。

クロ・ヴォワイアン　Clos Voyens　　　　　　　　　　　　　　　　　　　　　　　　2.49ha
主要な1級畑が並ぶ斜面に配された、ブドウが早めに熟する南向きの畑。活性石灰岩が多く含まれる土壌が、比較的早く熟成するワインを生む。

レ・コンバン　Les Combins　　　　　　　　　　　　　　　　　　　　　　　　　　　5.18ha
レ・シャン・マルタンの隣に位置し、真南に開けたなだらかな斜面にある。特に雨が少ない年には土壌が干上がることがある。主に赤ワイン用の樹が植わるが、ここで生まれるスタイリッシュなワインは、5年ほど熟成する。クロ・デ・コンバンはドメーヌ・ムナンの単独所有で、赤と白とがある。赤

の生産者ではドメーヌ・ミシェル・ジュイヨが優れ、また、ブリュノ・ロランゾンがコンバン・ブランを造る。

レ・クレ　Les Crêts　　3.45ha
Crêt（稜線）という畑名から見当がつくように、斜面の一番上に位置しており、軽い土壌は石が多く白ワイン向きであり、40％以上を白用の樹が占める。おもな生産者はドメーヌ・ド・シュルマンとドメーヌ・ニノ。

レ・クロワショ　Les Croichots　　6.31ha
基本的に南を向いているが、西と東にも多少開けている。土壌の大部分は厚みがあり、石混じりの赤粘土が典型的なメルキュレの赤を造るのに適している。まずドメーヌ・ド・シュルマンを試してみるのがよいだろう。

レ・フルノー　Les Fourneaux　　2.27ha
サン＝マルタン＝スー＝モンテギュ村の低い斜面に位置する1級畑。メゾン・アルベール・スニが白のメルキュレを造っている。

グラン・クロ・フォルトゥル　Grand Clos Fortoul　　2.51ha
わずか2ha半の畑が「グラン（大きな）」クロ・フォルトゥルと呼ばれているのは、さらに小さなクロ・フォルトゥル——こちらはメルキュレの村名畑として扱われる——がすぐ下にあるからだ。バロン・テナールと所有者を同じくするドメーヌ・ボルドー＝モントリューの単独所有。

レ・グリフェール　Les Griffères　　0.37ha
クロ・デュ・ロワに隣接して白ワインのみを産する小さな区画。私はこのラベルを目にしたことはない。

ラ・ルヴリエール　La Levrière　　1.32ha
ドメーヌ・リュック・ブランテの単独所有で、アン・サズネの下側に位置している。

ラ・ミッシヨン　La Mission　　1.92ha
シャトー・ド・シャミレが単独所有する、100％シャルドネの畑。有名なクロ・デュ・ロワのすぐ北にあり、基岩の白泥炭岩によって白ワイン用のブドウ樹に適した畑となっている。ワインはよく熟成する力がある。

レ・モンテギュ　Les Montaigus　　6.78ha
サン＝マルタン＝スー＝モンテギュ村のゆるやかな斜面の高台にある比較的深い土壌で、しっかりとしたフルボディの赤を産するほか、畑の上の方からはやや軽めの白が造られる。

レ・ノーグ　Les Naugues　　2.49ha
レ・クレとクロ・デ・バローの下に広がる斜面の中腹にあり、土壌として深めの赤色粘土をもつ。メルキュレで最上の畑のひとつで、ワインは肉づきがよく、果実味がタンニンを目立たせない。優れた生産者として、リュリのドメーヌ・ジャクソン、ドメーヌ・マレシャル（古樹）、フランソワ・ラキエらがいる。

レ・ピュイエ　Les Puillets　　2.62ha
畑の土壌は小石混じりで、かなり黄みがかった硬い石灰岩が、東南東向きの急な斜面の表土近くまで迫っている。ワインはタンニンが強く、やや垢抜けず、サヴィニ＝レ＝ボーヌのプイエに少し似て

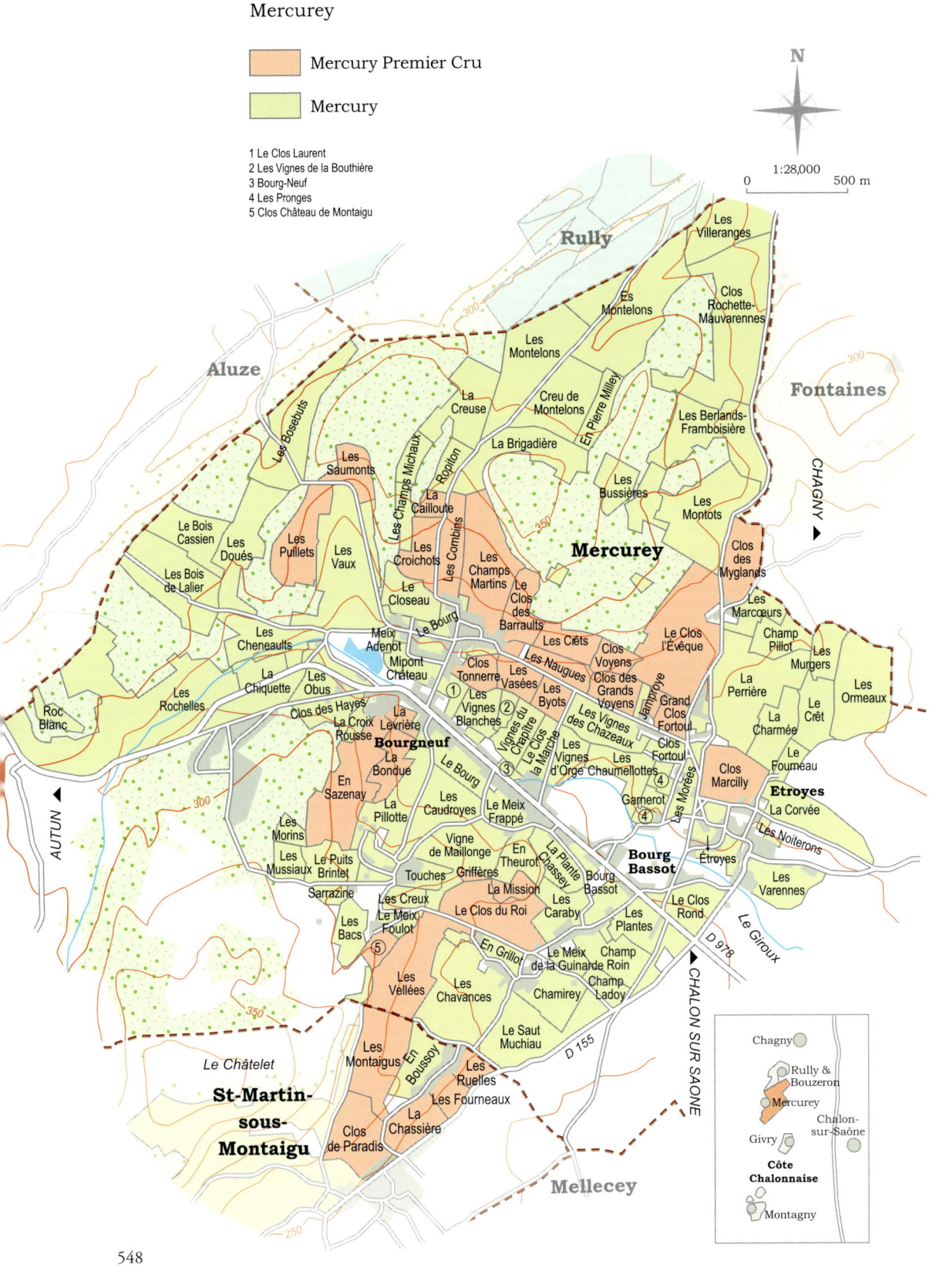

メルキュレ
Mercurey

- Mercury Premier Cru
- Mercury

1 Le Clos Laurent
2 Les Vignes de la Bouthière
3 Bourg-Neuf
4 Les Pronges
5 Clos Château de Montaigu

1:28,000

いる。フランソワ・ラキエがワインを造る。

レ・リュエル　Les Ruelles　　　　　　　　　　　　　　　　　　　　　　2.54ha
サン゠マルタン゠スー゠モンテギュ村の低いところにある1級畑で、暗褐色の表土は酸化鉄に富み、硬い石灰岩を基岩とする。シャトー・ド・シャミレが唯一の生産者である。

レ・ソーモン　Les Saumonts　　　　　　　　　　　　　　　　　　　　　2.11ha
レ・ピュイエに隣接するが、そちらよりもいくぶん南を向いている。急峻な頂上をもつ斜面に白泥炭岩の表土が広がる。少量の白ワインが造られる。

アン・サズネ　En Sazenay　　　　　　　　　　　　　　　　　　　　　　9.64ha
メルキュレの村に近く、D978号線の南側に位置し、斜面と平地の両方にまたがっている。東と南東を向き、ごく軽い小石がちな土壌をもつ。畑の上方からミネラルのきわだつたいへん優れた白を産することで知られ、いっぽう赤は、いくぶん固いものの、香り高い。白はミシェル・ジュイヨを、赤はオリヴィエ・ラキエをお勧めする。

レ・ヴァセ　Les Vasées　　　　　　　　　　　　　　　　　　　　　　　3.44ha
レ・ノーグの下、厚めの粘土層をもつ畑。樹は赤ワイン用のみ。メルキュレを代表するほどの洗練美はないものの、フランソワ・ラキエが優品を造る。

レ・ヴェレ　Les Velley / Velées　　　　　　　　　　　　　　　　　　　　9.28ha
東南東に大きく開けており、表記は2通りある。果実の熟成は早く、ほとんどが赤である（ドメーヌ・デュ・メ・フーロ、オリヴィエ・ラキエ、フランソワ・ラキエ）。ただしフランソワ・ラキエは白も造っている。

村名格メルキュレ　Village vineyards: appellation Mercurey

ラ・ブリガディエール　La Brigadière
この畑はレ・コンバンおよびシャン・マルタンと境を接するところから始まり、そこでは南西を向いているが、丸くカーヴを描いて丘の下に回り込んで最後は北向きになる。土壌は大半がオックスフォード階の白色泥灰岩である。ドメーヌ・アラン・アザールが軽く優雅なメルキュレを造っている。

クロ・ロシェット　Clos Rochette
「clos（クロ）」という単語はふつう石の壁囲いを意味するが、ここにはそれがない。ドメーヌ・フェヴレの単独所有で、名前が示す軽い石がちの土壌ゆえにブドウ樹はすべてシャルドネである。

クロ・ロン　Clos Rond
ここもフェヴレの単独所有畑。「rond（丸）」という名でありながら実際の形は丸というよりは四角形に近い。土壌は赤茶色の粘土で、やや深いところに基岩の石灰岩が横たわる。

ラ・フランボワジエール　La Framboisière
これもまたドメーヌ・フェヴレの単独所有畑で、クロ・ロシェットに隣接する。はっきりとした赤い土壌をもち、ワインにはラズベリーの味わいが感じられるが、それが畑の性質なのか、畑の名前から勝手に連想されてしまうせいなのか、判然としない。

モヴァレンヌ　Mauvarennes
ラ・フランボワジエールに隣接してリュリ側にある石灰岩と小石の多い畑で、これもまたフェヴレが単独所有する。

レ・モント　Les Montots
クロ・デ・ミグランの西隣にある小さな谷の中にひっそりと開かれた畑で、その一部は周囲よりも日当たりがよい。畑には硬い石灰岩と沖積土が混在している。ドメーヌ・A&P・ド・ヴィレーヌは斜面上方と下方の2つの区画から1種類のワインを造っているが、別々のワインに仕立てるよりも出来はよい。

ヴィーニュ・ド・メロンジュ　Vigne de Maillonge
東向きの急な斜面にあり、黄色い筋混じりの灰色泥炭岩の上に広がる表土は茶色で石が多く、活性石灰岩を多く含む。畑の中でも標高の高い部分は明らかに白ワイン向き。ドメーヌ・ミシェル・ジュイヨは上の方から白のメルキュレを、下の方から赤を造っている。

メルキュレの主要生産者

シャトー・ド・シャミレ　Château de Chamirey

18世紀に建てられた田舎風の優雅な邸宅は、メルキュレで目を引く建物のひとつ。1932年以後マルキ・ド・ジュエンヌ・デルヴィルが所有し、そのあとは娘婿ベルトラン・ドヴィヤールに受け継がれ、さらにその子アモリとオロールの手に渡った。マルキ・ド・ジュエンヌは、古く1934年にメルキュレのドメーヌで最初にワインの元詰めを始めた人物である。

シャトー・ド・シャミレの所有畑	
赤	ha
Mercurey 1er Cru Clos du Roi	3.30
Mercurey 1er Cru Les Ruelles（単独所有）	2.50
Mercurey Rouge	19.97
白	
Mercurey 1er Cru La Mission（単独所有）	1.80
Mercurey Blanc	10.13

シャミレの村に観光案内所を設置したり、貸しコテージをつくったりという企画が進行中だが、これは観光客の気を引いて、とりわけシャトーに、せめてシャロネーズに向かわせようという考えによる。

現在ワイン造りは別の施設でおこなわれているが、その建物は奇縁にも先代の所有者のためにアモリとオロールの叔母である建築家が設計したものだった。ここではA&A・ドヴィヤールの所有する以下のドメーヌのワインも瓶詰めされる。ドメーヌ・ド・ペルドリ（ニュイ=サン=ジョルジュ）、ドメーヌ・ド・ラ・フェルテ（ジヴリ）、ドメーヌ・デュ・セリエ・オ・モワーヌ（ジヴリ）、ドメーヌ・ド・ラ・ガレンヌ（マコン=アゼ）、小規模ネゴシアン・ラベルであるル・ルナルド。

メルキュレ1級 ラ・ミッシヨン（白、単独所有）　この畑は特級の地位に値するとベルトラン・ドヴィヤールは言い続けてきた。力強さと洗練とをあわせもつ白のメルキュレ。以前はすべて新樽で造られていたが、現在では三分の一という妥当な割合まで減らされている。

メルキュレ シャトー・ド・シャミレ（赤）　村名格メルキュレに格付けされているが、ブレンドの際は必ずクロ・レヴェックやアン・サズネといった1級畑が25～30%混ぜられる。親しみやすいチェリーの風味にあふれるが、しっかりと支える骨組みがあるため3年から5年の熟成に耐える。

ジョゼフ・フェヴレ　Joseph Faiveley

一族の5代目ギィ・フェヴレは、会社の規模拡大を決めたとき、メルキュレを中心にコート・シャロネーズのまとまった土地を買収し、ブドウ畑にした。現に、リュリからメルキュレへの田舎道をたどっていくと、リュリのレ・ヴィランジュから始まってモヴァレンヌ、ラ・フランボワジエール、クロ・ロシェットと、フェヴレ所有畑の看板が次々にあれられてくる。

コート・シャロネーズのワインはメルキュレにある施設で独立して造られる。樽は、ニュイ=サン=

ジョルジュの自社醸造所からの3年ものに、少しだけ新樽を混ぜる。

ジョゼフ・フェヴレの所有畑

赤	ha	白	ha
Mercurey 1er Cru Clos des Myglands（単独所有）	6.31	Mercurey Clos Rochette（単独所有）	4.38
Mercurey 1er Cru Clos du Roi	2.54	Mercurey Les Mauvarennes（単独所有）	1.82
Mercurey Clos Rond（単独所有）	5.11	Montagny 1er Cru Les Las	0.19
Mercurey La Framboisière（単独所有）	11.11	Montagny Les Joncs	3.02
Mercurey Les Mauvarennes（単独所有）	11.51	Givry Champ Lalot	1.10
Givry Champ Lalot	3.99	Rully Les Villeranges	2.49
Rully Les Villeranges	4.80	Bouzeron	2.32

ドメーヌ・トゥロ゠ジュイヨ　Domaine Theulot-Juillot

ナタリーとジャン゠クロード・トゥロが営むドメーヌは、かつてのドメーヌ・エミール・ジュイヨで、その3代前にドメーヌ・ミシェル・ジュイヨから分家したものである。1級畑のラ・カイユット（単独所有）とシャン・マルタンの赤と白のほか、シャトー・ミポンと、濃密で力強い1級の赤、レ・コンバンを造っている。

ドメーヌ・ミシェル・ジュイヨ　Domaine Michel Juillot

ジュイヨ家は遅くとも1404年にはこの地にあったが、ドメーヌの歴史が始まったのは1929年、エミール・ジュイヨがブドウ畑の植樹をおこなったときからである。息子のひとりルイがドメーヌを継ぎ、もうひとりの息子エミールは独立して自分のドメーヌを持った。現在は名祖ミシェルの息子にしてルイの孫であるローラン・エミールが、32haまで広がったこのドメーヌを運営している。

畑はリュット・レゾネ（減農薬栽培）によって耕作され、必要に応じて除葉と摘房がおこなわれる。ドメーヌ全体で手摘みが続けられており、発酵には天然酵母が使われる。また、白ワインでは圧搾の前に果実が破砕される。赤ワインのブドウは除梗し、低温発酵前浸漬をおこなってから発酵させるが、最初は優しいピジャージュをおこない、中盤ではやや力強く、そして最後は果汁を空気に接触させるためにルモンタージュに切り替える。その後、固形物が垂直式圧搾機でつぶされる。

ドメーヌ・ミシェル・ジュイヨの所有畑

赤	ha
Corton Perrières Grand Cru	0.80
Aloxe Corton Les Caillettes	0.35
Mercurey 1er Cru Clos des Barraults	2.07
Mercurey 1er Cru Clos Tonnerre	2.73
Mercurey 1er Cru Clos du Roi	0.15
Mercurey 1er Cru Les Combins	0.62
Mercurey 1er Cru Champs Martin	0.96
Mercurey Vignes de Maillonge	4.73
Mercurey	5.65
白	
Corton-Charlemagne Grand Cru	0.65
Mercurey 1er Cru Clos des Barraults	1.04
Mercurey 1er Cru Champs Martin	0.67
Mercurey 1er Cru En Sazenay	0.48
Mercurey Vignes de Maillonge	1.64
Mercurey	1.57
Rully	1.33

メルキュレ1級　クロ・トネール（赤）　このワインの外観はほかと少し異なり、初代ミシェルの当時を思い起こさせるラベルが使われている。最初に親しみやすく軽い赤系果実が感じられるが、じつはかなりのタンニンと強めの胡椒風味によって奥行きを備えている。

メルキュレ1級　クロ・デ・バロー（赤）　明るく繊細で優雅なワインは、ジュイヨのメルキュレの中でもひときわ品があり、くっきりとした輪郭をもっており、濃い果実味にワイルドチェリーが感じられる。ブドウ樹が植えられたのは1955年と1972年である。

ドメーヌ・ブリュノ・ロランゾン　Domaine Bruno Lorenzon
小規模でありながら高名なドメーヌのひとつ。ブリュノはレ・クロワショに白、シャン・マルタンに赤と白の1級畑を持っており、後者には自分の妹の名をとったキュヴェ・カルリーヌという特醸品がある。これは、畑の一番下のあたりにある飛び地から造られるもので、きわめて濃く、凝縮された味わいをもつ。

樽はすべてがブリュノも出資しているトネルリ・ド・メルキュレのものだが、以前よりも新樽の比率は下げている。500リットルの樽を使う白ワインは、澄んだ味わいと芯の強さがなみはずれている。

ドメーヌ・フランソワ・ラキエ　Domaine François Raquillet
このドメーヌには、ラキエ家の数世紀の歴史を示す家系図がある。父からドメーヌを受け継いだフランソワは収量を大幅に減らし、新たに樽熟成庫を作り、生産したブドウをすべて自家元詰めワインとした。赤ワインは優れた色調で、オーク樽ともよく調和し、熟成する力がある。1級畑としてピュイエ、ヴェレイ、ヴァセ、クロ・レヴェック、レ・ノーグを持ち、最後の2つは特に優れている。親戚のオリヴィエ・ラキエも村内の別の場所に自分のドメーヌを持っている。

メゾン・アントナン・ロデ　Maison Antonin Rodet
古く1875年に設立されたネゴシアンで、久しくドメーヌ経営を兼業していたが、ドゥヴィヤールの地所(シャトー・ド・シャミレ、ドメーヌ・ド・ペルドリ)とドメーヌ・ジャック・プリウールは撤退してしまった。残った経営権は2009年にジャン゠クロード・ボワセに買収された。

ジヴリ　Givry

新たに昇格したブズロンを除くと、ジヴリはコート・シャロネーズで最小のアペラシオンである。耕作地域はジヴリ、ドラシ゠ル゠フォール、ジャンブルの村々で、赤ワインが85%を占める。

フィロキセラ以前、ジヴリはコート・シャロネーズの中でもっとも人気の生産地だった。早くも14世紀には、王家の傍系同士での贈り物として、また当時アヴィニョンにいた僧たちが買い求める対象として、ジヴリのワインはさかんな引き合いがあった。また、アンシャン・レジーム期をつうじて、ボーヌのワインと対等に見なされていた。

16世紀末、ジヴリは王家の後ろ盾というこの上ない支えを得る。現代の瓶の多くにも有名な口上「le vin préféré du Roi Henri IV(アンリ4世御用達)」という文字が誇らしげに書かれているが、ここでは王の寵妃ガブリエル・デストレが王とシャトー・ド・ジェルモルに滞在したとき、メルキュレのワインにいたくご満悦であったという話を記しておかねばなるまい。現在はこの地の親睦団体として「アンリ4世ブドウ騎士団(Les chevaliers du Cep Henri IV)」があるが、このCepはキノコ(セップ茸)のことではなく、ブドウの株を意味する[3]。

さて、アンリ4世とガブリエル・デストレ、どちらが正しかったのだろうか。そもそもジヴリとメルキュレを簡単に区別できるものだろうか。両アペラシオンの違いを明示することは難しいが、現時点ではジヴリの方が(政治的な問題で混乱しているものの)活気があるように思われる[4]。

---

[3] それ以外のおもしろい団体としては、オーソンヌ玉葱協会(Confrérie de l'Oignon d'Auxonne)とマルシニ七面鳥騎士団(Confrérie de l'Ordre de la Dinde de Marcigny)があり、それぞれ玉葱と七面鳥を扱っている。くわしくは、Marie-Thérèse Berthier and John-Thomas Sweeney, *Les Confréries de Bourgogne*, La Renaissance du Livre, Tournai, 2000を参照のこと。

[4] 前回の地方選挙では、いつもであれば難なく集まる右派への票が対抗勢力に切り崩され、左派と右派の候補者名簿のあいだで大接戦となった。おかしなことだが、規則によれば平均年齢の高い方のリストが選ばれることになっており、この場合、それは左派だった。しかし、要求に基づく票の数え直しが承認されてみると、統一右派が上回ったのである。

異論もあろうが、ジヴリはコート・シャロネーズの中でもっとも愛想のよい赤である。フランソワ・ランプによれば、ジヴリはメルキュレよりもテロワールの潜在力が優れているのではなく、植えたブドウの樹がよかったのだという。どちらの村のワインも、果実味を伝えつつ、タンニンをいかにコントロールするかが成功の鍵となる。

白のジヴリはナッツのような風味をもつが、甘草を思わせる特有の香りも帯びる。1級畑、特にクロゾには、少しではあるがシャルドネが植わっている。白ワイン用の畑は斜面の高い場所が主で、中でもリュシリ村に向かって上がっていくところに集まっている。

ジヴリ1級畑　Givry Premiers Crus

レ・ボワ・シュヴォー　Les Bois Chevaux　　　　　　　　　　　　　　　　　　　　9.21ha
初めて記録に登場するのは1285年で、現在ここのワインを造るのはエルケル、ジョブロ、バロン・テナールの各ドメーヌ。クロ・サロモンとセリエ・オ・モワーヌのあいだにある東向きの斜面の一角を占め、すべてピノ・ノワールである。

レ・ボワ・ゴーチエ　Les Bois Gautiers　　　　　　　　　　　　　　　　　　　　3.89ha
最近1級畑に昇格した畑のひとつ。ドメーヌ・シルベストル・デュ・クロゼルおよびメゾン・プロスペル・モフーのワインがある。

セリエ・オ・モワーヌ　Cellier aux Moines　　　　　　　　　　　　　　　　　　10.78ha
「Moine（僧）」というのはラ・フェルテにあるシトー派修道院から来た人々を指し、13世紀半ばにクロのブドウ畑が拓かれたことがわかっている。斜面頂の畑にはすばらしい城館が建ち、あたりを見おろすが、その基礎は1258年に築かれた。この1級畑の持主はドメーヌ・デュ・セリエ・オ・モワーヌだが、ワイン造りはドメーヌ・ジョブロとドメーヌ・バロン・テナールもおこなっている。赤ワインのみ。

アン・シュエ　En Choué　　　　　　　　　　　　　　　　　　　　　　　　　　5.24ha
ほぼ南向きだが、東向きと西向きの部分もあるため1日じゅう日照に恵まれることになる。表土の赤色粘土は深いが、たっぷりとした小石のために水はけはよい。ショフレ＝ヴァルドネールは、まるみのある気さくなワイン、クロ・ド・シュエを造る。

クロ・ド・ラ・バロード　Clos de la Barraude　　　　　　　　　　　　　　　　　3.40ha
ジヴリの南の町、ポンセの教会に近い平らな土地にある。ドメーヌ・ブルジョンとドメーヌ・シュテンマイエ（カーヴ・ド・ビュクシが運営）が赤ワインを造っている。

クロ・シャルレ　Clos Charlé　　　　　　　　　　　　　　　　　　　　　　　　3.91ha
クロ・ド・ラ・セルヴォワジーヌの下側のなだらかな斜面に、大通りに面してある。生産者はデヴィーニュ、ドリアンス、ジェラール・ムートンの各ドメーヌ。赤ワインのみ。

クロ・デュ・クラ・ロン　Clos du Cras Long　　　　　　　　　　　　　　　　　1.74ha
真南を向き、もろくて水はけのよい土壌をもつ畑。名前は、きわめて石灰分の多い粘土石灰岩が帯状に畑全体を貫いているためだろう。フランソワ・ランプの作は、ごく若いうちでさえもまことに印象的である。

クロ・ジュ　Clos Jus　　　　　　　　　　　　　　　　　　　　　　　　　　　6.56ha
ドラシ＝レ＝フォール村唯一のジヴリの1級畑。見るからに赤い土はごく浅く、たくさん小石をかんでいる。1299年にはクロ・ジュに関する記述が見られるが、その後20世紀まで放置され、1990年

に小さな生産者グループの手によって改めて植樹がおこなわれた。その顔ぶれは、フランソワ・ランプ、ヴァンサン・ランプ、ショフレ=ヴァルドネール、ジェラール・ムートン、ジャン=ポール・ラゴ、ドメーヌ・タルトロー、ドメーヌ・テシエらである。彼らは全員が共同で参画し、整地をおこない、114、115、777といったピノのクローンを植えてから、くじによって誰がどの区画を取るかを決めた。クライヴ・コーツによれば、現在シャルドネが1haあるそうだが、それが誰のものかは不明である。さまざまなピノを試飲したが、明らかに赤ワイン向きのテロワールである。

クロ・マルソー　Clos Marceaux　　　　　　　　　　　　　　　　　　　　　2.95ha
ポンセ村の教会の脇、平らな土地にある畑で、ブドウはきわめて早く成熟する。ドメーヌ・ラボルブ=ジュイヨ（カーヴ・ド・ビュクシ）の単独所有で、赤ワインのみ。

クロ・マロル　Clos Marole　　　　　　　　　　　　　　　　　　　　　　　3.92ha
赤ワインの畑。クロ・グラン・マロルとも呼ばれ、ジヴリの町から見上げる畑のうち、東向きの面の一部。デュクレ、ドリアンス、ジョブロの各ドメーヌがワインを造っている。

クロ・サン=ポール　Clos St-Paul　　　　　　　　　　　　　　　　　　　　2.00ha
このサン=ポールはジヴリの守護聖人のひとりで、5世紀に生きたシャロン初の司教である。畑はクロ・サロモンの隣、斜面のややくぼんだところにある。生産をおこなっているのはドメーヌ・シルベストル・デュ・クロゼル。

クロ・サン=ピエール　Clos St-Pierre　　　　　　　　　　　　　　　　　　2.13ha
クロ・サン=ポールの隣、斜面のすぐ上側にあり、ドメーヌ・バロン・テナールの単独所有畑。

クロ・サロモン　Clos Salomon　　　　　　　　　　　　　　　　　　　　　6.88ha
1632年以来デュ・ガルダン家が単独所有しているが、名前は古(いにしえ)の持主ユゴー・サロモンに由来し、彼は1375年に8樽分のワインをアヴィニョンの法王庁に売ったという。斜面の大半は東向きだが、わずかに南にふれている。土壌の大半は、ジヴリには珍しく上方の小さな谷から沖積した扇状地で、ここから熟成の力を秘めた赤ワインが生まれる。

クロ・デュ・ヴェルノワ　Clos du Vernoy　　　　　　　　　　　　　　　　　0.70ha
ポンセの平地にあるクロ・マルソーの隣の畑。赤はドメーヌ・デヴィーニュが、白は単独所有のクロ・ル・ヴェルノワとしてドメーヌ・ラボルブ=ジュイヨ（カーヴ・ド・ビュクシ）が造っている。

クロゾ　Crauzot / Crausot　　　　　　　　　　　　　　　　　　　　　　　1.96ha
おもな生産者はフランソワ・ランプ（表記はCrausotを使用）。赤と白の両方を造っている。白は畑の中で傾斜のきつい部分、赤は斜面の下のほう、やや深く赤みが強い土壌から生まれる。土壌に含まれる活性石灰岩が多いため、シャブリで広く使われている41Bのような台木でもここでは難しい。赤白ともランプの作の中でもっとも爽快な味わいで、ミネラルが強い。

ラ・グランド・ベルジュ　La Grande Berge　　　　　　　　　　　　　　　　11.46ha
最近1級畑に昇格した畑のひとつで、その質の高さがミシェル・グバール、ドメーヌ・デュ・クロ・サロモン（白）、ジャン=ポール・ラゴ、ジェラール・ムートンらを引き寄せている。畑は粘土石灰岩が顕著で、クラ・ロンの上、クロゾに隣接する南東向きの急斜面にある。

レ・グランド・ヴィーニュ　Les Grandes Vignes　　　　　　　　　　　　　　2.49ha
「Grandes Vignes（広大なブドウ畑）」と名乗ったところで、しょせんブルゴーニュではちっぽけな畑にすぎないのはやむを得ない。これは、ポンセ村内の平地にあり、ドメーヌ・パリズが赤と白の両

方を造る。

プティ・マロル　Petit Marole　　　　　　　　　　　　　　　　　　　　　　　1.06ha
クロ・マロルに隣接するこの小さな畑は、三分の二に赤、三分の一に白の品種が植わっている。フランソワ・ランプが両方の色を造っているが、この畑名を表示しているのは彼だけかと思われる。

ル・パラディ　Le Paradis　　　　　　　　　　　　　　　　　　　　　　　　0.71ha
ジャン=ピエール・ジョが所有する小さな1級畑。ドメーヌ・デイリ&ユベルドーが白ワインを造っている。

ラ・プラント　La Plante　　　　　　　　　　　　　　　　　　　　　　　　1.98ha
最近1級畑に昇格した畑のひとつで、樹は赤と白の両方が半々に植えられている。どちらもドメーヌ・ダンジャン=ベルトゥーの作がある。

レ・グラン・プレタン　Les Grands Prétans　　　　　　　　　　　　　　　　5.05ha
クロ・サロモンのすぐ下の平地に広がる畑。力強く厚みのある味わいの赤が生まれ、ベッソン、デュクレ、エルケル、ムートン、サラザンといったドメーヌにより、ワインは手に入れやすい。

ル・プティ・プレタン　Le Petit Prétan　　　　　　　　　　　　　　　　　0.80ha
グラン・プレタンの下位にあたる畑（こちらは単数形）で、ドメーヌ・ベッソンがワインを造る。

ラ・セルヴォワジーヌ　La Servoisine　　　　　　　　　　　　　　　　　　6.63ha
クロ・ド・ラ・セルヴォワジーヌはジヴリの村の北端、セリエ・オ・モワーヌの隣の南向き斜面にあるが、モワーヌほど急峻ではない。ほとんどが赤で、主たる所有者のドメーヌ・ド・ラ・フェルテもその例にもれないが、若干の白も造られている。ドメーヌ・ジョブロには赤と白の両方がある。

ア・ヴィーニュ・ルージュ　A Vigne Rouge　　　　　　　　　　　　　　　　2.61ha
見当もつかないことだが、このような名前であるのに、畑にはけっこうシャルドネが植わっている。フランソワ・ランプはこの畑に力強い赤ワインを生み出す力があると信じており、最近手に入れた区画では、その実現に向けて苗木の種類を替えるつもりでいる。

ル・ヴィグロン　Le Vigron　　　　　　　　　　　　　　　　　　　　　　　1.76ha
これもまた最近1級畑に昇格した畑で、ドメーヌ・ヴァンサン・ランプとドメーヌ・パリズが赤と白の両方を造っている。

村名格ジヴリ　Village vineyards: appellation Givry

2010年以降、ジヴリにはかなりの1級畑が追加されることになっている。これは生産者にとっては心躍る知らせであり、品質を維持する、そしてぜひとも向上させる励みとしてもらいたいものだが、消費者にしてみれば1級畑の選択肢が多すぎてさだめし迷惑だろう。もしも1級畑が6つしか存在せず、アペラシオンを真に輝かせるものばかりならば、そのほうが村の名声を高めることにならないだろうか。私の理解では、以下に示す畑すべてが昇格するはずだ。

シャン・ラロ　Champ Lalot
立地に恵まれ、ブドウの成熟が早い村名畑で、クロ・ジュから道を渡ってすぐのところにある。クロ・ジュよりもやわらかく、タンニンの少ないワインを、フェヴレ、マス、ミシェル・サラザンの各ドメーヌが造っている。

ジヴリ
Givry

- Givry Premier Cru
- Givry

1 Le Vernoy
2 La Petite Berge
3 Meix Saint-Antoine

1:28,000　0　500 m

クロ・ド・ラ・ブリュレ　Clos de la Brûlée
多くの造り手がこの畑を気に入って、単独のワインを造っている。ドメーヌ・マスが赤と白の両方を、ジャン＝マルク・ボワロとドメーヌ・ブルジョンはどちらも白を造る。

レ・ガラフル　Les Galaffres
ダニエル・ヴァルドネールがリュシリに持った白ワインの畑。南向きの優れた日照で、ほとんど桃のような味わいの白ワインを産する。

ジヴリの主要生産者

ドメーヌ・ショフレ＝ヴァルドネール　Domaine Chofflet-Valdenaire
ヴォージュ出身のスキー・インストラクターだったダニエル・ヴァルドネールが、義父のジャン・ショフレのドメーヌを継いだ。リュシリの美しい村にあるこのドメーヌは、現在では14haの地所を持つ。畑はリュット・レゾネ（減農薬農法）の認証を受けており、私が訪ねたときは太陽光発電のパネルを設置しているところだった。収穫は機械でおこなわれるが、ワインはすばらしいものだ。とりわけ赤では70％もの新樽をうまく使いこなしている。1級畑は、クロ・シュエとクロ・ジュの2面からワインを造る。前者にはまるみとなめらかさがあり、後者はほのかな燻煙がよぎる中に角ばったタンニンがあり、熟成を要する。

クロ・サロモン　Clos Salomon
クロ・サロモンは数百年にわたってデュ・ガルダン家の手を離れたことがない。ただし、14世紀、ここのワインをアヴィニョンの教皇に献上した初代ユゴー・サロモンとの縁戚はない。
1997年からこの畑を耕作するのはEARL（Exploitation Agricole à Responsabilité フランスにおける有限責任農業経営体）デュ・クロ・サロモンで、これは1990年からドメーヌの支配人を務めるリュドヴィク・デュ・ガルダンとファブリス・ペロトの共同経営である。彼らは単独所有の畑から始めて、ジヴリ1級ラ・グランド・ベルジュ、モンタニ1級ル・クルーの白ワイン、というように業域を拡大してきた。

ドメーヌ・ジョブロ　Domaine Joblot
ジャン＝マルクとヴァンサンの兄弟が営むドメーヌで、ジヴリにおけるリーダー的地位にあり、13.5haの畑はすべてここに集中している。村名格ジヴリ・ピエ・ド・ショームと1級畑ラ・セルヴォワジーヌで赤と白の両方を造っているほか、ヴォーでは白、セリエ・オ・モワーヌ、クロ・マロル、ボワ・シュヴォーではピノを手がけている。
私が訪ねたとき、ヴァンサン・ジョブロはあまり歓迎する様子ではなかったが、辞するまでには「mon cher ami（親愛なる友）」と呼びあうまでになっていた。彼がいみじくも語ったように、栽培家はスーパースターではない。よいワインを造るためには畑に心血を注ぐことが必要であるし、優れた働き手を適切な報酬で雇い、チームとして構成し、彼らがドメーヌと人生をともにしてくれなければならない。
赤ワインのブドウは除梗し、自動ピジャージュ装置を備えた横置きのタンクで発酵させる。熟成には主に新樽を使う。1級の場合は約70％で、すべてフランソワ・フレールから仕入れる。澱引きはできるだけおこなわず、酸素注入も最小限に抑えているが、酸化防止の炭酸ガスはふんだんに使用する。万事が理にかなっている。「ジャン＝マルクはこんな調子で、まるで修道士のようだ」そう語るヴァンサンは、醸造と熟成管理を受け持っている。

フランソワ・ランプ　François Lumpp

フランソワ・ランプの家系は、もとはバーデン゠ヴュルテンベルク州がプロシアに併合されたときにフランスに移住してきた。1977年にフランソワとヴァンサンのランプ兄弟は両親（ワインの造り手ではなかった）の土地に植樹を始めるが、ここはその後、1級に格付けされることになった。1991年、2人は別の道を歩み始める。

フランソワは徹底的な完璧主義者である。15年間まったく除草剤を使用せず、すべての畑を鋤き返している。苗木の品質にとことんこだわり、そのためならば若い畑の樹を引き抜くこともいとわない。高仕立ての広い間隔で植えられた最初のクロ・デュ・クラ・ロンの樹は、21世紀に入って数年のうちに取り除かれてしまった。

フランソワ・ランプの所有畑	
赤	ha
Givry 1er Cru Clos du Cras Long	0.65
Givry 1er Cru Clos Jus	0.50
Givry 1er Cru Crausot	1.13
Givry 1er Cru Petit Marole	0.76
Givry 1er Cru A Vigne Rouge	2.45
Givry Le Pied du Clou	1.65
白	
Givry Blanc Clos des Vignes Rondes	0.57
Givry Blanc 1er Cru Crausot	0.63
Givry Blanc 1er Cru Petit Marole	0.30

赤ワインはすべて除梗し、12℃の低温浸漬を5〜10日間おこなう。これは、フランソワが初めてひとりでワイン造りをした1991年に、新しい低温のセラーで偶然おこなわれたもので、彼はその出来に満足したのだった。それまでよりもピジャージュは控えめで、キュヴェによってはルモンタージュをおこなう。ワインは、1年間樽で熟成された後、数ヵ月をタンクで過ごす。赤は原則として70%新樽を用い、白ではこれが30%になる。

ジヴリ　クロ・デ・ヴィーニュ・ロンド（白）　リュシリの村落から上がった山すその斜面にある畑から造られるワインで、強い粘土質土壌はたっぷり石を含んでいる。とても魅力的で優雅な白のジヴリで、ただならぬ洗練度と味わいの長さが印象的である。

ジヴリ1級　クロ・デュ・クラ・ロン　若い樹（植樹は2002年から2004年）から造られるにもかかわらず、きわめて印象の強いワイン。長く残る果実味は、1級畑特有のものである。豊かでありながら繊細で、過度なタンニンがない。

ヴァンサン・ランプ　Vincent Lumpp

ランプ家一族の分家筋で、ヴァンサンとその息子バティストがクロ・ジュとクロ・デュ・クラ・ロンに地所を所有するほか、ラ・グランド・ベルジュでは赤白の両方を、ル・ヴィグロンでは赤を造っている。四分の一から三分の一に新樽を使う。

ドメーヌ・マス　Domaine Masse

ファブリス・マスが運営する、将来有望なドメーヌ。2010年の昇格までは1級畑をまったく持っていなかったが、赤と白のクロ・ド・ラ・ブリュレ、赤のシャン・ラロはスタイリッシュなワインである。新樽を25〜30%使って12ヵ月熟成させる。2007年から、アン・ヴォーの畑でも造るようになった。

ドメーヌ・ジェラール・ムートン　Domaine Gérard Mouton

激しいまでの強さをもったワインであり、なかでもクロ・ジュ、グランド・ベルジュ、グラン・プレタンから造られるものは顕著。ただしクロ・シャルレのものは早飲みに向いている。1級畑には30〜50%の新樽を用いるが、村名畑のワインには古い樽のみを使用する。現在は畑での鋤き返し作業に神経が注がれており、今後さらによいものができるようになることが期待される。

ドメーヌ・ラゴ　Domaine Ragot

ガブリエル・ラゴが栽培農家として独り立ちしたのは1760年、メルキュレにおいてであったが、19世紀にルイ・ラゴがジヴリに転居し、現在はニコラが父ジャン゠ポールの跡を継いでいる。9haにわずかに届かない畑から、1級クロ・ジュ、ラ・グランド・ベルジュなど3種類の赤のジヴリと、白はシャン・プーロとごく少量の1級クロゾの2種類を造っている。

赤はほとんどが樽熟成され、新樽は約20％。

ドメーヌ・ミシェル・サラザン　Domaine Michel Sarrazin

1671年からの歴史をもつドメーヌ。ジャンブルを見渡すシャルネイユ村の美しい場所に居を構える。ギィ・サラザンがジヴリ、マランジュ、メルキュレに拓いた畑は32haにのぼり、すべて機械摘みで収穫する。

白ワインは新樽とタンクで仕込み、シャン・ラロおよび上等の赤はすべてをフランソワ・フレールの新樽で熟成させる。村名格の白レ・グロノも楽しいが、1級はより重みがある。

リュシリにほど近いスー・ラ・ロシュは、赤の村名畑シャン・ラロよりも軽く、1級どうしでいえばグランド・ベルジュはグラン・プレタンよりも骨格がある。

バロン・テナール　Baron Thénard

ル・モンラシェの大区画を持つことであまりに有名なドメーヌだが、その本拠はジヴリにあり、ボワ・シュヴォー、クロ・サン゠ピエール（単独所有）、ル・セリエ・オ・モワーヌといった1級畑を持つ。

モンタニ　Montagny

このアペラシオンは、ビュクシの町の周囲に広がり、モンタニ゠レ゠ビュクシ、サン゠ヴァルラン、ジュリ゠レ゠ビュクシといった村落にまたがっている。コート・シャロネーズの畑の例にもれず、斜面こそ東と南を向いているが、地質的な構成は異なり、ジュラ紀の中でも古いライアス統と、ジュラ紀の前の三畳紀の土壌が基層をなしている。

20世紀初頭、ここは貧しい土地だった。小作農が狭い畑をかつがつ耕し、耕作に使う馬が足りないために乳牛で代用することもあったという。植えられていたのは主にガメかアリゴテで、わずかにシャルドネがところどころに見られる程度。第一次世界大戦ののち、かなりのブドウ畑が休耕地となった。

1920年代後半から1930年代前半、経済危機の中で協同組合を結成する動きが生まれた。今日でもカーヴ・デ・ヴィニュロン・ド・ビュクシ（1931年設立）はブルゴーニュでもっとも活発で由緒ある協同組合である。モンタニはどこへ行っても白のほうが有名だが、この名声が高まったのは第二次世界大戦のあとでシャルドネが植えつけられてからで、現在ではこれがもっとも有力な品種である。ピノ・ノワールから造られるわずかな赤は、ブルゴーニュ・ルージュとして売られる。

アペラシオンが制定されたのは1936年だが、1943年にはモンタニのすべての畑（それ以外の3つの村の畑は除外）が1級畑に分類され、これがドイツ占領軍による接収を免れる口実となった。その後、ブルゴーニュでは異例だが、ワインの天然アルコール度が11.5％に達してさえいれば、アペラシオン全域を1級として格付けできるということになった。

1989年、アペラシオンはサン゠ヴァルランをはじめとする村々に拡大されたが、1級畑の数は減らされてブルゴーニュのほかの村並みになった。とはいうものの、高い地位を剥奪することには常に異論が出る。このときも削減は想定よりもゆるやかなものにとどめられた。現在でもモンタニには53の1級畑があり、そのうち42はモンタニ村にある。面積では440haのうち225haが1級畑に格付けされている。

1級畑は3つのグループに分けられる。まず北側のビュクシ村の中、ヴュー・シャトーの周辺の畑で、このあたりは下層土に石灰分が多い。次にモンタニとビュクシのあいだで主に南西を向く畑。そしてモンタニとサン゠ヴァルランおよびジュリのあいだの地域で、2つの村内にまで広がっており、斜面はほとんどが東か北東向きである。

クライヴ・コーツによれば、2004年に畑名がラベルに記された1級畑は、53のうち21だけだったという。これは確かに当局の認定数が多すぎることに疑問を投げかけるものだ。以下に示すリストでは、ワインが広くその畑の名前で流通しているものだけを列挙する。

モンタニ
Montagny

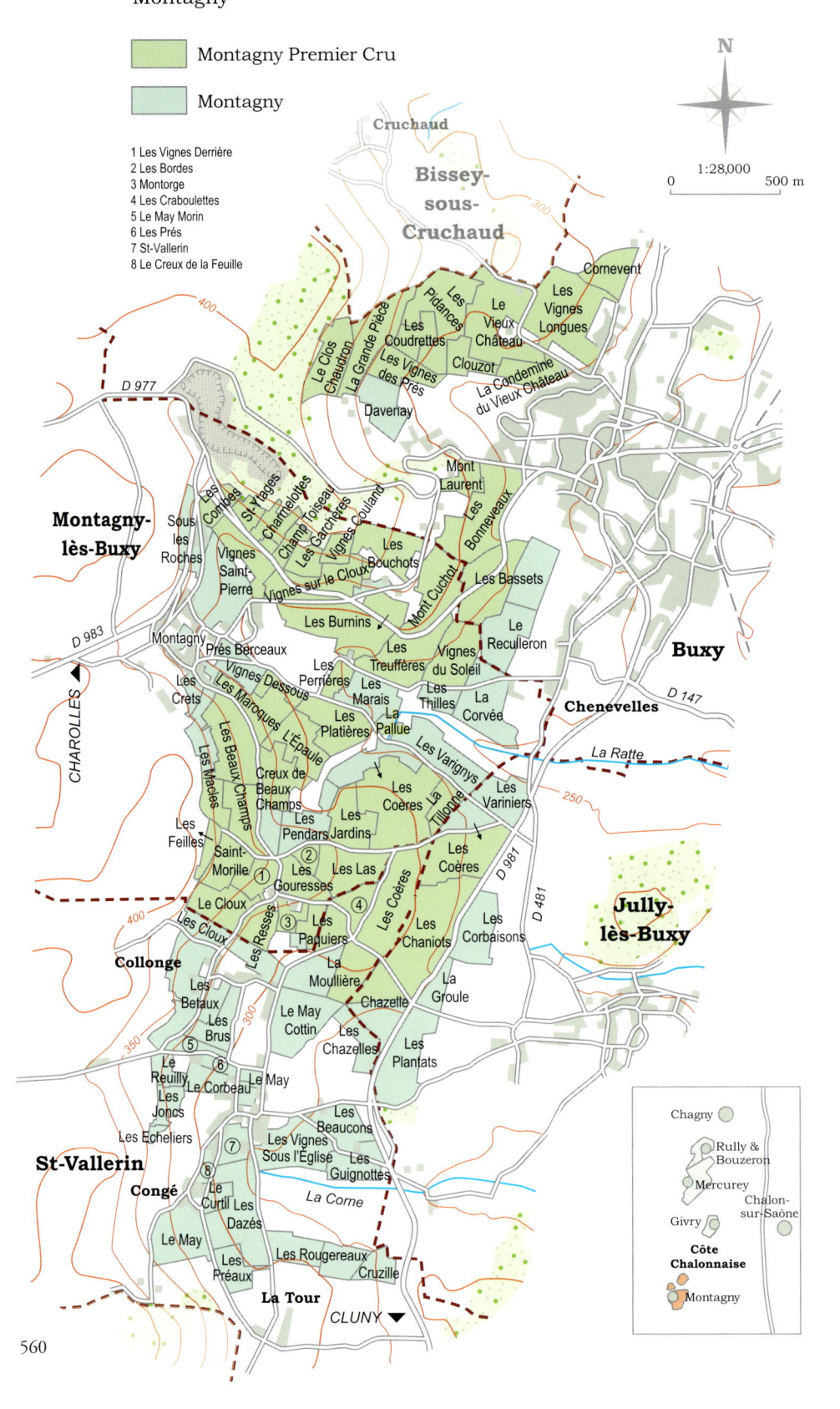

- Montagny Premier Cru
- Montagny

1 Les Vignes Derrière
2 Les Bordes
3 Montorge
4 Les Craboulettes
5 Le May Morin
6 Les Prés
7 St-Vallerin
8 Le Creux de la Feuille

1:28,000 0–500 m

ブルゴーニュのほかの地域ではドメーヌが増えているのに対し、ここでは減りつつあるようだ。ビュクシでは協同組合が生産量の約75%を占めるが、その中に1世代前に栄えたドメーヌ──ジャン・ヴァシェ、マダム・ヴーヴ・シュテンマイエ、ラボルブ＝ジョイヨら──を飲み込んでいるからだ。

レ・ビュルナン　Les Burnins　　　　　11.20ha
ビュクシからモンタニに向かう道のすぐ下に広がる畑で、南から南西を向いた急斜面には小石が多く含まれる。おもな造り手はシャトー・キャリ＝ポテとドメーヌ・ステファヌ・アラダムで、後者の畑は1923年に植樹されたもの。

レ・シャニオ　Les Chaniots　　　　　12.40ha
ジュリ＝レ＝ビュクシを見渡す高台を下った斜面にあり、レ・コエールの東側に続く畑。メゾン・アルベール・スニの作があるほか、カーヴ・ド・ビュクシもレ・シャニョを出している。

レ・コエール　Les Coères　　　　　34.02ha
モンタニの中で最大にしてもっともよく目にする1級畑。平坦な畑はほぼ東向きの高台に広がるが、その一方は北向きに周りこんでいる。石灰岩よりも粘土が多いため、ワインは山すそ畑から生まれるものよりもボディとまるみがあるが、ミネラル感はそのぶん弱まる。生産者には、ステファヌ・アラダム、ドメーヌ・フイヤ＝ジュイヨ、カーヴ・ド・ビュクシ、ネゴシアンのアルベール・スニ、ドゥ・モンティーユがある。

ラ・グランド・ロシュ　La Grande Roche
実際には特定のブドウ畑の名称ではなく、さまざまな畑を使うルイ・ラトゥールの1級畑モンタニのブランド名。

モンクショ　Montcuchot　　　　　12.30ha
ビュクシからモンタニに向かう道の片側、小石を多く含む南向きの急斜面にある。温暖な立地で、mont-cul-chaud（暖かいふもとの丘）に由来する。このワインがあまり出回っていないのは実に意外だ。カーヴ・ド・ビュクシのものがある。

レ・プラティエール　Les Platières　　　　　6.00ha
東向きのブドウ畑は日当たりのよい高台にあり、白色泥灰岩の基岩を持つ。入手しやすいのはジャン＝ピエール・ベルトネ。

モンタニのそのほかの1級畑
以下の畑は1級畑に格付けされているが、畑名をもって流通することはきわめてまれである。

	ha
Les Bassets	8.60
Les Beaux Champs	12.00
Les Bonneveaux	9.70
Les Bordes	1.40
Les Bouchots	6.30
Les Champs Toiseau（またはChantoiseau）	1.50
Les Charmelottes	2.50
Chazelle	7.20
Le Clos Chaudron	5.70
Le Cloux	6.30
Le Clouzot	n/a
Les Combes	2.40
La Condemine du Vieux Château	4.20
Cornevent	3.70
Les Coudrettes	n/a
Les Craboulettes	2.70
Creux de Beaux Champs	5.30
L'Epaule	5.50
Sous les Feilles	n/a
Les Garchères	2.10
Les Gouresses	3.00
La Grande Pièce	6.80
Les Jardins	5.10
Les Las	6.40
Les Macles	3.60
Les Maroques	5.20
Mont Laurent	2.00
Montorge	n/a
La Mouillère	2.70
Les Paquiers	n/a
Les Perrières	0.56
Les Pidances	n/a
Les Resses	1.80
St-Morille	3.90
St-Ytages	1.50
Les Treuffères	2.70
Vigne du Soleil	5.80
Vignes Couland	1.70
Les Vignes Longues	11.60
Les Vignes des Prés	n/a
Vignes St-Pierre	5.50
Vignes sur le Cloux	7.20

ル・ヴュー・シャトー　Le Vieux Château　　　　　　　　　　　　　　　　　　　　　　　　　　　2.70ha

この畑と周辺の土壌だけはモンタニで類を見ない黄色い石灰岩で、ちょうど露天の採石場で目にするような岩である。おもな造り手はドメーヌ・ドゥニゾとステファヌ・アラダム。

レ・ヴィーニュ・デリエール　Les Vignes Derrière　　　　　　　　　　　　　　　　　　　　　　3.30ha

モンタニからサン゠ヴァランに至る尾根道沿いに、北東を向いて広がる。ステファヌ・アラダムが自家元詰めをしている。

モンタニの主要生産者

カーヴ・ド・ビュクシ　Cave de Buxy

コート・シャロネーズではほかを寄せつけぬ最大の生産者であり、モンタニ全体の三分の二、ジヴリとリュリの10％、ブルゴーニュ・アリゴテの13％を供給する。全体では、サントネからマコネに至る1,100haの畑に372名の加盟者を擁する。

協同組合は1931年に設立され、1977年にマコネの協同組合サン゠ジャング゠ル゠ナショナルと合体し、その後も成長を続けている。現在、統一的なマーケティング用のブランドとしてブラゾン・ド・ブルゴーニュを持ち、販路としてカーヴ・ド・ビュクシ、ラ・シャブリジエンヌ、カーヴ・デ・オート゠コート、カーヴ・ド・バイイ（スパークリングワイン）、そして最近改称したマコネのカーヴ・デ・テール・セクレットを持っている。

栽培家はブドウの品質に応じた報酬を受け取る。組合による最初の訪問は6月におこなわれ、ブドウの健康状態や収量についてアドバイスが与えられることがある。2回目の訪問は収穫の数週間前で、畑は100点満点で採点される。この点数に、ブドウが協同組合に届いた段階で再度評価した熟し具合と健康状態が加味されて、一定価格の何パーセントを栽培家が受け取るかが最終的に決まる。各区画の収穫日は、個々の生産者ではなく協同組合によって決定される。

村ごとのさまざまなワインのほかに、モンタニでは3種のプルミエ・クリュ、ジヴリでは1ないし2種類の個別の「クロ」名をもつワイン、そしてドメーヌ・シュテンマイエ、ラボルブ゠ジュイヨといった特別なドメーヌもののワインを提供している。

ドメーヌ・ステファヌ・アラダム　Domaine Stéphane Aladame

1992年、当時18歳という若さのステファヌ・アラダムは、生地モンタニで栽培家として生きていく決心をした。現在はブルゴーニュ・アリゴテに1haとモンタニ1級畑に6haを耕作するが、大半は賃借の畑である。

ドメーヌの三分の一は有機農法で耕作される。彼の打ち立てた評判はすばらしく、ワインはフランスおよび海外のおびただしい数のミシュラン星付きレストランで供されており、停滞か衰退しかなかったであろうアペラシオンの牽引車となっている。オークの新樽は使わないが、1級畑には30％、一部のキュヴェには50％の樽発酵を施す。

執筆時点で、単一畑ワインはル・ヴュー・シャトー（果汁を購入）、レ・ヴィーニュ・デリエール、レ・コエール、レ・ビュルナンから造られている。レ・マロクを単独のワインとして造る計画があるが、2010年にはクルー・ド・ボーシャンが登場する。

モンタニ1級　クリュ・レ・ビュルナン　1923年の古樹から生まれるワインで、マスカットを感じさせるシャルドネがかなりを占めている。可憐で新鮮なメロンとマスカットの香りがあり、エネルギーがあふれている。ワインのすみずみにまで生気がみなぎり、多くのモンタニにはない個性がある。

モンタニ1級　レ・コエール　どちらかと言えば豊かでまるみのあるモンタニで、しっかりとした骨格にたっぷりとした肉付きがあり、それでいて新鮮さを保つだけのミネラルも十分に備えている。2年から5年が飲み頃。

シャトー・ド・ラ・ソール　Château de la Saule
モンタニの重要なドメーヌのひとつ。1972年からアラン・ロワが経営にあたる。ワインは主にステンレスタンクで造られ、単にモンタニ1級として売られるが、母屋の上方にあるレ・ビュルナン、モンクショ、ヴィーニュ・シュル・ル・クルーといった優れた畑を使っている。

the mâconnais
マコネ

歴史をさかのぼると、マコネは（プイィ=フュイッセを別として）一般消費者向け大量生産ワインの産地であった。できるだけ早く飲むことが望まれるタイプの、ちょうどボジョレの赤に対する白という位置づけである。近年この地域は、ブルゴーニュの中でもっとも変化の激しいところかもしれない。新世代の生産者たちは今、低収量のブドウから手のかかる樽発酵のワインを造ろうとしている。その作風こそコート・ドールとは異なるが、細やかで注意深い姿勢はまったく同じものだ。

まだ越えるべき大きなハードルは残っているが、こうした取り組みは真剣に見守る価値がある。シャブリは、その名が誰の頭にもすぐ思い浮かぶから、レストランは喜んでワインリストに何種類でも載せようとする。しかしマコンはそのように消費者の心をつかむに至っていない。ワインリストでは1行分のスペースしかもらえないありさまだが、「マコン」の名で生産されるワインの量はシャブリに肉薄するほど多い。実際の耕作地域はさらに広いのだが、かなりの割合が格下げされてブルゴーニュ・ブランになっている。そのほうがマコンとするよりも売りやすいためだ。

プイィ=フュイッセについては、別に章を設けることにする（581頁を参照）。

マコネに関する統計[1]

	面積 ha	白 (hl)	赤 (hl)
マコン	381	4,397	16,274
マコンおよび村名畑	1,517	80,298	8,730
マコン゠ヴィラージュ	1,829	112,579	
プイィ゠フュイッセ	757	39,147	
プイィ゠ロシェ	32	1,474	
プイィ゠ヴァンゼレ	52	1,709	
サン゠ヴェラン	680	37,470	
ヴィレ゠クレッセ	391	21,925	
合計	**5,639**	**298,999**	**25,004**

マコン　Mâcon

マコンというアペラシオンは、マコン゠ヴィラージュおよびその上の基準に届かない地域で育てられたガメまたはピノ・ノワール（実際にはガメのみ）の赤ワインと、シャルドネの白ワインに適用される。マコン゠シュペリウールというアペラシオンは、ブドウの熟度がわずかに上であるという違いしかなく、現在では廃れてしまった。

マコン゠ルヴルテ　Mâcon Levrouté

白ワインのうち、自然発酵で得られるアルコール濃度の理論的な上限を超えるものについて、公式の呼称を定めようという議論がある。これは残糖が得られるように発酵させるもので、ジャン・テヴネが長く採用している手法である〔自然発酵によるアルコール濃度の理論的な上限値は酵母の生存限界である約15％。糖度の高いブドウを使用すると、この値に達した時点で残っていた糖分が残糖となる〕。摘み取りは、貴腐菌によって表皮がピンクがかった紫色になるまで待っておこなわれる。この色を地元では「ルヴルテ（levrouté）」と呼んでいるが、これは子ウサギ（levraut）の毛の色を指しているのだろう。

こうしたワインを造るには、低収量、手作業による遅摘み、アペラシオンの上限を超える糖度、そして補糖をおこなわないことが必須である。

マコン゠ヴィラージュ　Mâcon-Villages

白ワインのみのアペラシオン。現在、いくつかの村をまとめることにより、マコン゠ヴィラージュに含まれる村名畑の数を減らそうとする動きがある。これを望ましいと考えるのは簡単だが、ある村に対して、その名前の使用権を放棄して代わりに隣村（まちがいなく競争相手である）の名称の下に入るよう説得するのが容易でないことは誰にでもわかる。

この計画はすでに2005年9月14日の行政命令によって動き出している。それまでは40あまりの村が「Mâcon-Villages」または「Mâcon」のあとに村の名前を続ける（「Mâcon-Lugny」など）ことを許されていたのだが、現在は84の村がマコン゠ヴィラージュと認められながらも、ラベルで「Mâcon」のあとに村の名前を使用できるのは26だけである。

今までマコンにつなげて村名を名乗っていた村のうち、10の村は近隣の村の名前の下に入ることに合意したが、その道を選ばなかった村はすべてこの権利を失った。

---

1) 出典：BIVB、2008年産に関する値

残された26の村は、およそ次のように分けられる。
- 東側の斜面にある畑。ソーヌ川の流域を見渡す位置にあり、ヴィレ＝クレッセに近い日照が得られる。北から南に向かって、ユシジ、モンベレ、シャルネ＝レ＝マコン。これらの村々の畑では、基本的にブドウは早めに熟する。
- プイィおよびサン＝ヴェランのアペラシオンと重なる部分。シャントレ、ダヴァイエ、フュイッセ、ロシェ、プリセ、ソリュトレ＝プイィ、ヴェルジゾン、ヴァンゼル。これらの畑もまた早く熟する。
- クリュニーに向かって谷をずっと上がっていったあたり。北側斜面のラ・ロシュ＝ヴィヌーズ、南側のビュシエール、ミリ＝ラマルティーヌ、ピエールクロ。このグループにセリエールを加えるという考え方もあるが、これはさらに南に行ったところで、赤ワインのみの畑である。このグループは上記2つに比べて熟すのが遅い（おそらくビュシエールは別だが）。
- 4つ目のグループは、西向きに連なる起伏に富んだ丘陵地にある村々。一帯の地形は変化に富んでいるので、ブドウの熟す時期についてひとくくりに述べることはできないが、多くは最初の2つのグループよりも遅くなる。アゼ、ブレ、ビュルジ、シャルドネ、クリュジュー、イジェ、リュニ、マンセ、ペロンヌ、ヴェルゼ、そしてずっと西に行ったところにサン＝ジャングー＝ル＝ナショナルがある。

次に示す20の村は、ガメ種から造った赤ワインについて「Mâcon」のあとに村の名前をつけることができるが、「Mâcon-Villages」の名称は使えない。アゼ、ブレ、ビュルジ、ビュシエール、シャントレ、シャルドネ、シャルネ＝レ＝マコン、クリュジーユ、ダヴァイエ、イジェ、リュニ、マンセ、ミリ＝ラマルティーヌ、ペロンヌ、ピエールクロ、プリセ、ラ・ロシュ＝ヴィヌーズ、セリエール、サン＝ジャングー＝ル＝ナショナル、ヴェルゼ。セリエールだけは、白のマコン＝ヴィラージュを造ることのできない村である。
ヴィレ＝クレッセについては独立した節を設けた（574頁参照）。このアペラシオンは、ソーヌの西を走る石灰岩地帯の上に連なる村々から構成される。

アゼ　Azé
この村でもっとも名を馳せている「造り手」は、ソーヌ川の反対側にあるヴォナのレストラン店主、ジョルジュ・ブランである。店で出されるハウスワインは、自身の名を冠したマコン＝アゼだ。40の生産者がカーヴ・コオペラティヴ・ダゼ（アゼ協同組合）を結成し、合わせて280haの土地でワイン造りをおこなう。

ブレ　Bray
マコンに点在する多くの村を結ぶ「内陸」道路、D14号線を西に進んだところにある。アンリ・ラファルジュがドメーヌ・ド・ラ・コンブで赤のマコン＝ブレと白のマコン＝ヴィラージュを造っている。

ビュルジ　Burgy
ヴィレのすぐ背後に位置し、谷全体を占める景観はことのほか美しい。有名なドメーヌ・ド・ロアリーは現在テヴネの傘下に入ったが、その一方でイジェのフィシェがビュルジにまで進出してきている。

ビュシエール　Bussières
プイィ＝フュイッセのヴェルジゾンの西隣にある丘がビュシエールである。南向きの斜面に育つシャルドネは成熟が早く、ラフォンガル・モンサールから造るワインからも明らか。コリーヌ＆ティエリー・ドルアンも優れたドメーヌである。

シャントレ　Chaintré
プイィ＝フュイッセの中でもっとも暖かい村であり、当然のように、まるみと厚みのある、太陽を感じさせるマコンを生み出している。代表的な生産者には、ヴァレット家のジェラールとフィリップ、ドミニク・コルナン、ドメーヌ・マティアスがいる。

シャルドネ　Chardonnay
村とブドウ、どちらの名前が先だったのだろうか。おそらくは村のほうだろうが、ブドウがこの村から名づけられたのかどうかはわからない。現在ラフォンのクロ・ド・ラ・クロシェットとなっているあたりも含め、ここでは10世紀の終わりにはすでにブドウが栽培されていた。この村のガメにはマコン＝シャルドネ・ルージュというアペラシオンが冠せられるので、見て驚く人もいるかもしれない。

シャルネ＝レ＝マコン　Charnay-lès-Mâcon
マコンの町に飲み込まれそうなシャルネの畑は、A6号線から見えるところにある。主なドメーヌはトリポ、マンシア、マンシア＝ポンセ。ヴェルジェの造るル・クロ・サン＝ピエールはシャルネの産である。

クリュジーユ　Cruzille
クロ・デ・ヴィーニュ・デュ・メーヌ（Clos des Vignes du Maynes）は除草剤も農薬も一切使われたことのない畑で、訪れた私は古い時代に迷い込んだような気分になった。910年、クリュニーにあるベネディクト派修道院の僧（Maynesは、修道士をあらわすMoinesの転訛に違いない）によって初めてブドウが植えられたこの畑は、この50年間グイヨ家によって有機農法が続けられている。6.60haの畑では、1998年からビオディナミが実践されている。
やや薄めの表土の下にダル・ナクレ（dalle nacrée）と呼ばれる上質の硬い真珠状の石灰岩があり、東を向いているために朝早くから太陽を浴びる。神がかった好条件の揃う畑から、かなり長期熟成のできるワインが生まれる。

ダヴァイエ　Davayé
基本的にはサン＝ヴェラン村に属するが、何よりも重要なのは、多くの若い栽培家が最初にワインを学んだダヴァイエ農業高校――恐ろしげな外観の建物である――が置かれていることだ。この学校はドメーヌ・デ・ポンセティを所有し、赤のマコン＝ダヴァイエを出している。

フュイッセ　Fuissé
ACプイィ＝フュイッセを名乗ることのできる村は、このアペラシオンの境界の外にもいくらかの畑を持っており、それらは「マコン＋それぞれの村名」というラベルになる。ここの生産者には、オヴィーグ、コルディエ、シャトー・フュイッセ、ドメーヌ・ド・フュシアキュ、ドメーヌ・ド・ラ・スフランディーズ、ティベール、ドメーヌ・デ・ヴァランジュがある。

イジェ　Igé
赤のマコンの好適地だが、ここで生まれる白もかなり優れている。もっとも有名な生産者はドメーヌ・フィシェで、ここではいくつかの単一畑名のワインを造っている。

ロシェ　Loché
村の中ではいくらか不利な立地の畑で、プイィ＝ロシェではなくマコン＝ロシェとされている。生産者には、ドメーヌ・コルディエ、クチュリエ、ペラトン、トリポのほか、カーヴ・コオペラティヴ・デ・グラン・クリュ・ブランがある。

リュニ　Lugny
マコネの中でも名が知られているのは、協同組合に勢いがあることと、メゾン・ルイ・ラトゥールによるワインが広く流通しているおかげである。個人生産者では、ドメーヌ・サン＝ドニがたいへん優れている。
独立したアペラシオンとする話が以前からあるが、現在のところ具体的な動きはない。

マンセ　Mancey
北部のトゥルニュのすぐ西に位置する小さな村。主な生産者は、カーヴ・ド・ヴィニュロン・ド・マンセ。

ミリ＝ラマルティーヌ　Milly-Lamartine
ミリの村は、19世紀の政治家で作家、そして特に詩人として名高いアルフォンス・マリー・ルイ・ド・プラ・ド・ラマルティーヌの生まれ故郷で、それゆえ彼の名がついている。もっとも優れた畑は、ほぼ真東を向いて円形に広がるクロ・ド・フール。村の地勢上ブドウが熟すのは遅いが、ワインは凝縮感、気品、優れたミネラル風味を備えている。

モンベレ　Montbellet
一部の畑はACヴィレ＝クレッセへの昇格を果たしたが、大部分はマコン＝モンベレかマコン＝ヴィラージュのままである。ベルギー生まれの造り手ジャン・ライカートが、優れたヴィエイユ・ヴィーニュ、マコン＝モンベレ・アン・ポットを造っている。ドメーヌ・タルマールも優れている。

ペロンヌ　Péronne
ヴィレにほど近い村だが、ソーヌ川を見下ろす主要な斜面ではなく、その背後の谷にある。クリストフ・コルディエは1921年植えつけの樹とオーク樽による熟成で、優れたワインを造っている。ピエール・ジャニのドメーヌ・ド・ラ・コンドミーヌにも注目したい。

ピエールクロ　Pierreclos
ピエールクロはマコネとボジョレの分岐点のような村で、建物には後者の影響が強い。良質の赤が得られるが、ドメーヌ・ギュファン＝エナンの手になる白は別格といってよい。

プリセ　Prissé
プリセの村は、TGVの線路およびマコンからクリュニーに向かう高速道路のすぐ北にある。優れたサン＝ヴェランの産地だが、マコンとしか格付けされない畑もある。よく知られている生産者はドメーヌ・ド・ラ・フイヤール。

ラ・ロシュ＝ヴィヌーズ　La Roche-Vineuse
2005年の行政令によりユリニとシュヴァニ＝レ＝シュヴリエールが編入されたこの村は、1790年代のフランス革命によって変更を求められるまでサン＝ソルランと呼ばれていた。サン＝ソルランへの言及は1685年には見られ、「サン＝ソルラン村のシャルドネは極上だが少ししかできない」と記されている。ドメーヌ・アラン・ノルマンとドメーヌ・ラシャルム、シャトー・ド・ラ・グレフィエールのグルザールが優れたワインを造っているが、オリヴィエ・メルランは特に著名。彼がル・クラから造る単一畑ワインはなみはずれて長命である。

サン＝ジャングー＝ル＝ナショナル　St-Gengoux-le-National
この村は、ブドウ畑の集まる地域から西に数キロ離れたグローヌ川の流域にあり、クリュニーの北、ビュクシ（ACモンタニ）のすぐ南に位置する。私は、マコン＝サン＝ジャングー＝ル＝ナショナルと銘打ったワインは1点しか見たことがない。カーヴ・デ・ヴィニョロン・ド・ビュクシによるもので、赤と白の両方がある。

マコネ
The Mâconnais

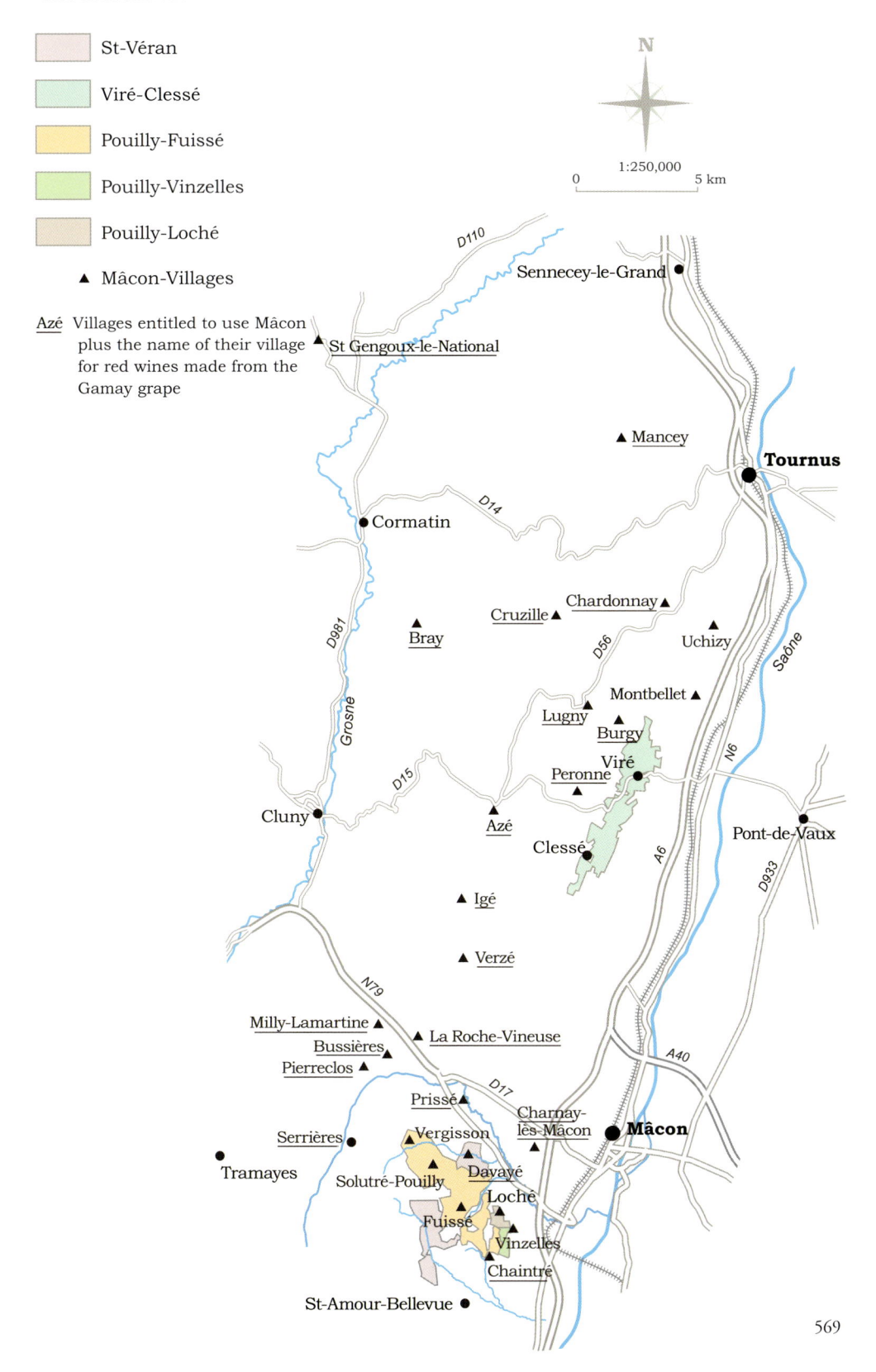

- St-Véran
- Viré-Clessé
- Pouilly-Fuissé
- Pouilly-Vinzelles
- Pouilly-Loché
- ▲ Mâcon-Villages

Azé Villages entitled to use Mâcon plus the name of their village for red wines made from the Gamay grape

1:250,000
0 — 5 km

セリエール　Serrières
マコネの最南端の村で、土壌はボジョレと同様の赤い花崗岩と砂岩であることから、当然のように赤ワイン専門の村となっている。地元の生産者であるドメーヌ・ド・モンテランとバランドラのほか、フュイッセのドメーヌ・ロマナンがある。

ソリュトレ　Solutré
解説はシャントレ、フュイッセ、ヴェルジソンに準ずる。ドメーヌ・デ・ジェルボーとナディーヌ・フェローの作が代表的。

ユシジ　Uchizy
ヴィレを通って北上するとあらわれる村で、ここもまたソーヌ川の流域を向いて東に開けたすばらしい日照の恩恵を受けている。単一畑ワインにはラファエル・サレのクロ・デ・ラヴィエール、レ・ゼリティエ・デュ・コント・ラフォンのアン・マランシェ、ブレット・ブラザースのラ・マルティーヌがあり、これらの畑はほぼ隣り合ってA6号線を見下ろす位置にある。

ヴェルジソン　Vergisson
これもプイィ=フュイッセの村のひとつで、ワインは張りつめたようなミネラル風味で知られる。マコンの呼称で総称されるブドウ畑は、ほとんどがヴェルジソンの岩壁の北斜面にある。バロー、レイ、ソメーズ=ミシュランといったドメーヌは、すべてラ・ロシュ（ロシュ：Rocheは岩を意味する）の単一畑ワインを造っている。

ヴェルゼ　Verzé
ヴェルゼ村のある斜面は、ソーヌ川を見下ろす急斜面の西側にある。アンヌ=クロード・ルフレーヴがまとまった畑を買ったが（初ヴィンテージは2004年）、地元の造り手ではニコラ・マイエの評判が高い。

ヴァンゼル　Vinzelles
東向きの斜面のすばらしさゆえに、プイィ=ヴァンゼルにその名がとられたほどである。ブレット・ブラザースは村内の比較的平らなところに畑を持っているが、母方の祖父から受け継いだことを反映しクロ・ド・グラン=ペールと呼ばれる。

呼称の変更
以下の村は固有の村名を名乗ることができたが、現在では使うことができない。
- クレッセ（Clessé）およびヴィレ（Viré）。現在は固有の原産地呼称としてヴィレ=クレッセと称する。
- ベルゼ=ラ=ヴィル（Berzé-la-Ville）、ベルゼ=ル=シャテル（Berzé-le-Châtel）、ソロニ（Sologny）⇒ミリ=ラマルティーヌに統合
- ビシィ=ラ=マコネーズ（Bissy-la-Mâconnaise）、サン=ジャングー・ド・シセ（St-Gengoux-de-Scissé）⇒リュニに統合
- シャーヌ（Chânes）、クレシュ=シュル=ソーヌ（Crèches-sur-Saône）⇒シャントレに統合
- シュヴァニ=レ=シュヴリエール（Chevagny-lès-Chevrières）、ユリニ（Hurigny）⇒ラ・ロシュ=ヴィヌーズに統合
- グレヴィリ（Grévilly）⇒クリュジーユに統合
  ラ=シャペル=ド=ガンシェ（La-Chapelle-de-Guinchay）、シャスラ（Chasselas）、レイヌ（Leynes）、プリュジィ（Pruzilly）、ロマネシェ=トラン（Romanèche-Thorins）、サン=タムール=ベルヴュ（St-Amour-Bellevue）、サン=サンフォリアン=ダンセル（St-Symphorien-d'Ancelles）、およびサン=ヴェラン（St-Vérand〔St-Véranとは別〕）は、現在ではマコン=ヴィラージュの原産地呼称に含まれない。

単一畑ワイン

マコネが発展する道としては、2つの選択肢が考えられる。ひとつは、いくつかの個別の村をそれぞれ独自のアペラシオンに昇格させること（現在のところ、これは採用されそうにない）、もうひとつは、優れた畑の個々の特性をもっと強調することだ。

現在、ACマコン＝ヴィラージュの名で瓶詰めされる単一畑は、プイィ＝フュイッセやサン＝ヴェランに比べずっと少なく、あえてその道を選んだ少数の生産者によるものがほとんどである。

マコンの主要生産者

カーヴ・コオペラティヴ・ド・リュニ　Cave Cooperative de Lugny

1927年に設立されたこの協同組合は、サン＝ジャングー＝ド＝シセやシャルドネの協同組合を吸収してブルゴーニュ最大の生産者に成長し、現在ではブルゴーニュの総生産量の6％、マコネに限れば30％のシェアを占めるに至った。作付面積はシャルドネが1,200ha、他の品種が210ha。マコン＝リュニ・レ・シャルム（商標名）とマコン＝リュニ・レ・ブリュズ（小区画）は、とりわけ著名なワインである。

カーヴ・デ・ヴィニュロン・ド・マンセ　Cave des Vignerons de Mancey

トゥルニュの近くにある小さな協同組合で、80の組合員が8つの村に140haの畑を所有する。マコンの各種ワインのほか、ジヴリとジヴリ・プルミエ・クリュも造っている。シャピュイ、ドランなど個別のドメーヌ名で生産されるワインもある。

ドメーヌ・フィシェ（イジェ）　Domaine Fichet（Igé）

1976年、フランソワ・フィシェが自分の11haのドメーヌを協同組合から独立させたのが始まりで、現在では25haにまで成長した。独立時は白よりも赤を多く造っていたが、今はピエール＝イヴとオ

マコネの代表的な単一畑

マコネでは、ある畑に複数の造り手がいるということはまれなので、ここに掲げた代表的な畑については生産者紹介の項で解説する。

畑名	生産者
マコン＝ビュルジ・レ・ヴェルシェール（Mâcon-Burgy Les Verchères）	ドメーヌ・フィシェ
マコン＝ビュシエール・ル・モンサール（Mâcon-Bussières Le Monsard）	エリティエ・ラフォン
マコン＝ビュシエール・モンブリゾン（Mâcon-Bussières Montbrison）	J&N・ソメーズ、ヴェルジェ
マコン＝シャルドネ・クロ・ド・ラ・クロシェット（Mâcon-Chardonnay Clos de la Crochette）	エリティエ・ラフォン
マコン＝シャルドネ・レ・コンベット（Mâcon-Chardonnay Les Combettes）	ギヨ＝ブルー
マコン＝シャルネ・ル・クロ・サン・ピエール（Mâcon-Charnay Le Clos St-Pierre）	ヴェルジェ
マコン＝クリュジユ・クロ・デ・ヴィーニュ・デュ・メーヌ（Mâcon-Cruzille Clos des Vignes du Maynes）	ギヨ、ブレット・ブラザース
マコン＝クリュジユ・ジュニヴリエール（Mâcon-Cruzille Genievrières）	ギヨ＝ブルー
マコン＝クリュジユ・モリエール（Mâcon-Cruzille Molières）	ギヨ＝ブルー
マコン＝クリュジユ・ラ・クロワ（Mâcon-Cruzille La Croix）	ギヨ＝ブルー
マコン＝クリュジユ・レ・ペリエール（Mâcon-Cruzille Les Perrières）	ギヨ＝ブルー
マコン＝クリュジユ・ル・クロ（Mâcon-Cruzille Le Clos）	ギヨ＝ブルー
マコン＝クリュジユ・ボーモン（Mâcon-Cruzille Beaumont）	ギヨ＝ブルー
マコン＝イジェ・シャトー・ロンドン（Mâcon-Igé Château London）	ドメーヌ・フィシェ
マコン＝イジェ・ラ・クラ（Mâcon-Igé La Crâ）	ドメーヌ・フィシェ
マコン＝リュニ・レ・ブリューズ（Mâcon-Lugny Les Beluses）	カーヴ・ド・リュニ
マコン＝ミリ＝ラマルティーヌ・クロ・デュ・フール（Mâcon-Milly-Lamartine Clos du Four）	エリティエ・ラフォン、コルディエ
マコン＝ラ・ロシュ＝ヴィヌーズ・レ・クラ（Mâcon-La Roche-Vineuse Les Cras）	オリヴィエ・メルラン
マコン＝ピエールクロ・ル・シャヴィーニュ（Mâcon-Pierreclos Le Chavigne）	ギュファン＝エナン
マコン＝ヴェルジソン・ラ・ロシュ（Mâcon-Vergisson La Roche）	バロー、レイ、ソメーズ
マコン＝ヴァンゼル・クロ・ド・グラン＝ペール（Mâcon-Vinzelles Clos de Grand-Père）	ブレット・ブラザース
マコン＝ヴィラージュ・クロ・ド・モン＝ラッシェ（Mâcon-Villages Clos de Mont-Rachet）	カーヴ・ド・ビュクシ

リヴィエのフィシェ兄弟によって白のほうが多く造られている。いっぽうで、オリヴィエはさらに7haのマコン＝ビュルジを買い増した。イジェにおける彼らの中核的テロワールはシャトー・ロンドンだが、ラ・クラ（シャルドネ）およびラ・モンペリエール（ガメ）もある。最近取得した畑からは、オーク樽発酵の単一畑ワイン、マコン＝ビュルジ・レ・ヴェルシェールが造られる。

アラン＆ジュリアン・グイヨ、ドメーヌ・デ・ヴィーニュ・デュ・メーヌ（クリュジーユ）
Alain & Julien Guillot, Domaine des Vignes du Maynes (Cruzille)

古のクロ・デ・ヴィーニュ・デュ・メーヌを軸とした歴史のあるドメーヌ。2008年には1100周年を祝った。ピエール・グイヨが1954年に有機農法を始め、その孫ジュリアンは1998年にビオディナミに転換した。別天地のように静かなこの畑では、通常のワインのほか、クロの内側の区画から特醸品も造られている。

マコン＝クリュジーユ・アラゴナイト　アラゴナイト（霰石）は炭酸カルシウム結晶だが、これにマンガンが豊富に混入した一筋の土壌にある区画。50年から100年のブドウ樹が黄金色の小さな果房をつけ、きわめて濃厚だがバランスのよい、長命なワインを生む。

マコン＝クリュジーユ（赤）　クリュジーユ域内のガメ種ブドウを用いて「レ・ロジェ」が造られるが、夏がとくにすばらしく、きわめて厚い果皮から多量の成分抽出が期待できるような年では「マンガニット」が造られる。グイヨによれば20年熟成するワインだという。

ドメーヌ・グイヨ＝ブルー（クリュジーユ）　Domaine Guillot-Broux (Cruzille)

1991年に有機農法の認証を受けたこのドメーヌは、マコン＝クリュジーユの単一畑を専門にしている。主なものはジュニヴリエール、モリエール、ラ・クロワ、レ・ペリエール、ル・クロの白とボーモンの赤。マコン＝シャルドネ・レ・コンベットと、レ・ジュニヴリエールおよびラ・ミヨットからいくらかのブルゴーニュ・ピノ・ノワールも造る。

マコン＝クリュジーユ・ル・クロ　ペリエールの畑にある小さな区画で、密植による植え替えがおこなわれたのは2001年である。この方法では、ブドウ樹は畝仕立てにされるのではなく、樹ごとに支柱が立てられる。植樹の密度は非常に高く、1haに18,500本が植えられた。収量はかなり少なく、大樽で15ヵ月を過ごすワインは、若いうちから飛び抜けた凝縮感を備えている。

マコン＝クリュジーユ・レ・ジュニヴリエール　マコネの村名が統廃合されるまで、このワインはマコン＝グレヴィリとして売られていた。ワインは2種類で、大樽で11ヵ月過ごすものと、木樽で2度目の冬を越すものとがある。

ドメーヌ・ギュファン＝エナン（ピエールクロ）　Domaine Guffens-Heynen (Pierreclos)

ここをほかのドメーヌと同じような形で紹介することには意味がないだろう。理由の第一は、あるラベルが翌年も使われる保証が少ないことだ。そしてもうひとつ、ジャン＝マリー・ギュファンは自分が色分けされることに抵抗する。「以前は非難されていたようなものごとでも、ほんの2、3人が賛同すれば流れが変わる。そうなったら自分はそれに背を向けたくなるんだ」。彼が背を向けたことのひとつは「テロワール」である。これは、彼がテロワールの存在を信じていないからではなく、その恩恵が喧伝されすぎる一方で、多くの人々の畑への向き合い方が正しいとは思えないからだ。彼にはビオディナミについて語らせないのが賢明だ。

彼は徹底して自分の論を貫く。そこで私が会話の中で彼を頑固と評したところ、すぐに異議を唱えて「いや頑固ではないよ」と言い、「ひねくれ者なんだよ、たぶん」と続けた。彼は自分が他人を不快にさせることがあると認めているが、常に好奇心の扉を開いているので頑固ということばが適切でないことは私も認める。彼と議論を戦わせたことのある人々も、「ひねくれ者」という言い回しには納得してくれるのではないか。

夫婦は、1970年代後半にこの小さなドメーヌを設立した。マコン＝ピエールクロのほかに、プイィ＝フュイッセの畑を持つが、これはヴェルジソンに点在する区画によるもの。

マコン＝ピエールクロ・ル・シャヴィーニュ　きわめて急な南西向きの斜面で、茶色い粘土質の土壌は

小石を多く含む。ジャン＝マリー・ギュファンはここに、1銘柄をまかなえる3haを持っている。マコン＝ピエールクロのアン・クラジ（En Crazy）は、べつにそんな名称の畑があるからではなく、独自のユーモアによるものである。

レ・ゼリティエ・デュ・コント・ラフォン（ミリ＝ラマルティーヌ）
Les Héritiers du Comte Lafon（Milly-Lamartine）

1999年9月、ラフォン（391頁参照）はミリ＝ラマルティーヌにあるマコネのドメーヌを購入し、「レ・ゼリティエ・デュ・コント・ラフォン（コント・ラフォンの遺言）」のラベルを立ち上げた。2003年5月には、ユシジとシャルドネにある、6haからなるドメーヌが加わった。こうしてマコンのドメーヌでは14haから合計7種類のワインを造るようになり、そのうち4種類は単一畑から生まれる。2009年には、シャトー・ド・ヴィレのACヴィレ＝クレッセの畑を耕作する契約を新たに結んだ。

畑はビオディナミで耕作され、以前にも増して収量が大きく減って、ブドウは手摘みされる。格下のワインはステンレスタンクで醸造され、格上のワインにはドミ＝ミュイか大型の木製フードルが使われる。

マコン＝ビュシエール・ル・モンサール　南向きの優れた立地の斜面にある小さな区画で、果実の成熟は早い。明るく豊満なワインで、早めに飲むのが望ましい。

マコン＝シャルドネ、クロ・ド・ラ・クロシェット　壁で囲まれた2.6haの畑は、1000年ほど前にクリュニー修道院の僧たちによって植樹されたもっとも初期の畑のひとつと考えられる。なだらかな斜面が南を向いており、果実の成熟は早い。

マコン＝ミリ＝ラマルティーヌ、クロ・デュ・フール　ミリの畑の中で最高の場所にあり、深い傾斜の円形劇場のような形がほぼ東を向いている。凝縮感があって優れた酸味と上質なミネラル感を備えており、長期の熟成に耐える。木製フードルでの熟成を経て9月に瓶詰めされる。

ニコラ・マイエ（ヴェルゼ）　Nicolas Maillet（Verzé）

1998年の収穫後に協同組合を脱退した6haのドメーヌ。現在は有機農法の認証を受けるために転換中で、これは2011年産で実現する見込み。買い取りのブドウから造るマコン＝ヴィラージュのほか、マコン＝イジェ、マコン＝ヴェルゼの赤と白、そして樹齢70年のブドウ樹から造られる単一畑ワインのル・シュマン・ブランがある。ニコラ・マイエはまた、プイィ＝フュイッセの小ドメーヌの醸造長にも就く予定である。

オリヴィエ・メルラン（ラ・ロシュ＝ヴィヌーズ）　Olivier Merlin（La Roche-Vineuse）

オリヴィエ・メルラン（シャロレ出身）と妻コリーヌ（モンベリアル出身）は、1987年にドメーヌ・デュ・ヴュー・サン＝ソルランを引き継いだ。フランス東部における牛の二大産地からやってきたこの2人は、ブドウ栽培で大きな実を結んだ。オリヴィエは10年にわたってドメーヌを発展させたすえ、ネゴシアンのライセンスを取得して、プイィ＝フュイッセを造りはじめた。このアペラシオンでは、土地を買うのも借りるのもままならなかったからである。現在はプイィ＝フュイッセを3種類（フュイッセ、ヴェルジソン、シャントレ）とヴィレ＝クレッセを造っている。2000年にはムーラン＝ナ＝ヴァンも加わった。マコン・ラ・ロシュ＝ヴィヌーズ・レ・クラ、サン＝ヴェラン・ル・グラン・ビュシエールなどの単一畑ワインは、30～50％の新樽を用いて18ヵ月の樽熟成がおこなわれる。

最近の大きな動きは村の上にあるアン・モンテスの急斜面を買ったことで、土の力を回復させるために、被覆作物によって5年のあいだ休耕地としてから植樹し直した。オリヴィエが持っている古い写真で見ると、かつてはこの斜面全体がブドウ畑となっていた。

マコン＝ラ・ロシュ＝ヴィヌーズ・レ・クラ　南西を向く高台にある畑の下には、バトニアン階の岩と、40％に達する強い活性石灰岩が横たわる。ここの古樹からオリヴィエが造るワインはたいへんよく熟成し、コート・ドールの有力ワインにもひけをとらない。

ジャン・ライカート（レーヌ）　Jean Rijckaert（Leynes）

ジャン・ライカートはジャン＝マリー・ギュファンと会社を共同経営していたが（後述の「ヴェルジェ」の項を参照）、独立を決めるとマコネの枠を越えてジュラにまで手を広げた。現在では2ヵ所の醸造所があるが、ジュラのワインはレーヌの本社まで運んで瓶詰めする。ブルゴーニュで造るワインの大部分はマコネで、さまざまなラベルのプイィ＝フュイッセとヴィレ＝クレッセの特醸品がこれに加わる。これにはレピネやヴェルシェールといった自前の畑と、ヴィレの外で造られるマコン・モンベレ・アン・ポットも含まれる。ワインは樽で11ヵ月にわたって熟成されるが、新樽は少ない。

パスカル・ポジェ（オズネ）　Pascal Pauget（Ozenay）

パスカル・ポジェが父親から継いだ畑はわずか0.60haにすぎなかったが、彼はトゥルニュとその周辺の畑をドメーヌに加えていった。マコン＝シャルドネの土地には植樹し、プレティ村には2ha近くの大部分を借りて全体では6haのドメーヌとなった。プレティは、原産地呼称マコンの中で唯一ソーヌ川の東側にあり、ピンクの石灰岩という独特の岩の上にある。ここでポジェは、香り高く、軽く、花のような明るさを持つ白のマコンと、ガメの赤、それにブルゴーニュ・ルージュ・ピノ・ノワールを造っている。もっともフルボディの白は、強い粘土質の土壌から生まれるマコン＝シャルドネである。

SAヴェルジェ（ソロニ）　Verget SA（Sologny）

マコネに小さなドメーヌを構えた武骨なベルギー人ジャン＝マリー・ギュファンは、当初は同郷人のジャン・ライカートと組み、小規模なネゴシアン業を始めた。現在はマコネを中心とした品揃えにほぼ落ち着いているが、その内訳はコート・ドールのさまざまなワイン、またそれ以上にシャブリをどの程度組み込むかによって変わる。そしてこのシャブリとは、愛憎半ばするような関係になっている。彼はシャブリという土地も、それが持つ力も愛しているが、そこの人とはまったく見解を異にし、できるワインの凡庸さを憎んでいる。そこで、年によって大量に買いつけることもあれば、ほとんど手を出さないこともあるということになるのだ。

執筆時点では、右腕となっているジュリアン・デプラントの助けを借りて、赤ワインに進出する可能性が出てきている。

ヴィレ＝クレッセ　Viré-Clessé

1998年産から4つの村が新しいアペラシオンを認められたが、その内訳は、呼称に含まれるヴィレ、クレッセという2つの村にモンベレ、レゼの畑を加えたもの。

19世紀、ヴィレのワインはその名によって広く知られていたが、1937年マコネのアペラシオンが線引きされるとき、ヴィレは税が高くなることを恐れて独自のACになろうとしなかった。しかし、膨大なマコン＝ヴィラージュに埋もれてしまい、商業的に不利であると思い知って、1963年、カンテーヌ村の一部を含む120haを対象としてヴィレをアペラシオンにするよう最初の申請をおこなった。これはアペラシオンとしては小さすぎると判断されたので、1973年に1,170haを対象として再度申請したが、今度は広すぎた。

1988年からの申請プロセスで、またもヴィレからの申請があり、1991年にはこれにクレッセが続いた。この2つを審査したINAOの委員会は、畑の場所という点でもヴィレ＝クレッセ的なワインのスタイルという点でも、両者がかなり似ていると考え、合わせてひとつのアペラシオンにすべきであるとし、両者もこれに同意したのである。しかし、最終的に申請書類がINAOに受理され、1999年2月26日に行政命令が出されるまでは、しばらく時間がかかった。なおこれは、1998年産にさかのぼって適用された。

このアペラシオンに関する重大で厄介なもうひとつの問題は、これが辛口ワインだけを対象にしていたことだった。公式書類の「白ワイン」のあとに、ブルゴーニュのほかのアペラシオンに関する規

則では見られない「secs（ドライ）」ということばが短く記されていたのだ。これは、クレッセ村で昔から造られ、なかでもドメーヌ・テヴネによって有名になった遅摘みのワインを除外するために付されたものだった。

1874年に製作されたコート・ボジョレ、マコネ、シャロネーズの地図では、いくつかの畑がヴィレ1級畑と指定されている。現在のところ、新しいACヴィレ゠クレッセには1級畑がないが、今後は変更があるかもしれない。いくつかの生産者は、単一畑ワインを造っている。

レピネ　L'Epinet

ヴィレ゠クレッセの北端、モンベレ村の森のすぐ下にある急斜面。豊かな赤色粘土にたっぷりと石が混ざる。1940年に植えられた樹から樽発酵のワインを造るジャン゠マリー・シャラン（ドメーヌ・デ・シャゼル）のほか、ジャン・ライカートがいる。

ラ・フォレティユ　La Forétille

ヴィレの村落のすぐ後ろにあり、ジャン゠マリー・シャランの単一畑ワインを産する。もうひとつの畑レ・フォレティユのほうは、クレッセのサッカー場の隣にある。

スー・レ・プラント　Sous les Plantes

ヴィレの南端、標高200mとやや低い場所にあるシルト気味の粘土──この特徴はヴィレよりもクレッセではっきりとわかる──の土壌で、ブレット・ブラザースが55年から75年の樹齢の樹によるワインを造っている。

シュル・ル・シェーヌ　Sur le Chêne

クレッセの中でも陽当たりのよいところで、傾斜はほとんどなく、表土はきわめて薄い。ジャン゠ピエール・ミシェルが力強いワインを造っている。

アン・トゥリセ　En Thurissey

南東向きの平らな土地で、飛び抜けて酸性度の高い強い黄土粘土の下層土を、よく見られる褐色の粘土石灰質土壌が覆っており、この珍しい対比がワインに鋭い緊張感をもたらしている。ジャン゠マリー・シャランが古樹の小さな区画を持っている。

ラ・ヴェルシェール　La Verchère

マコネにはヴェルシェールという畑が多い。「verchère」とは「よい土（bonne terre）」を意味する語だが、ここヴィレ゠クレッセのヴェルシェールはアペラシオンの北部、モンベレ村にあり、ブレット・ブラザース、クリストフ・コルディエ、そして「Verchère」ではなく「Vercherres」というスペルを用いるジャン・ライカートらの作がある。

ヴィレ゠クレッセの主要生産者

ドメーヌ・ド・ラ・ボングラン　Domaine de la Bongran

この有名な造り手がヴィレ゠クレッセに戻って来たのは2002年だが、これに関してはちょっとした話がある。当時ジャン・テヴネは、残糖を含む濃厚なワインもさることながら、普通のフルボディの辛口ワインでも名声を確立していた。

残糖が3グラムを超えるワインは、狙いすましたような当初の規定ではヴィレ゠クレッセを名乗ることができなかったが、さりとてマコン゠ヴィレの名称も途絶えた以上、テヴネはそのワインをマコン゠ヴィラージュというかつての名で出すはめになった。2002年には和解が成立し、2006年からルヴルテという濃厚な白を造れるようになったのだが、具体的なアペラシオンが生まれるには至っていない。詳しい説明については、565頁「マコン゠ルヴルテ」の項目を参照のこと。

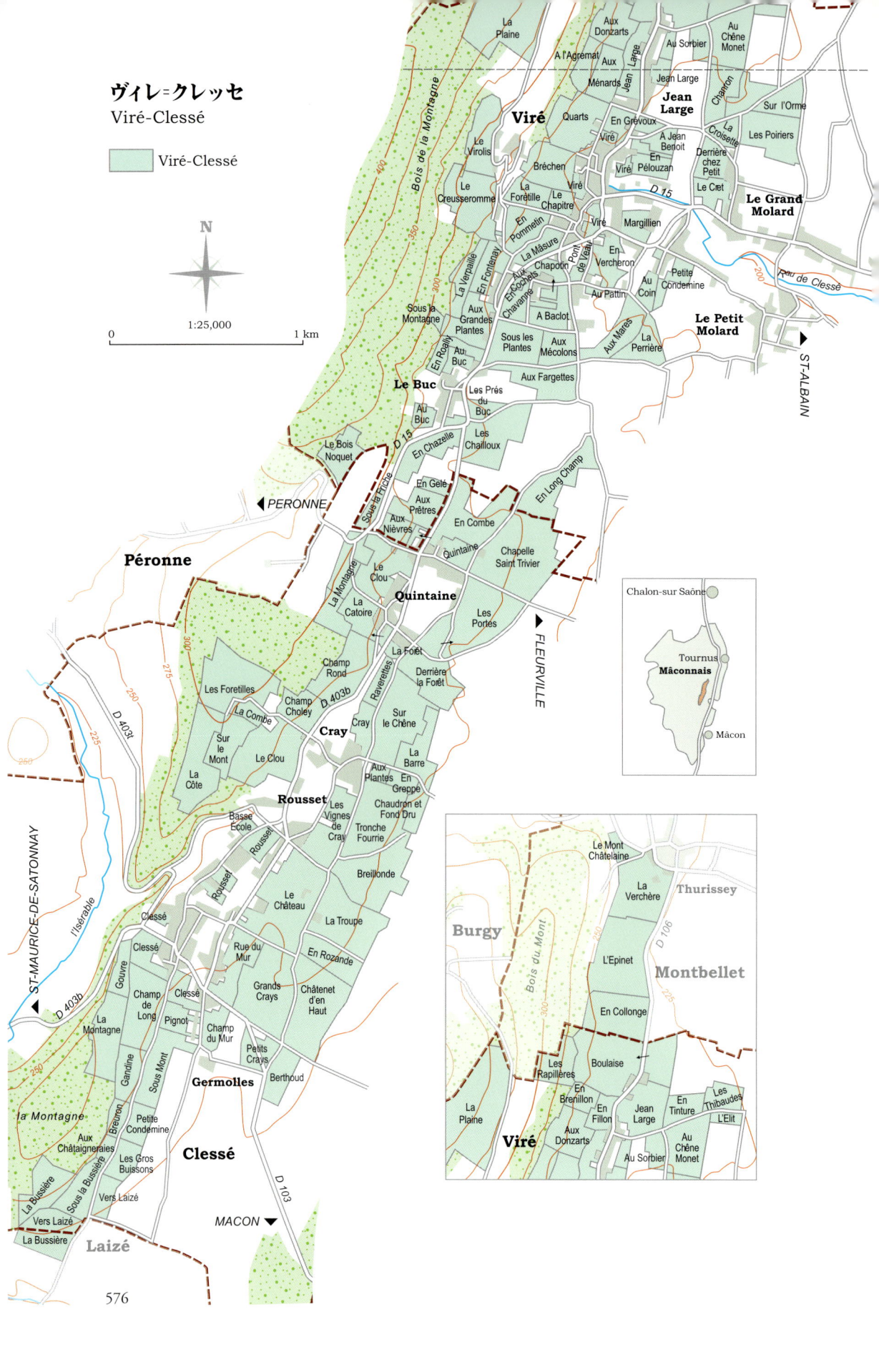

ヴィレ゠クレッセ
Viré-Clessé

テヴネの別のドメーヌであるエミリアン・ジレおよびロアリーと同様、ワインは瓶詰めまで、細かい澱を残したままステンレスタンクで熟成される。通常のワインのほか、豊かな甘味をもったルヴルテと、条件が整えば貴腐ワインも造られる。

ドメーヌ・アンドレ・ボノム　Domaine André Bonhomme

1956年、アンドレ・ボノムによってわずか4haの畑からスタートしたドメーヌ。ボノムは1998年の新アペラシオン制定の際には運動の先頭に立ち、残糖を禁ずる当初の規則にも積極的だった。
現在はボノムの娘、義理の息子、孫息子の3人が18haの地所を切り盛りして、さまざまなヴィレ゠クレッセを造っている。このドメーヌの特色は、畑の1列ごとに畝間に藁を敷いていることで、これによって雑草を押さえ込むとともに窒素を供給している。

ドメーヌ・ジャン゠マリー・シャラン　Domaine Jean-Marie Chaland

ジャン゠マリー・シャランは、2010年産から自らのドメーヌ・サント゠バルブのワインと、引退した両親のドメーヌ・デ・シャゼルのワインとを統合するつもりだ。畑は両方を合わせて8.20haで、すべて有機農法の認証を受けている。ラインナップの一番下はモンベレ村のマコン゠ヴィラージュ・レ・ティーユだが、ほとんどはヴィレ゠クレッセ産で、単一畑としてレピネ、テュリセ、ラ・フォレティユ、オー・プレートルがある。

ドメーヌ・デ・シャゼル　Domaine des Chazelles

「ドメーヌ・ジャン゠マリー・シャラン」の項目（本頁）を参照。

ドメーヌ・エミリアン・ジレ　Domaine Emilian Gillet

ドメーヌの名は、15世紀初めからカンテーヌ村に残るテヴネ家の先祖に由来する。ドメーヌ自体の設立は1988年で、カンテーヌとヴィレに5haを持つ。ワインはステンレスタンクで醸造、熟成され、2年間の熟成を経て瓶詰めされる。かなり長期の熟成に耐える。

ジャン゠ピエール・ミシェル　Jean-Pierre Michel

ジャン゠ピエール・ミシェルは2004年、家族経営のドメーヌ・ルネ・ミシェルから独立した。現在はクレッセの7.5haの畑から3種類のワインを造っている。低い土地からはマコン゠ヴィラージュ、斜面の上のほうからはヴィレ゠クレッセとしてステンレスタンクで仕込むカンテーヌ、そしてカンテーヌ南端の地から造るシュル・ル・シェーヌ（Sur le Chêne）は、畑名であると同時に、樽熟成したワイン（Chêneはオークを意味する）ということをあらわしてもいる。

ドメーヌ・ド・ロアリー　Domaine de Roally

アンリ・ゴヤールが切り盛りしていたこのドメーヌは、2002年にジャン・テヴネの息子ゴーティエの手に渡った。ビュルジにあるアルベール・ゴヤールのドメーヌ・ド・シェルヴァンと混同しないように注意。

ドメーヌ・ド・サント゠バルブ　Domaine de Ste-Barbe

「ドメーヌ・ジャン゠マリー・シャラン」の項目（本頁）を参照。

ジャン・テヴネ　Jean Thévenet

「ドメーヌ・ド・ラ・ボングラン」の項目（575頁）を参照。

カーヴ・コオペラティヴ・ド・ヴィレ　Cave Cooperative de Viré

マコネにおける精力的な協同組合のひとつ。ヴィレ゠クレッセの単一畑ワイン、レ・クレのほか、さまざまなワインを出している。クレッセには、このほかにも小さな協同組合がひとつある。

シャトー・ド・ヴィレ　Château de Viré

16世紀に建立されたシャトー・ド・ヴィレは1922年来デボワ家が所有してきた。2009年以降はドミニク・ラフォンが畑の耕作をおこなう契約を結び、ミリ=ラマルティーヌにあるワイナリーで自らのレ・ゼリティエ・デュ・コント・ラフォンのラベルとして生産をおこなっている。

サン=ヴェラン　St-Véran

このアペラシオンは1971年、共通点を見出せそうにない2種類のワインを組み合わせることで生まれた。片方のグループの畑はプイィ=フュイッセの北端周辺で、明らかにほかの有力アペラシオンには及ばないものの、単なるマコン=ヴィラージュよりはおもしろみがある。ここを代表する村はダヴァイエ、プリセ、ソリュトレ=プイィで、これらが全体の約60％を占める（ダヴァイエが165ha、プリセが185ha、ソリュトレ=プイィが6ha）。

もう一方は、4つの村がプイィ=フュイッセの南、ボジョレに食い込むような場所に位置している。実際に1971年以前は、同じワインの大部分がボジョレ・ブランとして売られていた。畑は、シャーヌが31ha、レーヌが90ha、シャスラが92ha、サン=ヴェランが21ha。

最近になって地元の組合が土壌調査を依頼し、アペラシオン全域の60ヵ所に穴を掘らせた。これは北と南とで明白な違いがあるか確かめるためだったが、あるいは違いがないと宣言するためだったのかもしれない。

サン=ヴェランというAC名称が、7つの村のうちもっともブドウ耕作地の狭い村の名からついたのは、いったいなぜか。これは、当時は名前に「Saint / St（サン）」を含むアペラシオンが消費者に好まれると思われていたうえ、この新しいアペラシオンを隣接するボジョレのサン=タムールとの盟友関係のもとに売り込もうという思惑があったのである。

1920年代にプイィ=フュイッセのアペラシオンが制定されたとき、当初、畑の大部分をシャルドネでなくガメが占めていたこともあって、ダヴァイエはプイィ=フュイッセに属するよう申し出を受けたが、これを断った。

そのため、本来ならプイィ=フュイッセであってしかるべき優れた斜面がそうでないのは、ダヴァイエとソリュトレ、ダヴァイエとヴェルジソンの境界で区切られてしまっているからにすぎない。569頁に示したマコネの地図にはアペラシオン全体が描かれているが、以下に説明する畑の多くは588～589頁のプイィ=フュイッセの地図に登場する。

レ・シャイユー　Les Chailloux

ダヴァイエにある、陽当たりがよく早期に熟す畑。土壌は頁岩と石灰岩を含み、斜面の下に行くにつれて粘土が増える。畑の中でも粘土質の強いあたりではドメーヌ・デ・ドゥ・ロッシュが、それ以外ではドメーヌ・デ・ポンセティがワイン造りをしている。

クロ・ア・ラ・コート　Clos à la Côte

シャスラ村の斜面上方で、真南を向く赤い土壌の畑。クリストフ・コルディエの作が優れている。

クロ・ド・ポンセティ　Clos de Poncetys

ヴェルジソンの岩壁の下にある小さな畑で、正面の道を左に進むとダヴァイエ農業高校がある。ジャン=マリー・ギュファンはこの畑をダヴァイエのシュヴァリエ=モンラシェと称している。彼はここのワインを2007年にはヴェルジェの名で、2008年からはドメーヌ・ギュファン=エナンの下で造っている。

ラ・コート・ロティ　La Côte Rôtie
南向きの急な斜面にあり、北向きのプイィ゠フュイッセの畑と向き合っているが、コート・ロティはダヴァイエに属するのでサン゠ヴェランとなり、一方で向かい側はソリュトレ村に属するため、アペラシオンとしては格上のプイィ゠フュイッセとなる。ブレット・ブラザースの造るワインがある。

レ・クラ　Les Cras
レ・クラという名の畑は、必ずといってよいほど斜面の高いところに位置し、硬い石灰岩をごく薄い土壌が覆っている。ダヴァイエの場合も同様で、ここではロジェ・ラサラ、ドメーヌ・デ・ポンセティ、ドメーヌ・デ・ドゥー・ロシュがワインを造っている。

アン・クレーシュ　En Crèches
この畑は、ダヴァイエ農業高校の背後にある丘の両側を覆うように広がっている。ドメーヌ・ダニエル・バロー、ソメーズ、ソメーズ゠ミシュランらの作がある。畑は陽当たりのよい暖地で、下層土は多少の吸水性を持つ崩れかけた岩に活性石灰岩をほどよく含んでいる。

アン・フォー　En Faux
モン・ド・プイィ山の南向き斜面の一部、標高340から360mというかなり高い部分を占めており、はっきりと赤みを帯びた表土が、赤色粘土の帯が走る石灰岩を覆っている。ドメーヌ・コルディエとシャトー・ド・ボールギャールが、この畑名をつけたワインを出す。

ラ・グランド・ブリュイエール　La Grande Bruyère
ドメーヌ・ド・ラ・クロワ・スナイユが造るワインの中でもっとも力強いサン゠ヴェランは、標高の低いこの畑から生まれる。ダヴァイエの丘の南向きの面はここで終わり、この先はプイィ゠フュイッセの北側の斜面となる。東に向かってわずかに傾いたこの斜面は、その下にウミユリ石灰岩を抱える。

ル・グラン・ビュシエール　Le Grand Bussière
オリヴィエ・メルランの単一畑サン゠ヴェランで、バトニアン階の石灰岩の上にある。ラ・ロシュ゠ヴィヌーズにある彼のレ・クラと連なる畑だが、こちらは隣のプリセ村に属する。ブドウが早く熟する南東向きの畑で、基岩の上には粘土と石混じりの表土が25cmの厚さを成している。ビュシエールと名のつく畑のワインはどれも女性的であるのに、ここはなぜかたくましさを感じさせる。

レ・ポマール　Les Pommards
この北向きの斜面の上方はソリュトレ村に属し、プイィ゠フュイッセに格付けされる。下のほうはダヴァイエ村内のため、ワインはサン゠ヴェランとなるが、畑はラ・コート・ロティに向き合う温暖なメゾクリマに恵まれているだけあって、ブドウが苦もなく成熟し、印象的なワインが生まれる。ダニエル・バローの作がよく知られる。

レ・ロシャ　Les Rochats
斜面の高い位置にあり、「Rochats」のもとになった「Roche（岩）」のとおり、痩せた表土が、ソリュトレの岩壁に特有のウミユリ石灰岩を薄く覆っている。ドメーヌ・ド・ラ・クロワ・スナイユが、南東を向く区画の古樹からワインを造っている。

テール・ノワール　Terres Noires
「黒い土」を意味する名前に反し、レ・クラの下にあるこの畑の上半分は、おなじみの白い石灰質の土壌である。フレデリック・キュリ、ドメーヌ・デ・ドゥ・ロッシュ、クリストフ・コルディエが畑名をつけたワインを造る。

サン=ヴェランの主要生産者

サン=ヴェランの優れたワインは、多くがプイィ=フュイッセの村に拠点を置く生産者によって造られているので、そうした造り手の詳細はそちらに譲る。以下に示すのは、プイィ=フュイッセやマコン=ヴィラージュのワインも造ってはいても、本拠がサン=ヴェランのいずれかの村にあり、そのワインのほうが知られている人びとである。

シャトー・ド・シャスラ　Château de Chasselas

これは実在の不動産であり、モンティ・パイソンの4人のヨークシャー男のために考え出された代物ではない[1]〔モンティ・パイソンのコントの中でこの名前が言及される〕。シャスラはブルゴーニュのブドウ品種と同名で、というよりは品種名のもとになったとおぼしき3つの村のひとつだ（ほかの2つはシャルドネとガメ）。シャトーの歴史は14世紀に始まり、ブドウ栽培をおこなうドメーヌは、1999年からジャッキー・マルティノンとジャン-マルク・ヴェロン・ラ・クロワのものになっている。マコネとボジョレという2つの地域の境目にあるため、サン=ヴェラン、赤のマコン=シャスラ、赤、白、ロゼのボジョレを造っている。

アルノー・コンビエ（プリセ）　Arnaud Combier（Prissé）

アルノーは数年前に家伝の畑を協同組合から引きあげて、自らサン=ヴェランに小ドメーヌを立ちあげた。有機農法で造られるワインには亜硫酸を添加しない。ラ・ベルノディエールとラ・グット・デュ・シャルムという2つのキュヴェがあるが、今後はもっと区画を細分化したワインが登場する可能性がある。

ドメーヌ・ド・ラ・クロワ・スナイユ　Domaine de la Croix Senaillet

このドメーヌ名が献じられたブノワ・スナイユとは、フランス革命の際に破壊された十字架に代わる石製の十字架を1866年に村に寄進した人物である。モーリス・マルタンが1969年に興したドメーヌを、今は息子2人、ステファンが畑を、リシャールが醸造所を受け持って運営している。現在、兄弟はダヴァイエにある現代的な建物から仕事に出るが、その畑は有機農法への転換中である。ワインの多くはサン=ヴェランであり、単一畑ワインのレ・ビュイ、レ・ロシャ、ラ・グランド・ブリュイエールがある。

ドメーヌ・デ・ドゥー・ロシュ　Domaine des Deux Roches

ジャン=リュック・テリエとクリスティアン・コロヴレのコンビは、ダヴァイエにもともとあったドメーヌを拡張し、さらに村内の大規模で使い勝手のよい醸造所に引っ越した。ワインはキュヴェに応じてステンレスタンクと木の樽を組み合わせている。現在では除草剤を使用せずに畝のあいだを鋤き返すなど、健全性に軸足をおいた農法をおこなっている。最上級のキュヴェはレ・シャイユー、テール・ノワール、ヴィーニュ・デリエール・ラ・メゾン、レ・クラ。並行してネゴシアンの事業も広く手がけているほか、南仏リムーにドメーヌ・ダンテュニャックを持っている。

ドメーヌ・ド・ラ・フイヤルド　Domaine de la Feuillarde

プリセにある見逃すことのできないドメーヌ。1934年からトマ家が所有し、サン=ヴェラン、プイィ=フュイッセ、マコン=プリセ、ブルゴーニュ、クレマンを造っている。畑は全部で17ha。

ドメーヌ・デ・ポンセティ　Domaine des Poncetys

ダヴァイエ農業高校が所有するドメーヌで、学生は実際にここで栽培と醸造をおこなう。18haの畑はサン=ヴェラン、プイィ=フュイッセ、赤のマコン=ダヴァイエにまたがっている。

---

1) Monty Python, *Live At Drury Lane*, 1974

pouilly-fuissé
プイィ=フュイッセ

　私はプイィ=フュイッセという名前がなぜアメリカの消費者の心をこれほどまでつかんだのか、そして今も離さないのか得心がいったことがない。第一、この名前を正しく発音することさえ楽ではないのだ。むしろ、ワインのスタイルによるところが大きいのだろう。豊かで、やわらかく、暖かい太陽がたっぷりと降り注ぐ夏の日が、ずっしりと感じられる。
　このアペラシオンには、ネゴシアンや協同組合による最低価格帯のものから、人気の高い単一畑まで、幅広い価格のワインが揃っている。また、プイィ=フュイッセのバルク価格は、需給による上昇と下降の振幅が激しい。
　今のところ、プイィ=フュイッセでは一級畑も特級畑も公式には認められておらず、そもそもマコネにはひとつもないのだが、いずれあらわれることは確実だ。生産者たちはそれぞれの畑ならではのワインを出していこうと意欲をもっており、確認されている100ほどの畑に適切なラベルを与えようと取り組んでいる。審議会はクリュ・システムの提案を準備中であり、地質学者は穴を掘って土壌を深くまで調べている。
　格付けがおこなわれることになるならば、ゆっくりと思慮深く進行することを祈りたい。まず第一に、優秀であるという合意が広く得られている、そして基本的には複数の生産者がその畑の名前をつけたワインを造っている、少数の畑から始めることだ。その後、クラスにふさわしい畑を少しずつ加えていく。初期段階の書類は、この本が印刷されている頃にはINAOに送られていると思われる。
　このアペラシオンはシャントレ、フュイッセ、ソリュトレ=プイィ、ヴェルジソンという4つの村にまたがっている。プイィという名前は思いがけず広まり、プイィ=ヴァンゼルやプイィ=ロシェといった近隣のアペラシオンがこれにあやかるほどにまでなったのだが、アペラシオンが制定される前の頃は、ほぼこの地域全体のワインがプイィと呼ばれていた。最初の提案ではダヴァイエもここに含めようとしていたという話も聞くので、プイィ=フュイッセはもっと広くなっていた可能性もある。
　アンドレ・ジュリアン[1]は自分にとっての1番として、まずプイィを、次にフュイッセを挙げ、2番にはシャントレ、ソリュトレ、ダヴァイエを、そのあとにヴェルジソンを3番（さらにそのあとはヴァンゼル、ロシェ）としている。プ

イィとフュイッセのワインについては、ほとんど危ういくらいアルコールが強く、完全に発酵するまでに樽で2年を要したと記している。また、シャントレのものはわずかにアルコール分が少なく、ソリュトレのものはいくぶんドライであるとも言う。

今日はヴェルジソンが大きくその評価を高めてきているが、執筆のために選び出した生産者たちの大多数がフュイッセの造り手であることは当然と言える。フュイッセこそがこのアペラシオンにとって、伝統的な中心地なのだから。それ以外にはヴェルジソン、そしてシャントレとソリュトレから選んだものはずっと少ない。

シャントレ　Chaintré

畑の多くは東と南に向かって大きく開けており、ソーヌの平地を望む。そのためシャントレでは温暖さや陽光が不足することはめったにない。わずかに涼しい年のほうができがよいと感じる人もいるほどだ。もっとも優れた畑は斜面の高いところに位置するもので（オー・カール、レ・ヴェルシェール、オー・ミュールのほか、クロ・レイシエのうち上の部分）、バジョシアン階のウミユリ石灰岩を石灰質の粘土が覆っている。村の西側では、岩に花崗岩が増えてくる。

シュヴリエール　Chevrières
シャントレの南側にある南西向きの畑で、表土の赤色粘土には酸化鉄を含む大小の石が大量に含まれる。ドミニク・コルナンのシュヴリエールは、長命の素質をもち、印象深い。

ル・クロ・ド・ムッシュー・ノリー　Le Clos de Mr Noly
この「Mr」は「Monsieur」を意味し、イギリス式ではなく地元の表記方法である。ムッシュー・ノリーは19世紀初期にここを所有していたと考えられる人物だが、彼に関してわかっていることはほとんどない。急な斜面にある畑はシャントレの中できわだった個性をもつところで、特にドメーヌ・ヴァレットのそれは顕著である。ワインは、樽に入れられ、澱引きなしで最長72ヵ月の時を過ごす。このほかに優れたワインを造っているのは、ドメーヌ・ラロシェットとドメーヌ・アベラネ=ラヌイリ。

クロ・レイシエ　Clos Reyssier / Reyssié
「Reyssié」あるいは「Reissier」とも綴る。斜面の下の方に位置して真東を向いているため、一番下のあたりの土壌は重たくなっている。ドメーヌ・コルナン、ドメーヌ・ペラトン、ドメーヌ・ヴァレットが単一畑ワインを造る。

オー・カール　Aux Quarts
丘の頂上、ソーヌ川の谷に向かって斜面が下っていこうとするまさにその場所という恵まれた立地の畑から、オリヴィエ・メルランがかぐわしいクロ・デ・カールを造る。周囲を壁に囲まれた畑は、廃墟となりかけたシャトー・デ・カールの所有である。

レ・ヴェルシェール　Les Verchères
この名前の畑はマコネ全域でよく見かける。ここでは斜面の中ほどにあって真東を向いており、ドメーヌ・ヴァレットに隣接している。

---

1) André Jullien, *Topographie de Tous les Vignobles Connus*, 1866, Slatkine, Paris-Genève, 1985, p.146

フュイッセ　Fuissé

フュイッセは、このアペラシオンの中核を成す存在である。手始めにシャントレを訪ねて丘の高みから辺りをぐるりと見渡すと、フュイッセの村を円形劇場のように囲むブドウ畑と大きな教会がみごとな景観をつくり出している。ここはまちがいなく、唯一無二の場所である。

格下とされる畑は、この円形劇場の東側面、レ・モラールの集落に向かう途中にある。西または北西を向き、土壌は片岩を多く含み、早飲みに適した軽めのワインが生まれる。しかし、それ以外の場所（ヴェール・プイィ、ル・クロ、レ・ヴィーニュ・ブランシュ）では、畑は典型的なバトニアン階またはバジョシアン階の良質な石灰岩の上にある。実は、ここが石灰岩の支配する最後の場所であり、その先はボジョレの花崗岩と砂岩になる。

ブリュレ　Brûlés
シャトー・ド・フュイッセ（主要生産者の項を参照）の単独所有。ここでは、後述のレ・ジンサールで伐採した雑木林の木を燃やしていたようだ。

シャテニエ　Chataigniers
かつて栗の木（chataignier）があったと思われる場所で、石灰岩ではなく粘土質の下層土をもち、ブドウ畑に最適の一帯（レ・ヴィーニュ・ブランシュなど）のすぐ上にある。シャトー・ド・ボールガールのフレデリック・ビュリエによれば、この畑のワインが個性をあらわすにはいくらか時間を要する。

ル・クロ　Le Clos
シャトー・ド・フュイッセ（主要生産者の項を参照）が単独所有する2.5haの畑。ソリュトレにもル・クロがあり、プイィにはオー・クロがあることに注意すること。ドメーヌ・フェレもル・クロを造っているが、そちらはル・プランの小区画（リューディ）にあり、実質的にドメーヌの裏庭同然の区画である。

クロ・ガイヤール　Clos Gaillard
シャトー・ド・ボールガールをとりまくクラの高台から南になだらかな下りになっている畑。土壌はヴェール・クラで見られる石灰岩の塊が砕けたもので、なかなかかぐわしいワインを生む。

ヴェール・クラ　Vers Cras
シャトー・ド・ボールガールをとり囲む広大な畑（「ソリュトレ゠プイィ」での説明も参照）。ボールガールのほかにも注目すべき生産者として、ドメーヌ・ティベールとコルディエ・ペール・エ・フィスらがいる。

コンベット　Combettes
「シャトー・ド・フュイッセ」の単独所有（593頁を参照）。

レ・ジンサール　Les Insarts
この畑名は、「草木を伐採したり焼き払って土地を開墾する」ことを意味する「essarter」という動詞から来ており、ジュヴレ゠シャンベルタンにも同じ由来の畑がある。興味深いことに、地質調査チームがこの畑に穴を掘って地層を調べると、焼けた木による炭素の層に行きあたった。木が焼かれていたのは隣のレ・ブリュレ（Brûlésは「焼けた」を意味する）と考えるのが自然なところだが。シャトー・ド・ボールガールが樹齢70年のブドウ樹から力強いワインを造る。

レ・メネトリエール　Les Ménétrières
ドメーヌ・フェレの旗艦的存在の畑で、フュイッセからプイィに向かっていくと左側にあらわれる。

おなじみのバトニアン階の石灰岩の上にある。巨大な高圧線が畑の上を通っていることだけが惜しまれる。スケールを感じさせる力強いワインは、フュイッセならではのプイィ゠フュイッセの真髄といえる。

レ・ペリエール　Les Perrières
ペリエールという畑は、コート・ドールではほとんどが採石場の近くにあるが、ここにはその形跡がない。名前はどうやら、地質的にさまざまな要素が混ざり合っているここの土壌に石が多いことから来ているようだ。ドメーヌ・フェレのワインにはたしかに石のようなミネラル感がある。

ヴェール・プイィ/レ・レイス　Vers Pouilly / Les Reysses
名前があらわしているとおり（Vers Pouillyは「プイィの近く」の意）、これはフュイッセの端、プイィ村と接するあたりにある。ドメーヌ・フェレはここをル・トゥルナン・ド・プイィと呼ぶのが常だが、もうひとつ現地で広く使われている呼び名がレ・レイスである（ドメーヌ・ロベール・ドゥノジャンなどが使用）。土壌は古く、その下は主にバトニアン階の石灰岩だが、数百年にわたってブドウが育てられてきたためにやや栄養失調ぎみである。クリストフ・コルディエによれば、若いブドウ樹であっても衰えるのが早く、そのため収量が過剰になることはない。

レ・ロンテ　Les Rontets
フュイッセとシャントレのあいだの尾根にある畑だが、フュイッセを見おろす形になっている。シャトー・デ・ロンテが単独所有しており、2種類のワインを造るが、ラベルにはヴァランボン、レ・ビルベットと造り手の命名による名称がつき、小区画名（リュー゠ディ）はすっかり無視されている。北向きで標高が高い冷涼な畑だが、場所柄、一日中太陽を欠かすことはない。薄い赤茶色の表土に覆われている硬い石灰岩の基岩は、バトニアン階初頭からバジョシアン階の時代のものである。

ヴィーニュ・ブランシュ　Vignes Blanches
ル・クロの上の斜面にある畑で、バトニアン階の石灰岩を基岩とする。これは、ヴォーヌ゠ロマネ・レ・レニョなど、コート・ド・ニュイで見かけるダル・ナクレと呼ばれる光沢のある板石と同じものである。生産者はコルディエ・ペール・エ・フィスとシャトー・ド・ボールガール。このヴィーニュ・ブランシュという名前の畑はヴェルジソンにもあるのだが、特定の地域でこの名前をもつ畑のブドウ樹がすべて白ワイン用であるというのはどういうわけだろうか。かつて畑の上方が林のかげになっていた頃はウドン粉病にやられやすく、畑一面にオフホワイトの粉がふいたようになったから（とは考えにくいが）、あるいは、よほど白ワインに好適な傑出した畑であると早くから認められていたためであろう。

ソリュトレ゠プイィ　Solutré-Pouilly

プイィの集落は、アペラシオンそのものに名称をとられたばかりか、プイィ゠ヴァンゼルとプイィ゠ロシェにまで名が使われているにもかかわらず、現実には村（コミューン）としてひとり立ちしているわけではなく、ソリュトレの村内に収まっている。村の中でもプイィの側は、おおまかに言ってフュイッセのとびきり優れた畑と同じ地層の上にある。文化的にもフュイッセとの共通点が多く、シャトーなどの宏壮な邸宅もあるが、ソリュトレは丘を上がっていったところで、質素な家並みはどちらかと言えばヴェルジソンに近い。

こうしたちぐはぐさのため、またソリュトレには自家元詰めをする著名なドメーヌが少ないため、この村はほかの村に比べ明瞭なイメージを描きにくい。ネゴシアンはソリュトレから膨大なブドウを調達してブレンドしてしまうのが通例で、単一畑のワインとして売ることはない。

レ・シャイユー　Les Chailloux
ダヴァイエから坂道を上がって、サン゠ヴェランからプイィ゠フュイッセへと続く境界線を越えると最初に右手にあらわれる畑で、オックスフォード階の石灰岩の上に広がっている。オヴィーグ、コルサンの作がある。

クロ・ド・ラ・シャペル　Clos de la Chapelle
パスカル・ロレの最上級ワインは、1921年にこの小さな畑に植えられた古樹から生まれる。

ヴェール・クラ　Vers Cras
ボールガールの建物のあいだを抜ける道に沿って、フュイッセとソリュトレ゠プイィの境界にまたがる小区画(リューディ)。シャトー・ド・ボールガールのヴェール・クラは、この境界線のプイィ側、土壌が比較的若い土地から生まれる。この土壌は中新世には淡水湖で、その堆積物がジュラ紀石灰岩の小片を含む赤茶けた礫岩となった。ワインは、フュイッセ本来の濃厚な力強さよりも、むしろ優雅さと気品が感じられる。

ヴェルジソン　Vergisson
以前はプイィ゠フュイッセの村の中でもっとも時流から遅れていたヴェルジソンだが、現在ではその真価を発揮している。それには地球温暖化もかなり寄与していると思われ、村の中でも標高が高く気温が低めの畑がその恩恵を受けた。ただし、生産者の技量こそ注目に値する。それは、いいワインを造って売るために、彼らがたゆみなく手堅い仕事をする必要があったことから育ったものだろう。多くの畑は以前から機械でなく手摘みをおこなっており、除草剤を使わずに鋤き返しているところも多い。村はよそから少し隔離された感じで、谷間の入口は狭く、プリセからダヴァイエを通ってくる道がその中を曲がりくねっている。ラ・ルポステール村から下を眺め、教会の尖塔やヴェルジソンの村の先のこの狭い部分と、そのあいだを通り抜ける道が2つの名高い丘のあいだを抜けて平らな土地へと延びていくのを見ると、プイィ゠フュイッセのこの場所がいかに独立したコミュニティであるかわかるだろう。

アン・ビュラン　En Buland
畑の一部はソリュトレの岩壁のヴェルジソン側に広がる北向きの斜面にある。それ以外の部分は、日の出から夕暮れまで太陽を浴びることができる。ブドウはゆっくりと熟していくため、栽培家は摘む時期を好きに選ぶことができる。ダニエル・バローのワインでは、おそらくこれがもっとも力強い。

アン・カルマントラン　En Carementrant
このあたりは昔、ヴェルジソンの岩壁の背後に追いはぎが潜んで旅人を狙った場所で、畑の名前は追いはぎのマスクをあらわしていると言われる。カルマントランとは、カトリックの受難節が始まる直前に催されていた仮面舞踏会のことである。ブレット・ブラザースがここのワインを造る。

オー・シャルム　Aux Charmes
南向きの斜面の一番下あたりだが、土壌はやや水分が多い。ブルゴーニュでこの名をもつ畑の例に漏れず、かなり肉づきと愛想のよいワインを生む。冬期にはあまり陽が当たらないが、ブドウの生育期には十分な陽光が得られる。酸化鉄を含む青色泥炭岩の土壌が重要な役目を果たしている。シャトー・ド・ボールガールとドメーヌ・イヴ&ミシェル・レイは、オー・シャルムの名で出している。

レ・クレ　Les Crays
斜面の中腹、南向き、みごとな景観をもつヴェルジソンの岩壁のふもとという立地は、これ以上望みようがない。畑名を名のるワインはドメーヌ・ミシェル・フォレスト、ダニエル・バロー、リトー、ゲラン、レイが造っているが、ロジェ・ソメーズ＝ミシュランは畑の上部は性格が異なると考え、レ・オー・ド・クレを造っている。ただし、暑くて日照の多い場所なので、ブドウが熟したらすぐに摘み取れるよう備えが必要だ。

アン・クルー　En Croux
この畑の一番上には、小さく食いこんだ囲い地、ギュファン＝エナンのクロ・デ・プティ・クルーがある。周囲の田園風景は圧倒的な美しさだ。

レ・クルトゥロン　Les Courtelongs
ソリュトレの岩壁の裏側、アン・ビュランのすぐ下に位置するこの畑は、生育期間が長く、力強くバランスのよい、傑出した骨格をもつワインを生み出す。ソメーズの2つのドメーヌからワインが出る。

アン・フランス　En France
ここの土壌はきわめて複雑で、ダニエル・バローによれば、砂岩、粘土、三畳紀の石灰岩が混ざっており、岩の上の表土はごく薄い。雨のあとは作業に手がかかる。しかし、畑の上の部分、教会の隣のあたりには別の石灰岩の層があり、ロジェ・ラサラの造るクロ・ド・フランスはここから生まれる。

ラ・マレショード　La Maréchaude
「熱い潮」を意味する名称は湿気を連想させ、ブドウ畑として好ましいとは思われない。実際には、今ではとても乾いており、ほかの場所が涼しい中でここだけ気温が高い。レ・クレの下側、谷の入口に位置しており、風の通り道からはずれているため熱がこもりやすいのである。シャトー・ド・ボールガール、C&Tドルアン、E&Mレイが、良質で力強いワインを造っている。

ラ・ロシュ　La Roche
ヴェルジソンにそびえる岩山のなだらかな側にある畑で、質の高い、ミネラルに富んだワインを生む。ラ・ロシュをラベルに記している生産者には、バロー、ブレット・ブラザース、ミシェル・デローム、ソメーズ＝ミシュラン、ギュファン＝エナンがある。

アン・ロンシュヴァ　En Ronchevat
アン・フランスとオー・シャルムに近く、どこか両者に通ずる個性をもっている。主な所有者はロジェ・ソメーズ＝ミシュランである（彼はここをレ・ロンシュヴァと呼ぶ）。

ラ・ヴェルシェール　La Verchère
ダニエル・バローはこの名前を、正式にはレ・ナンブレという名の小区画(リュー=ディ)にあるドメーヌの建物と樹齢55年の区画に使っている。土壌はレ・クレに似ているが、いくぶん粘土が多い。ややこしいことに、ソリュトレの丘の北面には、レ・シャンスロンの集落の隣にラ・ヴィーニュ・ド・ヴェルシェールと呼ばれる別の小区画(リュー=ディ)がある。そしてご存じのようにシャントレにもレ・ヴェルシェールがある。

プイィ゠ロシェ　Pouilly-Loché

規制によれば、ACプイィ゠ロシェのワインはACプイィ゠ヴァンゼルとして売ることができ、ほとんどがそうしている。私の考えでは、ロシェは独立したアペラシオンらしくふるまうか、そうでないならば、すべての畑をヴァンゼルにすべきである（プレモーがニュイ゠サン゠ジョルジュに入ったように）。

プイィ゠ロシェの名前で生産しているのは、私が知る限りではブレット・ブラザース、マルセル・クテュリエ、アラン・ドライエ、ドメーヌ・クロ・デ・ロックのオリヴィエ・ジルー、ドメーヌ・トリポ、シャトー・ド・ロシェ（ジャドから発売）、あとは協同組合だけだ。

レ・ミュール　Les Mûres

レ・ミュールの名前が記されるワインは、ブレット・ブラザース、アラン・ドゥレイ、オリヴィエ・ジルー（クロ・デ・ロック）が造っている。ブレットは、見方次第ではプイィ゠ロシェで最高のテロワールだという。

プイィ゠ヴァンゼル　Pouilly-Vinzelles

ワイン造りがおこなわれているのは52haで、それ以外にACプイィ゠ロシェの29haがACプイィ゠ヴァンゼルとして売ることができる。総じてプイィ゠ヴァンゼルのほうがプイィ゠ロシェよりも評判がよいが、いずれにせよ注目されるのは「プイィ」の名のほうにちがいなく、さらに生産者の評判が売上げを左右する。アペラシオンの中心部はソーヌ川を見渡す丘の東向きの急斜面で、南の端ではプイィ゠フュイッセのシャントレと接し、そこからヴァンゼルの村まで伸びている。

レ・ロンジェイ　Les Longeays

ヴァンゼルの中核をなす丘陵のシャントレ側の端、ソーヌ川流域を見渡せる場所にある。粘土質に富む土壌は力強く豊かなワインを生むが、レ・カールほどの喜びをもたらすには至らない。ドメーヌ・ド・ラ・スフランディエール、ジェルボー、ティベールらが造る。ジェルボーが所有する畑は1904年の植えつけである。

レ・カール　Les Quarts

ヴァンゼルの東向きの斜面、この上ない立地の畑で、基層はバジョシアン階の石灰岩に二酸化ケイ素と石英を多く含む。畑の上方は岩も同然で、海洋生物の化石が多く、斜面底部では重い粘土質となり、ワインの質には明らかな違いが生まれる。主な所有者はドメーヌ・ド・ラ・スフランディエール。

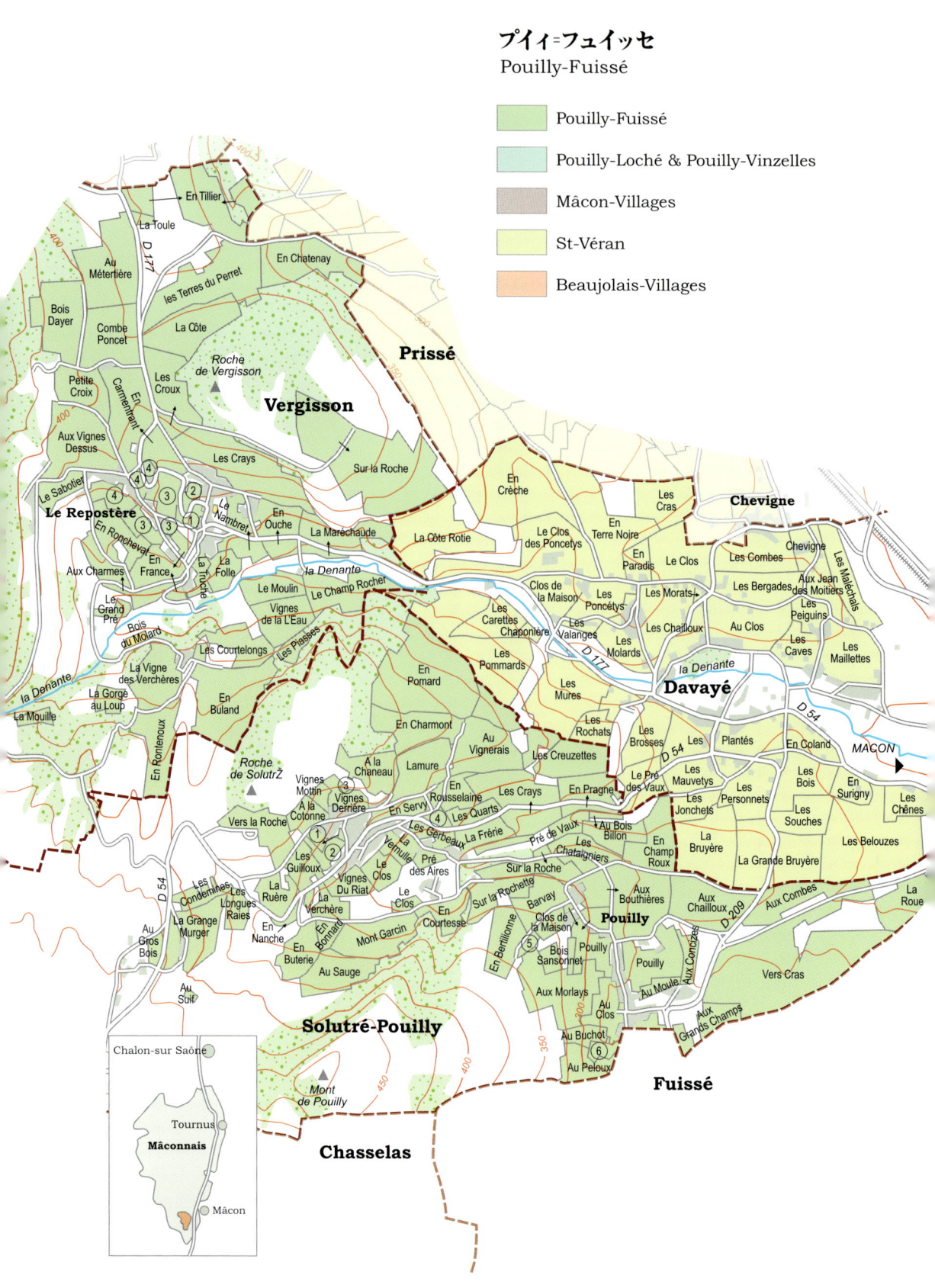

プイィ=フュイッセ
Pouilly-Fuissé

- Pouilly-Fuissé
- Pouilly-Loché & Pouilly-Vinzelles
- Mâcon-Villages
- St-Véran
- Beaujolais-Villages

Solutré-Pouilly

1 Solutré
2 Vignes de la Fontaine
3 Au Bucherat
4 A la Croix Bonne
5 La Corège
6 Aux Coreaux

Vergisson

1 Vergisson
2 Le Martelet
3 Le Repostère
4 Vers la Croix

Fuissé

1 Au Bourg
2 Le Plan
3 En Larzille
4 En Chatenay
5 Le Carron
6 Les Brulés
7 La Chardette

主要生産者

ドメーヌ・ダニエル・バロー（ヴェルジソン）　Domaine Daniel Barraud（Vergisson）

現在、息子のジュリアンとともに働くダニエルは、ヴェルジソンに住む一家の4代目である。彼の曾祖父は1890年にドメーヌの支配人としてこの地にやってきたが、やがて分益耕作人となり、その後、いくらかの畑を手に入れた。その息子、つまりダニエルの祖父が小さなドメーヌでワイン造りを始めたのは1939年のことである。ダニエル自身がワイン造りを始めたのは1982年で、1995年には父祖からの畑の一部を受け継いだ。現在では8.5haの地所を持ち、そのうち5haがプイィ=フュイッセのアペラシオンである。

ドメーヌ・ダニエル・バローの所有畑
Mâcon-Chaintré Les Pierres Polies
Mâcon-Vergisson La Roche
Pouilly-Fuissé Alliance（ブレンド）
Pouilly-Fuissé En France
Pouilly-Fuissé La Verchère
Pouilly-Fuissé Les Crays
Pouilly-Fuissé En Buland
Pouilly-Fuissé La Roche
St-Véran En Crèche
St-Véran En Pommard

プイィ=フュイッセの傑出したドメーヌであり、高い意識をもって個々のテロワールの美質を発揮させるとともに、畑と醸造所でも細心周到な仕事に徹している。どのワインも期待にたがわぬ重量感を備えているが、その基調にはワインごとに異なる精緻な味わいが感じられる。

プイィ=フュイッセ・アン・ビュラン　地質はレ・クレと同じだが、アン・ビュランはソリュトレの岩壁の北斜面にあり、生育期間はかなり長い。ワインはバランスがみごとで輪郭がはっきりしており、長期にわたって熟成する資質を備える。

プイィ=フュイッセ・レ・クレ　真南を向いた斜面の中ほどにあり、十分な日照に恵まれた畑だが、バローの造るクレは、陽光のぬくもりもさることながら、はじけるようなミネラル感に支えられているため、さわやかで心踊る味わいがある。飲み頃はアン・ビュランよりも早い。

プイィ=フュイッセ・アン・フランス　この小区画（リューディ）では毎年収穫期に金色の果実が見られるが、ワインは引き締まっており、土壌の豊富なミネラルのせいで後味にほのかな塩分が感じられる。

プイィ=フュイッセ・ラ・ロシュ　日照に恵まれるとともに、涼しい風も吹きつける畑。できるワインにはこの特性があらわれ、黄色系果実を感じさせつつも、ミネラル感が小気味よい。

シャトー・ド・ボールガール（フュイッセ）　Château de Beauregard（Fuissé）

この地には15世紀からビュリエ家の人々が住んでおり、シャトー・ド・ボールガールは5代目である。当主フレデリック・ビュリエは、祖父ジョゼフ・ビュリエの名で小さなネゴシアンも営んでいるほか、プイィの1級畑を実現させるべく審議会を主導している。ドメーヌ・ジョルジュ・ビュリエ（ジョゼフの弟）も2003年から傘下に入ったが、運営は独立している。

シャトー・ド・ボールガールのラベルをもつプイィ=フュイッセは10種類を優に超え、加えてマコン、サン=ヴェラン、フルーリー、ムーラン=ナ=ヴァンがある。42haにものぼる所有畑——うち30haが白ワイン用で、その中でプイィ=フュイッセは23ha——は、ブドウ畑をともなうありがたい結婚が幾世代にもわたっておこなわれた証であり、なかでもジョゼフ・ビュリエがシャトー・ド・フュイッセのジェルメーヌ・ヴァンサンと結婚したことは大きかった。

1995年以降、単一畑の名称を表示する方針を続けてきたが、年とともにワインを細かく仕込みわけるようになったようだ。2007年にはレ・ミュルジェが登場し、2008年にはクロ・ガイヤールがデビューした。さまざまな単一畑名ワインのほか、シャトー・ド・ボールガールのブランドの下に、昔ながらのブレンドによって特醸品グラン・ボールガールが造られるが、これは畑ごとに最高の1、2樽を集めたものである。

畑はトラクターが入れない場所以外は鋤き返され、収穫はすべて手摘みでおこなわれる。その後、実はつぶされてからヴァスラン社の水圧式圧搾機にかけられる。フレデリック・ビュリエは空気式圧搾に切り替えるという誘惑に屈しなかった。試した結果に満足しなかったのだ。シャトー・ド・ボールガールのブレンドは、一部はステンレスタンクで、一部は樽で発酵、熟成される。単一畑ワイ

ンはすべて樽で造るが、特定の樽の特徴が出ないように6軒の樽業者を使っている。新樽率は15％ほどである。
どのワインにもそれぞれの畑の特徴があざやかにあらわれているのはみごとだ。

ヴェール・クラ　シャトー・ド・ボールガールをとり囲んでいるだけあって、おそらくはフレデリック・ビュリエが愛してやまない畑。上質で優雅なプイィ＝フュイッセは、前面に精緻で輪郭がはっきりした特徴があらわれているが、その奥にはなめらかな肌ざわりが感じられる。

ヴェール・プイィ　フレデリックは、「自分たちが造る中でもっともムルソー風のワインだ」と言う。フュイッセの上品で豊かな果実味がミネラルの枠に凝縮されていて、どっしりとしたソースを使った料理に合うにちがいない。

ヴィーニュ・ブランシュ　ボールガールのクリマで造られる中でもっとも優美なワインと思われる。重さと長さを備えるが、何よりも調和がとれている。濃厚なソースの料理よりも、あっさりとグリルした肉などとの相性がよい。

ブレット・ブラザース、ドメーヌ・ド・ラ・スフランディエール（ヴァンゼル）
Bret Brothers, Domaine de la Soufrandière（Vinzelles）

祖父のブレットがヴァンゼルの土地を買ったのは1947年のことである。2000年、ジャン＝フィリップ、ジャン＝ギヨームの兄弟は地元の協同組合から自分たちの土地を引き取り、ドメーヌ・ド・ラ・スフランディエールを設立した。4haの畑は、すべてプイィ＝ヴァンゼルのアペラシオンであった。次のステップは、ブレット・ブラザースの名前でネゴシアン事業を始めることだった。ブレット・ブラザースは自前の摘み手を雇っており、買い取りはすべてブドウの状態でおこなわれる。その方針は、マコネの全アペラシオンを買付け対象とし、古樹の植わる単一畑、それもできるだけ有機農法で育てられた畑からブドウを買い入れるというものである。

ドメーヌの畑はレ・カールの小区画（リュー＝ディ）が中心で、2000年から有機農法で栽培しており、ビオディナミの理念を積極的に取り入れている。ドメーヌはエコセールの認証を受けている。

ブドウは、自家作と買い入れたものの別なく小さな収穫容器を使って摘果し、ティネレ（tinaillerマコネとボジョレで「発酵タンク」をあらわすことば）で全房圧搾したのち、自然に落ちるのに任せて樽熟成庫に移動させる。新樽はごくわずかで、瓶になるのは11ヵ月後である。

プイィ＝ヴァンゼル・レ・カール　ドメーヌ・ド・ラ・スフランディエール　樹齢40年から65年の樹が、石の多い粘土性石灰岩の土壌に育つ。各区画（オー、バ、クロシュトン、カール、トゥーシュ）は別々に醸造されたのち、ブレンドされる。きわめて上質で、力強さとさわやかなミネラルをあわせもつ。

プイィ＝ヴァンゼル・レ・カール　キュヴェ・ミルランデ　ドメーヌ・ド・ラ・スフランディエール　古いブドウ樹、リパリアの台木、そして畑の中でも表土が特に薄い一角という組み合わせから、毎年ミルランダージュが生じて、きわめて小さな実がなり、ほかのワインとは別に醸造、瓶詰めされている。2000年には多少の残糖があったが、これは意図的なものではない。

ドメーヌ・コルディエ・ペール・エ・フィス（フュイッセ）　Domaine Cordier Père & Fils（Fuissé）

フュイッセとシャントレのあいだの馬の背のような丘で成功を収めているドメーヌを、現在、クリストフ・コルディエが仕切っている。彼はネゴシアン業も営む。2007年にドメーヌ・デュ・パティシエを買収して畑の面積は26haとなり、90を超える区画に分かれている。そのうちのいくつかではビオディナミの手法を試し始めた。8haについては畝のあいだを草地化しているが、必ずしも効果をあらわしているわけではなく、ワインに青臭い風味がついたり、還元臭が生ずることがあった。それ以外の畑は、傾斜がよほどきつい場合を除いて鋤入れをおこなっている。

ドメーヌ・コルディエ・ペール・エ・フィスの所有畑
Mâcon-Loché
St-Véran Terres Noires
St-Véran Clos à la Côte
St-Véran En Faux
St-Véran Les Crais
Pouilly-Fuissé Vignes Blanches
Pouilly-Fuissé Vers Pouilly
Pouilly-Fuissé Vers Cras

ネゴシアン製の注目したいワインとしては、1921年の樹から造られるマコン＝ペロンヌ、マコン＝ミリ、クロ・デュ・フール、ヴィレ＝クレッセ、クロ・デュ・シャトー（ド・クレッセ）、ヴィレ＝クレッセ・ラ・ヴェルシェールなどがある。

プイィ＝フュイッセ・ヴェール・クラ　フュイッセとソリュトレにまたがるすばらしい畑から生まれる、優れた、力強いプイィ＝フュイッセ。かなり長期にわたって熟成する。

プイィ＝フュイッセ・ヴェール・プイィ　非常に古い畑で、樹はかなり弱っている。ワインはプイィ＝フュイッセの水準からみても際だって濃厚である。

サン＝ヴェラン・テール・ノワール　以前ドメーヌ・デュ・パティシエの一部だった畑。その名に反して白色系の土壌をもつ。樹は樹齢100年を超えると考えられ、そこから生まれる力強いサン＝ヴェランは常にすばらしい酸味に支えられている。

ドミニク・コルナン（シャントレ）　Dominique Cornin (Chaintré)

コルナンの畑は1993年に協同組合から離脱し、1998年からは除草剤を用いる代わりに鋤入れをおこなうようになり、2009年からは有機農法の認証を得ている。2003年に始まったビオディナミの試みはドメーヌ全域に広がっている。ワインは、マコン＝シャントレおよびマコン＝シャーヌ（後者は単一畑セルディエール）からプイィ＝フュイッセまであり、プイィ＝フュイッセにはレ・シュヴリエールとクロ・レイシエが含まれる。今後さらに単一畑ワインが増えてゆくと思われる。

コリーヌ＆ティエリー・ドルアン（ヴェルジソン）　Corinne & Thierry Drouin (Vergisson)

1984年、ドルアン夫妻によって設立された小さなドメーヌ。4種類のプイィ＝フュイッセ（メテルティエール、アン・ビュラン、マレショード、ヴィエイユ・ヴィーニュ）に加えて3種類のマコンを造っている。ワインは10ヵ月を樽で過ごす。原則として25％に新樽が使われるが、プイィ＝フュイッセ・ラ・ヴィエイユ・ヴィーニュ・デュ・ボワ・ダイエではこの率が高くなる。

ドメーヌ・J＝A・フェレ（フュイッセ）　Domaine J-A Ferret (Fuissé)

1760年からという歴史をもち、20世紀、ジャンヌ・フェレ夫人の下で名声は頂点に達した。しかし、母からドメーヌを継承したコレット・フェレがその15年後の2006年に亡くなると、跡を継ぐ者がなく、やがてドメーヌはルイ・ジャド社に売却された。

現在では、先代のマダム・フェレの時代からこのドメーヌで働いていたロベール・ゲラルドンの力を借りながら、オードレイ・ブラチーニが独立した運営をおこなっている。

ドメーヌはプイィ＝フュイッセに全部で18haの畑を持ち、そのほとんどがフュイッセにある。ヴェルジソンの4haは、現在ではプイィ＝フュイッセとブレンドされるが、以前はバルクで売られていた。今後、いずれかの小区画から単一畑ワインが造られるかもしれない。マダム・フェレはル・クロとレ・ペリエールを「テット・ド・クリュ（特上）」、レ・メネトリエールとトゥルナン・ド・プイィを「オール・クラッセ（別格）」と格付けしていたが、これは現在でも受け継がれている。

レ・メネトリエール、オール・クラッセ　魚卵状石灰岩の土壌から産まれるとてつもなく力強いワイン。目をみはる濃厚さだが、しつこく感じないのは、ワインの精緻で引きしまった味わいと、ミネラルをともなう後味のおかげである。

トゥルナン・ド・プイィ、オール・クラッセ　正式名称ヴェール・プイィの畑につけたドメーヌ独自の名称。レ・メネトリエールよりも晩熟だが、どこからみても遜色ない力強さを秘めている。どちらのワインもみごとな熟成を見せる。

ドメーヌ・アニー＝クレール・フォレスト（ヴェルジソン）　Domaine Annie-Claire Forest (Vergisson)

ミシェル・フォレストは、古いタイプの几帳面な造り手である。ヴェルジソンの主要メンバーのひとりとして認められて久しいが、今でも手作業でブドウ樹の摘芯をおこなう姿が見られる。見た目はまだ若いが、規則によって公式には引退しなければならないため、現在ドメーヌには妻の名前を使う。レ・クレとスー・ラ・ロシェから単一畑ワインを造っている。息子のエリックは、自らの名前

でレ・クレとル・オー・ド・クレという単一畑ワインを出している。

シャトー・ド・フュイッセ（フュイッセ）　Château de Fuissé (Fuissé)

古い歴史をもつシャトー・ド・フュイッセは、1862年からヴァンサン家が所有してきた。現在の畑は33ha、そのうち三分の一がプイィ=フュイッセのアペラシオンに属する。ワイン造りにあたるのはアントワーヌ・ヴァンサンで、姉のベネディクト、父親のジャン=ジャックもともに働いている。シャトーと並行して営むJJヴァンサン・エ・フィスは、表向きにはネゴシアンだが、実際には、一族やこのドメーヌの下位ワインをまとめてワイン造りをおこなっている。マリー=アントワネットという名のプイィ=フュイッセのほかに、2種類のボジョレ、ジュリエナとモルゴンがある。

シャトー・ド・フュイッセの所有畑	
	ha
Mâcon-Fuissé	0.87
Mâcon-Villages	1.16
Pouilly-Fuissé Les Brûlés	0.70
Pouilly-Fuissé Le Clos	2.70
Pouilly-Fuissé Les Combettes	1.33
Pouilly-Fuissé	23.00
St-Véran	7.40

シャトー・ド・フュイッセ・テット・ド・クリュ　さまざまな畑のブレンドをステンレスタンク（30％）と樽（70％）の組み合わせで醸造し、その四分の一に新樽を使う。年産5,000ケースの出荷量は、市場で大きな存在感をもつ。

シャトー・ド・フュイッセ・ヴィエイユ・ヴィーニュ　新樽のみを使い、1929年に植えられたル・クロなど、古樹の中から選定したブドウで造る。ワインの強さはオーク樽をゆうに凌駕し、新鮮味も長く保たれる。幾重にもなったような奥深い味わいは、まことに印象深い。

プイィ=フュイッセ・レ・ブリュレ　100％新樽で醸造、熟成され、3種の単一畑ワインの中でもっともきわだった力強さをもつ。

プイィ=フュイッセ・ル・クロ　ル・クロはシャトーの建物の背後にあるほぼ正方形の畑で、道まで降りてゆく小さな区画が付属している。上の方は1929年の植えつけだが、下の方は1929年、1965年、1968年、1983年とさまざまだ。ル・クロに使われているのは1965年と1968年に植えられたもので、これにいくらか古樹が加えられる。

プイィ=フュイッセ・レ・コンベット　1991年、ジャン=ジャック・ヴァンサンが複数の小区画（リュー=ディ）から別々のワインを造ろうと購入した畑。シャトー・ド・フュイッセのワインの中でもっともミネラルが強く、新樽はまったく用いない。並々ならぬ強さを備え、鋼（はがね）のような冷徹さを感じさせる。

ドメーヌ・デ・ジェルボー（ソリュトレ）　Domaine des Gerbeaux (Solutré)

ソリュトレを本拠とするプイィ=フュイッセのドメーヌで、ジャン=ミシェルとベアトリス・ドルーアンが運営している。次世代が家業に加わったのに合わせて、ラベルに「ドルーアン家」と記すようになった。マコン、サン=ヴェランと同様、プイィ=フュイッセにもさまざまなワインがあり、オークの使用率もまちまちである。ラインナップの最上位は、樽で18ヵ月熟成させる「アン・プイィ」。

オリヴィエ・ジルー、クロ・デ・ロック（ロシェ）　Olivier Giroux, Clos des Rocs (Loché)

プイィ=ロシェにあったドメーヌ・サン=フィリベールをオリヴィエ・ジルーが買い取り、極上の区画――表土はごく薄く、石だらけである――を改称してクロ・デ・ロックとした。ステンレスタンクで造るワインと、タンク/樽併用の「モノポール」、さらに少量の「ルヴェラシオン」は特定の一画からの凝縮した果実を用いたワインで、50％の新樽があてがわれる。プイィ=ロシェで造るそれ以外の単一畑ワインには、レ・ミュールとアン・シャントンヌがある。

ドニ・ジャンドー（フュイッセ）　Denis Jeandeau (Fuissé)

以前のドメーヌ・ジャンドーはルイ・ジャドに買われたが、息子ドニが自らの名前で小規模のネゴシアンを立ち上げた。マコネのいくつかのアペラシオンのほか、自らの畑としてビオディナミで育てるヴィレ=クレッセの1haを扱う。そのほかの注目株には、ヴェルジソンの斜面上方から造られるプイィ=フュイッセ、「スクレ・ミネラル」がある。

ロジェ・ラサラ（ヴェルジソン）　Roger Lassarat（Vergisson）

ロジェ・ラサラが自身のドメーヌをヴェルジソンに築いたのは1969年のことだ。現在ではサン=ヴェランからプイィ=フュイッセにかけて16haの地所をもつが、前者には単一畑ワインとしてレ・クラ、レ・ミュール、後者にはレ・ミュルジェ、クロ・ド・フランス、クロ・デュ・マルトレなどが含まれる。

ニコラ・ムラン、ドメーヌ・ド・ラ・スフランディーズ（フュイッセ）
Nicolas Melin, Domaine de la Soufrandise（Fuissé）

フュイッセ村にある6.25haの畑から、ニコラ・ムランがプイィ=フュイッセのヴィエイユ・ヴィーニュとマコン=フュイッセを造る。プイィ=フュイッセは気候も土壌タイプもさまざまに異なる畑のブドウを別々に醸造した後でブレンドし、新樽を三分の一用いて10ヵ月熟成させる。マコン=フュイッセの発酵と熟成はタンクでおこなう。

ドメーヌ・デ・ナンブレ（ヴェルジソン）　Domaine des Nembrets（Vergisson）

ドニ・バローが兄ダニエルの隣で始めたドメーヌは、レ・クレの下にあるレ・ナンブレの小区画（リュー=ディ）の中にある。プイィ=フュイッセはレ・シャテニエからレ・シャルム・デュ・ムーランまで5種類、マコン=ヴェルジソンとサン=ヴェランもある。

ドメーヌ・イヴ&ミシェル・レイ（ヴェルジソン）　Domaine Eve & Michel Rey（Vergisson）

レイ夫妻はヴェルジソンに4.5ha、ジュリエナに1haの畑を持つ。樽発酵で仕込む白は、マコン=ヴェルジソン・ラ・ロシュ、2種類のサン=ヴェランがあり、さらにヴェルジソンの畑からのブレンドで造るプイィ=フュイッセが2種類、プイィ=フュイッセ単一畑ワインとしてレ・シャルム、レ・クレ、ラ・マレショードの3点がある。

シャトー・デ・ロンテ（フュイッセ）　Château des Rontets（Fuissé）

フュイッセとシャントレのあいだで馬の背のようになっている丘の高いところにあり、樹はフュイッセを見下ろす場所に植えられている。ロンテ家が建物と畑を所有するようになったのは1870年だが、クレールとファビオのガゾー=モントラシー夫妻が畑とワインの再生を引き受けた1994年には、すべてがみじめな状態だった。2人とも建築家として経験を積んできただけで栽培やワイン造りの知識はなかったが、すぐにダヴァイエの農業高校からワインに関するあらゆることを学び、さらに多くのことを初期の失敗から学んだ。現在、畑は有機農法が施され、ECOCERTの認証を受けている。

ワインは3種類。クロ・ヴァランボンは、このシャトーを開いたクレール・ガゾーの曾祖父が名前の由来で、ロンテの畑の主力となるワインであり、平均樹齢50年のブドウ樹から造られる。ピエール・フォルは丘陵地の別の尾根から生まれ、区画の下層土には花崗岩が多い。またレ・ビルベットは、シャトー・デ・ロンテの中でもっとも古い、1920年代に植えられたブドウ樹から造られる。

ドメーヌ・ジャック&ナタリー・ソメーズ（ヴェルジソン）
Domaine Jacques & Nathalie Saumaize（Vergisson）

ジャックはロジェ・ソメーズの弟で、父親が1993年に引退してソメーズ家のドメーヌが2人のあいだで分割されたため、多くの畑を共同で所有している。公式には有機農法の認定を受けていないが、畑は鋤入れをおこない耕作する。私が初めて会ったとき、ジャック・ソメーズはつるはしを持っており、夏の暑い日であるのにサン=ヴェランの急な斜面の畑でブドウ樹の周囲の土を1本ずつならしていた。サン=ヴェランの古樹とプイィ=フュイッセはすべて木樽で発酵、熟成し、新樽を20%用いる。

サン=ヴェラン・アン・クレーシュ　東向きの急斜面から造られる普及品のワインで、ステンレスタンクで醸造し、10ヵ月後に瓶詰めされる。上質で果実味があり、陽光を感じさせる。反対側にある西向きの斜面に育つ古樹によるワインは樽で醸造される。

プイィ=フュイッセ・ラ・ロシュ 標高の高いこのヴェルジソンの畑から生まれるワインは、きわめて強い凝縮感をもちつつも、魅力的な新鮮さを備えている。ソメーズの所有地は、この畑の中でも一番高いところにあるからだ。きわめてスタイリッシュでありながら、舌をつかむような力強い印象を残す。

ドメーヌ・ジャック&ナタリー・ソメーズの所有畑
Mâcon-Bussières Montbrison
Pouilly-Fuissé Courtelongs
Pouilly-Fuissé La Roche
Pouilly-Fuissé Vieilles Vignes
St-Véran En Crèches
St-Véran En Crèches Vieilles Vignes
St-Véran Poncetys

ドメーヌ・ソメーズ゠ミシュラン（ヴェルジソン）
Domaine Saumaize-Michelin（Vergisson）

2005年にロジェとクリスティーヌのソメーズ゠ミシュラン夫妻は、それまで分益耕作していた畑を手に入れたことでドメーヌの規模を一気に拡大した。現在ドメーヌは9haを擁し、プイィ゠フュイッセではヴェルジソン、サン゠ヴェランではダヴァイエが主体となっている。畑は2005年からビオディナミによって耕作されている。オーク樽を使わない3種のワイン（マコン、サン゠ヴェラン、プイィ゠フュイッセでそれぞれ1種ずつ）、マコン゠ヴェルジソン・ラ・ロシュ、サン゠ヴェラン・アン・クレーシュ、サン゠ヴェラン・ヴィエイユ・ヴィーニュ、ブレンドしたプイィ゠フュイッセ2種があり、5種類の単一畑ワインを造る。11ヵ月オーク樽で熟成させたのち、瓶詰め前に軽く清澄をおこなうが、濾過はおこなわない。

ドメーヌ・ソメーズ゠ミシュランの所有畑
Pouilly-Fuissé Clos sur La Roche
Pouilly-Fuissé Courtelongs
Pouilly-Fuissé Les Hauts de Crays
Pouilly-Fuissé Ronchevats
Pouilly-Fuissé Vignes Blanches

プイィ゠フュイッセ・クロ・シュル・ラ・ロシュ マレショードの上方だが、ほかのラ・ロシュよりは下側にある小さな区画。ワインはかすかにヨード香のある生き生きとしたもので、どっしりと重みのある味わいがあり、後味も長く続く。

プイィ゠フュイッセ・ロンシュヴァ この畑は、ソメーズが進めるビオディナミ農法をもっともよく反映している。ワインは複雑な香りをもち、春の花やココナッツオイルを思わせる。核となるミネラルを保ちつつ、口に含むと味は深みと丸さを増していく。

ドメーヌ・ジェラール・ヴァレット（シャントレ）　**Domaine Gérard Valette（Chaintré）**

ジェラール・ヴァレットは、地元協同組合から家伝の畑を引きあげ、収量を減らして自家元詰めを始めた。今は息子フィリップとともに働くジェラールは、豊かに熟した実を用い、強い凝縮感を備えるワインで名声を高めた。その手法は、今日の造り手たちのなかにあって、ワインの熟成管理において独自のものがある。

畑は徹底した手入れがなされ、収量は低く抑えられている。1990年には仕立ての方式を地元伝来のアルキュール式〔樹幹から新梢をアーチ状にたわめて伸ばす剪定法〕からコート・ドールと同じ単式ギュイヨに切り替えたが、ブドウ樹は自然な高さまで育つに任せたため、実が熟する頃には糖度が非常に高くなってしまった。その後、畝の高さを抑えることにしたため、ねらったとおりの熟度と糖度のバランスが得られるようになった。

健全なブドウはなにものにも代えがたい。腐った実や未熟な実を細心の注意で取り除き、ほんのわずかな亜硫酸をふりかけてから、ゆっくりと時間をかけて破砕し、タンクまたは樽に入れる。ここでブドウは、澱引きも亜硫酸の添加もおこなわれることなく瓶詰めの準備を待ち、やがてそのときが来ると再び微量（15~20mg）の亜硫酸が加えられる。

瓶詰め時期は年を追って遅くなっているようだ。マコン゠ヴィラージュ2007年、マコン゠シャントレ・ヴィエイユ・ヴィーニュ2006年、ヴィレ゠クレッセ2006年が瓶になったのは、いずれも2009年の夏であった。プイィ゠フュイッセ・クロ・ド・ムッシュー・ノリー2000年に至っては、72ヵ月を樽の中で過ごしてしまった。

酸化・還元反応というのは複雑な事象だ。ヴァレットのドメーヌでは、ワインが「還元状態」になってエアレーションの恩恵を受けるか、不可逆的な酸化状態に陥るかという綱渡りがおこなわれてい

る。このドメーヌは、ぜひ一度訪れてもらいたい。ここでは今後も先入観に対する挑戦が数多くおこなわれていくだろう。

プイィ゠フュイッセ・ル・クロ・ド・ムッシュー・ノリー・ヴィエイユ・ヴィーニュ　このワイン専用の畑は真南を向いている。東と西にも十分に開けており、ブドウ樹の畝は南北に伸びているため、葉は一日中、両側から日照を受けることになる。表土はきわめて薄く、白亜と砂利が表面に顔を出している。現在のところ樹齢20年、35年、60年の樹が混植されている。私が初めて出会ったこのワインは、圧搾ののち、24ヵ月余りを木樽で過ごし、瓶詰めされる直前のものだった。最近では、それよりもずっと長く樽で過ごしている。

プイィ゠フュイッセ・クロ・レイシエ・レゼルヴ　クロ・ド・ムッシュー・ノリーよりも肥沃な土壌を持つ東向きの畑。総じてあまり複雑な味わいはないが、果実味がきれいに前面に出たワインで、そのぶんヴィエイユ・ヴィーニュよりも樽での時間は短めである。

資料　索引
reference & index

ブルゴーニュを味わう
appreciating burgundy

ルールにやみくもに隷従するよりも、まず常識に従うことをお勧めしたい。スタイルの異なるブルゴーニュはいくらでもあるから、厳しすぎる助言は逆効果になりかねない。とはいえ、優れたブルゴーニュを楽しむのに有意義と思える指針がないわけではない。

保管

ブルゴーニュといっても、ほかのワインのルールと特段変わるところはなく、きちんと面倒を見るに限る。ふつう理想的な保管の条件とされるのは10~12℃前後で一定していることだ。まったく温度変化しないような天然もしくは温度管理つきのセラーを持っている人もいる。それはそれでいいのだが、自然な条件というものは夏から冬にかけて、何ほどか変化するもので、異論はあろうがこちらのほうが好ましい。自然のリズムに呼応しているからだ。ただし日中と夜間とで繰り返し温度が変化するのは禁物である（ワインに好適な湿度がラベルを損なうこともご承知おきを……）

サーヴィス温度

ヒュー・ジョンソンは、シャブリやマコンは8~10℃、優れた白のブルゴーニュは12~14℃、赤は14.5~17℃を勧める。こうした数字にはおおむね同感だが、赤では14~16℃に下げるのがよいかもしれない。私は温度計にしがみつくほうではないが、常識は守る。通常、白も赤もセラーから引き抜いてくるが、赤はグラスで十分ウォーミングアップさせる。ブルゴーニュの赤を供する温度は、高すぎるよりは低すぎるほうが害はない。あせって無理に早く温めようとするのは最悪で、ワインの品格ある芳香はだいなしになる。

デカンティング

デカンティングには、ワインの澱を取り除き、空気に触れさせるという2つの目的がある。『アカデミー・インターナショナル・デュ・ヴァン』の記事で、ベルギーの著名なエキスパート、ジョン・グリンは、第一番目の目的には「デカンタに移す」、第二番目には「カラフに移す」と言うべきだと述べている。余談だが、一連のブラインド・テイスティングに関する研究でわかったのは、(1) デカンティングしたワインとしないものとでは好みは半々に分かれ、(2) テイスティングのエキスパートがデカンティングしたワインを識別できたのは半数以下だった、ということだ。

ボルドーのデカンティングする伝統は澱を取り除くことにあるのだが、ブルゴーニュにこれはあてはまらない。どっさり澱をためるほど年を経たブルゴーニュは壊れやすく、すぐれた古酒をデカンタに移すあいだに漂う芳香に心が震えたとしても、デカンタからグラスに注いだとたん、かき消えてしまうこともあるからだ。私もバロレ博士の蒐集した1937年のヴォーヌ=ロマネでこれをやった悲惨な思い出がある。ただし、ブルゴーニュ最高級の白であれば、老若いずれでもデカンティングすることを強く勧めたい。

グラス

赤のブルゴーニュには大きなグラスが必要で、ボウルが丸みを帯びたものがいい。常にいえることだが、グラスの曲線が内向きになるあたりまでワインを注がないことが大切だ。そうすればグラスをゆったりと回す余裕ができ、立ち上る香りはグラス上部から戻ってきて、待ち受ける鼻孔に入ってくる。

熟成した白は同じグラスを使うことがあるが、若い白には、ややまっすぐ立ち上がったグラスを使うことが多い。小さいグラスを使うよりは、大きなグラスに少なめに注ぐほうが好ましい。

ワインと料理

伝統的なブルゴーニュ料理はこってりとしていて、ムーレット・ソース（ワイン、エシャロット、キノコ、野菜、ベーコン、ニンニク）か、バターやクリームを使ったものが多い。オリーヴ油を目にすることはまずない。こうした料理には完熟まぎわのボディの強いワインが合う。

幸い、今日のブルゴーニュのレストランでは料理がだいぶ軽くなり、新鮮味のある白とさわやかで重宝な赤の出番が増えた。

自分がワインを選ぶときは、合わせる料理についての知識よりも、気分によるところが大きい。飲みたい気がするワインを選べば、まずうまくいく。

熟成する力

一般化は危険である。収穫年、アペラシオン、格付け、造り手の決断といったことに大きく左右されるからだ。後段で、最近のヴィンテージの熟成具合についての私見をまとめた。以下に述べることはおおまかな経験則と見ていただいてよいが、

こうしたワインの熟成傾向について知見のある方は、そちらを大切にされたらよい。

白ワイン　広域名のブルゴーニュ白、個々にはマコン、シャブリを含むが、これらは最初の2、3年で飲むのがよい。ただしシャブリには顕著な例外がある。

優れた村名または格下の一級畑の白は、2年は瓶熟成を要し、少なくとも5年は保つべきものである。昔ならもっと長くと言っただろう。

極上の一級または特級畑の白は、本来ピークに達するのに10年以上かかるはずだが、もはやそうは言えなくなった。ほかでも書いたかもしれないが、さしあたり4、5年経ったところで飲んでみて、ワインがこの先どう育つかを検討する。偉大なブルゴーニュの白は無敵の存在だから、20年目を迎える頃までゆっくりと熟成し向上してゆくだろう（68頁「白ワインを造る」参照）。

赤ワイン　広域名ブルゴーニュの赤は、瓶で1年寝かせるだけで味が落ち着き良くなるが、5年以上寝かせてよさそうなのは、優れた収穫年の、コート・ドールの一流生産者の作に限られる。

優れた村名または格下の一級畑の赤は、軽い年であれば4、5年、優れた年であれば10年ぐらいで飲むのがよい。ただし、15年経ってもまだ若過ぎるような例外もあるが。

極上の一級または特級畑の赤は、考えられる飲み頃の幅が広すぎて、一般化した目安は役に立たない。このレベルだと個々のワインに照らして飲み頃を決めてゆくしかない。偉大なブルゴーニュは、最高のボルドーに負けぬほど長命だが、強いタンニンや酸の構造をもたないヴィンテージのものであれば、かなり早くから楽しめる。2000年のグラン・クリュを5年目から飲み始めるのは無茶ではないが、2005年の同じワインを15年待たずに飲むのは幼児殺しのようなものだ。

一般的考察をひと言

軽い収穫年のワインは若いうちに飲んで、早熟な果実味を楽しむのがよい。熟成年数を重ねても、後年、複雑な奥行きを深めてゆくとは望めないからだ。

優れた収穫年のワインを若いうちに飲んでいかに美味しかろうと、買ったワインの大部分は長期熟成に回したほうがいい。ときとともに、複雑きわまりない味わいが、いよいよ深まってゆくからだ。当初自信満々で買ったワインが思わしくないようなときは、もう1本開けるのではなく、残り全部をもう1、2年寝かせてみよう。私はこれを、オクスフォード大学の哲学教授にして、畏敬されるワイン人ラルフ・ウォーカーにちなんで、「ラルフ・ウォーカーのルール」と呼びたい。

ヴィンテージの考察
understanding vintages

私が初めてブルゴーニュに行ったのは1981年で、1979年と1980年のワインを試飲するためだった。ワイン商として駆け出しの頃は、新しいヴィンテージの報道に聴き入り、しばしば時間を工面して収穫直前または最中のブルゴーニュを訪れたものだ。1990年代以降は、必ずここに滞在して、ブドウの摘み取りに立ち会い、たくさんの醸造所をまわって、ブドウが運び込まれ処理されるのを見つめるのを常とした。そうしないことには、その収穫年のたちについて実感を得ることができず、また個々の造り手の力量を知ることもできなかったからだ。

最近では、収穫開始前のブドウ畑の中を歩いてまわり、どの栽培家がその年固有の弱点を乗り越えたか、理論上やっていると言うことを誰が実践していないか、収量過多になりそうなときに誰がみごとにブドウ畑を思い通りに切り盛りしおおせたかということなどを見ている。2008年のように難しい年には、特にこうしたことがためになった。

ヴィンテージを選ぶ

あるヴィンテージ生来の性質は、一定の範囲でワインの味わいに影響があり、赤であれば黒系果実、赤系果実と言いあらわされ、また白であれば柑橘系からハチミツ風味に至る尺度のいずれかにあてはまる。とはいえ、ワインのバランスこそが作柄の違いを解く鍵である。

作柄による違いは、そのほとんどがワインの構造に由来する。各作柄に支配的な要素にはアルコール（1990年、2003年）、タンニン（1976年、1983年、1988年、1998年）、酸（1957年、1972年、1996年）があり、これらはヴィンテージの完全なバランスを歪めるものではあるが、正しい飲み頃に合えばみごとな味わいとなる。私は、タニックなワ

インは力強い料理とともに、しかも冬のあいだに飲むことが多い。果実味が前面に出た年で、これら大きな構成要素が弱いワイン（1985年、1997年、2000年、2006年）は、好んで春や夏に飲む。ヴィンテージに関する私の最後の意見はあたりまえかもしれないが、偉大な収穫年のワインを年足らずで飲むよりは、ピークにある並作年のワインを飲む方がはるかによい。ただし白状すれば、レストランでワインリストを手にすると、私は今でも自説に従いそびれることがある。大切なのは作柄のスタイルを理解することで、そうであればワインが飲み頃にあるか否かを知ることができる。そして、料理との相性にこだわりすぎるよりは、その場の気分に従うほうがよいこともある。

ヴィンテージの評価と試飲記録

以下のヴィンテージ概観では、生育期間の気候と収穫期における主位的な条件を詳述し、またこれらがその年のワイン造りの工程にどういう影響をもったかについて述べる。

「第一印象」の項は、翌秋に私がおこなうかなり大がかりな樽試飲での感想にもとづく。次に重要な評価の機会は収穫後3年目の夏で、もとはクライヴ・コーツがビル・ベイカー邸〔ビル・ベイカー (1954-2008) は英国の著名ワイン商〕に英国のブルゴーニュ専門家を集めておこなっていた試飲会だったが、2008年以降、私自身がロイ・リチャーズとともに、彼のボーヌの家でおこなうようになった。ここでコート・ドールの主要アペラシオンから、一流生産者らの一級および特級畑のワインを、ちゃんと目配りできる範囲でなるべく数多く試飲する。ワインは小さなグループに分けてブラインドで、村ごとに、必要があれば畑ごとに試飲する。こうして私たちは実に有益なヴィンテージの概観を得るのだが、同時に誰が一頭地を抜いているか、誰が力不足だったか、ということをも知る。

その後、作柄の歩み具合をおりにふれて調べてゆくのだが、これには数を飲む以外に方法はない。ベッキー・ワッサーマンとクライヴ・コーツがブイヤンで催す「10年後試飲会」も、また違うヴィンテージの全体像を得るいい機会となる。ここには造り手たちが各自の酒庫からワインを供出するが、居並ぶワインの中で自分の作を味わう場ともなっている。

評価においては、復活祭とバン・ド・ヴァンダンジュ（収穫開始の号砲）についてさかんに言及しているが、その重要性については次に述べる。

復活祭（パーム・サンデー）

地元では「ラモー（復活祭）の風は一年の風」と言い習わし、むろんその風だけが吹くわけではないにせよ、生育期、とりわけ収穫期の鍵となる気象パターンが定まる（41〜42頁参照）。続くヴィンテージの概略において頻出する。

バン・ド・ヴァンダンジュ（収穫の号砲）

バン・ド・ヴァンダンジュは公式の収穫開始日を起源とするが、その目的は、地方領主が庶民に先だって摘み取りができることにあり、発酵がきわめて短期間だった当時、領主はこうして衆に先んじてワインを売りに出せたのだった。公的に囲いこまれた畑であるクロ（clos）については、号砲の前に摘み取ることができた。もっと最近になると、号砲の目的は、ブドウが熟す前にせっかちな者が早まった摘み取りをしないよう、公式に開始日を規定することにあった。

この慣例がだんだん無用と化したのは、たいていの一流生産者が、ブドウの過熟を避けるために公式な開始日前から摘み取りをし、各自のブドウについて詳細なサンプルを採っていることが明白になったからである。2006年がそうだったので、2007年、当局はバン・ド・ヴァンダンジュを並はずれて早くに実施したのだったが、以後この慣例は完全に途絶えている。

ヴィンテージ
The Vintage

2011年

8月に収穫が始まったのは今世紀3度目だが、過去数百年は1世紀に1度の割合だった。2003年と2007年と同様、もっと収穫が遅かった年ほどには全体的に成功していないようだ。2007年とそっくりの点もあるにはあるが、両ヴィンテージはまったく似ていない。

気候 なかなか厳しい冬だったが、前年のような深い凍結もなく早く過ぎると、3月半ばには心地よい春がやってきた。風向きのパターンは異例で、主に北から吹き（これは復活祭の頃であればお手本だが）、乾いて涼しかったが、ぐるっと向きを

変えて南から吹いて、暖かく乾燥した。通常は南風が南西の風に転じて雨をよこすのだが、この年は違った。

前例の2ヴィンテージは誰もが記憶するところだ。2007年は同じように春が早く、異例なほどすばらしい4月が5月にちょっと収まって、以後みるみる低迷していった。1976年はひどい干魃のかなり暑い年だった。どちらの年も収穫が始まったのは8月だった（2003年はまったくの別物につき、注意を要する。異常な熱暑が6月後半から8月前半まで延々と続くという極端なシーズンだった）。

最初の開花は5月10日という早さで、2007年とほぼ同じ。手入れの良いブドウ畑は元気よく一斉に開花したが、鋤入れもしないような畑は開花期がだらだらと続いたようだ。とはいえ、1976年のようにシーズンが進行しそうになると、長期にわたり干魃の恐れを抱えこむことになる。それでも5月は2007年並みに4月よりかなり涼しく、少し余計ににわか雨が降り、ときおり嵐が吹いた。村の古老は暑く嵐の多い夏になるといったが、何よりカササギが軒の間近に巣をかけているのが嵐の近い証拠だという……。

6月はじめ、ありがたい雨が降ったあと、すぐに節水令が出たが、とたんに大雨となった。2007年の悪化パターンの再来かと思われたが、6月の終わりには日射しが戻り、戻りはしたものの40℃を超える猛暑でブドウが日灼けする始末だった。7月の第1週も乾燥し、1976年の再来が頭をよぎった。7月7日、嵐の気配もなく、雨がしっかりとむらなく降り出すと、栽培家たちは黄金の雨だといって興奮した。だが、何日か余計に降ったのは歓迎されず、結局、7月全体で見れば、例年より涼しく雨が多かった。生産者たちは、当初見込まれた8月25日の収穫開始を早める相談をしていたが、もはや逆に9月上旬まで遅らせようとしていた。実際、ブドウの色づきは7月末ではまったく終わっていなかったし、通常はその1ヵ月後にならないと収穫できるまでに成熟しないからだ。

総じて予想よりも嵐の少ないシーズンだったが、コルトン゠シャルルマーニュ（5月20日）、ジュヴレ゠シャンベルタン（7月23日）、ピュリニ゠モンラシェは免れなかった。リュリは6月にも少々やられていたが、7月12日、文字どおり壊滅的な嵐にみまわれた。

8月は晴れ渡りかけたが、7月の小雨がちなパターンに戻り、気温もろくにこの時期の標準に届かなかった。ともあれ、8月の3日から8日、12日、14日、15日も雨は降ったが、いずれも長続きはせず、幸い暴風雨にもならなかった。2、3の赤ワインの畑では局地的にカビが生じたものの、白は変わらず健全そうだった。

翌週以降は蒸し暑く、いささか心配だったが、24日水曜には気温が下がってくれた。予定より進んだり、カビが心配な区画の摘み取りを始めた人もごく少数いたが、予報では木曜日は良くなく（実際、ひとしきりひどい大雨）、金曜日はひどいとのことだったが（ほぼ終日大雨）、土曜日は朝方曇ってぐずついたものの午後にはもち直した。日曜日、日射しは戻ったが気温は低くてさわやかになり、地面を乾かしてくれたおかげで、カビがいきなり繁茂するおそれはなくなった。

楽観論者は好天が続いたおかげで余計な雨もなくブドウを収穫できたというが、悲観論者というかおそらく現実論者は、26日金曜日の大雨が、ひどい嵐に匹敵すると見ている。

第一印象　白は大収穫だったが、収量過多でないところではたいへん良いものができるだろう。赤はもっと収穫高が少なく、魅力的な、比較的早熟なワインになりそうだが、果皮が厚く酸が優れているので、2007年産よりも骨組みと寿命のあるワインになるだろう。

2010年

夏の難しさとかなり遅い収穫から、このヴィンテージに格別なものを期待する声はなかった。だが、樽に入ったワインは予想よりもずっと優れていて、クラシカルな魅力を湛えたスタイルは、2009年よりもすっきりしている。地球温暖化の下では、温暖でよく晴れた年よりも、さして好天に恵まれなかった年のほうが優れたワインができるのだろうか。

気候　冬は並はずれた寒さで、クリスマス前の気温は一時、零下20℃にまで下がった。ふつう厳冬はブドウの樹の病害を殺してくれる利点があるが、これはいきすぎた低温だった。もっとも致命的となったのは12月19日、コペンハーゲン気候変動会議の代表者らが帰途についた日だった。気温は短いあいだだが最低記録に達し、コート・ド・ニュイはきわめて被害が大きく（ディジョン中心部では12月の過去最低気温を記録）、とりわけ斜面下方にあるブドウ畑は、N74号線の上手に盛り上がったところが湿土となり、寒気が滞留して被害を大きくした。1985年に樹が凍死したのと同じ場所で、ようやく春になっても葉が出ないところが多かった。ジュヴレ゠シャンベルタン、モレ゠サン゠ドニ、ヴォーヌ゠ロマネ、コート・ド・ニュ

イ=ヴィラージュ、そしてクロ・ヴジョの一角は被害甚大だった。

冬の凍結を耐え抜いた樹は収量が減ったと思われるが、悪天の中で開花が遅れたせいで、収量はさらに確実に減った。開花は6月中旬までずれ込み、予想収穫開始日は9月20日から25日頃とされた。誰もがあたり一面でミルランダージュ——果房にごく小さな実ばかりがつく結実不良——が見られたと言った。収穫高が小さくなることは明らかで、続く夏の悪天候はその決定打となり、2009年のように大量の果実を成熟させることは到底できなかった。

7月前半はいつになく暑く乾燥し、2003年の再来かという声さえ聞こえた。しかし後半には暑さが収まり、8月に異常事態は起きなかった。幸いウドン粉病、ベト病、カビといった病害はほとんど発生しなかったが、9月には気候をそうとう盛りかえす必要があったのも事実である。

8日の水曜日に大雨が降ってから天気は上向き、11日、12日の土日はすばらしい晴天だったが、日曜の夜には嵐が吹いた。懸念されたものすごい嵐だったが、ごく速やかに通過した。被害状況を見ると、まずサントネを襲ったひどい雹はシャサーニュとサン=トーバンの上端にまで及んだ。そして嵐をともなった稲妻が、これから成熟しようとしていた白ブドウを「変質」させてしまい、果皮が妙に弱くなった。

コート・ド=ボーヌの造り手は収穫予定を繰り上げた。白ブドウが充分に熟していなかったとしても、カビが蔓延する危険が非常に大きかったからだ。現実には糖度は適切で、酸もまだ高かった。マコネは9月12日の嵐にこそ遭わなかったが、北側地区は似たような被害に遭い、14日の火曜日には同様の「変質」が見られた。ヴァンゼルと一部プイィ=フュイッセは、7月10日に雹の嵐にもみまわれていた。

その後、ブルゴーニュの旧友である北風が吹く、ブドウ畑をすっかり乾かしてくれたおかげで、あたり一帯に拡がりそうだったカビを食い止めることができた。嵐の影響で変質したブドウはこれで干上がり、ともかく灰色カビではなく貴腐になってくれた。この影響を受けたシャサーニュ=モンラシェ、ピュリニの下位地区、ムルソーの一角では、摘み取り時期で奇手を打つこともできた。数名がやったことだが、貴腐のついたブドウを潜在アルコール15%で、まだ緑色のブドウを同じく9%で摘み取り、ならしてちょうどよい12%にするというもので、おおいに賛成とは到底言いかねるが、意外に支持されている。収量は減るけれど、貴腐果の割合が多すぎなければ、バランスが向上するからである。

人によっては9月13日の週（水曜日の雨を除けばおおむね晴れ）に収穫を始めたが、翌週末、すばらしく暖かい晴天のもとで開始した人が多かった。白ブドウは天気がもちこたえているあいだに一気に収穫された。実際、珍しいほどの快晴は23日木曜日に曇るまで続き、コート・ド・ボーヌでは一部の赤で収穫が始まった。

赤の育ち具合は遅く、嵐の悪影響も受けなかった。良好な開花により、収穫見込みはコート・ド・ボーヌのほうがコート・ド・ニュイよりも大きかったが、所詮どこも低収量に変わりはなかった。もしも2009年並みの収穫規模だったら、2010年の気象条件下ではブドウは成熟する前にカビにやられていただろう。

24日の金曜はひどい風雨で、翌日もう一度か二度降り、そのあとは全般的に冷えこんで鈍く曇った日が続く中でコート・ド・ニュイの大半の収穫がおこなわれた。これほど遅い段階になっても、この気候はブドウにほとんど影響しなかった。ただし斜面最下方の畑には響いたかもしれず、また収穫人の志気をそいだことはまちがいない。生産者のほうは、品質はさておき1haあたり30ヘクトリットル以下になりそうな低収量にうめき声を上げた。一方で健全そのものの果房には引きしまった実がなり、選果台でカビのついた実を取りのける手間もほとんどなかった。

収穫時、生産者は災害を免れたことを喜んだ。このヴィンテージに格別なものを期待していなかったし、現に醸造開始時点でも特段の吉兆はなく、色素と果実味はなかなか出てこなかった。ところが新酒を発酵槽から樽に移す頃になると、生産者の様子は自信満々だった。ヴィンテージのスタイルに合わせて終始控えめに抽出した人もいた一方で、すぐ果実味があらわれないのを何とかしようと、いつになく長い抽出をした人もいた。

果梗を醸造に用いた例は2009年よりもずっと少ない。果梗がさほど熟していなかったせいもあるし、この年のワインのスタイルが、清々しい要素——2009年には望ましかったもの——を必要としていなかったためでもある。新樽の使用が減る傾向にあったのも2010年の特筆すべきことで、代わりに前年度の1年ものの樽が活用されていた。

第一印象　赤ワインは果実味とタンニン、酸味が三角形を組み上げたような造りで、年によってはタニックあるいは酸が勝ち気味になるところである。2010年は美しくバランスのとれた、まことに模範的なワインで、黒よりも赤が勝った果

実味には、サクランボやラズベリーの風味が顕著で、青い風味はほとんどない。軽めから中程度のフルボディで、これは造り手が決める抽出度による。コート・ド・ボーヌの主な村々はコート・ド・ニュイと同様の成功を収めた。そのまま対比できるヴィンテージはないが、澄んでさわやかな後味の2002年に（ほとんど残っていないが）1991年の濃密さを足した感じが思い浮かぶ。ブルゴーニュ愛好家には最高の喜びが待ち構えている。

白ワインはたいへん優れたヴィンテージとなったが、9月12日の嵐は、コート・ド・ボーヌ南のかなりの部分に被害を与えた。被害に遭わなかった場所は、あるいは受けたとしても賢明な判断をした人は、目のさめるようなワインを造った。まず、たいへん豊かな香りをもち、口に含むと実にさまざま風味が感じられ、濃密で肉づきのよい味わいでありながら、すぐれた酸に支えられている。2008年を思わせるような酸味だが、ワインそのもののうちに、ずっとうまくまとまっている。香りの要素をあげれば、リンゴ、それも生、青リンゴ、熟果、焼きリンゴまでが感じられ、貴腐によるのか、エキゾチックなオレンジの花の香りも感じられる。ムルソーは特に優れているが、はるか北のシャブリは、この年ならではの濃密な風味と、手本のようなミネラルをともなう酸味とがあいまった、みごとなできばえで、しまっておきたいワインである。

2009年

ボルドー称賛の誇大な宣伝が駆けめぐった2009年のヴィンテージ評は、少なからずブルゴーニュにも波及した。必ずしも生産者やブルゴーニュのプロ自身が広めたわけではなく、市場にそうした期待感があったのだ。だがほどなく批判論もあらわれ、なかにはワインが人目をあざむきかねないほど濃厚すぎ、熟しすぎだと見る人もいる。ただし評決が下るのはまだずっと先のことである。

気候　2009年の夏は、先だつ2年のそれと比べ、たいへん異なる感じがした。問題がなかったわけではなく、ことに5月に雹（ひょう）が降り、7月は悪天だったが、この年は地表温度が充分高く、一方2007年、2008年では、冴えない夏の間中、これがかなり落ちこんだ。

復活祭の頃、風はほとんど吹かず、強いて言えばごく軽い北東の風が吹いたが、これは通常やや涼しいが乾燥して日照のある夏の兆しだ。次いで〔40日後の〕キリスト昇天祭の5月21日、最初の凶報が入り、モレとジュヴレそれも特級畑に雹が降った。

開花は5月下旬、暖かい日照のもとで始まり——たいへんな強風のときもあったが——6月初旬まで続き、9月10日が予想収穫日と決まった。6月は好天で、時に暑い日もあったが、7月はひどく不安定になり、ひどい嵐も吹き荒れ、とりわけ13日、14日には雨量が100mmを超えた。栽培農家はこのためブドウ畑に出られず途方に暮れたが、実害を引き起こすには至らなかった。

気候は引き続き落ち着かず、暑さと涼しさとが代わる代わるやってきて、7月22日、23日には再び嵐になった。ときおりベト病の兆候があり、カビさえ生じたが、いずれもごく局地的にとどまった。これを別とすればブドウ樹は健全、果実も健康で、7月下旬には果実が色づき始め、気候も好転したが、ひどい猛暑にはならなかった。

8月はすばらしい天気となり、中旬まで小規模な熱波がみられたが、やがて天気は崩れ、21日金曜日の朝、待ちかねていた嵐が来た（雷雨のみで、ほかはなにごともなかった）。25日、26日、ハリケーン・ビルの余波にみまわれたのを別とすれば、あとは8月いっぱい好天が続き、栽培農家は楽観論を隠しようがなかった。

月が変わると気候は不安定になりかけたが、第1週に曇天が続いただけで、晴天が戻ると、収穫期間中もずっと続くかに見えた。それを約束するような北東の風（復活祭の風）が9月10日に吹いたからだが、妙なことに雲がついてきた。これはイングランド上空の高気圧の北側を移動する低気圧が北海を下ってフランスに入ってきたことによる悪天候だった。14日月曜日の週になると、天気は曇り涼しくなったが、もはや霧雨が少し降るだけで、それも収穫があらまし終わったコート・ド・ボーヌでのことだった。収穫はマコネで9月2日頃、コート・ド・ボーヌで5日、数日遅れてコート・ド・ニュイで始まった。以後、9月半ばにかけて収穫はシャブリ、オーセロワと続き、すばらしい好天の下でおこなわれた。

第一印象　この年、選果台はまったく出番がなかった。ヴィンテージの急所が議論されることもまったくなかった。それほど誰もが同じ話をし、同じ満面の笑みをたたえていたのである。大収穫だったが、マコネでは夏の乾燥のせいでわずかな果汁しかとれず、収量は減った。

赤は最初から大きく注目された。濃厚、豊満なワインで、分析すればタンニンのレベルも高いのだが、厚い果実味に隠れて味覚には感じとれない。酸度は低いほうで、ブドウが過熟気味だった造り手は補酸で埋め合わせをした。現実は収穫日の選択によるところが大きく、早めに腰を上げること

がこの年は正しい判断だった。

ワインは豊満で愛想がよく、おそらく広範な赤ワイン愛好家に受けると思われるが、根っからのブルゴーニュ愛好家は、前後のヴィンテージのさわやかな感じを好むかもしれない。この年に否定的意見が出始めているのは、流派の違いとしか言いようがないが、おそらくかたよった見方である。当初の肉づきが落ちれば、堅固でタニックな骨組みがあらわれてくるだろう。問題は、これから25年のあいだにその骨組みが姿をひそめ、芯の通った強い果実味があらわれてくるだろうか、ということだ。私はそうなると信ずる。

白ワインは、多くの評論家や消費者が低い酸度を懸念したせいで前評判が低い。だが、ここでも赤ワイン以上に摘み取りの日が決定打となった。確かにバランスのとれていない重いワインがかなり見受けられる。だが、成熟過程に注視して早摘みの決断をしたところは、真に優れた、長期の熟成に向くワインを造った。シャブリは力強いワインができたが、典型的なものではなさそうだ。

2008年

2009年の陰に隠れてしまった収穫年。2度目のサルコジ・サマー（2007年の項参照）で、涼しく湿気の多くなりがちな季節が続き、地面も温まることがなく、病害が目だち、栽培農家を苦しめた。それでも優れたワインができた年であった。

気候　寒いがおおむね乾燥した冬ののち、遅い春がやってきた。まずまず昔ながらの4月だったが前年のような暖かさは皆無だった。5月の最初の10日間だけはこの暖かさがあったが、その後天気は重苦しい曇天になり、冷えて、しばしば雨が降った。6月半ばになってもこの調子だったため、再び冷夏のおそれがもちあがり、ウドン粉病の危険も高まった。またブドウ樹には萎黄病の兆候も見られ、開花期は6月の第2週から第3週までずれこみ（収穫が9月後半になる見通し）、結実の多い花房は、花震いあるいはミルランダージュを生じた。

蒸し暑い数日の後、6月24日になって風向きが北西寄りとなり、1週間すばらしい日照に恵まれ、暖かく乾燥していながら、暑くなりすぎることはなかった。2007年夏の中盤には決してみられなかった天候である。

7月は期待がもて、2007年よりも良かったが、月末の26日土曜日になると雹がヴォルネ、ポマール、ムルソー、ボーヌのブドウ畑を襲い、とりわけサヴィニのブドウ畑が被害を受けた。

8月の前半は、マコネが雹にみまわれたのは気の毒だったが、暑い日もかなりあった。しかしその後は西側に繰り返し前線がはりだし、頻繁ににわか雨が降り、気温もおおむね季節平均を下回った。8月12日の豪雨が雹をともなわなかったのは幸いだった。8月中旬は、家々で夜に暖房を入れ始めてもいいほどの寒さだった。幸いにも最後の週は晴れた暑い日が続き、かなり活気づいた。

9月の長期予報は乾燥した晴天を約束していたが、月の前半はその気配がなかった。11日火曜日の雨に続く2日間、散発的に雨が降り、ことにコート・ド・ボーヌを重苦しい天気が覆った。明けて14日の日曜日、まぶしく晴れて、涼しく澄みきったときの安堵ははかりしれない。とうとう西からの風が、北あるいは北東の風に変わったからだ。

ありがたいことに、この気象配置は以後2週間にわたって安定し、収穫を救った。21日の日曜日に摘み取りを始めた人もいたが、大多数は25日木曜日前後から収穫を開始した。雹、ウドン粉病、ベト病、カビ、未熟果と闘う厳しい年だったが、しっかり畑仕事をし、きちんと設備を整えて収穫をした人々が満足していたのはもっともである。気温は12℃前後だった。

乾燥した冷風は28日の日曜日にやみ、驚くほど暖かい、遅れた夏日が月曜日まで続いた。だが翌日、風は夏の基調だった西からの気流となり、週の後半は曇って寒くなった。翌週の天気はもち直し、頑固一徹な遅摘み主義者らもその頃収穫を終えた。

第一印象　まちがいなくこの年は、栽培農家を本当に苦しめた年だった。開花不良やウドン粉病、ベト病、カビといった病害により、多面的に収量が落ちた。事実上ほぼ全収量をだめにしてしまった生産者も1、2名いる。だが最近は、少し気の利いた生産者であれば、みな選果台の1台くらい持っていて、これを使う気力がある。

とはいえ、ワインには赤白とも将来性が見える。この年の白ワインの魅力は、濃い果実味が若々しい香気に包まれ、明快な酸と一体化しているところである。楽観的な造り手の中には、2006年と2007年の長所が合体したのが2008年だと言いたがる者もいる。文句なしに魅力あふれるワインだが、長期熟成に不可欠な生得のバランスというものが私には感じられない。赤ワインは、生育期にブドウ畑がどんな試練を経てきたかに左右されるため、さらに定義しづらい。コート・ドールの地勢であれ、丘の高低であれ特定の村であれ、成功と失敗について何ら一貫したパターンが見当たらないからだ。すべてはブドウ畑をきちんと管理で

瓶詰め後　2011年8月におこなった「3年後試飲会」で、2008年のワインには、良い驚きがあった。出色のワインもあるだろうが、おそらく品質のばらつきがあり、強い酸が出てきて青臭さも感じられるだろうと予想していた。最初のボーヌ3点は確かにやせ気味だったがいびつではなく、ヴォルネにまでくると、総じてヴィンテージを的確に反映していることがわかった。

見どころは、赤系果実の前面に出たスタイルに、心地よいアロマがあり、精緻な味わいが感じられることである。最近の数年と比べてアルコール度が低めになったこともほっとする。目下のところ、ずっと濃厚で熟した2009年への抵抗からか、コアなブルゴーニュ党による2008年礼讃論をよく聞くが、褒めすぎるのも考えものである。真に偉大な年のもつ強い凝縮感はなく、多くのワインがそこそこ近いうちに飲み頃になりそうだからだ。しかしまちがいなく、たいへん楽しみの多いワインである。

良くできたところはポマール、ニュイ゠サン゠ジョルジュ、ジュヴレ゠シャンベルタンだが、ヴォルネ、シャンボール゠ミュジニといった細身のアペラシオンも良かった。

2007年

2007年の8月、パリのリヨン駅で、フランス人がこんな話をするのを小耳にはさんだ。「サルコジを大統領に選んじまったから、晴れる日なんて一日もあるまいさ」。にもかかわらず、魅力のある赤と、たいへん優れた白とが生まれた。

気候　夏はかなり悲惨だったが、2つの決定的要因に助けられた。驚嘆すべきすばらしさだった4月、ブドウ樹はこのうえなく健全なスタートを切り、好天のなか、冷涼で乾燥した9月、優れた条件のもとで収穫がおこなわれたのである。ここ数年では、あの熱狂の2003年を別としてもっとも早い収穫だった。

初夏の嵐は雹害を伴い、とりわけひどかったのは4月27日サン゠トーバン・アン゠レミリ、5月10日ボーヌの一部、7月シャブリを数回襲った雹である。ヨンヌでは他にもエピヌイユのコート・ド・グリゼ（Côte de Grisey）の畑が5度まで雹に打たれる憂き目にあった。

5月は暑い週と寒い週とが代わる代わるきて、不順だったが、雨は特に多くはなかった。だが気候が不安定なせいで開花期が長くなり、3週間にも及んだので、ブドウがむらなく成熟しそうにないことも明らかだった。

5月がめまぐるしかったとすれば、6月、7月、8月は貧弱の一言で、涼しすぎ、曇天に覆われ続けた。夏らしくなることはなく、地面もちっとも温まらず、満足な天気の日が続いたことはただの一度もなかった。高気圧が形成されずに大西洋から低気圧が戻ってきたせいである。

総じてブドウ畑はみごとな抵抗力を示したが、それは多分に4月に幸先良い発芽期に恵まれたせいだろう。夏のあいだ中、栽培家は「来月になって天気がもち直せば、大丈夫さ」と言っていた。しかし［7月15日の］聖バルナバスの日（聖スウィトゥンの日の地方版）に雨が降り、8月には赤ワインの畑にカビが生ずるようになった。今日、不健康な果房を除去して発酵槽に入れないことは誰もがわきまえているが、選別が不可欠な分、現実の収量は減少する。

開花がとても早かったことから、多くの生産者はこの時点から収穫の目安である100日目を起算し始め、予想収穫開始を8月25日とふんだが、日照不足によりずっと先に延ばすこととなった。とはいえブドウはもっと時間を必要としていたのであり、それは糖度を上げたり酸度を下げたりするためだけでなく、ブドウ樹と果実とがさらに生育を進め、貧弱だった7月と8月を乗り越えて成熟した風味をそなえてゆく必要があったからだ。バン・ド・ヴァンダンジュはかなり早く公布され（発泡、非発泡とも8月13日）、生産者の選択に委ねられた。

8月24日の金曜日には収穫チームがちらほら見られたが、本格的な摘み取りは続く月曜日に始まった。収穫の最盛期は9月3日の月曜日の週で、かなり良い条件下でおこなわれた。だが、早摘みをした人々は、9月10日から1週間ぶっ通しで晴天が広がり、涼しく乾燥した風が吹いたのを見て、その決断をどれほど悔やんだろう。

8月下旬、成熟状況は白ブドウと黒ブドウとでたいへん異なっていた。ピノにはカビが多く、果実は糖度が上がって酸度は下がりつつあり、その一方で葉が色づき始めたが、こうなると果実が必要とする光合成はおこなわれなくなってくる。このままにしていても得るものはほとんどなかった。一方、シャルドネはかなり遅れていた。カビはほぼ皆無だったが糖分は低く、酸度は並はずれて高かったから、ブドウ樹そのものの役割はたっぷり残っていた。だから摘み取りを遅らせて得られたものは甚大だった。ただ、すばらしい品質を手にした造り手も、北風が果房を干上がらせたせいで収量は少なかった。

第一印象　白ワインは、シャルドネにカビがほ

ぽ皆無だったこともあり、純度とミネラル感がすばらしい。遅摘みによるワインには、アロマの強さと深い味わいがきわだつ。醸造上格別な問題がなかったから、優れたワインには相当長い熟成力が見込める。総じて格付けが上がるにつれてワインも良くなるが、ことにシャブリにそれがあてはまる。

赤ワインは明るい輝きをもち、澄んだ果実味がみごとである。まるみのある味わいはすてきな芳香をともない、しばしばサクランボやラズベリーが感じられる。ワインによっては嚙みしめられるようなミネラル感がある一方で、まるくやわらかなものもある。熟成力は造り手の作風次第で、まぎれもなく早飲み向きもあるが、ミシェル・ラファルジュのような名手は、その熟成力を確信している。総じて2004年よりも明らかにワインのできはよい。コート・ド・ボーヌの大半の造り手は、2006年よりも気に入っているが、コート・ド・ニュイではまちまちである。

予想 もしも今、熟成前酸化がうまく克服されているとしたら、いずれ長年にわたり、この年の白の、みごとに華々しい味わいを楽しめるだろう。シャブリのグラン・クリュは15年後、比類ない喜びとなろう。赤は気軽にレストランで頼めるワインだが、上述のとおり優れたワインは熟成する力がある。ただしそれらは例外だろうが。

2006年

2005年のような「世紀のヴィンテージ」のあとに続くのは辛いところだ。前の年の落とす長い影に隠されて、この年の品質を無視してかかる人もいれば、2005年の狂騒にへそを曲げて、2006年のほうがいいと言明する人もいる。これは後者がかなり愛想のよい味わいであるからに過ぎないが。

気候 2005年の非常に乾燥した夏ののち、いつもより長い冬が居座り、待ち望んだ雨と雪をたっぷり降らせた。3月中旬になっても冬が残り、草はすっかり枯れたままで、万物はまだ動き出さない状態が3月18日、19日の週末まで続いた。翌週は暖かくなり、月末にはようやく下草の生え替わりが見られるようになった。4月は例年より寒く雨がちだった。しかし復活祭の風は南西の風で、暖かいが雨の多い、嵐まじりのシーズンになりそうだった。5月は4月初旬の続きのようで、寒く湿り、6月初旬の数日になっても、早朝の気温は零下すれすれだった。5月30日にはオート＝コートのムイィではにわか雪が降った。この結果、まだ開花前だというのに、ブドウの「晴れの門出」は頓挫し、貧弱な気候のせいで遅れてしまった。

幸い、6月4日、5日の週末に気候はもち直して、暖かく澄んだ晴天が2週間続き、予報された嵐も16日以降は形成されず、次の週末までもちこたえた。6月13日の週、優れた条件の下で開花が始まり、予想収穫開始日は9月22日から25日となった。

7月は暑いうえにずっと乾燥が続き、月末頃には干魃の問題が現実化し始めた。27日には雹が広くシャンボールとジュヴレ（特にグリオットとシャペル＝シャンベルタンあたり）を襲った。

8月は例年より涼しく、かなり湿りがちだった（ことにコート・ド・ボーヌ）。当初これは歓迎されたのだが、8月末頃には成熟不良とカビを懸念する声が上がりはじめた。ウドン粉病とベト病発生のおそれも迫っていた。

よくあることだが、復活祭のときにかいま見た気候が9月にやってきて、気温は高いがにわか雨が多く、ときには嵐も吹き、15日の金曜の夜などは、コート・ド・ボーヌが相当ひどい嵐にみまわれた。バン・ド・ヴァンダンジュは9月18日と公布されたが、ドミニク・ラフォン、アルノー・アントら著名生産者の中には、例外措置を申請して開始を早めたところもある。ブドウはすっかり熟していたからだ。異例だが、シャブリのバン・ド・ヴァンダンジュは16日で、現実にコート・ドールよりも早かった。

手間を惜しまず畑を別々にくわしく調べてまわった造り手は、熟し具合がかなりバラバラなことに気づいた。そこで開始を急ぐ必要はあったが、どの畑も収穫可能になるよう、ゆっくりと収穫を続けた。9月18日の月曜日になっても畑にはほとんど摘み取り人は見あたらず、火曜日も赤の畑には人影が見えず、せいぜい白の、それもラフォン、アント、ルーロ、コシュ＝デュリら名の通った造り手の畑に散見された程度だった。月曜の晩に少々にわか雨が降ったくらいで、2日間とも晴れて暖かく、20日の水曜日には暑くなりかけ、同時に摘み取りが広範囲で盛んになり、翌日も続いた。ハリケーン「ゴードン」「ヘレン」の余波は周囲の暖気を活発にし、一方で悪天候はスコットランドの北へかき消えていった。

週末に天気が崩れるとの予報だったが、金曜日は晴れ（月齢暦では摘み取りに不適な日だったが）、夜に少しにわか雨が降った程度で、23日の土曜日はおおむね晴れて暑かった。ただ、朝方強い雨が降り、夜半再び少し降った。それでも全力で摘み取りがおこなわれたのは、日曜日の悪天候が予報されていたからだ。あくる日は曇りで、霧雨がひっきりなしに降ったが、車軸を流すほどのおそ

れていた雨はなかった。

25日の月曜日、コート・ド・ボーヌは収穫が終わろうとし、コート・ド・ニュイでは最盛期に向かっていたが、この日はジュヴレでざっと降ったのを別とすれば、からりとした曇天だった。火曜日はいくばくか晴れ、水曜日は快晴。週末まで好天が続き、多くの人々はこの頃までに収穫を終えた。だがアラン・ビュルゲ、ローラン・ポンソ、ティエリ・マトロらは始めたばかりだった。おそらく遅摘みはまちがいで、10月になる頃、天気はかなり雨がちになってしまった。

第一印象 まず最初に、たいへん良い白ワインのヴィンテージで、赤には難しい年だったのではないかと思われた。白はこってりとして力強く、赤は前年に比肩できないことが明白だった。だが2008年1月英国でおこなった先行試飲会で、この見方はすでに変わっていた。白の中には力強いというより重たいものが見受けられた一方で、コート・ド・ニュイの赤は果実味があふれ、構成も無理がなかった。コート・ド・ボーヌの赤はばらつきがあったが、これは収穫期のカビと成熟不足によるものだ。糖分こそ適熟だったが、種子や果皮、果梗はいつになく未熟だったのだ。

瓶詰め後 マコネの2006年の白はたいへん良いできだったが、ほとんどがもう飲んだほうがいい。シャブリは健全な年だったが、2005年、2007年の優品のようにひとを興奮させるものではない。コート・ド・ボーヌの白は、遅摘みよりも早摘みをしたもののほうがずっと優れたできばえだった。この年の白は、ミネラル感よりも重さや濃厚さを好む人に向いている。

2009年8月、3日間かけて300の一級畑と特級畑の赤を試す大がかりな試飲会をやって確認したのは、コート・ド・ボーヌはいたって健全だが、コート・ド・ニュイは明らかに出色のできだということで、ニュイ＝サン＝ジョルジュとヴォーヌ＝ロマネはとりわけ優れている。これらのワインは肉づきがあり、きわめて優れた収穫年ならではの熟度と凝縮感をもっている。その他の赤は愛想がよく比較的早飲みに向く。

2005年

長年、新たに優れた赤のブルゴーニュができると、その年の将来性がどうかとドミニク・ラフォンと議論してきたが、「確かにいいけど、1978年ほどじゃないね」といって終わるのが決まりだった。しかし2005年ののち、もうその話は出ない。明らかに1978年をしのぐ将来性があり、実際、過去多年にわたるヴィンテージのどれよりも優れている。ひょっとすると1959年以来だろうか。赤は長期にわたり壮観だろう。白はいささか見過ごされがちだが、やはり偉大なワインも見受けられる。

気候 寒い冬が続いたのち、ゆっくり始まった発芽は3月10日頃までかかった。幸い、その後は霜害もなく、白はかなりの結実が見込まれ、赤はもっと控えめだった。ただし2004年に深刻な雹害にあった畑は、この年きわめて果房の数が限られた。

4月と5月は例年より雨がちだったが、冬の乾燥とその後の水涸れを考えれば、それでちょうどよかったのだといえる。開花は5月28日、29日のとても暑い週末に始まったものの、3週間近くに及んだのち、再び寒くなってミルランダージュが生じ、特に白を中心として、成熟がまちまちになった。

6月下旬、一気に気温が上がり、続く7月と8月は、乾燥はしても猛暑というほどではない暑さになった。熱暑が問題となった2003年とは違い、2005年は干魃のほうが問題で、ブドウの若木や表土のごく薄いブドウ畑に影響があった。7月が雨がちだったシャブリを別とすれば、夏の終わりまで雨量は平均を下回った。

幸いにもやや涼しい気候だったおかげで雹害はほとんどなかった。オート＝コート（3月）、シャンボール＝ミュジニ（4月末）に少し降ったくらいだが、7月17日にサントネとシャサーニュ＝モンラシェの一部をみまったひどい暴風雨は甚大な被害を残した。

9月になると、つかのま気温がぐんと上がり、待ち望んだ雨が降って、ブドウは水分を取り戻した。収穫開始日であるバン・ド・ヴァンダンジュは、コート・ド・ボーヌで9月12日月曜日、コート・ド・ニュイで9月15日木曜日と公布された。ドメーヌ・ド・ラ・ロマネ＝コンティは許可を得て15日以前に摘み取りにかかったが、ほかの多くの生産者は次週半ば頃になるまで収穫を始めなかった。

もし、ないものねだりをすれば、コート・ド・ボーヌよりもコート・ド・ニュイのほうに、夏のあいだ、あと少し水がほしかった。ブドウはよく熟していたようだが、調査すると糖分が低めであることがわかった。このため、白の摘み取りを終えるまで辛抱して、それから赤にかかった造り手もいた。収穫には気苦労がまったくなかった。天気予報は月の大半を晴れといったので、栽培農家は個々の区画をいつ収穫するかで頭を悩ませなかった。ブドウが健全で、葉の繁みが多くなかったことで摘み取りはたいへん楽に進み、難儀だった2004年

の収穫の、半分の時間しか要さなかった。生産者は少人数のチームを繰り返し使うか、日中早いうちに収穫を終えていて、せわしなく収穫を続けることはなかった。

収穫したブドウは、やや小さめから中ぐらいの大きさだった。白は赤よりもミルランダージュが多かったこともあり、結局赤よりも少なかった。黒ブドウは果皮が厚く、種子はよく熟し、深遠な色素をすみやかに抽出できた。

第一印象 白はアルコール度もよく、バランスのとれた酸があり、リンゴ酸は少なめで酒石酸が多い。個々の畑ごとに成熟度が異なるのは当然ながら、摘み取りの日取りと指示に労を惜しまなかった造り手はすぐれた成果をあげた。こうしてできたのは見るからに力強いワインで、酸に隠れていても分析すればわかるのだが、果皮からのタンニンももっていた。このため白を重すぎてバランスが悪いと論じた評者もいた。とはいえ最上の作は眠れる巨人である。

瓶詰め後 赤はかなり閉じこもってしまい、果実味の凝縮度は並はずれているが、乾燥した長い夏がもたらしたタンニンにがっしりと取り囲まれている。この年の赤は長年にわたり堂々たる姿を見せるだろう。これほどのワインにいきなり手をつけるのは恥以外の何ものでもない。

予想 広域名ワインでも優れた生産者のものであれば、2010～2011年頃まで飲み頃が続く。優れた村名ワインであれば、その翌年まで待つべきだ。白の村名ワインは飲み始めていいが、格上の白によってはもう10年待ってほしいものもある。大物の赤がいつ飲み頃になるのか、これは難問である。これらのワインのもつ強度と、骨格の強さがかなり目だつことから――これまでの1999年産の比ではなく――若いうちに楽しめるワインではあるまいと思う。かなりあとでないと姿をあらわさないものが相当ありそうで、若すぎるうちに飲むのは犯罪に等しい。優れた村名ワインで2012～2018年、格上の一級畑と特級畑のワインは2017年～2040年を飲み頃といっておこう。

2004年

赤よりも白のほうがずっと評判が高い年。偉大な白の年とは思わないが、魅力ある白であり、ほどよく早飲みできるものが多い。赤は謎めいている。樽からの試飲ではみられなかった強烈な青臭さは何だったのか。幸い、これは再び隠れつつあるが。

気候 7月の前半は曇って涼しく、つまりウドン粉病の好条件だったから、残る夏のあいだ、不注意な栽培家の悩みの種となった。7月後半、気温はかなり上がったが、ほぼ毎日雨雲が雷雨をもたらして、ときに雹を降らせた。7月19日、8月13日の嵐はもっともひどく、コートの村という村を襲ったが、ニュイ=サン=ジョルジュだけはまったくの無傷だった。

幸い、8月終盤の数日と9月初めの10日間は乾燥してよく晴れ、残る9月は曇っていたものの、10月第1週の末までこれといった雨も降らなかった。8月の終わり頃は危ぶまれていたけれど、2002年と同じように涼しく乾燥した天気によって収穫は救われたのだった。

コート・ド・ボーヌでは9月20日の月曜日に赤の、22日に白の収穫開始が公布されたが、これより早い収穫の許可を得ていた農家もあった。収穫のあいだ、天気はおおむね曇り、晴れ間があったりにわか雨が降ったりもしたが、さしたる被害もなかったのは、なによりも北風がブドウを乾かしてくれたからだ。

近年、まじめな造り手はどこも選果台を持っていて、たいてい振動式のものだが、2004年はまちがいなくこれが必要だった。収穫の週に生産者を訪ね、選果台での仕事ぶりを見るのはとてもためになるもので、一流生産者がいかに細心周到に徹しているかがよくわかる。

第一印象 隙のないシャルドネをつくる栽培農家は、2004年の収穫を終えてことのほか喜んだ。中程度から多めの収穫で、完熟したブドウは酸のバランスがみごとで、はじめからすぐれた香気をみせたが、これは1992年に似たスタイルかもしれない。

はじめのうち、2004年は赤よりも白の年かと思われた。7月、8月に雹にみまわれたときは誰もが落ちこんで見えた。しかし9月の好天は破局を救い、妙なことだが雹害に遭った畑のいくつかで驚くような品質のブドウができ、糖度が異例な高さに上ったものもあった。ともあれ、樽からの赤は総じて栄養不足気味で、すぐれた成熟度を欠くのだが、かといってそれが悪いわけではまったくない。

瓶詰め後 白は変わらず批評家たちのご贔屓だが、私の好みとはいえない。2003年に深刻な被害に遭った畑や、きちんと手入れをされていない畑からのワインに、かなり青臭さを感じるからだ。2004年の白には楽しめるものが山ほどあるが、長寿の名品を多く期待しようとは思わない。

赤の多くは瓶詰め直後、すさまじい青臭さがあり、尻込みするほどだった。ほんのすこし青みがあるだけのものもあるが、それならまだ上々だ。一説によると張本人はテントウムシであるという。除

梗機でつぶされて、蟻酸のような刺激性の酸を出したというのである。

より本当らしい説は、瓶詰め時に添加する硫黄分と生育期に多めに用いた硫黄分とが重合して、未熟なブドウの成分と結合し、瓶内で青臭い還元臭を生じたというものだ。

いずれにせよこの青臭さはいま消えつつあり、果実味の内にかすかな葉の匂いをとどめるにすぎないが、ワインの歩みはそれなりに速いだろう。10年以上寝かせておくべきものは極上のワインだけである。

2003年

一生に一度の型破りなヴィンテージ。地球温暖化でこういう年が標準的になったりしないよう、せいぜい祈りたいものだ。21世紀以前、8月に収穫されるのは百年に一度の割合だった。1976年、1893年、1719年というふうに。2003年産ワインの将来の姿を予見するのは至難だが、おそれていた最悪の事態にはなっていないし、赤白とも予想より期待のもてる様子を見せている。

気候　2002年の干魃に近い気象条件の後、秋と初冬にはまとまった雨が降り、地下水位が回復した。しかし2月と3月は極度に乾燥して暖かく、ブドウ畑の生育サイクルが始まるのを早めた。その結果、4月初旬の寒の戻りでは霜害がめだった。4月10日の木曜日には雪が降り、翌日の早朝、コート・ド・ボーヌの気温はいきなり零下5℃にまで下がった。1998年と同じく主として白ワインの畑がやられ、マコネからシャブリに至る涼しめの土地を痛めつけた。

赤の畑は同じ目にこそ遭わなかったが、代わりにノクチュエルつまり毛虫が夜に孵って新芽を食い荒らした。毎年出るものだが、例年この毛虫は花蕾の前にあらわれるので被害はごく限られる。2003年はそうでなく、いくつかの畑では大発生を見た。

最重要とされる復活祭の風は南東から吹いた。ブルゴーニュでかつて吹いたことのない風である。東風につきものの乾燥と、南風の熱とがあいまって、暑く乾燥した夏になる徴だった。4月後半と5月の大半は涼しくて風が吹き、ときに雨が降り、生育サイクルをほんの少し遅らせたが、5月末の暖かな1週間で開花が終わってしまったので、それでも例年よりだいぶ早かった。この開花期で、収穫開始はコート・ド・ニュイでも9月10日と予想された。マコネ一帯は5月19日の月曜、嵐にみまわれて若芽が引きちぎられる重い風害を受けた。

6月は日に日に暑さを増し、数度の風雨を別とすれば、どんどん乾燥していった。6月22日には記録が更新され、終日平均気温が従来の月平均を上回ることとなった。

7月初めは近年のパターンで涼しく湿っていたが、すぐ2003年特有の暑さと乾燥が舞い戻った。月末頃の嵐はありがたい雨をもたらしたが、水撒き禁止令の発動を止めるには至らず、結局7月28日には施行された。

それでも8月はさらに暑くなった。史上最高気温にこそ並ばなかったが、これほど強烈な猛暑が延々と続いたことはかつてなかった。8月4日から13日のあいだ、毎日気温は40℃を超えた。猛暑のせいでフランス全土で数千人の死者が出て、遺体安置に冷蔵室を代用することが報じられた。

8月初旬、収穫開始は9月第1週か、あるいは8月30日かと思われた。だがシャンドン・ド・ブリアーユでは、潜在アルコールが14.5%に達したとして8月15日に白のコルトン収穫に着手した。許可申請をする者は誰ひとりいなかったが、それは役人が休暇をとっていたからだ。役人たちは18日月曜日に仕事に戻るや、事実上すべてのワインについて、翌日からの収穫開始を宣言した。これは開花日から80日しか経っておらず、ブドウの成熟期間としては極端に短かった。

一方、8月13日の水曜日以後、おそろしい猛暑は収まったが、暑く乾燥した日は続き、8月28日新月の木曜日にようやく天気が崩れはじめた。以後、朝露が戻ってきて、一帯の気象条件も平常になった。しかしこの時点で収穫を開始していなかったのは、ジュヴレ＝シャンベルタンの遅積みを慣わしとする人々だけだった。

早期の収穫は実務的な問題に直面した。栽培農家も雇われ人もまだ休暇中で、醸造所の仕度ができていなかったのだ。摘み取り部隊および収穫用の諸設備は9月始めに予約されていたので、いきなりかき集めるのは容易なことではなかった。貯蔵タンクには瓶詰めを待つ前年のワインが詰まっていた。また昼食後は摘み取りには暑すぎ、仕込み場に届くブドウも温度をもちすぎて、冷やさない限りどんどん発酵が始まってしまうおそれがあった。

いつ収穫を始めるか、決断は難しかった。かなりのブドウは熟しており、摘みとる必要があった（ただし均一な成熟ではなく、未熟な区画もかなりあった）が、それはブドウのもつ酸度が、瓶詰めされるワインと同程度になっていたからだ。糖分は高くなっていたものの、果梗、果皮、種子は未熟だったりした。総じて種子は熟して果梗が未

熟だったため、果皮と味によって判断するしかなかった。

待つのを選んだ人の言うところは、これ以上酸度が下がることはなく、少し雨が降れば、益こそあれ害はなく、涼しい天気で摘みとるほうがよく、フェノール類がちゃんと成熟するには昔からのように開花後100日近く経たなければならない、というものだった。

ワインの醸造　早くにブドウを摘み、醸造技師の意見を入れた人は、かなりの量の酒石酸を加えた。白ワインのマロラクティック発酵をさせずに酸を残すという選択肢は、ブドウにリンゴ酸がなかったため、現実には不可能だった。栽培家は、赤の果汁に酸が低くpHが高いという数値におそれをなし、やはり多くが補酸しようとした。多くは発酵に際して抽出を早めにあっさりと終えようとし、ルモンタージュを避けた。もっともニコラ・ポテル、カミーユ・ジルーのダヴィッド・クロワら数名の造り手はこの風潮に反対で、この年の象徴がタンニンなら、それを最大限活かそうと考えた。とはいえ、もっとも重要だったのは瓶詰め時期の決定で、とりわけ白にそれがいえる。大あわてで5月、6月よりも前に瓶詰めしてしまった人もいた。これをやってうまくいったのは、ヴィンテージ特有のバランスの歪みを瓶詰めで修正できた場合に限られるようだ。いつものように18ヵ月後に瓶詰めした人も、当初はもっと早まると予想していたのだが、貯蔵期間を経るうちにワインが落ち着いてきて、好ましくない特徴が樽底に沈み、当初見当たらなかったブドウ畑の個性がようよう現れ始めたことに気づいた。だから注意深い人々は、結局のところ例年の月数まで瓶詰めが遅れたのである。

第一印象　白よりも総じて赤の造り手のほうが楽観的だったが、実は何を期待すればいいのか誰にもわからなかった。早摘み派、遅積み派の双方がそれぞれいい決断をしたと思っていた。補酸した人、しない人の両方が、等しく正道をおこなったと考えたのだ。当初の分析では非常な低酸といわれたが、実際はそう見えるより多いことがままあった。

この年、フランス全土の赤はジゴンダスのような味わいになり、ブルゴーニュでは基調となる果実味はエルダーベリーやマルベリーのそれのようだった。ドメーヌ・ド・クルセルのイヴ・コンフュロンは、2003年の赤には過熟した桃の果皮と果肉を思わせるところがあるという。

瓶詰め後　私はこの年の白に、長いあいだなかなか手をつける気になれなかったのだが、本当のところ、思っていたよりもずっとよい方向に落ち着いてきたようで、2009年を通じて幾度もその好例に接した。確かにこの年のワインは必ず重く、強い日照からくる豊満さがあるが、案じたほど、暑げな重たいものだったわけではない。ワインによっては50年以上保って、一部の1947年産と同じように育ち、人々を仰天させるものが出てくるだろう。

赤にはヴィンテージの刻印が顕著だが、多くの1983年のように出だしの数年でバラバラになってしまうこともなく、第一関門は越えたといえる。徐々にではあるが、熱っぽい匂いの奥から、少しずつ着実に、ブドウ畑の個性が見てとれるようになってきた。この年のワインには定期的なチェックをお勧めするが、長命なワインがかなりありそうなのは確かと思われる。

2002年

ブルゴーニュの関係者が好んでやまないヴィンテージ。白は繊細で切れ味がすぐれ、ブドウ畑の個性をよく反映している。同じ評は赤についても言える。澄んで精緻な味わいには、偉大なヴィンテージに通例の重さというものがなく、しかも真の喜びをもたらしてくれる。

気候　乾燥した秋に続いて、異例に寒く乾いた冬が来た。雪のクリスマスは零下16℃もの低温となり、寒波が樹についた病害虫のたぐいを死滅させてくれたおかげで、ブドウ畑はくまなく安泰となった。2月は暖かく、シーズン到来が早かったので、晩霜による被害もなかった。8月中旬まで気象状況は申し分なく、中程度の収穫規模で、早めの進行ながら、すぐれた成熟度だった。ブルゴーニュ地方は南仏とイタリアを襲ったすさまじい嵐とはまったく無縁で、ボルドーを落胆させた雨量にもほど遠かった。総じてブルゴーニュも北へ上るほど、夏を通じて天候に恵まれた。早々に発布された節水令は11月まで解除されなかった（収穫前のポマールでは、禁を破ったとしてバンジャマン・ルルーが告発されたが、タンクに貯めた雨水だったことを立証して罰金1500ユーロを免れた）。

8月の後半と9月の前半は趣が異なり、涼しいが曇り、ときに雨が降った。当初この天気は歓迎されたが、とうてい干魃を追いやるほどの降雨量ではなかった。やがて栽培家たちはカビの兆候を認めると、ブドウの健康を心配し始めた。ボジョレはこの雨の最中におおかたの収穫がおこなわれ、マコネでは性急な人々が不均一なブドウを機械で摘んだが、房をつけすぎた樹は、完熟前にカビに

やられてしまった。

しかし総じて言えば、それも北寄りでは、まだ乾燥した年であった。9月12日付『ビヤン・ピュビュリク』紙の見出しは「嵐が来てもまだ水不足」というものだった。ドゥニ・バシュレの1914年生まれの母は、知るかぎり最悪の水涸れだと断じた。そうであったにせよ、天気はやや上向いてきた。幸い北風が吹き始め、ブドウの水気をすっかり飛ばしてくれたのだ。優れた造り手たちはほどよい収量に抑え、欠かせぬ除葉をおこなっていたので、完全でなくともほとんどカビにみまわれることはなく、風がブドウを乾燥させてくれた。ただしそれによって収量はさらに減ったのだが。

コート・ド・ボーヌでは、好天となった9月16日月曜日にバン・ド・ヴァンダンジュが公布された。19日の火曜日に嵐が今一度来たが、これはジュヴレ゠シャンベルタンとマルサネのごく一部に雹害をもたらしたにすぎなかった。続く10日間、収穫はほぼ絶好といえる条件下でおこなわれた。カビも散見されたが、ブドウは糖分がたっぷりあり果皮も厚かった。

第一印象 2002年の白ワインには誰もが大満足だった。量はまずまずで決して多すぎず、ブドウの成熟度も優れていたが、アルコール度も高すぎず、酸も適正である。中期的にたいへん楽しめそうなワインになりつつある。1992年との共通点がいくつもあるが、2002年のほうが熟成向きの骨組みをもっている。なによりも優雅に洗練されたワインであり、特にシャブリは燦然たるヴィンテージである。

おおまかにいってフランスでは北へ行くほど雨が少なかったから、収穫直前の畑は申し分のない状態だった。9月の涼しい北風は、ワインの個性をきわだたせてくれた。

この年は赤ワインもきわだって洗練されたものが生まれた。澄んだ果実味、優雅にすっきりとして、ボディは中程度かそれ以上、適正な酸と、よく熟した細やかなタンニンがある。

多くの栽培農家が驚いたのはブドウがよく熟していたことで、収穫直前に12％だったのが、醸造所に届いた頃には12.8〜13％になっていたことだ。ある栽培家によれば「それはちっともおかしくない。普通ならなかなか熟さなくてカビの出やすい場所でさえ、よく熟してカビがほとんど見られなかったのだから」という。ワインは澄んだ果実味とすぐれたスタイルをもち、もっと筋肉質な1999年と一線を画している。

瓶詰め後 2002年の白はみごとな味わいをみせはじめた。当節のブルゴーニュの白は長期熟成の力に確信がもてないから、今こそ楽しむときだ。2009年の試飲の際、数々のすばらしいワインが、この年のもつ可能性を遺憾なく発揮していたが、同時に熟成前酸化してしまった例も実に多かった。

赤はほどなく静まりかえってしまい、殻にこもってさしたる華やぎも見せなかった。色は明るく、ボディはほとんど細いくらいに見える。だが私の確信は変わらず、2009年にはようやく花開く気配を見せはじめた。優れた村名格と並の一級畑のワインは10年で飲み頃になろうが、極上のものはさらに10年を要するだろう。

2001年

ほかの年にもまして記憶から抜け落ちてしまったヴィンテージ。悪い年ではないのだが、とうてい傑出した年でもなく、赤白ともにヴィンテージの個性をしっかり感じとることができなかった。

気候 2000年から2001年にかけての冬は湿りがちでぱっとせず、寄生生物を退治するようなきつい寒気も訪れなかった。発芽期は過去数年よりはゆっくり始まり、春先の霜害はなかった。5月の終わりはたいへん暑く、開花を早めたが、6月初旬の気候が不安定で再び開花が遅れた。開花期がこう間延びすると、ブドウの成熟は不均等になる。7月の天気は交錯したが2000年よりましだった。最初の難題は8月2日にヴォルネを襲った壊滅的な雹で、とりわけ一級畑がひどく、ムルソーの一部とポマールの南側もやられた。8月の終わりには熱暑となり、1998年ほどではなかったにせよ、ブドウの日灼けが生じた。9月初頭、ヴォルネを除く多くの生産者はかなり楽観的で、2週間好天が続いて、秋分の日までに、よく熟した健全なブドウをそこそこ収穫できればと思っていた。だが、9月の第3週まで冷えて、雨の日が多かった。低い気温が幸いしてカビは生じなかったが、この年がもしも1999年や2000年並みの大収量だったら、悲惨なことになっていただろう。

コート・ド・ボーヌのバン・ド・ヴァンダンジュは9月17日の月曜日に公布されたが、この日も冷えて北西の風が吹きすさび、晴れ間と雨とが入れ代わった。それでも糖度は比較的低かったため、この週のうちに収穫をはじめた人はほとんどなかったのだが、翌週になって天気が好転したのは幸いだった。選果台はいたるところで登場した。1998年のようにカビのついた（ところにより雹にやられた）ブドウを除去するだけでなく、8月後半の日照りで灼けてしまった果実と、異例に長引いた開花期のせいで未熟なままの果実をも取り除

かねばならなかったからだ。

第一印象 コート・ド・ボーヌでは、雹にあったヴォルネを別として、多くが2000年よりも2001年を好む。コート・ド・ニュイではどちらもよいヴィンテージだと語られるが、1999年とは比べるべくもない。「あと1週間、ほんとにいい天気が続いていてさえすれば……」というわけだ。

白はまずまずの収量だったが、1999年、2000年よりは少なかった。ジャン゠イヴ・ドヴヴェイの指摘は興味深い。2000年は糖分は高かったが成熟度が不足しており、2001年は糖分こそかなり低かったが、ブドウがちゃんと熟していたのだという。

赤は、糖分という点では総じて低調だが（潜在アルコール分は11.5～12.5％）、果実味にあふれている。酸は普通、タンニンもちゃんとあって、たいがい充分熟している。2000年よりは果皮が厚いおかげで（9月初旬の悪天でもだいなしを免れたし）、色素の抽出もかなりよく、赤い果実味にあふれている。もう1週間の日照がほしかったという点では1993年に通ずるところがあるようだ。

瓶詰め後 とびきりというにはもの足りないが、たいへん楽しめるヴィンテージである。ただ、かすかに日照不足の感があり、とりわけグラスに湧き出す芳香には心を奪い去る力が乏しい。おそらく白は赤よりも飲み頃になっていて、やつれ始めたものもあるが、まだピークにいるものもある。赤はよく保っている。真に傑出したワインはまれで、偉大な当たり年に見られるヴェルヴェットのような深みが、今ひとつ足りない。いくぶん素っ気ない造りだが、味わいに足る果実味があり、骨組みのバランスもとれている。10年後の試飲では、酸の過不足を指摘する声は特段なく、ごくまれに角のあるタンニンを感じた。果梗を用いて仕込んだワインがとても良くなっていたのは興味深いことである。

2000年

ワイン商の立場からすれば、2000年のボルドーの評判がブルゴーニュにも及んでくれたのはたいへん助かった。赤は、長期熟成向きの大物とは、到底言えなかったからだ。とはいえ、2000年のワインは飲んで楽しいこと限りなく、実は予想以上によく保っている。

気候 2年連続の大豊作が見込まれた年で、ブドウは春の晩霜を耐え抜いて首尾よく開花した。ブドウ畑の育成サイクルはまたもや早熟で、収穫も早くなり、コート・ド・ボーヌでの摘み取り開始は9月11日という早さだった。

7月に天候に恵まれなかったのが原因で、赤のブドウは9月になってもやや弱い状態が続いた。コート・シャロネーズとコート・ド・ボーヌでは、夏にかなり雨が多かったが、マコネ、コート・ド・ニュイ、シャブリではもう少しよい条件が支配的と思われた。

9月12日のおそろしい嵐は、この相違をさらに悪化させ、コート・シャロネーズと、コート・ド・ボーヌ南部に大量の雨とかなりの雹(ひょう)を見舞った。しかもまだ暑く湿度も高かったから、多かれ少なかれ熟していた赤ブドウは、カビの大発生にさらされることとなり、何をおいても摘みとることが急務となった。きわめて少数だが、コート・ド・ボーヌではこの嵐の前に摘みとりをしたところもあった。

コート・ド・ニュイはシーズンを通じてもっと健全な気候を享受し、12日も雨はごくわずかだった。収穫のあいだもまだ暑く、9月15日に車で下りてきたときも、午後10時半のサヴィニ゠レ゠ボーヌの気温は25℃もあった。19日の夜から20日にかけて少し雨が降った程度で、収穫には総じて良好な条件が続いた。

白ブドウの果皮は厚く健全なままで、ブルゴーニュ全土で成熟がうまく進んだ。豊作だったにもかかわらず、造り手たちは口々に、ブドウの果汁の少なさに比べて果皮が厚いことを指摘していた。

第一印象 当初よりこの年は、シャブリとマコネの当たり年だったようで、すべての重要な局面で良好な気象条件に恵まれて、まるみと凝縮感のあるワインができた。コート・ド・ボーヌの白はややばらつきがあり、1999年と2000年とでは生産者ごとに好みが分かれる。1999年と違って、糖度が充分でも生理学的な完熟に達していたわけではなく、早摘みは禁物だった。澄みきった果実味がありながら、味わいはことのほか長く、しかも重量感はない。赤にはどことなく1997年に通ずるところがある。この年も熟したブドウを暑いさなかに摘んだのだった。造り手の多くは、果皮から深い色を抽出できないと言っていた。黒ではなく赤系の果実の年といえ、ラズベリーの風味が引き合いにされることが多い。1999年物より先に飲むのがよいが、コート・ド・ニュイには名品が散見される。

瓶詰め後 ほとんどの赤は飲み切るのがよく、実際そうされているだろう。コート・ド・ボーヌのワインはそうしてまちがいないが、コート・ド・ニュイの優品は思いのほか飲み頃が長く、果実味主体のわかりやすい味わいをしばらく楽しめるだろ

う。白はシャブリも含めて熟成前酸化の問題が生じなかったものは今なお新鮮味があり楽しめる。

1999年

ボルドーでは並作だがブルゴーニュでは大当たりの、2000年と対照的な年となった。収量は多かったが難なく成熟した。気象面でいえば珍しくコート・ド・ボーヌのほうがコート・ド・ニュイよりもわずかに有利だった。白も成功したが、赤は真価を遺憾なく発揮し、どれも多年にわたり喜ばせてくれるものができた。

気候　ブルゴーニュの栽培家にすれば、前年に比べてはるかに簡単だった年。低収量の1998年を埋め合わせるかのように、あくる春、ブドウは元気よく発芽した。若芽は霜害を免れ、6月1日頃、最初の夏日のような高温のなかで一斉に開花した。コート・ド・ボーヌでの開花は早く、迅速でむらがなかったが、ニュイではもう少し長引き、ばらつきもあった。ブルゴーニュ全体で厖大な収量が見込まれた。

6月の後半から7月にかけて天気はさえず、寒く湿りがちだったが、7月後半と8月はおおむね暑く、ほぼ雨が降らなかった。冬の雨量が豊富だったおかげでひどい日照りになるおそれはなかったが、それでも8月終わりには深刻な水不足となった。幸い、雨まじりの嵐が吹いて、必要な水分を補ってくれた。

再びすばらしい好天が広がり、ブドウの成熟は一気に進行した。コート・ド・ボーヌでのバン・ド・ヴァンダンジュは9月15日水曜日、コート・ド・ニュイではその2日後だった。ブドウの熟し具合を注視していた栽培農家は、許される限り早く収穫を開始したが、ことにコート・ド・ボーヌでは、早く均一に開花したこともあり、早々と一斉に熟したので、その傾向が強かった。

しかし15日に少し雨が降ると、19日、23日にもたくさん降り、以後雨は頻繁になった。はじめのうちこそ雨の害はなかったが、降り続くうちにブドウは水っぽくなった。カビがほとんど生じなかったのは幸いだった。厖大な収量のせいでコート・ドールのどの村でも1ha当たり40ヘクトリットル（赤）、45ヘクトリットル（白）の規制収量について、平年は20％増しか認められないところ、40％増が許可された。だが、過剰な収量を抑えて早く摘みとった人はすばらしいワインを造った。

第一印象　白ワインはきわめて愛想のよいワインができた年。決まって低収量に抑える造り手は熟成力のある傑出したワインを造った。とはいえ全体像をいえば、愛想がいいの一言に尽き、本格的な熟成型というより、とにかく美味しいという点で、1992年を彷彿させる。（分析では）たいへん酸が低いが、味わいはそんなことはなく、pHがきわめて低いのも変だが、化学ならぬ中世史を学んだ身としてはあまり詮索せぬことにしよう。赤は厖大な収量にもかかわらず、水増しの気配はまったく見えない。樽から試飲するたびにワインは良くなっていった。色調も優れているが濃すぎるのではなく、果実味にあふれ、それなりに複雑で、そして何よりもみごとにバランスがとれている。1999年の赤の刻印はそのタンニンの質にある。一見すると分析だけでは1998年よりもタニックなのだが、明らかにタンニンは完熟しており、魅力ある果実味に絹のような触感を添えている。このヴィンテージの名声は年を追って高まってゆくことだろう。

瓶詰め後　樽試飲でみごとな将来性を見せた白は、個性を発揮する前に4、5年ですっかりとおとなしくなってしまった。この年の白には熟成前酸化の現象がかなり強く見られ、大成功の年のはずだったが、そんな声望もかすんでしまった。
赤ワインが早くから見せた将来性は変わることなく、大収量が仇となるおそれもまったくない。10年経って村名ワインは飲み頃に達したが、たまにとびきりのワインを楽しんでもさほど罪悪感はない。こうしたワインは長じて多くをあらわすであろうが、濃厚な果実味とエネルギー感とで、すでに大きな喜びをもたらしているからだ。

1998年

この仕事を始めてからおそらくもっとも苦手な白を生んだ年だが、赤には楽しめるものがたくさんあり、なるほど難しい年ではあるが、注意深く選べばみごとなワインになる可能性も秘めている。

気候　程度の差こそあれ、だめなものはだめにしかならないという年で、特に白のブドウ畑がそうだった。主として霜、雹、ウドン粉病、日灼け、そしてカビ。ひとシーズンにこれらすべてにみまわれた。

復活祭の月曜日、遅い吹雪が吹くと、夜の気温は零下8℃にまで下がり、深刻な被害が生じた。翌朝、傷んだ芽に直射日光があたってとどめを刺した。シャルドネはこの段階でかなり育っていただけに被害は重かったが、ピノは発芽が遅いぶん災いを避けることができたと考えられた。さまざまな雹害でマコネとコート・ド・ボーヌの白ワイン地区はいっそうひどい被害を受けた。シャブリは霜害を免れて喜んでいたが、あとで最悪の雹にみまわれ、とりわけ特級畑がひどかった。

6月の天候は冴えず、ウドン粉病が襲来したが、

これはピノよりもシャルドネの方に出やすいため、白の被害はさらに重くなった。その後事態は少し好転したが、8月は40℃もの猛暑日があり、干からびてしまうブドウもあった。とはいえ、まだ収穫には期待がもてそうだったのだが、9月はじめに冷たい雨が続いてしまった。たちまちカビが生じたが、さほど広がらなかったのは幸いだった。結局9月は冷えて雨がちだったが、16日から26日までおだやかな日が続いたことで収穫は無事だった。摘み取りは15日頃始まったが、最善手は21日の月曜まで待つことで、その頃には地面もブドウもすっかり乾燥していた。あとは悪天候が戻らぬうちに狂ったように摘み取るだけだったが、実際翌週は天気予報の通りとなった。

第一印象　はじめのうち赤は、深い優れた色調で、果実味と天然の糖度がたっぷりあった。ただし、どのワインの果実味とタンニンのバランスがとれているかは時間だけが明らかにするだろう。白はもっとばらつきがあるが、マコネとシャブリでは良いものがあった。多くは早い段階で魅力ある芳香をもっていたが、崩れやすいものとなりそうだった。

オスピス・ド・ボーヌ競売会の翌日、価格の基準にされるのが通例の落札額について、地元紙の見出しは「価格は12％上昇──しかし熱狂はなし」とあった。たしかに老舗ネゴシアンたちは、何とか値を抑えようとし、1997年の高値を下げて、上がらないようにしたがっていた。

瓶詰め後　ワインは予想したよりもずっと安定感が出てきたが、一部に悲惨な例があり、また一部に見るべきものがある。まだ青いタンニンの残るワインが多いが、さきに果実味が干上がってしまったわけではない。大多数の赤ワインは飲み頃のピークにさしかかっている。白は今なお精彩のないヴィンテージとしか言えず、この先とっておくべきワインはほとんどない。気になる重い動物臭のするものが多く、熟成に向くバランスがない。

1997年

日照に恵まれ、暖かく晴れた9月だったにもかかわらず、このヴィンテージが人々の心をつかまないのは、ボルドーのひどい値づけのあおりを受けた消費者がこのヴィンテージに背を向けたせいかもしれない。ブルゴーニュの取引業者も、多くの造り手の意に背いて、同じ判断ミスを犯したからだ。

気候　2月と3月が暖かく乾燥していたため、栽培農家は晩霜の心配をしたが、ごく一部の畑が5月半ばに寒さでやられただけだった。代わりにブドウの樹は一斉に開花準備を始め、5月末から6月はじめに開花したときは、気候もたいへん良好と思われた。あとになって、この花づきには当初の見立てよりもかなりむらのあることがわかったのだが。

6月の後半から7月にかけて、比較的肌寒く、ひどくじめじめした天気が続いた。8月になると暑い日が続き、雨もよく降ったが、現実の降雨量はたいしたことがなかった。ブドウは色づき始めたものの黒ブドウは明らかに成熟度にむらがあった。8月末と9月初旬の嵐は、はじめは有益、あとのほうはいささか迷惑だった。

幸い、9月6日から空は晴れ渡り、12日だけを別とすれば、9月はもう雨が降らなかった。前年に比べてかなり暖かく、ブドウの成熟にも何ら問題はなかったが、酸度が急に低下するおそれがあった。最終的にブドウはたいへん優れた糖度をもち、酸度もまずまずで、カビはほぼ皆無だった。白ワインのブドウは平均的な収穫高、赤は予想より少なく、1996年を大きく下回った。

第一印象　白にとっては3年連続の優れた収穫年。この年の白は、肉づきよく太り、比較的酸が低い。マコネとコート・ドールはよいヴィンテージだが、1996年産の品格はない。

赤ワインには1996年の安定感はないが、ヴィンテージの逆境にうまく処した造り手はみごとなワインを造った。収穫期の高温のせいで醸造所に届くブドウは温度がかなり高かった。設備不足でブドウを冷やせなかったところでは、いきなり発酵が始まった。こうしたワインの中には、やや浅薄なものがある。一方、ブドウを冷却でき、いつもの発酵前低温浸漬ができたところでは、印象的な色調と果実味、深みをもつワインができた。これらはこの10年でも指折りのワインである。

ネゴシアンは早くから狂騒のキャンペーンを遂行し、前年のきわめて妥当な値づけから一転して、法外な値上げをした。この風潮が続いたせいで11月のオスピス・ド・ボーヌ競売会では46％もの値上げとなった。

瓶詰め後　白ワインは精一杯期待に応え、フルボディの美味なワインもいくつか生んだが、たいていのものはもう飲みきるのがよい。赤も楽しめたが、熟成させても本当の深みが出ないのではないか、とか、複雑な味わいがあらわれないのではないか、という当初の心配は当たってしまった。

1996年

心躍るヴィンテージだが、その強い酸ゆえに異論もある。白は長期にわたり新鮮味と生彩を保つと思われたが、多くのワインでその見立ては早々に

崩れてしまった。赤についてはまだ評決は出ないが、私は強い支持派である。

気候 復活祭は晴れ渡り、清涼で乾燥した中で北風が吹いた。5月は雨が多かったけれど霜は免れた。6月はいきなり暑い晴天となり、早い開花を迎えたが、むらなく一気に進行したせいで、大きな収穫が約束された。7月は平年並み、8月はやや湿りがちだったが、地域差はあり、夏じゅう水不足に苦しむところもあった。しかし総じて8月の雨が予想外に果汁をよみがえらせる働きをしてくれた。それがわかったのは収穫と破砕をしたときだった。

9月は品質を大きく左右する重要な月だが、ここで復活祭の言い伝えが本当となり、3週間北風が吹き続け、つまりほとんど雨が降らず、ふだんよりも涼しく気温の低い晴天が続いた。日照は糖度を上げたが、気温の低さで高い酸度が保たれたのである。ブドウはむらなく健全で、しかも豊作だった。11月末、私は欲張りな農家が無理して造った（明らかに規制収量を超えた）ブドウを畑でつまんでみたが、カビの気配もなく、まだすばらしい状態だった。

第一印象 この年の成功は、収穫時のブドウの酸度がきわめて高かったらどうなるかということに尽きる。幸いにもこの酸は酒石酸よりもリンゴ酸の比率が高く、マロラクティック発酵によりやわらかい乳酸に転ずるものだった。だから当初の試飲では耐え難い酸っぱさを覚えたのが、活き活きとした酸味という程度に落ち着いたのである。ただ決して容易にそうなったのではなく、マロラクティック発酵の開始が遅れ、終わるのも遅かった。

白は、澄みきった感じのする、優れた果実味とボディ、よく熟成する力をもつワインと見えた。1995年より細身だが、品質はほぼ同等である。1996年のシャブリは疑いなく近年では抜きんでており、1995年、いや1990年すらもしのぐ。おおまかにいって1995年、1996年、1997年の白のブルゴーニュは、1988年、1989年、1990年のトリオをしのいでいる。

赤ワインも同様にカビのおそれがないという恩恵にあずかった。1996年のような大収量は通常ピノ・ノワールには危険な兆候だが、一流生産者のワインには、薄まったような気配はまったくない。収量をぐっと抑えた生産者のものには、1995年産より凝縮感のあるワインもある。両ヴィンテージのうちどちらが好ましいかは一概に言えず、造り手ごとに判断する必要がある。

瓶詰め後 あまりに多くの白ワインが早々と酸化してしまった。広く蔓延した熟成前酸化現象の始まりである。ただしこの年の場合、ヴィンテージに固有の原因もあったように思う。きわめて酸度が高くてマロラクティック発酵がなかなか始まらなかったので、ワインに亜硫酸を加えないままにしていた造り手が多く、比較的暖かくなったときに酸化を誘発したのかもしれない。確かに酸と果実味とは合体していないようで、果実味が酸に守ってもらうことなく酸化してしまったという印象を受ける。

赤はまだ押し黙ったままだが、果実味と酸味をともに保持している。村名ワインはようやく飲めるようになってきたが、格上のワインはまだ殻にこもっている。とはいえ、酸が強い年だった1957年や1972年産と比べたとき、1996年は両ヴィンテージよりも果実がよく熟していたので、長期的には驚くべきワインがかなりあるだろう。

1995年

この年と1996年のペアには心が躍る。ともにたいへん優れたヴィンテージだが、気象条件は大きく異なり、したがってワインのスタイルも違う。1995年産はしばらく無表情になっていたが、赤は当初の期待に添うようになりつつある。

気候 年のはじめにいくらか霜害を受け、6月、さえない天気の下で開花が始まり、収量が少なく成熟が不均等になることが予想された。発育不良になるブドウが多かったが、この現象はミランダージュと呼ばれ、ワインの品質を大きく左右する。ブドウの果実が小さければ果汁に対する果皮の割合が通常よりずっと高くなるが、その果皮にこそ、風味と色素をもたらす成分が含まれるからだ。

7月、8月の気象条件はたいへん優れていたが、9月は冷え込み、曇天と雨がちだった。果皮が厚く、また気温も低かったことで、雨によるカビの発生を防ぐことができた。現実には雨が充分ゆきわたったことで、たいていの栽培農家はかなり満足な条件下で収穫をすることができたし、確かに1994年のような水増し感はなかった。

第一印象 赤白とも収量はきわめて低かった。白ブドウは糖度が高くすぐれた酸があり、実が小さく、果皮は厚かった。当初ワインは固くて凝縮感があり、とりたてて強い香りも酸も感じられなかった。これは果皮に由来するタンニンがワインのもつさまざま要素を覆い隠したせいである。

赤ブドウは適切な糖度をもち、おおむね1993年よりもやや高かったが、補糖を若干必要とした。厚い果皮と小さな果実により、色調と熟したタ

ンニンが得られた。これらは1993年に通ずる点で、みごとな赤系果実の個性がきわだっていることも共通している。ただし酸とタンニンが低いぶん、ワインはかなりやわらかい感じで、どことなく1985年産に似ている。少数例だが、シャンボール゠ミュジニやヴォルネのようにエレガントなアペラシオンでは、1985年と1993年をブレンドした域を超えるようなワインができ、比肩しうるのはあのすばらしい1978年——やはり低収量の偉大な年——くらいである。これらを除けばワインはなるほど優れているが、偉大な年ならではの格別な興奮をもたらすものではない。

ブルゴーニュの人々は誰もが、このヴィンテージに世界中から引き合いが来るものと期待したが、それは高品質の手ごたえがあったことと、1995年産ボルドーが世の熱狂をあおっていたことにもよる。この年、まじめな造り手の収量はきわめて少なかったから、大幅に値上げをする条件はそろっていたのだが、多くの栽培農家はフランスの景気低迷を知っており、また収穫を終えたばかりの1996年の収量はたっぷりあった。それゆえ、かなり控えめな値上げにとどめたケースが多く、乱高下よりも着実な前進を選んだと言える。

瓶詰め後 赤白ともどことなくばらつきのあるものとなった。白のほとんどはピークを越えたが、まだとてつもないものを目にする。赤の歩みは今もゆっくりだが、ローラン・ポンソは十分寝かせておけば壮観なものになるはずだという。シャンボール゠ミュジニなどエレガントなアペラシオンが、ポマール、ジュヴレ゠シャンベルタンといったタニックなワインよりも優勢なことには変わりがない。

1994年

この年、ジャンシス・ロビンソンは、テレビでの主要ブドウ品種の連続ドキュメンタリー番組を製作したが、フランスでは行く先々で摘み取り人が土砂降りにみまわれ、バロッサやアンデス山麓との違いようが驚きだった。

気候 前年の秋と冬は珍しいほど雨が多かったが、夏は申し分のないスタートを切り、開花も上々だった。6月20日のひどい雹害にあったピュリニ゠モンラシェとムルソーの一部を別とすれば、よい展望が開けていた。8月は乾燥し、9月も出だしはよかった。だが9月10日から大雨となり、バン・ド・ヴァンダンジュが16日に公布されたとき、ほとんどの栽培家は続く月曜日から収穫を始めようとしたが、雨はまだ上がらなかった。ブドウは熟していたが、水ぶくれになっていた。9月終盤、天気は持ち直し、コート・ド・ニュイでは赤の摘み取りがおこなわれていたが、すでにブドウは弱くなっていた。

第一印象 1993年は9月の雨がブドウの成熟過程を阻んだが、酸は保たれた。一方、1994年は雨が降り始めた頃、ブドウはほぼ完熟していて、このため水分が酸を薄めたものの、糖分は薄まらなかったと見え、白ワインはやわらかくふっくらとした愛想のよいものとなった。若いうちは美味だが長く寝かせるべきものではなさそうだった。赤ワインの長所は、かぐわしく魅力的な果実味にあり、また水はけの良い斜面に位置する一級畑、特級畑は、村名格の畑よりも格段に優れたワインができた年だった。欠点は色の薄さと、上出来といえないものに見られる、ドライな味わいである。驚くことに11月のオスピス・ド・ボーヌ競売会では、白ワインは40%、赤ワインは51%、全体で53%もの値上がりを記録した（1993年と1994年では白と赤との比率が大きく異なるため、数字上はこういう結果になる）。とはいえこれは、（1）前年の劇的なほどの値崩れからもち直したこと（2）アンドレ・ポルシュレがオスピス・ド・ボーヌに復帰し、最新の醸造所とあいまって、以前よりも広範囲のワインを任されるようになったためともいえる。

瓶詰め後 真に驚くようなものはないが、かなり速く熟成する楽しめるワインで、今は枯れてきた。白はコーツ/ワッサーマンの「10年後試飲会」では、全体的に平凡だった。赤にはいくつか気を惹くものがあり、とりわけ特級畑がそうだが、これ以上寝かせてよくなりそうなものはなかった。

1993年

大西洋をはさんだイギリス側で好まれることが多いヴィンテージ。9月に、あとわずかの好天に恵まれていたら偉大な年だったであろう。現状では、どこか角のあるタンニンのせいで、果実味が干上がるか、長期保存に耐えるワインになっているかのいずれかで、これはワイン次第、そして飲む者の見解次第である。

気候 難しい生育期をめでたくしめくくった生産者もいたが、悲惨な結末だった者もいた。遅い春と初夏に降った大雨は、一帯にウドン粉病の問題を起こした。入念な世話を必要としたが、ビオディナミの原理にこだわる人や、うっかり薬剤散布をしなかった人たちは、かなり早い段階で収穫を失った。このほかに大きな雹害があり、特にムルソーでは、シャルム、ジュヌヴリエール、ペリエールの三本柱でほとんどワインができないほ

どの被害を受けた。

幸い天気はもち直し、7月後半と8月全般はすばらしい夏日が続き、乾燥していたのでブドウはよく成熟し始め、果皮も厚くなり、のちに色素とエキス分をたっぷりもたらしてくれそうだった。赤ワインは偉大な年になりそうだったが、9月になって気候はぐずつき、曇天の下、ときおり雨となった。いつものことだが、雨でやられるリスクを冒してでも、最高の熟度まで待つかどうかが問題だった。決定的だったのは9月22日水曜日の午後からの土砂降りである（1992年のときも同じ日付だった）。コート・ド・ボーヌではほとんどの赤と少数の白は、その頃収穫を終えていた。

第一印象　9月の雨で1993年の白は真の成功を収めることができず、マロラクティック発酵の前に気になる酸味があらわれていた。とはいえ、樽で過ごすうちに、1992年の水準には及ばないにせよ、肉づきが良く、見ばえもするようになった。マコネとシャブリの生産者はこの年の結果にかなり喜んでいた。

最初の試飲から、深い色の赤は、摘み取りの日付しだいで平均ないし優秀な品質だった。8月の猛暑で厚くなった果皮は色素と風味とをもたらしたが、わずかに完熟に至らなかったせいで酸が目だつものがある。

オスピス・ド・ボーヌ競売会での落札額は前年比21％ダウンで、フランスの経済危機を反映していたが、またオスピスの首脳陣がワインをだめにしてしまったことが発覚したせいもある。バルクの取引価格はすでに底値をつけていたから（事実、多くのアペラシオンで1992年の価格は、物価上昇を考慮に入れず、単にフランで比較しても1974年と同じだった）、オスピスのあとを追ってさらに下がることはなかった。

瓶詰め後　「10年後試飲会」での大きな驚きは、白がとても良くなっていたことで、長所となる酸味が保たれつつ果実味が花開いていた。大半が飲み頃だったが、予想を超えるレベルの品質の高さをあらわしている。以後、優れた白を楽しみ続けているが、もうほとんどが飲み頃を過ぎている。

赤はコート・ド・ニュイのほうがかなり優勢で、コート・ド・ボーヌのものはドライなタンニンが果実味を打ち負かす傾向が見られる。とはいえまだまだ寿命は続くから、さらに熟成させれば好転するものもあらわれるだろう。

コート・ド・ニュイでは、タンニンの粗い角が目につくが、これを抑え込むだけの重量感のある果実味が多くのワインで見られる。15年目にして、優れたワインが飲み頃を迎え始めたが、まだこれから年数を要するにちがいない。ただし決して優雅なワインにはならないヴィンテージである。

1992年

白ワインはたいへんな魅力にあふれる年。赤はおおむねやわらかく単純だが、おそらくブルゴーニュの方がボルドーよりも上。

気候　開花前は厖大な収量が前年の埋め合わせをしてくれそうに見えた。しかし6月初旬の天気は冷え込んで雨がちで、開花を抑え、ひいては収穫高を抑える結果となった。夏のあいだは、とりたてて言うほどのこともない気候だったが、雹のような災害にもみまわれなかった。だが、収穫前の2、3週間という大事な時期になって、明るい兆候はやんでしまった。収穫はコート・ド・ボーヌで9月12日に、6日後にコート・ド・ニュイで始まった。急ぎ必要があったのは、9月22日の火曜日にひどい豪雨となったからだが、それでもずっと南のヴェゾン＝ラ＝ロメーヌで死者が出たのに比べればよほどましだった。

第一印象　白はたいへん優れたヴィンテージで、偉大な年といってよく、赤は良い年で、ものによりたいへん良い。白は格調の高さとバランスをあわせもち、花のような芳香と優雅に熟した果実味によい酸がのっている。1989年のような重さこそないが、中期的にはかりしれない喜びをもたらしてくれるとびきりのヴィンテージである。比肩しうるのは1979年、1982年（よりは上）のワインと、1986年の優品あたりか。

赤は早熟かつしなやかで果実味が心地よく、5、6年のうちに飲むのが最適だった。ブドウは支障なく成熟しており、ほとんどの生産者のところで優良な糖度に達していたから、補糖の必要はなかった。1982年を濃くして、1985年と1989年を少し足したようなワインを思い浮かべたものだ。

瓶詰め後　白は偉大というよりも優れた味わいのヴィンテージというほうが的確となった。多くのワインは10年と少々で絶頂に達したが、一流生産者の特級で状態の良いものであれば、5年前よりも今のほうが、なおすばらしいだろう。

赤で言えば、1992年は、のちに2000年がはたしたのと同じ役回りをし、きわだった深みや個性はないものの、魅力あふれるワインを産み出した。ただし、収量を抑えた、あるいは幸運に恵まれた生産者は例外も造った。今は亡きフィリップ・アンジェルの1992年クロ・ド・ヴジョは、彼がこの畑から造りえた最高作だったと思われる。

1991年
赤は優れたヴィンテージで、白も上々のできだったが、世界経済と世界情勢の落とした影にかすんでしまった。対イラクの第一次湾岸戦争が勃発して世界はひどい停滞期に入り、個人のセラーは過去3ヴィンテージのワインで満杯になっていた。
気候 この年、3度の22日が鍵となった。4月22日、ひどい霜のせいで潜在的な収穫の芽はあらかた摘まれてしまったが、それでもメドックほど壊滅的ではなかった。6月22日にはジュヴレ=シャンベルタン、8月22日にはシャンボール=ミュジニを雹が襲った。もし開花が満足でなかったら、これらの局面で収穫はきわめて少なくなっていただろう。いわば霜害と雹害のひどかった場所ごとに、局地的に収穫が激減したのである。

7月と8月はよく晴れ、乾燥して暑く、9月の大半まで好天が続いた。バン・ド・ヴァンダンジュが9月24日に公布されると、ほとんどのブドウは迅速に収穫され、9月の終わりにはすぐに天気が崩れてしまった。
第一印象 白はそれなりの品質、赤はもっと良く、雹が量を落としたが質は下げなかったと考えられている。ただしあまりに市況が渋く、1991年のヴィンテージが論じられることは最初からほとんどなく、ほとんど取引もされなかった。バルク売りの市場は崩壊し、ムルソーのなかにはイギリスの目抜き通りでも10ポンド足らずで売られているものがあった。
瓶詰め後 白は決して人を夢中にさせるものではないが、かなり魅力的なものもあったし、今もある。一方、赤は確固たる寵愛を得るまでになり、兄貴分の1990年のそれをしのぐ例もみられる。まるみがあって、畑の個性をよくあらわしており、バランスのとれた、精緻な味わいがみごとだった。極上物もある中で、どれもたいへん楽しめるものばかりだったが、なお長寿を保つものもあろう——ただし大切にとってあるワインは多くないと見るが。

1990年
ブルゴーニュが大成功を収めた年で、異論もあるが、赤は1978年から1999年のあいだで最高といわれ、白もまた優れている。夏の猛暑でワインはブルゴーニュらしからぬ濃厚なものとなり、このため必ずしも万人の愛するものではない。
気候 ブドウ樹の発芽は早く、大量の新梢を生じたが、開花時の寒さでだいぶ減少した。長く暑い夏のあいだにすくすく育ち、8月には待望の雨が降って水涸れから救われ、ブドウは成熟プロセスを取り戻した。開花時に冷え込んだ結果、ピノ・ノワールは相当量のミルランダージュを生じた。これはブドウの結実が小さくなることで、果汁に対する果皮の（ひいては色素とエキス分の）比率が高まるのである。

収穫はコート・ド・ボーヌで9月20日に、1週間後にコート・ド・ニュイで始まったが、かなり長引いたのは、開花が不均一であったことと、晴天続きだったので多少ギャンブル気味でも待ちに徹することができたからである。
第一印象 白は大収量を上げたが、果実味と爽やかな酸味にあふれ、偉大とは言わぬまでも優れたヴィンテージになると思われた。並べてみると1989年産のほうが切れ味があるようだった。赤はところを問わず、優れた色調とあふれる芳香、忘れがたい重みをもっていた。偉大なヴィンテージたる所以として、酸とタンニンとのバランスも格別である。生産者や批評家によっては、さながらカリフォルニアのワインのようなこの年のスタイルに魅力を覚えなかったのか、果実味の重量感と成熟度が、優雅さと細かなニュアンスを犠牲にしていると感じられたようだ。商業的には西側諸国が長い不況に入ろうとする頃だったため、ひどい騒ぎが起きることもなかった。
瓶詰め後 瓶詰め後も当初の評価はそのまま支持されてきた。1959年と2005年とを過去50数年で最高の年とすれば、1978年、1990年、1999年は両者に迫るヴィンテージとして人口に膾炙するだろう。すぐれた造り手の村名ワインは今でも魅力にあふれ、格上の一級畑のものは今まさに絶頂を迎えようとし、2009年クリスマスの「モリス・ディナー」でもたびたび登場した。すぐれた特級にはあわてて手を出すことはなく、まだこのさき20年大丈夫だろう。

白のほとんどはすっかり飲み頃になったが、優れた作であれば、さらなる高みに達するだろう。1989年か1990年かの議論は前者に軍配が上がったのだろうが、決して歴然たるものではない。

1980年代
この10年間でドメーヌ元詰めの動きは急速に広まり、ブルゴーニュに関わって過ごす日々に心底興奮を覚えた。が、まだ時代は始まったばかりで、のちの1990年代に広まったような、存在感と品格とを備えたワインは、まださほど多くなかった。2010年の現在から眺めると、1985年、1988年、1989年の赤だけが今も関心を惹く対象で、まれに1983年がここに加わる。

1989年

当時の基準に沿えばかなり早い収穫で、9月13日に始まった。はじめ、収量の少ない凝縮した果実を見て、私は白ワインの偉大な当たり年になると思った。この年の私の新着案内は楽観的だった。「ワインは申し分ないまるみがあり、濃厚でありながらバランスを保ち、充実した果実味とエキス分があります。酸はやや弱いものの、骨組みとバランスから、異例に長命であることがうかがえます」。最上の作はフルボディの目もくらむようなワインだが、やや重たるいものもあり、今ではほぼすべてがピークを過ぎようとしている。

1989年の赤は魅力あふれるワインだが、もっと厳しい1988年と、はかり知れぬ凝縮感の1990年のほうを、やや好ましく思った。いずれにせよ、この両者より先に飲むべきものだ。最上作の中には今でも心躍るものがあり、偉大な特級であればまだこれからというものもあろう。とはいえ、この年の赤はおおむねピークを越えた。

1988年

私は当初からこの年のワインに熱狂していた。「1988年は1985年をさらに申し分なくしたようなワインです。燦然たる果実味が堅固な骨組みと手を結び、向こう20年かけて熟成する、とびきりのワインが生まれました」と書いたものだ。またもやブルゴーニュは霜、雹（ひょう）、カビの落とし穴を免れた。春は温暖で寒波の害もなく、6月の開花に向けて良い条件が整った。長く暑い夏ののち、9月になると空模様が怪しくなったが、天気が崩れたのはいっときだった。9月の終わり、温かい日射しのもと、優れた条件で収穫を迎えた。

生産者はブドウの糖度に喜んでいたが、果房を樹から取りづらいことに驚いていた。この年は初めて生理学的成熟ということが議論されたヴィンテージで、糖度が示すとおりにはブドウが成熟していなかったということなのだ。白はおそらく収量が多すぎたせいで、やせた感じがつきまとったが、赤はたいへん有望で、アメリカよりもイギリスでより受ける作風のワインだった。

オスピスの競売会では、静かだった1986年、1987年とはうって変わって35%値上がりした。生産者も値上げをしたが、上げ幅はもっと小さかった。10年経ったのちに試飲してみると、ワインはまだまだ若さをとどめている。村名格のワインは開いているが、1級畑、特級畑のワインはまだ引きしまっている。20年後、30点以上赤を試してみたが、コート・ド・ボーヌもコート・ド・ニュイに引けをとらぬほど、たいへん有望である。

これから相当長期間寝かせるべきものは多くはないが、かといって急いで飲む必要もまったくない。

1987年

この年の諸条件は有望とはいいがたいものだった。6月は天候に恵まれず、中程度の花づきから、やや遅めの収穫で、低収量になることが見込まれた。9月になると気候は好転し、すばらしい3週間が続いたおかげで、優れたヴィンテージが本気で期待された。

しかし10月始めに天気は崩れ、病害が散見されたこともあり、ブドウは完熟しなかった。ボーヌのとあるネゴシアンは、法定許容量の2%を超える補糖をして告発された。赤はやせてはいたが、どことなく1980年産に似て、なかなか侮（あなど）れないものがあった。

1986年

ひところ1985年と同格のワインができたと言いはる造り手もいたが、実情はきわめてばらつきが多い年である。最初に摘み取りをしたブドウ畑のワインがたいへん出来が良く、それゆえこの年のDRCでは、エシェゾーが成功を収めたのだが、あとにつづいた降雨とカビの問題は、まだ選果台が稀だった頃ゆえ、品質を大きく損ねたのだった。白は当初からたいへん有望視されたが、実はシャルドネにはカビがかなりついていて、すぐ人目を惹く魅力にもなったのだが、それはまた長命でないことを示してもいた。どうにも奇妙なことだが、10年前にピークを過ぎたムルソーの残り2本が、2008年に再びバランスを取り戻していた例があった。

1985年

前後10年間で最高のヴィンテージに挙げられる年。マイナス30℃に迫る極寒の1月で始まり、コート・ド・ニュイではACジュヴレ=シャンベルタンとかクロ・ド・ヴジョの低地といった平地のブドウ樹がかなり枯死した。夏の前半は不安定極まりなかったが、8月、9月と理想的な天候が続き、9月24日、心配いらずの収穫が開始された。

ディジョンの研究者らがブドウの生成物質レスヴェラトロール〔ポリフェノールの一種で抗酸化作用をもつとされる〕についての研究を始めたのもこの頃だった。それはカビを駆逐するもので、人間の健康にも寄与することが判明した。この物質はカビが発生しそうになると生成され、現実にカビが発生すると、これを食べてしまう。健全無比の、カビの心配が皆無の年では、ブドウの果皮は

この物質を生成しない。1985年がそんな年だった。

今日、この年のほとんどのワインはすっかり熟成している。疑いなく美酒のヴィンテージだが、偉大の域に達するには、わずかに濃厚さ、複雑さ、そして長命の相が足りないかもしれない。白が過小評価されているのはおそらく試飲の段階で酸が少なかったからだ。実際は酸があったのだが、厚い果皮のタンニンのせいで覆い隠されていたのだ。この興味深い現象は1995年と2005年にも再現された。とはいえ1985年の白はもうピークを過ぎてしまうだろう。

1984年
赤ワインは成熟不足で軽いものに終わったが、白はやせたスタイルながら、ややましなものができた。うちにあるピトワゼ=ユレナ夫人とフランソワ・ジョバールのムルソーの最後の1本は、20年以上経つが、どちらもまだみごとだった。

1983年
すばらしい気候条件に恵まれたあとでカビにみまわれた、とかく議論になるヴィンテージ。これを裏づけるように白の濃厚さは並はずれていたが、同時にバランスを欠いてもいた。ムルソーでは貴腐果がかなりの割合を占め、ピエール・モレはブルゴーニュ・ヴァンダンジュ・タルディーヴ〔遅摘みの果実による甘口ワイン〕を造ったほどだが、それはほとんど黒に近い色をしていた。シャトー・フュイッセでアルコール度数15度に迫るワインを樽試飲したとき、私が「前代未聞の事態でしょう」と言うと、故マルセル・ヴァンサンは「同じ時点で1929年がこれとまったく同じだった」と応えた。

赤はもっと激しい議論を巻きおこした。樽中のワインの深い色調と凝縮感のある味わいには誰もが熱狂した。もっとも、いくつかのジュヴレの畑ではカビにやられた徴が歴然としていたが。ところが瓶詰め後ほどなく、多くのワインは色褪せはじめ、色素は瓶底に澱として溜まってしまった。これは干魃、雹、カビによってアントシアニンが不安定だったためである。色褪せなかったワインは、今なおかつてと変わらず固く無愛想で、タンニンが荒々しい。

このヴィンテージの感動ものといえば、ユベール・ド・モンティーユの作である。彼は文字どおりすべてのワインを、勝ち誇るかのようにマグナム瓶に詰めてしまった。この壮挙に、彼の輸入業者やレストランは定めし歯がゆい思いをしたことだろう。例年のクライヴ・コーツとベッキー・ワッサーマンによる「10年後試飲会」で、彼のワインは居並ぶすべてのワインに勝ち、出席していたユベールは上座に座らされ、延々と仲間たちから祝福を受けたものだ。

25年以上経った今、失敗作に比べればわずかだが、まだたいへんすばらしいワインもある。2009年9月、私は庭の枯れたシラカバの株を苦労して引き抜いて、その褒美にドメーヌ・ダニエル・リオンの1983年クロ・ド・ヴジョを開けた。当初将来性にあふれていたとはいえ、どうしようもなく固かったものだが、今では熟成したブルゴーニュならではの、精妙で優雅な味わいを心ゆくまで堪能できた。

1982年
9月16日という早い収穫と大収量は、赤よりも白にとって、かなり好都合だった。1973年、1979年の再来で、シャルドネは大収量の中で美味しいワインを産んだのだが、これは1992年にも再現された。シャルドネはピノ・ノワールほど収量に左右されないが、何よりも日照を好み、病害に強い。幾多のムルソーの絶品を産み出したルネ・ラフォンはこのヴィンテージを最後に引退した。赤はやわらかくて飲みやすかったが、もう残っている瓶はないだろう。自分のセラーで言えば、軽く10年以上前に飲みきってしまった。

1981年
白は魅力的だったが、赤は9月の雨で水っぽくなってしまった。とはいえ17年後に飲んだドゥニ・バシュレのシャルム=シャンベルタンには陶然となった。最近私はこの年のムルソー=ペリエールの掘り出しもの（非公開の蔵からニコラ・ポテルが選んだもの）に出くわしたが、それはまだすばらしい状態だった。

1980年
私が広範に樽試飲を始めた、最初のヴィンテージである。9月後半の天気はまずまずだったが、10月は崩れ、摘み取りが始まったのは6日のことだった。ルイ・ラトゥールによって大々的に凶作と貶められたが、収量を落とした生産者は、なりは軽いが申し分のない赤を造った。ドメーヌ・ポンソのクロ・ド・ラ・ロシュ・ヴィエイユ・ヴィーニュに代表されるように、みごとな育ち方をしたワインもあった。白はほとんど注目されず、どことなく薄っぺらで、造り手によってはかなりのカビ臭がついてしまった。

1970年代

ブルゴーニュはこの時期まだどことなく停滞期にあり、ドメーヌ元詰めの途にもついていなかった。かつての混ぜもの横行時代が過ぎ去り、透明感のあるワインを追求することが指標となり、ピノ・ノワールは生来軽いスタイルのワインだということが受け入れられた。始めと終わりの良かった10年だが、この間、戸惑うようなヴィンテージもあった。ただし白ワインでは、以後2度とないような最高のヴィンテージがあり、それが2度とも記録的大収量の年だった。

1979年

大収量だったが魅力的な赤が生まれた年。とりわけコート・ド・ボーヌでは、ヴォルネに代表される美酒がたくさん造られた。ミシェル・ラファルジュのクロ・デ・シェーヌは今でも美味しくてたまらない。白はすばらしいできだが、当時の記録を軽く破る大収量だった。ただしシャルドネはピノよりも収量の多寡に左右されず、逆に大収量が健全な年の徴であることを、この年も示していた。2001年、セラーの隅からドメーヌ・ヴーヴ・シュテンマイエ（Veuve Steinmaier）のモンタニが出てきたが、まだ本当に美味しいのでびっくりしたものだ。

1978年

ハリー・ウォーはこの年のボルドーに「ミラクルヴィンテージ」と命名したが、ブルゴーニュは輪をかけた奇跡といってよかった。白ワインはとても凝縮感があるものの、どことなく果実味と酸味とのバランス感を欠いたが、一方で赤ワインは、異論もあるが1959年から1999年、あるいは2005年までのあいだで最高の年だった。

生育期は不調のうちに始まり、開花は遅く、結実も少なかった。8月になるまではとうてい優れた収穫ができるとは思えなかったが、9月はすばらしい気候で、日照はあるが暑くはない日々が10月まで続いた結果、少ない収量のピノ・ノワールには理想的な熟成条件が揃った。収穫は10月5日に始まり（もっと遅い農家が多かった）、現代では10月に偉大なワインが生まれるとは到底信じがたいが、1978年はその法則に背く壮麗な例外だった。瓶で30年を経た今、多くのワインは年齢を感じさせるようになったが、これまでに出会った傑作は少なくない。

1977年

冷涼だったせいで、満足に開かないワインしかできなかった年。しかし2007年に出されたアラン・ミシュロの作は桁外れだった。ニュイ=サン=ジョルジュの1級だったが、まちがえて規制量の倍の補糖をしてしまったものが、30年後もなお満足に飲めたのである。白はかなりやせていたが、嫌なものではなかった。

1976年

ブルゴーニュは異論の多かった年で、赤ワインはものすごくタンニンが強い。多くはバランスを欠き、二度と均衡を取り戻さなかったが、一方でみごとな持久力をもつとびきりのワインを造った人もいる。開花は早く、夏は英国と同じく並はずれて暑く乾燥し、収量は多かったがブドウの成熟に支障はなく、収穫はコート・ド・ボーヌで9月8日、その6日後にコート・ド・ニュイで開始した。果実の粒が小さく果皮が厚いせいで、ワインは色もエキス分も、そして何よりもタンニンが凝縮していた。当時の有力醸造家マックス・レグリーズ推奨の技法がこれら全要素を強く抽出するものだっただけに、なおさら頑健なワインができあがった。2026年におこなう「50年後試飲会」は興味津々である。白もやはりこの年の猛暑と干魃とを反映した、大柄で重いもので、めったにバランスがとれておらず、多くは補酸された。ドミニク・ラフォンは2003年の白で断を下そうとするとき、父の造ったこの1976年を何本も飲んでみたという。

1975年

ピノ・ノワールにカビが蔓延した、異例の凶作年。夏はおおむね晴天だったが、9月になると間断なく雨が降って、いたるところでカビが生じ、胞子は醸造所の中にまで撒き散らされた。ワインの加熱殺菌という挙に出た生産者も1、2軒あって、色と安定感がいくらか増したが、ところによらず相当悲惨なヴィンテージだったことに変わりはない。ただしシャブリだけは例外で、収穫がずっと遅くおこなわれ、しかも天候に恵まれていた。なかなかみごとなワインも造られたが、その中には、シャブリのオテル・エトワールが自前のラベルを貼ったものもあって、行きずりのワイン商たちの質素な食事を楽しませてくれた。

1974年

涼しく、じめじめした凶作。壊滅的だったわけではないが、赤白とも気を惹くほどのものはめったになく、今も余命を保っているものは到底なさそうである。

1973年
当時の基準としては厖大な赤ワインができた年で、1982年までこれを上回る年はなかった。また白ワインも大豊作だった。赤は記憶に残るものではないが無上の楽しさがあった。2009年11月、樽試飲のあとでミシェル・ラファルジュが開けてくれたクロ・デ・シェーヌは、軽いがまだたいへん魅力的だった。白ワインはかなりみごとなものがあり、早期ないし中期的に飲むのに良かったが、まだ元気なものも少しはあるだろう。

1972年
当初ひどく叩かれたヴィンテージだが、私には強い思い入れがある。1980年代初頭私がブルゴーニュのセラーで試飲を始めた当時、樽もしくは瓶詰めしたばかりのワインを試飲したあとは、何か古いものをブラインドで楽しむのが慣わしだったが、赤ワインはいつも1972年産だったものだ。売れ行きが悪くて結構残っていたせいでもあるし、これから売り出す1980年のワインに類似点が多かったこともある。だが何よりも、当初誰も想像しなかったくらい、10年後のワインがすばらしくなっていたのである。だからブラインドで供されたものを言い当てるのは至難の業ではなく、たいていは造り手の最上の畑で、決まって1972年のワインだった。おかげで私はすぐに、ブルゴーニュの味がわかる男だという評判を立ててもらえた。

生育期の始まりは早く、開花が順調だったせいで大収穫が見込まれたが、夏は冷え込むことが多く、ブドウはなかなか熟さなかった。9月はそこそこ日照があったが、ようやく10月に収穫が始まったとき、まだ酸度は法外に高かった。それでも優れた生産者は（完熟こそしていないが）果実風味のきれいな、ときの試練に耐えるワインを造った。ポンソのクロ・ド・ラ・ロシュ ヴィエイユ・ヴィーニュは忘れがたい至高の作である。いくつかの赤にはまだ楽しめるものもあるかもしれないが、枯れかかっていると思われる。

1971年
当時たいへんな評判となったヴィンテージで、赤のブルゴーニュはたくさんの名品が生まれたが、30年の熟成をさせた甲斐のあるものはさほど多くない。8月に雹が降るなど生育期はあまり順調ではなかった。小さい房をつけたブドウは、続く開花期の寒さでさらに数を減らし、収量が少なくなったのだが、収穫は早く、ブドウはよく熟していた。古酒の達人カミーユ・ジルーがときおり出してくるものを別とすれば、最近は1971年産で特筆すべきものはない。この年の白はほとんど試した機会がないが、クライヴ・コーツによると傑出したものだという。

1970年
3連続の当たり年の中間年だが、もっとも地味な年。夏はおおむね晴れ、赤白とも収量が多く、心地よいワインができたが、偉大な年の凝縮感を欠いていた。

1960年代
この時期、ほとんどのブルゴーニュは新旧ネゴシアン各社が生産したもので、栽培農家が元詰めしたものはかなり珍しく、この他には、ひと握りの一本立ちしたドメーヌがあったのみである。
1963年、1965年、1968年はボルドーと同じく壊滅的なヴィンテージ。しかしそれ以外の年は、1956年の霜害に遭わず、全面的な改植を避けられただけでも、フランスではまだ良いほうだったといえる。

1969年
むらなく成功した年ではないが、きわめて優れた赤ができた年で、わけても設立されたばかりのドメーヌ・デュジャックには最初のヴィンテージとなった。好天のもとで小さめの作柄が、かなり遅くに収穫されたが、前年を含む60年代の他の凶作年を忘れさせてくれるものだった。赤は非常に骨格が強く、必ずしもエレガントなものではなかった。1968年の悪評のせいで売るに売れなかったワインもあった。白もたいへん肉づきが良く、みごとに熟成したが、今では見るべきものがなさそうである。

1968年
1963年、1965年と並ぶ三大悲劇の年。記憶にあるのはコント・ラフォンのル・モンラシェくらいで、まずまずのワインだったが、この畑ならではの味わいの長さも威厳も持ち合わせない。あとは40年目に飲んだクリスティアン・セラファンのジュヴレ=シャンベルタン・カズティエで、ロゼより少し濃い程度の色だったが、バラの花弁を思わせる繊細な芳香をとどめていた。

1967年
生育期は不順だったが、ようやく10月初旬、好天のもとでブドウが収穫された。赤のできばえは

まちまちで、心躍るまでの域に達するワインはめったになく、持久力もなかった。白はかなり優れたものがあり、10～15年後もたいへん良かったが、今では昔の話である。

1966年
おおむね記憶に残らない大量の白ワインと、良いけれど驚くほどではない赤ワインとができた年。傑出していたのはロマネ＝コンティで、リチャード・オーダース、ビル・ベイカーらと割り勘したものだが、まばゆいほどのすばらしさだった。また、2005年にナッシュヴィルでトム・ブラックがふるまってくれたルロワのル・モンラシェも。「しっかりとした、まだ元気な色。とてつもなく豊かでとろけるような強い香り。桁外れにぶ厚いテクスチュアなのにまったく重さがない。まるでカスタードクリームのような感触。とてつもない重量感。こんなワインを味わえるとは！」

1965年
大雨、全域のカビ、ようやく10月11日から収穫──手を出さぬことだ。

1964年
寒い冬と早い春に続いて気温は上がり、夏はおおむね好天に恵まれた。この年は収量も申し分なかった。9月は半ば頃に降った雨を除けば晴天で、9月末から10月にかけて、秋雨が降りださないうちに、すばらしい条件下で収穫がおこなわれた。クライヴ・コーツは60年代最高の、官能的なワインが産まれた年だとしている。白もたいへん優れていたが、今は盛りを過ぎて久しい。

1963年
並はずれて寒い、雪の多い冬だったが、夏も日照と気温が不足し、しかも時季はずれの雨が降った。赤はことごとくカビにやられて悲惨だった。白もカビにやられたが、赤ほど壊滅的ではなかったのか、いくらか見るべきものもできた。ルネ・ラフォンは、白ワインの糖分をどうしても発酵させ切ることができなかったが、これは貴腐のせいで糖度が上がってしまったためで、それゆえ彼は毎年秋には、新しいヴィンテージの澱を加えて発酵プロセスに弾みをつけようとしていた。なかには1968年まで瓶詰が遅らされた白ワインもあったが、その頃にはたいていのものは瀕死寸前だった。とはいえ、彼の1963年産モンラシェは40年後でもなお見どころのあるワインだった。

1962年
ブルゴーニュ、ボルドーともに過小評価されたヴィンテージで、赤は若いうち気楽に味わえる優良なものだったようだが、熟成に向かず、消えていった。ポマール・クロ・デ・ゼプノーについての私の試飲録（2008年7月）はこうだ。「輝くような色で、なまめかしく繊細な、赤系果実風味の香り。ラズベリー、苺だけでない、さまざま果実を束にしたような複雑なアロマ。完璧なバランスと調和。完全に熟成したブルゴーニュで、壮観というほかないが、まだ伸びる余地がある」

1961年
伝説的なボルドーのヴィンテージはブルゴーニュにとってもきわめて優れた年だったが、同じ高みには達しなかった。フランスでも当地には霜害がなかったが、花震いとミルランダージュにより収量はかなり減った。夏は順調で、暑く乾燥した日が続き、9月最終週に収穫が開始された。この年のワインには、1959年や1962年と同じような生来のバランスの良さがないように見える。

1960年
目だたないヴィンテージで、私にも試飲の記憶がない。夏は雨が多く、カビの問題に苦しめられた。

戦後年間　1945年～1959年
ドイツによる占領から解放されたのち、フランスには元気づけが必要だったが、1940年代後半は優良あるいは傑出したヴィンテージに恵まれた。その後1950年代はちょっとした小氷期となり、10年のうち5回の収穫が10月におこなわれた。ただし大成功の年もあり、あのすばらしい1959年もそうだった。

1959年
赤白ともブルゴーニュの偉大なヴィンテージだが、ワインはさすがに色あせはじめた。開花は早く順調で、夏は暑く乾燥した。9月初めに降った雨がブドウ樹を元気づけ、成熟プロセスをしっかりと完結させてくれた。収穫は9月中旬に理想的な条件でおこなわれ、みごとな赤と白が大量に生まれた。若いうちから品格と魅力を見せていたうえに、決して閉じきってしまうことがなかった。50年後に飲んだDRCのグラン・エシェゾーはすっかり熟していたが。

1958年
夏中降り続いた雨のせいで水っぽいワインが大量にできた年。

1957年
当時多くの造り手がかなり悲惨な年と見ていたが、みごととしか言いようのないワインもいくつか生まれた。とりわけシャルル・ルソーはこの年の大ファンだった。やせて未熟なうえ、酸がたいへん高いワインだったが、50年後、酸は弱くなり、果実味が残った。自分の50歳の誕生日あたりにすばらしいものをいろいろ飲んだが、ブシャール・ペール・エ・フィスの（たぶん1級を格下げした）ACヴォルネや、ラ・ターシュもあった。レオン・グリヴレ＝キュセのシャンベルタン・クロ・ド・ベーズの怪しい瓶も。アメリカ向けのそのラベルにはBURGUNDY STILL WHITE WINE（非発泡ブルゴーニュ白ワイン）とあり、瓶の外観ばかりが立派である。そんなあらはともかく、味わいは本物だった。

1956年
オスピス・ド・ボーヌ競売会が取りやめになったほどの忌まわしいヴィンテージ。2月を通じて気温氷点下の日が数週間続き、零下30℃にまで下がった。その後の気候も悲惨なままで、7月遅くにわずかな開花があり、10月末にみじめな収穫を見た。

1955年
たいへん力強いワインだが、色気というかビロードのような触感がないため、上物のヴィンテージに入らない。2008年、オレゴンでのヴォーヌ＝ロマネ1級ラ・グランド・リュは元気いっぱいで、やや青臭さをとどめてはいたが、それでもたいへん良い味わいだった。

1954年
素通りされるヴィンテージではあるが、驚かされることもたまにある。8月は雨だったが、9月は暖かさに恵まれた。2007年に飲んだDRCのリシュブールの良さには感服。並はずれた品質と元気の良さに、わずかなコルク臭もかすんでしまった。

1953年
夏の前半に大雨が降り、畑仕事がたいへんな年だったが、8月と9月は晴れて暑かったおかげで、中ないし大収量が得られた。ワインは並から良程度で、多くはすみやかに年をとった。

1952年
悲惨だった1951年の影響で、ブドウ樹にはごく少ししか結実しなかった。嵐ぶくみの夏はずっと暑く、ブドウはよく熟したが、9月に冷え込んだせいで、偉大な年にはならず優良どまりだった。赤白ともワインはずいぶん長持ちし、今でも楽しめるものはある。

1951年
春の霜に続いて長雨、そして悲惨な夏。見るべきものはない。

1950年
1940年代後半の輝かしいヴィンテージ群にかすむ、目だたない年。雨が多すぎてカビが大量発生したが、1951年や1956年ほどひどくはなかった。

1949年
おそらく1940年代最高の年。7月、8月と絶好の天気に恵まれ9月初旬の雨がブドウを癒した。6月の開花不良で花穂が減少したので、9月末の収穫は少なめから中程度だった。白は優良といわれたが、赤は濃厚でありながら完璧なバランスの、壮麗なものである。ただ残念なことに、私はそう多く飲んではいない。
2008年7月のポマール・クロ・デ・ゼプノーは、手控えでは「優美、穏やかで、ほとんど年を感じさせないが、少し揮発性はある。甘く熟したまるみのある味わいを、良い酸が支えているが、目だつようなタンニンはない」とある。同じ月末頃、オレゴンで飲んだルソーのクロ・ド・ラ・ロシュはさらに良かった。目をみはる純度で、穏やかな、至福の1本。明らかに終わりかけているが、なお典雅な姿を見せていた（デイヴィッド・ペイジに感謝）。

1948年
おそらく1945年、1947年、1949年という驚異の年にかすんでいるのだろうが、見落とせないヴィンテージで、中程度の重みのワインがたくさんできた。

1947年
英国のクリケット界がコンプトンとエドリック〔クリケットの名選手デニス・コンプトンとビル・エドリックのこと〕の活躍に沸いた夏、フランスでもすばらしい育成期に恵まれ、収穫が異例に早かったせいで、ブドウを過熟させないことと、発酵中の果汁の冷却という問題に直面した。赤ワイ

ンによっては煮詰めたような味や揮発性酸も生じ、白ではぽってりと重たいものもあったが、赤白いずれにも、今なお元気な、燦然たるワインがある。

1946年
まれにしか目にしないヴィンテージ。可能性はあったのだが、8月末と9月上旬に冷え込み、9月末の収穫期も天候不順だったせいでだいぶ後退した。2000年のクリスマス・イヴに飲んだルミエのミュジニは夢のような芳香をもち、翌朝、瓶底の澱にもそれが感じられた。一方、シモネ=フェーヴルのシャブリ・グラン・クリュ・レ・クロは1960年後も元気ではあったが、すぐ飲む方がよいと思われた。

1945年
春の霜害と盛夏の嵐とによって、収穫量は極端に減少したが、これを別とすれば、暑くすばらしい夏に恵まれ、わずかではあったが、きつく凝縮した果房が収穫された。2008年に試飲したポマール・クロ・デ・ゼプノーは並はずれて暗い色をし、まだとてもタンニンが強かった。クリストフ・ルミエがある日の夕食に出してくれたシャンボール=ミュジニ・レ・ザムルーズは壮麗なものだったが、1978年のような若々しさに見えた。

1900〜1944年
第一次世界大戦前、フランスはフィロキセラの余波でまだふらついており、景気の低迷でワイン産地では暴動も起きた。そして戦争そのものが勃発し、1920年代後半から30年代前半はさらなる不況となった。次いで第二次世界大戦を迎える。良いほうに目を向けると、この時代に原産地統制呼称の理念が根づき、さまざまACとクリュ(格付け)が定められた。

1943年
戦時中の最高のヴィンテージだが、当然ながら実物を見かけることはめったにない。

1937年
この年生まれの気前のよい隣人がいるおかげで、かなりの数を味わう機会に恵まれてきた。2009年の12月31日のオスピス・ド・ボーヌ・キュヴェ・ブロンドー〈ヴォルネ1級〉も、驚くほど濃厚で生気にあふれていた。30年代最高のヴィンテージだが、1933年、1934年(特に良い)、1935年にも優れたワインができた。

1928年と1929年
2年連続の偉大なヴィンテージ。忘れようのないワインが2本あって、まずアルマンド・ドゥエレ夫人と幾度も開けた1928年のヴォルネ・シャンパン。この不屈の女性は収穫年のことをよく覚えていた。そしてラフォン家で出された1929年のヴォルネ=サントノは、60年を過ぎようという頃、まだ素敵な姿をしており、1時間半もグラスの中で良くなっていった。

1923年
ルネ・アンジェル、ルイ・トラペといった先覚者たちがこのヴィンテージを好んだ。色は濃くなく、すごく凝縮しているわけでもないが、桁違いに精妙なものだった。「優れたブルゴーニュは大柄である、という勘違いが根深く信じられ、流布しているため、1923年はふさわしい評判を満足に受けていない」とアンドレ・シモンは書いた。私はアンジェルの伝説的な1923年産を飲む機会に恵まれないが、数度味わったリュペ=ショーレ社のシャブリ・ヴォーデジールはまだ元気一杯だった。

1919年
現在私たちは2009年ヴィンテージをめぐる狂騒を目の当たりにしているが、これは「末尾が9のヴィンテージはいつも良さそう」だからで、1949年、1959年、1969年、1979年、1989年、1999年はいずれもたいへん良く、いくつかは文字どおり傑出している。この騒ぎが2019年にもくり返されることは疑いないが、19世紀のそれをくわしく調べる人がいようとは思われない。1919年は良く晴れた、暑く乾燥した夏で、1819年はやはり温暖な好条件で、7月上旬から収穫期まで好天に恵まれた。両ヴィンテージとも9月の収穫開始だが、1719年は、この世紀唯一の、8月に収穫が開始した年だった。
1919年は赤がたいへん優れていたばかりでなく、白もよほど印象的だったと思われるのは、90年を経たクロ・ブラン・ド・ヴジョの味わいから、うかがうことができる。食事の始まりに開けた瓶は、1時間半後、しめくくりのチーズにまで余裕でもちこたえたのだから。

19世紀
フィロキセラは1878年に姿を現すと、ブルゴーニュのブドウ畑を荒廃させたが、19世紀には、

ベト病とウドン粉病という厄災の双璧も登場している。フィロキセラについては耐性のある台木への接ぎ木という解決策が発見されたが、ベト病とウドン粉病は、あいかわらず目前に迫る危機だった。アメリカ産台木への改植は1880年代後半に最盛期を迎えたが、この地方がすっかり改植を終えたのは第二次世界大戦後のことだった。

19世紀の当たり年を挙げると、1819年、1822年、1827年、1846年、1858年、1864年、1865年、1869年、1870年、1886年、1893年——この年はフランス全土が例外的な当たり年で、ブルゴーニュの収穫は8月に始まった。

1864年は私が味わったことのある一番古いヴィンテージだが、その手控えは——モルロ博士の覚書のほうがもっとありがたみがあるけれど——歴史の章に記した。

書誌
bibliography

ブルゴーニュに関する初期の作品

ワインの仕事を主題にした最初の小論文は、クロード・アルヌー僧正（1695-1770）の著した興味深い冊子を、J. フリーマン氏が若い英国学生である息子たちの教育用に、1978年復刻したものである。ここにはブルゴーニュ耕作地域の初期の地図が掲載されているが、素人仕事の感は否めない。1774年以降、今度はクロード・クルテペー僧正（1721-1781）が、『ブルゴーニュ公国の歴史的・地形的考察』によって、この地方に関する一般的な研究を始めたが、その一環として当時のブドウ畑とワインビジネスにまつわる情報もこつこつと集められた。

ワインについて真剣な調査を試みた人は、ドニ・モルロ博士以前にはひとりもいないといってよい。彼は『ボーヌ郡の醸造上の統計』（1825年）と、さらに有名かつ重要な『コート・ドール県のブドウ畑の統計』を1831年に著した。後者は何らかの形でブドウ畑を格付けしようと試みた最初の研究である。研究の対象は県全体だったが、特に「ラ・コート」つまり丘陵地にねらいを定め、村ごとに識別的な記述をし、個々のブドウ畑の立地を「テート・ド・キュヴェ」〔Têtes de cuvée / 本書では特級畑と表記〕のように推挙したのである。

一方、詳細な地籍図が作成されていったおかげで、ジュール・ラヴァル博士（1820-1880）の研究は格段に深化した。その『コート・ドールのブドウ畑と銘酒に関する歴史と統計』（1855）は主要な村のブドウ畑を詳細に格付けし、1級畑、2級畑、3級畑の3等級のキュヴェに分類するとともに、特に傑出した立地を特級畑——テート・ド・キュヴェもしくはオー・リーニュ〔Hors Ligne / 本書では準特級畑と表記〕とした。これに対応する地図はたいへんな労作で、言及したすべての畑が図示され、等高線が陰翳とともに精確に引いてあった。

カミーユ・ロディエ『ブルゴーニュのワイン』は、1920年初版が出版されたが、本質的にはラヴァルの作を改訂したもので、おなじ3段階の格付けを用いながら、本文を改訂し、ラヴァルの時代に脚光を浴びていなかったブドウ畑も掲載された。とはいえ作品としては歴史的価値に重きをおくべきものだ。

現代（フランス語）

第二次世界大戦後、さまざま学術研究が著されるようになったが、その多くはディジョン大学から出た。なかでも重要なのはロベール・ローランの2巻本『19世紀コート・ドールの栽培農家』（1958）、フランソワ・グリヴォ『ブルゴーニュワインの取引』（1964）で、ロランド・ガディーユ『ブルゴーニュ丘陵地のブドウ畑』（1967）はコート・ドールを地理的・地質学的に精査したものである。

この間、1952年ピエール・フォルジョとピエール・プポンは『ブルゴーニュのワイン』と題する、小さいがたいへん有益な教科書を著した。今この本は、シルヴァン・ピティオとジャン＝シャルル・セルヴァンの手も加えて、数えきれぬほど版を重ね、いくつもの言語に翻訳されている（最近では韓国語）。1985年、シルヴァン・ピティオは義父ピエール・プポンとの共著で美しい箱入りの2巻本『ブルゴーニュの主要なブドウ畑地図』を刊行した。その1巻はコート・ドールの主要な村ごとのブドウ畑の地図、もう1巻は、各ブドウ畑についての関連事項のリストであり、畑の副区画および村ごとのブドウ栽培者の一覧表もついている。

現代（英語）

私が最初にブルゴーニュを勉強し始めた頃、唯一現存した資料は、ハリー・ヨクソール（1968）、アーロット&フィールデン（1976）の作しかなかった。いずれも構えたところのない、博識の書ではあるが、現代の水準で見ると学術的な厳密さと詳しい情報とを欠く。試飲録はあるかなしかで、礼賛の言葉ばかりなのは異論のあるところか。だが1966年にフィリップ・ヤングマン・カーターが出した『ブルゴーニュワインを飲む』よりはよほど正確である。

1980年代と1990年代になると、重量級の（あるいはともかく重い）ブルゴーニュ本が5冊、2点はアメリカ人により、3点は英国人により、上梓された。

マット・クレイマーは1990年、『ブルゴーニュワインがわかる』（阿部秀司訳、白水社）を著した。『オレゴニアン』誌のワイン記者だった著者の、熱意の結晶といえる。この本の強みはさまざまブドウ畑を分析してみせた点にあり、誰がどの畑を所有するかの詳細が明かされていることでもたいへん重宝である。ロバート・パーカーのブルゴーニュ本が出たのも1990年だが、おおむね『ワイン・アドヴォケイト』試飲記録を焼き直したもの。さま

ざま理由からパーカーは、ボルドーでのようにはブルゴーニュの権威となることはなく、おそらくそう望もうともしなかった。

アンソニー・ハンソンの『ブルゴーニュ』第1版は1982年の刊行だが、彼は1969年初来訪して以来、ずっとブルゴーニュの取引を仕事としてきた。この本は当時の核心を突くものだった。ハンソンはこの地方の弁護人とはとうてい言いがたく、生産者や取引業者らを、粗悪あるいは偽物のワインを市場に出回らせるのに手を貸すものと決めつけている。章の見出しは「魔法使いの手」「AC規制法の発展——買付人はまだ騙される」といった具合で、問題を指摘する。ハンソンは1995年に第2版を出版するに至ったが、そのときまでに、それこそあらゆることが変わった——とはいうものの、まだ批判すべきことはたくさんあるが。第2版はおよそ倍の分量になった。

レミントン・ノーマンは『ブルゴーニュの名門ドメーヌ』を著したとき、異なる手法を用いた。1992年の初版だが、2010年にチャールズ・テイラーの協力で第3版が出た。この本は最も高名なドメーヌに焦点をあて、さまざま栽培農家が下す決断を検討しながら、ワイン造りの奥義と複雑さを照らしだす。

1997年、クライヴ・コーツはついに厖大な『コート・ドール』を世に問うた。当時のブルゴーニュの中心地について、類のない詳述をきわめた権威ある大著だが、この地方の北にも南〔シャブリとシャロネーズのこと〕にも触れていない。最新版『ブルゴーニュワイン』は2008年に出版されたが、タイトルが変わったのは、シャロネーズとシャブリとを加えたことを反映している。

ブルゴーニュワインについての総論書

ANDRIEU, Pierre, *Petite Histoire de la Bourgogne et de son Vignoble*, Collection Vignobles de France, Montpellier, un dated.
ARLOTT, John & FIELDEN, Christopher, *Burgundy Vines & Wines*, Quartet Books, London, 1976.
ARNOUX, Abbé Claude, *Situation de Bourgogne*, London, 1728 (facsimile edition 1978).
COATES, Clive, *Côte d'Or*, Weidenfeld & Nicholson, London, 1997.
COATES, Clive, *The Wines of Burgundy*, University of California Press, Berkeley, 2008.
COURTEPEE, Abbé, *Description Générale et Particulière du Duché de Bourgogne*, 1848 (2nd edition).
DANGUY & AUBERTIN, *Les Grands Vins de Bourgogne, La Côte d'Or*, 1892.
FAITH, Nicholas, **Voyage en Bourgogne**, Caisse des Dépôts et Consignations, Paris, 1991.
FIELDEN, Christopher, *White Burgundy*, Christopher Helm, London, 1988.
HANSON, Anthony, *Burgundy* (1st edition), Faber & Faber, London, 1982.
HANSON, Anthony, *Burgundy* (2nd edition), Faber & Faber, London, 1995.
KRAMER, Matt, *Making Sense of Burgundy*, William Morrow, New York, 1990.〔マット・クレイマー『ブルゴーニュワインがわかる』阿部秀司訳、白水社、2000年〕
LAVALLE, Dr Jules, *Histoire et Statistique de la Vigne et des Grands Vins de la Côte d'Or*, 1855 (facsimile 1982).
MORELOT, Dr Denis, *Statistique de la Vigne dans le Département de la Côte d'Or*, 1831 (facsimile, Editions Cléa, Dijon, 2008).
MORRIS, Jasper, *The White Wines of Burgundy*, Octopus Books, London, 1988.
NORMAN, Remington, *The Great Domaines of Burgundy*, Kyle Cathie, London, 1992.
NORMAN, Remington & TAYLOR, Charles, *The Great Domaines of Burgundy* (2nd edition), Kyle Cathie, London, 2010.
PITIOT, Pierre & SERVANT, Jean-Charles, *Les Vins de Bourgogne* (13th edition) Collection Pierre Poupon, Beaune, 2005.
POUPON, Pierre & PITIOT, Sylvain, *Atlas des Grands Vignobles de Bourgogne*, Collection Pierre Poupon, Beaune, 1999.
RODIER, Camille, *Le Vin de Bourgogne*, Jeanne Laffitte, Marseille, 1948 (3rd edition).
ROZET, Georges, *La Bourgogne Tastevin en Main*, Horizons de France, Paris, 1949.
SAVAGE, Mark, *The Red Wines of Burgundy*, Octopus Books, London, 1988.
TAINTURIER, Abbé, *Remarques sur la Culture des Vignes de Beaune* (1763), Editions de l'Armançon, Précy-sous-Thil, 2000.
YOXALL, Harry, *The Wines of Burgundy*, Pitman, London, 1968.

ブルゴーニュの特定事項に関する著書

ABRIC, Loic, *Le Vin de Bourgogne au XIX Siècle*, Editions de l'Armançon, Précy-sous-Thil, 1993.

ABRIC, Loic, *Les Grands Vins de Bourgogne de 1750 à 1870*, Editions de l'Armançon, Précysous-Thil, 2008.

BAVARD, Abbé, *Histoire de Volnay*, 1887, Laffitte Reprints, Marseille, 1978.

BAZIN, Jean-François, *Histoire du Vin de Bourgogne*, Editions Jean-Paul Gisserot, Dijon, 2002.

BERTHIER, Marie-Thérèse & SWEENEY, John-Thomas, *Les Confréries de Bourgogne*, La Renaissance du Livre, Tournai, 2000.

BOURELY Béatrice, Vignes et Vins de l'Abbaye de Cîteaux, Editions du Tastevin, Nuits-St-Georges, 1998.

BRENNAN, Thomas, Burgundy to Champagne, *The Wine Trade in Early Modern France*, Johns Hopkins University, Baltimore, 1997.

DEMOSSIER, Marion, *Hommes et Vins*, Editions Universitaires de Dijon, 1999.

Mémoire de Dom DENISE, *Moine Cistercien*, 1779, Terre en Vues, Clémencey, undated.

DUBRION, Roger, *Trois Siècles de Vendanges Bourguignonnes*, Editions Féret, Bordeaux, 2006.

DUNLOP, Ian, *Burgundy*, Hamish Hamilton, London, 1990.

DUVAULT-BLOCHET, Jacques-Marie, *De la Vendange*, 1869, reprint Terre en Vues, Clémencey, 2007.

FORGEOT, Pierre, *Origines du Vignoble Bourguignon*, published by the author, 1972.

GADILLE, Rolande, *Le Vignoble de La Côte Bourguignonne*, Publications de l'Université de Dijon, Paris, 1967.

GRIVOT, Françoise, Le Commerce des Vins de Bourgogne, SABRI, Paris, 1964.

JACQUET, Olivier, Un Siècle de Construction du Vignoble Bourguignon, Editions Universitaires de Dijon, Dijon, 2009.

LANDRIEU-LUSSIGNY, Marie-Hélène, *Le Vignoble Bourguignon, ses Lieux-dits*, Jeanne Laffitte, Marseille, 1983.

LAURENT, Robert, *Les Vignerons de la Côte d'Or au XIX Siècle*, Publications de l'Université de Dijon, Paris, 1958.

LYCEE DE BEAUNE, *Vignerons Propriétaires et Négociants en Bourgogne*, Editions A Die, Die, 1992.

LYCEE DE BEAUNE, *Les Années Revolutionnaires de Charles Paquelin*, Lycée Viticole, Beaune, 1990.

MOTSCH Elizabeth, *Ciels Changeants, Ménaces d'Orages*, Vignerons en Bourgogne, Actes Sud, Arles, 2005.

MOUCHERON, Comte E de, *Grands Crus de Bourgogne*, Histoires et Traditions Vineuses, Jean Dupin, Beaune, 1955.

MURON, Louis, *Le Chanoine Kir, Presses de la Renaissance*, Paris, 2004.

PERRIN, Odet, *Les Burgondes, Editions de la Baconnière*, Neuchâtel, 1968.

PLATRET, Gilles, Le Vignoble en Colère 1944, *La Libération de la Côte Chalonnaise*, published by the author, 2004.

POISOT, Henri, *History of the Great Burgundian Vineyards Cartography*, Jean Dupin, Beaune, 2001.

RIGAUX, Jacky, *Ode aux Grands Vins de Bourgogne*, Editions de l'Armançon, Précysous-Thil, 1997.［ジャッキー・リゴー『ヴォーヌ=ロマネの伝説　アンリ・ジャイエのワイン造り』立花洋太訳、立花峰夫監修、白水社、2005年］

RIGAUX, Jacky, *Burgundy Vintages 1846-2006*, Terre en Vues, Clémencey, 2006.［ジャッキー・リゴー『ブルゴーニュワイン100年のヴィンテージー1900-2005』立花洋太訳、白水社、2006年］

RIGAUX, Jacky, *Grands Crus de Bourgogne*, Terre en Vues, Clémencey, 2005［ジャッキー・リゴー『ブルゴーニュ　華麗なるグランクリュの旅　その歴史と土壌をたずねて』野澤玲子訳、作品社、2012年］

VAUGHAN, Richard, *Valois Burgundy*, Allen Lane, London, 1975.

VERGNETTE de LAMOTTE, Alfred de, *Vignes et Vinification en Côte d'Or*, Editions Lacour, Nîmes, 2006.

VIGREUX, Jean, *La Vigne du Maréchal Pétain*, Editions Universitaires de Dijon, Dijon, 2005.

VINCENOT, Henri, *La Vie Quotidienne des Paysans Bourguignons*, Hachette, Paris, 1976.

YOUNGMAN CARTER, Philip, Drinking Burgundy, Hamish Hamilton, London, 1966.

引用記事

BAZIN, Jean-François, 'Le vignoble des Hautes Côtes de Nuits et de Beaune', Les Cahiers de Vergy, No 6, 1973.

BAZIN, Jean-François, 'Vin, vigne et vignerons

aux XIX et XX siècles', *in Vins, Vignes et Vignerons en Bourgogne du Moyen Age à l'Epoque Contemporaine*, Annales de Bourgogne, Dijon, 2001.
DELISSEY J & PERRIAUX L, 'Les Courtiers Gourmets de la Ville de Beaune', Annales de Bourgogne, Dijon, 1962.
DUBREUCQ, Alain, 'La vigne et la viticulture dans la loi des Burgondes', in *Vins, Vignes et Vignerons en Bourgogne du Moyen Age à l'Epoque Contemporaine*, Annales de Bourgogne, Dijon, 2001.
GARNOT Benoît, 'L' état de la récherche sur le vin, la vigne et les vignerons en Bourgogne au XVIII siècle', i*n Vins, Vignes et Vignerons en Bourgogne du Moyen Age à l'Epoque Contemporaine*, Annales de Bourgogne, Dijon, 2001.
PEPKE-DURIX, Hannelore, 'Le vignoble ducal de la châtellenie de Beaune, Pommard et Volnay; un grand domaine seigneurial face à la peste noire', Cahiers d' Histoire de la Vigne et du Vin No 8, 2008.

村と生産者に関する論文
BAZIN, Jean-François, *Clos de Vougeot*, 1987; *Montrachet*, 1988; *Chambertin*, 1991; *Romanée-Conti*, 1994, Jacques Legrand, Paris
BON, Christian & RIGAUX, Jacky, *Gevrey-Chambertin Joyau du Terroir*, Terre en Vues, Clémencey, 2008
CANNARD, Henri, *Gevrey Chambertin et ses Vignobles*, 1999; *Meursault et ses Vignobles*, 2000; *Le Tonnerrois et ses Vignobles*, 2000; *Montagny en Côte Chalonnaise*, 2001; *Viré-Clessé en Mâconnais*, 2005; *Chassagne-Montrachet et ses Vignobles*, 2005; *Mercurey en Côte Chalonnaise*, 2006; *St Romain et ses Vignobles*, 2008; *Morey-Saint-Denis et ses Vignobles*, 2008; *Pommard et ses Vignobles*, 2009: all Edition Cannard, Jouvençon.
CARRE, Sébastien, *Volnay, L'Histoire au Coeur des Climats & des Terroirs*, La Planète de l'Image, Beaune, 2004.
CHAPUIS, Claude, *Corton*, Jacques Legrand, Paris, 1989.
CHAPUIS, Claude, *Aloxe Corton*, published by the author, 1988.
ENGEL, René, *Vosne Romanée*, Confrérie des Chevaliers du Tastevin, 1980.
GARELLI, Pierre, *Le Clos de Vougeot au Temps de la Famille Ouvrard*, Mémoire & Documents, Versailles, 2004.
GASPAROTTO, Laure, *Meursault en Bourgogne*, Meursault, 2000.
GASPAROTTO, Laure, *Volnay Pousse d'Or ou Bousse d'Or*, Editions Landor, Langres, 2001.
GEORGE, Rosemary, *The Wines of Chablis and the Grand Auxerrois*, Segrave Foulkes, London, 2007.
GINESTET, Bernard, *Chablis,* Jacques Legrand, Paris, 1991.
KATO, Keiko & MASUKO, Maika, *Le Montrachet*, La Planète de l' Image, Beaune, 1999.
LOFTUS, Simon, *Puligny Montrachet*, Penguin, London, 1992.
LIGER-BELAIR, Comte, *Vosne, ses Origines et ses Seigneurs*, published by the author, 1981.
NONAIN, Emmanuel, *Chardonnay*, Presses Universitaires de Lyon, Lyon, 2004.
OLNEY, Richard, *La Romanée Conti*, Flammarion, Paris, 1991.［リチャード・オルニー『ロマネ・コンティ　神話になったワインの物語』山本博訳、阪急コミュニケーションズ、1996年］
POMMARD(commune of), *Histoire et Chroniques du Village de Pommard*, 1995.
RIGAUX, Jacky, Gevrey Chambertin, *La Parole est aux Terroirs*, Editions de l' Armançon, Précy, 1999.
SADRIN, Paul & Anny, *Meursault*, Jacques Legrand, Paris, 1994.

一般書
BAZIN, Jean-François, Vin Bio, Mythe ou Réalité, Dunod, Paris, 2007.
BOURGUIGNON, Claude, *Le Sol, la Terre et les Champs, Sang de la Terre*, Paris, 2002.
DION, Roger, *Histoire de la Vigne et du Vin en France*, Flammarion, Paris, 1959.［ロジェ・ディオン『フランスワイン文化史全書——ぶどう畑とワインの歴史』福田育弘・三宅 京子・小倉 博行訳、国書刊行会、2001年］
ENGEL, René, *Propos sur l'Art du Bien Boire*, Confrérie des Chevaliers du Tastevin, 1980.
GABLER, James M, Passions, *the Wines and Travels of Thomas Jefferson*, Bacchus Press, Baltimore, 1995.

GOODE, Jamie, *The Science of Wine*, University of California Press, Berkeley, 2005.［ジェイミー・グッド『ワインの科学』梶山あゆみ訳、河出書房新社、2008年］

HEALY, Maurice, *Stay Me with Flagons*, Michael Joseph, London, 1941.

JEFFORD, Andrew, *The New France*, Mitchell Beazley, London, 2002.

JOHNSON, Hugh, The Story of Wine, Mitchell Beazley, London, 2002.［ヒュー・ジョンソン『ワイン物語（上）（中）（下）』小林章夫訳、平凡社ライブラリー、2008年］

JULLIEN, André, *Topographie de Tous les Vignobles Connus*, 1866, Champion-Slatkine, Genève & Paris, 1985.

KLADSTRUP, Don & Petie, *Wine & War*, Hodder & Stoughton, London, 2001.［ドン＆ペティ クラドストラップ『ワインと戦争——ヒトラーからワインを守った人々』村松 潔訳、飛鳥新社、2003年］

LACHIVER, Marcel, *Vins, Vignes et Vignerons*, Fayard, 1988.

LE GRIS, Michel, *Dionysos Crucifié*, Editions Syllepse, Paris, 1999.

ORDISH, George, T*he Great Wine Blight*, JM Dent, London, 1972.

PITTE, Jean-Robert, *Bordeaux Bourgogne*, Les Passions Rivales, Hachette Littératures, Paris, 2005.［ジャン＝ロベール・ピット『ボルドー vs. ブルゴーニュ——せめぎあう情熱』大友竜訳、日本評論社、2007年］

REDDING, Cyrus, *The History and Description of Modern Wines*, Whittaker, Treacher & Arnot, London, 1833（facsimile edition Andrew Low, 1980）.

SAINTSBURY, George, *Notes on a Cellar Book*, 1920, Macmillan, London, 1978.［ジョージ・セインツベリー『セインツベリー教授のワイン道楽』田川憲二訳、山本博監修、TaKaRa酒生活文化研究所、1998年］

SERRES, Olivier de, *Le Théâtre d'Agriculture*（1600）, Actes Sud, Arles, 1996.

UNWIN, Tim, *Wine and the Vine*, An Historical Geography of Viticulture and the Wine Trade, Routledge, London, 1991.

WILSON, James E, *Terroir, the Role of Geology*, Climate and Culture in the Making of French Wines, Mitchell Beazley, London, 1998.［ジェームズE. ウィルソン『テロワール TERROIR 大地の歴史に刻まれたフランスワイン』中濱潤子・葉山考太郎・桑原朗・立花峰夫・坂本 雄一訳、川本 祥史監修、ヴィノテーク、2010年］

畑名索引（カタカナ表記）

畑名の冒頭につく定冠詞や前置詞［ル、ラ、レ、オー、アンなど］を除いて五十音順に配列。

ア

アニュー 539
アベイ・ド・モルジョ 42
アムルーズ → ［レ・］ザムルーズ
アモー・ド・ブラニ 414
アルジラ（サン＝ロマン）→ラルジラ
［オー・］アルジラ（ニュイ＝サン＝ジョルジュ） 239
アルジリエール→ザルジリエール
アルスナン 485
［オー・］アテ 250
［オー・］アロ 250
アンセニエール → ［レ・］ザンセニエール
アンバゼ → ［レ・］ザンバゼ
アンプラゼ → ［レ・］ザンプラゼ

イ

イサール 137
イル・デ・ヴェルジュレス 282
イル・デ・オート・ヴェルジュレス 282

ウ

ヴァイヨン 507
［ラ・］ヴァシュ 337
［レ・］ヴァセ 549
ヴァルミュール 499
［レ・］ヴァレロ 249, 251
ヴァロ 542
［レ・］ヴァロズィエール 278
ヴィーニュ・デリエール（シャサーニュ＝モンラシェ） 435
［レ・］ヴィーニュ・デリエール（モンタニ） 562
ヴィーニュ・ド・メロンジュ 550
［レ・］ヴィーニュ・フランシュ（ボーヌ） 297
ヴィーニュ・ブランシュ（エシェゾー） 212
ヴィーニュ・ブランシュ（シャサーニュ＝モンラシェ） 435
ヴィーニュ・ブランシュ（フュイッセ） 584
［ラ・］ヴィーニュ・ブランシュ（ヴジョ） 201, 202
［レ・］ヴィーニュ・マリー 108
ヴィーニュ・モワンジョン 455
［ア・］ヴィーニュ・ルージュ 555
［オー・］ヴィーニュロンド（ニュイ＝サン＝ジョルジュ） 249
［レ・］ヴィーニュ・ロンド（モンテリ） 368
［レ・］ヴィオレット 221
［ル・］ヴィグロン 555
ヴィド・ブルス 435
［レ・］ヴィニュー 221
［レ・］ヴィニョ 337
［レ・］ヴィニョット 98
ヴィラージュ（ヴォーヌ＝ロマネ） 221
［ル・］ヴィラージュ（フィサン） 114, 115
［ル・］ヴィラージュ（モレ＝サン＝ドニ） 168
［ル・］ヴィラージュ（ポマール） 335, 337
［ル・］ヴィラージュ・ド・モンテリ 368
［ル・］ヴィラージュ（サン＝トーバン） 455
ヴィラール・フォンテーヌ 487
［レ・］ヴィルイユ 382

ヴィレール＝ラ＝ファイエ 487
［アン・］ヴィロンド 435
ヴェール・クラ 583, 585
ヴェール・ブイイ 584
［レ・］ヴェルコ 278
［レ・］ヴェルジェ 434
［ラ・］ヴェルシェール（ヴィレ＝クレッセ） 575
［ラ・］ヴェルシェール（ヴェルジソン） 586
［レ・］ヴェルシェール（シャントレ） 582, 586
［オー・］ヴェルジュレス 321
［アン・］ヴェルスイユ 352
［レ・］ヴェレ 549
［レ・］ヴェロワイユ（ジュヴレ＝シャンベルタン） 138
［レ・］ヴェロワイユ（シャンボール＝ミュジニ） 187
ヴォー・ド・ヴェイ 507
ヴォー・ラゴン 508
ヴォー・リニョー 507
ヴォーヴリ 541
ヴォークパン 507
［ル・］ヴォークラン（コンブランシアン） 99
［レ・］ヴォークラン（ニュイ＝サン＝ジョルジュ） 249
ヴォージロ 507
ヴォーデジール 499
［レ・］ヴォードネル 108
ヴォービュラン 508
［レ・］ヴォーミュリアン 337
ヴォーモリヨン 531
ヴォーロラン 507
ヴォグロ 508
ヴォシニヨン 489
［アン・］ヴォロン・ア・レスト 455
ウズロワ→［レ・］ズズロワ
［ル・］ヴュー・シャトー 562

エ

エヴォセル 140
エシェヴロンヌ 488
エシェゾー（エシェゾー） 212
［レ・］エシェゾー（マルサネ） 107
エシェゾー・デュ・ドゥスュ 212
エシャイユ 451
［オー・］エシャンジュ 184
エトゥルネル（・サン＝ジャック） 136
エピノー 504
エプノ 333
エプノット→ゼプノット
エベルテュリ 488
［レ・］エルヴレ 115
［アン・］エルゴ 136

オ

［レ・］オー・ジャロン 319
［レ・］オー・ドワ 185
［レ・］オー・ブリュリエ 247
［レ・］オート 464
オート・ムロット 280
オート・メジエール 220
［レ・］オテ 363

［アン・］オルヴォー 214, 217
オルム→ロルム
オルモー→ロルモー

カ

［ル・］カ・ルジョ 366
［ラ・］カーヴ 352
［オー・］カール 582
［レ・］カール 587
［レ・］カイユ（ニュイ＝サン＝ジョルジュ） 240
［レ・］カイユ（オーセロワ） 526
［ラ・］カイユット（メルキュレ） 545
カイユレ（ヴォルネ） 344
［アン・］カイユレ 346
［レ・］カイユレ（ムルソー） 374
［ル・］カイユレ（ピュリニ＝モンラシェ） 410
カイユレ（シャサーニュ＝モンラシェ） 425
カイユレ・ドゥスュ 346
［レ・］カステ 450
［レ・］カズティエ 131
［レ・］カッス・テット 378
［アン・］カラドゥ 281
［レ・］ガラフル 557
［レ・］カリエール（シャンボール＝ミュジニ） 182
［レ・］カリエール（ラドワ） 280
カルエール 160
カルジョ 139
［レ・］カルティエ・ド・ニュイ 214, 221
［ラ・］カルドゥーズ 425
［アン・］カルマントラン 585
カレル 346
カレル・スー・ラ・シャペル 346
［レ・］カレル・ドゥスー 346
［ラ・］ガレンヌ 413

キ

キュヴェ・デ・ヴィーニュ 415
キュルティル＝ヴェルジ 486

ク

ク・ド・アラン 98
［レ・］クレ・ド・シェーヌ 116
グール・ド・ルー 527
［オー・］クシュリア 291
［レ・］グット・ドール 375
［ラ・］クティエール 277
［オー・］クラ（ニュイ＝サン＝ジョルジュ） 243
［オー・］クラ（ボーヌ） 291
［レ・］クラ（シャンボール＝ミュジニ） 184
［レ・］クラ（ヴジョ） 201
［レ・］クラ（ポマール） 336
［レ・］クラ（ムルソー） 374
［レ・］クラ（サン＝ヴェラン） 579
クラヴァイヨン 412
［オー・］グラヴァン 319
［レ・］グラヴィエール 463
クラヴォワイヨン 412
［レ・］グラス・テット 108
［レ・］グラン・エシェゾー 214
［レ・］グラン・クロ 431

グラン・クロ・フォルトゥル 547
グラン・クロ・ルソー 462
［レ・］グラン・シャロン 378
［レ・］グラン・シャン（ヴォルネ） 349, 353
［レ・］グラン・シャン（オセ＝デュレス） 362
［レ・］グラン・シャン（ピュリニ＝モンラシェ） 416
［レ・］グラン・ゼブノ 333
［ル・］グラン・ビュシエール 579
［レ・］グラン・プレタン 555
［レ・］グラン・ポワゾ 353
［レ・］グラン・ミュール 185
［オー・］グラン・リアール 321
［レ・］グランド・ヴィーニュ（マルサネ） 108
［レ・］グランド・ヴィーニュ（ニュイ＝サン＝ジョルジュ） 246, 251
［レ・］グランド・ヴィーニュ（ジヴリ） 554
［ラ・］グランド・シャトレーヌ 298
［ラ・］グランド・ブリュイエール 579
［ラ・］グランド・ベルジュ 554
［ラ・］グランド・ボルヌ 431
［ラ・］グランド・モンターニュ 431
［ラ・］グランド・リュ 206
［レ・］グランド・リュショット 431
［ラ・］グランド・ロシュ 561
クリオ＝バタール＝モンラシェ 407
グリオット＝シャンベルタン 128
［レ・］グリフェール 547
クリマ・デュ・ヴァル 361
［レ・］グリュアンシェ（モレ＝サン＝ドニ） 166
［レ・］グリュアンシェ（シャンボール＝ミュジニ） 185
［レ・］グリュイヤッシュ 379
［レ・］クリュオ 212
［アン・］クルー（ヴェルジソン） 586
［オー・］クルー（サヴィニ＝レ＝ボーヌ） 318
［レ・］クルー（オセ＝デュレス） 362
［レ・］クルー（モンテリ） 366
［レ・］クルー（ムルソー） 378
［レ・］クルー（リュリ） 540
［ル・］クルー・デ・シェーヌ 366
［ル・］クルー・ド・ソブロン 100
クルー・ド・ラ・ネ 281
［ル・］クルー・ドルジュ 279
クルー・フレーシュ・オー 250
［レ・］クルトゥロン 586
グルヌイユ 498
［レ・］クレ（フィサン） 116
［レ・］クレ（ジュヴレ＝シャンベルタン） 139
［レ・］クレ（オセ＝デュレス） 363
［エズ・］クレ（シャサーニュ＝モンラシェ） 430
［レ・］クレ（メルキュレ） 547
［レ・］クレ（ヴェルジソン） 586
［レ・］グレーヴ 294
［アン・］クレーシュ 579
［ル・］クレオ（ジュヴレ＝シャンベルタン） 139
［アン・］クレオ［サン＝トーバン］ 451
クレオ（オート＝コート・ド・ボーヌ） 488
［レ・］グレション 279
グレズィニ 540
クレビヨ 136
［レ・］クロ（フィサン） 115

［レ・］クロ（ニュイ＝サン＝ジョルジュ） 243
［レ・］クロ（シャブリ） 498
［ル・］クロ（フュイッセ） 583
［レ・］クロ 137
クロ・（ド）・タヴァンヌ 463
クロ・ア・ラ・コート 578
クロ・アルロ 241
クロ・ヴォワアン 546
クロ・オルジュロ 331
クロ・ガイヤール 583
［レ・］クロ・ゴティ 366
クロ・サロモン 554
クロ・サン＝ジャック（リュリ） 540
［ル・］クロ・サン＝ジャック（ジュヴレ＝シャンベルタン） 133
クロ・サン＝ジャン 427
クロ・サン＝ドニ（モレ＝サン＝ドニ） 162
クロ・サン＝ドニ（ヴォーヌ＝ロマネ） 212
クロ・サン＝ピエール 554
クロ・サン＝ポール 554
クロ・サン＝マルク 242
クロ・サン＝ランドリ 290
クロ・シャトー・ド・モンテギュ 545
クロ・シャルレ 553
クロ・シャロー 427
クロ・ジュ 553
クロ・ジュネ 464
クロ・ソルベ 166
クロ・ソロン 168
クロ・タミゾ 141
クロ・デ・ヴァロワイユ 134, 138
クロ・デ・オート 464
クロ・デ・グラン・ヴォワアン 546
クロ・デ・グランド・ヴィーニュ 242
クロ・デ・ザヴォー 289
クロ・デ・ザルジリエール 241
クロ・デ・シェーヌ 348
クロ・デ・シトー 330
クロ・デ・シャニョ 280
クロ・デ・ズルスュル 291
クロ・デ・ゼブノー 331
クロ・デ・ゾルム 165
クロ・デ・ソワサン・トゥーヴレ 346
クロ・デ・デュック 348
クロ・デ・トワジエール 367
クロ・デ・バロー 545
クロ・デ・フォレ・サン＝ジョルジュ 242, 243
クロ・デ・ボレ・サン＝ジョルジュ 242
クロ・デ・ミグラン 546
クロ・デ・ムーシュ（ムルソー） 378
クロ・デ・ムーシュ（サントネ） 462
［ル・］クロ・デ・ムーシュ（ボーヌ） 290
クロ・デ・メ 412
クロ・デ・ラングル 99
クロ・デ・ランブレ 160
クロ・デ・レア 216
［ル・］クロ・デ・ロワ（マランジュ） 469
［ル・］クロ・デ・ロワイエール 469
クロ・デ・ヴァル 361
クロ・デュ・ヴィラージュ 281
クロ・デュ・ヴェルスュイ 352
クロ・デュ・ヴェルノワ 554
クロ・デュ・クラ・ロン 553
クロ・デュ・クロマン 379
クロ・デュ・シェーニュ 540
クロ・デュ・シャトー 219
クロ・デュ・シャトー・デ・デュック 348

クロ・デュ・シャピトル（フィサン） 114
クロ・デュ・シャピトル（ジュヴレ＝シャンベルタン） 133
クロ・デュ・シャピトル（アロス＝コルトン） 277
クロ・デュ・シャポー 99
クロ・デュ・プリウレ（ヴジョ） 202
クロ・デュ・プリウレ（オート＝コート） 485
クロ・デュ・ロワ（マルサネ） 107
クロ・デュ・ロワ（ボーヌ） 290
［ル・］クロ・デュ・ロワ（メルキュレ） 546
クロ・デ・ヴェルジェ 331
クロ・ド・ヴジョ 197
［ル・］クロ・ド・ジュー 107
クロ・ド・タール 163
クロ・ド・パラディ 546
クロ・ド・ポンセティ 578
クロ・ド・マズレ 379
［ル・］クロ・ド・マニ 100
［ル・］クロ・ド・ムッシュー・ノリー 582
クロ・ド・ラ・カーヴ・デ・デュック 347
クロ・ド・ラ・ガレンヌ 412
クロ・ド・ラ・コマレーヌ 330
クロ・ド・ラ・シェネット 527
クロ・ド・ラ・シャペル（ヴォルネ） 348
クロ・ド・ラ・シャベル（ソリュトレ） 585
クロ・ド・ラ・バール（ヴォルネ） 344
クロ・ド・ラ・バール（ムルソー） 378
クロ・ド・ラ・バロード 553
クロ・ド・ラ・ビュシエール 166
クロ・ド・ラ・フェギーヌ 290
クロ・ド・ラ・ブス・ドール 347
クロ・ド・ラ・プティエール 469
クロ・ド・ラ・プリュレ 557
クロ・ド・ラ・プロット 278
クロ・ド・ラ・ペリエール（フィサン） 114
クロ・ド・ラ・ペリエール（ヴジョ） 201
クロ・ド・ラ・マレシャル 241
クロ・ド・ラ・ムシェール 412
［ル・］クロ・ド・ラ・ムス 290
クロ・ド・ラ・ルジョット 349
クロ・ド・ラ・ロシュ 162
クロ・ド・ラルロ 241
クロ・ド・ローディニャック 347
［レ・］クロ・ド・ドルム 188
クロ・トネール 546
クロ・ナポレオン 114
クロ・パラントゥー 216
［オー・］クロ・バルド 99
クロ・ピトワ 427
クロ・フォバール 462
クロ・ブラン（ポマール） 330
［ル・］クロ・ブラン（ヴジョ） 201
クロ・プリウール 133
クロ・ベルテ 281
クロ・ボーディエ 336
クロ・ボーレ 165
クロ・マルシリ 546
クロ・マルソー 554
クロ・マロル 554
クロ・ミコ 331
クロ・ミコー 331
クロ・ランドリ 290
クロ・ルソー（サントネ） 462
［レ・］クロ・ルソー（マランジュ） 469
クロ・レイシエ 582
［ル・］クロ・レヴェック 546
クロ・ロシェット 549

畑名索引　633

クロ・ロワイエ　280
クロ・ロン　549
[レ・]グロゼイユ　185
クロゾ　554
[オー・]クロゾー　134
[エズ・]クロット　430
[ル・]クロマン　379
[ラ・]クロワ・ヴィオレット　98
[レ・]クロワ・ノワール　333
[ラ・]クロワ・プラネ　337
[ラ・]クロワ・ブランシュ（ヴォーヌ＝ロマネ）　220
[ラ・]クロワ・ブランシュ（ポマール）　336
[ル・]クロワ・モワーヌ　469
[ラ・]クロワ・ラモー　216
[レ・]クロワショ　547
[レ・]クロワゼット　139

ケ

[オー・]ゲット　319
ゲルシェール　432
[レ・]ゲレ　277

コ

[レ・]コエール　561
コート・デ・ゾリゾヴォット　530
コート・デ・プレ・ジロ　504
コート・デュ・ムティエ　526
コート・ド・ヴォバルス　504
コート・ド・キュィシ　504
コート・ド・グリゼ　530
コート・ド・サヴァン　504
コート・ド・トゥロエム　507
コート・ド・フォントネ　504
コート・ド・プレシャン　504
コート・ド・レシェ　504
コート・ロティ（モレ＝サン＝ドニ）　166
[ラ・]コート・ロティ（サン・ヴェラン）　579
[レ・]ゴディショ　217
[レ・]ゴドー　321
[オー・]コミューン　220
[レ・]／[ラ・]コム（シャサーニュ・モンラシェ）　430
[ラ・]コム（サントネ）　463
[オー・]コルヴェ（ジュヴレ＝シャンベルタン）　139
[オー・]コルヴェ（ニュイ＝サン・ジョルジュ）　242
[ラ・]コルヴェ　279
[レ・]コルヴェ・パジェ　243
[ル・]コルトン（コルトン）　271
[レ・]コルトン（サン＝トーバン）　451
コルトン・オート・ムロット　274
コルトン・グランセ　273
コルトン・クロ・デ・コルトン・フェヴレ　272
コルトン・クロ・デ・フィエトル　273
コルトン・クロ・デ・メ　273
コルトン・クロ・ド・ラ・ヴィーニュ・オー・サン　273
コルトン・ショーム・エ・ラ・ヴォワロス　272
コルトン・バス・ムロット　274
コルトン・ラ・トプ・オー・ヴェール　276
コルトン・ル・クロ・デュ・ロワ　273
コルトン・レ・ヴェルジェンヌ　276
コルトン・レ・カリエール　272
コルトン・レ・グランド・ロリエール　274
コルトン・レ・グレーヴ　274
コルトン・レ・コンブ　273
コルトン・レ・ショーム　272
コルトン・レ・プジェ　275
コルトン・レ・プレサンド　272
コルトン・レ・ペリエール　275
コルトン・レ・ポーラン　275
コルトン・レ・マレショード　274
コルトン・レ・ムトット　275
コルトン・レ・ランゲット　274
コルトン・レ・ルナルド　275
コルトン・ロニェ／ル・ロニェ・エ・コルトン　276
[レ・]コルバン　378
[レ・]コルボー　135
コルモ　489
コロンジュ＝レ＝ベヴィ　486
[ラ・]コロンビエール　219
コンクール＝エ＝コルボワン　486
[レ・]コンパール　427
[レ・]コンバン　546
[レ・]コンブ　450
[レ・]コンブ・オー・シュッド　451
コンブ・オー・モワンヌ　134
[ラ・]コンブ・デュ・プレ　107
[レ・]コンブ・ドゥスユ　331
[ラ・]コンブ・ドルヴォー　183
コンブ・バザン　368
コンブ・プリュレ　219
コンフルラン　322
コンペット（プイィ＝フュイッセ）　583
[レ・]コンペット（ピュリニ＝モンラシェ）　413
[オー・]コンボット（ジュヴレ＝シャンベルタン）　135
[オー・]コンボット（シャンボール）　183
[レ・]コンボット（コルトン）　282
[ラ・]コンボット（ポマール）　337

サ

[レ・]ザヴォー　288
[アン・]サズネ　549
[レ・]ザテ　187
[オー・]ザテ　250
[オー・]ザロ　250
[レ・]ザムルーズ　181
[レ・]ザルヴレ（フィサン）　112
[レ・]ザルヴレ（ポマール）　329
[レ・]ザルジリエール　241
[レ・]サン・ヴィーニュ　289
[レ・]サン＝ジャック　542
[オー・]サン・ジュリアン　251
[レ・]サン・ジョルジュ　248
[レ・]ザングル　344
[レ・]ザンセニエール（ピュリニ＝モンラシェ）　416
[レ・]ザンセニエール　436
[レ・]サンティエ　187
[レ・]サントノ　351
サントノ　377
[レ・]サントノ・デュ・ミリュー（ヴォルネ）　351
[レ・]サントノ・デュ・ミリュー（ムルソー）　377
[レ・]サントノ・ブラン　377
[レ・]ザンバゼ　430
[レ・]ザンブラゼ　430

シ

[アン・]シヴォー　337
[レ・]シェーヌ　436
シェーヌ・カルトー　240
[オー・]シェニョ　240
[レ・]ジェモー　127
シェルボード　132
[ラ・]ジゴット　349, 353
[レ・]シャイユー（マコネ）　578
[レ・]シャイユー（プイィ＝フュイッセ）　585
[レ・]シャイヨ（コルゴロワン）　99
[レ・]シャイヨ（アロス＝コルトン）　276, 280
[レ・]シャイヨ（ラドワ）　280
[レ・]ジャキーヌ　220
[ラ・]ジャクロット　414
シャサーニュ　426
シャサーニュ・デュ・クロ・サン＝ジャン　426
[オー・]ジャシェ　220
[ラ・]シャシエール　545
シャタン　503
シャテニエ　583
[レ・]シャテロ　183
[ラ・]シャトゥニエール　450
[レ・]シャトー・ガイヤール　366
シャトー・ド・ピュリニ＝モンラシェ　417
[ラ・]シャニエール　329
[レ・]シャニオ　561
[レ・]シャビオ（モレ＝サン＝ドニ）　160
[レ・]シャビオ（シャンボール＝ミュジニ）　182
[ル・]シャピトル　539
[レ・]シャフォ　164
シャフォー　337
[レ・]シャブッフ　240
シャブロ　503
[ラ・]シャベル（オセ＝デュレス）　361
[ラ・]シャベル（ド・モルジョ）　426
シャペル＝シャンベルタン　127
[レ・]シャポニエール　330
[レ・]シャランダン　219
[レ・]シャリエール　165
[レ・]シャリュモー　410
[レ・]シャルニエール　318
[オー・]シャルム（モレ＝サン＝ドニ）　164
[オー・]シャルム（ヴェルジソン）　585
[レ・]シャルム（シャンボール＝ミュジニ）　183
[レ・]シャルム（ムルソー）　374
[レ・]シャルム（ピュリニ＝モンラシェ）　415
[レ・]シャルム（サントネ）　464
[ラ・]シャルム・オー・プレトル　107
シャルム＝シャンベルタン　126
[レ・]シャルモ　330
[ラ・]シャルモット　250
[レ・]シャルモワ（ニュイ＝サン＝ジョルジュ）　250
[ル・]シャルモワ（サン＝トーバン）　450
[アン・]シャルルマーニュ　271
[ル・]シャルルマーニュ　271
[レ・]ジャロリエール　334
[ル・]ジャロン（サン＝ロマン）　368
[レ・]ジャロン（サヴィニ＝レ＝ボーヌ）　319
[アン・]シャン（ジュヴレ＝シャンベルタン）　139

[エズ=]シャン(サン=トーバン) 450
シャン・カネ 410
シャン・ガン 412
[レ=]シャン・ガン 426
シャン・グーダン 221
シャン・クルー 539
[レ=]シャン・クロード 464
[オー=]シャン・サロモン 106
シャン・ジャンドロー 425
シャン・シュヴレ 318
[レ=]シャン・デ・シャルム 115
[レ=]シャン・トラヴェルサン 212
シャン・ピモン 289
[レ=]シャン・フリオ 366
シャン・ペルドリ(マルサネ) 106
[オー=]シャン・ペルドリ(ヴォーヌ=ロマネ) 219
[オー=]シャン・ペルドリ(ニュイ=サン=ジョルジュ) 240
[レ=]シャン・マルタン 545
シャン・ラロ 555
[レ=]シャン・ロン 322
シャン=シェニ 139
シャンジュ 488
[アン=]シャントメルル 99
[アン=]シャンパン 346
[レ=]シャンブロ 450
シャンベルタン 123
シャンベルタン=クロ・ド・ベーズ 123
シャンボー 132
シャンボネ 132
シャンラン(ヴォルネ) 346
[レ=]シャンラン(ポマール) 329
[レ=]シュアショー 289
ジュイズ 140
シュヴァリエ=モンラシェ 405
[レ=]シュヴァリエール 378
シュヴァンヌ 486
シュヴリエール 582
[アン=]シュヴレ 347
[アン=]シュエ 553
[ラ=]ジュスティス 140
[オー=]シュソ(フィサン) 114
[オー=]シュソー(モレ=サン=ドニ) 165
[レ=]ジュナヴリエール 166
[レ=]ジュヌ・ロワ 140
[レ=]シュヌヴィエール 115
[レ=]シュヌヴェリ 165
[レ=]シュヌヴォット 427
[レ=]ジュヌヴリエール 375
[オー=]ジュヌリエール 107
[ラ=]ジュヌロット 376, 383
[アン=]ジュネ 294
[オー=]ジュネヴリエール 220
シュル・ガメ 452
シュル・ラ・ヴェル 367
シュル・ラ・ガレンヌ 413
シュル・ル・サンティエ・デュ・クルー 454
シュル・ル・シェーヌ 575
シュル・レ・グレーヴ 294
ショー 486
[レ=]ショーム(ヴォーヌ=ロマネ) 215
[レ=]ショーム(シャサーニュ=モンラシェ) 426
[ラ=]ショーム(リュリ) 542
ショーム・ド・タルヴァ 504
[レ=]ショーメ 426
[アン=]ショワイユ 455

[レ=]ジョワイユーズ 280
[レ=]ジンサール 583

ス
[レ=]スィズィ 296
スー・ブラニ 377, 383
スー・フレティユ 281
スー・ラ・ヴェル 369
スー・ル・クルティル 415
スー・ル・シャトー 369
スー・ル・ダーヌ 377, 384
スー・ル・ピュイ 415
スー・レ・プラント 575
スー・ロシュ 369
スー・ロシュ・デュメ 454
スグロワ 487
[レ=]スショ(ヴォーヌ=ロマネ) 218
スショ(アロス=コルトン) 279
[レ=]ズスロワ 108
[レ=]スレイ 296

セ
[レ=]ゼヴォセル 140
[レ=]ゼキュソー 362
[レ=]ゼグロ 288
セシェ 506
[エ=]ゼシャール 352
[オー=]ゼシャンジュ 184
[オー=]ゼトロワ 139
[レ=]ゼブノット 291
セリエ・オ・モワーヌ 553
[ラ=]セルヴォワジーヌ 555
[オー=]セルパンティエール 320

ソ
[レ=]ソー 296
[レ=]ソーモン 549
[オー=]ソール 221
[レ=]ソシーユ 335
[レ=]ゾスィ 344
[レ=]ソルベ 168
[オー=]ゾルム 221
[アン=]ソンジュ 141

タ
[ラ=]ターシュ 211
タイユ・ピエ 352
タイユピエ 352
[レ=]タヴァンヌ 336
[レ=]ダノ 530
タミゾ 141
[レ=]ダム・ユゲット 487
[レ=]ダモード 220
[レ=]ダモド 243
[レ=]タルメット 321
ダン・ド・シヤン 430

テ
[レ=]ティエ 382
[レ=]ディディエ 243
テール・ノワール 579
[レ=]テール・ブランシュ(ニュイ=サン=ジョルジュ) 248
[レ=]テール・ブランシュ(ムルソー) 382
デジレ 379
[ル=]テソン 382
テット・デュ・クロ 434
[レ=]テュヴィラン 297

[レ=]デュレス(オセ=デュレス) 362
[レ=]デュレス(モンテリ) 367
デリエール・サン=ジャン 333
デリエール・シェ・エドゥアール 451
デリエール・ラ・グランジュ 184
デリエール・ラ・トゥール 451
デリエール・ル・フール 221

ト
ドゥス・デ・マルコネ 297, 298
[レ=]トゥッサン 297
[レ=]ドゥモワゼル 413
[アン=]トゥリセ 575
[レ=]トゥルー 214
[レ=]トゥロン 296
[ラ=]トピーヌ 367
[ラ=]トプ・オー・ヴェール 278
[ラ=]トプ・ビゾ 299
[ラ=]ドミノード 318
[レ=]トラヴェール・ド・マリノ 454
[レ=]トランブロ 416
[ラ=]トリュフィエール 415
トゥロエム 507
[オー=]トレ 249
トレ・ジラール 168
[ル=]トレザン 416
トロワ・フォロ 337
[レ=]トワジエール 367
トントン・マルセル 434

ナ
[アン=]ナジェ 280
[レ=]ナルヴォー 382
[レ=]ナルバントン 320
ナントゥー 489

ノ
[レ=]ノーグ 547
ノレ 489
[レ=]ノロワイエ 416
ノワイエ・ブレ 416
[レ=]ノワゾン 336
[レ=]ノワロ 185

ハ
バタール=モンラシェ 406
バ・デ・デュレス 362
[ル=]バ・デ・トゥロン 296
バ・ド・ヴェルマラン・ア・レスト 454
[ル=]バ・ド・ガメ・ア・レスト 452
[オー=]バ・ド・コンブ 250
[レ=]バ・ド・シャ 187
バ・ド・ソシーユ 337
[アン・ラ=]バール(ムルソー) 378
[ラ=]バール(ヴォルネ) 344
[ラ=]バール・ドゥスュ 378
バス・ヴェルジュレス(サヴィニ=レ=ボーヌ) 321
[レ=]バス・ヴェルジュレス(ペルナン=ヴェルジュレス) 282
バス・ムロット 280
バス・メジエール 220
[レ=]バスケル 433
バスタン 464
[ラ=]バタイエール 318
[ル=]パラディ 555
バリ・ロピタル 488
[アン=]パリュ 140

畑名索引 635

［レ・］バルビエール　363
［レ・］バロー　219
［ラ・］パロット　526
［ル・］パン　455

ヒ

ビアンヴニュ＝バタール＝モンラシェ　407
ビエ・ダルー　506
［レ・］ピエール　541
［レ・］ピエール・ブランシュ　298
［ラ・］ピエス・スー・ル・ボワ　376, 383
ピエス・デュ・シャピトル　322
ピタンジュレ　454
［レ・］ピテュール　350
ピテュール＝ドゥスュ　350
［レ・］ピマンティエ　322
［ル・］ピュイ（サン＝トーバン）　454
［レ・］ピュイ（コルトン）　279
［レ・］ピュイエ　547
［レ・］ピュセル（ピュリニ＝モンラシェ）　414
［レ・］ピュセル（サン＝トーバン）　455
［ラ・］ピュセル（リュリ）　541
ピュトー　503
［アン・］ピュラン　585
［レ・］ピュルナン　561
［レ・］ピヨ　545
ピヨ　541
ピラール　139

フ

［レ・］ファヴィエール　107
［レ・］ファコニエール　166
［レ・］ファミーヌ　353
［レ・］フイエ　320
［レ・］フィショ　281
［レ・］フィノット　107
ブーズ＝レ＝ボーヌ　488
［レ・］ブーティエール　278
［レ・］ブーレット　247
［レ・］フェーヴ　291
［レ・］フェランド　431
［アン・］フォー　579
［オー・］フォーク　99
［ラ・］フォス　540
［エズ・］フォラティエール　413
［レ・］フォルジュ　379
フォレ　504
［レ・］フォレ　243
［ラ・］フォレティユ　575
［ラ・］フォンテーヌ・ド・ヴォーヌ　220
フォントニ　136
ブグロ　496
フシェール　136
［ラ・］フシエール　471
［レ・］ブシェール　374
［レ・］ブシュロット（ボーヌ）　289
［レ・］ブシュロット（ポマール）　329
［レ・］ブショ　160
［オー・］フスロ　240
［オー・］フスロット　184
［レ・］ブダルド　526
［アン・］ブッフ　337
［レ・］プティ・ヴジョ　202
プティ・カズティエ　132
［オー・］プティ・クレ　116
［レ・］プティ・クロ　433
プティ・クロ・ルソー　462
プティ・ゴドー　319
［レ・］プティ・シャロン　378
［レ・］プティ・ゼノ　333
［レ・］プティ・ノワゾン　336
［ル・］プティ・プレタン　555
［レ・］プティ・ボワゾ　353
プティ・マロル　555
［レ・］プティ・モン　218
プティット・シャペル　132
［レ・］プティット・フェランド　433
［レ・］プティット・ロリエール　277
［レ・］プトュール　334
［レ・］プト　531
オー・］ブド　239
［レ・］ブトニエ　362
［ラ・］ブドリオット　424
ブニョン　503
［レ・］フュエ　184
フュッセ　488
［レ・］プラス　433
［ラ・］プラティエール（ポマール）　334
［ラ・］プラティエール（モンタニ）　561
［レ・］ブランシャール　164
［エズ・］ブランシュ　352
ブランシュ・フルール　288
ブランシ　496
ブランショ・ドゥスー　436
ブランショ・ドゥスュ　424
［アン・］フランス　586
フランスモン　431
［ラ・］プラント（ジヴリ）　555
［ラ・］プラント（シャンボール＝ミュジニ）　185
［ラ・］プラント・オー・シェーヴル　337
［ラ・］フランボワジエール　549
［レ・］フリオンヌ　452
［ラ・］ブリガディエール　549
［レ・］ブリュール　376
［レ・］ブリュソンヌ　425
［レ・］ブリュリエ　247
［オー・］ブリュレ　215
ブリュレ　583
［レ・］ブルイヤール　344
ブルーズ　499
フルショーム　505
［レ・］フルニエール　277
フルノー（シャブリ）　505
［オー・］フルノー（サヴィニ＝レ＝ボーヌ）　318
［レ・］フルノー（サントネ）　463
［レ・］フルノー（メルキュレ）　547
［レ・］フルミエ（ポマール）　333
［レ・］フルミエール（モレ＝サン＝ドニ）　162, 164
［レ・］フルミエール（シャンボール＝ミュジニ）　187
［レ・］フルリエール　250
［ル・］プレ・ド・ラ・フォリ　221
プレオー　541
［レ・］プレサンド（ボーヌ）　289
［ラ・］プレサンド（リュリ）　539
［アン・］プレスキュル　335
［レ・］プレトラン　361
フレミエ　349
［レ・］プレレール　214
［レ・］プロセ　247
［レ・］フロワショ　164

ヘ

ペ＝レール　131
ベヴィ　486
［レ・］ベズロル　334
ペタンジュレ　433
［ラ・］ペリエール（フィサン）　115
［ラ・］ペリエール（ジュヴレ＝シャンベルタン）　137
［レ・］ペリエール（ニュイ＝サン＝ジョルジュ）　247
［レ・］ペリエール（ボーヌ）　295
［レ・］ペリエール（ポマール）　336
［ラ・］ペリエール（オセ＝デュレス）　369
［レ・］ペリエール（ムルソー）　376
［レ・］ペリエール（ピュリニ＝モンラシェ）　414
［レ・］ペリエール（サン＝トーバン）　452
［レ・］ペリエール（プイイ＝フュイッセ）　584
［アン・ラ・］ペリエール・ノブロ　246
ペリサン　288
［レ・］ベル・フィーユ　282
［レ・］ベルタン　329
ベルディオ　503
ベルテュイゾ　295
［オー・］ベルドリ　246

ホ

ポ・ボワ　436
［オー・］ボー・ブリュン　182
［レ・］ボー・モン　215
［オー・］ボー・モン　219
ボー・モン・オー・ルジョ　221
［レ・］ボー・モン・バ　212
［レ・］ボーディーヌ　423
［レ・］ボード　182
［レ・］ボーモン　322
［レ・］ボーラン　278
ボールガール（サントネ）　462
［レ・］ボールガール（シャブリ）　503
ボールペール　462
ボーロワ　503
ボシエール（ヴォーヌ＝ロマネ）　219
［ラ・］ボシエール（ジュヴレ＝シャンベルタン）　131
ボビニ　488
［レ・］ポマール　579
［レ・］ポリゾ　376
［レ・］ボルニク　182
ボレ（ボレ・サン＝ジョルジュ）　247
［レ・］ボワ・ゴーチエ　553
［レ・］ボワ・シュヴォー　553
ボワ・ド・グレション　280
ボワ・ド・シャサーニュ　424
ボワ・ルソ　279
［ル・］ボワヴァン　106
ボワスノ　138
［レ・］ボワゼ　251
［レ・］ボワゾ　337
ボワリエ・マルショセ　322
［レ・］ボワレ　247
［レ・］ボワレット　424
ボワント・デ・ザングル　35
［ラ・］ボンデュ（メルキュレ）　545
［レ・］ボンデュ（シャサーニュ＝モンラシェ）　424
［レ・］ボンヌ・マール　181

マ

マヴィリ=マンドゥロ、ムロワジ 488
マジ=シャンベルタン 129
［レ・］マジュール 436
［レ・］マシュレル 432
［レ・］マズロ 526
マゾワイエール=シャンベルタン 126
マニ=レ=ヴィレ 487, 488
［ラ・］マラディエール（サントネ） 464
［レ・］マラディエール（ボーヌ） 297
［レ・］マリアージュ 298
マリスー 540
マリノ 452
マルゴテ 540
［レ・］マルコネ（ボーヌ） 294
［レ・］マルコネ（サヴィニ=レ=ボーヌ） 320
［オー・］マルコンソール 217
［オー=ドゥスュ=デ・］マルコンソール 217
［ラ・］マルトロワ 432
［レ・］マルボワリエ 379
マレ=レ=フュッセ 487
［ラ・］マレショード（ヴェルゾン） 586
［レ・］マレショード（アロス=コルトン） 277
［アン・］マロー 337

ミ

［ラ・］ミコード 280
［レ・］ミタン 350
［ラ・］ミッション 547
［ラ・］ミニョット 295
ミノ 505
［レ・］ミュール 587
ミュジニ 180
ミュライユ・デュ・クロ 220
［オー・］ミュルジェ 246
［レ・］ミュルジェ・デ・ダン・ド・シヤン 452
［レ・］ミュレ 433
［レ・］ミランド 167

ム

ムイエ 487
［レ・］ムトット 277
［ラ・］ムトンヌ 499
ムリ 525
ムルソー=ブラニ 383

メ

［レ・］メ（アロス=コルトン） 277
［ル・］メ・カイエ 540
［ル・］メ・カド 540
［レ・］メ・シャヴォー 382
［ル・］メ・スー・ル・シャトー 379
メ・デ・ズシュ 140
［ル・］メ・バタイユ 367
メ・ランティエ 164
メヴェル 140
メサンジュ 487
メジエール 542
メゾン・ブリュレ 164
［レ・］メネトリエール 583
メリノ 505

モ

モヴァレンヌ 550
モシャン 164
モラン 506
モルジョ 432
モレム 540
［アン・］モワジュロ 337
［レ・］モン・ド・ボンクール 100
モン・ド・ミリュー 505
モン・リュイザン 167
モンクショ 561
モンシュヌヴォワ 321
［アン・］モンシュヌヴォワ 108
［レ・］モンスニエール 298
［アン・］モンソー 452
［アン・ラ・］モンターニュ（マルサネ） 108
［オー・ラ・］モンターニュ（コンブランシアン） 99
［ラ・］モンターニュ（ヴォーヌ=ロマネ） 221
モンテ・ド・トネール 506
モンテ・ルージュ 295
［レ・］モンテギュ 547
［レ・］モント 550
［レ・］モンド・ロンド 298
［レ・］モントルヴノ 295
モントレムノ 295
モンバトワ 298
モンパレ 541
モンマン 506
［ル・］モンラシェ 399

ラ

［オー・］ラヴィエール（ニュイ=サン=ジョルジュ） 251
［レ・］ラヴィエール 319
［オー・］ラヴィオル 221
ラヴォー（・サン=ジャック） 137
［レ・］ラヴロット 185
ラクロ 541
ラソル 349, 353
［レ・］ラトス 322
ラトリシエール=シャンベルタン 128
ラブルセ 541
ラルジラ 368
［アン・］ラルジリエール 334
［レ・］ランヴェルセ 296
［アン・ラ・］ランシェ 454
［レ・］ランド・エ・ヴェルジュ 505
［レ・］ランボ 336

リ

［オー=ドゥスュ=ド・ラ・］リヴィエール 221
［ラ・］リオット（モレ=サン=ドニ） 167
［レ・］リオット（ポマール） 337
［レ・］リオット（モンテリ） 367
リシュブール 207
［ラ・］リシュモヌ 248
［レ・］リス 505
［ル・］リモザン 379
リュ・オー・ポル 337
リュ・ド・ショー 248
［アン・ラ・］リュ・ド・ヴェルジュ 168
リュ・ルソー 416
［レ・］リュエル 549
リュエル=ヴェルジ 486
［レ・］リュジアン 335
［レ・］リュシェ 379
［レ・］リュショ 168
リュショット=シャンベルタン 130
リュリュンヌ 297
［レ・］リュレ 349

ル

［レ・］ルヴェルセ 296
［レ・］ルージュ 218
［レ・］ルージュ・デュ・ドゥスュ 221
［レ・］ルージュ・デュ・バ 214
［ラ・］ルヴリエール（ポマール） 336
［レ・］ルヴリエール（メルキュレ） 547
［レ・］ルヴレット 320
［レ・］ルヴロン 416
［レ・］ルジョ 382
［レ・］ルショー 416
ルドレスキュル 320
［ラ・］ルナルド 541
ルニュ 362
［レ・］ルビシェ 433
［ラ・］ルフェーヌ 334
［レ・］ルフェール 415
［アン・］ルミリ（シャサーニュ=モンラシェ） 434
［アン・］ルミリ（サン=トーバン） 454
［オー・］ルレ 98

レ

［オー・］レア 221
［レ・］レイス 584
［ア・］レキュ 291
レタン・ヴェルジ 486
［オー・］レニョ 218
レビネ 575

ロ

［レ・］ロアショス 212
［ラ・］ロクモール 434
［ル・］ロジエ 116
［ラ・］ロシャ 579
［ラ・］ロシュ 586
［ラ・］ロシュボ 488
［ル・］ロニェ・エ・コルトン 280
ロバルデル 350
［ラ・］ロビニョット 100
［ラ・］ロマネ（ジュヴレ=シャンベルタン） 138
［ラ・］ロマネ（ヴォーヌ=ロマネ） 207
［ラ・］ロマネ（シャサーニュ=モンラシェ） 434
ロマネ・サン=ヴィヴァン 210
［ラ・］ロマネ=コンティ 208
ロム・モール 505
［アン・］ロルム 295
［アン・］ロルモー（ヴォルネ） 350
［アン・］ロルモー（ムルソー） 382
［レ・］ロンジェイ 587
ロンシエール（ニュイ=サン=ジョルジュ） 248
ロンシエール（シャブリ） 506
［アン・］ロンシュヴァ 586
ロンジュロワ 108
［ル・］ロンスレ 351
［レ・］ロンテ 584

畑名索引 637

畑名索引（欧文表記）

定冠詞、前置詞[le, la, les, En, Au, Auxなど]を除いてアルファベット順に配列。

A

Abbaye de Morgeot　423
Agneux　539
[Les] Aigrots　288
Alain & Isabelle Hasard　543
[Aux] Allots　250
[Les] Amoureuses　181
[Les] Ancégnières　436
[Les] Angles　344
Arcenant　485
[L'] Argillat (St-Romain)　368
[Aux] Argillats (Nuits-St-Georges)　239
[Les] Argillières　241
[Les] Arvelets (Fixin)　112
[Les] Arvelets (Pommard)　329
[Au] Athées　250
[Les] Athets　187
[Les] Aussy　344
[Les] Avaux　288

B

[Le] Banc / [Le] Ban　455
[Les] Barbières　363
[En La] Barre (Meursault)　378
[La] Barre (Volnay)　344
[La] Barre Dessus　378
[Les] Barreaux　219
[Au] Bas de Combe　250
[Le] Bas de Gamay à l'Est　452
Bas des Duresses　362
Bas de Saussilles　337
[Le] Bas des Teurons　296
Bas de Vermarain à l'Est　454
Basses Maizières　220
Basses Mourottes　280
Basses Vergelesses (Savigny)　321
[Les] Basses Vergelesses (Pernand-Vergelesses)　282
[La] Bataillère　318
Bâtard-Montrachet　406
Baubigny　488
[Les] Baudes　182
[Les] Baudines　423
[Les] Beaumonts　322
Beauregard (Santenay)　462
[Les] Beauregards (Chablis)　503
Beaurepaire　462
Beauroy　503
[Aux] Beaux Bruns　182
[Les] Beaux Monts　215
[Les] Beaux Monts Bas　212
Beaux Monts Hauts Rougeots　221
Bel-Air　131
Belissand　288
[Les] Belles Filles　282
Berdiot　503
[Les] Bertins　329
Beugnons　503
Bévy　486
Bienvenues-Bâtard-Montrachet　407
Billard　139
[Les] Blanchards　164
Blanche Fleur　288
[Ez] Blanches　352

Blanchot(s)　496
Blanchot Dessous　436
Blanchot Dessus　424
[En] Bœuf　337
[Les] Boirettes　424
Bois de Chassagne　424
Bois de Gréchon　280
Bois Roussot　279
[Les] Bois Chevaux　553
[Les] Bois Gautiers　553
[Les] Boivin　106
[La] Bondue (Mercurey)　545
[Les] Bondues (Chassagne)　424
[Les] Bonnes Mares　181
[Les] Borniques　182
[La] Bossière (Gevrey)　131
Bossières (Vosne-Romanée)　219
[Les] Bouchères　374
[Les] Boucherottes (Beaune)　289
[Les] Boucherottes (Pommard)　329
[Les] Bouchots　160
[Les] Boudardes　526
[Aux] Boudots　239
[La] Boudriotte　424
Bougros　496
[Aux] Bousselots　240
[Les] Boutières　278
[Les] Boutonniers　362
[Les] Boutôts　531
Bouze-lès-Beaune　488
[En] Brescul　335
[La] Bressande (Rully)　539
[Les] Bressandes (Beaune)　289
[Les] Bréterins　361
[La] Brigadière　549
[Les] Brouillards　344
[Aux] Brûlées　215
Brûlés　583
[Les] Brussonnes　425
[Les] Buis　279
[En] Buland　585
[Les] Burnins　561
Butteaux　503
[Les] Byots　545

C

Cailleret / Caillerets (Volnay)　344
Cailleret / Caillerets (Chassagne)　425
[En] Cailleret (Volnay)　346
[Le] Cailleret (Puligny)　410
Cailleret Dessus　346
[Les] Caillerets (Nuits-St-Georges)　374
[Les] Cailles (Nuits-St-Georges)　240
[Les] Cailles (Irancy)　526
[La] Cailloute　545
Calouère　160, 162
[En] Caradeux　281
[La] Cardeuse　425
Carelle / Carelles　346
Carelle sous la Chapelle　346
[Les] Carelles Dessous　346
[En] Carementrant　585
Carougeot　139
[Les] Carrières (Chambolle)　182

[Les] Carrières (Ladoix)　280
[Le] Cas Rougeot　366
[Les] Casses Têtes　378
[Les] Castets　450
[La] Cave　352
[Les] Cazetiers　131
Cellier aux Moines　553
[Les] Cents Vignes　289
[Les] Chabiots (Morey)　160, 162
[Les] Chabiots (Chambolle)　182
[Les] Chabœufs　240
Chaffaud　337
[Les] Chaffots　164
[Aux] Chaignots　240
[Les] Chaillots (Corgoloin)　99
[Les] Chaillots (Aloxe)　276
[Les] Chaillots (Ladoix)　280
[Les] Chailloux (St-Vérin)　578
[Les] Chailloux (Solutré)　585
Chaines Carteaux　240
[Les] Chalandins　219
[Les] Chalumaux　410
Chambertin　123
Chambertin-Clos de Bèze　123
Champ Canet　410
Champ Chevrey　318
Champ Gain　412
Champ Lalot　555
[Au] Champ Salomon　106
[En] Champans　346
Champeaux　132
[Les] Champlots　450
Champonnet　132
[En] Champs (Gevrey)　139
[Es] Champs (St-Aubin)　450, 452
[Les] Champs des Charmes　115
Champs-Chenys　139
[Les] Champs Claude　464
Champs Cloux　539
[Les] Champs Fulliot　366
[Les] Champs Gain　426
Champs Goudins　221
Champs Jendreau　425
[Les] Champs Longs　322
[Les] Champs Martin　545
Champs Perdrix (Marsannay)　106
[Aux] Champs Perdrix (Vosne-Romanée)　219
[Aux] Champs Perdrix (Nuits-St-Georges)　240
Champs Pimont　289
[Les] Champs Traversins　212
Change　488
[La] Chanière　329
[Les] Chaniots　561
Chanlin / Chanlins (Volnay)　346
[Les] Chanlins (Pommard)　329
[En] Chantemerle　99
[La] Chapelle　361
Chapelle-Chambertin　127
[La] Chapelle [de Morgeot]　426
Chapelot(s)　503
[Le] Chapitre　539
[Les] Chaponnières　330

［En］Charlemagne　271
［Le］Charlemagne　271
［La］Charme aux Prêtres　107
［Aux］Charmes（Morey）　164
［Aux］Charmes（Vergisson）　585
［Les］Charmes（Chambolle）　183
［Les］Charmes（Meursault）　374
［Les］Charmes（Puligny）　415
［Les］Charmes（Santenay）　464
Charmes-Chambertin　126
［Le］Charmois（St-Aubin）　450
［Les］Charmois（Nuits-St-Georges）　250
［Les］Charmots　330
［La］Charmotte　250
［Les］Charnières　318
［Les］Charrières　165
Chassagne　426
Chassagne du Clos St-Jean　426, 427
［La］Chassière　545
Chataigniers　583
Chatains　503
［Les］Château Gaillard　366
［Les］Chatelots　183
［La］Chatenière　450
［La］Chaume（Rully）　542
Chaume de Talvat　504
［Les］Chaumées　426
［Les］Chaumes（Vosne-Romanée）　215
［Les］Chaumes（Chassagne）　426
Chaux　486
［Les］Chênes　436
［Les］Chenevery　165
［Les］Chenevières　115
［Les］Chenevottes　427
Cherbaudes　132
［Aux］Cheseaux　165
［Aux］Cheusots　114
Chevalier Montrachet　405
［Les］Chevalières　378
Chevannes　486
［En］Chevret　347
Chevrières　582
［En］Chiveau　337
［En］Choilles　455
［Les］Chouacheux　289
［En］Choué　553
Clavaillon　412
Clavoillon　412
Climat du Val　361
［Le］Clos（Fuissé）　583
［Les］Clos（Fixin）　115
［Les］Clos（Chablis）　498
Clos des Argillières　241
Clos Arlot　241
Clos de l'Arlot　241
Clos de l'Audignac　347
Clos des Avaux　289
［Au］Clos Bardot　99
Clos de la Barraude　553
Clos des Barraults　545
Clos de la Barre（Volnay）　344
Clos de la Barre（Meursault）　378
Clos Baulet　165
Clos Beaudier　336
Clos Berthet　281
Clos Blanc（Pommard）　330
［Le］Clos Blanc（Vougeot）　201
Clos de la Boulotte　278

Clos de la Bousse d'Or　347
Clos de la Boutière　469
Clos de la Brûlée　557
Clos de la Bussière　166
Clos de la Cave des Ducs　347
Clos des Chagnots　280
Clos du Chaigne　540
Clos de la Chainette　527
Clos du Chapeau　99
Clos de la Chapelle（Volnay）　348
Clos de la Chapelle（Solutré）　585
Clos du Chapître（Fixin）　114
Clos du Chapître（Gevrey）　133
Clos du Chapître（Aloxe）　277
Clos Chareau　427
Clos Charlé　553
Clos du Château　219
Clos du Château des Ducs　348
Clos Château de Montaigu　545
Clos des Chênes　348
Clos de Cîteaux　330
Clos de la Commaraine　330
Clos à la Côte　578
Clos du Cras Long　553
Clos du Cromin　379
Clos des Ducs　348
Clos des Epeneaux　331
［Le］Clos l'Evêque　546
Clos Faubard　462
Clos de la Féguine　290
Clos des Forêts St-Georges　242, 243
Clos Gaillard　583
Clos de la Garenne　412
［Les］Clos Gauthey　366
Clos Genet　464
Clos des Grandes Vignes　242, 246
Clos des Grands Voyens　546
Clos des Hâtes　464
［Le］Clos de Jeu　107
Clos Jus　553
Clos des Lambrays　160
Clos Landry　290
Clos des Langres　99
［Le］Clos des Loyères　469
［Le］Clos de Magny　100
Clos Marceaux　554
Clos Marcilly　546
Clos de la Maréchale　241
Clos Marole　554
Clos de Mazeray　379
Clos des Meix　412
Clos Micault　331
Clos Micot　331
［Le］Clos de Mr Noly　582
Clos de la Mouchère　412
Clos des Mouches（Meursault）　378
Clos des Mouches（Santenay）　462
［Le］Clos des Mouches（Beaune）　290
［Le］Clos de la Mousse　290
Clos des Myglands　546
Clos Napoléon　114
Clos Orgelot　331
［Les］Clos de l'Orme　188
Clos des Ormes　165
Clos de Paradis　546
Clos de la Perrière（Fixin）　114
Clos de la Perrière（Vougeot）　201
Clos Pitois　427

Clos de Poncetys　578
Clos des Porrets St-Georges　242, 247
Clos Prieur　133
Clos du Prieuré（Vougeot）　202
Clos du Prieuré（Hautes-Côtes）　485
Clos des Réas　216
Clos Reyssier / Reyssié　582
Clos de la Roche　162
Clos Rochette　549
Clos du Roi（Beaune）　290
［Le］Clos du Roi / ［Le］Clos du Roy（Mercurey）　546
［Le］Clos des Rois（Maranges）　469
Clos du Roy / Clos du Roi（Marsannay）　107
Clos Rond　549
Clos de la Rougeotte　349
Clos Rousseau　462
［Les］Clos Roussots　469
Clos Royer　280
Clos Salomon　554
Clos des 60 Ouvrées　346
Clos Solon　168
Clos Sorbè　166
Clos St-Denis（Morey）　162
Clos St-Denis（Vosne-Romanée）　212
Clos St-Jacques（Rully）　540
［Le］Clos St-Jacques（Gevrey）　133
Clos St-Jean　427
Clos St-Landry　290
Clos St-Marc　242
Clos St-Paul　554
Clos St-Pierre　554
Clos Tamisot　141
Clos de Tart　163
Clos（de）Tavannes　463
Clos des Toisière　367
Clos Tonnerre　546
Clos des Ursules　291
Clos du Val　361
Clos des Varoilles　134, 138
Clos de Verger　331
Clos du Vernoy　554
Clos du Verseuil　352
Clos du Village　281
Clos de Vougeot　197
Clos Voyens　546
［Au］Closeau　134
［Le］Clou des Chênes　366
［Le］Clou d'Orge　279
［Aux］Clous（Savigny）　318
［Les］Clous（Monthélie）　366
［Les］Clous（Meursault）　378
［Les］Cloux（Auxey）　362
［Les］Cloux（Rully）　540
［Les］Coères　561
Collonges-lès-Bévy　486
［La］Colombière　219
［Les］Combards　427
Combe Bazin　368
Combe Brûlée　219
Combe aux Moines　134
［La］Combe d'Orveau　183
［La］Combe du Pré　107
［Les］Combes　450
［Les］Combes Dessus　331
［Les］Combes au Sud　451
Combettes（Fuissé）　583

［Les］Combettes（Puligny） 413
［Les］Combins 546
［La］Combotte 337
［Aux］Combottes（Gevrey） 135
［Aux］Combottes（Chambolle） 183
［Les］Combottes（Pernand-Vergelesses） 282
［La］Comme（Santenay） 463
［Les］Commes /［La］Comme（Chassagne） 430
［Aux］Communes 220
Concœur-et-Corboin 486
Confrelin 322
［Les］Corbeaux 135
［Les］Corbins 378
Cormot 489
［Le］Corton 271
Corton Basses Mourottes 274
Corton Chaumes et la Voierosse 272
Corton Clos des Cortons Faiveley 272
Corton Clos des Fiètres 273
Corton Clos des Meix 273
Corton Clos de la Vigne-au-Saint 273
Corton Grancey 273
Corton Hautes Mourottes 274
Corton La Toppeau Vert 276
Corton Le Clos du Roi 273
Corton Les Bressandes 272
Corton Les Carrières 272
Corton Les Chaumes 272
Corton Les Combes 273
Corton Les Grandes Lolières 274
Corton Les Grèves 274
Corton Les Languettes 274
Corton Les Maréchaudes 274
Corton Les Moutottes 275
Corton Les Paulands 275
Corton Les Perrières 275
Corton Les Pougets 275
Corton Les Renardes 275
Corton Les Vergennes 276
Corton Rognet 276
［Les］Cortons 451
［La］Corvée（Ladoix） 279
Corvée des Vignes 415
［Aux］Corvées（Gevrey） 139
［Aux］Corvées（Nuits-St-Georges） 242
［Les］Corvées Pagets 243
Côte de Bréchain 504
Côte de Cuissy 504
Côte de Fontenay 504
Côte de Grisey 530
Côte de Léchet 504
Côte du Moutier 526
Côte des Olivotes 530
Côte des Près Girots 504
Côte Rôtie（Morey） 166
［La］Côte Rôtie（St-Véran） 579
Côte de Savant 504
Côte de Troesmes 507
Côte de Vaubarousse 504
［Aux］Coucherias 291
［Les］Courtelongs 586
［La］Coutière 277
Craipillot 136
［Les］Crais（Fixin） 116
［Les］Crais（Gevrey） 139
［Les］Crais（Auxey） 363

［Les］Crais de Chêne 116
［Aux］Cras（Beaune） 291
［Aux］Cras（Nuits-St-Georges） 243
［Les］Cras（Chambolle） 184
［Les］Cras（Vougeot） 201
［Les］Cras（Pommard） 336
［Les］Cras（Meursault） 375
［Les］Cras（St-Véran） 579
Crauzot / Crausot 554
［Les］Crays 586
［En］Crèches 579
Créot 488
［En］Créot（St-Aubin） 451
［Le］Créot（Gevrey） 139
［Ez］Crets（Chasagne） 430
［Les］Crêts（Mercurey） 547
Creux Fraiches Eaux 250
Creux de la Net 281
［Le］Creux de Sobron 100
Criots-Bâtard-Montrachet 407
［Les］Croichots 547
［Les］Croisettes 139
［La］Croix Blanche（Vosne-Romanée） 220
［La］Croix Blanche（Pommard） 336
［Le］Croix Moines 469
［Les］Croix Noires 333
［La］Croix Planet 337
［La］Croix Rameau 216
［La］Croix Violette 98
［Le］Cromin 379
Cros Parantoux 216
［Les］Crots 243
［Ez］Crottes 430
［En］Croux 586
［Les］Cruot 212
Curtil-Vergy 486

D

［Les］Damaudes 220
［Les］Dame Huguettes 487
［Les］Damodes 243
［Les］Dannots 530
［Les］Demoiselles 413
Dent de Chien 430
Derrière chez Edouard 451
Derrière le Four 221
Derrière la Grange 184
Derrière St-Jean 333
Derrière la Tour 451
Desirée 379
Dessus des Marconnets 298
［Les］Didiers 243
［La］Dominode 318
［Les］Duresses（Auxey） 362
［Les］Duresses（Monthélie） 367

E

Echaille 451, 454
［Aux］Echanges 184
［Ez］Echards 352
Echévronne 488
Echézeaux（Echézeaux） 212
［Les］Echézeaux（Marsannay） 107
Echézeaux du Dessus 212
Echézots 107
［A l'］Ecu 291
［Les］Ecussaux 362

［Les］Embazées 430
［Les］Embrazées 430
［Les］Encégnières 436
［Les］Enseignères 416
［Les］Epenotes 291
Epenots 333
Epertully 488
［L'］Epinet 575
Epinotes 504
［En］Ergot 136
Estournelles［St-Jacques］ 136
［L'］Etang Vergy 486
［Aux］Etelois 139
Etournelles 136
［Les］Evocelles 140
Evosselles 140

F

［Les］Faconnières 166
［Les］Fairendes 431
［Les］Famines 353
［Aux］Fauques 99
［En］Faux 579
［Les］Favières 107
［Les］Feusselottes 184
［Les］Fèves 291
［Les］Fichots 281
［Les］Finottes 107
［Les］Fleurières 250
［Ez］Folatières 413
［La］Fontaine de Vosne 220
Fonteny / Fontenys 136
Forêt(s) 504
［La］Forétille 575
［Les］Forêts 243
［Les］Forges 379
［La］Fosse 540
Fourchaume(s) 505
Fouchère 136
［Aux］Fournaux（Savigny） 318
Fourneaux（Chablis） 505
［Les］Fourneaux（Santenay） 463
［Les］Fourneaux（Mercurey） 547
［Les］Fournières 277
［La］Framboisière 549
［En］France 586
Francemont 431
［Les］Fremières（Morey） 162, 164
［Les］Fremières（Chambolle） 187
［Les］Fremiers 333
Frémiets 349
［Les］Frionnes 452
［Les］Froichots 162, 164
［Les］Fuées 184
Fussey 488
［La］Fussière 471

G

［Les］Galaffres 557
［La］Garenne 413
［Les］Gaudichots 217
［Les］Gémeaux 126, 127
［Aux］Genaivrières 220
［Les］Genavrières 166
［Aux］Genelières 107
［En］Genêt 294
［Les］Genevrières 375
［La］Gigotte 349, 353

［Les］Godeaux　321
［Les］Goulots　137
［Les］Gouttes d'Or　375
［Le］Grand Bussière　579
Grand Clos Fortoul　547
Grand Clos Rousseau　462
［La］Grande Berge　554
［La］Grande Borne　431
［La］Grande Bruyère　579
［La］Grande Châtelaine　298
［La］Grande Montagne　431
［La］Grande Roche　561
［La］Grande Rue　206
［Les］Grandes Ruchottes　431
［Les］Grandes Vignes（Marsannay）　108
［Les］Grandes Vignes（Nuits-St-Georges）
　　246, 251
［Les］Grandes Vignes（Givry）　554
［Les］Grands Champs（Volnay）　349, 353
［Les］Grands Champs（Auxey）　362
［Les］Grands Champs（Puligny）　416
［Les］Grands Charrons　378
［Les］Grands Clos　431
［Les］Grands Echézeaux　214
［Les］Grands Epenots　333
［Aux］Grands Liards　321
［Les］Grands Murs　185
［Les］Grands Poisots　353
［Les］Grands Prétans　555
［Les］Grasses Têtes　108
［Aux］Gravains　319
［Les］Gravières　463
［Les］Gréchons　279
Grenouilles　498
Grésigny　540
［Les］Grèves　294
［Les］Griffères　547
Griotte-Chambertin　128
［Les］Groseilles　185
［Les］Gruenchers（Morey）　166
［Les］Gruenchers（Chambolle）　185
［Les］Gruyaches　379
Guerchère　432
［Les］Guérets　277
［Aux］Guettes　319
Gueules de Loup　527

H

Hameau de Blagny　414
［Les］Hâtes　464
［Les］Hautés　363
Hautes Maizières　220
Hautes Mourottes　280
Hauts Beaux Monts　219
［Les］Hauts Doix　185
［Les］Hauts Jarrons　319
［Les］Hauts Pruliers　247
［Les］Hervelets　115
［L'］Homme Mort　505

I

Ile des Hautes Vergelesses　282
Ile des Vergelesses　282
［Les］Insarts　583
Issart / Issarts　137

J

［Aux］Jachées　220

［Les］Jacquines　220
［La］Jaquelotte /［La］Jacquelotte　414
［Les］Jarolières　334
［Le］Jarron（St-Romain）　368
［Les］Jarrons（Savigny）　319
［La］Jeunelotte　376, 383
［Les］Jeunes Rois　140
Jouise　140
［Les］Joyeuses　280
［La］Justice　140

L

［Les］Lambots　336
［Les］Landes et Verjuts　505
［En］Largillière　334
Lassolle　349, 353
Latricières-Chambertin　128
Lavaux / Lavaut［St-Jacques］　137
［Aux］Lavières（Nuits-St-Georges）　251
［Les］Lavières（Savigny）　319
［Les］Lavrottes　185
［Au］Leurey　98
［La］Levrière（Pommard）　336
［La］Levrière（Mercurey）　547
［Les］Levrons　416
［La］Limozin　379
［Les］Loàchausses　212
［Les］Longeays　587
Longeroies　108
［Les］Luchets　379
Lulunne　297
［Les］Lurets　349
［Les］Lys　505

M

［Les］Macherelles　432
Magny-lès-Villers　487, 488
Maison Brûlée　163, 164
Maizières　542
［La］Maladière（Santenay）　464
［Les］Maladières（Beaune）　297
［Aux］Malconsorts　217
［Au-Dessus des］Malconsorts　217
［Les］Malpoiriers　379
［La］Maltroie　432
［Les］Marconnets（Beaune）　294
［Les］Marconnets（Savigny）　320
［En］Mareau　337
［La］Maréchaude（Vergisson）　586
［Les］Maréchaudes（Aloxe）　277
Marey-lès-Fussey　487
Margotés　540
［Les］Mariages　298
Marinot　452, 454
Marissou　540
［Les］Masures　436
Mauvarennes　550
Mavilly-Mandelot　488
［Les］Mazelots　526
Mazis-Chambertin　129
Mazoyères-Chambertin　126
［Les］Mazures　436
Meix des Ouches　140
Meix Rentier　160, 164
［Les］Meix　277
［La］Meix Bataille　367
［Le］Meix Cadot　540
［Le］Meix Caillet　540

［Les］Meix Chavaux　382
［La］Meix sous le Château　379
Mélinot　505
Meloisey　488
［Les］Ménétrières　583
Messanges　487
Meuilley　487
Mévelle　140
［La］Micaude　280
［La］Mignotte　295
［Les］Millandes　167
Minots　505
［La］Mission　547
［Les］Mitans　350
Mochamps　162, 164
［En］Moigelot　337
Molesme　540
［En］Monchenevoy　108
［Les］Mondes Rondes　298
［Les］Monsnières　298
［En La］Montagne（Marsannay）　108
［La］Montagne（Vosne-Romanée）　221
［Aux］Montagnes（Comblanchien）　99
［Les］Montaigus　547
Montbatois　298
［En］Montceau　452
Montchenevoy　321
Montcuchot　561
Mont de Milieu　505
Montée Rouge　295
Montée de Tonnerre　506
Montmains　506
［Les］Montots　550
Montpalais　541
［Le］Montrachet　399
Montrémenots　295
［Les］Montrevenots　295
［Les］Monts de Boncourt　100
Monts Luisants　167
Morein　506
Morgeot　432
Moury　525
［La］Moutonne　499
［Les］Moutottes　277
Murailles du Clos　220
［Les］Murées　433
［Les］Mûres　587
［Aux］Murgers　246
［Les］Murgers des Dents de Chien　452
Musigny　180

N

［En］Naget　280
Nantoux　489
［Les］Narbantons　320
［Les］Narvaux　382
［Les］Naugues　547
［Les］Noirots　185
［Les］Noizons　336
Nolay　489
［Les］Nosroyes　416
Noyer Bret　416

O

［En l'］Orme（Beaune）　295
［En l'］Ormeau（Volnay）　350
［En L'］Ormeau（Meursault）　382
［Aux］Ormes（Vosne-Romanée）　221

[En] Orveaux   214, 217
[Les] Ouzeloy   108

P

[En] Pallud   140
[La] Palotte   526
[Le] Paradis   555
Paris l'Hôpital   488
[Les] Pas de Chat   187
[Les] Pasquelles   433
Passetemps   464
[Les] Paulands   278
[Aux] Perdrix   246
[La] Périère (Auxey)   369
[La] Perrière (Fixin)   114, 115
[La] Perrière (Gevrey)   137
[Les] Perrières (Nuits-St-Georges)   247
[Les] Perrières (Beaune)   295
[Les] Perrières (Pommard)   336
[Les] Perrières (Meursault)   376
[Les] Perrières (Puligny)   414
[Les] Perrières (St-Aubin)   452
[Les] Perrières (Fuissé)   584
[En la] Perrière Noblot   246
Pertuisots   295
Petingeret   433
Petit Clos Rousseau   462
Petit Marole   555
[Le] Petit Prétan   555
Petite Chapelle   132
[Les] Petites Fairendes   433
[Les] Petites Lolières   277
Petits Cazetiers   132
[Les] Petits Charrons   378
[Les] Petits Clos   433
[Aux] Petits Crais   116
[Les] Petits Epenots   333
Petits Godeaux   319
[Les] Petits Monts   218
[Les] Petits Noizons   336
[Les] Petits Poisots   353
[Les] Petits Vougeots   202
[Les] Peuillets   320
[Les] Pézerolles   334
Pièce du Chapitre   322
[La] Pièce sous le Bois   376, 383
Pied d'Aloue   506
[Les] Pierres   541
[Les] Pierres Blanches   298
Pillot   541
[Les] Pimentiers   322
Pitangeret   454
[Les] Pitures   350
Pitures-Dessus   350
[Les] Places   433
[La] Plante (Givry)   555
[La] Plante aux Chèvres   337
[Les] Plantes (Chambolle)   185
[La] Platière (Pommard)   334
[Les] Platières (Montagny)   561
[Les] Plures   376
Pointe des Angles   350
[Les] Poirets [Porrets St-Georges]   247
Poirier Malchaussé   322
[Les] Poisets   251
[Les] Poisot   337
Poissenot   138
[Les] Pommards   579

[Les] Porrets [Porrets St-Georges]   247
[Les] Porusots / Porusot   376
Pot Bois   436
[Les] Poulaillères   214
[Les] Poulettes   247
[Les] Poutures   334
[Le] Pré de la Folie   221
Préaux   541
Preuses   499
[Les] Procès   247
[Les] Pruliers   247
[La] Pucelle (Rully)   541
[Les] Pucelles (Puligny)   414
[Les] Pucelles (St-Aubin)   455
[Les] Puillets   547
[Le] Puits   454

Q

[Les] Quartiers de Nuits   214, 221
[Aux] Quarts   582
[Les] Quarts   587
Queue de Hareng   98

R

Rabourcé   541
Raclot   541
[En la] Ranché   454
[Les] Ratosses   322
[Aux] Ravioles   221
[Aux] Réas   221
[Les] Rebichets   433
Redrescul   320
[La] Refène   334
[Les] Referts   415
[Aux] Reignots   218
[En] Remilly (Chassagne)   434
[En] Remilly (St-Aubin)   454
[La] Renarde   541
[Les] Renversées   296
[Les] Reuchaux   416
Reugne   362
[Les] Reversées   296
[Les] Reyssels   584
Richebourg   207
[La] Richemone   248
[La] Riotte (Morey)   167
[Les] Riottes (Pommard)   337
[Les] Riottes (Monthélie)   367
[Au-dessus de la] Rivière   221
Robardelle   350
[La] Robignotte   100
[Les] Rochats   579
[La] Roche   586
[La] Rochepot   488
[Le] Rognet et Corton   276, 280
[La] Romanée (Gevrey)   138
[La] Romanée (Vosne-Romanée)   207
[La] Romanée (Chassagne)   434
[La] Romanée-Conti   208
Romanée St-Vivant   210
[La] Ronceret   351
[En] Ronchevat   586
Roncière (Nuits-St-Geortges)   248
Roncières (Chablis)   506
[Les] Rontets   584
[La] Roquemaure   434
[Les] Rougeots   382
[Les] Rouges   218

[Les] Rouges du Bas   214
[Les] Rouges du Dessus   221
[Les] Rouvrettes   320
[La] Rozier   116
[Les] Ruchots   168
Ruchottes-Chambertin   130
Rue de Chaux   248
Rue au Porc   337
[En la] Rue de Vergy   168
Ruelle-Vergy   486
[Les] Ruelles   549
Rue Rousseau   416
[Les] Rugiens   335

S

Santenots (Meursault)   377
[Les] Santenots (Volnay)   351
[Les] Santenots Blancs   377
[Les] Santenots du Milieu   351, 377
[Aux] Saules   279
[Les] Saumonts   549
[Les] Saussilles   335
[En] Sazenay   549
[Les] Sceaux   296
Sécher   506
Segrois   487
[Les] Sentiers   187
[Aux] Serpentières   320
[La] Servoisine   555
[Les] Seurey   296
[Les] Sizies   296
[En] Songe   141
[Les] Sorbès   168
Sous Blagny   377, 383
Sous Frétille   281
Sous le Château   369
Sous le Courthil   415
Sous le Dos d'Ane   377, 384
Sous les Plantes   575
Sous le Puits   415
Sous Roche   369
Sous Roche Dumay   452, 454
Sous la Velle   369
[Les] St-Georges   248
[Les] St-Jacques   542
[Aux] Sts-Juliens   251
Suchot (Aloxe)   279
[Les] Suchots (Vosne-Romanée)   218
Sur le Chêne   575
Sur Gamay   452
Sur la Garenne   413
Sur Les Grèves   294
Sur le Sentier du Clou   454
Sur la Velle   367

T

[La] Tâche   211
Taille Pieds   352
Taillepieds   352
[Les] Talmettes   321
Tamisot   141
[La] Taupine   367
[Les] Tavannes   336
[Les] Terres Blanches (Nuits-St-Georges)   248
[Les] Terres Blanches (Meursault)   382
Terres Noires   579
[Le] Tesson /Tessons   382

Tête du Clos 434
［Les］Teurons /Theurons 296
［Aux］Thorey 249
［En］Thurissey 575
［Les］Tillets 382
［Les］Toisières 367
Tonton Marcel 434
［Les］Topes Bizot 299
［La］Toppe au Vert 278
［Aux］Torey 249
［Les］Toussaints 297
［Les］Travers de Marinot 454
［Les］Tremblots 416
Très Girard 168
［Les］Treux 214
［Le］Trézin 416
Troesmes 507
Trois Follots 337
［La］Truffière 415
［Les］Tuvilains 297

V

［La］Vache 337
Vaillons 507
［Les］Vallerots 249, 251
Valmur 499
［Les］Valozières 278
Varot 542
［Les］Vasées 549
Vau Ligneau 507
Vau de Vey 507
Vauchignon 489
Vaucoupin 507
［Le］Vaucrain（Comblanchien） 99
［Les］Vaucrains（Nuits-St-Georges） 249
［Les］Vaudenelles 108
Vaudésir 499
Vaugiraut 507
Vaulorent / Vaulaurent 507
Vaumorillon 531
［Les］Vaumuriens 337
Vaupulent 508
Vauvry 541
Vaux Ragons 508
［Les］Velley / Velées 549
［La］Verchère（Viré-Clessé） 575
［La］Verchère（Vergisson） 586
［Les］Verchères（Chaintré） 582
［Les］Vercots 278
［Aux］Vergelesses 321
［Les］Vergers 434
［Les］Véroilles（Chambolle） 187
［Les］Verroilles（Gevrey） 138
Vers Cras 583
Vers Pouilly 584
［En］Verseuil 352
Vide Bourse 435
［Le］Vieux Château 562
Vigne Blanche（Chassagne） 435
［La］Vigne Blanche（Vougeot） 201, 202
Vigne Derrière（Chassagne） 435
Vigne de Maillonge 550
［A］Vigne Rouge 555
［Aux］Vignerondes 249
Vignes Blanches（Echézeaux） 212
Vignes Blanches（Fuissé） 584
［Les］Vignes Derrière（Montagny） 562
［Les］Vignes Franches 297
［Les］Vignes Marie 108
Vignes Moingeon 455
［Les］Vignes Rondes 368
Vigneux 221
［Les］Vignots 337
［Les］Vignottes 98
［Le］Vigron 555
Village（Vosne-Romanée） 221
［Le］Village（Fixin） 114, 115
［Le］Village（Morey） 168
［Le］Village（Pommard） 335, 337
［Le］Village（St-Aubin） 455
［Le］Village de Monthélie 368
Villars-Fontaine 487
Villers-la-Faye 487
［Les］Violettes 221
［Les］Vireuils 382
［En］Virondot 435
［En］Vollon à l'Est 450, 455
Vosgros 508

畑名索引　643

主要生産者索引（カタカナ表記）

ア
アザール、アラン＆イザベル・ 543
アディーヌ、クリスティアン・ 511
アミオ・エ・フィス、ドメーヌ・ギイ・ 437
アミオ、ギイ・ 400
アミオ、ピエール・ 170
アミオ＝セルヴェル 189
アラダム、ドメーヌ・ステファヌ・ 562
アルデュイ→ダルデュイ
アルヌ＝ラショー、ドメーヌ・ 222
アルマン、ドメーヌ・デュ・コント・ 338
アルマン＝ジョフロワ、ドメーヌ・ 151
アルロー・ペール・エ・フィス、ドメーヌ・ 170
アレクサンドル、ドメーヌ・ 509
アンジェル、ドメーヌ・ルネ・ 224
アンジェルヴィル→ダンジェルヴィル
アント、ドメーヌ・アルノー・ 387
アント、ブノワ・ 419
アンドレ、シャトー・ド・コルトン 284
アンドレ、ピエール・ 284
アンブロワーズ、ベルトラン・ 252
アンペール・フレール 151
アンボー、ミシェル・ 385
アンリ・ジャイエ→ジャイエ

ウ
ヴァロット、ドメーヌ・ジェラール・ 595
ヴァロワイユ、ドメーヌ・デ・ 158
ヴァンサン、ドメーヌ・ジャン＝マルク・ 466
ヴィーニュ・デュ・メーヌ、ドメーヌ・デ・ 572
ヴィト＝アルベルティ 484
ヴィリエ、エリーズ・ 534
ヴィレ、カーヴ・コオペラティヴ・ド・ 577
ヴィレ、シャトー・ド・ 578
ヴィレーヌ、ドメーヌ A&P ド・ 538
ヴィレーヌ＝レ・プレヴォット・エ・ヴィゼルニ、ドメーヌ・デ・コトー・ド 482
ヴーヴ・アンバル、メゾン・ 484
ヴェルジェ、SA 574
ヴェルデ、オレリアン・ 492
ヴォギュエ、ドメーヌ・コント・ジョルジュ・ド・ 194
ヴォコレ、ドメーヌ・ 522
ヴォドン、ドメーヌ・ド・ 522
ヴォワイヨ、ドメーヌ・ジョゼフ・ 359
ウジェニ→ドゥジェニ
ヴジュレ、ドメーヌ・ド・ラ・ 261
ウダン、ドメーヌ・ 519

エ
エスモナン、ドメーヌ・シルヴィ・ 148
エスモナン、ドメーヌ・フレデリック・ 148
エレスツィン 151

オ
オート・コート、カーヴ・デ・ 490
オードワン、ドメーヌ・シャルル・ 109
オスピス・ド・ニュイ 256
オスピス・ド・ボーヌ 306
オリヴィエ・ルフレーヴ・フレール 420

カ
カシャ＝オキダン 283
カティアール・エ・フィス、ドメーヌ・シルヴァン・ 222
カデット、ドメーヌ・ド・ラ・ 532
ガニャール、ジャン＝ノエル・ 440
ガニャール一族 440
カミュ、ドメーヌ・ユベール・ 143
カミュ・フレール 532
カリヨン、ルイ・ 417
カレ、ドメーヌ・ドニ・ 490
ガレイラン、ドメーヌ・ジェローム・ 150
ガロデ、ポール・ 370
ガンバル、アレックス・ 306

キ
ギュファン＝エナン、ドメーヌ・ 572
ギヨン、アントナン・ 324

ク
グイヨ、アラン＆ジュリアン・ 572
グイヨ＝ブルー、ドメーヌ・ 572
グージュ、ドメーヌ・アンリ・ 255
ググン、フレデリック・ 511
グラ、ドメーヌ・アラン・ 371
クラーク、デヴィッド・ 171
クラヴリエ、ドメーヌ・ブリュノ・ 223
グリヴォ、ドメーヌ・ジャン・ 225
グリヴォー、ドメーヌ・アルベール・ 389
クリストフ、ドメーヌ・ 512
グリュイエ、ドミニク・ 533
クルセル、ドメーヌ・ド 339
クルトー、ドメーヌ・ジャン＝クロード・ 512
クレ、シャトー・ド・ラ・ 465
クレール、アンリ・ 418
クレール、ドメーヌ・ブリュノ・ 109
クレルジェ、クリスティアン・ 203
クロ・サン・ルイ、ドメーヌ・デュ・ 117
クロ・ド・タール、ドメーヌ・デュ・ 177
グロ、ドメーヌ・アンヌ 226
グロ、ドメーヌ・ミシェル・ 227
グロ・フレール・エ・スール、ドメーヌ・ 227
グロ＆フランソワ・パラン、A.F 340
グロ一族 226
グロソ、ドメーヌ・コリーヌ＆ジャン＝ピエール・ 516
グロフィエ、ドメーヌ・ロベール・ 172
クロワ、ドメーヌ・デ・ 304
クロワ・スナイユ、ドメーヌ・ド・ラ・ 580

コ
コシュ＝デュリ、ドメーヌ・ 386
コシュ＝ビズアール、ドメーヌ・ 386
コスト＝コーマルタン、ドメーヌ・ 339
コフィネ＝デュヴェルネ、ドメーヌ・ 438
コフィネ一族 438
コラン、フィリップ・ 439
コラン、ブリュノ・ 438
コラン、マルク・ 401, 456
コラン＝ドルジェ、ミシェル・ 439
コラン＝モレ、ピエール＝イヴ・ 439
コラン一族 438
コリノ、ドメーヌ・ 532

コ
コルディエ・ペール・エ・フィス、ドメーヌ・ 591
コルトン・アンドレ、シャトー・ド・ 284
コルナン、ドミニク・ 592
コルニュ、ドメーヌ・ 490
コレ、ドメーヌ・ジャン・ 512
コロンビエ、ドメーヌ・デュ・ 512
コワイヨ、ドメーヌ・ 110
ゴワゾ、ジャン＝ユーグ＆ギレム・ 533
コンシエルジュ、ドメーヌ・ド・ラ・ 511
コンタ＝グランジェ、ドメーヌ・ 472
コンビエ、アルノー・ 580
コンフュロン、ジャン＝ジャック・ 254
コンフュロン一族 224

サ
サラザン、ドメーヌ・ミシェル・ 559
サロモン、クロ・ 557
サント＝バルブ、ドメーヌ・ド・ 577

シ
ジェシオム、ドメーヌ・ 465
シェニュ・ペール・エ・フィス、ルイ・ 325
ジェルボー、ドメーヌ・デ・ 593
ジェルマン・エ・フィス、アンリ・ 388
ジブロ、エマニュエル・ 306
シモネ＝フェヴル 521
ジャイエ、ジル、ジル・ 491
ジャイエとその一族、アンリ・ 229
シャヴィ、アラン・ 418
シャヴィ、ジャン＝ルイ・ 418
シャヴィ、フィリップ・ 418
ジャヴィエ、ドメーヌ・パトリック・ 390
ジャクソン、ドメーヌ・ポール・ 543
ジャコ、ドメーヌ・リュシアン・ 491
シャスラ、シャトー・ド・ 580
シャゼル、ドメーヌ・デ・ 577
シャソルネ、ドメーヌ・ド・ 372
ジャド、ルイ・ 310
ジャニアール、ドメーヌ・アラン・ 172
ジャフラン 313
シャブリジエンヌ、ラ・ 511
シャミレ、シャトー・ド・ 550
シャラン、ドメーヌ・ジャン＝マリー・ 577
シャルドネ、ドメーヌ・デュ・ 511
シャルトロン、ジャン・ 417
シャルルー、モーリス・ 472
シャルロパン、フィリップ・ 143
シャレ、イヴ・ 490
シャンズィ、ドメーヌ 539
シャンソン・ペール・エ・フィス 303
ジャンテ＝パンシオ、ドメーヌ・ 150
ジャンドー、ドニ・ 593
シャンドン・ド・ブリアイユ 323
シャンピ、メゾン・ 302
シャンボール＝ミュジニ、シャトー・ド・ 191
ジュイヨ、ドメーヌ・ミシェル・ 551
シュヴァリエ・ペール・エ・フィス 283
シュヴィヨン、ロベール・ 253
シュヴロ・エ・フィス、ドメーヌ・ 472
シュヌヴィエール、ドメーヌ・デ・ 511
ジュラン、ドメーヌ・ピエール・ 117
ジュルダン、ジル 101

シュルマン、エリック・ド・ 371
ショーヴネ、ドメーヌ・ジャン・ 253
ジョバール、ドメーヌ・フランソワ&アントワーヌ・ 390
ジョバール、レミ・ 391
ショフレ＝ヴァルドネール、ドメーヌ・ 557
ジョブロ、ドメーヌ・ 557
ジョリエ、ドメーヌ・ 117
ショレ、ドメーヌ・デュ・シャトー・ド・ 326
ジョワイヨ、ジャン＝リュック・ 341
ジラルダン、ドメーヌ・ 324
ジラルダン、アレット・ 340
ジラルダン、ドメーヌ・ヴァンサン・ 389
ジル、ドメーヌ・ 101
ジルー、オリヴィエ・ 593
ジルー、カミーユ・ 306
ジレ、ドメーヌ・エミリアン・ 577

ス
スナール、コント・ 286
スニ、メゾン・アルベール・ 484, 544
スフランディーズ、ドメーヌ・ド・ラ・ 594
スフランディエール、ドメーヌ・ド・ラ・ 591

セ
セギノ＝ボルデ、ドメーヌ・ 521
セラファン、ドメーヌ・ 155
セルヴァン、ドメーヌ・ 521

ソ
ソール、シャトー・ド・ラ・ 563
ソゼ、エティエンヌ・ 420
ソメーズ、ドメーヌ・ジャック&ナタリー・ 594
ソメーズ＝ミシュラン、ドメーヌ・ 595

タ
タール、ドメーヌ・デュ・クロ・ド・ 177
ダヴェンヌ、クロチルド・ 513
ダモワ、ピエール・ 144
ダルヴィオ＝ペラン・ 370
タルディ、ドメーヌ・ジャン・ 237
ダルデュイ、ドメーヌ・ 101
タン・ベルデュ、ドメーヌ・デ・ 513
ダンジェルヴィル、マルキ・ 354
ダンセ、ヴァンサン・ 439
ダンプ、ヴィニョブル・ 512
ダンプ、ドメーヌ・ダニエル・ 512

テ
ディジョイア＝ロワイエ、ドメーヌ・ 190
テヴネ、ジャン・ 577
テヴノ＝ル・ブリュン・ 492
テナール、バロン・ 404, 559
デュガ、ドメーヌ・クロード・ 146
デュガ＝ピィ、ドメーヌ・ベルナール・ 147
デュジャック、ドメーヌ・ 171
デュバン、ダヴィッド・ 490
デュブルイユ＝フォンテーヌ・ 284
デュプレール、ドメーヌ・ 325
デュプレシス、カーヴ・ 515
デュポン＝ティスランド・ 148
デュリュブ・エ・フィス、ドメーヌ・ジャン・ 515
デュルイユ＝ジャンティアル、ヴァンサン・ 542
デュロシェ、ドメーヌ・ 148

ト
トゥール、シャトー・ド・ラ・ 204
ドゥ・ロシュ、ドメーヌ・デ・ 580
ドゥヴェイ、ジャン＝イヴ・ 490
ドゥジェニ、ドメーヌ・ 224
ドゥフェ、ダニエル＝エティエンヌ・ 514
ドゥフェ、ドメーヌ・ベルナール・ 513
トゥロ＝ジュイヨ、ドメーヌ・ 551
ドゥロルム、ドメーヌ・ 542
ドーヴィサ、ドメーヌ・ルネ&ヴァンサン・ 512
トブノ＝メルム、ドメーヌ・ 178
トマ、ドメーヌ・ジェラール・ 458
トラペ、ドメーヌ・ 156
ドラン、ドミニク・ 457
トランブレ、セシル・ 157
トランブレ、ドメーヌ・ジェラール・ 522
ドルアン、コリーヌ&ティエリー・ 592
ドルーアン、ジョゼフ・ 304
ドルーアン＝ラローズ、ドメーヌ・ 145
トルトショ・ 156
トロ＝ボー・ 326
ドロワン、ドメーヌ・ジャン＝ポール&ブノワ・ 514

ナ
ナデフ、ドメーヌ・フィリップ・ 118
ナンブレ、ドメーヌ・デ・ 594

ニ
ニーロン、ドメーヌ・ミシェル・ 446
ニノ、ドメーヌ・ 543
ニューマン、ドメーヌ・クリス・ 313

ノ
ノエラ一族・ 235
ノダン＝フェラン・ 492

ハ
バール、ドメーヌ・ 109
バーンスタイン、オリヴィエ・ 143
バイイ、カーヴ・ド・ 484
バイイ＝ラピエール、カーヴ・ド・ 532
パヴィヨン、ドメーヌ・デュ・ 341
パウロ、ジャン＝マルク・ 324
バシュレ、ジャン＝クロード・ 456
バシュレ、ジャン＝ドニ・ 142
バシュレ＝モノ、ドメーヌ・ 472
バシュレ＝ラモネ・ 437
バスタン、シャトー・ド・ 466
パタイユ、ドメーヌ・シルヴァン・ 111
バラ、ドメーヌ・ 509
バラン、ドメーヌ・ 341
バラン、A.Fグロ&フランソワ・ 340
パリゴ、ドメーヌ・ 492
バルト、ドメーヌ・ジスレーヌ・ 189
バロー、ドメーヌ・ダニエル・ 590
パンソン、ドメーヌ・ルイ・ 520

ヒ
ビーズ、ドメーヌ・シモン・ 323
ビショ、アルベール・ 300
ビゾ、ジャン＝イヴ・ 222
ビック・エ・フィス、ジベール・ 520
ビュイソン、ドメーヌ・アンリ・エ・ジル・ 371
ビュイソン、ドメーヌ・クリストフ・ 371
ビュイソン＝シャルル、ドメーヌ・ 386

ビュクシ、カーヴ・ド・ 562
ビュリニ＝モンラシェ、シャトー・ド・ 404, 417
ビュルゲ、アラン・ 143
ピヨ、ドメーヌ・ジャン＝マルク・ 446
ピヨ、ドメーヌ・ポール・ 447
ピヨー＝シモン、ドメーヌ・ 509
ピヨ一族・ 446
ビラール＝ゴネ、ドメーヌ・ 338

フ
ファヴレル、ドメーヌ・デ・ 532
フィシェ、ドメーヌ・ 571
フィシェ、ドメーヌ・ジャン＝フィリップ・ 388
フイヤルド、ドメーヌ・ド・ラ・ 580
ブイヨ、ルイ・ 484
ブヴィエ、ドメーヌ・レジ・ 109
ブーダン、ドメーヌ・アデマール・ 510
フェヴレ、ジョゼフ・ 550
フェヴル、メゾン・ジ・ 254
フェーヴル、ドメーヌ・ウィリアム・ 515
フェーヴル、ドメーヌ・ナタリー&ジル・ 515
フェリ、ドメーヌ・ジャン・ 491
フェリクス、ドメーヌ・ 533
フェレ、ドメーヌ・J=A・ 592
フェレティグ、ドメーヌ・ 190
フォラン＝アルベレ・ 284
フォリ、ドメーヌ・ド・ラ・ 543
フォレスト、ドメーヌ・アニー＝クレール・ 592
フォンテーヌ＝ガニャール、ドメーヌ・ 401, 440
ブシャール、パスカル・ 510
ブシャール・エネ・エ・フィス・ 301
ブシャール・ペール・エ・フィス・ 301, 401
ブス・ドール、ドメーヌ・ド・ラ・ 357
ブズロー一族・ 385
プティ・カンシー、ドメーヌ・デュ・ 533
プティジャン、マドモワゼル・ 401
フュイッセ、シャトー・ド・ 593
フラヴィニ＝アレジア、ドメーヌ・ド・ 482
ブラン、モレ・ 396
ブラン＝ガニャール、ドメーヌ・ 400, 437
ブリウール、ジャック・ 404
ブリウール、ドメーヌ・ジャック・ 396
ブリウール＝ブリュネ、ドメーヌ・ 466
フリエ、ドメーヌ・ 149
ブリュードン、ドメーヌ・アンリ・ 458
ブリューレ・ロック、ドメーヌ・ 259
ブリュニエ・エ・フィーユ、ミシェル・ 370
フルーロ、ルネ・ 401
フルニエ、ドメーヌ・ジャン・ 111
ブレ、ジャン＝マルク・ 355
ブレット・ブラザース・ 591
ブロカール、ジャン＝マルク・ 510

ヘ
ベサン、ジャン＝クロード・ 509
ペラン、ドメーヌ・ヴァンサン・ 357
ペラン、ドメーヌ・ジャン＝クロード・ 465
ペラン、ドメーヌ・ロジェ・ 465
ペリエール、マノワール・ド・ラ・ 117
ベリュ、シャトー・ド・ 509
ベルサン・エ・フィス、ドメーヌ・ 532
ベルターニャ、ドメーヌ・ 203
ベルトー、ドメーヌ・(フィサン)・ 117

ベルトー、ドメーヌ・(シャンボール=ミュジニ) 189
ペルドリ、ドメーヌ・デ 259
ペルノ、ポール 420
ペレーヌ、ドメーヌ・ド 300
ペロ=ミノ 175

ホ
ボークレール、ドメーヌ・フジェレ・ド 111
ボールガール、シャトー・ド 590
ボジェ、パスカル 574
ポテル、ドメーヌ 313
ポテル、メゾン・ニコラ 259
ポトレ、アラン 511
ボノー・デュ・マルトレイ 283
ボノム、ドメーヌ・アンドレ 577
ポミエ、ドメーヌ・イザベル&ドニ 520
ボルニャ、ドメーヌ 532
ボワ・ディヴェール、ドメーヌ・ド 510
ボワイエ=マルトノ、ドメーヌ 385
ボワイヨ、ドメーヌ・アンリ 354
ボワイヨ、ドメーヌ・ジャン 354
ボワイヨ、ドメーヌ・ジャン=マルク 339
ボワイヨ、メゾン・アンリ 355
ボワイヨ、ルイ 190
ボワセ、ジャン=クロード 252
ボワソヌーズ、ドメーヌ・ド・ラ 511
ボワウロ=ド・ショーヴィニ、ドメーヌ 400
ボングラン、ドメーヌ・ド・ラ 575
ポンセティ、ドメーヌ・デ 580
ポンソ、ドメーヌ 175

マ
マイエ、ニコラ 573
マシャール・ド・グラモン、ドメーヌ・ベルトラン 258
マス、ドメーヌ 558
マズィリ・ペール・エ・フィス、ドメーヌ 492
マティアス、ドメーヌ・アラン 534
マトロ、ドメーヌ・ティエリー&パスカル 393
マニャン、セバスティアン 393
マニャン、ドメーヌ・ミシェル 174
マニャン、メゾン・フレデリック 174
マラール、ドメーヌ・ミシェル 285
マランド、ドメーヌ・デ 517
マルトレ・ド・シュリジー、ドメーヌ 393
マルトロワ、シャトー・ド・ラ 441
マロスラヴァック 420
マンセ、カーヴ・ド・ヴィニュロン・ド 571

ミ
ミクルスキ、フランソワ 394
ミシェル、ジャン=ピエール 577
ミシェル、ドメーヌ・ルイ 518
ミシュロ、ドメーヌ 394
ミシュロ、ドメーヌ・アラン 258
ミスチーフ&メイエム 286
ミュザール・エ・フィス、ドメーヌ・リュシアン 465
ミュシィ、ドメーヌ 341
ミュニエ、ジャック=フレデリック 191
ミュニュレ、ドミニク 233
ミュニュレ、ドメーヌ・ジェラール 234
ミュニュレ=ジブール、ドメーヌ・ジョル ジュ 234
ミヨ、ジャン=マルク 259

ム
ムートン、ドメーヌ・ジェラール 558
ムール、アリス&オリヴィエ・ド 518
ムラン、ニコラ 594
ムルソー、シャトー・ド 386

メ
メオ=カミュゼ、ドメーヌ 232
メルラン、オリヴィエ 573
メロード、ブランス・ド 285

モ
モーム、ドメーヌ 152
モニエ、ドメーヌ・ジャン 395
モノ・エ・フィス、ドメーヌ・エドモン 472
モラン、アルメル&ジャン=ミシェル 118
モルテ、ティエリ 153
モルテ、ドメーヌ・ドニ 152
モレ、ドメーヌ・ヴァンサン&ソフィ 444
モレ、ドメーヌ・ジャン=マルク 443
モレ、ドメーヌ・トマ 444
モレ、ドメーヌ・ピエール 395
モレ、ドメーヌ・ベルナール 443
モレ、ドメーヌ・マルク 444
モレ一族 443
モレ=コフィネ、ミシェル 445
モロ、アルベール 313
モロー、ドメーヌ・クリスティアン 519
モロー、ドメーヌ・ルイ 519
モロー、ベルナール 442
モンジャール=ミュニュレ、ドメーヌ 233
モンショヴェ、ディディエ 492
モンティーユ、ドメーヌ・ド 356
モンテリ、シャトー・ド 371
モンテリ=ドゥエレ=ポルシュレ 371
モンマン、ドメーヌ・ド 492

ユ
ユドロ=ノエラ、ドメーヌ 203
ユドロ=バイエ、ドメーヌ 191
ユベール=ヴェルドロー、ドメーヌ 340

ラ
ライカート、ジャン 574
ラヴノー 520
ラキエ、ドメーヌ・フランソワ 552
ラギッシュ、マルキ・ド 401, 441
ラゴ、ドメーヌ 558
ラサラ、ロジェ 594
ラトゥール、ルイ 285, 312
ラトゥール=ラビュユ、ドメーヌ 392
ラトー、ジャン=クロード 314
ラファルジュ、ドメーヌ・ミシェル 355
ラフージュ、ジル&ジャン 370
ラフェ、ドメーヌ 177
ラフォン、ドミニク 310
ラフォン、ドメーヌ・デ・コント 391, 401
ラフォン、レ・ゼリティエ・デュ・コント 573
ラブレ=ロワ、メゾン 257
ラベ、ドメーヌ・ピエール 204
ラベ、ドメーヌ・ロラン 286
ラマルシュ、ドメーヌ 228
ラミ、ユベール 457
ラミ=ピヨ 401

ラミ=ピヨ、ドメーヌ 401, 441
ラリュ、ドメーヌ 457
ラルロ、ドメーヌ・ド 252
ラロシュ、ミシェル 516
ランプ、ヴァンサン 558
ランプ、フランソワ 558
ランブレ、ドメーヌ・デ 172

リ
リオン、ドメーヌ・ダニエル 260
リオン、ドメーヌ・ミシェル&パトリス 260
リジェ=ベレール、ティボー 257
リジェ=ベレール、ドメーヌ・デュ・コント 231
リシュー、ティエリー 534
リニエ、ジョルジュ 173
リニエ、ユベール 173
リニエ、リュシー&オーギュスト 173
リニエ=ミシュロ 174
リュニ、カーヴ・コオペラティヴ・ド 571
リュペ=ショーレ 258
リュリ、シャトー・ド 544

ル
ルー、ドメーヌ 458
ルージュ・クー、ドメーヌ・デ 473
ルーロ、ドメーヌ・ギイ 396
ルカン=コラン、ドメーヌ・ルネ 465
ルジェ、ドメーヌ・エマニュエル 236
ルソー、ドメーヌ・アルマン 154
ルニョー・ド・ボーカロン 400
ルブルソー、ドメーヌ・アンリ 153
ルフレーヴ、ドメーヌ 404, 419
ルフレーヴ・フレール、オリヴィエ 420
ルミエ、ドメーヌ・ジョルジュ 193
ルモリケ、ドメーヌ 260
ルモワーヌ、リュシアン 312
ルモワスネ 314
ルルー、バンジャマン 313
ルロワ、ドメーヌ 230
ルロワ、メゾン 370

レ
レイ、ドメーヌ・イヴ&ミシェル 594
レジ・ブヴィエ、ドメーヌ 109
レスキュール、ドメーヌ・シャンタル 257
レミ、ドメーヌ・ルイ 177

ロ
ロアリー、ドメーヌ・ド 577
ローラン、ドミニク 257
ロシニョール、ニコラ 358
ロシニョール=トラペ、ドメーヌ 153
ロシニョール一族 358
ロック、クロ・デ 593
ロデ、メゾン・アントナン 552
ロティ、ドメーヌ・ジョゼフ 154
ロマネ=コンティ、ドメーヌ・ド・ラ 235, 404
ロラン、ドメーヌ 286
ロランソン、ドメーヌ・ブリュノ 552
ロワシェ、シルヴァン 326
ロン=デパキ 517
ロンシアン、ドメーヌ 511
ロンテ、シャトー・ド 594

主要生産者索引（欧文表記）

A

Adine, Christian　511
Aladame, Domaine Stéphane　562
Alexandre ,Domaine　509
Ambroise, Bertrand　252
Amiot, Guy　400
Amiot, Pierre　170
Amiot & Fils, Domaine Guy　437
Amiot-Servelle　189
Ampeau, Michel　385
André, Pierre　284
Angerville, Marquis d'　354
Ardhuy, Domaine d'　101
Arlaud Père & Fils, Domaine　170
Arlot, Domaine de l'　252
Armand, Domaine du Comte　338
Arnoux-Lachaux, Domaine　222
Audoin, Domaine Charles　109

B

Bachelet, Domaine Denis　142
Bachelet, Jean-Claude　456
Bachelet-Monnot, Domaine　472
Bachelet-Ramonet　437
Bailly, Caves de　484
Bailly-Lapierre, Caves de　532
Barat, Domaine　509
Barraud, Domaine Daniel　590
Bart, Domaine　109
Barthod, Domaine Ghislaine　189
Beauclair, Domaine Fougeray de　111
Beauregard, Château de　590
Belland, Domaine Jean-Claude　465
Belland, Domaine Roger　465
Bellene, Domaine de　300
Bernstein, Olivier　143
Bersan & Fils, Domaine　532
Bertagna, Domaine　203
Berthaut, Domaine　117
Bertheau, Domaine　189
Béru, Château de　509
Bessin, Jean-Claude　509
Bichot, Albert　300
Billard-Gonnet, Domaine　338
Billaud-Simon, Domaine　509
Bize, Domaine Simon　323
Bizot, Jean-Yves　222
Blain-Gagnard, Domaine　400, 437
Blanc, Morey　396
Boillereault de Chauvigny, Domaine　400
Boillot, Domaine Henri　354
Boillot, Domaine Jean　354
Boillot, Domaine Jean-Marc　339
Boillot, Louis　190
Boillot, Maison Henri　355
Bois d'Yver, Domaine de　510
Boisset, Jean-Claude　252
Boissonneuse, Domaine de la　511
Bongran, Domaine de la　575
Bonhomme, Domaine André　577
Bonneau du Martray　283
Borgnat, Domaine　532
Bouchard, Pascal　510
Bouchard Aîné & Fils,　301

Bouchard Père & Fils　301, 401
Boudin, Domaine Adhémar　510
Bouillot, Louis　484
Bouley, Jean-Marc　355
Bouvier, Domaine Régis　109
Bouzereau family, The　385
Boyer-Martenot, Domaine　385
Bret Brothers　591
Brocard, Jean-Marc　510
Buisson, Domaine Christophe　371
Buisson, Domaine Henri & Gilles　371
Buisson-Charles, Domaine　386
Burguet, Alain　143
Buxy, Cave de　562

C

Cachat-Ocquidant　283
Cadette, Domaine de la　532
Camus, Domaine Hubert　143
Camu Frères　532
Carillon, Louis　417
Carré, Domaine Denis　490
Cathiard & Fils, Domaine Sylvain　222
Chablisienne, La　511
Chaland, Domaine Jean-Marie　577
Chaley, Yves　490
Chambolle-Musigny, Château de　191
Chamirey, Château de　550
Champy, Maison　302
Chandon de Briailles　323
Chanson Père & Fils　303
Chanzy, Domaine　539
Chardonnay, Domaine du　511
Charleux, Maurice　472
Charlopin, Philippe　143
Chartron, Jean　417
Chasselas, Château de　580
Chassorney, Domaine de　372
Chauvenet, Domaine Jean　253
Chavy, Alain　418
Chavy, Jean-Louis　418
Chavy, Philippe　418
Chazelles, Domaine des　577
Chenevières, Domaine des　511
Chénu Père & Filles, Louis　325
Chevalier Père & Fils　283
Chevillon, Robert　253
Chevrot et Fils, Domaine　472
Chofflet-Valdenaire, Domaine　557
Chorey, Domaine du Château de　326
Christophe, Domaine　512
Clair, Domaine Bruno　109
Clark, David　171
Clavelier, Domaine Bruno　223
Clerc, Henri　418
Clerget, Christian　203
Clos de Tart, Domaine du　177
Coche-Bizouard, Domaine　386
Coche-Dury, Domaine　386
Coffinet Family　438
Coffinet-Duvernay, Domaine　438
Coillot, Domaine　110
Colin, Bruno　438
Colin, Marc　401, 456

Colin, Philippe　439
Colin family　438
Colin-Deleger, Michel　439
Colin-Morey, Pierre-Yves　439
Colinot, Domaine　532
Collet, Domaine Jean　512
Colombier, Domaine du　512
Combier, Arnaud　580
Conciergerie, Domaine de la　511
Confuron, Jean-Jacques　254
Confuron family, The　224
Contat-Grangé, Domaine　472
Cordier Père & Fils, Domaine　591
Cornin, Dominique　592
Cornu, Domaine　490
Corton André, Château de　284
Coste-Caumartin, Domaine　339
Coteaux de Villaines-les-Prévôtes et Viserny, Domaine des　482
Courcel, Domaine de　339
Courtault, Domaine Jean-Claude　512
Crée, Château de la　465
Croix Senaillet, Domaine de la　580
Croix, Domaine des　304

D

Damoy, Pierre　144
Dampt, Domaine Daniel　512
Dampt, Vignoble　512
Dancer, Vincent　439
Darviot-Perrin　370
Dauvissat, Domaine René & Vincent　512
Davenne, Clotilde　513
Defaix, Daniel-Etienne　514
Defaix, Domaine Bernard　513
Delorme, Domaine　542
Derain, Dominique　457
Deux Roches, Domaine des　580
Devevey, Jean-Yves　490
Digioia-Royer, Domaine　190
Droin, Domaine Jean-Paul & Benoît　514
Drouhin, Joseph　304
Drouhin-Laroze, Domaine　145
Drouin, Corinne & Thierry　592
Duband, David　490
Dublère, Domaine　325
Dubreuil-Fontaine　284
Dugat, Domaine Claude　146
Dugat-Py, Domaine Bernard　147
Dujac, Domaine　171
Duplessis, Caves　515
Dupont-Tisserandot　148
Dureuil-Janthial, Vincent　542
Duroché, Domaine　148
Durup & Fils, Domaine Jean　515

E

Engel, Domaine René　224
Ente, Benoît　419
Ente, Domaine Arnaud　387
Esmonin, Domaine Frédéric　148
Esmonin, Domaine Sylvie　148
Eugénie, Domaine d'　224

主要生産者索引　647

F

Faiveley, Joseph 550
Faivelay, Maison J. 254
Faverelles, Domaine des 532
Felix, Domaine 533
Felletig, Domaine 190
Ferret, Domaine J-A 592
Féry, Domaine Jean 491
Feuillarde, Domaine de la 580
Fèvre, Domaine Nathalie & Gilles 515
Fèvre, Domaine William 515
Fichet, Domaine 571
Fichet, Domaine Jean-Philippe 388
Flavigny-Alésia, Domaine de 482
Fleurot, René 401
Folie, Domaine de la 543
Follin-Arbelet 284
Fontaine-Gagnard, Domaine 401, 440
Forest, Domaine Annie-Claire 592
Fournier, Domaine Jean 111
Fourrier, Domaine 149
Fuissé, Château de 593

G

Gagnard family 440
Gagnard, Jean-Noël 440
Galeyrand, Domaine Jérôme 150
Gambal, Alex 306
Garaudet, Paul 370
Géantet-Pansiot, Domaine 150
Gelin, Domaine Pierre 117
Gerbeaux, Domaine des 593
Germain & Fils, Henri 388
Giboulot, Emmanuel 306
Gille, Domaine 101
Gillet, Domaine Emilian 577
Girard, Domaines 324
Girardin, Aleth 340
Girardin, Domaine Vincent 389
Giroud, Camille 306
Giroux, Olivier 593
Goisot, Jean-Hugues & Guilhem 533
Gouges, Domaine Henri 255
Gras, Domaine Alain 371
Grivault, Domaine Albert 389
Grivot, Domaine Jean 225
Groffier, Domaine Robert 172
Gros, Domaine Anne 226
Gros, Domaine Michel 227
Gros family, The 226
Gros & François Parent, A-F 340
Gros Frère & Sœur, Domaine 227
Grossot, Domaine Corinne & Jean-Pierre 516
Gruhier, Dominique 533
Guegen, Frédéric 511
Guffens-Heynen, Domaine 572
Guillot-Broux, Domaine 572
Guillot, Alain & Juline 572
Guyon, Antonin 324

H

Harmand-Geoffroy, Domaine 151
Hasard, Alain & Isabelle 543
Hautes-Côtes, Caves des 490
Hereszytyn 151
Hospices de Beaune 306
Hospices de Nuits 256

Huber-Verdereau, Domaine 340
Hudelot-Baillet, Domaine 191
Hudelot-Noëllat, Domaine 203
Humbert Frères 151

J

Jacob, Domaine Lucien 491
Jacqueson, Domaine Paul 543
Jadot, Louis 310
Jaffelin 313
Javillier, Domaine Patrick 390
Jayer (and family), Henri 229
Jayer-Gilles, Gilles 491
Jeandeau, Denis 593
Jeanniard, Domaine Alain 172
Jessiaume, Domaine 465
Jobard, Domaine François & Antoine 390
Jobard, Rémi 391
Joblot, Domaine 557
Joillot, Jean-Luc 341
Joliet, Domaine 117
Jourdan, Gilles 101
Juillot, Domaine Michel 551

L

Labet, Domaine Pierre 204
Labouré-Roi, Maison 257
Lafarge, Domaine Michel 355
Lafon, Domaine des Comtes 391, 401
Lafon, Dominique 310
Lafon, Les Héritiers du Comte 573
Lafouge, Gilles & Jean 370
Laguiche, Marquis de 401, 441
Lamarche, Domaine 228
Lambrays, Domaine des 172
Lamy, Hubert 457
Lamy-Pillot, Domaine 401, 441
Laroche, Michel 516
Larue, Domaine 457
Lassarat, Roger 573
Latour, Louis 285, 312
Latour-Labille, Domaine 392
Laurent, Dominique 257
Leflaive, Domaine 404, 419
Leflaive Frères, Olivier 420
Lemoine, Lucien 312
Lequin-Colin, Domaine René 465
Leroux, Benjamin 313
Leroy, Domaine 230
Leroy, Masion 370
Lescure, Domaine Chantal 257
Liger-Belair, Domaine du Comte 231
Liger-Belair, Thibault 257
Lignier, Georges 173
Lignier, Hubert 173
Lignier, Lucie & Auguste 173
Lignier-Michelot 174
Loichet, Sylvain 326
Long-Depaquit 517
Lorenzon, Domaine Bruno 552
Lugny, Cave Cooperative de 571
Lumpp, François 558
Lumpp, Vincent 558
Lupé-Cholet 258

M

Machard de Gramont, Domaine Bertrand 258

Magnien, Domaine Michel 174
Magnien, Maison Frédéric 174
Magnien, Sébastien 393
Maillet, Nicolas 573
Malandes, Domaine des 517
Mallard, Domaine Michel 285
Maltroye, Château de la 441
Mancey, Cave des Vignerons de 571
Maroslavac 420
Martelet de Cherisey, Domaine 393
Masse, Domaine 558
Mathias, Domaine Alain 534
Matrot, Domaine Thierry & Pascale 393
Maume, Domaine 152
Mazilly Père & Fils, Domaine 492
Melin, Nicolas 594
Méo-Camuzet, Domaine 232
Merlin, Olivier 573
Mérode, Prince de 285
Meursault, Château de 386
Michel, Jean-Pierre 577
Michel, Domaine Louis 518
Michelot, Domaine 394
Michelot, Domaine Alain 258
Mikulski, François 394
Millot, Jean-Marc 259
Mischief & Mayhem 286
Molin, Armelle & Jean-Michel 118
Mongeard-Mugneret, Domaine 233
Monnier, Domaine Jean 395
Monnot & Fils, Domaine Edmond 472
Montchovet, Didier 492
Monthélie, Château de 371
Monthélie-Douhairet-Porcheret 371
Montille, Domaine de 356
Montmain, Domaine de 492
Moor, Alice & Olivier de 518
Moreau, Bernard 442
Moreau, Domaine Christian 519
Moreau, Domaine Louis 519
Morey, Domaine Bernard 443
Morey, Domaine Jean-Marc 443
Morey, Domaine Marc 444
Morey, Domaine Pierre 395
Morey, Domaine Thomas 444
Morey, Domaine Vincent & Sophie 444
Morey family, The 443
Morey-Coffinet, Michel 445
Morot, Albert 313
Mortet, Domaine Denis 152
Mortet, Thierry 153
Mouton, Domaine Gérard 558
Mugneret, Domaine Gérard 234
Mugneret, Dominique 233
Mugneret-Gibourg, Domaine Georges 234
Mugnier, J-F 191
Mussy, Domaine 341
Muzard & Fils, Domaine Lucien 465

N

Naddef, Domaine Philippe 118
Naudin-Ferrand 492
Nembrets, Domaine des 594
Newman, Domaine Chris 313
Niellon, Domaine Michel 446
Ninot, Domaine 543
Noëllat family, The 235

O

Oudin, Domaine   519

P

Parent, A-F Gros & François   340
Parent, Domaine   341
Parigot, Domaine   492
Passetemps, Château de   466
Pataille, Domaine Sylvain   111
Pauget, Pascal   574
Pautré, Alain   511
Pavelot, Jean-Marc   324
Pavillon, Domaine du   341
Perdrix, Domaine des   259
Pernot, Paul   420
Perrière, Manoir de la   117
Perrin, Domaine Vincent   357
Perrot-Minot   175
Petit Quincy, Domaine du   533
Petitjean, Mlle   401
Picq & Fils, Gilbert   520
Pillot, Domaine Jean-Marc   446
Pillot, Domaine Paul   447
Pillot Family   446
Pinson, Domaine Louis   520
Pommier, Domaine Isabelle & Denis   520
Poncetys, Domaine des   580
Ponsot, Domaine   175
Potel, Domaine   313
Potel, Maison Nicolas   259
Pousse d'Or, Domaine de la   357
Prieur, Domaine Jacques   396
Prieur, Jacques   404
Prieur-Brunet, Domaine   466
Prieuré-Roch, Domaine   259
Prudhon, Domaine Henri   458
Prunier & Fille, Michel   370
Puligny-Montrachet, Château de   404, 417

R

Ragot, Domaine   558
Ramonet, Domaine   404, 447
Rapet, Domaine Roland   286
Raphet, Domaine   177
Raquillet, Domaine François   552
Rateau, Jean-Claude   314
Raveneau   520
Rebourseau, Domaine Henri   153
Regnault de Beaucaron   400
Remoissenet   314
Remoriquet, Domaine   260
Remy, Domaine Louis   177
Rey, Domaine Eve & Michel   594
Richoux, Thierry   534
Rijckaert, Jean   574
Rion, Domaine Daniel   260
Rion, Domaine Michèle & Patrice   260
Roally, Domaine de   577
Rocs, Clos des   593
Rodet, Maison Antonin   552
Rollin, Domaine   286
Romanée-Conti, Domaine de la   235, 404
Ronsien, Domaine   511
Rontets, Château des   594
Rossignol-Trapet, Domaine   153
Rossignol, Nicolas   358
Rossignol family, The   358
Roty, Domaine Joseph   154
Rouges Queues, Domaine des   473
Rouget, Domaine Emmanuel   236
Roulot, Domaine Guy   396
Roumier, Domaine Georges   193
Rousseau, Domaine Armand   154
Roux, Domaine   458
Rully, Château de   544

S

Salomon, Clos   557
Sarrazin, Domaine Michel   559
Saule, Château de la   563
Saumaize, Domaine Jacques & Nathalie   594
Saumaize-Michelin, Domaine   595
Sauzet, Etienne   420
Séguinot-Bordet, Domaine   521
Senard, Comte   286
Sérafin, Domaine   155
Servin, Domaine   521
Simonnet-Febvre   521
Soufrandière, Domaine de la   591
Soufrandise, Domaine de la   594
Sounit, Maison Albert   484, 544
St Louis, Domaine du Clos   117
Ste-Barbe, Domaine de   577
Suremain, Eric de   371

T

Tardy, Domaine Jean   237
Tart, Domaine du Clos de   177
Taupenot-Merme, Domaine   178
Temps Perdus, Domaine des   513
Thénard, Baron   404, 559
Theulot-Juillot, Domaine   551
Thévenet, Jean   575, 577
Thevenot-le Brun   492
Thomas, Domaine Gérard   458
Tollot-Beaut   326
Tortochot   156
Tour, Château de la   204
Trapet, Domaine   156
Tremblay, Cécile   157
Tremblay, Domaine Gérard   522

V

Valette, Domaine Gérard   595
Varoilles, Domaine des   158
Vaudon, Domaine de   522
Verdet, Aurélien   492
Verget, SA   574
Veuve Ambal, Maison   484
Vignes du Maynes, Domaine des   572
Villaine, Domaine A&P de   538
Villiers, Elise   534
Vincent, Domaine Jean-Marc   466
Viré, Cave Cooperative de   577
Viré, Château de   578
Vitteaut-Alberti   484
Vocoret, Domaine   522
Vogüé, Domaine Comte Georges de   194
Voillot, Domaine Joseph   359
Vougeraie, Domaine de la   261

訳者あとがき

地球上でもっとも複雑かつミステリアスなワイン産地といえば、やはりブルゴーニュをおいてほかはないだろう。コルクを抜きさえすれば、誰もがそのワインの卓越性を味わうことはできるものの、グラスの中身の「向こう側」を理解するのは並大抵のことではない。だが、そうした理解こそが、ブルゴーニュワインの「経験」を、さらに神々しく奥深いものにしてくれるとしたらどうだろう。そこで必要になるのは、一冊の偉大なガイドブックである。

本書では、ブルゴーニュのまさに「すべて」が語られている。第1部「ブルゴーニュの背景」でつまびらかにされるのは、壮大な歴史に始まり、地勢、土壌、気候といったテロワールを構成する諸要素、ブドウ品種、多彩なブドウ栽培法とワイン醸造法といった、ブルゴーニュワイン全体を貫く「総論」である。一方、本書の大部分をなす第2部「ブドウ畑と生産者」においては、各論──畑と生産者をめぐる地区別の詳細な解説──が展開されている。なかでも白眉と言えるのが、コート・ドール地区の全特級畑および1級畑、主要な村名畑についての個別の記述であろう。本書を手にしたブルゴーニュワインの飲み手は、ラベルに書かれた畑名を見て、もう惑わなくていいのである。なお、巻末の「資料」に収録された各ヴィンテージの解説も、「資料」とはとても言えないだけの情報量があるので、ぜひ参照されたい。

ブルゴーニュに関する屈指の権威であるジャスパー・モリスMWは、はてしないリサーチを重ねたあと、満を持して2010年に本書を刊行した。比類なき完成度の高さと情報量はたちまち世界中で喝采を受け、英語圏でもっとも優れたワインブックに毎年贈られる賞「アンドレ・シモン・アワーズ」をみごと勝ち取っている。

4人の訳者が分担して本書の翻訳にあたり、相互に訳文をチェックしあって完成させた。翻訳作業中、多大なるご協力をいただいた関連各位に、そして誰よりも、訳者陣からのたび重なる質問に誠意をこめて答えてくれた著者ジャスパー・モリス氏に、この場を借りて心より御礼申しあげたい。

2012年9月
訳者を代表して　立花 峰夫

[訳者略歴]

阿部秀司
慶應義塾大学文学部中退。横浜ランドマーク法律事務所勤務。主要訳書：ロバート・M・パーカー Jr.『ブルゴーニュ』（共訳）、マット・クレイマー『ワインがわかる』（共訳）、同『ブルゴーニュワインがわかる』、同『イタリアワインがわかる』

立花峰夫
京都大学経済学部卒業。大塚食品（株）ワイン事業部勤務。主要訳書：パトリック・マシューズ『ほんとうのワイン　自然なワイン造りへの回帰』、ジェラール・リジェ＝ベレール『シャンパン　泡の科学』、ジェームズ・E・ウィルソン『テロワール　大地の歴史に刻まれたフランスワイン』（共訳）、ウィリアム・エチクソン『スキャンダラスなボルドーワイン』

葉山考太郎
ワインライター、翻訳家。ワインスクール「アカデミー・デュ・ヴァン」講師。主要著書：『ワイン道』『偏愛ワイン録』『クイズでワイン通』『クイズ・ワイン王』『30分で一生使えるワイン術』、主要訳書：ジョージ・M・テイバー『パリスの審判　カリフォルニア・ワイン VS フランス・ワイン』（共訳）

堀田朋行
一橋大学社会学部卒業。野村総合研究所、米国シラキュース大学経営大学院、バウングローバル（現・ライオンブリッジ）を経て、産業翻訳会社 QuickFox 主宰。

[著者略歴]
ジャスパー・モリス MW（Jasper Morris MW）
イギリスを代表するブルゴーニュワイン専門家。
1981年からブルゴーニュ在住。
1985年、ワイン界の最難関資格「マスター・オブ・ワイン（MW）」を取得。
現在、ベリー・ブラザーズ＆ラッド ブルゴーニュワイン・ディレクター。

ブルゴーニュワイン大全

印刷	2012年10月15日
発行	2012年11月10日
著者	ジャスパー・モリス MW
訳者 ©	阿部秀司
	立花峰夫
	葉山考太郎
	堀田朋行
発行者	及川直志
印刷所	大日本印刷株式会社
製本所	松岳社株式会社青木製本所
発行所	株式会社白水社
	〒101-0052 東京都千代田区神田小川町3の24
	電話 03-3291-7811（営業部）, 7821（編集部）
	振替 00190-5-33228
	http://www.hakusuisha.co.jp
	乱丁・落丁本は、送料小社負担にてお取り替えいたします。

ISBN978-4-560-08248-5
Printed in Japan

▷本書のスキャン、デジタル化等の無断複製は著作権法上での例外を除き禁じられています。本書を代行業者等の第三者に依頼してスキャンやデジタル化することはたとえ個人や家庭内での利用であっても著作権法上認められていません。

白水社　　　　　　　　　　　　　　　　　　　　　　　ワイン・料理

ブルゴーニュワインが わかる
マット・クレイマー 著／阿部秀司 訳

『ワインがわかる』で世界中のワイン愛好家をうならせたクレイマーが、ぶどう畑と作り手の個性に焦点をあて、土地とぶどうと人が作りあげたブルゴーニュの魅力を知的にときあかす。

イタリアワインが わかる
マット・クレイマー 著／阿部秀司 訳

世界中の多くのワイン産地の中でボルドー、ブルゴーニュと肩を並べて比較できるのはイタリア。北はピエモンテから南はシチリアまで、クレイマーお奨めのワイン、優れた作り手を紹介。

ほんとうのワイン（新装版）
自然なワイン造りへの回帰
パトリック・マシューズ 著／立花峰夫 訳

いま、自然派ワインがブームである。「ほんとうのワイン」とはなにか。ブルゴーニュとカリフォルニアの先進的な醸造家の実践を通し、伝統的なワイン造りへの回帰を呼びかける。

ブルゴーニュワイン 100年のヴィンテージ 1900-2005
ジャッキー・リゴー 著／立花洋太 訳

この年は「悪い」のか、「平凡」なのか、それとも「偉大」なのか？　名だたる醸造家や醸造所が残した記録をもとに100年にわたるヴィンテージを詳細に解説。ブルゴーニュ愛好家必携の書。

ヴォーヌ＝ロマネの伝説 アンリ・ジャイエのワイン造り
ジャッキー・リゴー 著／立花洋太 訳／立花峰夫 監修

20世紀最高の天才醸造家が、ワイン造りの神髄をあますところなく語る。テロワール、ヴィンテージ、ブドウ栽培、醸造・熟成に至る全プロセスが、自身の言葉によってときあかされる。

アンリ・ジャイエの ブドウ畑
ジャッキー・リゴー 著／立花洋太 訳／立花峰夫 監修

すべてはブドウ畑からはじまる──冬の土地改良から秋の収穫まで、ワインの原点ともいえるブドウ栽培の一年をジャイエの言葉を引用しながら丁寧に解説。ブドウ栽培の用語集つき。

シャンパン 泡の科学
ジェラール・リジェ＝ベレール 著／立花峰夫 訳

シャンパンの命ともいうべき「泡」が誕生し、上昇し、はじけるプロセスを科学的な見地から詳しく解説。神秘的な写真とイラストをふんだんに用いて、シャンパンのおいしさの秘密に迫る。

ワインのフランス語《CD付》
立花規矩子、立花洋太 著／立花峰夫 監修

ワインショップ、ワインバー、パーティー、ワイナリー見学など、さまざまなワインの場面で使える会話集です。ワイナリー研修に関する手紙の書き方、語彙集（仏和・和仏）も充実！

シェフの哲学
食の探求から三つ星レストランの運営まで
ギィ・マルタン 著／大澤 隆、大澤晴美 訳（レシピ部分）

本書は、パリのレストラン「グラン・ヴェフール」の料理長、ギィ・マルタンが、自らの職業、食材・料理・レストランの運営について具体的に記述した、いわば料理の思想書。

レストラン・サービスの哲学
メートル・ドテルという仕事
アンドレ・ソレール 著／大澤 隆 訳

「メートル・ドテル」とはレストランにおけるサービスの責任者。経験豊かな著者が、この職種の歴史や精神、仕事としての醍醐味をわかりやすく紹介。食に関わる人たち必読の一冊。